金刚石串珠锯在饰面石材生产中的应用技术

廖原时 著

北 京
冶 金 工 业 出 版 社
2009

内 容 提 要

本书共分10章，第1章回顾石材开采历史、石材开采的基本方法和金刚石串珠锯的发展历程；第2章介绍石材开采用金刚石串珠锯的机型种类、结构和技术特点；第3章介绍石材加工用串珠锯的机型种类、结构、技术特点和应用；第4章介绍各种结构类型、不同用途的金刚石串珠绳，以及与使用串珠绳有关的各种辅助工具和装备；第5章和第6章分别介绍大理石、花岗石露天开采的工艺方法和技术要求，分析对比多种与串珠锯有关的石材开采成本，不同开采工艺系统所适用的矿山条件；第7章介绍山洞型石材矿山开采的工艺方法和技术要求，以及串珠锯进行洞采花岗石的未来设想；第8章介绍与串珠锯开采系统配套的辅助工艺装备、工程机械以及这些装备的使用要求；第9章介绍使用串珠锯开采石材矿山前期准备工作的内容，开采设备和矿山生产、辅助人员的配套方案，矿山管理机构和责任范围，以及石材矿山的布局等；第10章具体介绍金刚石串珠锯的使用、操作、维护和保养的要求。

本书照片图400余幅，示意图将近300幅。书中的主要技术数据均来源于国内外石材矿山开采作业的技术实践，尽量系统全面地收录目前国内外石材矿山开采实践中使用的各种与串珠锯有关的先进工艺方法和开采技术。

本书可供从事石材开采和加工的技术人员、企业的决策者和技术工人阅读，也可供大专院校有关专业师生参考。

图书在版编目(CIP)数据

金刚石串珠锯在饰面石材生产中的应用技术/廖原时著.
—北京：冶金工业出版社，2009.1
ISBN 978-7-5024-4741-0

Ⅰ.金… Ⅱ.廖… Ⅲ.①石材开采法—机械设备
②石料—加工 Ⅳ.TD872 TU521.2

中国版本图书馆CIP数据核字(2008)第202566号

出 版 人 曹胜利
地　　址 北京北河沿大街嵩祝院北巷39号，邮编100009
电　　话 (010)64027926 电子信箱 postmaster@cnmip.com.cn
责任编辑 李培禄 美术编辑 张媛媛 版式设计 张 青
责任校对 石 静 责任印制 牛晓波
ISBN 978-7-5024-4741-0
北京百善印刷厂印刷；冶金工业出版社发行；各地新华书店经销
2009年1月第1版，2009年1月第1次印刷
787mm×1092mm 1/16；39印张；943千字；608页；1-3000册
108.00元
冶金工业出版社发行部 电话：(010)64044283 传真：(010)64027893
冶金书店 地址：北京东四西大街46号(100711) 电话：(010)65289081
(本书如有印装质量问题，本社发行部负责退换)

前　言

石材是人类历史上应用最早的建筑材料，以其强度坚硬、性能优良和丰富的储藏量，在不同时期都受到人们的青睐。作为建筑的基石，石材承受着千百年来的酷暑严寒，却仍屹立于现代建筑之林。石材为人类建筑史谱写了不朽的篇章，世界各地仍保留着许多石材建筑的杰作。

国际石材工业如今已全面进入机械化、自动化生产时代，新技术、新工艺、新设备层出不穷。金刚石串珠锯切割石材的技术最早出现于20世纪50年代，真正应用于大理石矿山开采是在70年代末，这是串珠锯锯切开采石材的一个转折点，使得已经沿用了一个多世纪且陈旧落后的石材矿山开采方式相形见绌，同时标志着大理石开采和加工工艺技术进入了一个全新的领域。串珠锯切割技术已成为今后开采大理石的技术主宰。90年代初期，随着切割花岗石串珠绳的技术突破，串珠锯工业化开采花岗石成为可能，串珠锯终于以主宰石材开采设备的地位牢牢地扎根于石材开采领域。

经过20多年的发展历程，人们已经认识到，串珠锯开采技术不仅使传统的石材矿山开采作业更显现代化，原始恶劣的矿山工作条件得到改善，而且奠定和巩固了非破坏性石材开采和有利于环境保护的开采工艺基础。今天的串珠锯切割技术已日臻完善，成为一项成熟、先进、普遍并被各国石材矿山和加工厂所接受的完整技术体系。

作为高效率开采、加工石材的金刚石串珠锯，已经成为当今世界石材开采的主流设备，以及高精度、高效率石材加工的代表性机械设备之一。使用串珠锯加工石材的技术也成功地运用了将近20年，多绳串珠锯、多维数异型制品加工串珠锯已经成为石材加工领域内的高技术含量的顶尖机械产品。随着国内石材工业的高速发展，金刚石串珠锯开采、加工石材的生产技术和装备的应用水平也在不断提高。特别是近几年金刚石串珠锯开采技术在国内石材矿山的迅速普及和大量使用，推动了国内石材矿山开采工艺的技术进步，缩短了与国际先进水平的差距，明显地提高了国内石材产品在国外的竞争能力。

作者从20世纪80年代中期开始从事石材开采、加工技术和装备的研究工作，考取并获得意大利外交部国际合作中心学习石材开采、加工技术的奖学金，于80年代末期到意大利学习国际上最先进的石材开采理论和加工技术，并从事了实际操作训练。回国后遂确定以金刚石串珠锯开采、加工石材为研究方向，至今已近20年。其间多次赴意大利参加各种石材开采、加工技术的培训和研讨工作,对国外石材开采、加工技术装备和生产工艺比较了解,并一直从事石材开采、加工机械的技术管理和研发工作,亲自参与了采用机械化开采工艺技术的花岗石矿山的开发建设,并在国内花岗石矿山首次尝试了金刚石串珠锯全锯切开采花岗石的工艺方法,获得成功。为此,作者将多年积累的大量关于串珠锯开采、加工石材方面的工艺技术和经验编入本书,根据国内石材矿山的具体情况,提出了一整套使用金刚石串珠锯露天开采大理石、花岗石,以及洞采大理石的实用开采技术和开采工艺方法,力求全面展示当今国内外金刚石串珠锯开采、加工石材的最新技术,最先进的工艺方法。本书不仅着重介绍串珠锯目前的生产技术,同时也对金刚石串珠锯在石材开采、加工领域内的未来发展做了一定的预测,作为国内首部系统介绍金刚石串珠锯开采、加工石材技术的专业工具书,具有较高的现实指导意义。

本书作者曾编著出版过《饰面石材的机械化开采——金刚石串珠锯的应用与发展》、《异型石材》等石材专业书籍,并在《石材》、《中国建材》和《国际石材商情》以及意大利《DIAMANTE》等杂志上发表过近80篇专业技术文章。本书力求内容全面、通俗易懂、图文并茂,其中选用照片、图片400多幅,手工绘制的示意图将近300幅,以满足不同层次的读者需求。书中的主要技术数据均来源于国内外石材矿山开采和加工作业的技术实践,尽量系统全面地收录目前国内外石材矿山开采实践中使用的各种与串珠锯有关的先进工艺方法和开采技术,为从事石材开采和加工的技术人员、企业的决策者和技术工人提供可供参考的技术读物。

本书在编写过程中得到福州天石源超硬材料工具有限公司陈礼干先生、意大利 BENETTI 公司 Giulio Milazzo 先生的鼎力支持和帮助,他们还提供了宝贵的技术资料和图片;意大利 PELLEGRINI 公司、BIDESE 公司等也提供了相应的技术资料和帮助;本书的编写也得到了桂林矿产地质研究院郑超先生的支持和帮助;本书的出版还得到了福州天石源超硬材料工具有限公司的支持和帮助,在此表示衷心的感谢。

尽管作者在石材行业工作了20多年,但由于石材开采、加工技术涉及到众多的技术领域,而且串珠锯生产技术还有许多需要完善和发展的方面,因此书中的一些观点只代表作者的个人想法和意见,如有不妥之处,真诚希望得到读者的指正,以便改进。

作 者
E-mail:liaoyuanshi197@ sina. com
2008年5月28日

目　录

第1章 饰面石材的开采

1.1 人类使用饰面石材历史的回顾

石材是人类历史上应用最早的建筑材料。石材以其强度坚硬、性能优良和丰富的储藏量，被各个时期的人们所青睐。作为建筑的基石，石材承受着千百年来的酷暑严寒，却仍屹立于现代建筑之林。石材为世界建筑史谱写了不朽的篇章，世界各地仍保留着许多石材建筑的杰作。

建筑石材，不仅仅作为建筑基石使用，还以它特有的色泽和纹理的美丽，在建筑物的室内外环境中得到广泛的应用，尤其是在建筑装饰方面，石材始终起着重要的作用。在古今中外的建筑物中，不论是墙面、地面、柱面，还是窗台、楼梯，只要使用石材来装饰，都为建筑增添了动人的魅力和光彩。在世界上众多的优秀建筑中，几乎都使用了石材的装饰。在世界建筑史上，石材既是建筑物千古不朽的基础材料，又是锦上添花的装饰材料，同时还是表现历史、特质常驻、永不褪色的建筑材料。

人类为建造建筑物而开采天然石材已有几千年的历史了，而将天然石材作为建筑装饰材料也有同样长的历史，世界上运用天然石材创造的装饰艺术渊远流长。从古至今的各个历史时期，石器、石雕、石材建筑的艺术，就像一条永恒的长河，不断地流淌。从远古英国的巨石阵，爱尔兰的纽格莱奇陵墓，古希腊大理石建造的巴台侬神庙，古罗马大理石、石灰华建成的竞技(斗兽)场，古埃及人建造的金字塔、凯尔奈克神庙，以色列的耶利哥古城，土耳其山姆鲁特山上的巨石人、兽雕像，非洲大津巴布韦石头结构建筑遗址；到后来中美洲墨西哥人建造的托尔提瓦卡城的太阳金字塔、图拉的羽毛蛇神金字塔，南美洲哥伦比亚的雕像之谷，玻利维亚蒂亚瓦纳科的独块巨石雕像和建筑，复活节岛上面对大海默默沉思数千年的巨石像，玛雅人建造的花岗石天文台，意大利雕塑家米开朗基罗大量不朽的石雕作品，以及众多的石材艺术作品等，都记录了人类文明史上石材艺术的辉煌。

在我国，我们的祖发发现和利用石材的历史可追溯到80万年前的蓝田人和旧石器时期的河套人、山顶洞人，使用砾石、燧石、石英石块制成棱角石片用于生产和生活是人类应用石材的朦胧阶段。石刀、石斧、石锛、石镞、石环和石磨等具有一定使用目的的石器工具的使用，使人类进入了新石器时代。

夏商时期遗址殷墟出土的石质水牛、鹗、饕餮等鸟兽饰品，使石材的使用进入艺术领域。秦汉时期建造陵墓时使用了天然石材，如陵园石雕和陵墓前的石像生。魏、晋、南北朝时期，佛教石窟中石佛像、石菩萨像、石金刚像和精美的摩崖石刻比比皆是。隋朝建造了赵州石桥，唐朝陵墓使用了石雕华表、石翼鸟、石鸵鸟、石独角兽、石狮和石制的文臣武士。宋、辽、金时期的宋陵石像生、灵隐寺双石塔、闸口白石塔、密山法海寺石塔、泉州开元寺镇国石塔与仁寿石塔、金代兴建的北京卢沟桥，体现了石雕造型艺术的精美。元、明、清时期的石材装饰体现了少数民族的文化特征，如北京居庸关门洞上的四大雕像、北京天安门前的石制金水桥、故宫内的石制盘龙御道、石阶踏步、天坛中的石制圆丘台、石牌坊等均为汉白玉大理石装饰；明十三陵神道两旁的石像生、定陵地下宫殿的石材装饰；清代颐和园中的十七孔大石桥、玉带石桥、昆明湖中的石坊、天安门前的精雕石华表、圆明园遗址中的石雕残柱仍显现着当年的生动和辉煌；河北易县的清西陵、遵化的清东陵，使用了非常精美的石雕装饰。

民国时期的连年战乱，影响了石材开发与应用，但1926～1929年落成的南京中山陵，仍使用了大量的石材制品，成为我国石材建筑的一个里程碑。

新中国成立后，特别是20世纪80年代改革开放以来，随着国民经济的高速发展，我国天然石材的开发利用得到了突飞猛进的发展。各类天然石材制品广泛应用于饭店、宾馆、城市公共、民用建筑、交通设施等各个建筑领域，可以说，石材的使用无处不在，已经深入到了百姓的日常生活之中。

1.2 饰面石材开采的发展历程

饰面石材的生产主要由荒料开采和石材加工两大部分组成。人力和手工是古代人类开采石材的主要手段，最早的开采方法是利用石材矿体天然的裂隙，用工具撬或将干燥的木楔插入这些裂纹中，浇水后利用木楔膨胀产生的胀裂力将石块与岩体分离。也有用燃烧木材的办法，利用花岗石成分不同、线膨胀系数不一样的原理，使石材碎裂并在岩体上形成沟槽，使石块从岩体上分离下来。

进入工业革命时期后，在原有的使用铁锤、钢钎和钢楔人工在岩体上凿孔、劈裂开采的基础上，人们发明了早期的机械顶石装置，将带有正反螺旋机构的顶石装置放入石缝中，依靠机械力量将石料从岩体上分离下来，这就是今天使用的液压顶石机的原始雏形。100多年前，比利时人发明了世界上第一台钢丝绳锯石机，使大理石的开采工艺有了重大突破。当然，这种锯石机使用的钢丝绳比现代锯石机的要粗，钢丝绳的线速度也较低。但正是由于有了这些简单的石材开采设备，才逐渐发展演化到了今天先进的机械化开采设备。

图1-1～图1-4是一组拍摄于意大利CARRARA石材矿山开采博物馆，表现早期石材开

图1-1 早期石材开采的采面模型

图1-2 手工开采作业的石雕像

图 1-3　简易机械绞盘

图 1-4　人工大理石荒料整形机

采作业和简易石材开采机械的图片。

近几十年来,随着世界工业技术的飞速发展,石材开采工艺、开采方法和开采设备不断得到改进和提高。目前,机械化开采饰面石材在发达国家已经成为开采石材矿山的主流。像开采大理石矿山用的钢丝绳锯机(最早的大理石锯切开采机械,十几年前就已被金刚石串珠锯取代)、金刚石串珠锯、臂式开采锯、金刚石开采带锯以及相应的辅助配套机械等设备,已经被广泛地用于开采大理石荒料。像开采花岗石用的火焰切割机、金刚石串珠锯、各种结构形式的单头或多头台架式凿岩机、液压劈裂机、液压顶石机、气压和水压顶推袋等开采花岗石的主体和辅助机械设备,以及各种桅杆式起重机等吊装设备,也在花岗石开采中得到广泛的应用。这些设备经过不同形式的搭配组合,形成了不同格局、不同开采工艺和不同生产规模的成套开采设备,基本满足了机械化开采饰面石材的需要。

1.3　我国石材开采工业的现状及发展历程

中华民族有着几千年的文明历史,开采和利用石材的历史虽然悠久,但石材开采技术的提高和进步却是在新中国成立后才开始的,真正向着机械化方向发展,并缩小与世界先进石材开采水平的差距乃是在改革开放以后的 20 多年中实现的。

20 世纪 50 年代初,在一些采石场开始使用气动凿岩机代替人工铁锤、钢钎凿孔,这是以机械代替手工开采石材、向机械化开采石材迈出的第一步。

60 年代末期,杭州大理石厂从意大利引进了钢丝绳锯石机,在其所属的大理石矿山,第一个使用了钢丝绳锯石机,成为我国第一个实现部分机械化开采大理石的矿山。后来这台设备也成了我国石材行业认识了解国外先进大理石开采工艺方法的窗口,培养出许多国内石材矿山技术和管理人员。随后江苏宜兴大理石矿、广东云浮大理石矿,也先后使用了钢丝绳锯石机,成为当时国内机械化开采大理石的典范。

70 年代我国曾研制了一些机械化开采石材的设备,像链臂式开采锯机、火焰切割机和钢丝绳锯石机等设备,为我国石材矿山实现机械化开采打下了基础。

进入 80 年代,国内许多从事石材开采的企业相继进口了由钢丝绳锯石机、金刚石串珠锯、液压钻孔机、液压顶石机、桅杆吊式起重机等设备组成的大理石矿山用机械化开采的成套设备,还少量进口了当时最先进的链臂式开采锯机,由火焰切割机、台架式凿岩机等设备组成的花岗石矿山机械化成套设备,从而装备和建立了一批使用这些具有世界先进水平石材开采装备的矿山。

90年代和进入21世纪后，与前15年相比，国内石材矿山企业进口石材机械的速度减慢许多，但所进口的石材开采机械设备的专业化程度却更高，进口设备的档次也有所提高，如具有国际先进水平、用于开采硬质大理石的金刚石开采带锯和普通链臂式开采锯机、当时在国外使用也并不很普遍的开采花岗石用金刚石串珠锯、相配套的大孔径液压或气动凿岩机等开采设备，使得部分国内石材矿山的装备水平非常接近当时国外先进石材开采的装备水平。

即便是这样大规模地进口石材机械和高速度地装备高水平设备，与石材加工行业相比，石材矿山开采业的发展速度仍然要低得多。因此，石材矿山的现代化建设和石材开采机械化的推广这一重要问题，被从事矿山生产的经营者们逐渐重视起来，并引起了石材行业的管理部门——中国石材工业协会和原国家建材局等政府部门的重视。80年代中期，国内第一套具有当时国际先进水平的开采大理石和花岗石的机械化设备研制成功，填补了我国生产先进石材开采机械设备的空白，缩短了在这一领域内国内外技术水平的差距，为国内石材矿山装备具有国外一流水平、质优价廉的石材开采机械提供了保证。

近年来，这些国产石材开采设备的改进和升级换代也一直在进行。目前国内已有多家企业开发研制和生产出机械化的石材开采设备，如钢丝绳锯石机（已经停产）、不同结构和不同用途的金刚石串珠锯、液压钻孔机、液压顶石机、液压劈裂机、水平单头标杆式凿岩机、双头垂直台架式凿岩机、大孔径凿岩机和桅杆式起重机等。国内许多金刚石刀具制造厂家，也可以生产出高品质、用于花岗石和大理石开采的各种金刚石串珠绳，在为锯切法开采石材荒料、供应性能价格比合适的国产化刀具和耗材方面提供了保证。国内企业与意大利企业合资生产的矿山用链臂式开采锯机已经投入实际使用，使得从国内配套购买高档石材开采设备成为可能。

从最早使用钢丝绳锯石机和金刚石串珠锯的江苏宜兴大理石矿山和最早使用国产台架式凿岩机的山东荣成花岗石矿山开始到现在，国产石材开采机械设备的装备率已经远远超过了进口石材开采设备。特别是从2003年起，国内石材矿山掀起了一股技术改造的热潮，很多石材矿山已经从采用机械化开采石材的认识阶段，迅速进入到了落实和实施阶段。在短短的3~4年间，国内许多石材矿山，特别是花岗石矿山先后装备了大量的金刚石串珠锯，实现了金刚石辅助机械化开采石材的目标。同时也有大约15家企业先后自主开发或与国外合作生产金刚石串珠锯，以及与其配套的石材开采设备，国内石材矿山正向着机械化开采的方向前进。

到目前为止，国内一些石材品种的矿山开采，已经形成了一定的开采规模，并达到了一定的机械化开采水平，像福建的G3597三立达翡翠绿花岗石矿山，G3603、G3623等系列的花岗石矿山，山东的石岛红系列和山东白麻系列等花岗石矿山，还有许多大理石矿山，在以金刚石串珠锯为主开采和辅助开采方面，都取得了成功。其中采用金刚石串珠锯全锯切开采工艺的福建省南平市G3597三立达翡翠绿花岗石矿山，在2006年11月中国石材工业协会举办的"全国石材矿山开采技术现场交流会"上，作为机械化开采石材的示范矿山，得到了与会代表的观摩和肯定。

我国石材矿山短期内发展的速度是很快的，除了国内生产的先进石材开采设备的装备外，还有进口的先进开采机械的不断补充。但是由于国内石材开采业是建立在一个十分落后的基础上，无论从人们对石材开采的认识水平，还是从矿山开采人员的技术素质水平，以及矿山的外部条件、能源和交通等基础设施的建设来看,截止到目前为止,我国石材的矿山建设、开采规模、管理体系和管理水平、机械化开采设备的装备比率等方面,与世界先进国家相比,差距还是很大的,其原因可简单归纳如下:

(1) 从整体上看,我国石材矿山使用的装备是比较落后的。人工开采仍是绝大部分石材矿山的主要开采手段,在大部分的花岗石矿山上,手持式凿岩机仍然是国内企业开采花岗石的主要设备。装备了进口开采机械设备的矿山,由于矿山基础工作做得深度不够、配套设施不完善、设备操作人员技术水平与实际要求的差距大等因素,这些先进的开采设备不能充分或很好地被利用,设备的使用率一直不高。早期进口的开采设备中,绝大多数已经报废,剩下的一些也因欠缺保养或备件供应渠道不畅通等问题,无法正常使用。

(2) 缺乏对石材矿山开采的计划和规划。多数矿山的开采秩序呈现无组织、无计划、近似于掠夺式的开采,哪里好采就采哪里,从而出现开采出的荒料规格小、开采效率低、荒料率低、产量有限等问题,并对矿体造成了破坏,浪费了宝贵的石材资源。

(3) 开采人员技术水平低、素质差。由于石材矿山的生活、工作条件艰苦,信息的不畅通犹如与世隔绝,再加上待遇差等因素,所以有专业技术特长的人员不愿长期坚持矿山工作,造成多数有石材开采机械的矿山,工人不能很好地使用先进的开采设备,也不能正确地运用先进的开采工艺方法;在落后的人工开采石材的矿山中,人们甚至都不知道还有更先进的开采设备和开采工艺。

(4) 石材矿山的建设仍然存在一定的盲目性,缺乏对石材矿山建设特殊性的认识和了解。矿山建设前,无任何地质工作资料,在没有搞清矿体地质情况前,就盲目上马建设,造成浪费。在矿山建设过程中,只强调生产规模的扩大,忽视小规模试采对确定矿山开采规模和开采方式的重要影响。

(5) 石材矿山的经营管理水平低,无近期和长远的开采规划,缺少现代生产管理和技术管理体系,荒料开采成本的核算不科学、不准确,石材的综合利用差。与国外先进石材矿山相比,荒料开采的成本比较高,浪费大。

(6) 重开采,轻加工。虽然近年来国内企业对石材矿山的投入力度加大,建立了一批具有一定生产规模和机械化装备水平的石材矿山,但与石材加工业相比,矿山建设速度远远赶不上加工能力扩大的需求。这是因为投资建设石材矿山的风险性,远高于石材加工企业的投资建设等实际因素的影响,所以,造成了石材加工能力与荒料开采能力的不平衡,出现了符合加工要求的荒料供应量不能满足巨大加工能力的需求量的供需矛盾。

纵观国外先进石材开采国家的发展经历,他们达到目前的技术水平,也经历了漫长的时间历程,也走了许多的弯路,才达到目前我们看到的现状和规模。与他们相比,我国石材矿山目前只处于整个发展历程的初级阶段,我们认为,通过一定时间的整合发展,在中国出现使用先进开采工艺和设备、具有一定规模和先进管理模式的石材矿山,已经为期不远了。

1.4 金刚石串珠锯的发展历程

使用螺旋钢丝绳切割大理石起源于 19 世纪,一个比利时人于 1854 年将改进后的螺旋钢丝绳用于大理石矿山的开采。

1953 年已经从技术上证明了,在矿山使用金刚石串珠绳(以下简称串珠绳)锯切开采大理石的可能性。随着 1959 年人造金刚石的出现,串珠绳在作为切割刀具的实用路途上又迈进了一步。到了1968年,将镶有金刚石的"串珠"套在钢丝绳外,制成像项链一样、使钢丝绳的柔软性与金刚石坚韧锋利的切削性相结合的串珠绳诞生了。

最早的成品串珠绳是在1969年和1970年意大利VERONA的S. Ambrogio石材博览会上展出的,与此同时,套有电镀金刚石串珠(以下简称串珠)的串珠绳首次在意大利的大理石矿山进行了试验。1974年在联邦德国汉诺威(Hanover)大学首次尝试了使用串珠绳切割硬质石材,开始了半官方的使用串珠绳切割花岗石的实验。

1978~1979年是串珠绳进入石材矿山的一个转折点,当1978年第一条串珠绳在意大利APUAN石材矿山进行的切割试验获得成功后,使得已经沿用了一个世纪、陈旧落后的石材矿山开采方式相形见绌,这标志着大理石开采和加工工艺进入了一个全新的领域,串珠锯切割技术将成为今后开采大理石的技术主宰。

1990年第一台数控串珠锯投入工厂实际使用,标志着串珠锯进入高技术含量的数控时代。90年代中期,多绳串珠锯开发研制成功,直接对框架锯机生产大理石、花岗石大板的传统加工方法提出了挑战。

经过20多年的发展历程,人们已经认识到,串珠锯开采技术不仅使传统的石材矿山开采作业更为现代化,原始恶劣的矿山工作条件得到改善,而且奠定和巩固了非破坏性石材开采、有利于环境保护的开采工艺基础。今天的串珠锯切割技术已日臻完善,成为一项成熟、先进、普遍,并被各国石材矿山和加工厂所接受的完整技术体系。

1.5 饰面石材开采方法介绍

按照石材特性的不同,可将石材开采方法分成4类,即劈裂开采法、控制爆破开采法、锯切开采法和联合开采法,分别简述如下。

1.5.1 劈裂开采法

劈裂开采法是利用岩石的可劈裂特性,借助简单工具、简单机械或膨胀药剂将石块从矿体或岩体上劈裂分离的开采方法。它包括楔窝打楔劈裂、钻孔打楔劈裂、钻孔液压劈裂和钻孔膨胀剂劈裂等开采方式。

楔窝打楔劈裂开采多用于人工开采。在岩体裸露、裂隙发育的矿体或风化带中,可充分利用矿体的自然裂隙条件,尤其是对岩体的几个几何空间面已呈自由状态、只有一个或两个面与主矿体相连的突出状岩体或孤石的开采是很合适的。这种方法适合缺水少电的花岗石矿山,并可作为其他开采方法的辅助开采手段;对层厚1~2 m的薄层层状矿体开采也很适用。

钻孔打楔劈裂是采用机械凿岩钻孔代替人工钻孔的半机械化开采方法,与楔窝打楔劈裂方法相比,具有开采效率高、工人劳动强度低、钻孔用凿岩机的投资少、操作简单和容易掌握等特点。如果配备足够数量的凿岩机,可形成一定的开采规模。这种方法的适应性强,受矿山气温和自然条件的影响小,多作为中小型花岗石矿山的主要开采手段,也可作为解体分离体、修整花岗石荒料的辅助开采手段。

钻孔液压劈裂是利用凿岩机钻孔,使用液压劈裂机代替人工打楔劈裂,借助液压推力的作用,通过预先放置在钻孔中的劈裂器活塞,将液压动力传递给楔形压杆,推动劈裂楔向钻孔的孔壁垂直加压,在机械压力的作用下,使岩石中的钻孔在应力最集中的部位胀裂。如果在沿直线布置的排孔中放置若干个液压劈裂器同时加压,可使排孔沿其连心线劈裂。由于采用了机械劈裂代替人工打楔劈裂，确保了排孔劈裂的一致性，提高了荒料解体和整形的成功率，也提高了开采石材的荒料率和开采效率，同时降低了工人的劳动强度。钻孔液压劈裂开采方法可用于整体性好的花岗石矿山的岩体分离，但使用最多的还是分离体的解体和荒料的整形作业。

钻孔膨胀剂劈裂开采与钻孔打楔劈裂和钻孔液压劈裂开采方法的原理相同，只是采用膨胀剂作为岩石劈裂的动力。使用最广泛的膨胀剂是膨胀水泥，操作时只需将膨胀水泥与水调和，灌入排孔中，封闭状态下能产生巨大的膨胀压力，封装于钻孔中时，产生的膨胀压力和张力足以将岩石劈裂分离。与其他两种劈裂方法相比，膨胀水泥的膨胀作用过程比较缓慢，而且干燥的速度与作业环境的温度、膨胀剂的类型、混合浓度和钻孔直径等因素有关，低温环境下的干燥时间比高温下延长几倍到十几倍。目前有各种型号的膨胀剂供不同气候条件的石材矿山选用。

钻孔打楔劈裂和钻孔液压劈裂等方法是利用岩石的可劈裂特性的开采方法，原则上都可用于花岗石和大理石的开采。因为大多数花岗石的劈裂性良好，所以这两种方法一般多用于花岗石的开采。在开采花岗石时，凿岩的工作量很大，开采每立方米矿岩总量的岩石，一般需要钻凿 10 m 的孔，如果按照 30% 的荒料率计算，开采每立方米成品荒料，一般需要钻孔 30 ~ 40 m。当然，钻孔数量的多少是与岩石的可劈裂特性、钻孔的质量和操作方法的正确性等因素有关的，上述参数仅供参考。国内外的许多花岗石矿山都采用钻孔打楔劈裂、钻孔液压劈裂和钻孔膨胀剂劈裂法开采。钻孔打楔劈裂和钻孔液压劈裂等开采方法所使用的钻孔设备有气动式、内燃式、液压式或电动式凿岩机等设备，这些种类的凿岩机钻孔凿岩效率高，钻孔质量好，操作方便。使用多头台架式凿岩机钻凿的排孔，其单孔垂直度和排孔直线度更好，而且排孔的平面度误差更小，更有利于提高劈裂石材的成功率。

因为大理石的可劈裂性很差，劈裂方向很难控制，如果使用劈裂法开采，不能保证开采的荒料率和荒料成方性质量，所以除了可用于厚度 1 ~ 2 m 的层状大理石矿体和劈裂性比较好的大理石矿体外，基本不用于大理石的开采。在一些劈裂性极差的花岗石矿山，劈裂开采方法也不适用。

还有一种刻槽胀裂法，作业时将分离体的底平面用金刚石串珠锯切割分离，在其他两个垂直立面的钻孔内壁上，用刻槽器刻槽并胀裂后使岩石分开。该方法的刻槽钻孔数量少，可改善劳动条件，减轻劳动强度。钻孔内有槽线存在，当受外力作用后会产生应力集中效应，岩体会沿槽线处整齐断开，槽线有导向功能，保证分离体岩块的断面平整而不会偏斜，对胀裂剂质量要求不高，矿山容易实现自产自用胀裂剂的目的。而且生产费用还会减少，荒料开采成本相对少，可给企业增加可观的经济效益。

劈裂开采方法除了用于露天石材矿山开采外，在特定条件下，甚至可用于井巷或山洞型石材矿山的开采。

1.5.2 控制爆破开采法

控制爆破开采法是将不同的爆破材料放入岩石钻孔中，采用不同的点火方式，将石料从岩体上分离的开采方法。控制爆破实际上是通过对火药和爆破材料的一些性能参数加以控制，采用区别于常规火药和其他爆破材料的爆破药剂，通过恰当的爆破方法、合理的爆破参数和相应的爆破工艺的选择，使得爆破作业后的石材矿体和荒料不受爆破的损伤，并保持原有的岩石的强度和特性。正确使用控制爆破方法,可确保爆破分离后的石料和矿体都不会出现爆破裂隙和其他损伤,除了提高开采的荒料率外,还保证了荒料的出板率。

控制爆破开采可分为黑火药控制爆破、2 号岩石硝铵炸药控制爆破、金属高能燃烧剂控制爆破、石材爆裂管控制爆破、导爆索控制爆破、导爆管控制爆破等方法。

控制爆破在大理石、花岗石矿山上都被广泛地使用过,其特点是适应性强,对矿体本身条件、外部自然条件和作业环境的要求不高,使用的装备也比较简单,在配备凿岩机开采的石材矿山,都能实施控制爆破作业。由于控制爆破方法操作简单容易、投资少、见效快,非常适合石材矿山的开采。

在机械化开采大理石的矿山,作为辅助手段,控制爆破主要用于矿体围岩的剥离、准备堑沟的开拓、矿体中夹层和包裹体的清除及二次破碎等作业。由于大理石本身劈裂性差的特点,与采用锯切法开采大理石的方法相比,将控制爆破开采作为开采大理石中分离体的分离或解体,甚至是荒料整形的主要手段显然是不合适的,因为它会带来石料大量的浪费和损失,只能得到很低的荒料率。

在花岗石开采中,正是利用了其劈裂性好的特点,使得控制爆破开采法成为国内外花岗石矿山中使用最广泛的开采方法。

从安全角度考虑,控制爆破开采法主要用于露天石材矿山的开采,在井巷特别是山洞型石材矿山中应禁止使用。

1.5.3 锯切开采法

锯切开采是一种开采大理石的高质量、高效率的开采方法。作为辅助开采法,近年来也逐步用于花岗石开采的部分工序。锯切法是以锯切岩石设备为主,配合其他辅助设备所组成的一套机械化开采系统。根据锯切设备的不同,锯切法又分为开采大理石荒料的钢丝绳锯石机开采、金刚石串珠锯开采、臂式锯机(金刚石开采带锯或链臂式开采锯机)开采和圆盘锯机开采,以及开采花岗石的金刚石串珠锯开采和圆盘锯机开采。

在上述几种开采石材的锯切开采中,除了圆盘锯机外,它们的共同特点都是使用有支撑(臂式锯机)或无支撑(金刚石串珠锯)的柔性切割工具,将矿体上的岩石锯切成体积巨大、形状规则的六面体石料分离体,再由锯机本身或其他设备将其解体、整形后成为六面规则平整、符合商品要求的荒料。臂式锯机甚至可以直接从矿体上锯切开采出标准荒料体积的合格荒料。荒料单(双)刀切石机(大直径圆盘式开采锯机,俗称狗头锯)是由中国人发明的,主要用于花岗石矿山,与串珠锯或人工劈裂方法相结合,形成新型的花岗石荒料开采方法。传统的圆盘锯机开采,主要用于开采建筑用石料,通常包括房屋墙体、地面工程建筑用石料,道路建设用石料和水利工程、桥墩、港口、堤坝建设用石料,其种类有条石、块石、板石、方块石、蘑菇石等。

采用锯切法开采石材时,对矿体地质条件、自然条件及设备配套都有一定的要求。例如使用钢丝绳锯石机开采大理石时,岩石的坚硬系数 f 应小于 10。对于急倾斜的石材矿体,岩体层厚最好超过 10 m。水平或倾角较小的石材矿体,只要采出的荒料能够满足商品的尺寸规格要求,即使岩石的层厚较薄也可以使用锯切法开采。石材矿体即便存在不同程度的裂隙,只要能够达到要求的开采荒料率,也同样可以使用锯切法开采。但对溶洞发育和开口裂隙很多的石材矿体,通常锯切法是不适用的,因为作为钢丝绳锯石机切割磨料的石英砂浆、金刚石刀具的冷却水会从这些开口裂隙或溶洞中大量流失，使锯机不能正常工作。但有一种采用干式切割刀具的链臂式锯机，因为无需冷却水，所以可以用于存在溶洞或开口裂隙的大理石矿山。另外使用锯切法开采的石材矿山，必须有充足的水源供应，如果使用水冷锯切的臂式金刚石开采带锯，对供水量也有一定的要求。如果在高寒地区，使用冷却水的锯切设备，其作业期只能在非冰冻期内进行，锯切方法的开采期将会缩短。使用钢丝绳锯石机的矿山，除了要有充足的水源外，还应提供足够的石英砂。使用锯切开采方法时，要求配套的专用辅助设备种类也比较多，如大孔径液压钻机或凿岩机、液压顶石机、水压或气压顶推袋、具有一定起吊能力的吊装和运输设备等。

锯切开采法的特点是可以进行巨大面积的切割，开采出更大体积的石料，适应性强，锯缝损失小，开采的荒料成方性好，开采效率高，综合开采成本低，设备操作简单，工人劳动强度低。金刚石串珠锯可以锯切小到 2 m^2 的解体或整形面，大到 150 m^2、甚至更大面积的分离体切割面，还可以根据矿体的自然条件，实施水平面、垂直面或倾斜任意角度锯切面的锯切，适用范围广泛。使用钢丝绳锯石机或金刚石串珠锯时，可进行高度达到 15 m 的开采台阶的锯切；使用臂式切割机时，锯切深度也能达到 3 ~ 6 m。在使用金刚石串珠锯开采花岗石时，金刚石串珠绳的消耗成本是随着分离体体积的增大而逐渐降低的，随着开采台阶的高度加大，锯切深度增加，可得到体积更大的分离体，对减小裂隙对荒料率的影响、提高开采石材的荒料率是有利的。使用钢丝绳锯石机开采大理石时，锯缝的宽度只有 4 mm，使用金刚石串珠锯开采大理石或花岗石时，锯缝宽度也只有 10 ~ 12 mm，即便是使用臂式锯机开采大理石或蛇纹岩时，锯缝宽度也不过 40 mm 左右。因此，锯切法开采因锯缝引起的损失可忽略。锯切开采法开采出的荒料可做到 6 个几何面光滑、规则和平整；还具有很高的开采效率，金刚石串珠锯切割石灰石时可达到 15 ~ 16 m^2/h 的效率，锯切硬质花岗石也能达到 3 ~ 5 m^2/h 的效率，锯切挪威蓝珍珠等相对较软的花岗石，锯切效率甚至能够达到 15 m^2/h。另外，锯切设备的操作简单，维护保养容易，安装就位的辅助工作时间短。所以，锯切开采方法是目前开采石材的最理想、最先进的方法。

1.5.4 联合开采法

联合开采法就是将劈裂开采、控制爆破开采和锯切开采中的几种方法进行组合作业而形成的一种组合开采法。因为每种石材的品种差异、花色不同，矿体产状各异，以及矿山的地质条件、矿体外部及内部条件、矿山企业经济实力的不同，很难以一种或简单的几种石材开采的基本方法，去涵盖全部石材开采的工艺系统。所以，根据矿山的实际条件，选择适合自己矿山特点的联合开采法，是目前饰面石材开采方法中最合理的选择。

1.5.4.1 大理石矿山开采的组合方法

大理石的硬度较低，很容易切割，所以锯切法是使用机械开采大理石的主要手段。机械化开采大理石荒料的设备有多种，按照不同设备的组合，可形成不同的开采系统。

A 大理石用金刚石串珠锯开采系统

以金刚石串珠锯为主要开采设备，配以大孔径液压或气动钻孔机、气动凿岩机、液压顶石机、水压顶推袋、气压顶推袋、桅杆吊、装载机等辅助设备组成的大理石机械化开采系统，是目前使用广泛的锯切法开采大理石的机械化开采系统，适用于山坡露天类型的大理石矿山。开采大理石用金刚石串珠锯机，一般采用固定线速度的切割方式。

B 大理石用金刚石串珠锯与臂式锯机组合开采系统

在金刚石串珠锯开采系统的基础上，配备臂式锯机后，可组成大理石机械化开采系统。这种开采系统除适用于山坡露天、平面凹陷露天类型的大理石矿山外，采用专门的洞采臂式锯机，也是井巷型、山洞类型大理石矿山开采的最佳选择方案。臂式锯机有两种：一是链臂式锯机，二是金刚石开采带锯机。链臂式锯机用硬质合金做切割工具，适用于中硬度以下大理石和石灰岩类浅色石材的开采。金刚石开采带锯机的结构、运动原理与链臂式锯机相似，其切割刀具是金刚石刀头。金刚石开采带锯机的特点是切割速度快，还可锯切硬质大理石（蛇纹岩）或硅化大理石。

该系统从理论上讲是适用范围最为广泛的大理石机械化开采系统。另外，也有单独以臂式锯机组合的开采系统，适用于山坡露天、平面凹陷露天类型的大理石矿山开采。

C 金刚石串珠锯与移动式矿山切石机组合开采系统

该系统是在锯切式开采建筑石料锯机的基础上发展的一种锯切开采大理石的方法。开采时，采用串珠锯首先进行分离体水平面的分离切割，移动式矿山切石机在矿体上进行深度为650～1850 mm的垂直锯缝的切割，将矿体直接分解成荒料。也可采用水平密集排孔结合劈裂的方法分离水平面，然后再劈裂解体分离体生产荒料。

1.5.4.2 花岗石开采的组合方式

花岗石作为建筑材料，其特点是硬度高，难以切割。在国内开采花岗石时，一般都采用火焰切割机开掘开拓堑沟，手持式或台架式凿岩机钻凿排孔，并结合劈裂机、人工打楔或控制爆破等传统方法的联合开采法。随着金刚石串珠绳锯性能的不断改进，串珠锯代替火焰割切机的新型开采系统已得到广泛的使用。此外，国内还使用一种采用荒料单（双）刀切石机锯切并结合劈裂开采花岗石的方法。

A 机械劈裂法开采花岗石

采用劈裂法开采花岗石的最典型系统是，一套以台架式或轮式凿岩机作为开采主机，配备液压劈裂机、液压顶石机、水压顶推袋、慢动卷扬机、轮式装载机、桅杆吊、火焰切割机等设备组成的机械化开采系统。

国内大多数花岗石矿山，采用的是比较原始的人工劈裂法。在这类矿山中，常采用手持凿岩机钻凿比较浅的楔窝孔，人工打楔劈裂开采花岗石；采用简易抱杆吊与卷扬机组成的缆索吊装运输系统吊装运输石料。

B 排孔凿岩与控制爆破法组合开采花岗石

这套开采系统的基本原理与前述方法基本相同，但钻孔基本上都是与分离面深度等长的平行排孔，采用控制爆破的方法将分离体与矿体基岩分开，以及对大体积分离体的分解处理，液压劈裂机或人工打楔劈裂方式只是在解体小块分离体或者荒料整形时使用。除了可使用手持凿岩机钻凿排孔外，大量的排孔都是用台架式凿岩机钻凿的。单从开采效率看，排孔凿岩与控制爆破法组合开采花岗石的效率比纯劈裂法开采花岗石的效率要高。

劈裂法与控制爆破组合开采花岗石，是目前国内外绝大多数花岗石矿山使用的基本开采方法，标志机械化水平高低和开采荒料质量好坏的是钻凿排孔的方式。国内外一些机械化程度高的花岗石矿山，都采用单头、双头或者安装更多凿岩机头的气动型台架式凿岩机钻凿排孔，国外更先进的花岗石矿山则使用台架式液压凿岩机钻凿排孔。国内一般的花岗石矿山，钻凿排孔是使用手持式凿岩机完成的，只能称为半机械化开采花岗石。

C 车载式凿岩系统开采花岗石

车载式凿岩系统是将液压或气动凿岩机、液压劈裂机、装载机、发电机或空压机等设备集中安装在同一台专用车辆上的机械化开采花岗石的系统。车载式台架凿岩机是一种多功能的集成式开采系统,由一台履带或轮胎式拖拉机配有一个类似挖掘机工作臂的活动臂组成,设备电力、液压系统等动力均来自拖拉机的内燃机。活动臂末端可以安装专用的凿岩台架、液压劈裂机和其他辅助工具,完成排孔凿岩、液压劈裂、荒料位移、矿体覆盖层的简单剥离、碎石清除等矿山开采的大部分作业。该机非常适合缺水、少电的矿山开采作业。目前实用的车载式石材矿山专用凿岩机系统,在国内还未见生产。

D 金刚石串珠锯辅助切割的花岗石开采系统

随着开采锯切花岗石的串珠锯开采技术的日益成熟,串珠绳切割花岗石成本的不断降低,串珠锯参与开采花岗石的系统已经成为国内外花岗石矿山开采的主流系统,也成为石材矿山开采现代化的标志。在花岗石开采中已形成了以金刚石串珠锯为主,结合各种结构形式的单、多头台架式凿岩机、液压劈裂机、液压顶石机、气压和水压顶推袋等辅助机械设备,以及桅杆式起重机等各种吊装设备的机械化开采花岗石的方式。这些设备经过不同形式的搭配组合,构成了不同的开采方法。国外花岗石荒料生产大国巴西、西班牙、印度和许多北欧国家,金刚石串珠锯开采花岗石的配套率几乎达到了100%。

金刚石串珠锯开采技术不仅使传统的花岗石矿山开采工作变得更现代化,而且使得恶劣的矿山工作条件得以改善,同时奠定和巩固了非破坏性石材开采工艺技术的基础,是一种有利于环境保护、节约石材资源的开采方式。

E 金刚石串珠锯全锯切开采花岗石

对劈裂性很差及名贵品种的花岗石开采,这种方法非常值得推广。它可最大限度地保护荒料和矿体不被破坏,并且可以开采出规整的荒料。国内已经有花岗石矿山成功地使用了金刚石串珠锯全锯切开采方法,并取得了很好的效果。在福建三立达翡翠绿及九龙壁花岗石矿山使用该方法,已经成功地开采出可用于大板切割的完整砂锯荒料,在翡翠绿矿山,其荒料率也从原来不到5%提高到40%以上。

F 荒料单(双)刀切石机开采花岗石

这是我国极具创新的一种石材开采方法,已经获得成功。它使用花岗石矿山用、安装最大直径达到4.2 m锯片的荒料单(双)刀切石机,结合劈裂的方法开采花岗石。该方法效率高,锯切成本低,在矿体条件比较好时,荒料率高达40%以上,而且所形成的开采台阶非常整齐,是一种适合国情、保护石材资源的新型花岗石开采方法。但要求岩层结构稳定、走向平缓,岩石劈裂性好,颜色单一。如果石材花色与矿体形态有关,又与开采方向不对,只能使用安装最大直径锯片(4.2 m)的锯机,才能满足开采高度达到1.85 m砂锯荒料的要求。

G 高压水设备结合串珠锯进行花岗石的山洞式开采设想

当前使用串珠锯开采的方式,还无法用于开采山洞或井巷式花岗石矿山。采用专用的高压水切割设备结合串珠锯,进行花岗石的山洞或井巷式开采,从工艺上看是可行的。这种方法在国外已在进行研究,但受到高压水切割设备高昂的价格和大量的维护费用,以及较高的开采成本的制约,使得这种更先进的开采设备和方法还处于有待进一步完善和改进的试验阶段。如果这种技术的各种指标能够达到工业化生产的水平,将带来石材矿山开采革命性的变革。

1.6 建筑石料开采方法和开采设备介绍

建筑用石料的种类很多，通常包括房屋墙体、地面工程建筑用石料，道路建设用石料，水利工程、桥墩、港口堤坝建设用石料三大类。建筑石料有条石、块石、板石、方块石、蘑菇石等多种形状。国内外的建筑行业对各种建筑石料的用量都非常大。

1.6.1 建筑石料的开采方法

建筑用石料的石质种类很多，一般分为花岗岩类的硬质石料，砂岩类中硬石料和大理岩、石灰华、石灰岩和火山凝灰岩等类型的软质石料。石料硬度不同，所采用的开采、加工工艺和方法也不一样。

1.6.1.1 劈裂法开采硬质石料

在使用机械设备开采和加工花岗岩类硬质建筑石料时，由于石材本身具有很高的硬度，所以不能使用锯切方法，一般都采用液压劈裂的方法。其开采工艺包括剥离、钻孔、控制爆破劈裂、解体、坯料生产、劈石生产等步骤。除坯料和劈石生产工序外，其余开采工序与花岗石荒料开采的对应工序基本相同，不同之处只是分离体规格尺寸大小的差异。

1.6.1.2 锯切法生产软质建筑石料

使用机械设备、采用锯切生产方式一般适用于像大理石、石灰华、火山凝灰岩和石灰岩等软质石料或砂岩类的中硬石料的生产，是机械化开采、加工建筑石料的基本方法。目前开采和加工建筑石料的锯切设备有链臂式锯机、圆盘式锯机、圆环铣刀式锯机等设备。

1.6.2 建筑石料矿山开采设备介绍

1.6.2.1 锯片类锯切设备

A 单功能圆盘式锯机

所谓单功能是指锯机只能进行垂直锯切或水平锯切，是矿山相互配合使用的早期机型。根据单功能垂直切机锯切石料的深度尺寸不同，安装锯片的直径可以变换，一般垂直锯片的直径为600～1300 mm，可以完成250～500 mm深度的锯切；有些垂直切机可以安装直径3.4～4 m的锯片，完成1.5 m以上深度切割缝的锯切；水平锯片的直径一般为300～800 mm，可完成深度100～300 mm锯缝的锯切。

B 垂直、水平组合圆盘式锯机

这种组合机实际上是将上述垂直、水平的单功能机组合成为多功能机，可单独或同时进行垂直或水平锯切。单独完成一种功能锯切时，另外的锯片可以避开，不会相互影响。当同时进行垂直、水平锯切作业时，两套结构也互不干涉。平行或正交锯切的垂直锯切动力头可安装2～3个垂直锯片，水平锯切动力头可同轴安装1～2个相互平行、上下间距布置的水平锯片。

C 安装在挖掘机上的圆盘锯机

在国外的一些建筑石料矿山上，曾见过类似的设备（见图1-5）。其组合方式是将挖掘机的铲斗去掉，直接将锯片动力头单元安装在挖掘臂的末端部位，组成一台大型移动式圆盘式锯机，完成石料的垂直锯切，这种结构有时可以安装直径超过2.5 m的锯片。这种锯机机动灵活，可以用于长度不限的垂直锯切，生产效率从每小时几平方米到几十平方米，但这种机型最多只能锯切中等硬度的岩石，如砂岩等。

图 1-5　安装 3 m 直径基体硬质合金刀头锯片的建筑石料开采机械

1.6.2.2　链臂式锯机

链臂式建筑石料锯切设备，与开采大理石荒料所使用的同类设备的结构和工作原理相同，也分成垂直和水平切机，以及垂直水平锯切组合机。与具有长达 4 m 切割臂的石材开采机型不同，用于建筑石料开采的链式锯的切割臂比较短，一般只有 1 ~ 1.5 m 即可满足要求。开采石灰岩、火山凝灰岩等软质石材，可以使用碳化钨硬质合金刀头的切割链，既可干切又可湿切；锯切砂岩类较硬石材，应选用安装金刚石刀具的切割带，采用湿切方式。

国内建筑石料开采主要采用人工劈裂修整的方法，也就是传统的石匠打石料的手工方法。机械劈裂和锯切开采在国内建筑石料开采中未见使用。单功能圆盘式锯机和垂直、水平组合圆盘式锯机，链臂式锯机等建筑石料开采设备国内目前还未见生产。

总之，石材开采方法的选择应根据矿体地质条件、自然条件、花色品种、荒料规格及开采规模等各种因素进行综合分析后确定。开采方法选择的正确与否，将直接影响到石材荒料的产量、质量和生产成本，甚至会影响到能否成功地进行石材荒料的开采。除了按照上述方式科学地确定开采方法外，还可参照其他已经成功和成熟开采、并取得较好经济效益的矿山进行类比，这对选择正确的开采方法也有一定的帮助。

本书将重点讨论目前最先进的锯切开采设备——金刚石串珠锯的力学性能，在大理石、花岗石开采和加工中的应用技术，开采石材的工艺方法，前期准备，开采设备和辅助设备的使用、维护和保养等内容。

第2章 石材开采用金刚石串珠锯

金刚石串珠锯因其具有锯切效率高、锯切质量好、使用灵活、适用性强、综合开采成本低、开采荒料率高等特点，已经广泛用于大理石、石灰石、砂岩矿山的开采，而且在花岗石矿山开采方面也已经得到了应用。本章将介绍用于石材开采的金刚石串珠锯的结构和性能特点。

2.1 金刚石串珠锯的分类

二十多年来，经过对旧式机型的不断改进和提高，石材开采用金刚石串珠锯的结构形式、技术性能基本稳定，形成了目前广泛使用的先进机型模式。有多种方式可对金刚石串珠锯进行分类，本书将按照其机动方式、用途和动力机构形式等对其进行分类。

2.1.1 按照机动方式分类

按照金刚石串珠锯机动方式的不同，可将其分成石材开采用移动式金刚石串珠锯、荒料整形和异型加工用固定式串珠锯。

移动式金刚石串珠锯主要用于石材矿山开采作业，包括一些专门用于荒料整形的小型移动式金刚石串珠锯。固定式金刚石串珠锯专门用于荒料整形、板材切割加工、异型石材制品加工，分为门架式和台式结构。

2.1.2 按照用途分类

根据用途和开采石材种类的不同，金刚石串珠锯可分成大理石开采、花岗石开采、石材整形和板材加工、异型石材制品加工和特殊用途的金刚石串珠锯。

开采大理石和石灰华等软质石材用移动式金刚石串珠锯，金刚石串珠绳的线速度是固定不变的，一般为40 m/s左右。用于开采花岗石类硬质石材的移动式金刚石串珠锯，金刚石串珠绳的线速度是可调节的，调节范围一般在20～40 m/s之间。用于荒料整形的金刚石串珠锯有移动和固定两种结构形式，小型移动式金刚石串珠锯主要用于石材矿山的开采。用于荒料整形和板材加工的固定式金刚石串珠锯，既可在石材矿山安装，又可在板材加工厂使用。用于异型石材制品加工的金刚石串珠锯，一般都采用数控系统和固定的结构形式。拼花石材切割用小型金刚石串珠锯均为台式结构，另外还有墓碑石加工用的固定式金刚石串珠锯。用于建筑行业，专门从事钢筋混凝土等建筑构件拆除切割或其他用途的特殊用途金刚石串珠锯，一般都采用移动式结构。

2.1.3 按照动力方式分类

根据金刚石串珠绳驱动方式的不同，可分成液压马达驱动的液压式金刚石串珠锯、电机驱动的电动式金刚石串珠锯、柴油内燃机驱动的内燃式金刚石串珠锯。

不论是固定式、移动式还是台式金刚石串珠锯，电机驱动方式是目前最为广泛使用的金刚石串珠锯的动力方式，世界上绝大多数金刚石串珠锯都采用电机驱动，只有个别用于花岗石开采的变速型、移动式金刚石串珠锯机型，才采用内燃机驱动方式，电动式金刚石串珠锯已经成为串珠锯的标准结构形式。液压式金刚石串珠锯是第一代金刚石串珠锯采用的动力方式，目前已经被淘汰，不再使用。

2.1.4 按照控制系统分类

由于金刚石串珠锯采用不同的控制系统，所以又可将其分成常规电器控制、程序控制、PLC 可编程序控制的变频调速型等普通金刚石串珠锯，以及计算机数控系统控制的数控式串珠锯。石材开采用移动式金刚石串珠锯，整形用固定式金刚石串珠锯，有些以仿型方式加工异型石材制品、采用常规控制系统的固定式串珠锯，都属于普通串珠锯。

2.2 金刚石串珠锯的机构

用于石材开采的金刚石串珠锯一般由动力机构、行走机构、控制系统和辅助装置组成。动力机构用于驱动主飞轮旋转，带动串珠绳高速运动；行走机构驱动锯机在导轨上往复运动，实现金刚石串珠锯的切割进给运动，保持金刚石串珠绳在锯切过程中的张紧力；由三相动力电源和电子系统以及变频器组成的控制系统，负责提供大功率主电机的供电、调速、控制主电机星三角启动方式的转换，并监视、控制金刚石串珠绳的切割张紧力、调整行走机构驱动锯机的运动速度。辅助装置包括导轨、固定在锯机上的导向轮、独立的辅助导向轮、防护装置等。

2.2.1 金刚石串珠锯的动力机构

按照驱动金刚石串珠绳动力方式的不同，金刚石串珠锯的动力机构有液压式、电动式和内燃机式结构。

2.2.1.1 液压式金刚石串珠锯

世界上第一台金刚石串珠锯所采用的动力方式就是液压式，由一台与主飞轮同轴连接的低速大扭矩液压马达驱动主飞轮旋转，带动金刚石串珠绳高速运动，液压动力来自一个由 18 ~ 22 kW 电动机带动的液压泵站。图 2-1 是液压式金刚石串珠锯的结构示意图，图 2-2 是意大利 BENETTI 公司生产的 DWP800 型液压式金刚石串珠锯的外观。

液压式金刚石串珠锯是第一代金刚石串珠锯采用的机型，金刚石串珠绳的线速度比较低，一般小于 30 m/s，通常只有 10 ~ 20 m/s，因为液压马达转速的限制，为了达到金刚石串珠绳的这一线速度，必须使主飞轮的直径达到 1 ~ 1.2 m。这种液压式金刚石串珠锯的锯切速度比较低，一般只能达到 3 ~ 5 m^2/h。由于液压系统工作复杂，维修保养困难，在矿山粉尘很大的工作环境下容易发生故障，液压系统功率的增加受到能量转换效率和设备制造成本的限制，能够提供给金刚石串珠绳的张紧力是有限的，这种动力的串珠锯能够带动金刚石串珠绳的长度不能很长，所以液压式金刚石串珠锯切割的面积一般都比较小。以液压系统为动力的第一代金刚石串珠锯，只在大理石矿山使用了几年时间，便被更先进的电动式金刚石串珠锯所取代。目前在意大利和其他开采机械化普及率比较高的国家，已经看不到液压式金刚石串珠锯的使用了。图 2-3 是意大利 PELLEGRINI 公司早期生产的 DB25 型液压式金刚石串珠锯在大理石矿山上的锯切作业，图 2-4 是意大利 BENETTI 公司早期生产的 CUTROCK810 型液压式金刚石串珠锯在大理石矿山上的锯切作业。

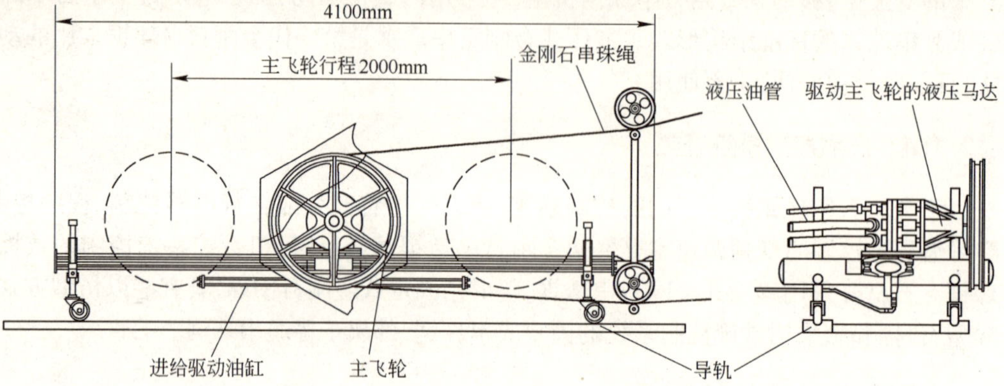

图 2-1　液压式金刚石串珠锯的结构示意图

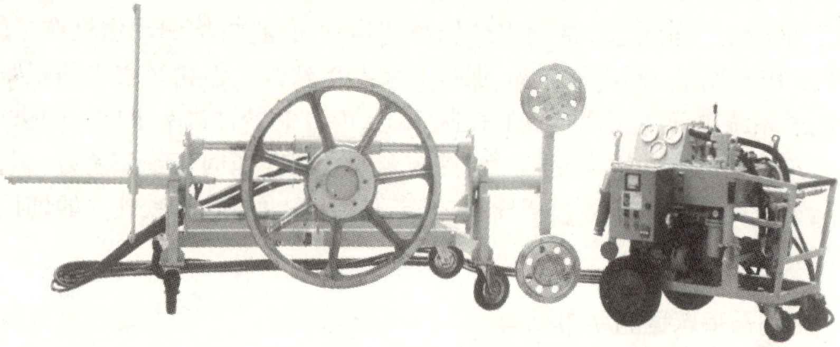

图 2-2　意大利 BENETTI 公司生产的 DWP800 型液压式金刚石串珠锯

图 2-3　意大利 PELLEGRINI 公司的 DB25 型液压式金刚石串珠锯的开采锯切作业

图 2-4　意大利 BENETTI 公司的 CUTROCK810 型液压式金刚石串珠锯开采锯切作业

2.2.1.2 电动式金刚石串珠锯

电动式金刚石串珠锯的动力机构是一台大功率三相交流电机，直接驱动主飞轮旋转，带动金刚石串珠绳运动。根据使用主电机功率的不同，金刚石串珠锯可以分成主电机功率为7.5 ~ 18 kW 的小型金刚石串珠锯、驱动电机功率为 22 ~ 30 kW 的中型金刚石串珠锯、驱动电机功率为 37 ~ 55 kW 的大型金刚石串珠锯，以及驱动电机功率超过 55 kW 的超级金刚石串珠锯。电机转速恒定的金刚石串珠锯用于大理石开采，配备变频器的金刚石串珠锯，其电机的转速可调节，金刚石串珠绳的速度也可在一定范围内改变。变速型金刚石串珠锯用于花岗石或硬质大理石矿山的开采。

电动式串珠锯分为主电机与主飞轮依靠联轴器同轴连接的直联式结构，以及电动机与主飞轮通过一套格里森螺旋伞齿轮或油浴伞齿轮减速器连接的间接式连接结构。图 2-5 ~ 图 2-14 是几种意大利和国内不同开采设备厂家生产的电机与主飞轮直联型电动式金刚石串珠锯。其中图 2-12 是福州天石源公司 11 kW 双槽主飞轮全功率传递型小型串珠锯，该机的最大特点是采用双轮槽主飞轮结构，主电机输出的动力绝大部分都传递到串珠绳上，使得串珠锯获得更高的切割动力，虽然该串珠锯重量只有 300 多公斤，但能够切割 30 ~ 50 m^2 花岗石分离体的锯切面积。图 2-14 是山西机床厂生产的 JJS-30 型电动式金刚石串珠锯，该机电机与主飞轮之间通过传动带、螺旋伞齿轮减速器连接。后面介绍的几种内燃机型金刚石串珠锯（图 2-16 和图 2-17）发动机与主飞轮之间采用的也都是传动带和螺旋伞齿轮连接结构。

图 2-5 BENETTI 公司的 VIP910 型电动式金刚石串珠锯

图 2-6 MARINI 公司的 GRAN-FIL 型电动式金刚石串珠锯

对于采用主电机与飞轮直联、固定速度结构的金刚石串珠锯，每次启动时，如果直接将金刚石串珠绳的速度从零突然在瞬间加速到最高线速度，金刚石串珠和钢丝绳的磨损很大，最好将加速时间设定在 15 s 以上，这样可解决金刚石串珠锯在张紧状态下的“负载启动”问

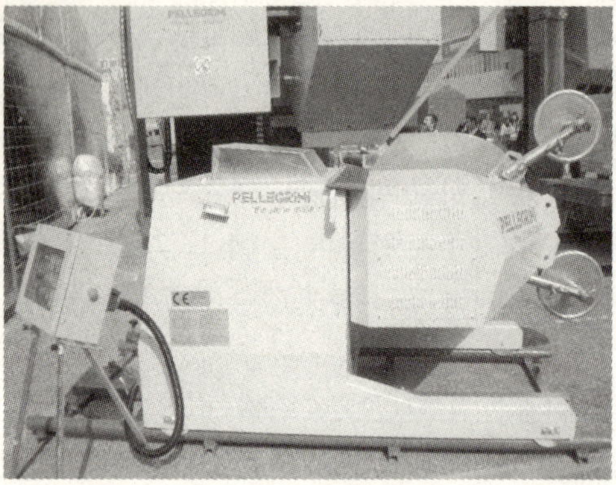

图 2-7　意大利 PELLEGRINI 公司的 TDI100 型金刚石串珠锯

图 2-8　MICHELETTI 公司的 TELE/STAR2002 型金刚石串珠锯

图 2-9　福州天石源超硬材料有限公司生产的 TSY 型金刚石串珠锯

图 2-10　山西机床厂生产的 JJS-30 BT 型金刚石串珠锯

图 2-11　福州天石源公司生产的 TSY-KSG 55 kW 金刚石串珠锯

图 2-12　福州天石源公司生产的 TSY-KSG/M 11 kW 双槽主飞轮全功率传动式小型串珠锯

图 2-13 意大利 MARINI 公司的单槽主飞轮小型串珠锯

图 2-14 山西机床厂生产的 JJS-30 型金刚石串珠锯

题。通过电机直接启动主飞轮带动金刚石串珠绳运动，中间最好增加一套液压连接器、机械离合器，但由于增加了中间机构，使得串珠锯的结构复杂，这种机械缓冲启动的方式并未得到推广，另外有些机型的串珠锯也曾采用以不同速度启动的方式带动主飞轮旋转。还有些机型的金刚石串珠锯，在电机与主飞轮之间采用带传动结构，这种结构既可用于固定速度的金刚石串珠锯，也可用于变速金刚石串珠锯；变速机型采用宽传动带和圆锥形带轮结构，以便于金刚石串珠绳线速度的调整。目前解决这一问题的最佳方法是采用恒定扭矩的主电机变频调速方式，在低转速下启动电机，逐渐增加飞轮转速至合适数值，同时还可实现串珠绳线速度的无级调节。实践证明，电机和主飞轮直联方式的金刚石串珠锯，是目前运动零件最少、结构最简单、故障率最低、维修最方便的结构形式，而且金刚石串珠绳基本不受额外振动的影响。

采用电机驱动后，金刚石串珠锯的主飞轮直径可以减小许多。这是因为通过改变电机的极数或变频调速后，可以调整主飞轮的直径。对于开采大理石的金刚石串珠锯，在保证金刚石串珠绳线速度在 40 m/s 的前提下，可采用 6 极固定转速电机，主飞轮的直径可减小至 0.8 m。

电动式金刚石串珠锯的另一个特点是锯切速度快，锯切大理石、砂岩通常能够达到 8 ~ 12 m^2/h 的切割速度；锯切石灰华或米黄类石灰石类软质石材时，切割速度能够达到 12 ~ 16 m^2/h 甚至更高；锯切中硬花岗石的速度能够达到 5 ~ 7 m^2/h；最近的资料介绍，锯切挪威蓝珍珠花岗石的锯切速度，已经达到 15 m^2/h 以上。

随着主飞轮驱动电机功率的加大，电动式金刚石串珠锯可以带动更长的金刚石串珠绳，锯切更大的切割面积，或锯切更硬的石材。通常主电机功率越大，可带动的金刚石串珠绳越长。按照每千瓦电机功率可带动 1.2 ~ 1.5 m 金刚石串珠绳的经验公式计算，55 kW 电机可以带动 80 m 长的金刚石串珠绳，对于采用 10 ~ 15 m 高台阶开采大理石的矿山来说，意味着切割深度可达 15 ~ 23 m，切割面积达到 225 ~ 345 m^2。

早期电动式金刚石串珠锯的主电机一般不带制动装置，停机后，由于主飞轮的惯性作用，它还要带着金刚石串珠绳继续旋转一段时间，使得操作者不能立即接近锯机和锯切面，加长了辅助工作时间。后来曾有电动式金刚石串珠锯采用制动型主电机，解决了停机后主飞轮立即停止转动的问题，尤其是在出现断绳等需要立即停机的紧急情况时，装有制动型主电机的金刚石串珠锯更加安全可靠。目前新型的主电机变频调速型串珠锯，采用低速停机方式，从根本上解决了这一问题，而且串珠锯主动力系统的结构更加简单。

日本的 Qgyu 公司也生产石材开采用串珠锯，其中一款机型是安装两个平行飞轮的特殊结构串珠锯，见图 2-15。该机可选装 37 kW 电机或 56 kW 的柴油机动力，适合不同开采条件的石材矿山使用。这种结构的串珠锯一次可锯切两个平行的垂直面，还可用于荒料整形，与单飞轮串珠锯整形荒料相比，效率提高一倍以上。整形切割坚硬的白色花岗石可以达到 2 m^2/h 的切割速度，串珠绳的寿命可达 5 m^2/m。

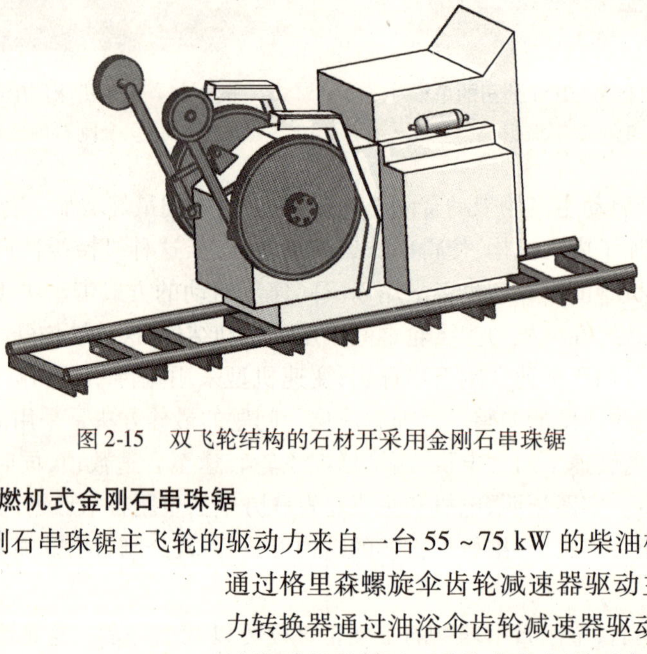

图 2-15　双飞轮结构的石材开采用金刚石串珠锯

2.2.1.3　内燃机式金刚石串珠锯

内燃机式金刚石串珠锯主飞轮的驱动力来自一台 55 ~ 75 kW 的柴油机，由转矩变换器通过格里森螺旋伞齿轮减速器驱动主飞轮，或者由液力转换器通过油浴伞齿轮减速器驱动主飞轮。调整柴油发动机的转速，可以改变金刚石串珠绳的线速度，例如，发动机的转速在 2000 r/min 时，对应的飞轮转速是 540 r/min，金刚石串珠绳的线速度是 23 m/s，所以内燃机式金刚石串珠锯一般都可以做成变速机型。内燃机式金刚石串珠锯还可以实现主飞轮的渐进启动，可很好地解决金刚石串珠绳的负载启动问题。

图 2-16　意大利 PELLEGRINI 公司的 TDD100 型内燃机式金刚石串珠锯

图 2-16 和图 2-17 是意大利 PELLEGRINI 公司生产的 TDD100 型和 TDD100SUPER 型内燃机式金刚石串珠锯的外观图，图 2-18 是内燃机式金刚石串珠锯使用的柴油发动机，一般采用四缸风冷柴油发动机，其型号有 VM-SUM3105（55 kW）和 VM-SUM4105（75 kW）。

图 2-17 意大利 PELLEGRINI 公司的 TDD100 SUPER 型内燃机式金刚石串珠锯

图 2-18 意大利 PELLEGRINI 公司的 TDD100 系列金刚石串珠锯的柴油发动机

这两款金刚石串珠锯都具备金刚石串珠绳的速度可调功能，可用于大理石和花岗石矿山的开采，特别适用于缺少电力的矿山。在内燃机式金刚石串珠锯上，还配备发电机，由柴油发动机驱动，以满足矿山的照明用电和一般维修用电需要，发电机的功率一般是 5 ~6.5 kW。内燃机式金刚石串珠锯的缺点是，转矩变换器、液力转换器和螺旋伞齿轮减速器的维修成本高，由于柴油发动机的振动，引起金刚石串珠绳在工作时额外抖动，影响金刚石串珠绳的寿命，同时对电子元器件的影响比较大。

2.2.2 金刚石串珠锯的行走机构

金刚石串珠锯行走机构的作用是驱动锯机往复运动，控制调节金刚石串珠绳的张紧力。通常锯机相对于被切割矿体的后退移动，是锯切的进给运动。当锯机进给运动至导轨尽头时，必须重新调整锯机的锯切初始位置，如果采用减短串珠绳的方式，就必须将锯机重新向被切割矿体方向快速前进移动；当金刚石串珠绳松弛后停机，操作者完成金刚石串珠绳的剪断操作，并将锯机移动到导轨前端后，才能重新连接串珠绳，开始新的锯切运动。行走机构通过改变锯机进给运动的速度，可控制调节金刚石串珠绳的张紧力处于恒定拉力工作状态，防止将金刚石串珠绳拉断。

根据驱动方式的不同，行走机构可分为液压油缸带动的液压驱动式行走机构、牵引式行走机构、机械传动式行走机构。

2.2.2.1 液压驱动式行走机构

液压驱动式行走机构是与液压金刚石串珠锯配套的行走机构，其工作原理是通过液压油缸带动主飞轮在导杆上往复运动，调节进入油缸液压油的流量来控制主飞轮的运动速度，实现锯切进给速度的控制调节。与机械式行走机构不同，锯机的进给运动是通过主飞轮在油缸上的运动实现的，进给运动时，锯机是固定在两条导轨上的。由于受到液压油缸长度的限制，活塞运动的距离一般在 1 m 左右，当主飞轮运动到油缸末端时，必须停机向后移动锯机的位置，并重新固定锯机开始新一轮切割进给运动。因此，在矿山锯切作业时，采用液压驱动式行走机构的金刚石串珠锯需要经常地停机调整锯机的位置，所以辅助时间比较长。配备液压驱动式行走机构的金刚石串珠锯，常常不能稳定地控制金刚石串珠绳的张紧力。这是因为不能够稳定地调节辅助液压油缸的流量,尤其是依靠液压动力驱动主飞轮的液压式金刚石串珠锯,虽然后者主动力和行走动力分别采用两套独立工作的液压系统,但为提高金刚石串珠绳的张紧力,需要增加辅助油缸的压力和流量,这时常会引起主飞轮液压动力供应的降低,造成失速现象。如果辅助油缸的工作压力过低,金刚石串珠绳不能得到充分的张紧,会降低切割速度。在新型的电动式和内燃机式金刚石串珠锯中,已经不再使用液压驱动式行走机构。

图2-19 意大利BENETTI公司DWP800型采用液压行走机构的液压式金刚石串珠锯

图2-1所示的液压式金刚石串珠锯采用的是液压驱动式行走机构,图2-2是意大利BENETTI公司早期生产的DWP800型液压金刚石串珠锯,该机采用的也是液压驱动式行走机构,图2-19是该机正在进行石灰华矿山的锯切开采作业。

2.2.2.2 牵引式行走机构

牵引式行走机构分成配重平衡牵引式和卷扬机牵引式行走机构,也是早期金刚石串珠锯使用的第二代行走机构。其特点是结构简单,操作容易,但锯机的速度和金刚石串珠绳的张紧力不易控制和调整,目前只在极少数型号的金刚石串珠锯上使用,绝大多数新型金刚石串珠锯上已经不再使用。

配重平衡牵引方式的工作原理是,在金刚石串珠锯导轨的末端,安装一根装有定滑轮和配重砝码的垂直立杆,锯机与砝码之间由一条绕过定滑轮的钢丝绳连接到一起。切割工作时,在砝码重力作用下,钢丝绳拉动锯机移动以实现锯机的切割进给运动,改变砝码的重量可调整金刚石串珠绳的张紧力。为了收集多余的钢丝绳,配重平衡式牵引机构还需要配备一个绞盘。

卷扬机牵引方式的工作原理是,固定在金刚石串珠锯上的卷扬机负责收集牵引钢丝绳,导轨末端上固定一个定滑轮,钢丝绳绕过定滑轮与锯机连接。启动卷扬机上的电机,收紧牵引钢丝绳,使锯机在导轨上移动,实现切割进给运动。

还有二者合成一组的组合牵引方式。在锯机末端安装一套拉动主飞轮单元的配重张紧器,用于切割过程中金刚石串珠绳的张紧力控制;另外在锯机和导轨末端安装一套由电动卷扬机和钢丝绳牵引导向装置组成的牵引机构,用于锯机进给运动,张紧和牵引拖拽构成锯机的切割进给和金刚石串珠绳的张紧力控制。

图2-20是意大利PELLEGRINI公司生产,采用配重张紧力控制和牵引式行走机构组合式的早期电动式金刚石串珠锯。图2-21所示的是意大利BENETTI公司早期生产的,采用卷扬机牵引式行走机构的CUTROCK850型电动式金刚石串珠锯。图2-22是意大利DAZZINI公司目前仍在生产的、卷扬机牵引式行走机构的S600型电动式金刚石串珠锯。图2-23和图2-24分别是S600型电动式金刚石串珠锯的卷扬机牵引式行走结构中的电动卷扬机和定滑轮局部示图。

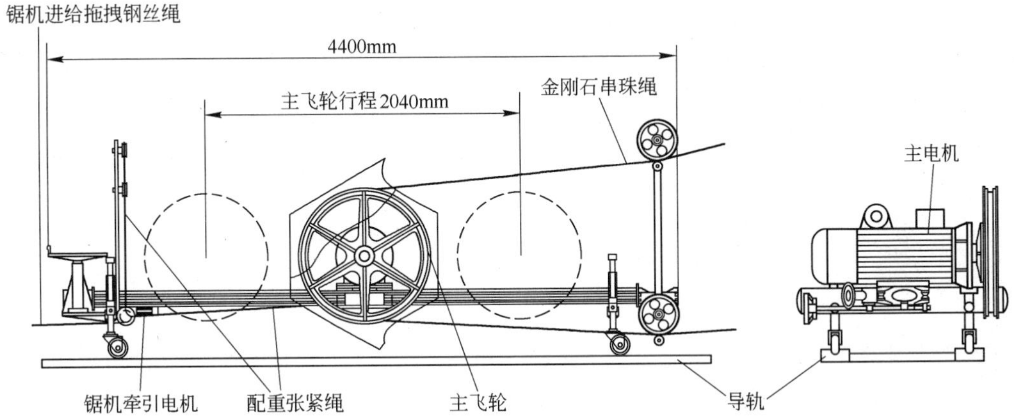

图 2-20 采用牵引式行走机构的早期电动式金刚石串珠锯

图 2-21 CUTROCK850 型卷扬机牵引式电动金刚石串珠锯

图 2-22 S600 型卷扬机牵引式电动金刚石串珠锯

图 2-23 S600 型电动金刚石串珠锯牵引卷扬机

图 2-24 S600 型电动金刚石串珠锯定滑轮

2.2.2.3 机械传动式行走机构

机械传动式行走机构是目前金刚石串珠锯上普遍使用的行走机构，可方便地实现串珠绳张紧力的自动控制。该机构由电动机、减速器、传动装置、导轨和反馈系统组成。自动控制串珠绳张紧力的工作原理是，根据串珠绳锯切张紧力大小对主电机负荷的影响，反馈系统将监测到的主电机负载电流、功率或其他参数变化的信号，连续不断地反馈到串珠锯的主控制系统，使其随时掌握金刚石串珠绳张紧力的变化，及时调整改变行走电机的速度，也就是控制调整连接于传动机构输出端的锯机进给运动速度，达到控制、保持金刚石串珠绳切割过程中恒定张紧力的目的。由于使用了电机、减速器作为行走机构的驱动系统，所以采用电子监控系统、控制锯机自动工作成为可能。

图 2-25 山西机床厂 JJS-30 BT 型串珠锯链轮链条传动副和齿轮齿条执行机构

机械传动式行走机构的执行机构包括减速器、传动机构、齿轮齿条传动副和导轨。图 2-25 ~ 图 2-27 所示的行走机构采用了中间传动机构，安装在锯机上的减速器，其输出端通过链条和链轮组成的中间传动机构，将动力传送到与链轮同轴连接的齿轮上，齿轮与固定在导轨上的齿条组成的执行机构带动锯机在导轨上运动。

图 2-26 福州天石源公司 TSY 系列串珠锯的链轮链条传动副和执行机构

图 2-28 ~ 图 2-29 所示的行走机构省略了中间传动机构，齿轮直接与减速器输出轴连接，带动锯机在安装有齿条的导轨上行走。采用齿轮齿条作为执行机构的行走机构，导轨一般用圆形钢管或型钢焊接而成，这种结构的导轨刚性好。图 2-30 所示为采用链轮直接与减速器输出轴连接，带动锯机在安装有齿条的导轨上行走。导轨一般采用拼接方式，便于搬运和安装。

图 2-31 所示为意大利 MICHELETTI 公司生产的金刚石串珠锯，采用钢板焊接的导轨与棘轮组成的执行机构，减速器输出端与棘轮连接，棘轮在钢板冲焊、表面制成“镂空”形状的导轨上运动，图 2-32 是“镂空”型导轨的结构图，图 2-33 是“镂空”型导轨的实物图。这种执行机构的特点是，工作时导轨面上不积留石粉、污物，重量轻，但刚度不好，容易因碰撞而变形。

图 2-27 链轮链条传动副和齿轮齿条执行机构

图 2-28 VIP910 型金刚石串珠锯的齿轮齿条传动副和导轨

图 2-29 VIP910 型金刚石串珠锯的齿轮齿条传动副和执行机构

图 2-30 金刚石串珠锯的链轮传动副和执行机构

虽然主飞轮经常会左右移动，或者在锯机左右两侧位置工作，但将串珠锯行走机构的传动系统置于导轨的中心对称位置，无论飞轮位于锯机的哪侧，受到因串珠绳张紧力引起的偏心力矩基本相等，与齿条偏置导轨一侧的结构相比，该力矩都是最小的。

变频调速电机、直流调速电机、交流伺服电机或交流调速电机都可作为机械传动式行走机构的驱动电机。直流电机具有更好的低速扭矩性能，即在低速运转时仍能保持比较大的扭矩特性，所以在早期机械传动式行走机构中使用最多的是直流电机。虽然交流伺服电机的低速扭矩性能更好，但其价格较高，在矿山开采的恶

图 2-31 棘轮式执行机构的金刚石串珠锯

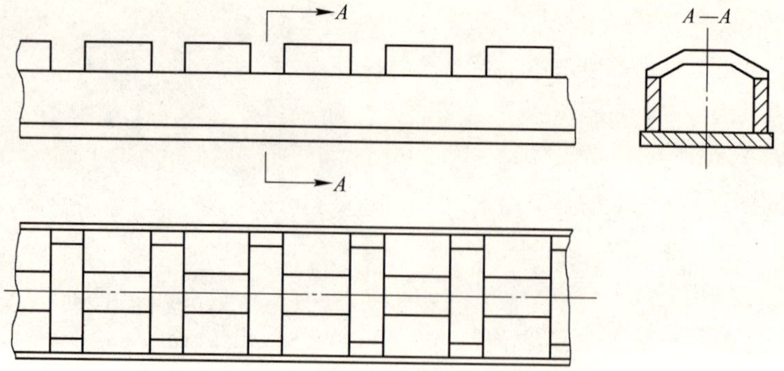

图 2-32 棘轮式执行机构的“镂空”型导轨

图 2-33 棘轮式执行机构的“镂空”型导轨实物图

劣环境下,维护保养难度大,所以很少采用。低速扭矩特性同样好的变频调速电机,其结构简单,控制性能可靠,目前已经成为金刚石串珠锯行走控制系统的最佳选择方案。

因为锯机的进给行走速度比较慢,所以常选择大速比的减速机。如采用交流调速电机控制时,通过速比为1∶49 和1∶57(总速比1∶2793)的减速机,电机的转速在10～2800 r/min 之间连续可调,可保证锯机的行走速度在1～250 mm/min 之间任意变化。

2.3 串珠锯的辅助机构

串珠锯的辅助机构包括主电机的支承机构、主飞轮的侧向回转机构、主飞轮轴线平行移动机构、主飞轮和机载导向轮结构等。

2.3.1 主电机的支承结构

根据主电机与主飞轮连接传动方式的不同,目前在金刚石串珠锯中常用的固定支承主电机的方式有固定式、门架式和悬臂式三种。

2.3.1.1 固定式结构

固定式结构用于主电机(或内燃机)与主飞轮之间采用螺旋伞齿轮减速器连接的串珠锯,如山西机床厂生产的 JJS-30 型串珠锯(图 2-14),意大利 PELLEGRINI 公司生产的 TDD100 型(图 2-16)、TDD100SUPER 型(图 2-17)内燃机型金刚石串珠锯。电机固定式结构的特点是稳定性好,重量很大的电机被固定后,减轻了悬挂在前方的主飞轮组件的重量,减少了带动金刚石串珠绳运动和切割过程中的振动,有利于金刚石串珠绳寿命的延长。但使用了传递主电机动力和变换旋转方向的螺旋伞齿轮减速器后,使得主传动结构复杂了,增加了维修保养的难度和成本。为了发挥其稳定性好的特性,固定式结构多用于大型电动式金刚石串珠锯,如意大利 PELLEGRINI 公司生产的 40 kW 主电机的 TDV55 型、50 kW 的 TDV65 型、山西机床厂生产 45 kW 的 JJS-45 型等电动式金刚石串珠锯。PELLEGRINI 公司生产的 75 kW TDD100 型(图 2-16)、TDD100SUPER 型(图 2-17)内燃机式金刚石串珠锯,因内燃机的重量大,也采用发动机固定式结构,以减少发动机工作时所产生的振动。

2.3.1.2 门架式结构

门架式结构用于主电机与主飞轮直联的电动式金刚石串珠锯,如意大利 BENETTI 公司生产的 BETA870 型(图 2-34)和 ALPHA840 型(图 2-78)、TL920 型(图 2-35)、CUTROCK850 型(图 2-21),意大利 DAZZINI 公司生产的 S600 型(图 2-22)电动式金刚石串珠锯,图 2-36 所示为国产门架型电动式结构金刚石串珠锯的现场锯切作业。

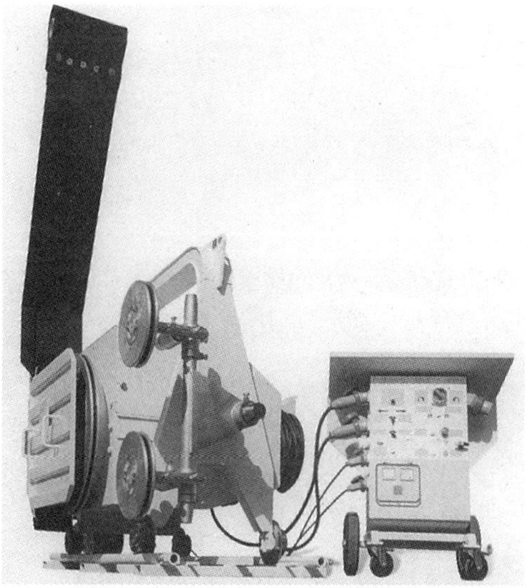

图 2-34 门架式结构的 BETA870 型金刚石串珠锯

图 2-35 门架式结构的 TL920 型金刚石串珠锯

图 2-36 国产门架式电动串珠锯切割作业现场图

在门架式固定结构中，虽然主电机与主飞轮也采用直联式结构，但主电机和主飞轮位于一个刚性非常好的门架式框架内，与门架连接的两个支点采用可旋转的轴类支承结构，支承轴线基本位于电机与主飞轮组件的质量平衡轴线上，使得组件在门架内可轻松自如地旋转。门架式固定结构也具有结构简单、刚性好、结构振动小和稳定性高等特点。但其缺点是主电机和主飞轮不能做侧向运动，这使得需要对金刚石串珠锯进行侧面安装位置的微调变得很困难。而且在不移动锯机的条件下进行平行切割（大理石矿山使用），其距离的调整量有限，但刚性更高的设计特点已经抵消了上述不足。

还有一种特殊的门架式结构，是用在意大利 LOCHTMANS 公司的 LGR2、LGR3 型金刚石串珠锯的主电机固定结构上，图 2-68 是该机的示意图。与图 2-34 ~ 图 2-36 所示的门架式结构不同的是，该机支承与主电机直联的主飞轮组成的动力单元的门架不是处于导轨的中间对称轴线上，而是偏在一侧导轨上。该机主飞轮轴向回转角度只有 90°，也就是说主飞轮只能从垂直切割位置转换到水平切割位置，不能不移动导轨而进行两个平行面的切割，但可以通过液压机构实现主飞轮的轴向（侧向）移动。

2.3.1.3 悬臂式结构

悬臂式结构是目前被许多金刚石串珠锯采用的主电机固定结构，用于主电机与主飞轮直联的电动式金刚石串珠锯。如意大利 BENETTI 公司生产的 VIP910 型（图 2-5）、MARINI 公司生产的 GRAN-FIL 型（图 2-6）、PELLEGRINI 公司生产的 TDI100 型（图 2-7）和 MICHELETTI 公司生产的 TELE/STAR2002 型（图 2-8）、福州天石源公司生产的 TSY 型（图 2-9 和图 2-11）等电动式金刚石串珠锯都采用悬臂式主电机固定结构。

悬臂式结构的优点是传动结构简单，相对运动零部件少，传动效率高，工作可靠，故障率低，维修保养简单、方便且成本低，可选配其他机构（主飞轮平移机构）；其不足是悬臂布置的主电机重量大，包括金刚石串珠绳的切割张紧力的作用在内，容易使悬臂部件产生抖动，但可通过在电机罩与机体之间增加固定装置来减少运行时的振动。悬臂式固定结构的突出特点，使其已经成为目前使用最为广泛的金刚石串珠锯的主要结构。图 2-37 和图 2-38 所示为福州天石源公司生产的 TSY 系列串珠锯的主电机悬臂式固定机构。

图 2-37 福州天石源公司生产的 TSY 系列串珠锯的悬臂式主电机安装结构之一

图 2-38 福州天石源公司生产的 TSY 系列串珠锯的悬臂式主电机安装结构之二

2.3.2 主飞轮的侧向回转机构

由于矿体台阶的不规则性，安装金刚石串珠锯导轨的地面很难保证与矿体的被切割面保持垂直。所以每次安装就位金刚石串珠锯后,必须将金刚石串珠绳与主飞轮组成的切割面,调整到与矿体实际被切割面重合的位置,也就是将主飞轮回转轴调整到与切割面垂直的位置。这就要求金刚石串珠锯上的主飞轮回转轴必须具备相对锯机回转,即相对主飞轮的侧向转动的功能。如果主飞轮轴可以进行360°旋转,还可实现在不移动金刚石串珠锯导轨或不改变其安装位置的情况下,进行两条具有一定间距的平行垂直面的切割。按照目前使用最多的三种电机或发动机与主飞轮的连接传动方式,对应有三种主飞轮轴的侧向回传机构。

2.3.2.1 电机固定机型的圆锥齿轮箱回转调整方式

电机固定式结构的金刚石串珠锯,主飞轮与主电机间是由螺旋伞齿轮减速器连接的,主飞轮轴与冠齿轮连接,电机与锥齿轮连接,只要改变相啮合的螺旋伞齿轮的初始啮合位置,便可实现主飞轮轴位置的回转。图2-39所示为安装圆锥齿轮箱。

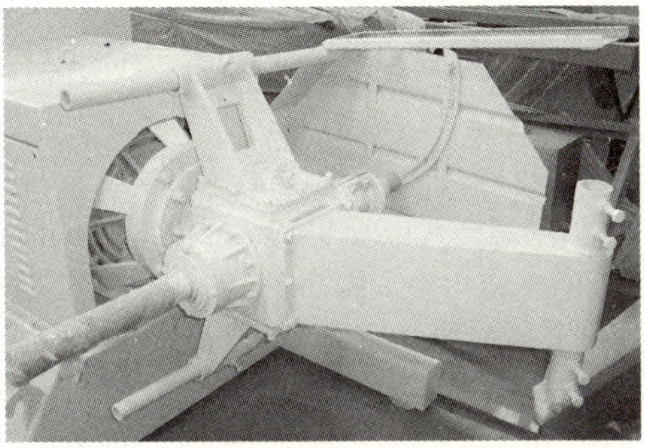

图2-39 主飞轮与主电机间的螺旋伞齿轮减速器

早期电机固定式结构的金刚石串珠锯,由螺旋伞齿轮减速器、主飞轮和连接零件等组成的外悬组件与锯机是依靠法兰盘连接的,需要人工松开连接固定法兰的螺栓,通过转动外悬部分的法兰,达到调整主飞轮轴的相对位置的目的。手动调整方式的特点是结构简单,但主飞轮轴的回转角度调节的精度差,操作复杂。新型电机固定式结构的金刚石串珠锯,外悬的螺旋伞齿轮减速器和主飞轮组件与锯机之间采用蜗轮蜗杆传动机构,与外悬组件连接的蜗轮可以相对锯机回转,通过与蜗轮连接的电机带动蜗轮旋转,可实现外悬主飞轮轴的回转。电动式结构操作方便,定位准确,有回转刻度指示,但结构比较复杂,需要精心维护保养。

2.3.2.2 悬臂式机型的机械式调整方式

目前使用最多的悬臂式串珠锯主飞轮侧向回转机构有蜗轮蜗杆机构和齿轮传动机构。两种机构各有利弊,蜗轮蜗杆传动机构可以利用减速器蜗轮和传动副本身蜗轮蜗杆双重自锁功能,具有很好的自锁性能,传动速比大,运动平稳,但制造成本比齿轮机构高;齿轮传动机构的结构简单,制造成本低廉,但只能依靠减速器中的蜗轮蜗杆的自锁性,所以其自锁性能相对比较低。为了实现主飞轮垂直、水平切割位置的变换,其侧向回转机构的最小回转角度是270°,通常该机构都能实现360°的回转。

因为连接主电机以及位于悬臂部分内各个电动传动机构的电缆线,是通过蜗轮或齿轮内孔送入悬臂组件中的,为了防止悬臂组件连续旋转引起电缆线绞断,所以该机构都配有限制旋转角度的装置,主电机只能旋转360°。因为两个机载导向轮之间的夹角有时能够调节到180°,在主飞轮侧向回转时,必须将机载导向轮的夹角调节到最小或合适的角度;对于依靠机载导向轮相对位置来控制其张角的结构，应将两个机载导向轮相对距离调整到最近的位置，防止主飞轮侧向回转时，机载导向轮与导轨等部分发生干涉。

A　悬臂式机型的蜗轮蜗杆传动调整方式

悬臂式电机固定结构的外悬组件包括，主电机和飞轮及联轴器（电机与主飞轮直联），或者是主电机、飞轮、传动机构及其固定机构（电机与主飞轮之间带传动）。目前悬臂式结构的主飞轮轴侧向回转结构，全部采用蜗轮蜗杆传动机构。外悬组件与蜗轮固定，蜗轮由锯机支承并可相对锯机回转，依靠蜗杆的旋转驱动蜗轮即外悬组件转动，实现主飞轮轴的回转。

根据蜗杆轴驱动方式不同，回转结构分成手动和电动两种，手动结构是采用手柄转动蜗杆，电动结构是依靠一个小型电机驱动蜗杆最终带动主飞轮轴的回转。这种回转结构是利用了蜗轮蜗杆传动副可靠的自锁特性，既充分保证了外悬组件的坚固和稳定性，又实现了主飞轮轴的灵活回转。其特点是调节简便，可 360°旋转，定位精度高，稳定可靠，但结构相对复杂，增加了维护保养的难度。

图 2-40 显示福州天石源公司生产 TSY 系列悬臂式电动串珠锯，采用的封闭型蜗轮蜗杆式电动主飞轮侧向回转机构；图 2-41 是山西机床厂 JJS-30 BT 型串珠锯，使用的开启型蜗轮蜗杆式电动主飞轮侧向回转机构。图 2-42 是意大利 PELLEGRINI 公司的 TD65 SUPER-94 型金刚石串珠锯，采用的蜗轮蜗杆式电动主飞轮径侧回转机构，该机构配套旋转编码器，用于自动调节和设定主飞轮的旋转角度。图 2-43 和图 2-44 分别是福州天石源公司 TSY 系列串珠锯主飞轮侧向转动到水平位置和垂直位置，进行水平面和垂直面切割时的作业位置图。

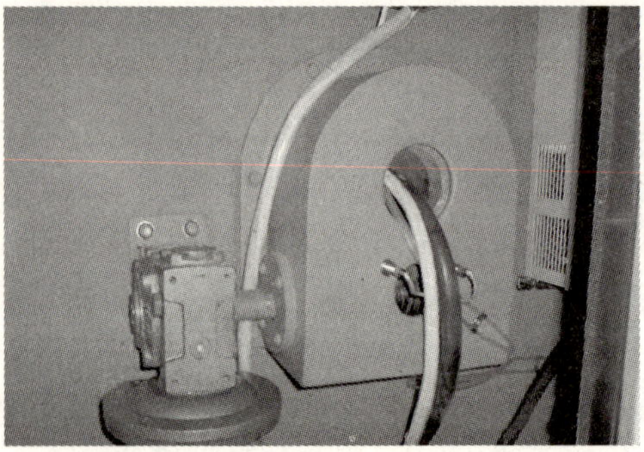

图 2-40　福州天石源公司 TSY 系列串珠锯的电动主飞轮侧向转动机构

图 2-41　山西机床厂 JJS-30 BT 型串珠锯的电动主飞轮径向转动机构

主飞轮电动旋转都有专门的控制和安全系统，要求外伸的飞轮和主电机组件必须处于其左右移动丝杆的中心位置时，才可电动旋转。当飞轮处于丝杆中心的一侧时，如果旋转主电机组件，飞轮边缘可能会与导轨干涉。可在丝母位置安装一个传感器，用于测定相关位置，以保证主电机组件不在中心位置，即使启动旋转电机，该电机也不能旋转，只有当组件移动到中心位置时，旋转电机才能启动。

考虑到主电机的动力线、位于主电机箱体内驱动主电机水平移动的电机系统的动力线和限位开关的控制线，都需要从转动蜗轮的中心孔内穿过，为了防止主电机连续 360°回转，造成这些电线单方向扭转被扯断，所以主电机的回转角度通常都限制在 360°之内，并有专门的机械装置限位保护。

图 2-42 主飞轮轴回转的蜗轮蜗杆式传动机构

图 2-43 福州天石源 TSY 型串珠锯主飞轮处于水平切割位置的作业图

图 2-44 福州天石源 TSY 型串珠锯主飞轮处于垂直切割位置的作业图

B 悬臂式机型的齿轮传动调整方式

虽然具有更简单的结构和低廉的制造成本，但在主电机旋转时，位于悬臂组件内的主电机和其中安装的其他机构的全部重量只能靠驱动旋转的电机减速器承受，受力状态不太合理，所以悬臂式电动型串珠锯的主飞轮侧向回转机构很少使用齿轮传动机构。图 2-45 所示为用于主飞轮侧向回转机构的电机驱动齿轮传动机构。

2.3.2.3 门架式机型回转的机械调整方式

对于采用门架式主电机固定式结构的金刚石串珠锯，回转部分是由主电机、主飞轮和相应的固定结构组成的组件。因为回转组件是靠两根轴固定在门架上的，所以通常在一侧固定轴与门架之间安装一套蜗轮蜗杆式传动机构，蜗轮与回转组件连接，并可在支承蜗轮的门架上回转。使用手柄人工转动蜗杆可实现蜗轮的回转，即主飞轮轴的回转。这种结构的特点与前述同类结构相同。意大利 BENETTI 公司生产的 ALPHA840 型（固定速度型）、BETA 870/VAR SPEED 型（变速型）和 TL920 型（小型定速型）门架式主电机固定结构的金刚石串珠锯，都采用了手动型蜗轮蜗杆式主飞轮轴的回转调节机构。因为这几种金刚石串珠锯的结构非常紧凑，所以采用蜗轮蜗杆调节机构后，必须配备一段长 1.2 m 的专用导轨，才能实现主飞轮 360°的回转。图 2-46 是该机构的主飞轮轴回转调节手柄。新型门架式串珠锯的主飞轮侧向回转，也采用电机驱动蜗轮蜗杆减速器的传动机构，使得锯机的操作更加方便、快捷、省力。

图 2-45　用于串珠锯主飞轮侧向回转的齿轮传动机构

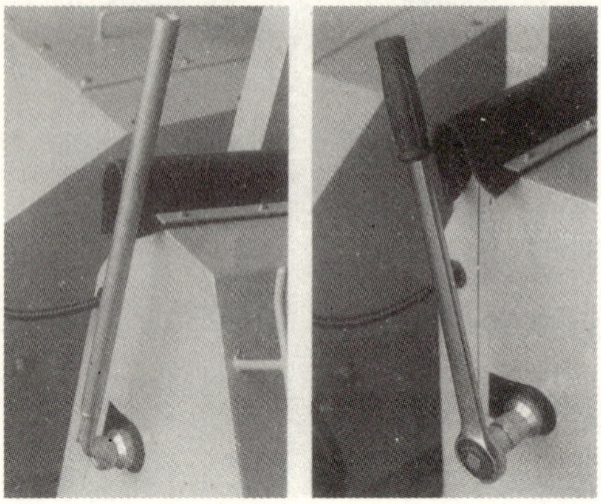

图 2-46　门架式主电机固定结构的主飞轮轴回转的蜗轮蜗杆式调节手柄

2.3.3　主飞轮轴向平行移动机构

前面介绍了当主飞轮进行 180°回转，可实现在不移动金刚石串珠锯导轨或不改变其安装位置的情况下，进行两个平行垂直面的切割。主飞轮平移机构的作用是，配合金刚石串珠锯进行平行面切割时，调整两个平行面之间的距离，以满足生产不同尺寸荒料的要求。在调整主飞轮与金刚石串珠绳构成的切割面与被切割面的重合度时，也需要该机构来完成。主飞轮轴向平移机构包括移动机构和驱动机构两大部分。

在绝大多数金刚石串珠锯上，因为结构的限制，主飞轮平行移动的调节距离是有限的，一般在 0.8 ~ 2.2 m 之间。悬臂电动式串珠锯中使用最多的主飞轮平行移动机构是丝杆丝母传动、导套支承悬臂组件整体滑动机构。固定电机式结构串珠锯多采用花键轴套伸缩式结构。

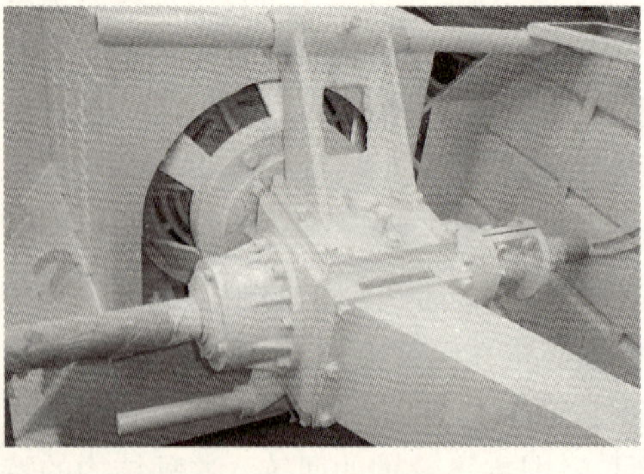

图 2-47　电机固定式串珠锯的主飞轮轴向移动机构

2.3.3.1　主飞轮轴向移动机构

采用电机或发动机固定式结构的串珠锯，一般采用安装固定主飞轮的动力输出轴（圆锥齿轮箱中的冠齿轮轴）的伸出长度可以调整的结构；或采用花键轴套式连接、形成可伸缩式活动连接结构，主飞轮固定安装在花键套上，并配备适当的锁定机构后，即可实现主飞轮的平行移动调节。图 2-47 是这种平移机构的照片。

悬臂型串珠锯一般采用悬臂组件整体移动式结构，安装主电机的悬臂支座在丝杆丝母螺旋副驱动下，在两根支承导柱上往复移动，实现主电机和飞轮沿其轴线的平行移动机构，见图 2-48。

随着主飞轮的轴向移动，安装在锯机上的导向轮也必须跟着移动，以保持主飞轮和导向轮始终在同一个平面之内。通常机载导向轮都固定在锯机的旋转机箱上，随主飞轮一起转动，与主飞轮之间的位置同面度已经调整好，如果不是因特殊原因，无论主飞轮回转在哪个位置，导向轮和主飞轮之间的同面度都不会改变，但定期检查它们之间的同面度是必要的。

2.3.3.2 主飞轮轴向移动的驱动机构

目前有手动和电动两种方式驱动主飞轮轴向平行移动，采用悬臂组件同时移动结构的电机悬臂式串珠锯，主电机的电动式平移机构通常由安装在悬臂组件内、电机驱动的减速器，带动链轮传动的机构组成。其特点是结构紧凑、传动可靠。采用电机驱动结构时，在丝杆的前后两个端部位置，必须安装接近开关或行程开关，以便控制主电机和飞轮的安全移动距离。图2-49是福州天石源公司生产的TSY系列电动式主飞轮轴向平移机构的图片。

图2-48 电机悬臂式串珠锯的主飞轮轴向移动机构

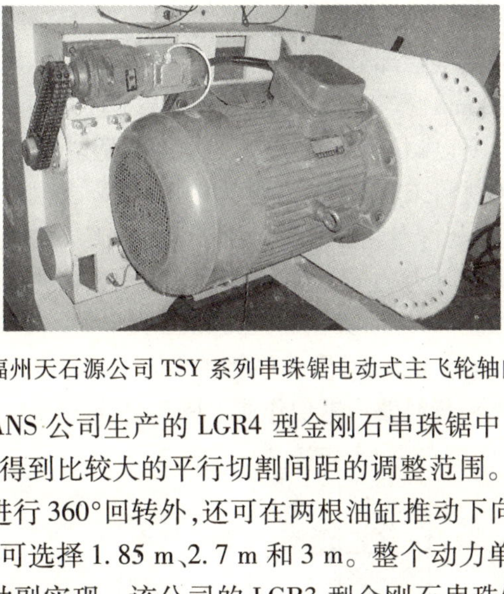

图2-49 福州天石源公司TSY系列串珠锯电动式主飞轮轴向移动机构

在意大利LOCHTMANS公司生产的LGR4型金刚石串珠锯中，主飞轮的侧向移动采用的是液压驱动机构，可以得到比较大的平行切割间距的调整范围。与主飞轮直联的主电机组成的动力单元除了可进行360°回转外，还可在两根油缸推动下向外侧移动。根据机型不同，平行切割的距离分别可选择1.85 m、2.7 m和3 m。整个动力单元的回转则是通过液压马达驱动的蜗轮蜗杆传动副实现。该公司的LGR3型金刚石串珠锯，实现主飞轮轴向移动的机构，除了采用液压油缸推动的液压机构外，还可选择手动绞盘的机械方式。

2.3.4 主飞轮和导向轮的结构和摩擦衬垫

主飞轮采用合金铝制造，经过动平衡处理，直径为800～1000 mm。外圆周为槽形结构，槽内镶有可更换的，材质为耐磨性好且使用寿命长的氯丁橡胶、聚四氟乙烯或聚氨酯（TPU）的耐磨衬垫，将金刚石串珠绳与轮体分隔，用于容纳和带动金刚石串珠绳旋转。衬垫的作用是增加金刚石串珠绳与主飞轮之间的摩擦力，防止金刚石串珠绳打滑，提高传动效率，减少电机功率的损失，还可防止金刚石串珠绳对主飞轮槽的磨损。目前有分装式和整体式两种主飞轮与衬垫的装配结构，衬垫的形状取决于装配结构。

正常使用时，飞轮衬垫的寿命一般是半年，导向轮衬垫的寿命低于飞轮衬垫。通常衬垫以将近磨透但不能露出铝制轮体为报废标志。花岗石串珠锯常使用聚氨酯作为衬垫材料，大理石串珠锯常使用耐磨橡胶作为衬垫材料。

采用分装式结构的主飞轮不是整体的，轮侧的活动辐板可以从轮体上卸下，靠一组螺栓将活动辐板与主飞轮轮体连接在一起。与其配套的衬垫是一个整体的环形结构，装配或更换时，只需将活动辐板卸下，将衬垫套在轮槽中，再装上活动辐板，并固定即可。图 2-50*a* 是分装式结构的示意图。这种结构的优点是，可方便地安装和更换衬套，缺点是不同型号的金刚石串珠锯或不同直径的主飞轮，衬套的尺寸不同。因此，衬套的通用性不好，不能互换。另外分装式结构使得主飞轮的结构比较复杂，动平衡性差，制造工艺复杂。

整体式结构的主飞轮是整体压铸成形后加工的，衬套的形状是一根厚度大约是 8 mm、宽度是 50 ~ 60 mm、长度不受限制的耐磨胶条。装配时只需将衬垫镶入飞轮槽中，当飞轮圆周上的轮槽全部充满后，从接头处将胶条切断即可，图 2-50*b* 是其整体式飞轮结构的示意图。这种结构的优点是主飞轮的结构简单，容易制造，动平衡性好，胶条不受主飞轮直径的限制，通用性好，缺点是为了便于镶嵌，胶条都比较软，因此耐磨性差，需要经常更换，换装时间长，操作工人的劳动强度大。

上述两种装配结构各有利弊，目前都在使用，只要采用耐磨性能好的材料做衬垫，都可取得好的使用效果。

导向轮与金刚石串珠绳接触部分的耐磨衬垫，其结构与主飞轮的结构相同，因为直径基本统一，绝大多数都是 300 mm，有些是 500 mm，所以基本都采用分装式结构。另外，导向轮的直径较小，磨损更严重，所以耐磨性好的整体衬垫更合适。

另外福州天石源超硬材料工具有限公司生产的 11 kW 主电机、小型串珠锯的主飞轮采用双轮槽结构，该结构已经获得专利。该机保留了目前串珠锯主电机的变频调速、锯机进给行走的变频调速和串珠绳张紧力的 PLC 系统控制调节、主电机悬臂式结构等全部特点，使得主电机功率得到最大限度的传递，其锯切能力相当于 22 kW 的串珠锯，最大切割面积可达 50 m^2。该机重量轻，只有 300 多公斤，便于移动和搬运，4 名工人可以抬走，并安装在采面内任何地方进行分离体解体和荒料整形锯切作业。图 2-51 是该机的照片。

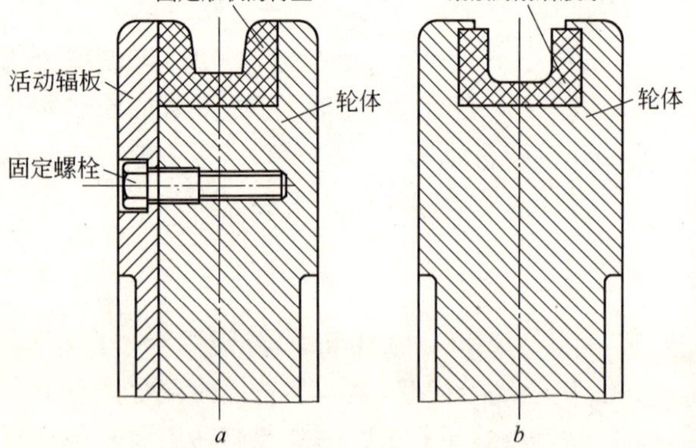

图 2-50　主飞轮与耐磨衬垫的装配结构

图 2-51　福州天石源公司生产的主飞轮双轮槽结构小型串珠锯照片

2.4 金刚石串珠锯的电器及控制系统

金刚石串珠锯的电器及控制系统包括主动力(三相电力或液压动力)控制的强电系统,通过电子装置控制调节金刚石串珠绳张紧力的弱电控制系统,以及变速型金刚石串珠的调速控制系统三部分。

2.4.1 主动力控制系统

第一代液压金刚石串珠锯的主动力系统包括驱动主飞轮旋转的液压马达和为液压马达提供动力的液压泵站。其控制系统的主要功能是对液压系统流量、运动方向的调节和控制,包括液压马达的启动、停止及正反向旋转运动的控制,液压马达转速的控制和调整,液压系统压力控制等内容。

电动式金刚石串珠锯的主动力控制系统包括,三相电动机的启动、停止控制,电动机的正反向旋转控制。电动式金刚石串珠锯的启动方式很重要,早期电动式金刚石串珠锯的主电机采用直接启动方式,这种启动方式需要的启动电流是电机正常工作电流的 8 ~ 10 倍或最大负荷电流的 3 ~ 4 倍。对于采用 37 kW 主电机的大型金刚石串珠锯,则需要 150 kW 的发电机才能满足直接启动的需要。所以现代电动式金刚石串珠锯均采用星形和三角形变换的启动方式,同样启动 37 kW 的电机,75 ~ 100 kW 的发电机即可满足启动要求。目前电动式金刚石串珠锯的三相电机和电力系统通常都安装在锯机上,图 2-52 和图 2-53 分别是福州天石源公司的 TSY 型、山西机床厂的 JJS-30 BT 型电动式金刚石串珠锯,安装在主机上的主动力电力和控制系统。

图 2-52 福州天石源公司的 TSY 型电动式金刚石串珠锯的电力和控制系统

图 2-53 山西机床厂的 JJS-30 BT 型电动式金刚石串珠锯的电力系统

为了使金刚石串珠锯的操作更加方便,最新机型的锯机配备了智能启动系统。其工作过程是,按下启动主飞轮旋转的按钮,铃声提示金刚石串珠绳开始运动,当其线速度达到正常值而且其他装置全部准备就绪时,铃声会停止,这说明锯机的主飞轮已经达到额定转速或金刚石串珠绳已经达到工作要求的线速度,提示操作者可以启动金刚石串珠锯进入切割工作状态,这时可松开按钮,串珠锯进入正常锯切工作状态。这种系统的优点是,使得锯机的启动更准确、安全和可靠,杜绝了因人为判断的失误对金刚石串珠锯或金刚石串珠绳的损害。

2.4.2 张紧力控制系统

早期的液压式金刚石串珠锯的控制系统比较简单,只是对锯机的电力系统、液压系统的简单操作控制。现在的金刚石串珠锯除了上述控制外,还增加了防止金刚石串珠绳受到的张紧力过大的保护系统。早期液压式金刚石串珠锯控制金刚石串珠绳张紧力的方法是,通过人工调整液压式行走机构的进给速度,使得控制液压马达的转速固定,保证金刚石串珠绳的线速度恒定。这是因为金刚石串珠绳的切割阻力增大,引起金刚石串珠绳对主飞轮的拖拽力加大,增加了主飞轮的负荷,使得主飞轮的转速降低,反之主飞轮转速随金刚石串珠绳线速度提高而增加。这种人工控制方式虽然简单,但需要比较熟练的操作技术,而且对张紧力的控制精度很低。

在早期电动式金刚石串珠锯中,使用了机械传动式行走机构。其工作原理是,采用固定速度的交流电机,通过变速器和机电离合器驱动位于锯机上的拖拽齿轮,使锯机在导轨上运动。操作控制面板有两个控制装置,第一个是控制变速器的输出转速;另一个是电位器,通过控制主电机电流,确定离合器的啮合和脱离。这种早期通过控制进给行走齿轮与动力脱离,达到控制金刚石串珠绳张紧力的机构,不能提供平滑的张紧力控制。而且潜在地减少了金刚石串珠绳的寿命和安全因素。实际上,在这种张紧力控制系统中,操作者必须直接测定并设置主电机的工作电流,通过变速器和离合器启动或是停止行走机构的拖拽电机,达到控制锯机在导轨上的运行速度的目的。这种机构对金刚石串珠绳张紧力的控制精度也是很低的,操作时会引起金刚石串珠绳张紧力的巨大变化,如果进给速度过高,当离合器啮合时,就会产生冲击载荷,有时会出现金刚石串珠绳断裂。另外,操作这种张紧力控制系统,需要熟练技能的工人,因为开始每种新切割面的锯切时,合适的电流参数设定都发生了变化,这需要通过数小时的摸索才能得到合适的离合器啮合和分离的时机,以便达到一个合理的张紧力控制效果。

现代金刚石串珠锯的保护系统使用了一套更为先进的电子反馈控制系统,采取"闭环"控制模式,通过接收到的主飞轮转速变化的反馈信号,调整锯机行走机构的电机的转速,实现对金刚石串珠绳张紧力的控制。这种保持主飞轮转速恒定控制方式的特点是,无论金刚石串珠绳受到的张紧力过大(主飞轮转速降低)还是过小(主飞轮转速增加),系统都能随动式跟踪工作。当金刚石串珠绳受到的张紧力过大时,保护系统通过行走机构降低锯机进给的速度,使金刚石串珠绳的张紧力恢复到所设定的安全值,或者说主飞轮转速提升到设定的安全转速;当金刚石串珠绳受到的张紧力过小时,保护系统会提高锯机的进给速度,同样增加张紧力至设定的安全值,使飞轮转速降低到合适的转速。这种保护系统的精度和可靠性,完全取决于测定主飞轮转速的转速计反馈信息的精确性。

还有一种控制方式是将主电机的工作电流作为反馈信号,金刚石串珠绳所受拉力的变化,引起主飞轮转速和主电机工作电流的变化,通过将电流变化转化为反馈信号,通知控制系统,调整行走机构的速度,使主电机的电流恢复到设定安全值之内,保证金刚石串珠绳受到的张紧力的数值始终保持在设定的安全值范围之内。例如,当主电机的电流负荷超过操作者自己设定的上限电流值后,锯机减小或停止进给运动,串珠绳停止锯切进给,主电机负载电流随之减小。当主电流下降 2 ~ 3 A 后，进给电机转速增加或自动启动，锯机又开始切割运动。图 2-54 所示为"闭环"反馈式金刚石串珠绳张紧力自动控制系统工作原理图。

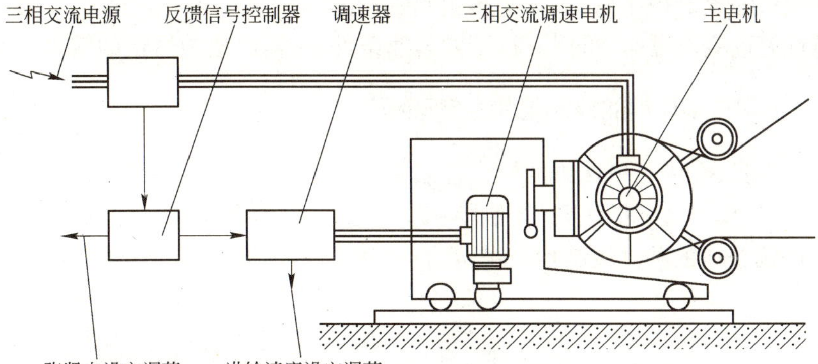

图 2-54　金刚石串珠绳张紧力自动调节原理示意图

还有一种用于非调速型串珠锯的控制方式，即通过控制飞轮的转速，达到控制锯机启动行走的目的。开始启动主飞轮带动串珠绳切割运动时，因为主电机的转速要逐渐达到额定转速，在飞轮转速低于规定的合理转速时，即使启动锯机进给，行走电机也不会运动，因为进给行走电机也必须接到主电机转速达到要求值的指令后，才开始启动，整个过程由控制系统的 PLC 编程控制。这种控制方式可防止锯机启动时，串珠绳在低线速度情况下就开始进入锯切状态；另外，一旦停机，随着主电机转速的降低，进给电机立即停止运动，这时也可达到保护串珠绳的目的。

根据切割面积大小的不同、切割面形状的差异、使用金刚石串珠绳长短的差别、被切割石材软硬程度的区别，在实际使用时，金刚石串珠锯切割进给速度是随时变化的，电子反馈系统可以精确地监控、保持金刚石串珠绳所受到的张紧力是恒定不变的。如果出现断绳事故时，锯机的所有运动会立即被停止，以获得最大的安全保障。这种新型的保护系统确保了金刚石串珠锯始终工作在最佳切割状态，最大限度地发挥了金刚石串珠锯的切割潜力。配备这种电子反馈保护系统的金刚石串珠锯，基本可实现无人值守操作的自动工作状态。根据选用钢丝绳规格、材质和性能的不同，选用金刚石串珠类型的差异，以及被切割石材种类的不同，所设定的金刚石串珠绳的安全张紧力也不同。开采用串珠锯单根串珠绳张紧力的调节范围是 500 ~ 2500 N，通常使用在 1500 ~ 2000 N 之间。

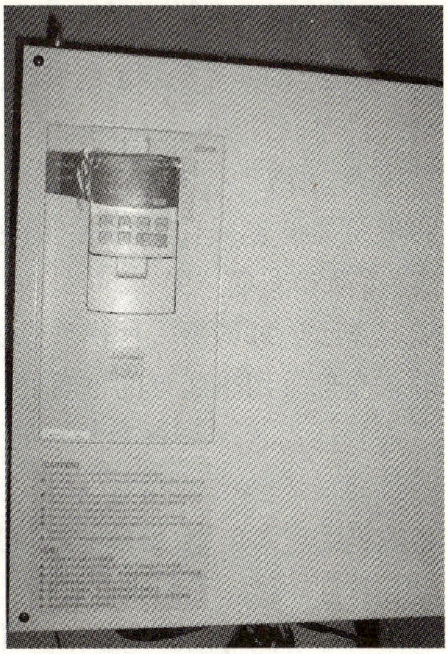

图 2-55　安装在福州天石源公司 TSY 变速串珠锯上的主电机变频器

2.4.3　金刚石串珠绳线速度的调节

在金刚石串珠绳速度可调的变速型金刚石串珠锯中，还必须配备一套调节主飞轮转速的变速系统。目前最常用的调速方式是，采用矢量变频器调整控制主电机转速的变化，以获得金刚石串珠绳线速度的调节，以及低转速下恒定的扭矩输出。图 2-55 是安装在福州天石源公司生产的TSY变速型金刚石串珠锯上，用于调节主电机转速的变频器。变频调速的优点是，可使金刚石串珠绳以平滑、无阶梯的线速度变化，这一性能在锯切花岗石时非常重要，因为有时金刚石串珠绳线速度的微小变化，都会影响到锯切速度和金刚石串珠绳的使用寿命。采用低速扭矩特性好的变频器时，可以获得不同转速条件下，输出扭矩恒定的效果。

2.4.4 金刚石串珠锯的控制柜和控制面板

为了安全起见，金刚石串珠锯的操作控制系统与锯机采用分离式结构，中间通过电缆连接。锯机工作时，操作者和操作台（控制柜）远离锯机，以确保操作者的安全。图2-56和图2-57是与串珠锯分离的独立控制柜系统，在石材开采现场的安放位置。

图2-56 与主机分离的福州天石源TSY型金刚石串珠锯控制操作台在开采九龙壁花岗石现场

图2-57 与主机分离的金刚石串珠锯控制操作台在丹东绿大理石开采现场

早期串珠锯的控制面板上，一般都采用转换开关、按钮和电位器旋钮控制操作方式，指针式仪表显示锯机工作电流和电压。现在的新型串珠锯控制面板，采用了软触点的输入键盘，用于输入和修订锯切参数，锯切参数的显示采用了光电数码管或发光二极管，目前最新型串珠锯还采用了液晶屏显示方式。

图2-58是意大利BENETTI公司生产的VIP910型金刚石串珠锯的控制柜操作面板，它采用的是转换开关、按钮和电位器旋钮操作方式，指针式电流和电压表显示方式。图2-59是山西机床厂生产的JJS-30 BT型串珠锯控制柜的操作面板，虽然仍然使用转换开关、按钮和电位器旋钮操作方式，但采用了光电数码管显示主电机的转速和电流，数据显示更为直观、清晰和准确。图2-60是福州天石源公司的TSY型串珠锯控制柜的操作面板，它是采用液晶显示屏幕的新一代串珠锯操作面板，由于采用了PLC可编程序控制系统，锯切参数的输入全部采用软触点的键盘，所以转换开关和按钮数量非常少。

指针式电流、电压表显示的操作面板主要用于早期串珠锯，其上的按钮、转换开关和调节电位器很多，操作复杂，矿山恶劣的工作环境使得这些按钮和电位器很容易出现故障，影响到串珠锯的正常使用；另外电流表只能显示主电机电流一个参数，不便于配套和扩展串珠锯的自动化控制功能。采用光电数码管显示的控制面板，可以减少一些按钮和开关，但显示的参数也有限。带液晶显示屏的控制面板，只有少数转换开关和按钮，操作非常简单，使用安全可靠，串珠锯所有的控制功能和大量的工作状态技术参数信息，都能以菜单形式显示在液晶屏幕上，是专门为带自动控制功能、高技术含量和具有国际先进水平的串珠锯控制系统配备的。

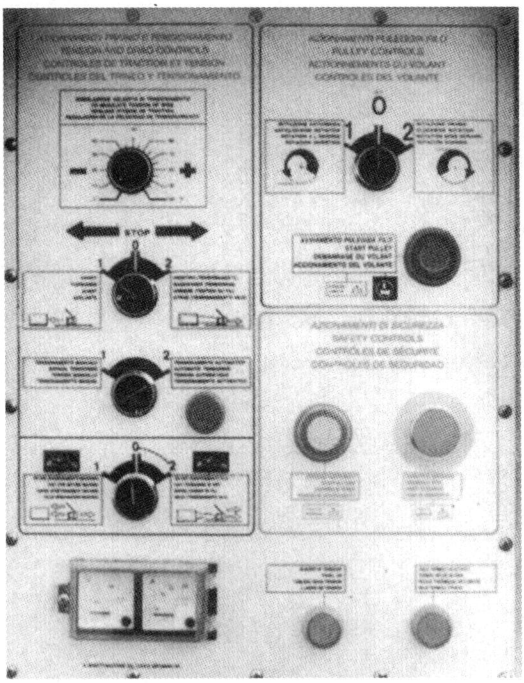

图 2-58 VIP910 型金刚石串珠锯控制柜操作面板

图 2-59 JJS-30 BT 型串珠锯的操作面板

采用主电机悬臂式安装结构的串珠锯,除控制系统操作面板上的显示器和控制执行元件外,其余的电力控制、张紧力控制系统的接触器、电器、变频器等元件均安装固定在串珠锯机体内部;高档次的串珠锯机型,上述元器件全部密封在一个单独的金属箱之内,减少粉尘的侵入,也可屏蔽外来讯号对变频器的干扰。这种机型控制台的体积一般都很轻巧,便于移动和固定,图 2-61 是福州天石源公司的 TSY 系列串珠锯轻便的控制柜。

图 2-60 TSY 系列串珠锯的新一代液晶显示屏的操作面板

图 2-61 TSY 系列串珠锯轻便的控制柜

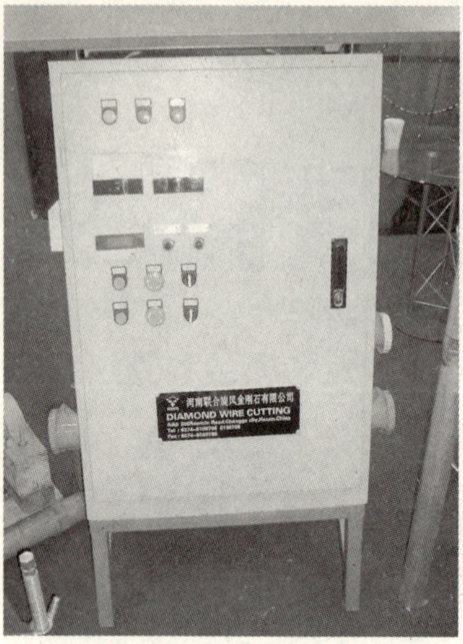

图2-62 包含电控柜的控制台

采用主电机门架安装结构的串珠锯，因为锯机机体安装位置的限制，电力控制和张紧力控制系统的元器件不能安装在锯机的机体内，只能与控制柜安装在一起，所以这种机型控制台的体积和重量都很大，必须安装一对车轮，才能保证在平整矿体上移动，如果矿体表面凹凸不平，或者非常泥泞，则必须使用吊装设备移动。图2-62是河南联合旋风公司门架式串珠锯配备的包含电控柜的控制台。

另外，串珠锯控制柜中的电器元件和连接线路的布置很重要，目前国外许多先进机型的串珠锯，全部采用编号的接线、接线端子和接线架，电器元件整齐排列布置的方式，绘制详细清晰的电气原理图和接线图，便于使用者检查、维修，以及设备销售商的售后服务。图2-63是意大利BENETTI公司生产的BETA870型串珠锯，包含电控柜控制台的内部电气元件的布置和接线图；图2-64是福州天石源公司TSY系列串珠锯，带屏蔽金属防护箱的电控柜内部元器件的布置和接线图。

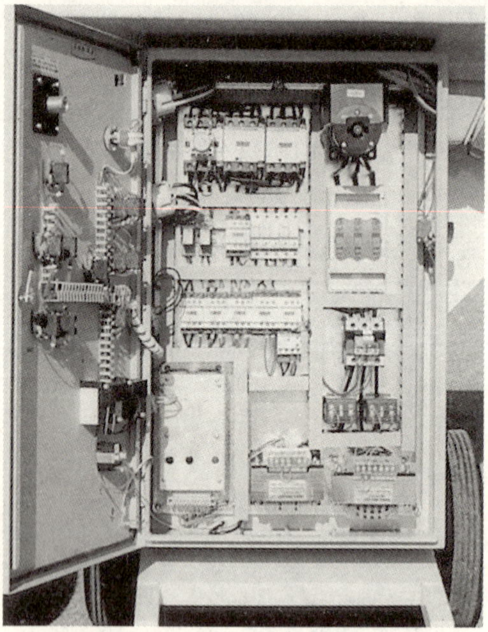

图2-63 意大利BENETTI公司BETA870串珠锯电控柜内部元器件布置和接线

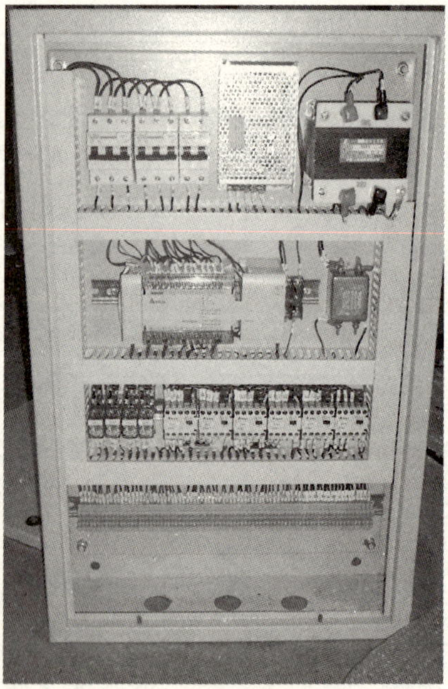

图2-64 福州天石源公司的TSY系列串珠锯电控柜内部元器件布置和接线

2.5 与串珠锯配套的辅助装置

实际使用时，串珠锯还需要一些辅助配套装置，才能更好地发挥其高效切割的作用。这些辅助装置有串珠绳护板和保护带系统、进给切割立柱和压轮装置等。

2.5.1　金刚石串珠绳的护板和保护带

串珠锯的护板和保护带装置通常用于串珠锯垂直锯切时，对串珠绳的覆盖保护，防止串珠绳意外断裂飞出伤及操作者。

每种金刚石串珠锯都在主飞轮后部安装一个可拆卸的挡板，以防止因金刚石串珠绳被扯断时，断绳向后飞出伤及操作者。

在一些型号的金刚石串珠锯中，还配备了更长的柔性保护带，在切割过程中将裸露在外的金刚石串珠绳全部罩起来。即使因断绳导致串珠绳飞出，覆盖在串珠绳切割轨迹上的保护带将阻挡其飞出，使得金刚石串珠锯切割时更加安全。柔性保护带装置包括：安装在锯机上的卷扬滚筒，与滚筒相对安装用于支承保护带的从动滚筒，可支承保护带并安装有串珠绳导向轮的专用支架和专用立柱、保护带等。串珠绳保护带采用宽度0.5 m、长度20 m、厚度1.5 mm的高强度织物型结构，绕在一个安装在锯机护板前面的卷筒上，工作时将保护带一端拉出，通过一系列支承滚筒和从动滚筒构成固定在金刚石串珠绳上方的保护系统。

保护带系统可用于分离体垂直分离面锯切时的防护，以及荒料整形或低高度分离体的解体锯切作业。图2-65是串珠锯进行分离体垂直面分离锯切时保护带的安装和工作示意图，图2-66是串珠锯进行最大高度2 m分离体解体锯切、荒料或孤石整形锯切时保护带的安装和工作示意图。

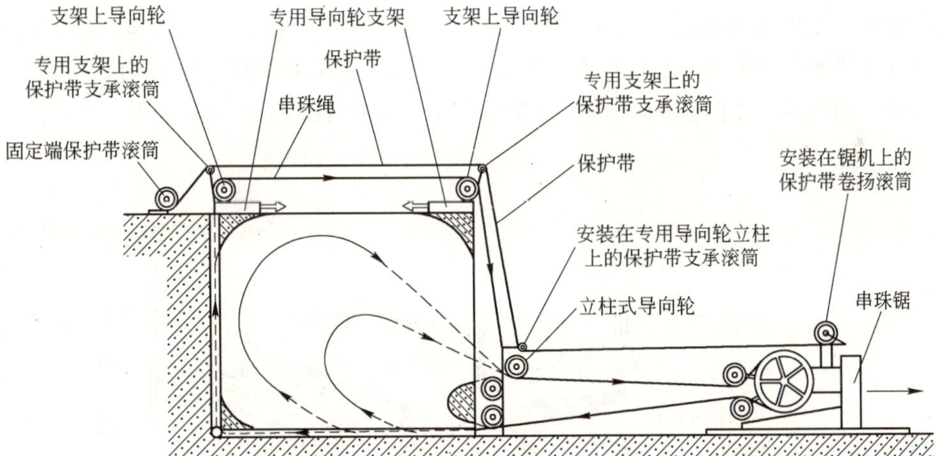

图2-65　分离体锯切时保护带的使用示意图

图2-65所示切割分离体时保护带的工作原理是，在分离体顶部安装两个专用导向轮支架用于串珠绳的导向和保护带的支承，其中靠近垂直钻孔口部的导向轮支架可以随串珠绳锯缝的移动向分离体外边缘移动；立柱式导向轮安装在串珠锯与分离体之间靠近分离体部位，其上安装一对可变换位置、用于导向串珠绳、其位置一直到锯切结束时均不变的导向轮；这些导向轮与机载导向轮构成串珠绳的锯切支承系统。按照图示方法，在分离体顶部垂直钻孔外侧锚定固定端保护带滚筒，将保护带从安装在串珠锯上的保护带卷扬滚筒中拉出，分别穿过安装在导向轮立柱顶部、专用导向轮支架上部的保护带滚筒，最后固定在固定端保护

带滚筒上，绷紧保护带后可以使用。

在分离体解体或荒料整形时，可按照图2-66所示方法使用保护带。具体要求是保护带必须将串珠绳的轨迹全部包络，绷紧后的保护带和保护带支承滚筒与串珠绳之间的最大间距是60 cm，安装在锯机上的保护带卷扬滚筒装置必须与串珠锯一起安装，安装在台阶底面或荒料顶面上的保护带支承滚筒的位置不得影响串珠绳的锯切轨迹，锯切分离体、荒料或孤石的最大高度不能超过2 m。

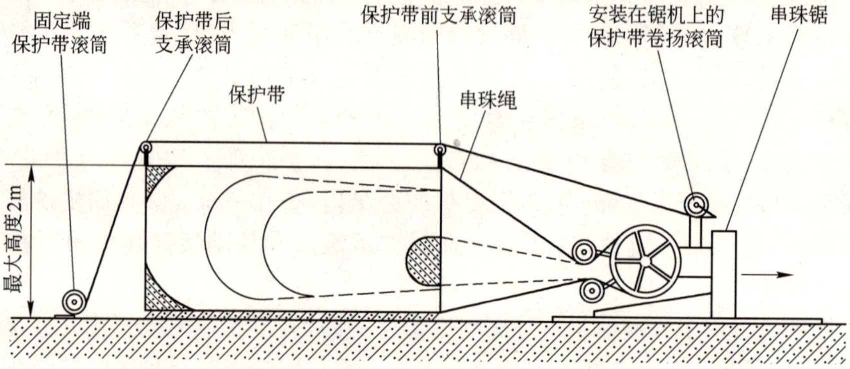

图2-66 分离体解体或荒料整形锯切时保护带的使用示意图

在使用保护带装置时应注意，保护带的长度与卷扬机滚筒的容量有关，导轨接力倒换次数使串珠锯产生的最大运动距离应与保护带的长度相匹配。保护带卷扬滚筒除了配备摇柄用于收放和绷紧传送带外，必须配备棘轮装置，用于绷紧保护带时系统的自行锁定，同时还有简单的开锁机构，用于放松保护带。图2-67是专用支架式导向轮示意图。

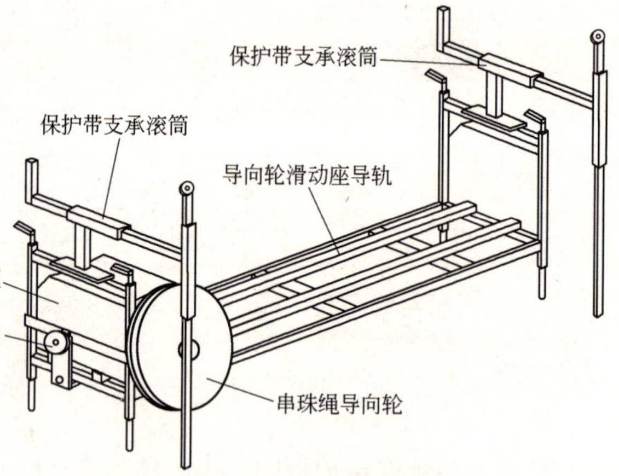

图2-67 串珠绳保护带专用导向轮支架示意图

图2-68是意大利LOCHTMANS公司生产LGR3型金刚石串珠锯正在向下切割矿体的示意图，图2-69是意大利BENETTI公司生产的VIP910型金刚石串珠锯的外形图，这些串珠锯都配套了金刚石串珠绳切割时的保护带装置。

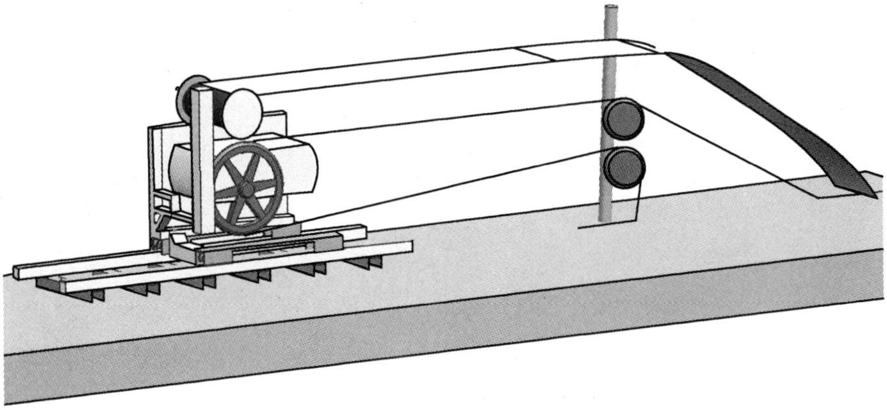

图 2-68 使用保护带的 LGR3 型金刚石串珠锯

图 2-69 使用保护带的 BENETTI 公司 VIP910 型金刚石串珠锯

2.5.2 进给切割立柱和压轮

因为链臂式开采锯切设备价格比较昂贵，使用要求也比较高，所以不是每个大理石矿山都能配备得起的。为了能够形成具有三个自由面的分离体，就需要使用金刚石串珠锯对岩体封闭背面进行切割，进给切割立柱就成了使用金刚石串珠锯完成这道切割工序必备的专用辅助工具。切割进给立柱最早是钢丝绳锯机必备的切割辅助设备，钢丝绳锯机被串珠锯替代后，剩余的这些辅助装备在串珠锯开采系统中必然得到利用。进给切割立柱通常成对使用，也有单独使用的，其使用方法在后面的开采工艺方法中将详细介绍。

进给切割立柱有推进杆进给式和固定式两种结构。推进杆进给式结构的切割立柱包括导向轮、切割轮、框架、导向立柱、进给推进杆、切割轮推进杆、进给推进单元、拉紧链、拉紧链锚钉等零部件，图 2-70 是推进杆进给式切割立柱的结构和安装示意图。

推进杆固定式与切割进给式立柱结构的不同之处是推进杆是固定不变的，切割时，末端安装的切割压轮随推进杆直接插到钻孔的底部，推进杆靠锁定销被固定在钻孔内。图 2-71 是推进杆固定式切割进给立柱的结构安装示意图，它由用于连接锚定链的固定盘、与岩体固定的锚定链、推进杆、切割压轮及支座组件、将推进杆固定支撑在钻孔壁上的锁定销、高低位置可以调节的导向轮等部分组成。推进杆是标准长度的，相互连接后可调节切割深度。推进杆固定式结构的切割进给立柱也是成对安装的，为了进出钻孔两个方向上的金刚石串珠绳不会碰撞干涉，两个立柱上安装的导向轮高度是不同的。

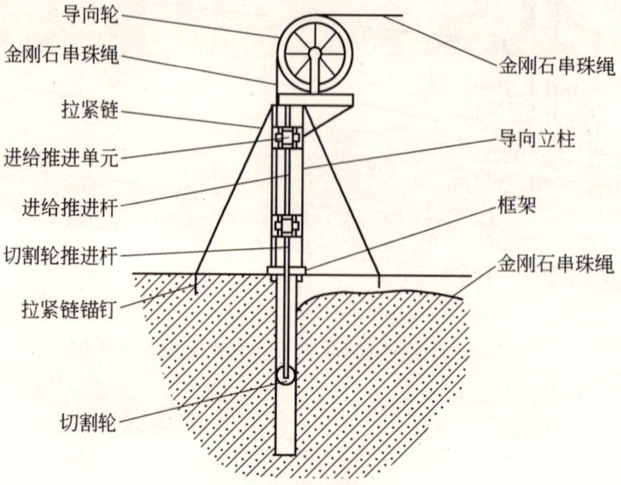

图 2-70 推进杆进给式切割立柱结构、安装示意图

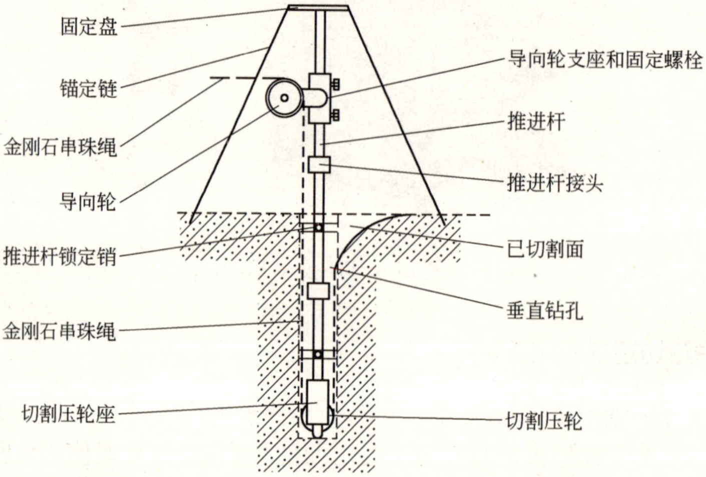

图 2-71 推进杆固定式切割进给立柱结构、安装示意图

推进杆固定式结构的切割进给立柱结构简单，安装和使用便捷，但开始切割时，金刚石串珠绳就深入到钻孔底部，其工作条件非常恶劣。金刚石串珠绳要在两个回转半径为 65 ~ 70 mm 的压轮处转向 180°，在两个 90°直角岩石处转向，钢丝绳内部会受到很大的交变应力影响。为了克服这些影响，使用推进杆固定式结构的切割进给立柱切割的速度比较低。

使用推进杆进给式结构的切割进给立柱时，虽然金刚石串珠绳同样要在压轮处回转 180°，但导向轮是逐渐从垂直钻孔的口部向下运动的，金刚石串珠绳的冷却和锯屑的排除要好些，但需要配套推进杆的进给系统，一般是液压进给系统，所以使得结构非常复杂，操作和维护保养难度大。

切割立柱的锚定安装方法与独立垂直导向轮的锚定安装方法（图 2-80）相似，安装之前必须先钻凿直径 200 ~ 250 mm 的钻孔，进给切割立柱的中心与钻孔同心即可。切割轮的直径一般是 130 ~ 140 mm,进给式结构的切割轮推进杆一般借用液压钻机或大孔径凿岩机的钻杆。如果单独配备钻杆,为了便于管理和实现互换性,最好直接选用上述两种大孔径钻机的钻杆,其外径大约是 75 mm。为了保证进给过程中具有足够的动力,也便于调整进给速度,进给推进动力一般采用液压方式,其工作原理与液压钻孔机相同。导向轮的直径大约是 400 ~ 500 mm,其耐磨衬垫的结构和更换与前述导向轮的结构相同。切割轮的耐磨衬垫的结构和更换也与前述导向轮的相同,因为切割轮的直径更小,所以其衬垫的材料应选择耐磨性更好的材料,至少保证达到完成一个切割面的锯切寿命。图 2-72 是切割轮在钻孔中的位置示意图,图 2-73 是一个单独的切割轮图片。

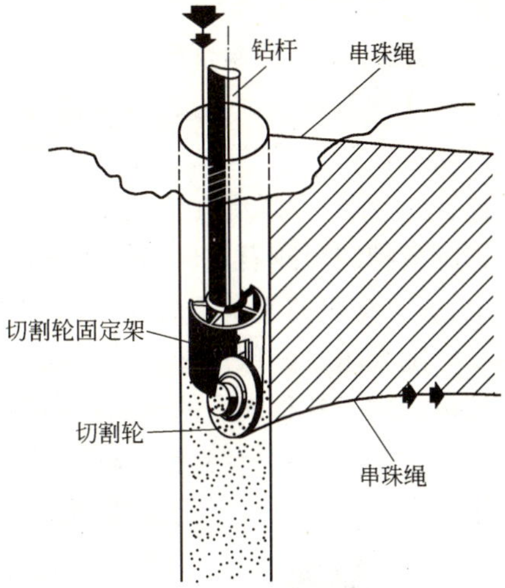

图 2-72 切割轮切割位置局部示意图

液压钻孔机也可作进给切割立柱使用,但必须经过一些必要的结构改动,需要在钻机顶部安装一个导向轮,其位置应使绕过导向轮的金刚石串珠绳垂直导引到切割轮上,中间不能与液压钻机相碰或干涉。使用时,只要将钻头换成切割轮安装在液压钻孔机的钻杆,并将液压钻孔机就位固定即可,使用液压钻孔机作为进给切割立柱的刚性和动力性能更好。图 2-74 是安装在液压钻孔机钻头位置的切割轮。

图 2-73 进给切割立柱的切割轮

图 2-74 安装在液压钻孔机上的切割轮

2.5.3 金刚石串珠锯配套导向轮

除了上面介绍的主要机构外,金刚石串珠锯还有一些辅助机构和辅助装置。主要的辅助装置是各种导向轮,它们的作用是改变串珠绳的切割方向,帮助串珠锯适应不同开采场地的地形要求,调节、减少锯切中串珠绳的曲率,控制串珠绳的张角,导引串珠绳从 90°棱角过渡到圆弧切割,导引串珠绳深入分离体背面进行盲切,支承运动中的串珠绳,防止其相互碰撞或与导轨和地面碰撞等。

串珠锯的导向轮分成固定安装在锯机上、控制串珠绳在主飞轮上包角的机载导向轮,与独立于串珠锯、用于支承切割回路中外悬串珠绳的垂直独立和水平独立导向轮，以及用于转换串珠绳切割运动方向的换向导向轮等几种。

2.5.3.1　控制金刚石串珠绳包角的导向轮

金刚石串珠锯开采大理石矿山时，锯切开采台阶最高可达 15 m，如果金刚石串珠锯比较接近被锯切矿体时，金刚石串珠绳在主飞轮上的包角将变得很小，影响到主电机的功率传递，使金刚石串珠绳在主飞轮上打滑、失速，影响锯切的顺利进行。所以需要为金刚石串珠锯配备控制金刚石串珠绳在主飞轮上包角大小的导向轮，这种导向轮都安装在串珠锯机体上，成为锯机的一个组成部分，称为机载型导向轮。

随金刚石串珠锯配备的机载型导向轮，一般分双导向轮和单导向轮两种结构。双导向轮可以用于各种大小的金刚石串珠锯，单导向轮一般只用于中小型金刚石串珠锯。机载导向轮的旋转平面始终与主飞轮相同，其控制功能始终与主飞轮锯切位置的变化相一致。如果主飞轮处于垂直切割位置，机载导向轮的作用是控制垂直切割，如果主飞轮处于水平或倾斜位置，则机载导向轮的作用分别是控制水平和倾斜切割。两个导向轮张角调节方式有夹角调节和距离调节，前者调节两个导向轮之间的夹角改变二者之间的张角；后者通过改变两个导向轮之间的距离，达到调节二者之间张角的目的，结果相同。

图 2-75　MINI-FIL 型单导向轮金刚石串珠锯

图 2-75 是意大利 MARINI 公司生产的 MINI-FIL 夹角调节型单导向轮串珠锯，图 2-31 是意大利 MICHELETTI TELE/STAR 2002 型电驱动夹角调节型单导向轮串珠锯，图 2-76 是福州天石源公司生产的 TSY-KSG 37kW 夹角调节型双导向轮金刚石串珠锯，图 2-77 是意大利 PELLEGRINI 公司生产的 TDV55 型间距调节型双导向轮变速金刚石串珠锯，图 2-78 是意大利 BENETTI 公司生产的 ALPHA840 型间距调节型双导向轮金刚石串珠锯，图 2-79 是意大利 BENETTI 公司生产的 VIP910 型间距调节型双导向轮串珠锯。

图 2-76　福州天石源公司生产的 TSY-KSG 37kW 双导向轮金刚石串珠锯

图 2-77　TDV55 型双导向轮变速金刚石串珠锯

图 2-78 ALPHA840 型双导向轮金刚石串珠锯

图 2-79 意大利 BENETTI 公司 VIP910 型双导向轮金刚石串珠锯

导向轮相对于主飞轮的位置都是可以调节的，一般采用手动式机械调节结构，如图 2-75 ~ 图 2-79 所示的金刚石串珠锯；也有采用电机驱动导向轮回转的电动调节方式，如图 2-8 所示的意大利 MICHELETTI 公司生产的 TELE/STAR2002 型金刚石串珠锯。

2.5.3.2 垂直型独立导向轮

垂直型独立导向轮是独立于金刚石串珠锯的一个组件，通常与串珠锯及其导轨分开安装，用于支承、控制垂直切割状态串珠绳的轨迹。防止锯切面邻近分离时，出现串珠绳锯切轨迹的过度弯曲（曲率半径过小、曲率过大），而引起串珠绳的过早磨损报废。另一个作用是控制串珠绳在环绕新切割面 90°转角处时的弯曲曲率，防止出现串珠绳 90°折弯切割的状态。另外在垂直面切割时，用于支承外露过长的串珠绳，防止因抖动出现来回两路串珠绳相互碰撞。

常用的垂直型独立导向轮分为立杆型、侧支承支架型和对称支承支架型等结构。

A 垂直立杆型独立导向轮

标准的垂直立杆型独立导向轮采用锚定链固定方式，由立杆、3 条拉紧链、拉紧链挂钩、双向拉紧螺栓、拉紧链的锚钉、导向轮、导向轮固定座和紧固螺栓等零部件组成，见图 2-80。也有采用复合楔锚定立柱底盘的固定方式，见图 2-82。通常每个立杆上安装两套导向轮，（见图 2-80），相当于金刚石串珠锯的双导向轮；也有安装 4 个导向轮用于换向切割的垂直立杆型独立导向轮组件，见图 2-81，或安装一个导向轮的垂直立杆型独立导向轮，见图 2-82。

立杆型导向轮通常独立安装固定在矿体上，不随金刚石串珠锯在导轨上移动，其作用与锯机上配备的导向轮一样，一般用于固定支承金刚石串珠绳的切割轨迹，尤其采用“下切法”锯切时，防止金刚石串珠绳切入不需要切割的矿体，其使用方法如图 2-83 所示。

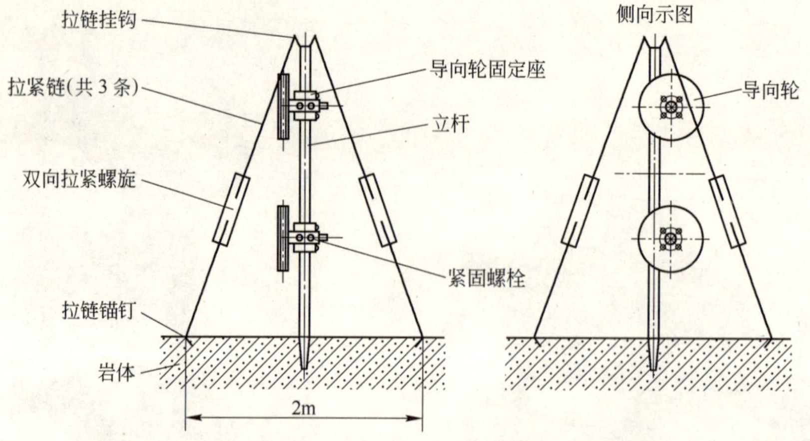

图 2-80　双导向轮独立型垂直立杆导向轮组件安装示意图

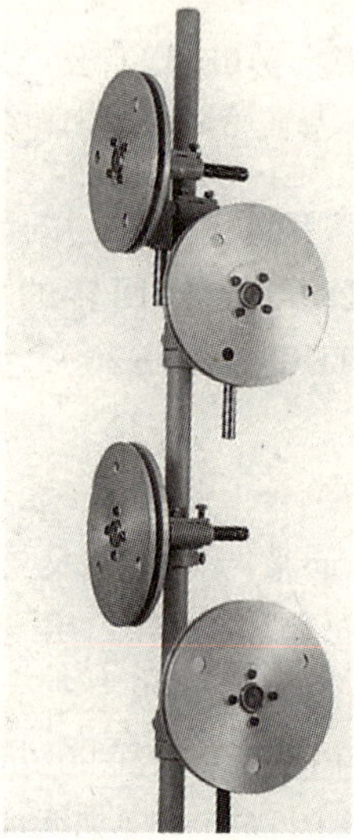

图 2-81　多轮型垂直立杆式导向轮

图 2-82　单轮立杆式垂直导向轮外观图

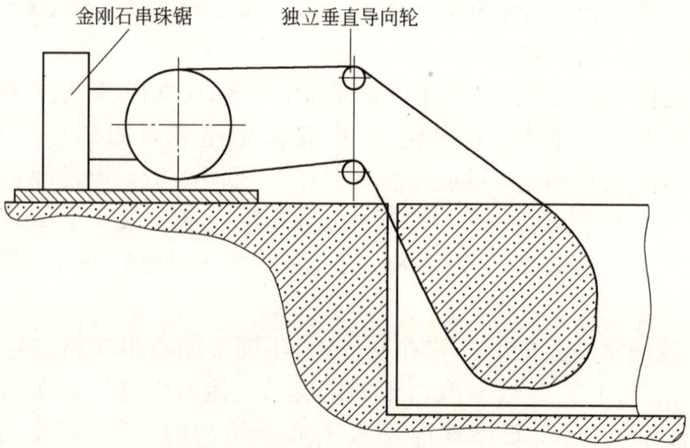

图 2-83　独立垂直导向轮的使用示意图

图2-80是安装两个导向轮的独立型垂直立杆导向轮组件的安装示意图。安装步骤是，首先确定好组件与金刚石串珠锯导轨前端的合适距离位置，然后在此位置钻凿一个立杆定位孔，并插入立杆。然后在立杆周围钻凿3个成等边三角形均匀分布、间距1.5~2 m的等距孔，用于锚定拉紧链。拉紧链锚定孔的合适位置，应该以不干涉金刚石串珠绳的运动轨迹为合适。拉紧链固定后，分别调整拉紧链上的双向螺栓，使立杆垂直固定。按照金刚石串珠绳通过导向轮组件时的间距，调整两个导向轮的距离以及导向方向，使导向轮的旋转平面与切割平面重合，最后紧固导向轮固定座上的螺栓，将导向轮固定。整个安装过程结束。

B 框架型垂直导向轮

这种导向轮采用垂直单轮型结构，分成偏置支承和对称支承两种结构，一般安放在地面，既可用于金刚石串珠锯使用"下切法"锯切时，限制金刚石串珠绳切割到不需要锯切的矿体，又可在用于"上切法"时，安装在金刚石串珠绳直角转弯处，增加金刚石串珠绳在直角转弯处的曲率半径，防止金刚石串珠绳在直角转弯处的急剧磨损而引起断绳事故。图2-84是框架式垂直单导向轮用于"上切法"切割时的安装位置示意图。图2-85是对称支承的框架型垂直单轮式导向轮外观图。图2-86是偏置支承的框架型垂直单轮式导向轮支承作业图。图2-87是通过夹持固定方式，固定在分离体或荒料两个平行表面上，专门用于花岗石分离体解体和荒料整形用的垂直导向轮照片。

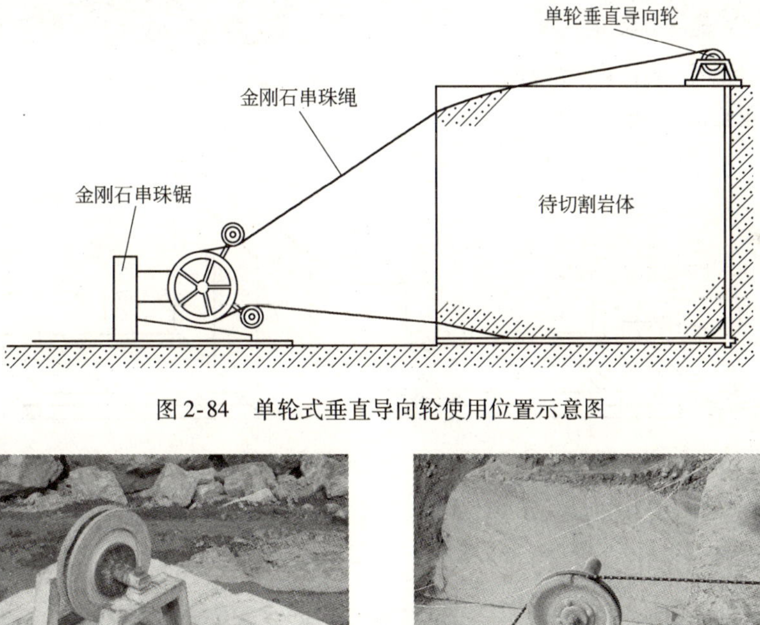

图2-84 单轮式垂直导向轮使用位置示意图

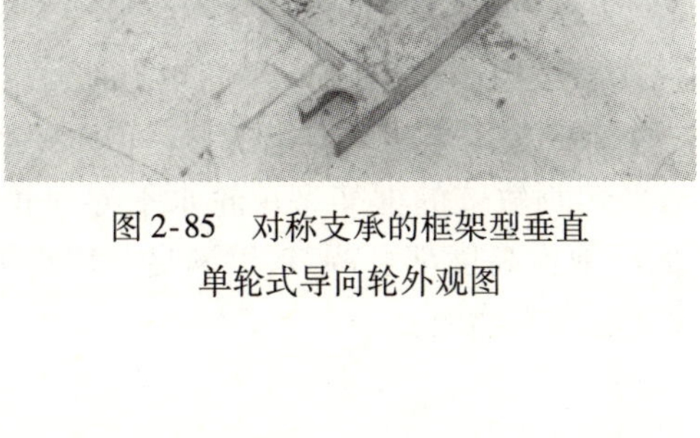

图2-85 对称支承的框架型垂直单轮式导向轮外观图

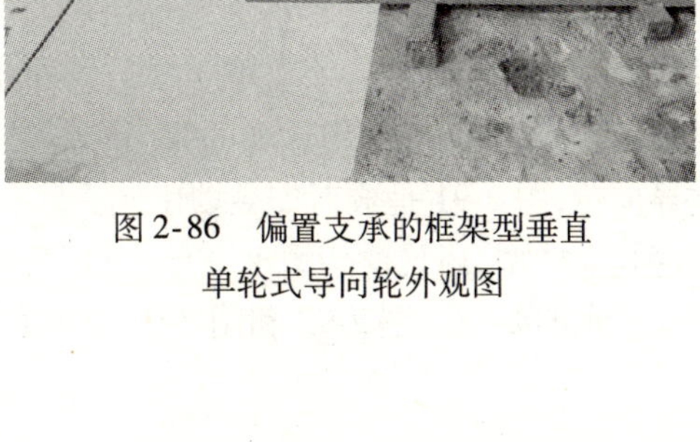

图2-86 偏置支承的框架型垂直单轮式导向轮外观图

2.5.3.3 水平导向轮

水平导向轮主要用于金刚石串珠锯进行水平面切割时，控制金刚石串珠绳包角的导向轮，也控制金刚石串珠绳外露部分的运动轨迹范围。它们分成机载式和独立式两种结构。

A 机载式水平导向轮

机载式水平导向轮有两种固定安装方式，第一种安装方式如前面所述随主飞轮一起回转到水平切割位置的一对机载导向轮，另一种是安装在锯机导轨前端，与导轨成为一体的一对固定式水平导向轮。图2-88为意大利BENETTI公司的VIP910型金刚石串珠锯的水平导向轮照片，图2-89是与导轨安装固定在一起的水平导向轮的示意图。

图2-87 花岗石分离体解体和荒料整形用单轮式垂直导向轮照片

图2-88 意大利BENETTI公司的VIP910型金刚石串珠锯的水平导向轮

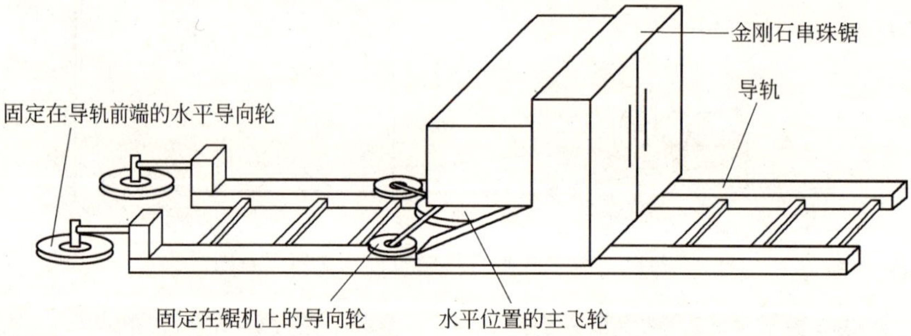

图2-89 安装在导轨前端的水平固定式导向轮

B 水平型独立导向轮

水平型独立导向轮一般是独立安装在导轨与矿体之间的矿体台阶上，不随金刚石串珠锯在导轨上运动，用于支承和限制水平切割时串珠绳的运动轨迹。目前常用的水平独立导向轮有立柱型、框架型、平板型等结构形式。水平导向轮一般都采用单轮结构，多数情况下是成对安装使用。在一个支架上安装一对水平导向轮的结构，专门用于水平面切割时，放在导轨和岩体之间，限制串珠绳的张角和运动轨迹。图2-90是用于转向支承的立柱型水平独立导向轮，图2-91是成对安装、用于限制串珠绳水平切割轨迹的框架型单轮水平导向轮。无论是立柱型，还是框架型水平导向轮，其旋转平面距地面高度都可调节，以满足与串珠绳同面支承的要求。图2-92和图2-93是两种水平导向轮的实物图。

图 2-90 立柱式水平独立导向轮

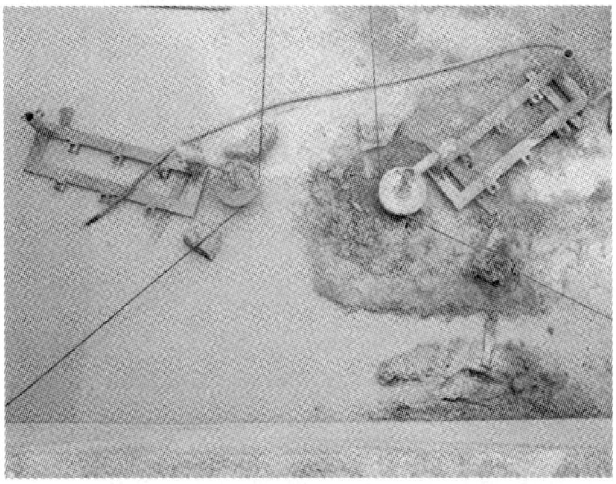

图 2-91 成对使用的框架式单轮导向轮的水平工作状态

图 2-92 立杆水平安装的导向轮之一

图 2-93 立杆水平安装的导向轮之二

图 2-94 是一种结构简单、与地面高度固定的水平导向轮的结构示意图，其结构包括一个直径为 400 ~ 500 mm 的导向轮，与一块厚度为 15 ~ 25 mm、尺寸为 600 mm × 600 mm 的钢板制成的底板中心焊接在一起的导向轮轴。底板四周有 4 个直径为 30 ~ 40 mm 的锚定孔，用于将水平导向轮锚定在岩体上。导向轮距地面的高度 H 与使用的金刚石串珠锯的机型有关，不同厂家生产的不同型号的金刚石串珠锯 H 是不同的，制作水平导向轮时应注意。

一些导向轮支架采用既可安装垂直导向轮又可安装水平导向轮的结构，使用起来非常方便。为了实现互换，减少矿山备件数量，机载导向轮与独立导向轮常采用相同的结构尺寸，使用更加方便。

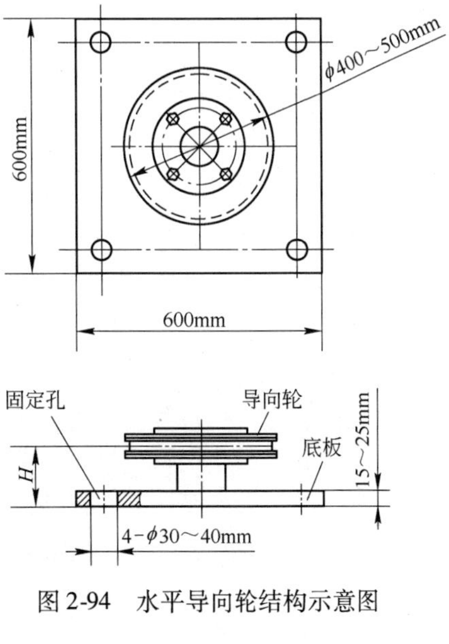

图 2-94 水平导向轮结构示意图

实际使用中，还有各种各样结构形式的导向轮，上面介绍的只是几种典型结构的导向轮，供读者参考。

2.5.3.4　换向导向轮

在一些工作场地狭窄的露天开采的石材矿山，尤其是在井巷和山洞型大理石矿山上，能够安放金刚石串珠锯的位置有限，必须通过改变金刚石串珠绳的运动方向，才能对切割面进行切割。通常通过安装换向导向轮，实现金刚石串珠绳方向的改变。通常在一个支架上异面安装的4个独立导向轮，可以用做换向导向轮，也有图2-95所示安装3个独立导向轮的换向导向轮组件。换向导向轮组件的使用方法将在后面相关章节中详细介绍。

2.5.3.5　洞采专用导向轮

还有一种专门用于山洞型大理石矿山开采的洞采专用导向轮，配合金刚石串珠锯对分离石料封闭结合背面进行切割时使用。图2-96所示是该组件的外形图，图2-97是这种洞采专用导向轮的结构示意图，它由底座、导向杆、导向轮、固定轴、密封轴承和挡圈等零部件组成。

图2-95　换向导向轮组件

图2-96　洞采专用导向轮外观图

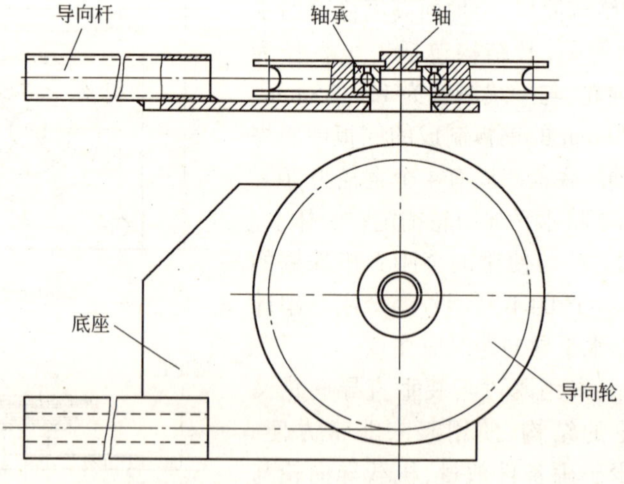

图2-97　洞采专用导向轮结构简图

2.6 金刚石串珠锯的技术参数

表 2-1 列出了一组国外生产的电动式大中型大理石开采用固定串珠绳速度的金刚石串珠锯的技术参数,表 2-2 是一组国内生产的电动式大中型大理石开采用固定串珠绳速度的金刚石串珠锯的技术参数,表 2-3 是国外生产的花岗石矿山开采用变速型金刚石串珠锯的技术参数,表 2-4 是国内生产的花岗石矿山开采用变速型金刚石串珠锯的技术参数,表 2-5 是国外生产的小型矿山开采用金刚石串珠锯的技术参数,表 2-6 是国内生产的小型矿山开采用金刚石串珠锯的技术参数,表 2-7 是内燃机式金刚石串珠锯的技术参数。

表 2-1 国外生产的大理石矿山开采用固定速度电动式金刚石串珠锯的结构、技术参数

技术参数 \ 型号	1000/600	TELE/STAR 2002	ALPHA 840	VIP910	TD50	TD65 Super /94	Mar-Fil Super	LGR4	S800
主飞轮直径/mm	1000	970	800	1000	800	1020	1020	800/900	800
金刚石串珠绳速度/$m \cdot s^{-1}$	45	36	40	40	40	38	38	40	40
金刚石串珠直径/mm	10	10	10	10 ~ 11	10 ~ 12	10 ~ 12	10 ~ 12	10 ~ 11	
可带动串珠绳长度/m	20 ~ 120	20 ~ 100	20 ~ 100	20 ~ 120	20 ~ 100	20 ~ 130	20 ~ 120	20 ~ 120	
大理石切割速度/$m^2 \cdot h^{-1}$	8 ~ 12	8 ~ 12	8 ~ 15	8 ~ 15	8 ~ 15	8 ~ 15	8 ~ 15	8 ~ 15	
动力形式	电动	电动	电动	电动	电动	电动	电动	电动	
电机极数	8	8	6	6	6	8	8		
主电机功率/kW	30/37/45	30/37/45	30/37	37/45 /55	40/37	50	30/37 /45	37/45	30/37 /45
主电机固定方式	悬臂	悬臂	门架	悬臂	悬臂	悬臂	悬臂	门架	悬臂
主电机与飞轮连接	直联	皮带直联	直联	直联	直联	直联	直联	直联	直联
行走机构	调速电机棘轮	调速电机棘轮	电机链条齿轮齿条	电机齿轮齿条	电机齿轮齿条	电机齿轮齿条	电机棘轮		电机棘轮
行走机构电机功率/kW		1	1		直流电机 1	直流电机			0.75
串珠绳张紧力控制	反馈自控	半自控	反馈自控	反馈自控	反馈自控	反馈自控	手控/自控	反馈自控	反馈自控
主飞轮轴回转方式	电动 360°	电动 360°	手动 360°	电动 360°	手动 360°	电动 360°	电动 360°	液压 360°	电动 360°
机载导向轮数量/个	2	1	2	4	2	2	2	无	2
机载导向轮直径/mm	300	300	350	350	400	400		无	320
导向轮调整方式	电动	电动	手动		手动	电动		无	手动
平行切割间距/m				1.7 ~ 2	0.8 ~ 1.3	1 ~ 2	1.95	1.85/2.7/3	
主飞轮侧向移动/cm				23	手动	电动		液压油缸	手动
锯机在导轨上行走方式	滚轮型钢	滚轮型钢	滚轮钢管	滚轮钢管	滚轮钢管	滚轮钢管	滚轮型钢	滚轮槽钢	滚轮钢管
导轨长度/m	2 × 3	2 × 3	3 × 2 + 1	3 × 2	2 × 3	2 × 3	3 × 2		2 × 3
整机重量/kg		1530	1020	1650	1360	2700		1750	1500
生产厂家	意大利 M. BERNUCCI	意大利 MICHELETTI	意大利 BENETTI		意大利 PELLEGRINI		意大利 MARINI	意大利 LOCHTMANS	意大利 DAZZINI

表 2-2 国内几种大理石矿山开采用固定速度电动式金刚石串珠锯的结构、技术参数

技术参数 \ 型号	TSY-KS37M	JJS-30
主飞轮直径/mm	800	810
金刚石串珠绳速度/$m \cdot s^{-1}$	40	43
主飞轮转速/$r \cdot min^{-1}$	980	
金刚石串珠直径/mm	10~11	10
可带动串珠绳长度/m	20~100	20~80
大理石切割速度/$m^2 \cdot h^{-1}$	3~20	6~10
动力形式	电 动	电 动
电机极数	6	6
主电机功率/kW	37	37
主电机固定方式	悬 臂	固 定
主电机与飞轮连接	直 联	螺旋伞齿轮副
行走机构	电机、链轮传动	电机齿轮齿条
行走机构电机功率/kW	0.75	1
串珠绳张紧力控制	变频调速、PLC 自动控制	半自动控制
行走电机调速范围/$r \cdot min^{-1}$	0~1500	
主飞轮轴回转方式	电动 360°	手动 180°
主飞轮轴回转电机功率/kW	0.75	
主飞轮轴向平移电机功率/kW	0.75	
机载导向轮数量/个	2	2
机载导向轮直径/mm	400	
导向轮调整方式	手 动	手 动
平行切割间距/m	1.8	可 调
主飞轮侧向移动/mm	450	手 动
锯机在导轨上行走方式	滚轮钢管	滚轮钢管
导轨长度/m	2×3	2×3
整机重量/kg	2300	1200
使用环境温度/℃	-15 ~ +40	
生产厂家	福州天石源超硬材料工具有限公司	山西机床厂

表 2-3 国外生产的变速型花岗石开采用电动式金刚石串珠锯的结构、技术参数

技术参数 \ 型号	VIP910 VAR/SPEED	VIP915	BETA 870 VAR SPEED	TDV55	TDV55 Super/94	Gran-Fil Electronic	Gran-Fil Super
主飞轮直径/mm	800	800~1000	800	800	1020	1020	1020
金刚石串珠绳速度/$m \cdot s^{-1}$	0~40	0~40	0~40	15~40	15~40	14~30	12~38
金刚石串珠直径/mm	10~11	10~11	10~11	10~12	10~12	10~12	10~12
可带动串珠绳长度/m	20~120	20~120	20~90	20~90	20~90	20~90	20~90

续表 2-3

技术参数 \ 型号	VIP910 VAR/SPEED	VIP915	BETA 870 VAR SPEED	TDV55	TDV55 Super/94	Gran-Fil Electronic	Gran-Fil Super
花岗石切割速度/$m^2 \cdot h^{-1}$	3 ~ 10	3 ~ 15	3 ~ 10	3 ~ 10	3 ~ 10	3 ~ 10	3 ~ 10
动力形式	电动	电动	电动	电动	电动	电动	电动
电机调速方式	变频	变频或星/三角启动	变频			变频	
电机极数	6		8	4	4		
主电机功率/kW	37/45	37/45/55	30/37/45/55	35	35/50	37	22/30/37
主电机固定方式	悬臂	悬臂	门架	固定	固定	悬臂	悬臂
主电机与飞轮连接	直联	直联	直联	油浴螺旋伞齿轮副	格里森螺旋伞齿轮副	直联	直联
行走机构	电机齿轮齿条	直流调速电机齿轮齿条	直流电机齿轮齿条	电机齿轮齿条	电机齿轮齿条	电机齿轮齿条	电机棘轮
行走机构电机功率/kW		0.75	0.75	直流电机	直流电机	1.1	
锯机行走速度		超级卡自动控制	快/慢双速	快/慢双速	快/慢双速		
串珠绳张紧力控制	反馈自控		手控/自控	反馈自控	反馈自控	反馈自控	手控/自控
主飞轮轴回转方式	电动 360°	电动 360°	手动 360°	手动 360°	电动 360°	电动 360°	电动 360°
机载导向轮数量/个	2	2	2	2	2	2	2
机载导向轮直径/mm	350	350	350	400	400	400	
导向轮调整方式	手动	手动	手动	手动			
平行切割间距/m	1.7 ~ 2	1.7 ~ 2		1.1 ~ 1.7	1 ~ 2	1.7 ~ 1.95	1.7 ~ 1.95
主飞轮侧向移动	手动			手动	电动	电动	
锯机在导轨上行走方式	滚轮钢管	滚轮钢管	滚轮钢管	滚轮钢管	滚轮钢管	滚轮钢管	滚轮型钢
导轨长度/m	3 × 2	3 × 2	3 × 2 + 1	2 × 3	2 × 3 +	2 × 3	3 × 2
整机重量/kg	1650		1020	1600	2900	2700	
辅助装备	卷筒式串珠绳防护带						
生产厂家	意大利 BENETTI			意大利 PELLEGRINI		意大利 MARINI	

表 2-4　国内生产的几种变速型花岗石开采用电动式金刚石串珠锯的结构、技术参数

技术参数 \ 型号	JJS-30 BT	TSY-KS37G	TSY-KS55G	YWS-37
主飞轮直径/mm	800	800	800	600
金刚石串珠绳速度/$m \cdot s^{-1}$	0 ~ 42	0 ~ 40	0 ~ 40	0 ~ 45
金刚石串珠直径/mm	10 ~ 12	10 ~ 12	10 ~ 12	10/11/12
可带动串珠绳长度/m	20 ~ 80	20 ~ 100	20 ~ 100	20 ~ 80
花岗石切割速度/$m^2 \cdot h^{-1}$	3 ~ 6	3 ~ 10	3 ~ 10	
动力形式	电　动	电　动	电　动	电　动
电机调速方式	变　频	变　频	变　频	变　频
电机极数	8	6	6	

续表 2-4

技术参数 \ 型号	JJS-30 BT	TSY-KS37G	TSY-KS55G	YWS-37
主电机功率/kW	30/37	30/37	45/55	37
主电机调速范围/$r \cdot min^{-1}$		0~980	0~980	
主电机固定方式	悬 臂	悬 臂	悬 臂	
主电机与飞轮连接	直 联	直 联	直 联	
行走机构	电机齿轮齿条	电机、链轮传动		电机齿轮齿条
行走机构电机功率/kW	0.75	0.75	0.75	0.75
锯机行走速度控制	变频调速	变频调速		调速电机
串珠绳张紧力控制	半自动控制	PLC 自动控制		
行走电机调速范围/$m \cdot h^{-1}$		0~30	0~30	
主飞轮轴回转方式	手/电动360°	电动360°	电动360°	电动360°
主飞轮轴回转电机功率/kW	0.75	0.75	0.75	
主飞轮轴向平移电机功率/kW		0.75	0.75	
机载导向轮数量/个	2	2	2	2
机载导向轮直径/mm	300	400	400	300
导向轮调整方式	手 动	手 动	手 动	
平行切割间距/m		1.8	1.8	
主飞轮侧向移动	手 动	电 动	电 动	
主飞轮侧向移动距离/mm		480	480	
锯机在导轨上行走方式	滚轮型钢	滚轮型钢	滚轮型钢	
导轨长度/m	2×3	2×3	2×3	3×2
使用环境温度/℃		-15~40	-15~40	
整机重量/kg	1050	2300	2300	550
生产厂家	山西机床厂	福州天石源超硬材料工具有限公司		鄂州市云河金刚石工具制造有限公司

表 2-5 国外生产的小型矿山开采用金刚石串珠锯的结构、技术参数

技术参数 \ 型号	S600	S600EG	LGR1	TD25	MINI-Fil	TL920
主飞轮直径/mm	400/500	400	400	600	550	500
金刚石串珠绳速度/$m \cdot s^{-1}$	21/30	0~40		22/28	28	35
金刚石串珠直径/mm	10~11	10~11				
可带动串珠绳长度/m	30~60	30	15~30			40
动力形式	电 动	电 动			电 动	电 动
电机极数				6/8		
主电机功率/kW	11/15	11	5.5/7.5/11	11/15	15	15
主电机固定方式	悬 臂	悬 臂	悬 臂		悬 臂	门 架
主电机与飞轮连接	直 联	直 联	直 联		直 联	直 联

续表 2-5

技术参数 \ 型号	S600	S600EG	LGR1	TD25	MINI-Fil	TL920
行走机构	电机 齿轮齿条	电机 齿轮齿条	卷扬机	电机 齿轮齿条	电机棘轮	直流电机 齿轮齿条
行走机构电机功率/kW	0.3	0.4		1.1/1.5		
锯机行走速度	快/慢双速					
串珠绳张紧力控制	反馈自控	反馈自控		电控/自控	电控/自控	自动控制
主飞轮轴回转方式	手动 360°	手动 360°	手动 360°	手动 360°	手动 360°	手动 360°
机载导向轮数量/个	1	1	1	1	1	
机载导向轮直径/mm	180	180				
导向轮调整方式	手　动	手　动				
平行切割间距/m			0.84			
主飞轮侧向移动/mm			200			
锯机在导轨上行走方式	滚轮型钢	滚轮型钢	滚轮型钢	滚轮型钢	棘轮镂空	滚轮型钢
导轨长度/m	3	2		2×2.5	2×3	2×3
整机重量/kg	260	260	130	670		460
生产厂家	意大利 DAZZINI		意大利 LOCHTMANS	意大利 PELLEGRINI	意大利 MARINI	意大利 BENETTI

表 2-6　国内生产的几种小型矿山开采用电动式金刚石串珠锯的结构、技术参数

技术参数 \ 型号	TSY-KS11M/G	YWS-15/18 YWS-22/22A
主飞轮直径/mm	350	600
金刚石串珠绳速度/$m \cdot s^{-1}$	0~40	45/45/25-45/0~45
金刚石串珠直径/mm	10~11	10/11
可带动串珠绳长度/m	30	20~40/50/60/60
大理石切割速度/$m^2 \cdot h^{-1}$	3~15	5~10/6~12/8~15/8~15
花岗石切割速度/$m^2 \cdot h^{-1}$	2~10	
动力形式	电　动	电　动
主电机调速方式	变　频	单速/变频/双速/变频
主电机功率/kW	11	15/18/22/22
主电机固定方式	悬　臂	
主电机与飞轮连接	直　联	
行走机构	电机链轮传动	调速电机、齿轮齿条
行走机构电机功率/kW	0.37	0.55/0.75/0.75/0.75
行走电机调速方式	变频电机	
串珠绳张紧力控制	PLC 自动控制	
主飞轮轴回转方式	手　动	手动/电动/电动/电动 360°
机载导向轮数量/个	1	2

续表 2-6

型号 技术参数	TSY-KS11M/G	YWS-15/18 YWS-22/22A
机载导向轮直径/mm	250	250/250/300/300
导向轮调整方式	固　定	
锯机在导轨上行走方式	滚轮钢管	
导轨长度/m	3×2	3×2
整机重量/kg	350	400/450/500/500
生产厂家	福州天石源超硬材料工具有限公司	鄂州市云河金刚石工具制造有限公司

表 2-7　内燃机型花岗石(大理石)矿山开采用金刚石串珠锯的结构、技术参数

型号 技术参数		TDD100	TDD100 Super-94
主飞轮直径/mm		800	1020
金刚石串珠绳速度/$m \cdot s^{-1}$	大理石	32~38	32~38
	花岗石	22~28	22~28
金刚石串珠直径/mm		10~11	10~11
可带动串珠绳长度/m		20~90	20~90
切割速度/$m^2 \cdot h^{-1}$	大理石	8~15	8~15
	花岗石	3~10	3~10
动力形式		柴油内燃机	柴油内燃机
内燃机型号		VM/4 缸风冷	VM/4 缸风冷
内燃机功率/kW		75	75
内燃机带发电机功率/kW		5	6.5
电源输出/V			单相 220/三相 380
发动机与飞轮连接		液力转换器油浴螺旋伞齿轮副	转矩变换器/格里森螺旋伞齿轮副
行走机构		直流调速电机/齿轮齿条	直流调速电机/齿轮齿条
行走机构电机		直流电机	直流电机
锯机行走速度		快/慢双速	快/慢双速
串珠绳张紧力控制		反馈自控	反馈自控
主飞轮轴回转方式		手动 360°	电动 360°
机载导向轮数量/个		2	2
机载导向轮直径/mm		400	400
导向轮调整方式		手　动	电　动
平行切割间距/m		1.1~1.7	1~2
主飞轮侧向移动		手　动	电　动
锯机在导轨上行走方式		滚轮钢管	滚轮钢管
导轨长度/m		3×2	3×2
整机重量/kg		2100	3200
生产厂家		意大利 PELLEGRINI	

第3章　石材制品加工用金刚石串珠锯

金刚石串珠锯除了用于石材开采外,在石材加工领域也有广泛的应用。例如在石材加工厂使用的金刚石串珠整形机,加工异型石材制品的数控金刚石串珠锯,以及加工板材制品用单绳和多绳金刚石串珠锯等。本章主要介绍用于加工石材制品的各种金刚石串珠锯。

3.1　荒料整形用金刚石串珠锯

对石材荒料进行整形处理是很有必要的,尤其是在矿山直接完成对荒料的整形。其优点体现在整形处理后的荒料尺寸规整,成方性好,毛方体积和验收后荒料的实方体积非常接近。因为荒料的运输是按照其重量计算运费的,毛方体积与实方体积越接近,荒料废方部分也就越少,因此而产生在荒料上无用部分的运输费用也就减少了。

以全锯切方法开采石材为例,如果是六面都经过整形处理的荒料,毛方体积密度只比实方荒料的体积密度增加大约16% ~18%,对于体积密度是2.8 t/m^3 的石材荒料,按照其验收的实方折算后,其毛方体积密度大约是3.3 t/m^3,即每立方米荒料的无用部分重量大约增加0.4 ~0.5 t。如果采用密集排孔整形荒料,经过实际测算和称重统计,劈裂性比较好、6个整形面都比较平整,而且成方性好、体积密度是3 t/m^3 的花岗石荒料,其毛方体积密度大约是4 t/m^3,也就是说毛方体积密度比实方增加大约33%,单位体积荒料的无用部分达到1 t。如果荒料的6个面只做了简单的修整处理而且成方性比较差时,体积密度是3 t/m^3 的花岗石荒料,其毛方体积密度将达到4.5 t/m^3,有些高达5 t/m^3,最差的甚至超过实方体积密度的一倍。所以未经修整或修整质量差的荒料,其运输成本最多将提高一倍。

国内许多石材矿山地处内地和西部地区,距离沿海港口或石材发达地区的距离有1000 ~2000 km,有些甚至达到3500 km,荒料的运费已经高出开采成本3 ~4倍,有些甚至高达6 ~8倍,如果不对荒料进行整形处理,荒料无用部分所产生的运费将在荒料总成本中占有可观的部分,节省这部分成本,对提高石材经济效益,降低荒料价格,提高产品市场竞争力是有实际意义的。所以建议在石材矿山开采荒料阶段,就应完成对荒料的整形处理。

整形荒料的另一个优点体现在板材加工,尤其是大板加工方面,平整的荒料顶面可节省砂锯或排锯的锯切时间,这部分在后面一节将做详细介绍。

3.1.1　石材矿山使用的荒料整形用串珠锯

正常情况下对石材荒料的整形通常是在矿山完成的。在大理石矿山,可以使用开采用的移动式串珠锯,也可以使用专用的固定式串珠整形机。在采用串珠锯全锯切开采工艺的花岗石矿山,在开采过程中,大部分花岗石荒料已经被移动式串珠锯整形处理过。在采用串珠锯辅助开采花岗石的矿山,根据需要,可采用移动式串珠锯整形处理荒料。在无串珠锯辅助、采用其他方法开采的花岗石矿山,也可以安装固定式串珠整形机对所开采的花岗石荒料进行整形处理。

石材矿山使用的专用荒料整形设备有小型移动式串珠锯、固定式金刚石串珠整形机，必要时用于在开采台阶上进行大面切割的大中型串珠锯，也可用来整形荒料。

目前绝大多数石材矿山，还是以使用石材开采用移动式串珠锯，在开采现场完成对石材荒料的整形处理为主。

3.1.2 石材加工厂使用的荒料整形用串珠锯

在板材加工厂安装整形机实际是对石材荒料的第二道整形，也是最后一道整形处理工序了。目前国内外的许多石材板材加工厂，都安装有固定式荒料整形设备，固定式串珠整形机是目前石材加工厂使用最多的荒料整形设备。

因为大理石质地比较软，除了固定式串珠整形机外，像单锯条整形机、金刚石带锯整形机，甚至固定式链臂整形机都能完成对大理石荒料的修整处理。但固定式串珠整形机以其非常高的整形切割效率、合适的整形成本，被许多大理石大板生产企业所接受，基本成为大理石大板生产企业固定式整形设备的首选机型。

在使用砂锯的花岗石大板生产厂，由于花岗石质地坚硬，大理石板材加工厂使用的非串珠整形机等普通整形设备，不能完成对花岗石荒料的整形切割，所以固定式串珠整形机成了花岗石大板生产企业唯一装备的荒料整形机。

在石材板材加工厂使用的固定式串珠整形机，同样可以安装在石材矿山，用于石材开采矿山现场，对荒料进行整形切割处理。

3.1.2.1 石材加工厂使用固定式串珠整形机的目的

使用砂锯加工花岗石和使用排锯加工大理石大板时，对石材荒料顶面的平整度要求很高，荒料顶面平整与否，直接影响到锯机的生产效率。

以花岗石大板加工为例，砂锯锯条的高度一般是100 mm，锯条切割石料分成“切入”阶段和正常进给阶段。从锯条开始接触石料，到切入石料的深度达到锯条高度的80%（根据石材硬度和切割性能不同，该深度略有差异）时，称为锯条的“切入”阶段。处于“切入”阶段中的锯条两侧，基本处于自由无支撑的状态，锯条的切割刚性很差，不能达到正常的切割进给速度，落锯进给速度通常只有正常进给速度的15%～25%，一般只有0.8～1 cm/h左右，切割一些硬质石材，这一阶段的进给速度可能还低。这样才能保证锯条无偏斜垂直地切入荒料，使锯缝平直。锯条切入石料的深度超过其高度的三分之二后，才能进入正常切割阶段，正常切割进给速度一般为2～5 cm/h。表3-1列举了一组砂锯切割顶面经过串珠锯整形、人工整形和未经修整的花岗石荒料时，锯条“切入”阶段的加工参数。

表3-1 砂锯锯条“切入”阶段加工参数

切割参数 \ 荒料顶面处理	串珠锯对顶面整形切割处理	荒料顶面人工修整处理	荒料顶面未经修整处理
荒料高度/cm	180	180	180
最大表面平整度误差/cm	2	10	20
锯条宽度/cm	10	10	10
锯条“切入”阶段高度/cm	8	8	8
锯条“切入”阶段总切割深度/cm	10	18	28

续表 3-1

切割参数 \ 荒料顶面处理	串珠锯对顶面整形切割处理	荒料顶面人工修整处理	荒料顶面未经修整处理
锯条“切入”阶段进给速度/cm · h^{-1}	0.8 ~ 1	0.8 ~ 1	0.8 ~ 1
锯条“切入”阶段消耗时间/h	8 ~ 10	14 ~ 18	22 ~ 28
锯条正常进给阶段总切割深度/cm	172	172	172
锯条正常进给阶段进给速度/cm · h^{-1}	2 ~ 4	2 ~ 4	2 ~ 4
锯条正常进给阶段消耗时间/h	43 ~ 86	43 ~ 86	43 ~ 86
砂锯总切割时间/h	51 ~ 96	57 ~ 104	65 ~ 114

如果花岗石荒料顶面经过固定式串珠锯整形修平处理，其平整度误差可以达到 ±0.5 cm，通常可以保证在 ±1 cm，即总偏差在 2 cm 之内。按照表 3-1 列举的加工参数，锯条“切入”阶段的时间大约需要 8 ~ 10 h。如果花岗石荒料的顶面只经过人工修平处理，其最佳的平整度误差最多只能达到 10 cm，锯条完成“切入”阶段需要的时间大约是 14 ~ 18 h，几乎比加工经过串珠锯整形处理顶面荒料时，增加了一倍的时间。如果荒料的高度是 1.8 m，加工顶面修整后的荒料，锯条“切入”阶段切割荒料的深度只占荒料整个高度的 5.5% 左右，但消耗的时间占整个切割时间的 10% ~ 16% 左右；如果是加工顶面未经修整的荒料，锯条“切入”深度占荒料整个高度的 10% 左右，消耗的时间占整个切割时间的 17% ~ 25% 左右。从上面的分析计算可以看出，切割顶面不平整度误差为 10 cm 的花岗石荒料，其中的 8 ~ 10 h 完全是为了切入荒料顶面不平整的部分而消耗的时间，这段时间砂锯所做的切割功效基本是无用的，只是在浪费电力和人工费。为了提高砂锯的生产效率，降低切割成本，修整荒料的顶面是非常必要的。

3.1.2.2 不同结构的固定式串珠整形机

根据固定式串珠整形机主机、荒料车是否移动，可将固定式串珠整形机分成：主机固定、荒料车移动，主机固定、荒料固定，主机移动、荒料固定，主机移动、荒料车移动等多种结构形式。另外除了串珠绳垂直进给切割方式外，还有串珠绳可水平进给切割运动方式的固定式串珠整形机。为了提高整形切割的效率，目前还有双机并联、安装多台荒料车的固定式串珠整形机切割系统。

A 串珠锯主机固定、荒料固定式串珠整形机

这是早期固定式串珠整形机的典型结构，既可用在石材矿山，也可用于石材加工厂对石材荒料整形切割。图 3-1 是意大利 PELLEGRINI 公司生产的 DF2000 型主机固定、荒料固定式串珠整形机的示意图。该机主机的两根立柱固定在一块平坦的地面上，或者固定在使用串珠锯开采的石材矿山并采用串珠锯水平锯切开采形成的矿体水平面上。桅杆吊、卷扬机、装载机或挖掘机等荒料移动设备，直接将荒料移动到串珠整形机的下方进行整形切割。

这种结构的整形机用在石材矿山时，其优点是利用矿体现成的平整表面，省去了荒料车、供其移动的轨道系统和基础，设备结构简单，成本降低。该机拆装方便，可跟随开采工作面的推进，及时移动到最合适的整形作业位置。对于试采或开采远景不长的矿山，其荒料整形成本将会降低。安装在加工厂时，只要有一块相对平整的混凝土地面，即可满足串珠整形机的安装作业场地要求。

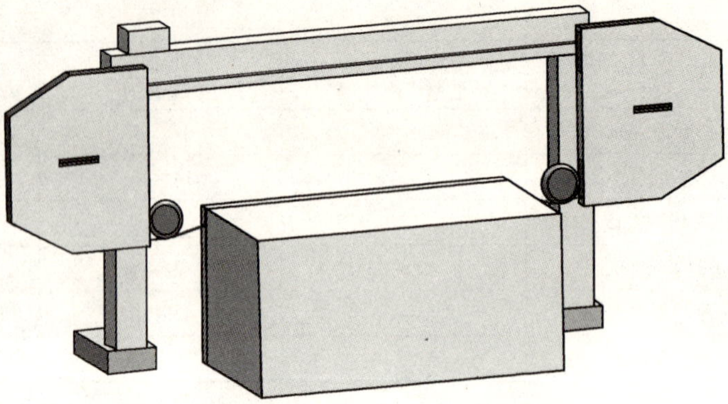

图 3-1　主机和荒料均为固定的串珠整形机

B　串珠锯主机固定、荒料车移动式串珠整形机

这是目前使用最多的固定式串珠整形机的结构。该机采用固定门架、移动式荒料车结构。整形机由固定式门架，可升降的主动、从动飞轮，串珠绳张紧系统，导向轮，在导轨上行走的荒料车（有些荒料车还配备有回转式工作台）和电控系统等部分组成，通常最大切割荒料的长度可达 4 m，最大荒料的切割高度为 2 ~ 2.2 m。

固定门架由型钢制成坚固的框架结构，直径达到 2 m 的主动、从动飞轮可减轻和防止串珠绳的疲劳，锯机一般都配备变频器，使操作者方便地完成从 0 ~ 40 m/s 的串珠绳线速度调节。也有采用 4 个小直径飞轮，或者大小各一对飞轮组成的串珠绳的驱动和导向传动系统。

串珠绳的张紧力调节由液压或气动系统控制的液压油缸或气缸完成，可实现 3000 ~ 6000 N 的张紧力控制，调节行程 500 ~ 800 mm，并可保持串珠绳具有连续、稳定和恒定的张紧力控制。串珠绳在锯切时的进给，也由带变频器的电机自动控制。配套完整的固定式串珠整形机，都配备一套安全装置，以保证锯机在缺水和串珠绳断裂时自动停机。锯机可选配安装固定式或回转式工作台的电动荒料车；如果需要切割板材，还可配备由控制柜控制的毫米级编码器和步进式运动程序。控制系统具备的统一控制功能包括：每次切割结束时的自动停机、缺水时的自动停机、张紧力控制系统压力过低和串珠绳断裂时的紧急停机等。采用变频器调节串珠绳进给速度的串珠整形机，保证了串珠绳进给速度连续、无阶梯控制，提高了板材切割的质量。

图 3-2 是意大利 BENETTI 公司早期生产的、用于石材荒料整形的 TRIGON700 型固定式金刚石串珠整形机，图 3-3 是该机完成荒料整形切割时的串珠绳、导向轮位置示意图。该机最大的特点是采用了一套特殊的机械式串珠绳进给和张紧力控制系统。除了主动、从动飞轮外，该机配备了 6 个安装在一对特殊平行四边形机构端点上的小直径导向轮，其中 4 个用于支承串珠绳进给切割石材，另外两个主要用于控制串珠绳的张紧力。其工作原理是，通过安装在一套平行四边形机构上的传动丝杆的往复运动，改变平行四边形机构的形状，使每个平行四边形上一对相邻延长边之间的夹角发生变化，安装在这对延长边末端的小导向轮之间的夹角随之改变，随着它们之间夹角的加大，位于下方的两对导向轮相对靠近运动（向下摆动），带动串珠绳完成锯切荒料的进给运动；位于上方的两个导向轮向外远离运动（向上摆动），除了支承串珠绳运动外，在配重装置的控制下提供对串珠绳的张紧拉力。

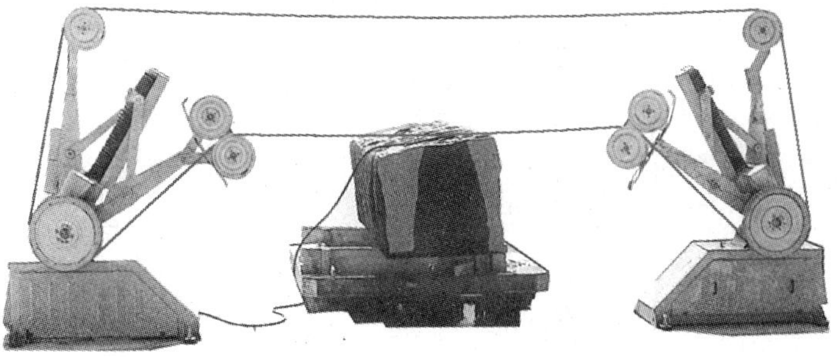

图 3-2 意大利 BENETTI 公司早期生产的 TRIGON700 型固定式串珠绳式整形机

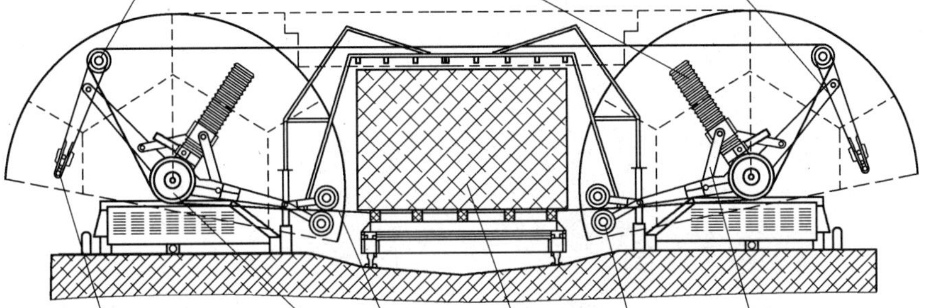

图 3-3 TRIGON700 型固定式串珠绳式整形机的锯切示意图

图 3-4 是意大利 CANDIANI 公司生产的固定式金刚石串珠绳式整形机，正在整形荒料和切割大板。这是目前使用最普遍的固定式串珠整形机的典型结构。这种串珠整形机采用主机固定、荒料车移动式结构。主机由门架、飞轮支架、串珠绳驱动、串珠绳张紧、冷却水喷淋、锯切升降和电控系统等部分组成。安装在飞轮支架上的主从飞轮采用大直径、合金铝铸造结构；主动飞轮驱动串珠绳运动，从动飞轮在张紧系统控制下，可往复运动调节串珠绳的张紧力；锯切升降系统驱动飞轮支架沿固定在门架两根立柱上的导轨升降运动，完成串珠绳向下锯切荒料的进给运动。如果配备旋转工作台，在一次安放荒料后，该机可整形切割荒料

图 3-4 意大利 CANDIANI 公司的固定式金刚石串珠绳式整形机

的4个表面。配备自动分片机构的荒料车后,该机可完成板材切割,特别适合不同厚度的厚板锯切加工。

C 串珠锯主机移动、荒料固定式串珠整形机

串珠锯主机移动、荒料固定式串珠整形机的结构是,主机的两个立柱固定在一对可沿导轨移动的滚轮小车上,小车、立柱和横梁等部分形成一个可在一对导轨上移动的整体框架结构。荒料直接放在供主机移动的两条导轨之间的混凝土地面上,串珠锯可对其整形处理。因为省略了荒料车,整形机的结构更加简单。随着导轨的加长,荒料的安放、移动和整形切割作业可同时进行,提高了整形切割的效率。

该机还可在随机安装的程序控制下,24 h不间断自动分片切割等厚度或不同厚度的板材。或按照事先设定的切割程序,自动将安装在加工区域内不同品种荒料,切割成不同厚度和不同数量的板材。

意大利PELLEGRINI公司生产的DF ROLLER型串珠整形机,采用主机移动、荒料固定式结构,见图3-5。

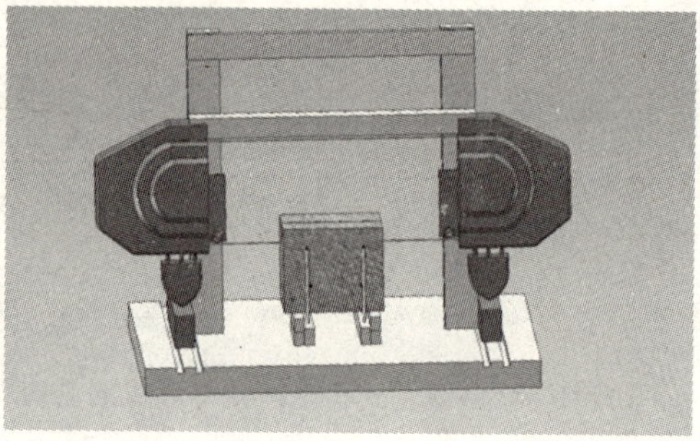

图3-5 主机移动、荒料固定式金刚石串珠绳整形机

D 串珠锯主机自行移动式串珠整形机

意大利PELLEGRINI公司还生产一种DIAMANTFIL ROLLER型串珠整形机,如图3-6所示。该机采用主机自行式结构,成为一台移动式串珠整形机。该机在支撑主机的框架上安装了4条支腿,每条支腿末端安装了一个橡胶轮胎,以及一套可驱动橡胶轮胎回转和行走的驱动装置,以实现串珠整形机的整体行走运动。

该机可在平整的荒料堆场内移动和行走,可直接停在需要修整荒料的上方,对荒料进行整形切割。其特点是整形机移动灵活方便,不需要建造基础。理论上讲,只要场地空间和荒料堆放的位置允许,该机可对荒料堆场内任何一块荒料进行整形切割。虽然不需要建造基础,也不需要荒料车等结构,但与其他结构的串珠整形机相比,该机的结构还是比较复杂的,制造成本也比较高。

E 其他结构的串珠锯整形机

除了上述标准结构的串珠整形机外,还有一些特殊结构和配备特殊装置的串珠整形机。如双主机结构串珠整形机、串联式双主机多荒料车结构串珠整形机、单主机并联式双荒料车结构串珠整形机和水平切割轨迹悬臂式串珠整形机等。

a 双主机串联结构的串珠整形机

意大利CO. FI. PLAST公司生产的Falcon CRB型串珠整形机,采用双主机串联、荒料车

和主机均可移动的结构。两个主机除了能够在轨道上运动外，它们主机之间的间距可以改变。该机可同时整形切割荒料的两个平行面，效率提高一倍以上；荒料车上还可选装可旋转的工作台，完成荒料 4 个面的切割。图 3-7 是该机的示意图。

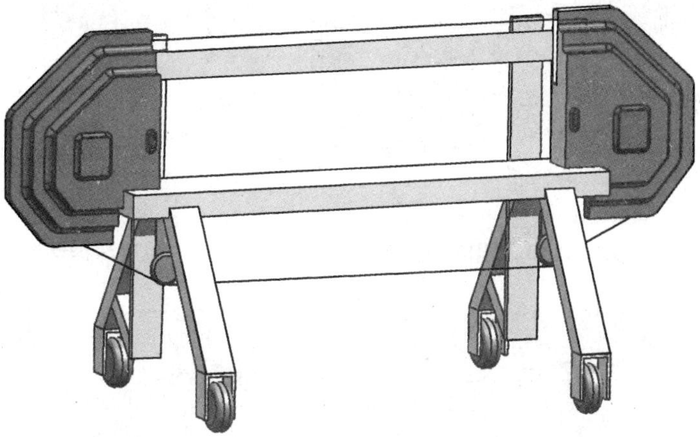

图 3-6 意大利 PELLEGRINI 公司生产的 DIAMANTFIL ROLLER 型自行式串珠整形机示意图

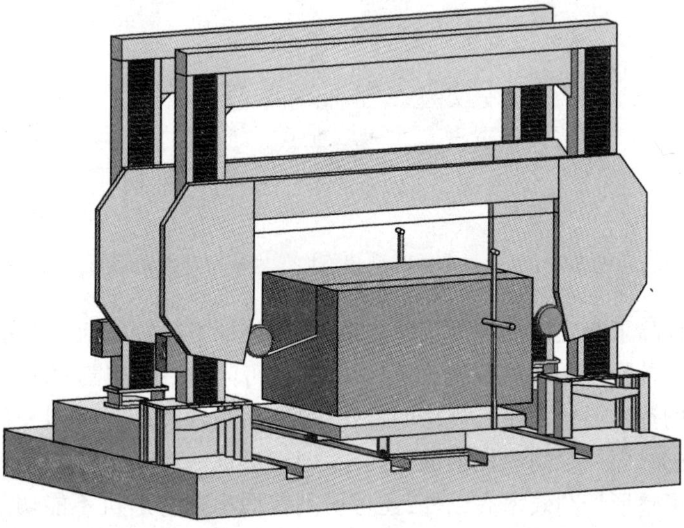

图 3-7 意大利 CO. FI. PLAST 公司生产的 Falcon CRB 型双主机整形串珠锯

还有一种采用多台荒料车的固定式自动切割的串联式串珠锯整形系统，它包括两台相距大约 10 ~ 15 m 串联式固定安装的串珠整形机，荒料车导轨长度可根据实际需要确定。每个这样的整形系统配备若干台处于吊装设备作业范围内的荒料车，可独立作业或连机自动整形作业，其特点是串珠整形机可连续工作，提高整形机的切割效率。图 3-8 是意大利 PELLEGRINI 公司生产的 DF2000 双主机固定、多荒料车移动式串珠整形机系统的示意图。

b 并联荒料车结构的串珠整形机

意大利 CANDIANI 公司生产的 SUPERIOR BIS 型串珠整形机，采用双荒料车并联、加工长度超过普通机型两倍的三立柱主机框架、可切割超长荒料的结构，见图 3-9（双立柱机型）。

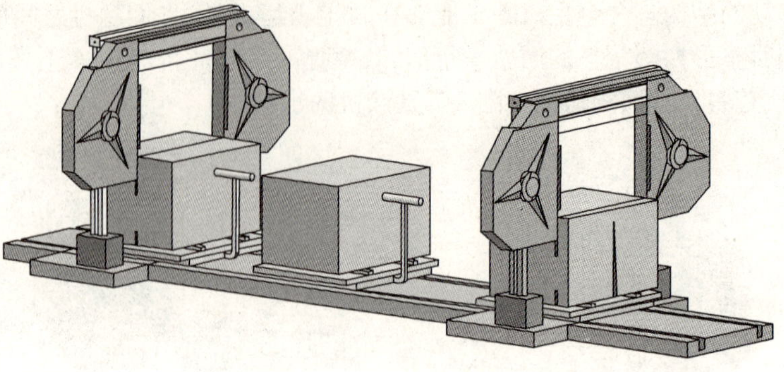

图 3-8 意大利 PELLEGRINI 公司生产的 DF2000 型双主机串珠锯整形系统

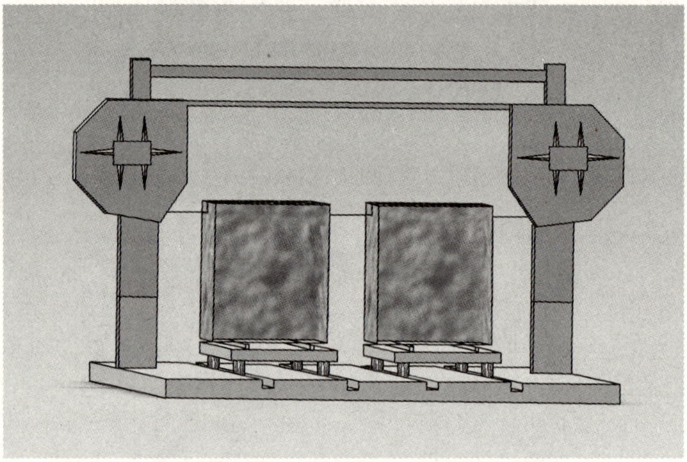

图 3-9 双荒料车并联型超长加工规格串珠绳整形机

该机框架中间立柱除了起支撑加固框架的作用外，还将加工区分成两个部分，每个加工区域中安装一套单独的荒料车和轨道系统。正常切割时，可同时整形切割两块荒料，如果需要整形切割超长尺寸的荒料或切割超长规格的特殊板材时，只要将超长荒料安放到两台荒料车上，由它们共同支撑，去掉中间立柱上的导向轮，即可形成一个切割超长荒料的固定式串珠整形机。该机除了整形切割效率高以外，还可切割普通串珠整形机不能切割的超长规格荒料，该机最大切割长度可达 8 m，经过改进后，还可达到 3 m 的切割高度，成为最大切割面积达到 24 m^2 的特殊型串珠整形机。

c 水平切割轨迹悬臂式串珠整形机

法国 THIBAUT 公司生产的 TSH1800 型串珠整形机，采用单柱悬臂式结构，安装串珠绳主驱动和从动飞轮的弓形支架的主动飞轮一侧，固定在一根大截面立柱上，另一端为悬臂结构；弓形支架可沿立柱升降运动；立柱安装在一个沿双导轨往复移动的台车上，平行于导轨、位于串珠绳悬臂下方的工作位置可安放多块待切割荒料。

该机的主锯切运动是沿水平导轨往复行走的水平锯切运动，串珠绳的升降作为锯切不同厚度板材或不同水平位置整形的辅助运动，也可以将板材或荒料的侧面切割平整。相当于一台具有双向锯切功能的串珠整形机。

该机的特点是荒料的安装方便,可锯切不同厚度的厚板或整形荒料。需要注意的是,该机水平切割的顺序是自上而下。切割上面一块板材过程中必须向已经切出的锯缝内加入钢楔支承,防止因上部板材的裂隙在其自重的作用下,塌落和断裂,造成压绳、卡绳事故。

表3-2是该机的技术参数表,图3-10是水平切割轨迹的串珠整形机示意图。

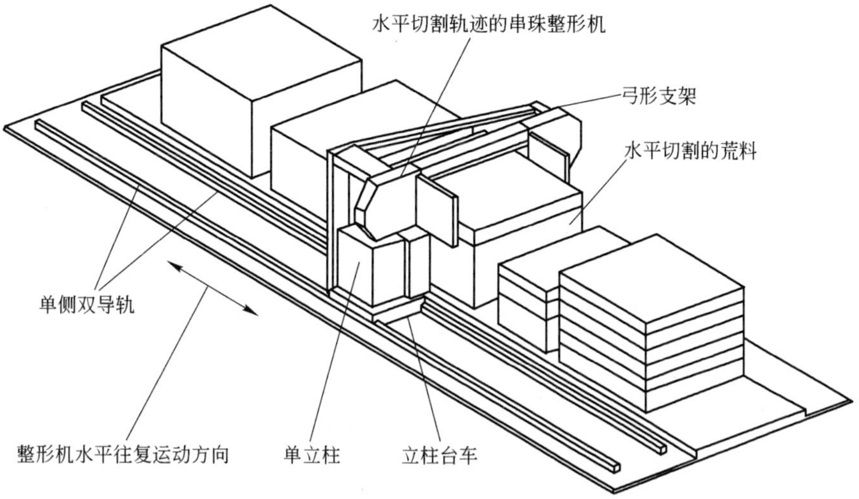

图3-10 水平切割轨迹串珠整形机示意图

表3-2 THIBAUT公司TSH1800水平切割轨迹串珠整形机技术参数

项目	内容	项目	内容
功能	垂直、水平双向锯切	动力消耗能力	耗气量:10 m^3/h 耗水量:2 m^3/h(0.5 MPa) 耗电量:18 kW
机架结构	型钢焊接结构件	串珠绳驱动	直径1.7 m的主从飞轮各一个,两个直径380 mm导向轮用于锯切的支承,配可更换的聚氨酯轮衬
锯切石材种类	花岗石、大理石、人造石、石灰石、砂岩	串珠绳张紧方式	气动或液压任选
串珠绳驱动主电机功率	11 kW调速电机	润滑方式	人工手动
主机行走距离	最小1.1 m,最大至导轨尽头	自动控制方式	程序控制
串珠绳升降距离	600~1800 mm	张紧装置	气缸和插入式楔铁(专利)控制的自动装置,彩色图形屏幕控制显示
锯切厚度(垂直升降)	手动1600 mm 首次切割手动操作2000 mm	排屑方式	导轨和串珠绳的持续冲洗,防止石屑堆积
主机水平运动驱动电机	1.5 kW调速制动减速电机	外形尺寸	长3.2 m×宽6.1 m×高4.8 m
串珠绳垂直升降电机	3 kW调速制动减速电机	整机重量	大约9500 kg
水平、垂直运动调速范围	10~4250 mm/min	安全装置	张紧力安全控制,断绳停机装置,荒料两侧上的两个不锈钢防护罩,出现锯切问题锯机停机
水平、垂直运动定位精度	±0.5 mm		

3.1.2.3　串珠整形机采用的其他辅助机构

固定式串珠整形机的辅助机构和装置包括：串珠绳的张紧系统；支承串珠绳承受切割力的导向轮装置；切割过程中，强制串珠绳沿自身轴向旋转的导向轮装置；与荒料车配套的板材自动分片装置；对切割后板材的机械固定装置等。

A　串珠绳的张紧系统

固定式串珠整形机的张紧机构有多种形式，无论是使用一对大直径飞轮作为串珠绳主动、从动飞轮，还是使用3个以上小直径飞轮作为串珠绳主从驱动轮系的机型中，通常采用液压或气动系统，通过活塞控制从动飞轮移动，达到控制和调节串珠绳张紧力的目的。也可采用在串珠绳的回路中，增加一个由液压或气动系统控制行程的导向张紧轮，实现对串珠绳张紧控制的目的。

B　强制串珠绳自旋转的装置

为了更进一步提高串珠整形机的切割效率，提高串珠绳的切割寿命，有些串珠整形机在串珠绳运动的切割线路上安装了一个由特殊电控机械装置调节的导向轮，用于强制控制串珠绳在切割过程中，按照绳的正确轴线旋转，使得串珠绳的磨损更加均匀、防止出现偏磨，提高其使用寿命。

C　板材切割自动分片装置

许多串珠整形机除了进行荒料整形切割外，还承担着板材切割，尤其是不同规格的厚板切割的任务。为了保证整形机切割板材的质量和可靠性，可为串珠整形机配备一套用于板材切割的自动分片电控装置。通过程序控制切割板材的数量、厚度，二者之间的切割顺序可任意设定，甚至可实现不同切割厚度板材交替式锯切的控制。

D　固定板材的辅助装置

在切割板材时，为了防止切割结束时板材移动或倾倒，除了在荒料两个侧面安装有防倾倒固定支架外，主机上还配备一种电控机械式支承楔装置，可根据切割板材的实际需要，从板材的顶面及时插入切缝中固定被切割板材。

E　串珠绳切割受力的自动跟踪支承装置

在一些需要垂直、水平或倾斜切割等特殊加工要求时，可在串珠整形机上安装两对、人工调节环绕串珠绳轴线360°回转的导向轮（类似异型制品加工用串珠锯的同类装置），以及一套可变速控制荒料车运动的驱动装置。

水平或倾斜切割时，因为主飞轮的垂直旋转平面并没有改变，但串珠绳承受切割力的方向不再是垂直的，所以必须将支承导向轮调整到水平或对应的倾斜位置，防止因承受切割力方向的改变，使串珠绳从主飞轮槽中脱出。水平切割的进给通常是由荒料车运动实现的，为此，必须对标准串珠锯配套相应的控制板、编码器、速度调控装置和速度指示器等装置。这套装置将使得串珠锯的加工宽度减少大约1.2 m，所以这套机构通常被做成可拆卸式结构，根据实际加工需要安装，不会影响串珠整形机的其他加工性能。

3.1.2.4　固定式串珠整形机的技术参数介绍

金刚石串珠整形机的特点是用途广泛，可用于所有石材矿山的荒料整形切割；切割效率高，整形切割大理石荒料的速度可达到2～4 m^2/h，串珠绳的进给速度达到1 m/h，甚至更高；整形切割花岗石的速度也能达到1.5～2 m^2/h，即使是切割“印度红”这样的硬质花岗石，有些机型的串珠整形机，仍能达到0.5 m/h的锯切进给速度。

串珠整形机切割石材荒料的成本比较低廉，经济实用，随着串珠绳切割性能的不断改善，切割寿命的增加，目前整形切割每平方米花岗石时串珠绳的寿命能够达到10～15 m^2，国产花岗石串珠绳的价格也降低到500～550 元/m 左右；整形切割每平方米大理石串珠绳的寿命能够达到20～30 m^2，甚至更高，国产大理石串珠绳的价格只有300～400 元/m 左右。以整形一块 $3\times2\times1.5=9$ m^3 大理石排锯加工用荒料为例，如果对全部6个面整形加工，需要切割的总面积为27 m^2。实际使用时，一般只需要对荒料的顶面进行整形切割，最多再增加一个底面的整形切割，其余各个面都无需整形切割，单面或双面整形切割时的整形费用将降低许多。

表3-3是使用串珠整形机对荒料整形切割面的多少、对应的整形成本分析。从表中可以看出，使用串珠整形机整形切割荒料的6个面，对单价每立方米3000元的花岗石荒料来说，每立方米荒料实际增加的成本为107元，因消耗串珠绳而增加成本的幅度只有大约3.6%；如果只整形1～2个面，串珠绳的消耗使得成本增加的幅度将减少到0.6%和1.2%。与串珠整形机整形花岗石荒料相比，整形大理石荒料的成本增加幅度只有整形花岗石的50%～60%。与砂锯或排锯为克服荒料顶面不平部分所消耗的工时、电费和其他成本相比，这点费用是微不足道的，或者基本上是可忽略不计的。所以使用串珠整形机对荒料顶面整形处理，经济效益是很可观的。

表3-4是几种意大利的固定式金刚石串珠绳式整形机的技术参数。

表3-3 整形荒料时对应的成本分析

参数项目 \ 石材种类		大理石荒料	花岗石荒料
荒料尺寸	长/m	3	3.4
	宽/m	1.5	1.5
	高/m	2	2
荒料6面整形切割面积/m^2		27	29.8
荒料顶、底面整形切割面积/m^2		9	10.2
荒料顶面整形切割面积/m^2		4.5	5.1
串珠绳整形切割使用寿命/$m^2\cdot m^{-1}$		30	15
国产串珠绳价格/元·m^{-1}		400	550
荒料6面整形串珠绳消耗/元		360	1093
荒料顶、底面整形串珠绳消耗/元		120	374
荒料顶面整形串珠绳消耗/元		60	187
荒料6面整形增加成本/元·m^{-3}		40	107
荒料顶、底面整形增加成本/元·m^{-3}		13	37
荒料顶面整形增加成本/元·m^{-3}		7	18
荒料市场价格/元·m^{-3}		2000	3000
成本增加幅度/%	荒料6面整形	2.0	3.6
	荒料顶、底面整形	0.7	1.2
	荒料顶面整形	0.3	0.6

表 3-4 几种意大利公司生产的固定式金刚石串珠绳式整形机的技术参数

设备型号 参数项目	AROW 715	BM2300	DF3000		GINORDI 210	NEW 4000	Falcon		Superior	
			TOP	1VG			CRB	100	BIS	Automatic
有效切割尺寸(长×高)/m×m	3.5/4×2.2	4×2.2	4×3	4×3	4×2.1	4×2.3	3.5×2.2		8.5×2.1	3.5/4/4.5×2.1
主飞轮直径/m	2	2.3	2 或 2.5		2	1.44		1.2	2.15	2.15
主电机功率/kW	15/22	30				22	15	15	18	18
进给电机功率/kW		3				3	1.5	1.5	3.7	3.7
装机总功率/kW	18/25		30	22	15.75	26	20			
进给速度/$cm \cdot h^{-1}$		0~200				10~200				
金刚石串珠绳线速度/$m \cdot s^{-1}$	0~40	5~37	15~40	24	17~40	12~40	0~33	0~33	18~37	18~37
张紧方式	液压		液压		气动	气动			气动	
张紧装置行程/mm			800			500				
串珠绳张紧力/N	0~6000				3000~6000					
串珠绳长度/m	19/20	21	22~23.5		18.7~20	19			31	20/21/22
固定或回转工作台尺寸/m×m	2.2×3	2.4×3				2.2×3	2.25×2.25			
荒料车电机功率/kW							0.25/0.37			
荒料车承载能力/t	40						40		50	
主机数量/台	1	1	1	1	1	1	2	1	1	1
荒料车数量/台	1	1	1	1	1	1	1	1	2	1
旋转和运动控制	变频器					变频器				
整机重量/t		3.8	6.2	6	5.6	6.5	5.5		10	4.2/4.6/5
生产企业	BENETTI公司	BM公司	PELLEGRINI公司		FRACC-AROLI公司	BIDESE公司	CO. FI. PLAST公司		CANDIANI公司	

3.2 板材加工用金刚石串珠锯

金刚石串珠锯问世至今已有近30年了,除了用于矿山开采、荒料整形外,还可用于石材板材制品的加工,特别是大板石材制品的加工。目前开发的串珠锯,已从只能安装一根金刚石串珠绳的单绳式串珠锯,发展到可同时安装多根串珠绳的多绳式串珠锯。这种金刚石串珠锯可以用来加工标准厚度的板材,也可用于加工厚板,特别是小批量加工不同厚度的石材大板。

3.2.1 加工石材大板的单绳串珠锯

安装一条串珠绳的固定式串珠整形机也可以用来切割大理石或花岗石大板,许多加工超大规格石材制品的固定式串珠锯,均为单串珠绳结构。

3.2.1.1 单绳固定式串珠锯加工花岗石板材

虽然在大批量生产 2 ~4 cm 厚度花岗石板材方面无法与砂锯竞争，但单绳固定式串珠锯在小批量生产花岗石大板、加工花岗石厚板和超大规格石材制品方面具有独特的优势。

切割花岗石板材时一般采用直径 7.2 mm 的串珠绳，锯缝宽度大约 7.2 mm；与使用 4.2 ~4.5 mm 厚度锯条、钢砂最大粒径 1.3 mm 的砂锯相比，切割锯缝基本相同。在大批量生产标准厚度花岗石大板时，单绳固定式串珠锯的进给速度达到 25 ~30 cm/h，是砂锯落锯速度的 6 ~7 倍，即使有些单绳固定式串珠锯切割印度红这样的硬质花岗石，其进给速度能够达到 50 cm/h，切割中硬度花岗石可能达到 70 cm/h，达到砂锯的 10 ~12 倍以上，但其总的切割效率仍然不能与安装 100 ~200 根锯条的砂锯相比。表 3-5 是以加工中等硬度的花岗石为例，计算一组加工宽度为 4.2 m 的砂锯切割中硬度花岗石时，砂锯和单绳固定式串珠锯生产效率的对比数据。表中假设砂锯的落锯速度是 4 cm/h，荒料顶面平整度误差为 2 cm，荒料安装空隙率为 25%。

表 3-5 砂锯与单绳串珠锯加工花岗石大板性能参数对比表

参数项目 \ 设备		砂锯加工板材厚度/cm					单绳串珠锯切割参数与板材厚度基本无关
		2	6	10	15	20	
荒料规格/m	长	3.3	3.3	3.3	3.3	3.3	3.5
	总宽	3.9	3.9	3.9	3.9	3.9	无要求
	高	1.8	1.8	1.8	1.8	1.8	1.8
设备加工规格/m	长	3.5	3.5	3.5	3.5	3.5	3.5
	宽	4.2	4.2	4.2	4.2	4.2	从理论上讲可任意
	高	2.1	2.1	2.1	2.1	2.1	2.1
荒料体积/m^3		23	23	23	23	23	
出材率/$m^2 \cdot m^{-3}$		35	15	9	6	4	
每车荒料出板材/m^2		805	345	207	138	92	
刀具数量/条		150	62	39	27	20	1
锯缝尺寸/mm		6.8 ~7.2	6.8 ~7.2	6.8 ~7.2	6.8 ~7.2	6.8 ~7.2	7.2
荒料表面不平整度/cm		2	2	2	2	2	不受影响
切割进给速度/$cm \cdot h^{-1}$		4	4	4	4	4	50 ~70
切割每车荒料耗时/h		52	52	52	52	52	按每片计算
生产效率/$m^2 \cdot h^{-1}$		15.5	6.6	4	2.6	1.7	1.75 ~2.45

从表 3-5 中可以看出，单绳串珠锯切割花岗石的生产效率只与石材切割难度有关，基本与被切割板材的厚度无关，平均生产效率是 1.75 ~2.45 m^2/h。砂锯的生产效率除了与石材切割难度有关外，加工板材的厚度对其生产效率的影响最大。砂锯在切割厚度 15 cm 以下板材时，其生产效率均高于单绳串珠锯。特别是切割标准的 2 cm 厚度板材时，其平均生产效率是单绳串珠锯的 6 ~9 倍。但在加工厚度超过 15 cm 的板材时，其生产效率基本与单绳串珠锯相同。因为砂锯的运行成本和电力消耗成本远高于单绳串珠锯，所以在切割厚度接近或超过 15 cm 的厚板时，单绳串珠锯的生产效率与砂锯相等，而切割成本将大大低于砂锯。

以加工厚度 6 cm 的大板为例，砂锯加工的荒料出材率由加工 2 cm 厚度板材的每立方米荒料出板材 35 m^2 减少到 15 m^2，每车荒料只能出大约 345 m^2 6 cm 厚度板材，砂锯消耗的时间基本不变。虽然砂锯的生产效率仍为 4 m^2/h，比单绳串珠锯高一倍，但砂锯加工 6 cm 厚度板材的成本比加工 2 cm 厚度板材时提高将近40%，而单绳串珠锯加工成本与切割板材的厚度基本无关。所以从加工成本考虑，切割这一厚度的花岗石板材，不如使用加工成本稳定的单绳串珠锯。

在加工厚度 15 cm 板材时，砂锯的生产效率只有 2.6 m^2/h，但加工成本已大幅度上升。可以认为使用砂锯加工厚度超过 10 cm 的板材，从生产成本和生产效率上看，基本是不合理的，单绳串珠锯无疑是最佳的选择。

除了加工厚板方面砂锯的优势不明显，在小批量生产方面砂锯也存在不足，仍然以表 3-1 介绍的加工参数为例，砂锯在装满荒料时加工成本最低，这时每车荒料大约可生产出 800 m^2 板材。但很多情况下，装修工程每次需要石材的数量往往只有几十到几百平方米，尤其是一些名贵稀有的高价花岗石品种，小批量定货的情况较多。如果使用砂锯加工，为了降低锯切成本，只好采用拼装其他品种花岗石荒料，使砂锯达到装满时才能开锯，这给调度和安排生产带来许多不便。但固定式单绳串珠锯在小批量生产花岗石大板方面却有优势，以一个 200 m^2 的花岗石大板的定单为例，使用一台固定式单绳串珠锯加工，按照2 m^2/h 生产效率计算，大约需要 4 天即可完成加工，虽然比砂锯加工时间增长近一倍，但如果有 1 ~2 台单绳串珠锯，生产效率将不成问题，为生产组织和管理带来更多的灵活性。

3.2.1.2 单绳固定式串珠锯加工大理石板材

在切割标准 2 cm 厚度的大理石板材时，使用同样直径的串珠绳，固定式单绳串珠锯的落锯速度虽然高出平移金刚石框架锯机（排锯）3 ~4 倍，但与装有几十至上百根金刚石锯条的排锯机相比，单绳固定式串珠锯的切割效率远低于排锯。在锯缝宽度上造成的石料浪费方面，单绳固定式串珠锯不仅不能与排锯竞争，与单锯条整形机相比也没有竞争优势。

表 3-6 列举了一组排锯、单锯条整形机和单绳串珠锯加工中硬大理石的加工性能对比。从生产效率看，排锯的生产效率是单绳串珠锯的 11 ~15 倍，是单锯条整形机的 17 ~27 倍。

通常金刚石锯条的切割缝宽度一般在 4.7 ~5.3 mm（梯形刀头）之间，目前国内采用更薄的基体和刀头制作金刚石锯条。例如 2.5 mm 的基体，配 3.8 ~4.7 mm 的梯形刀头；有时甚至使用 2 mm 的基体，配 3.2 ~4 mm 的梯形金刚石刀头。与 7.2 mm 直径的串珠绳锯缝相比，锯缝减小大约 30% ~60%，加工板材的厚度越接近标准的 2 cm 厚度，因串珠绳锯缝产生的石料损失越大。即便使用目前还有待完善的直径 6.2 mm 串珠绳切割大理石板材，其锯缝宽度仍比常规金刚石锯条的切缝多 17%。按照使用 1.8 m 宽度的荒料加工 2 cm 标准厚度大理石板材计算，7.2 mm 宽度锯缝产生的石料浪费可再切割 7 片板材，按照长度 3.2 m、高度 1.9 m 的荒料计算，大约浪费了 43 m^2 的板材，大约占全部切割板材的 10%，石料的浪费仍然是可观的。所以与排锯相比，单绳串珠锯不仅在生产效率上优势不大，当切割标准 2 cm 板材时的锯缝损失也是比较惊人的，所以单绳串珠整形机最多只是用来切割很厚的大理石大板，或者在小批量生产不同厚度的大理石大板方面，还具有一定的优势。

一些具有超大规格加工能力的固定式单绳串珠锯，可以加工的荒料高度达到 2.5 ~3 m，加工长度达到 4 m，有些甚至达到 8 m，这样的固定式单绳串珠锯可加工排锯不能加工规格的大理石板材。

表 3-6 排锯、单锯条整形机和单绳串珠锯加工大理石大板性能参数对比表

参数项目 \ 设备		加工板材厚度 2 cm		
		排 锯	单锯条整形机	单绳串珠锯
荒料规格/m	长	3.2	3.5	3.5
	宽	1.8	无要求	无要求
	高	1.9	2	2
设备加工规格/m	长	3.5	3.5	3.5
	宽	2	从理论上讲可任意	从理论上讲可任意
	高	2	2.1	2.1
荒料体积/m^3		11		
出材率/$m^2 \cdot m^{-3}$		39		
每车荒料出板材/m^2		429		
刀具数量/条		80	1	1
锯缝宽度/mm		4.7 ~ 5.3	4.7 ~ 5.3	7.2
荒料表面不平整度/cm		2	2	不受影响
切割进给速度/$cm \cdot h^{-1}$		25	50 ~ 80	90 ~ 120
切割每车荒料耗时/h		9	按每片计算	按每片计算
生产效率/$m^2 \cdot h^{-1}$		48	1.75 ~ 2.8	3.15 ~ 4.2
锯缝石料损失/加工宽度 1.8 m 荒料损失:片/m^2		0	0	7/43

3.2.1.3 加工超大规格石材制品的单绳固定式串珠锯

日本 MILANO 株式会社使用超大规格单绳固定式串珠锯,专门生产超大规格的石材制品。根据机型不同,可分成加工高度乘长度分别为 2 m×4 m、3 m×5 m、4 m×4 m、1.5 m×3(3.5)m、2 m×3.5 m 各种机型。其中还有一台串珠锯的最大长度达到 7 ~9 m,加工的一个整体超大花岗石门楣,其尺寸为长 8.6 m×高 3 m×厚 1.3 m,重量达到 86 t。因为加工尺寸超大、超高,所以该机型采用固定门架式结构,主动、从动飞轮安装在一个横梁上,横梁可沿门架立柱上的导轨升降,实现锯切进给运动,移动的荒料车可进行板材厚度的分片。加工高度低于 3 m 的机型,采用一对直径为 2 ~2.5 m 的主动、从动飞轮结构;加工高度超过 3 m 时,采用 4 个直径相对小一些的飞轮,横梁的每侧上下安装两个飞轮,同样是横梁升降进给锯切,运动的荒料车实现板材的分片。

意大利 MORDENTI 公司曾经生产过一款型号为 FILOMORD-DP 型固定式串珠锯,该机可加工长度和高度分别达到 4 m(16 m^2 面积)的超大规格石材切割面。它采用双梁四立柱机架结构,其中位于一侧的两个立柱合并成一根组合立柱,另一侧的两根立柱独立分开,在实际存在的三根立柱上都安装了升降滑座,分别用于升降导向轮的支承运动。该机采用 5 个导向轮导引串珠绳的结构,驱动串珠绳运动的主飞轮位于锯机底部一侧,

为固定结构，位于机架顶部的两个导向轮也为固定结构，位于机架垂直立柱导轨滑座上三个导向轮为升降运动结构。图3-11是该机结构示意图，图3-12是该机外形照片图，图3-13是升降导向轮位于锯机底部时的切割位置局部图。该机具有非常高的锯切速度，切割中硬度花岗石荒料的落锯速度可达到80 cm/h，如果切割长度达到4 m时，相当于3 m^2/h的切割速度。

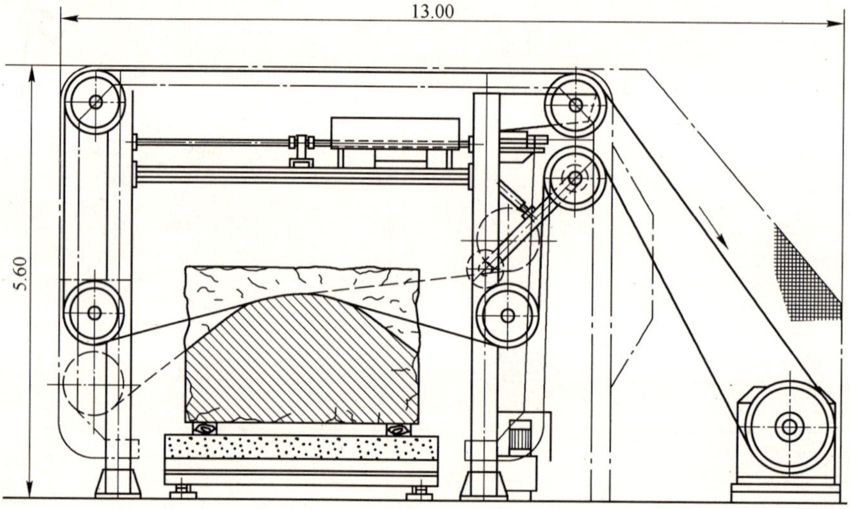

图3-11　FILOMORD-DP型超大规格整形加工串珠锯结构示意图

图3-12　FILOMORD-DP型超大规格整形加工串珠锯现场图

图3-13　FILOMORD-DP型超大规格整形加工串珠锯切割位置局部图

3.2.2　加工石材大板的多绳串珠锯

目前石材加工常用的串珠锯，可以安装5～20根金刚石串珠绳，最多可以安装70根串珠绳。

3.2.2.1 板材加工用多绳式串珠锯的结构形式

目前使用的多绳串珠锯有闭式门架、开式门架和四立柱式三种结构形式，使用比较多的结构为闭式门架型结构。如同单绳串珠锯一样，有采用一对大直径的主从动轮，配合若干个小导向轮，或者一组四个主从动轮，以及气缸或油缸配合连杆等结构的张紧系统。图3-14～图3-17分别是意大利PELLEGRINI公司生产安装32根串珠绳的POLYWIRE 5/32型多绳串珠锯，BIDESIEIMPIANTI公司生产的GOLD 60型60绳串珠锯和GOLD 5型5绳串珠锯，MICHELETTI公司生产的30绳串珠锯，这些串珠锯均为闭式双立柱门架结构，而且全部采用荒料固定、串珠绳升降的锯切运动方式。

图3-14 意大利PELLEGRINI公司生产安装32根串珠绳的多绳串珠锯

图3-15 意大利BIDESIEIMPIANTI公司生产的GOLD 60型60绳串珠锯

图3-16 意大利BIDESIEIMPIANTI公司生产的GOLD 5型5绳串珠锯

图3-17 意大利 MICHELETTI 公司生产的30绳串珠锯

图3-18是意大利 CO. FI. PLAST 公司生产的 FALCON 600 型开式门架结构的10绳串珠锯，图3-19是山西万年青石材有限公司使用该公司生产的20绳开式结构的多绳串珠锯。

图3-18 意大利 CO. FI. PLAST 公司 FALCON 600 型10绳串珠锯

图3-19 山西万年青石材有限公司安装使用的 FALCON 600 型20绳串珠锯

图3-20是意大利 SIMEC 公司的 SIMENWIRE 型、可安装60或70根串珠绳的多绳串珠锯。该机采用四立柱结构、串珠绳固定运动、荒料升降式结构，类似荒料顶升式大理石排锯的结构。

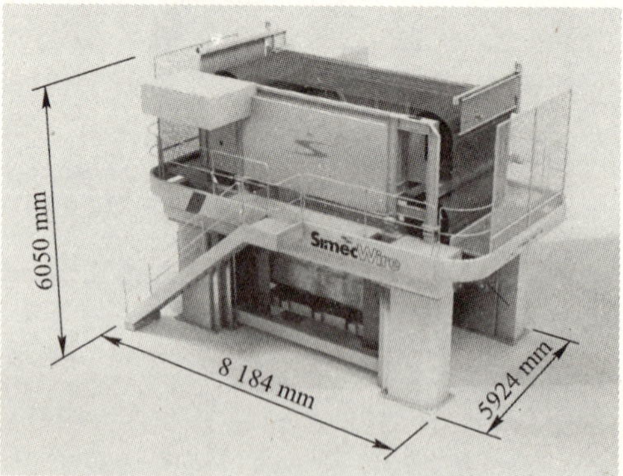

图3-20 意大利 SIMEC 公司的 SIMENWIRE 型70绳串珠锯

3.2.2.2 多绳串珠锯使用串珠绳的长度

无论安装串珠绳的数量是多少，如果按照每根串珠绳的长度分类，可将目前加工石材大板用的多绳串珠锯分成短绳型多绳串珠锯和长绳型多绳串珠锯两种机型。表 3-7 是这些机型安装串珠绳的长度参考值。

表 3-7 长、短绳型多绳串珠锯的尺寸

机 型	串珠绳长度/m	串珠锯设备长度/m
长绳型多绳串珠锯	45 ~ 65	15 ~ 32
短绳型多绳串珠锯	19 ~ 25	9 ~ 12

与短绳型串珠锯相比，长绳机型的特点是生产能力高，大约比短绳型串珠锯高 10% ~ 15%，用于串珠绳预加载扭转和连接安装串珠绳所消耗的辅助停机时间减少 2 ~ 3 倍，可以容易地控制串珠绳的张紧力，以及改变锯切板材的厚度，串珠绳的受力均匀，但用于一次性购买串珠绳的投资大。

与长绳型串珠锯相比，短绳机型的特点是占地面积小，但串珠绳张紧力的控制和加工板材厚度的改变比较困难，用于一次性购买串珠绳的投资少。

3.2.2.3 开式门架多绳串珠锯的结构及特点

开式门架的多绳串珠锯一般为长绳机型。FALCON 600 型开式门架的多绳串珠锯由主机、辅助支架和张紧系统、荒料车、串珠绳支撑系统、电控系统和基础等部分组成。其特点是门架与辅助支架之间的距离将近 30 m，每根串珠绳的长度大约为 60 ~ 65 m，是普通闭式门架多绳串珠锯串珠绳长度 16 ~ 20 m 的 4 倍左右。切割石材时，串珠绳越长，对其冷却的效果越好，串珠绳的自身旋转也越充分，串珠圆周方向的磨损越均匀，偏磨的可能性越小，单位时间内每个串珠切割石材的频率降低，因此非常有利于提高串珠绳的切割寿命。这一特点在切割硬质石材时效果最明显，所以开式门架多绳串珠锯特别适合切割硬质石材，如 4 ~ 5 级的花岗石。串珠绳加长后，每组串珠绳切割时间增长，可减少更换串珠绳的周期，提高生产效率。不足之处是设备占地面积大，一次投入串珠绳将占压很多的资金。

A 门架

FALCON 600 型开式门架的多绳串珠锯的主机包括门架、主动绳轮、辅助支撑绳轮、主动绳轮升降滑座、辅助支撑绳轮升降支座、驱动机构、导轨系统等部件。图 3-21 是该机的主机图片。

图 3-21 FALCON 600 型开式门架多绳式串珠锯主机图片

门架为双立柱式结构，粗大截面的是安装主动绳轮升降滑座的主立柱，截面比较小的立柱安装辅助支撑绳轮升降支座。立柱和连接横梁采用型钢焊接制成矩形截面的钢质结构件，并连接成为整体门架。每个立柱与各自下面的混凝土基础柱连接固定。钢质立柱上装有升降导轨，采用螺旋升降机构，升降螺母和保险螺母固定在升降滑动支座上，梯形螺纹的螺杆装在钢柱内。升降运动分快、慢两挡，供切割进给和快速升降选用，分别由两套电机（每台功率 3 kW）和蜗轮蜗杆减速器驱动，电磁离合器控制其转换，升降驱动机构全部装在门架的钢制横梁顶部。冷却水喷洒系统固定在主动绳轮升降滑座与辅助支撑绳轮升降支座之间。

直径 2.3 m 的串珠绳驱动轮采用合金铝质轻型结构，加宽的轮外缘用聚氨酯包覆，根据机型不同可同时容纳 10 根、15 根或 20 根串珠绳，具有足够的摩擦系数，以便带动串珠绳以 15 ~ 33 m/s 的线速度运动。驱动主动绳轮旋转的主电机为三相异步、制动型电机，通过减速器与主动绳动轮连接，由变频器控制其转速调整。滑座升降电机也是三相异步、制动型电机，通过减速器，最后与梯形螺纹的丝杠连接。在主动绳轮升降滑座上还安装有一个直径为 0.8 m 的导向轮，结构与辅助支撑轮相同，配合主动绳轮导引和支撑串珠绳。

辅助支撑绳轮起支撑、导引、控制串珠绳的作用，还负责调节、确定切割厚度。辅助支撑轮由两个直径为 0.8 m 的导向轮组成，采用轻质合金铝、宽轮缘结构，其外圆柱面上涂敷的聚氨酯层，刻有串珠绳切割宽度限制槽。辅助支撑轮与辅助轮升降支座固定在一起，在另一套梯形螺杆升降传动系统的导引下，沿小截面立柱上的导轨，与位于大截面立柱上的主动绳轮升降滑同步升降运动，完成串珠绳切割荒料的进给运动。为了使改变切割厚度的操作简便、快速，导向轮与固定轴之间采用了快速装卸结构，更换方便。

B 辅助支架

辅助支架固定在远离主机的地方，距主机约 30 m。辅助支架上装有导向张紧轮及其滑槽、张紧机构、支架、框架和基础。另外还配备有一个小型空压机，用于张紧气缸的压缩空气供应。

直径 0.8 ~ 1.2 m 的导向张紧轮环绕来自驱动轮的串珠绳，并使其返回到门架辅助支撑轮上，最终形成串珠绳驱动、导向、张紧的环绕体系。每根串珠绳配备一个单独的导向张紧轮，该轮为单槽结构，其材料和轮缘上镶嵌的摩擦材料与主动绳轮相同。每个导向张紧轮都由一个单独的支架支撑，并配备一套单独的张紧系统。张紧气缸就安装在支撑架上，控制调整导向张紧轮在固定于支架上的滑槽内移动，保持串珠绳的张紧力，并对串珠绳实施及时的张紧力调整；张紧气缸相互交错布置的目的是，防止机构之间因间距过小而发生相互干涉，见图 3-22。导向张紧轮通常分两层上下交错排列安装，整体固定在型钢制成的辅助支架上，保持每两根串珠绳之间有足够的间距，防止高速运动时，它们之间的相互碰撞，见图 3-23。辅助支架安装在混凝土基础构件上。早期的机型采用的是配重式张紧机构，在辅助支架混凝土基础的下方，需要修造一个混凝土

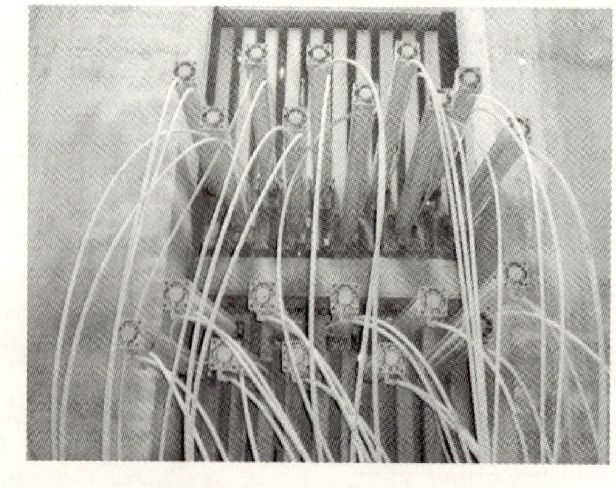

图 3-22 导向轮张紧气缸组

地坑,以便容纳张紧配重物。

C 串珠绳支撑系统

因为主机与辅助支架之间的距离将近30 m,位于串珠绳切割环路上部的串珠绳必须由一组辊柱式支撑架托起,防止串珠绳高速运动时,因下垂量产生高速摆动而出现相互碰撞的问题,该系统参见图3-24。

图3-23 上下交错安装的导向张紧轮

图3-24 开式门架多绳式串珠锯辊柱式串珠绳托架

3.2.2.4 闭式门架多绳串珠锯的结构及特点

闭式门架多绳串珠锯实际上是在单绳固定串珠锯结构基础上发展的,其结构有许多类似之处。通常包括立柱、门架组成的机体框架,安装在横梁框架上的串珠绳驱动轮、导向轮系统,横梁框架升降驱动和导向系统,绳轮防护罩,串珠绳张紧系统,冷却水喷淋、循环系统,荒料车和它的导轨系统,电控柜和电控系统等机构和部件。图3-14~图3-17均为闭式门架多绳串珠锯。

与开式门架结构相比,闭式门架结构的多绳串珠锯的特点是结构紧凑,占地面积小;每根串珠绳的长度都在19~25 m之间,一次投入的串珠绳不会造成过多资金的积压。紧凑的设计格局使得设备所需基础体积减小,安装更容易;同时便于封闭设备作业区,降低噪声水平,使得设备能够靠近住宅区使用。由于结构位置问题,串珠绳的张紧机构变得比较复杂。串珠绳长度缩短后,每个串珠单位时间内切割石材的频率提高,有时为了提高切割能力而增大串珠绳张紧力,会造成串珠绳自身旋转障碍,影响金刚石串珠圆周方向的均匀磨损,有可能出现串珠的偏磨。所以闭式门架多绳串珠锯通常适用于切割中等硬度(4级)以下的花岗石。

A 机体框架结构

在闭式门架多绳串珠锯的机体框架中,门架和立柱通常采用型钢焊接结构。为了在最大串珠绳数量时,可以满足加工不同厚度板材的要求,串珠绳的主动和从动绳轮外悬长度很大,有些机型在安装15根或30根串珠绳时,绳轮的宽度已经达到将近1 m,表3-8是一组串珠绳数量与绳轮宽度之间的关系表。表3-9是一台12绳串珠锯，在固定绳轮宽度的条件下，安装不同数量串珠绳时，可切割板材的最小和最大厚度。

表3-8 串珠绳数量、切割厚度与绳轮宽度关系表

参数 串珠绳数量/根	绳轮宽度/mm	绳轮有效宽度/mm
10	579	470
15	579	420
10	980	870
15	980	820
20	980	770
25	980	720
30	980	670

表3-9 固定绳轮宽度安装不同数量串珠绳时与加工板材的最大、最小厚度关系表

数量 板材厚度/mm	安装直径8 mm串珠绳的数量/根								
	12	11	10	8	6	5	4	3	2
最小~最大	21~39	21~43	21~49	21~66	21~96	21~122	21~165	21~253	21~516

如果安装串珠绳的数量更多，则绳轮宽度会更大，外悬部分的长度也更大，门架除了承受串珠绳和主从动飞轮外悬部分的重力外，还要承受切割石材时，串珠绳受到的切割阻力，虽然这两个力互为反向，可能会相互抵消一部分，但如此大的外悬力矩作用，要求门架具有很高的刚性、强度和稳定性。所以许多多绳串珠锯在门架另外一侧增加一套矩形或三角形的支撑结构，如图3-25和图3-26所示。

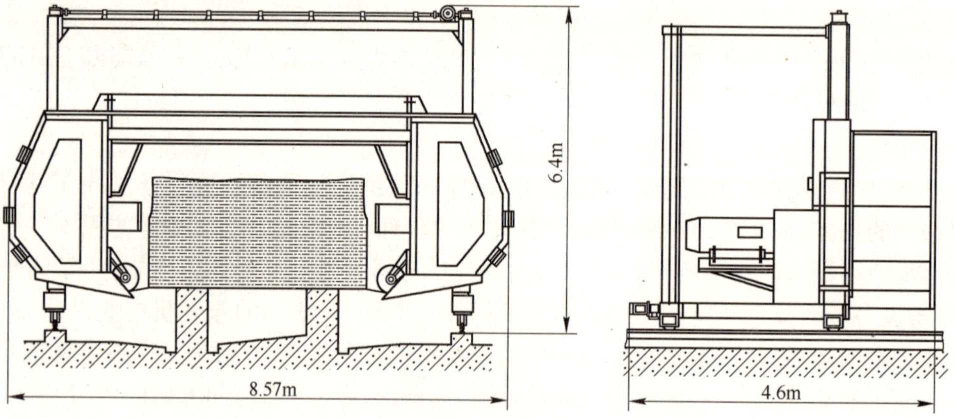

图3-25 60绳串珠锯门架的矩形支撑框架结构

B 横梁结构

型钢焊接结构件制成的横梁，其两端分别是主动和从动绳轮的固定支座，安装在门架顶部的升降传动系统，通过支座与立柱之间的梯形丝杆传动副，驱动横梁两端的同步升降运动，带动主动、从动绳轮上的串珠绳实现切割进给运动。

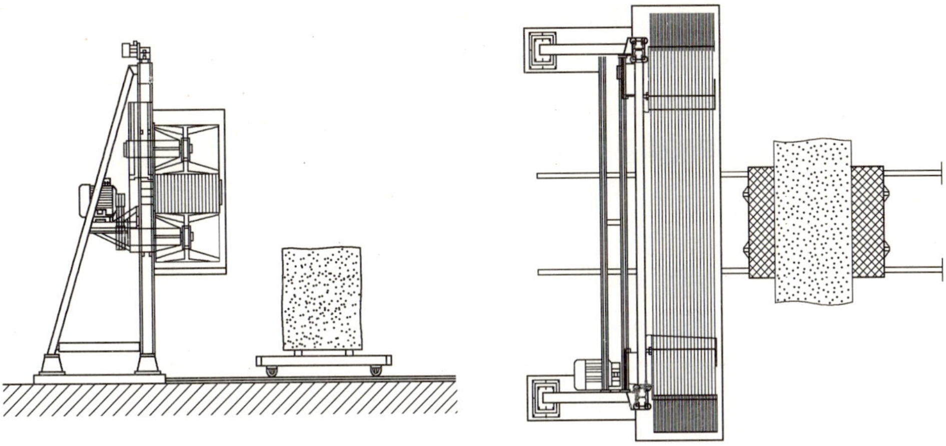

图 3-26 60 绳串珠锯门架的三角形支撑框架结构

C 主动和从动串珠绳轮系统

目前有两种多绳串珠锯的主动和从动轮的结构，一种是采用一对直径 2 ~ 2.35 m 的绳轮结构，例如 PELLEGRINI 公司的 POLYWIRE 系列多绳串珠锯，见图 3-14。另外一种是采用 4 个直径 725 mm 或 1000 mm 的绳轮结构，例如意大利 BIDESIEIMPIANTI 公司的 GOLD 系列多绳串珠锯，见图 3－15 和图 3-16，图 3-27 是 GOLD 型 5 绳串珠锯绳轮局部图。

图 3-27 意大利 BIDESIEIMPIANTI 公司 GOLD 5 型 5 绳串珠锯绳轮局部图

绳轮一般由优质合金铝制造，具有轻质和强度、刚度高的特点。为了获得高速旋转的平衡特性，绳轮必须经过动平衡处理。加宽的轮外缘用聚氨酯包覆，根据机型不同可同时容纳 5 ~70 根串珠绳，聚氨酯轮衬具有足够的摩擦系数，以便带动串珠绳以 15 ~ 40 m/s 的线速度运动。主动(驱动)绳轮的驱动电机通常安装在主动绳轮滑动升降的支座上，通过减速器或带传动方式与绳轮连接，传递动力。绳轮的主轴通常安装一个润滑良好的大型滚柱轴承，以便获得良好的高速旋转运动支撑。串珠绳的线速度由变频器控制，绳速调节范围 0 ~40 m/s。

为了适合加工不同厚度板材，绳轮外缘的聚氨酯包覆表面都刻有不同宽度的槽，以便根据被切割板材厚度的不同，方便灵活地调整串珠绳的间距，可同时切割相同厚度或不同厚度的板材。

在采用一对大直径绳轮的结构中，门架之间靠近绳轮部位，通常安装一对直径 400 mm 的导向轮，配有压缩空气随动平衡装置，用于控制和保持串珠绳稳定切割状态，以避免锯切完成、设备升起时串珠绳跳槽。

D 主动和从动串珠绳轮升降系统

绳轮的升降由安装在门架顶部的驱动装置，通过一套梯形螺杆传动副完成。安装在立柱内部的螺杆与升降驱动电机连接，丝母固定在绳轮滑动支座上。一些多绳串珠锯甚至采用伺服电机驱动的滚珠丝杠，通过可调整间隙的辊子支撑和不锈钢平导轨完成绳轮的升降进给运动。

E 张紧系统

多绳串珠锯中串珠绳的张紧是非常关键的，根据张紧系统不同，闭式门架结构多绳串珠锯的张紧系统有从动轮张紧系统、导向轮张紧系统两种张紧方式，均由张紧气缸或液压油缸驱动和调控张紧系统。从动轮张紧机构主要用于采用一对大直径的主从动轮结构的多绳串珠锯，导向轮张紧机构则用于采用 4 个小直径主从动轮结构的多绳串珠锯，张紧轮的直径一般在 725 mm 左右。

因为每根串珠绳制造长度一定存在误差，所以无论是哪种张紧方式，多绳串珠锯的张紧必须是由单绳独立机构，通过电控液压系统或气动系统对每根串珠绳独立调整控制完成。这是目前最先进的串珠绳张紧力控制方式，可确保每根串珠绳以恒定相等的张紧力切割石材。与结构更紧凑的从动轮独立张紧机构相比，导向轮张紧方式结构简单，张紧机构更容易安排布置。

F 冷却水喷淋系统

冷却水喷淋系统通常安装在横梁上方，随横梁同步升降，保证串珠绳在切割过程中得到充足的冷却水供应。另外还配备一套独立的高压水源，用于切割后板材的冲洗和清洁设备时的冲洗水源。

3.2.2.5 四立柱式多绳串珠锯的结构特点

图 3-18 是意大利 SIMEC 公司的 SIMENWIRE 型、可安装 60 根或 70 根串珠绳的多绳串珠锯。该机采用四立柱结构、串珠绳固定运动、荒料升降式结构，类似荒料顶升式大理石排锯的结构。该机采用气缸和连杆机构组成的独立导向轮张紧系统，可对每根串珠绳提供独立的张紧力调控。另外该机采用荒料车从立柱侧面进入锯机的结构，从板材锯切质量、切割稳定性和减少串珠绳因振动引起的额外抖动的角度考虑，该机的结构是最先进合理的，只是锯机的结构稍微复杂一些。

3.2.2.6 多绳串珠锯的行走方式

多数闭式门架结构的多绳串珠锯，都采用锯机固定、荒料车运动方式，实现锯切板材时的分片，见图 3-14、图 3-16 和图 3-17。采用开式门架结构的多绳串珠锯，也采用锯机固定、荒料车运动方式，见图 3-18 和图 3-19。但意大利 BIDESIEIMPIANTI 公司生产的 GOLD 60 型 60 绳串珠锯，采用的是无荒料车、荒料直接放在水泥地面，锯机在两条导轨上移动的方式，见图 3-15。图 3-18 显示的 SIMEC 公司的四立柱多绳串珠锯，锯机为整体固定结构，串珠绳固定位置循环运动，荒料车上升完成切割的进给运动。

三种多绳串珠锯的运动方式各有特点，锯机固定式结构，切割时稳定性好，结构相对简单，但增加了荒料车结构；锯机移动式结构，锯机本身结构复杂、体积大，锯切时会产生一些附加振动，但省去了荒料车；四立柱结构的锯机稳定性最好，锯切板材的质量最高。

3.2.2.7 多绳串珠锯的其他机构

除了上面介绍的多绳串珠锯机构外,不论是闭式还是开式门架结构,它们的荒料车和电控系统原理的要求基本相同。但四立柱、荒料顶升结构的多绳串珠锯,必须考虑荒料车的上升和上升速度的调节控制。

A 荒料车系统

无论是哪种锯机运动方式,多绳串珠锯加工的荒料都是从门架的侧面或四立柱的侧面进入切割位置的,所配备料车系统的要求基本与侧向进料的大理石排锯相同;即使是料车移动式结构的多绳串珠锯,锯机也是从门架的侧面跨过荒料。荒料车包括导轨、荒料车和摆渡车。但必须为四立柱多绳串珠锯的荒料车配备荒料车升降台、荒料车在升降台上的定位机构,以及荒料车升降台的升降驱动系统。

为了使锯机的辅助工作时间缩短到最低限度,多配备几台荒料车是必要的。荒料车和摆渡车运输系统的工作原理与大理石排锯的荒料车系统的工作原理相似。目前使用比较多的是自带动力荒料车结合摆渡车运输方案,也有采用不带动力的荒料车结合摆渡车运输方案,有时为了简单甚至只配一台自带动力的荒料车,无论是哪种方案,必须保证锯机下方的荒料能够进行自动分片操作。

自带动力荒料车结合摆渡车运输方案的特点是,一台摆渡车可与多台荒料车和锯机配套,切割板材的分片由自带动力的荒料车完成。运输系统的构成是,锯机门架中间的底部为自带动力荒料车停放位置,荒料在此位置被切割。切割后荒料车沿外伸主导轨离开锯机,运动到摆渡车工作位置。在主导轨两侧可平行布置另外两组荒料车的副导轨,作为待加工荒料和荒料车的停放位置,以及已切割完毕的荒料车和待卸板材的荒料车的停放位置。荒料车从主导轨到副导轨的位置变换由摆渡车完成。如果配备两台荒料车和一台摆渡车,即可保证在装卸毛板的同时,锯机已有新的荒料切割,减少了锯机的停机时间。这种方案适合为多台多绳串珠锯的加工配套。

不带动力的荒料车和摆渡车运输方案是,切割时荒料和荒料车同时放在摆渡车上,切割板材的分片由自带动力的摆渡车完成。切割完成后,摆渡车将装载有待卸板材的荒料车送到卸板位置。然后再将已经装载新荒料的备用荒料车送入切割位置,继续下一轮切割。这种方案适合单台多绳串珠锯的配备方案。

只有一台自动动力荒料车的配套方案,卸板和装荒料时,锯机只能停机等待。

荒料车和摆渡车的运输有多种设计方案,可根据不同锯机数量和实际设备摆放位置,设计摆渡车和荒料车的运输系统。摆渡车的承载重量一般是60 t,荒料车的承载重量通常应大于40 t。它们的运动速度可达20 m/min,应自带随机行走的控制板。

为了提高切割板材的分片精度,摆渡车或自带动力的荒料车,必须配备专用的减速器和电机用于行走,使用程序控制摆渡车或荒料车的分片运动,并将结果显示在电控柜的显示器上。

因为多绳串珠锯切割板材的尺寸比较大,而且经常会遇到切割厚度达到10 cm以上的厚板,因此可为多绳串珠锯配套一台大吨位自动卸板系统。

B 电控系统

电控系统主要控制主动绳轮的旋转、主动绳轮升降滑座和辅助支撑绳轮升降支座的升降,或者横梁的整体升降控制、驱动机构的控制、张紧系统的控制、摆渡车或荒料车的控制等。主控制系统通常采用 PLC 全自动控制系统，可调节控制串珠绳的进给切割速度，或者荒料车的升降速度控制；切割过程中荒料车和摆渡车的位移设定，以保证切割分片的精度；还用于控制调节每根串珠绳张紧力；电控调节切割高度和切割位置，确保锯切过程中和串珠绳升起时板材的稳定；系统还配备锯机非正常工作状态和出现故障的自动诊断监控安全保障系统，确保锯机出现任何异常情况时，及时自动停止锯机工作。

除了全自动控制系统外，锯机还配备有一套使用手持键盘控制的手动控制装置，同样能够控制操作锯机的全部功能。另外在锯机的关键部位，都安装有若干接近开关和行程开关，以确保锯机安全、可靠地完成各种操作和功能动作。

3.2.3 意大利生产多绳串珠锯的情况介绍

我们了解到目前意大利至少有 6 家企业生产各种规格的多绳串珠锯，可安装串珠绳的数量为 5 ~ 72 根，除 CO. FI. PLAST 公司同时生产开式和闭式门架两种机型的多绳串珠锯，SIMEC 公司生产四立柱、荒料升降的多绳串珠锯外，其余如 PELLEGRINI、BIDESE、CO. FI. PLAST、BARSANTI 和 MICHELETTI 等意大利公司只生产闭式门架结构的多绳串珠锯。

3.2.3.1 多绳串珠锯的用户统计

据不完全统计，截止到 2007 年 10 月，仅意大利 PELLEGRINI 公司、CO. FI. PLAST 公司和 BIDESEIMPIANT 公司（5 绳和 60 绳串珠锯）在世界各地就有大约 110 台多绳串珠锯投入使用，如果加上另外一家企业的多绳串珠锯用户，估计目前世界上至少有超过 120 台多绳串珠锯在使用。表 3-10 是意大利 PELLEGRINI 公司在世界各地多绳串珠锯的客户统计，表 3-11 是意大利 CO. FI. PLAST 公司在世界各地的单绳和多绳串珠锯用户统计，表 3-12 是意大利 BIDESEIMPIANT 公司在世界各地 5 绳和 60 绳串珠锯的用户统计。

表 3-10 意大利 PELLEGRINI 公司在世界各地多绳串珠锯的用户统计（截止到 2007 年 10 月）

国家＼用户数量	安装串珠绳的数量/根													合计/台
	3	5	7	8	9	10	11	12	14	16	22	30	32	
意大利		8								2			2	12
西班牙	1	7		1		3		2				3		17
葡萄牙		3						2						5
波　兰		4	1		3	1								9
英　国			1											1
俄罗斯		1												1
美　国		3				1	1							5
南　非									2					2
德　国		1							1					2
加拿大											1			1
合　计	1	27	2	1	3	5	1	4	3	2	1	3	2	55

表 3-11 意大利 CO. FI. PLAST 公司在世界各地的单绳和多绳串珠锯的用户统计(截止到 2006 年 3 月)

用户数量 / 国家	安装串珠绳的数量/根									合计/台	多绳锯数量合计
	1	5	6	8	10	12	15	20	25		
意大利	16	1	1	2	2	1	1	2		26	10
西班牙	4			2	7					13	9
葡萄牙					2					2	2
瑞　士					1					1	1
波　兰	18		1		2		1			22	4
美　国	3				1			1		5	2
加拿大	3	1		1						5	2
巴　西	1				3		2		1	7	6
中　国								1		1	1
合　计	45	2	2	5	18	1	4	4	1	82	37

表 3-12 意大利 BIDESEIMPIANT 公司在世界各地的 5 绳和 60 绳串珠锯的用户统计(截止到 2006 年 3 月)

型号和用户数量 / 国家		GOLD5 型 5 绳串珠锯	GOLD60 型 60 绳串珠锯
伊　朗		1	
西班牙		2	2
意大利		3	
乌克兰		1	
美　国		1	1
加拿大			2
巴　西			2
南　非			1
土耳其			2
总计 18 台	合　计	8	10

3.2.3.2 简介几种意大利生产的多绳串珠锯

根据我们掌握的资料,我们以意大利 PELLEGRINI 公司、CO. FI. PLAST 公司、BIDESEIMPIANT 公司和 MICHELETTI 公司生产的多绳串珠锯为例,分别介绍其产品的特点。

A POLYWIRE 系列多绳串珠锯

该系列多绳串珠锯由意大利 PELLEGRINI 公司生产,是一种结构和性能稳固的多绳串珠锯,可同时安装 5~32 根串珠绳,锯切 5~30 片大理石或花岗石大板,具有锯切速度、精度、串珠绳切割寿命和安全操作等方面的最佳切割特点。图 3-28 和图 3-14 是安装 32 根串珠绳的 POLYWIRE 型多绳串珠锯的照片。

该系列多绳串珠锯采用紧凑的结构设计格局,使得锯机所需基础体积减小,安装更容易,所占空间更小。因为该机具有低噪声水平和优良的振动吸收特性,可以使其靠近住宅区使用,无扰民之忧虑。

该系列多绳串珠锯采用变频器调节串珠绳的线速度，调节范围 0 ~ 40 m/s。采用 PLC 全自动控制系统，实施整机操作，控制落锯速度、锯切中荒料车位移设定（板材分片）等操作；遇到任何异常情况需要锯机停止工作时，系统会立即自动停机报警。其主要结构和技术特点如下：

(1) 主机框架结构。锯机有两个型钢焊接、规则截面的垂直立柱，具有很高的刚度和抗弯、抗扭转强度特性。立柱上安装两个用于绳轮滑座升降的导轨，可确保最佳的运动精度，具有最大限度地防振、减振特性。立柱由一个矩形截面的风箱式伸缩套保护，并与横梁连接。横梁内部安装驱动串珠绳升降运动的传动电机和传动系统。安装 32 根串珠绳的多绳串珠锯的主机框架见图 3-29。

图 3-28 意大利 PELLEGRINI 公司安装 32 根串珠绳的多绳串珠锯

图 3-29 多绳串珠锯的主机框架

(2) 串珠绳主动和从动绳轮。主动、从动绳轮的直径为 2.35 m，两个绳轮分离独立安装，采用优质镁铝锰航空合金材料（合金铝）制造，具有强度高、刚度高、重量轻等特点。所有绳轮的设计保证了轻质和尺寸稳定的最佳结合，具有高精度和减振的特性。主动绳轮外圆柱安装一个聚氨酯衬套，其外圆周被制成间距 10 mm 的多个沟槽，用于引导和驱动串珠绳的切割运动。图 3-30 是 POLYWIRE 型 32 绳串珠锯，安装串珠绳的主动绳轮照片。

(3) 串珠绳张紧系统。采用专利的电子液压从动轮张紧系统，由一套独立调控的张紧轮对每根串珠绳实施单独张紧，获得专利的多绳张紧系统确保每根串珠绳具有相同的张紧力，以抵消串珠绳的长度以及绳的其他特性方面的微小差异。

从动轮张紧系统结构采用大齿圈式滚子轴承支承每个绳轮槽，每个独立绳轮径向移动距离为 5 ~ 10 cm，用于单根串珠绳的独立张紧；独立从动绳轮之间轴向位置固定，径向相对位置可以变化，但保持相互之间的密封性；每个独立绳轮内部的滑动支承块由单个油缸驱动，在两根导柱上滑动；轴承内圈直径差异，以便每个独立张紧结构的层叠不干涉布置。

图 3-31 是 POLYWIRE 型 32 绳串珠锯，包括张紧系统在内的从动绳轮和串珠绳的照片。

(4) 导向轮机构。串珠绳导向轮机构成对使用，安装在被锯切荒料两端、尽量靠近荒料，但与荒料不形成干涉的位置（见图 3-32），主要作用是控制串珠绳之间的间隔距离，保证锯切板材厚度的均匀；支承串珠绳承受切割荒料时的法向作用力，尽量保持处于荒料切割长度这部分串珠绳的最大刚性，限制和防止串珠绳的过度抖动，提高切割出石板材表面的平整度，同时避免锯切完成或设备升起时串珠绳脱离轮槽。

图 3-30 多绳串珠锯的主动绳轮和串珠绳

图 3-31 多绳串珠锯包含张紧机构的从动绳轮和串珠绳

该机构由直径大约 400 mm 的导向轮以及限制装置组成，见图 3-33。导向轮外圆柱安装一个类似驱动绳轮聚氨酯导向套的刻槽导向轮衬套，用于引导和限制串珠绳的间距，配有压缩空气随动机构的限制装置，将串珠绳限制在导向轮衬套的刻槽中，防止其脱离导向轮和主从动绳轮的刻槽。

图 3-32 成对安装的多绳串珠锯导向轮机构

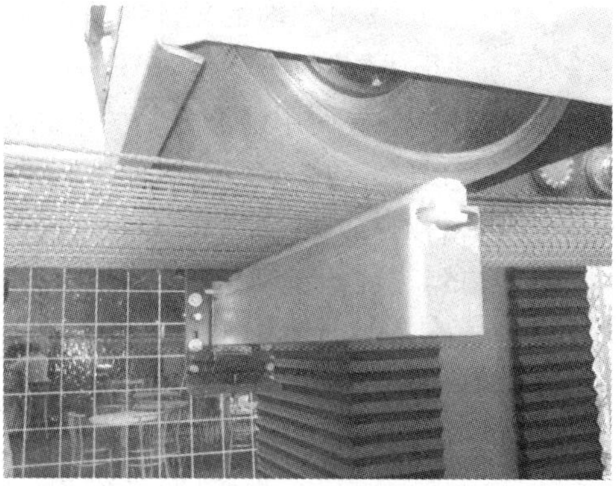

图 3-33 多绳串珠锯导向轮机构局部图

（5）电控柜。安装 PLC 系统的控制柜，用于设备程序设定和操作控制、每根串珠绳张紧力控制、设备非正常工作状态自动诊断等控制。电子控制系统调节滑座升降高度位置，确保锯切过程中和串珠绳升起时板材的稳定。锯机除采用 PLC 系统控制外，还配备了使用手持键盘控制的手动控制装置。

（6）断绳后紧急停机机构。该机配备有断绳后锯机的紧急系统，当出现某根串珠绳断裂时，锯机会及时监测到故障，并立即停止驱动绳轮的转动，最大限度地防止和杜绝了因断绳乱摆损坏其他串珠绳和锯机的事故发生。

（7）料车系统。因为 POLYWIRE 系列多绳串珠锯切割荒料的最大长度是 3.5 m，最大高度是 2.1 m，宽度方向不受限制，所以该系列串珠锯所配套荒料车的承载重量大约是 40 t。荒料车采用重负荷支撑结构，自带动力，运动速度大约是 20 m/min。料车由安装在锯机控制柜上的 PLC 系统，以毫微秒级精度调节控制，用于切割所需厚度大板的分片。另配机械摇柄,用于人工调节其运动。带插头的电缆线配备护链托架。同时自带线控板,用于料车的随车控制。料车系统的钢轨长度 8 m,轨距精确。

(8) 智能化卸板装置。该机还可选配专用的智能化板材装卸系统,用于大理石、花岗石厚板的装卸,可为单绳和多绳串珠锯配套。其机械手臂和装卸机械装置均由液压系统控制操作,板材支撑架安装多组大直径真空吸盘,用于装卸板材时牢固地固定板材。系统液压动力单元、真空动力单元都安装在设备基础上。表 3-13 是 PELLEGRINI 公司生产的自动卸板机械手的技术参数。

表 3-13 机械手臂和装载机的技术参数

最大装载量/t	10	移动速度/m · min^{-1}	0.007 ~ 2
最大板材尺寸(长×高)/m×m	4×2	转动速度/r · min^{-1}	0.002 ~ 0.75
最大范围/m	3.5	转动 180°循环时间/min	10
移动距离/m	2.3	装机功率/kW	15
最小装载高度/m	1.05	每片板材冲洗耗水量/L	80
最大装载高度/m	1.85	重量/t	11
旋转角度/(°)	±180		

锯机还配备有冲洗水泵和喷洒系统,用于卸板机装运板材前自动冲洗板材。

(9) 其他。该机理论上允许新旧串珠绳混合安装使用,但要考虑板材厚度的最大允许偏差,因为使用不同磨损程度的串珠绳后,相邻板材的厚度会出现偏差。如果对板材厚度的偏差要求严格,最好使用同等直径的串珠绳。

POLYWIRE 5 ~ 16 型多绳串珠锯使用长度为 24.4 ~ 25.4 m 的串珠绳,锯机重量大约为 30 t。POLYWIRE 32 型多绳串珠锯使用长度为 27.65 m 的串珠绳,锯机重量大约为 45 t。POLYWIRE 5 ~ 32 型多绳串珠锯的主要技术参数见表 3-14。

表 3-14 意大利 PELLEGRINI 公司 POLYWIRE 5 ~ 32 型多绳串珠锯技术参数表

参数 机型	串珠绳数量 /根	切割厚度范围 (最大~最小)/mm	主电机功率 /kW	驱动单元 结构	张紧系统 结构	切割厚度 变换
PW 5	5	21 ~ 151	37	整体绳轮	独立绳轮	手动调整
PW 5/9	5	21 ~ 151	55	整体绳轮	独立绳轮	手动调整
PW 6/9	6	21 ~ 121	55	整体绳轮	独立绳轮	手动调整
PW 7/9	7	21 ~ 101	55	整体绳轮	独立绳轮	手动调整
PW 8/9	8	21 ~ 81	55	整体绳轮	独立绳轮	手动调整
PW 9/9	9	21 ~ 71	55	整体绳轮	独立绳轮	手动调整
PW 10/16	10	21 ~ 61	90	整体绳轮	独立绳轮	手动调整
PW 12/16	12	21 ~ 51	90	整体绳轮	独立绳轮	手动调整
PW 14/16	14	21 ~ 31	90	整体绳轮	独立绳轮	手动调整
PW 16/16	16	21	90	整体绳轮	独立绳轮	手动调整
PW 32	32	21	180	整体绳轮	独立绳轮	手动调整
PW 5 AUTOM.	5	21 ~ 121	37	整体绳轮	独立绳轮	手动调整
PW 5 AUTOM.	7	21 ~ 81	55	整体绳轮	独立绳轮	手动调整

表 3-15 是最新 POLYWIRE25/30D 型多绳串珠锯的技术参数，表 3-16 是该机使用直径为 7.2 mm 串珠绳锯切加工不同厚度板材时，可安装最多的串珠绳数量。

表 3-15 新型 POLYWIRE25/30D 多绳串珠锯技术参数

参数项目		参数数据	参数项目		参数数据
最多安装串珠绳数量/根		30	串珠绳线速度/m·s^{-1}		0~40 变频调速
加工荒料尺寸/m	长	3.5	主电机功率/kW		160
	高	2.1	落锯进给速度调节范围/cm·h^{-1}		0~300
料车工作台尺寸/m×m		3×2.15	料车驱动电机功率/kW		1.5
主动、从动绳轮直径/m		2.35	冷却水	数量/L·min^{-1}	200
导向轮直径/cm		60		压力/MPa	0.2
串珠绳长度/m·$根^{-1}$		27.6	加工板材平整度/mm		±1

表 3-16 POLYWIRE25/30D 多绳串珠锯切割厚度和安装串珠绳数量之间关系表

项目 \ 串珠绳数量/根	12	14	16	22	30
切割板材厚度/cm	6.1	5.1	4.1	3.1	2.1

B FUTURE 型多绳串珠锯

FUTURE 型多绳串珠锯由意大利 MICHELETTI 公司生产，也是一种闭式门架结构的多绳串珠锯，见图 3-17。相对于传统锯切大理石、花岗石和其他石材的框架锯机，FUTURE 系列多绳串珠锯在锯切大理石、花岗石和其他石材方面进行了新的改进，可同时锯切不同种类的石材。该机也采用尺寸紧凑设计，最多可同时安装 60 根串珠绳，具有产量高、多功能控制和操作容易等特点。其整机结构、锯切和操控性能特点如下：

(1) 板材夹紧装置。该装置由一组气缸组成，是一种在锯切过程中从板材顶面(板材截面)方向下压固定板材的夹紧固定装置。

(2) 安全装置。该机采用气动制动装置，用于串珠绳断裂时立即停止绳轮转动。还有防止横梁意外坠落系统，在横梁升降螺杆上增加一个辅助锁紧螺母，防止因升降系统青铜螺母的损坏，造成横梁和绳轮组件的意外滑落。

(3) 串珠绳张紧系统。机械装置单独控制每根串珠绳的张紧，可避免因气动或液压张紧系统的变化，影响张紧力的稳定。张紧系统可持续动作，精确保持串珠绳张紧力，排除操作者的人为影响。该系统可按照最慢的串珠绳线速度调节锯切进给落锯速度，以便将串珠绳出现断裂的几率减少到最低限度。该系统可持续保持每根串珠绳张紧力的数值，使其在设定点和实际加工设定点之间的变化值很小。这些设定点可由操作者按照石材的锯切性能预先编程设定。

(4) 锯切性能参数。锯切性能参数包括切割开始和结束时的时间损失，每根串珠绳切割 3 级花岗石的效率是 1 m^2/h，切割 CARRARA 白色大理石的效率是 4 m^2/h。

该机串珠绳的进给落锯速度由变频器控制和调节；采用变频器调节串珠绳的线速度，使其在 10~40 m/s 之间任意设定；根据被锯切石材的硬度、荒料尺寸和选用串珠绳的类型，方便地选择正确的串珠绳切割线速度。

可以使用直径8 mm的串珠绳，串珠绳的更换操作快捷和简便。改变串珠绳锯切间隔和串珠绳的连接更简单、容易、快速，所以可获得最大的生产能力。

（5）锯切板材的质量。该机锯切大理石和花岗石板材的质量同样优秀；该机安装16根或60根串珠绳时，锯切板材的最小厚度是2 cm，通过减少串珠绳数量可增加切割板材的厚度。

（6）切割程序。由PLC系统控制的全自动锯切程序，可用于多重锯切。随机配备的软件既实用，操作界面又友好。控制选项包括锯切启动时的进给落锯速度，何时停止串珠绳切割，锯切结束绳轮升起前停止旋转等。

（7）锯机安装和用途。与传统砂锯相比，该多绳串珠锯可露天安装运行，但在寒冷地区供水系统必须采取防冻措施，但控制柜最好安放在相对封闭的房子内。只需更换串珠绳，每台锯机可锯切大理石、花岗石和其他石材。

（8）环保特性。该机具有对环境影响最低的特性，排出的废物只有金刚石串珠颗粒、石材锯屑和冷却水，其中没有传统砂锯产生的石灰、带钢屑和钢砂。

更低的噪声污染，多绳串珠锯产生的噪声和振动是非常低的，加工的工作环境是环保的。

（9）技术参数。FUTURE系列多绳串珠锯的技术参数见表3-17，该机切割大理石和花岗石大板的加工性能参数见表3-18，使用保养和与框架锯的对比参数见表3-19。

表3-17 FUTURE系列多绳串珠锯的技术参数

参数 \ 设备型号		FUTURE COMPACT	FUTURE 60
装机总功率/kW		35	70
外形尺寸/m	总　宽	9.7—10.2—10.7	10.315—10.815—11.315
	高-1	5.3	5.25
	厚	1.77	3.09—4.1
	高-2	5.08	5.04
有效锯切尺寸/m	长	3.5—4—4.5	3.5—4—4.5
	高	2.2	2
最多安装串珠绳数量/根		16	60
串珠绳长度/m		17.4	17.75

表3-18 FUTURE系列多绳串珠锯切割花岗石和大理石的加工性能参数

加工尺寸 \ 锯机型号 加工参数		FUTURE COMPACT(16绳)			FUTURE 60(60绳)		
		落锯速度 /mm·h^{-1}	单板面积 /m^2	生产效率 /m^2·h^{-1}	落锯速度 /mm·h^{-1}	单板面积 /m^2	生产效率 /m^2·h^{-1}
花岗石荒料长度/m	3.5	286	7.7	16	286	7	60
	4	250	8.8		250	8	
	4.5	222	9.9		222	9	
大理石荒料长度/m	3.5	1143	7.7	64	1143	7	240
	4	1000	8.8		1000	8	
	4.5	889	9.9		889	9	

表 3-19 FUTURE 系列多绳串珠锯与砂锯的使用保养对比参数

技术参数＼设备型号		FUTURE COMPACT 16 绳	FUTURE 60 60 绳
花岗石日(24 h)产量/m^2		384	1440
花岗石年产量/m^2		100000	400000
年工作天数/天		260	278
年辅助天数/天		40	22
年保养天数/天		65	65
大理石日(24 h)产量/m^2		1536	5760
大理石年产量/m^2		400000	1600000
年工作天数/天		260	278
年辅助天数/天		40	22
年保养天数/天		65	65
约相当于框架锯机台数/台	大理石排锯	2	8
	花岗石砂锯	2	8

C FALCON 系列多绳串珠锯

FALCON 系列多绳串珠锯是意大利 CO. FI. PLAST 公司的产品，采用开式门架结构，可安装 10～30 根串珠绳，见图 3-18～图 3-21。FALCON 系列多绳串珠锯由切割荒料的主机、串珠绳的张紧和输送组件、电控柜和荒料车组成，图 3-19 是安装在山西万年青石材有限公司的 FALCON 600 型 20 根串珠绳的多绳串珠锯照片。其主要结构和技术特点如下：

(1) 主机结构。主机包括大截面尺寸的钢制主立柱，4 根不锈钢铸钢导轨和辅助立柱，均由钢结构件固定在基础上。

(2) 绳轮及驱动机构。一个直径 2.3 m 的主动绳轮，3 个直径 0.8 m 的导向轮，外面包敷耐磨材料，均为熔模铸造的特殊合金制成的，绳轮的外圆柱体部分锻造和预制成以十进位或英制进位的沟槽。主动绳轮由一台配有 115 kW 的动能矢量减速电机驱动，适合连续重负荷工作。轻质高强度合金材料制成的、采用门式结构的绳轮护罩，用于主动绳轮和导向轮的防护，同时便于串珠绳的更换。

(3) 绳轮升降机构。4 个带特殊浮动调节轮的支撑滑座，保持滑座的升降。一套螺杆传动副连接减速电机和滑座组件之间的传动，由编码器控制滑座升降驱动。

(4) 串珠绳的张紧和输送系统。串珠绳的张紧由与串珠绳数量相等的张紧轮和滑轨控制，滑轨可保持张紧轮的前后移动，每个张紧轮的直径均为 1.2 m，用于串珠绳的张紧。每个张紧单元的位置控制，可编程显示在屏幕上，由键盘操作。

(5) 电控系统。电控系统用于主电机的驱动、荒料车电机的驱动和滑座升降电机的驱动控制，全部功能的管理控制均由 PLC 系统完成。

(6) 荒料车。荒料车由减速电机和专用的动力装置驱动控制，采用菱形截面和平面导轨结构，用于摆渡车的行走支撑。

(7) 锯机特点。FALCON 600 锯机最重要的特点是具有锯切不同类型石材的能力。它具有可锯切大理石、花岗石和各种不同的石材，而无需调整设备的优良性能。事实上同样锯切花岗石的串珠绳是能够锯切大理石或其他石材的，其硬度使用范围的比例达到8:2。例如该机可锯切2块大理石或砂岩，也可以是板岩荒料，再锯切8块花岗石荒料而无需更换串珠绳。而使用传统砂锯锯切蛇纹岩石材或其他大理石是很困难的。当然，如果锯机只用于加工单一品种的石材，最好选择一种适合该石材的串珠绳。

该机功能强大，可以避免传统老式砂锯加工范围狭窄的缺陷。在实际生产过程中，经常会遇到在短时间内紧急加工的需要。例如在5～6 h内加工10块板材，如果工厂储存有应付未来需求的储备荒料，使用砂锯加工至少需要2天半时间将整块荒料锯切成确定厚度的板材，而剩余的板材还不一定符合用户未来的需要。但使用多绳串珠锯可随时从荒料上切割出所需的数量，几个小时即可完成规定数量板材的切割加工，既满足了工期要求，又不会出现同样规格板材的积压。

多绳串珠锯切割各种石材都能得到很高的加工精度，锯切大板的厚度偏差可控制在±0.5 mm之内，锯切板材的表面比传统砂锯切割板材的表面更光滑平整，最重要的是它可为后续的磨抛加工节省费用和大约15%～20%的时间。

如果由专业操作者使用多绳串珠锯，串珠绳的寿命值是有保障的。如一套10根、每根长度65 m的串珠绳，使用该机可以锯切13000～20800 m^2 花岗石板材。如此长的寿命还延长了串珠绳的更换周期，这意味着每天工作24 h，在3个月内无需停机更换串珠绳。因此，该机需要维护、保养的时间也是最少的，只占总加工工时的大约3%。传统砂锯该项费用要占到总工时的16%。

多绳串珠锯在切割进给过程中，无需像砂锯那样进行分阶段进给，因为开始切割时，砂锯锯条切入荒料的深度必须达到其自身高度的80%后，才能进入正常锯切阶段，这80%锯条宽度的切入时间，只能以非常慢的速度进给，从理论上讲是浪费了时间和金钱。但串珠锯则无需这样的切入阶段，因为串珠锯在启动之前，串珠绳已经处于荒料上正确的锯路上，直径只有7～8 mm的串珠绳很快即可按照正常的进给速度完全切入荒料，这样可以节约大量的时间和电力能源。同样的道理，串珠锯可以加工非常不规则、未经整形处理的荒料，甚至是孤石，这在砂锯看来是不可想象的。

多绳串珠锯在切割过程中不会在石材中产生锯切应力，或者说在荒料中产生的应力是非常低的，这是因为串珠锯的切割只是简单的旋转和速度均匀的切割运动。而砂锯切割则是在一个复杂的锯条连续冲击荒料的交变运动中进行，这对一些高档或存在一定裂隙石材的危害很大，在锯切过程中石材非常容易断裂。

另外多绳串珠锯的操作人员很少，只有砂锯操作人员的六分之一，通常1人可以同时跟踪、完成3台串珠锯的日常保养和操作工作。与传统砂锯相比，多绳串珠锯更大的经济优势在于其最小的基础尺寸，该机基础制作费用不会超过10000美元。

(8) FALCON系列多绳串珠锯的技术参数。FALCON系列多绳串珠锯的最新机型ARIANNA，最多可以安装72根串珠绳。其他机型使用的串珠绳直径可缩小到6.5 mm，具有更小的切割压力、更少的石材破损、更低的锯缝损耗以及更高的切割效率。

FALCON系列多绳串珠锯的技术参数见表3-20。

表 3-20 FALCON 系列多绳串珠锯的技术参数性能

机型 / 参数项目		FALCON 开式门架结构			FALCON 闭式门架结构		
		600	900	925	308	624	948
加工荒料尺寸 /m	高	2.1	2.1	2.1	2.1	2.1	2.1
	长	3.55	3.55	3.55	3.55 ~ 4.5	3.4 ~ 4.5	3.4 ~ 4.5
	宽	2.25 ~ 3.8	2.25 ~ 3.8	不限			
主机单元尺寸 /m	高	5.8	5.8				
	长	8	8				
	宽	1.65 ~ 1.975	1.65 ~ 1.975				
张紧单元尺寸 /m	高	2.3	2.3	2.3			
	长	3.1	3.1	3.1			
	宽	1.9 ~ 2.25	1.9 ~ 2.7	2.3			
锯机总尺寸 /m	高	5.8	5.8	5.8	5.8	6.45	6.45
	长	33.5	33.5	25 ~ 33.5	7 ~ 8	9.5	9.5
	宽	6 ~ 9	6 ~ 9	6 ~ 9			
串珠绳数量/根		10、15	10、15、20、25、30	25、30	8	24	48
串珠绳长度/m		65			15.5	17	17
串珠绳线速度/$m \cdot s^{-1}$		0 ~ 33	0 ~ 33	15 ~ 33	0 ~ 35	0 ~ 35	0 ~ 35
每个张紧轮拉力/N		3000	3000	4000			
主电机功率/kW		55、75	75,90,110,132	115	22	75	130
升降电机功率/kW		5.5	5.5	7.5	3	7.5	11
荒料车电机功率/kW				0.25	0.75	1	1.5
空压机功率/kW					1.5		
空压机压力/MPa					0.9		
装机总功率/kW					30	100	165
主动绳轮直径/m		2.3	2.3	2.3	0.8	0.8	0.8
导向轮直径/m		0.8	0.8	0.8			
张紧轮直径/m		1.2	1.2	1.2			
锯机重量/t		18 ~ 20	23 ~ 25	31.25	8	12	16

(9) 生产成本及产量。表 3-21 是 FALCON 600 系列多绳串珠锯加工不同石材时的成本分析表。在 FALCON 600 的单位时间(每小时)产量和生产成本方面,表中可清楚地反映出多绳串珠锯与传统框架锯切割相比,具有很高的竞争力。锯切花岗石的锯切成本为 5.95 ~ 10.7 美元/m^2;锯切花岗石板材的最大产量可达 15 m^2/h,串珠绳落锯速度是 50 ~ 60 cm/h。锯切大理石的成本只有 1.575 ~ 2.753 美元/m^2,最高产量达到 40 m^2/h,串珠绳锯切速度为 1.5 ~ 2 m^2/h。

表 3-21 FALCON 600 多绳串珠锯生产成本分析

参数项目 \ 石材种类	花岗石硬度等级					石英岩	硅化大理石	板岩	蛇纹岩	有色大理石
	Ⅰ	Ⅱ	Ⅲ	Ⅳ	Ⅴ					
产量/$m^2 \cdot h^{-1}$	15	13	12	10	9	8	40	30	20	30
串珠绳成本/美元·m^{-2}	4.9	5.7	6.1	7.8	9	9.8	1	1.1	3	2
人工成本/美元·m^{-2}	0.16	0.16	0.16	0.16	0.16	0.16	0.16	0.16	0.16	0.16
电耗成本/美元·m^{-2}	0.23	0.26	0.29	0.35	0.38	0.43	0.1	0.13	0.2	0.13
水及净化成本/美元·m^{-2}	0.05	0.066	0.076	0.083	0.09	0.01	0.025	0.027	0.05	0.033
备件成本/美元·m^{-2}	0.05	0.08	0.1	0.12	0.18	0.2	0.08	0.09	0.2	0.15
润滑材料成本/美元·m^{-2}	0.08	0.1	0.12	0.14	0.18	0.2				
设备折旧成本/美元·m^{-2}	0.48	0.55	0.65	0.7	0.78	0.8	0.21	0.25	0.43	0.28
总成本/美元·m^{-2}	5.95	6.916	7.496	9.353	10.77	11.6	1.575	1.757	4.04	2.753
设备价格/美元	350000									
基础费用/美元	10000									
串珠绳成本/美元·m^{-1}	200									
设备每一加工循环的不工作时间/min	10									
人工费用/美元·h^{-1}	20									
电费/美元·$(kW \cdot h)^{-1}$	0.1									

注：上述成本和数据按照最佳工作条件核算，仅供参考。

上面表格介绍的用于锯切花岗石的串珠绳的价格大约是 200 美元/m，其寿命从锯切最硬的 5 级花岗石的 20 m^2/m 到锯切较软的 1 级花岗石的 32 m^2/m。

锯切花岗石的总成本中占据比例最大的成本(81%)是金刚石串珠绳的消耗成本，而只有 19% 是设备的操作成本。表面上看与传统砂锯是绝对相反的，砂锯的设备操作的固定费用大约占总成本的 85%(维修、电耗、钢砂、工时等)，只有 15% 是锯条的消耗。这反映出多绳串珠锯与传统砂锯，在锯切成本分布方面是完全不同的。

事实上两种设备在锯切 1 cm 或 2 cm 厚度板材时的锯切成本相差不大，锯切厚度超过 3 cm 板材时，多绳串珠锯的锯切成本要比砂锯减少一半或三分之一。这是因为砂锯成本中的 85% 是相对固定不变的费用。当用 1 m^3 的荒料加工厚度 2 cm 板材时，大约出板材 33 m^2，加工 4 cm 厚度的板材可出 20 m^2，如果加工 5 cm 厚度的板材，只能出 17 m^2，结果是每平方米板材的锯切成本是随着锯切板材厚度的增加而增加。这种问题不会发生在多绳串珠距上，因为其 81% 的成本都是金刚石串珠绳的消耗，它不是固定的成本支出，串珠绳的消耗只取决于锯切面积，随锯切面积的多少而改变。

目前国内外加工花岗石用串珠绳的价格已经降到 60 ~ 70 美元/m，使用多绳串珠锯切割花岗石的成本已经降低到砂锯加工花岗石的成本水平。

D GOLD 系列多绳串珠锯

GOLD 系列多绳串珠锯是意大利 BIDESEIMPIANTI 公司生产的产品，采用的也是闭式门架结构，见图 3-15 和图 3-16。GOLD 60 型锯机可安装 60 根串珠绳，主要用于批量锯切生产花岗石和石材大板或厚板。其结构和技术特点如下：

（1）锯机行走机构。GOLD 60 型多绳串珠锯采用锯机行走、无荒料车运动结构，切割板材的分片精度，全部由锯机行走机构中的旋转编码器和运动系统的精度保证。

（2）机架结构。该机的立柱和横梁等部件采用型钢焊接结构件，并经过退火去应力、喷砂和防腐处理，非常坚固，可最大限度地承受所有切割动力，整体变形最小。

（3）串珠绳进给系统。主动和从动绳轮组件沿固定在立柱上的平导轨垂直升降运动，由可调整间隙的滚子运动支撑。伺服电机驱动滚珠丝杠，液力平衡体现了锯机的精度和动力特性。

（4）绳轮驱动。GOLD 系列多绳串珠锯采用 4 个直径 1 m 的绳轮支承结构，其中一个绳轮为电机驱动的主动绳轮。电机主轴由一个大型、润滑良好的滚柱轴承支承。驱动飞轮采用独立结构，以适应由于串珠绳橡胶层厚度条件变化引起的速度改变。主电机通过 V 形三角带传动。

（5）串珠绳张紧系统。GOLD 60 多绳串珠锯采用独立导向轮张紧机构，每套张紧导向轮通过配有高灵敏度、高精度调节装置的气缸调节其位移，实现对每根串珠绳的张紧力控制。为了使导向轮张紧机构的设计和布置更为合理，分别将相邻两根串珠绳的张紧机构交错安装在锯机的两侧，防止了因间距过小出现机构的干涉，同时也使机构的维修保养更为简便。

上述的这些功能与控制进给速度的最佳值是相互关联的。精确的串珠绳张紧力控制和稳定的进给速度，保障了切割石料的精度和切割角度的恒定，也是提高锯切效率、延长串珠绳寿命的保证。

（6）润滑系统。该机采用润滑脂自动加入方式润滑滚珠丝杠和料车传动滚子。

（7）安全系统。安全保障系统在出现串珠绳缺少冷却水、串珠绳缺失张紧力控制和串珠绳断裂情况时将自动停机。

（8）零部件制造。运动零件如主轴、轴衬和法兰均为硬质和特殊处理钢材制造。

表 3-22 是 GOLD 系列多绳串珠锯的结构和技术性能参数。表 3-23 和表 3-24 是几种安装不同数量串珠绳的 GOLD 系列多绳串珠锯，锯切 2 ~ 4 级花岗石的锯切参数和产量计算表。

表 3-22 GOLD 系列多绳串珠锯的结构和技术性能参数

参数项目 \ 设备型号		GOLD 60	GOLD 5	GOLD 30/2
锯切荒料尺寸/m	长	4	4	4
	高	2.2	2.1	2.2
绳轮直径/mm		725	1000	725
绳轮间距调节/mm			20 ~ 220	
串珠绳数量/根		60	5	28
串珠绳直径/mm		7		7
串珠绳长度/m·根$^{-1}$		19.35	16.55	19.35
串珠绳速度		变频调节	变频调节	
主电机功率/kW		IP55-6 极 130	IP55-4 极 55	IP55-6 极 160

续表 3-22

参数项目 \ 设备型号		GOLD 60	GOLD 5	GOLD 30/2
串珠绳进给电机		24 N·m 伺服电机	15 N·m 伺服电机	24 N·m 伺服电机
串珠绳进给传动		滚珠丝杠		
荒料车传动电机/kW		锯机行走、伺服电机	IP55-4 极 3	IP54-4 极 1.5
荒料车轨道长度和间距/m		锯机行走轨道		8/1.9
荒料车尺寸/m	长			3
	宽			2.2
	高			0.55
荒料车载重量/t				30
荒料车自重/t				1.2
绳轮间距调整电机/kW			IP55-4 极 0.25 变频	
张紧气缸	直径/mm	50		50
	行程/mm	400	300	400
冷却水系统	管径/mm	31.75		31.75
	水压/MPa	0.2		0.2
	耗水量/$L \cdot min^{-1}$		120	
压缩空气	压力/MPa		0.6	
	消耗/$L \cdot min^{-1}$		200	
装机总功率/kW			65	
产量/$m^2 \cdot h^{-1}$			4(3 级花岗石)	
锯机重量/t		21	9	31
锯机外形尺寸/m	长		8.5	
	宽		2.7	
	高		6	

表 3-23 GOLD 系列多绳串珠锯锯切参数和产量表

项 目 \ 荒料宽度/m			2.5			3			4		
绳数量	花岗石硬度/级		2	3	4	2	3	4	2	3	4
	进给落锯速度/$m \cdot h^{-1}$		0.4	0.3	0.2	0.4	0.3	0.2	0.4	0.3	0.2
单绳锯	单位产量/$m^2 \cdot h^{-1}$		1	0.75	0.5	1.2	0.9	0.6	1.6	1.2	0.8
	日产量/$m^2 \cdot (24\ h)^{-1}$		24	18	12	28.8	21.6	14.4	38.4	28.8	19.2
	年产量/$m^2 \cdot (300 天)^{-1}$		7200	5400	3600	8640	6480	4320	11520	8640	5760
5	GOLD 5-2 cm	年产量/万 m^2	3.6	2.7	1.8	4.32	3.24	2.16	5.76	4.32	2.88
30	GOLD 30-22 cm		20.16	15.12	10.08	24.19	18.14	12.1	32.26	24.19	16.13
30	GOLD 30-3 cm		3.6	2.7	1.8	4.32	3.24	2.16	5.76	4.32	2.88
60	GOLD 60-2 cm		20.16	15.12	10.08	24.19	18.14	12.1	32.26	24.19	16.13

表 3-24 GOLD 系列多绳串珠锯锯切参数表

花岗石硬度分级		3 级为中硬度花岗石,2 级为软花岗石,4 级为硬花岗石如红色花岗石
加工规格		每种型号锯机一次只能锯切单一厚度板材
锯切板材的平面度误差		±0.5 mm
串珠绳更换周期		大约每 2 周更换一次,每月停机时间估计 10 h
维修保养、更换串珠绳时间		每年 65 天作为设备维修和保养时间
工作时间		锯机每天工作 24 h 计算产量
串珠绳技术参数	直径	7 mm
	长度	16.36 m
	寿命	7 ~ 8 m^2/m
	价格	65 欧元/m
	锯切成本	7 欧元/m^2

3.3 花岗石砂锯与多绳金刚石串珠锯主要技术性能比较

目前开发的串珠锯,已从只能安装一根金刚石串珠绳的单绳式串珠锯,发展到可同时安装 60 ~ 70 根串珠绳的多绳式金刚石串珠锯。随着闭式门架结构串珠锯的开发成功,目前的多绳串珠锯已经变得更加轻巧实用,设备外形尺寸与普通的串珠整形机相差无几。本节将分析介绍可安装 60 根串珠绳的闭式门架多绳式串珠锯与标准型号的花岗石砂锯,在技术参数、锯切效率、生产成本上的差别。

3.3.1 锯切规格参数

表 3-25 列举了标准规格的花岗石砂锯与可安装 60 根串珠绳的闭式门架多绳串珠锯,能够切割花岗石板材的规格比较。从表中可以看出,二者除了多绳串珠锯加工板材的长度可达到 4.5 m 外,其他加工尺寸相差不大。但在加工宽度方面,多绳串珠锯则显示出更大的灵活性。因为它采用荒料侧面进入方式,所以从理论上讲,荒料的宽度可以不受限制,只要场地允许、荒料车足够大,多装几块荒料是不成问题的。如果采用双荒料车系统的多绳串珠锯,基本可以实现串珠锯的连续锯切生产。每车荒料被锯切完后,只需该荒料车移出,将装载新荒料的荒料车移入设备,即可立即投入锯切。砂锯的加工宽度是固定,每种规格的砂锯只能对应一种最大的加工宽度,为了达到每车荒料尽可能装载更多的荒料,降低加工成本,所以目前开发巨型砂锯的最大加工宽度达到 6 ~ 7 m,但这种砂锯的结构庞大,重量可达 200 t,虽然具有很高的生产效率,但设备投入和占地面积都很庞大。

表 3-25 砂锯、多绳串珠锯加工荒料参数对照表

技术参数 \ 设备种类		新式结构标准规格砂锯	60 绳多绳金刚石串珠锯
加工荒料最大尺寸/m	长	3.5	4.5
	宽	3.6	3.7
	高	2.2	2
可锯切荒料最大体积/m^3		27.72	33.3

续表 3-25

技术参数 \ 设备种类		新式结构标准规格砂锯	60 绳多绳金刚石串珠锯
加工板材厚度/mm	最 小	11	15
	标 准	20	20
	其他厚度	编排锯条费时	任意调节便利快捷
加工板材最大尺寸	长/m	3.5	4.5
	宽/m	2.2	2
	面积/m^2	7.7	9

3.3.2 锯切技术参数和生产效率

从锯切机理分析，砂锯与串珠锯锯切花岗石板材的机理十分相似，都可以看作是磨料对石材的宏观磨削和微观的切割作用。但实际使用的切削工具是完全不同的。

砂锯主要利用高碳含量的锯条，在适当的压力作用下，带动高硬度钢砂在锯条与石料之间的往复滚动、滑动，利用钢砂的棱角对石料产生切削作用。钢砂的循环、流动、输送是由含有一定浓度的石灰水带动、由砂泵从砂浆池抽出，经过输送管道和喷淋器喷洒到锯条与石料之间，参与切割的砂浆再回流到砂浆池。砂浆的输送需要动力强大、结构复杂的机械机构与流体输送系统的配合才能实现，结构庞大、复杂，动力消耗大。

而多绳串珠锯所采用的切削刀具是串珠绳，它是利用串珠（金刚石烧结环）内含有的金刚石颗粒，在石料表面以 20～30 m/s 或更高的线速度，高速运动切割石料。锯切时只要保证冷却水的充足供应，即可满足刀具的冷却和切屑的排除要求。表 3-26 是花岗石砂锯、大理石排锯和多绳串珠锯切割、锯缝和废物量对比表。

表 3-26 花岗石砂锯、大理石排锯和多绳串珠锯切割、锯缝和废物量对比表

设备类型 \ 项 目	落锯速度/cm · h^{-1}	锯缝宽度/mm	废物量/kg · m^{-2}
花岗石砂锯	2～7	7～8	≥3～4
大理石排锯	10～30	4～5	0.01
多绳串珠锯	30～70	7～8	0.01

与砂锯相比，多绳串珠锯切削系统的机构很简单，只有一套串珠绳驱动和从动轮的传动系统、绳轮升降传动系统、绳轮张紧系统和冷却水喷淋系统。

表 3-27 是多绳串珠锯和砂锯锯切花岗石时的锯切技术参数对比，锯切和辅助工作时间按照表 3-28 所列的时间考虑，选用的加工石材为 4 级硬度的萨丁红花岗石。从表 3-27 中可以看出，多绳串珠锯可获得的落锯进给速度是砂锯的 10 倍。每台多绳串珠锯的加工生产效率是标准型号砂锯的 5.8 倍。考虑荒料转换、刀具更换、设备保养和清洁等辅助工作时间，多绳串珠锯每月大约可锯切 55 车荒料（每车 672 m^2）；砂锯可锯切 9.5 车荒料。

表 3-28 中列出了设备的日平均有效纯锯切时间和日平均辅助时间，多绳串珠锯用于荒料锯切的纯切割时间是砂锯的 1.3 倍，砂锯辅助工作时间是多绳串珠锯的 3.6 倍。因此多绳串珠锯的生产效率提高，能源消耗降低。

因为串珠绳是一种柔性切割刀具，通常进给速度越快，加工出板材的厚度偏差就越大。在保证能够达到板材厚度公差要求值的基础上，合理选取串珠绳的切割进给速度，既可保证其生产效率，又可保证板材的加工质量。表3-29 列举了串珠绳进给速度与板材厚度公差要求之间的关系。

表 3-27 砂锯、多绳串珠锯的锯切技术参数

数据 \ 设备		新式结构标准规格砂锯	60 绳多绳金刚石串珠锯
锯切荒料种类、硬度	4 级	萨丁红花岗石	萨丁红花岗石
荒料尺寸/m	长	3.35	3.35
	宽	3.55	3.7
	高	1.7	1.7
锯切荒料的体积/m^3		20.2	21.07
可安装刀具的最多数量/根		120	60
单车锯切毛板的最多数量/片		119	59
锯切板材厚度/mm		20	20
锯切线速度/$m \cdot s^{-1}$		0.87	10～40 可调
平均落锯速度/$cm \cdot h^{-1}$		3	30
月产量/m^2		6400	36960

表 3-28 砂锯、多绳串珠锯加工及辅助工作时间

数据 \ 设备	新式结构标准规格砂锯	60 绳多绳金刚石串珠锯
每台设备操作工定员/人·班$^{-1}$	1	1
日平均有效纯锯切时间/h·天$^{-1}$	16.8	22
日平均辅助工作时间/h·天$^{-1}$	7.2	2
刀具更换时间/h·(4 人)$^{-1}$	6	2
月工作天数/天·月$^{-1}$	30	30

表 3-29 进给速度与加工板材厚度公差之间的关系

串珠锯的进给速度	板材表面的公差值/mm
低进给速度	±0.5
中等进给速度	±0.7
高进给速度	±1.0

3.3.3 结构技术特点

砂锯与多绳串珠锯的外形、内部结构的区别很大，体积、重量也不同。

普通砂锯一般包括立柱横梁框架结构，锯框，锯框摆动和升降机构，驱动锯框往复运动的连杆机构，连杆长度调节机构，驱动连杆运动的主飞轮和曲柄机构，主飞轮传动机构，锯条张紧机构，砂浆喷淋及驱动机构，砂浆泵、砂浆分配器、输送管路、回收管路和石灰自动加入、钢砂自动加入、钢砂分离回收器等组成的砂浆供应系统，荒料车及导轨系统，电控柜及控制系统，防护栏、工作梯和行走梯等安全防护装置，以及其他辅助机构和系统。

多绳串珠锯的结构相对简单得多，通常包括立柱、门架组成的机体框架，安装在横梁框架上的串珠绳驱动轮、导向轮系统，横梁框架升降驱动和导向系统，绳轮防护罩，串珠绳张紧系统，冷却水喷淋、循环系统，荒料车及其导轨系统，电控柜和电控系统等机构和部件。

表 3-30 列举了砂锯和多绳串珠锯的一些基本结构、技术参数。从表 3-30 中可以看出，多绳串珠锯装机总功率大约是砂锯装机总功率的 2.4 倍，砂锯占地面积是多绳串珠锯的 2.74 倍，混凝土基础用量是多绳串珠锯的 2.56 倍，设备重量也是多绳串珠锯的 3.43 倍，如果为多绳串珠锯配备压缩过滤废水处理系统（耗水率 5%），则多绳串珠锯的耗水量比砂锯减少 50%。

表 3-30 砂锯、多绳串珠锯基本结构和技术参数对照表

数据 \ 设备		新式结构标准规格砂锯	60 根绳金刚石串珠锯
电驱动部分功率/kW	主电机	55	130
	砂泵电机	30	
	快速升降电机	7.5	
	落锯驱动电机	0.37	24 N·m 伺服电机
	喷淋器驱动电机	1.1	
	钢砂供应电机	0.55	
	石灰加入电机	0.55	
	石灰搅拌电机	0.37	
	自动润滑泵电机	0.1	
	液压张紧器电机	1.1	
	总装机	96.6	130
设备外形尺寸（长度尺寸不含荒料车室外运动长度）/m	长	17.5	4.6
	宽	6.2	8.6
	高	5.5	6.4
耗水量/L·min^{-1}		50	500 循环水
设备重量/t		72	21
占地面积（除荒料车的摆渡线路部分）/m^2		108.5	39.6
基础混凝土体积/m^3		250	80

3.3.4 控制功能对比

目前新型的砂锯控制系统一般采用 PLC 可编程控制器系统，以及液晶显示屏幕，一些最新型号的砂锯也可配备带有工业控制器的计算机系统，但价格昂贵，每套成本使砂锯价格增加6%左右。而液晶显示屏幕和带工业控制器的计算机系统是多绳串珠锯的基本配置，运动轴的运动也由数控系统控制完成，所以多绳串珠锯电控系统的自动化程度是很高的。表 3-31 列出了砂锯和多绳串珠锯的基本控制功能，由于多绳串珠锯无需供砂系统，所以比砂锯的控制点减少。在数控系统控制下，多绳串珠锯的工作可靠性将大大提高。

表 3-31 砂锯、多绳串珠锯控制功能对比

新式结构标准规格砂锯	60 根绳金刚石串珠锯
砂浆喷洒车运动自动控制	冷却水喷洒自动控制
锯条落锯进给速度自动控制	串珠绳落锯进给速度自动控制
主飞轮带动锯框往复运动频率自动控制	金刚石串珠绳线速度控制
主飞轮最大电流量自动控制	串珠绳驱动飞轮最大电流量自动控制
锯框上升极限位置行程开关控制	串珠绳框架上升极限位置行程开关或程序控制
锯框下降极限位置行程开关控制	串珠绳框架下降极限位置行程开关或程序控制
锯条张紧力自动控制	串珠绳张紧力自动控制

续表 3-31

新式结构标准规格砂锯	60 根绳金刚石串珠锯
可进行多个加工速度参数的编程	自动锯切控制编程
砂浆混合液浓度控制	
钢砂自动回收器控制	
钢砂自动加入控制	
石灰和水混合比例自动控制	
废砂浆的排除自动控制	
多点传感器自动监测、报警、故障部位显示	多点传感器自动监测、报警、故障部位显示

从表 3-30 可以看出,砂锯至少需要配备 10 台各种规格的电机,而多绳串珠锯一般只需要 3 ~4 台电机。因为每台电机都需要相应的机械或液压执行机构,以及相应的电控系统,所以砂锯的结构和电控系统要比多绳串珠锯复杂得多,从而降低了砂锯的可靠性等级,而且砂锯的维修成本也是很高的。

3.3.5 加工成本分析

对砂锯和多绳串珠锯的加工成本进行分析对比,对了解多绳串珠锯的使用和推广价值是至关重要的。下面分别介绍 2000 年前后、2007 年前后多绳串珠锯与砂锯加工成本的对比,以及国内使用多绳串珠锯加工花岗石的成本介绍。

3.3.5.1 2000 年前后多绳串珠锯与砂锯加工成本分析对比

我们将以这两种设备在意大利加工 4 级硬度的萨丁红花岗石为例,分析砂锯和多绳串珠锯的生产成本要素,以便更好地理解它们的使用价值。为了方便对比,我们将全部美元成本按照当时 1:8.3 的汇率折算成人民币计算。加工 4 级花岗石的串珠绳寿命按照 12 m^2/m 计算,设备折旧年限按 7 年考虑。

表 3-32 列举了 2000 年前后砂锯和多绳串珠锯在意大利的石材厂,加工上述花岗石的基本成本。从表 3-32 的分析中可以看出,多绳串珠锯加工花岗石的总成本比砂锯高 23.4% 。其中多绳串珠锯的刀具消耗成本比砂锯用带钢、钢砂等刀具的消耗成本增加了大约 1.5 倍,其余成本都比砂锯大幅度降低,其中电能只占砂锯成本的 11% ,维修费用减少约 90.9% ,工时费用减少约 75.6% 。

使用多绳串珠锯加工花岗石的主要成本集中在金刚石刀具的消耗上,其成本约占总成本的 92% ,如果锯切花岗石的串珠绳的使用寿命有所突破,那么使用多绳串珠锯加工花岗石的前景是非常光明的。在意大利这样一些工业发达国家,工时成本是很高的,从表 3-32 中可以看出,使用多绳串珠锯后,单位锯切成本中的工时费用减少了约 75.6% ,减少的幅度是相当可观的,这也是多绳串珠锯在国外受到青睐的一个主要原因。如果从节约能源角度考虑,多绳串珠锯的节电特点也是相当突出的,其单位成本的电力消耗只有砂锯的 1/10,这在一些缺少电力或电力成本很高的地区,多绳串珠锯更适用。

表 3-32 砂锯、多绳串珠锯单位加工成本对比

项 目	人民币单价		新式结构标准规格砂锯的单位成本/元·m^{-2}	60根绳金刚石串珠锯的单位成本/元·m^{-2}	串珠锯成本占砂锯成本的百分比关系/%
锯 条	6.4元/kg		12.8		
钢 砂	6.4元/kg		14		
石 灰			0.8		
金刚石串珠绳	830元/m			69.2	
刀具消耗成本	合 计		27.6	69.2	250
电	1.0元/kW·h(度)		11.3	1.21	10.7
水	2.0元/t				
工 时	166元/h		12.9	3.15	24.4
维 修			2.2	0.2	9.1
折 旧	砂 锯	260857元/年	3.73	1.59	42.6
	多绳串珠锯	533571元/年			
成本合计			57.73	75.35	130

3.3.5.2 国内企业使用多绳锯加工成本分析

山西万年青石材有限公司于2005年使用意大利 CO. FI. PLAST 公司生产的20绳串珠锯,加工山西五寨县的蝴蝶绿花岗石,包括人工费、电费、串珠绳消耗费和导向轮衬套磨损费在内的加工成本大约是75元人民币/m^2。表3-33是生产成本的具体数据。

表 3-33 山西万年青石材有限公司多绳串珠锯生产成本分析

项 目 \ 设 备	开式门架20绳串珠锯
加工石材品种	山西蝴蝶绿花岗石
生产总量/m^2	30000
消耗串珠绳/m	2600
串珠绳寿命/m^2·m^{-1}	12
串珠绳价格/元·m^{-1}	600
串珠绳消耗/元·m^{-2}	52
串珠绳直径/mm	8.5
串珠数量/个·m^{-1}	40
串珠绳长度/m·根$^{-1}$	65
串珠绳数量/根	20
落锯速度/cm·h^{-1}	25~35
月产量/m^2·月$^{-1}$	9000
年产量/m^2·年$^{-1}$	100000
含人工、电、串珠绳和轮衬消耗成本/元·m^{-2}	75

3.3.5.3 近期多绳串珠锯加工成本分析

多绳串珠锯切割石材的加工成本，除了与上述分析的项目有关外，还与安装串珠绳数量的多少等因素有关。下面以2007年前后使用多绳串珠锯加工三级花岗石和普通大理石为例，介绍几种多绳串珠锯的最新切割成本分析，具体成本和加工工艺参数见表3-34。

表3-34 几种多绳串珠锯切割花岗石和大理石的最新切割成本分析

设备类型 成本项目	单绳串珠锯高工费国家	10绳串珠锯高工费国家	10绳串珠锯低工费国家	单绳串珠锯高工费国家	10绳串珠锯高工费国家
切割石材种类	花岗石	花岗石	花岗石	大理石	大理石
切割石材硬度	三级	三级	三级	三级	三级
进给速度/$cm \cdot h^{-1}$	50	50	50	90	90
荒料长度/m	3	3	3	3	3
切割效率/$m^2 \cdot h^{-1}$	1.5	15	15	2.7	27
人工成本/欧元·h^{-1}	11.00	22.00	2.50	11.00	22.00
串珠绳成本/欧元·h^{-1}	11.25	83.30	83.33	4.32	34.36
电费成本/欧元·h^{-1}	0.90	4.12	4.12	0.90	4.12
水费成本/欧元·h^{-1}	0.60	6.00	6.00	0.60	6.00
辅助材料成本/欧元·h^{-1}	0.10	1.00	1.00	0.10	1.00
辅助装备成本/欧元·h^{-1}	0.20	1.00	1.00	0.20	1.00
设备折旧/欧元·h^{-1}	1.42	5.55	3.70	1.42	5.55
厂房折旧/欧元·h^{-1}	0.15	0.63	0.42	0.15	0.63
维护保养/欧元·h^{-1}	0.23	0.70	0.63	0.23	0.70
小时成本合计/欧元·h^{-1}	25.85	124.3	102.7	18.92	75.36
单位切割成本/欧元·m^{-2}	17.23	8.3	6.85	7.00	2.78

从表3-34中可以看出，与高工时费用的发达国家相比，低工费的发展中国家使用10绳串珠锯切割锯切相同品质花岗石的切割成本要低17.4%；单绳串珠锯切割花岗石的成本，比在低工费国家使用10绳串珠锯的成本高2.5倍，比在高工费国家使用10绳串珠锯的成本高2.1倍。切割大理石时，单绳串珠锯的切割成本是10绳串珠锯切割成本的2.52倍。所以尽量使用安装串珠绳数量多的串珠锯，以便降低其切割石材的成本。

按照绝对值计算，如果在国内使用10绳串珠锯，切割三级花岗石的成本大约在75~91元/m^2之间，与目前国内砂锯企业锯切中硬花岗石板材的单价基本相同，所以推广使用多绳串珠锯的时机已经成熟。

3.3.5.4 多绳串珠锯与砂锯加工成本之间的关系

按照目前多绳串珠锯和串珠绳的制造水平，多绳串珠锯与砂锯之间的生产效率存在一个大致的对比关系，即每根串珠绳的产量相当于7~8根砂锯锯条的产量。

因为安装30~34根串珠绳的多绳串珠锯的加工成本，正好与安装180~210根左右锯条的砂锯加工花岗石成本基本相等，所以这两种加工方法产生的成本曲线，正好在此处交汇，超过该交汇点后，随着安装串珠绳数量的增多，多绳串珠锯锯切花岗石的成本将降低；低于该交汇点后，随着安装串珠绳数量的减少，多绳串珠锯锯切花岗石的成本将提高。安装

34 根串珠绳的目的主要是,为专门或大量加工 2 cm 厚度花岗石板材而设计的机型,每次切割荒料的宽度大约等于 1 m,以适应切割标准宽度 1 m 的荒料。

3.3.6 锯缝石料消耗和板材表面加工质量

砂锯与多绳串珠锯使用的锯切刀具不同,决定了毛板表面质量也有很大的区别,锯缝损耗和毛板表面平整度也不相同。下面以加工 20 mm 标准板材为例,分析对比两种设备的锯缝消耗和板材表面质量。

砂锯锯条厚度通常是 4.2 ~4.5 mm,最大的钢砂粒径是 1.3 mm,考虑钢砂进入锯切面的最佳间隙,砂锯锯缝一般是 6.9 ~7.3 mm。一般砂锯锯切板材表面的平整度是 ±1 mm,考虑到为后续磨抛工艺预留 1 ~2 mm 的磨抛余量,所以锯切一块板材需要的石料厚度大约是 29 ~30 mm。

目前多绳串珠锯切割花岗石时,可采用串珠绳的最佳直径是 7.2 mm,锯缝尺寸一般是 7.2 ~7.3 mm。因为多绳串珠锯锯切花岗石板材时,板材表面平整度可以控制在 ±0.5 mm 之内,同样需要为后续磨抛工艺预留磨抛余量。采用金刚石刀具后,板材表面质量较砂锯板材高许多,基本相当于经过 80 号或 120 号磨料磨抛后的表面质量,所以预留磨抛量可以选定为 1 mm。因此多绳串珠锯锯切一块板材所需石料的厚度也是 29 ~30 mm。

二者在锯缝损耗上基本相同,因为金刚石串珠锯切后的板材表面质量远高于砂锯加工毛板,所以前者加工出的毛板给磨抛工序带来了极大的方便,可提高磨抛生产效率,减少粗磨磨料的损失,减低磨抛成本约 10% ~15%,磨机振动减少,设备寿命提高。

3.3.7 磨屑排放量的比较

从废弃物排放角度看,多绳串珠锯由于无需使用钢砂磨料,对环境的污染小,工厂的后勤供应简单,表 3-35 对比了多绳式串珠锯和框架锯加工花岗石时,排出的刀具、磨料废渣的成分和数量。按表 3-35 中统计的除石材废渣外的年刀具、磨料废渣总量可看出,串珠锯产生的废渣成分单一,数量只有砂锯的 1.67‰。由于没有石灰和钢砂废渣,多绳串珠锯加工后的板材无需专门的清洗也不会出现锈斑。

表 3-35 多绳式串珠锯和砂锯磨料、刀具废渣的成分和数量对比

磨料类型	砂锯刀具、磨料废渣量 /kg · m^{-2}	串珠绳废渣量 /kg · m^{-2}	备 注
钢 砂	2.5		中等规模的花岗石板材企业的年产量按照 300000 m^2 考虑
锯 条	1.5		
石 灰	2		
串珠绳		0.01	
废渣量	6	0.01	
废渣总量	1800000 kg/300000 m^2	3000 kg/300000 m^2	

如果以中等规模花岗石板材生产企业的年产量为 300000 m^2 考虑,砂锯每年大约产生除石材废渣外的刀具磨料废渣约 1800 t。仅这部分废渣,至少需要载重量 8 t 的汽车装运 225 车次,如果采用沉淀池处理废水的方法,装运这部分废渣需要的车次还要增多。而多绳

串珠锯只产生约3 t的磨料废渣。相比之下处理多绳串珠锯的磨料废渣要简单、容易得多。通常只需为多绳串珠锯配备与大理石排锯相同的循环式废水处理装置即可,而砂锯则需要处理能力很大的循环式废水处理装置或者占地面积很大的沉淀池。

使用多绳串珠锯加工花岗石板材的另一个突出优点是,省略了复杂的钢砂、带钢的采购和储备,以年产300000 m^2 花岗石板材为例,每年大约消耗钢砂750 t,带钢约450 t。如果使用载重量8 t的汽车运输,大约需要150辆次运送它们。按照每2个月补充一次计算,每次需要调动大约25辆次运输。每周转一次需要补充的量大约是200 t,为了储存这些带钢和钢砂,至少需要一个200 m^2 的仓库。为了吊运这些带钢和钢砂,还必须配备叉车或行车,以及运输车辆。而为多绳串珠锯配备的串珠绳的年消耗量大约是25000 m,总重量大约是38 t,也按照每2个月周转一次考虑,每次只需要购买和存储6.3 t串珠绳,大约4170 m的总长度,运送这些串珠绳只需1辆卡车即可。每根串珠绳的平均长度只有19 m,储存和运输它们都很简单。分析表明,使用多绳串珠锯加工花岗石的企业,磨料刀具的供应、运输、管理等工作量比砂锯简单得多,使用的人工也少。

3.3.8 基本建设投资

表3-36列举了建设一个年产300000 m^2 花岗石板材的加工厂,设备投资、厂房面积和混凝土基础等参数。从单台设备投资看,多绳串珠锯的设备价格大约是最新标准型砂锯的2倍。但从生产能力看,1台多绳串珠锯相当于近6台砂锯的产量,相同生产能力的设备投入减少了66%。安装6台砂锯至少需要修建一个1200 m^2、需要配备行车的厂房,建造这样面积和要求的厂房,需要投资80万~100万元人民币。而安装1台多绳串珠锯,需要建造的厂房面积最多只有砂锯厂房的1/10即可。多绳串珠锯甚至可以露天安装在荒料堆场的附近使用,既节省了厂房建设的投资,又方便了荒料的装运。仅建造设备基础所消耗的混凝土,砂锯也是多绳串珠锯的15.6倍。因此在基本建设方面的投入,多绳串珠锯也比砂锯低得多。

表3-36 多绳串珠锯和砂锯投资对比

技术参数 / 设备名称	年产量300000 m^2			
	配备设备数/台	设备投资/万元人民币	厂房占地面积/m^2	基础混凝土体积/m^3
多绳串珠锯	1	373.5	120	80
新型标准砂锯	6	1099.2	1200	1250
砂锯是多绳串珠锯的倍数	6	2.94	10	15.6

3.3.9 与砂锯相比多绳串珠锯的其他优点

除了上述特点外,多绳串珠锯还具有无需更换串珠绳可锯切大理石、花岗石、蛇纹石、石灰石、砂岩、板岩和其他石材的优良性能。一般可以锯切2块大理石或砂岩或板岩荒料,以及锯切8块花岗石荒料而无需更换串珠绳。当然,如果锯机只用于加工一种石材,最好还是使用适合这种石材的串珠绳。

该机具有很大的灵活性,可以避免传统砂锯锯切生产范围狭窄的缺陷。例如,多绳串珠锯可在5~6 h内加工5~60块不同厚度的板材,以便工程的应急需要,剩余荒料可以留做以后使用,最大限度地减少板材的储存。但砂锯需要两天半将整块荒料锯切成需要的板材,剩余的板材还不一定符合未来用户的需要。

开始锯切时,砂锯必须以非常低的进给速度锯切,当锯条进入荒料达到锯条宽度80%之后,才能进入正常锯切,这一般需要十几个小时或更长的时间,如果遇到表面不平整的荒料或高度不一样的荒料,这个时间还会更长。但多绳串珠锯则不同,在启动之前,串珠绳已经处于荒料上正确的锯路上,可以很快进入荒料,节约大量的能源和时间。因此多绳串珠锯可以加工不经过整形或非常不规则的荒料,或者小规格荒料,这在砂锯看来是不可想象的。

在锯切加工中,由于机械挤压对荒料产生的应力也是不可忽视的,砂锯的锯切是一个复杂的锯条连续冲击荒料的交变运动过程,这对脆质石材的危害很大,锯切过程中容易使板材发生断裂。但多绳串珠锯的切割系统是简单的匀速连续锯切运动,对石料没有冲击,所以无论加工任何石材,都不会出现使其断裂的有害应力,或使原有裂隙扩大的情况。

另外,一个操作人员即可同时完成3台串珠锯的日常保养和操作工作。

多绳串珠锯改变加工板材的厚度非常快捷、便利,一般只需数分钟即可完成加工厚度的变换。

3.3.10 多绳串珠锯的发展趋势

如果说作为开采设备的串珠锯曾给大理石的开采工艺技术带来革命性的变革、串珠绳异型切割设备使复杂的立体石材制品的加工生产成为可能的话,那么可以肯定,多绳式串珠锯可能也会使传统的板材加工技术得以更新。

目前的多绳固定式串珠锯,可同时安装10~25根串珠绳,最多可安装60~70根串珠绳,像砂锯一样从荒料上直接切割板材。同一台锯机,只要更换不同用途的串珠绳、改变串珠绳线速度,就可以方便地切割大理石或花岗石大板。通过调整串珠绳间距,可以灵活地改变成品板材的厚度,具有砂锯或排锯无法比拟的优势。生产效率也很高。

因为多绳串珠锯几乎不受安装场地和空间限制,更适合作为中等产量的工厂的设备补充,解决板材生产中的多规格、小批量生产问题。对生产能力高的工厂也很适用,这是因为该机的通用性、变化多端的锯切厚度选择的特点,以及其高速的生产效率。所以目前多绳串珠锯最适用于希望将来发展成为中等或更高产量,并将多绳串珠锯作为生产设备和加工手段补充的企业。

3.4 异型石材制品加工用金刚石串珠锯

异型加工用串珠锯是目前技术含量最高的数控石材加工设备之一,到目前只有十几年的发展历史,但已经成为高附加值异型石材制品加工的主要设备。

根据串珠绳运动方式,可将异型串珠锯分成串珠绳水平运动、垂直运动的异型串珠锯;具有六维控制功能的串珠锯,串珠绳除具备水平、垂直运动方式外,还可以处于倾斜切割运动状态。

根据安装串珠绳数量的多少,将其分成单绳和多绳串珠锯,多绳异型串珠锯一般采用二维数控方式,主要用于加工弧形板等简单异型石材制品。除此之外,绝大多数异型串珠锯都采用单绳结构。

异型串珠锯均采用门架式结构，也有采用单柱式结构的六维数控串珠锯。串珠绳垂直运动的串珠锯分成大型工业制品切割机和小型台式切割机两种机型。小型机专门用来加工拼花石材制品、曲线边平面制品。专用机型的移动式异型串珠锯还可用在旧建筑物的拆除等建筑行业。

异型串珠锯加工石材制品的复杂程度与锯机受控运动轴的数量（又称维数）有关，得到数控系统控制的轴数越多，可加工制品的形状越复杂，表 3-37 是数控串珠锯控制维数与加工产品种类、形状之间的关系。

表 3-37 数控串珠锯控制维数与加工异型石材制品之间的对应关系

产品种类 维数	加工产品种类
二 维	等截面异型石材制品，等截面回转体，用于户外窗台面的大型石线、弧形板、立体字等
三 维	二维锯机加工的所有制品，包括不等截面矩形组成的栏杆柱、粗成形球体。加工中制品位置变换方便、快捷
四维无回转工作台	二、三维锯机加工的所有制品（球体除外），其特点是：由于两对导向轮可以独立或同步跟踪、支承串珠绳的切割力，所以增加对串珠绳张紧力的控制，提高加工制品的精度和生产效率
五 维	在三维锯机基础上增加了导向轮的独立回转跟踪控制功能，除加工二～四维锯机可加工的所有制品外，还可以粗成形加工球体，高效率、高精度加工等截面的三维立体制品
四维带回转工作台	上述二～五维锯机加工的所有制品，截面和形状相等或不等、面积不等的非回转体立体造型，如梅花圆锥柱体、空心梅花圆锥扭转柱体、等直径或不等直径圆锥扭纹柱（配车床辅件）、平面或曲面空间扭曲的立体造型。由于导向轮固定，串珠绳切割过程中无支承，其张紧力不宜过大，加工效率和制品表面加工精度低于六维锯机
六 维	六维锯机是在上面四维机的基础上，增加了导向轮跟踪控制功能，可以增加串珠绳的张紧力，提高加工效率和制品表面的加工精度。可加工上述所有二～五维机可加工的制品，主要用来加工具有复杂空间立体造型的异型石材制品

3.4.1 数控金刚石串珠锯

数控金刚石串珠锯（以下简称数控串珠锯）是使用柔性刀具加工异型石材制品的数控加工设备，适合加工体积大、厚度大的异型石材制品，如弧形板、厚度大的石材联体造型、大型实心罗马柱、实心或空心圆柱，用于建筑物屋檐、门楣、窗台楣檐或窗台面等处的大型石线制品等。

按加工制品的形状不同，可将数控金刚石串珠锯分成两类，一类用来加工等截面的异型石材制品，或者截面形状相似、但面积不等的异型回转体制品；另一类用来加工截面形状不等的空间立体制品，二者控制维数是不同的，数控串珠锯的复杂程度也不一样。表 3-38 是一组意大利 CANDIANI 公司生产的数控串珠锯，每种机型都有着不同的控制维数。

表 3-38 CANDIANI 公司生产数控串珠锯的控制维数说明

控制轴 设备型号	控制维数	主动飞轮升降	从动飞轮升降	料车运动	工作台回转	左导向轮升降	右导向轮升降
SUPERSAG C 2000-2	2	同步升降 OK		OK	无	固 定	
SUPERSAG C 2000-3	3	同步升降 OK		OK	OK	固 定	
SUPERSAG C 2000-4	4	同步升降 OK		OK	无	OK	OK
SUPERSAG C 2000-5	5	同步升降 OK		OK	OK	OK	OK
VINCA 4	4	OK	OK	OK	OK	固 定	
VINCA 6	6	OK	OK	OK	OK	OK	OK

一般二维数控串珠锯是指使用CNC数控系统,控制驱动串珠绳运动的主动飞轮和从动飞轮的同步升降运动、荒料车的前后运动。三维数控串珠锯是在二维基础上,增加了对荒料车回转运动的控制。四维数控串珠锯有两种控制方案,一种方案是在前述三维锯机基础上,取消料车回转,增加对左、右两对导向轮的运动实施分别控制的功能;另外一种方案是在前述三维锯机控制的基础上,将串珠绳驱动和从动飞轮整体同步升降运动的控制分解为主动、从动飞轮各自独立升降运动的控制。五维数控串珠锯是在主、从飞轮同步升降,左、右导向轮分别控制的四维数控串珠锯的基础上,增加荒料车回转运动控制功能。六维数控串珠锯除了对主、从动飞轮的升降运动,左、右导向轮的回转运动分别控制,对荒料车的前、后运动控制外,还增加了对工作台的回转运动共6个运动方向的控制。

数控金刚石串珠锯的工作原理是,数控系统控制串珠绳升降切割、荒料车往复这两个方向的同步运动,形成曲面。如果增加工作台转动,主、从动飞轮独立升降的同步控制,则可以形成空间立体曲面。

数控串珠锯都配有CAD-CAM系统,可以通过编程方式,将需要加工的图形输入计算机,再由CAM系统转换成加工工艺程序,控制制品的加工过程;在屏幕上还可以显示被加工件的图形形状,串珠绳的动态运动轨迹,以及有关坐标、设备运动状态等参数。许多锯机所配的软件中,都包含有多种常用和规则形状制品的图形以及加工程序,以方便使用者随时调用。

3.4.1.1 加工等截面制品数控金刚石串珠锯

所谓等截面异型石材,也就是说不论柱体截面的形状如何(如圆、椭圆、扇形或轮廓是任意曲线的平面等),只要用垂直于柱体轴线的平面去截该柱体,所得柱体的截面处处相等的柱体制品即是等截面异型石材制品。

加工等截面异型石材制品数控金刚石串珠锯至少要具备二维数控功能,即驱动串珠绳运动的主动轮和从动轮的同步升降运动、荒料车的前后运动、这两个方向运动的同步控制,串珠绳导向支承轮则是固定不变的。

设备基本结构是,一对驱动金刚石串珠绳回转运动的主、从飞轮,飞轮各自固定在可沿立柱升降的滑板上;上下支承梁、两根立柱与基础组成锯机的支承框架;一套液压或气动张紧机构,保持串珠绳在锯切过程中具有一定的张紧力;两个固定的导向支承轮,限制串珠绳的径向窜动;可以在导轨上往复运动的荒料车,以及CNC控制系统,即构成了二维等截面数控金刚石串珠锯。主动飞轮的旋转一般由交流变频电机驱动,使串珠绳的运动速度在0~40 m/s之间连续可调,以适应加工大理石、花岗石、石灰华等不同材质或同一类型石材、但软硬程度不同的石材的需求。主、从动飞轮的升降,荒料车的往复运动都由交流伺服电机,通过带有间隙调整螺母的普通梯形丝杆带动;有些机型的数控串珠锯,这些机构是采用步进电机通过普通丝杆驱动的。

理想二维锯机的机型,其主、从动飞轮滑板,荒料车往复运动部件与各自的导轨之间都采用循环滚珠式平面轴承,滑板的升降传动由滚珠丝杠完成,以减小摩擦力,达到轻松运动和精确定位的目的,同时可以减少伺服电机或步进电机的消耗功率。

在荒料车上增加回转工作台的目的是,可以使对制品不同侧面的加工更加方便、快捷。在多维数控串珠锯上还可以加工一些回转体制品,如粗成形加工球体制品。

在控制维数超过四维的数控串珠锯上,增加了左、右导向轮的旋转跟踪功能,目的是始终保持导向轮能够承受串珠绳受到的来自加工曲面上的法向力。导向轮的驱动采用交流伺服电机或步进电机，由 CNC 系统控制其同步跟踪特性。导向轮的间距可以调整，以适合切割不同宽度的荒料，其调整的最大距离是锯机可加工荒料的最大宽度，最小距离为 30 ~ 40 cm。

图 3-34 ~ 图 3-37 分别是几种国内外企业制造的数控金刚石串珠锯。表 3-39 是几种国内外生产的等截面数控金刚石串珠锯的技术性能参数。

图 3-34 山东华兴机械股份有限公司生产的 HSJ200 型数控串珠锯

图 3-35 盛达机器有限公司生产的 SDNFX-2000 型数控串珠锯

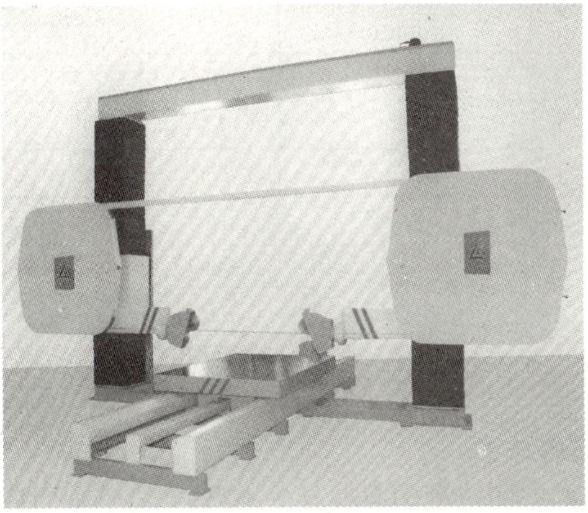

图 3-36 灵水机器有限公司生产的 SJS-150 型数控串珠锯的模型

图 3-37 意大利 CANDIANI 公司生产的 SUPERSAG C2000-3 型数控串珠锯

表 3-39 几种国内外生产的等截面数控金刚石串珠锯的技术性能参数

项目		型号					
		HSJ200	SJS-150	SDNFX 2000	SUPERSAG C 2000-4	RW2600	TOP WIRE
加工荒料尺寸/mm	长	3000	2500	2500	2000	2600	2500
	宽 X 轴	2000	2400	2000	2000	2500	2200
	高 Y 轴	1500	1400	1500	1500	1700	1500

续表 3-39

项目		型号					
		HSJ200	SJS-150	SDNFX 2000	SUPERSAG C 2000-4	RW2600	TOP WIRE
跟踪轮最小间距/mm		500				400	
串珠绳直径/mm		8.6 ~ 12		8 ~ 10	8 ~ 10		
串珠绳长度/m		15.3	15.3	14.8	14.85	14.5 ~ 14.8	
串珠绳速度/$m \cdot s^{-1}$		20 ~ 40	28	25 ~ 33	20 ~ 40	0 ~ 40	10 ~ 40
绳速调节方式		变频调速			变频调速	变频调速	
飞轮直径/mm		1520			1500		1550
主电机功率/kW		11	7.5	7.5	15	15	15
荒料车驱动电机类型		交流伺服 2.2 kW			交流伺服 18/22 Nm	交流伺服	交流伺服
荒料车载重/t		25				20	
飞轮升降电机		交流伺服 2.2 kW		交流变频	交流伺服 18/22 Nm	交流伺服	交流伺服
跟踪轮驱动电机		步进电机 1.2 Nm			交流伺服 2.8 Nm		
控制维数/个		3	2	2	4		
绳张紧方式		液压	气动	液压	液压	开环液压	
张紧力大小/N		0 ~ 5000				0 ~ 8000	
控制方式		CNC	CNC	CNC	CNC 西门子 810M GA3	CNC	CNC
耗水量/$L \cdot min^{-1}$		50		67	25		40
外形尺寸/m	长	7	6.6	6		7.3	
	宽	5.5	5	7		6.4	
	高	4.2	4	4		5	
锯机重量/kg		8000	7500	6800		9000	
生产企业		山东华兴机械股份有限公司	灵水机器有限公司	盛达机器有限公司	意大利		
					CANDIANI 公司	PELLEGRINI 公司	BIDESIE IMPIANTI 公司

3.4.1.2 加工非等截面制品的数控金刚石串珠锯

这里讨论的非等截面制品一般指具有复杂的空间造型的石材异型制品，如将外平面或曲面扭曲后形成的外表面是曲面的空间扭曲制品、空心或实心的扭转柱体、锥面柱或回转体异型石材产品。也就是说不论柱体截面的形状如何（如圆、椭圆、扇形或轮廓是任意曲线的平面等），只要用垂直于柱体轴线的平面去截该柱体，所得柱体的截面形状相似或不相似，但处处均不相等的柱体制品即是非等截面异型石材制品。

加工这类产品所使用数控金刚石串珠锯，除了前述所具备的控制荒料车往复运动、导向支承轮各自跟踪运动外，还必须在荒料车上增加一个回转工作台，每个飞轮能够独立升降运动或同时升降运动，增加的运动需由 CNC 系统控制，其控制维数达到四～六维。运动部件的驱动、传动等机构与等截面数控串珠锯的相应结构基本相同，图形输入方式也采用 CAD。曲面形成是靠数控系统控制串珠绳在上下方向、与水平线呈现的角度变化、荒料车的前后方向以及回转等方向的同步运动，最终形成制品复杂的外形轮廓。

图3-38～图3-41是国外几种这类数控串珠锯的示意图，表3-40是4种非等截面数控金刚石串珠锯的技术性能参数。表中有3种锯机具有六维控制功能，一种锯机为四维控制功能，都可以加工上述非等截面的石材异型制品。

表3-40 非等截面数控金刚石串珠锯的技术性能参数

项目 \ 型号	ODISSEA 2000	VINCA 6	ROBOT SPACE 2600	POKER
荒料车尺寸(长×宽)/mm×mm	2000×1300	1600×1600	2500×	2000×1000
荒料车轴向运动最大运动距离/mm	2500	2500	2600	
有效切割高度/mm		1500	1700	1520
跟踪轮最小间距/mm			300	
跟踪轮直径/mm				350
跟踪轮数量/个	2	4	2	4
最大加工长度/mm			2600	2300
回转台工作台尺寸/mm×mm	1400×1400	有	有	选　配
回转台工作台旋转角度/(°)	0～360		0～360	
串珠绳倾斜0°有效切割尺寸/mm	1500～2500			2300
串珠绳倾斜5°有效切割尺寸/mm	2100			
串珠绳倾斜10°有效切割尺寸/mm	1750		1300	
串珠绳倾斜15°有效切割尺寸/mm	1400			
串珠绳倾斜30°有效切割尺寸/mm				1520
主飞轮直径/mm				1440
串珠绳长度/m			15.5～15.8	13.7
串珠绳线速度/$m \cdot s^{-1}$			0～40	
串珠绳张紧系统			开环液压	气　动
电机驱动荒料车轴向运动速度/$mm \cdot min^{-1}$	0～800			
电机驱动飞轮升降轴位移速度/$mm \cdot min^{-1}$	0～800			
电机驱动荒料车轴向运动驱动	伺服电机	伺服电机功率 18/22 Nm	伺服电机	伺服电机
电机驱动回转工作台旋转驱动	伺服电机	伺服电机功率 2.6 Nm	伺服电机	选配伺服电机
电机驱动串珠绳垂直升降	伺服电机			伺服电机
电机驱动串珠绳倾斜角度范围/(°)	伺服电机驱动转动0～15	12 Nm伺服电机分别驱动主从飞轮独立升降	伺服电机分别驱动主从飞轮独立升降0～±10	伺服电机驱动转动0～30
电机驱动跟踪轮回转角度/(°)	伺服电机分别驱动0～360	2.8 Nm伺服电机分别驱动	伺服电机分别驱动	伺服电机单独或同步驱动
控制系统	840C 6轴数控系统	840C 6轴数控系统	CNC	CNC
电机变频控制器/kW	9		变频控制	变频控制
电器系统	SIEMENS	SIEMENS		MOTOROLA
轴位测定	编码器			
装机总功率/kW			13.5	大约16
锯机重量/t	10.5	10	10	10
生产企业	CANDIANI公司		PELLEGRINI公司	BIDESIE IMPIANTI公司

这4种多维数控串珠锯所采用的结构有所区别,升降机构的不同之处是,ODISSEA 2000和POKER型锯机采用主、从飞轮固定在一根整体框架结构,ODISSEA 2000的框架与升降横梁在对称的中间部分用铰链连接,横梁的两端沿立柱导轨同步升降,通过框架相对于铰链中心轴的摆动,实现串珠绳的倾斜角度切割,相当于两个飞轮的单独升降运动;POKER型锯机的框架与垂直升降支座之间采用铰链轴固定连接,垂直升降支座端沿垂直立柱导轨升降实现主从飞轮的垂直升降控制,框架通过以铰链中心轴为轴心的摆动,实现串珠绳的倾斜角度切割,同样相当于两个飞轮的单独升降运动;它们的共同特点是,等同于飞轮单独升降的回转系统结构简单、运动灵活,回转铰链的摩擦阻力很小,便于获得很高的运动定位和加工制品的精度。VINCA和ROBOT SPACE型锯机中,每个飞轮固定在单独的升降滑座上,沿各自的立柱单独升降,实现串珠绳的倾斜角度切割,升降运动时,阻力较大,但锯机的刚性好,锯切精度高。另外ODISSEA 2000、VINCA和ROBOT SPACE三种机型都在荒料车上配备了数控方式的回转式工作台。图3-41所示POKER数控串珠锯采用单柱升降结构,主从

图3-38 意大利CANDIANI公司生产的ODISSEA 2000非等截面金刚石串珠锯模型

图3-39 意大利CANDIANI公司生产的VINCA六维数控型金刚石串珠锯

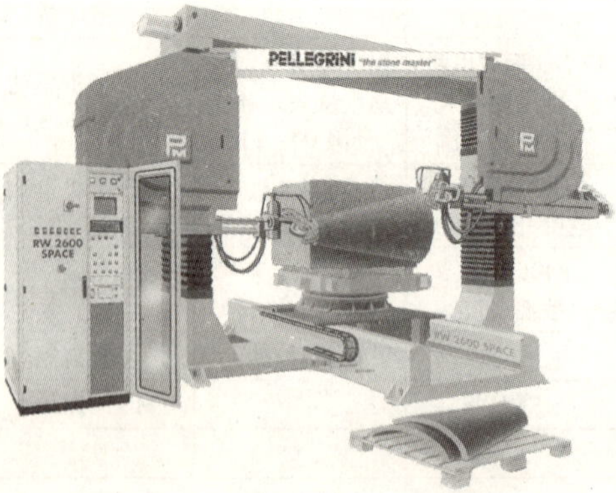

图3-40 意大利PELLEGRINI公司生产的ROBOT SPACE六维数控型金刚石串珠锯模型

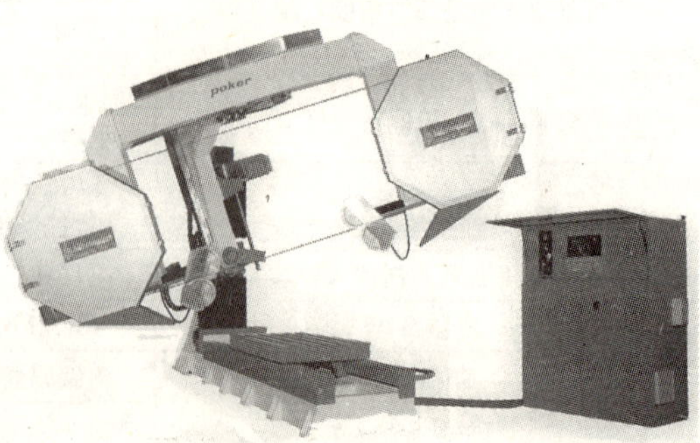

图3-41 意大利BIDESIE IMPIANTI公司生产的POKER四维数控型金刚石串珠锯

飞轮支承框架固定在其中心对称线处可摆动的升降立柱上，采用固定式工作台和统一的跟踪轮控制时，只有四维控制功能，但该机也有选配回转工作台和独立跟踪轮控制的机型，同样具有六维控制功能。

3.4.1.3 加工圆柱体的串珠锯系统

除了多维数控串珠锯可以加工圆柱体外，意大利 PELLEGRINI 公司还生产了一种专门加工圆柱体的串珠锯加工系统，见图 3-42。该系统由一台整形用固定式串珠锯和一个专用夹具组成，在荒料车的工作台面上，安装了一个类似车床的专用回转夹具组件，该组件的两端各有一个回转装夹支座，用于荒料的支承和回转。荒料车的前后移动和回转支座的转动采用数控驱动方式，所以该机可称为二维数控系统控制的串珠锯。

图 3-42 意大利 PELLEGRINI 公司生产的圆柱体加工专用串珠锯

该机加工圆柱体的最大长度是 3.4 m，直径是 0.35 ~1.15 m，安装在回转夹具上的荒料，能够以 0.1 ~ 29 r/min 之间连续可调的回转速度转动，以适应不同材质和不同直径的石材圆柱体的加工速度需求。

加工方法是，首先将荒料安装固定在回转夹具上，根据制品加工要求，将串珠绳穿引或就位于合适的切入位置，启动串珠绳运动，并达到要求的串珠绳速度后，调整冷却水达到合适的冷却位置，最后可启动荒料的回转运动，进入正式的切割作业。

除了加工圆柱体外，该系统还可以加工空心圆柱体、圆弧板，以及等截面的各种整体回转体或者回转体的某一部分等异型石材制品。

3.4.1.4 增加固定式整形串珠锯切割功能的其他装置

如果为普通固定式整形串珠锯安装配套一些辅助装置和数控系统，可以增加整形串珠锯的加工功能。例如，为整形串珠锯配备一套控制荒料车的前后移动，以及串珠绳主、从飞轮升降的控制系统，可以自动完成将荒料切割成多片等厚度或不等厚度板材的加工作业。

还有一种增加固定式串珠锯进行异型石材制品加工功能的装置，它包括两套类似数控串珠锯支承绳轮的装置，该绳轮可人工调整围绕串珠绳进行 360°旋转，一套控制荒料车变速运动的控制系统，专用的控制卡、编码器，用于速度控制和指示的控制板等。其结果是串珠锯除了进行常规的垂直切割外，还可以进行荒料的水平切割和倾斜切割，使普通固定式整形串珠锯增加了加工一些非矩形制品的异型制品加工功能。为了抵消该装置减小大约 1.2 m 的整形串珠锯加工宽度的不足，该装置设计成可拆卸结构，能够非常容易地从整形机上拆卸，以便恢复串珠锯的整形加工功能。

3.4.2 立式金刚石串珠锯

立式金刚石串珠锯分成大型机和台式机型。台式机型是一种小型垂直串珠锯，主要用于加工石材拼花制品等小型异型石材制品；大型机结构的垂直串珠锯用于加工墓碑石、厚的大型异型曲边石材制品。

3.4.2.1　台式结构的立式金刚石串珠锯

台式机的加工原理是，根据毛坯板材上制品的图形印记人工控制切割的形状，有些台式机也配备数控系统控制切割形状。台式机结构与金刚石带锯机基本相同，只是采用了直径较细的金刚石串珠绳作为切割刀具。图 3-43 是意大利 CANDIANI 公司生产的 LADY W 型台式金刚石串珠锯。该机最大加工高度 400 mm，金刚石串珠绳的长度 5.4 m，钢制金属框架，驱动电机通过三个合金铸铝制造的传动飞轮，带动金刚石串珠绳循环运动。串珠绳的导向支承由两对共 4 个小导向支承轮完成，可以调节导向轮的支承高度位置，以适应加工工件的尺寸要求。金刚石串珠绳的张紧力由气动机构提供，冷却水通过专用的过滤装置循环使用。工作台上使用了若干组万向滑轮，既可以支承板材，又可以使操作者非常灵活地推动板材移动。

图 3-43　意大利 CANDIANI 公司生产的 LADY W 型台式金刚石串珠锯

3.4.2.2　大型机结构的立式金刚石串珠锯

意大利 PELLEGRINI 公司的 ROBOT TAGLIAMACINE 型串珠锯，是一种大型立式金刚石串珠锯，该机串珠绳的驱动飞轮和垂直支承架采用固定安装机构，荒料车前后运动和回转工作台的转动由数控系统控制，为二维数控串珠锯，专门用于大规格荒料的圆形制品切割，如旋转柱面、柱体等制品，其外型见图 3-44。该公司生产的 SPACE WIRE 是一种具有六维控制的立式串珠锯，可成形切割各种复杂形状的等截面和非等截面回转体、柱体或类似造型的异型空间立体石材制品，该机的外型见图 3-45。

意大利 BIDESEIMPIANTI 公司生产的 POLAR 型立式串珠锯，工作台的回转和荒料车的前后运动采用数控系统控制，是一种具有二维数控功能、可切割异型石材制品的数控串珠锯。该机采用型钢焊接的结构件框架结构，具有两个直径 1 m 的串珠绳主、从飞轮，串珠绳采用气动张紧系统，运动件的传动机构为螺杆传动系统。该机最大特点是采用气动压盘装置，对被加工中的制品实施固定夹持，保证加工制品的精度。图 3-46 是该机外形图。该公司还生产一种小型立式数控串珠锯，该机工作台的回转和荒料车的运动采用数控系统控制，也具有二维数控功能，主要用于中小型异型石材制品的加工，见图 3-47。

图 3-44 意大利 PELLEGRINI 公司的 ROBOT TAGLIAMACINE 型二维立式数控串珠锯

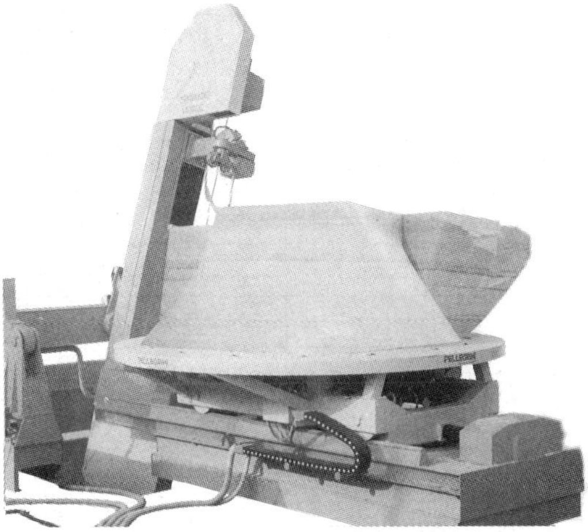

图 3-45 意大利 PELLEGRINI 公司的 SPACE WIRE 型六维立式数控串珠锯

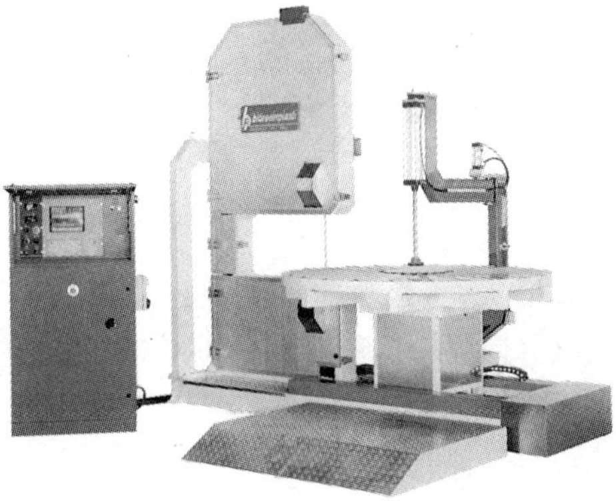

图 3-46 意大利 BIDESEIMPIANTI 公司生产的 POLAR 型二维立式数控串珠锯

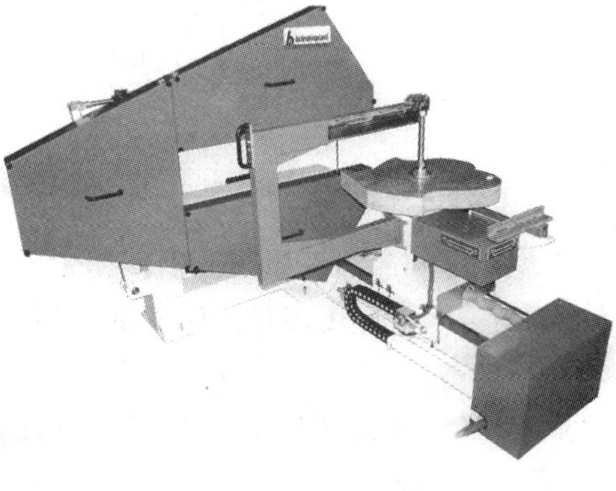

图 3-47 意大利 BIDESEIMPIANTI 公司生产的 POLAR JUNIOR 型立式金刚石串珠锯

图 3-48 是南方机械（泉州）发展有限公司生产的 SCS1700 型立式二维异型串珠锯，该机的传动系统采用伺服电机驱动的长行程高精度滚珠丝杠、滚珠循环式平面导轨支承等部件，主电机采用矢量控制变频器调速，采用 PC104 计算机数控装置，以及激光读取图形数据、AutoCAD 文件导入等先进的控制系统和附件。

表 3-41 是几种立式串珠锯的技术参数性能。

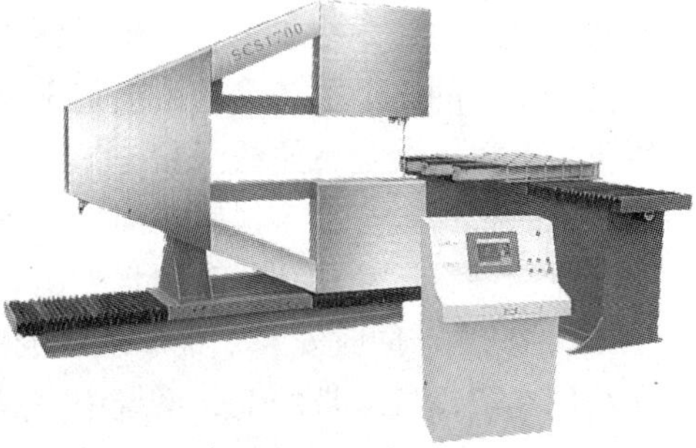

图 3-48 南方机械（泉州）发展有限公司生产的 SCS1700 型立式数控金刚石串珠锯

表 3-41 立式异型串珠锯的技术参数

参数种类 \ 设备型号	ROBOT TAGLIAMACINE	SCS1700	POLAR	POLAR JUNIOR
主从飞轮数量/个	2	2	2	3
主从飞轮直径/mm	1150		1000	600
导向轮数量/个	2			2
导向轮直径/mm	300			230
工作台回转/(°)	360			
串珠绳长度/m	10.3~10.6			
串珠绳线速度/m·s^{-1}	0~40	15~40		
张紧系统		气 动	气 动	气 动
加工圆直径/mm	1.2~2.5			400~500
最大加工高度/mm	1000	320		
控制维数		2	2	2
装机功率/kW	15	>5.5		
整机重量/t	6.6			
生产企业	意大利 PELLEGRINI	南方机械(泉州)发展有限公司	意大利 BIDESEIMPIANTI	

3.4.3 异型石材制品加工用多绳串珠锯

异型石材制品加工用多绳串珠锯主要用于加工弧形板,一般至少需要具备二维数控系统的控制,可同时加工多片圆弧板或其他形状的异型石材制品,这里介绍两种结构的多绳二维数控串珠锯

3.4.3.1 五绳异型加工串珠锯的结构特点

PENTADIAM 型数控串珠锯由意大利 PELLEGRINI 公司生产,该机是专门为切割异型石材制品而设计的多绳数控金刚石串珠锯,可同时加工 5 块厚度 1.5~3 cm 的弧形板材制品。因为安装串珠绳的数量增加,所以采用了加固型、可承受重负荷的机体框架结构,主从飞轮升降系统中的机械加工导轨、滑座、传动装置和支承结构等,均处于密封保护之中,确保滑座垂直升降时防止冷却水和石粉的侵入。

直径 2 m 的 5 个主动飞轮由变速电机驱动。5 个从动飞轮配套两套张紧系统,一套系统用于 5 个整体装配飞轮的张紧,另一套系统用于控制每根串珠绳的单独张紧。这种专利型的张紧系统保证全部 5 根串珠绳按照各自的长度独立、恒定的张紧力控制。

飞轮的垂直运动和荒料车的水平运动由数控系统控制的交流伺服电机驱动,是一种具有二维数控功能、同时安装 5 根串珠绳的多绳数控串珠锯切割系统。异型制品图形的编程可在绘图桌或锯机自带的 ISO 系统中完成,也可以在办公室的 PC 计算机中完成,使用转换器系统可将 AutoCAD 的图形文件扩展转换。图 3-49 是该机的外观图,该机的主要技术参数见表 3-42。

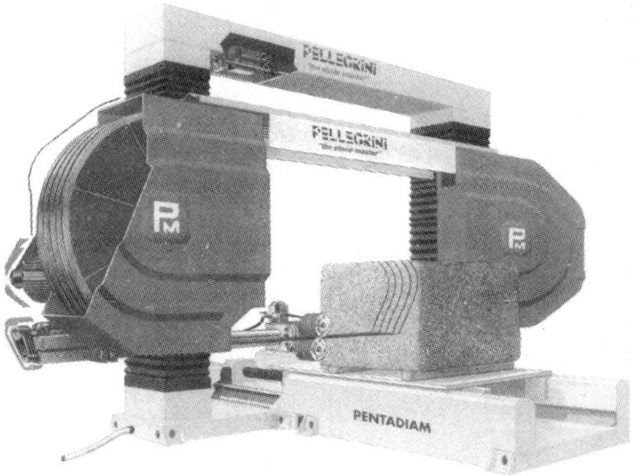

图 3-49 意大利 PELLEGRINI 公司生产的 PENTADIAM 型多绳数控串珠锯

表 3-42 多绳数控串珠锯的主要技术参数

项目＼锯机型号		MULTIWIRE C2000-2	PENTADIAM
最大切割长度/m		2.5	2.6
最大切割高度/m		1.5	1.7
最大加工荒料宽度/m		2	2.5
切割板材厚度/cm			1.5～3
导向轮间距/m			0.5～2.7
主从飞轮直径/m			2
张紧系统	数量/套		2
	方　式	液　压	飞轮整体和单独
装机总功率/kW		>15	52.5
串珠绳线速度/$m \cdot s^{-1}$			15～40
串珠绳数量/条		3	5
串珠绳长度/m			12.9～13.6
重量/t			10
海运体积/m^3			50
锯机外廓尺寸/m	长		9
	宽		6.85
	高		4.85

3.4.3.2 三绳异型加工串珠锯的结构特点

意大利 CANDIANI 公司生产的 MULTWIRE C2000-2 型二维多绳串珠锯的外形结构、运动原理、控制方式与其他异型数控串珠锯相同，也是由机架、升降框架，升降机构，串珠绳的驱动、导向系统，荒料车及电控系统组成。

为了同时驱动 3 根串珠绳，在驱动轮和从动轮的轮缘上加工出 3 个镶嵌有耐磨橡胶材料的导向槽；支承串珠绳的两对导向轮的外缘也都采用三槽式结构，由于该机主要用来加工弧形板，所以导向轮必须具备自动跟踪串珠绳切割方向的功能。驱动轮、从动轮、导向轮及其旋转驱动机构、升降滑座等都安装在升降框架上。驱动轮一侧安装15 kW的驱动电机，从动轮一侧装有液压张紧机构，保持串珠绳在切割时的张紧力。升降机构采用螺旋传动副与螺旋伞齿轮传动副组合方式，前者用于框架的升降，后者用于改变传动方向、同步两边主从飞轮滑座的升降。荒料车只需在导轨上往复运动即可。机架、升降框架等结构件均采用喷砂、涂覆防锈环氧树脂薄膜和上瓷釉处理，以保证设备的外表面坚实耐用。除了加工圆弧板外，该机还可以多串珠绳方式，切割生产板材制品。

该机电控系统装有一台西门子 SINUMERK 810 GA3 型数控系统，可模拟显示加工参数、工作状态、制品图形等信息，可有效地防止可能出现的加工误差，并能使设备处于无人值守的全自动工作状态。图3-50是该机外形图，表3-42介绍了该机的主要技术参数。

图3-50 意大利 CANDIANI 公司生产的 MULTIWIRE C2000-2 型圆弧板加工多绳数控串珠锯

3.4.3.3 多绳数控串珠锯的应用

多绳数控串珠锯主要用来加工弧形板，加工弧形板的最大单体高度与串珠锯最大加工长度相等，加工弧形板的最大弦长与串珠锯最大加工高度相等，圆弧的半径不受限制，目前的锯机一次可加工3～5块圆弧板材，生产效率很高。该机也可生产平面板材，如果配套导向轮的数控跟踪功能，还可以同时加工其他形状的多片异型石材制品。

3.5 金刚石串珠锯在其他领域中的应用

金刚石串珠锯除了大量用于石材的开采和加工领域外，在其他行业也有使用，最典型的是在建筑施工，建筑物的无伤害拆除、修补和修复施工中的应用，另外在古代文物的拆移中也有使用。

3.5.1 在混凝土构件拆除和建筑施工中使用的串珠锯

建筑材料与我们的日常生活息息相关，并在我们生活的各个方面起着十分重要的作用。根据建筑材料在建筑物上特殊部位的使用，有时需要使用特殊的工具进行切割加工。在一些老旧建筑物的修改或必要的加固时，有些材料也同样需要使用特殊工具进行加工。在对切割精确度要求不是十分严格的施工情况下，广泛用于石材矿山开采和制品加工的金刚石串珠锯切割系统，同样可用于混凝土建筑构件的切割，以及各种建筑施工场合。除此之外，串珠锯还可用于切割金属等特殊加工场合。

目前一些用于建筑材料切割领域内的主要施工设备，存在外廓尺寸大、对环境的污染大、不环保等缺陷。尤其是在施工作业现场，更显现特别不便于操作的缺点。导致这些缺点的原因主要是，安全系数过大和重型机械设计，以及动力部分的能力过大等，但这又是这种施工机械所必须遵循的设计规范，所以出现了设计机械和施工要求相适应之间的矛盾。小型建筑施工用金刚石串珠锯切割系统（以下简称建筑施工串珠锯）正是弥补了大型施工机械的不足，逐渐成为建筑施工、特别是特殊位置施工要求所必不可少的建筑施工机械。

建筑施工串珠锯在建筑物的无损拆除施工中具有无可比拟的优势，在国外使用得比较广泛。串珠锯在拆除钢筋混凝土构件时，具有切割作业时操作简单、超轻型锯机的移动安装方便、切割效率高、无粉尘和噪声污染、整体振动微小以及对建筑物无破坏等特点，可切割拆除钢筋混凝土、石材和砖石等建筑结构，也适用于切割钢管、桥墩和桥梁结构等构件。

与其他拆除方法相比，建筑施工串珠锯能够在有限的空间条件下，安全高效和高切割精度地操作使用，特别适用于建筑物的内部以及在多层建筑物的不同层面上使用。另外，该系统还可用于建筑物的修复和修补中的切割作业。例如，在腐朽的结构中插入防潮层的切割作业，在建筑物之间增加防噪声隔离层的切割作业等。由于串珠锯的切割精度很高，所以在一些用混凝土构件建造的桥梁施工中，可以对预制构件的相互配合部位采用建筑施工串珠锯预先切割，以便提高构件的安装和配合精度。

建筑施工中使用的建筑施工串珠锯与石材生产用串珠锯，在设计理念上还是有所区别的。首先要考虑施工作业的环境、切割的对象以及使用的方法。根据建筑构件切割的特点，要求建筑施工串珠锯必须具备进行垂直和水平切割锯切的功能。而且，切割的位置也必须适应地面水平面、一定高度（远超过石材开采切割时十几米的台阶高度）的水平面和深入水平面下方的挖掘式水平切割面的切割要求，以及水下切割作业要求；同时还应具备垂直面的切割功能，二者作业位置的转换必须快速、便捷；另外还必须适应矩形、圆形或“盲切”等形状的切割，以及适应这些切割形状的切割方法。与金刚石串珠锯在石材生产领域中成熟使用的先例一样，在建筑施工领域也已经形成了一整套相对完善、适合建筑施工特点、使用建筑施工串珠锯的工艺方法。

图 3-51 建筑施工串珠锯在建筑施工现场的使用之一

图 3-51 ~ 图 3-53 是三张建筑施工工地使用的建筑施工串珠锯。

根据一般建筑施工工地作业现场狭窄，尤其是在建筑构件拆除或老旧建筑物修理的施工现场，一般没有开阔的施工场地的特点，建筑施工串珠锯与石材开采作业用串珠锯不同，为了弥补作业场地狭窄的不足，为了完成切割，可大量使用导向轮，将串珠绳导引到需要切割的部位。对建筑施工串珠锯的最基本要求是，锯机系统必须轻便，而且具有可灵活拆卸和组装的结构特点，以便能够方便地从地面移动到地下或高于地面 20 m 甚至更高的部位作业，还可对建筑施工串珠锯进行距离超过 20 m 的远距离操作。虽然与石材生产用串珠锯相比，建筑施工串珠锯已经轻巧了许多，但其赋予金

图 3-52　建筑施工串珠锯在建筑施工现场的使用之二

图 3-53　建筑施工串珠锯在建筑施工现场的使用之三

刚石串珠绳的锯切力度、进给速度应不受影响。所以在结构设计、锯机制造材料和动力系统选取等方面必须提出特殊的要求。

3.5.1.1　建筑施工串珠锯的结构

建筑施工串珠锯主要分成主动力系统、进给系统，以及串珠绳储存装置、锯机主体构件、导向轮和串珠绳等几个部分。

A　主动力系统

主动力系统用于驱动主飞轮旋转，带动串珠绳运动，完成切割作业。目前建筑施工串珠锯可使用电机和液压马达作为串珠绳驱动动力，根据建筑施工串珠锯的使用特点，电机驱动绳轮更适合其使用要求，而且可以减少笨重的液压系统，提高建筑施工串珠锯的机动性能。

主飞轮的直径一般在 300 ~ 800 mm 之间，在设计时，必须配备相应的导向轮，控制串珠绳与主飞轮之间的包络角，防止二者之间打滑，影响动力的传递。

B　进给系统

在建筑施工串珠锯中，使用最多的是驱动飞轮沿导轨运动，实现串珠绳的锯切进给运动，这与石材开采用串珠锯的进给切割方式有所区别。通常采用液压油缸来驱动串珠绳驱动轮实现进给的方式，如果锯机系统安装在一个带有移动轮的小车上，当驱动轮运动到导轨尽头时，可通过移动小车，使驱动轮移动到导轨前端，可再次完成其行程内的切割进给运动，如图 3-51 所示。液压进给系统的明显缺点是需要一个独立的液压动力装置，并需要很多液压油管连接，移动和操作锯机都不方便，维护保养液压系统的工作复杂。所以现在有许多建筑施工串珠锯采用电机进给驱动系统，这种系统结构简单，更适合恶劣工况条件下运行。

C　金刚石串珠绳

不同种类的混凝土，具有不同的结构成分，对于钢筋加固骨架的钢筋混凝土结构，根据其用途不同，钢筋的直径大小、钢筋网的密度也不同；无钢筋加工骨架的素混凝土结构、石材及砖石等结构，又属于另外一种类型的建筑结构。切割不同种类混凝土时，建筑施工串珠锯的机型都一样，但选择的串珠绳与开采和加工石材的串珠绳不同。有关切割混凝土串珠绳的种类和选择将在第 4 章中介绍。

从理论上计算，减小串珠绳的直径可以减小锯机所承受的锯切力，可降低动力的消耗。但会产生另外的问题，直径更小的串珠绳，其耐磨程度降低，使用寿命减少，更换串珠绳的频率增加,尤其是在大面积切割时,会增加操作的复杂性。

采用直径 8.5 mm 的串珠绳进行 11 m^2 面积的切割试验,切割断面为钢筋混凝土结构件,其中 2% 的区域是钢筋。切割试验中发现切割压力明显减小,当串珠绳直径减小 25% 时,串珠绳的进给压力也相应减小大约 25%。与使用普通直径的串珠绳相比,在加工过程中切割面的偏差都可控制在很小的范围内。

另一个试验表明,小直径串珠绳与直径 11.5 mm 的串珠绳相比,张紧力和消耗的能量大约减少 40%。尽管进给张紧力比原来的操作减小了 1.0 MPa,但由于进给张紧力依然处于比较高的水平,更细的串珠绳作用的切割面积减少,所以切割的时间不会增加。相反地与直径 11.5 mm 的串珠绳相比,切割 1 m^2 所用的时间减少了 30%。所以直径越细小的串珠绳,工作时需要消耗的能量也越少,切割的张紧力也越小。这些试验结果与研究使用串珠绳开采花岗岩得出的结果是一致的。

另外,通过试验测量出不同直径串珠绳所产生的噪声水平也是不同的,串珠绳锯切噪声的等级与切割速度也有关,但后者的影响因素很小,主要的影响因素还是串珠绳的直径。一个直径为 11 mm 的串珠绳,当切割线速度为 16.7 m/s 时,串珠绳所产生的噪声一般是 92 dB;使用中等直径的串珠绳,在正常切割速度下产生的噪声大约是 89 dB;如果使用更细的串珠绳来进行切割,所产生的噪声大约只有 87 dB。这个数据显示,使用直径细的串珠绳能够减少大约 5 dB 的噪声。

3.5.1.2 意大利 PELLEGRINI 公司生产的混凝土构件切割串珠锯

TD25 BETON 是意大利 PELLEGRINI 公司生产的混凝土切割专用串珠锯,该机采用电机悬臂式结构,机载导向轮、进给运动和控制方式等与开采石材的串珠锯的结构基本一样,只是锯机的主电机功率比较小,整机结构轻巧,便于安装和移动。根据切割混凝土种类、尺寸等参数的不同,该机切割混凝土时可使用长度 30 m、最长甚至达到 200 m 的串珠绳。表 3-43 是该机的技术参数。

表 3-43 TD25 BETON 型混凝土切割专用串珠锯主要技术参数

项 目	参 数	项 目		参 数
装机功率	13 kW	导轨驱动方式		齿轮齿条传动
飞轮直径	600 mm	导轨长度		2×2.5 m
飞轮旋转角度	360°	锯机尺寸	长	1050 mm
串珠绳线速度	22 m/s		宽	800/900 mm
重 量	670 kg		高	高 950 mm

3.5.1.3 意大利 CO. FI. PLAST 公司生产的混凝土构件切割专用串珠锯

CONCRETE 400 和 CONCRETE 330HP 是意大利 CO. FI. PLAST 公司生产的混凝土切割专用串珠锯,该系列串珠锯是该公司在 20 多年生产串珠绳经验的基础上开发的串珠锯,是专门为拆除钢筋混凝土、普通混凝土构件和砖石建筑物的切割而设计的专用串珠锯,同时也适合用于切割石材、钢管和横梁构件等。与其他结构的串珠锯相比,该机的设计更突出了结构简单、重量非常轻、安装组合容易、便于人工搬移和携带等特点,而且还保持了锯机结构坚固的特性,满足了串珠锯最基本的切割要求。

图 3-54 和图 3-55 是 CONCRETE 400 型混凝土用串珠锯,图 3-56 是 CONCRETE 330HP

型混凝土构件切割用串珠锯的外观图。这两种串珠锯的锯机基体框架都采用钢管和连接锁紧扣组合而成，但锯机的主体结构和进给方式等有所区别。

图 3-54 意大利 CO. F. PLAST 公司生产的 CONCRETE 400 型混凝土专用串珠锯之一

图 3-55 意大利 CO. F. PLAST 公司生产的 CONCRETE 400 型混凝土专用串珠锯之二

CONCRETE 400 机型的主电机、导轨、滚轮和进给系统与框架组成一个不可拆卸的整体结构，锯机固定在切割构件的垂直墙壁上。主电机和驱动飞轮固定在框架上，串珠绳的张紧和锯机的进给由在导轨上运动的进给轮完成，通过该轮与固定在导轨前端的主飞轮之间相对距离的增加，实现串珠绳的切割进给运动，通过控制其运动速度的变化调节串珠绳张紧力的大小，见图 3-55。另外两个控制串珠绳切割张角的导向轮，固定在框架的前端立柱上，上下调整其位置，可控制调整串珠绳的切割高度。该机还配备有两个辅助支架，安装在该支架上的主机，可进行垂直、水平和倾斜面的切割，见图 3-55。该机可配备 4 种不同功率的高效率电机，根据选用电机功率大小的不同，电机的电源有单相和三相电力供应的要求，可适用于工业或民用建筑物拆除时，不同的电力供应条件。另外，可选配固定的或变速调节串珠绳线速度的不同型号的串珠锯，以适应不同切割对象的要求。选配专用工具后，还可进行圆环形状或圆柱构件的切割。该机结构坚固、轻巧，重量只有 150 kg 或 190 kg，便于移动、拼装和操作使用，可在非常狭窄的建筑物内切割作业，并可方便地搬移到高层建筑物的不同楼层作业。该机采用分离式电控柜操作，可选配液压动力的机型。另外该机还配有防护网，可确保作业时的安全。表 3-44 给出了该系列串珠锯的主要技术参数。

图 3-56 意大利 CO. F. PLAST 公司生产的 CONCRETE 330HP 型混凝土专用串珠锯

CONCRETE 330HP 机型的串珠锯，其驱动飞轮和导向轮、进给系统各为整体组件，钢管结构的导轨与建筑用脚手架钢管规格相同，它们与两个辅助支架连接组成锯机框架。该机进给采用与普通开采串珠锯相似的结构，即主飞轮组件在锯机导轨上做相对于切割面的移动，完成串珠绳的张紧力控制和切割的进给运动。该机除了具有 CONCRETE 400 机型特点外，其重量只有 40 kg，适于在更狭窄的空间内作业，或者在脚手架上直接安装使用；也可选配固定或变速型串珠绳的机型或选配液压动力机型。表 3-44 给出了该串珠锯的主要技术参数。

表 3-44 CONCRETE 系列混凝土专用串珠锯主要技术参数

项目 \ 机型	CONCRETE	
	400	330HP
功率/kW	3.75、6、9、15	3.5
串珠绳线速度/$m \cdot s^{-1}$	固定或调速	固定或调速
锯机重量/kg	150、190	40
外廓尺寸/mm × mm × mm	长 2050 × 高 1700 × 宽 590	长 700 × 高 500 × 宽 500
包括附件	1 对 190 mm 导向轮、安全网、2 m 导轨	1 对导向轮
可选附件	导向轮、2.5 m 或 3 m 导轨	导向轮和标准钢管

3.5.2 混凝土构件切割专用串珠锯的使用方法

混凝土构件切割专用串珠锯的切割原理与开采石材串珠锯的基本相同，由于这种串珠锯作业地点的特殊性，所以在使用方法上与在石材矿山开采使用时略有不同。

混凝土构件专用串珠锯在使用时，必须配套更多的辅助装置。为了适应建筑物内部复杂空间的要求，换向导向轮是必须配备的。为了不损坏不需要拆除的建筑物部位，尽可能地将导向轮支架和导向轮安装在被拆除或被切割的构件上，在切割拆除垂直构件时，导向轮和其支架都被安装固定在垂直构件上，所以必须配备相应的垂直锚定件。或者在导向轮和其支架上配备在垂直墙面上锚定的装置。下面介绍混凝土构件拆除的最基本方法。

如果是拆除室外的非房屋类建筑构件，可以采用凿岩机或定位钻机钻凿所需的交汇孔。如果在房屋类建筑物内进行切割作业，为了减少或防止振动和噪声，可采用电动钻孔机钻取交汇孔。下面介绍几种用于建筑施工中串珠锯的基本锯切方法。

3.5.2.1 不同水平层面的切割方法

为拆除建筑物需要进行水平面切割时，如果被切割平面与串珠锯安装平面相差不大，可以采用与矿山开采时水平切割相同的方法。但在切割拆除类似天花板等构件时，因为被切割平面远高于串珠锯的安装平面，所以应该采用一组换向导向轮将串珠绳从锯机的安装平面导引到切割平面上。

图 3-57 是进行不同水平层面的建筑物拆除切割时，串珠锯、导向轮的安装示意图。首先在串珠锯的前端安装一对垂直导向轮，在被切割水平面位置安装一套包括垂直、水平导向轮各一对的换向导向轮组件，在与换向导向轮组件中的水平导向轮同等水平的切割面的钻孔入口处附近，各安装一个水平导向轮。来自串珠锯主飞轮的串珠绳，通过上述导向轮被导引到切割面上，形成对被切割面的切割环绕。图中垂直导向轮锚定在串珠锯安装地平面上，

水平导向轮和换向导向轮锚定在被切割的垂直墙面上。

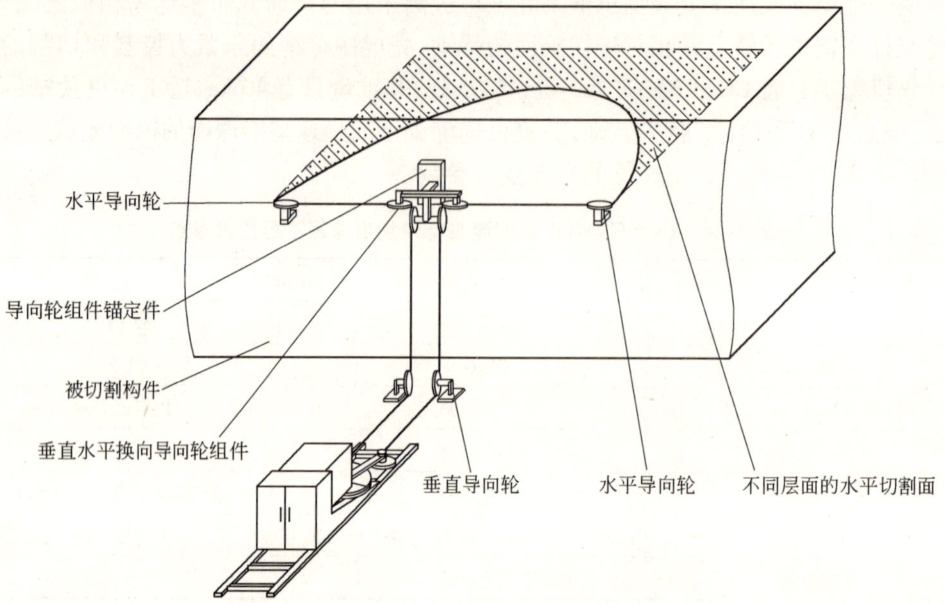

图 3-57 拆除建筑物不同水平面时的切割示意图

3.5.2.2 垂直面的切割方法

在构件上切割垂直面时,可采用图 3-58 所示的方法,图中安装导向轮的垂直切割立柱是通过两个锚定件固定在垂直墙壁上。串珠绳的穿引、串珠锯和导向轮的安装,与在矿山开采切割垂直面时采用的切割方法相同。

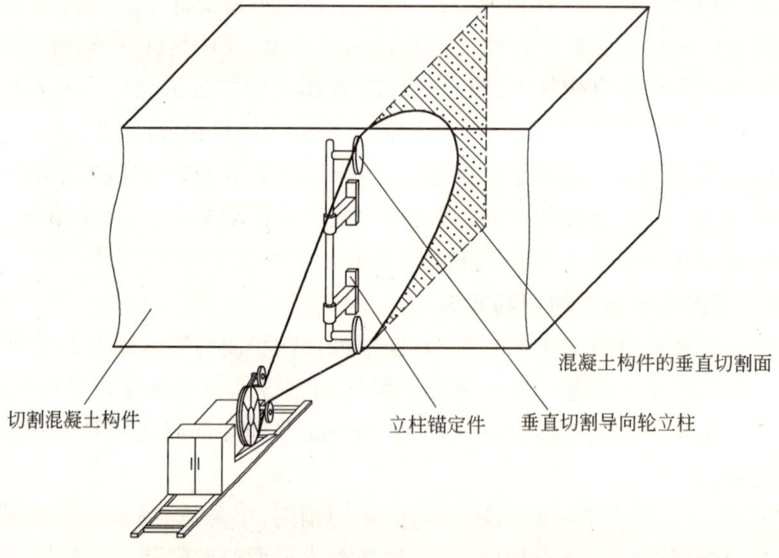

图 3-58 拆除建筑物的垂直面切割示意图

拆除切割混凝土构件时,应根据实际的作业地形、作业空间尺寸、电源供应的实际条件,选择合适的设备安装和切割方法。为了适合复杂的作业地形条件,应尽可能地使用换向导向轮将串珠绳导引到被切割平面，以便将对建筑物的损伤减小到最低限度。

3.5.3 串珠锯在文物保护中的使用

串珠锯采用柔性切割刀具，具有可对其他工具或刀具无法切割的封闭背面进行切割的特点，因此除了用于上述介绍的石材开采、加工和混凝土构件的拆除切割外，在文物保护施工中也可发挥重要的作用，尤其是在石制文物的无损拆除中，具有其他施工方法无法比拟和代替的优势。

国内使用串珠锯进行文物拆除和搬移的最典型事例是在2002年三峡工程中，对三峡瞿塘峡夔门摩崖石刻搬迁锯切作业。根据三峡建设计划，到2003年长江三峡二期蓄水将要达到135 m高。为此三峡瞿塘峡口夔门之巅的著名摩崖石刻将要全部被淹没。为了保护好夔门摩崖上约519 m^2，从南宋、明、清至民国年间的12块楷、隶、草、篆凹阴石刻，三峡文物部门决定对其中的7～9号石刻进行整体搬迁，并将它们分别搬到隔江相望的白帝城以及三斗坪的三峡博物馆中。因风化严重、裂隙发育而不能搬走的1～6号和10～12号石刻，要先进行翻模复制，然后就地保存于水下，并在夔门水位线的上游重新选址、雕刻复制，重现石刻的风采。

在石刻的搬迁过程中，使用了金刚石串珠锯的锯切分离技术，才使得这一十分珍贵的石刻文物得以完整、安全无损地得到搬迁，也充分体现了金刚石串珠锯柔性切割技术在特殊切割作业中的优越性。下面简述石刻搬迁切割的准备和切割作业的工艺过程。

从夔门摩崖石刻现场看，它位于长江南岸边200 m高的绝壁上，石刻的高度估计在20～30 m之间（海拔125～135 m），虽然从远处看夔门摩崖十分陡峭，但近处看，它的山脚下仍是有一些缓坡的。之所以选择在2002年年底和2003年洪水季到来之前施工，是考虑此时水位最低（枯水季节），而此时在长江岸边露出相对宽阔的斜坡，成为很好的施工准备场地，这一期间长江可保持一段相对长的水流缓、水位低的时间，使施工的危险性得以减少。

因为是在高空作业，所以必须搭建串珠锯切割作业的脚手架平台。夔门石刻切割作业的脚手架除了要满足施工需要的高度、设备承重外，最重要的是它的向外支承力要求比一般脚手架要大，这主要是考虑锯切时受力的问题，这个力不是串珠锯切割时的力，而是用于承受前期切割石刻四周深槽所使用的墙锯产生的反作用力。

按照文物搬迁的要求和规定，在脚手架搭建完毕后，要对全部石刻进行拍照留影、拓印，然后对石刻进行翻模。翻模复制的大致过程是，首先在要翻模的石刻上涂上脱模剂，稍后用抹子把硅橡胶用力均匀地涂抹到石刻上，将石刻上的凹字部分全部抹平。之所以选择硅橡胶，主要是因为它具有较短的成形时间和对缝隙的高渗入性，哪怕是小小的划痕也能翻模出来，这样可使翻下的硅橡胶模能充分地表现出石刻上真实的缝隙、孔洞、凹凸，使翻模出的字体十分逼真、质感鲜明，达到以假乱真的程度。但翻下来的硅橡胶如同一张软纸，它并不能表现出石刻原有岩石上高低、凹凸不平的形貌。所以，在软模之外还要进行翻制硬模的工作。这样，在重新复制该石刻时，既有字体的神韵，又有原来岩石的形貌，其艺术价值就事半功倍了。翻制硬模是在软模外再用树脂糊上较厚的一层，再压紧一块硬板，待树脂硬化后，将硬模、软模一同取下。图3-59是在石刻上翻模的示意图。

在施工规划论证阶段，需要对准备切割的石刻进行事前的探查，由于长江三峡两岸的石材基本不属于花岗岩地质（仅在三峡大坝坝址三斗坪出露了花岗岩，拆除部分实为天赐宝

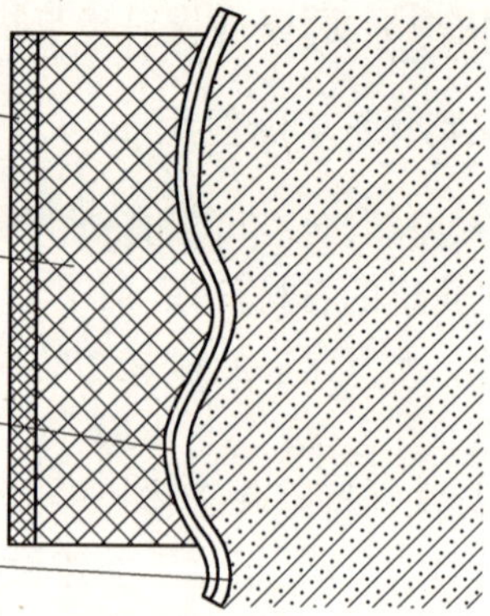

图3-59 石刻翻模示意图

地),仅从石刻外观还不能判断石刻里面的裂隙程度,所以要在某一待切割石刻的外围进行试切,从试切的样品看,石材属于大理石类沉积岩分类中的碎裂灰岩,石质硬度一般在莫氏5级左右,但裂隙发育,石质松软,甚至块度不大的岩石裂隙用手就可以掰开。因此,并不是所有的石刻都可以搬迁。根据岩石情况及字体的大小,夔门石刻最后确定只能搬走其中的7~9号石刻。即使相对裂隙少的石刻搬迁也必须有足够的厚度才不至于使石刻断裂,从现场看,这种厚度最终确定在35~40 cm为宜。2003年1月22日号称“三峡第一切”所切割的是十分珍贵的南宋乾道七年的“皇中兴圣德颂”碑。

所有的外围工作完成后,就要对选定的石刻进行切割,使用串珠锯切割分离石刻,必须是从石刻的背面切割,将其从岩体上分离,实际上相当于石材开采中在垂直岩壁上开拓切割洞采专用矩形通道的切割,也就是对单自由面岩体封闭背面的特殊切割。这样才能把该石刻整齐、完整地切下来,使之成为规整的碑体。为了能够使串珠绳顺利进入石刻背面,首先要在石刻的四周用墙面切割设备进行作业沟槽的开拓切割,将划定的石刻边界与岩体分离,相当于石材开采中的开拓堑沟锯切,所不同的是需要在石刻周围的4个边上切割堑沟。沟槽的宽度必须能够保证安装串珠绳的换向导向轮,以便串珠绳从石刻背面环绕后,通过一组换向导向轮将串珠绳导引到石刻外部安装的串珠锯上,实施最终的锯切分离。在使用墙面切割设备时,最大的作用力是指向岩石方向,其反作用力是向外的,这就需要脚手架必须具有足够的支撑力去抵消墙面切割设备产生的反作用力。一旦在石刻保留部分的4个周边上形成了沟槽后,需要保留的石刻成为一个凸出于沟槽的长方形。沟槽就是金刚石串珠绳和换向导向轮的切割作业空间,如图3-60所示。因为石刻外壁处于陡峭的岩壁上,所以串珠锯的导轨安装在伸出岩壁的脚手架上,在串珠绳进出沟槽的部分安装若干对导向轮,即可将串珠绳导引到石刻背面进行分离切割。串珠绳环绕石刻背面后,切割是沿石刻背面的上方至下方顺序进行的。为了安全切割起见,采用了小型串珠锯和11 mm直径的烧结串珠注塑型串珠绳,可减轻脚手架的承载力,防止串珠绳断裂后出现的安全问题。

锯切前,要对将被切割下来的石刻采取保护措施,必须使用一个简单的卡具将石刻卡住,防止石刻被切割分离时碎裂。在锯切过程中,直至锯切的最后阶段,还必须随时在底部沟槽中加入合适的支承,以防止石料的塌落。

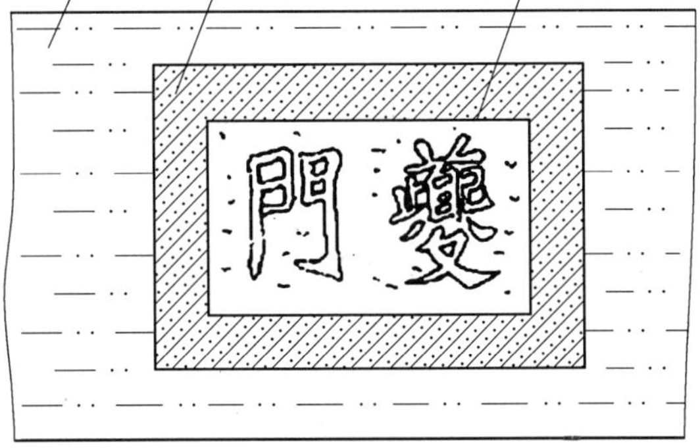

图 3-60 夔门石刻分离切割沟槽示意图

与开采石材时不同,应选择比较低的串珠绳线速度,一般 30~35 m/s 比较合适,这样可使切割时的振动尽可能减小。据介绍,切割下来的第一块石刻大约 2.3~2.5 m^2,重量大约有 2 t,总共用了 4 h。

据本次搬迁方案设计者之一、西安文物研究中心的侯卫军总指挥介绍,由西安古建公司三队负责施工的夔门石刻搬迁工程,过去谁也没有做过,现在也只是有了金刚石串珠锯,才使此次搬迁得以成功。如果用凿岩的办法搬迁,其难度不知要大多少倍。而且不可避免地要出现文物损坏的遗憾。所以可以说,作为柔性切割刀具的金刚石串珠锯,不仅在三峡石刻文物搬迁过程中起到了决定性的作用,而且在今后类似的作业中,尤其是搬迁珍贵的异型文物石材制品时,必将会取得更多、更大的成就。

第 4 章　金刚石串珠绳

在串珠锯切割系统中，作为切割刀具的串珠绳在实际切割中起着主导作用。从最早出现的、用于试验切割石材、使用孕镶金刚石串珠的串珠绳开始，对串珠绳的改进就从未停止过。使用串珠锯切割石材时，除了选用正确的加工工艺参数外，合理地选择串珠绳对提高生产效率和产品质量、降低生产成本也是至关重要的。

4.1　金刚石串珠绳的结构类型

一般是按照串珠绳的用途对串珠绳进行分类，不同用途串珠绳的结构类型、制造方法等也不相同。按照前面几章已经介绍的目前串珠锯的使用范围分类，串珠绳可分成大理石矿山开采和整形，花岗石矿山开采和整形，板材切割、异型制品切割和钢筋混凝土切割等用途的串珠绳。

图 4-1 是几种不同用途的国产串珠绳的图片，其中包括这些串珠绳的规格、结构和用途；图 4-2 是几种不同直径和结构的国外串珠绳的图片。

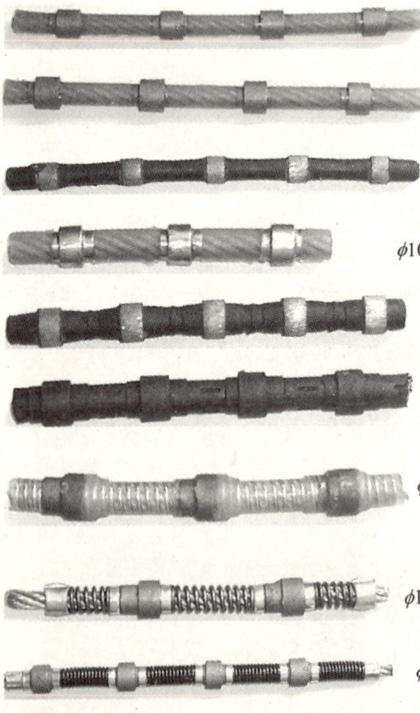

ϕ7.2 mm、37个串珠/m、注塑金刚石串珠绳，用于多(单)绳串珠锯切割设备

ϕ8.2 mm、37个串珠/m、注塑金刚石串珠绳，用于多(单)绳串珠锯切割设备

ϕ8.9 mm、37个串珠/m、橡胶注封金刚石串珠绳，用于多(单)绳串珠锯切割设备

ϕ10.5 mm、37个串珠/m、注塑金刚石串珠绳，用于单绳串珠锯切割、整形设备

ϕ11.4 mm、40个串珠/m、橡胶注封金刚石串珠绳，用于花岗石开采串珠锯

ϕ11 mm、40个串珠/m、橡胶注封弹簧骨架金刚石串珠绳，用于钢筋混凝土切割串珠锯

ϕ11 mm、30个串珠/m、注塑弹簧骨架金刚石串珠绳，用于大理石开采串珠锯

ϕ10.5 mm、25个串珠/m、弹簧烧结金刚石串珠绳，用于大理石矿山开采串珠锯

ϕ11 mm、30个串珠/m、弹簧烧结金刚石串珠绳，用于大理石矿山开采串珠锯

图 4-1　几种不同用途的国产金刚石串珠绳

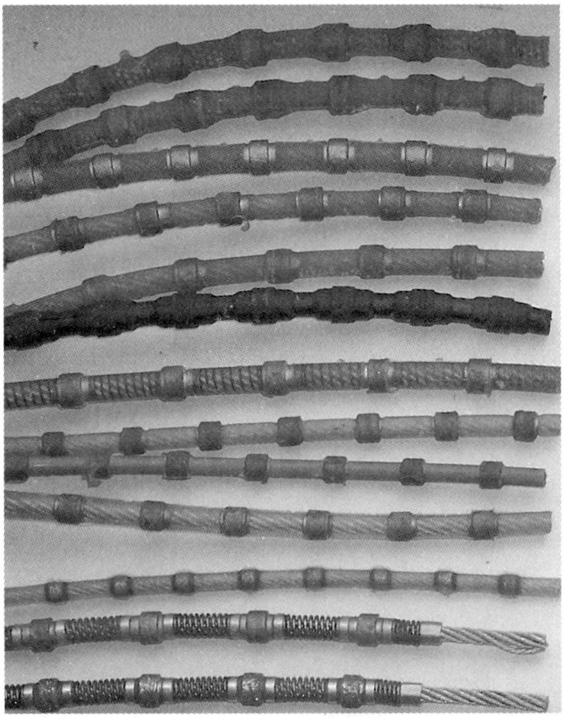

图 4-2　几种不同规格的国外金刚石串珠绳

4.1.1　串珠绳的装配结构

串珠绳一般是由一根直径 3.5 ~ 4.9 mm、61 ~ 133 股的多股钢丝绳，上面穿套不同方式制成的圆环形金刚石串珠，通过在串珠之间增加不同的支撑方式，以及不同的串珠和钢丝绳的固定方式制成。

串珠与钢丝绳的装配结构或结合方式有弹簧垫圈支撑固定（弹簧型）、聚氨酯塑料注封（注塑型）和耐低温橡胶注封（橡胶注封型）三种。

4.1.1.1　弹簧型串珠绳

采用弹簧和垫圈固定方式的弹簧型串珠绳，一般使用电镀串珠，也可使用热压烧结串珠。以弹簧、隔离垫圈作为串珠之间的间隔支撑，组成一个串珠切割单元。固定环将每 3 ~ 5 个切割单元固定成一组固定单元。根据使用长度不同，选择若干组固定单元组合后，装配成一条所需长度的弹簧型串珠绳。分组固定的优点是，防止一旦钢丝绳被拉断，整条串珠绳的串珠等零件全部脱落。同时将串珠分隔保持在若干个切割单元组中，串珠在每组中合理聚集，阻止了在切割阻力作用下，串珠等零件全部聚集到一起。

弹簧型串珠绳采用开放式结构，串珠之间的弹簧经过预压后才装配，每个固定单元组中的串珠、隔离垫圈和弹簧在切割过程中始终在钢丝绳上往复运动。在切割过程中，串珠随着钢丝绳的旋向回转运动，同时保持二者之间的相对转动，这样才能使串珠沿圆周表面上各个方向的均匀磨损，保证了串珠达到最大的使用寿命。所以弹簧型串珠绳在连接成封闭环时，不需要对串珠绳预先旋转加载，连接方式更简单。但在切割过程中切割石材的碎屑会进入串珠与钢丝绳之间的间隙，对串珠和钢丝绳产生磨蚀作用。如果是切割大理石和石灰石类的石材，这些石屑对串珠和钢丝绳的磨损可忽略；但在切割花岗石石材时，石英等硬质颗粒会严重磨蚀串珠的骨架和钢丝绳，造成串珠内环过早磨损报废，同时也会造成钢丝绳的损伤断裂。所以弹簧型串珠绳只能用于大理石和石灰石等软质石材的开采切割，不能用于花岗石等硬质石材的切割。

弹簧型串珠绳具有柔软性好、对环境温度要求不高等特点，可以在热带和寒冷地区的石材矿山使用。电镀串珠的锋利度和自锐性好，切割效率高。另外，它还具有装配组合简单，无需专门的设备即可进行串珠绳的组装的特点。只需配备简单的装配装置，即可在矿山完成弹簧型串珠绳的组装。并可灵活方便地对串珠绳进行修复，更换串珠绳中磨损的零件。从理论上讲，可使包括串珠在内的所有零件的使用寿命，得到最大限度的发挥和利用。但弹簧结构串珠绳的最大缺点是一旦出现断绳，飞出的串珠、弹簧、垫圈等零件会对操作者构成伤害，在使用时必须十分小心。

图4-3和图4-4分别是早期无隔离垫圈的弹簧型串珠绳结构图和实物图片。图4-5和图4-6分别是目前使用的弹簧串珠绳的结构图和实物图片。

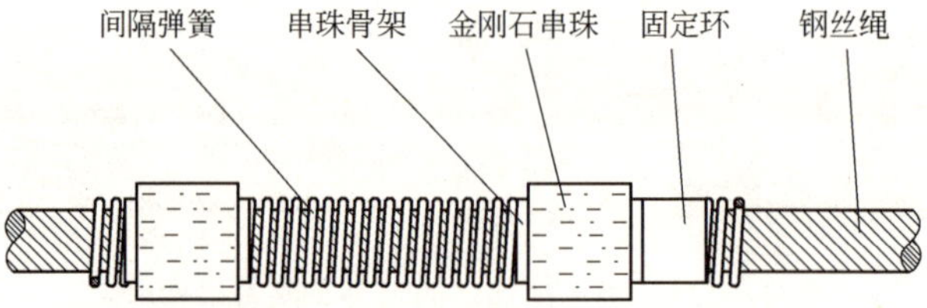

图4-3 早期无隔离垫圈的弹簧型串珠绳结构

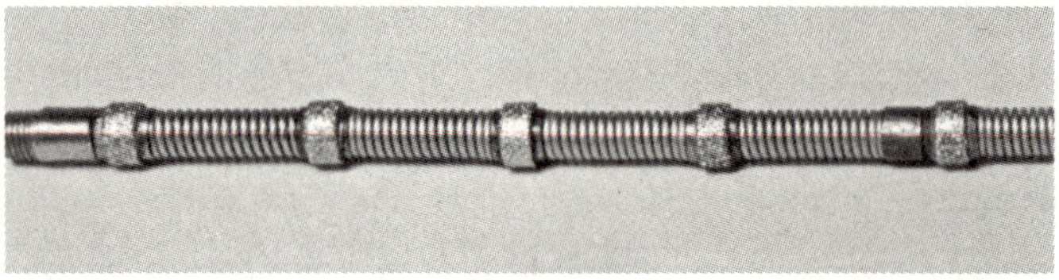

图4-4 早期无隔离垫圈的电镀串珠弹簧型串珠绳实物图片

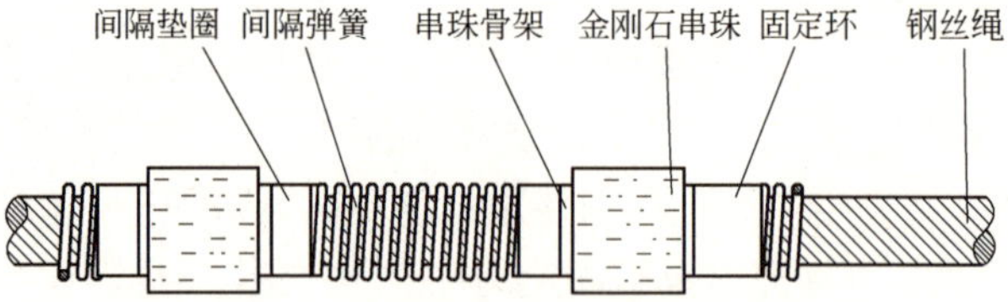

图4-5 目前常用的弹簧型串珠绳结构

图4-6 目前常用的电镀串珠弹簧型串珠绳实物图片

早期的弹簧型串珠绳没有隔离垫圈，弹簧直接与串珠的骨架相接触，并对串珠的骨架磨损，很容易造成串珠过早磨损报废。目前使用的弹簧型串珠绳在早期弹簧串珠绳的基础上增加了隔离垫圈,弹簧在压缩和释放过程中只能磨损间隔垫圈,不会损伤串珠,延长了串珠的使用寿命。如果垫圈提前损坏,只需对其更换,即可保持串珠绳继续使用。图 4-7 是使用烧结串珠的弹簧型串珠绳的实物图片。

图 4-7 使用烧结串珠的弹簧型串珠绳实物图片

4.1.1.2 注塑型串珠绳

注塑型串珠绳实际是为了切割硬质石材而开发的一种串珠绳结构,通常采用热压烧结串珠,以耐高温、耐磨蚀的特殊聚氨酯塑料作为串珠间隔支承,采用热压注塑方式将串珠与钢丝绳固定。这是一种密封型串珠绳结构,串珠和钢丝绳之间的间隙全部被聚氨酯塑料充填,防止切割石材时产生的碎屑进入,可以用于花岗石等硬质石材的切割。但注塑型串珠绳也有其缺陷,如它的低温特性差,在寒冷地区使用时,由于注塑层变得僵硬,切割时增大了钢丝绳的内部应力,出现断绳的几率增大。另外,注塑型串珠绳对冷却水的供应要求更高,短时间缺水或冷却水供应不足,都可能引起注塑层变软甚至熔化,使串珠绳报废。图 4-8 是注塑型和橡胶注封型串珠绳的结构示意图。

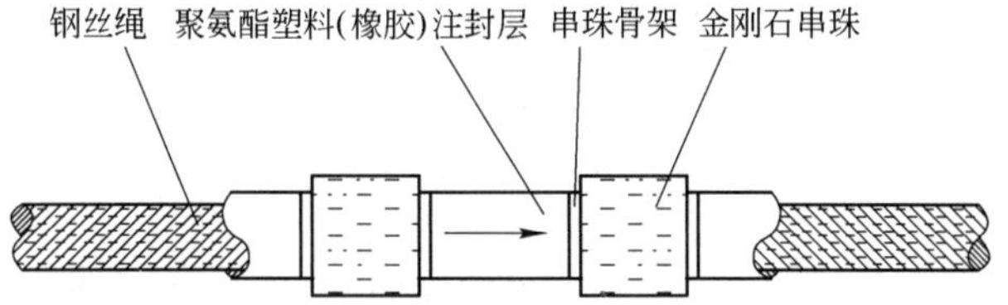

图 4-8 注塑型和橡胶注封型串珠绳的结构

4.1.1.3 橡胶注封型串珠绳

弹簧型和注塑型串珠绳具有不同的特点,橡胶注封型串珠绳正是结合二者优点出现的另外一种结构的串珠绳。其结构与注塑型串珠绳相同,也是一种密封型串珠绳。但采用柔软、耐磨、而且低温性能更好的特殊橡胶材料作为串珠之间、串珠与钢丝绳之间的隔离和充填材料。橡胶注封型串珠绳柔软性好,尤其在低温寒冷地区使用时,仍能保持串珠绳良好的柔软特性,所以是一种适用于低温寒冷条件下切割硬质石材的专用串珠绳。在使用橡胶注封型串珠绳切割作业时,也同样要注意保持良好的冷却水供应,以防止橡胶层的过量磨损。其结构参见图 4-8。

随着注封工艺的完善、注塑和橡胶注封成本的减低,目前用于大理石开采和切割的串珠绳也选用注塑型和橡胶注封型串珠绳。如果使用的是电镀串珠,则既可保持电镀串珠的锋利度和自锐性,又可避免弹簧型串珠绳使用时的危险性;在切割成本允许的条件下,还可以使用烧结串珠,以延长串珠绳的使用寿命。所以使用电镀或烧结串珠,采用注塑型和橡胶注封型串珠绳,同样是切割大理石的最合理选择。

4.1.1.4 其他结构的串珠绳

除了上述结构的串珠绳外,还有一些特殊用途、采用不同结构的串珠绳。

A 钢筋混凝土切割用串珠绳

使用注塑型或橡胶注封型串珠绳切割钢筋混凝土构件时，为了弥补切割钢筋骨架时串珠绳的强度，在串珠之间增加了支撑弹簧，以提高串珠之间的间隔支撑强度。同样的结构也可以用于石材切割的串珠绳。其结构如图 4-9 所示。

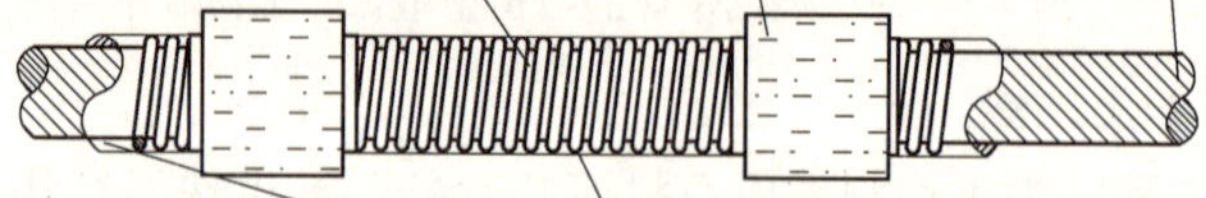

图 4-9 弹簧骨架注塑型和橡胶注封型串珠绳的结构

在切割砖石结构和不含钢筋的素混凝土结构时，因为被切割构件的强度、硬度都非常低，为提高切割效率，增加串珠的锋利度和自锐性成为制造这类串珠的主要要求。因此，在不改变串珠绳结构的前提下，可使用自锐性好、切割效率高的电镀串珠，采用注塑或橡胶注封加支撑弹簧的结构。

在切割钢筋混凝土构件时，为了提高串珠绳的切割寿命，应使用专用的烧结串珠，采用注塑或橡胶注封的串珠绳结构。

B 特殊形状注塑层的串珠绳

特殊形状注塑层结构的串珠绳，如图 4-10 ~ 图 4-12 所示。

图 4-10 所示串珠绳的注塑层被制成规则的凸起和凹槽。其作用除了塑封和间隔串珠外，凹槽部分可增加冷却水的携带量，同时能够带走更多的岩石切屑，提高串珠绳的冷却和排屑能力，从而提高切割速度，减小串珠绳的磨损，增加串珠绳的切割寿命。图 4-10 所示的串珠绳采用直径为 8.6 mm 的烧结串珠，每米有 33 个串珠，是用于异型石材制品切割的串珠绳。

图 4-10 特殊注塑层的串珠绳的结构

图 4-11 所示串珠绳由意大利 TYROLIT 公司生产，其直径为 11 mm，两个串珠之间的注塑层，被两个凸起的圆环分隔。其作用同样是有利于冷却水的携带，以及带走更多的岩石切屑，提高串珠绳的冷却和排屑能力。这种结构的串珠绳主要用于矿山开采切割硬质花岗石、结构致密的砂岩和致密的板岩。

图 4-11 环状结构注塑层的串珠绳

图4-12所示串珠绳也是由意大利TYROLIT公司生产的，其直径为11 mm，两个串珠之间安装有预压弹簧并注塑，注塑表面被制成螺旋面形状。其作用是减小摩擦阻力，使用少量的水即可排除更多的切屑。这种结构的串珠绳主要用于黑色花岗石、1～3级花岗石或者更硬的砂岩的开采切割。

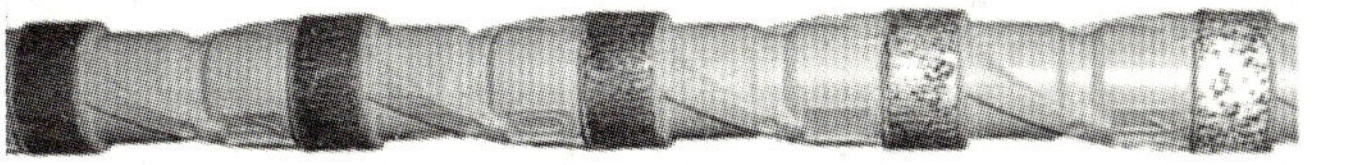

图4-12 螺旋面和预压弹簧结构注塑层的串珠绳

4.1.1.5 串珠绳的长度标准

串珠绳结构、用途不同，串珠绳的长度标准也不一样。

在开采软质石材时，通常采用全锯切开采工艺，从50～100 m^2 或更大切割面积的分离体大面分离切割，到15～50 m^2 的分离体解体面切割，以及只有1.5～8 m^2 的荒料整形面切割，全部由串珠锯切割完成。所以使用的弹簧型串珠绳，一般是以5 m、10 m、15 m或20 m为一个单元长度。用户根据需要选择合适的长度，或将不同长度、串珠外径基本相同的串珠绳连接组成所需的使用长度。

在开采花岗石等硬质石材时，一般采用的是串珠锯辅助切割开采工艺，串珠锯只负责分离体大面的分离切割，即代替火焰切割机的堑沟切割。分离体的解体和荒料的整形，均由排孔凿岩结合控制爆破或水泥膨胀剂分裂完成。因此需要串珠锯切割的面积一般都比较大，最大的可达几百平方米，最小的有时也超过50 m^2，所以注塑型或橡胶注封型串珠绳的单元长度通常是30 m、50 m，或者更长。虽然短长度单元的串珠绳在工厂也能生产，但过多的接头也会影响串珠绳最佳性能的发挥。

串珠绳的长度通常都是开放式的，环绕被切割面后，再用接头连接成封闭的切割环。但在多绳式串珠锯上使用时，要求每条串珠绳的长度尽量一致，以提高张紧系统的精度。所以在制造厂生产多绳串珠锯用串珠绳时，一般将其做成封闭无接头的结构，不仅保证了每条串珠绳长度的一致性，而且保证了烧结串珠绳使用前预加载的质量，使每条串珠绳的磨损尽量一致。

4.1.1.6 串珠的直径和数量

每米长度串珠绳安装串珠数量的多少与串珠绳结构、串珠类型和用途有关，一般被切割的石材越软，每米串珠绳安装的串珠数量越少。

表4-1是石材的切割性能分类表，混凝土的切割性能见表4-2。

表4-1 石材切割性能分类表

石材类别	切 割 性 能
1级	软质、磨蚀量大、抗磨损强度小的材质
2级	磨耗和抗磨损强度中等的材质
3级	中等强度的石材
4级	中等硬度、磨蚀量小、抗磨损强度较大的材质
5级	坚硬、磨蚀量极小、抗磨损强度很大的材质

表4-2 混凝土切割性能分类表

混凝土类别	切割性能
花岗石质的骨料	高强度
灰岩类骨料	中等强度
灰岩类骨料	低强度
钢筋混凝土	高强度
砖石结构的素混凝土	低强度

在矿山开采切割大理石、石灰石和石灰华等软质石材时，从降低切割成本方面考虑，弹簧型串珠绳比较合适；从安全角度考虑，使用烧结串珠或电镀串珠、注塑结构的串珠绳比较合适。选择电镀串珠，或者用于大理石切割的烧结串珠时，每米长度最少安装25个串珠，一般每米串珠绳可安装28个、30个、32个串珠。切割蛇纹岩等质地比较硬的大理石时，可选用每米安装35~38个串珠的串珠绳。

矿山开采切割花岗石等硬质石材时，采用烧结串珠的注塑型金刚石串珠绳，每米长度的串珠绳上至少要安装38~40个串珠。在切割一些超硬花岗石时，可以选择每米42个串珠的串珠绳。

串珠的直径由其用途决定，通常石材开采切割用串珠绳，串珠直径一般超过10 mm。开采切割大理石时，选用直径10 mm电镀或烧结串珠；开采切割花岗石时，选用直径11 mm的烧结型串珠。串珠绳切割板材时，为了减少锯缝的损失，尽量选用直径小的串珠，如7~9 mm直径的串珠。切割异型石材制品时，常使用直径8~10 mm串珠。使用多绳串珠锯切割花岗石板材，为了与砂锯竞争，减少锯缝损失，所以多绳串珠锯使用的串珠直径是7.2~8.2 mm，有时甚至使用直径6 mm的串珠。串珠直径小于等于6 mm的串珠绳，多数使用于小型台式串珠锯，用于石材制品的拼花和异型板材制品的切割加工。切割混凝土或含各类骨料的钢筋混凝土，一般采用串珠直径10~12 mm的串珠绳。表4-3是不同用途串珠绳的串珠直径和串珠数量的对比参考。

表4-3　不同用途串珠绳的串珠数量和直径

串珠绳类型	直径/mm	串珠数量/个·m^{-1}	用　　途
电镀串珠弹簧(注塑)型	8.6~11.5	25~38	大理石开采(弹簧型)，整形、异型切割(注塑型)
烧结串珠注塑型	8.6~11.5	35~42	花岗石、硬质大理石开采、整形、异型切割
电镀(烧结)串珠注塑型	7.2~8.2	31~35	大理石板材、异型切割
烧结串珠注塑型	7.2~8.2	35~40	花岗石板材、异型切割
电镀串珠注塑型	6~8.2	31~35	多绳串珠锯切割大理石板材
烧结串珠注塑型	6~8.2	35~40	多绳串珠锯切割花岗石或大理石板材
电镀串珠弹簧骨架注塑型	6~12	32~39	素混凝土构件拆除及其他特殊用途
烧结串珠弹簧骨架注塑型	6~12	32~39	钢筋混凝土构件拆除及其他特殊用途
电镀(烧结)串珠橡胶注封型	6~11.5	31~40	低温条件下上述对应的用途

4.1.2　串珠的结构类型

金刚石串珠中各种物料成分的比例(配方)，是根据石材的硬度和磨耗的分级确定的。目前常用的串珠制造工艺有电镀和热压烧结两种成形方式，还有两种目前国内很少使用的制造串珠的方法是，浸渍法和钎焊法。

图4-13是一组不同类型和直径的金刚石串珠的图片，表4-4是该组图片中包括串珠骨架在内的串珠的结构尺寸。

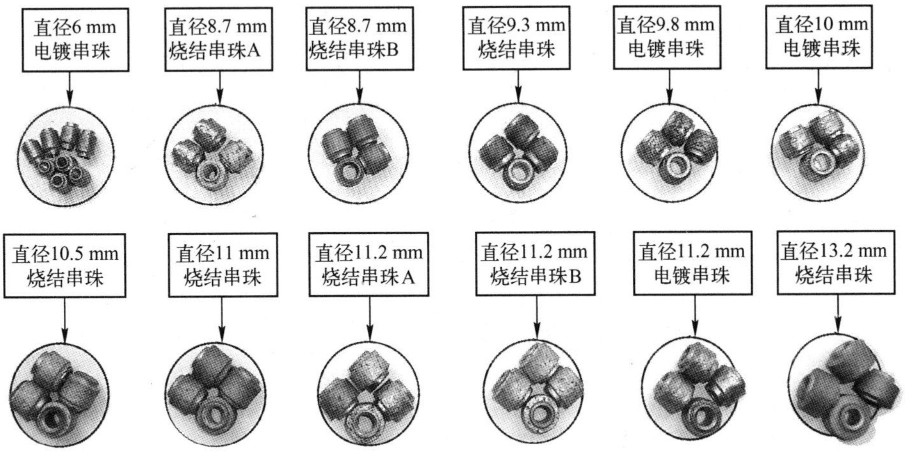

图 4-13 常用金刚石串珠的图片

表 4-4 常用串珠及其骨架的尺寸表

其他尺寸 / 串珠外径/mm	串珠尺寸/mm	串珠骨架尺寸/mm				串珠类型
	长度	外径	长度	内径	内孔加工状态	
6	6	4	8.6	3	螺纹	电镀
8.7A	6	6	9	4	螺纹	烧结
8.7B	6	6.5	9	5	螺纹	烧结
9.3	5.5	8	9	5	光孔	烧结
10	5.5	8	8.5	5	光孔	电镀
10.5	6.5	8	10	5	光孔	烧结
11	7	8	10	5.2	螺纹	烧结
11.2A	6.5	8	10	5.2	光孔	烧结
11.2B	6.5	8	10	5.2	螺纹	烧结
11.2	6.5	8	10	5	光孔	电镀
13.2	7	8	10	5	光孔	烧结

4.1.2.1 电镀型串珠

电镀型串珠由钢环制成的串珠骨架、金刚石颗粒和粘接金属组成。采用电镀方法将金刚石颗粒电镀沉积在串珠骨架的外表面上，随着电镀层的生长，金刚石颗粒被嵌埋在镀层内。

电镀串珠的特点是制造工艺简单，生产成本低廉，在切割软质石材时，具有良好的自锐性能，在有效切割寿命内，始终保持着很高的锋利性。采用电镀工艺的缺点是，沉积电镀金属层很薄，金刚石颗粒只能分布在这个很薄的电镀金属层内，随着电镀层被磨蚀，金刚石颗粒便会很快的磨损脱落，其切削性能会逐渐丧失，所以电镀型串珠的使用寿命比较低。

图 4-14 是三种外径 10 mm、长度 9 mm、不同结构的电镀串珠的结构示意图。图中 a 和 b 是最早的电镀串珠的结构，图中 c 是改进后的电镀串珠的结构，其特点是节省了金刚石的用量，又具有切割速度更高的特点。表 4-5 是这三种电镀串珠技术参数的参考数据。

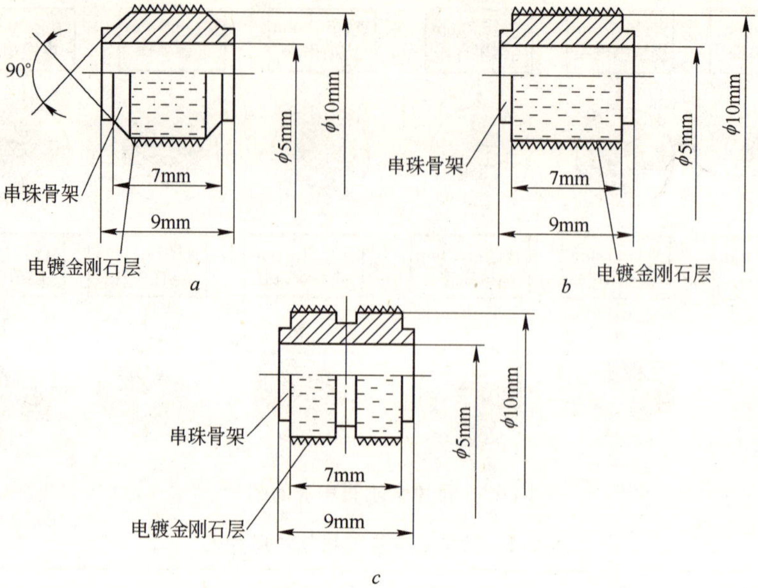

图 4-14 电镀串珠的结构示意图

表 4-5 几种电镀和烧结串珠的技术参数参考数据

结构类型 \ 参数	金刚石用量/克拉·个$^{-1}$	金刚石类型	单体金刚石静压强度/N	金刚石粒度/目
图 4-14*a* 结构串珠	0.56	人造	≥150	35～45
图 4-14*b* 结构串珠	0.49	人造	≥150	40～50
图 4-14*c* 结构串珠	0.40	人造	≥150	50～60
图 4-15 结构串珠	0.37	人造	≥150	40～50

4.1.2.2 浸渍型串珠

浸渍串珠由钢制串珠骨架环以及包围在骨架环外圆周上的金刚石浸渍环组成，浸渍环由骨架金属碳化钨粉末和金刚石颗粒压制而成。制造时，在浸渍环周围放有充当结合剂的铜、镍、钴、锰等金属粉末，在1200～1300℃高温加热下，结合剂金属粉末熔化浸入浸渍环内部，与骨架金属和金刚石紧密熔合在一起，结合成坚实的切割载体，即金刚石串珠。与电镀串珠只有很薄的一层含有金刚石颗粒的电镀层不同，具有一定厚度的浸渍环内部各处都均匀分布着金刚石颗粒，每层基体金属被磨蚀后，都会有新的金刚石颗粒露出，保持串珠的锋利性，使得串珠在整个切割寿命期内具有始终如一的切削性能，并具有较长的寿命。浸渍串珠的另一个特点是，可以通过调节基体中不同金属粉末的比例，调整串珠的切割性能，以便能够适应对各种硬度硬质石材的切割。图 4-15 是浸渍串珠的结构示意图。

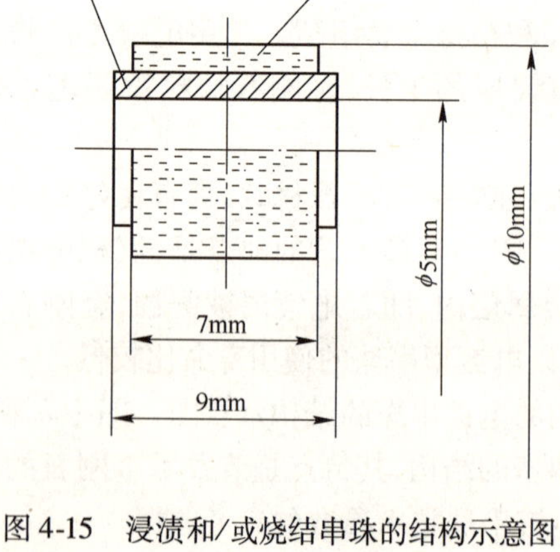

图 4-15 浸渍和/或烧结串珠的结构示意图

浸渍串珠的缺点是，基体金属比较坚硬，只适用于切割具有一定磨蚀性的石材，以确保金刚石颗粒周围的基体金属均匀磨蚀，使金刚石颗粒不断地出露，这样才能保持串珠的锐利性和锋利度。为了使结合剂金属粉末熔化，必须使用超过1000℃的高温加热，在这样高的温度下，如果温度控制不好，很容易降低金刚石的强度，所以浸渍串珠的制造工艺比较复杂和难以控制。

4.1.2.3 烧结型串珠

烧结串珠的制造工艺和选用的结合剂金属与热压烧结型金刚石刀头非常相似，是在浸渍串珠生产工艺基础上改进而成的一种新型的串珠生产工艺。该生产工艺直接将金刚石颗粒与铜、镍、钴、锰等结合剂金属粉末冷压成烧结环，在气体保护环境下，在低于1000℃的温度下同时加热加压，结合剂金属在熔融状态下被挤压，并与金刚石颗粒紧密结合成串珠。

因为采用了低温气体保护的热压烧结工艺制造烧结串珠，整个热压过程中，烧结环境无氧气进入，避免了结合剂被氧化。由于所使用的其他金属粉对碳元素的低溶解性，防止了烧结工程中金刚石颗粒被炭化（石墨化）的可能。通过采取有效的低温、低压的工艺参数控制措施，可以将热压的温度和压力调整到尽可能低的合适数值，以消除热压工艺对金刚石物理化学性能的任何破坏。这样既保持了基体的坚固性，又不影响金刚石的强度。

调整结合剂中不同成分的比例或选用不同强度、粒度的金刚石，可以改变结合剂基体的磨耗速度和金刚石晶体（切割刃）的最佳出露时机，制成不同用途的串珠。与普通热压烧结金刚石刀头相比，金刚石热压烧结串珠环的厚度薄，体积小，形状也不同，图4-15是最常见的烧结串珠的结构示意图，该尺寸串珠的制造成本比相同尺寸的电镀串珠高出大约30%。

图4-16 金刚石切割环非对称布置的浸渍或烧结串珠的实物图

图4-16是另外一种烧结串珠的实物图，与前面介绍的串珠结构不同，这种串珠的烧结环不是沿轴向对称布置在骨架环上，而是偏向骨架的一边，与骨架的一个端面平齐。图4-7是使用这种串珠的串珠绳。

因为制造工艺和串珠结构基本相同，烧结串珠和浸渍串珠具有一些共同的特点。它们是目前用于切割花岗石、砂岩等硬质石材的最佳串珠类型。如果将切割硬质石材的烧结串珠绳或浸渍串珠绳，用于切割大理石类容易磨蚀的软质石材，金刚石颗粒不容易出露，串珠不锋利或自锐性差，尤其是在切割石灰石类石材时，烧结串珠和浸渍串珠的切割锋利度更差，切割效率很低。但通过调整降低基体金属的硬度和耐磨性，也可以生产用于切割软质石材的烧结或浸渍串珠，而且这种串珠的寿命至少比电镀串珠提高大约50%以上，表4-6是电镀串珠与烧结串珠或浸渍串珠切割不同软质石材的寿命对比表。通常情况下，烧结串珠和浸渍串珠的切割速度比电镀串珠低大约20%，图4-17是电镀串珠绳与烧结串珠绳或浸渍串珠绳切割速度和寿命的比较曲线。从该图的曲线中可以看出，开始锯切时，电镀串珠绳的切割速度超过烧结或浸渍串珠绳，随着使用时间的增加，电镀串珠绳的锯切速度将逐渐降低，并低于烧结或浸渍串珠绳，而后者的锯切速度基本保持不变，切割寿命也能超过电镀串珠绳的一倍。

表 4-6　电镀串珠与烧结串珠或浸渍串珠切割不同软质石材的寿命对比表

寿命参数 / 石材种类	不同种类串珠的切割寿命/$m^2 \cdot m^{-1}$	
	电镀串珠绳	烧结或浸渍串珠绳
水晶石	25	50
石灰华	50	75
致密石材	15	30
硬质大理石		15
火山凝灰岩		22

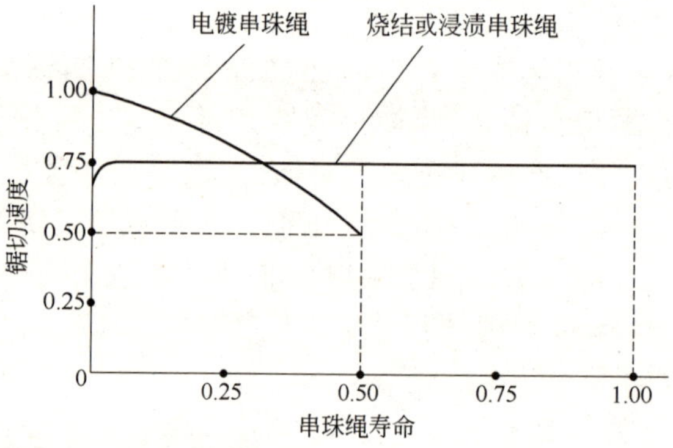

图 4-17　电镀串珠绳与浸渍和/或烧结串珠绳的切割速度、寿命比较曲线

为了提高金刚石颗粒与基体金属的结合力，混料前，将金刚石颗粒表面镀涂一个表层，使得烧结过程中，金刚石与其他金属之间更牢固地结合，提高串珠的使用寿命。

使用烧结串珠和浸渍串珠的串珠绳，在切割作业时，必须保证有充足的冷却水供应，根据切割面的大小不同，一般需要 20 ~ 50 L/min 的供水量，才能保证串珠绳处于合理的切割状态。而使用电镀串珠的串珠绳，其冷却水消耗量只需 10 ~ 20 L/min。

4.1.2.4　钎焊型串珠

除了烧结型和电镀型串珠之外，最近国内多家企业都在研究推广一种高温真空钎焊金刚石串珠。这种串珠是通过高温真空钎焊的方法获得化学键结合和冶金结合并存，使金刚石牢固地把持在胎体上。由于钎焊的焊料对金刚石的润湿，其胎体形状呈凹形，所以金刚石出刃高。普通型串珠的金刚石出刃高度约为金刚石的三分之一到二分之一，而钎焊型串珠的金刚石出刃高度可达到三分之二。由于采用了专利技术，钎焊金刚石又号称具有“永不脱落”的特性，可持久保持钎焊金刚石串珠绳的锋利性，使得每粒金刚石都可以得到最大限度的利用，使金刚石的“有效利用率”由常规方法的 5% ~10%，提高到 50% 以上。因此钎焊型串珠的切割效率高，是一般烧结型串珠绳锯的 2 ~3 倍。

据生产企业资料介绍，国产钎焊串珠绳的锋利度可以达到其他类型进口串珠绳的

200% ~300%,是当今世界上最锋利的串珠绳。在切割工作时,电机能耗大大降低,22 kW的小功率串珠锯可以发挥出37 kW以上大功率串珠锯的切割效率。

钎焊方法的另一特点是使金刚石做到有序排列,均匀分布。而串珠的金刚石含量大大减少,只需要原来含量的五分之一,每粒金刚石都能有效地参与切割工作,不但降低了成本,而且切割性能大大提升。因为金刚石的有序均匀排列,排屑和冷却效果好,切割性能稳定,它将是电镀型串珠的换代产品。

目前,国内已有苏州南航腾龙科技有限公司、泉州华大超硬工具公司等多家公司在市场上推出直径10.5 mm、直径8.5 mm两种规格,单层钎焊串珠的金刚石串珠绳。据悉,结构为双层或多层金刚石的钎焊串珠也研制成功,即将投入市场使用。

苏州南航腾龙科技有限公司生产的钎焊串珠绳,其串珠长度为12.5 mm,外表面全部布满金刚石,每粒串珠的金刚石工作面相当于2粒常规长度的串珠。因此,使用寿命并不比烧结串珠低。据不完全统计,钎焊串珠绳的使用寿命,达到烧结串珠绳的85%以上。而且有少量统计数据显示,钎焊串珠绳的使用寿命达到烧结串珠绳使用寿命的135%。

钎焊串珠绳采用螺纹接头连接,拆装方便,大大提高了生产效率。图4-18和图4-19分别是两种结构的钎焊型金刚石串珠的图片。

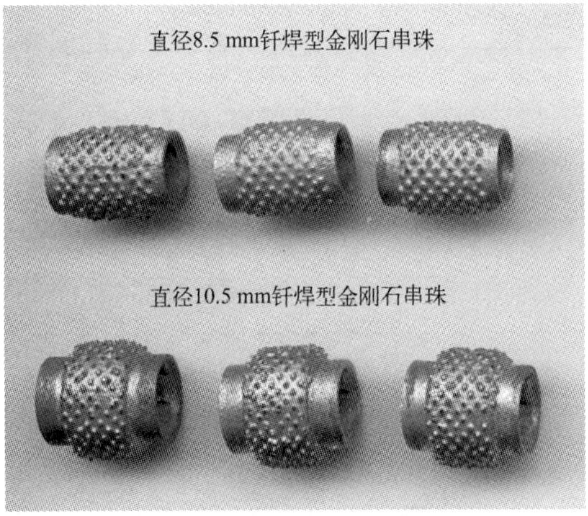

图4-18 圆柱结构的钎焊型串珠

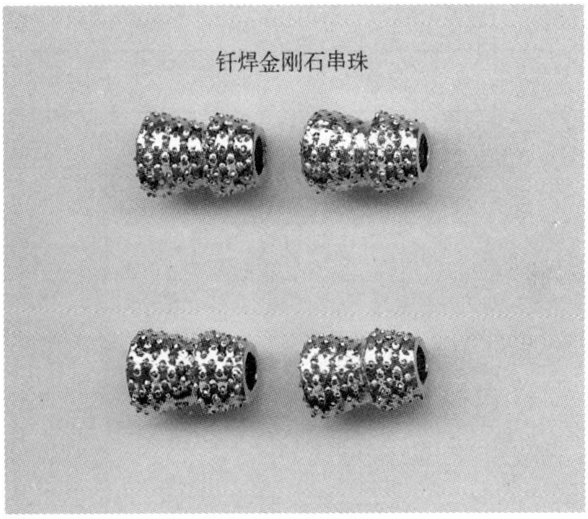

图4-19 环状圆锥结构的钎焊型串珠

钎焊串珠绳通常只适用于切割大理石等软质石材,以及中硬度花岗石,据称钎焊串珠绳切割大理石的效率可达10 ~20 m^2/h,每米钎焊串珠绳的使用寿命为25 ~30 m^2。目前售价仅为当前进口串珠绳价格的50%左右,性价比优势十分明显。

钎焊金刚石串珠绳的缺点是,由于锋利度大大提高,单位时间内的石材切除量也大大增加,钢丝绳受到的负荷同时也大大提高。因此,钎焊串珠绳的钢丝绳寿命通常低于钎焊金刚石串珠的寿命。可以通过更换钢丝绳重新修复。一旦发现钢丝绳出现频繁拉断的情况时,可以将尚未用完的串珠取下来,重新穿入新钢丝绳制成新串珠绳使用,一般钎焊串珠可重复穿制使用1 ~2次。统计结果显示,钎焊金刚石串珠的使用寿命比进口钢丝绳的使用寿命还长,在钎焊串珠使用寿命期限内,需要反复更换钢丝绳,为此,钎焊串珠绳通常采用弹簧固定式结构，很少采用注塑或橡胶注封结构。

为了稳定质量，目前钎焊金刚石串珠需要更深入解决的问题是，进一步完善和稳定制造工艺，对于钎焊焊料的选择、残留粘结胶的去除，以及采用手工操作效率低、金刚石有序排列比较复杂等问题，尤其是大批量、高效率的生产工艺方法还有待解决。目前钎焊串珠绳的销售价格与国内烧结、电镀串珠绳相比，仍然偏高。

钎焊串珠绳在国内仍属新一类串珠绳，其使用要求和使用条件与电镀、注塑等结构串珠绳基本相同。例如：钎焊串珠绳也有方向性，运动方向应是小端在前、大端在后，不得反向使用。连接成闭合环路之前，也要将串珠绳沿着其旋紧的方向进行预加载旋转，使其在切割运动中产生自转效果，有利于金刚石串珠的均匀磨损，每米长度的串珠绳应逆时针旋转 1 ~ 1.5 圈，如果采用螺纹接头连接，串珠绳的旋转总圈数还需要另外增加螺纹接头的 7 圈螺纹圈数。例如：绳长 30 m 的钎焊串珠绳，应该逆时针旋转 37 ~ 52 圈。

钎焊串珠绳使用的也都是金属材料，使用中要特别注意防锈，暂时不用时要清洗干净，晒干，浸泡在防锈液（机油、柴油混合液）中保存。

苏州南航腾龙科技有限公司生产的钎焊串珠绳的有关技术参数见下列表格，其中表 4-7是钎焊串珠绳的规格，表 4-8 是不同功率串珠锯选配钎焊串珠绳的长度，表 4-9 是钎焊串珠绳切割试验的平均寿命，表 4-10 是钎焊串珠绳切割试验的平均效率。

表 4-7　钎焊串珠绳的规格

项　　目	粗　绳	细　绳
串珠外径/mm	9.8	8.8
钢丝绳外径/mm	4.9	3.8
主电机电流控制/A	≤50	≤35
串珠绳线速度/m·s^{-1}	≥60	≥50
串珠间隔固定材料	弹　簧	
每米串珠数/粒·m^{-1}	33	
串珠绳长度规格/m·段$^{-1}$	15,10,5,3,2,1.5,1	
每段串珠绳两端结构	均配置螺纹接头	
接头配备（每 10 m 配送）	螺纹接头 3 个，固定接头 3 个	

表 4-8　钎焊串珠绳长度与串珠锯的功率配置

串珠绳长度/m	匹配串珠锯功率/kW	
≤30	22	
30 ~ 70	37	22
70 ~ 110	37	
≥110	45	55

表 4-9　钎焊串珠绳的平均试验寿命

串珠绳长度/m	锯切石材种类	平均试验寿命/$m^2 \cdot m^{-1}$
≤20	切割米黄类软质石材（试验平均值）	40
20～30		60
30～50		70
50～70		80
70～90		90
≥90		100

表 4-10　钎焊串珠绳的平均试验切割效率

串珠绳长度/m	锯切石材种类	平均试验切割效率/$m^2 \cdot h^{-1}$
≤20	切割米黄类软质石材（试验平均值）	5
20～30		9
30～50		13
50～70		16
70～90		19
≥90		22

4.1.3　串珠绳的连接结构

串珠绳必须通过接头连接成封闭的环状回路才能进行切割作业，不同用途的串珠绳应使用不同结构的接头连接，接头质量的优劣直接影响到串珠绳的正常工作和使用寿命。目前常用的串珠绳与接头的连接都采用摩擦力结合方式，用专用压力工具将接头与串珠绳的钢丝绳之间压紧，借助二者之间的静摩擦力将接头和串珠绳连接，这种结合方式适用于所有接头的结合方式。还有一种采用钎焊的连接方式，钢丝绳与接头之间钎焊连接，这种接头多用于可拆卸的螺纹接头结合方式。

接头的结合方式分成金属套固定结合、可拆卸螺纹结合及特殊的机械式可拆卸结合方式。图 4-20 是一组串珠绳接头的图片，自左至右分别是铰接式连接接头、铜制固定接头和 3 个钢制固定接头。

图 4-20　几种常用的串珠绳接头

4.1.3.1　金属套固定接头

这种接头属于一次性使用的固定接头，是使用最多的串珠绳接头，图 4-21 是金属套固定接头的结构示意图，图 4-22 是金属套固定接头的实物图。使用时将钢丝绳的两端分别从金属套管的两端插入，插入距离为套管的二分之一，使用压接工具将套管与钢丝绳的结合部位压紧，直接依靠钢丝绳与套管之间的静摩擦力连接。为了增加结合力，金属套内孔可制成浅的螺旋线。套管有铜质和钢质材料，铜质接头常用于大理石、石灰石等软质石材切割；钢质接头多用于花岗石等硬质石材的切割。

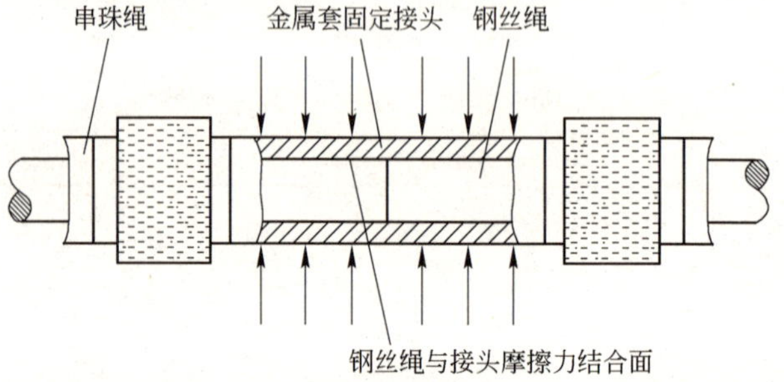

图 4-21　金属套固定接头示意图

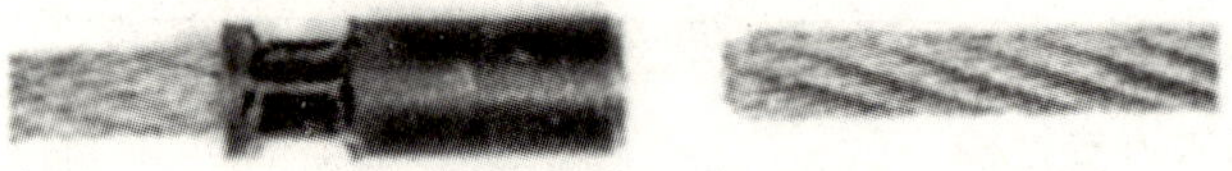

图 4-22　金属套固定接头实物图

金属套固定接头的特点是结构简单，连接可靠，接头成本低廉。不足之处是随着切割面积的减小，串珠绳的长度有时需要剪断，而且每次都要在接头处剪断串珠绳，每次剪断都至少要浪费一个串珠，串珠绳也会缩短。尤其是在连接弹簧型串珠绳时，还要穿入相应的串珠、弹簧和垫圈等零件，操作比较麻烦。

4.1.3.2　单螺纹接头

单螺纹接头是一种可拆卸式串珠绳接头，其结构示意见图 4-23，图 4-24 和图 4-25 是单螺纹接头实物图片。单螺纹接头由螺柱接头和螺母接头组成，钢丝绳插入接头的一端，采用与金属套接头相同的连接原理，靠静摩擦力结合，也可采用铜焊或钎焊方法将螺柱和螺母与钢丝绳结合，以增加它们之间的连接牢固性。串珠绳的连接由制成左旋旋向的螺柱和螺

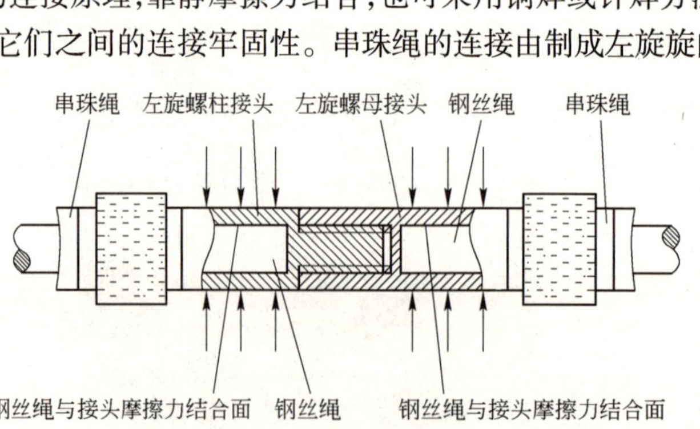

图 4-23　单螺纹接头示意图

母结合,因为钢丝绳是右旋方向,只有将连接螺纹制成左旋方向,才能保证串珠绳运动时,接头越旋越紧,不会松脱。单螺纹接头的特点是连接快速可靠,操作更加简单。每段串珠绳的两端各固定一个螺柱和螺母,即可实现多根串珠绳的可拆卸结合。每次按照单元长度增减串珠绳时,只需去掉中间一截单元长度的串珠绳,将剩余串珠绳再次结合即可完成串珠绳的长度调整。因为不必再剪断串珠绳,所以不会损失串珠绳的长度。单螺纹接头通常用于大理石、石灰石和石灰华等软质石材的切割。

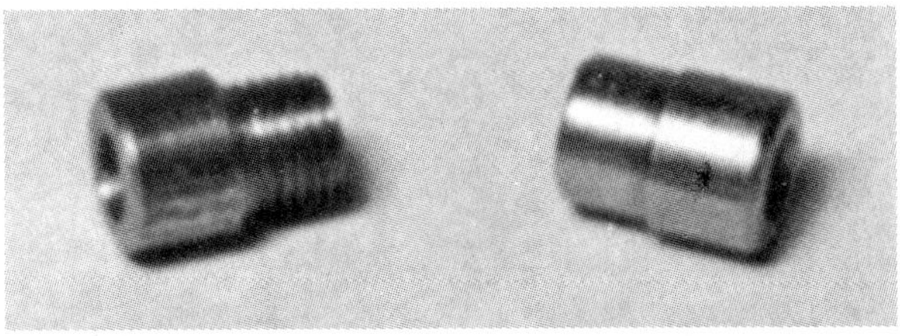

图4-24 单螺纹接头实物图

图4-25 单螺纹接头连接串珠绳实物图

4.1.3.3 双螺纹接头

这种接头也属于可拆卸的多次性使用固定接头,其结构与单螺纹接头基本相同,只是与串珠绳连接的接头全部为螺柱接头,中间增加了一个螺母接套,接头连接螺纹仍为左旋。这种接头的钢丝绳与螺柱接头之间采用铜焊或钎焊连接,保证了接头与钢丝绳之间连接的可靠性,而且连接也非常方便,其结构示意见图4-26。因为一般的石材矿山都不具备钎焊或铜焊设备,所以这种接头一般在比较大的石材矿山企业使用。

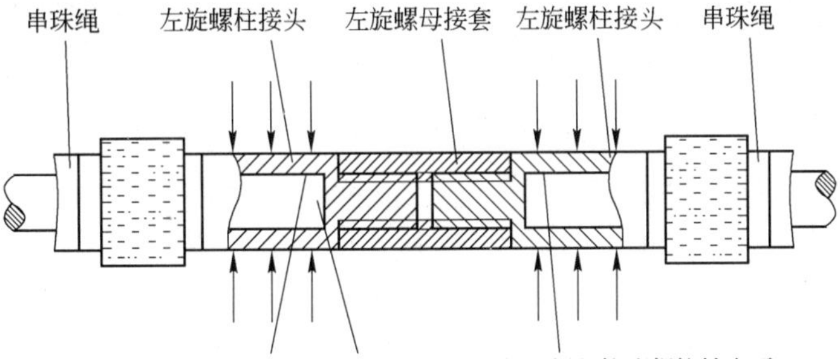

图4-26 双螺纹接头示意图

双螺纹接头也可将与钢丝绳连接端制成螺母,中间连接部分制成螺柱结构,见图4-27。

还有一种特殊的双螺纹结构接头,其两端的接头为螺柱结构,中间的螺母是两个串联在一起的串珠,见图4-28。这种接头的特点是,连接螺母外表面的串珠层直接参与切割石材,使接头连接螺母的寿命与串珠绳相同,避免了接头螺母过早的磨蚀损坏。

由于螺纹接头的旋向与串珠绳的旋向相反,在串珠绳的切割过程中,螺纹接头会连接得非常紧固,所以在拆卸时会遇到一些困难,应尽量防止过力拆卸时损坏接头,可使用专用的工具帮助完成拆卸。

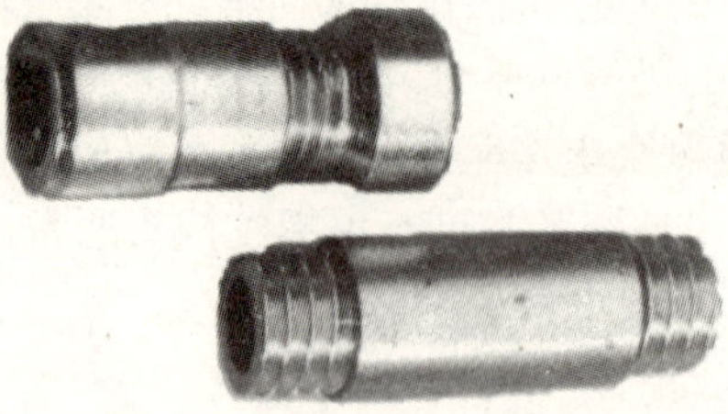

图 4-27　单、双螺纹接头外形图

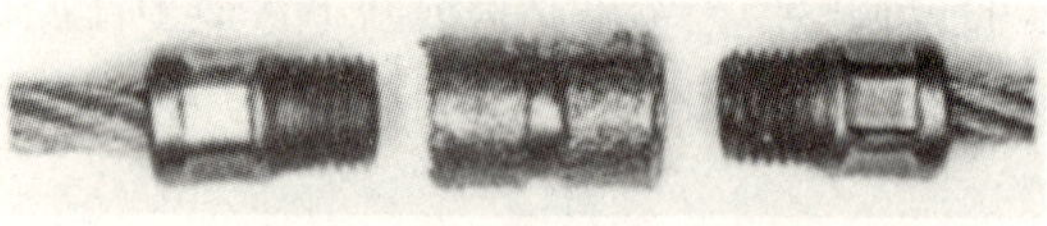

图 4-28　中间螺母是串珠的双螺纹接头实物图

4. 1. 3. 4　铰接式接头

铰接式接头采用一种巧妙的机械铰链式连接结构，拆卸时将接头折弯 90°，即可完成接头的拆卸脱离。因为串珠绳在切割过程中，不可能出现 90°折弯，所以接头也不会脱离。接头与钢丝绳的两端连接结合，均采用铜焊或钎焊连接方式。因为这种接头机械结构和制造工艺复杂，为了防止因压接连接引起的接头变形，影响其拆装操作的可靠性，所以很少使用靠静摩擦力将接头与钢丝绳压接结合的方式。图 4-29 和图 4-30 分别是这种接头结合和分离外形图。

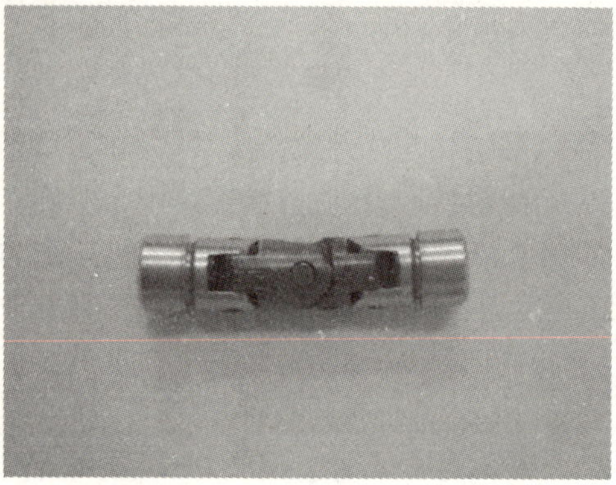

图 4-29　铰接式接头结合状态外形图

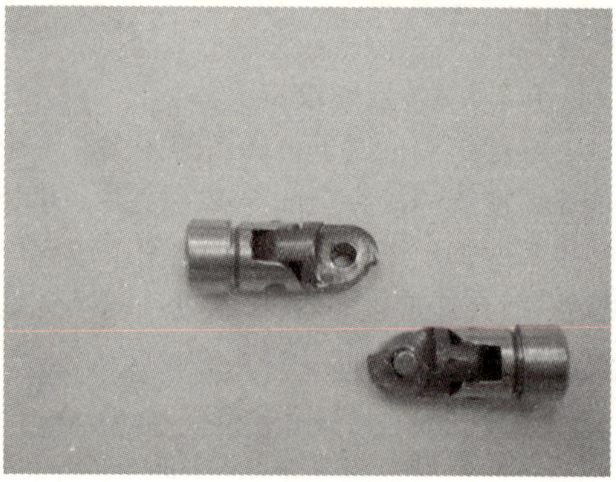

图 4-30　铰接式接头分离状态外形图

铰接式接头的特点是材质坚硬，不易磨损；拆卸更方便，无需任何工具即可完成拆卸，也不会损伤接头。但作为一次性使用的零件，接头的制造和使用成本比较高，所以这种接头应尽量用于切割寿命长的串珠绳的连接。

4. 1. 3. 5　串珠绳接头的选用

不同的切割方式应选择与其相适应的串珠绳接头。铜制金属套固定接头、螺纹接头、铰接式接头，一般用于大理石、石灰石和石灰华等软质石材矿山开采用串珠绳的连接。钢制金属套固定接头，一般用于花岗石等硬质石材的矿山开采中串珠绳的连接。对于整形切割或板材，特别是异型切割等固定设备使用的串珠绳连接接头，因为串珠绳需要承受比较大的张紧力，所以一般使用钢质金属套固定接头，以提高制品的加工精度。用于花岗石开采的烧结型串珠绳的连接，一般采用钢制金属套固定接头。用于大理石开采的弹簧型串珠绳，可使用可拆卸的螺纹接头。螺纹或铰接式可拆卸接头，可用于多绳串珠锯、固定式整形或异型设备加工软质石材的串珠绳的连接，以防止多次拆卸串珠绳时，因每条串珠绳的长度不相同，影响整组串珠绳张紧力的一致性。在使用异型串珠锯切割封闭形状的图形制品时,最好使用可拆卸的螺纹接头或铰接式接头。

4.1.3.6 串珠绳接头的压接要求

不论是哪种接头结构,与钢丝绳之间采用静摩擦力连接方式时,接头与钢丝绳的拉脱力必须达到或超过串珠绳张紧力的2.5~3倍,根据不同用途串珠绳的使用条件,拉脱力必须不小于5000 N。压接大理石切割用串珠绳的接头时,应采用具有100 kN压力的液压或液力压接工具;压接花岗石切割用的串珠绳的接头时,压接工具的压力必须达到200 kN,以保证接头与钢丝绳能够可靠地连接。

4.1.3.7 串珠绳接头的使用寿命

除出现正常磨损和损坏情况时需要更换接头外,串珠绳的接头连续使用寿命最多不应超过24 h。如果超过该时间,钢丝绳很容易从接头处脱开或断裂。

4.1.4 串珠绳用钢丝芯绳

根据串珠绳的用途不同、直径不同,其芯绳一般采用直径3.5~4.9 mm、61~133股的钢丝绳。我们以意大利REDAELLI TECNA公司生产的、专门与切割石材串珠绳配套的钢丝绳为例,介绍几种串珠绳用钢丝绳的结构、用途和技术性能参数。图4-31是部分钢丝绳的外观图。

图4-31 部分串珠绳用钢丝绳外观图

4.1.4.1 钢丝绳的种类和用途

该公司生产的钢丝绳分成传统型、高强度型、免清洗型、特别免清洗型、塑料芯绳型、镀锌和镀铜型等类型。

A 传统型钢丝绳

传统型钢丝绳的外径有3.8 mm和4.9 mm两种规格,由61股0.4 mm和0.52 mm的镀锌细钢丝绳制成,主要为大理石、花岗石矿山开采用串珠绳配套的钢丝绳。

B 高强度型钢丝绳

高强度型钢丝绳的外径为4.9 mm,是61股的镀锌钢丝绳。与传统型钢丝绳不同的是,在钢丝绳的外表面采用了类似于保护层的特殊塑料涂层，牢固地包裹住钢丝绳的外股，以维持其结构的紧凑性，防止钢丝绳在切割过程中遇到杂质引起的磨损，以及在冷却水的作用下出现的钢丝绳内部的氧化，保持了钢丝绳具有较长的使用寿命。主要为大理石开采用弹簧型串珠绳配套的钢丝绳，这种涂敷塑料保护层的钢丝绳不适用于注塑串珠绳。

C　免清洗型钢丝绳

61 股免清洗型钢丝绳的规格与传统型钢丝绳相同，为了能够更适合注塑型串珠绳的生产工艺要求，生产钢丝绳时，对每根钢丝绳都进行了特殊的清洗处理，去除了生产过程中润滑油脂等杂物对钢丝绳的污染，提高了生产注塑型串珠绳时聚氨酯塑料与钢丝绳的附着力。在这种专门为注塑生产工艺设计开发、增加注塑附着力的特别免清洗型钢丝绳的芯绳机构中，每股 7 根钢丝绳中有一根的直径比较粗大，用于增加钢丝绳的外部接触面积，注塑时提高钢丝绳与塑料结合特性。主要用于大理石、花岗石开采切割和整形切割用串珠绳的芯绳。

90 股免清洗型钢丝绳的外径在 3.5 ~ 4.9 mm 之间，有 5 种规格，除了保持了免清洗钢丝绳的优点外，还具有更好的柔韧性、抗磨损性和抗冲击性等特点。不仅用于大理石、花岗石开采切割和整形切割用串珠绳的芯绳，还可用于多绳串珠锯使用串珠绳的芯绳。

D　塑料芯绳型钢丝绳

塑料芯绳型钢丝绳有 61 股和 90 股两种规格，制造时在钢丝绳的金属芯绳外包裹附着了一个塑料层，其作用是扩展了钢丝绳的使用温度范围。在 -2 ~ +80℃ 范围内连续使用串珠绳时，钢丝绳的直径基本保持不变，钢丝绳也不容易出现脆性破断。当钢丝绳承受横向力、侧向偏离导致的扭矩力和冲击载荷作用时，塑料层还可保持钢丝绳的稳定性。这种钢丝绳主要用来生产切割大理石和花岗石、单绳和多绳串珠锯用注塑型串珠绳的芯绳。

E　镀锌和镀铜型钢丝绳

镀锌和镀铜型钢丝绳通常采用 133 股钢丝绳结构，外径为 4.8 mm 和 4.9 mm，每根细钢丝绳都采用了镀锌或镀铜工艺，更适用于生产注塑和橡胶注封串珠绳的芯绳。由于采用了更多股数的钢丝绳，所以这种钢丝绳的破断拉力要高于 61 股或 90 股钢丝绳。

4.1.4.2　钢丝绳的结构和技术参数

表 4-11 ~ 表 4-14 分别是意大利 REDAELLI TECNA 公司生产的石材切割专用钢丝绳的结构示意和技术参数。

表 4-11　TM61 型钢丝绳的结构和技术参数

参数 结构	型　　号	钢丝股数	外径/mm	钢丝直径/mm	最小破断拉力/N
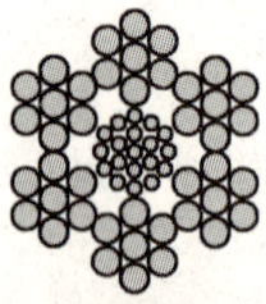	TM61 镀锌传统型钢丝绳	61	3.8	0.4	11000
			4.9	0.52	18350
		用于大理石、花岗石矿山开采的单绳机型用串珠绳的芯绳			
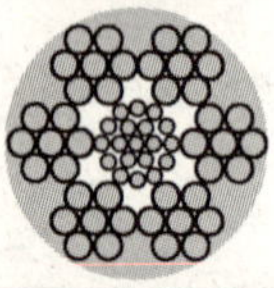	TM61 镀锌高强度型钢丝绳 直径偏差 0 +0.15 mm	61	4.9	0.52	18350
		用于大理石、花岗石矿山开采的单绳机型用弹簧型串珠绳的芯绳			

表 4-12 TM61 和 TM90 免清洗型钢丝绳的结构和技术参数

参数 / 结构	型号	钢丝股数	外径/mm	钢丝直径/mm	最小破断拉力/N
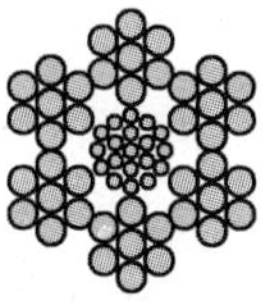	TM61 镀锌免清洗型钢丝绳	61	3.8	0.4	11000
			4.9	0.52	18350
		主要用于大理石、花岗石开采切割和整形切割的单绳机型用串珠绳的芯绳			
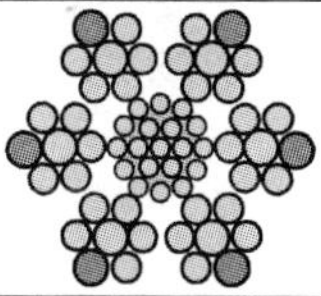	TM61 镀锌特别免清洗型钢丝绳	61	3.8	0.4	11000
			4.9	0.52	18350
		主要用于大理石、花岗石开采切割和整形切割的单绳机型用注塑串珠绳的芯绳			
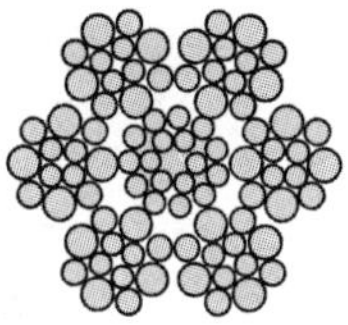	TM90 镀锌免清洗型钢丝绳	90	3.5	0.33	9890
			3.8	0.36	11000
			3.9	0.37	11600
			4.5	0.42	15390
			4.9	0.46	18350
		用于大理石、花岗石开采切割和整形切割的单绳机型用串珠绳的芯绳，还可用于多绳串珠锯用串珠绳的芯绳			

表 4-13 TM61P 和 TM90P 塑料芯绳型钢丝绳的结构和技术参数

参数 / 结构	型号	钢丝股数	外径/mm	钢丝直径/mm	最小破断拉力/N
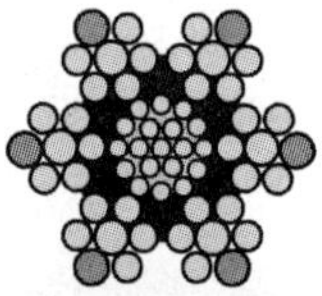	TM61P 塑料芯绳型钢丝绳	61	3.8	0.4	11000
			4.9	0.52	18350
		用于大理石和花岗石的单绳整形和多绳切割用注塑串珠绳的芯绳			
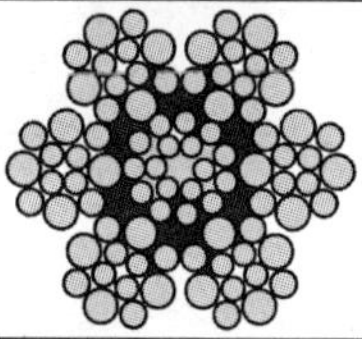	TM90P 塑料芯绳型钢丝绳	90	4.9	0.52	18350
		用于大理石和花岗石的单绳整形和多绳切割用注塑串珠绳的芯绳			

表 4-14 TM133 镀锌和镀铜型钢丝绳的结构和技术参数

参数 / 结构	型号	钢丝股数	外径/mm	钢丝直径/mm	最小破断拉力/N
	TM133 镀锌型钢丝绳	133	4.8	0.38	22000
		用于大理石、花岗石开采切割和整形切割用单绳机型注塑串珠绳的芯绳			
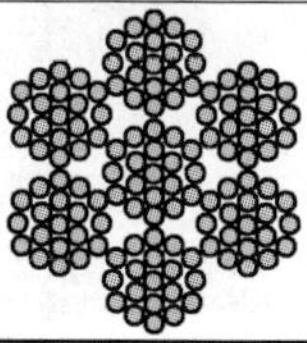	TM133 镀铜型钢丝绳	133	4.9	0.32	22000
		用于大理石、花岗石开采切割、整形切割和混凝土切割用单绳机型注塑和橡胶注封串珠绳的芯绳			

4.2　金刚石串珠绳的应用

串珠绳的选用与被切割材料的类型、硬度等因素有关，串珠绳选择得当才能取得最佳的切割效果和最长的使用寿命。

按照切割类型，将串珠绳的切割分成矿山开采切割、整形切割、板材加工切割和异型制品加工切割等类型。按照使用的设备类型，可将串珠绳分成用于矿山开采的移动式串珠锯用串珠绳、用于整形和板材切割的固定串珠锯用串珠绳、用于异型加工的串珠绳、用于板材切割的多绳串珠锯用串珠绳以及用于混凝土拆除切割的串珠绳。表 4-3 是不同用途串珠绳的推荐直径。

4.2.1　石材开采切割用串珠绳

串珠锯在石材开采切割时使用的串珠绳分成切割花岗石类硬质石材的串珠绳，切割大理石、石灰石和石灰华等软质石材用的串珠绳。

4.2.1.1　大理石等软质石材矿山开采切割用串珠绳

由于大理石的基本成分是碳酸钙或白云岩，不含石英、长石等硬质矿物成分，开采切割时，使用电镀串珠绳即可满足要求。经过合理调整配方制成的切割软质石材的烧结串珠绳，也可以用于矿山开采切割大理石。

因为大理石成分的特殊性，不必顾虑锯屑进入串珠与钢丝绳之间的缝隙，对钢丝绳产生磨蚀，所以，在大理石、石灰石和石灰华矿山中最经济的串珠绳结构是弹簧型。这也是目前大理石等软质石材的开采切割作业中，使用最多的还是电镀串珠弹簧型串珠绳的原因。

随着矿山安全开采问题得到重视，安全性更好、寿命更长的烧结串珠注塑型串珠绳，正逐步取代弹簧电镀型串珠绳，广泛用于大理石矿山的开采切割。另外在开采蛇纹石等高硬度大理石时，使用电镀串珠的弹簧型串珠绳，通常不能达到经济理想的切割寿命；耐磨性高的烧结串珠注塑型串珠绳，则是切割这类硬质大理石的最佳选择。

为了保持切割大理石等软质石材的切割速度，同时又要顾及使用安全性，以弹簧作为支承骨架的电镀串珠注塑型串珠绳，也开始用于大理石、石灰石和石灰华矿山开采切割。

4.2.1.2　花岗石等硬质石材矿山开采切割用串珠绳

在开采花岗石、砂岩时，必须使用注塑型结构的串珠绳，这不仅是考虑使用安全问题，更重要的是考虑其耐磨问题。注塑型结构的串珠绳，以耐磨性好的聚氨酯塑料充当串珠间的固定隔垫，串珠与钢丝绳之间的间隙全部被塑料充填，串珠与钢丝绳不能相对转动，防止锯屑中的石英和长石颗粒进入串珠和钢丝绳之间，磨蚀损坏钢丝绳。

热压烧结串珠的制造工艺和选用的结合剂金属与热压烧结型金刚石刀头相似，烧结串珠具有很好的耐磨性，结合剂金属完全可以承受花岗石中石英等硬质成分的磨蚀。因为花岗石的硬度范围很大，可通过调整结合剂中不同成分金属的比例，选用不同强度、粒度的金刚石，改变结合剂基体的磨耗速度和金刚石晶体的最佳出露时机，制成用于切割不同硬度和磨耗性能花岗石用途的串珠。而采用电镀串珠的弹簧型串珠绳，串珠的金刚石镀层薄，基体金属耐磨性差，不能承受花岗石中高硬度石英成分的磨蚀。如果用电镀型串珠绳切割花岗石，串珠的寿命极低。更重要的是石英颗粒很容易进入串珠、垫圈或弹簧与钢丝绳之间的空隙，将细的钢丝芯绳磨断，使得整股钢丝绳的强度降低，用不了多久，整根钢丝绳就会被磨断。

表4-15是串珠锯开采切割部分不同种类石材时的切割效率和串珠绳的使用寿命统计，其中开采切割花岗石等硬质石材时，采用烧结串珠的注塑型串珠绳；切割大理石和石灰华等软质石材时，使用电镀串珠的弹簧或注塑型串珠绳。表4-16是国产GQP和GQR系列串珠绳开采切割部分国内外花岗石类硬质石材的实际使用数据。

表4-15 串珠锯开采切割不同石材的切割效率和串珠绳寿命统计

石材品种 \ 技术参数	切割效率 $/m^2 \cdot h^{-1}$	串珠绳寿命 $/m^2 \cdot m^{-1}$
英国砂岩 English Sandstones	4 ~ 13	8 ~ 24
葡萄牙花岗石 Cinzento	5.5	9
瑞士花岗石 Tcino Gneiss	4	6
意大利石材 Pietra Serea	9	10 ~ 12
意大利石材 Santafiora	7	50 ~ 60
意大利大花绿大理石 Verde Alpi	8	18
芬兰啡钻花岗石 Baltic Brown	4	7.5
意大利珍珠白麻花岗石 Grigio Perla	1.5	6.5
意大利花岗石 Rosa Baveno	6.5	3.5
意大利花岗石 Ghiandone Limbara	3.5	6
挪威花岗石 Pale Labrador	5.5	9
挪威墨绿珠球花岗石 Dark Labrador	6	13 ~ 17
澳大利亚砂岩 Australian Sandstones Average	6.5 ~ 18	12 ~ 45
意大利石材 Vicenza Stone	10	100 ~ 110
意大利大理石 Palissandro	12	28 ~ 30
意大利帝沃里石灰华 Tivoli Travertine	15.5	90 ~ 100
美国板岩 Aberllefenni	2 ~ 4	5 ~ 6
意大利板岩 Ardesia	6 ~ 8	9 ~ 11
英国蓝灰板岩 Delabole Blue Grey	4 ~ 7	8
英国蓝板岩 Festiniog Blue	4	6
英国 Kirkstone Veneto	9	9 ~ 18
意大利粗面岩 Trachite Veneto	3	6
意大利大理石 Candoglia	13	33 ~ 35
德国花岗石 Passau	1.5	3.5
西班牙粉红麻花岗石 Rosa Porrino	3	5.5
加拿大黑花岗石 Canadian Black	5	10.5
南非花岗石 Impala	6	9 ~ 10
意大利石材 Finale Stone	14	21
美国紫晶花岗石 Dakota Mahogany	2	2.5
法国花岗石 Lanhelin	2.5	4
意大利蚝眼灰花岗石 Serizzo	3.5 ~ 4	6 ~ 7
挪威石英岩 Alta Quarzite	5	3
英国板岩 Delabole Slate	4.7	8
意大利闪长岩 Diorite	3	9
巴西香揁金麻花岗石 Juparana	3	6
西班牙白水晶花岗石 Bianco Crystal	2.5	6
西班牙花岗石 Azul Platino	3	6
意大利凝灰岩 Peperino	15 ~ 17	14 ~ 16
意大利砾岩 Brecce	7 ~ 9	13 ~ 15
意大利砾岩 Ceppo	5 ~ 8	10 ~ 15
意大利砂岩 Pietra Serena	4	5
西班牙砂岩 Arlanza Sandstone	18 ~ 20	8 ~ 9
中国翡翠绿花岗石 Jadeite Green	2	6

表4-16 GQP和GQR系列串珠绳开采切割部分国内外花岗石类石材的实际使用数据

石　种	硬度等级	单次切割面积$/m^2$	切面类型	切割效率$/m^2 \cdot h^{-1}$	切割寿命$/m^2 \cdot m^{-1}$
九龙壁	5	110	水平面	1.2	4.5
翡翠绿	5	39	水平面	1.5	5.27
翡翠绿	5	30	垂直面	1.86	5.69
蝴蝶绿	2 ~ 3	450	水平面	4.2	8

续表 4-16

石　种	硬度等级	单次切割面积/m^2	切面类型	切割效率/$m^2 \cdot h^{-1}$	切割寿命/$m^2 \cdot m^{-1}$
蝴蝶绿	2~3	150	水平面	5.6	10.5
670 号	3	100	水平面	3.0	
640 号	2~3	185	垂直面	3.5	7.5
623 号	3~4	195	垂直面	2.1	7
南平黑	2	20~30	垂直面	10.2	15
中国蓝	2	130	水平面	5~6	12.8
挪威:蓝珍珠	2			10.3	16~18
南非:南非黑	2			5	16~18
巴西:金钻麻	3			5	12
印度:黑金砂	2~3			5~6	16

注:本表技术参数由福州天石源超硬材料工具有限公司 2006 年提供。

4.2.2　石材荒料整形和板材切割用串珠绳

固定式串珠整形机是目前使用最多的石材荒料整形机,也是切割生产不同厚度石材板材的设备。无论是切割花岗石,还是切割大理石,烧结串珠注塑型串珠绳是整形和板材切割的固定式串珠锯使用最合适的串珠绳。

开采用移动式串珠锯的作业面一般都比较开阔,而且作业人员相对稀少和分散,如果防护措施得当,工人严格按照操作规程作业,在开采大理石时,使用弹簧型串珠绳的安全性还是比较高的。

而串珠整形机通常都是固定安装的,尤其是在加工厂切割板材用的串珠整形机,相对开采作业场地而言,一般都是安装在比较狭窄的场地空间内,有些甚至是安装在车间内。如果使用弹簧结构的串珠绳,一旦出现串珠绳的断裂(这种情况肯定会有发生),处于断口处附近的固定单元大约会有 9~15 个零件,都将以 25~40 m/s 的线速度无序地四散飞出,即便是采取了相应的防护措施,这些飞出的串珠绳零件,对于工作在空间相对狭窄的加工车间内的人员,有时仍会构成威胁甚至伤害。虽然电镀串珠弹簧型串珠绳是最早用于大理石荒料整形和板材切割的串珠绳,但从减少或杜绝因这种类型串珠绳破断时产生的安全隐患考虑,建议在大理石整荒料形和板材切割时,最好还是选择安全性更好的烧结或电镀串珠注塑型串珠绳。在花岗石整荒料形和板材切割时,应该使用烧结串珠的注塑型串珠绳。

表 4-17 是固定式串珠锯切割几种石材板材的切割效率和串珠绳的使用寿命的统计。

表 4-17　固定式串珠锯切割加工几种石材的切割效率和串珠绳的使用寿命统计

技术参数 / 石材品种	切割效率/$m^2 \cdot h^{-1}$	串珠绳寿命/$m^2 \cdot m^{-1}$	串珠数量/个 · m^{-1}
意大利白色花岗石 Baveno Bianco	2	11	40
意大利粉红色花岗石 Baveno Rosa	1.5	10	40
意大利白色花岗石 Bianco Montorfano	1.5	11	40
意大利花岗石 Pietra di Luserna	2~2.5	9	40

续表 4-17

石材品种 \ 技术参数	切割效率/$m^2 \cdot h^{-1}$	串珠绳寿命/$m^2 \cdot m^{-1}$	串珠数量/个 · m^{-1}
意大利花岗石 Serizzo	2~2.5	16	40
意大利粗面岩 Trachite Veneto	1.5	7	40
意大利凝灰岩 Peperino	3~3.5	18~20	30
意大利 Trachite Veneto	2	10	40
法国花岗石 Granit du Tarn	1.4~2	11~15	40
法国花岗石 Granit des Cretes	1.2	12~14	40
葡萄牙 Piedra Galicia	2~2.5	12~15	40
爱尔兰灰色花岗石 Ballyknockan Grey	1.2	13~14	40
爱尔兰灰色花岗石 Wicklow Grey	1.2	30~33	40
西班牙花岗石 Bianco Castilla			40

4.2.3 异型石材制品切割用串珠绳

加工异型石材的数控串珠锯，在使用当中需要控制的主要工艺参数有：串珠绳的线速度和切割进给速度。串珠绳线速度的高低与被切割石材的品种、硬度和磨耗有关；切割进给速度的大小除了与被加工石材的品种、硬度和形状等参数有关外，还与被切割制品的长度、主电机工作电流的大小等因素有关。串珠绳的使用寿命则与上述参数、串珠绳的结构和串珠的类型都有关系。

由于进行异型切割时，串珠绳的切割运动轨迹变化多端，串珠绳切割时受力状况复杂，其切割条件并不比整形切割时好，有时甚至比开采切割时还差，所以切割异型石材时，数控串珠锯的切割效率、串珠绳的寿命都要降低。

串珠锯是一种采用柔性切割刀具的石材加工设备，其加工切割效率要低于金刚石圆锯片，片面地追求高的切割效率往往会导致串珠绳容易断裂、变钝或缩短其使用寿命，还会降低加工石材制品的精度。固定串珠锯的这些使用特点，必须引起初期使用固定串珠锯用户的注意。

在进行异型石材制品切割时，数控串珠锯的加工优势在于能够实现其他加工设备和加工方法所无法实现、或者实现起来很困难的各种复杂形状和图案制品的加工，例如实心圆柱、空心柱、从同一块荒料上加工出一组螺旋曲线楼梯、任何曲线轮廓的墓碑，以及特殊造型的圆柱、圆锥和螺旋柱等。使用数控串珠锯加工简单形状的异型石材制品时，其切割效率有时会比采用锯条、锯片等刚性切割刀具的加工设备低，加工产品的偏差可能也相对大一些。但如果是加工复杂造型的异型石材制品，其他设备有时不能完成加工或需要很长的加工工时才能完成加工，而数控串珠锯则可容易地进行复杂造型石材制品的加工，这也是数控串珠锯具有其他设备无法相比的加工优势。在选用串珠锯加工异型石材制品时，除了考虑其生产效率外，应该以其特殊的切割功能作为选择依据，能够使用通用设备生产的石材制品，尽量不用串珠锯加工，用其之长，补其之短，以达到最佳的经济效益。

因为异型石材制品的切割精度要求高，需要对串珠绳施加比较大的张紧力，所以对固定式数控串珠锯的运动精度和切割精度要求都很高。因此,不论是大理石还是花岗石异型制品的加工,推荐选择烧结串珠注塑型串珠绳,同时也保证了使用的安全性。

表4-18是一组数控串珠锯切割不同种类石材时切割效率、串珠绳线速度和张紧力数值的关系表;表4-19是数控串珠锯的切割效率、进给速度与切割长度之间的关系表。表4-19的用法是,先根据被加工石材种类从表4-18中找出对应的切割效率值;然后再根据被加工石材制品的长度尺寸,从表4-19中找出对应的切割进给速度参考值。通常情况下,被切割

表4-18 异型串珠锯切割不同种类石材时的切割效率、串珠绳线速度

技术参数 / 被加工石材种类	串珠绳线速度 /$m \cdot s^{-1}$	切割效率 /$m^2 \cdot h^{-1}$	串珠绳的使用寿命 /$m^2 \cdot m^{-1}$	张紧力的数值
Ⅰ、Ⅱ级花岗石	23~28	0.3~0.6	6~10	以意大利PELLEGRINI公司生产的异型加工数控串珠锯为例,张紧力的数值是3500 N。液压系统压力表的指示范围是3500~4000 N
Ⅲ、Ⅳ、Ⅴ级花岗石	20~24	0.3~0.6	4~8	
软大理石	30~35	1.0~2.0	30~40	
硬大理石	28~32	0.7~1.5	20~30	
石灰石	30~35	1.0~2.0		
硬石灰石	28~32	0.7~1.5	40~60	
石灰华	34~40	1.5~3.0	40~60	

表4-19 异型串珠锯进行石材异型制品加工时切割效率、进给速度与制品切割长度之间的关系

切割长度 /m	从表4-18中选取数控串珠锯对应不同石材切割时的切割效率/$m^2 \cdot h^{-1}$												
	0.2	0.3	0.4	0.5	0.6	0.8	1.0	1.2	1.4	1.6	1.8	2.0	2.2
	金刚石串珠绳的进给速度/$m \cdot h^{-1}$												
0.3	0.67	1.00	1.33	1.67	2.00	2.67	3.33	4.00	4.67	5.33	6.00	6.67	7.33
0.4	0.50	0.75	1.00	1.25	1.50	2.00	2.50	3.00	3.50	4.00	4.50	5.00	5.50
0.5	0.40	0.60	0.80	1.00	1.20	1.60	2.00	2.40	2.80	3.20	3.60	4.00	4.40
0.6	0.33	0.50	0.67	0.83	1.00	1.33	1.67	2.00	2.33	2.67	3.00	3.33	3.67
0.7	0.29	0.43	0.57	0.71	0.86	1.14	1.43	1.71	2.00	2.29	2.57	2.86	3.14
0.8	0.25	0.38	0.50	0.63	0.75	1.00	1.25	1.50	1.75	2.00	2.25	2.50	2.75
0.9	0.22	0.33	0.44	0.56	0.67	0.89	1.11	1.33	1.56	1.78	2.00	2.22	2.44
1.0	0.20	0.30	0.40	0.50	0.60	0.80	1.00	1.20	1.40	1.60	1.80	2.00	2.20
1.2	0.17	0.25	0.33	0.42	0.50	0.67	0.83	1.00	1.17	1.33	1.50	1.67	1.83
1.3	0.15	0.23	0.31	0.38	0.46	0.62	0.77	0.92	1.08	1.23	1.38	1.54	1.69
1.4	0.14	0.21	0.29	0.36	0.43	0.57	0.71	0.86	1.00	1.14	1.29	1.43	1.57
1.5	0.13	0.20	0.27	0.33	0.40	0.53	0.67	0.80	0.93	1.07	1.20	1.33	1.47
1.6	0.13	0.19	0.25	0.31	0.38	0.50	0.63	0.75	0.88	1.00	1.13	1.25	1.38
1.7	0.12	0.18	0.24	0.29	0.35	0.47	0.59	0.71	0.82	0.94	1.06	1.18	1.29
1.8	0.11	0.17	0.22	0.28	0.33	0.44	0.56	0.67	0.78	0.89	1.00	1.11	1.22
1.9	0.11	0.16	0.21	0.26	0.32	0.42	0.53	0.63	0.74	0.84	0.95	1.05	1.16
2.0	0.10	0.15	0.20	0.25	0.30	0.40	0.50	0.60	0.70	0.80	0.90	1.00	1.10

的荒料越长,切割进给速度也越低;石材越硬、切割效率越低,切割进给速度也越低。加工某种石材前,应首先了解这种石材的切割性能,然后通过这两个表,基本可以确定进行不同长度异型石材制品切割时,选用串珠绳的参考进给速度的范围。表4-18只提供了少数石材品种的切割效率值,在生产实践中,应注意积累获得各种石材的具体加工参数数据,以便扩展上述表格的使用范围。表4-19也只是提供一个选择数控串珠锯进给速度参考值的方法,实际使用时,应根据每个企业的具体情况、数控串珠锯的机型不断地充实和完善上述表格的内容。

另外,采用交替切割软硬石材的方法,除了可改善串珠的锋利度外,也可提高串珠绳的使用寿命。

4.2.4 加工石材板材制品的多绳串珠锯用串珠绳

板材加工用多绳串珠锯使用烧结串珠注塑型串珠绳。多绳串珠锯加工板材的主要竞争对手是框架锯机,即加工花岗石大板的砂锯和加工大理石大板的排锯。其切割速度是框架锯机所不能比拟的,主要竞争焦点是直接影响到荒料出板率多少的切割缝的大小。

早期受到串珠绳制造工艺的限制,串珠绳的直径一般都在8.5 mm以上,与只有7.2 mm左右宽度切缝的砂锯相比,这样宽度的锯缝会造成石料的浪费,但目前为切割花岗石配套的多绳串珠锯都采用直径7~7.2 mm的烧结串珠注塑结构的串珠绳,完全能够与砂锯竞争。

在切割大理石方面,排锯的锯缝宽度大约在5.3~5.5 mm,有些甚至只有4.2~4.5 mm的宽度,如果仍使用直径7.2 mm的串珠绳,串珠锯切缝的损失就很大了。可以考虑使用直径6 mm的电镀串珠注塑型串珠绳,用于切割大理石板材的多绳串珠锯。

短绳式多绳串珠锯一般采用无接头闭环型串珠绳,采用将钢丝绳接头的钢丝拆散后,重新编制连接的方式,形成无接头的闭环型串珠绳。无接头串珠绳的整体寿命有所提高。

对于使用长绳结构的多绳串珠锯,一般采用开式结构的串珠绳,允许新绳有一个接头,使用80~100 h后,必须更换新的接头,防止接头部位因疲劳和磨损而出现断裂。

4.2.5 台式串珠锯加工大理石板材制品用串珠绳

台式串珠锯主要用于石材拼花等小型石材制品的切割,所以推荐使用直径6 mm的电镀串珠注塑型串珠绳用于切割大理石等软质石材制品。如果需要切割花岗石等硬质石材制品,建议使用其他切割方法加工,或者使用直径7.2 mm的烧结串珠注塑结构的串珠绳加工。

4.2.6 混凝土切割用串珠绳的选用

虽然混凝土的硬度和致密程度都不如石材,尤其是像花岗石那样高,但许多混凝土中都加有一定密度的钢筋网,许多钢筋的直径甚至达到20~30 mm。在拆除这样的钢筋混凝土构件时,要求串珠绳必须具有比较高的强度和切削性能。所以比较硬的基体金属烧结串珠以及弹簧加注塑结构的串珠绳是拆除钢筋混凝土的理想串珠绳。切割一些无钢筋的素混凝土、砖石等结构的构件时,可以使用锋利度比较高的电镀串珠、加弹簧注塑制成的串珠绳。烧结串珠直接注塑的串珠绳,也可用于素混凝土等构件的拆除。每米混凝土切割用串珠绳通常安装40个以上的串珠。

橡胶注封的串珠绳，主要是用在摄氏零度左右、比较寒冷地区的石材矿山，在混凝土构件拆除等作业中也可使用。图4-32和图4-33是两种不同种类的混凝土用串珠绳的图片。

图4-32 混凝土用金刚石串珠绳之一

图4-33 混凝土用金刚石串珠绳之二

表4-20介绍了几种串珠绳的技术参数、结构参数、使用条件和用途。

表4-20 几种串珠绳的结构参数、技术性能、使用条件和用途介绍

用途		矿山开采			荒料整形			异型加工	
项目	石材 单位	硬质大理石	石灰石 石灰华	花岗石	硬质大理石	石灰石 石灰华	花岗石	硬质大理石	花岗石
串珠绳类型 串珠数量	注塑或弹簧 个串珠/m	注塑30 弹簧29		注塑40	注塑30 弹簧29		注塑40		
串珠外径	mm	11		11.4	11		11.2	8.7	
串珠骨架尺寸 (外径×长度×内径)	mm×mm ×mm	8×10×5.2			8×10×5.2			6×9×4	
		带1/4螺纹或无螺纹		1/4螺纹	带1/4螺纹或无螺纹		1/4螺纹	M4-5螺纹	
金刚石层长度	mm	7							
金刚石浓度	克拉/串珠	0.5		0.6		0.55	0.65	0.5	0.45
最低使用寿命	m^2/m	18~20	致密石灰石 45~55 石灰华 70~80	1~2级花岗石8~11 3~5级花岗石5~8	25~30	致密石灰石 80~90 石灰华 100~130	1~2级花岗石10~11 3~5级花岗石8~10	28~32	1~2级花岗石8~10 3~5级花岗石6~8
锯切速度	m^2/h	7~9	致密石灰石 10~14 石灰华 12~18	1~2级花岗石3~5 3~5级花岗石3~4	4~5	致密石灰石4~5 石灰华 4~5	1~2级花岗石2~3 3~5级花岗石1~3	3~4	1~2级花岗石4~5 3~5级花岗石2~4
推荐最佳线速度	m/s	32~36	30~40	20~25	32~36	30~40	20~25	30~35	20~25
优选结构串珠数量	注塑或弹簧 个串珠/m	注塑37或 弹簧28/31/32		可用注塑 35~37	注塑37 或弹簧28/31/32		(也可用 注塑37)		

4.3 与金刚石串珠绳配套使用的辅助装置和工具

为了保证串珠绳能够得到正常的维护、保养和正确的使用,必须配备一套辅助工具和装置,包括剪线钳、手动液压钳、杠杆式液压钳、串珠绳的装配工作台和压模等。

4.3.1 手动液压钳

手动液压钳实际上是一种标准的液压工具,主要用于电线与接线端子的压接接合。因为它是标准的液压工具,所以必须在压接钳口上配套专用的串珠绳接头压模,然后才可用于连接串珠绳,使其成为封闭的切割环路。

4.3.1.1 手动液压钳的结构

手动液压钳是目前使用最普遍的、采用静摩擦力接合串珠绳与接头的压接工具,具有结构简单、可对接头施加足够大接合压力、操作灵活方便等特点。手动液压钳可用于连接弹簧型、注塑型和橡胶注封型等各种结构的串珠绳,以及各种需要采用静摩擦力接合的接头。在石材开采和加工时,根据连接串珠绳用途的不同,需要配备不同压力值的手动液压钳。如用于连接切割大理石的串珠绳,需要配备可提供 100 kN 压力的手动液压钳;连接切割花岗石的串珠绳时,需要使用可提供 200 kN 压力的手动液压钳。图 4-34 ~ 图 4-36 是三种手动液压钳的图片。

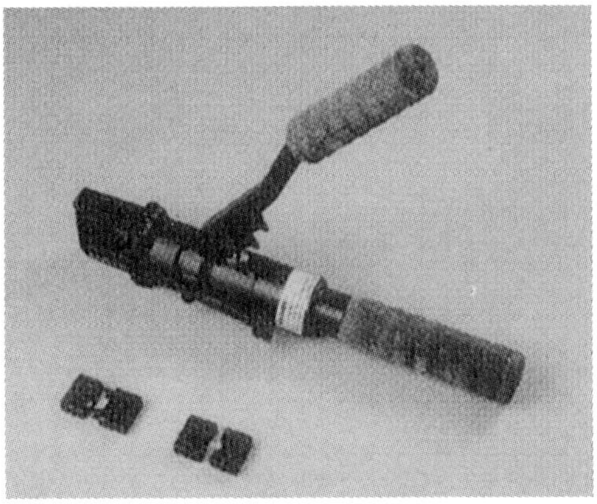

图 4-34 手动液压钳

图 4-35 KYQ-240 液压卡钳照片

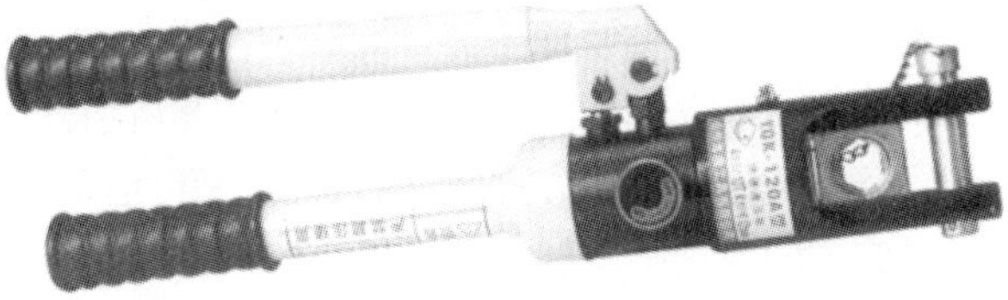

图 4-36 YQK-120A 液压卡钳照片

4.3.1.2 手动液压钳的技术参数

国内生产的手动液压钳一般用于动力、照明及电缆安装时的中间连接和封端作业,内有快速装置,可自动调节。根据压接材料用途的不同,采用不同压接钳口后,可分成用于压制铝、铜制和钢制接头的手动液压钳。用于连接串珠绳和接头时,应选用足够压力、用于压制钢制接头的液压钳。图4-37是国产KYQ系列液压钳的结构示意图,表4-21是该系列手动液压钳的技术参数。

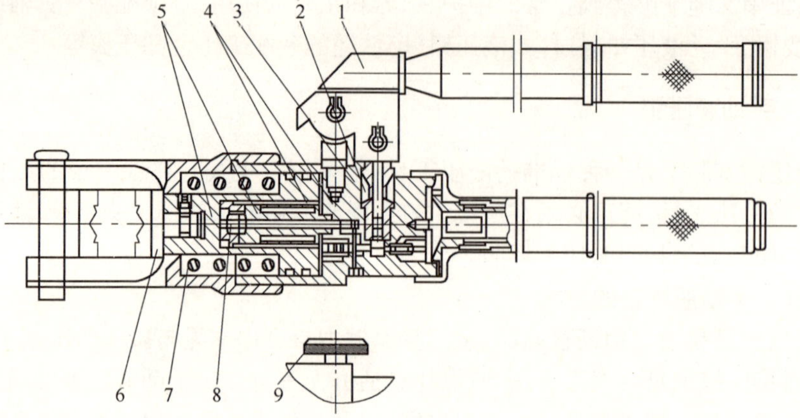

图4-37 手动液压钳结构示意图

1—手柄;2—油泵芯子;3—进油阀;4—出油阀;5—活塞;6—压模;7—回油弹簧;8—回油阀;9—回油螺丝

表4-21 国产KYQ系列手动液压钳的结构和技术参数

型号		KYQ-120A	KYQ-240A	KYQ-300A	FYQ-400	FYQ-630
压接范围/mm	铝材	10~120	16~240	16~300	150~400	150~630
	铜材	10~120	16~150	16~240	150~300	150~500
最大工作压力/kN		120	160	200	250	250
最大工作行程/mm		14	22	22	22	22
外形尺寸/mm×mm×mm		400×105×65	460×110×68	510×135×80	分离式	分离式
自重/kg		2.5	3.4	4.5		
配套使用的六角压模		10/16/25/35	16/25/35/50/70	16/25/35/50/70/95		
		50/70/95/120	95/120/150/185/240	120/150/185/240/300		
液压油型号		32号机械油				

4.3.1.3 手动液压钳的使用和操作

参照图4-37手动液压钳结构示意图,其操作步骤和工作原理是,按照接头直径配好相应尺寸的压模,搬动手柄1使油泵芯子2上升,此时进油阀3开启进油;手柄1下压时,出油阀4开启出油,压力油推动大小活塞5运动,迫使回油弹簧7压缩,使压模6向前推进;当两个压模微接触后,应停止加压,防止损坏油压系统。压接到位后,可松开回油螺丝9(不宜放开太多),使回油阀8开启,在回油弹簧7的作用下,液压油回流到储油管内,压模松开到初始位置。

4.3.1.4 手动液压钳的维修和保养

因为手动液压钳是一种比较精密的液压工具,压接串珠绳接头时必须注意,当两个压模接触后即可停止加压,否则会损坏液压钳的零件;使用时禁止敲击压模和钳口,以免其变形和损坏;严禁在泥水或压模与接头之间夹杂泥沙情况下,以及酸碱腐蚀气体环境下压接作业;经常检查液压钳中的压力油,必须保持液压钳内有充足的、经过过滤符合要求的压力油。

手动液压钳应由专人保管,使用后应用净水冲洗干净,干燥存放,不可敲击、碰撞,操作后严禁盲目加压。存放时,必须松开回油螺丝;长时间不用时,应将液压钳擦拭干净,表面涂防锈油脂保存。手动液压钳的结构严密,不得随意拆卸;如需拆卸,必须在清洁干燥的场地进行,严防灰尘杂物混入液压钳内部结构。

长期使用后,液压钳会出现轻微渗油,引起压力油减少。这时可旋卸固定手柄,再旋出尾管螺丝,摆动手柄,将剩余压力油少量压入油缸后,再加入补充压力油,补充的压力油必须经过200目的滤网过滤干净;补充压力油灌满油缸后,重新旋上尾管螺丝(不要旋紧);然后开启回油螺丝,待压力油微量外溢、使系统内空气排出后,旋紧尾管螺丝;擦净溢出的油液,安装固定手柄后,液压钳可以继续使用。

如果阀门密封不良,液压油路内进入空气,会出现活塞进退现象;如果大弹簧折断或变形,会出现活塞不能退位;出现上述现象,以及出现活塞和柱塞、回油螺丝处漏油严重,均应拆卸清洗液压钳,更换损坏零件,按照补充压力油的方法排除空气,重新组装后,液压钳即可复原。

4.3.2 手动机械式压钳

早期在大理石矿山使用弹簧型串珠绳时,大量使用铜质接头连接串珠绳,当时也曾大量使用一种手动机械式压钳,如图4-38和图4-39所示。这种压钳的结构更加简单,其钳口压紧部位被制成三个不同直径对接圆压模,按照从大到小的压制顺序,将接头与钢丝绳压合后将串珠绳连接。虽然铜质接头通常比较软,但所切割的石材多为软质大理石、石灰石或石灰华,使用的又是弹簧型串珠绳,所以手动机械式压钳基本能够满足要求。现在这类石材矿山仍使用这种压钳。其特点是结构简单,价格低廉,不足之处是只适用于铜质接头的压接。对于一些可更换钳口的机械压钳,钳口磨损后,可更换钳口,压钳可继续使用;如果钳口与压模为一体,磨损后压钳只能报废。

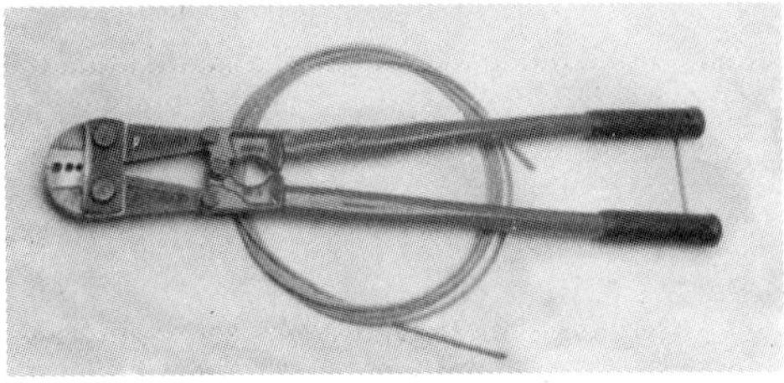

图4-38 手动机械式压钳

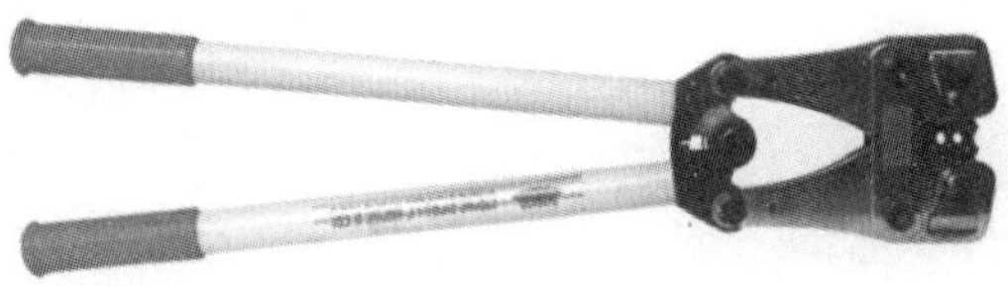

图4-39 JY-16-120型手动机械式压钳

4.3.3 杠杆式液压钳

杠杆式液压钳的结构、工作原理和用途类似于手动液压千斤顶。它由钳口、油缸、泵体、压杆和连接胶管等部分组成。与手动液压钳不同的是,这种液压钳的钳口处一般可安装2~3个不同尺寸的压模,可以根据从大到小的使用顺序,将接头与钢丝绳紧固可靠地连接在一起。由于杠杆比较长,压力油缸组件可比较稳固地放在地面上,所以杠杆式液压钳的操作比较省力,操作者的劳动强度低,串珠绳的连接可靠。与手动液压钳相比,其缺点是尺寸和重量都比较大,携带不方便。杠杆式液压钳也有100 kN、200 kN的压力规格,或安装一个可调整压力值的机构,以便达到不同接合压力的要求。图4-40是杠杆式液压钳的图片。

图 4-41 是一种便携型杠杆式液压钳，该装置的特点是，缸体容积和活塞直径都比较大，与手动液压钳相比，压接时比较省力；压力钳口与缸体安装在一起，装置的体积比较小，便于携带；压力油缸安装了支座，可以稳固地放在地面上，操作时稳定可靠。

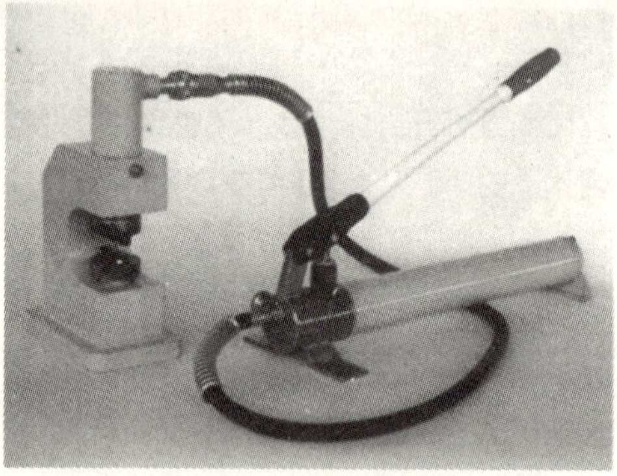

图 4-40　杠杆式液压钳

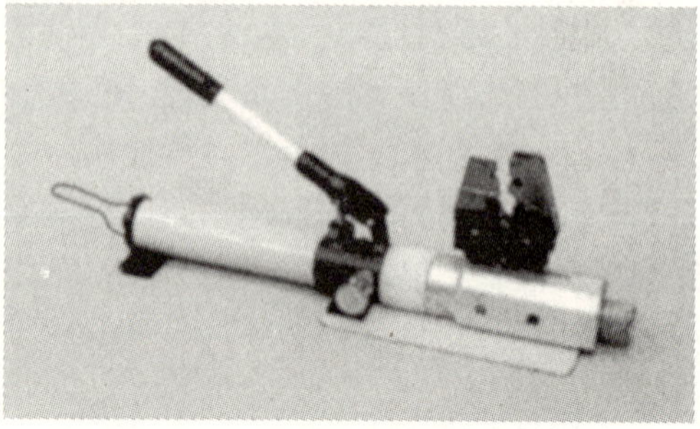

图 4-41　便携型杠杆式液压钳

4.3.4　装配弹簧型串珠绳的工作台

这种装配工作台主要用于弹簧型串珠绳的装配，图 4-42 是工作台的图片。装配工作台主要用于弹簧型串珠绳的生产企业，使用弹簧型串珠绳的大型大理石、石灰石和石灰华等软质石材矿山，用于高效装配、修复弹簧型串珠绳。其工作原理与杠杆式液压钳基本相同，区别是进入压力缸的压力油不是依靠手动压力泵，而是采用电动式液压泵站提供。在箱体式工作台上，增加了一套机械预压装置，用于弹簧型串珠绳连接前弹簧的预压紧。液压油缸的驱动由脚踏控制开关控制，确保了串珠绳的连接质量。

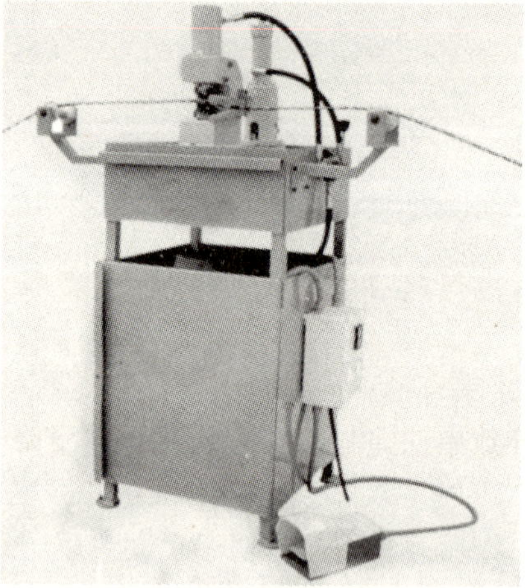

图 4-42　串珠绳装配工作台

其工作原理是，先将 3 ~ 5 套串珠、弹簧、垫圈按照要求穿入钢丝绳，一端由压紧在钢丝绳上的固定环固定，按照预压紧的要求，使用卡钳式手柄将穿入钢丝绳的串珠组件预压定位在钢丝绳的合适位置上，同时将组件另一端的固定环置于油缸钳口的压模中，实施压紧连接。根据串珠绳的结构不同，例如每米串珠绳上串珠数量不同，或者每组串珠数量不同，可调整卡钳式手柄的作业位置，以保证装配的串珠绳具有合适的预紧力。

在大量使用弹簧型串珠绳的大理石矿山，可直接购买钢丝绳、串珠、弹簧和垫圈等零件，按照矿山开采的实际要求，使用装配工作台组装不同长度的串珠绳。在开采作业工程中，弹簧型串珠绳磨损最快的是钢丝绳，有时钢丝绳已经断裂不能再使用，但串珠还具有一定的使用寿命，可将收集到的串珠按照直径分类，使用新的钢丝绳重新装配成可继续使用的串珠绳，使串珠的使用寿命得到最大限度的提高。修复、利用这些旧串珠也需要装配工作台。

4.3.5 剪线钳

串珠绳在使用过程中，需要经常的剪断、连接，所以使用时必须配备合适的剪线钳，用于钢丝绳的剪断。剪断钢丝绳的要求是，钢丝绳的剪断面必须平齐，断面与钢丝绳轴线垂直，组成钢丝绳的细钢丝绳不能散股，以保证钢丝绳能够容易方便地插入接头，并与接头保持足够长度的结合面，确保接合牢固。只有月牙型钳口、刃口锋利的钢丝绳剪线钳才能达到上述要求。剪线钳手柄的长度为 50～70 cm 即可满足剪断力的要求，过短的长度，剪断钢丝绳时费力；过长的剪线钳，重量过大，不便于作业和使用。图 4-43 和图 4-44 是两种月牙刃口剪线钳的图片。

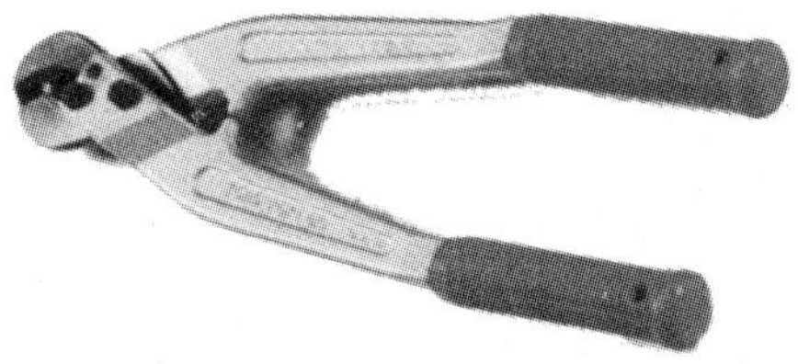

图 4-43 钢丝绳剪线钳

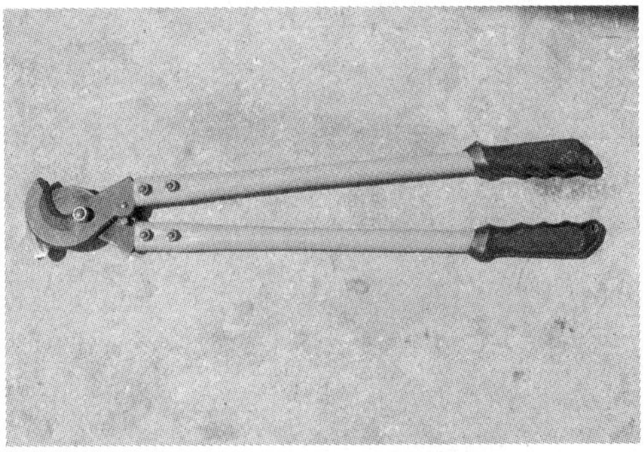

图 4-44 国产钢丝绳剪线钳

4.3.6 与液压钳口配套的压模

早期与液压钳口配套的压模多采用圆形，目前使用最多的是正六边形压模。因为串珠绳的接头多为钢制，所以要求压模具有比较高的强度、硬度和韧性。市面上销售的压制铝质接头或铜质接头的压模不适合串珠绳的压接，必须选用压制钢制接头的压模，以确保压接质量和压模的使用寿命。根据接头直径不同，应选择合适、配套尺寸的压模。如果使用与接头不配套压模压接接头，将会导致串珠绳与接头之间接合质量降低；或者接头压接不牢固，很容易松脱断绳引起事故；也有可能使得接头连接部位变形，导致钢丝绳断股，同样会引起串珠绳的断绳事故。图 4-45 是两种规格尺寸的压模。

图 4-45 压模图片

4.4 金刚石串珠绳的使用方法和要求

在采用串珠锯开采或加工石材时，只有掌握串珠绳的正确使用方法，才能保证串珠锯切割工艺的顺利实施，串珠绳的最高切割效率得以发挥，达到串珠绳的最长切割寿命，使得串珠锯切割系统的成本降低。

正确使用串珠绳的方法包括：合适的张紧力控制，注塑型串珠绳的预加载，串珠绳的连接方法，切割过程中新旧串珠绳的交替使用要求，新旧串珠绳的混合使用要求，串珠绳的维护、保养、修复和冷却水的正确加入位置等。

4.4.1 串珠绳的张紧力控制

因为串珠绳属于柔性切割刀具，使用时必须对其施加合适的张紧力，使串珠绳成为刚柔统一的切割刀具，才能保证其达到最佳的切割效率、最好的切割质量和最长的使用寿命。对串珠绳施加张紧力的大小与下列因素有关，如串珠绳的用途、切割面的长度、串珠绳的使用长度、串珠绳结构、串珠或钢丝绳直径等。

在切割板材制品和异型制品时，为了保证切割面具有很好的表面质量和形状质量，必须使串珠绳在切割时保持比较高的刚度，尽量减少串珠绳的抖动，这时应对串珠绳施加比较大的张紧力。在串珠整形机、异型串珠锯等固定式串珠锯上使用的串珠绳，其切割面的长度一般为 1.2 ~ 4 m，串珠绳的长度为 16 ~ 24 m，串珠直径为 8.7 ~ 9.2 mm，钢丝绳直径为 3.5 ~ 4.8 mm，串珠绳为注塑型结构，作用在每对串珠绳上的张紧力一般在 3000 ~ 6000 N 左右。

矿山开采或荒料整形时，虽然切割面积大、使用的串珠绳长，但对切割面的表面质量要求比较低。在切割过程中，随着切割进程，切割面积在逐渐减小，串珠绳的长度因切割面的减小和串珠锯作业位置的调整，也在不断地改变。因此，在矿山开采或荒料整形时，即使使用直径 11 ~ 12 mm 的串珠和直径 4.9 mm 钢丝绳的串珠绳，也可采用比较低的张紧力控制。这样不仅不会影响到串珠锯的切割质量和效率，反而会减少串珠绳断裂的机会。

4.4.2 串珠绳的预加载旋转

在将注塑型串珠绳连接成闭合切割环前，必须对串珠绳施加预加载后才能连接。因为注塑串珠绳上的串珠是固定在钢丝绳上的，如果不进行预加载，单凭钢丝绳的自然旋向，是不能使串珠绳在切割过程中保持自旋转的，结果将导致串珠外圆的一个侧面始终与切割面接触，使得串珠单面过度磨损（又称偏磨），轻者降低串珠绳的使用寿命，重则使串珠绳过早报废。预加载的作用就是保证切割时，钢丝绳带着串珠环绕其自身轴线不停旋转，使串珠磨损均匀。

因为弹簧型串珠绳上的串珠与钢丝绳之间是可以旋转的，所以将弹簧型串珠绳连接成封闭环前无需预加载，也能保证切割过程中串珠可以自由旋转，不会出现串珠的偏磨。

对串珠绳预加载的圈数与每个封闭切割环中串珠绳的长度、使用的新旧程度有关，串珠绳处于全新或使用次数比较少时，预加载的圈数可适当减少；为减少经过多次使用的旧串珠绳出现疲劳后，对钢丝绳旋转能力带来的影响，旧串珠绳的预加载圈数要相应增加。通常情况下，每米串珠绳应预加载旋转 1.5 ~ 2 圈。图 4-46 是串珠绳预加载的旋向示意图。

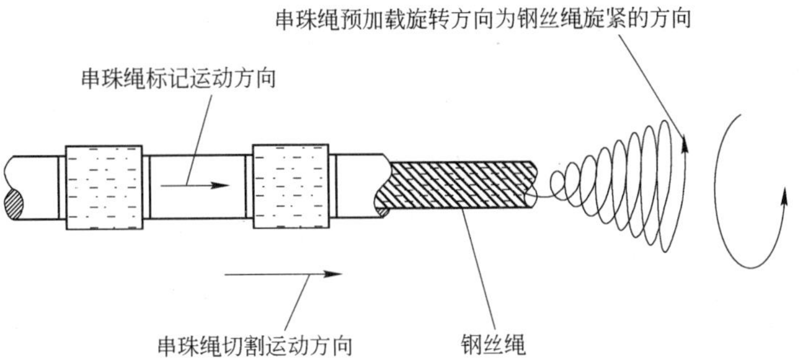

图4-46 串珠绳预加载的旋向示意图

表4-22是某型号矿山用烧结串珠注塑串珠绳，更换接头次数与预加载圈数之间的关系表，供使用时参考。该方法经常改变串珠绳旋转圈数的目的是，使串珠在切割时的工作角度、与矿体的接触点位置经常改变，确保串珠沿其圆周面的均匀消耗，防止串珠总停留在同一个面锯切，形成串珠的偏磨报废。

表4-22 某型号矿山用串珠绳接头次数与预加载圈数之间的关系表

接头次序	可使用时间/h	每米增减圈数	每米实际预加载圈数
第一次	40～50		2
第二次		+1/2	2.5
第三次		-1/2	2
第四次		-1/2	1.5.
第五次		+1/2	2
第六次		+1/2	2.5
重复循环上面的过程			

4.4.3 串珠绳的连接方法和要求

串珠绳连接方法与其结构有关，注塑型串珠绳和弹簧型串珠绳的连接方法是有差别的。

4.4.3.1 注塑型串珠绳的连接

我们以福州天石源超硬材料工具有限公司生产的用于固定式串珠整形机和异型串珠锯的串珠绳和接头为例，介绍注塑型串珠绳的连接方法、操作步骤和连接要求。接头长度为21 mm，串珠绳的钢丝绳直径为3.9 mm和4.9 mm，图4-47是压模的形状和适合这两种直径钢丝绳的压模参考尺寸图。

根据压接设备钳口尺寸的不同，压模厚度有9 mm和16 mm等多种规格。16 mm厚度的压模，用于同时对接头中对接的两个钢丝绳端头压接处理。9 mm厚度压模，每次只能对接头中的单个接头压接处理，两个对接钢丝绳接头需要分两次压接完成。

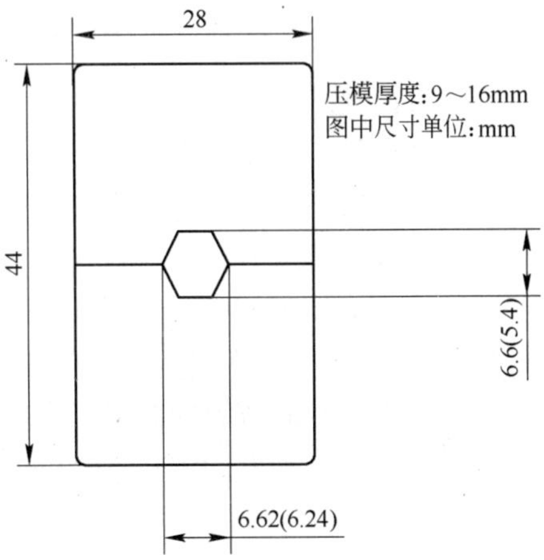

图4-47 压模形状和尺寸参考图

A 压接串珠绳前的准备工作

根据每米串珠绳装配串珠数量的不同，以及接头长度尺寸（通常是 21 mm），确定串珠绳接头部位预留尺寸的长度。以开采花岗石的串珠绳为例，常用的每米 40 个串珠的串珠绳，当采用 10 mm 长度串珠时，注塑间隔层的长度大约是 15 mm；如果是目前每米串珠数量最多的串珠绳，即每米 42 个串珠的串珠绳，注塑间隔层的长度是 13.5 mm。因为两个串珠之间的距离不能容纳一个接头的长度，因此每两个串珠之间的注塑间隔只能用于接头一端的接合，每次连接时，必须去除一个串珠，才能保证串珠绳的连接，见图 4-48。

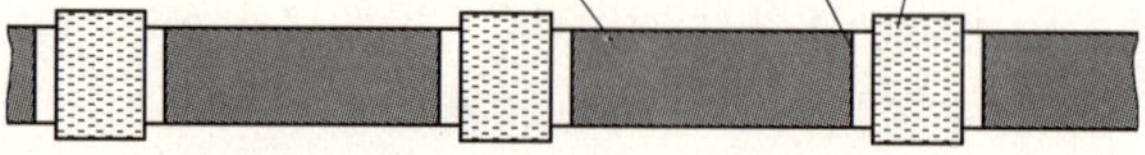

图 4-48 串珠绳接头部位预留注塑层示意图

操作时可将需要去除串珠的一侧剪断，并将距离钢丝绳切断 10 mm（20 mm 长度接头）或 10.5 mm（21 mm 长度接头）的注塑层环状切除，切口至下一个串珠之间的剩余注塑层必须保留，见图 4-49。必须使用月牙型钳口的剪线钳剪断串珠绳，不能使用直线刃口的剪线钳，更不能用钢锯或凿子等工具剪断串珠绳，以保证钢丝绳的断口整齐、平整，钢丝绳不散股。钢丝绳被整齐剪断后，根据需要，可适当修磨钢丝绳末端，去除钢丝末端的毛刺并使末端表面平整。同时也应注意保持注塑层切口面的平齐，并不得伤及心部的钢丝绳，见图 4-49。

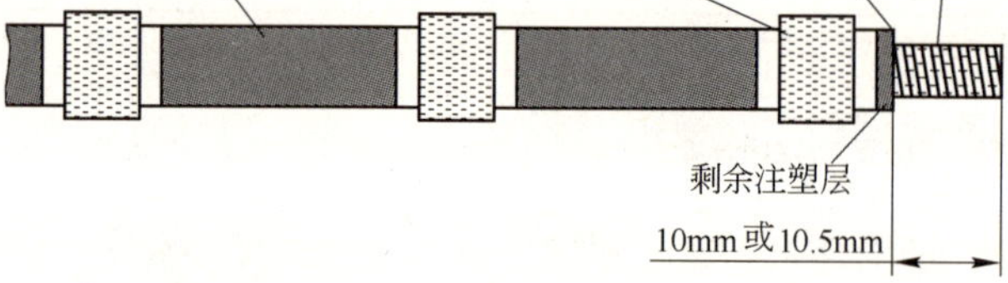

图 4-49 串珠绳接头注塑层处理示意图

连接弹簧式注塑型串珠绳时，首先用钳子将接头部位的弹簧松脱，即从接头端面至注塑层切口面之间长度的弹簧松开，并沿注塑层切口面将弹簧剪断，然后再除去注塑层。注塑层切口面与相邻串珠之间的注塑层和弹簧都必须保留。

有条件的情况下，应使用三氯乙烯清洗串珠绳的末端，去除塑料残渣及其他杂质，吹干后再进行连接作业。总之，必须将接头部位清洗干净。

B 串珠绳的预加载方法

在一个相对清洁的场地进行串珠绳的预加载处理。两人配合将串珠绳拉直，每个人分别将距串珠绳一端大约 150 ~ 300 mm 长度部分对折弯曲成圆弧状，便于握牢（图 4-50），其中另一个人将串珠绳的一端沿钢丝绳的旋向（逆时针旋向），根据所连接串珠绳的长度，按照每米 1.5 ~ 2 圈的要求预加载旋转，见图 4-46。串珠绳被连接前，必须保持预加载状态，不能松脱,旋转过程中还应注意不能损伤串珠绳末端的钢丝。

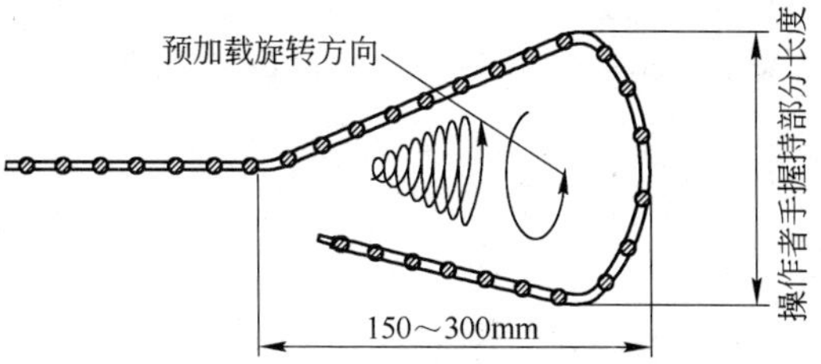

图 4-50 预加载串珠绳端部握持示意图

C 串珠绳的压接处理

将处于预加载状态串珠绳两端钢丝绳的出露部分(图 4-49 中 10 mm 或 10.5 mm 长度部分),对中插入接头,并将接头放入压模压接处理,压接时应注意接头与压模之间的位置要求。使用宽压模,一次完成接头压接时,接头应在压模中对中放好,然后再压接;使用窄压模,分两次压接接头时,应按照图 4-51 所示方法压接。

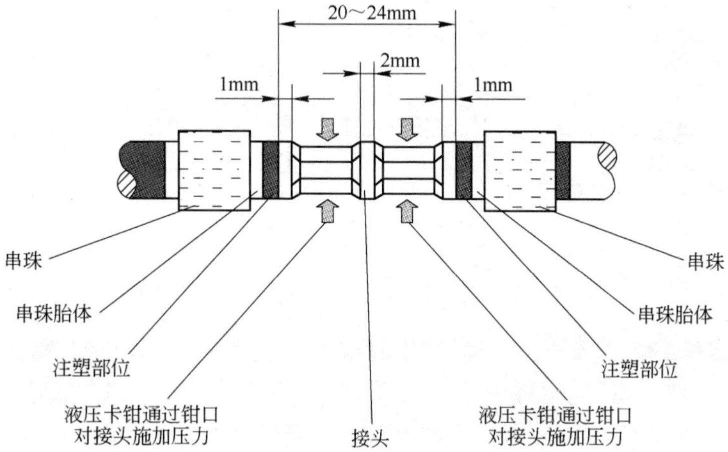

图 4-51 窄压模分次压接接头示意图

因为目前使用的压模都是正六边形的结构,所以最好是一次压接成功。如果确实需要分次完成压接,在第一次压接后,可将接头旋转 60°,按上述方法再压一次,最多再将接头旋转 60°,按上述方法最后压接一次。多次压接时,如果操作不当,反而会使接头与钢丝绳之间出现间隙,降低二者的结合力。

使用长压模,接头压接一次完成,需要注意的是压模应位于接头的中间对称部位,压模两边与接头两端之间应留有 1 ~ 2 mm 的凸缘。

如果使用窄压模,上述压制只完成了一半,重复操作完成另外一半接头的压接。注意压模与接头的两个端面之间留有 1 mm 凸缘,接头中间部位也应留出一个凸缘。

压接后,接头和注塑层之间不允许有任何缝隙,否则串珠绳容易从缝隙处磨断。需要注意的是,如果钢丝绳的末端在接头中未对中放置,会引起接头与钢丝绳之间压接摩擦力减小,严重时会引起钢丝绳滑脱;压接压力太高,会造成接头过度延伸,容易产生疲劳断裂;压接压力不足,会造成接头滑脱或脆断;尽量使串珠与接头之间保持 5 mm 以上的注塑层,以避免钢丝绳很快被磨蚀而断裂；如果接头两端的剪断面不平齐，必须要进行修磨处理，否则将会使钢丝绳失去 1 ~ 2 mm 的有效结合长度，减小应承受的拉紧力。为了避免上述问题的发生，必须严格按照连接的程序和要求进行串珠绳的连接操作。

D 压接力的确定

压接钢丝绳直径为 4.9 mm 的串珠绳时，可采用 60 ~ 80 kN 的压接力；钢丝绳直径为 3.9 mm时，压接力大约是 40 ~ 50 kN。压接花岗石用串珠绳时，可使用压接力达到 200 kN 的液压工具；压接大理石用串珠绳时，可使用压接力为 100 kN 的液压工具。

4.4.3.2 弹簧型串珠绳的连接方法和要求

连接电镀型串珠绳时，接头位置通常选择在两组相邻的串珠之间，即接头的相连两边都是固定环。因为弹簧型串珠绳在装配时必须预先压紧，如果将接头位置选择在需要预压的串珠之间，由于在开采现场一般不可能配备装配工作台，人工对串珠组件进行预压是十分困难，即使能够完成预压连接，预压力的大小也不能控制得很准确，这样连接后的串珠绳是不能达到最佳切割状态的。图 4-52 是连接弹簧型串珠绳的接头压接示意图。接头压接要求与注塑型串珠绳相同。

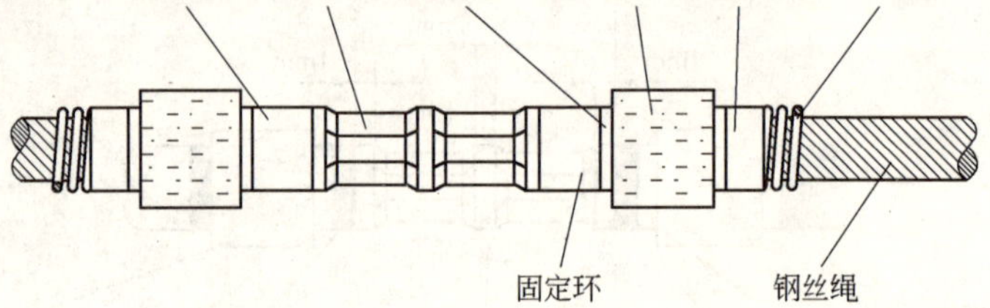

图 4-52 弹簧型串珠绳接头连接示意图

目前有许多种串珠绳的压接工具，使用时应参照相应的使用手册。购买不同厂家生产的串珠绳后，必须使用该厂家配套提供的接头，并与厂家确认与串珠锯配套的压接工具、钳口和压模是否合适，然后才能使用。原则上禁止不同厂家的接头和串珠绳混用。

4.4.4 串珠绳的开刃处理

大部分串珠绳在出厂前都经过开刃、出露金刚石颗粒的处理，这样的串珠绳使用前一般不再需要进行开刃处理，一经使用便可很快进入锋利的切割状态。也有一些串珠绳出厂后是未经开刃处理的，对这种串珠绳在使用前必须进行开刃处理。可以使用普通耐火砖对串珠绳进行开刃处理，需要注意的是使用耐火砖开刃处理时，不应将冷却水直接浇淋到耐火砖上，否则耐火砖会很快磨蚀影响开刃效果，浪费耐火砖。也可在切割初期，以比正常数值低 20% 的线速度和进给量作为切割参数，锯切一些比较软、好切割的石材，以利于金刚石的出刃。一般来说，推荐使用 20 ~ 21 m/s 的线速度，用于开刃切割花岗石的串珠绳；使用 26 ~ 28 m/s 的线速度，用于开刃切割大理石的串珠绳。最佳的开刃状态是，用手指触摸串珠时，有刮手的感觉。串珠绳开刃成功后，即可将串珠绳的切割参数调整到正常的切割状态。

有一些新串珠绳，其串珠已经过开刃处理，但在制造时，其外表面被注塑或橡胶注封层包裹。这种串珠绳可直接切割作业，但在开始时，适当提高串珠绳的线速度，降低进给速度，串珠表皮上的橡胶或塑料注封层会被很快去除，然后可按照正常切割参数切割。

4.4.5 串珠绳的使用方向性

开采切割水平面时,通常串珠绳为顺时针方向运动,根据场地实际情况,也可沿逆时针方向运动;开采切割垂直面时,串珠绳自下而上运动。这时冷却水被串珠绳从下自上带入锯缝,冷却水因重力作用可增加停留在锯缝中的时间,提高对串珠绳的冷却效果。同时也便于切屑的排出。如果采用串珠绳自上而下切割运动,粉状的切屑将向下沉积在下面的切割缝中,造成切缝的堵塞。但目前也有使用串珠绳自上而下切割运动方向的,锯切效果也比较理想。

分离体解体或荒料整形切割时,如果被切割面底部是开放的,在进行垂直面切割时,可根据需要采用串珠绳自上而下的运动方向,开放的底面不会造成切屑沉积阻塞锯缝,相反会有利于冷却水尽可能被串珠绳带到更深的底部锯缝位置。采用这种串珠绳的运动方向时,必须做好串珠绳运动轨迹方向的防护措施。

出厂后的串珠绳在注塑层上都标记有串珠绳的切割运动方向,如图 4-46 所示。即使没有经过开刃处理的串珠绳,大部分也都标记了切割运动方向,所以在使用串珠绳前,首先要辨认串珠绳的切割方向标记,并使其标记切割运动方向与实际切割方向一致。如果切割方向有误,尤其是将经过开刃处理的串珠绳的切割方向错误使用,将会影响到串珠绳的使用寿命,还会因重新开刃浪费很多时间。

串珠绳一旦使用,以后每次使用时的切割方向都不能再改变。如果中途改变切割方向,轻则使串珠绳表层的金刚石大量脱落,减少串珠绳的使用寿命;重则会使串珠表面的基体金属层的表面出现一层硬化皮,使串珠绳无法切割石材,必须重新开刃处理。实践中发现,一旦出现这种因错误使用串珠绳切割方向产生的硬皮,需要大量的时间对其进行开刃修磨处理,使用耐火砖将这层硬皮磨去所耗费的时间是普通开刃所需时间的 5 ~ 6 倍,甚至更长。

随着串珠绳使用时间的增长,有时注塑层上的方向标记会被磨损掉,这就要求每次剪断串珠绳后,要用塑料胶布在串珠绳上做好其切割运动方向的标记,以免混淆。如果因操作失误忘记做标记而不能辨别串珠绳的切割方向时,也可通过串珠磨损的形状判断其切割方向,图 4-53 是注塑型串珠绳串珠磨损情况与其切割方向的关系。通常串珠绳的运动,是从串珠直径大的一端指向串珠直径小的一端。

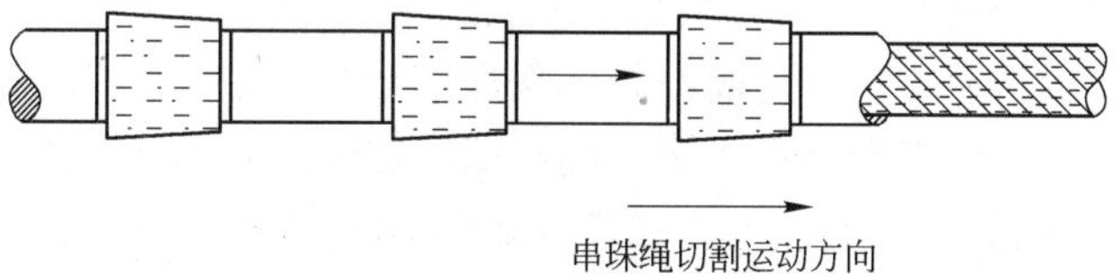

图 4-53 根据串珠磨损情况判断串珠绳的切割运动方向

4.4.6 磨损程度不同的串珠绳混接使用

在实际使用中,尤其是在石材矿山开采中,因为切割面的变换和切割位置的不断改变,会出现剩余许多长度不同、磨损程度不同的串珠绳,这些串珠绳往往还具有一定的使用寿命。因此,可将它们混合连接到一起,继续使用,以保证串珠绳寿命得到最大的延长。

串珠绳混合使用必须遵照下述原则，即类型相同、每米串珠数量相同、串珠直径差在0.1～0.2 mm之内、钢丝绳直径相同的串珠绳可以混合使用。反之，串珠为电镀、烧结的串珠绳不能混用；注塑、弹簧、弹簧加注塑或橡胶注封型串珠绳不能混用；开刃和未开刃的串珠绳、新旧串珠绳也不能混合连接到一起使用。

这是因为直径差过大的串珠绳混合后，直径大的串珠会在短时间内被快速磨损甚至碎裂或断裂。未开刃的串珠绳与已经开刃使用的串珠绳连接到一起使用后，因为新绳的橡胶或塑料注封层没有被去除，串珠也没有开刃，摩擦力很大的橡胶或塑料注封层在切缝中会遇到很大的阻力，很容易发热，橡胶绳可能因此被拉断，注塑绳可能会出现塑料软化现象，串珠压缩塑料间隔，集中到一起，从而损坏串珠绳。

4.4.7 新旧串珠绳的替换使用要求和替换方法

在矿山开采锯切作业中，当切割面进入最后阶段时，必须使用旧的串珠绳替换正在使用的串珠绳。这是因为在切割的最后阶段，尤其是水平面切割的最后阶段，矿体与分离体之间的连接面积比较小，仅凭插入水平面之间的钢楔不足以支撑分离体，很难保证不发生分离体塌落，导致串珠绳被压在锯缝中而报废的事故。尤其是裂隙比较发育的矿体，分离体中岩石的局部塌落是经常出现的。即使是垂直切割或荒料整形切割，也可能会因分离体的侧滑、倾倒等情况的出现，导致串珠绳被压在锯缝中而报废。如果使用新串珠绳或还有一定使用寿命的串珠绳锯切这最后的连接面，遇到这类事故，会使整条或大部分串珠绳报废，带来不必要的经济损失。因此在最后切割阶段，即使遇到这类事故，使用即将报废的串珠绳，带来的经济损失也是很小或有限的。

根据不同情况，替换的时机一般是水平锯切时，当串珠绳进出锯缝切口之间的距离减小到1.5～2.5 m时，用一条将近报废的旧串珠绳替换正在使用的串珠绳，继续矿体与分离体最后连接面的分离切割。切割垂直面或解体整形切割的最后阶段，也同样需要这种旧绳换新绳的操作。如果导向轮的位置安装合适，旧绳甚至可以直接将切缝切透，不留任何连接部分，使得切面平整，避免最后连接部分分离时一面出现凹陷，另一面出现凸起，影响荒料的成方性。

即将报废的旧串珠绳，其直径通常都比正在使用的串珠绳的直径小，穿入新串珠绳形成的锯缝是没有困难的。但旧绳更换新绳的操作必须可靠，因为如果旧绳穿引失败，新绳又脱离锯缝，再次穿引是十分困难，有时甚至是不可能的。

通常采用“接力式”穿引方法完成旧新串珠绳的更换，这里介绍两种“接力式”穿引方法。方法一为连接牵引法，将剪断的新串珠绳与旧串珠绳之间用接头连接，拉新绳带旧绳进入切缝，此法安全可靠，万无一失。方法二是叠加带动法，在距串珠绳进口大约2～3 m处剪断串珠绳，使新绳的绝大部分都集中到出口处；将旧绳接头与新绳接头镶嵌到一起，串珠与间隔层交叉叠放，用细铁丝将新旧绳重叠部位捆扎牢固，铁丝捆扎部分外径必须小于串珠绳外径，以防止卡滞；拉紧新绳紧贴锯缝，并将旧绳紧紧固定在新绳与切缝之间，在绷紧新绳的同时，拉动出口处的新绳头，将旧绳从进口处带进，并从出口处随新绳一起拉出；此法的优点是，节省一个接头和一个串珠，操作得当同样安全可靠。图4-54所示为第二种新旧串珠绳更换的穿引方法。

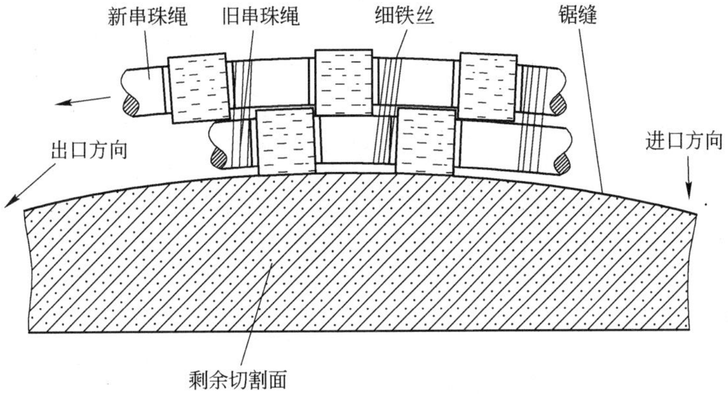

图 4-54 第二种新旧串珠绳更换的穿引方法

4.4.8 串珠绳线速度的确定

开采锯切时，串珠绳的线速度是随着切割石材硬度和切割面积的增加而减小的。石材硬度高、切割面积比较大时，串珠绳的线速度也应当降低。如果是切割软质石材，切割面积比较小时，切割速度才可提高。一般情况下，开采切割大理石串珠绳的线速度是 38 ~ 40 m/s；开采切割蛇纹岩等硬质大理石时，串珠绳的线速度为 32 ~ 38 m/s；开采切割软花岗石时，串珠绳的线速度为 22 ~ 30 m/s；开采切割硬花岗石时，串珠绳的线速度为 20 ~ 33 m/s。最合适的开采切割线速度应根据所开采的石材种类，试验、分析后确定其最佳的数值。

整形和板材切割时，串珠绳的线速度是根据石材的种类、荒料的长度尺寸等实际情况确定的。正常切割时，推荐串珠绳的线速度数值为：切割花岗石选取 24 ~ 26 m/s 的串珠绳线速度，切割大理石选取 30 ~ 32 m/s 的串珠绳线速度。石材越硬或切割荒料的面越长，串珠绳的线速度越低。线速度太高会导致串珠绳变钝，太低会使串珠变成椭圆或锥形。

4.4.9 冷却水的加入方法和要求

因切割种类的不同，冷却水的加入方法也不一样，一般分成开采切割和固定串珠锯的整形切割两种冷却水加入方式。

4.4.9.1 开采切割时冷却水的加入方法和要求

开采作业时，根据切割面的位置和大小、切割面锯缝的位置变化，一般设置 3 ~ 4 个冷却水加入点。

水平面切割时，根据锯切面积的大小和串珠绳环绕切割面的轨迹，通常需要安排 3 ~ 4 个冷却水加入点。主冷却水加入点在串珠绳进入矿体的进口处，该点的冷却水必须充足；在与水平孔交汇的垂直钻孔口处，需要安放一个加水点；在串珠绳环绕水平面的出口和拐角处，还必须安放两个辅助加水点。水平面切割时冷却水加入点的布置见图 4-55 ~ 图 4-57。随着切面的移动，位于水平面拐角处的两个辅助加水点，应跟随串珠绳切割位置改变而移动，尤其是辅助冷却水加入点二。切割面移动后，为了保证垂直孔处进入的冷却水不会流失，可用黄泥将水平切面形成的锯缝填堵，使这股水流只能顺着串珠绳与矿体的切割位置流出，提高冷却效果。

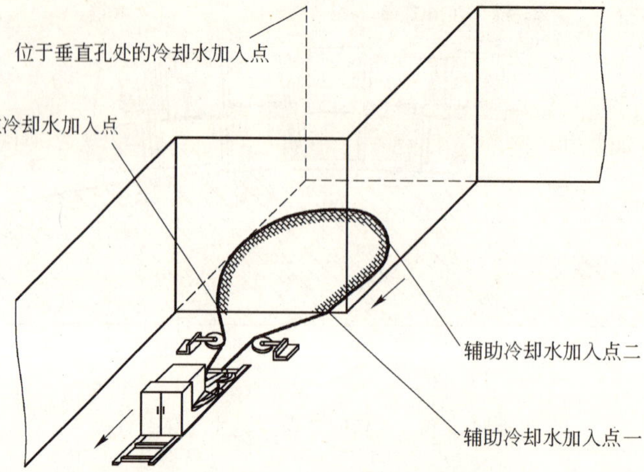

图 4-55　水平锯切时冷却水加入点示意图

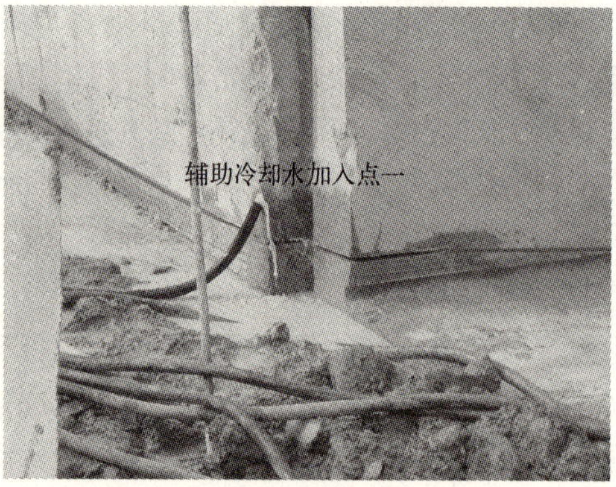

图 4-56　水平锯切时辅助加水点图片一

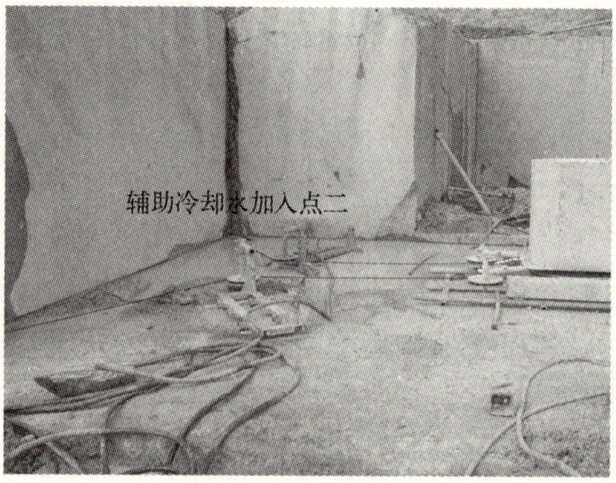

图 4-57　水平锯切时辅助加水点图片二

垂直面切割时，一般需要安排 2 ~ 3 个冷却水加入点，一个位于矿体底部串珠绳进入矿体的入口处，另一个位于矿体顶部串珠绳切割矿体的出口处，距离串珠绳出口处大约 30 ~ 80 cm 位置处还可以设置一个补充加水点。垂直面切割时冷却水加入点的布置情况，可参见图 4-58 ~ 图 4-60。正常切割时，底部冷却水加入点基本固定不变，顶部中间冷却水加入点随串珠绳切割位置的变化而移动，与串珠绳出口保持合适的距离。顶部主冷却水加入点每次移动的距离见图 4-58，从串珠绳顶部出口的拐角开始，除第一次移动时保持加水点与串珠绳出口的距离不大于 50 cm 外，以后每次移动的距离应该是保持加水点与串珠绳出口的距离小于 100 cm 为合适。图 4-58 中所示中间位置补充冷却水加入点，主要是对锯缝内部串珠绳起补充冷却作用。因为串珠绳是自下而上高速运动的，距离其出口处的冷却水有时不能全部进入锯缝内部，底部串珠绳入口处冷却水也不能全部到达锯缝内部，尤其是切割高度大于 3 m、切割缝内部串珠绳出现图 4-58 所示的弧形时，会造成锯缝内部很长一段切割缝没有冷却水，出现串珠绳干磨而降低使用寿命的后果，严重时还会造成串珠绳过早报废。因为补充加水点距离串珠绳出口有一段距离，水流不会受到串珠绳运动的影响，可以尽可能地流入锯缝内部比较深的部位，改善串珠绳切割冷却的状态。

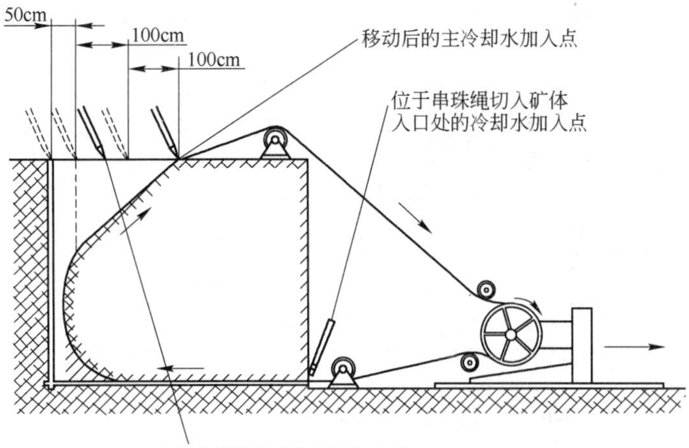

图 4-58　垂直锯切时冷却水加入点的布置示意图

图 4-59　垂直切割时顶部冷却水加入点

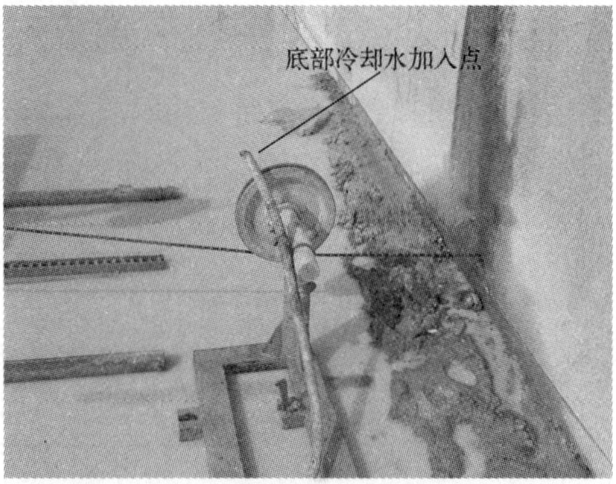

图 4-60　垂直切割时底部冷却水加入点

冷却水量应合适，过大过小的水量都与串珠绳切割不利。冷却水量的控制和观察判断方法是，在串珠绳出口处喷出的冷却水仍为液体、出口处水柱直流不超过串珠绳直径的 1.5 ~2 倍、出口处喷出的冷却水不出现水蒸气或含有石渣粉末的雾状粉尘喷雾时冷却水量都合适。如果闻到橡胶或塑料过热产生的焦煳味，说明冷却水量过小或缺失，长期运转会损坏或烧毁串珠绳。当切割面很大时，水量也不能太大，因为切缝深长，中间积水很多，水不易排出，串珠绳阻力加大，过大的水量也容易使串珠绳打滑，降低切割效果。当切割进行到最后阶段，或者进行整形切割时，因为切缝已经很小或变成开启时，冷却水变得非常容易排除，这时可适当加大冷水水量。

4.4.9.2　整形切割时冷却水的加入方法和要求

固定式串珠锯整形切割石材或切割板材时，由于荒料表面往往不平，为避免串珠绳切割时因应力集中发生断裂，同时为了得到精确的切割表面，一般刚开始切割时最好采用手动控制进给速度方式，进给速度应比正常值低 20% ~30%，直至串珠绳完全切入荒料后，再转换为自动控制进给速度模式。

开始切割时，冷却水喷淋点应间隔均匀地布置在串珠绳与荒料的切割缝上方，其喷淋点位置的安排见图 4-61，其中 1 ~4 号点分别是 4 个间距相等的冷却水喷淋点。

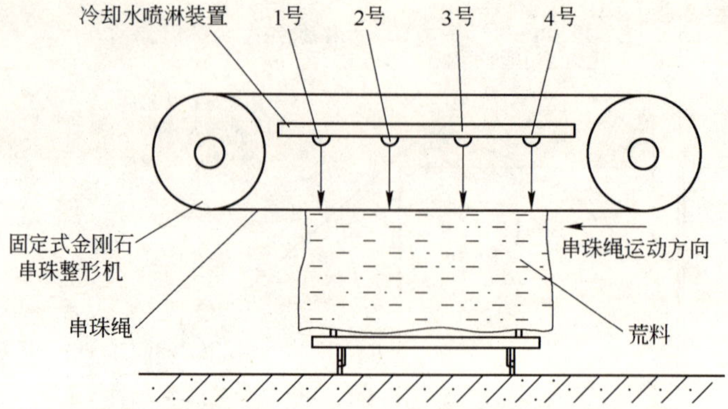

图 4-61 固定串珠锯切割初期冷却水加入位置要求

当串珠绳切入荒料进入正常切割时，可将 2 号冷却水喷淋点取消，冷却水喷嘴的位置如图 4-62 所示。

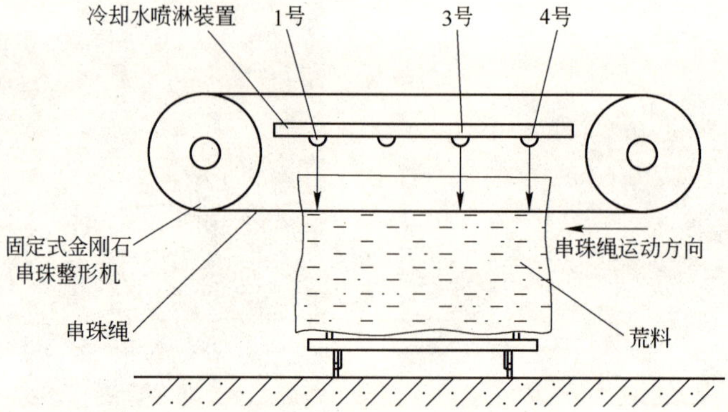

图 4-62 固定串珠锯在串珠绳切入荒料后冷却水加入位置要求

固定串珠锯切割过程中的冷却水量最好保持为在串珠绳的出口处水流的直径大约是串珠绳直径的 1.5 ~2 倍。具体操作时，可根据切割时串珠绳的声音及冷却水的浑浊程度调整冷却水的供应量。总之，冷却水的供应量，应该以串珠绳出口处的水流不出现石粉的雾化，以及无塑料热变形的味道为准。需要注意的是，冷却水量并非越多越好，过多的冷却水会影响串珠绳的自锐性，并导致串珠绳在锯缝中打滑，降低切割效率。

固定式串珠锯的冷却水喷嘴位置必须牢固地固定，防止因切割振动或风吹使其移位，造成串珠绳处于缺水状态工作。缺少或无冷却水供应时，会很快或立即烧坏串珠和注塑层，严重时会导致整条串珠绳报废。

4.4.10 串珠绳的维护、保养和修复

除了正确地使用串珠绳外，对其经常维护和保养，也是提高串珠绳切割效率和延长使用寿命的重要保证。

4.4.10.1 工作过程中的检查

工作过程中养成每次移动冷却水位置或者因其他原因停机时，随手检查串珠绳的磨损状态、串珠锋利度情况和接头是否正常的随时检查习惯。每次切割完成后，操作工都必须仔

细检查串珠绳的接头及其相邻串珠的磨损状况，检查串珠是否变成过度锥形或椭圆形，注塑或橡胶注封串珠绳的串珠与钢丝绳之间是否出现松动。

4.4.10.2 串珠绳经常出现的问题和修复

若接头和相邻串珠磨损过度，必须及时将其切断更换。及时更换接头可避免串珠绳突然断裂造成的事故，减少停机时间。切割大理石的串珠绳，一般每切割 50 m^2 面积应重新更换一次接头。

注塑或橡胶注封串珠绳的串珠相对钢丝绳之间出现松动时，如果松动串珠的数量不是很多，并且相互间隔不远，在串珠绳有效使用长度足够的情况下，最好将出现松动串珠的串珠绳部分切掉，再将好的串珠绳重新连接起来使用。如果松动的串珠零星分布在整条串珠绳上，可将松动的串珠打碎，再用防水胶布将裸露的钢丝包扎好；或者将串珠绳从出现串珠松动的部分切断，去掉松动的串珠，用接头再将串珠绳连接起来继续使用。

若注塑或橡胶注封串珠绳的串珠出现椭圆性磨损，表明该串珠绳在切割过程中已经不能自旋。如果串珠椭圆度轻微时，必须停机检查串珠绳的自旋状况，找到出现串珠椭圆磨损的原因，并调整串珠绳的进给速度等工艺参数，以便使串珠恢复成正常的圆柱形。但串珠的椭圆度严重时，必须马上停止该串珠绳的切割使用，找出引起串珠椭圆度的原因，研究串珠绳的修复方案。

通常引起注塑或橡胶注封串珠绳的串珠椭圆度磨损，主要的操作原因是：预加载旋转的圈数不够或没有进行预加载旋转；串珠绳制造的原因是：串珠与钢丝绳之间的注封质量不好，串珠与钢丝绳之间没有被固定而产生相对转动。弹簧型串珠绳的串珠椭圆度磨损的原因，通常是串珠装配过程中，弹簧的预压力过大，将串珠紧紧地固定在钢丝绳上，使其不能自由转动。

若串珠变成锥形，通常原因是串珠绳的线速度太低，可增加其线速度改善。

总之，在切割过程中出现的问题，必须马上找出原因，及时解决处理后，才能继续串珠绳的切割作业。

修复和再生串珠绳的其他方法在 4.4.6 节中已经介绍。

4.4.10.3 串珠绳的保养

组成弹簧型串珠绳的主要部分是钢丝绳、金刚石串珠、弹簧、接头和垫圈等金属零件，如果使用中不注意防锈蚀，必将导致其过早的损坏，影响使用寿命。不论是什么结构的串珠绳，新串珠绳应分类保存在干燥的环境中，串珠绳使用后应立即用清水冲洗干净，盘卷后晾挂在干燥处。

严禁将使用后的串珠绳浸泡在采面的泥水中，使用时必须注意避免串珠绳切割或碰触金属物品，尤其是要防止串珠绳切割到残留在贯通孔中的钻头碎块。

4.5 金刚石串珠绳的穿引

在矿山开采作业时，必须将串珠绳环绕到被切割面以后，才能完成其切割作业。在异型加工时，如果需要切割制品的内封闭面或封闭体造型，首先也要将串珠绳穿引环绕被切割面后，才能进行切割。

4.5.1 开采作业时串珠绳的穿引

开采作业时，按照切割目的不同，将被切割面分成分离体切割面和解体整形切割面两类；按照切割位置不同，被切割面又分成垂直面、水平面和倾斜面切割。不同类型切割面，串珠绳穿引的方法略有差异。

4.5.1.1　串珠绳环绕分离体垂直切割面的穿引

串珠绳环绕分离体垂直切割面的穿引是最基本的串珠绳穿引操作方法，通常分成交汇孔之间孔对孔的穿引、钻孔与切割面或火烧面之间孔对面的穿引。

A　垂直、水平钻孔之间孔对孔穿引串珠绳的方法

当串珠绳需要穿过环绕垂直锯切面的垂直与水平贯通孔时，可按照图4-63所示方法穿引。基本步骤是首先将导引绳穿过垂直孔和水平孔，然后再将导引绳与串珠绳连接，在导引绳的牵引下，将串珠绳穿引环绕被切割面。

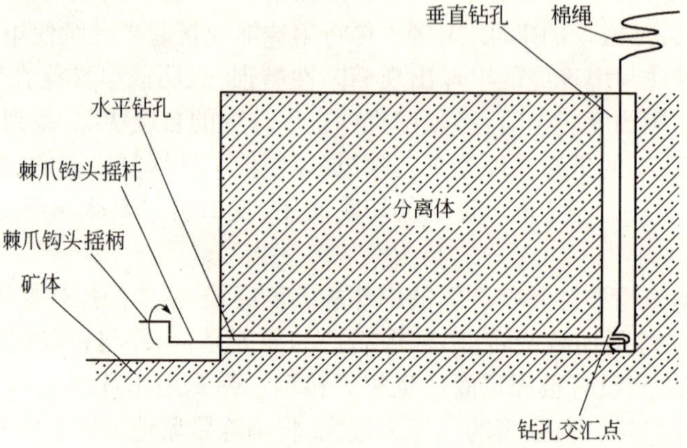

图4-63　串珠绳环绕垂直切割面穿引示意图

穿引前需要准备一根带棘爪头和摇柄的钢筋（见图4-64），其钢筋部分直径为8～10 mm，长度超过水平钻孔50～100 cm；摇柄偏心距离为15～20 cm；棘爪部分最好用高弹性钢丝制成，与钢筋焊接固定或细铅丝缠绕固定，头部直径比水平孔直径小10 mm。另外还需要准备直径为1～1.5 mm的棉线或柔软性好的尼龙线作为导引绳，其长度应至少超过垂直孔和水平孔长度之和约2～3 m。以及直径为0.8～1.5 mm镀锌细铅丝若干、塑料电工胶布、钢丝钳等辅助材料和工具。

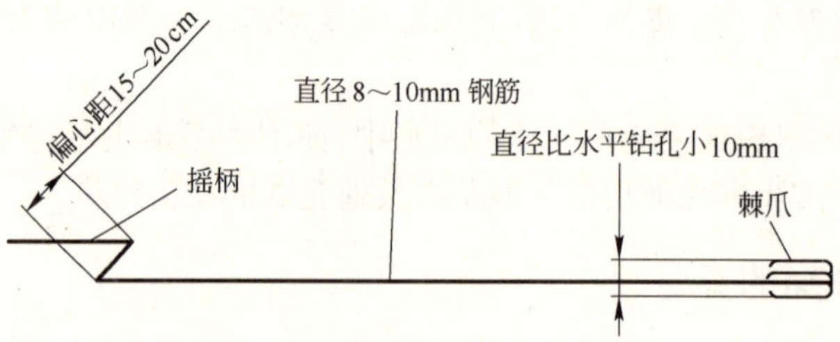

图4-64　带棘爪头或摇柄的钢筋

穿引串珠绳的具体操作步骤是：先将棉绳放入垂直孔，绳端头在垂直孔底形成部分堆积；导引绳与串珠绳端头系牢，注意串珠绳标示方向与切割运动方向必须一致；将钢筋穿入水平孔，使棘爪头直抵水平孔底（钻孔交汇点）；搅动摇柄（见图4-65），使棘爪与孔底堆积的导引绳缠绞在一起；向外拉出钢筋，导引绳随钢筋从水平孔中被拉出；继续外拉导引绳，串珠

绳随之从水平孔中被拉出(见图4-66);至此串珠绳已经穿过被切割面的垂直、水平孔,形成对被切割面的环绕。根据需要将串珠绳预加载连接后,按照后面介绍的串珠锯和水平导向轮的安装方法,完成串珠锯切前的安装后,即可进入切割作业。

图4-65 搅动手柄

图4-66 棘爪头缠绕导引绳带出串珠绳

当钻孔在交汇点处贯通质量不好,出现交汇偏差,影响导引绳乃至串珠绳的通过时,可在导引绳与串珠绳之间加一条细的镀锌铅丝过渡,提高串珠绳的拉动强度。使用细铅丝与串珠绳连接时,二者缠绕连接的部位必须用塑料电工胶布包缠,提高接头部位穿过交汇孔的可通过性,防止裸露的铅丝接头卡滞在孔的交汇部位。如果使用细铅丝仍然不能帮助穿引串珠绳通过时,可将少量炸药放到钻孔交汇部位,实施轻微爆破后,将孔的交汇部位扩大,清除碎石屑后,即可方便地穿引串珠绳。

除此之外,在垂直孔与水平孔准确交汇的情况下,还可采用其他方法穿引导引绳。例如将导引绳与一个轻质小球连接,采用水冲或压缩空气吹的方法,将小球从垂直孔通过交汇点冲出或吹出水平孔进口,从而将导引绳带出。轻质小球可用乒乓球、制成球状的聚苯乙烯泡沫等材料制作,其直径必须比最小钻孔直径小大约10 mm,以保证小球顺利通过贯通孔。

B 钻孔与切割面或火烧面之间孔对面穿引串珠绳的方法

在使用臂式锯机辅助开采锯切的大理石矿山,分离体的水平面或封闭的垂直背面,已经预先被臂式锯机从矿体上切割分离,切割缝的宽度为38~42 mm,足以穿过直径12 mm左右的串珠绳。

使用串珠锯切割分离体与矿体剩余连接的垂直面或水平面时,只要用钻机将垂直钻孔与臂式锯机切割的水平面钻通(见图4-67),穿引串珠绳环绕垂直面,即可进行分离体两个垂直侧面的切割分离;或者用钻机将水平孔与臂式锯机切割的垂直面钻通(见图4-68),穿引串珠绳环绕垂直面或水平面,即可进行该分离体一个与矿体连接的剩余垂直面和水平面的分离切割。

在采用火焰切割机开掘堑沟的花岗石矿山,分离体的一个垂直面通常已经被火焰切割机从矿体上切割分离,类似臂式锯机切割分离体的垂直面,只要用凿岩机将水平孔与垂直切割面钻通,穿引串珠绳后即可锯切水平或垂直面。

图4-69是串珠绳穿过水平孔和垂直切割面示意图,这种穿引方法需要准备的工具有:铝塑管、强力永磁铁和细的尼龙导引绳。端部固定有一块强力永磁铁的铝塑管,长度至少超过水平钻孔深度0.5~1 m,其外径为15~20 mm左右;另一块永磁铁与导引绳一端牢固捆

绑；永磁铁的最大外切圆直径应小于水平钻孔直径 10 mm。按照图 4-69 所示方式，将导引绳系有永磁铁的一端放入切割缝，使永磁铁处于水平钻孔与切割面交汇点附近；再将铝塑管的永磁铁一端，从水平孔插入，直至两个永磁铁吸引结合；然后将铝塑管从水平孔抽出，导引绳随之从水平孔被带出。与导引绳另一端连接的串珠绳也可从水平孔穿出，形成对垂直面的环绕。

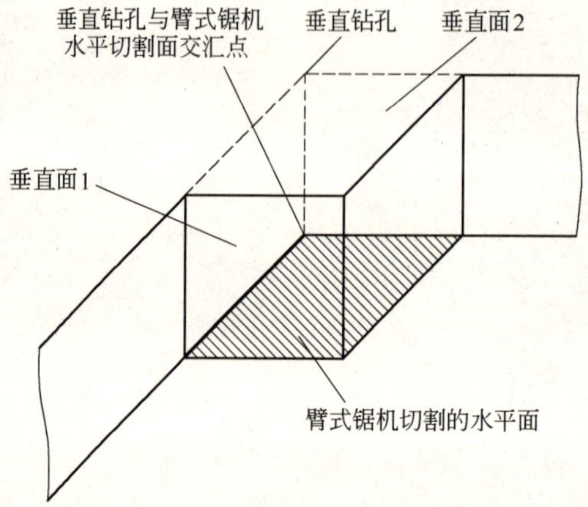

图 4-67　垂直钻孔与臂式锯机切割的水平面贯通示意图

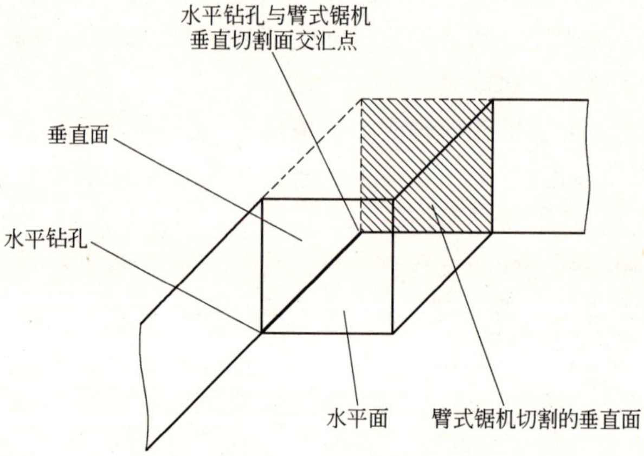

图 4-68　水平钻孔与臂式锯机切割的垂直面贯通示意图

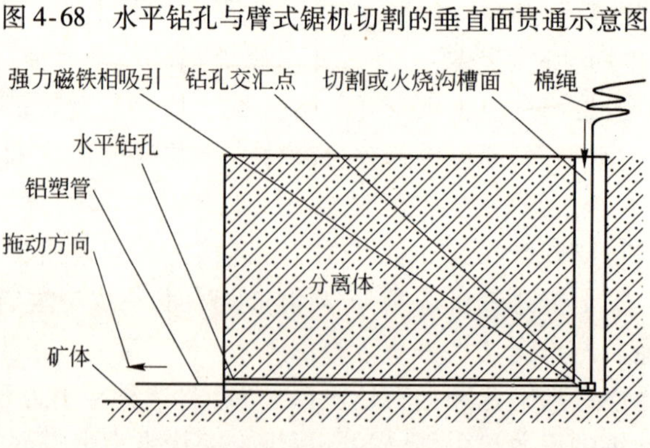

图 4-69　串珠绳通过水平孔与臂式锯机切割垂直面穿引示意图

图4-70是串珠绳穿过垂直孔和水平切割面示意图,穿引方法和穿引工具与图4-67所示串珠绳通过垂直孔与水平切割面时相同。只是系有磁铁的导引绳从垂直钻孔中放入,捆绑磁铁的铝塑管从水平锯缝中插入。切割完第一个垂直面后,同样方法穿引串珠绳,对另一个垂直面进行切割。

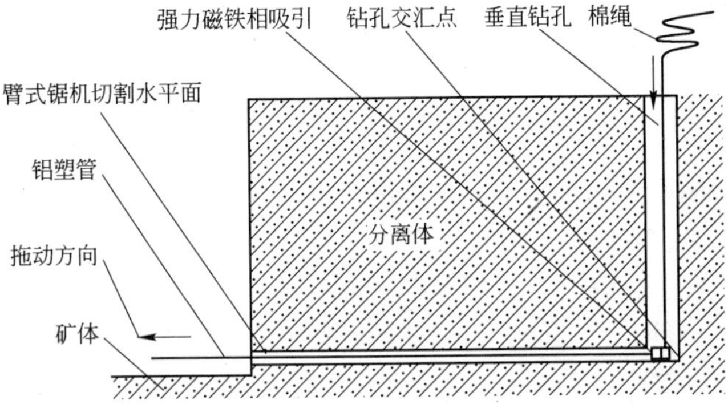

图4-70 串珠绳通过垂直孔与臂式锯机切割水平面穿引示意图

如果垂直或水平切割缝的深度比较浅,前面介绍的棘爪头钢筋与堆积导引绳的穿引方式也可适用。但遇到比较深的切割缝时,将导引绳堆积在钻孔与切割缝交汇位置的操作难度很大,采用永磁铁相互吸引的方式,可获得更好更快的吸合效果。例如在穿引垂直面与水平孔情况时(图4-68),先将水平孔中磁铁端深入到垂直切割缝中,左右晃动导引绳使其下端磁铁相对孔、缝交汇位置摆动,试探调整磁铁深度,很容易使两块磁铁碰触吸合。相反在垂直孔、水平锯缝情况时,孔中系有导引绳的磁铁固定,用铝塑管磁铁端在水平切割缝与垂直孔交汇位置试探寻找另一块磁铁,因为强力磁铁的吸引力作用,二者吸合也非常容易。

4.5.1.2 串珠绳环绕分离体水平切割面的穿引

串珠锯切割水平面时,必须建立在对分离体实施了两个水平钻孔与一个垂直钻孔相互相交贯通的基础上,图4-71是串珠绳环绕水平面的穿引示意图。

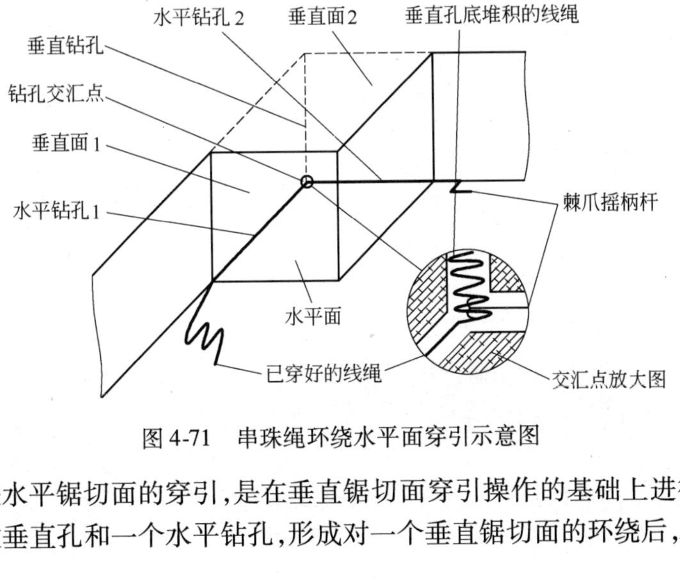

图4-71 串珠绳环绕水平面穿引示意图

串珠绳环绕水平锯切面的穿引,是在垂直锯切面穿引操作的基础上进行的。当棉线导引绳已经被穿过垂直孔和一个水平钻孔,形成对一个垂直锯切面的环绕后,将分离体顶面垂直孔处的棉线导引绳全部放入三孔交汇处形成堆积，将棘爪头钢筋从另一水平孔插入，按照前面介绍的方法，将棉线导引绳的另一头从第二个水平孔拉出，形成棉线导引绳对水平锯切面的环绕。最后用棉线或细铁丝连接穿引串珠绳，拉动导引绳同时带动串珠绳完成对水平切割面的环绕。

在采用火烧垂直面或臂式锯机切割垂直面的堑沟开拓工艺时，穿引串珠绳环绕水平切割面的方法相对简单。当完成串珠绳穿过垂直切割面和水平钻孔，形成对另一个待切割垂直面的环绕状态后，将处于垂直切割缝内的串珠绳，从切割缝出口处拉出，并水平放置到切割缝的底面，即可形成对水平面的切割环绕。

4.5.1.3　在封闭面的初始开拓堑沟内进行串珠绳的穿引

在大理石等软质石材矿山开采时，经常会遇到串珠绳穿过臂式锯机切割分离体封闭的垂直背面或水平底面的开拓堑沟，形成对其他面的切割环绕。

在切割封闭垂直背面的情况时，可采用前面介绍钻凿水平孔贯通垂直面的方法，在分离体两边分别钻凿两个水平孔与垂直背面贯通，因为必须先切割水平面，所以可按照前面介绍的方法将导引绳通过垂直背面切割缝穿过其中的一个水平孔，同样方法将导引绳的另一端穿过第二个水平孔，形成对水平面的环绕，最终导引串珠绳环绕水平切割面，见图4-72。水平底面切割完成后，按照前面介绍的方法，穿引串珠绳分别环绕分离体的两个垂直立面，可完成封闭分离体另外两个垂直立面的切割分离。

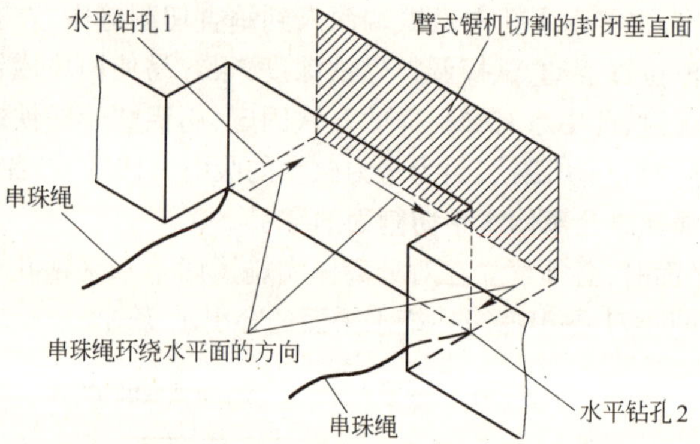

图4-72　封闭垂直背面切割时串珠绳环绕水平面穿引示意图

如果采用臂式锯机切割分离体封闭的水平底面时，可在分离体顶面需要背切的合适部位，分别钻凿两个垂直孔与水平底面贯通。采用前面介绍的对应方法，先将导引绳穿引环绕一侧的垂直立面，然后将水平切割面内导引绳的另一端送到另一个垂直孔与水平底面贯通处，仍用前面介绍的方法，将导引绳的这一端从第二个垂直孔进口处穿出，形成对封闭垂直背面的环绕。将导引绳与串珠绳绑系，最终将串珠绳穿过两个垂直钻孔和水平切割底面，形成对封闭垂直背面的切割环绕，见图4-73。垂直背面切割完成后，按照前面介绍的方法，分别穿引串珠绳切割分离体的两个垂直立面，最终完成封闭分离体另外两个垂直立面的切割分离。

采用带有压绳导向轮的进给立柱，导引串珠绳切割分离体垂直封闭背面时，如何穿引串珠绳切割水平面的穿绳方法和要求，请参见后面有关章节的介绍。

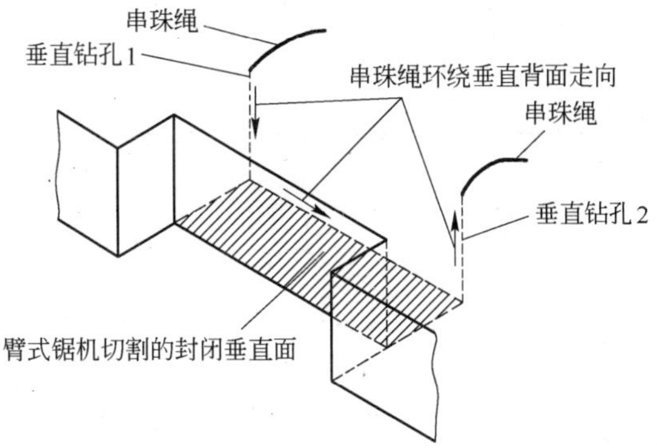

图 4-73 封闭水平背面切割时串珠绳环绕水平面穿引示意图

4.5.1.4 串珠绳环绕解体或整形面的穿引

通常解体分离体分成对翻倒后的分离体解体，以及直接在矿体上对已与矿体分离的分离体解体两种情况。

翻倒后的分离体与矿体台阶面之间都垫有渣土，确定分离切割面后，用钢筋或钎杆穿过分离体与台阶面之间需要穿绳位置之间的渣土，将导引绳或串珠绳直接捆扎在钢筋或钎杆的一端，拉出钢筋或钎杆后，串珠绳随之穿过分离体和台阶面的缝隙，环绕分离体后即可进行解体切割，见图 4-74。

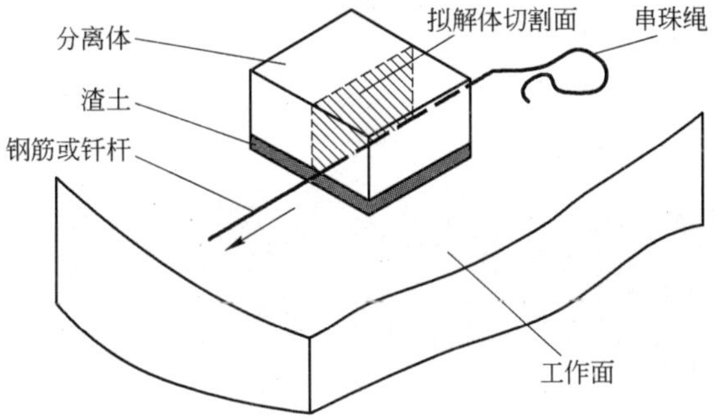

图 4-74 串珠绳环绕翻倒后分离体的穿引方法

遇到体积很大、翻倒困难，或开采工作面尺寸较小不能容纳翻倒后的分离体时，可先在矿体上将大块分离体分解成小块分离体，然后再翻倒。当分离体体积很大、不能移动时，首先在解体面位置钻凿垂直水平交汇孔，按照前面介绍方法穿引串珠绳，即可环绕解体面，实施切割。如果将分离体顶离矿体，使分离体与矿体之间出现宽度大于 40 mm 的缝隙，可按照解体切割面的位置，钻凿水平孔与该缝隙贯通，按照前面介绍水平孔与垂直切割缝之间孔对面穿引串珠绳的方法，完成串珠绳环绕切割面的穿引。

荒料整形时穿引串珠绳的方法与图 4-74 显示的方法相同。

4.5.2 异型加工时串珠绳的穿引

使用多维数控串珠锯加工开式造型异型石材制品时，可将坯料直接放到串珠锯上切割。当加工立体异型石材制品内封闭造型面时，必须先在坯料上钻凿一个工艺钻孔，将串珠绳从孔中穿过并连接后（见图 4-75），才能进行切割。完成切割后，剪断串珠绳，才能取出制品。

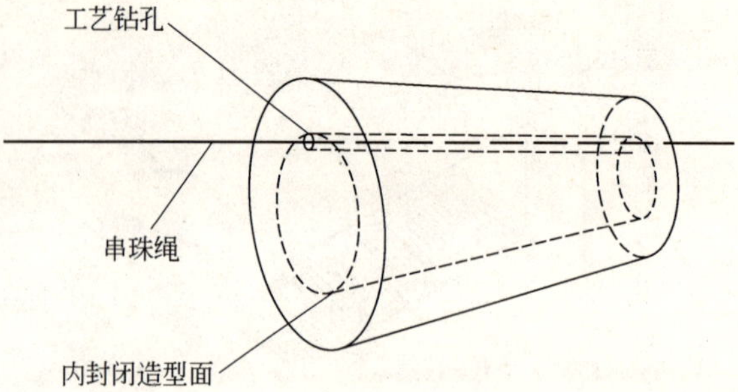

图 4-75　内封闭造型面串珠绳的穿引

4.5.3　固定式荒料整形机串珠绳的穿引

固定式荒料整形机整形切割荒料时,无需穿引串珠绳。它使用的串珠绳通常分为无接头和有接头两种结构,只要将串珠绳安装到串珠锯上,整形机就处于准备加工状态。整形时只需将荒料安放到荒料整形机台车或其切割位置的地面上,即可对其进行整形切割。

第5章　金刚石串珠锯露天开采大理石的工艺方法

在金刚石串珠锯问世30多年后的今天，它以其他传统大理石开采设备无法比拟的优势，已经在世界各地的大理石矿山得到普及和推广，它的出现被称为“大理石矿山开采的革命”。金刚石串珠锯具有许多的优点，例如：切割效率高，速度快，切割大理石能够达到8～14 m^2/h，比传统的钢丝绳锯石机高3～6倍，切割石灰华石材的速度最高能够达到16 m^2/h，切割砂岩的速度最高达到18 m^2/h，即便是切割比较硬的蛇纹石，切割速度最高也能达到8 m^2/h。

金刚石串珠锯除了可以进行垂直、水平锯切面的切割外，还可以进行任意角度锯切面的切割，配合一些专用的辅助工具，金刚石串珠锯甚至可以进行其他机械根本无法到达的“封闭”面的切割。而且成为露天、井巷和山洞型大理石矿山必不可少的主力开采设备。其切割成本不仅低于传统的钢丝绳锯石机，而且其综合开采成本也比人工或其他开采方法低。

使用金刚石串珠锯开采出的荒料表面平滑、形体规整、块度大、质量好、荒料率高；加工时，可达到更高的出板率。另外，金刚石串珠锯还具有操作简便，维修、保养简单容易，优化和减少矿山劳动定员，人均开采效率提高等优点。

使用金刚石串珠锯开采大理石荒料的基本开采工艺流程为：确定分离体的位置和几何尺寸⟶钻凿水平和垂直贯通孔⟶穿引串珠绳⟶安装调整串珠锯和导向轮⟶锯切⟶分离体的翻倒⟶分离体的解体划线⟶分离体的解体切割⟶荒料的整形⟶荒料的验收⟶荒料的位移、吊装和运输。在大理石矿山上，锯切、解体和荒料的整形可全部由金刚石串珠锯完成，也可称为全锯切开采。

本章主要介绍大理石矿山开采中，使用金刚石串珠锯切割的基本工艺方法，以及以金刚石串珠锯为主机，与链臂式锯机、组合钻具或其他开采机具配合，在露天型大理石矿山开采中，开掘堑沟、分离岩体、解体和整形荒料的最基本和最常用的工艺方法，切割的工艺要求，锯切的技术参数等内容。

5.1　金刚石串珠锯的基本锯切方法

金刚石串珠锯的基本锯切方法是指对垂直面、水平面、倾斜面或者封闭背面的切割方法。这些方法的不同组合，构成了使用金刚石串珠锯开采大理石的锯切开采工艺体系。

5.1.1　水平面切割方法

金刚石串珠锯在矿体上进行水平面切割的主要目的是，将分离体从与矿体水平的连接面上分离开。在大理石矿山，水平面的切割是分离体分离锯切的第一道锯切工序，然后才能进行垂直面的分离切割。这个顺序是不可逆的，因为在水平面切割时，分离体与矿体垂直面的连接是防止分离体坠落的保证。如果先将垂直面切割完，这些支承保证被解除，那么在水平面切割的后期，分离体会随时坠落压住金刚石串珠绳，不仅造成被压住的金刚石串珠绳报废，严重时还会引起金刚石串珠绳的断裂飞出，造成更严重的事故。即便是先切割水平面，在切割过程中，也应随时在已经切割好的锯缝中，尽可能深地塞入钢楔，保持分离体在水平面上得到尽可能足够的支撑。这种辅助支撑方式，对存在裂隙的分离体更为重要。图 5-1 是在水平切割过程中，加入支撑钢楔的示意图。

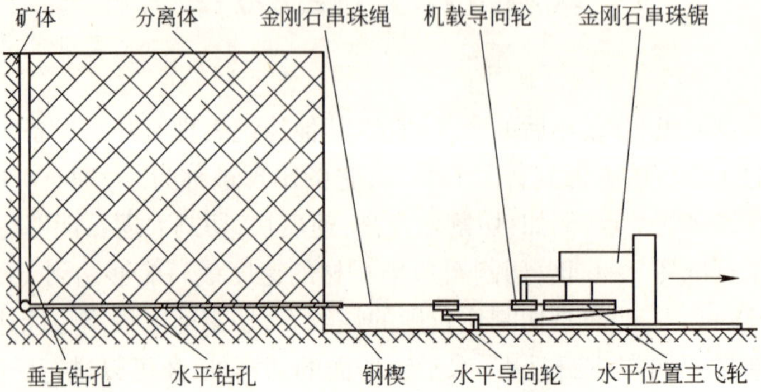

图 5-1 水平切割面插入钢楔示意图

水平切割前，要根据确定的分离体尺寸，选定垂直孔和水平孔的位置。钻孔的顺序是先钻深孔，最后钻浅孔。这主要是考虑如果钻孔未能交汇，补钻孔时的成本和容易程度。如果需要先钻垂直孔，钻孔直径与台阶高度和垂直切割面的深度有关，通常小于 10 m 深度的垂直钻孔的孔径一般是 90 ~ 100 mm；超过 10 m 深度的垂直钻孔，孔径最好选择 120 ~ 150 mm。大的垂直孔径容易与水平钻孔交汇。以垂直孔为基准钻凿呈正交关系、相互垂直的纵向和横向水平孔，与垂直孔交汇贯通，以便金刚石串珠绳的穿引，交汇孔的钻凿方法将在后面的章节介绍。

切割分离体的尺寸是由成品荒料和矿体实际情况决定的，水平面的纵向深度一般在 3 ~ 12 m 之间，横向深度在 10 ~ 15 m 之间。可以使用大孔径钻孔设备完成水平交汇孔的钻凿，例如液压钻孔机、大孔径气动凿岩机或液压凿岩机等大孔径钻孔设备，钻孔直径为 90 ~ 150 mm，通常钻孔越深，钻孔直径应越大。4 m 深度以内的水平钻孔也可采用水平标杆式凿岩机或手持凿岩机完成，孔径一般是 38 ~ 40 mm。4 ~ 8 m 深度的水平钻孔，可选直径为 50 mm的钻孔，这样才便于与垂直钻孔交汇。

水平面的锯切也分成横向（图 5-2）和纵向（图 5-3）两种方式。纵向切割是指金刚石串珠锯导轨与纵向水平钻孔平行，金刚石串珠锯的进给沿着纵向钻孔的方向。横向切割的进给方向则是沿着横向水平钻孔的方向。

水平面的切割都采用“上切方式”，即金刚石串珠锯位于被锯切台阶的底面上，对位于其上方开采台阶上的分离体进行水平底面的切割，这种水平面的切割称为水平底面切割。还有一种对悬空水平面的切割，曾被用于脉状金矿的开采。

5.1.1.1 水平面的横向切割方法

图 5-2 是金刚石串珠锯进行分离体水平面横向切割的示意图，图中金刚石串珠锯的主飞轮已经回转到水平位置，随机安装的两个导向轮也处于水平工作位置。该机导轨的前端还安装了两个固定的水平导向轮，目的是将金刚石串珠绳的运动轨迹控制在一个逐渐缩小的范围之内，使其不因金刚石串珠锯的进给运动而逐渐扩大，实际上是对外露高速运动的金

刚石串珠绳的一个控制保护措施。横向水平切割一般用在开采台阶的侧面有足够大的自由空间的情况下，如果分离体的侧面是一个开拓堑沟，这个开拓堑沟的宽度至少应该达到1.5倍金刚石串珠锯导轨的长度，也就是说达到6~9 m时，才能保证金刚石串珠锯能够在堑沟内对分离体进行切割，否则只能采取纵向水平切割方式（见图5-3）。

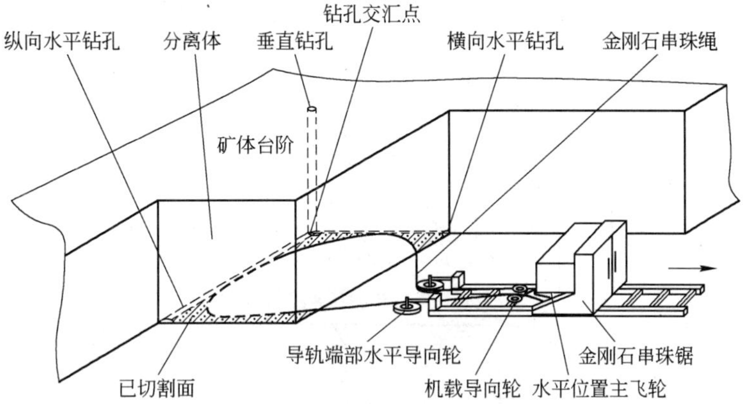

图5-2 水平面横向切割示意图

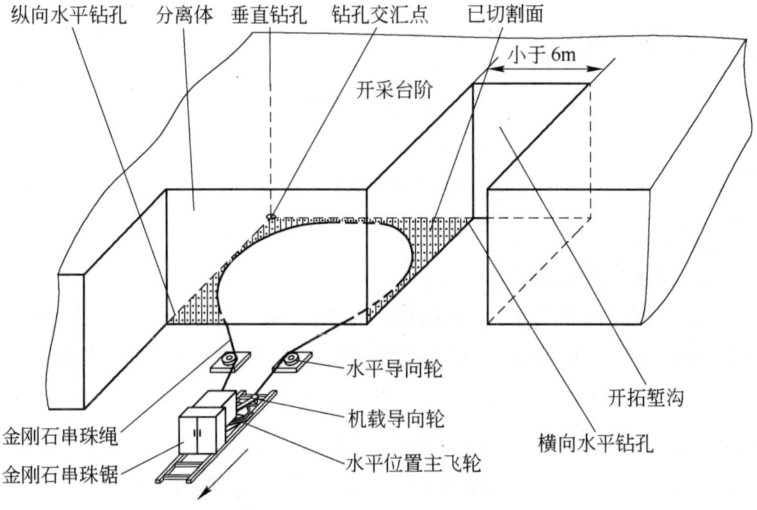

图5-3 水平面纵向切割示意图一

5.1.1.2 水平面的纵向切割方法

图5-3所示是金刚石串珠锯进行分离体水平面纵向切割的示意图，图中金刚石串珠锯的主飞轮、两个机载导向轮和两个固定在导轨前端开采台阶上的独立水平导向轮的安装位置、安装要求和作用，与横向切割水平面时的安装要求相同。纵向水平切割时，金刚石串珠锯一般放置在比较宽阔的开采主工作面上。

但在主工作面还未形成的开采初期，其宽度有时不到6 m，不足以纵向安放金刚石串珠锯进行图5-3所示的切割方法，而堑沟的宽度也不足以进行像图5-2所示的方法切割，这时就需要采用图5-4所示的纵向水平切割方法。但金刚石串珠锯不是安放在分离体侧面，而是安装在分离体前面的工作平面上进行纵向水平切割，金刚石串珠锯是横向运动。采用这种切割方法时，要对金刚石串珠绳的切割方向进行90°的转向，导轨前方开采工作面上的一对水平固定式导向轮，就要承担串珠绳方向变换的作用。另外还要在导轨前端再增加一对导向轮，并与导轨固定在一起，位于外侧的一个固定水平导向轮改成垂直安装方式或在串珠绳下方垫支承石块，目的是导引金刚石串珠绳在运动时不会碰到导轨。

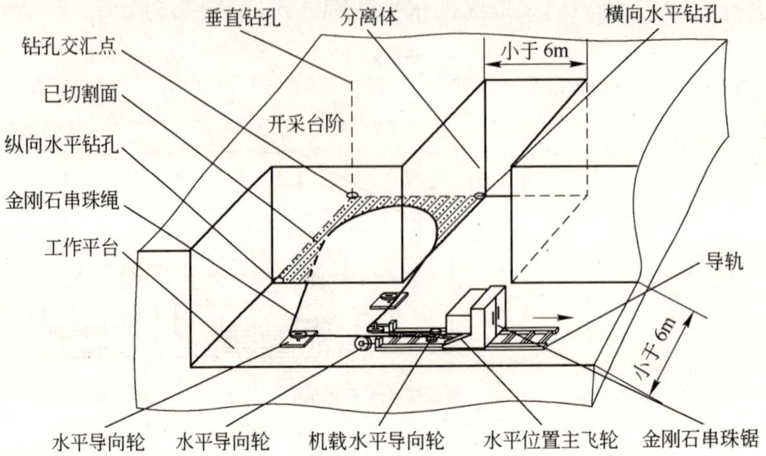

图5-4 水平面纵向切割示意图二

5.1.2 垂直面切割方法

金刚石串珠锯对垂直面的切割方法是使用最多、最基本的切割方法，在露天、井巷或者山洞型大理石矿山上的分离体主切面的切割，以及荒料的整形中都会用到。根据金刚石串珠锯相对锯切面的位置，垂直面切割分成"上切法"、"下切法"、"侧切法"(多用于山洞型大理石矿开采)和"背切法"等不同切割形式。

5.1.2.1 "上切法"切割垂直面

"上切法"是指金刚石串珠锯位于被锯切台阶的底面上，对位于其上方开采台阶上的分离体进行垂直锯切面的切割。根据矿体形态的不同，相对于矿体开采台阶而言，"上切法"垂直切割通常分成纵向和横向两个方向的切割。纵向垂直切割是指锯切面垂直于矿体开采台阶的左右方向(采面的长度方向)，图5-5所示为纵向垂直切割方向。横向切割是指锯切面平行于矿体开采台阶的左右方向(采面的长度方向)，图5-7所示为横向垂直切割方向。

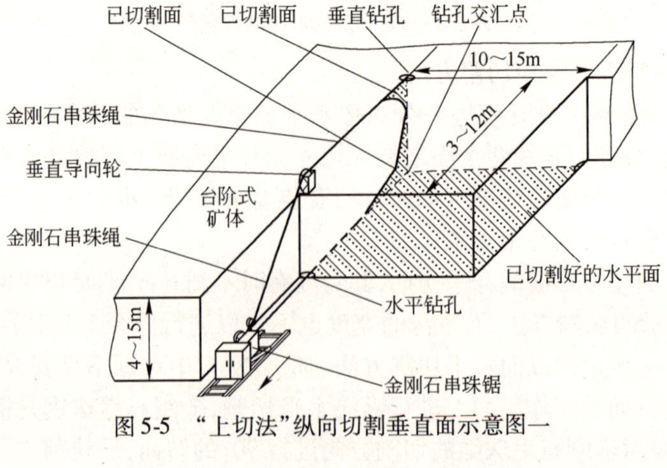

图5-5 "上切法"纵向切割垂直面示意图一

A “上切法”纵向切割垂直面

当对分离体的水平底面分离切割完成后，首先要进行纵向垂直方向的切割。图5-5所示的纵向垂直面切割方法，金刚石串珠锯安装在分离体前面的开采工作平台上。按照荒料的商品尺寸以及矿体的具体情况，切割深度一般是3～12 m，台阶的高度一般是4～15 m。分离体的长度也是根据矿体特点和成品荒料的规格尺寸确定的，通常是10～15 m。

在形成宽阔开采台阶的初期开采阶段，工作平台和开拓堑沟的平面尺寸都比较小，不能满足安装金刚石串珠锯进行图5-5和图5-7所示纵向和横向水平切割作业的平面位置要求；而且分离体上方的开采台阶位置也有限，不能安装金刚石串珠锯采用“下切法”进行垂直切割作业。在这种情况下，只能按照图5-4所示的原理，采用图5-6和图5-8所示的方法进行纵向和横向垂直面切割。

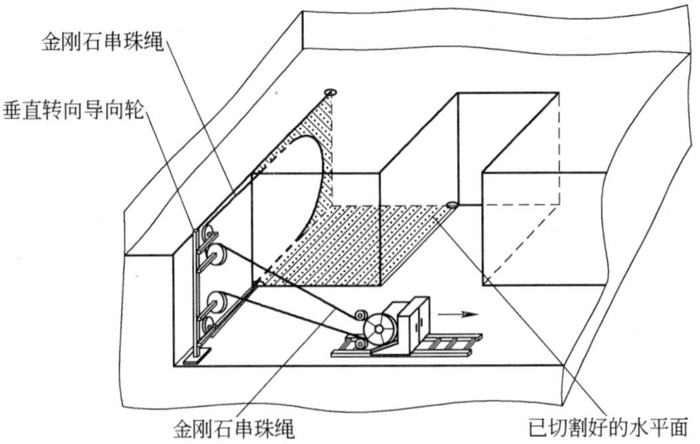

图5-6 “上切法”纵向切割垂直面示意图二

图5-6所示垂直切割方式，适合当堑沟宽度小、台阶顶面尺寸不能安装金刚石串珠锯，而且工作平台的宽度又不能满足纵向摆放金刚石串珠锯的采场条件时。这时，需要在金刚石串珠锯导轨前方安装一个有4个导向轮的垂直导向轮组件，中间两个导向轮与上下两个导向轮正交固定，以便导向金刚石串珠绳在这个位置转向。因为采用这种纵向垂直面的切割方式时，进出切割面的金刚石串珠绳都要有一次90°角的转向，所以金刚石串珠锯的进给速度不能太快，以防止金刚石串珠绳在直角转弯处从导向轮槽中跳出。除降低金刚石串珠锯进给速度外，采用这种切割方式时，还必须在金刚石串珠绳的运动轨迹周围增加适当的保护措施，防止万一金刚石串珠绳从导向轮中脱出后，危及操作者或其他开采作业人员的安全。所以这种纵向垂直切割方式只在万不得已的情况下使用，如果有其他更安全的办法替代，尽量不要采用。

B “上切法”横向切割垂直面

当完成纵向垂直面切割后，分离体只剩下横向垂直面与矿体连接，这时可进行横向垂直切割。切割前首先要先沿着分离体纵向方向，钻取一定间距（取决于荒料的商品规格尺寸）的垂直孔，与各自的水平钻孔交汇，即可穿引金刚石串珠绳进行切割。图5-7所示是金刚石串珠锯正在对分离体进行横向垂直面的切割示意。横向垂直面是分离体与矿体的最后连接面,因此,其厚度尺寸不宜过大。分离体的厚度与成品荒料的规格尺寸和开采台阶的高度有关,为了更容易翻倒分离体,分离体高度与厚度的比值应该合适,这时才能保证分离体能够被翻倒。考虑到成品荒料的规格尺寸,分离体的厚度值一般是 2 ~ 3 m,有时可达到 4 m。

使分离体翻倒的条件,除了与它们自身的高度和厚度比例等几何条件有关外,还与分离体的长度、顶翻设备的类型、可提供顶推力的大小、顶翻作用点的位置等因素有关,具体要求在 8. 3 节中有详细介绍。

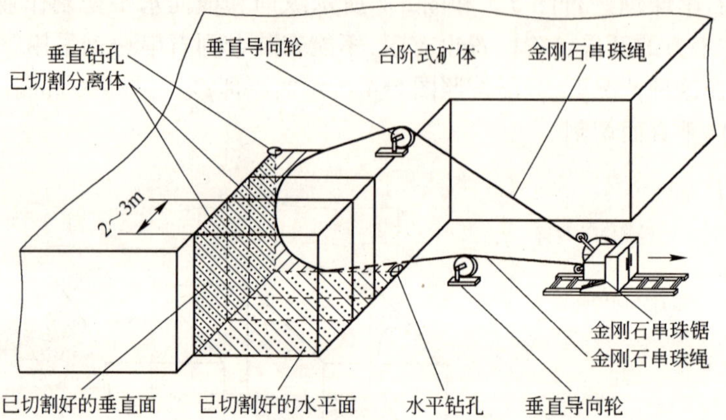

图 5-7　“上切法”横向切割垂直面示意图一

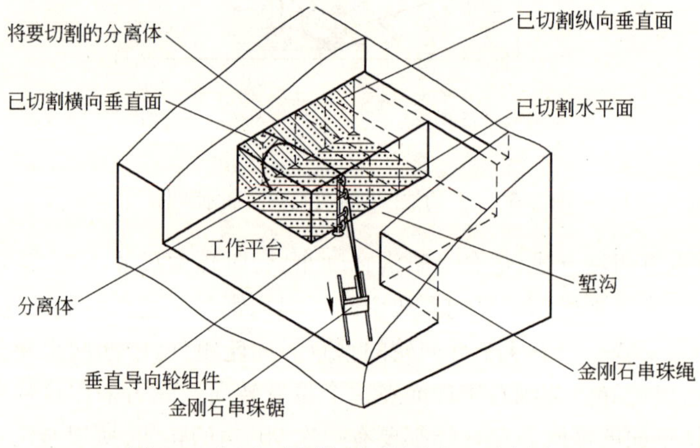

图 5-8　“上切法”横向切割垂直面示意图二

在进行横向切割水平面时,同样会遇到前面介绍的形成宽阔开采台阶的初期开采阶段,出现常规位置不能安装金刚石串珠锯的问题,此时可采用图 5-8 所示的方式进行横向垂直面的切割操作。在切割第一个分离体的横向垂直面时,如果出现金刚石串珠锯顺着堑沟放置、垂直导向轮组件与锯机之间的距离太近而影响锯机操作的情况,可将金刚石串珠锯斜向安装在堑沟的出口部位,在分离体宽度处的切缝处安装四轮式垂直导向轮组件。位于导向轮立柱上下方向最外侧的两个导向轮的旋转平面与纵向切缝同面,最内侧的两个导向轮的旋转方向与金刚石串珠锯的主飞轮旋转平面重合。

垂直与水平交汇孔的钻取,以及分离体厚度的选择与前述相同。进入第二个分离体切割时,金刚石串珠锯运动方向与分离体侧面夹角减小,这时应注意重新调整两对固定导向轮之间的交角。当切割最内侧的一个分离体时，一般情况下金刚石串珠锯可以安装在堑沟内或顺着堑沟安装，这时该夹角呈直角状态，变成了金刚石串珠绳的直角变向切割方式，如图5-9所示的切割状态。这种横向垂直面切割的工艺要求、安全措施和使用条件与图5-6所示切割方法一样，如果有其他更安全的办法替代，这种横向切割垂直面的工艺方法也尽量不采用。

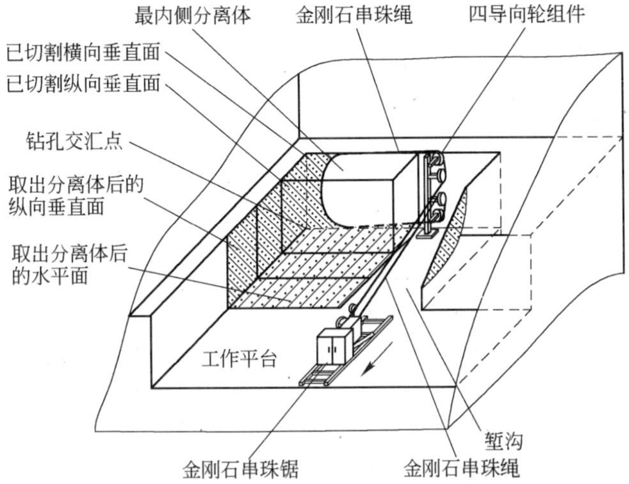

图5-9 “上切法”横向切割垂直面示意图三

C “上切法”作业时导向轮的安装要求

在使用“上切法”切割垂直面时，新切割面的拐角一般都是90°直角，尤其是在最里侧的两个拐角，也就是垂直钻孔位置处与台阶顶面和水平切割面之间的两个拐角处，与金刚石串珠绳都是以90°角接触。开始切割时，金刚石串珠绳在这样的拐角处受到的应力最集中，尖棱的岩石对金刚石串珠和钢丝绳的磨损最严重。为了减少新切割面拐角处对金刚石串珠绳的磨损，在金刚石串珠绳的切割轨迹上应安装相应的导向轮，尽可能地增大金刚石串珠绳对拐角处的包角。导向轮实际只能缓解分离体上平面的两个转角对金刚石串珠绳的磨损，对于垂直孔和水平孔交汇处的拐角是无能为力的。只能在刚开始切割前，人工往复拉动串珠绳，对拐角预先圆滑磨损；刚开始切割时，降低金刚石串珠锯的进给速度，等拐角处被磨圆后再进入正常切割，以此来减轻金刚石串珠绳在交汇点处的过度磨损。

图5-5、图5-7和图5-10显示了在台阶顶面上安装独立垂直导向轮的切割方式，都是为了缓解金刚石串珠绳在分离体顶面上拐角处的磨损。但它们开始切割时处理拐角的方法不同，图5-5和图5-7所示在台阶顶面靠近金刚石串珠锯一侧的边缘处安装了一个导向轮，由于金刚石串珠绳被垂直导向轮抬高，从而加大了金刚石串珠绳在垂直钻孔口部的拐角，缓解了串珠绳在位于垂直钻孔口部的拐角磨损。切面从靠近垂直钻孔口的位置逐渐向靠近垂直导向轮一侧移动。

图5-10显示的是，在台阶顶面安装两个垂直导向轮，靠近垂直钻孔口位置的导向轮，保持在切割初期该处串珠绳不参与顶面拐角的切割。等底面拐角已经被切割成圆弧形状后，再将该导向轮向台阶边缘移动，使串珠绳在此处的拐角以比较大的切入角锯切台阶顶面的拐角。随着切缝的前移，可继续将该垂直导向轮移动到垂直钻孔与台阶边缘的中间位置，继

续保持金刚石串珠绳以比较合适的切入角切割矿体，同样缓解它在台阶顶面拐角处的磨损。当金刚石串珠绳的锯缝继续靠近台阶边缘时，可将该导向轮移去，保留靠近台阶边缘安装的导向轮至分离体的垂直面全部被切割分离，如同图 5-7 所示的方法。图 5-10 所示的导向轮安装方法，还可用于切割面积比较大、切割线路比较长的锯切面，这种导向轮的安装方法更适用。

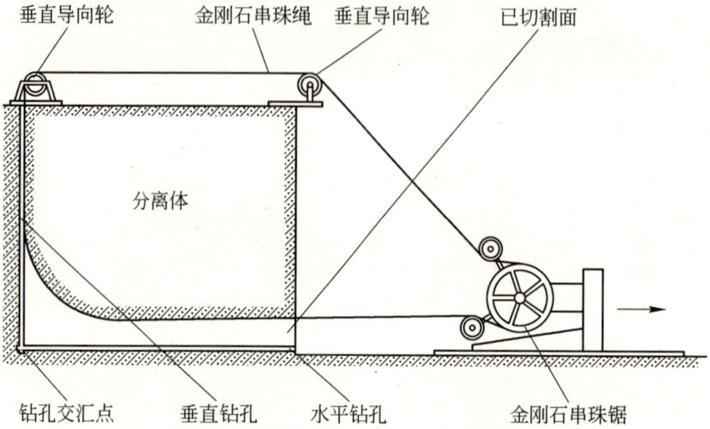

图 5-10　金刚石串珠锯“上切法”切割垂直面剖面图

5.1.2.2　“下切法”切割垂直面

相对于“上切法”而言，“下切法”是指金刚石串珠锯位于被锯切台阶的顶面上，对位于其下方开采台阶的分离体进行垂直锯切面的切割。根据矿体形态的不同，相对于矿体开采台阶而言，也将“下切法”垂直切割分成纵向和横向两个方向的切割。纵向垂直切割是指锯切面垂直于矿体开采台阶的左右方向（采面的长度方向）。横向切割是指锯切面平行于矿体开采台阶的左右方向（采面的长度方向）。

A　“下切法”纵向切割垂直面

“下切法”适合用于平面露天向下推进的开采系统，这时工作平面宽阔，其平面尺寸足够容纳金刚石串珠锯在各个方向安装作业。按照采面自上而下的开采推进原则，“下切法”同样适合山坡露天型矿山的推进方向。初期开采台阶顶面一般比较窄小，在分离体所处的台阶顶面上安装金刚石串珠锯比较困难时，如果台阶下方有合适的位置安装串珠绳，可采用图 5-5 所示的“上切法”进行分离体纵向垂直面的切割。只有当开采台阶的顶面宽度能够容纳金刚石串珠锯的切割作业长度，而且如果采用“上切法”时分离体底面的工作空间位置比较小，采用图 5-6 所示纵向切割垂直面的方法又比较危险时，可采用“下切法”进行纵向垂直面的切割，图 5-11 是“下切法”纵向切割垂直面示意图。

采用“下切法”进行纵向垂直切割，也必须在分离体底面已被分离切割后才能进行。“下切法”对金刚石串珠锯的切割技术参数，分离体长、宽、高的尺寸，钻孔直径与深度的关系等要求与前面“上切法”切割时的相关要求相同。

B　“下切法”横向切割垂直面

分离体横向垂直面的“下切法”是使用最多的切割方法，因为只要开采台阶顶面的宽度比金刚石串珠锯导轨的宽度大，就可以采用“下切法”完成分离体的横向垂直面切割。使用

“下切法”切割分离体的纵向或横向垂直面时，没有先后顺序要求。只要完成了垂直钻孔、并与水平面切割时钻孔交汇点贯通交汇后，就可以进行垂直面的切割，切割时对金刚石串珠锯的技术参数要求与前述相同。图 5-12 和图 5-13 分别是金刚石串珠锯以两种相对分离体的安装位置，使用“下切法”进行分离体横向垂直面切割的示意图。

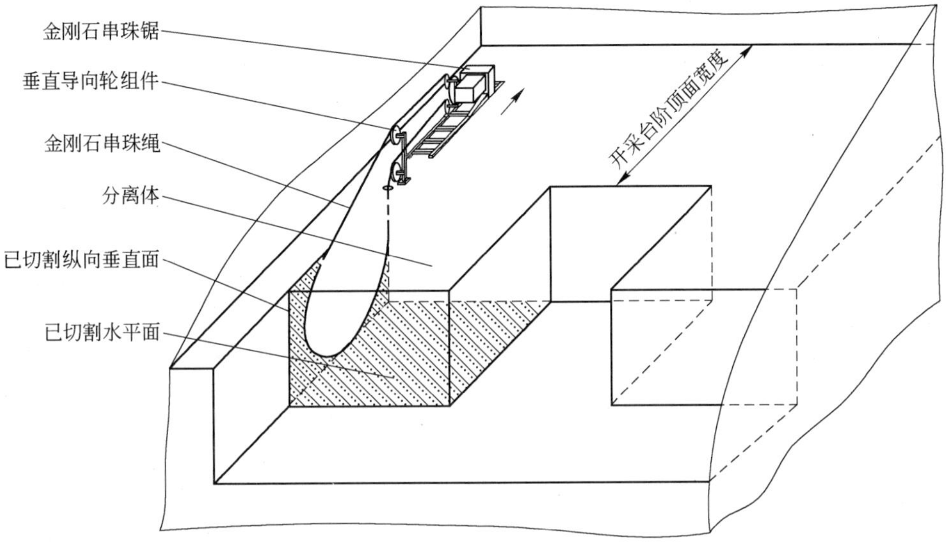

图 5-11 “下切法”纵向切割垂直面示意图

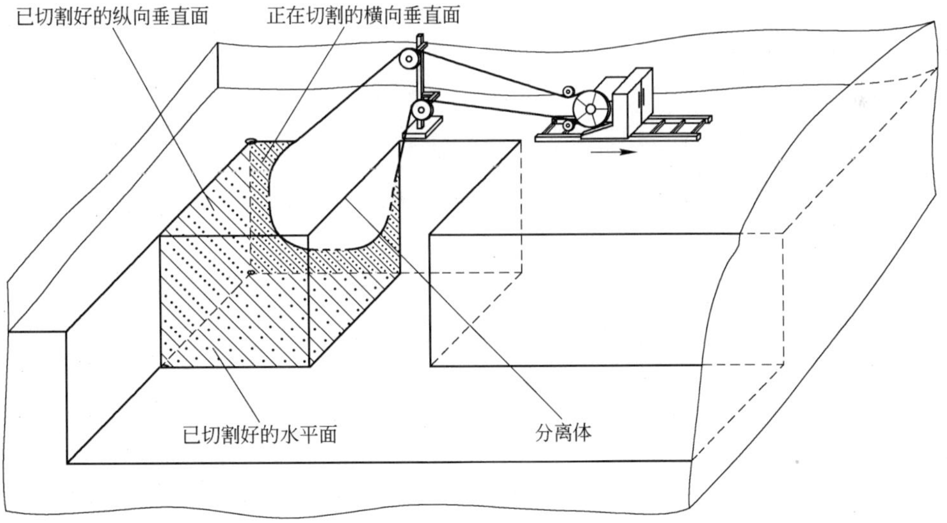

图 5-12 “下切法”横向切割垂直面示意图一

C “下切法”作业时导向轮的安装要求

使用“下切法”切割垂直面时，同样会遇到新切割面垂直拐角对金刚石串珠和钢丝绳的磨损问题，所以也必须通过安装独立的垂直导向轮组件，来减少新切割面拐角处对金刚石串珠绳的磨损。垂直导向轮的另外一个作用是保持进出方向的两条金刚石串珠绳，具有一定的间距或被隔离开，保证运动中不会相互碰撞。

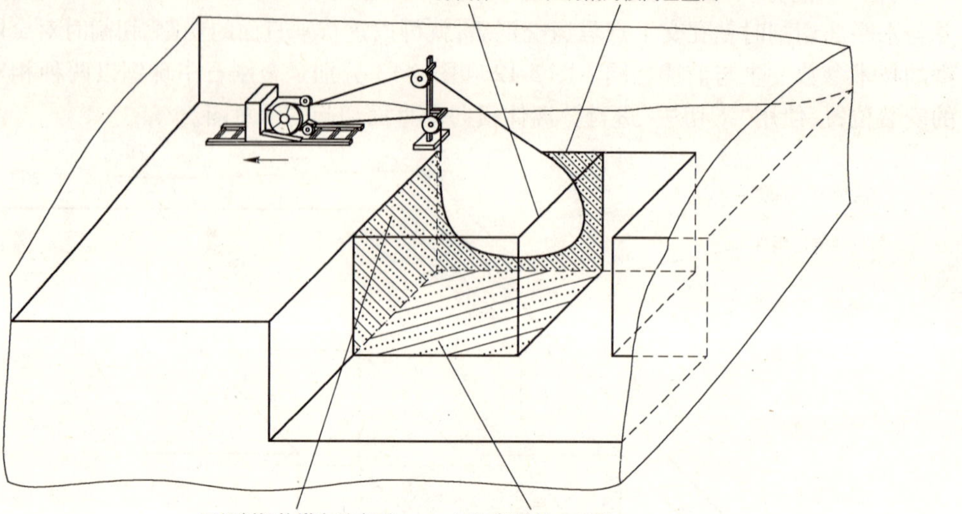

图 5-13 “下切法”横向切割垂直面示意图二

图 5-14 是“下切法”安装垂直导向轮组建的剖面示意图。如果没有上下导向轮隔离金刚石串珠绳,“下切法”切割作业将无法实施。“下切法”切割时,一般都安装一个双导向轮组件,图 5-12 显示了“下切法”切割垂直面时,双导向轮的安装方法。导向轮组件必须安装在分离体靠近金刚石串珠锯的一侧,两个导向轮可前后交错安装。下导向轮的金刚石串珠绳导出端面最好与垂直钻孔(图 5-13)或分离体侧面(图 5-12)同处一条直线上,以防止金刚石串珠绳切割到分离体以外的其他岩体。

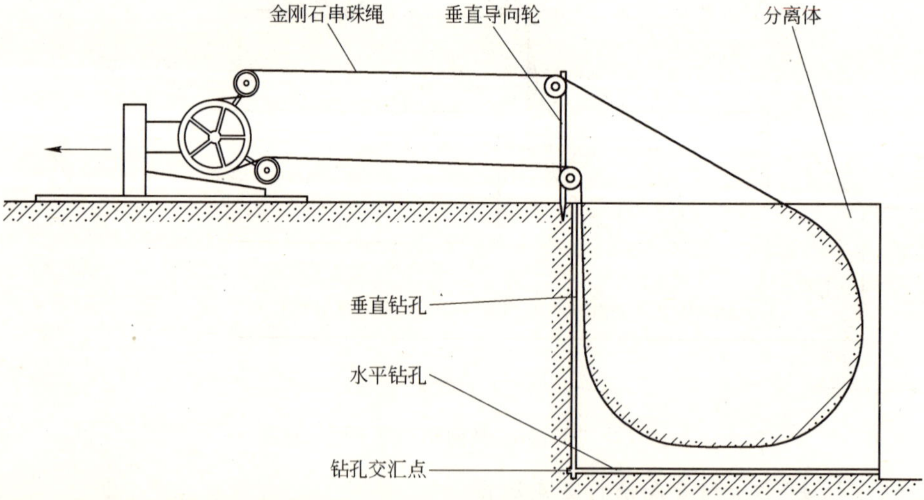

图 5-14 “下切法”垂直导向轮的安装示意图

5.1.3 封闭垂直背面的锯切方法——“背切法”

使用金刚石串珠锯开采时,要求分离体必须具备三个自由面,但有时在完整性好的矿体的开采初期,往往只能找到两个自由面的分离体。在以金刚石串珠锯为开采主机、而且已形成正规的台阶开采大理石矿山,如果没有配套臂式开采锯机,在开始每层台阶的锯切前,必须要在该台阶上开拓出一个开拓堑沟。堑沟的长度最好能够容纳一台金刚石串珠锯,采用横向垂直切割面的切割方法进行开采;至少也应该保证安装一台钻孔设备,用于钻凿两侧分离体上的横向水平钻孔。

前面介绍了几种从台阶上将分离体从水平面、纵向和横向垂直面切割分离的方法,在开始阶段都需要借助开拓堑沟的帮助,才有可能进行切割作业。如果岩体完整性很好,又没有天然裂隙可以利用或者天然裂隙的分布不合适,并且希望采用锯切方法回收开拓堑沟中的荒料时,只有两个纵向垂直面可以用上面介绍的方法直接切割,但封闭的背面因无法钻凿贯通孔而不能穿引金刚石串珠绳,所以使用常规切割方法是不能切割这个垂直封闭背面的。

可以借助在 2.5.2 节中所介绍的金刚石串珠锯用进给切割立柱和压轮(图 2-70 和图 2-71)配合金刚石串珠锯,采用"背切法"来完成对封闭垂直背面的切割。

图 5-15 是采用"背切法"切割垂直封闭面的示意图,图中所示采用的是推进杆固定式切割立柱。图 5-16 是采用推进杆进给式切割立柱进行"背切法"作业的剖面图。切割前,首先要钻两个直径 200 ~ 250 mm 的垂直钻孔,间距由矿体条件和分离体的几何尺寸决定,最大可达 20 m。然后再钻两个水平孔,分别与两个垂直钻孔贯通(图 5-15),以便于下一步对水平封闭面的切割,也便于排屑。

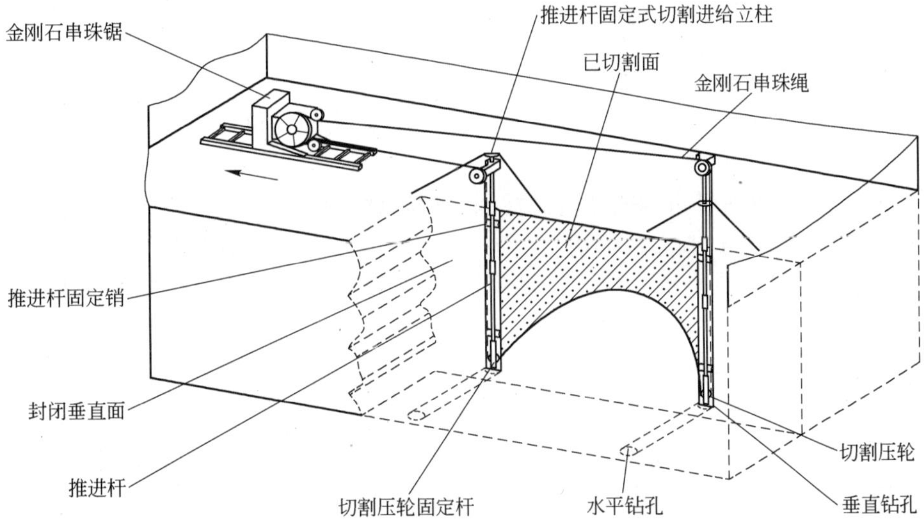

图 5-15 "背切法"示意图

采用"背切法"切割封闭面时,金刚石串珠绳所处的工作状态比较差,锯屑不容易排除。在切割压轮处金刚石串珠绳的回转半径很小,只有 65 ~ 70 mm,此时的金刚石串珠绳受到的弯曲应力很大,同时对进给压轮的磨损也很严重。在切割的初始阶段,金刚石串珠绳还要克服在顶面直角拐角处受到岩石的磨损。所以"背切法"作业时,应该控制金刚石串珠锯的进给速度,至少应比其他切割方法低 50%,同时还要增大冷却水的流量和压力,提高金刚石串珠绳的冷却和排除锯缝中锯屑的能力。

5.1.3.1 使用推进杆固定式进给切割立柱锯切封闭垂直面

推进杆固定式切割立柱的切割操作方式是，首先按照图5-15安装好进给切割立柱，将底部安装有已经环绕好串珠绳的切割压轮的推进杆插入各自的垂直钻孔，锁定推进杆固定销，使推进杆牢固地固定在钻孔内。在设计固定销时，其轴线方向与压轮回转轴同面，所以不会干涉到钻孔内金刚石串珠绳的运动。保证跨过进给立柱上导向轮的金刚石串珠绳具有足够间隔的前提下，尽量将金刚石串珠锯的导轨固定在靠近第一个垂直钻孔的位置，锯机也安装在导轨靠近被切割分离体一端。然后将串珠绳环绕金刚石串珠锯主飞轮、机载导向轮、进给切割立柱上的导向轮，形成对封闭背面的切割环绕。

按照安装串珠锯、飞轮、导向轮、串珠绳切割面和被切割面同面要求，调整好串珠锯，启动金刚石串珠锯按照图示方向（背离分离体）进给运动。随着已锯切面的增大，金刚石串珠锯运动到导轨末端时，需要向前移动调整锯机位置，保证锯机切割运动的继续。可以采用移动导轨和截断金刚石串珠绳两种方式，保持锯机继续进行切割运动。当锯机运动到导轨末端时，如果锯机前进方向有位置，在保证金刚石串珠绳运动中不因过分抖动而相互碰撞或与其他物体碰撞的前提下，可通过移动导轨来继续金刚石串珠锯的切割，直到不能保证金刚石串珠绳安全运动或锯机前进方向没有位置为止。通过导轨移动来继续锯机的切割进给的优点是，不用截断金刚石串珠绳，导轨移动比较便捷；但缺点是受到外露金刚石串珠绳不能太长以及有些矿山的工作平台尺寸比较小的限制，使得导轨移动的距离有限，不能无限制地进行下去。所以使用最多还是导轨固定，通过截断金刚石串珠绳来继续锯机切割的方式。

切割时尽量控制串珠绳的进给速度，防止串珠绳被拉断。在剪断串珠绳继续切割时，要保持串珠绳在垂直钻孔内环绕切割轮的状态，避免串珠绳从切割轮槽中脱离。一旦串珠绳脱离切割轮槽，或者断在锯缝及垂直钻孔中，整个切割系统必须重新安装和调整，非常麻烦。

5.1.3.2 使用推进杆进给式切割立柱锯切封闭垂直面

采用推进杆进给式切割立柱锯切封闭的垂直背面时，锯机和切割立柱的安装方法与图5-15相同。锯切过程中，锯机仍然需要进给运动，只是推进杆是分阶段深入到垂直钻孔的不同深度。开始切割时，底部装的切割压轮的液压推进杆，其切割轮的位置只稍微低于垂直钻孔顶部平面，当串珠绳全部切入矿体后，推进杆带动切割轮再沿垂直钻孔向下移动一段距离。推进杆下移时，串珠锯应停机并反向运动松弛串珠绳，保证切割轮带动串珠绳下移时具有足够的富裕量。如此往复，最终使切割轮下降到垂直钻孔的孔底，完成对封闭垂直背面的切割。金刚石串珠锯、导向轮、串珠绳、进给立柱的安装要求同前。

因为串珠绳是逐渐进入到垂直孔底的，所以推进杆进给方式切割的特点是，在锯切初期、甚至到中期，串珠绳的弯曲、变换方向的程度与前述方法相比得到改善，有利于串珠绳的冷却和排除切屑。如果串珠绳长度计算的合适，可自始至终使用同一根串珠绳，至少可以减少截断金刚石串珠绳的次数。即便金刚石串珠锯已经移动到导轨末端，因为必须配合液压推进杆向下移动串珠绳，所以串珠锯仍然要向导轨的前端运动，以腾出足够长度的串珠绳继续进入切割面。所以，出现在不改变金刚石串珠绳长度的情况下，仍能实现对切割面的包络和切割的情况。当然，随着已切割面的不断增大，金刚石串珠绳还是要被截断。图5-16是推进杆进给式切割立柱的安装切割剖面示意图。

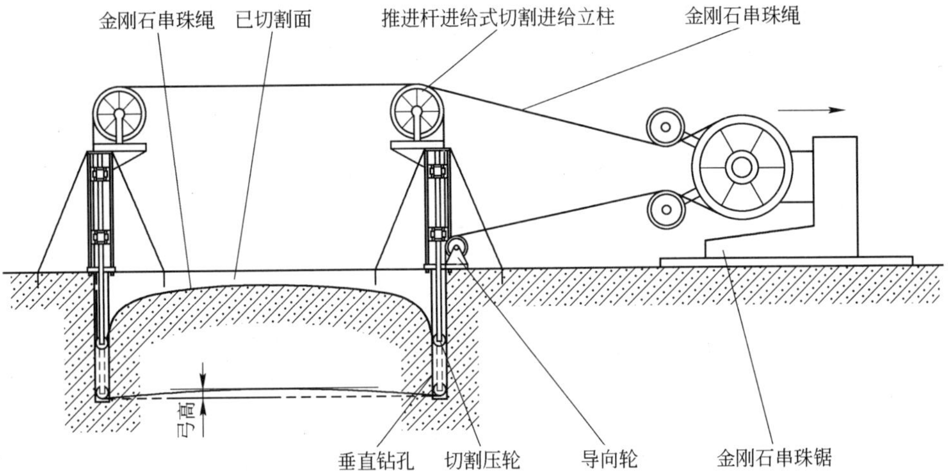

图 5-16 “背切法”剖面图

不论是推进杆固定式还是进给式结构的进给切割立柱，在切割的最后阶段，也就是金刚石串珠绳已经下降到垂直钻孔的底部时，必须多切割一段时间，尽量减小金刚石串珠绳在底面形成的弓形高度（见图 5-16），为下一步切割水平面创造好的条件，也可减少分离体荒料率的损失。

因为封闭背面切割缝比较窄，只有大约 11 ~ 12 mm，如果切割中出现金刚石串珠绳被拉断，可将柔软的导引绳与金刚石串珠绳的断头连接，重新将其导引包络到被切割面上。如果金刚石串珠绳全部被甩出切割缝，只有将进给切割立柱和切割压轮升起，重新环绕串珠绳后才能将其继续放入切割缝。重新操作时，必须注意应缓慢将金刚石串珠绳压入切割缝，必要时短时低速旋转金刚石串珠绳，以利于其顺利导入，严禁强制加压，防止金刚石串珠绳再次被拉断。

推进杆进给结构的切割立柱要比固定结构的切割立柱复杂，需要有专门的液压或其他机械进给方式和必要的动力系统，投资比较大。但与配套链臂式开采设备相比，虽然切割速度比较低，但其低廉的价格是非常适合处于开采初期阶段大理石矿山的使用。

5.1.3.3 封闭水平底面的切割

封闭背面的切割与封闭底面的切割是相互结合的，当使用“背切法”完成对封闭垂直面切割后，紧接着需要将对应于该垂直切割面的封闭水平底面进行切割，这两个面的切割必须配合完成。因为垂直封闭面切割后，其锯缝的宽度只有 11 ~ 12 mm（普通金刚石串珠绳的切缝宽度），必须将金刚石串珠绳留在该锯缝中，并将金刚石串珠绳剪断后的两个端头，导引到水平孔中进行水平封闭面的切割。如果在完成封闭垂直面切割后，立即将金刚石串珠绳取出，再想将金刚石串珠绳塞到锯缝中或恢复到原来的位置是非常困难的，这点必须注意。

将金刚石串珠绳从封闭垂直面导引到封闭水平面的步骤如下：首先将金刚石串珠绳在分离体的顶面上剪断，将柔软的导引绳从垂直钻孔穿入，经交汇点从分离体底面的水平钻孔入口处穿出；将留在顶面的绳头与金刚石串珠绳的断头系牢，从底面拉导引绳的另一头，可将金刚石串珠绳的断头从水平孔钻的入口处导引出来；同理，将另外一个垂直钻孔处的金刚石串珠绳导引到水平钻孔外；这时即可按照图 5-17 所示方法安装金刚石串珠锯和固定式水平导向轮，环绕金刚石串珠绳后进行封闭水平面的切割。

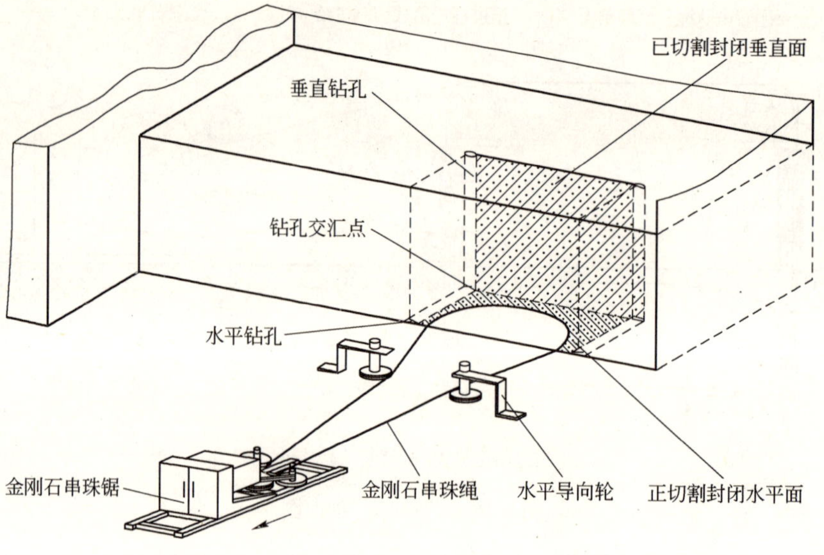

图 5-17　封闭水平面的切割示意图

5.1.4　使用进给切割立柱的其他切割方法

进给切割立柱除了协助金刚石串珠锯使用"背切法"进行封闭垂直背面切割外，还可进行其他一些垂直面的锯切，图 5-18 是在双堑沟中使用切割立柱切割分离体垂直背面的示意图。使用这种方法切割时，切割立柱是被锚定楔固定在分离体与堑沟相邻的侧面上，切割时处于堑沟底部的切割轮是固定不变的。切割原理与推进杆固定式切割立柱对封闭垂直背面的切割是相同的，所不同的是前者的切割立柱是插在垂直钻孔中，而后者是安装在堑沟内侧石壁上。因为在矿山能够出现双堑沟的情况并不多见，所以这种切割方法只是作为一种介绍，采用这种切割方法的具体要求和实施步骤将在后面详细介绍。

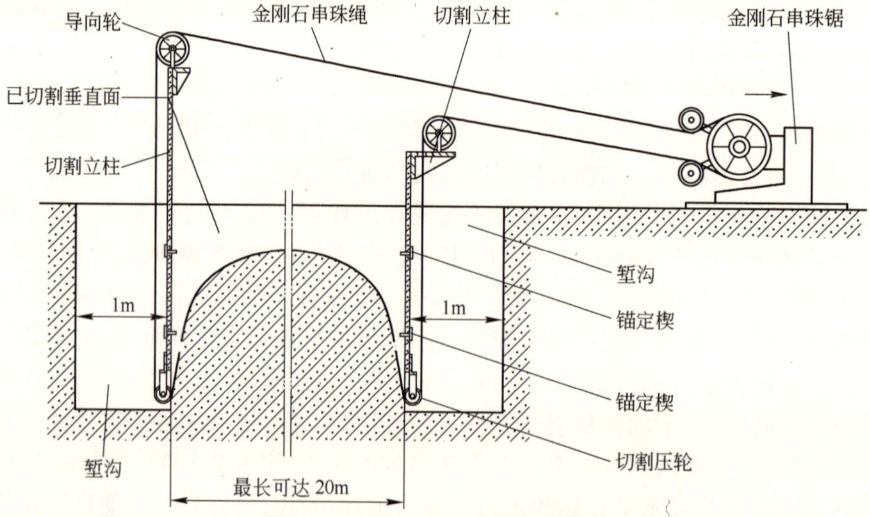

图 5-18　切割立柱在双堑沟中切割垂直面示意图

还有一种使用单个切割立柱切割垂直面的方法,见图5-19。这种方法可用于“上切法”切割纵向或横向垂直面,其优点是省去钻凿水平孔,特别是水平深孔引起钻孔交汇的困难,切割面的最大长度可达20 m,特别适合开掘纵深距离很大的开拓堑沟的两个垂直侧面的切割。其缺点是当金刚石串珠绳下降到切割面底部时,容易在分离体和岩体之间形成一个不能切割透的弓形连接部位(图5-19),所以在切割的最后时刻,在金刚石串珠绳进入切割缝的前方需要一个垂直导向轮,弥补机载导向轮位置不能降得过低的不足,导引金刚石串珠绳尽量接近地面,从而减小弓形高度。因为分离体的体积至少在100 m^{3}以上,所以即便它与矿体有一点连接,也不会影响到分离体与矿体的分离,分离时稍有振动,它们会立刻脱离。

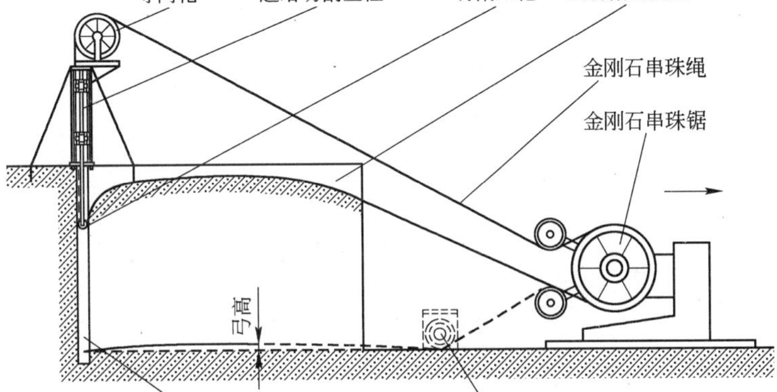

图5-19 单切割立柱切割垂直面示意图

5.1.5 倾斜面切割方法

使用金刚石串珠锯可以进行倾斜面的切割。所谓倾斜面切割有两个含义,一是指被切割面与金刚石串珠锯安装作业的水平基面不是垂直正交,而是呈现倾斜状态;二是指金刚石串珠锯的安装作业基面不是水平的,而且与被切割面也不是垂直正交的。

通常情况下,金刚石串珠锯可以在与水平面的倾斜夹角小于10°的倾斜地面安装作业,最好不要超过这个角度,不同生产企业生产的不同型号的金刚石串珠锯,都有在倾斜面切割作业的具体要求。被切割面与金刚石串珠锯的作业基面呈倾斜状态时,可以通过调整主飞轮旋转面与被切割面重合,即可进行倾斜面切割。倾斜面切割时,应注意切割面倾斜的方向,在切割的不同阶段,向切割缝中插入支撑钢楔,作用与水平面切割时加入钢楔相同,是为了防止处于切割面上方的岩体的跌落,出现卡绳事故。

如果倾斜切割面下方石料无稳定支承,应注意垫支一些石块、荒料等物体,如果没有办法支承,应注意该岩石下方禁止人员停留和通过。在切割面即将分离时,应及时终止串珠锯的切割,将串珠绳从锯缝中抽出后,用劈裂或振动方式,使其与矿体分离。

5.2 山坡露天开采

山坡型大理石矿山一般是指矿体分布呈现与水平地面有一定的夹角,倾斜的夹角一般大于25°。这时的开采工作面必须在倾斜的山坡上修建。

从上面介绍的使用金刚石串珠锯锯切开采大理石荒料的基本方法中可以看出，在矿山上首先要形成比较规则、至少具有二到三个自由面的开采台阶，才能进行金刚石串珠锯的安装和切割作业。

为了获得矿山开采的合理布局、安全的作业环境和持续长久的矿山开采寿命，饰面石材矿山的开采基本都是按照自上而下开采顺序的原则进行。对山坡型大理石矿山进行露天开采时，不论是选用桅杆吊、抱杆吊等固定式吊装设备，还是选用汽车吊或装载机等移动式吊装设备，矿山首采点的位置应该选择在吊装设备能够达到的最高作业位置，然后分层向下开采。开采作业顺序是首先形成初始工作平台，锯切采准（开拓）堑沟，进行分离体的锯切，碎石废渣清运。图5-20是山坡露天型大理石矿山开采顺序的断面示意图。

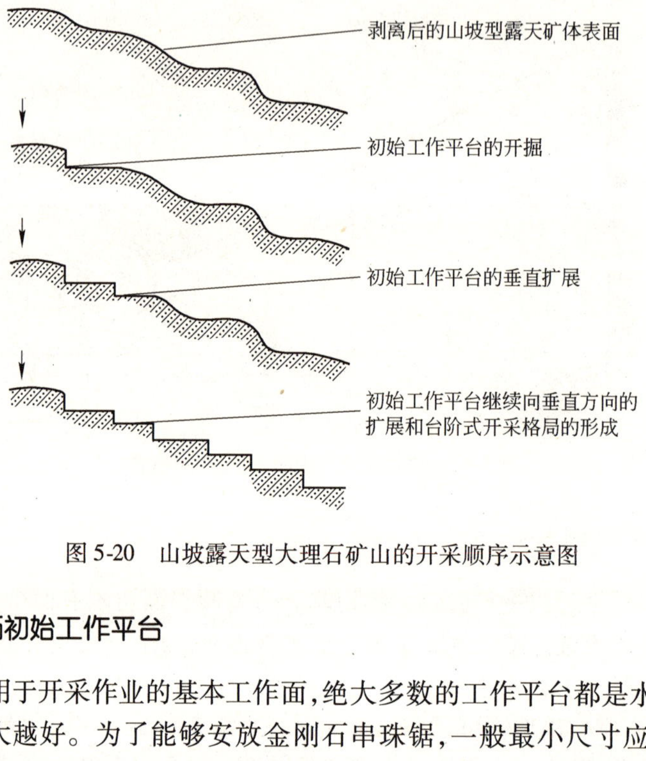

图5-20 山坡露天型大理石矿山的开采顺序示意图

5.2.1 开拓初始工作平台

工作平台是用于开采作业的基本工作面，绝大多数的工作平台都是水平的。初始工作平台的面积是越大越好。为了能够安放金刚石串珠锯，一般最小尺寸应该达到长度大于8 m，宽度大于4 m，这取决于矿体表面倾斜的坡度。如果考虑分离体翻倒后解体切割的作业位置，开采平台的尺寸还应包括挖掘机或其他工程机械的作业空间，以及分离体翻倒后，需要解体所占的位置。

选择开拓初始平台的方法与矿体的条件有关，根据矿体条件和形态的不同，基本可以分成4种工作平台的开拓方式：第一种是矿体本身就有可以利用的现成的平面，或稍加修整即可作为工作平台使用的空地，这是最好的情况，因此，尽量寻找这样的位置，可以大大缩短进入正式开采阶段的时间；第二种是利用矿体上的天然裂隙，开拓出需要的工作平台；第三种是利用矿体上参差不齐的突出岩体，采用金刚石串珠锯切割的办法形成工作平台；第四种是整体性好而且很规整的岩体，可以采用金刚石串珠锯或其他切割设备，与排孔凿岩机配合，以锯切和排孔结合控制爆破的方法分离三角岩体，如果操作的好，还可从三角分离岩体中回收荒料。

5.2.1.1 在整体性好的矿体上开拓初始工作平台

对于整体性很好,又比较规整的矿体,当首采点选择后,有时很难找到一个可利用的自由面,或者参差突出的岩体作为开掘工作平台的入口,必须从完整的矿体上开掘工作平台。在这种情况下,可以采用锯切与排孔凿岩结合控制爆破的方法开拓初始工作平台。如图5-21所示,首先用金刚石串珠锯将三角岩体与矿体连接的两个垂直立面 V_2 整体从矿体上锯切分离;然后使用台架式凿岩机,在三角岩体与矿体连接的封闭垂直背面 V_1 和封闭水平面 O 上钻凿排孔;最后采用控制爆破的方法将三角岩体从矿体上分离出来。如果矿体完整,石材的可劈裂性又好,而且钻凿排孔的质量高,还可以从三角分离岩体中回收部分荒料。

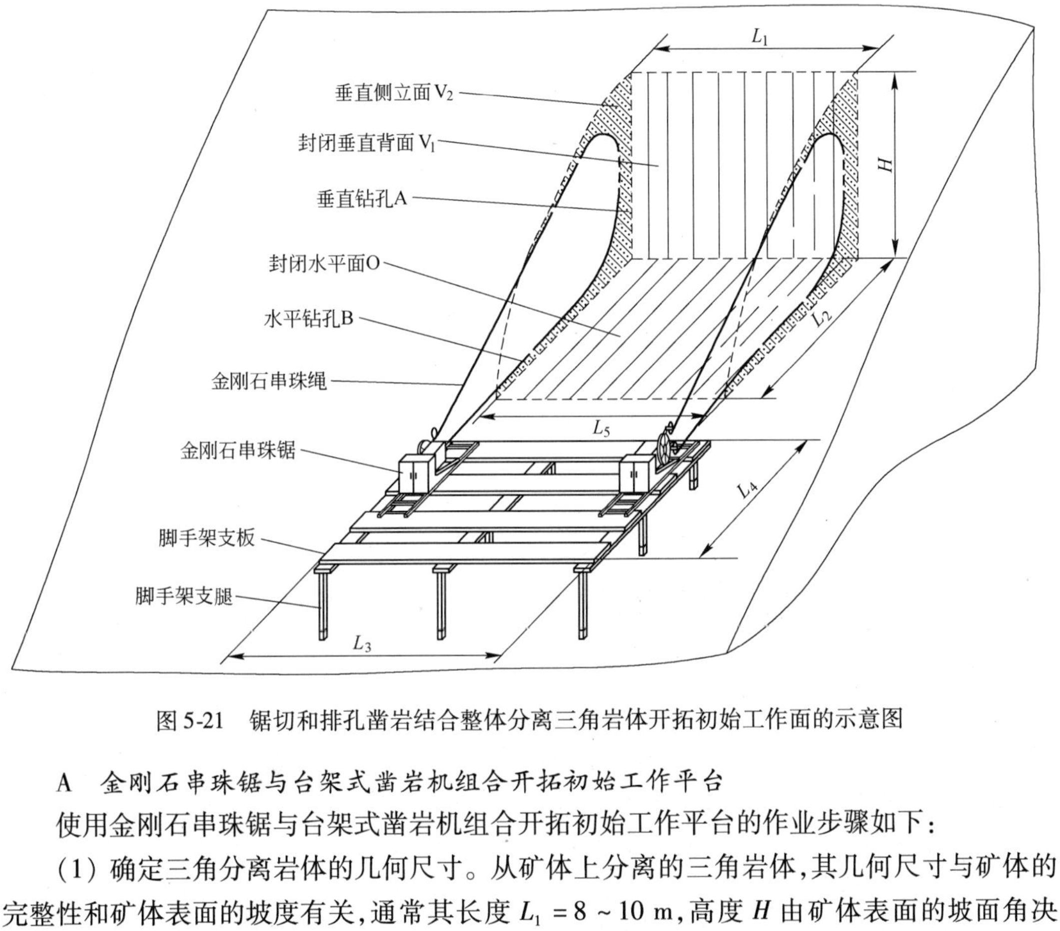

图5-21 锯切和排孔凿岩结合整体分离三角岩体开拓初始工作面的示意图

A 金刚石串珠锯与台架式凿岩机组合开拓初始工作平台

使用金刚石串珠锯与台架式凿岩机组合开拓初始工作平台的作业步骤如下:

(1)确定三角分离岩体的几何尺寸。从矿体上分离的三角岩体,其几何尺寸与矿体的完整性和矿体表面的坡度有关,通常其长度 $L_1 = 8 \sim 10$ m,高度 H 由矿体表面的坡面角决定,通常 $H = 3 \sim 6$ m,深度 L_2 也与矿体坡面角有关,一般 $L_2 = 6 \sim 15$ m,如图5-21所示。

(2)脚手架平台安装。确定初始工作平台的位置后,在其下方倾斜的矿体表面上,安装一个水平脚手架支撑的临时工作平台,用于安放水平钻孔机、金刚石串珠锯和设备操作人员进行钻孔和切割作业。脚手架的支腿必须插入矿体中,与表面的木板固定。脚手架的尺寸与三角分离岩体的尺寸和金刚石串珠锯导轨长度尺寸有关,其长度 L_3 应大于三角岩体的长度 L_5,通常 $L_3 = L_5 + 3$ m;其宽度 L_4 也要超过金刚石串珠锯导轨长度,通常 $L_4 = 6 \sim 8$ m。整个脚手架必须能够承受金刚石串珠锯或钻孔机和操作者的重量,并牢固稳定地固定在矿体表面上。

脚手架可以采用建筑施工用、钢管结构的脚手架，以及它们的连接固定方式。脚手架的间距与在其上面工作的载荷有关，所以必须进行相应的计算来确定使用脚手架的安装参数。

(3) 交汇孔的钻凿。当脚手架安装好后，首先要钻凿两对交汇的水平钻孔 B 和垂直钻孔 A，用于穿引金刚石串珠绳。为了能够使三角分离岩体容易从矿体分离，其水平底面应呈现梯形，也就是两个水平钻孔的孔口距离必须大于孔底距离，即图 5-21 中的 L_5 尺寸应大于 L_1 尺寸，或者是水平钻孔有一个向外的张角，通常这个张角为 5° ~ 10°，如图 5-22 所示。钻水平孔 B 时，钻机可以安装在脚手架上。但钻垂直孔 A 时，钻机只能锚定在倾斜的矿体上实施钻孔作业，一般需要在起重设备的帮助下安装垂直钻机。

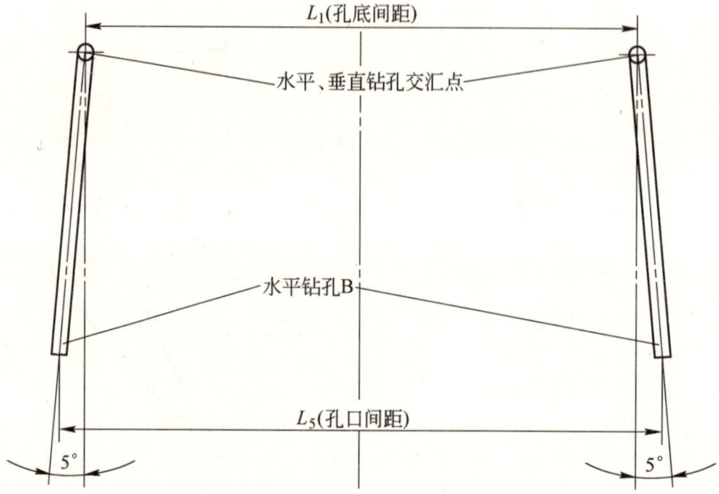

图 5-22 分离三角岩体梯形开口俯视示意图

(4) 安装金刚石串珠锯完成垂直侧立面 V_2 的切割。使用起吊设备将金刚石串珠锯吊装到脚手架台面上，并靠近一侧水平钻孔 B，将金刚石串珠绳穿引通过水平钻孔 B 和垂直钻孔 A，形成对垂直侧立面 V_2 的切割环绕，然后可以实施切割作业。随着已切割面的不断增加，金刚石串珠锯将会运动到导轨末端，因为脚手架的宽度有限，不能像在开阔的工作场地那样，通过不断向后倒换导轨，实现金刚石串珠锯位置的后移。只能通过剪断和减短金刚石串珠绳，使锯机回到导轨前端，继续后移切割。一侧的垂直侧立面 V_2 被切割完后，可用起吊设备将金刚石串珠锯吊到另一侧钻孔，以同样方法切割另一个垂直侧立面 V_2。

(5) 排孔的钻凿。垂直侧立面 V_2 全部切割完成后，先将金刚石串珠锯从脚手架上卸掉，再将水平凿岩机安装在脚手架上，进行水平排孔的钻凿。钻凿水平排孔时，水平排孔应与水平面形成一个角度，即靠近三角分离岩体外侧的孔口相对水平面而言略低于三角岩体内侧，使得封闭垂直背面 V_1 与封闭水平面 O 的夹角大于 90°，通常取 91° ~ 92°即可，以便于三角分离岩体的爆破分离。必须注意该夹角不能小于 90°，否则计算爆破能量与实际需要的爆破能量会出现偏差，影响三角分离岩体的可靠分离。

在封闭垂直背面 V_1 上钻凿排孔时，需要借助起吊设备将台架式垂直凿岩机锚定在拟钻凿垂直排孔的连线上，然后即可实施凿岩作业。因为台架式凿岩机的重量较大，所以它们的移动必须依靠起吊设备帮助。使用手持式凿岩机也可以完成排孔的钻凿，但对操作者的技术水平要求很高，因为排孔的平面性能将直接影响到能否成功地将三角分离岩体从岩体上分离。

(6) 三角分离岩体的劈裂。三角分离岩体的锯切和排孔凿岩全部完成后，可采用导爆索、爆裂管等爆破器材对三角分离岩体进行控制爆破分离。控制爆破的能量必须控制合适，使得三角岩体正好从矿体上分离，避免过大的爆破能量损伤矿体。

(7) 三角分离岩体的解体。根据三角分离岩体的形态确定如何将其解体，如果矿体表面倾角很陡峭，三角岩体的高度 H 比其底面宽度 L_2 大，而且其体积相对比较小时，可以采用水压顶推袋、慢动卷扬机、挖掘机或其他方法将其从矿体部位翻倒或拖拽到矿体的倾斜表面上进行解体处理。

如果矿体表面倾角比较小，三角岩体的高度 H 比其底面宽度 L_2 小，三角分离岩体的体积又较大时，可以就地将其解体。总之应该尽快将三角分离岩体从开口处清除，以便进行下面的开采作业。

B 全锯切式开掘初始工作平台

因为安装位置有限，通常不能使用金刚石串珠锯的“背切法”工艺，对三角分离岩体的封闭垂直背面 V_1 和封闭水平面 O 进行分离切割。但如果矿体的劈裂性很差，根本不能使用排孔凿岩结合控制爆破的办法进行分离作业，但石材本身的品质很好，具有很高的回收价值时，也可以采用金刚石串珠锯全锯切方法，在这类矿体上开掘初始工作平台。

具体操作步骤是，按照前面介绍的方法，在三角分离岩体的顶部再搭建一个脚手架，按照前面介绍的“背切法”工艺，将封闭垂直背面 V_1 和封闭水平面 O 从矿体切割分离。金刚石串珠锯从封闭垂直背面 V_1 切割转到封闭水平面 O 的切割时，需要使用起吊设备将锯机从上面的脚手架转移到下面的脚手架上。垂直侧立面 V_2 的锯切与前面介绍的方法相同，三角分离岩体与矿体的 4 个连接面全部被切割完后，三角分离岩体就全部脱离矿体。

5.2.1.2 利用突出岩体开拓初始工作平台

常见大理石矿体的边缘结构，并不都像上面介绍的那样十分的完整，总有一些参差不齐的突出岩体。可以利用这些矿体突出部位已经形成的现成自由面，作为切割分离的突破口，通过对这些矿体突出部分的清除分离，最终也可以形成初始工作平台。如果采用爆破方法清除这些不规则岩体，会损伤与其相连的各个方向的基岩，也不会形成平整的工作地面；如果使用其他机械方法处理，清除作业的效率又非常低。在这种情况下，可以采用金刚石串珠锯切割的方法清除这些岩体，形成初始工作面。根据岩体突出部位的大小不同，可以采用贯通孔或交汇孔的切割方法形成初始工作平台。

A 贯通孔切割形成初始工作平台

如果岩体突出部分占地的面积，能够被金刚石串珠锯所能驱动最长的金刚石串珠绳所环绕，可使用金刚石串珠锯直接将其从基岩上切割分离，这是一种非常快捷的方法，不仅工艺简单，效率高，不损伤基岩，而且还可从不规则的分离石料中回收荒料。

图 5-23 所示是使用水平导向轮配合金刚石串珠锯，对矿体上的突出岩体进行水平面切割的俯视示意图，图 5-24 是对该岩体的垂直面切割示意图。这两个面被切割完后，突出的分离岩体就从矿体上分离开了，对其解体、整形，并清除干净后，初始工作平台便形成了。

如果矿体表面也是倾斜的，对这种突出岩体切割时，与前面介绍的方法相同，首先要在矿体的斜面上安装两个脚手架，一个用于安装水平钻孔的水平钻机，以及用于垂直面切割的金刚石串珠锯，见图 5-24；另一个用于安装水平面切割的金刚石串珠锯。这种方法只需要钻凿一个水平贯通孔 A 即可，最大孔深可达 20 m 或更长，孔深取决于金刚石串珠绳能够保证环绕由该孔所形成的待切割面积。

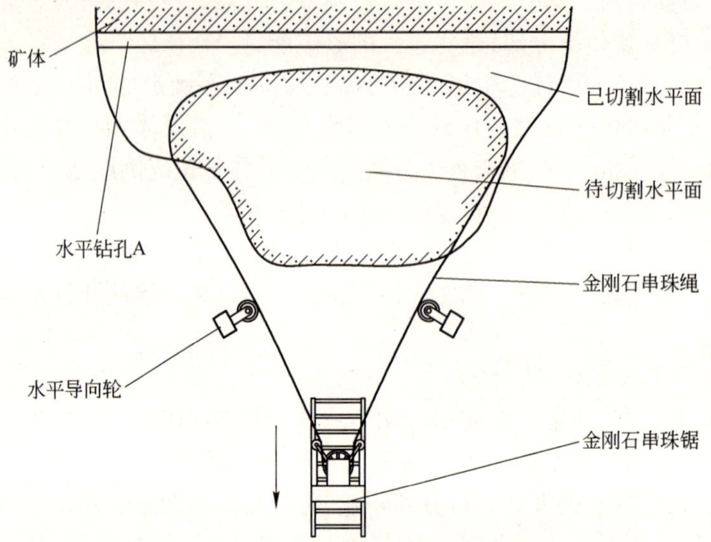

图 5-23　贯通孔对突出岩体水平面切割俯视示意图

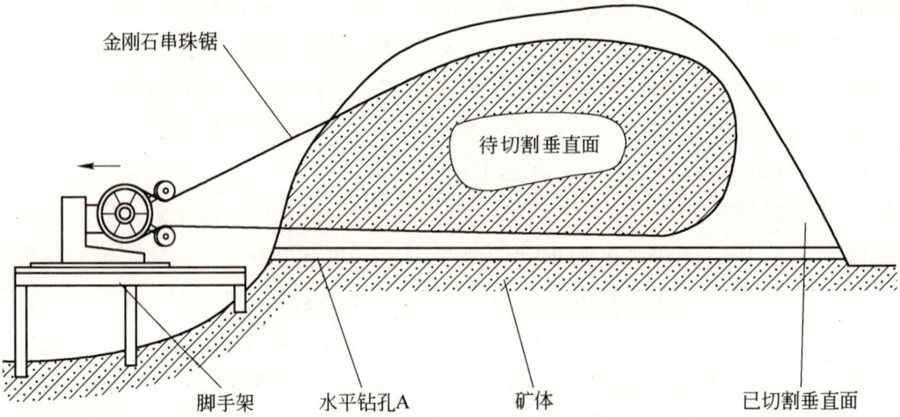

图 5-24　贯通孔对突出岩体垂直面切割示意图

B　交汇孔切割形成初始工作平台

如果岩体的突出部分过大，希望通过贯通孔切割方法一次将其从矿体上分离时，需要钻凿很深的水平贯通孔，金刚石串珠绳也不能将水平孔形成的切割面环绕。这就必须通过两次或更多次切割，才能将其从矿体切割分离、清除。

在这种情况下，可以通过钻凿两个垂直正交的水平孔 B 和一个垂直孔 A 三孔交汇的方法，对该岩体实施分离切割，如图 5-25 所示。垂直和水平交汇孔钻好后，先完成水平面 O 的切割，然后再分别对两个垂直侧立面 V_2 进行切割。垂直侧立面 V_2 和水平面 O 的切割方法与前面介绍的采用“上切法”和水平切割方法相同。可以在吊装设备的帮助下，对金刚石串珠锯进行不同切割位置之间的移动。在首块岩体被分离后，即可对后面的岩体（图 5-25 中左侧的虚线部分）进行扩展切割分离。

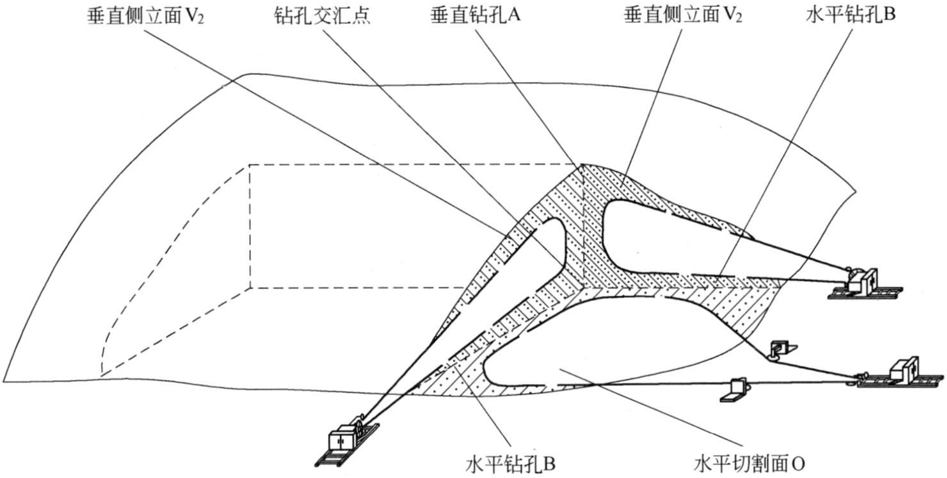

图 5-25 通过交汇孔对突出岩体切割示意图

因为是在山坡露天型矿山上施工作业，不论是钻水平贯通孔，还是钻水平和垂直孔交汇孔，或者安装金刚石串珠锯切割作业，必须先搭建脚手架用于金刚石串珠锯、钻孔机的工作平台，使后面的施工作业变得方便容易。

利用突出的岩石开拓初始工作平台的作业，是将三角分离岩体全部从矿体上切割分离，所以在对其解体时可回收部分荒料。在大理石矿山开采中，利用突出岩体开拓初始工作面实际上是最常见的方法，相对于前面介绍的在整体性好的矿体开拓初始工作平台，其作业过程是很简便的。

5.2.1.3 利用天然裂隙开拓初始工作平台

矿体中都存在有裂隙，可以将初始工作平台的位置选择在矿体裂隙部位，采用控制爆破的办法将裂隙及周围的矿体清除掉，也可开拓出初始工作平台。在这种情况下，一般回收荒料的可能性比较小，如果裂隙利用的好，开拓初始工作面的速度还是很快的，而且对矿体的损伤也小。通常使用手持式凿岩机就可以完成作业，不需要搭建面积很大的脚手架，作业位置的面积能够满足人工站立作业即可。

5.2.1.4 初始工作平台的扩展

当初始工作平台形成后，需要对其进行水平和垂直两个方向的扩展。水平扩展的目的是扩大初始工作平台的面积，使其成为宽阔的工作面，为形成开采台阶做准备。而垂直扩展的目的是形成开采台阶。

A *初始工作面的水平扩展*

对初始工作面的水平扩展，需要切割的分离体仍然是三角矿体。扩展切割作业时，可采用前面介绍的使用金刚石串珠锯“上切法”的切割工艺。将金刚石串珠锯安装在初始工作平台上，对新的三角分离体按照先进行水平面 O 的切割，然后是横向垂直立面 V_1 的切割，最后再进行纵向垂直立面 V_2 和 V_3 的切割顺序作业。切割纵向垂直立面 V_2 和 V_3 时，还需要搭建新的脚手架，以便安装金刚石串珠锯。图 5-26 是水平方向扩展工作平台时的切割示意图。

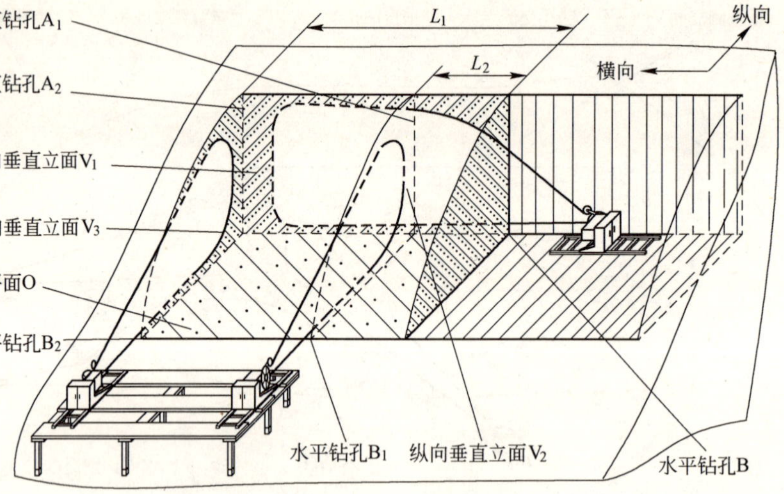

图 5-26　初始工作面水平扩展切割示意图

垂直和水平交汇孔的钻凿顺序是，首先钻凿水平孔 B、B_2 与垂直孔 A_2 三孔垂直交汇，供对水平面 O 和垂直立面 V_1 切割使用。水平钻孔 B_1 与垂直钻孔 A_2 的钻凿可以与 B、B_2 和 A_2 孔的钻凿同时进行，也可以在水平面 O 和垂直立面 V_1 切割完后再进行。钻凿交汇孔的方法和工艺要求与前面介绍的相同。

如果矿体完整性很好，在扩展工作平面时，也可采用侧面翻倒三角形分离体的方法。虽然三角形的分离体不如矩形的荒料率高，但可以减少矿体的浪费，至少能够将开拓和扩展作业时的切割成本收回，而且还便于作业，形成的开采台阶非常规整。图 5-27 是侧面翻倒三角分离体的开采示意图。采用侧面翻倒工艺时，在保证水平面 O 可以进行切割、水平钻孔能够可靠交汇的前提下，横向垂直立面 V_1 的长度 L_1 尽可能长一些，争取在一次完成对水平面 O 和横向垂直立面 V_1 切割之后，可以切割出多个纵向垂直立面，即可进行多个三角分离体的翻倒。通常 $L_1 = 9 \sim 20$ m。如果需要切割多个纵向垂直立面 $V_2 \cdots$，每个三角分离体的

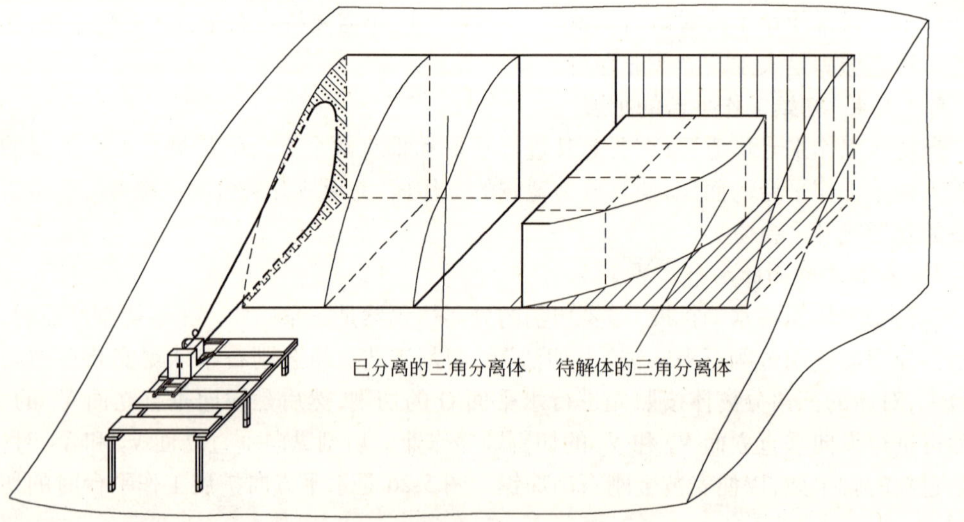

图 5-27　侧面翻倒三角分离体示意图

厚度 $L_2=2\sim3$ m 时,可搭建比较长的脚手架,在一个脚手架上至少可切割 2~3 个纵向垂直立面,同时也便于人员在上面操作设备。

可采用水压、气压顶推袋、液压顶石机或其他方法将三角分离体从侧向翻倒,然后在初始工作平台或扩展后的工作平台上解体处理。开始阶段,由于初始工作平台的尺寸较小,翻倒三角分离体后,就再没有位置安装金刚石串珠锯了,只好采用排孔凿岩结合控制爆破的方法解体三角形分离体。随着工作面的不断扩大,金刚石串珠锯可以在其上切割作业时,可使用金刚石串珠锯对三角形分离体进行解体切割作业。

B 初始工作面的垂直扩展

当工作面水平扩展到一定长度后,可采用前面介绍的相同方法,在第一个工作面边缘向下再次开拓下一个分层的工作面。开拓顺序与前面介绍的相同,也是先开拓初始工作面,然后将其扩展成正式工作面。当第二层工作面形成后,矿山的第一个开采台阶便形成了。

开拓下层工作面时,有些作业可以在上层已经形成的台阶顶面上进行,有些作业还需要在下层搭建的脚手架上实施。

在上层已经形成的台阶顶面上可以进行的开采作业包括:钻凿垂直孔、切割垂直封闭面 V_1 和两个垂直侧立面 V_2。首先将垂直钻机安装在台阶顶面上,钻凿两个准备安装进给切割立柱和切割压轮的垂直孔 A,分别与在脚手架上两侧作业钻凿的水平钻孔 B 交汇。将金刚石串珠锯安装在已经形成的台阶顶面上,采用前面介绍的使用进给切割立柱配合金刚石串珠锯实施"背切法"作业的方式,先对封闭的垂直背面 V_1 进行切割,然后将金刚石串珠绳转到对水平封闭面 O 的切割位置,在脚手架上安装金刚石串珠锯进行封闭水平面 O 的切割,如图 5-28 所示。

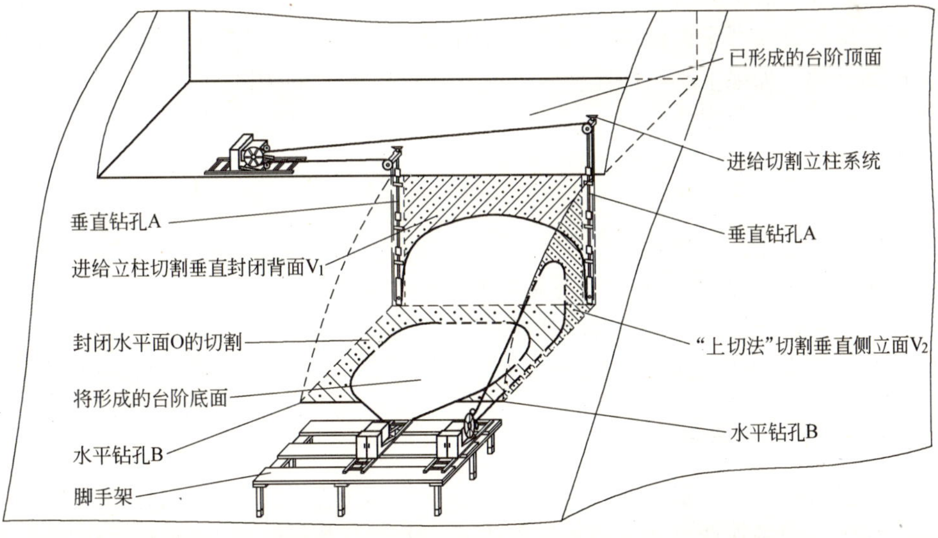

图 5-28 下层初始工作面开拓示意图一

然后在脚手架上安装金刚石串珠锯,采用"上切法"分别对两个垂直侧立面 V_2 进行切割,如图 5-28 所示。也可以在台阶顶面安装金刚石串珠锯,采用"下切法"对两个垂直侧立

面 V_2 进行切割，如图 5-29 所示。

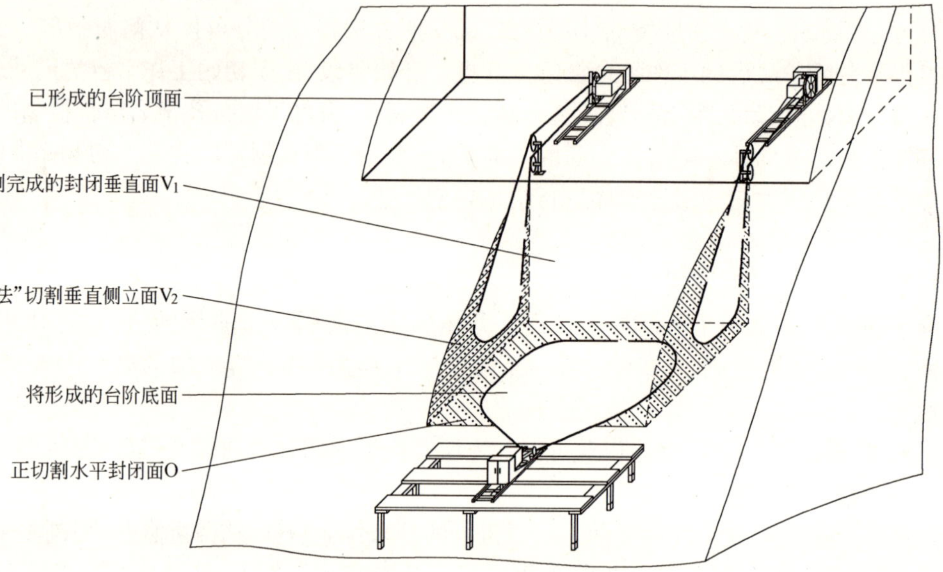

图 5-29 下层初始工作面开拓示意图二

再继续向下开拓更下层工作面、形成新的开采台阶时，仍可采用图 5-28 和图 5-29 介绍的方法。

对垂直侧立面 V_2 的切割没有固定的要求，使用“上切法”和“下切法”都行，还可混合使用，主要根据现场的实际布局和设备的调配需要确定。

对于整体性好的矿体，台阶顶面形成后，如果需要采用锯切方法向下扩展工作面，还可使用后面介绍的臂式开采锯机、组合钻具等设备进行封闭垂直背面 V_1 的切割，这些方法后面将会详细介绍。如果下层矿体比较破碎或存在可以利用的裂隙，也可以采用前面介绍的采用控制爆破清除三角岩体的方法，形成新一层的初始工作面。如果对两个垂直侧立面 V_2 采用切割方法，封闭垂直背面 V_1 和水平面 O 采用排孔凿岩结合控制爆破的方法也是可行的。

如果矿体有许多不规则的突出岩体，将工作面向下层扩展时，最好还是利用突出岩体形成的自由面，采用上层开拓的方法进行垂直方向的扩展。

具体选用哪种开拓方法，要结合矿体的实际情况，以及矿山配备的设备种类。一旦下层的初始工作面形成，下层初始工作面的水平方向扩展方法与上层采用的方法相同。

5.2.2 锯切开采准备堑沟

上下两层的初始工作面形成后，第一个开采台阶也就形成了，接着可以进行开拓开采准备堑沟（简称堑沟）的作业。在采用锯切方法开采大理石荒料的矿山，堑沟的作用主要是为了在封闭的开采台阶（通常只有两个自由面）上再形成一个自由面，用于安装钻孔机、切割立柱或金刚石串珠锯，使得交汇孔的钻凿、封闭面的锯切和分离体其他面的锯切作业能够进行。

在矿体整体性好的矿山的开采台阶上，通常只有台阶顶面和垂直正立面 V_3 两个自由面，开采台阶的其他面都是与矿体连接的，如图 5-30 所示。

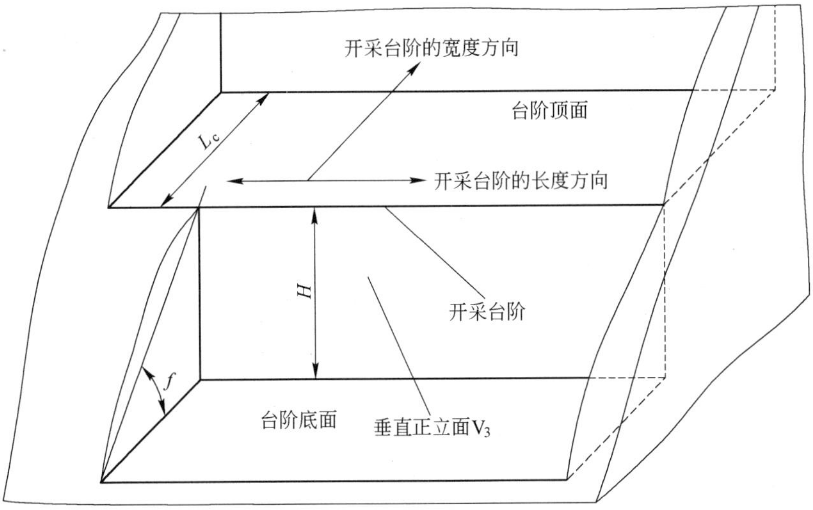

图 5-30 封闭台阶示意图

堑沟的几何尺寸与矿体表面的坡度角（图 5-30 中的 f 角）、开采推进的方向、翻倒分离体的高度 H 和宽度 L_c 的比例，以及选用锯切设备的种类等因素有关。

如果采用金刚石串珠锯与臂式开采锯机组合开掘堑沟，按照沿开采台阶宽度方向推进时，堑沟内分离体的垂直深度等于或小于臂式开采锯机切割臂的最大长度，其纵向长度 L_c 取决于矿体表面坡度角 f 和开采台阶高度 H。如果臂式开采锯机沿堑沟的纵向方向安装，因其导轨是可以接力式续接的，所以其切割长度肯定可以超过堑沟的纵向长度 L_c。沿开采台阶纵向的堑沟宽度尺寸的确定原则是，只要符合堑沟内可以安装大孔径凿岩机或串珠锯即可满足要求。

采用金刚石串珠锯与其他设备组合开掘堑沟，无论是沿开采台阶的宽度方向还是长度方向推进，堑沟的宽度都不受切割设备的限制，只与堑沟内分离体的尺寸有关，只需要考虑荒料规格、翻倒分离体所需要最合适的高度 H 和宽度的比例即可。

有关开采推进方向在后面的 5.2.3 一节中会有详细的介绍。

在以金刚石串珠锯为开采主机的大理石矿山，配备不同的辅助设备，可以形成不同的开掘堑沟的方法。目前使用比较多的有金刚石串珠锯与进给切割立柱组合开掘堑沟、金刚石串珠锯与液压钻机组合开掘堑沟、金刚石串珠锯与台架式凿岩机组合开掘堑沟、金刚石串珠锯与臂式开采锯机组合开掘堑沟、金刚石串珠锯与组合钻具组合开掘堑沟等方法，下面分别介绍。

5.2.2.1 金刚石串珠锯与台架式凿岩机组合开掘堑沟

这种组合开掘堑沟的方法只需要使用金刚石串珠锯、台架式凿岩机和大孔径凿岩机这样的矿山专用开采设备，即可完成堑沟的开掘作业，开掘方法简单，容易掌握。图 5-31 是采用这种组合方式开掘堑沟的示意图，表 5-1 是图中各个字母的含义，以及相应技术参数的推荐数值要求。开掘堑沟的作业步骤如下：

（1）交汇孔钻凿。首先在台阶顶面上，距离开采台阶垂直正立面 V_3 的 L_c 处，用液压钻机或大孔径凿岩机 Pv，垂直向下分别钻两个间距为 L_p、深度为 H 的垂直钻孔 A。在台阶底面安装大孔径水平凿岩机，在垂直正立面 V_3 底部钻凿两个深度为 L_c、间距为 L_a 的水平孔 B，分别与两个垂直孔 A 交汇。

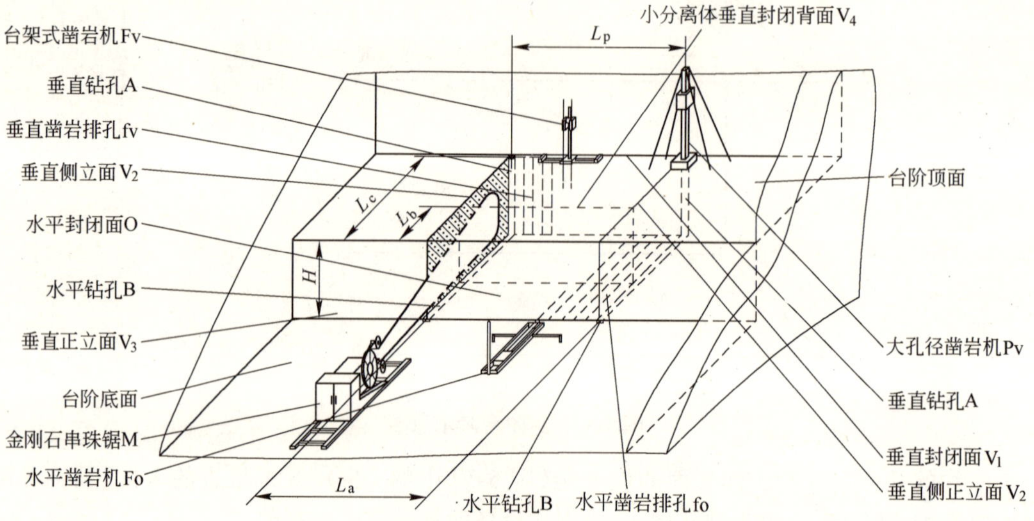

图 5-31 金刚石串珠锯与台架式凿岩机组合开掘堑沟示意图

表 5-1 金刚石串珠锯与台架式凿岩机组合开掘堑沟示意图中各字母的含义和技术参数

字母名称	字母含义	技术参数要求		备注
		直径/mm	深度或长度/m	
Fv	垂直台架式凿岩机			单头、双头或更多的凿岩机头数量
A	垂直钻孔	120	6	随台阶深度 H 变化
Fo	水平标杆式或水平台架式凿岩机	38～42	6	根据矿山的装备配备
B	水平钻孔	38～90	6	深度随开采台阶宽度 L_c 变化
Pv	大孔径凿岩机	90	20	
V_1	垂直封闭背面		最长 20	
V_2	垂直侧立面		最深 15	两个
O	水平封闭面			
M	金刚石串珠锯			
H	开采台阶高度或堑沟的高度		6	
L_p	垂直钻孔间距或堑沟的内长度		3～8	堑沟的宽度或深度
L_a	水平钻孔间距或堑沟的外口长度		L_p +（0.5～0.8）	呈现开口梯形
L_c	准开采台阶宽度或堑沟的深度		6	垂直钻孔距台阶边缘的位置
fv	垂直凿岩排孔	38	6	
fo	水平凿岩排孔	38	6	
V_3	台阶垂直正立面			
V_4	分级小分离体的垂直封闭背面			
L_b	小分离体的宽度		3～6	当 L_c =6～15 m 时

（2）垂直立面 V_2 的锯切。在开采台阶的底面安装金刚石串珠锯，采用“上切法”分别对两个垂直侧立面 V_2 进行切割。

（3）水平排孔 fo 的钻凿。在开采台阶底面安装水平标杆式凿岩机或水平台架式凿岩机，在两个水平钻孔 B 的连线上，沿水平方向钻凿深度 L_c、间距 20～30 cm（由岩石可劈裂特性确定）的水平排孔 fo。水平标杆式凿岩机钻杆与水平地面的间距最小只有 7 cm，比水平台架式凿岩机的 15～25 cm 小很多，因此形成的台阶也很小。但其凿岩速度比台架式凿岩机低，尤其是深度超过 4 m 的钻孔，而且排孔的平面度也差一些，操作也比较复杂，但比手持凿岩机要好得多。

（4）垂直排孔 fv 的钻凿。在开采台阶的顶面安装单头或多头台架式凿岩机，在两个垂直钻孔 A 的连线上钻凿间距为 20～30 cm（由岩石可劈裂特性确定）、深度 6 m 的垂直排孔 fv。注意垂直排孔 fv 与水平排孔 fo 应错位布置，不能贯通。

（5）控制爆破分离。当垂直封闭面 V_1 上的垂直排孔 fv 和水平封闭面 O 上的水平排孔 fo 钻凿完毕，两个垂直侧立面 V_2 也被切割分离后，采用双面（封闭的 V_1 和 O 面）控制爆破的方法，将分离体从岩体上分离。

（6）分离体解体。采用金刚石串珠锯、液压劈裂器、人工打楔劈裂或排孔控制爆破的方法将分离体解体成荒料。待荒料被倒运走，废石被清排后，一个最小宽度 3 m、高度 6 m 的开拓堑沟就形成了。

当开采台阶宽度 L_c 大于 6 m，有时可以达到 12 m 或 15 m 时，如果想一次将这么深的堑沟开掘出来，钻孔深度将受到水平凿岩机标准钎杆深度只有 6 m 的限制，通常不能将堑沟内的分离体一次开掘出来。这时可以采用缩小分离体尺寸、分次分离的办法形成开拓堑沟。具体操作步骤与前面介绍的相同，不同之处是，根据开采台阶的宽度确定水平交汇钻孔 B 的深度，最深可以达到 15 m 甚至更深，孔径为 90 mm。两个水平钻孔 B 的间距 L_a 仍然应大于两个垂直钻孔 A 的间距 L_p，以便于对分离体控制爆破和翻倒时不受到阻碍。两个深度与开采台阶宽度相同的垂直侧立面 V_2 一次切割完成。在台阶宽度方向将分离体分成宽度 L_b = 3～6 m（为了减少底面的台阶数量，最好选择 6 m）的若干个小的分离体，垂直排孔 fv 的所在平面也分别按照这个间距钻凿。对分离体的控制爆破和解体也按照小分离体从靠近开采台阶边缘的顺序分级进行，前一个小分离体处理完毕后，再进行下一个小分离体的分离作业，最终将堑沟内的所有小分离体处理完毕，形成深度达到开采台阶宽度要求的开拓堑沟。

金刚石串珠锯与台架式凿岩机组合开掘堑沟的方法，特别适用于矿体表面的坡度较陡、只能形成比较小的开采台阶宽度的开拓堑沟的开掘作业，而且是在矿体完整性比较好的前提下才能进行。因为双面控制爆破对于大理石矿体来说，难度是比较大的，不容易控制，尤其是矿体的裂隙发育时，很难形成完整的分离体，从堑沟中回收的荒料也很有限。

如果矿体表面的坡度比较平缓，开拓堑沟是在很宽的开采台阶上进行，即便是采用了小分离体的分离作业，钻凿排孔的数量会增加很多，钻孔也变得复杂了。

因为大理石本身的劈裂性差，经过控制爆破后所得到的分离体经常是不完整的。如果出现分离体上的部分岩石残留在堑沟内壁矿体上的情况，在清除这些残留岩体时不仅很费事，有时甚至是很困难的。在金刚石串珠锯基本普及的今天，这种开掘堑沟的方法使用得不多，但在后面介绍的双堑沟开拓法中，金刚石串珠锯与台架式凿岩机组合方法是最合适的。

5.2.2.2　金刚石串珠锯与推进杆式切割立柱组合开掘堑沟

在金刚石串珠锯与推进杆固定或进给式切割立柱组合开掘堑沟的系统中，仍然是以金刚石串珠锯为主机，需要配备大孔径垂直、水平两用钻孔机等开采通用设备，以及推进固定或进给式切割立柱等专用开采机械。图 5-32 是这种组合方式开掘堑沟的示意图。表5-2是该图中的符号字母含义和技术参数推荐数值。

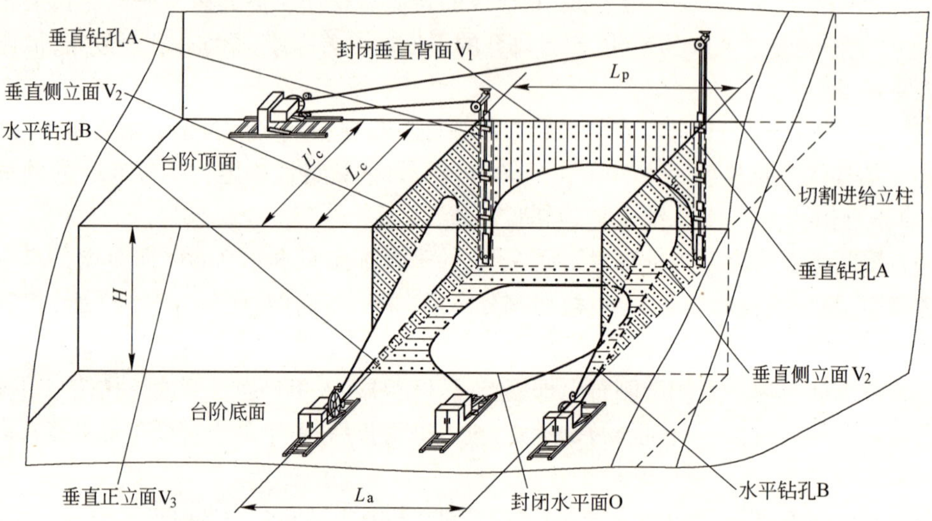

图 5-32　金刚石串珠锯与推进杆固定式切割立柱组合开掘堑沟示意图

表 5-2　串珠锯与切割立柱组合开掘堑沟示意图中各字母的含义和技术参数

字母名称	字 母 含 义	技术参数要求		备　注
		直径/mm	深度或长度/m	
L_p	堑沟内长度		8 ~ 20	分离体的内口长度
L_a	堑沟开口长度		L_p + (0.5 ~ 0.8)	分离体的外口长度
L_c	堑沟的总深度		3 ~ 6	分离体的深度
L'_c	台阶顶面宽度		L_c + (0.2 ~ 0.5)	
H	堑沟的高度		8 ~ 10	分离体的高度 H 与 L_c 的比例应协调，便于翻倒
A	垂直钻孔	90	等于 H	
B	水平钻孔	38/50 或 90	等于 L_c	当 L_c >4 m 时，可以采用 90 mm 直径钻孔
V_1	分离体垂直封闭背面			与开采台阶宽度方向矿体的连接面
V_2	分离体垂直侧立面			与开采台阶长度方向矿体的连接面
V_3	台阶垂直正立面			自由面
O	分离体封闭水平面			在台阶底面上

金刚石串珠锯与推进杆固定或进给式切割立柱开掘堑沟属于全切割开拓方法，通过使用金刚石串珠锯，将堑沟内分离体的 4 个与岩体连接面锯切分离。其特点是堑沟内的分离体完整，可以回收荒料，不会出现因爆破的影响引起矿体的损伤，操作容易，受矿体裂隙影响

小。理论上讲,任何尺寸的堑沟都可一次完成切割。这种开掘开拓堑沟切割方法的作业步骤,随着堑沟尺寸的不同稍微有些差别,下面分别介绍它们的作业步骤。

A 浅深度堑沟的开掘作业步骤

当堑沟的深度小于6 m、高度在8 m以上时,将堑沟内的分离体与矿体切割分离后,可以一次将其翻倒,然后进行解体,其作业步骤如下:

(1) 交汇孔钻凿。首先在台阶顶面,距离垂直正立面 V_3 的 L_c 处,用液压钻机或大孔径凿岩机,分别垂直向下钻两个间距为 L_p、深度为 H 的垂直钻孔 A。在台阶底面安装大孔径水平凿岩机,在垂直正立面 V_3 底部钻凿两个深度为 L_c、间距为 L_a 的水平孔 B,分别与两个垂直孔 A 交汇。为了保证安装垂直钻机,L_c 通常稍微小于开采台阶的宽度 L'_c。钻孔要求是,孔 A 应垂直于水平面,孔 B 呈现孔口略低于孔底状态,即孔 A 与孔 B 的夹角略大于90°,目的也是为了便于分离体的翻倒。

(2) 垂直封闭背面 V_1 的锯切。按照前面介绍的采用推进杆固定式或进给式切割立柱配合金刚石串珠锯的“背切法”工艺,对堑沟内分离体的封闭垂直背面 V_1 进行分离切割。

(3) 水平封闭面 O 的锯切。与前面介绍的方法一样,当垂直封闭背面 V_1 锯切完成后,将金刚石串珠绳保留在垂直切缝内,转换成对封闭水平面 O 的环绕,并套装到安装在台阶底面上的金刚石串珠锯的主飞轮和导向轮上后,即可对封闭水平面 O 进行切割作业。切割水平面时,注意按照前面介绍的在切割过程中加入支撑楔。

(4) 垂直侧立面 V_2 的锯切。封闭的垂直面 V_1 和水平面 O 被切割完毕后,在开采台阶的底面安装金刚石串珠锯,采用“上切法”分别对两个垂直侧立面 V_2 进行切割。

(5) 分离体的翻倒。只有当分离体的高度 H 和宽度 L_c 的比例符合翻倒的要求,也就是其高度 H 和宽度 L_c 的比值超过翻倒所要求达到的临界值时,才能直接将其翻倒。但当分离体的宽度 L_c(堑沟的深度)很大,台阶高度 H 较低时,必须采用后面介绍的分级切割法,才能将堑沟内的分离体逐步分离、翻倒处理。可以采用水压顶推袋配合液压顶石机将分离体翻倒。

(6) 分离体解体和整形。可以采用金刚石串珠锯切割的方法,对分离体进行解体和整形成荒料的作业。

B 大深度堑沟的开掘作业步骤

当开采台阶高度 H 固定后,随着矿体表面倾角 f 的减小,开掘堑沟的深度 L_c 将会增大。堑沟内分离体的深度将大于其高度,H 与 L_c 的比值将小于分离体翻倒所要求的临界值,这时想一次切割分离体并将其翻倒很困难或者根本就不可能。即使分离体已经与矿体分离,也不能使用将其翻倒后再解体的方法。

这时可以采用分级切割垂直封闭背面 V_1 的方法,将分离体分割成宽度尺寸符合翻倒要求的小块分离体,逐个分离、翻倒解体,待前一个分离体产出的荒料被倒运走、废石被清排后,再进行下一个小分离体的分离、翻倒和解体,最终形成一个宽阔的堑沟。图5-33是分级切割封闭垂直背面 V_1 的示意图,表5-3是该图中的符号字母的含义和技术参数数据。

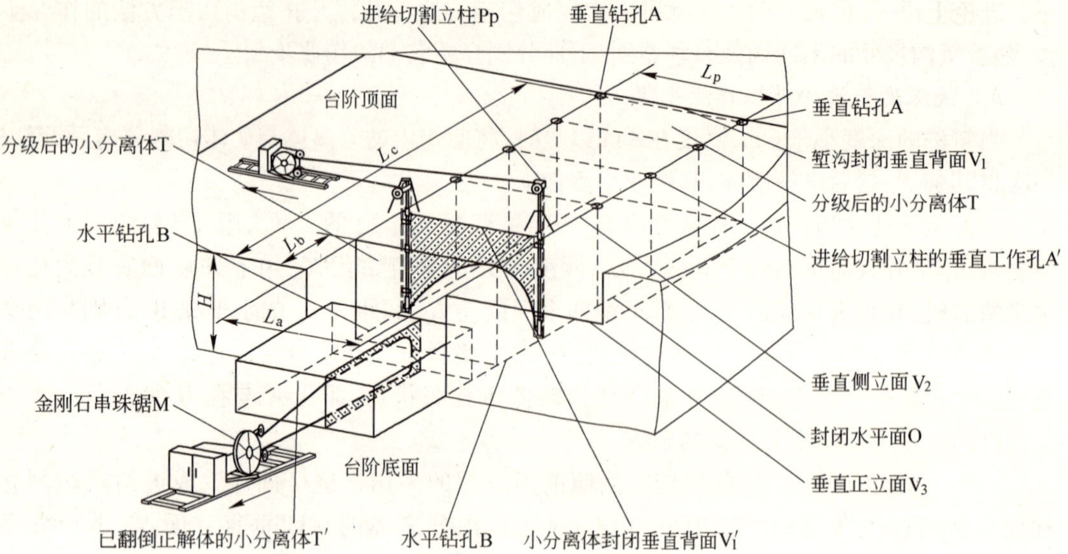

图 5-33 金刚石串珠锯与推进杆固定式切割立柱组合开掘大尺寸堑沟示意图

表 5-3 串珠锯与切割立柱组合开掘大尺寸堑沟示意图中各字母的含义和技术参数

符号名称	符 号 含 义	技术参数要求		备　　注
		直径/mm	深度或长度/m	
A	垂直钻孔	200 ~ 250	等于 H	随台阶深度 H 变化
A′	切割立柱的工作钻孔	200 ~ 250	等于 H	随台阶深度 H 变化
Pp	进给切割立柱			推杆固定式，推杆进给式或液压钻机
B	水平钻孔	90 ~ 120	6 ~ 15	深度随准开采台阶宽度 L_c 变化
M	金刚石串珠锯			
T	分级后的小分离体			
T′	已翻倒正解体的小分离体			
V_1	堑沟的垂直封闭背面			
V_1'	小分离体的垂直封闭背面			
V_2	垂直侧立面			两个
V_3	垂直正立面			
O	封闭水平面			
H	开采台阶深度或堑沟的高度		4 ~ 12	
L_p	堑沟的内长度		8 ~ 20	
L_a	堑沟的外口长度		L_p + (0.5 ~ 0.8)	开口呈梯形
L_b	小分离体的宽度		3 ~ 6	
L_c	堑沟的深度(宽度)	38	6 ~ 15	最好等于 L_b 的整倍数

分级切割分离体的操作步骤是：

(1) 垂直钻孔 A 与水平钻孔 B 的钻凿与交汇。在台阶顶面钻凿两个间距 L_p、深度 H、直径 200 ~ 250 mm、距台阶垂直正立面 V_3 的距离为 L_c 的垂直钻孔 A。然后在台阶的垂直正立面 V_3 与台阶底面交线附近，钻凿两个直径 90 mm、间距 L_a、深度 L_c、垂直于垂直正立面 V_3 的水平钻孔 B，分别与垂直钻孔 A 的孔底交汇。钻孔要求与前面介绍的方法相同，孔 A 与孔 B 的夹角略大于 90°,以便于分离体的翻倒。

(2) 堑沟封闭背面 V_1 和水平面 O 的切割。按照前面介绍的推进杆固定式或进给式切割立柱与金刚石串珠锯组合切割方法,将堑沟与矿体连接的封闭背面 V_1 和水平面 O 一次切割分离。

(3) 垂直侧立面 V_2 的锯切。封闭的垂直面 V_1 和水平面 O 被切割完毕后,在开采台阶的底面安装金刚石串珠锯,采用"上切法"分别对两个垂直侧立面 V_2 进行切割。只要金刚石串珠绳能够环绕 V_2 面,而且在金刚石串珠锯可以驱动的最大绳长范围之内,最好将堑沟内的两个垂直侧立面 V_2 一次切割完成。

(4) 切割进给立柱的垂直工作孔 A′的钻凿。在台阶顶面上安装大孔径凿岩机或液压钻机,钻凿一组异面平行于台阶的垂直正立面 V_3、间距为 L_b、直径 200 ~250 mm、深度略超过台阶高度的垂直钻孔 A′。每组钻孔 A′应分别处于由垂直钻孔 A 与水平钻孔 B 组成的平面内,并与各自所在平面内的水平钻孔 B 交汇,作为进给切割立柱对每个小分离体进行封闭垂直背面 V_1' 锯切的工作安装孔。A′孔的钻凿最好在 V_2 面切割前完成。

(5) 小分离体封闭背面 V_1' 的锯切。按照从外向内的顺序,参照前面介绍的金刚石串珠锯与进给切割立柱组合切割封闭垂直面的方法,分别将每个小分离体的封闭垂直背面 V'_1 切割分离。从外向内逐个处理小分离体,将前一个分离体解体并清除干净后,再进行下一个小分离体的翻倒、解体和清除,最终形成宽大的开掘堑沟。图 5-33 显示了小分离体切割翻倒、解体的过程。

推进杆固定式切割立柱、推杆进给式切割立柱都可以与金刚石串珠锯组合,完成开拓堑沟的开掘切割作业。

5.2.2.3 金刚石串珠锯与液压钻机组合开掘堑沟

在早期使用钢丝绳锯石机开采大理石的矿山,都曾经配套过液压钻机,在钢丝绳锯石机被金刚石串珠锯替代,而且采用效率更高的大孔径气动凿岩机代替液压钻机进行交汇孔的钻凿后,矿山上的液压钻机基本闲置。可以将这些闲置的液压钻机进行一些改装,如安装上导向轮和其他一些改进,每两台一组,代替进给切割立柱,同样可以与金刚石串珠锯组成开掘堑沟的切割系统,液压钻机刚性好,稳定可靠,可以取得非常好的切割效果。

即使是大理石矿山上仍在进行钻取交汇孔作业的液压钻机,也不妨碍将其改成进给切割立柱,既不影响其原来的使用,还可以扩展其使用功能,充分发挥其配合金刚石串珠锯的作用。

金刚石串珠锯与改进的液压钻机组合开掘堑沟的工艺方法,与使用进给切割立柱时相同。

5.2.2.4 金刚石串珠锯与臂式开采锯机组合开掘堑沟

臂式开采锯机包括使用链条带动若干组硬质合金刀头切割的链臂式开采锯机,以及使用金刚石切割带的金刚石开采带锯。臂式开采锯机切割臂的长度通常为 2.5 ~3.75 m,切缝宽度为 38 ~42 mm,特别适合切割使用金刚石串珠锯不能直接切割的封闭面。该机足够宽度的切缝,非常容易穿引金刚石串珠绳,所以与金刚石串珠锯组合后,可组成工艺最为合理、开掘效率最高的堑沟开掘切割系统。

随着臂式开采锯机的不断普及,这种组合方式在国外开采大理石矿山已经比较普遍地被使用了。最近几年,国内一些大理石矿山也从意大利进口了金刚石开采带锯和链臂式开采锯机,在开采蛇纹岩的绿色大理石矿山和碳酸钙型白色大理石矿山上都曾使用过。国内也有企业以合资方式，生产链臂式开采锯机，所以这种先进的开采组合方式将会逐渐在国内的大理石矿山得到推广和使用。

因为臂式开采锯机切割臂的长度有限，在开掘一些高台阶矿体时，通常用它来切割堑沟内分离体的水平面，金刚石串珠锯负责切割分离体的封闭垂直背面和两个垂直侧立面。堑沟的开掘是由浅到深逐渐完成的。

图5-34是金刚石串珠锯与臂式开采锯机组合，开掘高台阶堑沟的示意图，图中各字母的含义见表5-4。高台阶是指开采台阶的高度即堑沟的深度 $H>6$ m，而且 H 与分离体宽度 L_b 的比值达到翻倒分离体的临界值，但该比值又不能太大，因为 H 与 L_b 的比值过大，分离体呈现薄片形状，翻倒时容易摔碎。

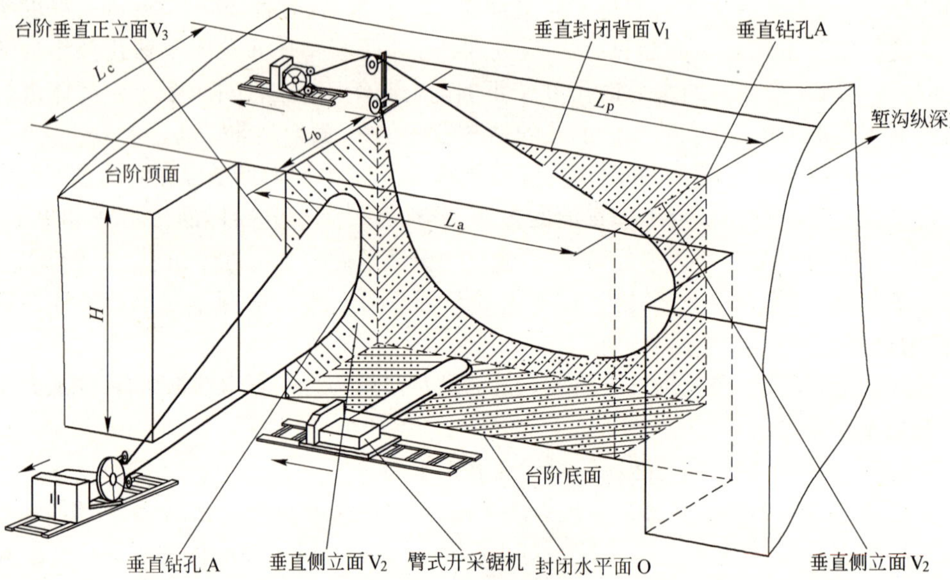

图5-34 金刚石串珠锯与臂式开采锯机组合开掘高台阶堑沟示意图

表5-4 金刚石串珠锯与臂式开采锯机组合开掘高台阶堑沟示意图中各字母的含义和技术参数

字母名称	字母含义	技术参数要求		备注
		直径/mm	深度或长度/m	
L_p	堑沟内长度		8~20	分离体的长度
L_a	堑沟开口长度		L_p+(0.5~0.8)	
L_b	分离体的宽度		2.5~3.75	等于切割臂的长度，最好能被 L_c 整除
L_c	堑沟的总深度		6~15	
H	堑沟的高度（分离体的高度）		3~10	H 与 L_b 的比值应符合翻倒要求的临界值，低台阶时 $H\leqslant3.75$ m，高台阶时 $H>3.75$ m
A	垂直钻孔	38~50或90	等于 H	$H\leqslant4$ m时，孔径为38~42 mm
B	水平钻孔	38~42	等于 L_b	
V_1	分离体垂直封闭背面			与开采台阶宽度方向矿体的连接面
V_2	分离体垂直侧立面			与开采台阶长度方向矿体的连接面
V_3	台阶垂直正立面			自由面
O	分离体封闭水平面			在台阶底面上

如果是在台阶高度小于3.5 m的低开采台阶的大理石矿山，臂式开采锯机可用于切割分离体的封闭垂直背面。这种低台阶组合切割系统通常有以下两种切割作业方式：

第一种是臂式开采锯机用于切割分离体的垂直封闭背面，金刚石串珠锯切割分离体的两个垂直侧立面以及水平封闭底面；或者臂式开采锯机切割水平封闭面，金刚石串珠锯切割垂直封闭面和两个垂直侧立面。

第二种是分离体的垂直封闭背面和水平封闭面全部由臂式开采锯机锯切，金刚石串珠锯只负责锯切分离体的两个垂直侧面。

A 金刚石串珠锯与臂式开采锯机组合开掘高台阶堑沟的方法

在开采台阶高于3.75 m时，可以采用金刚石串珠锯与臂式开采锯机组合开掘堑沟的方法，其开掘工艺布置如图5-34所示，作业步骤如下：

(1) 切割水平封闭面O。在开采台阶的底面上安装臂式开采锯机，对堑沟内分离体的水平封闭面O切割。在水平面O被切割的过程中，应注意不断地向已经切割好的切缝中插入钢楔，用于支撑分离体，防止因矿体裂隙出现岩石的局部跌落，损坏切割臂和臂式开采锯机。

(2) 臂式开采锯机切割“盲角”的处理。因为切割臂的前端部是半圆形结构的，不论是水平切割还是垂直切割时，当臂式开采锯机开始切入切缝和切割到位后，在切割臂末端总会留下一个圆弧形的部分（俗称切割“盲角”）不能被切除，图5-35显示的是垂直切割时出现的“盲角”。这个“盲角”正好位于切缝两条直角边的直角交点部位，该交点又是水平或垂直钻孔与切缝的交汇点，所以必须清除这个“盲角”，否则钻孔不能与切缝交汇贯通，也就不能穿引金刚石串珠绳。

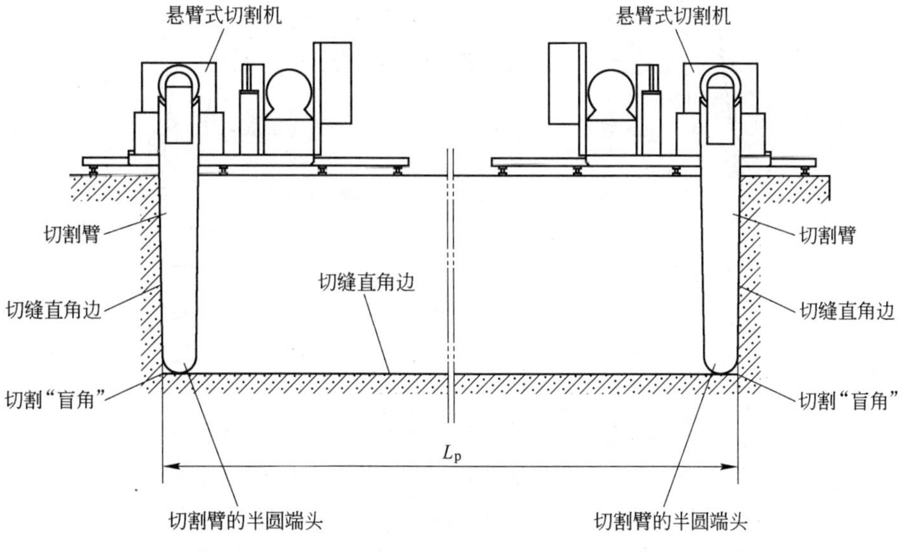

图5-35 臂式开采锯机的切割“盲角”示意图

以垂直切割为例介绍两种消除切割“盲角”的方法。

第一种是当切缝的深度等于切割臂的最大切割长度时，可以采取图5-36所示的平移方法。当切割臂处于切缝长度的两个边界时，再操作切割机继续向前多切割一段距离 l_p，如图5-36所示。l_p 应大于半圆形切割臂端部的半径，使得切割臂最长的切割点通过切缝两个直角边的交点，在规定的切缝长度尺寸 L_p 内就不会再留有切割“盲角”了。

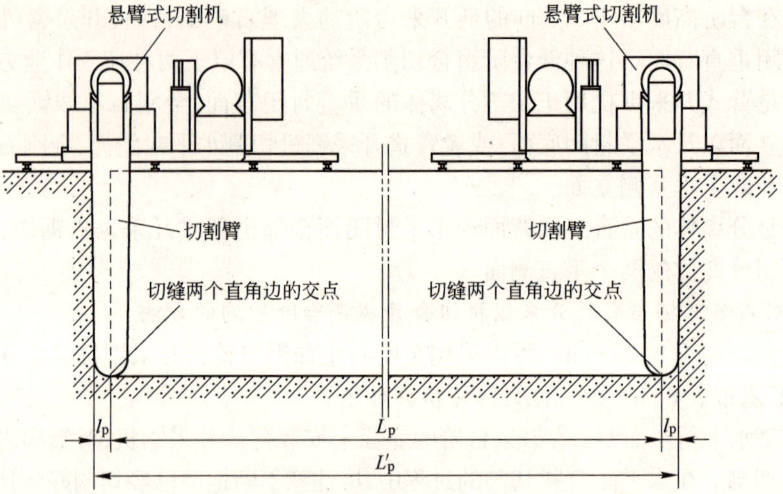

图 5-36　臂式开采锯机平移法消除切割"盲角"示意图

第二种是当切缝的深度小于切割臂的最大有效切割长度时,可以采取图 5-37 所示的摆动方法。在切割臂准备切割切缝长度的两个边界时,将切割臂向前摆动,使其端部向前多切割一段距离 l_p,如图 5-37 所示,这样也可以消除切割"盲角",原理与上面介绍的平移法相同。

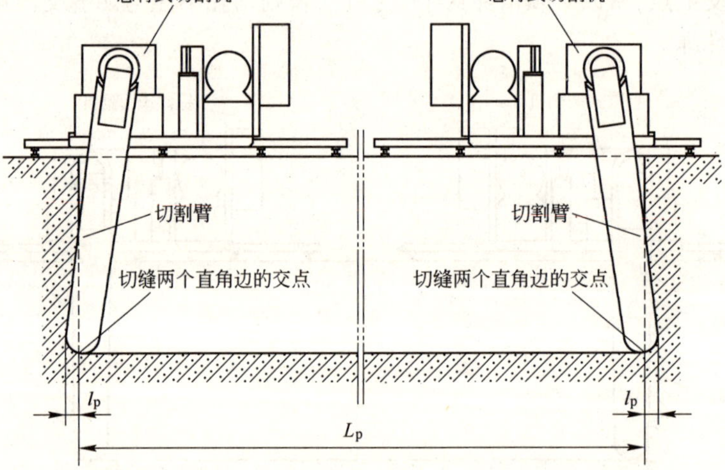

图 5-37　悬臂式切割机摆动法消除切割"盲角"示意图

不同型号的臂式开采锯机其切割臂的宽度略有不同,一般 l_p 的最小尺寸达 200 mm,基本可满足消除切割"盲角"的目的。虽然切缝的实际长度变成了 L'_p,但对于十几米长度的分离体来说,每边有一个长度 200 mm、宽度 40 mm 的切缝,并不会对相邻的下一块分离体构成影响。

水平切割时消除切割"盲角"的方法与垂直面切割时采用的方法相同。

(3) 垂直钻孔 A 的钻凿。封闭水平面 O 被切割完毕后,在台阶顶面安装钻机,距开采台阶垂直正立面 V_3 的距离 L_b 处,钻两个直径为 38 ~ 50 mm 或者 90 mm、深度为 H、间距等于 L_p 的垂直孔 A,分别与水平切割缝内侧两个直角端点交汇,即图 5-38 中的"垂直钻孔与水平切缝内角交汇点"。

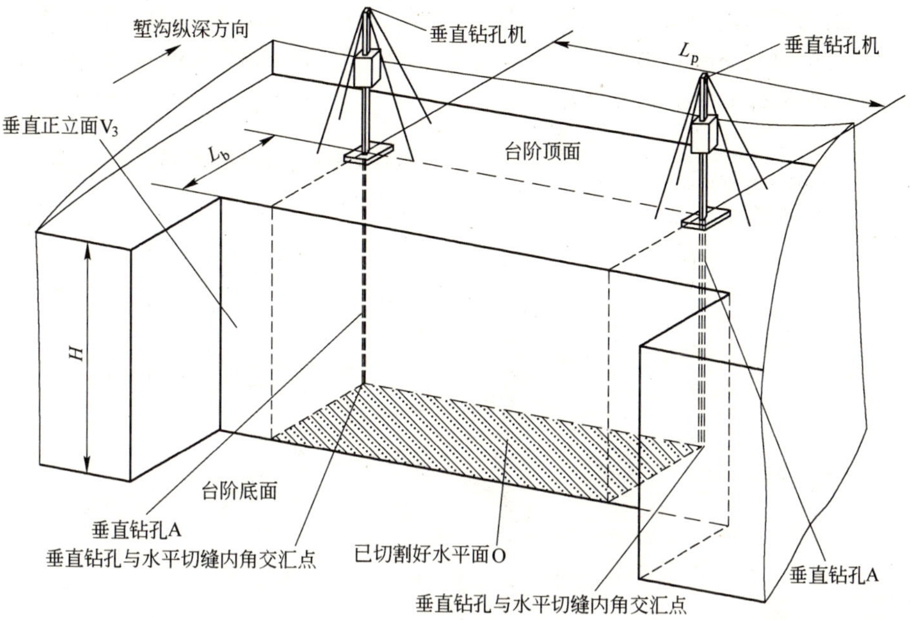

图5-38 钻凿垂直孔与水平切面贯通示意图

当台阶高度 $H<4$ m 时，可以使用台架式凿岩机或者手持式凿岩机钻凿垂直孔 A 与水平切割面贯通，钻头直径为 38～42 mm 或 50 mm；当 $H\geqslant4$ m 时，为了保证垂直钻孔与水平切缝在其内角处交汇，可以采用大孔径凿岩机或液压钻机，钻凿直径为 75～90 mm 的垂直孔 A，图 5-38 是钻凿垂直钻孔 A 的示意图。

（4）垂直侧立面 V_2 的切割。因为用臂式开采锯机切割的锯缝宽度最小也能达到 38 mm 以上，所以可容易地通过金刚石串珠绳。当垂直钻孔 A 与水平切缝贯通后，可以方便地将金刚石串珠绳从垂直钻孔 A 中穿过，通过水平切缝后形成对垂直立面 V_2 的环绕。采用金刚石串珠锯的“上切法”或“下切法”方式，分别对堑沟内分离体的两个垂直侧立面 V_2 进行分离切割。采用哪种切割方法，应根据开采台阶顶面或底面的实际位置尺寸确定，图 5-34 所示采用的是“上切法”切割。在不相互影响而且绝对安全的情况下，为了提高锯切效率，允许使用两台金刚石串珠锯同时对两个垂直侧立面 V_2 进行锯切作业。

（5）垂直封闭背面 V_1 的切割。当两个垂直侧立面 V_2 被锯切完成后，将金刚石串绳从一个垂直钻孔 A 穿入，通过水平切割缝底部，再从另外一个垂直钻孔 A 穿出，形成对封闭垂直背面 V_1 的环绕。采用前面介绍过的使用金刚石串珠锯“下切法”方式，对堑沟中分离体的封闭垂直背面 V_1 进行切割作业。

对垂直侧立面 V_1 和封闭背面 V_2 的切割顺序没有特别的要求，先切割哪一个都可以。

（6）分离体的翻倒、解体和整形。与前面介绍的方法相同。

（7）堑沟深度的扩展。在高台阶开采时，因为切割臂的切割深度有限，所以每次形成堑沟的纵向深度最多只有 3.75 m，一次切割达不到对堑沟纵向深度的实际需要，因此必须不断地向堑沟的纵深方向继续推进。可采用上述方法，继续向矿体纵深方向（见图 5-38）推进，直到获得要求纵向深度的开拓堑沟为止。

B 金刚石串珠锯与臂式开采锯机组合开掘低台阶堑沟的方法

当开采台阶的高度低于 3.75 m 时，使用切割臂的最大长度是 3.75 m 的臂式开采锯机，既可以用于锯切堑沟内分离体封闭垂直面 V_1,也可以切割分离体封闭的水平面 O。

臂式开采锯机与金刚石串珠锯组合开掘堑沟的工艺布置如图 5-39 所示,表 5-4 解释了图 5-39、图 5-40 中各个字母的含义和技术数据,其作业步骤如下。

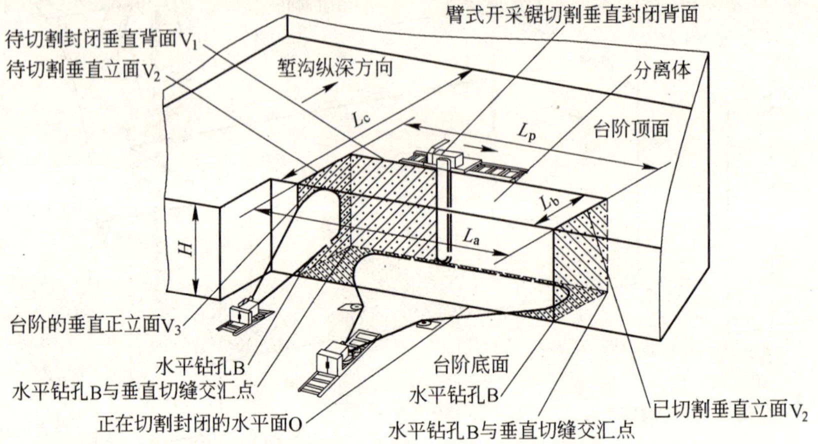

图 5-39 金刚石串珠锯与臂式开采锯机组合开掘低台阶堑沟示意图一

(1) 垂直封闭背面 V_1 的切割。采用金刚石串珠锯与臂式开采锯机组合开掘低台阶堑沟时,首先应该切割封闭的垂直背面 V_1,这样才能利用切割臂形成的切缝导引金刚石串珠绳形成对水平封闭面的环绕。具体实施步骤是,在台阶的顶面安装悬臂式切割机,其导轨与台阶垂直正立面 V_3 平行,切割臂距该面的距离是 L_b,启动臂式开采锯机按照前面介绍的方法,完成深度 H、长度 L_p 尺寸的垂直封闭背面 V_1 的切割,注意清除切割臂的切割“盲角”。

因为是使用臂式开采锯机开掘低开采台阶的开拓堑沟,所以台阶高度 H 一般在 3.75 m 以下,L_p 的长度为 6 ~ 12 m 即可。如果 L_p 尺寸超过 12 m,整个分离体的比例将变得不协调,尤其是希望通过翻倒分离体后再对其进行解体作业时,可能会遇到翻倒分离体的困难。L_b 尺寸除了与荒料规格有关外,还与台阶高度 H 有关,在低台阶开采时,$L_b \leqslant 2.5$ m,以保证分离体宽度和高度的比例合适,易于分离体的翻倒。

(2) 水平钻孔 B 的钻凿。垂直封闭背面 V_1 被切割完毕后,在开采台阶底面与垂直正立面 V_3 交线附近,使用水平标杆式凿岩机或手持式凿岩机钻凿两个直径为 38 ~ 42 mm、间距为 L_a、深度为 L_b 的水平钻孔 B,每个钻孔都垂直于台阶垂直正立面 V_3,并与已经切割完毕的垂直封闭背面 V_1 在切割缝的底部交角处交汇贯通,即图 5-39 中的“水平钻孔 B 与垂直切缝交汇点”。

(3) 水平封闭面 O 的锯切。在台阶底面安装金刚石串珠锯,从一个水平钻孔 B 穿入金刚石串珠绳,通过垂直背面 V_1 切割缝,再从另外一个水平钻孔 B 穿出,形成对封闭水平面 O 的环绕。采用前面介绍的使用金刚石串珠锯水平切割方式,对堑沟中分离体的封闭水平面 O 进行切割分离作业。需要强调的是,在水平面被切割的过程中,一定注意不断地向已经切割好的切缝中插入钢楔,以便支撑分离体,防止因岩体裂隙而出现局部跌落,保证金刚石串珠锯的工作安全。

(4) 垂直侧立面 V_2 的切割。采用臂式开采锯机的切割缝宽度达到 38 mm 以上,可非常容易地通过金刚石串珠绳。当水平钻孔 B 与封闭的垂直背面切缝贯通后,可以方便地将金刚石串珠绳从垂直切缝中穿过，无需再钻凿垂直钻孔交汇，只需利用水平钻孔 B 和垂直背面 V_1 的切缝穿引金刚石串珠绳，即可形成对垂直侧立面 V_2 的切割环绕。采用金刚石串珠锯的"上切法"或"下切法"方式，分别对堑沟内分离体的两个垂直侧立面 V_2 进行分离切割。采用哪种切割方法，应根据开采台阶底面和顶面的位置尺寸确定，图 5-39 所示采用的是"上切法"对垂直侧立面 V_2 的切割作业。在不相互影响而且绝对安全的情况下，为了提高锯切效率，允许使用两台金刚石串珠锯同时对两个垂直侧立面 V_2 进行锯切作业。

(5) 分离体的翻倒、解体和整形。这最后的工序和工艺要求与前面介绍的相同。

(6) 堑沟深度的扩展。因为在低台阶堑沟开掘时，堑沟的深度仍然受到切割臂的有效切割深度的限制，所以每次形成的堑沟的深度不会超过 3.75 m，一次切割同样不能达到对堑沟深度的实际需要。因此还必须不断地向堑沟的深度方向继续推进。可以采用上述方法，继续向矿体纵深和深度方向推进，直到得到要求尺寸的堑沟为止。

在金刚石串珠锯与臂式开采锯机组合开掘低台阶堑沟的锯切作业时，除了使用臂式开采锯机单独锯切垂直封闭背面 V_1 或水平封闭面 O 外，还可以采用臂式开采锯机完成这两个面的锯切，金刚石串珠锯只用来切割两个垂直侧立面 V_2 的锯切工艺，如图 5-40 所示。作业步骤是先锯切封闭水平面 O，然后再锯切封闭垂直背面 V_1。完成清除切缝直角部分的切割"盲角"后，不再需要钻凿水平孔 B 和垂直孔 A，直接通过垂直正交的水平切缝和垂直切缝，穿引金刚石串珠绳形成对垂直侧立面 V_2 的切割环绕，使用金刚石串珠锯完成对这两个垂直侧立面 V_2 的切割。其余工序和工艺要求与前面介绍的一样。

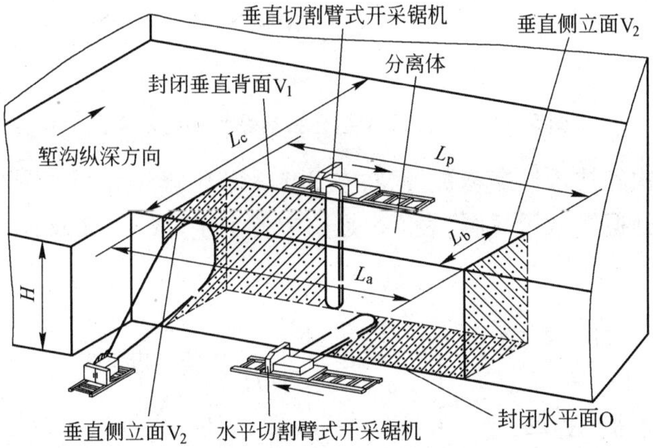

图 5-40 金刚石串珠锯与臂式开采锯机组合开掘低台阶堑沟示意图二

5.2.2.5 金刚石串珠锯与组合钻具组合开掘堑沟

组合钻具是一种用于切割封闭垂直面或水平面，与金刚石串珠锯配合开掘堑沟的专用开采工具。组合钻具的优点是切割深度基本不受限制，一般可达 10 ~ 15 m，宽大的切缝可非常方便和顺利地穿引金刚石串珠绳环绕被锯切面。

与臂式开采锯机相比，组合钻具开掘堑沟的总成本要低许多，而其价格也仅为臂式开采锯机的十几分之一。驱动组合钻具的液压钻机在一般的大理石矿山都有配套，所以，按照目前国内大理石矿山使用金刚石串珠锯的水平，配备组合钻具这样的辅助设备，不会增加过多的投资，是一种值得采用的开掘堑沟，尤其是进行切割封闭垂直面或水平面的锯切作业的工艺方法。

图 5-41 TPU060 型组合钻具外形图

图 5-41 是意大利 BENETTI 公司生产的 TPU060 型组合钻具的外形图，它由主轴、夹具、导向杆、传动轴箱和钻头等部分组成。组合钻具由液压钻机驱动中间的主轴，从而带动钻头组旋转钻削岩石；两端的导向杆用于切割时的定位，防止钻具旋转；在液压钻机进给系统驱动下，在切割面上实现进给钻削。工作时组合钻具沿被切割面进给向下或纵深运动，相当于一组直线排列的毁芯岩石钻头，钻头深浅不同交叉排列，在岩石上形成一个连续的钻孔相互贯通、宽度是 120 ~ 200 mm 的深槽。每次钻削的槽宽与安装的钻头多少有关，图 5-42 是安装 12 个小钻头和 1 个大钻头的 TPU125 型组合钻具在岩石上形成的一组钻孔切槽示意图，依次进行钻削切割即可形成一条长度不受限制的连续深槽。

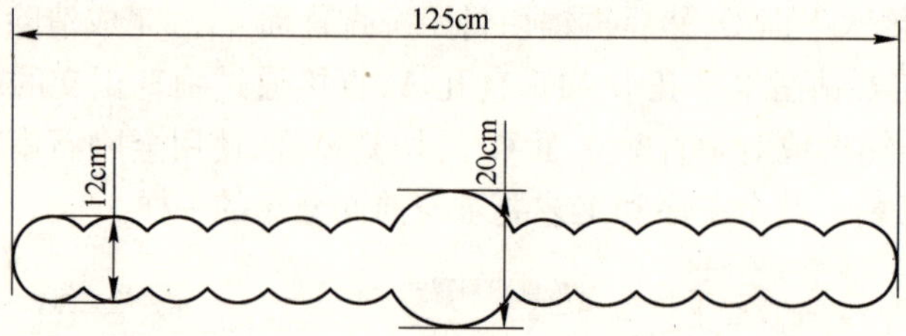

图 5-42 TPU125 型组合钻具钻孔切缝示意图

组合钻具的结构和技术性能参数等，将在 8. 1. 1 节中详细介绍。图 5-43 是组合钻具与金刚石串珠锯组合开掘堑沟示意图，表 5-5 是图中各个字母的含义及技术参数要求。

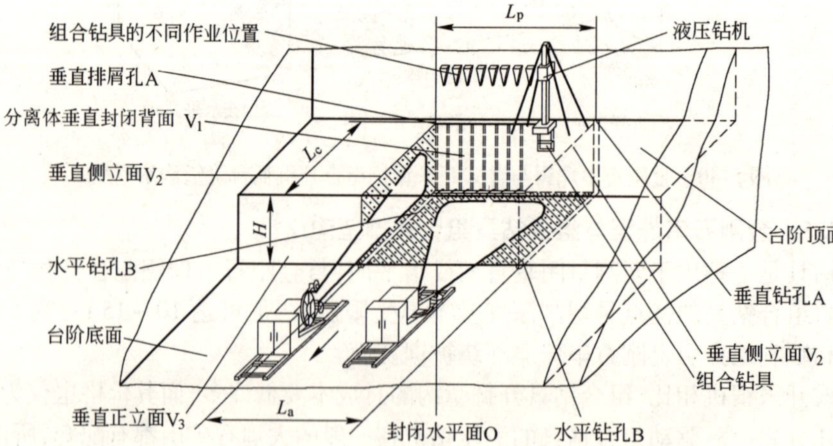

图 5-43 组合钻具与金刚石串珠锯组合开掘堑沟示意图

表 5-5 组合钻具与金刚石串珠锯组合开掘堑沟示意图中各个字母的含义和技术参数数据

字母名称	字母含义	技术参数要求		备注
		直径/mm	深度或长度/m	
L_a	堑沟开口长度		$L_p+(0.2\sim0.5)$	
L_c	堑沟的总深度		6~15	
L_p	堑沟内长度		6~20	分离体的长度
H	堑沟的高度		6~10	等于分离体的高度
A	垂直排屑孔	90~120	H	深度比较大或水平孔比较深时采用大直径孔,穿引金刚石串珠绳
B	水平钻孔	90	L_c	
V_1	分离体垂直封闭背面			与开采台阶宽度方向矿体的连接面
V_2	分离体垂直侧立面			与开采台阶长度方向矿体的连接面
V_3	台阶垂直正立面			自由面
O	分离体封闭水平面			在台阶底面上

组合钻具与金刚石串珠锯组合开掘堑沟的作业步骤如下:

(1) 排屑孔 A 的钻凿。首先在开采台阶的顶面、距垂直正立面 V_3 的距离为 L_c 处,用液压钻机或大孔径凿岩机,垂直向下钻两个间距为 L_p、深度为 H、直径为 90 mm 的垂直钻孔 A。在台阶底面安装大孔径水平凿岩机,在垂直正立面 V_3 与台阶底面交界处附近,钻凿两个深度为 L_c、间距为 L_a、垂直于垂直正立面 V_3 的水平孔 B,分别与两个垂直孔 A 交汇。这两个交汇孔既是锯切分离体垂直立面 V_1 时金刚石串珠绳的穿引环绕孔,又是组合钻具钻削作业时钻屑的排出孔。垂直孔 A 和水平孔 B 钻凿的方法和技术要求与前面介绍的相同。

(2) 安装液压钻机和组合钻具。以第一个垂直钻孔为边界,安装液压钻机和组合钻具,准备进行堑沟垂直封闭面 V_1 的钻削切割。

(3) 垂直封闭面 V_1 的切割。启动液压钻机带动组合钻具垂直向下进给钻削切割,直至钻头进给深度达到 H 为止。当一个位置钻削完成后,可将组合钻具提升到台阶顶面,沿两个垂直钻孔 A 的连接工作线,将液压钻机和组合钻具向右移动一个组合钻具切割长度的距离,将设备固定后再进行下一个钻削槽的切割。依次完成同样的切削作业,即可形成整个长度 L_p 的钻削切割槽,最终将垂直封闭面从矿体上切割分离。使用组合钻具切割时,L_p 尺寸应该略小于组合钻具切割长度的整倍数,以保证切缝的相互贯通,整个垂直封闭面 V_1 被全部切透。

(4) 水平面 O 的切割。完成垂直封闭背面 V_1 的切割后,用清水将钻削槽内的岩石碎屑冲洗干净,从一个水平钻孔 B 将金刚石串珠绳穿入,通过钻削槽后,再从另一侧的水平钻孔 B 导出,形成对封闭水平面 O 的环绕,安装金刚石串珠锯后,即可对水平面 O 进行切割。锯切水平面过程中,注意及时向锯缝中加入支撑用钢楔。

(5) 垂直侧立面 V_2 的切割。水平面 O 的切割完成后,将金刚石串珠绳从分离体垂直背面 V_1 上的组合钻具切割槽内,通过一侧的水平钻孔 B 穿过,形成对分离体垂直侧立面 V_2 的环绕,安装金刚石串珠锯依次对两个垂直侧立面 V_2 进行切割。

(6) 分离体的翻倒。当两个垂直立面切割完成,分离体与矿体的 4 个连接面全部被切割分离后，如果分离体的高度 H 与宽度 L_c 的比例合适，可以采用气压顶推袋配合液压顶石机将其翻倒。

（7）分离体解体和整形。与上面介绍的方法相同，可以采用金刚石串珠锯切割的方法，对分离体进行解体和整形成荒料的作业。

（8）组合钻具钻削作业的技术参数要求。通常组合钻具的进给速度小于 1 m/h，冷却水通过液压钻机钻杆中心，经过组合钻具主轴的空心内孔输送到切割面，压力为 0.1 ~ 0.15 MPa。

5.2.2.6　其他开掘堑沟的方法

在一些特殊的矿体条件下，可以采用一些灵活的开掘方式，实施开拓堑沟的作业。前面介绍的开掘堑沟的方式，都是假设矿体非常完整，剥离出的开采台阶只有两个自由面的情况下。如果在矿体的开采台阶上存在一些垂直、水平裂隙，或者破碎带等缺陷，可以利用这些缺陷进行堑沟的开掘作业，图 5-44 显示了在开采台阶上存在有可以利用的这类缺陷。在选择开采分离体时，这些裂隙或破碎带都应该被剔除，不能留在分离体中。

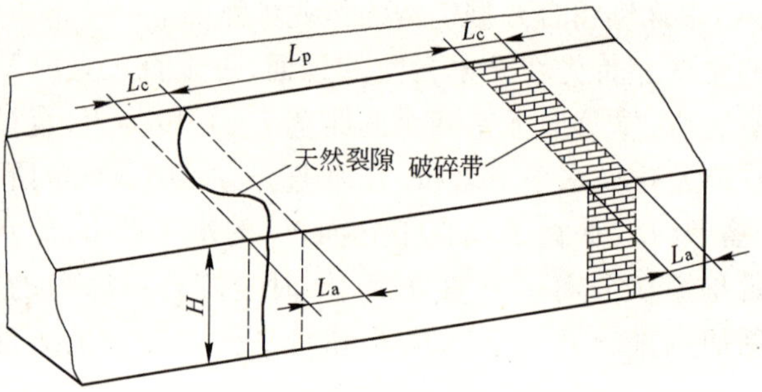

图 5-44　开采台阶中的裂隙、破碎带示意图

可以采用金刚石串珠锯将它们两侧的垂直立面从矿体切割分离，配合双面密集排孔结合控制爆破的方法，将另外两个面（垂直背面和水平底面）与矿体分离，形成开掘堑沟。使用金刚石串珠锯切割时，为了保证被清除部分顺利地从矿体中分离出来，必须保证图 5-44 中的 L_a 尺寸大于 L_c。最理想的情况是，裂隙或破碎带的宽度 $L_c \geqslant 3$ m，形成的堑沟正好能够安放大孔径水平凿岩机，以便采用图 5-8 或图 5-9 所示的方法延伸扩展堑沟。如果裂隙或破碎带的宽度 L_a 不足 3 m，可以将清除后形成的窄沟作为开掘堑沟的初始堑沟，使用金刚石串珠锯与进给立柱配合对封闭背面切割的方法，形成符合开采尺寸要求的开拓堑沟。下面根据裂隙或破碎带的实际分布情况，介绍双初始堑沟切割和单初始堑沟切割两种作业方式。

A　*双初始堑沟切割方式*

如果两组可利用的裂隙或破碎带之间的距离 $L_p \leqslant 24$ m，可以利用清除这两条裂隙或破碎带后形成的初始堑沟，采用在两个堑沟内安装切割导向轮支架的双初始堑沟切割方式，使用金刚石串珠锯将两条初始堑沟之间的岩体逐个切割分离，最终形成一个宽敞的堑沟，如图 5-45 所示。具体操作步骤如下：

（1）安装切割导向轮。分别在两个已经处于自由状态的垂直侧立面 V_2 上，采用锚定方式安装两个高度不同的切割导向轮支架，底部的导向轮距离堑沟底面的距离为 0.5 ~ 1 cm，

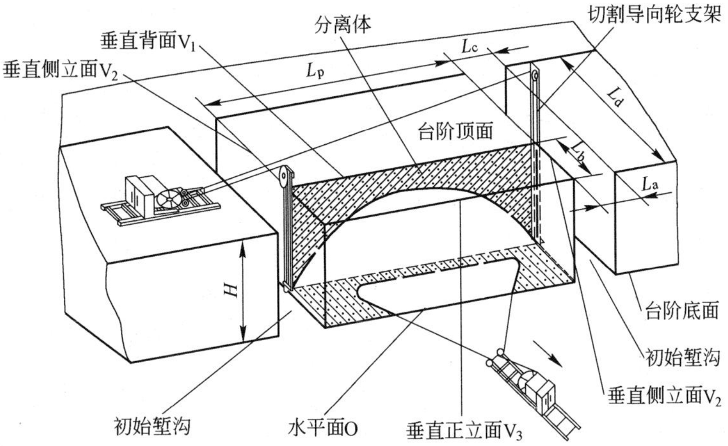

图 5-45 双初始堑沟切割示意图

过大的距离容易使金刚石串珠绳从切割压轮的槽中滑脱。切割导向轮支架距开采台阶垂直正立面 V_3 的距离是 L_b。

(2) 安装金刚石串珠锯。按照图 5-45 所示位置，在开采台阶顶面安装金刚石串珠锯，并将金刚石串珠绳穿过金刚石串珠锯的主飞轮、导向轮、切割导向轮支架的上下导向轮，环绕准备切割的垂直背面 V_1，形成切割封闭环绕系统。

(3) 切割垂直背面 V_1。使用类似图 5-33 介绍的方式，切割垂直背面 V_1。

(4) 切割水平面 O。当垂直背面 V_1 被切割完成后，不要将金刚石串珠绳从锯缝中取出，按照前面介绍从切割垂直封闭背面过渡到切割水平封闭面的方法，将金刚石串珠绳环绕水平面 O。按图 5-45 所示位置，在台阶底面安装金刚石串珠锯，将金刚石串珠绳穿过主飞轮和导向轮后，即可对水平面 O 进行切割。采用这种方式切割水平面时，矿体与分离体的垂直面间已无连接，所以必须沿水平切割缝周围插入相对密集的钢楔支撑。

(5) 分离体的翻倒、解体和整形。接下来可以对已经被切割分离的分离体做解体和荒料整形处理，具体方法和步骤与前面介绍的相同。

当这个分离体被处理完成后，使用同样方法再向堑沟内进行第二个分离体的切割分离、翻倒和荒料整形处理，直至堑沟内 L_d 长度上的全部石料被处理干净，一个完整、尺寸空间足够的堑沟也就形成了。

图 5-45 中各符号的含义和数值要求见表 5-6。

表 5-6 单、双初始堑沟切割示意图中各符号的含义和技术参数

符号名称	符 号 含 义	技术参数要求		备 注
		直径/mm	深度或长度/m	
L_c	初始堑沟的内宽度		1.8～3	清除裂隙、破碎带后形成的堑沟
L_b	堑沟内小分离体厚度		2.5～6	与荒料规格有关，与 H 的比例应协调，利于翻倒
L_a	初始堑沟的开口宽度		$L_c+(0.5\sim0.8)$	

续表 5-6

符号名称	符号含义	技术参数要求		备注
		直径/mm	深度或长度/m	
L_d	堑沟的总深度		6 ~ 15	最好是 L_b 的整倍数
L_p	堑沟内分离体长度		最大 20	等于分离体的长度，堑沟长度 ≈ $2L_c + L_p$
H	堑沟的高度		6 ~ 10	分离体的高度或堑沟的高度
V_1	分离体垂直背面			与开采台阶宽度方向矿体的连接面
V_2	分离体垂直侧立面			已经形成自由面
V_2'	分离体垂直侧立面			与开采台阶长度方向矿体的连接面
V_3	分离体垂直正立面			自由面
O	分离体水平面			在台阶底面上
A	垂直钻孔	200 ~ 250	等于 H	安装进给切割立柱用
B	水平钻孔	38 ~ 42 或 90	等于 L_b	与垂直钻孔 A 交汇，深度 ≤4 m 的孔径 38 ~ 42 mm

B　单初始堑沟切割方式

如果两组可利用的裂隙或破碎带之间的距离 L_p 超过 24 m，可以利用清除一条裂隙或破碎带后形成的初始堑沟，采用在一个堑沟内安装切割导向轮支架，将另一个切割导向轮支架换成进给切割立柱的单堑沟切割方式，使用金刚石串珠锯将两个切割立柱之间的岩体逐个切割分离，同样可以形成一个宽敞的堑沟，如图 5-46 所示。堑沟形成后，如果其边部接近另一条破碎带或裂隙，可以采用钻凿排孔结合控制爆破或金刚石串珠锯切割的方法，将破碎带内的无用岩体处理干净。单初始堑沟切割的具体操作步骤如下：

（1）进给切割立柱工作孔 A 的钻凿。在台阶顶面、距分离体垂直正立面 V_3 的距离为 L_b、距分离体自由的垂直侧立面 V_2 的距离为 L_p 的交汇处，钻凿一个直径为 200 ~ 250 mm，深度为 H 的垂直钻孔 A，用于安装进给切割立柱。

（2）钻凿水平孔 B。在台阶垂直正立面 V_3 靠近台阶底面、距分离体自由的垂直侧立面 V_2 的距离为 L_p 处，钻凿一个直径为 38 ~ 42 mm 或 90 mm、深度等于 L_b 的水平钻孔 B，与垂

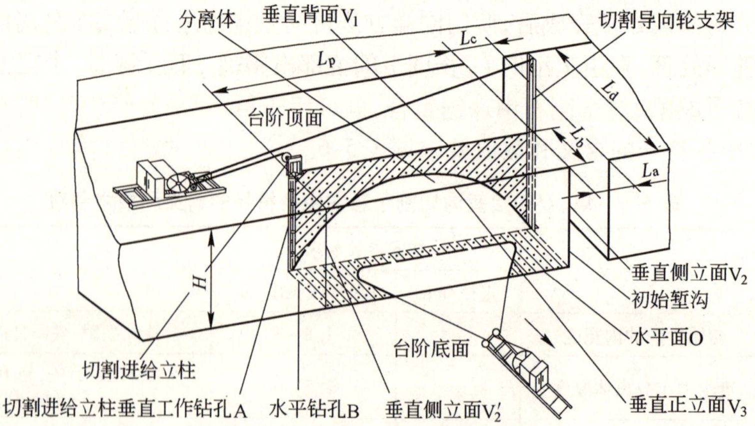

图 5-46　单初始堑沟切割示意图

直钻孔 A 交汇，用于穿引金刚石串珠绳，切割垂直侧立面 V'_2。

如果 $L_b \leqslant 4$ m，可以采用水平标杆式凿岩机，直接钻凿直径为 38 ~ 42 mm 的水平孔 B 与垂直钻孔 A 交汇。当 L_b 的深度超过 4 m 时，可以使用钻头直径为 90 mm 的水平大孔径凿岩机或液压钻机，钻凿水平孔 B，以保证与垂直钻孔 A 的交汇成功率。如果操作得当，使用直径为 50 mm 钻头的手持凿岩机，也可完成深度为 6 ~ 8 m 水平孔与垂直孔的交汇钻凿。

(3) 安装切割导向轮。在已经处于自由状态的垂直侧立面 V_2 上，采用锚定方式，安装一个高的切割导向轮支架。底部的导向轮到堑沟底面的距离，与双初始堑沟切割时的要求相同。

在垂直钻孔 A 内安装一个高度相对低的进给切割立柱，并锚定紧固在台阶顶面上。

(4) 安装金刚石串珠锯。按照图 5-46 所示位置，在开采台阶顶面安装金刚石串珠锯，并将金刚石串珠绳穿过金刚石串珠锯的主飞轮、导向轮、进给切割立柱的导向轮和切割压轮，环绕被切割垂直背面 V_1，然后再通过切割导向轮支架的上下导向轮，形成切割封闭环，最后回到金刚石串珠锯。

(5) 切割垂直背面 V_1。使用类似图 5-33 介绍的方式，切割垂直背面 V_1。

(6) 切割水平面 O。当垂直背面 V_1 被切割完后，不要将金刚石串珠绳从锯缝中取出，按照前面介绍从切割垂直封闭背面过渡到切割水平封闭面的方法，将金刚石串珠绳环绕水平面 O。按图 5-46 所示位置安装金刚石串珠锯，将金刚石串珠绳穿过主飞轮和导向轮后，即可对水平面 O 进行切割作业。支撑钢楔的安放要求与双初始堑沟切割时相同。

(7) 切割垂直侧立面 V'_2。通过垂直钻孔 A 和水平钻孔 B 穿引串珠绳环绕垂直侧立面 V'_2，使用串珠锯采用“上切法”或“下切法”完成对该面的分离切割。

(8) 分离体的翻倒、解体和整形。接下来可以对已经被切割分离的分离体做解体和荒料整形处理，具体操作方法与前面介绍的一样。

当这个分离体被处理完成后，使用同样方法再向堑沟内进行第二个分离体的切割分离、翻倒和荒料整形处理，直至堑沟内 L_d 长度上的全部石料被处理干净，一个完整、尺寸空间足够的堑沟就形成了。图 5-46 中各字母的含义和技术数值要求与图 5-45 中的相同，在表 5-6 中有详细介绍。

如果有比较平整的水平裂隙可以利用，上面介绍的所有开掘开拓堑沟时对水平面 O 的切割或对水平面的排孔凿岩作业都可以省略，只要垂直封闭背面 V_1 和垂直侧立面 V_2 被切割分离后，即可利用水平裂隙面直接进行分离体的翻倒作业，形成堑沟。

使用臂式开采锯机与金刚石串珠锯组合，也可用于单、双初始堑沟的切割，最终形成完整开拓堑沟，其使用方法、技术要求可参见前面 5.2.2.4 节中的有关内容。

5.2.2.7 上述以金刚石串珠锯为主机开掘堑沟方式的特点综述和效益分析

A 特点综述

上面介绍的几种开掘开拓堑沟的方法，都是以金刚石串珠锯为主机，配合其他开采机械完成的，使用这些组合方式的特点如下：

(1) 堑沟内几何尺寸规整，空间大。因为堑沟的开掘主要使用锯切方式，最终所形成堑沟的四壁都是光滑平整的。后续正式开采时，设备安装、尺寸基准的确定都非常方便。因为金刚石串珠锯的切割面调整灵活，切割面积都比较大，所以形成的堑沟的内空间尺寸可以随意调整，而且非常宽敞，更适合开采作业。这在使用传统爆破方式开掘堑沟时，是不可能达到的。

(2) 不会损伤矿体和荒料。上述几种组合方式中，只有金刚石串珠锯与台架式凿岩机组合时，使用了两面排孔结合控制爆破的开掘方式，可能对矿体造成一些爆破伤害，其余几种组合方式全部采用纯切割的方法，不会对矿体造成任何伤害，对提高荒料的质量是极其有利的。

(3) 资源浪费少。因为切割方式产生的锯缝窄小，臂式开采锯机大约为4 cm，金刚石串珠锯只有1.2～1.3 cm；虽然组合钻机的切缝比较大，也不过12～13 cm，而且只有一个面。与传统的控制爆破方式相比，因切缝产生的石料损失非常少，从而减少了矿体资源的浪费，尤其在开采名贵大理石时，更能体现其经济价值。

(4) 回收堑沟中的荒料，降低堑沟开掘成本。使用这些方法开掘堑沟的最主要目的是回收堑沟内的荒料，以弥补开采堑沟的成本消耗。

B 经济效益简单分析

表5-7是按照图5-32(单个分离体切割)和图5-33(组合分离体切割)所示的金刚石串珠锯与进给切割立柱组合，全锯切开掘堑沟时，估算出能够回收荒料的数量和价值，需要切割岩石的面积，以及对应金刚石串珠绳的消耗量。

表5-7 堑沟开掘荒料回收经济效益估算

计算项目		单个分离体	组合分离体
堑沟尺寸/m	长	12	12
	宽	2.5	10
	高	6	6
分离体体积/m^3		180	720
垂直立面面积/m^2		30	
封闭垂直面面积/m^2		72	
水平面面积/m^2		30	
总切割面积/m^2		132	
小块分离体数量/个			4
小块分离体尺寸/m	长		12
	宽		2.5
	高		6
小块分离体体积/m^3			180
规格尺寸荒料/m	长	2.5	2.5
	宽	1	1
	高	1.8	1.8
规格尺寸荒料体积/m^3		4.5	4.5
规格尺寸荒料端面面积/m^2		3.6	3.6
规格尺寸荒料顶、底面面积/m^2		5	5
规格尺寸荒料侧面面积/m^2		9	9
规格尺寸荒料总切割面积/m^2		17.6	17.6
荒料率/%		20	20

续表 5-7

计 算 项 目	单个分离体	组合分离体
实际回收的荒料量/m^3	36	144
实际回收规格尺寸荒料块数/个	8	32
荒料切割面积系数	2	2
规格尺寸荒料实际切割面积/m^2	281.6	1126.4
金刚石串珠绳寿命(中硬大理石)/$m \cdot m^{-2}$	30	30
规格尺寸荒料实际串珠绳消耗量/m	9.4	37.5
金刚石串珠绳价格/元 · m^{-1}	800	800
规格尺寸荒料实际串珠绳消耗值/万元	0.752	3
实际回收的荒料矿山交货价格/元 · m^{-3}	1500	1500
实际回收荒料的价值/万元	5.4	21.6
消耗的串珠绳占回收荒料价值的比例/%	14	14

表中的单个分离体切割,是指可将堑沟内的分离体一次从矿体切割分离,然后将其翻倒、解体,切割方式与图 5-32 所示相同。组合分离体切割时,因为分离体的厚度过大(10 m),大于分离体的高度(6 m),不能一次将其翻倒,所以需要将堑沟内的分离体分成 4 个小的分离体,也就是需要沿堑沟深度方向分 4 次切割。靠外面的小分离体被切割分离和翻倒解体后,才能对下一个小分离体进行切割等作业,具体方法与图 5-33 介绍的方法相同。

表中各个技术参数选择的依据是:堑沟的尺寸尽量按照国内使用金刚石串珠锯开采的大理石矿山可以达到的尺寸。大理石荒料全部按照六面整形切割开采方式,整形后规格尺寸如表中所示,体积是 4.5 m^3。荒料面积切割系数是指,在开掘表中尺寸的堑沟时,实际总的切割面积与实际回收荒料需要切割面积之比,如果荒料率按照 20% 考虑,荒料面积切割系数假定是 2。金刚石串珠绳的切割寿命和价格全部参照意大利生产的产品,其寿命按照对中硬度大理石切割的参数确定,其价格参照普通电镀金刚石串珠、弹簧固定方式的金刚石串珠绳。大理石荒料的矿山交货价格只是作为比较的一个参考。

按照表 5-7 中的计算结果,开采一个长 12 m、宽度 2.5 m、高度 6 m 的堑沟,可回收36 m^3 荒料,价值 5.4 万元,其中消耗了 9.4 m 的金刚石串珠绳,价值 0.75 万元,金刚石串珠绳的消耗只占回收荒料价值的 14%。表中的计算只考虑了金刚石串珠绳的消耗,没有考虑金刚石串珠锯的电力消耗、维修保养、操作者的劳动力成本、设备折旧和矿山的管理费用等成本,后面这些被忽略的成本通常不会比金刚石串珠绳的消耗成本高多少,具体的锯切开采成本,在后面的章节中会有详细的介绍和讨论,这里不再赘述。

因此,采用前面介绍的几种金刚石串珠锯与其他锯切设备组合,锯切开掘开拓堑沟的方法,不论从开掘质量、经济效益和对矿体的保护等方面分析和考虑,不仅是可行,而且是值得推广的。

国内目前生产的开采锯切设备基本可以满足上述堑沟开掘的使用要求,例如:国内生产的金刚石串珠锯,其机型和使用性能与国外同类机型相差不多;合资生产的采用硬质合金切割刃的链臂式开采锯机,在国内也可以选配;液压钻机和大孔径凿岩机国内也有生产;进给切割立柱和组合钻具虽然国内未见生产,但其结构简单,也并非高科技产品,开发和制造的技术难度不大，很容易生产。

按照目前国内大理石矿山开采的现状和技术装备水平，建议采用金刚石串珠锯与进给切割立柱组合方式，或者与台架式凿岩机的组合开掘开拓堑沟的开采方式，这是目前比较经济实用的选择方案。如果操作者使用手持式凿岩机的技术水平比较高，用金刚石串珠锯与手持式凿岩机组合，代替台架式凿岩机，设备投入将会更低，目前国内大理石矿山不增加什么设备，即可完成堑沟的开掘作业，但这时堑沟的开掘质量和荒料的回收量会受到影响。

从使用方便、生产效率高和用途广泛等方面考虑，使用臂式开采锯机辅助串珠锯开采大理石矿山，无疑是最合适和最合理的。目前切割臂长 3.5 m 的国产链臂式开采锯机的价格在人民币 30 万元左右，与一台 ZL50 系列的国产装载机相差不大，还不到价格为 100 万元人民币（不含进口税）的进口链臂式开采锯机的三分之一，一些有实力的国内大理石石材企业是完全有能力装备的。

5.2.3 大理石荒料的锯切开采工艺

当开采台阶上的开拓堑沟形成后，大理石矿山便进入正式的荒料开采阶段，可根据矿山本身开采机械的装备水平和开采设备的种类，选择合适的开采工艺方法。然后按照 5.1 节介绍的方法，实施大理石矿山的机械化开采。

目前使用最多的机械化锯切开采大理石的方法是：锯切作业全部由串珠锯承担的金刚石串珠锯全锯切开采方法；金刚石串珠锯与臂式开采锯机结合完成锯切作业的组合开采方法；在一些劈裂性比较好的大理石矿山，还可以采用金刚石串珠锯与台架式凿岩机组合开采大理石；在金刚石串珠锯问世初期还有与钢丝绳锯机组合开采大理石的方法。因为目前世界上钢丝绳锯机基本上被金刚石串珠锯所代替，所以本节主要介绍前三种锯切开采大理石的工艺方法。

5.2.3.1 金刚石串珠锯全锯切开采方法

开拓堑沟形成后，等于在封闭的开采台阶上形成了一个开拓缺口，靠近堑沟的岩体与矿体成为只有三个面连接，其余三个全部是自由面的开采台阶。使用金刚石串珠锯开采时，首先要根据矿体的实际形态、裂隙的走向、花色条纹的方向、运输道路经过工作面的位置等因素确定开采的推进方向。对于切割方向影响到石材花色的矿体，在确定推进方向时，还要考虑花纹的切割方向。

A 开采推进方向

在山坡露天型大理石矿山，应根据矿体的走向、倾向、主裂隙的方向、石材花色等因素，确定开采台阶位置、布局和方向。这里讨论的金刚石串珠锯的开采推进方向，主要是指相对开采台阶位置的推进方向。一般开采推进方向分成沿开采台阶长度方向，即面对开采台阶的左右方向，简称为横向推进；沿开采台阶的宽度（纵深）方向，即面对开采台阶的纵深前进方向，简称为纵向推进；还有一种是折返式推进，即先向开采台阶的宽度方向推进到一定尺寸后，再回到台阶边缘，以边缘为起点重新向台阶宽度方向继续推进。折返式推进实际是沿台阶深度方向推进方式的一个特例。

因为开采台阶的宽度是随矿体坡度、开采台阶的高度变化的，纵向推进并不总能实现，所以确定开采推进方向时，必须考虑台阶的宽度能保证分离体翻倒所需要的足够空间，以及分离体翻倒后，在台阶面上能够对其进行解体切割需要的足够位置。

表5-8是几组不同开采台阶高度和矿体坡度对应的开采台阶宽度。从表中可以看出，当矿体坡度在20°以下时，如果沿纵向推进，台阶宽度可以保证分离体的正常翻倒，以及翻倒后对其进行解体的位置。当矿体坡度等于30°，仍需要纵向推进时，台阶宽度还能够保证分离体的翻倒，但对其解体的位置比较紧张，如果合理安排还能够勉强进行分离体的解体操作。当矿体坡度达到45°时，如果还想纵向推进，这时分离体的翻倒空间就没有了，这时应该考虑横向推进。从表中可以分析出，当矿体坡度小于30°时，采取纵向推进是可以的，否则应考虑横向推进，或采用折返推进方式。

表5-8 部分开采台阶宽度、高度和矿体坡度关系表

矿体坡度/(°)	开采台阶尺寸/m		矿体坡度/(°)	开采台阶尺寸/m		矿体坡度/(°)	开采台阶尺寸/m	
	高度	宽度		高度	宽度		高度	宽度
20	3	8	30	3	5	45	3	3
20	4	11	30	4	7	45	4	4
20	5	14	30	5	9	45	5	5
20	6	17	30	6	10	45	6	6
20	8	22	30	8	14	45	8	8
20	9	25	30	9	16	45	9	9
20	10	28	30	10	17	45	10	10
20	12	33	30	12	21	45	12	12
20	13	36	30	13	23	45	13	13
20	14	39	30	14	24	45	14	14
20	15	41	30	15	26	45	15	15

实际上纵向推进到一定深度后，也需要采取折返推进方式来保持上层开采台阶的足够宽度，因为上层台阶的推进速度是否能与下层台阶同步推进，在矿山开采时是需要规划的。一般的大理石矿体，开采台阶的长度方向都大于其宽度方向，对于一些开采台阶很长的矿体，有时一年也只能开采一个台阶。在进行纵向推进时，不能推进到上层台阶的根部，否则会形成过高的台阶，使得上层和下层台阶都不能开采。所以为保证上层台阶能够实施分离体的翻倒作业，留出足够的宽度是必须的。因此，开采作业推进到台阶的一定深度（宽度）后，沿其长度方向折返到下一个分离体开采是最合适的。

如果是横向推进，因为分离体是向台阶长度方向翻倒，即便是本层台阶已经推进到上层台阶的根部，只要上层台阶开拓堑沟的长度足够分离体的翻倒，本层台阶的开采推进都不会影响上层开采台阶的开采作业。

在大理石矿山实际上使用比较多的还是横向推进和折返式推进两种作业推进方式。具体使用哪种方式应灵活掌握。

B 横向推进时的锯切方法

如果矿体的坡度、开采台阶的高度、裂隙和石材纹理的方向，以及工作场地和运输道路都能够满足横向推进的条件，应优先考虑采用沿开采台阶的长度（横向）推进方式。既可以采用高台阶开采，也可以采用低台阶开采方式。只要矿体条件允许，使用金刚石串珠锯的全锯切开采，选择高台阶锯切开采比较好，这样可以选取体积比较大的分离体，从而提高荒料率。

图5-47～图5-49是采用横向推进方式，使用金刚石串珠锯全锯切式、高台阶开采的作业示意图，表5-9是这三幅图中各个字母的含义和技术参数要求。因为各个具体参数值之间都是相互关联的，所以选择时应统一考虑。

表5-9 横向推进时的锯切方法示意图中各个字母的含义和技术参数

字母名称	字母含义	技术参数要求		备注
		直径/mm	深度或长度/m	
L_a	小分离体的厚度（宽度）		3～6	能被 L_p 整除，与 H 比例协调，或由石材花色定
L_b	翻倒分离体解体时的尺寸			与荒料的规格尺寸有关
L'_c	小分离体长度或大分离体深度或垂直孔A的位置坐标		6～15	最大长度与台阶高度和矿体坡度有关
L_c	垂直立面 V_3 到台阶正立面Tv之间的距离		$L'_c+(0.2\sim0.5)$	取决于大孔径凿岩机结构尺寸或者金刚石串珠锯主飞轮轴的结构尺寸
L_d	翻倒分离体解体时的尺寸			与荒料的规格尺寸有关
L_p	大分离体的长度或垂直孔A的位置坐标		3～20	最大长度取决于选用金刚石串珠锯可带金刚石串珠绳的最大长度或锯机的功率
H	分离体的高度		6～15	H 与 L_a 的比例应协调，便于分离体的翻倒
A	垂直钻孔	50/75/90/120	等于 H	为便于与水平孔交汇，孔径可选120 mm直径
B	水平钻孔	50/75/90	等于 L'_c	
B′	水平钻孔	50/75/90	等于 L_p	
A′	小分离体垂直钻孔	90～120	等于 H	为便于与水平孔交汇，孔径可选120 mm直径
C	下一块大分离体垂直钻孔	90～120	等于 H	
D	小分离体水平钻孔			
E	下一块大分离体水平钻孔	90	等于 L'_c	
V_1	分离体垂直立面			分离体与开采台阶宽度方向矿体的连接面
V_2	分离体的垂直立面			自由面
V_3	分离体的垂直立面			自由面
O	分离体与矿体水平连接面			在台阶底面上
V'_2	小分离体的垂直立面			根据 L_p 尺寸的不同，可形成多个 V'_2 面
Tv	台阶正立面			

采用横向推进的高台阶开采工艺步骤如下：

（1）钻凿垂直孔A。在开采台阶的顶面距分离体的垂直侧立面 V_2 和垂直正立面 V_3 的距离为 L_p 和 L'_c 的交汇处，钻凿一个直径为90 mm或120 mm、深度为 H 的垂直钻孔A。垂直钻孔 A 的直径取决于台阶的高度 H,通常 $H \leqslant 6$ m 时,垂直钻孔的直径为 90 mm 合适;当 $H > 6 \sim 15$ m 时,为了便于与水平钻孔的交汇,可采用 120 mm 直径的垂直钻孔。

(2) 钻凿水平交汇孔 B 和 B′。在分离体的垂直正立面 V_3 靠近台阶底面、距分离体的垂直侧立面 V_2 的距离 L_p 处,钻凿一个与垂直立面 V_2 平行、深度为 L'_c 的水平钻孔 B,并与垂直钻孔 A 交汇。同样方法在垂直立面 V_2 靠近的台阶底面、距分离体垂直面 V_3 的距离为 L'_c 处,钻凿另一个与垂直立面 V_3 平行、深度为 L_p 的水平钻孔 B′,与垂直钻孔 A 交汇。形成垂直钻孔 A、水平钻孔 B 和 B′三孔交汇。

操作得当、孔深小于 8 m 时,直径为 50 mm 的水平钻孔也可与垂直钻孔交汇。当孔深超过 8 m 时,通常采用直径为 75 mm 或 90 mm 的水平钻孔,基本能保证与垂直钻孔准确地交汇。如果 L_p、L'_c 的深度过大,分别达到或超过 15 m 时,如果觉得使用 90 mm 直径的水平钻孔难于与垂直钻孔 A 交汇,甚至可以考虑选用直径达到 100 mm 的水平钻孔。垂直、水平交汇孔的钻凿如图 5-47 所示。

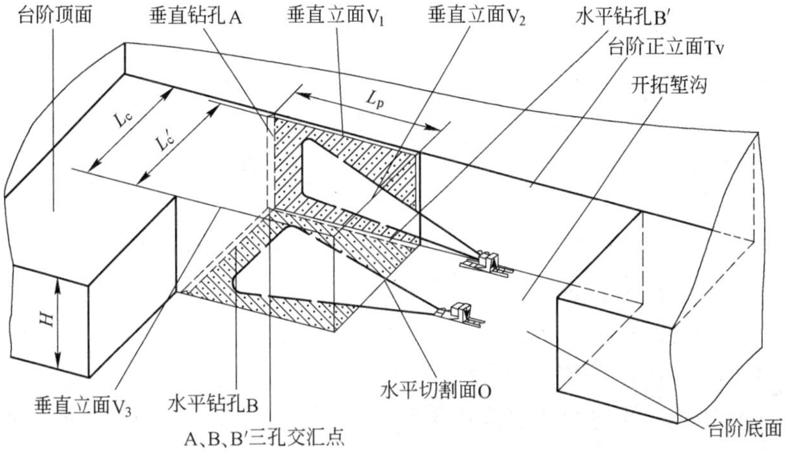

图 5-47 横向推进时大分离体水平面 O 和垂直立面 V_1 的分离锯切示意图

如果矿体比较完整,裂隙不发育,大分离体的 L_p、L'_c 以及 H 尺寸应尽量选得大一些,通过金刚石串珠锯的一次锯切,即可得到较大的大分离体的体积,例如当大分离体的 $L_p = 20$ m、$L'_c = 15$ m、$H = 15$ m 时,其体积将达到 4500 m^3。但其最大长度与金刚石串珠锯能够带动金刚石串珠绳的最大长度有关,或者与矿山配置的金刚石串珠锯的主电机功率有关,锯机配备的电机功率越大,能够带动的金刚石串珠绳越长。建议选择主电机功率大于 37 kW 的大型金刚石串珠锯,用于锯切大分离体的垂直面和水平面。

不同规格和不同型号的金刚石串珠锯,其主飞轮和护罩挡板的结构不同,飞轮轴向移动的距离或伸出的尺寸也不一样。为了以合适的锯机位置切割垂直立面 V_1,安装金刚石串珠锯时,需要在金刚石串珠锯的导轨和矿体台阶的正立面 Tv 之间留一定的间隙,即尺寸 $L_c - L'_c$。即便是主飞轮护罩能够伸到导轨外侧工作,这个间隙也是必须的,以避免锯机运动时与 Tv 面干涉。

如果矿体的裂隙非常发育,为防止锯切水平面 O 时因矿体裂隙的影响,引起岩体的局部塌落,发生压住金刚石串珠绳的事故,这时可选择体积比较小的分离体,L_p、L_c 和 H 等尺寸也应相应减小。

(3) 大分离体水平面O的锯切。当垂直孔A与水平孔B、B′交汇后,可按照前面介绍的三孔交汇时,穿引串珠绳环绕水平面的方法穿引串珠绳,形成对水平面O的锯切环绕后,按照图5-47所示方法完成对水平面O的锯切。

水平锯切时,必须注意按照前面介绍的方法,在锯切过程中及时向水平切缝中加入支撑钢楔,保证水平锯切作业的安全。

(4) 大分离体垂直立面V_1的锯切。在台阶底面靠近台阶立面Tv合适的位置安装金刚石串珠锯,通过水平孔B′和垂直孔A穿引金刚石串珠绳,形成对垂直立面V_1的锯切环绕,采用“上切法”对垂直立面V_1实施锯切,如图5-47所示。

如台阶顶面位置合适,也可以将金刚石串珠锯安装在开采台阶的顶面,采用“下切法”对垂直立面V_1进行锯切作业。

(5) 钻凿小分离体垂直钻孔A′与水平钻孔D交汇。当大分离体与矿体连接面V_1和O被锯切分离后,可以将其分成若干个小体积的小分离体进行分离锯切,这时的小分离体只有一个垂直立面V_2'与矿体连接。小分离体的长度等于大分离体的深度L_c',它们的高度相等,均为H,小分离体的宽度(厚度)等于L_a。选择L_a尺寸时,只需考虑荒料的规格尺寸,尽量选取L_p等于L_a的整倍数。

在开采台阶的顶面距大分离体最外侧的垂直立面V_2的距离为L_a、距垂直正立面V_3的距离为L_c'的交汇处,钻凿一个要求与垂直钻孔A相同的垂直钻孔A′,与已经存在的水平钻孔B′交汇。

在大分离体的垂直正立面V_3靠近台阶底面、距大分离体最外侧的垂直立面V_2的距离为L_a处,钻凿一个与垂直立面V_2平行、深度为L_c'的水平钻孔D,并与垂直钻孔A′和水平钻孔B′实现三孔交汇,如图5-48所示。

(6) 小分离体垂直立面V_2'的锯切。在台阶底面安装金刚石串珠锯,穿引金刚石串珠绳环绕垂直立面V_2'后,可进行小分离体垂直立面V_2'的锯切。图5-48显示采用“上切法”锯切V_2'面。

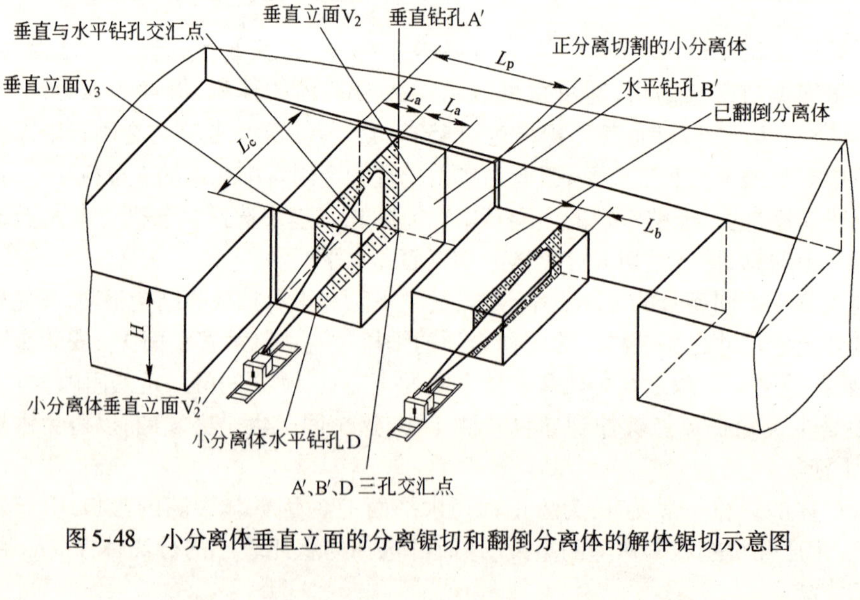

图5-48 小分离体垂直立面的分离锯切和翻倒分离体的解体锯切示意图

如台阶顶面位置合适，根据需要也可以将金刚石串珠锯安装在开采台阶的顶面，采用“下切法”对垂直立面 V'_2 进行锯切作业。

图 5-48 显示，将大分离体分成 3 个小分离体，其中最外侧的一个小分离体已经被翻倒，正在使用金刚石串珠锯对其进行解体锯切。金刚石串珠锯正对中间的小分离体进行垂直立面 V'_2 的分离锯切作业，待第一个小分离体被处理完后，可对其进行翻倒、解体等一系列开采作业。等中间小分离体的 V'_2 面被切割分离后，第三个小分离体实际上已经与矿体脱离，可直接对其进行翻倒、解体。这三个小分离体全部被解体、整形成为成品荒料，碎石废渣被清理干净后，该块大分离体的开采也就结束了。

C 横向推进时开采作业的延续

当前面一个大的分离体中的全部小分离体与矿体的连接面全部被锯切分离后，可以进行下一个大分离体的锯切。虽然在前面一个大分离体的位置，还有小分离体正在被解体，或者没有被翻倒，只要前面分离体的解体作业不会对后面分离体的锯切作业构成影响，不会出现安全隐患，后面分离体的锯切就可以和前面的作业同时进行。通常情况下，对分离体的解体和荒料整形作业都使用中小型金刚石串珠锯，而分离体的锯切分离都使用大型金刚石串珠锯，所以前后分离体的锯切和解体作业，不会出现设备使用上的相互影响。

图 5-49 显示了前后两个大分离体同时进行开采作业的工艺布局，对后面的大分离体锯切作业的顺序、工艺要求与前面介绍的方法相同。在一些矿体坡度比较小的山坡型大理石矿山，开采台阶的宽度比较大。如果其宽度足够，同一个开采平台的深度方向上，可能会出现 2～3 个大分离体，甚至更多。开采台阶的长度一般比较长，所以可能会分成许多个大分离体开采。

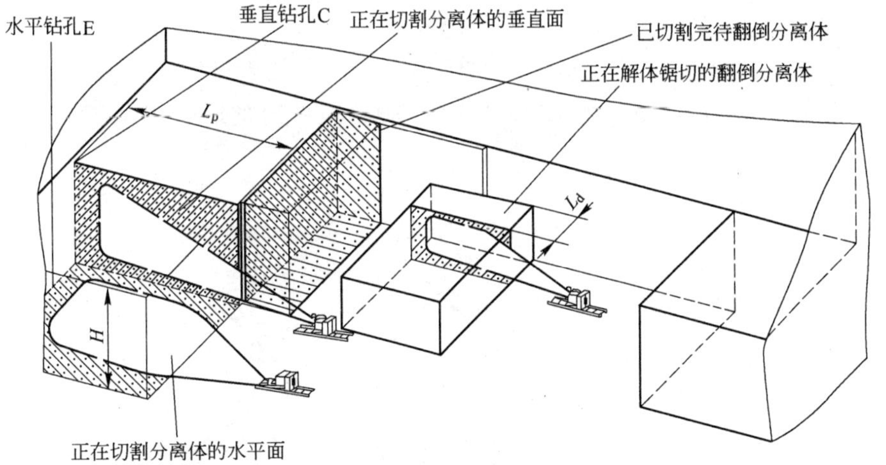

图 5-49 翻倒分离体的解体锯切和下一个大分离体的分离锯切示意图

D 纵向推进时的锯切方法

当矿体的坡度小于 30°，特别是比较平缓的坡度时，只要开采台阶的高度、裂隙和石材纹理的方向，以及工作场地和运输道路都能够满足纵向推进的条件，可以采用沿开采台阶的宽度推进（纵向推进）方式。台阶高度的选择与采用横向推进方式时相同，采用高、低台阶开采方式都可以。对于使用金刚石串珠锯的全锯切开采，选择高台阶锯切开采比较好。

图5-50～图5-52是采用纵向推进方式，使用金刚石串珠锯全锯切式、高台阶开采的作业示意图。图中各个字母的含义与表5-9中的相应字母的含义和技术参数要求相同，但其中的L_p尺寸与矿体坡度（采面倾斜角度）、台阶高度H和小分离体的厚度L_a有关。当矿体坡度和台阶高度H固定后，在选定L_a时，要综合考虑荒料规格尺寸、解体已翻倒的小分离体需要留出的场地宽度等因素。

采用纵向推进、高台阶开采方式的开采步骤包括：钻凿垂直孔A，钻凿水平交汇孔B和B′，大分离体水平面O的锯切，大分离体垂直立面V_1的锯切，见图5-50；钻凿小分离体垂直钻孔A′与水平钻孔D交汇，小分离体垂直立面V_2'的锯切等，见图5-51和图5-52。实施这些作业步骤的工艺要求、操作顺序、使用的设备和采用的方法，可以参照前面介绍的横向推进时，对应的作业步骤和要求。

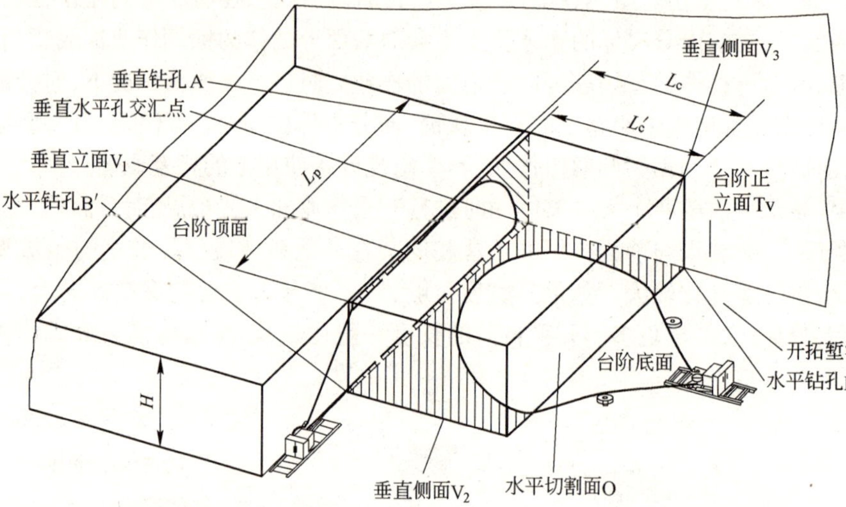

图5-50 纵向推进时大分离体水平面O和垂直立面V_1的分离锯切示意图

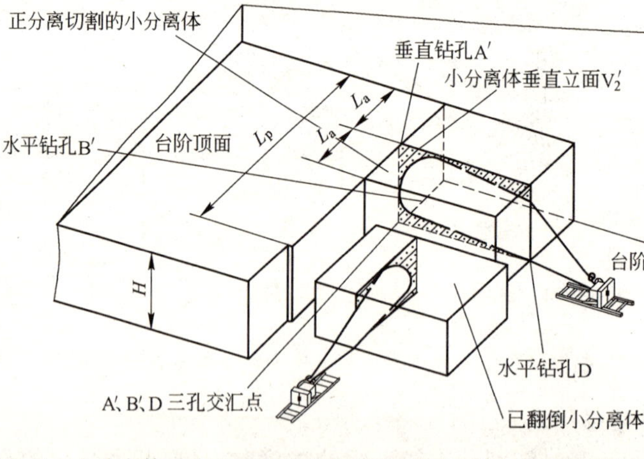

图5-51 小分离体垂直立面的分离锯切和翻倒分离体的解体锯切示意图

如果矿体的坡度比较平缓，台阶宽度较大，可将台阶宽度分成2～3个大分离体切割。当第一个长度L_p尺寸的大分离体开采完成后，在锯切第二个大分离体垂直和水平面时，可同时沿台阶的长度方向锯切另一个纵向推进方向大分离体，进行折返式开采。折返的原则是，在沿开采台阶横向上进行新的纵向推进方向上切割新的大分离体时，不能与先前进行的纵向推进方向上剩余的分离体的锯切形成干涉，尤其是不能出现安全方面的隐患。

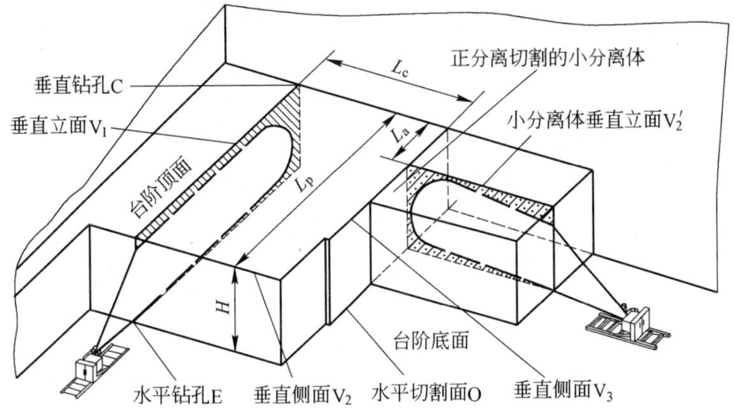

图 5-52 纵向推进折返锯切示意图

在多层台阶式开采的石材矿山，下层台阶的顶面即是上层台阶的工作面地面。根据多层台阶同步纵向推进时的原则，不能也不会出现两层台阶合并成一个高台阶的情况，所以纵向推进的距离是有限的，而且必须加以控制。实际开采时，主要开采方向是沿开采台阶的横向推进方向，纵向推进结合折返式推进也是实现横向推进方向开采的一个有效措施和手段。

5.2.3.2 金刚石串珠锯与臂式开采锯机组合开采方法

开拓堑沟形成后，还可以使用金刚石串珠锯与臂式开采锯机组合开采大理石荒料。臂式开采锯机分成在切割臂上循环运动的链条带动硬质合金刀头的链臂式锯机、切割臂上循环运动的金刚石切割带的金刚石开采带锯。臂式开采锯机主要是用于配合金刚石串珠锯进行辅助切割，分离体主要面和解体整形的切割还是由金刚石串珠锯承担，但可以将金刚石串珠锯的效率发挥到最大，使得矿山的生产能力得到很大提高。

臂式开采锯机既可安装在台阶顶面，锯切分离体的垂直立面 V_1（图 5-53），又可安装在台阶底面，锯切分离体的水平面 O（图 5-56）。因为切割臂有效锯切长度的限制，臂式开采锯机锯切垂直立面 V_1 时，一般适合台阶高度 $H=4$ m 以下的低台阶开采。如果用其锯切分离体的水平面 O，切割臂的切割深度是分离体厚度尺寸，台阶高度不再受切割臂长度的限制，可以对矿体进行高台阶开采。

采用金刚石串珠锯与臂式开采锯机组合开采时，一般推荐的切割顺序是，先横向推进切割 1 ~2 个或更多个分离体的长度（图 5-54），然后再纵向推进切割一个分离体的厚度，开始进行第二层的切割，如图 5-55 所示。在山坡露天开采中，臂式开采锯机使用最多的还是上述纵横交叉的推进切割方式，这将简化臂式锯机的安装。选择切割方向时也要考虑矿体的实际形态、裂隙的走向、花色条纹的方向等因素。

A 臂式锯机切割垂直面的低台阶开采方法

采用臂式开采锯机进行垂直面切割时，只能进行低台阶开采。最好选择臂式开采锯机能够安装的最大臂长，进行最大深度的有效切割，一般是 3 ~4 m，以保证台阶高度的合理。图 5-53 是使用臂式锯机与金刚石串珠锯组合，进行 3 m 高的低台阶开采示意图。表 5-10 是

图 5-53 ~ 图 5-55 中各个字母的含义和技术参数要求，假设条件是矿体完整、少裂隙、花色或纹路与台阶相适应。

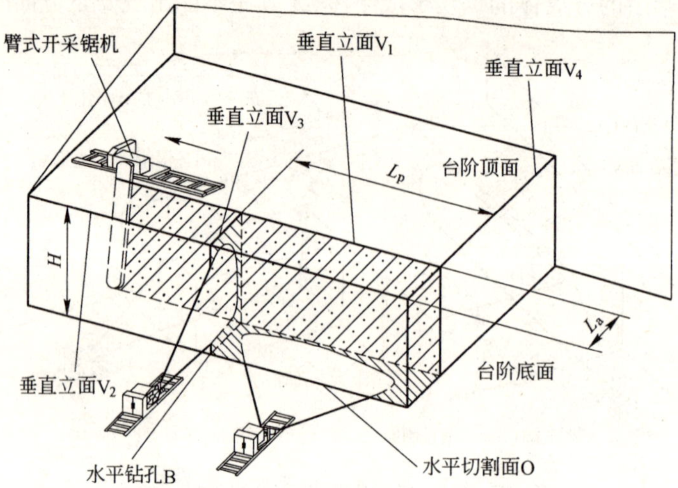

图 5-53　臂式锯机与串珠锯组合低台阶开采锯切示意图

表 5-10　臂式锯机切割垂直面的低台阶开采示意图中各个字母的含义和技术参数

字母名称	字母含义	技术参数要求		备　注
		直径/mm	深度或长度/m	
L_a	分离体的厚度(宽度)		1.5	与荒料的规格尺寸有关，一般是荒料的厚度
L_b	翻倒分离体解体时的尺寸		2	与荒料的规格尺寸有关，一般是荒料的高度
L_p	分离体的长度		$nL_b+\Delta$	等于荒料高度的整倍数 n 加适当的余量 Δ
H	分离体的高度		3 ~ 3.75	等于臂式开采锯机的最大有效切割臂长
B	水平钻孔	30 ~ 34	等于 L_a	用于与臂式开采锯切割缝贯通
B′	新分离体水平钻孔	30 ~ 34	等于 L_a	用于与臂式开采锯切割缝贯通
V_1	分离体垂直立面			臂式开采锯机切割的分离体与矿体的连接面
V_2	分离体的垂直正立面			分离体的垂直正自由面
V_3	分离体的垂直侧面			需要串珠锯或臂式开采锯切割分离的分离体与矿体的垂直连接面
V_4	分离体的垂直立面			分离体的垂直侧自由面
V_1'	新分离体的垂直立面			需要串珠锯切割的分离体与矿体的连接面
V_3'	新分离体的垂直立面			需要串珠锯切割的新分离体与矿体的连接面
O	分离体与矿体水平连接面			需要串珠锯或臂式开采锯切割分离的分离体与矿体的水平连接面

使用臂式锯机与金刚石串珠锯组合，进行低台阶开采的工艺步骤包括：

(1) 分离体垂直立面 V_1 的切割。在开采台阶的顶面，将到分离体垂直立面 V_2 的距离为 L_a 处作为切割臂的锯切位置，并安装臂式锯机的导轨。然后从分离体的垂直侧立面 V_4 开始沿台阶长度方向，进行深度为 3 ~ 3.75 m 的垂直切割，如图 5-53 所示。

(2) 钻凿水平孔 B。当臂式开采锯机的垂直切割缝位置超过 L_p 尺寸后，在台阶底部到分离体的垂直侧立面 V_4 的距离为 L_p 处，安装水平钻机，钻凿一个与垂直立面 V_1 正交的水平孔 B，深度为 L_a。该水平钻孔 B 应与已经锯切好的垂直立面 V_1 贯通。因为是采用低台阶开采方式，水平孔的深度只有 1.5 m，最大也不过是 3.75 m，所以可使用手持式凿岩机或低位水平台架式凿岩机，采用直径 30 ~ 38 mm 的普通钻头即可，如图 5-53 所示。

(3) 分离体水平面 O 的锯切。当水平钻孔 B 与垂直立面贯通后，可从水平孔 B 穿入金刚石串珠绳，再沿臂式锯机在垂直立面 V_1 上的切缝底部，从垂直侧立面 V_4 穿出，形成对水平面 O 的锯切环绕，按照图 5-53 所示方法完成对水平面 O 的锯切。

水平锯切时，必须注意按照前面介绍的方法，在锯切过程中及时向水平切缝中加入支撑钢楔，保证锯切作业的安全。

(4) 分离体垂直立面 V_3 的锯切。完成对水平面 O 的切割后，才能对分离体与矿体的最后一个连接面 V_3 进行切割。在台阶底面靠近台阶垂直立面 V_2 处安装金刚石串珠锯，通过水平孔 B 和垂直立面 V_1 上的切缝穿引金刚石串珠绳，形成对垂直立面 V_3 的锯切环绕，采用"上切法"对垂直立面 V_3 进行锯切，如图 5-53 所示。

如台阶顶面位置允许，也可以将金刚石串珠锯安装在开采台阶的顶面，采用"下切法"对垂直立面 V_3 进行切割作业。

(5) 分离体的翻倒。当分离体的 V_1、V_3 和 O 面全部从矿体切割分离后，可进行分离体的翻倒作业，如图 5-54 所示。

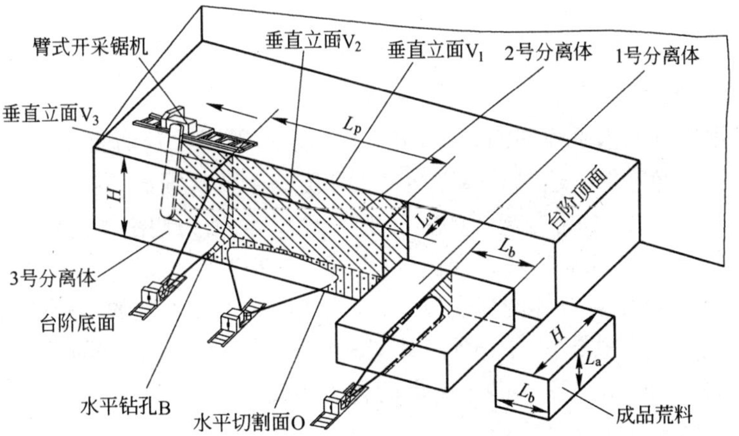

图 5-54 低台阶开采臂式锯机横向推进切割示意图

(6) 分离体的解体。接下来可对已翻倒的分离体进行解体切割。图 5-54 所示的解体分离体作业，是在分离体非常完整、无裂隙的理想情况下进行的。图中分离体的长度 L_p 正好等于 6 m(3 倍荒料高度 L_b 的尺寸)，分离体的高度 H 正好等于荒料的长度尺寸，所以能够将分离体解体成 3 块长 × 宽 × 高等于(3 ~ 3.25) m × 1.5 m × 2 m、单个体积为 9 ~ 9.75 m^3 的成品大理石荒料。

如果分离体中有需要避让的裂隙、色斑、色线等缺陷，可以根据实际情况，调整金刚石串珠锯相对分离体的位置，切割出符合质量要求的荒料。

(7) 低台阶开采的延续。当开采沿台阶长度方向进行一定距离，或者已经到了台阶的边缘后，可考虑向台阶的宽度方向延续开采作业。只需将臂式锯机和金刚石串珠锯，在距离新形成开采台阶的垂直立面 V_1 大约 L_a 尺寸处，按照图 5-53 所示的方法重新安装，重复上面介绍的沿台阶长度方向推进的步骤，进行垂直立面 V'_1、V'_3 和水平面 O 的分离切割，即可继续进行第二层分离体的开采，如图 5-55 所示，直至整个开采台阶全部采完。

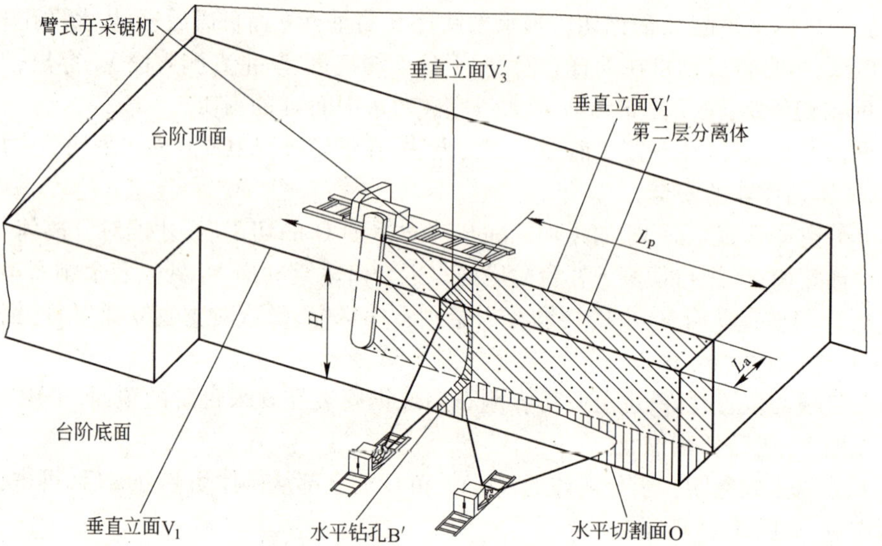

图 5-55　臂式锯机纵向推进切割第二层分离体示意图

B　臂式锯机切割水平面的高台阶开采方法

采用臂式锯机进行水平面切割时，即可进行高台阶开采。这时臂式锯机的臂长是根据分离体的宽度尺寸确定的。这时分离体的最大宽度小于臂式锯机切割臂所能达到的最大有效切割臂长，即 3. 75 m。如果分离体的宽度小于 3. 75 m，因为切割臂的切割深度可以调整，即便是采用最大臂长 3. 75 m 的臂式锯机，仍然可以切割宽度小于 3. 75 m 的分离体水平面。

高台阶开采时，确定分离体的高度尺寸，理论上说是不受限制的，通常定为 6 ~ 9 m 比较合理。图 5-56 是使用臂式锯机与金刚石串珠锯组合，进行 6 ~ 9 m 高的高台阶开采示意图。表 5-11 列举了图 5-56、图 5-57 中各个字母的含义和技术参数要求，其假设条件仍然是矿体完整、少裂隙、花色或纹路与台阶相适应。

表 5-11　臂式锯机切割水平面的高台阶开采示意图中各个字母的含义和技术参数

字母名称	字 母 含 义	技术参数要求		备　注
		直径/mm	深度或长度/m	
L_a	二次翻倒的小分离体厚度		1. 5	与荒料的规格尺寸有关，可等于荒料的厚度
L_b	大分离体的厚度、荒料的长度		3 ~ 3. 75	通常等于荒料的长度尺寸
L_c	荒料高度尺寸		2	与荒料的规格尺寸有关
L_p	大分离体的长度		$nL_a + \Delta$	等于荒料厚度的整倍数加适当的余量 Δ
H	台阶或分离体的高度		6 ~ 9	最终由荒料的规格尺寸确定
A	垂直钻孔	90	等于 H	

续表 5-11

字母名称	字 母 含 义	技术参数要求		备 注
		直径/mm	深度或长度/m	
A′	新分离体垂直钻孔	90	等于 H	用于与臂式开采锯的水平切割缝 O 贯通
V_1	大分离体垂直立面			需要串珠锯切割的大分离体与矿体的连接面
V_2	大分离体的垂直立面			大分离体的垂直正自由面
V_3	大分离体的垂直立面			需要串珠锯切割的大分离体与矿体的连接面
V_4	大分离体的垂直立面			大分离体的垂直侧自由面
V_1'	新分离体的垂直立面			需要串珠锯切割的分离体与矿体的连接面
V_3'	新分离体的垂直立面			需要串珠锯切割的新分离体与矿体的连接面
O	大分离体与矿体水平连接面			臂式锯机切割大分离体与矿体的水平连接面

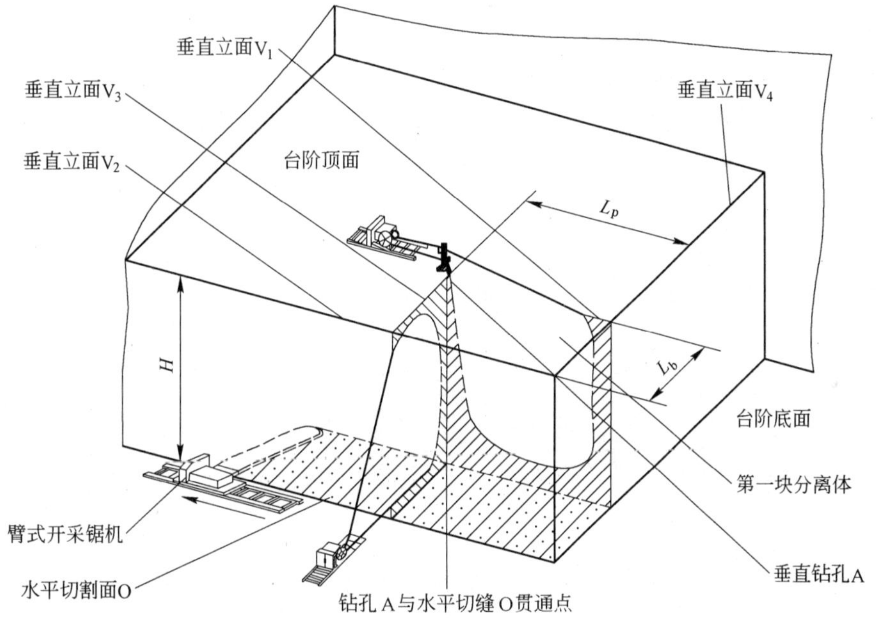

图 5-56 臂式锯机与串珠锯组合高台阶开采锯切示意图

臂式锯机与金刚石串珠锯组合进行高台阶开采时，开采推进方向的确定原则和要求，与低台阶开采时相同，其开采工艺步骤也基本与低台阶开采时相同。所不同的工艺步骤是臂式锯机切割大分离体的水平面 O，金刚石串珠锯切割大分离体的垂直立面 V_1 和 V_3。具体步骤如下：

（1）大分离体水平面 O 的切割。首先要在开采台阶的底面安装臂式锯机，从大分离体的垂直立面 V_4 开始，对大分离体的水平面 O 进行分离切割，切割深度由荒料尺寸和切割臂的有效切割长度确定，一般的深度为 3～3.75 m，如图 5-56 所示。

水平锯切时，同样必须注意按照前面介绍的方法，在锯切过程中应及时向水平切缝中加入支撑钢楔，保证锯切作业的安全。

（2）钻凿垂直孔 A。当水平切割缝的位置超过 L_p 尺寸后，在台阶顶部距分离体的垂直侧立面 V_4 的距离 L_p 处，安装垂直钻机，钻凿一个与水平面 O 正交的垂直孔 A，深度为 H。该垂直孔 A 应与已经锯切好的水平切割面 O 贯通。因为是采用高台阶开采方式，垂直孔的深度在 6 ~ 9 m，甚至更深，所以必须采用大孔径凿岩机钻孔。因为是与一个宽度 40 mm 的锯缝的切面贯通，通常 A 孔的深度小于 9 m 时，可采用直径 50 mm 的钻孔；当 A 孔深度大于 9 m 时，必须使用 90 mm 直径的孔，才能保证贯通要求。如果 A 孔深度小于 6 m 时，对于操作技术好的凿岩机操作人员，使用单头台架式凿岩机，甚至使用手持凿岩机，采用 34 ~ 38 mm直径的钻头钻孔，也可以保证垂直钻孔 A 与水平面 O 的贯通。

（3）大分离体垂直立面 V_1 的锯切。当垂直钻孔 A 与水平面 O 贯通后，可从垂直孔 A 穿入金刚石串珠绳，再沿臂式锯机在水平面 O 上的切缝根部，从垂直侧立面 V_4 穿出，形成对垂直面 V_1 的锯切环绕。在台阶的顶面安装金刚石串珠锯，采用"下切法"，完成对垂直面 V_1 的锯切，如图 5-56 所示。

如台阶底面位置允许，也可以将金刚石串珠锯安装在开采台阶的底面，采用"上切法"对垂直立面 V_1 进行切割作业。

（4）大分离体垂直侧立面 V_3 的锯切。将金刚石串珠绳从垂直钻孔 A 自上向下穿入，通过水平面 O 的切缝后，再从垂直正立面 V_2 穿出，形成对垂直立面 V_3 的锯切环绕，采用"上切法"对垂直立面 V_3 进行锯切，如图 5-56 所示。

如台阶顶面位置允许，也可以将金刚石串珠锯安装在开采台阶的顶面，采用"下切法"对垂直立面 V_3 进行切割作业。

（5）大分离体的翻倒。大分离体的翻倒作业与低台阶开始时相同，如图 5-57 所示。

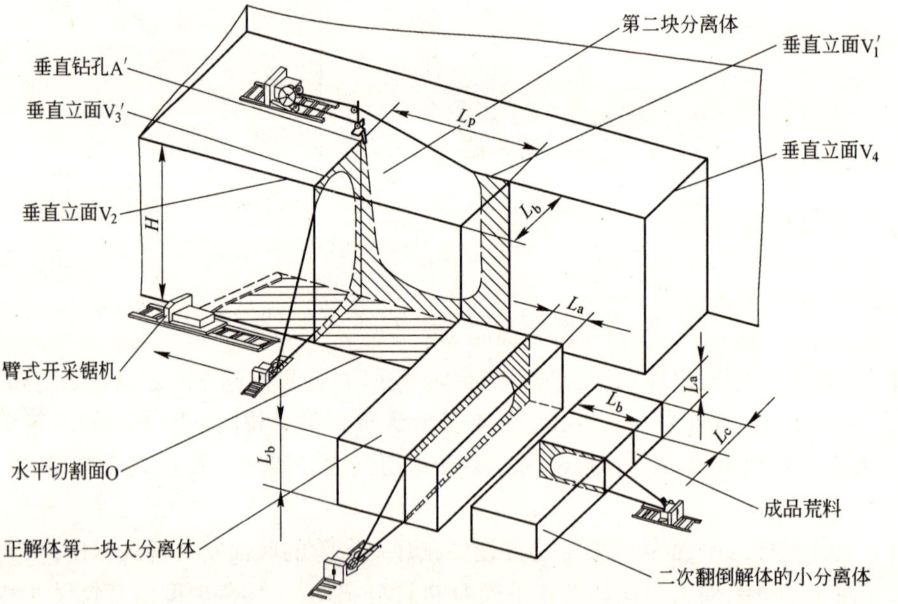

图 5-57　臂式锯机横向推进高台阶开采示意图

(6) 小分离体的翻倒和解体。通常高台阶开采的大分离体的体积都很大,按照表5-11介绍的尺寸,如果将 L_p 的长度选定等于6倍于荒料厚度(1.5 m)时,大分离体的长×宽×高等于9 m×6 m×(6~9) m,其体积大约为162~243 m^3。将其翻倒后,可先将其解体成小分离体,根据需要决定是否再对小分离体进行翻倒,然后对小分离体进行最终的解体和荒料切割。图5-57所示的解体分离体作业方案,是在分离体非常完整、无裂隙的理想情况下进行的。其中大分离体的宽度等于荒料的长度 L_b =3~3.75 m,成品大理石荒料的长×宽×高等于(3~3.75) m×1.5 m×2 m,最小体积等于9 m^3。

如果分离体中有需要避让的裂隙、色斑、色线等缺陷,可以调整金刚石串珠锯相对分离体的位置,以便切割出符合质量要求的荒料。

(7) 高台阶开采的延续。臂式锯机与金刚石串珠锯组合进行高台阶开采时,可以参照低台阶开采时的开采延续方式,沿台阶横向进行第二块,乃至更多后续分离体的锯切作业;也可采用前面介绍的纵向折返结合开采方法,直至整个开采台阶全部采完,可参考图5-57。

5.2.3.3 臂式锯机全锯切开采方法介绍

臂式锯机全锯切开采方法是在特定的矿体条件下进行的,例如:矿体完整,具有一定的厚度,采场宽阔,而且相对比较平缓,石材质地比较软,易于切割;或者在原有进行过机械化开采的大理石矿山,利用已经形成的开阔、平整的矿体表面。在具备这种条件的矿山,可以采用臂式锯机从矿体上按照荒料规格尺寸,直接切割出成品荒料,无需再开掘堑沟,又称为无堑沟开采。

利用原有机械化开采大理石的矿山,可以清楚地判断矿体的形态和完整性情况,无需进行大规模的剥离和清理工作,这时进行臂式锯机全锯切开采的风险最低,投资最少,经济效益最突出。

如果是从原始的矿山状态开始采用这种方法开采,首先要对矿体进行剥离,基岩露出后,还要对矿体表面进行平整处理,或者在利用率很低的情况下,直接开采第一层石材。如果这时进行臂式锯机全锯切开采,会遇到矿体变化的风险、前期投资大、开采初期经济效益差等诸多困难。所以一定要在开采前,根据矿山实际情况进行谨慎、仔细、认真的论证,然后再决定是否采用臂式锯机全锯切开采方式。

臂式锯机全锯切开采工艺步骤其实很简单,开采顺序是从水平面的切割开始,然后依次进行矿体宽度方向和长度方向的垂直切割,最后直接将已经从矿体分离的成品规格尺寸的荒料吊运即可。每个矿山最好为每种切割面配备一台臂式锯机,但因为切割顺序的关系,一般配备两台锯机即可满足要求。但至少需要一台切割臂长达到3~3.75米的臂式锯机,以适合不同纹理走向或花色分布时,对矿体进行深切割的需要。对于花色均匀、正反向切割纹理或花纹走向无明显差异的石材品种,可以将荒料的高度(一般是2 m)作为每层台阶高度来开采,选择一定数量、切割臂长度为2~2.2 m、比较轻便的中型臂式锯机作为主要开采锯切设备,以便在采面方便、灵活地使用。如果矿体中石材花纹的走向特别明显,需要特别确定,则需要根据荒料的规格尺寸和花纹的实际情况决定每层台阶上横向、纵向切缝的间距和台阶的高度尺寸,见图5-58。

图5-58是臂式锯机全锯切开采工艺示意图,表5-12是该图中每个字母的含义和技术参数,该表中的技术参数是以臂式锯机的切割深度作为荒料的高度尺寸确定的,如果是以荒料

的长度或宽度作为切割深度尺寸，表中的参数应做适当的修改。图示开采工艺布置中采用了三台臂式锯机，分别进行沿台阶面的横向垂直面 V_1、纵向垂直面 V_2 和水平面 O 的切割。因为必须按照先切割水平面 O，然后再切割纵向垂直面 V_2，最后切割横向垂直面 V_1（垂直面的切割顺序没有严格规定）的顺序切割，所以切割完水平面 O 的臂式锯机，可以马上调到台阶顶面，切割横向或纵向垂直面，每个采面配备两台臂式锯机即可满足全锯切开采要求。

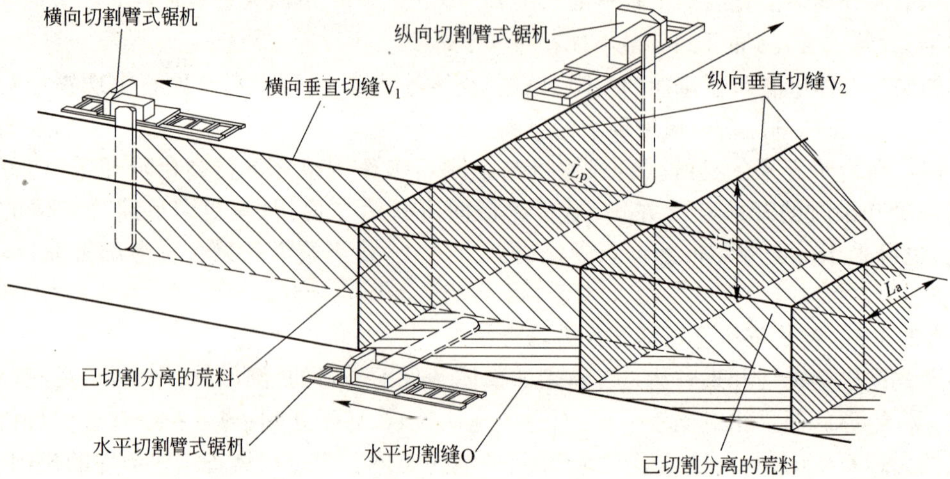

图 5-58　使用臂式锯机全锯切开采示意图

表 5-12　臂式锯机全锯切开采示意图中各个字母的含义和技术参数

字母名称	字 母 含 义	技术参数要求		备　　注
		直径/mm	深度或长度/m	
L_a	横向垂直切割锯缝的间距		1.5 ~ 2	与荒料的规格尺寸有关，可等于荒料的厚度
L_p	纵向垂直切割锯缝的间距		3 ~ 3.5	通常等于荒料的长度尺寸
H	开采台阶的高度		1.8 ~ 2	由荒料的规格尺寸确定，可等于荒料的高度
V_1	横向垂直切缝			
V_2	纵向垂直切缝			
O	水平切割缝			

虽然臂式锯机的切割缝有 38 ~ 42 mm，但调节荒料相邻正交边垂直度偏差的余地是有限的。也就是说，在锯切垂直切割面时，必须保证横向与纵向切割缝的相互垂直，否则过大的误差将会给荒料的移出带来困难。

在实施水平切割面时，必须注意随时向已完成的切缝内加入钢楔，进行适当的支撑，防止因矿体的裂隙而产生岩石的局部坠落，压住运动中的切割臂，造成切割臂的损坏事故。

当荒料全部从矿体分离出来后，或在不影响臂式锯机切割其他面的条件下，使用合适直径的钢丝绳沿荒料垂直面将其套住，使用挖掘机、装载机、卷扬机等工程机械或其他方式，将荒料从矿体中拖拽出来，再使用吊装设备将其装车运走，也可直接用吊装设备将荒料从锯缝中吊出。

5.2.3.4 金刚石串珠锯与台架式凿岩机组合开采

因为金刚石串珠锯问世初期,其开采成本比较高,所以它与台架式凿岩机组合开采大理石的方式曾被采用过。但经过将近三十年的发展,目前串珠绳锯切大理石的成本已经非常经济,而且切割效率也非常高,这种组合方式已经非常少见了。这种方式目前能够被采用的前提条件是,大理石的劈裂性能非常好,才有可能使用这种方式开采。或者在劈裂性好的大理石矿山上,台架式凿岩机的数量很多,但只有少量的串珠锯,可以考虑使用这种组合方法,否则其开采成本很有可能会超过前面介绍的几种串珠锯开采方法。

采用金刚石串珠锯与台架式凿岩机组合开采大理石的工艺步骤是:先使用串珠锯切割分离体的水平面,然后再切割分离体的垂直立面,采用钻凿排孔结合单面控制爆破的方法,将分离体与矿体的最后连接面(垂直立面)分离。分离体的解体和荒料的整形全部采用钻凿排孔结合控制爆破的方式进行。也可以直接用串珠锯将分离体与矿体的三个连接面切割分离,对分离体的解体和荒料的整形全部采用钻凿排孔结合控制爆破方式进行。

如果矿山条件和投资实力允许,最好还是使用前面介绍的全锯切开采大理石的方法。

5.2.3.5 金刚石串珠锯与开采圆盘锯组合开采

使用矿山开采圆盘锯与串珠锯组成全锯切的开采方法,在国内的一些小型大理石矿山使用。这种圆盘锯通常只能用于大理石类软质石材的锯切开采。开采前必须将矿体表面的风化层和覆盖层清除干净,裸露后的基岩表面预先也要进行基本的平整处理,以便于铺设开采圆盘锯机的导轨。在山坡露天型大理石矿山开采前,仍然需要预先开掘开拓堑沟,以便于串珠锯能够方便地进行水平面的切割。

开采圆盘锯一般用来切割分离体的纵横两个方向的垂直面,因为早期这种圆盘锯只能够安装 1.8 m 直径的锯片,所以垂直面的切割深度最大只能达到 700 mm。也就是说台阶的最大高度(分离体的高度)不可能超过 700 mm,只能作为荒料的厚度尺寸,属于“超低”式台阶开采方式。但目前安装锯片直径 2 ~ 3.5 m 的矿山开采圆盘锯已经开发研制成功,其切割深度可达 800 ~ 1600 mm,最深的台阶可以作为荒料的高度尺寸,虽然仍属于超低的开采台阶,但开采方案和荒料开采的规格尺寸的选择余地已经有了很大的提高和改善。

因为是直接从矿体锯切荒料,而且垂直切割深度只能作为荒料的厚度或高度,所以这种开采方法具有一定的局限性。它要求矿体的完整性必须很好,必须考虑锯切方向不会影响到大理石的花色和纹路,也就是说不会影响其装饰性。因为采用的是从矿体直接切割开采荒料的全锯切开采工艺,所以必须选择矿体完整性好的大理石类软质石材矿山使用这种开采方法。另外,这种开采方法最好用在矿体比较平缓的矿山。

图 5-59 是这种全锯切开采的示意图,表 5-13 是该图中各个字母的含义和技术参数。

其开采工艺步骤包括:首先使用串珠锯切割分离体的水平面,然后使用开采圆盘锯在台阶顶面沿其横向锯切垂直立面 V_1,再用开采圆盘锯沿台阶的纵向锯切垂直侧立面 V_4,然后进行棋盘式纵横切割,最终将分离体直接切割成荒料。

因为 L_a 尺寸等于荒料长度,最多 3.5 m,在确定分离体的宽度 L_b 时,可以按照 2 ~ 3 个荒料的长度确定其宽度,如 7 ~ 11 m,也可按照钻机保证钻孔交汇的最大钻凿深度确定其 L_b 的长度。分离体的长度 L_p 也可以加长,前提条件与 L_b 的深度确定原则相同。从理论上讲,采用上述开采方法时,分离体的尺寸越大,开采效率和荒料率越高。制约其尺寸的主要因素是水平钻孔的交汇精度和交汇的可能性,因为目前串珠锯驱动串珠绳的长度足够去切割由它们组成的分离体水平面积。

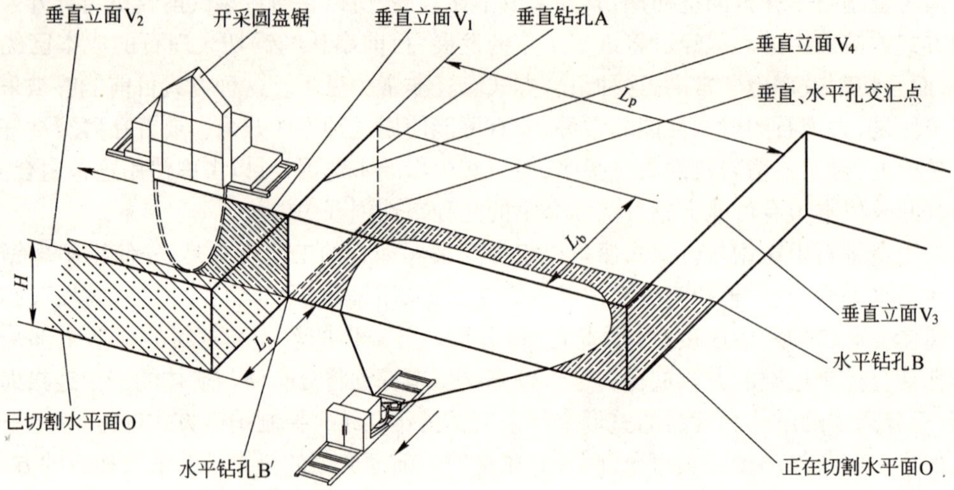

图 5-59　开采圆盘锯与串珠锯组合全锯切开采示意图

表 5-13　开采圆盘锯与串珠锯组合全锯切开采示意图中各个字母的含义和技术参数

字母名称	字母含义	技术参数要求		备　注
		直径/mm	深度或长度/m	
L_a	横向垂直切割锯缝的间距		2.5 ~ 3.5	与荒料的规格尺寸有关,可等于荒料的长度或高度
L_b	纵向垂直切割缝的间距		$\leqslant L_p$	由可钻水平钻孔最大深度和孔交汇可能性确定
L_p	分离体的长度尺寸		10 ~ 15	由钻机所能够钻凿水平钻孔的最大深度和钻孔交汇的可能性确定;等于荒料高度(或长度)尺寸整倍数加锯缝宽度及荒料高度(或长度)余量之和
H	开采台阶的高度		0.7 ~ 1.6	由锯片直径决定,等于荒料的厚度或高度
V_1	横向垂直切缝			分离体的垂直立面
V_2	分离体垂直自由面			台阶正向垂直自由面
V_3	分离体垂直自由面			台阶垂直自由面
V_4	纵向垂直切缝			分离体的垂直立面
O	水平切割缝			串珠锯完成切割
A	垂直钻孔	90 ~ 120	0.7 ~ 1.6	分离体的垂直交汇孔钻孔
B	水平钻孔	75 ~ 90	等于 L_p	分离体的长水平交汇孔钻孔
B′	水平钻孔	75 ~ 90	等于 L_b	分离体的短水平交汇孔钻孔

使用串珠锯切割水平面时,钻凿垂直孔 A、水平交汇孔 B 和 B′的方法和要求,与前面介绍的相同。切割水平面时必须注意及时加垫支撑钢楔,防止碎石坠落。切割垂直切割缝,特别是每块荒料的最后一道垂直锯缝时,必须在已经形成的切割缝中间及时加入支撑楔,防止荒料分离移动夹住开采圆盘锯的锯片。

5.2.3.6 不同开采方法的组合

开采设备的组合是没有固定模式的，上面介绍的只是几种有串珠锯参与开采的基本组合方式。除此之外，根据矿体的实际情况，以及矿山的实际经济能力，可以在上面几种方法中进行任意的组合。只要适合矿山自身特点，采用哪种组合方式都可以。

典型的由不同基本开采方法组成的混合开采大理石荒料的生产系统是：早期使用普通钢丝绳锯石机配合进给立柱开掘堑沟，液压式金刚石串珠锯解体切割分离体，电动式金刚石串珠锯"上切"和"下切"锯切分离体，台架式凿岩机解体分割分离体，固定式单锯条整形机整形荒料，桅杆吊负责采场所有荒料的吊装和设备位移作业，采场内还使用了慢动卷扬机位移荒料，液压顶石机翻倒分离体，以及液压钻孔机钻水平垂直交汇孔等由多种设备参与的大理石开采系统。

还有使用金刚石开采带锯、金刚石串珠锯等比较先进的开采设备组成的现代大理石矿山的开采系统。其中每道开采工序选用的设备及其工作内容是：使用金刚石开采带锯配合串珠锯锯切堑沟，金刚石开采带锯进行分离体垂直面的切割，大中型金刚石串珠锯切割分离体的水平面、垂直立面，小型串珠锯和台架式凿岩机解体分割分离体，液压钻孔机和水平轻型凿岩机或台架式凿岩机组成钻凿垂直、水平交汇孔的钻孔系统，水压顶推袋移动翻倒分离体，固定式金刚石串珠锯整形荒料，慢动卷扬机负责将荒料移动到桅杆吊的作业范围之内，再由桅杆吊负责将荒料吊装到运输车上，桅杆吊还要担负设备位移作业，装载机与自卸汽车完成采场石渣的装车、清运等。

在一些简易大理石矿山开采中，堑沟开拓由早期的液压式金刚石串珠锯或现代电动型串珠锯配合进给立柱完成，小型串珠锯和台架式凿岩机解体切割分离体，液压钻孔机和水平轻型凿岩机或台架式凿岩机组成钻凿垂直、水平交汇孔的钻孔系统，水压顶推袋和液压顶石机移动翻倒分离体。

全部由串珠锯组成的先进的全锯切开采大理石的工艺系统包括：电动式金刚石串珠锯进行分离体的水平、垂直面切割，小型移动式金刚石串珠锯解体分割分离体，带固定架的手持式凿岩机辅助分割分离体，固定式金刚石串珠锯整形机和单锯条门架式整形机整形荒料，大孔径气动凿岩机、液压钻孔机和水平卧式凿岩机组成钻凿垂直、水平交汇孔的钻孔系统，气压顶推袋和液压顶石机移动翻倒分离体，桅杆吊负责采场的所有荒料吊装。

串珠锯与其他开采设备组合成开采大理石矿山不同开采系统的简图，参见9.7节的有关内容。

5.2.4 金刚石串珠锯的开采能力与设备配置

开采设备的实际开采能力很大程度上取决于矿体自身条件和外部条件，同样配置的一套开采设备，在不同条件的矿山，其开采能力可能会有很大的差别。

在第9章的9.5.1.1节和9.5.1.2节中详细介绍了涉及到大理石矿山开采时，不同开采设备和辅助装置的用途、结构特点和技术要求、基本配套附件的选配等资料，以及不同类型、不同开采规模的大理石矿山，选用开采设备的配套明细表。

5.3 凹陷露天开采

凹陷露天型大理石矿山一般是指矿体呈现水平状态、大面积裸露分布，矿体倾斜的夹角一般小于5°，矿体周边界限不明显或不能从其某个边缘开始形成比较明显的推进自由面，这时的开采工作面必须在几乎水平的矿体中间的某个表面开始修建。对于一些倾角比较大的特殊产状的石材矿体，如果开采条件适合，也可对其进行凹陷露天开采。

从前面已经介绍过的、使用金刚石串珠锯切割开采大理石荒料的基本方法中可以看出，开采凹陷露天类型的大理石矿山，仍然可以采用最基本的台阶式开采方式。这首先就需要在矿山上形成比较规则，至少具有2~3个自由面的开采台阶，才能安装金刚石串珠锯或其他开采设备进行石材的切割开采。

对凹陷型大理石矿山进行露天开采的原则，也必须遵循自上而下分层开采的顺序。当矿体表面剥离工作结束后，必须开掘准备堑沟，形成向矿体内部和边部推进的自由面，然后按照前面介绍的机械化锯切开采方法，进行凹陷露天型大理石矿山的开采。开采作业顺序和步骤是：开掘准备堑沟，扩大堑沟形成可供机械化锯切开采的自由面和台阶，对已经形成的台阶进行荒料开采，以及对荒料的吊运和碎石废渣的清排。凹陷露天开采时，随着采面的扩大，准备堑沟的开掘工作需要一直进行。对于层厚很大的矿体，当采面扩大到一定程度后，还需要向下推进一个或多个层面（台阶高度），形成垂直向下的多台阶开采布局。

图5-60是凹陷露天型大理石矿山自上而下的开采顺序的断面示意图。

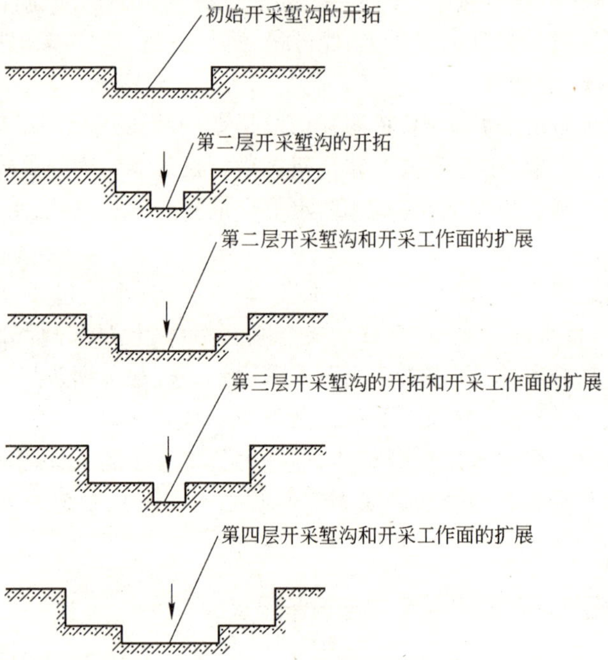

图5-60 凹陷露天开采顺序示意图

凹陷露天开采时，需要吊装设备进行开采设备的位移、荒料的吊运、废渣的排放吊运等作业。不论是选用桅杆吊、抱杆吊等固定式吊装设备，还是选用汽车吊或装载机等移动式吊装设备，开拓堑沟的位置应该选择在这些吊装设备能够达到的作业位置。

5.3.1 开采准备堑沟的锯切

与山坡露天开采不同的是，凹陷露天开采一般不再需要修建初始工作平台，但也同样需要进行开采准备,即开拓堑沟的开掘。为了形成最初切割时开采设备的工作空间,至少需要从矿体水平表面向下取出一块或几块石料(以下称为键石),形成一个能够放入液压钻机或者大孔径凿岩机进行水平交汇孔钻凿作业,甚至金刚石串珠锯的空间位置,类似山坡露天开采的工作堑沟。也可根据堑沟位置的大小,通过安装换向导向轮,采用串珠锯的"下切法"进行扩大堑沟和石材荒料的台阶式开采。

从矿体表面向下切取键石是比较困难的,因为最初的第一块键石的5个面都与矿体连接。选取键石的位置与采用的设备有关,如果不使用臂式锯机或组合钻具等专用设备,键石的位置一般选择在矿体裂隙最多的部位,采取劈裂甚至控制爆破的方法将其从矿体中分离、取出。如果矿山有臂式锯机、组合钻具或与串珠锯配套进行封闭切割面锯切的进给切割立柱,可以将键石的位置选择在矿体相对完整的部位,在开掘堑沟的同时,还可从键石的开采中回收荒料。

下面以堑沟位置选择在矿体比较完整的部位为例,介绍几种在凹陷露天开采大理石矿山上比较常用的、开拓准备堑沟时的键石切取方法。

5.3.1.1 臂式锯机与劈裂方法结合切取键石的方法

在凹陷露天型大理石矿山上,可以使用臂式锯机切割结合机械劈裂的方式取出第一块键石。采用这种方法时的工艺步骤包括:键石垂直立面的切割分离、键石水平底面的劈裂分离、键石的吊取和堑沟的扩展等。

A 堑沟的最小尺寸

为了能够获得足够的工作位置,采用将串珠锯放到堑沟底部切割的方法,开采堑沟的最小尺寸要达到35~40 m^2,长宽尺寸至少要达到或超过6 m。如果采用换向导向轮结合串珠锯的"下切法"锯切工艺,确定最小堑沟尺寸时,只需考虑大孔径钻孔设备的作业空间即可。根据不同型号大孔径钻孔设备的最小工作位置要求,通常最小堑沟的尺寸也要达到7~10 m^2,长度和宽度分别达到2 m和4 m。堑沟的深度与臂式锯机切割臂的长度和起吊设备的吊装能力有关。为了使在堑沟内开采的台阶的高度合适,可采用3.5 m的最长切割臂尺寸,使得堑沟的深度达到3.5 m。堑沟的深度尺寸不是绝对的,必须根据矿体和开采现场配备的设备等实际条件灵活选择,通常在2.1~3.5 m之间,可按照荒料的某一边长等于堑沟切割深度的原则确定。图5-61是采用臂式锯机切割堑沟的示意图,表5-14是图5-61~图5-66中各个字母的含义和参考数据。

表5-14 臂式锯机切割凹陷露天堑沟示意图中各个字母的含义和技术参数

字母名称	字母含义	尺寸/m	备注
L_a	键石的顶面宽度	1~1.5	横向切割缝间距,与 H 的比例必须便于键石的劈裂
L'_a	键石的底面宽度	$L_a-2H\tan1°$	便于键石从堑沟内吊出
L_b	键石的顶面长度	2	纵向切割缝的间距
L'_b	键石的底面长度	$L_b-2H\tan1°$	便于键石从堑沟内吊出
L_p	堑沟的长度	≥6或$3L_b$	等于堑沟的宽度
H	堑沟的深度	≥2.1~3.5	臂式锯机切割臂长度,通常选最长切割臂,也等于键石的垂直长度
$V_1 \sim V_3$	横向垂直切面		
$V'_1 \sim V'_3$	纵向垂直切面		

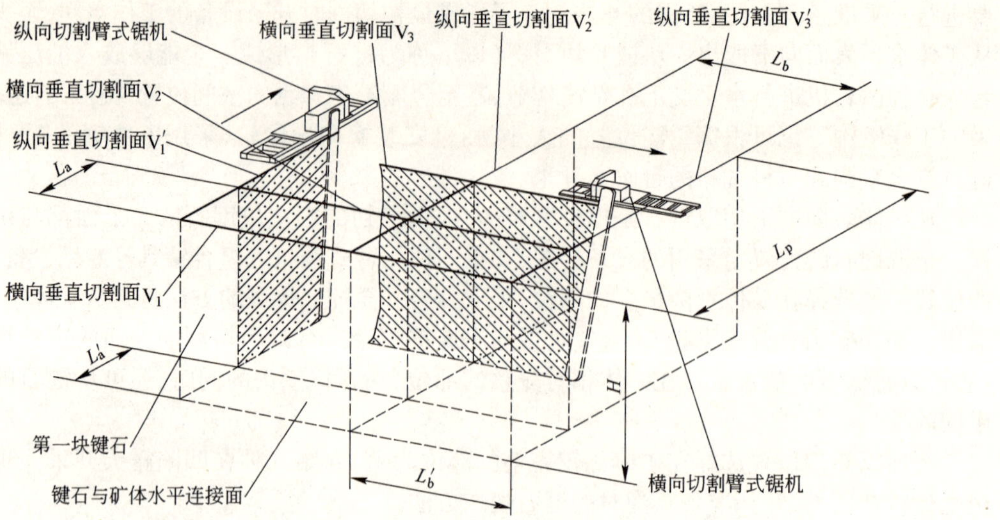

图 5-61 凹陷露天开采堑沟切割示意图

B 臂式锯机锯切取得键石的工艺方法

采用臂式锯机的锯切与劈裂相结合切取键石的工艺步骤如下：

(1) 键石垂直立面的切割。这实际上也是对堑沟内的岩体进行的分割锯切，沿矿体横向（自行确定）安装臂式锯机，按照切割臂的最大锯切深度切割一条长度等于3倍于L_b尺寸的垂直切割缝，即可完成垂直切割面V_1的切割。同样方法，在距离V_1面L_a尺寸处完成垂直切割面V_2的切割，以及后面垂直切割面V_3的切割，直至达到堑沟的宽度。将V_1面的起点作为纵向垂直面V'_1的起点，沿V_1面的垂直方向安装臂式锯机，进行垂直切割面V'_1的切割，切割长度等于L_p或等于3倍L_b尺寸。直至与堑沟宽度边缘的切割缝会合，最终将堑沟内的岩体分割成若干块只有底面与基岩连接的小分离体。

切割垂直面V_1和V_2与V'_1和V'_2，即切割第一和第二块键石时，应将切割臂相对垂直面有一个1°的倾角，形成键石上面宽度大于下面宽度的状态，以便于第一块键石能够方便地被吊装设备从堑沟内吊出。如果是3.5 m的切割深度，键石上边宽度$L_a=1$ m时，其下底宽度L'_a大约是0.88 m；键石另一边的上边长$L_b=2$ m时，其下边长L'_b应是1.88 m。

因为第一、第二块键石从堑沟内取出后，堑沟内已经有一定的自由空间用于其他键石的移动，所以后面键石不一定需要保持上大下小的形状，可以根据实际情况灵活掌握，原则是能够方便地将键石逐个取出为合适。

(2) 键石水平底面的劈裂。因为臂式锯机的切割缝在38～42 mm之间，可以采用20 mm厚度、可重复使用的普通型气压顶推袋，或者总厚度小于10 mm的石材开采专用气袋，以及一次性使用的厚度2 mm的水压顶推袋，将键石与矿体水平连接面劈裂分离是最简单的劈裂方法。操作时将顶推袋从V_1或V_2切割缝（在键石的大面方向）中插入，通过膨胀推压将键石劈裂。如果键石部位的矿体完整性好，L_a和H的比例比较合适，一般都能保证键石从其底部分裂，如图5-62所示。同样方法将堑沟内的其他键石底面从矿体劈裂分离。

还可以采用液压顶石机，将键石与矿体的水平连接面劈裂分离，但预先必须在矿体靠近切割缝的部位开凿一个安装液压顶头的凹槽，如图5-63所示。这种方法会影响到与堑沟相邻矿体的完整性。

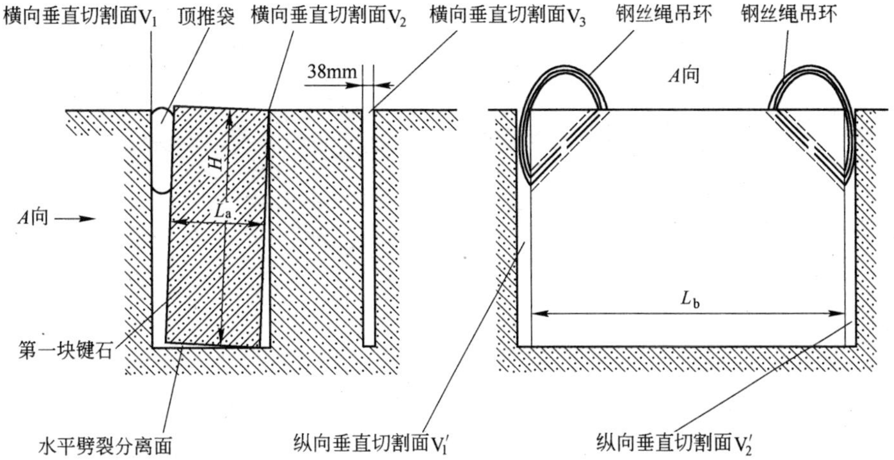

图 5-62 凹陷露天开采堑沟中键石劈裂和吊离示意图

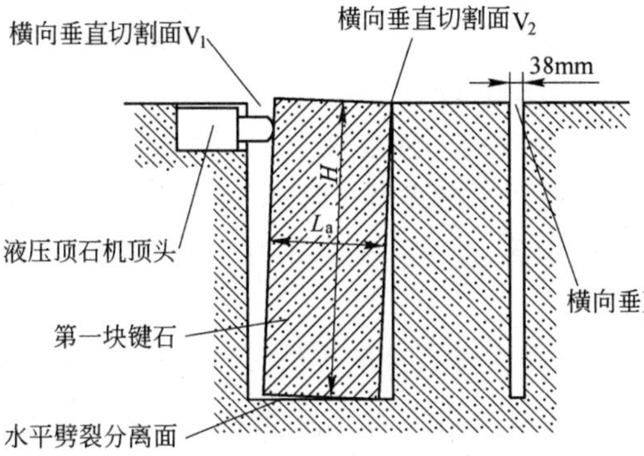

图 5-63 凹陷露天开采堑沟中液压顶石机劈裂键石示意图

如果石材的劈裂性好，用长度合适的几组复合楔也可以完成键石底面的劈裂分离。

(3) 键石的吊取。将第一、第二块键石从堑沟内吊出是比较麻烦的，可以按照图 5-62 中 A 向示意图所示穿引钢丝吊绳的方法，或图 5-64 和图 5-65所示穿引钢丝吊绳的方法将键石吊出。具体操作步骤是，根据石材特性和键石的体积，确定起吊钢丝绳吊环插入键石的角度和吊环在键石的哪个侧面。吊环外露部分必须连接成吊环形状，以便于起吊钢丝绳的穿引和绑扎。图5-64 是第一块键石从堑沟内被吊出的示意图。

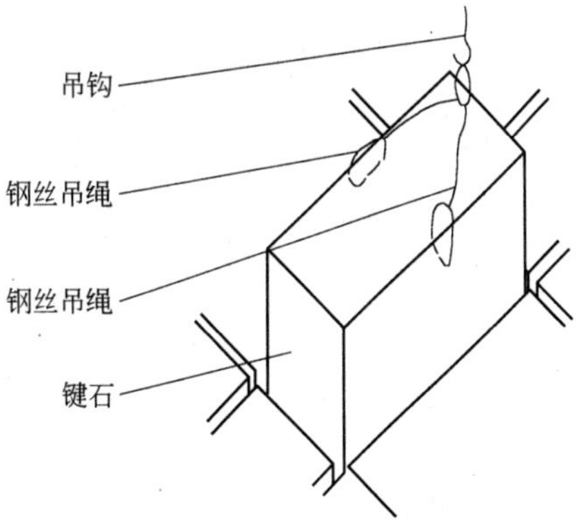

图 5-64 第一块键石从堑沟内吊出示意图

当第一、第二块键石取出后，可以使用挖掘机将后续的键石移动到合适的位置，采用钢丝绳沿键石侧面环套的方法，将剩余键石逐个从堑沟内吊出。如果侧面环套法不便于操作，可以按照图 5-65 所示的从键石侧面钻孔、穿套钢丝绳吊环的方法，将后面的键石逐个吊出堑沟。

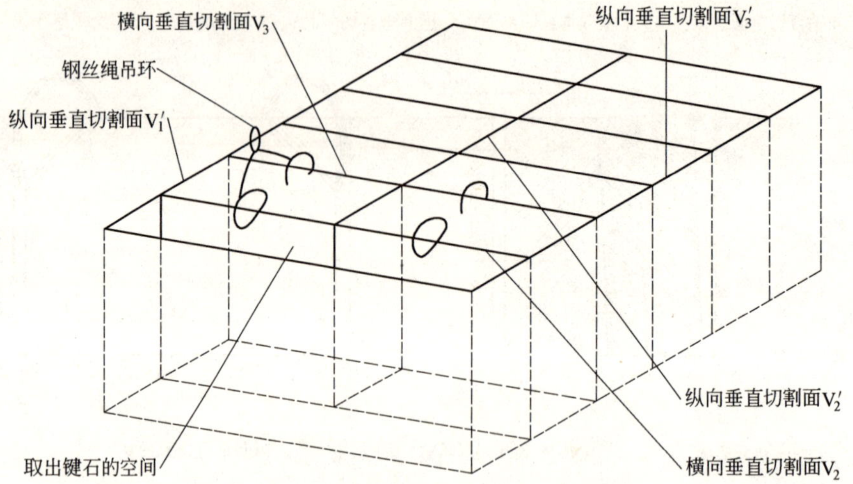

图5-65 从堑沟内吊出键石的其他方法示意图

除了臂式锯机外，组合钻具也可以进行键石垂直面的分离切割，但其切割效率远低于臂式锯机。臂长3.5 m的臂式锯机切割大理石效率能够达到5~7 m^2/h，而一台安装1+12个钻头的TPU125型组合钻具，切割大理石的速度最多达到1 m^2/h。另外，其切割面的最小宽度虽然达到100 mm，但切割面的表面不是光滑平整的，不能使用水压顶推袋，使用气压顶推袋时需要加垫厚钢板防止气袋被割破，通常只能采用加凿镶嵌槽安放液压顶石机方法，完成键石水平底面的劈裂分离。

（4）堑沟的扩展。当第一、第二块键石被取出后，后续键石的切割和吊取过程实际上是对堑沟的扩展。图5-66是堑沟内第一层键石全部被吊出后形成的凹陷露天开采堑沟示意图。

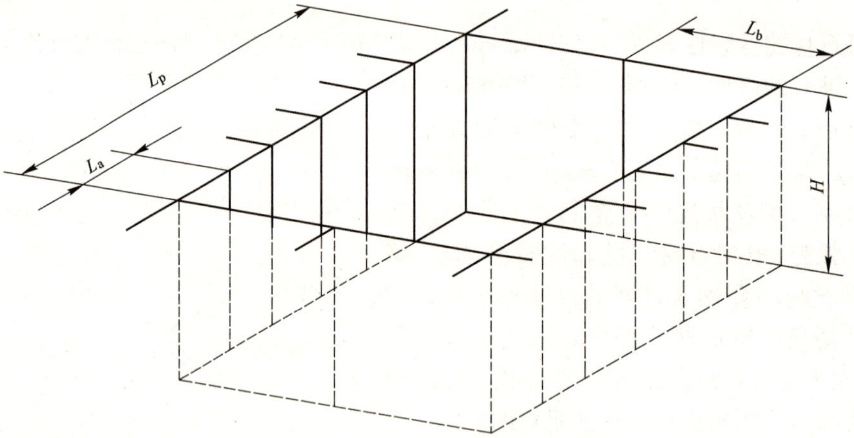

图5-66 凹陷露天开采形成的堑沟示意图

实际操作时，还可以使用机动灵活的车载型臂式锯机进行凹陷露天大理石矿山的堑沟开掘。在开掘堑沟时，通常臂式锯机的切割行走距离都比较短。特别是采用臂式锯机和串珠锯组合开掘初始堑沟时，取前面几块键石的工艺阶段，需要臂式锯机切割每个垂直面的行走距离有时只有2~3 m，也就是说，臂式锯机每次安装只能切割很短的距离，从经济角度和成本方面考虑,对安装就位相对复杂的臂式锯机来说确实不尽合适。车载型臂式锯机以其机动灵活、无需轨道安装就位、可快速方便地改变切割位置等特点,更加适合凹陷露天大理石矿山的堑沟开掘作业,图5-67是使用该机开掘堑沟的示意图。

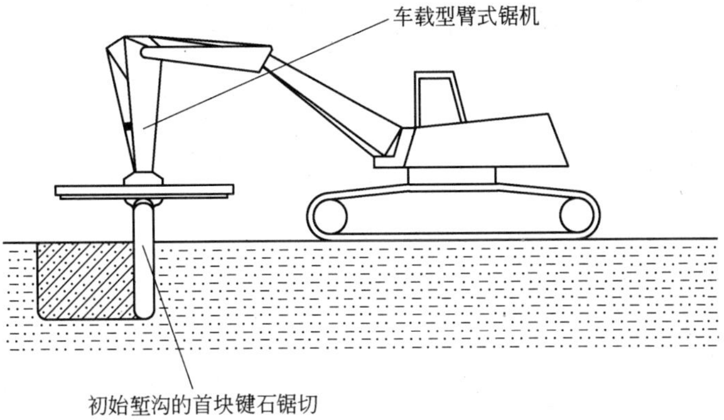

图5-67 车载型臂式锯机开掘初始堑沟示意图

5.3.1.2 劈裂方法与串珠锯、臂式锯机组合开拓堑沟的方法

前述采用臂式锯机结合底面劈裂分离多个键石,从而形成开采堑沟的方法,常会因为大理石等软质石材劈裂性差,使得键石底面参差不齐,甚至残留三角石块,影响堑沟底面的平整。处理残留石料也是一件费时、费力的工作,而且臂式锯机锯切工作量也很大,开采效率并不高。

可以采用劈裂和锯切两种开采方法组合完成堑沟的开掘。所谓锯切方法是采用串珠锯配合臂式锯机切取键石,整个开掘包括两个工艺步骤。首先按照前面介绍的锯切与劈裂结合取键石的方法,取出2~3块宽度1~1.5 m的键石,形成一个底部面积为3 m×4 m的初始堑沟,并将底面平整处理。该初始堑沟用于容纳手持凿岩机钻凿穿引串珠绳的水平孔的作业。第二步是采用串珠锯配合臂式锯机全锯切方法,扩大初始堑沟的尺寸,用臂式锯机锯切键石垂直封闭背面,串珠锯配合专用的导向轮装置锯切键石底面和两个垂直面,也可用臂式锯机实施垂直侧立面的锯切,不断取出键石后,最终形成可容纳串珠锯和臂式锯机作业的凹陷露天开采开拓堑沟。

采用这种方法时,只有在开始阶段的少数几块键石底部使用了劈裂方法作业,所以可减少甚至杜绝大量劈裂键石时肯定会遇到的底面残留三角石块的情况,保证了键石底面平整可靠地与矿体分离。因为串珠锯的锯切效率高于臂式锯机,而且安装快捷,所以这种方法的另一个优点就是开拓效率高,堑沟底面平整,键石回收率也高。

在采用这种方法时,还可使用组合钻具完成键石垂直封闭背面的切割,与采用臂式锯机相比,开采设备的投资将会节省许多。

采用臂式锯机和金刚石串珠锯锯切键石的工艺步骤如下:

(1) 第1~3块键石的劈裂取出。堑沟开拓初期第1~3块键石的取出方法与前面介绍的相同,键石取出后形成图5-68所示的初始堑沟状态。

(2) 键石垂直封闭背面的分离切割。使用臂式锯机直接将后续键石封闭垂直背面与矿体切割分离,这一道工序的实施步骤和要求与前面介绍的臂式锯机切割键石垂直立面相同。

(3) 贯通孔的钻凿。在初始堑沟底部靠近两侧的部位,用手持式或大孔凿岩机钻凿两个水平孔,分别与臂式锯机切割的封闭垂直背面贯通,见图5-68。因为每次钻孔的深度只需等于一个键石厚度(1~1.5 m深),所以初始堑沟的尺寸基本可容纳手持式凿岩机的作业,而且使用手持凿岩机,可以钻凿更贴近地面和侧立面的水平钻孔。

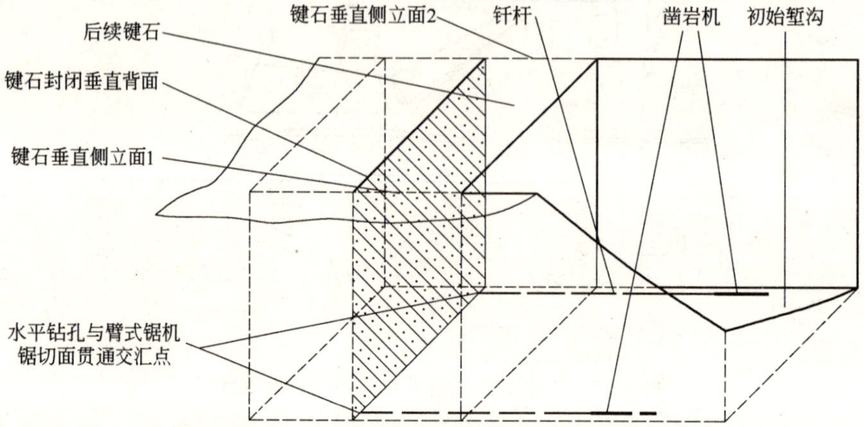

图5-68 初始堑沟中凿岩机钻凿贯通孔示意图

(4) 后续键石水平底面的切割。将串珠绳从水平孔穿过封闭垂直背面,从另一个水平孔穿出,形成对后续键石水平底面的环绕。采用金刚石串珠锯结合洞采专用导向轮,完成后续键石水平底面的切割分离,如图5-69所示。与常规水平面锯切方法一样,在锯切过程中,要注意及时向已经完成的锯缝中加入支承钢楔,用于支承后续键石。

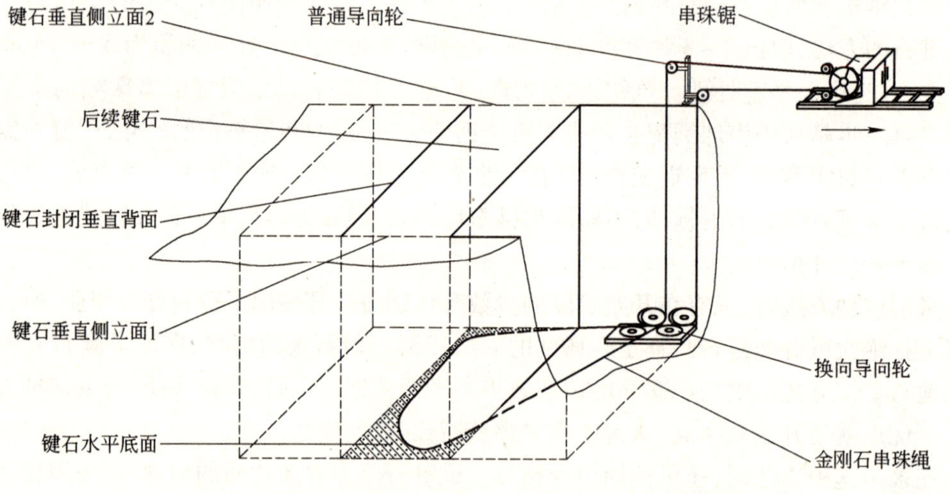

图5-69 串珠锯借助换向导向轮切割键石水平底面示意图

这种切割方法借助了臂式锯机能够达到38~42 mm宽度的锯缝,实现了从封闭垂直背面和水平钻孔穿引串珠绳,环绕键石水平底面的可能性。借助洞采专用导向轮可以改变金刚石串珠锯运动方向的特性,弥补初始堑沟位置狭小、不能安放串珠锯作业的不足,使串珠锯能够在堑沟顶面采用"下切法"锯切初始堑沟中键石的剩余各面。

因为这种锯切方式使金刚石串珠绳的运动方向改变了2~3次,所以锯机进给行走速度将比普通锯切方式低，以防止串珠绳脱离导向轮的支承。洞采专用导向轮在2.5.3.5节中有专门的介绍。

(5) 后续键石垂直侧立面的切割。同样方法，通过封闭垂直背面和水平孔穿引串珠绳，形成对键石垂直侧立面1或2的切割环绕，直接采用“下切法”使用串珠锯可分别完成键石垂直侧立面1和2的分离锯切。串珠锯“下切法”的工艺要求，在前面章节中已有介绍。

为了防止键石的移动或塌落，除了水平面需要加钢楔支承外，已经完成锯切的封闭垂直背面和垂直侧立面，都要加入钢楔支承。尤其是锯切最后一个垂直侧立面前，必须检查支承钢楔是否已经按照要求全部插入。

(6) 初始堑沟的扩展。可分别向初始堑沟内的前后和左右方向，继续按照前面介绍的方法，分离后续的键石，随着后续键石被不断地从堑沟内取出，初始堑沟最终被扩展成符合凹陷露天开采尺寸要求的开拓堑沟。

5.3.1.3 堑沟的水平方向扩展

当深度大约为3.5 m、面积为36 m^2 左右的堑沟开掘完成后，可以在堑沟内安装大孔径凿岩机和金刚石串珠锯，或者直接使用臂式锯机与金刚石串珠锯组合，按照前面介绍的低台阶开采方法，沿堑沟四周岩壁（即形成的开采台阶）的4个方向继续纵深扩展，形成比较开阔的开采工作面。

5.3.1.4 堑沟的垂直方向扩展

毕竟凹陷露天型大理石矿山堑沟的深度最终会受到臂式锯机最大切割臂长尺寸的限制，第一层堑沟的深度不可能达到山坡型矿山的6～12 m。因此当堑沟水平方向的采面扩展到一定程度后，必须按照前面介绍的各种方法再向下开掘第二层堑沟，以增加开采台阶的高度，最终形成类似山坡露天开采的高效率和高荒料率的高台阶开采格局。所以凹陷露天型大理石矿山开采过程中，沿矿体垂直方向的堑沟开掘工作需要不断地进行，才能保证开采工作的顺利实施。

图5-60中显示了凹陷露天大理石矿山上向水平、垂直方向扩展堑沟，台阶式开采和采面不断扩大的过程。

5.3.2 荒料的开采

形成开拓堑沟后，即可对凹陷露天型大理石矿山进行正式的荒料开采。根据开采台阶的高低不同，凹陷露天型大理石矿山的开采工艺分低台阶和高台阶两种开采方法。

5.3.2.1 凹陷露天大理石矿山的低台阶开采

低台阶开采通常在第一层堑沟水平扩展时使用。如果矿体整体性非常好，花色和纹路的走向也允许，或者有间距比较合适的水平裂隙、夹层可以利用，在荒料开采时，也可以采用低台阶开采方法。根据实际情况的不同，可采用不同的设备和开采方法进行低台阶开采。例如：臂式锯机开采，臂式锯机与金刚石串珠锯组合开采，臂式锯机结合劈裂方式的开采等多种方法。

A 臂式锯机全锯切低台阶开采

在整体性非常好、花色和纹路的走向都允许的情况下，可以采用臂式锯机的全锯切开采方式，进行凹陷露天型大理石矿山的低台阶开采。堑沟的深度决定了台阶的高度，这个高度通常等于荒料的某一个边长尺寸。开采步骤是：首先使用臂式锯机在堑沟底部进行水平面的分离切割，切割深度等于即将获得的荒料的一个边长；然后再进行纵横垂直面的切割；最终将荒料全部从矿体上分离。

水平切割时，必须及时向已经形成的切缝中的适当位置插入钢楔，防止矿体中存在的未知自然裂隙，因切割振动而坠落卡住切割臂，引起事故。

钢楔支撑的方法在垂直切割时也应使用，因为即使矿体完整无裂隙，但在荒料与矿体最后连接部分被切割分离时，仍然可能出现处于自由状态的荒料微小移动，从而卡住切割臂，所以垂直锯缝中也必须加入钢楔支撑荒料。

图5-70显示了采用臂式锯机的全锯切方式进行凹陷露天型大理石矿山的低台阶开采的工艺布置。不论怎样，开采的切割顺序必须坚持先水平后垂直的原则。图中的L_a、L_b和H分别由荒料的厚度、长度和高度尺寸确定。L_p尺寸则是堑沟的宽度尺寸，使用臂式锯机全锯切开采时，L_p=3～6 m均可满足安装臂式锯机的空间要求。

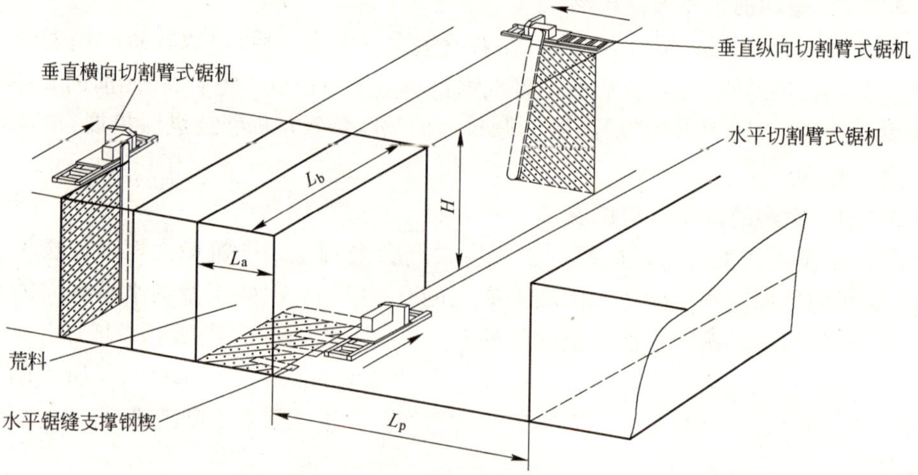

图5-70　凹陷露天矿山中臂式锯机的全锯切开采示意图

B　臂式锯机与金刚石串珠锯全锯切低台阶开采

臂式锯机与金刚石串珠锯组合后，也可进行凹陷露天大理石矿山的低台阶开采。这种组合开采方法对矿体条件的要求与臂式锯机全锯切开采时相同，也必须是在整体性非常好、花色和纹路的走向都允许的矿山才能适用。图5-71、图5-72是这种组合开采方法的示意图。

a　分离体底面的分离切割

首先确定分离体的尺寸，采用与图5-68相同的原理，用臂式锯机，将分离体封闭垂直背面与矿体锯切分离；用大孔凿岩机在堑沟两个侧面，垂直向臂式锯机锯缝面钻凿与之贯通的水平孔；通过两个水平孔和臂式锯机完成切割的垂直背面，穿引串珠绳环绕分离体水平底面，然后用串珠锯切割分离体水平底面，见图5-71。

如果分离体尺寸比较大，底部水平切割面内的支撑钢楔不能全部支撑住分离体，所以采用串珠锯切割分离体两个垂直侧面时，很容易出现分离体的塌落。所以分离体与矿体之间剩余的两个垂直连接面，还是留给臂式锯机切割分离为好。

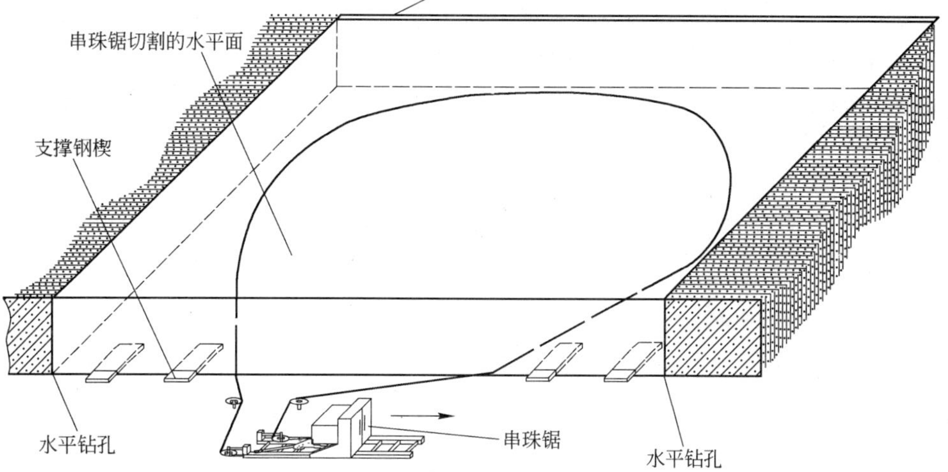

图 5-71 低台阶开采分离体锯切示意图一

b 分离体的解体切割

使用臂式锯机将分离体按图 5-72 所示的网状分格进行垂直分离切割，每个分格内是一块形状规则的荒料。切割应先从分离体自由面(靠近堑沟一侧)一侧进行，因为这样可以借助水平面支撑钢楔，防止分离体塌落，见图 5-72。该图中的 L_a、L_b 和 L_c 分别是荒料的厚度、高度和长度尺寸，其中 L_a 决定了开采台阶的高度或堑沟的深度。L_a、L_b 和 L_c 尺寸不一定机械地按照图 5-72 布置，可根据石材的花色特点和矿山的实际情况，将堑沟的深度确定为荒料的高度，甚至长度都可以。荒料与矿体全部分离后，用吊装设备将分离后的荒料逐个从堑沟或采面直接吊出。

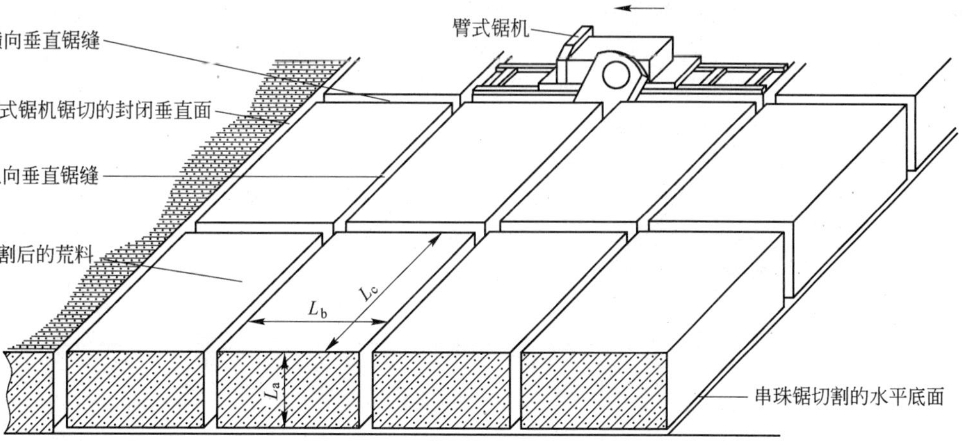

图 5-72 低台阶开采分离体锯切示意图二

采用臂式锯机与金刚石串珠锯组合进行凹陷露天开采时，因为分离体水平底面和一个垂直面已经与矿体分离，所以在解体分割锯切时，应注意锯切到每块荒料时，必须在其底部锯缝中插入支撑钢楔，防止荒料因缺少支撑意外塌落，卡住切割臂。

C 臂式锯机结合劈裂方式低台阶开采

如果矿体存在有一些可以利用的水平裂隙面或夹层，或者石材的劈裂性很好，可以采用臂式锯机结合劈裂的方式，进行凹陷露天型大理石矿山低台阶开采。其工艺步骤与前面介绍的臂式锯机与金刚石串珠锯组合低台阶开采方法基本相同，但不再使用串珠锯进行分离体水平底面的分离锯切，直接用臂式锯机按照荒料的规格，在矿体表面向下锯切成图5-72所示的网状分格。然后采用人工打楔劈裂，或者推土机、装载机等工程机械辅助劈裂等方式，从水平裂隙面或夹层部位将荒料水平底面劈裂分离。使用工程机械辅助劈裂方法分离水平连接面时，开拓堑沟必须达到能够容纳工程机械作业所必须具备的平面尺寸。

图5-73和图5-74分别是采用人工劈裂和工程机械辅助劈裂方式，分离荒料水平连接面的操作示意图。图中显示的荒料比例是以荒料的厚度作为堑沟的深度或台阶的高度，如果水平裂隙面或夹层的位置合适，最好是以荒料的高度甚至荒料的长度作为堑沟的深度，这样可以减少荒料与矿体连接面的面积，使得劈裂作业更容易进行。

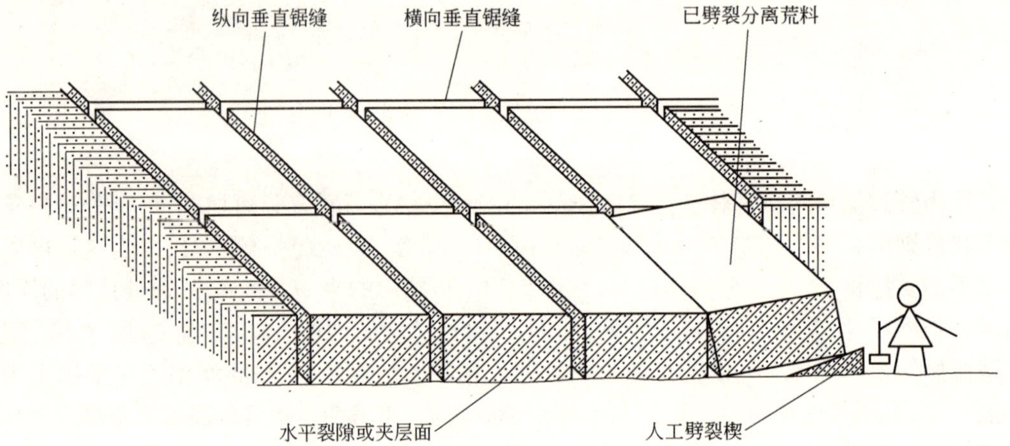

图5-73　人工劈裂荒料水平连接面示意图

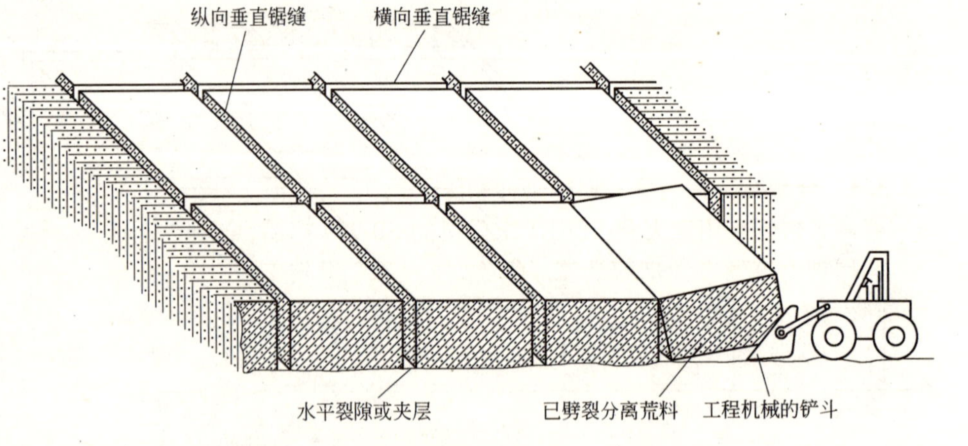

图5-74　装载机辅助劈裂荒料水平连接面示意图

5.3.2.2　凹陷露天大理石矿山的高台阶开采

因为大理石矿山的高台阶开采工艺，可以获得很高的开采效率、机械利用率和开采荒料率，也便于降低开采成本，所以当凹陷露天型大理石矿山的堑沟扩展到一定的空间尺寸时，优先推荐使用前面介绍的，使用臂式锯机和金刚石串珠锯组成的高台阶开采工艺。因为在凹陷露天型大理石矿山开采时,臂式锯机通常都是必备的开采设备,所以在设备配备方面,臂式锯机和金刚石串珠锯组合高台阶开采工艺是很容易实现的,具体方法可参照前面的介绍。

5.3.3 凹陷露天矿山开采堑沟开掘的成本计算

如果将凹陷型露天大理石矿山的堑沟选择在矿体相对完整的部位,在堑沟开掘过程中,可以回收一定数量的荒料。

以目前可选配到的国外臂式金刚石开采带锯、国内金刚石串珠锯作为凹陷露天大理石矿山堑沟开采的锯切设备,选用国产金刚石串珠绳作为切割刀具,按照这些装备能够达到的生产效率和消耗指标,进行堑沟开掘成本和回收荒料的经济效益分析计算。费用和成本参照2002年的数据。

5.3.3.1 堑沟内石料的尺寸和荒料规格

表5-15列出了开采一个长宽尺寸各为6 m、深度为3.5 m的堑沟(如图5-66所示的凹陷露天开采形成的堑沟示意图)时,堑沟内石料总量和荒料规格。

表5-15 凹陷露天大理石矿山堑沟尺寸和荒料规格

堑沟尺寸	数值	单位	荒料规格参数	数值	单位	备注
长	6	m	长	3.5	m	键石尺寸即为荒料尺寸
宽	6	m	高	2	m	
深	3.5	m	厚	1	m	
堑沟内石料总体积	126	m^3	每块荒料体积	7	m^3	

5.3.3.2 串珠锯切割的工艺参数要求和技术条件

因为金刚石串珠锯的全部锯切缝都在水平封闭底面,需要采用专用变向切割导向轮导引,必须控制切割进给速度,以防止金刚石串珠绳从导向轮中脱出。其切割速度,一般只能达到正常切割速度的20%~30%。

串珠绳的寿命和价格均参照目前国产产品的平均水平。操作工人2名,其中1人为辅助工人,辅助工人还应辅助荒料的吊运和其他工作。

5.3.3.3 金刚石开采带锯的切割条件和要求

金刚石开采带锯采用意大利BENETTI公司的SB-950产品,金刚石切割带的切割效率和寿命按照切割中等硬度大理石计算。操作时,也需要操作工人2名,其中1人为辅助工人,也应辅助荒料的吊运和其他工作。

5.3.3.4 辅助设备的作业条件和技术要求

作业时金刚石串珠锯、金刚石开采带锯的位移由国产ZL50型装载机和300~400型挖掘机辅助完成,装载机的油料消耗大约是8 L/h,挖掘机的油料消耗是装载机的两倍。这两种工程机械还负责荒料的吊装、渣土的清运等辅助作业。

5.3.3.5 开采成本计算的基础数据

表5-16列举了进行凹陷露天大理石矿山堑沟开拓时,金刚石开采带锯、金刚石串珠锯和金刚石串珠绳等设备和刀具的切割面积、切割效率、串珠绳的寿命、设备工作时间、辅助安装时间、水电消耗和设备参考价格等开采成本计算的基础数据和参数。

表5-16 凹陷露天大理石矿山堑沟开采成本计算基础数据

金刚石串珠锯的基础计算数据			金刚石开采带锯的基础计算数据		
数据种类	数值	单位	数据种类	数值	单位
金刚石串珠锯切割宽度	6	m	开采带锯横向垂直锯缝数量	4	条
金刚石串珠锯切割长度	6	m	开采带锯纵向垂直锯缝数量	7	条
金刚石串珠锯切割面积	36	m^2	开采带锯切割深度	3.5	m
金刚石串珠绳锯切寿命	20	m^2/m	金刚石开采带锯切割面积	231	m^2
金刚石串珠绳平均锯切效率	3	m^2/h	金刚石切割带寿命	1300	m^2/条
金刚石串珠绳消耗	1.8	m	金刚石开采带锯切割效率	5	m^2/h
金刚石串珠绳价格	500	元/m	金刚石开采带价格	8800	欧元/条
金刚石串珠绳消耗成本	900	元	金刚石开采切割带消耗成本	14855	元
串珠锯总辅助安装时间	6	h	金刚石开采带锯总辅助安装时间	22	h
串珠锯总锯切时间	12	h	金刚石开采带锯总锯切时间	46.2	h
串珠锯总作业时间	18	h	金刚石开采带锯总作业时间	68.2	h
串珠锯电力消耗	240	kW·h	金刚石开采带锯电力消耗	1617	kW·h
串珠锯耗水量	24	t	金刚石开采带锯耗水量	208	t
串珠锯设备价格	10	万元/套	金刚石开采带锯价格	125	万元/套

5.3.3.6 其他计算依据

其他计算参数包括设备辅助安装时间、串珠绳结构参数、设备的耗水量、人员工资、计划荒料年产量、设备折旧年限、水电费用和设备实际功率消耗系数等，具体数据参见表5-17。

表5-17 其他计算依据

数据项目	数值	单位
金刚石开采带锯辅助安装时间	2	h/次
金刚石串珠锯辅助安装时间	2	h/次
烧结注塑型金刚石串珠数量	30	个/m
金刚石串珠锯耗水量	2	t/h
金刚石开采带锯耗水量	4.5	t/h
设备折旧年限	5	年
荒料年产量	1500	m^3/年
操作者月工资	1680	元/月
辅助工月工资	1200	元/月
工程机械驾驶员月工资	2500	元/月
电费	1	元/(kW·h)
水费	0.5	元/t
设备实际消耗功率系数	63~73	%

5.3.3.7 凹陷露天大理石开采堑沟的开采成本分析计算

开采成本的项目和计算数据见表5-18,其中辅助工时是指辅助安装金刚石开采带锯和金刚石串珠锯的辅助工人工时,其他辅助工时是指辅助挖掘机、装载机、辅助设备位移和荒料吊装的辅助工人工时,工程机械作业成本只包括了油料消耗和驾驶员工资。

表5-18 凹陷露天大理石开采堑沟的开采成本项目和计算

成本项目	数值	单位
操作工总工时成本	407	元
总电耗成本	1857	元
总冷却水消耗成本	116	元
工程机械作业成本	446	元
辅助工总工时成本	240	元
其他辅助工作成本	100	元
直接成本合计	18921	元
直接单位开采成本	501	元/m^3
设备折旧单位成本	180	元/m^3
含折旧后单位开采成本	681	元/m^3

5.3.3.8 经济效益分析

表5-19是按照30%荒料率进行的凹陷露天大理石矿山开掘堑沟的经济效益分析计算结果。

表5-19 凹陷露天大理石开采堑沟的开采经济效益计算

项目	数值	单位
预计荒料率	30	%
回收荒料体积	37.8	m^3
荒料单价	2000	元/m^3
回收荒料价值	75600	元
开采总成本	25742	元
回收荒料收益	44982	元
成本占回收荒料价值的比例	34	%

图5-75是采用上述方法开掘凹陷露天开采堑沟时,不同的荒料率回收率所对应的开采成本、回收荒料的价值收益和荒料总成本占荒料总收益的比例关系图表。其中最小荒料率是10%,最大荒料率是70%,中间分成10个档次。随着荒料率的提高,开采成本占荒料收益的比例,从84%降低到20%。荒料率超过30%以后,开采成本降低的幅度变化不很明显。当荒料率达到35%后,荒料开采成本只占荒料销售价格的三分之一到五分之一,经济效益还是很可观的。不论怎样,即使荒料率只有10%,回收后荒料的价值仍然可以抵消堑沟开拓的成本,并略有盈余。因此,应该选择矿体比较完整的部位开掘堑沟,以

便提高荒料的回收率，最大限度地抵扣开拓成本，并降低单位开采成本，从中得到经济收益。

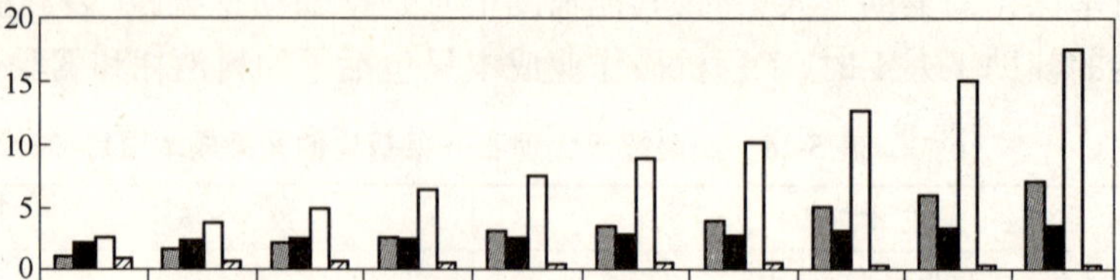

	1	2	3	4	5	6	7	8	9	10
■荒料率/10×%	1	1.5	2	2.5	3	3.5	4	5	6	7
■开采成本/百元·m^{-3}	2.12	2.24	2.35	2.46	2.58	2.69	2.81	3.03	3.26	3.48
□荒料收益/万元	2.52	3.78	5.04	6.3	7.56	8.82	10.08	12.6	15.1	17.64
▨成本占收益比例/%	84	59	47	39	34	30	28	24	22	20

图5-75　不同开采荒料率对应的开采成本、荒料收益和成本占收益的比例关系图表

5.3.4　井式大理石矿山开采介绍

有些凹陷露天型大理石矿山的矿体本身很厚，但处于适合开采部位表面出露的面积有限；或者表层覆盖物很厚，矿体情况不太明朗，如果为了扩大采区面积，必须投入大量的资金和很多的时间进行大范围的覆盖物剥离。为了节省投资，只能不断向垂直深度方向扩展才能达到一定开采规模的目标。当有限的采面面积向垂直方向扩展到一定深度，有时能够达到几十米甚至上百米，这类凹陷露天型大理石矿山即演变成为井式大理石矿山。也就是说井式大理石矿山是由开采面比较小、矿体厚度很大的凹陷露天型大理石矿山演化而来的。

理论上讲，井式大理石矿山开采可以选用凹陷露天型大理石矿山开采的一切方法和手段。但由于井式矿山的特殊性和局限性，具体操作和实施开采时，对开采设备、辅助设备和工程机械的选择和要求是很严格和挑剔的。井式开采作业最理想的开采设备组合是，臂式锯机结合金刚石串珠锯的组合。根据井底作业面积大小，工程机械最好选择作业灵活的轮式装载机。桅杆吊是井式开采最合适的吊装设备，其吊装能力至少要达到35 m以上。桅杆吊除了从井底采面将荒料吊到井口外装车外，还要负责装载机、开采设备和其他辅助设备的吊运，废石碎渣也要通过桅杆吊通过吊篮吊运出来。国外许多井式大理石矿山的深度都超过50 m，有些甚至达到80 m或更深，一般标准40 m吊臂的桅杆吊，其最大吊装深度可达80 m，但在上述比较深的井式大理石矿山中，吊装深度往往都会超过80 m，这时选用的桅杆吊，必须配备钢丝绳容量加大的卷扬机。

人员的安全升降问题在井式大理石中需要特别关注，一般深度比较大的井式大理石矿山，都配备有带防护栏的专用升降电梯，为了防止停电或其他故障，还必须配备其他升降方式的备用安全升降梯。必须将井口周围的碎石、杂物清除干净，防止大风气候条件下，将这些杂物吹入井内，危及下面操作人员的安全。在距离井口一定距离外的周边，必须设置隔离装置，防止闲杂人员接近，出现人员坠落事故。

根据大理石矿体的整体性和稳定性决定井式大理石矿山的安全边坡角，在国外一些井式大理石矿山，其安全边坡角只有87°~88°，也就是说为6 m高台阶留下的安全边坡长度只有20~30 cm。

图5-76~图5-79是国外一些井式大理石矿山的照片。

图 5-76 意大利 CARRARA 矿区井式开采大理石矿山照片

图 5-77 意大利 CARRARA 矿区井式开采大理石矿山的升降梯照片

图 5-78 葡萄牙的井式开采粉红大理石矿山照片之一

图 5-79 葡萄牙的井式开采粉红大理石矿山照片之二

5.4　金刚石串珠锯全锯切开采大理石的成本分析

这里讨论的金刚石串珠锯全锯切开采法，是指分离体与矿体分离、分离体解体、荒料整形全部由串珠锯切割完成的普通开采大理石矿山的方式。

本节主要讨论串珠锯全锯切开采大理石的直接开采成本，其内容包括：开采机械设备的动力消耗成本，如凿岩机、串珠锯、空压机等；钻头、钎杆、串珠绳等直接开采用消耗材料的成本；上述设备操作人员和直接辅助人员的工资成本，开采设备及开采辅助设备的折旧成本（根据设备不同折旧年限 4 ~ 8 年）。

因为矿体条件的差异，矿山外部条件和矿山所在地域的不同，矿山采用的运输和吊装方式不同，设备使用者操作熟练程度不同，所以在计算直接开采成本时未包括分离体位移、翻倒、荒料装运成本；开采设备和辅助设备的维修费成本，工程机械动力消耗费及其操作人员的工资成本；开采过程中的剥离费用，矿山管理费用，工程机械的折旧费用，矿权购买、矿山前期剥离工程的投资，矿山基建投资的回收成本，以及支付地方的山本费成本等。

5.4.1　开采工艺方法和工艺要求

以露天开采大理石的标准工艺流程作为计算直接开采成本的依据，其开采工艺流程包括：使用金刚石串珠锯分离切割分离体与矿体连接的全部三个连接面；使用专用薄型气压顶推袋，将分离体顶离矿体，然后在挖掘机、装载机或慢动卷扬机的协助下，将分离体翻倒；采用串珠锯对分离体进行解体锯切，并对荒料的 6 个面进行整形切割。虽然也可以使用人工操作手持式凿岩机排孔凿岩、使用膨胀剂（膨胀水泥）或大直径圆盘锯机对荒料进行整形处理，但为了计算方便，计算直接开采成本时，不考虑使用后面这些工艺方法；荒料的吊运是在挖掘机、装载机、抱杆吊或慢动卷扬机的帮助下完成的，通常将成品荒料位移到采面的荒料堆场，装车运出；串珠锯和大孔径凿岩机在采场内不同切割和凿岩位置间的移动、就位安装作业也靠挖掘机或装载机完成。

5.4.2　计算依据和假设条件

在矿山实际开采中，有多种因素可影响到荒料的开采成本，而且有些因素是可变的。目前还没有一套系统完整的理论，将大理石矿山开采的成本计算归纳为一套严谨可行的数学模型，直接采用公式计算的方法就可计算出石材的开采成本。

为此，可采用对影响矿山开采成本的各种因素、尤其是可变的因素做出一定的假设，利用已经得到的实际数据资料，将其中的一些可变因素尽量归纳整理成为常数或系数，以此简化大理石开采成本的计算，使相对准确地计算大理石矿山开采成本成为可能。同时可为编制石材矿山项目的可行性研究报告，以及大理石矿山投产前的经济技术论证提供一些帮助。

5.4.2.1　开采切割对象

以意大利 CARRARA 白色大理石（细花白）作为计算直接开采成本的开采对象，该品种大理石为硬度中等的方解石大理岩品种，主要成分氧化钙含量大约 54%，抗压强度 136 MPa，肖氏硬度 46，吸水率 0.115%，岩石密度 2.771 t/m^3。以大理石的开采分离体为单位，计算直接开采成本。

5.4.2.2　计算依据

本节进行成本分析计算所涉及到的基础参数和数据，是根据收集到的国内外一些大理石开采设备和刀具生产企业提供的技术参数，包括部分大理石开采设备和刀具在开采 CARRARA 白色大理石以及在国内开采中硬度大理石的实际使用数据提出的。

对于像大孔径凿岩机、金刚石串珠锯的钻凿和切割速度，金刚石串珠绳的寿命和切割效率等与直接开采成本计算有关的技术数据，全部是针对中硬度大理石开采作业时所能达到的技术参数。开采设备的价格，串珠绳价格、消耗量，开采工时、辅助工时等成本均按照 2005 年以后的实际采购国内产品的价格，并针对中硬度大理石的实际消耗指标提出的，具体技术参数指标见表 5-20。

表 5-20　成本计算的技术参数依据

项　目	参　数	项　目	参　数
串珠绳切割中硬度大理石平均寿命	25 m^2/m	大孔径凿岩机操作工时成本	9 元/h
串珠绳切割中硬度大理石平均效率	5 m^2/h	串珠锯操作工定员	1 人
串珠绳价格	350 元/m	大孔凿岩机操作定员	1 人
串珠锯负荷系数	52%	串珠锯辅助工时	纯工时 ×30%
大孔凿岩机钻孔效率	3 m/h	大孔凿岩辅助工时	纯工时 ×120%
大孔凿岩机耗气量	12 m^3/min	电　价	0.8 元/(kW · h)
串珠锯操作工时成本	9 元/h	电动空压机负荷系数	80%
其余工时成本	9 元/h	全部开采设备折旧	4 ~ 8 年

成本计算技术参数的取值是按照下述要求确定的，如目前国产橡胶注封串珠绳对切割面积比较大的大理石分离体垂直面的锯切时，切割效率能够达到 10 ~ 15 m^2/h，对荒料整形面切割的效率最低只有 1 ~ 2 m^2/h，所以切割效率的取值包含了垂直面、水平面、分离体解体面和荒料整形面全部切割内容的平均值，大约为 5 m^2/h 左右。正常情况下，国产这种类型串珠绳切割大理石的寿命是 15 ~ 55 m^2/m，切割中硬度大理石的平均寿命取值为 25 m^2/m。国产弹簧型串珠绳最低售价大约是 280 元/m，橡胶注封串珠绳的最低售价是 320 元/m，我们按照 350 元/m 作为计算国产切割大理石串珠绳的价格。串珠锯的主电机功率为 37 kW，其切割作业时的最大电流按照 45 A 计算，其负荷系数选取 52%。每台串珠锯操作人员按照 1 人、辅助工人按照 0.3 人，每台凿岩机操作人员按照 1 人、辅助工人按照 1.2 人考虑。

5.4.2.3　假设条件

为了能够使大理石矿山直接开采成本的计算成为可能，并尽可能地接近实际发生的开采成本，我们对下述一些技术参数进行假设。

A　“共面”假设

在解体分离体时，一定会遇到分解后的荒料之间有相互共用的面，我们称之为“共面”。荒料之间的“共面”关系非常复杂，与矿体形态、裂隙走向和裂隙发育程度、大理石的花色分布、分离体和荒料的规格尺寸、开采荒料率等诸多因素有关，即使在同一矿体的不同分离体上，荒料之间的“共面”数量都有可能不同。

关于“共面”假设的详细介绍将在6.3.1节中详细描述。这里只引用国内采用金刚石串珠锯全锯切开采翡翠绿花岗石时，经过两年统计后得出“共面”系数的结果。按照每个分离体与母矿体之间只有一个水平底面、两个垂直侧面共三个需要分离的连接面，即每个分离体必须有三个自由面，所以可假设各分离体之间无“共面”借用。假设荒料的一个垂直侧立面(大面)可借用分离体的切割面或自由面，或者借用荒料之间相互共用面，其他面都需要采用串珠锯切割分离。按照串珠锯切割解体荒料的体积 $3.2\times1\times1.8=5.76\ m^3$ 计算，一个垂直侧立面的面积占荒料整个表面积的26.8%，假设该荒料钻孔的共面系数 $f=0.27$，在荒料其余73%的表面上需要单独进行切割分离作业。所以在计算用于荒料整形时需要串珠锯切割的总面积也可按照这个比例相应的减少。荒料整形切割面上的实际切割面积计算如下：

$$S_q=(1-f)S_{q1} \tag{5-1}$$

式中 S_q——荒料整形实际切割面积，m^2；

S_{q1}——荒料整形6个面上计算切割总面积，m^2；

f——共面系数，$f\approx0.27$。

经过在三立达翡翠绿花岗石矿山的实践，当开采工艺方法确定后，$f=0.27$ 的共面系数基本与该矿山一段开采时间内的开采统计相吻合，用其计算的开采成本，与该阶段实际发生的开采成本基本相同。

因为使用串珠锯全锯切方法开采翡翠绿花岗石时的工艺流程和开采方法，与使用同样方法开采大理石时基本相同，虽然两种石材具有不同的岩性，但除了串珠绳切割效率、串珠绳消耗和交汇孔钻凿的效率及钻头消耗不同外，其他开采工艺特性非常类似。所以在计算串珠锯全锯切开采大理石时，可以借鉴和参考开采翡翠绿花岗石的一些技术参数，以及简化的计算。表5-21是在共面系数等于27%的条件下，在计算串珠锯全锯切开采大理石时，作为计算依据的技术参数。

表5-21　串珠锯全锯切开采单位体积中硬度大理石的技术数据

项目名称	单位	数据	项目名称	单位	数据
开采单位毛方消耗串珠绳	m/m^3	0.089	开采单位毛方钻交汇孔长度	m/m^3	0.41
开采单位毛方串珠绳成本	元/m^3	31.2	开采单位毛方钻孔时间	h/m^3	0.1
开采单位毛方锯切面积	m^2/m^3	2.1	65直径钻头凿岩机钻孔耗时	h/m^3	0.1
开采单位毛方串珠锯耗电	$kW\cdot h/m^3$	8.1	65直径钻头凿岩机钻孔速度	m/h	5
串珠锯锯切单位毛方耗时	h/m^3	0.42	凿岩机耗电	kW · h	120
串珠锯效率	m^2/h	5	开采毛方的单位长度钻孔消耗钻杆	元/m	0.1
串珠绳寿命	m^2/m	25	开采毛方的单位长度钻孔消耗钻头	元/m	0.9
			单位体积毛方开采消耗钻头钻杆	元/m^3	0.4

B　*凿岩机动力方式*

按照凿岩机的凿岩动力均来自电动式空压机，并以电能消耗作为计算凿岩动力的成本。忽略压缩空气的管路、接头、管道弯头和漏气损失等因素的影响。

C 年工作时间

计算开采设备数量或年产量时,按照每年 8~10 个月,每月 30 个工作日,每个工作日单班 8 h 生产计算。

5.4.3 串珠锯全锯切开采法的直接开采成本计算方法和计算依据

采用串珠锯全锯切开采方法开采大理石的直接成本包括:串珠锯对分离体与矿体三个连接面的切割分离成本,串珠锯解体分离体、整形荒料的切割成本,大孔凿岩机钻凿交汇孔的电能消耗成本、钻头钎杆消耗成本,操作这些设备的人工和辅助工时成本,设备折旧成本等。

可以采用直接计算(公式 5-2)和经验计算(公式 5-15)两种方法。

5.4.3.1 直接计算法

直接计算方法是按照串珠锯全锯切开采大理石的工艺步骤,计算出交汇孔钻凿成本、串珠锯分离切割分离体成本、串珠锯解体分离体成本和整形荒料的成本,再加上开采设备折旧成本。可按照公式 5-2 直接计算出串珠锯全锯切开采单位体积荒料时的单位开采成本,即

$$C_{QDW} = \frac{C_{qzd} + C_{ZDW1} + C_{ZDW2}}{V\eta} + C_{qdM} \tag{5-2}$$

式中 C_{QDW}——串珠锯全锯切开采单位体积大理石荒料时的直接开采成本,元/m^3;

C_{qzd}——将分离体分离、解体并全部整形成荒料后,所需大孔凿岩机钻孔的总成本,元,参考公式 5-3 计算;

C_{ZDW1}——串珠锯切割分离体与矿体三个连接面时的切割总成本,元,可参考公式5-4 计算,但必须增加串珠锯切割分离体另外一个垂直面和水平面时的切割成本;

C_{ZDW2}——串珠锯解体该分离体,并将其全部整形成荒料时的切割总成本,元,参考公式 5-10 计算;

C_{qdM}——串珠锯全锯切开采方法的设备折旧成本,元/m^3,参考公式 5-17 计算;

V——分离体毛方体积,m^3;

η——开采荒料率,%。

A 直接计算法计算交汇钻孔的钻凿总成本

采用串珠锯全锯切开采方法对分离体切割分离时,需要钻凿两个水平孔与一个垂直孔共三个正交孔交汇贯通。

因为是采用全锯切开采方法,所以除了对分离体进行水平、垂直交汇孔钻凿外,有时还需要将大分离体锯切分解成小块分离体后再进行解体切割,这时还需要在大分离体上钻凿一些水平、垂直方向的交汇孔。在这种情况下,计算分离体上总的交汇孔钻凿成本 C_{qzd}时,还应考虑钻凿这些增加交汇孔的成本。这些在后续分割分离体时需要钻凿交汇孔的数量(分割小分离体的数量),一般是根据合适的小分离体体积、分解后能够开采出符合市场销售尺寸的荒料,并能够容易被移动、乃至被翻倒,以及回避裂隙、缺陷的原则确定的。

只要统计出在分离体上钻凿交汇孔的总长度,即可以按下式计算钻凿交汇孔的钻孔成本:

$$C_{qzd} = c_e E_{zd} + C_{zd1} + C_{zd2} \tag{5-3}$$

式中 C_{zqd}——大孔凿岩机钻孔总成本,元;

c_e——电价,元/(kW·h),见表5-20;

E_{zd}——大孔凿岩机钻孔的总耗电量,kW·h,见表5-21;

C_{zd1}——大孔凿岩机钻孔总工时成本,元,包括操作工时和辅助工时;

C_{zd2}——大孔凿岩机钻头、钻杆消耗成本,元,见表5-21。

使用专用的大孔径定位凿岩机,对大理石钻凿直径65 mm钻孔的平均钻孔效率是5 m/h,只需保证充足的气压和供气量即可满足要求,其耗气量为12~15 m^3/min,装机总功率为120 kW。

B 直接计算法计算串珠锯切割总成本

在直接计算串珠锯全锯切开采的切割成本时,串珠锯的切割成本分成将分离体与矿体切割分离的成本、解体分离体和整形荒料的切割成本两部分。

a 串珠锯切割分离体成本

串珠锯切割分离体与矿体三个连接面的总成本按下式计算:

$$C_{ZDW1} = C_{ZDWC1} + C_{ZDWC2} + C_{ZDWS1} \tag{5-4}$$

式中 C_{ZDW1}——串珠锯切割分离体与矿体三个连接面时的切割总成本,元;

C_{ZDWC1}——串珠锯切割分离体垂直端面时的切割总成本,元;

C_{ZDWC2}——串珠锯切割分离体垂直背面时的切割总成本,元;

C_{ZDWS1}——串珠锯切割分离体水平底面时的切割总成本,元。

上述三个面C_{ZDWC1}、C_{ZDWC2}、C_{ZDWS1}的切割成本计算见公式5-5。

串珠锯切割分离体某一与矿体连接面的成本包括:串珠绳消耗成本、串珠锯电费消耗成本、操作者人工成本和辅助工时成本。其成本计算见公式5-5。将上述3个连接面的计算结果C_{DWi}(i=1、2、3)分别代入公式5-4 $C_{ZDWC1}=C_{DW1}$、$C_{ZDWC2}=C_{DW2}$、$C_{ZDWS1}=C_{DW3}$后,按照公式5-4即可计算出串珠锯切割分离体与矿体3个连接面的总成本:

$$C_{DWi} = C_{DW2} + C_{DW3} + C_{DW4} \tag{5-5}$$

式中 C_{DWi}——串珠锯切割分离体某一连接面时的切割总成本,元;

C_{DW2}——串珠锯切割分离体某一连接面时的串珠绳消耗成本,元,见公式5-6;

C_{DW3}——串珠锯切割分离体某一连接面时的串珠锯电能消耗成本,元,见公式5-7;

C_{DW4}——串珠锯切割分离体某一连接面时的串珠锯操作工时和辅助工时成本,元,见公式5-9。

$$C_{DW2} = S_{OS}\frac{e_{ew}}{E_{DW}} \tag{5-6}$$

式中 e_{ew}——串珠绳单价,元/m,见表5-20;

S_{OS}——分离体垂直端面(垂直背面或水平底面)的面积,m^2;

E_{DW}——串珠绳寿命,m^2/m,见表5-20。

$$C_{DW3} = c_e N_{DW} \mu_{DW} T_{DW} \tag{5-7}$$

式中 N_{DW}——串珠锯主电机功率,kW,与选定的串珠锯机型有关,通常为30~45 kW;

μ_{DW}——串珠锯主电机负荷系数,%,大约为52%;

T_{DW}——纯锯切时间,h,见公式5-8;

c_e——电价,元/(kW·h),见表5-20。

$$T_{DW}=\frac{S_{OS}}{\eta_{dw}} \tag{5-8}$$

式中 η_{dw}——串珠锯切割效率，m^2/h，见表5-20。

$$C_{DW4}=T_{DW}(1+\eta_{dw1})c_{dw} \tag{5-9}$$

式中 η_{dw1}——辅助工时系数，%，一般为30%，见表5-20；

c_{dw}——串珠锯操作人工和辅助工时成本，元/h，见表5-20。

b 串珠锯解体分离体和整形荒料切割成本

计算串珠锯解体分离体和整形荒料的开采成本时，首先要按照预先估计的荒料率计算出该分离体能够产出的荒料数量，按照预期的荒料尺寸计算出该分离体能够产出该规格荒料的平均块数。然后计算每个荒料的6个外表面的面积之和，再乘以荒料块数和共面系数的修正值$(1-f)$，即可得到需要在荒料上锯切的总面积，从而计算出这部分的开采成本。串珠锯解体切割分离体和整形荒料时的总成本按下式计算：

$$C_{ZDW2}=C_{ZDWZ1}+C_{ZDWZ2}+C_{ZDWZ3} \tag{5-10}$$

式中 C_{ZDW2}——串珠锯解体切割分离体和整形荒料时的总成本，元；

C_{ZDWZ1}——串珠锯解体切割分离体和整形荒料时的串珠绳消耗成本，元，见公式5-11；

C_{ZDWZ2}——串珠锯解体切割分离体和整形荒料时的串珠锯电能消耗成本，元，见公式5-12；

C_{ZDWZ3}——串珠锯解体切割分离体和整形荒料时的串珠锯操作工时和辅助工时成本，元，见公式5-14。

$$C_{ZDWZ1}=\frac{V\eta S_q e_{ew}}{V_H E_{DW}} \tag{5-11}$$

式中 e_{ew}——串珠绳单价，元/m，见表5-20；

S_q——每块荒料整形的实际切割面积，m^2，见公式5-1；

E_{DW}——串珠绳寿命，m^2/m，见表5-20；

V——分离体毛方体积，m^3；

V_H——荒料体积，m^3；

η——开采荒料率，%。

$$C_{ZDWZ2}=c_e N_{DW}\mu_{DW}T_{DWD} \tag{5-12}$$

式中 N_{DW}——串珠锯主电机功率，kW，与选定的串珠锯机型有关，通常为30～45 kW；

μ_{DW}——串珠锯主电机负荷系数，%，大约为52%；

T_{DWD}——纯锯切时间，h，见公式5-13；

c_e——电价，元/(kW·h)，见表5-20。

$$T_{DWD}=\frac{V\eta S_q}{V_H\eta_{dw}} \tag{5-13}$$

式中 η_{dw}——串珠锯切割效率，m^2/h，见表5-20。

$$C_{ZDWZ3}=T_{DWD}(1+\eta_{dw1})c_{dw} \tag{5-14}$$

式中 η_{dw1}——辅助工时系数，%，一般为30%，见表5-20；

c_{dw}——串珠锯操作人工和辅助工时成本，元/h，见表5-20。

5.4.3.2　经验计算法计算串珠锯切割总成本

经验计算是根据矿山采用串珠锯全锯切开采时积累的经验数据，按照公式 5-15 和公式 5-16 计算出串珠锯全锯切开采单位体积荒料时的开采成本，即

$$C_{QDW} = \frac{\eta_t}{\eta_x} C_{QDW1} \tag{5-15}$$

$$C_{QDW1} = C_{qdw1} + C_{qdw2} + C_{qzw3} + C_{qzd1} + C_{qzd2} + C_{qzd3} + C_{qdM} \tag{5-16}$$

式中　C_{QDW}——当荒料率为 η_x 时，单位体积荒料的开采成本，元/m³；

η_t——根据统计数据归纳出的开采荒料率，%，例如国内某矿山开采时为 31%；

η_x——实际开采荒料率，%；

C_{QDW1}——荒料率为 31% 时，单位体积荒料直接开采成本，元/m³；

C_{qdw1}——开采单位体积荒料的串珠绳消耗成本，元/m³；

C_{qdw2}——开采单位体积荒料的串珠锯单位耗电成本，元/m³；

C_{qzw3}——开采单位体积荒料的串珠锯单位工时成本，元/m³，包括操作工时和辅助工时成本；

C_{qzd1}——开采单位体积荒料的大孔凿岩机的单位耗电成本，元/m³；

C_{qzd2}——开采单位体积荒料的大孔凿岩机的单位工时成本，元/m³，包括操作工时和辅助工时成本；

C_{qzd3}——开采单位体积荒料的大孔凿岩机用钻头钻杆的单位消耗成本，元/m³；

C_{qdM}——串珠锯全锯切开采方法的设备折旧成本，元/m³。

上述各参数全部是串珠锯全锯切开采相同体积大理石分离体时的计算结果，其中参数 C_{qdw1}、C_{qdw2}、C_{qzw3}、C_{qzd1}、C_{qzd2}、C_{qzd3}、C_{qdM} 的具体数据参见表 5-22。

在将分离体全部分解、整形成荒料的过程中，到底需要钻凿多少对垂直水平交汇孔，与矿体形态特性、裂隙发育和缺陷存在的程度、分离体的尺寸、开采荒料率等因素有关，很难用假设计算的方法去计算。所以可通过统计学原理，在一定的开采时间内统计开采毛方体积、成品荒料体积以及钻凿总的交汇钻孔长度，计算出开采单位分离体体积（毛方体积）时需要钻凿交汇孔的长度；并根据钻凿单位长度交汇孔时的钎头、钎杆的消耗，计算出开采单位毛方体积时钎头和钻杆的消耗。这样可避免在直接计算时，因交汇孔的成功率带来误差。

表 5-22 是根据一年时间内，采用串珠锯全锯切开采方法，开采某大理石荒料汇总的一组技术参数的统计数据。统计结果来源于一年中分三次对开采的矿体毛方体积，采出的成品荒料体积，钻凿的水平、垂直交汇孔的钻凿长度，钻孔速度，钎杆、钎头消耗量，串珠绳锯切的总面积，锯切速度，串珠绳的消耗数量等数据进行的统计，每次结果基本相同。所以在使用经验方法计算串珠锯全锯切开采的直接开采成本时，采用这些数据进行的计算与实际情况和结果最为接近或基本相同。

表 5-22 中的统计数据只是一组开采某大理石时得出的经验数据，仅供参考。不同的大理石品种、不同的矿体条件，这些数据都有可能不同。即便是在获取统计数据的大理石矿山，不同开采矿段和不同的开采层面，上述数据也有可能发生变化。大理石品种、矿体条件和开采设备配置的不同和采用开采工艺参数的差异，使上述数据有所差异。为了获得比较准确的计算数据，应注意在开采过程中经常地、准确地对上述开采数据进行统计汇总和归

纳,以便得到比较准确的参数。

表 5-22 31%荒料率时串珠锯全锯切开采某大理石荒料的直接开采成本经验数据

参数代号	项 目 名 称	单 位	数 据
C_{qdw1}	开采单位体积荒料串珠绳成本	元/m^3	101
C_{qdw2}	开采单位体积荒料串珠锯耗电成本	元/m^3	21
C_{qzw3}	开采单位体积荒料串珠锯工时成本	元/m^3	16
C_{qzd1}	开采单位体积荒料大孔凿岩机耗电成本	元/m^3	8
C_{qzd2}	开采单位体积荒料大孔凿岩机工时成本	元/m^3	6
C_{qzd3}	开采单位体积荒料大孔凿岩机钻头钎杆消耗成本	元/m^3	1
C_{qdM}	开采单位体积荒料设备折旧成本	元/m^3	21
C_{QDW1}	单位体积荒料直接开采成本	元/m^3	174
η_t	统计计算上述数据时的开采荒料率	%	31
T_{dw}	开采每立方米毛方石料串珠锯切割作业时间	h/m^3	0.42

5.4.3.3 设备折旧成本计算

计算设备折旧成本时,只考虑直接参与石材开采的矿山开采设备,如凿岩机、空压机和压缩空气供应系统的配套设施,输电系统配套的电力设施,简易吊装设备的投资,按照5年期折旧提成回收,残值10%计算。根据矿山设计年产量和5年期间的总产量,计算出开采单位体积荒料的设备折旧成本,其计算公式如下:

$$C_{qdM}=\frac{P_1}{5Y_1} \tag{5-17}$$

式中 C_{qdM}——折旧成本,元/m^3;

P_1——开采设备总投资,元;

Y_1——年荒料产量,m^3。

5.4.4 产量计算方法和依据

计算串珠锯全锯切开采方法的生产能力,取决于金刚石串珠锯数量的多少。按照某大理石矿山金刚石串珠锯全锯切开采的统计数据,汇总得出开采每立方米毛方体积石料串珠锯耗时0.42 h(见表5-22)。再根据实际开采时的荒料率,计算出若干台串珠锯的年荒料产量。具体计算见公式5-18。也可以按照一定的年产量,计算需要串珠锯的数量。

5.4.4.1 已知串珠锯数量估算年开采量

已知串珠锯数量估算年开采量的计算公式为:

$$Y_{dw}=\frac{nT_dT_y}{T_{dw}}\times\frac{\eta_x}{\eta_t} \tag{5-18}$$

式中 Y_{dw}——年开采能力,m^3/年;

n——串珠锯数量,台;

T_d——每台串珠锯日作业时间,h/(天·台),应除去其他开采工序占用的时间;

T_{dw}——开采每立方米毛方石料串珠锯切割作业时间,h/m^3,见表5-22;

T_y——串珠锯年切割作业时间，天/年；

η_t——统计计算 T_{dw} 时的开采荒料率，%，例如开采某大理石时为 31%；

η_x——实际估计的开采荒料率，%。

5.4.4.2　已知年产量计算需要配备串珠锯的数量

可以根据年设计开采能力，以及上述经验数据，按下式计算出需要配备的串珠锯数量：

$$n = \frac{Y_{dw} T_{dw}}{T_d T_y} \times \frac{\eta_t}{\eta_x} \tag{5-19}$$

5.4.5　直接开采成本的计算图表

采用串珠锯全锯切开采方法，开采某大理石的直接开采成本与荒料率的关系见图 5-80。从图表中可以看出，使用国产串珠锯和串珠绳，全锯切开采中硬度大理石的直接开采成本随开采荒料率的增加而降低。当开采荒料率超过 45% 时，直接开采成本变化幅度只在 5% ~8.6% 之间；开采荒料率在 10% 时的直接开采成本几乎是 30% 荒料率时的 2.8 倍。所以在确定串珠锯全锯切方法是否适用时，矿体的开采荒料率是一个重要的参考依据。如果按照大理石矿山开采的其他成本与直接开采成本的比例是 1∶1 考虑，矿山的预期毛利是 50%，只要荒料的矿山交货价格达到 1500 元/m^3，即使开采荒料率只有 10%，仍可以使用串珠锯全锯切开采方法。同样的销售价格时，如果荒料率达到 20%，开采的毛利率可达将近 100%。所以在正常的大理石矿体条件下，串珠锯全锯切开采方法都能适用。

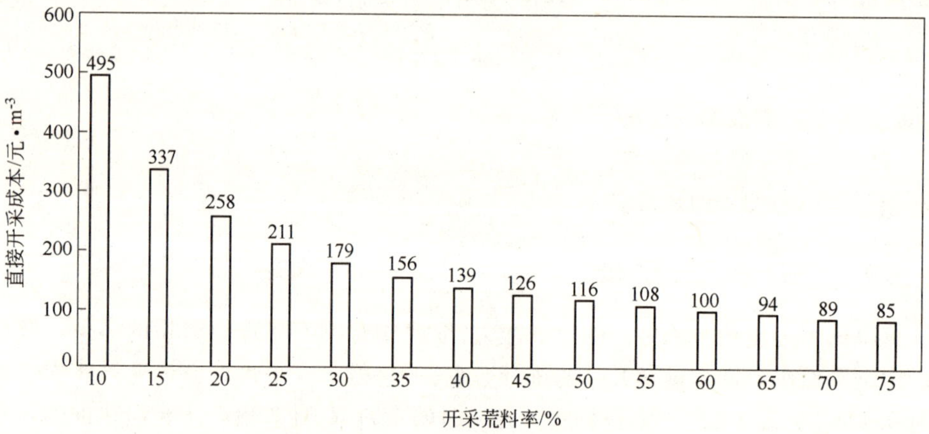

图 5-80　串珠锯全锯切开采法开采某大理石的直接开采成本与开采荒料率之间的关系

与使用同样方法开采翡翠绿花岗石相比，同等荒料率条件下，串珠锯开采大理石的直接开采成本只有开采翡翠绿的四分之一；即使开采难度比较低的中硬度花岗石，开采大理石的直接开采成本也只有它的二分之一左右。图 5-81 是串珠锯全锯切开采方法开采中硬度大理石和开采翡翠绿花岗石的直接开采成本对比，以及直接开采成本与荒料率的关系。

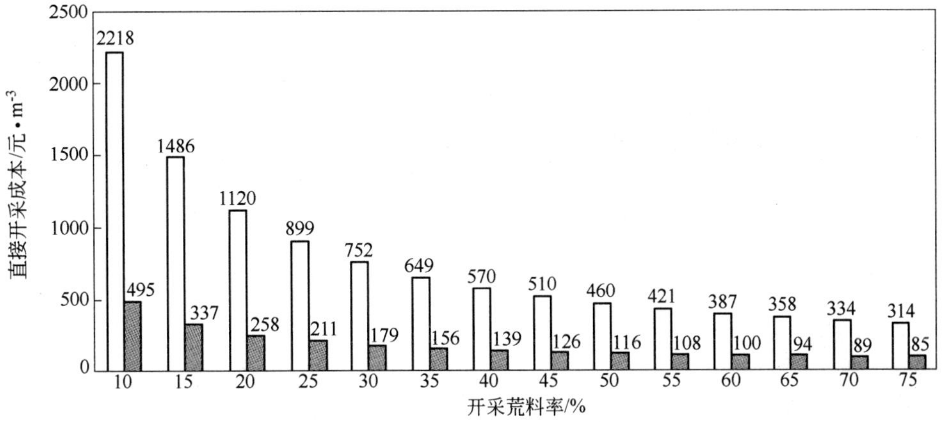

图 5-81 串珠锯全锯切开采法开采中硬度大理石和翡翠绿花岗石的直接开采成本对比及与开采荒料率之间的关系

第6章　金刚石串珠锯露天开采花岗石的工艺方法

因受到切割花岗石用金刚石串珠绳的制约，金刚石串珠锯实际应用到花岗石矿山开采的具体时间，晚于它在大理石矿山开采中的使用，串珠锯真正用于花岗石矿山的工业化开采大约只有十几年的历史。

随着热压烧结金刚石串珠的质量和注塑、橡胶注封工艺的不断改进、完善和日臻成熟，金刚石串珠绳切割花岗石的使用寿命、锯切效率不断提高，锯切开采花岗石的成本也在不断地降低。目前金刚石串珠锯已经被国内外大部分适合其开采工艺要求的花岗石矿山所接受，已经成为花岗石矿山必选的开采设备，串珠锯以其他传统花岗石开采设备无法媲美的优势，迅速在世界各地的花岗石矿山普及和推广，也可以称之为是“花岗石矿山开采的一场变革”。

虽然目前串珠锯锯切花岗石还不能达到它锯切大理石时的速度，但金刚石串珠锯的高切割效率，平整的切割面仍然是其他开采花岗石的方法所不及的。金刚石串珠锯大面积切割中硬度花岗石的速度能够达到9～12 m^2/h 或更高，即使大面积锯切5级硬度的花岗石，锯切速度也能达到3～5 m^2/h，是传统火焰切割花岗石速度的5～10倍左右。锯切花岗石时，金刚石串珠锯的锯切效率和金刚石串珠绳的寿命与锯切面积的大小有关，通常锯切面积越大，金刚石串珠绳的寿命相对越长，锯切效率也相对提高。表6-1是金刚石串珠锯切割4、5级花岗石时，不同锯切面积对应的金刚石串珠绳的寿命参考值。

表6-1　不同锯切面积时金刚石串珠绳的寿命

串珠绳寿命/$m^2 \cdot m^{-1}$ ＼ 石材等级	切割面积/m^2				
	25	25～35	35～40	40～70	>70
4级	4～5	5～6	6～7	7～8	8～10
5级	3～5	4～5	5～6	6～7	7～9

与火焰切割机相比，金刚石串珠锯具有操作安全简便、无噪声粉尘污染、维修保养简单容易、提高人均开采效率等优点。尤其是在节约矿体资源方面，金刚石串珠锯开采的优点更显突出。例如金刚石串珠绳的切割缝只有1.2 cm宽，锯切100 m^2 切割面，锯缝浪费的石料只有1.2 m^3。而火焰切割机产生的切缝宽度大约是22～25 cm，是金刚石串珠绳切缝的21倍，同样切割一个100 m^2 的切面，火焰切割缝造成的石料损失大约是22～25 m^3，是串珠锯切缝损失的18～20倍。如果再考虑切缝两侧因高温烧蚀产生一定深度石材结构的变化而带来的石料损失，火焰切割方法造成的石料损失远大于串珠锯切割缝，它对矿体石料的浪费是十分惊人的。

对花岗石矿山开采而言，以前金刚石串珠锯在开采成本方面的最大竞争对手是破坏性很大的火焰切割开采工艺，这主要是因为前一时期柴油价格比较低，金刚石串珠绳的价格高。但近年来柴油价格随国际油价不断攀升，已比前几年提高了将近一倍，火焰切割一个

200 m^2的面积，大约需要消耗将近7 t柴油，按照每吨柴油5400元计算，需要大约37800元。同时，国内切割开采花岗石的热压烧结注塑型金刚石串珠绳的价格，也从几年前的每米800～1000元降至目前的每米500～600元，同样切割200 m^2的面积，按照每米串珠绳的寿命是5 m^2计算，金刚石串珠绳的消耗成本大约是22000元，比柴油消耗成本减少大约42%。仅从消耗材料花费的成本这项考虑，就足以说明为什么目前国内矿山纷纷选择金刚石串珠锯取代火焰切割机开采花岗石。不论价格如何，单是购买如此数量的柴油，在目前能源供应比较紧张的情况下，也是很困难的。随着今后柴油价格逐渐与国际接轨，大量消耗柴油的火焰切割开采方法也必将逐渐退出花岗石矿山开采的舞台。

由于金刚石串珠锯属于采用柔性串珠绳的切割设备，与石材接触部位无刚性振动，所以也是切割脆性石材的最佳设备，而且是唯一能够取代火焰切割机开采极易破碎花岗石的开采设备，可用于硬度范围很宽的花岗石矿山石材开采。

在花岗石矿山开采中，金刚石串珠锯可以进行垂直、水平锯切面的切割；安装合适的导向轮后，还可以根据需要进行任意角度锯切面的切割。配合一些专用的辅助工具，金刚石串珠锯也可以进行其他开采机械根本无法到达的“封闭”面的切割。目前已知的最大切割面积达到700多平方米，而且切割效率远高于传统火焰切割方式，切割成本也低于火焰切割方式。金刚石串珠锯开采系统已成为露天花岗石矿山必不可少的配套开采设备，其综合开采成本也只略高于人工或其他传统的开采方法。但其提高荒料率所带来的经济效益和对石材资源的节约，是其他花岗石开采方法所无法比拟的。

目前金刚石串珠锯开采花岗石矿山的主要方法有两种，一种是与传统的排孔凿岩结合控制爆破开采方法组合的混合方法，另外一种是类似大理石的全锯切开采方法。前者可代替火焰切割机开拓自由面，形成易于实施的双面、甚至单面控制爆破，提高开采效率和开采荒料率。后者将参与荒料开采、整形锯切的全部过程，开采出的荒料表面平滑、形体规整、块度大、质量好、荒料率高；加工大板时，可大大缩短砂锯锯条切入荒料的时间，降低加工成本，获得更高的出板率。除此之外，使用串珠锯与矿山开采圆盘锯结合，专门切割分离体水平面的开采方法，在国内正在试验，如果成功，也是一种实用的串珠锯开采花岗石的工艺方法。

本章主要介绍花岗石矿山开采中，使用金刚石串珠锯切割开采的基本工艺方法、金刚石串珠锯与排孔凿岩机结合开采花岗石的工艺方法（以下简称混合法）、金刚石串珠锯全锯切开采花岗石的工艺方法（以下简称全锯切法），以及在露天型花岗石矿山开采中，开掘堑沟、分离岩体、解体和整形荒料的最基本和最常用的工艺方法、切割的工艺及操作技术参数等内容。

6.1 金刚石串珠锯开采花岗石的基本锯切方法

金刚石串珠锯开采切割花岗石的基本锯切方法包括，对垂直、水平、倾斜面，必要时还可对封闭背面进行切割的方法。这些方法经过不同组合，或者与排孔凿岩结合控制爆破的传统开采花岗石方法组合，构成了使用金刚石串珠锯开采花岗石的锯切开采工艺体系。

使用金刚石串珠锯开采花岗石时，因为花岗石的硬度远高于大理石，所以不能像锯切开采大理石那样，直接使金刚石串珠绳全部包络切割锯切面，必须使用导向轮将处于切割面上的金刚石串珠绳部分支撑，减少串珠绳与切割面的接触面积。不论是在锯切开始阶段，还是锯切将要结束阶段，串珠绳都离不开导向轮的支撑，以确保金刚石串珠绳在锯切过程中能够绕自身轴线旋转，防止出现串珠的偏磨。所以使用金刚石串珠锯开采花岗石尤其是硬质花岗石能否取得成功、锯切成本是否可以降低、是否可以获得锯切效率的提高,最关键的因素是灵活正确地使用导向轮。图6-1是金刚石串珠锯开采花岗石时,正确使用导向轮的一种锯切方法。图6-2、图6-3是在没有安装导向轮的条件下,不正确锯切花岗石的方法。

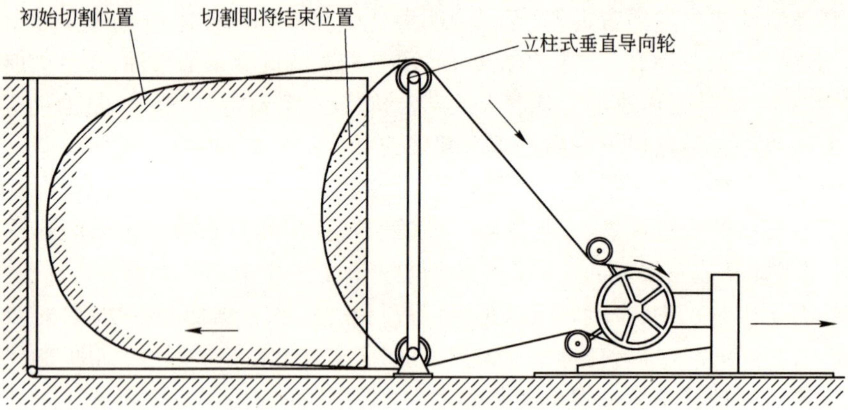

图6-1 正确使用导向轮锯切花岗石的方法

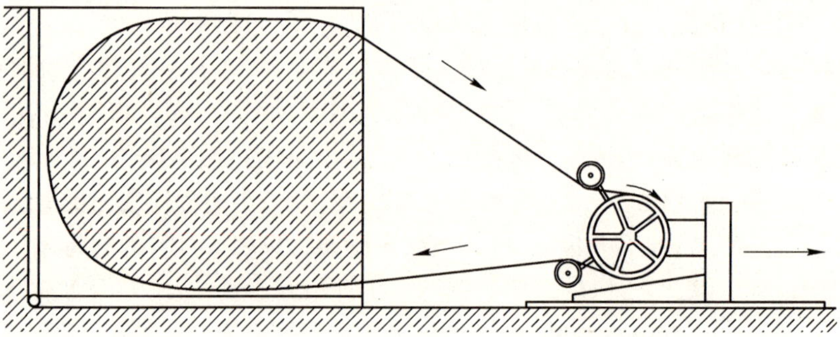

图6-2 不正确锯切花岗石的方法一

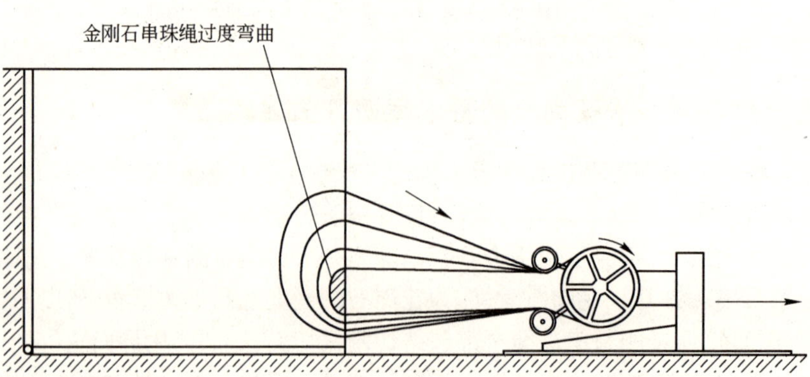

图6-3 不正确锯切花岗石的方法二

6.1.1 水平面切割方法

与开采大理石相同,金刚石串珠锯在花岗石矿体上进行水平面切割的目的主要是,将分离体与矿体的水平连接面分离切割。水平锯切主要用于全锯切法开采花岗石的矿山,这时,水平面的切割是分离体分离锯切的第一道锯切工序,然后才能进行垂直面的分离切割。这个顺序是不可逆的,因为,在水平面切割时,分离体与矿体垂直面的连接是防止分离体坠落的保证。如果先将垂直面切割完,这些支撑保证被解除,那么在水平面切割的后期,有时甚至在水平面切割的初期,分离体都有可能随时坠落压住金刚石串珠绳,造成金刚石串珠绳的报废,严重时可能引起金刚石串珠绳的断裂飞出,造成更严重的事故。即便是先切割水平面,在切割过程中,也应随时在已经切割好的锯缝中,尽可能深地塞入钢楔,保持分离体在水平面上得到足够的支撑。这种辅助支撑方式,对存在裂隙的分离体更为重要。图6-4和图6-5是在水平切割过程中,加入支撑钢楔的示意图。

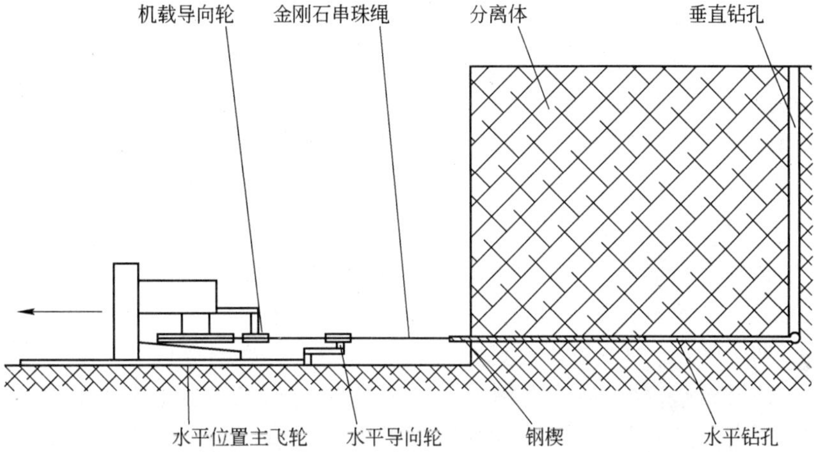

图6-4 水平切割面插入钢楔示意图

图6-5 水平切割面中插入的钢楔

在混合法开采花岗石时,为了避免大量使用火工材料用于分离体的分离,有时也采用串珠锯将分离体与矿体水平面锯切分离的方法。

水平切割前,首先要钻呈正交关系、相互垂直的纵向和横向钻孔并交汇贯通,以便金刚石串珠绳的穿引。钻孔要求与使用金刚石串珠锯开采大理石矿山时钻凿水平、垂直交汇孔的要求相同。

如果是混合法开采工艺，一般串珠锯用于代替火焰切割，分离体的尺寸达到1000 m^3 以上，有时甚至达到上万立方米，所以锯切面积都比较大，可能达到几百平方米。对于这种体积的分离体，也需要锯切它的水平面，其钻孔深度一般都超过10 m，甚至达到20多米。这就需要使用大孔径钻孔设备完成垂直、水平交汇孔的钻凿，例如大孔径气动或液压凿岩机等大孔径钻孔设备，钻孔直径达90～150 mm，通常钻孔越深，钻孔直径应越大，以便于与其他钻孔的交汇。

如果采用全锯切开采法，分离体的水平面是必须锯切的。切割分离体的尺寸是由成品荒料和矿体实际情况决定的，水平面的纵向深度一般在3～12 m之间，横向深度在10～15 m之间；为了减少水平面上的阶梯台阶，有时全锯切开采法也需要钻凿深度超过15 m的水平钻孔。深度小于8 m的钻孔，可以采用直径为50 mm的钻头和手持式凿岩机钻孔；深度超过8 m的钻孔，需要大孔径凿岩机，使用直径为60～90 mm的钻头钻凿。

根据开采场地的大小和台阶的实际分布，水平面的锯切也分成纵向锯切和横向锯切两种方式。纵向切割是指金刚石串珠锯导轨与纵向水平钻孔平行，金刚石串珠锯的进给是沿着纵向钻孔的方向。横向切割的进给方向则是沿着横向水平钻孔的方向。

开采花岗石矿山时，水平面的切割都采用“上切方式”，即金刚石串珠锯位于被锯切分离体的底面水平上，对位于其上方开采台阶上的分离体进行水平底面的切割。

6.1.1.1 水平面的横向切割方法

图6-6是金刚石串珠锯进行分离体横向水平面切割的示意图，图中金刚石串珠锯的主飞轮已经回转到水平位置，随机安装的两个机载导向轮也处于水平工作位置。该机导轨的前端还安装了两个间距为1～1.2 m、固定在台阶地面上的水平导向轮（图6-7）。只要金刚石串珠锯后方位置足够，就可以不剪断金刚石串珠绳，通过前后交替移动导轨，实现金刚石串珠锯切割进给动作的不断延续。这种锯切方式的优点是，保持处于切割作业的金刚石串珠绳的长度不变，可提高金刚石串珠绳的寿命；将处于金刚石串珠锯和固定导向轮之间的金刚石串珠绳的运动轨迹控制在一个稳定运动的范围之内，使其不因金刚石串珠锯的进给运动而逐渐扩大，实际上也是增加了一个对外露高速运动的金刚石串珠绳的控制保护措施。为了防止因外悬金刚石串珠绳过长，引起串珠绳的抖动，出现外悬串珠绳与导轨或地面碰撞的情况，可在外悬串珠绳与地面之间塞垫一些小石块（图6-7、图6-8）或废橡胶轮胎（图6-9）等，使串珠绳镶嵌在石块中运动，或由废弃轮胎支承运动，以便对串珠绳起支承保护作用。石块或废橡胶轮胎间隔视实际需要确定，一般1～1.5 m或更长。使用石块时，其大小必须保证不被串珠绳带动即可。在外悬串珠绳下面支承物体后，应确保串珠绳仍在原来的水平面内运动，不应出现因支垫物使串珠绳脱离（高于）原来运动面（锯切面）的情况。

横向水平切割一般用在作业面比较开阔的开采台阶上，如果分离体的侧面是一个开拓堑沟，为了保证金刚石串珠锯的作业空间，开拓堑沟的宽度至少应该达到金刚石串珠锯导轨总长度的1.5倍，也就是说达到9 m才合适。这时只能采取固定导轨，前后交替移动锯机，剪断串珠绳来实现切割进给的延续。

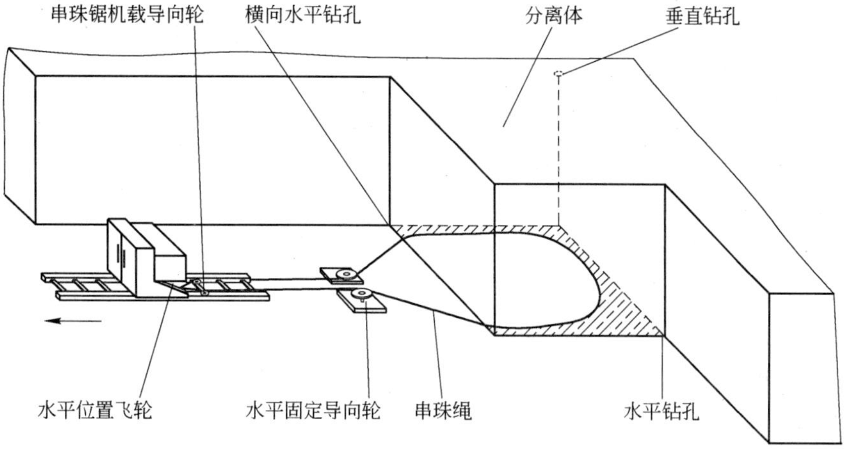

图 6-6　水平面横向切割示意图

图 6-7　水平切割固定导向轮安装示意图

图 6-8　外悬金刚石串珠绳垫石块支承示意图

图 6-9　外悬金刚石串珠绳垫废旧橡胶轮胎支承示意图

6.1.1.2　水平面的纵向切割方法

如果堑沟宽度不能达到金刚石串珠锯在堑沟内的最小作业宽度，但分离体另一侧的场地开阔，可采取将金刚石串珠锯安装在堑沟外面，进行纵向水平切割作业。图 6-10 所示是金刚石串珠锯进行分离体纵向水平面切割的示意图，其安装要求和作业方式与横向水平面切割相同，只是将串珠锯切割进给方向改变 90°，更换一个切割位置。

当花岗石矿山处于开采初期时，开拓堑沟的宽度有时不到 9 m，这种情况不足以在堑沟中横向安放金刚石串珠锯，进行图 6-6 所示的横向水平面切割，而开采台阶的宽度也不足以使串珠锯进行像图 6-10 所示的纵向水平面切割，这就需要采用图 6-11 所示的安装串珠锯进行纵向水平切割的方法。采用这种切割方法时，要对金刚石串珠绳的切割方向进行 90°的转向，可以通过调整固定在导轨前方地面上的水平导向轮的安装位置，使金刚石串珠绳在这两个水平导向轮处改变方向时不会干涉碰撞。为了防止金刚石串珠绳在运动过程中与导轨、地面碰撞干涉，可在其运动路径上垫支承石块或废橡胶轮胎，如图 6-8 和图 6-9 所示。

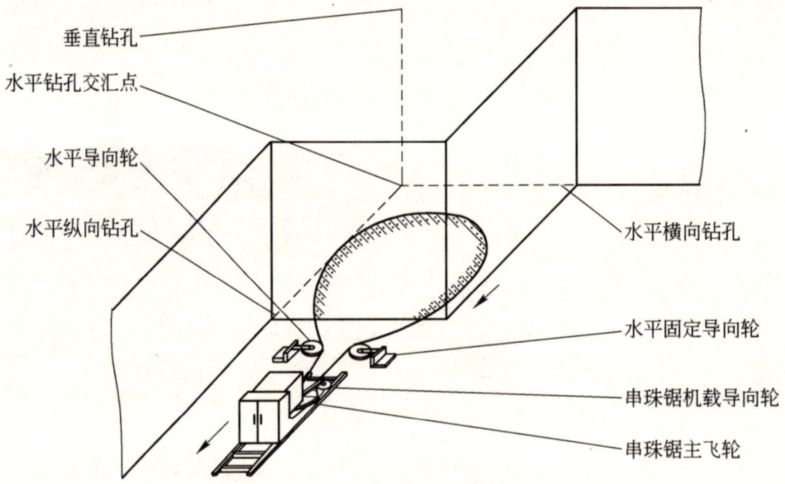

图 6-10　水平纵向切割示意图一

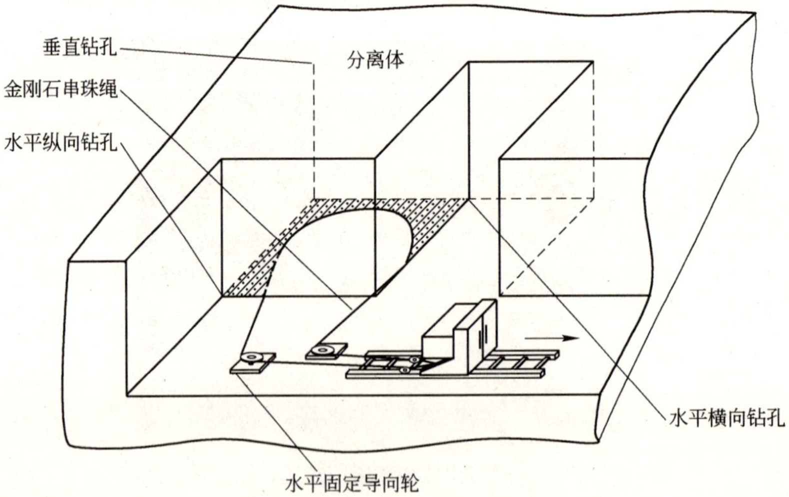

图 6-11　水平纵向切割示意图二

图6-12、图6-13是金刚石串珠锯在翡翠绿花岗石矿山进行分离体水平锯切的现场照片。

图6-12 金刚石串珠锯在翡翠绿花岗石矿山进行分离体水平锯切

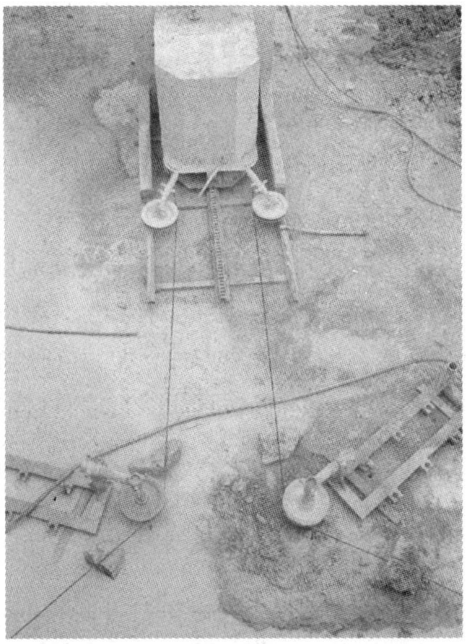

图6-13 俯视金刚石串珠锯在翡翠绿花岗石矿山进行分离体水平锯切

6.1.2 垂直面切割方法

与开采大理石相同，金刚石串珠锯对分离体或矿体垂直面的切割是最基本的和主要的开采锯切，这在露天开采花岗石矿山、对分离体的垂直主锯切面和侧锯切面的切割、荒料的整形切割中都会用到。对分离体垂直面的切割也分成“上切法”和“下切法”，在大理石矿山中使用的“背切法”，从理论上讲，在花岗石矿山也可以使用，但由于其切割效率低，只有在开采劈裂性极差的花岗石时，才有可能会用到，在锯切开采一般花岗石时，都不使用“背切法”锯切工艺。

6.1.2.1 “上切法”切割垂直面

“上切法”是指金刚石串珠锯位于被锯切台阶的底面上，对位于其上方开采台阶上的分离体进行垂直锯切面的切割。根据矿体形态的不同，相对于矿体开采台阶而言，“上切法”垂直切割通常分成纵向和横向两个方向的切割。纵向垂直切割是指锯切面垂直于矿体开采台阶的长度方向（左右方向），横向切割是指锯切面平行于矿体开采台阶的长度方向。

当对分离体的水平底面分离切割完成后，即可进行分离体垂直面的切割。图6-1、图6-14～图6-17示出了几种使用金刚石串珠锯，采用“上切法”切割花岗石矿体垂直面的方法。这几种垂直切割方法适用于混合法开采和全锯切法开采。

采用混合开采法时，应按照需要分离石料的尺寸去确定分离体的尺寸；采用全锯切开采法时，应按照荒料的商品尺寸，以及矿体的具体情况确定分离体的尺寸和体积，其中垂直钻孔和水平钻孔的深度与分离体的体积、尺寸、开采台阶的几何尺寸有关。

采用混合法开采时，开采台阶的高度可能达到10～20 m甚至更高，台阶深度也能达到10 m以上，这时垂直、水平钻孔的深度都在10 m以上，但也会出现混合法开采小规格分离体,钻孔深度小于 10 m 的情况。为了方便地翻倒和位移分离体,全锯切开采法时,开采台阶的高度通常小于 8 m,分离体最长的水平钻孔深度也常小于 8 m。为了保证分离体高度和厚度比例适合其翻倒,分离体另一个浅水平钻孔的深度一般小于 3 m。

深度小于 8 m 的钻孔,可以使用手持式凿岩机采用直径为 50 mm 的钻头钻孔;深度超过 8 m 的钻孔,需要大孔径凿岩机,使用直径为 60 ~ 90 mm 的钻头钻凿。

当工作面处于台阶式开采阶段的初期、需要锯切的分离体处于矿体表层的不规则边缘、开采台阶的高度小于 4 m 时,可采用图 6-14 所示立柱式导向轮的分离体垂直面的锯切方法。当台阶高度超过 4 m 时,如果再采用图 6-14 所示的立柱式导向轮结构,因立柱过高、刚度变差,必定会引起位于过高立柱顶端的导向轮出现抖动,影响串珠绳的导向性和稳定性,进而影响到串珠的切割寿命。所以在锯切高度超过 4 m 台阶时,虽然仍可采用图 6-15 所示的立柱导向轮式锯切垂直面方法,但这时立柱顶部的导向轮的高度始终不应超过台阶上方 4 m 高。

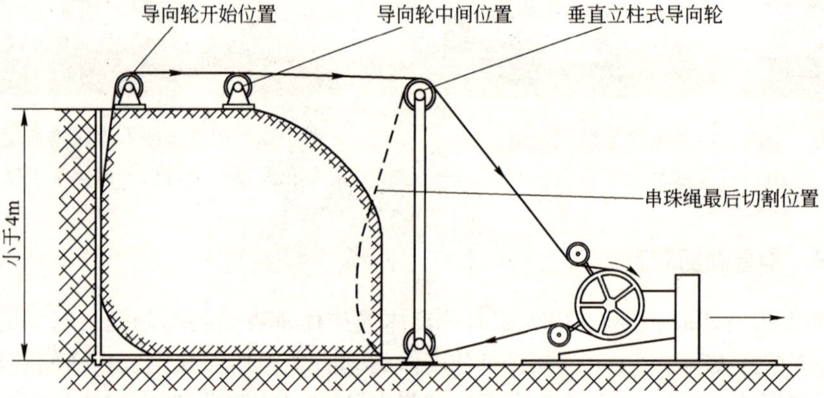

图 6-14　金刚石串珠锯"上切法"切割边缘不规则分离体的垂直面示意图一

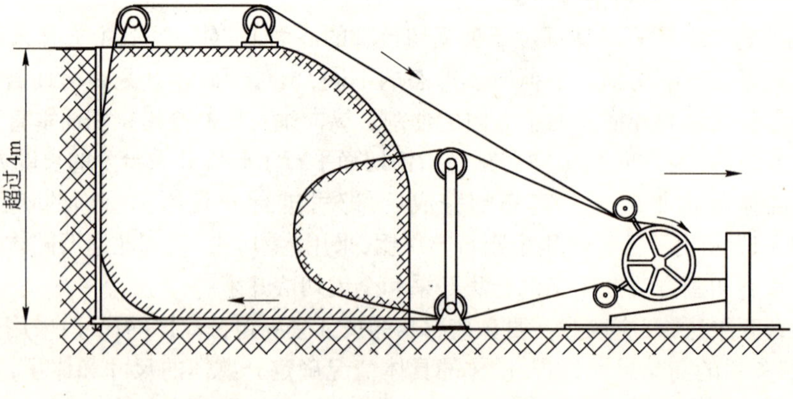

图 6-15　金刚石串珠锯"上切法"切割边缘不规则分离体的垂直面示意图二

在台阶式开采过程中，开采台阶已经形成垂直的岩壁，不论台阶高度如何，都可以采用悬臂式导向轮，进行图6-16所示的分离体垂直面锯切方法。如果台阶高度超过4 m，仍可以使用最大高度4 m的立柱式导向轮，进行图6-17所示的切割方法。

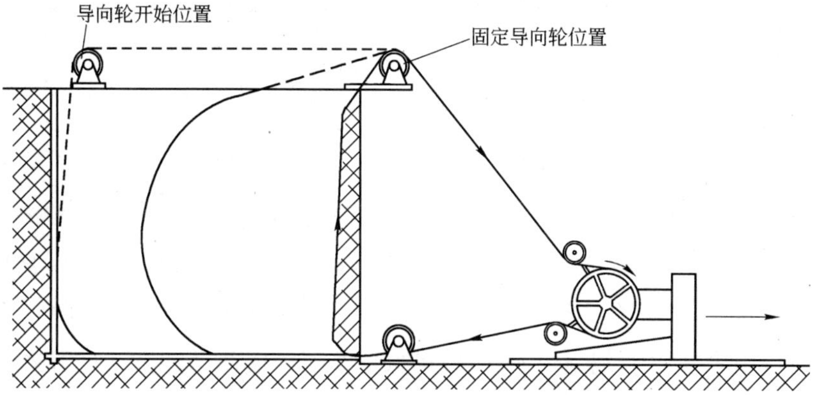

图6-16 金刚石串珠锯“上切法”切割边缘整齐分离体的垂直面示意图

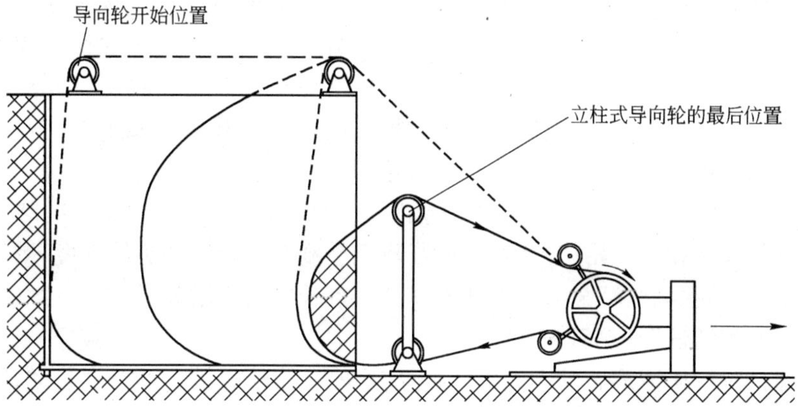

图6-17 金刚石串珠锯“上切法”切割高台阶分离体的垂直面示意图

在开采花岗石等硬质石材矿山，采用图6-14～图6-17四个示意图所示方法锯切分离体时，靠近垂直钻孔位置的上导向轮的主要作用是，尽快消除锯切初期串珠绳与垂直钻孔出口之间接近90°的棱角。随着锯缝位置不断前移，从分离体顶面出来的串珠绳与垂直切面处串珠绳的夹角早已大于90°，也不存在尖锐棱角过渡问题。所以可视具体情况，适时取消该导向轮，靠近分离体台阶边缘的导向轮必须保留到锯切结束。

图6-18、图6-19是金刚石串珠锯在翡翠绿花岗石矿山进行“上切法”切割台阶上的分离体垂直面的实际操作照片。

在形成宽阔开采台阶的初期开采阶段，工作平台和开拓堑沟的平面尺寸都比较小，其场地不能满足安装金刚石串珠锯进行上述切割所需的位置要求。可以采用如同切割大理石时，安装变向导向轮的方法，使串珠锯的工作位置适应开采场地的要求，见图6-31。

图6-18 金刚石串珠锯在翡翠绿花岗石矿山进行“上切法”切割分离体的垂直面图一

图6-19 金刚石串珠锯在翡翠绿花岗石矿山进行“上切法”切割分离体的垂直面图二

建议尽量采用扩大开采场地的方法,使串珠锯按照前面图示的方法进行锯切。场地实在不能满足要求时,才可使用安装变向导向轮的切割方法,但必须是由经验丰富、熟悉变向导向轮工作原理和安装方法的熟练技师完成变向导向轮的安装和调整,以确保串珠绳在变换方向时,能够被导向轮合理有效地支承和限制,防止锯切时串珠绳从导向轮部位跳出。切割时金刚石串珠锯的进给速度不能太快,以防止金刚石串珠绳在直角转弯处从导向轮中跳出。采用这种切割方式时,除降低金刚石串珠锯进给速度外,还必须在金刚石串珠绳的运动轨迹周围增加适当的保护措施,防止万一金刚石串珠绳从导向轮中脱出后危及操作者或其他开采作业人员的安全。总之,变向导向轮必须是在确保使用安全的前提下使用,如果有其他更安全的办法替代,应尽量不采用变向导向轮切割方法。

在使用“上切法”切割花岗石分离体垂直面时,对于分离体直角边缘处的圆滑处理要求与锯切大理石相同。在刚开始切割时,应适当降低金刚石串珠锯的进给速度,等转角处被磨圆后再进入正常切割,以减轻金刚石串珠绳在交汇点处的过度磨损。

6.1.2.2 “下切法”切割垂直面

根据采面台阶或矿体形态的不同,有时会将金刚石串珠锯放在开采台阶的顶部,相对于矿体开采台阶而言,串珠锯对其下方的分离体垂直面进行切割,我们称这种切割方法为“下切法”。与“上切法”进行垂直面锯切时相同,“下切法”垂直切割也分成纵向和横向两个方向的切割,其区别划分与“上切法”相同。根据串珠锯在矿体上部安装位置,以及相对于被切割分离体自由面的位置不同,“下切法”分成外切和内切两种安装方式。内切指串珠锯背向分离体自由面安装,如图6-20所示。外切指串珠锯面向分离体自由面安装,如图6-21所示。

“下切法”同样适用于花岗石的混合法开采和全锯切法开采,一般多用于全锯切和台阶高度6 m左右的混合法开采。采用“下切法”时,分离体尺寸、钻孔深度、钻孔直径等参数与“上切法”锯切垂直面时相同。

图6-20所示采用立柱式导向轮和支座式导向轮辅助配合,进行“下切法”内切锯切垂直面。该立柱导向轮的高度比较低,用于锯切全程中支承金刚石串珠绳,防止进出主飞轮的两条串珠绳相互碰撞,并保持串珠绳合适的切割曲率半径。支座式导向轮主要控制串珠绳在锯切面前端的切割曲率半径,随锯切位置的改变而移动,直至锯切即将完成。

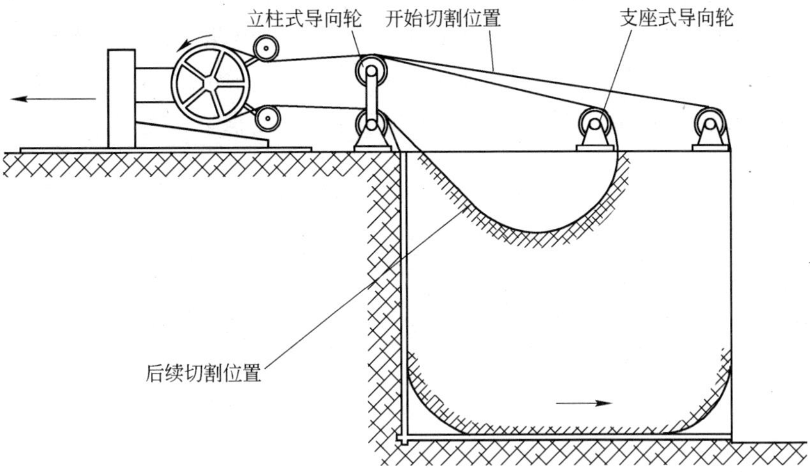

图 6-20　“下切法”切割分离体垂直面示意图一

图 6-21 是采用立柱式导向轮和支座式导向轮辅助配合,串珠锯外切安装,进行“下切法”外切锯切垂直面的方法。图 6-21 所示的台阶高度通常在 4 m 之内,在台阶底面可使用高度达到 4 m 的立柱式导向轮,用于金刚石串珠绳在锯切全程中支承。台阶顶面的支座式导向轮也是为控制串珠绳在锯切面前端的切割曲率半径安装的,也必须随锯切位置的改变而移动,只要当串珠绳在锯切面中形成的曲率半径合适,才可将支座式导向轮去掉,直接由立柱式导向轮支承。但串珠锯所在台阶上的低高度立柱式导向轮必须在锯切全过程中使用,作用与前面相同。

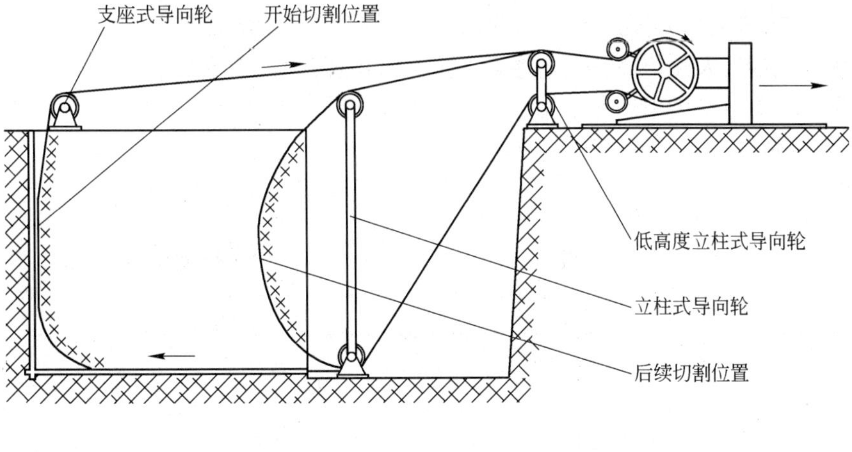

图 6-21　“下切法”切割分离体垂直面示意图二

如果确实需要在台阶高度超过 4 m、如图 6-21 所示类型的分离体进行“下切法”外切锯切垂直面时,可以采用立柱式导向轮支承方式,但立柱高度不能超过 4 m。

外悬结构的支座式导向轮支承串珠绳的方式,可适用于任何台阶高度的“下切法”垂直面切割,它实际上与下支座式导向轮组成一个高度不受限制的立柱式导向轮,如图 6-22 所示。锯切时，外悬式支座导向轮、立柱式导向轮和下支座式导向轮的安装伴随着锯切开始到锯切结束，上支座导向轮与外悬式支座导向轮都是为控制串珠绳在锯切面前端的切割曲率半径安装的，上支座导向轮必须随锯切位置的改变而移动，只有当串珠绳在锯切面中形成的曲率半径合适，才可将其去掉，直接由外悬式支座导向轮支承串珠绳。

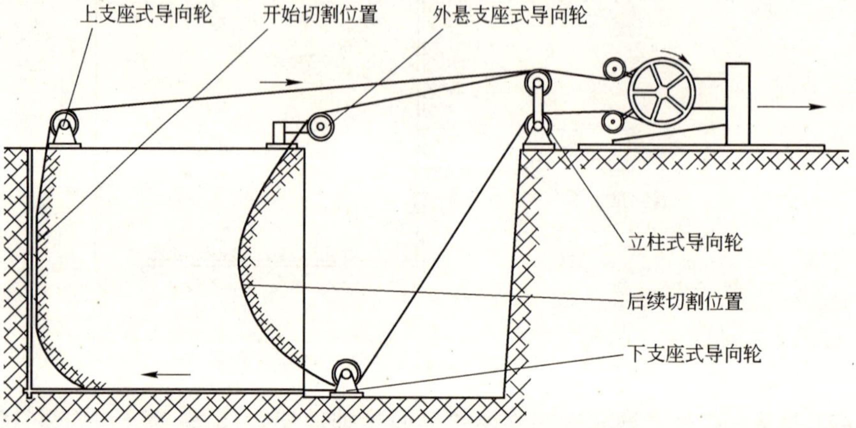

图 6-22　“下切法”切割分离体垂直面示意图三

6.1.2.3　“反切法”切割垂直面

“反切法”实际是“下切法”锯切垂直面中的一个特例，当矿山采面的地形条件不适合采用图 6-20 和图 6-21 所示安装锯机或导向轮时，可以尝试采用图 6-23 或图 6-24 所示的方法进行台阶底部分离体的垂直面的切割分离。

如果开采面有可利用的窄沟，而且串珠锯只能安装在图 6-23 所示的台阶顶面位置，可使用该图示的方法进行分离体垂直面的锯切。图 6-24 显示的情况一般出现在开采台阶邻近陡峭岩壁的边缘，天然形成并经过清除后形成的窄台面只能安放凿岩机进行交汇孔的钻凿，其位置不能满足安装串珠锯的需要，采用该图所示的锯切方法，同样可以完成分离体垂直面的分离切割要求。

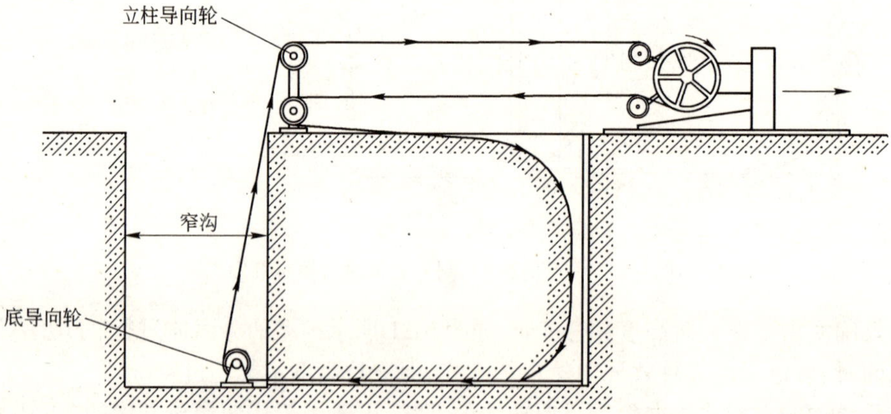

图 6-23　“反切法”切割分离体垂直面示意图一

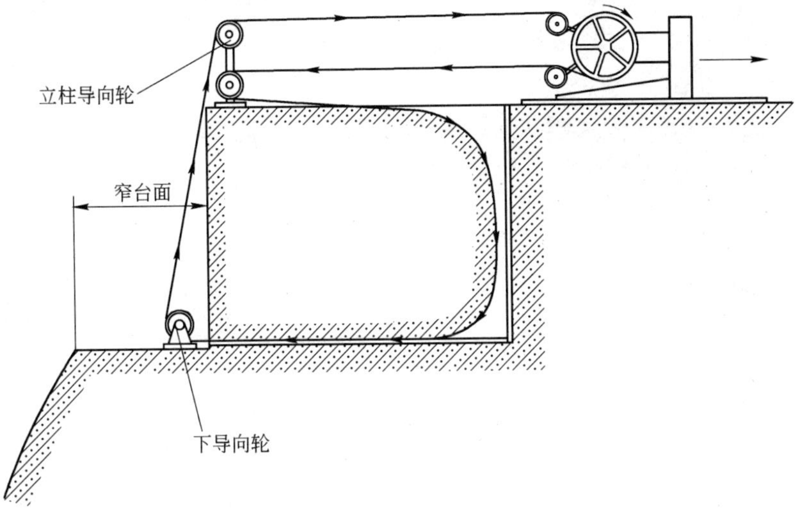

图 6-24 “反切法”切割分离体垂直面示意图二

这里介绍的只是一些串珠锯锯切开采花岗石的基本方法,供参考。在矿山开采的实际条件下,可将上述基本方法灵活运用,或经过不同的配合,还可以组合成更多的实用锯切方法。

6.1.3 锯切作业时导向轮的安装要求和结构

必须重申的是,在使用金刚石串珠锯开采花岗石时,必须使用导向轮支承锯切过程中的金刚石串珠绳,使串珠绳与被切割面只保持单边接触,避免金刚石串珠绳全部包络锯切面进行切割时串珠绳过度的磨损。因为花岗石的硬度很高,锯切时,金刚石串珠必须切割坚硬的石英颗粒,所以会遇到很大的切割阻力。如果串珠绳与切割面的接触面积过大,必须通过增大串珠绳的张紧力,来保持串珠锯的进给速度,并增加串珠绳的切割力和保证具有一定的切割速度,其结果是同时又增大了串珠绳在锯切过程中的切割阻力,最终可能导致串珠的自转能力降低,出现串珠的偏磨,严重时会影响到串珠绳的寿命,有时还可能出现锯切缝的偏差,出现曲面切缝。另外导向轮还担负着分离体直角边缘的切割过渡,调整控制串珠绳切割曲率半径,防止串珠绳因曲率过大而出现疲劳损坏。所以能否成功地使用金刚石串珠锯开采花岗石,正确地安装、灵活正确地使用导向轮是非常关键的。

使用金刚石串珠锯开采花岗石时,可选择的导向轮结构有立柱式、支座式和外悬支座式等结构。安装方法基本可分成立柱式导向轮安装、支座式导向轮安装和支座外悬式导向轮安装三种方法。前面介绍的水平、垂直锯切花岗石的方法中,都涉及到导向轮的安装和使用。

图 6-25、图 6-26 是水平切割时,控制串珠绳轨迹的支座式导向轮的实际安装作业图。图 6-27 和图 6-28 是“上切法”垂直切割时,支座式导向轮外悬式安装照片。图 6-29是“上切法”垂直切割时,立柱导向轮外悬式的安装照片。图 6-30 是“下切法”外切垂直面时,低高度立柱式导向轮安装照片。图 6-31 是安装在比较高的开采台阶上,进行“上切法”变向切割垂直面的变向式立柱导向轮的照片。图 6-32 是“上切法”锯切垂直面时,在台阶底面安装的支座式导向轮照片。图 6-33 是“上切法”锯切垂直面时,安装在台阶顶面上,用于调整和过渡串珠绳通过分离体直角边的支座式导向轮安装照片。

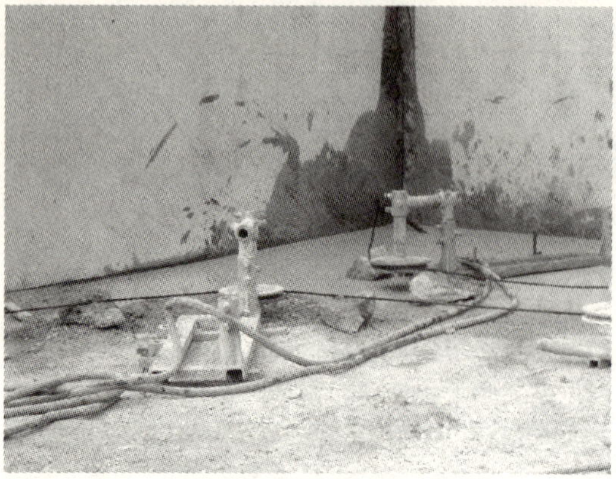

图 6-25　控制水平切割串珠绳运动轨迹的支座式导向轮照片一

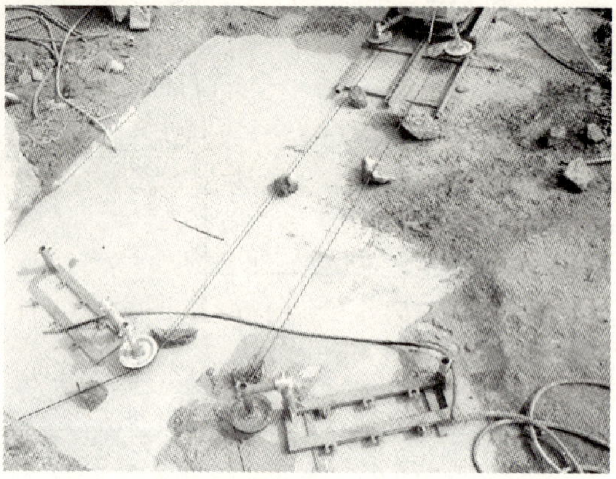

图 6-26　控制水平切割串珠绳运动轨迹的支座式导向轮照片二

图 6-27　“上切法”垂直切割支座导向轮外悬式安装照片一

图 6-28　“上切法”垂直切割支座导向轮外悬式安装照片二

6.1.4　花岗石开采准备堑沟的开拓方法

在使用金刚石串珠锯开采花岗石时，无论是采用混合法开采，还是全锯切法开采，都需要一个具有三个自由面的台阶作为开拓的基础。即使遇到整体性很好、只有两个自由面的矿体，或者没有合适的位置开拓第三个自由面，以及为开拓第三个自由面需要付出比较高的代价的情况时，仍然需要在矿体上开掘出一个开拓堑沟，就像传统的火焰切割机开拓的堑沟一样，一般情况下，都需要在封闭垂直背面上进行切割或凿岩处理。

图 6-29 “上切法”垂直切割立柱
导向轮外悬式安装照片

图 6-30 “下切法”垂直切割低高度立柱
导向轮外悬式安装照片

图 6-31 “上切法”变向垂直切割的变向式立柱导向轮安装照片

图 6-32 垂直切割时安装在台阶
底面的支座式导向轮照片

图 6-33 垂直切割时安装在台阶
顶面的支座式导向轮照片

在开采大理石时，可以采用切割立柱、进给立柱、臂式锯机、组合钻具等方式解决开拓堑沟封闭背面的切割问题。这种封闭背面锯切的方法利用了大理石质地比较软、容易切割的特性，同时解决和回避了因大理石劈裂性差的特性。开采花岗石则相反，其硬度很高，很难使用臂式锯机等切割设备进行切割，组合钻具也不能用于花岗石的钻孔；即使采用目前最大直径达到4.2 m的矿山开采圆盘锯，锯切深度也只能达到1.8 m，作为开拓堑沟，这个深度也不能满足要求，另外在宽度为15 mm的圆盘锯锯缝中穿引串珠绳，也不容易。从理论上讲，可以使用切割立柱、进给立柱方式进行花岗石堑沟封闭背面的切割。但由于串珠绳在压绳轮折弯处的曲率半径很小，工作条件非常恶劣，所以切割的效率很低，串珠绳的消耗很大。另外在花岗石矿体上钻凿直径为200 ~250 mm、深度为6 m或更深的钻孔也是非常困难的，或成本很高。

由于大多数花岗石的劈裂性都比较好，可以使用金刚石串珠锯切割垂直立面，采用排孔凿岩结合双面控制爆破的方法开掘堑沟内的分离体；或者使用贯通孔凿岩机在矿体封闭的垂直背面上，钻凿贯通的排孔，再使用单面控制爆破分离水平面的方法分离开掘堑沟内的分离体。传统火焰切割机也是开拓矿体台阶自由面的方法，但目前金刚石串珠锯已经完全可以将其代替。

6.1.4.1 串珠锯的“背切法”切割矿体封闭背面

无论使用推进杆固定式进给切割立柱，还是使用推进杆进给式切割立柱，从理论上讲都可以完成在花岗石矿体上的封闭垂直面锯切。当所开采的花岗石属于高档、稀有的石材品种，而且其劈裂性比较差时，采用下面介绍的方法难以完成开拓堑沟的开掘，或者开掘成本很高时，也可以考虑采用类似开采大理石的“背切法”工艺，用于切割花岗石矿体的封闭背面。使用金刚石串珠锯进行“背切法”垂直切割，甚至过渡到封闭水平底面的切割作业时的作业步骤、操作方法和技术要求与采用相同方法开采大理石时一样。

但从开采成本和开采效率上考虑，不推荐将开采大理石矿山的“背切法”切割工艺，用于开采劈裂性比较好的花岗石，可以采用下面介绍的更经济、高效的方法处理矿体封闭背面的分离问题。

6.1.4.2 金刚石串珠锯与台架式凿岩机组合开掘堑沟

这是一种最常用和最经济的组合开掘堑沟的方法，也是替代火焰切割机开掘堑沟的最理想方法。只需要像金刚石串珠锯、台架式凿岩机或者手持式凿岩机，配合大孔径凿岩机这样的矿山专用开采设备，结合控制爆破的方法，即可完成台阶式开采花岗石所需堑沟的开掘作业。开掘方法简单，容易掌握。图6-34、图6-35是采用这种组合方式开掘堑沟的现场图片和示意图，表6-2是图6-35中各个字母的含义，以及相应的技术数据要求。下面结合图6-35和表6-2，简述串珠锯与台架式凿岩机组合开掘堑沟的作业步骤。

(1) 交汇孔钻凿。首先在台阶顶面上，距开采台阶垂直正立面 V_3 的距离 L_b 处，用大孔径凿岩机Pv，垂直向下分别钻两个间距为 L_p、深度为 H 的垂直钻孔A。在台阶底面用大孔径水平凿岩机钻凿两个深度为 L_b、间距为 $L_a = L_p + 0.5$ m的水平孔B，分别与两个垂直孔A交汇。堑沟内的分离体石料呈现内小外大($L_a > L_p$)的梯形形状，以便于能够容易地取出，如果形成外小内大($L_a < L_p$)的梯形，分离体石料将会卡在堑沟内无法取出。

如果矿山没有配备专用大孔径凿岩机，也可用普通手持凿岩机，配套直径50 mm的大孔径十字或一字钻头替代，但需要有比较熟练的凿岩机操作人员使用，以保证交汇孔的交汇贯通精度和交汇成功率。

图 6-34 金刚石串珠锯与台架式凿岩机组合开掘堑沟现场图

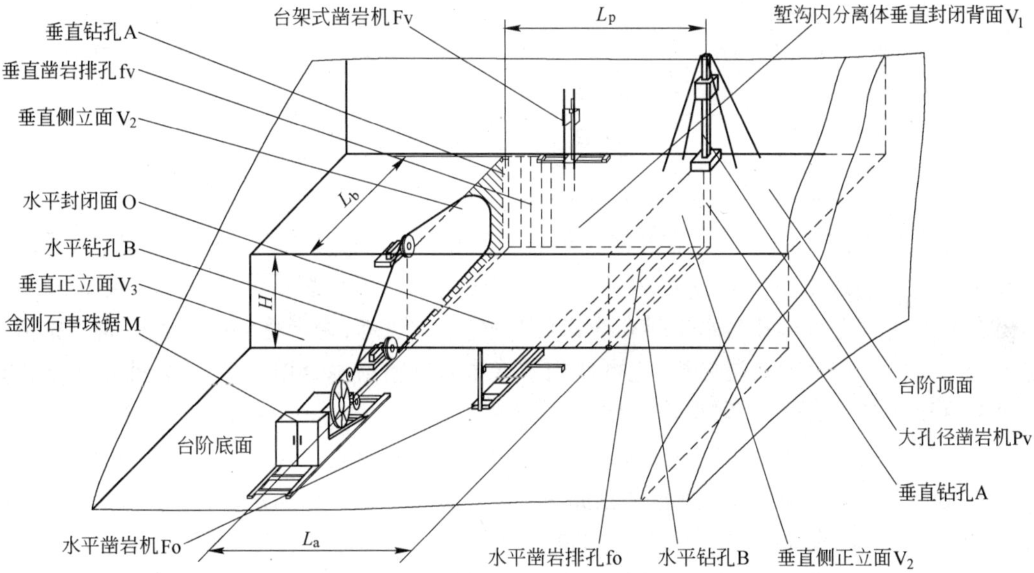

图 6-35 金刚石串珠锯与凿岩机组合开掘堑沟示意图

(2) 垂直立面 V_2 锯切。在开采台阶的底面安装金刚石串珠锯 M，按照前面介绍的金刚石串珠锯“上切法”切割垂直面的要求，分别对两个垂直侧立面 V_2 进行分离切割。

(3) 水平排孔 fo 的钻凿。在开采台阶底面安装水平标杆式凿岩机或水平台架式凿岩机 Fo，如果操作熟练，甚至可以使用手持式凿岩机，在两个水平钻孔 B 的连线上，沿水平方向钻凿深度为 L_b、间距为 20 ~ 30 cm（间距由岩石可劈裂特性确定）的水平排孔 fo。水平标杆式凿岩机钻杆与水平地面的间距最小只有 7 cm，比水平台架式凿岩机的 15 ~ 25 cm 小很多，因此形成各水平面之间的台阶也很小，但其凿岩速度比台架式凿岩机低，排孔的平面度也差一些，操作也比较复杂，但比手持凿岩机要好得多。

表 6-2　花岗石矿山使用金刚石串珠锯与凿岩机组合开掘堑沟示意图中各字母的含义和技术参数

字母名称	字母含义	技术参数要求		备注
		直径/mm	深度或长度/m	
Fv	垂直台架式凿岩机	38～42		单头、双头或更多头的凿岩机，手持凿岩机
A	垂直钻孔	50～90	6	钻孔直径随台阶深度 H 增加而增加
Fo	水平标杆式或水平台架式凿岩机	38～42	6	手持凿岩机或根据矿山的装备配备
B	水平钻孔	50～90	6	钻孔直径随开采台阶宽度 L_b 增加而增大
Pv	大孔径凿岩机	50～90	最大 20	混合法高台阶或大体积分离体方式开采花岗石时，背面深度有时可达 30 m
V_1	垂直封闭背面		最长 20	
V_2	垂直侧立面		最深 15	2 个
O	水平封闭底面			
M	金刚石串珠锯			至少 30 kW 的变频调速型
H	开采台阶高度或堑沟的高度		6	标准开采时的台阶高度
L_p	垂直钻孔间距或堑沟的内长度		3～9	堑沟的宽度或深度
L_a	水平钻孔间距或堑沟的外口长度		$L_p+0.5$	开口呈梯形
L_b	开采台阶宽度或堑沟的深度		6	垂直钻孔距台阶边缘安装垂直凿岩机的位置
fv	垂直凿岩排孔	38～42	6	
fo	水平凿岩排孔	38～42	6	
V_3	台阶垂直正立面			

（4）垂直排孔 fv 的钻凿。在开采台阶的顶面安装单头或多头台架式凿岩机 Fv，在两个垂直钻孔 A 的连线上钻凿间距为 20～30 cm（间距由岩石可劈裂特性确定）、深度 6 m 的垂直排孔 fv。注意垂直排孔与水平排孔应错位布置，不能贯通，否则将会影响到后面的控制爆破。如果矿山没有台架式凿岩机，也可使用手持凿岩机钻凿垂直排孔，要求排孔直线度和共面度精度质量高，以保证控制爆破的质量。

（5）控制爆破分离。当完成了垂直封闭背面 V_1 上的垂直排孔 fv 和水平封闭面 O 上的水平排孔 fo 的钻凿作业，两个垂直侧立面 V_2 也被金刚石串珠锯切割分离后，采用双面（V_1 和 O 面）控制爆破的方法，将分离体从岩体上分离。

（6）分离体移动。使用气压或水压顶推袋、液压顶石机、挖掘机和装载机等设备将堑沟内的分离体石料移出堑沟。

（7）分离体解体。用金刚石串珠锯、液压劈裂器、人工打楔劈裂或排孔控制爆破等方法将分离体解体成荒料和不能使用的碎石。

堑沟内每次分离石料的尺寸一般是高 6 m、宽 3 m、深 6 m，待荒料被倒运走，废石被清排后，一个最小宽度 3 m、高度 6 m 的开拓堑沟就形成了。无论后面是采用混合法、结合双面还是单面控制爆破方法开采花岗石，或者直接将大分离体从矿体上锯切分离的全锯切法开采花岗石，该堑沟都可以满足作为后续大分离体自由面的要求。

需要注意的是，如果确定后续分离体石料背面的长度小于 8 m，矿山没有大孔径凿岩机，只能使用手持凿岩机配合 8.4 m 或更长的加长钻杆去钻凿分离体石料背面的水平孔。上面介绍的只取出一块石料，宽度只有 3 m 的堑沟还不能满足 8.4 m 钻杆的作业要求。因为必须保证加长的钻杆能够从堑沟内放入，所以需要将堑沟宽度扩大到至少 9 m 的宽度。可以按照前面介绍分离体的尺寸，依次向堑沟宽度方向扩展，再取出两块分离体石料，即可获得宽度 9 m 的堑沟。

上述堑沟尺寸只适合于大约 6 m 以内深度和高度的标准台阶开采，如果采用混合法开采高度超过 6 m 的高台阶、体积达到几千甚至上万立方米的大体积分离体花岗石时，一般无需再开掘一个上述尺寸的堑沟。可直接将拟开掘的堑沟扩大，将堑沟内的石料作为大体积的分离体，按照上面方法将其与岩体分离。这时的垂直或水平钻孔深度将达到 10 ~ 20 m，甚至 30 m。钻凿交汇深度 10 m 以上、用于穿引串珠绳的贯通孔，必须由专用的、定位性好的高精度大孔径钻机完成。同时要求花岗石的劈裂性很好，因为垂直和水平排孔的钻凿深度受到标准钻杆长度的限制，即便采用加长的钻杆，其长度最多也只能达到 9 m，超过 9 m 的钻杆，使用标准凿岩机带动其凿岩工作的效率降低很多。所以垂直排孔和水平排孔的钻凿深度不能达到要求的深度，剩余未钻凿部分能否按照要求从矿体上整齐地分离，只能依靠石材本身的劈裂特性了。还可以将分离体分成若干个深度小于 9 m 规格的尺寸，采用标准或加长钻杆一次将水平孔钻凿到劈裂位置，以避免石料劈裂性差造成分离体劈裂分离出现失败。

金刚石串珠锯与台架式凿岩机组合开掘花岗石矿山堑沟的方法，特别适用于矿体表面的坡度较陡，只能形成比较小的开采台阶宽度的开拓堑沟的开掘作业。双面控制爆破对于劈裂性比较好的花岗石矿体来说，难度不大，容易控制。如果矿体完整性好，堑沟内的石料还可以被回收，降低开掘成本。如果矿体的裂隙比较发育，可以将堑沟部位选择在裂隙比较发育和集中的部位，无非就是降低了堑沟内回收荒料的数量，但将完整部分的矿体留到后面正式开采，仍然是合理和划算的。

6.1.4.3 贯通孔凿岩处理矿体封闭背面的方法

国外一些花岗石矿山曾经使用过贯通孔凿岩的方法，处理矿体封闭背面的分离问题。在目前串珠锯开采花岗石已经普及的条件下，这种方法非常适合于开采劈裂性比较差的花岗石，而且最好是用于标准台阶高度的开采。其工作原理是：使用大孔径的凿岩机，在矿体的封闭背面钻凿相互贯通的垂直排孔，排孔的轨迹见图 6-36，使得分离体的该面与矿体分离；分离体的其余两个侧垂直面，由金刚石串珠锯完成与矿体的切割分离；采用钻凿排孔，结合单面控制爆破的方法，将分离体的水平底面与矿体分离。

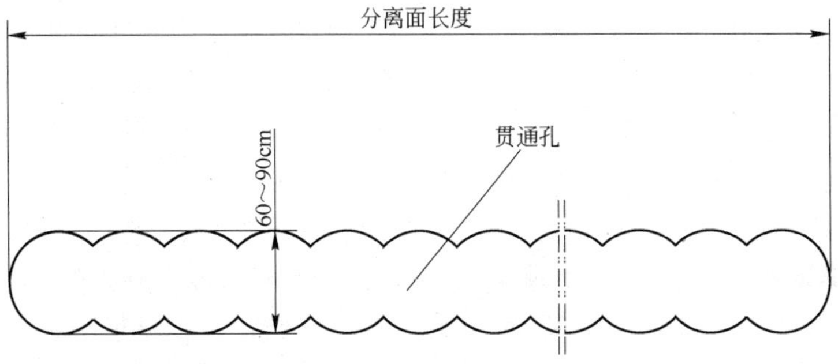

图 6-36 贯通孔凿岩轨迹示意图

因为前面介绍的方法只能采用钻凿排孔,结合双面控制爆破的方法分离,对于劈裂性差的花岗石,双面控制爆破分离的成功率比较低。如果分离失败或分离得不完全,堑沟内会残留有一些与矿体仍然连接的石料,清理这些石料的成本和代价也比较高。采用钻凿贯通排孔,结合单面控制爆破,可提高劈裂性差的花岗石堑沟内分离体的分离成功率。

贯通孔凿岩处理矿体封闭背面分离的方法也有其缺点,因为正在钻凿的钻孔,与前面已经完成的钻孔都是相互贯通的,会有一部分压缩空气从相邻孔中泄露,所以钻孔效率不如直接钻凿单孔的效率高,凿岩机的压缩空气损耗量也比正常使用时高,要求矿山必须配备供气量很大的空压机才能满足大孔径贯通孔凿岩机的使用要求。

6.1.5 开拓初始工作平台的方法

开采花岗石时,同样会遇到不同的矿体条件和矿体形态,为了形成开采台阶,必须进行开拓初始工作平台的准备工作。前面介绍的在开采大理石矿山中使用的各种初始平台的开掘方法,其中有些在花岗石矿山也能适用。

在整体性好的花岗石矿体上,为了开掘初始工作平台,可以采用金刚石串珠锯与台架式凿岩机组合方法;只要开采成本允许,可以采用串珠锯全锯切式开掘方法。也可以利用突出岩体,采用大深度单孔贯通切割方法,以及交汇孔切割方法形成初始工作平台。还可以利用天然裂隙开拓初始工作平台,初始工作平台的扩展方向也可分成沿初始工作面的水平和垂直两个方向上的扩展。

6.1.6 倾斜面切割方法

使用金刚石串珠锯在花岗石矿山也可以进行倾斜面的切割。所谓倾斜面切割有两个含义,一是指被切割面与金刚石串珠锯安装作业的水平基面不是垂直正交,而是呈现倾斜状态的;二是指金刚石串珠锯的安装作业基面不是水平的,而且与被切割面也不是垂直正交的。

通常情况下,金刚石串珠锯可以在与水平面的倾斜夹角小于 3° ~ 10°范围内的倾斜地面安装作业,最好不要超过这个角度,不同企业生产的不同型号的金刚石串珠锯,都有在倾斜面切割作业的具体要求。

被切割面与金刚石串珠锯的作业基面呈倾斜状态时,可以通过调整主飞轮旋转面与被切割面重合,来达到进行倾斜面切割的目的。倾斜面切割时,应注意在切割的不同阶段,在切割缝中插入支撑钢楔,作用与水平面切割时加入钢楔相同,是为了防止处于切割面上方的岩体跌落,出现卡绳事故。

正常情况下,花岗石矿山都采用水平分层工作面开采,该方法对于矿体倾角大于 70°的急倾斜矿体或小于 20°的缓倾斜矿体是合理的;但对于倾角在 45°左右的倾斜矿体,如果仍采用水平分层工作面开采,开采的分离体变成了平行四边形,其解体分割后,则出现一些不能再分解的三角石料,荒料率会大大降低。开采这种矿体时,可以调整主飞轮进行任意角度的切割,但串珠锯不能直接安装在 45°倾斜面上锯切作业。还可以将串珠锯安装在水平面或符合倾斜工作要求的斜面上,通过导向轮将串珠绳导引到倾斜的被切割面上。如果倾斜面上有分层的节理可以利用,串珠锯只需要进行分离体垂直面的切割分离。图 6-37 和图 6-38所示为意大利北部 DOMODOSOLA 地区的一座矿体倾斜角度大约 40°的片麻岩矿山,采用串珠锯和排孔凿岩劈裂结合的混合法开采，该矿山的串珠锯只进行垂直面的切割分离，分离体在倾斜面上的分离是利用了天然的节理分层面。

图6-37 串珠锯在倾斜矿体开采中的使用之一

图6-38 串珠锯在倾斜矿体开采中的使用之二

6.2 山坡露天型花岗石矿山开采

前面已经介绍了，目前在花岗石矿山开采中使用金刚石串珠锯开采的基本方法分成混合方法和全锯切开采方法两种。混合法是指串珠锯与传统排孔凿岩结合控制爆破开采方法结合的混合开采方法，全锯切开采法类似于使用金刚石串珠锯开采大理石的开采方法。

混合开采方法中的金刚石串珠锯用于代替传统火焰切割机开拓自由面，使切割后的分离体形成易于实施双面、甚至单面控制爆破面，可提高开采效率和开采荒料率。混合法开采又分成标准高度台阶开采和高台阶、大分离体开采两种方法。高台阶开采在我国福建闽南地区的花岗石矿山使用较多，因为该地区花岗石品种一般，价格比较低，花岗石的劈裂性比较好，具备高台阶劈裂开采花岗石的条件。以往多采用火焰切割机开掘矿体的自由面，然后采用人工打楔窝劈裂的方法，在形成的高台阶大体积分离体上再进行人工开采分离荒料。随着柴油价格的不断攀升，以及火焰切割机对周围环境造成的粉尘和噪声污染影响的加剧，使用串珠锯代替火焰切割的开采方法逐渐被这些矿山接受。通常分离体的体积越大，分摊到每立方米荒料所消耗火焰切割或金刚石串珠锯的开采成本就越少。所以在这种特定条件下，高台阶和大体积分离体开采是比较合适的。如果花岗石的劈裂性比较差，深度或高度达10～20 m，甚至更高的分离体开采，会因为标准钻杆深度不能全部覆盖分离面，影响到分离的一致性。所以高台阶和大体积分离体开采通常只能适用于劈裂性好的花岗石开采。标准高度台阶一般是指高度小于6 m、最高可达8 m的开采台阶。用金刚石串珠锯进行标准高度台阶开采，基本适用于所有具有一定劈裂性的花岗石开采，即便是劈裂性比较差的花岗石，只要加密排孔的间距，仍可开采出比较规整的荒料。标准高度台阶开采方法多用于使用台架式凿岩机钻凿排孔的花岗石开采。

金刚石串珠锯全锯切开采，与开采大理石的方法类似，金刚石串珠锯将参与分离体从矿体上的分离切割、分离体的分解切割、荒料的整形切割，也就是参与全部开采过程中的切割。这种方法开采出的荒料表面平滑、形体规整、块度大、质量好、荒料率高；加工大板时，可大大缩短砂锯锯条切入荒料的时间，降低加工成本，获得更高的出板率。因为金刚石串珠绳切割花岗石的成本比较高，所以全锯切法开采只适用于劈裂性极差或根本不能进行劈裂，而且品种稀有、价格比较高的花岗石开采。

6.2.1 混合法开采花岗石

前面已经介绍了混合法开采花岗石的定义和内容，下面将介绍混合法开采花岗石的工艺要求和实施步骤。

6.2.1.1 混合法高台阶开采花岗石的工艺流程

混合法开采高台阶花岗石时，其工艺流程如下：

选定大体积分离体的位置并确定其几何尺寸──→钻凿分离体单侧（具有三个自由面的矿体）或两侧（只有两个自由面的矿体）的水平和垂直贯通孔──→安装金刚石串珠锯──→锯切分离体与矿体的连接面──→钻凿分离体与矿体连接面上的排孔──→双面或单面控制爆破将分离体从矿体上分离──→分离体的解体划线──→分离体的钻孔劈裂解体──→荒料的整形──→荒料的验收──→荒料的位移、吊装和运输。

可选择三种锯切分离体与矿体连接面的方案：方案1是只锯切长方形分离体与矿体连接的垂直端面，在分离体与矿体连接的垂直背面和水平面上钻凿排孔，然后使用双面控制爆破使分离体从矿体分离；方案2是将分离体与矿体连接的水平底面和垂直端面切割分离，切割顺序是先水平后垂直，在分离体与矿体连接的垂直背面上钻凿排孔，然后使用单面控制爆破使分离体从矿体分离；方案3是用串珠锯将分离体与矿体连接的三个面全部切割分离，这时的分离体与矿体已经分离，不再需要控制爆破作业。三种方案的选择取决于矿体裂隙发育情况、矿体的荒料率、高台阶分离体的尺寸和体积、切割面的大小等因素。这三种分离方式的特点和相关的直接开采成本将在后面介绍。

6.2.1.2 实施高台阶开采花岗石的锯切工艺要求和步骤

在进行花岗石的高台阶混合法开采时，需要使用金刚石串珠锯来切割分离体的垂直侧立面。根据矿体形状特点和安装金刚石串珠锯的合适位置，确定采用“上切法”或“下切法”锯切工艺。分离体的高度、宽度和长度一般没有一个确定的数值，一般都在8 m以上，最大尺寸受到矿体形态、钻孔深度、贯通孔交汇难度的限制，应该选取合适的尺寸。

因为分离体的体积比较大，穿引金刚石串珠绳的水平、垂直贯通孔比较深，有时达到15 ~30 m的孔深。应选择直径比较大的贯通孔，通常钻头直径达90 ~ 120 mm，以便于孔的交汇。另外应使用钻进精度比较高、钻孔时定位性能比较好的大孔径凿岩机，必要时还应采取一些跟踪、追寻钻孔交汇点的辅助措施和装置，以提高深孔钻凿的交汇成功率。据介绍，在瑞士与意大利交界处的一个瑞士片麻岩矿山，曾经使用串珠锯对一个超大体积的梯形矿体的垂直面进行切割。该矿体的高度达到38 m（垂直孔深度），深度大约27 m（水平孔深度），顶宽大约12 m，面积达到700 m^2。钻凿交汇孔时，采用了直径为100 ~ 110 mm的钻头。因为垂直孔深度达到水平孔的1.4倍，所以首先钻凿垂直钻孔，然后再钻凿水平钻孔与其相交，即便是采取了一些辅助定位或钻孔修正措施，第一个水平孔还是未能与垂直孔成功交汇，只能补钻了另外一个水平孔后才实现交汇。锯切该垂直面时，锯机每天24 h不间断切割，总用时30天，平均切割速度1 m^2/h。金刚石串珠绳的线速度为18 m/s，串珠绳总长度大约125 ~ 130 m，使用的是37 kW主电机的金刚石串珠锯。因为切割面过大，有时每天串珠锯的水平移动距离只有大约5 cm。

实现了大深度钻孔后，还要解决冷却水如何深入锯缝的问题，如果按照传统压力和指望串珠绳将冷却水带入锯缝内部的方法往往不能达到串珠绳均匀冷却排屑的效果,有时垂直锯缝中会升起蒸汽状的汽化冷却水。可以采用增加冷却水供应压力,以及喷射式喷水嘴,多增加几个辅助加水点的方法解决。但过大的冷却水量也是不可取的,因为这会引起串珠绳“打滑”,不能切割。

锯切高台阶时,对金刚石串珠锯也有一定的要求。因为锯切面积大,所以必须使用比较长的串珠绳,应尽量选择功率大的主电机,以确保带动比较长的串珠绳时具有一定的功率储备。串珠锯的主电机必须具备调速功能,因为锯切不同种类花岗石时,需要不同的串珠绳线速度,线速度的精度区分有时可能会达到 0.5 m/s。另外应选用具有一定重量的金刚石串珠锯,例如超过 1000 kg 的锯机重量,坚固的导轨,以增加锯切过程中的进给稳定性。锯机切割时振动过大,不仅不利于锯机本身的工作,而且会影响到金刚石串珠绳的使用寿命,这也是内燃机式串珠锯必须解决的问题。锯切时,必须按照前面介绍的串珠锯切割花岗石的基本方法,合理地安装、使用导向轮。

金刚石串珠锯高台阶切割开采花岗石的方法见图 6-39,图中所示大分离体与矿体有垂直侧立面 V_1、V_2 和水平面 O 三个连接面,可以使用串珠锯将这三个连接面全部锯切分离。

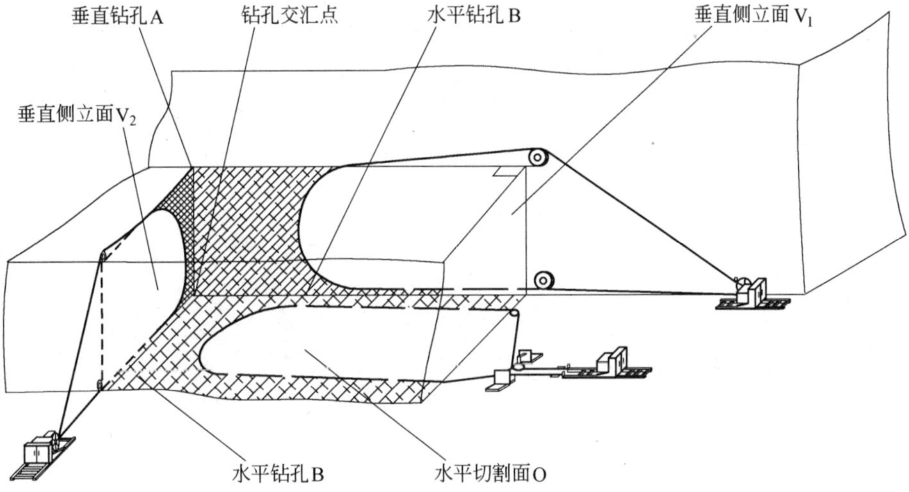

图 6-39 串珠锯切割高台阶垂直面示意图

采用混合法开采高台阶花岗石时,是否采用上面介绍的将分离体与矿体的三个连接面全部锯切分离,还是只锯切 1～2 个连接面的方案,取决于石材的劈裂性、分离体的几何尺寸、分离切割面的大小、开采工艺要求、石材锯切性能和石材的品种档次等因素。

对于劈裂性相对比较差、品种档次比较高、石材硬度比较低、容易锯切的花岗石,可以采用三面锯切分离方案,将分离体与矿体分离。这是一种以可接受的切割成本、比较高的锯切速度,直接将分离体从矿体分离的方案。避免了只锯切一个或两个连接面后,使用单面或双面控制爆破时,劈裂面不能按照预期分裂面分离,在分离体内出现爆伤裂隙,影响分离体的开采质量。如果控制爆破不理想,还会增加从矿体清理本应属于分离体、但却残留在矿体上石料的处理成本。两面或三面都分离锯切时,必须遵循先锯切水平面,然后再锯切垂直面的切割顺序。

如果石材劈裂性好，可采取只锯切一个垂直面的方案 1，或切割水平和一个垂直面的方案 2，然后对分离体进行双面控制爆破（只锯切一个垂直面）或单面控制爆破（锯切水平面和一个垂直面）方式分离。因为在水平连接面上实施放“抬炮”的分离作业，需要比较大的装药量，爆破也难于控制，而且还会损伤分离体和矿体的石材，如果能够实施串珠锯的水平切割分离，尽量不采取水平面的“抬炮”分离作业。除非在裂隙比较发育的矿体或切割面积过大的水平面情况下，如果使用串珠锯切割时，串珠绳很容易卡在水平锯缝中，或根本就不能实施过大面积的水平面切割时，才考虑实施水平的“抬炮”分离作业。

6.2.1.3　混合法进行标准台阶高度的花岗石开采工艺流程

混合法进行标准高度台阶式开采花岗石是机械化开采花岗石的基本方法，除了台阶高度不同外，开采工艺流程、对分离体的锯切要求等都与高台阶混合法开采时相同。

6.2.1.4　实施标准高度台阶开采花岗石的锯切工艺要求和步骤

在采用混合法开采标准高度台阶的花岗石时，通常需要分离体具备三个自由面，如果矿体没有三个自由面，需要按照前面介绍的方法，对矿体进行开采剥离准备，形成三个自由面后，才能进行标准高度台阶的串珠锯混合开采。

在采用开采方案 1 时，只锯切分离体与矿体的端部垂直连接面，如图 6-40 所示，然后采用双面控制爆破的方法将分离体与矿体分离，如图 6-41 所示。

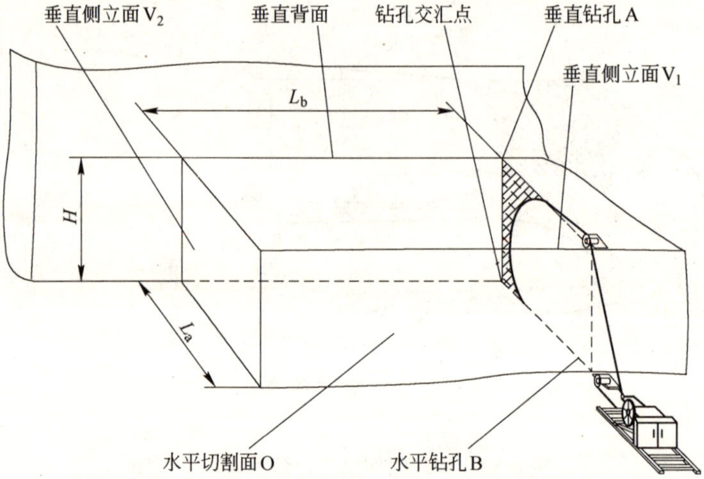

图 6-40　混合法开采花岗石分离体垂直端面切割示意图

标准开采台阶的高度和宽度一般在 8 m 以下，通常为 6 m，这主要是考虑标准钻杆的最大钻孔深度是 6 m，图 6-40 中的 $L_a \approx H = 6 \sim 8$ m。分离体的长度 L_b 与矿体形态、石材特性和开采工艺有关。因为钻孔深度可以达到分离体的高度和宽度，所以花岗石的劈裂性已经不是确定分离体长度的主要因素，可以通过缩小钻孔间距来提高分离面的劈裂质量；而花岗石的硬度、切割成本是主要考虑的因素；在确定分离体长度时还应考虑如何避开矿体的裂隙。分离体长度越长，开采单位体积荒料消耗的串珠绳成本越低。通常分离体的长度 $L_b = 10 \sim 30$ m（图 6-40），有时甚至达到 30 m 以上。

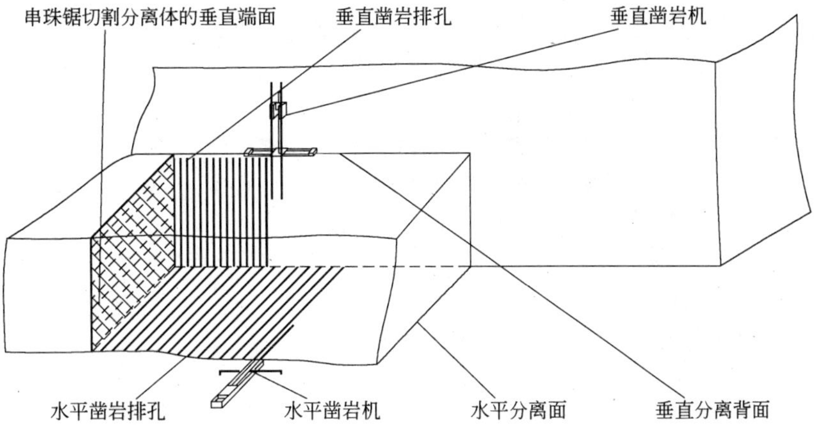

图 6-41 分离体的双面控制爆破分离示意图

在采用开采方案 2 时，需要锯切分离体与矿体的水平连接面和端部垂直连接面，切割顺序是先水平后垂直，如图 6-42 所示，然后采用单面控制爆破的方法将分离体与矿体分离，如图 6-43 所示。

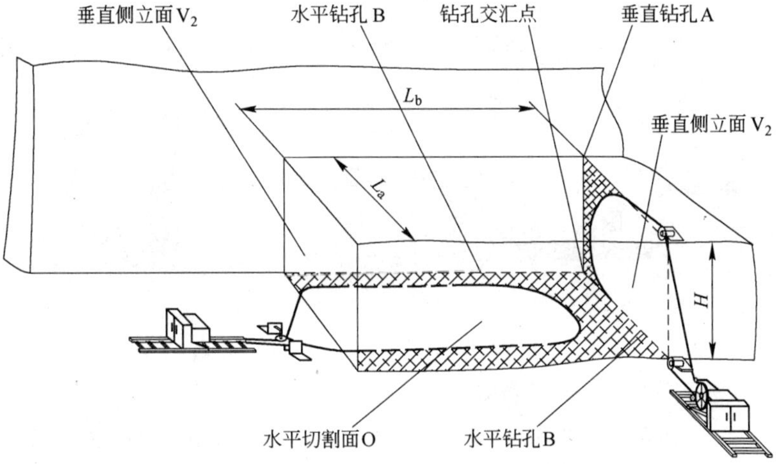

图 6-42 混合法开采花岗石分离体水平和垂直端面切割示意图

图 6-44 是采用方案 3 时，串珠锯将分离体与矿体的三个连接面全部切割分离，后续的工作只是完成分离体的解体、荒料整形即可。

随着花岗石串珠绳性能的不断改进，价格也在不断降低，锯切成本基本已经降低到工业化、经济规模开采的水平。只要切割串珠绳的消耗成本能够被接受，或者能够被分离体内包含的可回收荒料所消化，不一定需要选取很长（例如大于 20 m）的分离体长度尺寸，这样可降低串珠锯切割操作的难度。

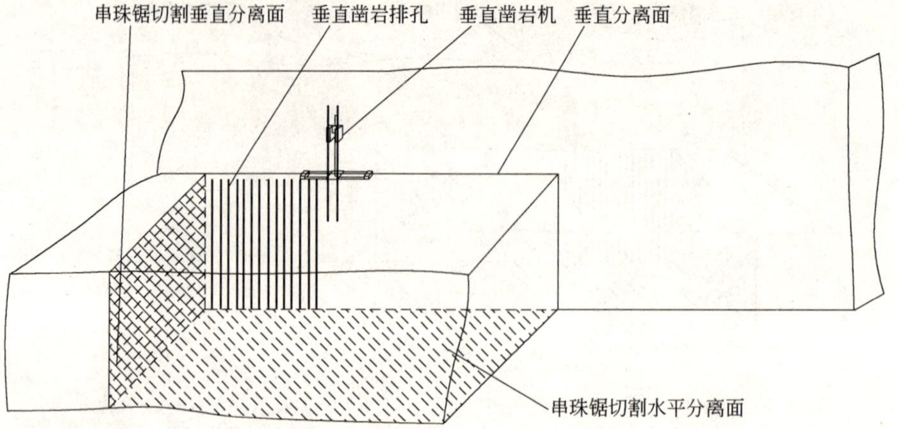

图6-43 分离体的单面控制爆破分离示意图

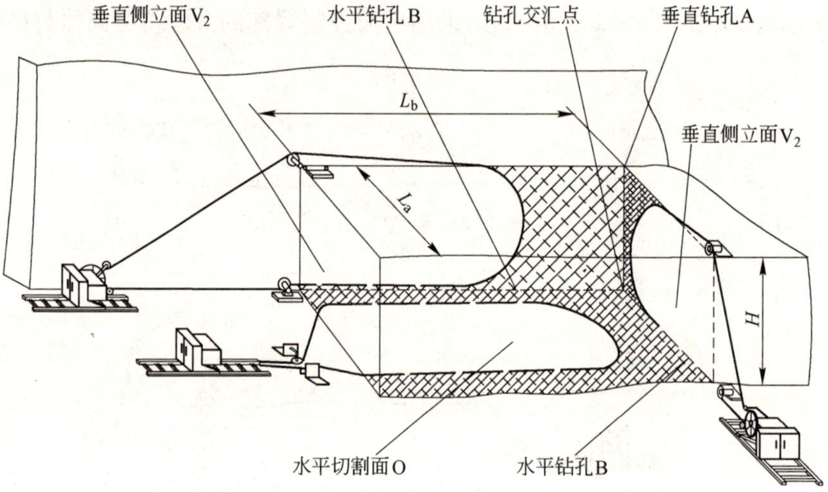

图6-44 混合法开采花岗石分离体三个面切割分离示意图

6.2.2 金刚石串珠锯全锯切法开采花岗石

只要开采成本可以接受,金刚石串珠锯全锯切应该是目前机械化开采花岗石的最好方法(图6-45)。但受到开采成本的制约,这种开采方法只能局限于一些特定品种和特定矿体条件的花岗石矿山开采。

例如:对于一些高档花色品种,但石材的劈裂性极差,甚至不能通过密集排孔凿岩劈裂的方式分离;或者质地非常硬脆,不能使用控制爆破、甚至像膨胀水泥那样的静态膨胀剂劈裂分离的花岗石品种的开采。如果使用传统控制爆破的方法开采,根本就不能开采出无爆破裂隙或形状规则的合格荒料。这些石材品种的价值比较高,可以考虑采用金刚石串珠锯全锯切工艺方法开采。

6.2.2.1 金刚石串珠锯全锯切开采花岗石的应用实例介绍

福建三立达翡翠绿花岗石(国内编号为 G3597)矿山是国内最早使用金刚石串珠锯全锯切开采,而且取得成功的花岗石矿山。该花岗石的矿体主体岩石类型为灰绿色斜长透辉石变粒岩、条纹状透辉石钾长变粒岩。该岩石总体属超基性——中酸性火山变质岩系。矿体为斜长透辉石变粒岩、钾长透辉石变粒岩和黑云母斜长透灰石岩。

该矿山曾经历过人工凿岩开采、排孔凿岩结合导爆索控制爆破和膨胀水泥分离等开采方式,都没有取得理想的开采结果。开采出的荒料中存在大量的爆伤裂隙或劈裂时产生的微观裂隙,虽然其花色品种特殊,市场价格昂贵,但由于开采的荒料质量问题,一度曾走入绝境。经过仔细的调查论证和科学合理的分析计算,于 2005 年初开始采用金刚石串珠锯全锯切开采方法,第一年就取得了成功,经过 2 ~3 年的开采实践,全锯切开采工艺已经稳定。当对翡翠绿花岗石采用排孔凿岩、控制爆破或水泥膨胀剂开采时,其荒料率只有 5% ~7%,开采出的荒料成方性差,裂隙多,不能达到市场荒料销售的要求。采用金刚石串珠锯全锯切开采方法后,在 2005 年将近 8 个月的开采时间内,三台主电机 30 千瓦、变频调节串珠绳线速度、变频调节锯机进给速度的串珠锯共开采荒料 1000 m^3,荒料率达到 40%,5 ~7 m^3 的砂锯荒料占 65%,砂锯荒料的长度为 2.4 ~3.1 m,高度为 1.4 ~2 m,因为受到道路、运输、吊装条件的限制,砂锯料的厚度只能控制在 1.3 m 之内。单就开采荒料率一项,串珠锯全锯切法就比传统开采方法提高了 7 ~8 倍,开采成本只提高了大约 2 倍。图 6-46 显示了使用金刚石串珠锯全锯切方法开采翡翠绿花岗石的矿山全貌。

后面将详细介绍金刚石串珠锯全锯切开采花岗石的成本分析,与其他开采花岗石工艺方法的比较。

图 6-45 金刚石串珠锯全锯切开采三立达翡翠绿花岗石矿山图一

图 6-46 金刚石串珠锯全锯切开采三立达翡翠绿花岗石矿山图二

6.2.2.2 金刚石串珠锯全锯切开采花岗石矿山的工艺流程

采用金刚石串珠锯全锯切开采花岗石的工艺流程,与串珠锯开采大理石矿山类似,包括下面各工艺步骤:

首先确定虚拟分离体水平面的位置和几何尺寸——→钻凿虚拟分离体水平面的长水平孔与垂直孔交汇——→虚拟分离体长垂直面的切割——→确定分离体的尺寸——→在分离体上钻凿水平孔、垂直孔分别与虚拟分离体长水平孔交汇——→安装金刚石串珠锯——→将分离体与矿体的两个连接面锯切分离⟶分离体的位移或翻倒⟶分离体的解体划线⟶分离体切割解体⟶荒料的整形⟶荒料的验收⟶荒料的位移、吊装和运输。

当一个分离体被移出矿体后，可继续第二个小分离体的水平、垂直钻孔，与虚拟分离体上的长水平孔交汇，按相同的工艺步骤完成第二个小分离体的切割分离等后续开采工序，直至将虚拟分离体全部开采成荒料。

6.2.2.3　实施串珠锯全锯切开采花岗石的锯切工艺要求和步骤

采用金刚石串珠锯全锯切开采花岗石，通常选择6～8 m的标准高度的开采台阶尺寸。虽然金刚石串珠锯全锯切开采花岗石的工艺流程与串珠锯开采大理石矿山类似，但还不完全相同，具体实施时，有其特殊性，下面分别介绍。

A　虚拟分离体尺寸的确定

由于凿岩机的结构限制，大孔凿岩机的钻孔中心线与水平地面之间必须留有一定的距离，根据凿岩机型号和结构的不同，这个距离大约在7～20 cm之间。因此，在切割水平面时，相邻切割面之间必定会出现台阶。如果每次选择的水平切割面积过小，在采面的底平面上便会形成多层平面和台阶。随着水平面的扩大，后续分离体的高度会因这些水平台阶的累积而减小，严重时会影响到后面分离体的荒料尺寸。采面底平面上形成的多层台阶如图6-47所示。

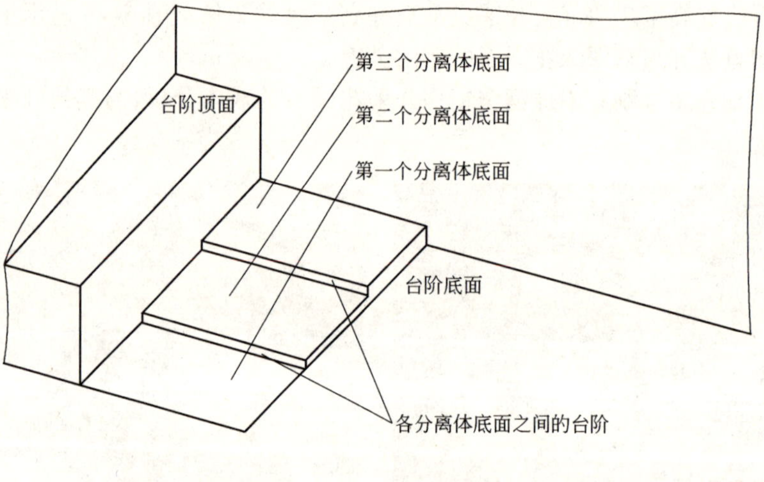

图6-47　采面底平面上形成的多层台阶

减少水平面累积台阶影响的最有效的方法是，在交汇孔能够实现贯通的前提条件下，先选择一个长方形的虚拟分离体，再将虚拟分离体分成若干个实际开采分离体。将虚拟分离体的水平底面的长边水平孔一次钻凿完成，以这个长水平孔作为后续分离体的一个公共水平孔，虚拟分离体中包含的每个分离体都使用这个公共水平长孔，后续分离体的水平底面与虚拟分离体的底面共用一个平面（见图6-49）。然后再分次切割每个分离体的水平面，这样切割虚拟分离体内各个分离体水平面后，水平底面不会出现台阶。

根据可控制钻孔精度的深度，确定虚拟分离体长边长度（图6-48中的L_p），该长度等于后面开采分离体长度的整倍数，如果采用孔径为90～110 mm的大孔凿岩机，该长度可以达到15～30 m。虚拟分离体的短边长度（图6-48中的L_c）等于后面开采分离体的宽度，为了提高钻凿分离体交汇孔的贯通成功率，该宽度一般为4～8 m即可。虚拟分离体的高度等于开采台阶的高度(图6-48中的H),也就是后面开采分离体的高度,参照6 m标准钻杆的长度和加长钻杆8 m的长度,分离体的高度最高8 m。

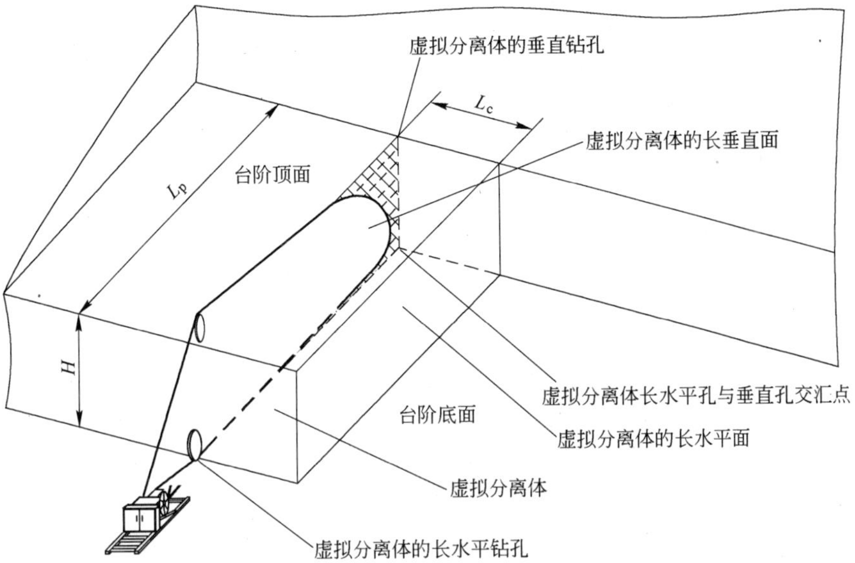

图6-48 虚拟分离体长垂直面切割示意图

B 虚拟分离体水平长孔与垂直交汇孔钻凿

虚拟分离体上水平长孔的作用除了与垂直孔交汇,以便穿引串珠绳切割分离其长垂直面外,还有一个重要的作用,是用于与后面各个分离体水平底面交汇孔的贯通。

因为钻孔较深,必须修正因钻杆重力作用产生钻杆下沉,导致钻头末端下垂,出现钻孔末端低于钻孔初始端的偏差。水平钻孔越深,出现的下沉偏差就越大。解决办法是钻头在钻孔入口处应适当高抬,使钻杆与水平面形成一个微小的初始夹角θ,以便钻孔的末端基本与钻孔进口等高。夹角θ的大小与钻孔深度、钻孔直径、岩石硬度等因素有关。一般可通过钻凿1~2个水平孔,并测量孔的出口与进口处的水平位置差,再根据水平孔深计算即可求得该种岩石钻进时的初始交角θ。经验数据表明,采用直径60~90 mm钻头,钻凿中等硬度花岗石的水平孔时,每钻进1 m,钻头的下垂量大约是1 cm。在钻杆上安装导正器也可减小钻头的下垂量。

C 虚拟分离体长垂直面的切割分离

图6-48显示采用“上切法”锯切虚拟分离体的长垂直面的示意图。根据矿体的实际情况,也可以采用“下切法”完成虚拟分离体长垂直面的切割。通常情况下,该面的面积可达到120~240 m^2,属于大切割面锯切。

D 分离体交汇孔的钻凿

根据预先确定的分离体尺寸,钻凿其水平孔和垂直孔与虚拟分离体的长水平孔交汇。可采用直径为65 mm或90 mm的大孔径凿岩机钻凿,如果凿岩机操作工的技术纯熟,使用普通带气腿的手持式凿岩机,安装50 mm直径的钎头,也能完成最大深度8 m的钻孔交汇,实际使用时甚至能达到95%以上的交汇成功率。使用手持式凿岩机的优点是:辅助安装时间短,使用和操作灵活,耗气量小,能源消耗小,开采成本低;缺点是:对使用者的操作技术水平要求高,需要有辅助人员随时监控并修正钻孔线路的高低和方向偏差。

图6-49显示了钻凿三个分离体的垂直孔、水平孔,分别与虚拟分离体水平长孔的相应点交汇。有关交汇孔钻凿的具体方法和钻孔参数等内容,在第8章中将有详细介绍。

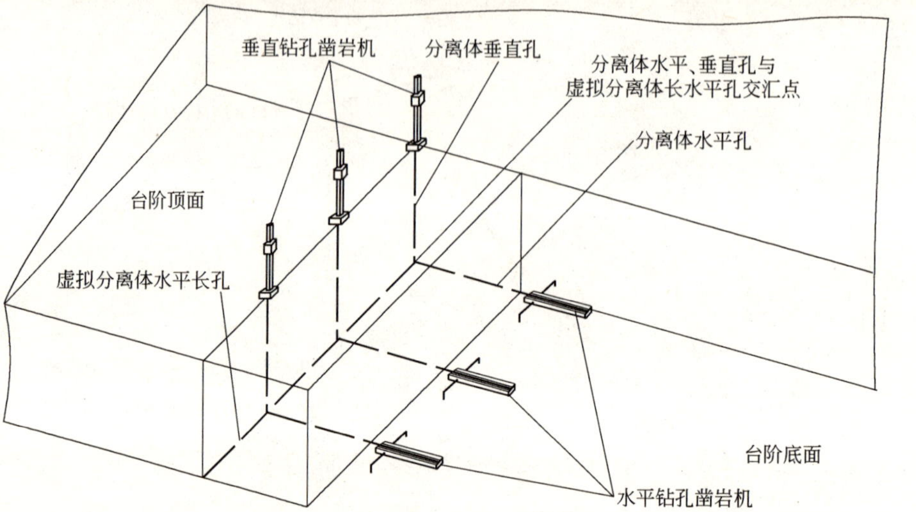

图6-49 分离体垂直、水平钻孔与虚拟分离体长水平孔交汇

E 分离体与矿体分离面的切割分离

因为虚拟分离体与矿体连接的长垂直面已经切割分离,也就等于三个分离体(图6-50)与矿体的垂直连接背面与矿体分离,三个分离体各自与矿体之间只剩下水平底面连接,相邻分离体之间有垂直面连接,如图6-49所示。这时可安装串珠锯,从最外面开始,分别切割每个分离体的水平底面和垂直面,即可完成每个分离体与矿体的切割分离。必须等前一个分离体移出或翻倒、可以安装串珠锯后,才能锯切后面一个分离体,如图6-50所示。

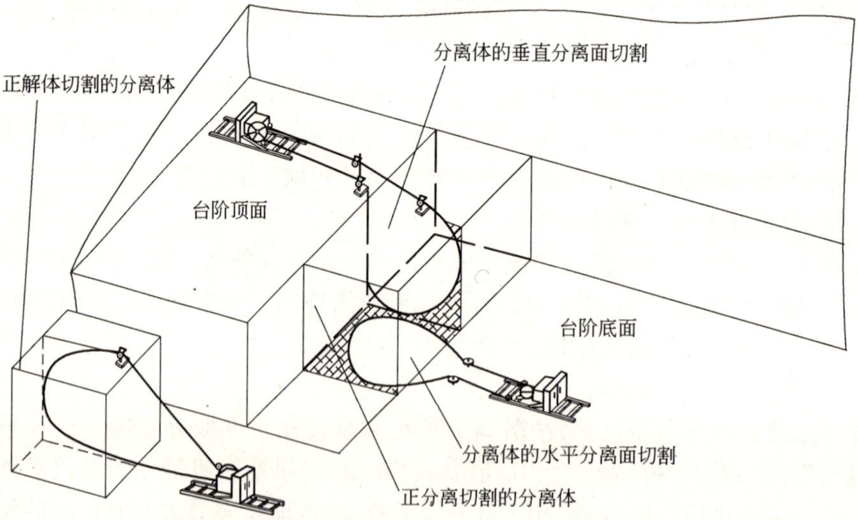

图6-50 分离体与矿体切割分离示意图

全部分离体开采完成后，在虚拟分离体的水平底面形成一个无台阶的平面，如图6-51所示。

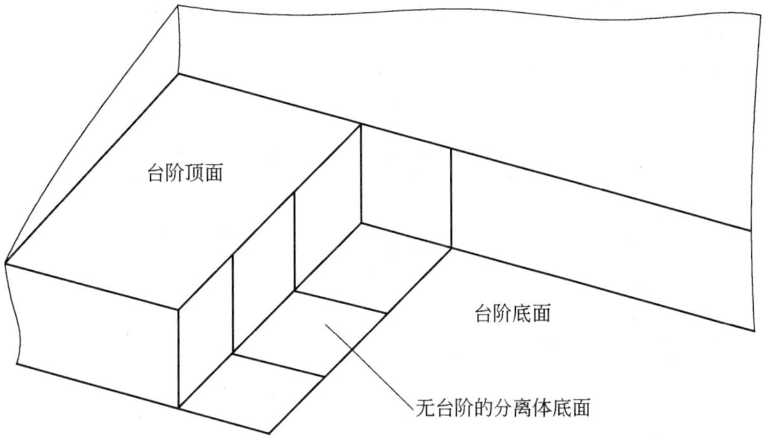

图6-51　无台阶的虚拟分离体底面

F　其他后续工序

可采用前面介绍的串珠锯开采花岗石的基本方法，完成分离体的翻倒或从矿体移出、分离体的解体切割、荒料的整形切割、荒料的吊装和运输等后续工序。

采用金刚石串珠锯全锯切法开采时，分离体的体积都不是很大，可使用插入串珠绳锯缝中的专用气压顶推袋，将分离体顶离矿体，然后在挖掘机、装载机或慢动卷扬机的协助下，将分离体翻倒。

采用串珠锯对分离体进行解体切割时，必须按照前面介绍的方法，合理地使用导向轮。除了使用串珠锯整形荒料外，为降低金刚石串珠锯全锯切开采花岗石的开采成本，也可以采用排孔凿岩、膨胀剂（膨胀水泥）、大直径圆盘锯机或专用的固定式金刚石串珠整形机对荒料进行整形处理。

6.3　金刚石串珠锯开采花岗石的成本分析

目前对国内外所使用的通用型花岗石开采机械设备进行不同组合后，可组成大约6种机械化和半机械化开采花岗石的方法，其中至少有4种开采方法可以使用金刚石串珠锯设备。

这6种开采方法的工艺特点如下：

（1）手持凿岩机钻凿排孔，结合导爆索控制爆破开采方法（简称人工开采法）；

（2）火焰切割机开掘堑沟，配合手持凿岩机钻凿排孔，结合导爆索等火工材料控制爆破开采方法（简称火烧凿岩开采法）；

（3）金刚石串珠锯开掘堑沟，配合手持凿岩机钻凿排孔，结合导爆索等火工材料控制爆破开采方法（简称人工凿岩串珠锯开采法）；

（4）金刚石串珠锯全锯切开采方法（简称串珠锯全锯切开采法）；

（5）圆盘锯式荒料切石机与金刚石串珠锯组合全锯切开采方法（简称圆盘锯串珠锯组

合开采法）；

（6）金刚石串珠锯配合台架式凿岩机，结合导爆索等火工材料控制爆破开采方法（简称台架凿岩机串珠锯开采法），其中台架凿岩机串珠锯开采法在切割分离体时，又分成三种不同的开采方案。

将分离体从矿体分离、将其解体以及对荒料整形所进行的劈裂，建议使用导爆索、高能金属燃烧剂、爆裂管等使用操作安全的火工材料，以及膨胀剂等静态胀裂材料，以便将对花岗石矿体和所开采荒料产生的爆伤影响降低到最小程度。

我们将以开采三立达翡翠绿花岗石为例，介绍这几种开采系统所需开采设备的配置方案和开采工艺流程；估算每种开采方法的直接开采成本，并分析直接开采成本与荒料率之间的关系；对比上述6种开采系统各自的工艺特点、矿山适用性等。

6.3.1 计算依据和假设条件

在矿山实际开采中，有多种因素将直接影响到荒料的开采成本，其中有许多因素是可变的。目前还没有一套系统的、完整的理论，将石材矿山开采的成本计算归纳为一套严谨可行的数学模型，采用公式计算的方法就能轻松地计算出石材的开采成本。

就目前的实际情况而言，只能对影响矿山开采成本的诸多因素、尤其是一些可变的因素做出一定的假设。利用现有的数据资料，将一些可变因素尽可能地归纳整理成为不变的常数或系数，以简化石材开采成本的计算，使相对准确地计算石材开采成本成为可能，并为编制石材矿山项目的可行性研究报告，以及矿山投产前的经济技术论证提供一些帮助。下面将以三立达翡翠绿花岗石开采为例，分析计算采用不同开采方法时的直接开采成本。

6.3.1.1 开采对象

开采对象为高硬度、比较难于切割的三立达翡翠绿花岗石品种。该花岗石的矿体主体岩石类型为灰绿斜长透辉石变粒岩、条纹状透辉石钾长变粒岩。岩石呈柱粒状变晶结构，细纹状、条带状、块状构造。矿物成分由透辉石和斜长石（约各占半数，40% ~60%）、少许榍石（1% ~2%）及褐帘石（1% ~2%）组成。透辉石颗粒不均（0.005 ~0.5 mm），呈柱状、聚集成条带作定向排列。其中尚见部分绿（透）辉石（透辉石的变种之一），外观为绿色。斜长石呈他形粒状，无双晶，轻微云母化及泥化。榍石及褐帘石亦呈细小他形粒状。另外还有条纹状透辉钾长变粒岩，其岩石呈柱粒状变晶结构、条纹条带状结构。矿石由钾长石（40% ~50%）、透辉石（35% ~40%）和斜长石（10% ~15%）组成，含少许石英及榍石（约5%）。矿物结晶粒度变化较大（0.01 ~1.5 mm），彼此紧密相嵌，定向排列较强。钾长石和透辉石呈他形料状，斜长石发育钠式双晶，表面较干净。

另外在该类岩石中，还普遍见有柘榴子石矽卡岩化、绿帘石化、绿泥石化、阳起石化等蚀变，而使矿石更见斑斓色彩的颜色。考虑到该岩石经历了漫长的区域变质作用，在区域变质和后期热液蚀变过程将导致某些成分的加入或消失，因此根据其化学成分恢复其原岩，总体应属超基性——中酸性火山变质岩系。

该石材品种经国家建筑材料工业石材质量监督检验测试中心测试，其体积密度为3.07 g/cm^3，干燥压缩强度为338.5 MPa，干燥弯曲强度为21.5 MPa，水饱和弯曲强度为20.6 MPa，吸水率为0.04%，肖氏硬度为95HSD。经放射性检验，该品种试采的放射性水平属A类，为不受使用限制的安全环保型石材品种。根据翡翠绿石材的岩性成分，将其归类为饰面石材中的花岗石产品。该品种石材经过变质后，其中的各种矿物成分已经变得非常细小，与普通花岗石相比，该石材本身呈现高硬度、坚韧性、劈裂性极差、难于切割的特点，其切割难度和开采特性呈现5级花岗石的特点。

6.3.1.2 计算依据

本文进行成本分析计算所涉及到的基础参数和数据，是根据收集到的国内外一些石材开采设备和刀具生产企业提供的技术参数，包括部分石材开采设备和刀具在开采三立达翡翠绿花岗石矿山以及在国内不同花岗石矿山的实际使用数据提出的。

对于像手持式凿岩机、气腿式凿岩机、台架式气动凿岩机、大孔径凿岩机等凿岩设备的凿岩钻孔速度，火焰切割机的切割速度，金刚石串珠锯的切割速度，圆盘锯式荒料切石机切割速度，金刚石串珠绳的寿命和切割效率，金刚石锯片的切割效率和寿命等与直接开采成本计算有关的技术数据，全部是针对高硬度花岗石开采作业时所能达到的技术参数，以及笔者在矿山实际开采使用过程中记录、归纳和整理的实际数据。开采设备的价格，刀具、钢钎、钎头、导爆索等消耗材料的价格、消耗量，开采工时、辅助工时等成本均为2005年以后的实际采购价格，并是针对高硬度花岗石的实际消耗指标。具体技术参数指标见表6-3。

表6-3 成本计算的技术参数依据

项　目	参　数	项　目	参　数	项　目	参　数
串珠绳切割寿命	8 m²/m	钎杆寿命	67 ~ 83 m/m	直径65 mm钻头价格	200元/个
串珠绳切割效率	2 m²/h	钎杆价格	26元/m	直径65 mm钻头寿命	15 ~ 20 m/个
串珠绳价格	600元/m	钎头寿命	10 m/个	ϕ2.8 m锯片基体价格	3.9万元/片
串珠锯负荷系数	52%	钎头价格	16元/个	ϕ2.2 m锯片基体价格	1.5万元/片
大孔凿岩机钻孔效率	1 m/h	12 g/m导爆索价格	2.5元/m	ϕ1.6 m锯片基体价格	0.2万元/片
大孔凿岩机耗气量	12 m³/min	串珠锯操作工定员	2人	1.2 m深圆盘锯效率	2.1线m/h
手持凿岩机钻孔效率	1.5 m/h	手持凿岩机操作定员	1人	圆盘锯工时成本	11元/m
串珠锯操作工时成本	9元/h	台架凿岩机操作定员	2人	圆盘锯电费成本	16.5元/m
其余工时成本	9元/h	大孔凿岩机操作定员	2人	圆盘锯刀头成本	11.3元/m
大孔径凿岩机操作工时成本	10元/h	台架式凿岩机排孔凿岩辅助工时	纯工时×40%	锯片基体折旧	2年
电　价	0.8元/(kW·h)	串珠锯辅助工时	纯工时×30%	圆盘锯电费成本	16.5元/线m
电动空压机负荷系数	80%	大孔凿岩辅助工时	纯工时×30%	火焰切割机耗油	45 ~ 50 L/m²
全部开采设备折旧	4 ~ 8年	手持凿岩机排孔凿岩辅助工时	纯工时×8%	火焰切割机效率	1 ~ 1.5 m²/h
导爆索铺设辅助工时	纯工时×30%			火焰切割人工费	45元/m²
				柴油价格	4.1元/L

6.3.1.3 假设条件

为了能够使计算翡翠绿花岗石的开采成本成为可能，并尽可能地接近实际发生的开采成本，我们对下述一些技术参数进行假设。

A 钻凿排孔长度计算的假设条件

使用手持凿岩机、台架式凿岩机钻凿排孔长度时，分离体与矿体连接面上钻孔间距按照30 cm计算，对分离体解体和荒料整形面上钻孔间距按照20 cm计算。

B "共面"假设

在解体分离体时，一定会遇到分解后的荒料之间有相互共用的面，我们称之为"共面"。荒料之间的"共面"关系非常复杂，与矿体形态、裂隙走向和裂隙发育程度、分离体和荒料的规格尺寸、开采荒料率等诸多因素有关，即使在同一矿体的不同分离体上，荒料之间的"共面"数量都有可能不同。但经过统计，对某一特定的石材矿山，荒料之间的"共面"数量基本能控制在某一范围内，因此对荒料之间的"共面"做如下假设：

每个分离体与母矿体之间只有一个水平底面、两个垂直侧面共三个需要分离的连接面，即每个分离体必须有三个自由面，所以可假设各分离体之间无"共面"借用。

假设荒料的一个垂直侧立面（大面）可借用分离体的切割面或自由面，或者借用荒料之间相互共用面，其他面都需要采用钻凿排孔后分离。按照排孔凿岩解体时荒料的体积 $3.2\times1\times1.8=5.76\ m^3$ 计算，一个垂直侧立面的面积占荒料整个表面积的 26.8%，假设该荒料钻孔的"共面系数" $f=0.27$，在荒料其余 73% 的表面上需要单独进行分离作业。所以在计算用于荒料整形时，需要钻孔的总长度也可按照这个比例相应地减少。钻孔面的面积计算公式如下：

$$S_z=(1-f)S_{z1} \tag{6-1}$$

式中　S_z——荒料整形实际钻孔面积，m^2；

S_{z1}——荒料整形 6 个面上计算钻孔总面积，m^2；

f——共面系数，$f\approx0.27$。

该计算公式可以适用于后面台架式凿岩机解体分离体和整形荒料时钻凿排孔的数量计算；串珠锯全锯切开采解体分离体和整形荒料时切割面积的计算；以及导爆索铺设长度的计算。

经过在三立达翡翠绿矿山的实践，当开采工艺方法确定后，$f=0.27$ 的共面系数基本与该矿山一段开采时间内的开采统计相吻合，用其计算的开采成本，与该阶段实际发生的开采成本基本吻合。

"共面系数"只是一个经验系数，不同矿体条件、不同开采方法、不同荒料规格和不同荒料率都将影响其数值，为便于和简化计算，假设将其作为一个常数考虑。可针对开采不同花岗石矿山所积累的数据，归纳总结出适合计算该品种花岗石开采的"共面系数"。

C　导爆索长度计算的假设条件

按照每个钻孔满装导爆索、每孔导爆索增加 0.2 m 引线，再按照爆破分离面长度确定增加公共引线长度，计算每个分离面需要使用的导爆索长度。

采用导火索和火雷管引爆导爆索方式，与导爆索相比，它们的消耗很少，所以计算时，导火索和火雷管的消耗成本忽略不计。

D　火烧面和串珠锯切割面面积计算条件

对分离体火烧切割面和串珠锯切割面进行面积计算时，采用与排孔凿岩的钻孔面计算的相同方法，按照无"共面"借用考虑。为了便于对比，在采用火烧凿岩开采法、人工凿岩串珠锯开采法或台架凿岩机串珠锯开采法时，荒料体积也按照上面的尺寸计算，荒料整形时的共面系数也按照 $f=0.27$ 计算。

串珠锯全锯切开采时，对分离体解体和荒料整形所进行的锯切面积计算，与对在荒料表面上进行钻凿排孔长度的计算类似，需要对荒料的 6 个面全部锯切，并假设荒料的一个垂直侧立面可借用分离体的切割面或自由面，荒料的其他面需要切割后才能形成，同样假设荒料切割的"共面系数" $f=0.27$，修正后的荒料整形实际切割面积计算公式为：

$$S_q=(1-f)S_{q1} \tag{6-2}$$

式中　S_q——荒料整形实际切割面积；m^2；

S_{q1}——荒料整形 6 个面上计算切割总面积，m^2。

在三立达翡翠绿花岗石矿山进行的金刚石串珠锯全锯切开采作业中，我们在一年中分三次对开采的矿体毛方体积，采出的成品荒料体积，水平、垂直交汇孔钻凿长度，钻孔速度，钎杆、钎头消耗量，串珠绳锯切的总面积、锯切速度、串珠绳的消耗数量等数据进行了统计，每次结果基本相同。所以可以采用这些数据计算串珠锯全锯切开采的直接成本，最终的开采成本计算结果与实际发生的结果基本相同。这些数据如表6-4所示。

表6-4 串珠锯实际开采单位体积三立达翡翠绿花岗石的技术数据

项目名称	单位	数据	项目名称	单位	数据
开采单位毛方消耗串珠绳	m/m^3	0.28	开采单位毛方钻交汇孔长度	m/m^3	0.41
开采单位毛方串珠绳成本	元/m^3	166.2	50直径钻头凿岩机钻孔耗时	h/m^3	0.2
开采单位毛方锯切面积	m^2/m^3	2.1	50直径钻头凿岩机钻孔速度	m/h	2
开采单位毛方串珠锯耗电	$kW \cdot h/m^3$	16.4	凿岩机耗电	kW·h	32
串珠锯锯切单位毛方耗时	h/m^3	1.05	开采毛方的单位长度钻孔消耗钻杆	元/m	0.4
串珠锯效率	m^2/h	2	开采毛方的单位长度钻孔消耗钻头	元/m	3.6
串珠绳寿命	m^2/m	8	单位体积毛方开采消耗钻头钻杆	元/m^3	1.64

E 圆盘锯串珠锯组合法开采切割面计算条件

圆盘锯与串珠锯组合法开采时，串珠锯切割分离体底面，无“共面”可言。虽然圆盘锯切割其侧面和解体荒料时，荒料的一个侧立面可以与分离体水平面“共用”；另一个垂直侧立面与上一个分离体的水平底面“共用”。但因为采用圆盘锯切割开采时，是根据其对矿体分割锯缝长度计算开采成本，所以与荒料的表面面积无关，也无需考虑“共面”因素的影响。

F 凿岩机动力方式

按照凿岩机的凿岩动力均来自电动式空压机，并以电能消耗作为计算凿岩动力的成本。忽略压缩空气的管路、接头、管道弯头和漏气损失等因素的影响。

G 年工作时间

计算开采设备数量或年产量时，按照每年8～10个月、每月30个工作日、每个工作日单班8 h生产计算。

6.3.2 不同开采方法的直接开采成本计算

直接开采成本的内容包括：开采机械设备的动力消耗成本，如凿岩机、串珠锯、空压机等；钻头、钎杆、串珠绳、导爆索等直接开采用消耗材料的成本；上述设备操作人员和直接辅助人员的工资成本，开采设备及开采辅助设备的折旧成本（根据设备不同折旧年限为4～8年）。

因为矿体条件的差异，矿山外部条件和矿山所在地域的不同，矿山采用的运输和吊装方式不同，设备使用者操作熟练程度不同，所以在计算时未包括分离体位移、翻倒、荒料装运，开采设备和辅助设备的维修费，工程机械动力消耗费及其操作人员的工资成本，开采过程中的剥离费用，矿山管理费用，工程机械的折旧费用，矿权购买、矿山前期剥离工程的投资，矿山基建投资的回收成本，以及支付地方的山本费成本等。

6.3.2.1 人工开采方法的直接开采成本计算

人工开采方法指采用手持凿岩机钻凿排孔、结合导爆索控制爆破的开采方法。

A 开采工艺流程

这种人工开采方法是花岗石开采的传统方法,如图6-52所示。目前国内外许多矿山仍在使用这种方法开采花岗石,这种方法非常适用于劈裂性好、矿体完整的花岗石矿山。其工艺流程如下:

(1) 分离体的分离。采用手持式凿岩机人工钻凿排孔、结合导爆索三面控制爆破的方法,将分离体从矿体上分离。

(2) 分离体的位移或翻倒。在挖掘机、装载机或慢动卷扬机的协助下,将分离体翻倒或位移离开矿体。

(3) 分离体的解体和整形。仍然采用手持凿岩机人工钻凿排孔、结合导爆索控制爆破的方法,对翻倒的分离体进行解体和荒料的整形处理作业。劈裂性好的花岗石,可采用钻浅孔、人工打楔劈裂的方法,解体分离体和整形荒料,如图6-53所示。

图6-52 福建厦门同安采用人工开采方法的G3514花岗石矿山

图6-53 钻浅孔、人工打楔劈裂解体分离体

图6-54 福建同安G3514花岗石矿山的索道式荒料吊装设备

(4) 荒料的吊运。在挖掘机、装载机、抱杆吊或慢动卷扬机的帮助下,将成品荒料位移到采面的荒料堆场,装车运出。图6-54是福建同安G3514花岗石矿山采用索道式吊装设备,吊运荒料。

B 直接开采成本的计算方法和计算依据

人工开采方法的直接开采成本计算如下。

a 钻孔总长度的内容

将分离体从矿体分离,将其解体并对荒料整形处理后,需要钻孔的总长度由两部分组成。

第一部分的钻孔是在分离体的水平面和两个垂直立面上钻凿的排孔,用于分离体与矿体的分离。

第二部分的钻孔是在开采该分离体中所有荒料上钻凿的排孔总和,用于分离体的解体和荒料的整形分离。计算第二部分钻孔时,首先要按照预先估计的荒料率,计算出该分离体能够产出的荒料数量;按照预期的荒料尺寸,计算出该分离体能够产出该规格荒料的平均块数。然后计算在每块荒料的6个面上需要钻凿的排孔数量，再乘以荒料块数和与共面系数f有关的系数，即可得到需要在荒料上钻孔的总数量。分离体的每个面上钻孔间距按照30 cm计算，荒料各个面上钻孔的间距按照20 cm计算。

b 钻孔总长度的计算公式

采用人工开采方法开采花岗石时，钻孔总长度L_{D1}的计算过程如下，其中与计算钻孔长度有关的分离体和荒料的几何尺寸见图6-55：

$$L_{D1} = L_{D2} + L_{D3} \tag{6-3}$$

式中 L_{D1}——开采每块分离体时的钻孔总长度，m；

L_{D2}——分离体上钻孔总长度，m；

L_{D3}——所有荒料面上钻孔总长度，m。

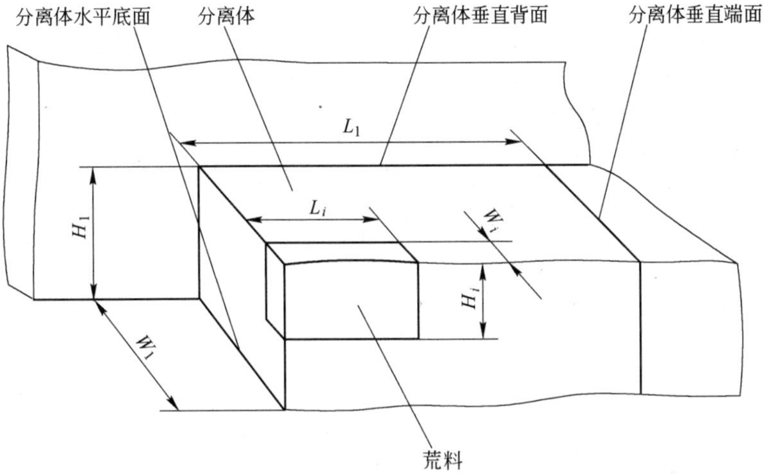

图6-55 分离体和荒料的几何尺寸示意图

(1) 分离体上钻孔总长度L_{D2}的计算公式为：

$$L_{D2} = L_{V1} + L_{V2} + L_O \tag{6-4}$$

式中 L_{V1}——分离体垂直端面上钻孔长度总和，m；

L_{V2}——分离体垂直背面上钻孔长度总和，m；

L_O——分离体水平底面上钻孔长度总和，m。

$$L_{V1} = N_{V1} H_1 \tag{6-5a}$$

$$L_{V2} = N_{V2} H_1 \tag{6-5b}$$

$$L_O = N_O W_1 \tag{6-5c}$$

式中 N_{V1}——分离体垂直端面上钻孔数量，个；

H_1——分离体垂直端面上每个钻孔深度，m，等于分离体的高度，见图6-55；

N_{V2}——分离体垂直背面上钻孔数量，个；

N_O——分离体水平底面上钻孔数量，个；

W_1——分离体垂直端面的长度，m，等于分离体的宽度或厚度，见图6-55。

$$N_{V1} = \frac{W_1}{D_1} + 1 \tag{6-6}$$

$$N_{V2} = \frac{L_1}{D_1} \tag{6-7}$$

式中　L_1——分离体长度，m，见图 6-55；

D_1——分离体各分离面钻孔间距，m，$D_1 = 0.3$ m。

$$N_O = \frac{L_1}{D_1} + 1 \tag{6-8}$$

因为互成直角的分离体垂直端面和背面，处于交角部位的钻孔同时被这两个面共用，所以在计算另一个垂直面上的钻孔数量时，应减去一个钻孔。

（2）所有荒料面上钻孔总长度 L_{D3} 的计算公式为：

$$L_{D3} = 2(L_{D4} + L_{D5} + L_{D6})n(1 - f) \tag{6-9}$$

式中　L_{D4}——荒料顶面钻孔总长度，m；

L_{D5}——荒料侧面钻孔总长度，m；

L_{D6}——荒料端面钻孔总长度，m；

n——分离体可出荒料块数，个；

f——共面系数。

$$n = \frac{\eta V}{V_i} \tag{6-10}$$

式中　η——荒料率，%；

V——分离体体积，m^3；

V_i——单块荒料体积，m^3。

$$L_{D4} = N_4 W_i \tag{6-11a}$$

$$L_{D5} = N_5 H_i \tag{6-11b}$$

$$L_{D6} = N_6 W_i \tag{6-11c}$$

$$N_4 = N_5 = \frac{L_i}{D_2} + 1 \tag{6-12a}$$

$$N_6 = \frac{H_i}{D_2} \tag{6-12b}$$

式中　N_4——荒料顶面或底面上钻孔数量，个；

N_5——荒料侧面上钻孔数量，个；

N_6——荒料端面上钻孔数量，个；

D_2——荒料各面钻孔间距，m，$D_2 = 0.2$ m。

计算在每块荒料上需要钻孔的总数量时，应按照荒料的 6 个面上全部钻凿分离孔计算每个面上钻孔的数量和长度。

按照公式 6-12b 计算荒料端面上的钻孔数量，是根据端面上的钻孔与顶面上的钻孔平行、与侧面上的钻孔异面垂直的状态考虑的。如果荒料端面上的钻孔与侧面上的钻孔为相互平行孔，与顶面上的钻孔异面垂直时，相邻直角面共用孔的处理，与假设其与顶面上钻孔平行状态时分离面上钻孔数量的计算方法相同。具体选择荒料的端面钻孔与谁相互平行或异面垂直时，应取决于荒料端面的形状，为了更利于分离面的劈裂，可按照以荒料端面的窄面作为钻孔深度方向。如果荒料的高度尺寸大于厚度尺寸，可将其翻倒后钻孔，将其高度方向作为垂直钻孔面的长度，厚度方向作为钻孔深度。

选择分离体高度时，最大高度应小于6 m标准钎杆的长度，特殊情况下最大高度不应超过8 m加长钻杆的长度。

c 钻孔时间计算

采用手持式凿岩机人工钻凿翡翠绿花岗石的速度按照每8 h钻孔12～20 m（每小时钻孔1.5～2.5 m）计算，钻孔总时间 T_z 的计算公式为：

$$T_z = \frac{L_{D1}}{\eta_z} \tag{6-13}$$

式中 T_z——钻孔总时间，h；

L_{D1}——钻孔总长度，m；

η_z——钻孔效率，m/h，一般为1.5～2.5m/h。

d 钻孔电力消耗计算

以6 m^3/min供气量的电动式空压机作为手持凿岩机基本供气单元，按照其电力消耗计算手持凿岩的动力消耗。

例如6 m^3/min供气量空压机的驱动电机功率是40 kW，电机的实际功率消耗等于额定功率的80%（负荷系数）。首先计算出空压机单位供气量对应的实际电功率消耗，然后按照凿岩机的耗气量计算出驱动一台凿岩机时，空压机需要的耗电量，即每台凿岩机单位耗电量。根据凿岩机效率计算出钻凿某长度孔需要的时间，该时间与每台凿岩机耗电量的乘积即为钻凿这个长度钻孔的总耗电量。其计算公式如下：

$$E_{k1} = \frac{\mu N_W}{Q_k} \tag{6-14}$$

式中 E_{k1}——单位供气量时空压机耗电功率，kW/（m^3/min）；

μ——负荷系数，%，一般为80%；

N_W——电机功率，kW；

Q_k——空压机供气量，m^3/min。

$$E_{z1} = E_{k1} Q_z \tag{6-15}$$

式中 E_{z1}——每台凿岩机耗电功率，kW；

Q_z——凿岩机耗气量，m^3/min，通常为2 m^3/min。

$$E_z = E_{z1} T_z \tag{6-16}$$

式中 E_z——钻孔的总耗电量，kW · h

T_z——钻孔总时间，h。

e 导爆索长度计算

导爆索的使用长度包括用于分离体控制爆破的消耗长度、解体分离体和整形荒料消耗的长度两部分。

按照分离体每个分离面上钻孔的总长度，分离体解体面、荒料整形面上的钻孔总长度，并考虑每个钻孔的导爆索引线长度和公共引线长度之和计算其总长度，即

$$F_D = F_{D1} + F_{D2} \tag{6-17}$$

式中 F_D——导爆索消耗总长度，m；

F_{D1}——用于分离体分离时消耗导爆索的长度，m；

F_{D2}——用于解体分离体、整形荒料时消耗导爆索的长度,m。

(1) 用于分离体分离时消耗导爆索的长度按下式计算:

$$F_{D1} = F_{DV1} + F_{DV2} + F_{DO} \tag{6-18}$$

式中　F_{DV1}——分离体垂直端面消耗导爆索长度,m;

F_{DV2}——分离体垂直背面消耗导爆索长度,m;

F_{DO}——分离体水平底面消耗导爆索长度,m。

$$F_{DV1} = (H_1 + 0.2)N_{V1} + W_1 \tag{6-19a}$$

$$F_{DV2} = (H_1 + 0.2)N_{V2} + L_1 \tag{6-19b}$$

$$F_{DO} = (W_1 + 0.2)N_O + L_1 \tag{6-19c}$$

公式6-19a ~ c 中的 N_{V1}、N_{V2}、N_o 分别是分离体各分离面上钻孔的数量,其计算见公式6-6 ~ 公式6-8;尺寸 W_1、L_1 和 H_1 见图6-55。

(2) 用于解体分离体、整形荒料时消耗导爆索的长度按下式计算:

$$F_{D2} = 2(F_{DB1} + F_{DB2} + F_{DB3})n(1 - f) \tag{6-20}$$

式中　F_{DB1}——荒料顶面消耗导爆索长度,m;

F_{DB2}——荒料侧面消耗导爆索长度,m;

F_{DB3}——荒料端面消耗导爆索长度,m;

n——分离体可出荒料块数,个,见公式6-10;

f——共面系数。

$$F_{DB1} = (W_i + 0.2)N_4 + L_i \tag{6-21a}$$

$$F_{DB2} = (H_i + 0.2)N_5 + L_i \tag{6-21b}$$

$$F_{DB3} = (W_i + 0.2)N_6 + H_i \tag{6-21c}$$

式中　N_4——荒料顶面或底面上钻孔数量,个;

N_5——荒料侧面上钻孔数量,个;

N_6——荒料端面上钻孔数量,个。

N_4、N_5、N_6 的计算见公式6-12a、b。

f　工时计算

人工开采方法的工时计算公式为:

$$T_a = T_z + T_D + T_F \tag{6-22}$$

式中　T_a——人工开采工时,h;

T_z——钻孔凿岩工时,h;

T_D——导爆索安放和起爆工时,h;

T_F——辅助工时,h。

(1) 钻孔凿岩工时 T_z 的计算方法见公式6-13。

(2) 导爆索安放和起爆工时 T_D 包括在分离体上布置导爆索和起爆使用的时间、解体分离体和整形荒料所需导爆索的作业时间之和。

可以按照作业面积和作业速度计算导爆索作业时间,按照作业面积计算安放布置导爆索的速度是根据每人6 h可铺设30 m^2 面积计算,即每人每小时布置5 m^2 爆破面(面积布置速度)计算的;按照作业长度计算的布置速度是根据每人6 h可铺设113 m长度,即每人每小时布置19 m长度导爆索(长度布置速度)计算的。计算导爆索布置速度时,已经包含了起爆工时。

上述导爆索作业面积的铺设速度,是按照分离体0.3 m钻孔间距确定的。如果间距改变,其速度值需要重新核算。当钻孔间距等于0.25 m时,按照面积布置速度和长度布置速度计算导爆索布置工时,二者速度基本接近,但如果间距改变,二者速度会有差别。

导爆索安放和起爆工时计算公式为:

$$T_D = T_{D1} + T_{D2} \tag{6-23}$$

式中 T_{D1}——用于分离体劈裂分离时导爆索的作业时间,h;

T_{D2}——用于解体分离体和整形荒料时导爆索的作业时间,h。

计算在分离体上布置和起爆导爆索的作业时间 T_{D1} 时,按照面积布置速度计算导爆索布置工时见公式6-24;按照长度布置速度计算导爆索布置工时见公式6-25:

$$T_{D1} = \frac{S_{Z1} + S_{Z2} + S_{OZ}}{V_{DS}} \tag{6-24}$$

式中 S_{Z1}——分离体的垂直端面面积,m^2;

S_{Z2}——分离体的垂直背面面积,m^2;

S_{OZ}——分离体的水平底面面积,m^2;

V_{DS}——导爆索面积布置速度,m^2/h,一般为每人布置5 m^2/h爆破面。

$$T_{D1} = \frac{L_{Z1} + L_{Z2} + L_{OZ}}{V_{DL}} \tag{6-25}$$

式中 L_{Z1}——在分离体的垂直端面上安放布置导爆索的长度,m;

L_{Z2}——在分离体的垂直背面上安放布置导爆索的长度,m;

L_{OZ}——在分离体的水平底面上安放布置导爆索的长度,m;

V_{DL}——导爆索长度布置速度,m/h,一般为每人布置19 m/h导爆索。

计算解体分离体和整形荒料所需安放布置导爆索的作业时间 T_{D2} 时,同样可以按照导爆索的面积布置速度或长度布置速度计算,参见公式6-25和公式6-26:

$$T_{D2} = \frac{F_{D2}}{V_{DL}} \tag{6-26}$$

式中 F_{D2}——用于对分离体的解体面和荒料整形面劈裂分离处理时所消耗导爆索的长度,m,其计算参见公式6-20。

(3) 辅助工时 T_F 包括凿岩机钻孔辅助工时和导爆索辅助工时,其计算公式为:

$$T_F = T_z\eta_z + T_D\eta_D \tag{6-27}$$

式中 T_z——钻孔凿岩工时,h;

η_z——手持凿岩机辅助工时系数,%,一般为8%;

T_D——导爆索安放和起爆工时,h;

η_D——导爆索辅助工时系数,%,一般为30%。

手持凿岩机操作工、导爆索操作工的工时费用,按照矿山技术工人每人每天8 h60~70元或每小时9元的标准计算。

g 其他消耗材料的计算

其他消耗材料包括用于凿岩的钎杆和钎头的消耗。按照钻凿翡翠绿品种花岗石的综合统计,钻杆消耗量大约是每0.3 m长度钎杆可钻凿20~25 m长度钻孔,即平均每米钎杆可钻凿75 m钻孔。钻凿翡翠绿品种花岗石时，硬质合金钎头的寿命大约是每个钎头可钻凿10 m长度的钻孔。

根据开采分离体时，开采单位体积荒料需要钻凿排孔的总长度，以及钻凿单位长度钻孔时钎杆和钎头的消耗成本，按照下式计算钎杆和钻头的消耗：

$$M_1 = L_{D1}(M_G + M_T) \tag{6-28}$$

式中 M_1——钎杆和钎头总消耗成本，元；

L_{D1}——开采每块分离体时钻孔的总长度，m，见公式6-3；

M_G——钻凿单位长度钻孔时钎杆的消耗，元/m，见表6-4；

M_T——钻凿单位长度钻孔时钎头的消耗，元/m，见表6-4。

h 设备折旧成本计算

计算设备折旧成本时，只考虑直接参与石材开采的矿山开采设备，如凿岩机、空压机和压缩空气供应系统的配套设施，输电系统配套的电力设施，简易吊装设备的投资，按照5年期折旧提成回收，残值10%计算。按照矿山设计年产量和5年期间的总产量，计算出开采单位体积荒料的设备折旧成本，其计算公式为：

$$C_M = \frac{P_1}{5Y_1} \tag{6-29}$$

式中 C_M——折旧成本，元/m^3；

P_1——开采设备总投资，元；

Y_1——年荒料产量，m^3。

C 人工开采方法的直接开采成本计算

人工开采方法在开采单位体积荒料时的直接开采成本计算公式为：

$$C_R = C_z + C_D + C_G + C_T + C_M \tag{6-30}$$

式中 C_R——使用人工开采方法在开采单位体积荒料时的直接开采成本，元/m^3；

C_z——凿岩机钻孔的单位电能消耗成本，元/m^3；

C_D——导爆索单位消耗成本，元/m^3；

C_G——钎杆和钎头单位消耗成本，元/m^3；

C_T——凿岩机、导爆索作业工时及辅助工时的单位成本，元/m^3；

C_M——开采设备折旧单位成本，元/m^3，见公式6-29。

$$C_z = \frac{E_z c_e}{V_s} \tag{6-31}$$

$$C_D = \frac{F_D c_d}{V_s} \tag{6-32}$$

$$C_G = \frac{M_1}{V_s} \tag{6-33}$$

$$C_T = \frac{T_a c_a}{V_s} \tag{6-34}$$

$$V_s = V\eta \tag{6-35}$$

式中 E_z——凿岩机总耗电量，kW·h，见公式6-16；

c_e——电价，元/(kW·h)，见表6-3；

F_D——导爆索消耗总长度，m，见公式6-17；

c_d——导爆索单价，元/m，见表6-3；

M_1——钎杆和钎头总消耗成本，元，见公式6-28；

T_a——人工开采总工时，h，见公式6-22；

c_a——人工开采工时费，元/h，见表6-3；

V_s——每块分离体实际产出荒料体积，m^3；

V——分离体的体积，m^3；

η——开采荒料率，%。

注意：

(1) 在进行直接开采成本计算时，上述各计算公式中选择的 V 和 η 值与公式6-35中的对应值必须相等。

(2) E_z、F_D、M_1、T_a 的计算分别参照前述有关公式。

人工开采方法的直接开采成本与开采荒料率之间的关系见图6-56，图表中的直接开采成本，是以长度10.4 m、宽度4 m、高度6 m，毛方体积252 m^3 的分离体为基础进行计算的。

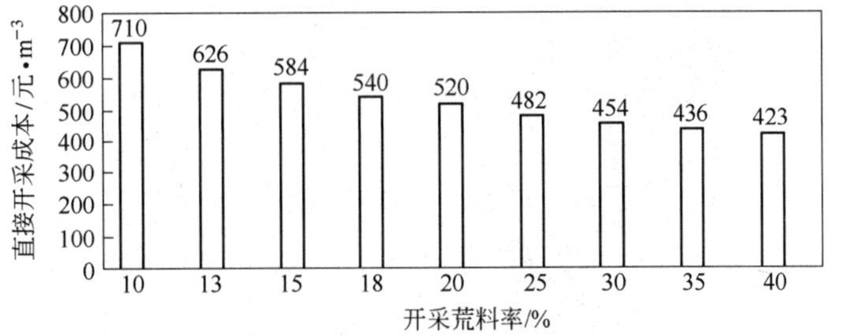

图6-56 人工开采方法开采翡翠绿花岗石的直接开采成本与开采荒料率之间的关系

D 产量计算方法和依据

可以根据凿岩机数量、凿岩效率和开采荒料率等数据计算矿山的年生产能力，或者按照年产量核算需要的凿岩机数量。开采荒料率不同时，主要开采设备的数量是不同的，所以开采设备的投资和形成的年开采能力也有差异。计算开采设备数量或年产量时，在翡翠绿花岗石矿山，可按照每年8~10个月、每月30个工作日、每个工作日单班8 h生产计算。不同气候条件下的花岗石矿山，年开采作业时间有所不同。

(1) 已知凿岩机数量估算年开采量：

$$Y_1 = nT_Y\eta_z \frac{V_s}{L_{D2}} \tag{6-36a}$$

式中 Y_1——年开采能力，m^3/年；

n——凿岩机数量，台；

T_Y——每台凿岩机年钻孔作业总时间，h，见公式6-36b；

η_z——凿岩机钻孔速度，m/h，见表6-3；

L_{D2}——开采每个分离体时凿岩机总钻孔长度，m，见公式6-4；

V_s——每块分离体实际产出荒料体积，m^3，见公式6-35。

$$T_Y = \frac{8\ \text{h}}{\text{天}} \times \frac{30\ \text{天}}{\text{月}} \times (8 \sim 10)\text{月} \tag{6-36b}$$

（2）已知年产量计算需要配备凿岩机的数量：

$$n = \frac{L_{D2} Y_1}{T_Y \eta_z V_s} \tag{6-36c}$$

公式6-36c中各个参数的意义与前面公式6-36a中对应参数的意义相同。因为钻孔凿岩是矿山开采中耗时最长的作业，所以计算上述年产量和设备数量时未考虑修正系数。

6.3.2.2　火烧凿岩开采法的直接开采成本计算

这里讨论的火烧凿岩开采法，是指使用火焰切割机开掘堑沟或切割形成分离体的自由面，然后使用手持式凿岩机人工钻凿排孔，结合导爆索控制爆破开采花岗石的方法。

A　开采工艺方法和工艺流程

火烧凿岩开采法是目前国内石材矿山开采花岗石所使用的基本开采方法，也是使用最多的花岗石开采方法。图6-57是采用火烧凿岩开采法的山东省荣成市石岛红花岗石矿山，图6-58是福建省厦门市同安区使用火烧凿岩开采法的G3514品种的花岗石矿山。

图6-57　火烧凿岩开采法在开采石岛红花岗石矿山中的应用

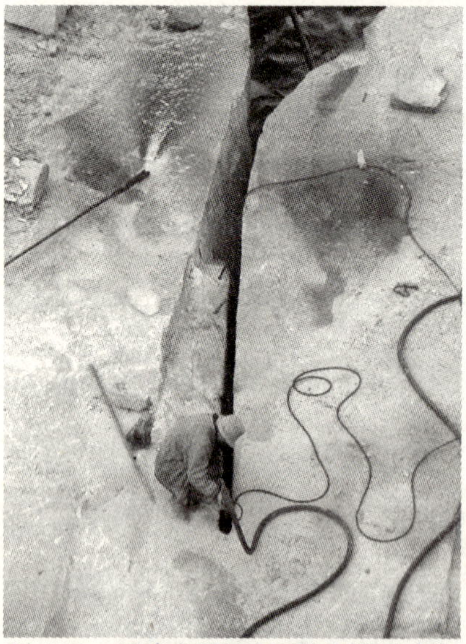

图6-58　福建省厦门市同安区使用火烧凿岩开采法的G3514花岗石矿山

火烧凿岩开采法的主要开采工艺流程与人工开采法相似，为了使分离体与矿体的分离更加容易和可靠，增加了一道使用火焰切割机将分离体与矿体的一个连接面切割分离、形成分离体自由面的火烧切割工序，使分离体与矿体只剩下一个垂直面和一个水平底面连接。在后面分离体的爆破分离时，只需要对分离体进行双面控制爆破作业，即可将分离体从矿体分离，使分离作业更加容易、可靠。具体的开采工艺流程如下：

（1）分离体的分离。通常使用火焰切割机将分离体与矿体连接的垂直端面切割分离，人工操作手持式凿岩机在分离体的底面和另一个较大的垂直立面上钻凿排孔，使用导爆索双面控制爆破的方法，将分离体从矿体上分离。

（2）开采的其他工序。火烧凿岩开采法的后续开采工序有分离体的位移或翻倒、分离体的解体和荒料整形、荒料的吊运等，与前面介绍的人工开采方法的对应开采工序相同。

B 成本计算方法和计算依据

火烧凿岩开采方法的直接开采成本计算如下。

a 钻孔总长度计算

采用火烧凿岩开采法时的钻孔长度计算方法，与前面在人工开采法中介绍的对应计算方法和公式相同，包括分离体的水平面和一个垂直背面上钻凿的排孔、在解体该分离体和整形所有荒料时钻凿的排孔两个部分。因为分离体的一个垂直端面已经由火焰切割机烧蚀分离，所以在计算分离体钻孔数量时，需要减去人工开采方法时在垂直端面上的钻孔数量。具体的计算公式、钻孔间距等参数可参照人工开采法的有关计算。

b 火烧切割面的成本计算

（1）火烧面的选择：通常将分离体与矿体连接面积比较小的垂直端面作为火烧切割分离面。

（2）火烧切割成本按下式计算：

$$C_s = \frac{(c_{sr} + q_c c_y) S_s}{\eta V} \tag{6-37}$$

式中 C_s——火烧切割分离面的切割作业成本，元/m^3；

c_{sr}——火烧切割作业的人工费用，元/m^2，大约为 45 元/m^2，见表 6-3；

q_c——火烧翡翠绿花岗石时的柴油消耗量，L/m^2，平均值大约为 47 L/m^2，见表 6-3；

c_y——0 号柴油价格，元/L，大约 4.10 元/L，见表 6-3；

S_s——火烧切割分离面的面积，m^2；

V——分离体毛方体积，m^3；

η——荒料率，%。

平均火烧效率为 1 ~ 1.5 m^2/h。

c 其他成本的计算方法

除火烧切割成本外，火烧凿岩开采法的其他成本参数的计算内容包括：计算在分离体的分离面上钻凿排孔需要的时间，计算解体分离体和整形荒料时钻凿排孔的时间，计算钻凿排孔时空压机的电力消耗，计算导爆索的长度，计算钻孔和导爆索铺设的工时，计算钎头和钎杆的消耗等，这些成本的计算方法和计算公式与人工开采法相同。

因为采用了火烧分离方法将分离体垂直端面分离，所以在计算在分离体上钻凿排孔的数量、分离体分离时导爆索的使用长度以及对应的工时的时候，必须减去在分离体垂直端面上对应的作业。

d 设备折旧成本计算

设备折旧只计算开采设备如凿岩机、空压机、火焰切割机等矿山开采设备的投资，按照 5 年期折旧提成回收，残值 10% 计算。按照矿山设计年产量和 5 年期间的总产量，计算出开采单位体积荒料的设备折旧成本，具体计算可参照公式 6-29。

C 火烧凿岩开采法的直接开采总成本计算公式

火烧凿岩开采法开采每块分离体的直接开采总成本包括：火焰切割机火烧切割分离体垂直端面的成本，凿岩机钻孔作业时的空压机电能消耗成本，导爆索消耗成本，钎杆和钎头的消耗成本，操作凿岩机、铺设导爆索的工时及辅助工时成本，开采设备折旧成本。具体计算公式为：

$$C_F = C_s + C_z + C_D + C_G + C_T + C_M \tag{6-38}$$

式中 C_F——火烧凿岩开采法开采单位体积荒料时的直接开采成本，元/m^3；

C_s——火烧分离面的切割作业成本，元/m^3，见公式6-37；

C_z——手持凿岩机在分离体上钻凿分离排孔的单位电能消耗成本，元/m^3，见公式6-31；

C_D——控制爆破时导爆索的单位消耗成本，元/m^3，见公式6-32；

C_G——钎杆和钎头的单位消耗成本，元/m^3，见公式6-33；

C_T——凿岩机、导爆索作业工时及辅助工时的单位成本，元/m^3，见公式6-34；

C_M——火烧凿岩开采法使用的开采设备的折旧单位成本，元/m^3，参考公式6-29。

其中 C_z、C_D、C_G、C_T、C_M 的计算方法参见前面的有关介绍。

D *产量计算方法和依据*

火烧凿岩开采法的年产量计算方法，与人工开采时采用的方法相同，参见公式6-36a和公式6-36c。

采用火烧凿岩开采法开采花岗石时，火烧分离只是作为分离体切割分离的一个辅助手段。与人工开采方法相比，火烧面作业只抵消了需要在该面上钻凿排孔和使用导爆索的作业。

计算使用火烧凿岩开采法开采长度10.4 m、宽度4 m、高度6 m，毛方体积252 m^3的翡翠绿花岗石分离体，当荒料率为15%时，垂直端面上钻孔的长度占用于该分离体的分离钻孔长度的18%，以及占将该分离体全部处理成荒料后所需钻孔总长度的8%。因此，在同等的年开采产量时，最多只会节省少量凿岩机的数量，对折旧成本的计算影响不大。

E *火烧凿岩开采法的直接开采成本*

使用火烧凿岩开采法开采翡翠绿花岗石的直接开采成本与开采荒料率的关系见图6-59。

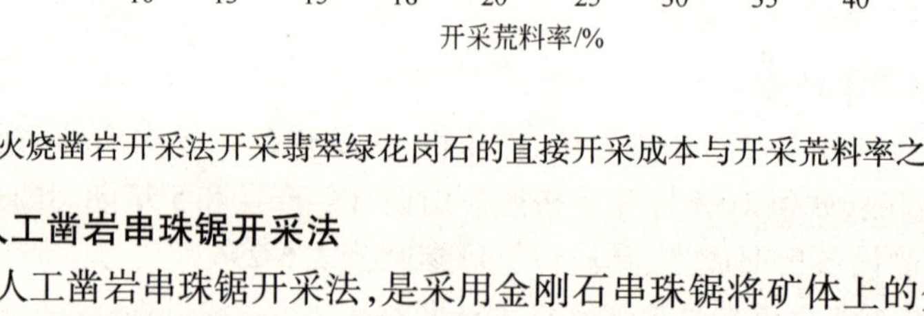

图6-59 火烧凿岩开采法开采翡翠绿花岗石的直接开采成本与开采荒料率之间的关系

6.3.2.3 人工凿岩串珠锯开采法

这里讨论的人工凿岩串珠锯开采法，是采用金刚石串珠锯将矿体上的分离体锯切形成自由面，后续的分离、解体和荒料整形均采用手持凿岩机钻凿排孔、结合导爆索控制爆破的开采方法。

A 开采工艺流程

人工凿岩串珠锯开采法是替代火烧凿岩开采法开采花岗石的先进开采方法。图6-60是使用人工凿岩串珠锯开采法,在福建省厦门市海仓区开采G3523海仓白花岗石的现场照片。其开采工艺流程如下:

(1) 分离体的分离切割。为了便于与火烧凿岩开采法对比,这里只介绍金刚石串珠锯切割分离体的垂直端面,人工操作手持式凿岩机在分离体的垂直背面和水平底面上钻凿排孔,结合导爆索双面控制爆破,将分离体从矿体上分离的方法。

也可以采用串珠锯切割水平底面,采用双面爆破将其余两个垂直面分离的方法;还可以采用串珠锯切割垂直端面和水平底面,采用单面爆破将剩余的垂直背面分离的方法。如果可以接受使用串珠锯切割分离的成本,以及开采条件允许,甚至还可以使用串珠锯将分离体与矿体连接的三个面都切割分离,然后再使用人工排孔凿岩结合控制爆破的方法将分离体解体的开采方法。

(2) 开采的其他工序。人工凿岩串珠锯开采法的后续开采工序有分离体的翻倒、分离体的解体和荒料整形、荒料的吊运等,这些工序与前面介绍的人工开采方法和火烧凿岩开采法的对应工序相同。

图6-60 福建厦门G3523海仓白花岗石矿山使用人工凿岩串珠锯开采法

B 计算人工凿岩串珠锯开采法直接开采成本的方法和计算依据

a 串珠锯切割面的成本计算

通常使用串珠锯切割分离体的垂直端面,其切割面积等于分离体的垂直端面面积。切割作业的成本包括直径65 mm交汇孔的钻凿成本、串珠锯切割垂直端面的切割成本。开采单位体积荒料时,串珠锯切割分离体垂直端面的单位切割成本按下式计算:

$$C_{qDW} = \frac{C_{zd} + C_{DW1}}{V\eta} \tag{6-39}$$

式中 C_{qDW}——开采单位体积荒料时,串珠锯切割分离体垂直端面的单位切割成本,元/m^3;

C_{zd}——大孔凿岩机钻孔总成本,元;

C_{DW1}——串珠绳切割分离体垂直端面时的切割总成本,元,见公式6-49;

V——分离体毛方体积,m^3;

η——荒料率,%。

(1) 直径60 mm大孔径凿岩机的钻凿成本。大孔凿岩机的钻凿成本包括:驱动大孔径凿岩机空压机的耗电成本，操作大孔径凿岩机的人工成本、辅助工时成本，直径 65 mm 钻头的消耗成本（未计钻杆消耗成本）。

以三台 6 m^3/min 供气量的电动式空压机并联使用，作为大孔径凿岩机的基本供气单元，按照其电力消耗计算大孔径凿岩机的凿岩动力消耗。

例如：单台 6 m^3/min 供气量空压机的驱动电机功率是 40 kW，电机的实际功率消耗等于额定功率的 80%（负荷系数）。首先计算出空压机单位供气量（每分钟供气量的立方米数）对应的实际电功率消耗，然后按照大孔径凿岩机的耗气量计算出驱动该大孔径凿岩机时空压机需要消耗的电量，即每台凿岩机的耗电量。根据大孔径凿岩机钻凿翡翠绿花岗石时的效率，计算出钻凿某长度大孔需要的时间，该时间与每台凿岩机耗电量的乘积即为钻凿这个长度钻孔的总耗电量。其计算过程如下：

$$E_{DK1} = \frac{N_{WD}\mu}{Q_{KD}} \tag{6-40}$$

式中 E_{DK1}——单位供气量时三台空压机耗电量，kW/（m^3/min）；

N_{WD}——三台空压机的装机总功率，kW；

μ——负荷系数，%，一般为 80%；

Q_{KD}——三台空压机并联后的供气量，m^3/min。

$$E_{zd1} = E_{DK1} Q_{zd} \tag{6-41}$$

式中 E_{zd1}——每台大孔径凿岩机的耗电量，kW；

Q_{zd}——大孔径凿岩机耗气量，m^3/min。

$$E_{zd} = E_{zd1} T_{zd} \tag{6-42}$$

式中 E_{zd}——大孔径凿岩机钻孔的总耗电量，kW · h；

T_{zd}——大孔径凿岩机钻孔总时间，h。

$$T_{zd} = T_{zd1} + T_{zd2} \tag{6-43}$$

$$T_{zd1} = \frac{L_{ZD}}{\eta_{zd}} \tag{6-44}$$

$$T_{zd2} = T_{zd1}\eta_{fdz} \tag{6-45}$$

式中 T_{zd1}——交汇孔的钻孔总时间，h；

T_{zd2}——交汇孔的钻孔辅助时间，h；

L_{ZD}——钻凿交汇孔的总长度，m；

η_{zd}——大孔径凿岩机钻孔效率，m/h；

η_{fdz}——大孔径凿岩辅助工时系数，%，一般为 30%。

使用专用的大孔径定位凿岩机，对翡翠绿花岗石钻凿直径 65 mm 钻孔的平均钻孔效率是 1 ~ 1.5 m/h，只需保证充足的气压和供气量即可满足要求，其耗气量等于 12 ~ 15 m^3/min，所以至少需要使用三台 6 m^3/min 的空压机并联后才能满足使用要求。三台空压机的电机总功率等于 120 kW。

大孔径凿岩机钻孔总成本按下式计算：

$$C_{zd} = c_e E_{zd} + C_{zd1} + C_{zd2} \tag{6-46}$$

式中 C_{zd}——大孔径凿岩机钻孔总成本，元；

c_e——电价，元/（kW · h），见表 6-3；

E_{zd}——大孔径凿岩机钻孔的总耗电量,kW·h;

C_{zd1}——大孔径凿岩机钻孔总工时成本,元;

C_{zd2}——大孔径凿岩机钻头消耗成本,元。

$$C_{zd1} = T_{zd} \times c_{ed} \tag{6-47}$$

$$C_{zd2} = L_{ZD} \times \frac{D_{zd}}{e_d} \tag{6-48}$$

式中 T_{zd}——钻孔总时间,h,见公式6-43;

c_{ed}——大孔径凿岩机操作工时费用,元/h,见表6-3;

D_{zd}——大孔径凿岩机钻头价格,元/个,见表6-3;

e_d——大孔径凿岩机钻头寿命,线m/个,见表6-3;

L_{ZD}——交汇孔的总钻孔长度,m。

(2) 串珠锯切割成本。串珠锯切割分离体垂直端面的成本包括:串珠绳消耗成本、串珠锯电费消耗成本、操作者人工成本和辅助工时成本。其计算公式为:

$$C_{DW1} = C_{DW2} + C_{DW3} + C_{DW4} \tag{6-49}$$

式中 C_{DW1}——串珠锯切割分离体垂直端面时的切割总成本,元;

C_{DW2}——串珠锯切割分离体垂直端面时串珠绳消耗成本,元;

C_{DW3}——串珠锯切割分离体垂直端面时串珠锯的电能消耗成本,元;

C_{DW4}——串珠锯切割分离体垂直端面时串珠锯的操作工时和辅助工时成本,元。

$$C_{DW2} = S_{OS}\frac{e_{ew}}{E_{DW}} \tag{6-50}$$

式中 S_{OS}——垂直端面面积,m^2;

e_{ew}——串珠绳单价,元/m,见表6-3;

E_{DW}——串珠绳寿命,m^2/m,见表6-3。

$$C_{DW3} = c_e N_{DW} \mu_{DW} T_{DW} \tag{6-51}$$

式中 N_{DW}——串珠锯主电机功率,kW,与选定的串珠锯机型有关,通常为30~45 kW;

μ_{DW}——串珠锯主电机负荷系数,%,大约为52%;

T_{DW}——纯锯切时间,h;

c_e——电价,元/(kW·h),见表6-3。

$$T_{DW} = \frac{S_{OS}}{\eta_{dw}} \tag{6-52}$$

式中 η_{dw}——串珠锯切割效率,m^2/h,见表6-3。

$$C_{DW4} = T_{DW}(1 + \eta_{dw1})c_{dw} \tag{6-53}$$

式中 η_{dw1}——辅助工时系数,%,一般为30%,见表6-3;

c_{dw}——串珠操作人工和辅助工时成本,元/h,见表6-3。

切割翡翠绿花岗石时,采用直径为11.2~11.5 mm、每米40个串珠的注塑烧结或橡胶封注串珠绳。金刚石串珠绳的寿命指标为每米切割8 m^2,切割翡翠绿花岗石的切割效率大约是2 m^2/h,单价每米600元。

这里提到串珠锯的负荷系数是指其主电机切割时,实际功率消耗与标称功率的比值。30 kW主电机锯切工作时,工作电流在30~42 A之间,μ_{DW}的取值大约为52%。

b 在分离体的分离面上钻凿排孔的长度计算

采用人工凿岩串珠锯开采法时，在计算用于分离体分离、解体和荒料整形的钻孔长度时，与火烧凿岩开采法相同，不再计算由串珠锯切割分离的分离体垂直端面上的钻孔，具体的计算公式、钻孔间距等参数可参照人工开采法的有关计算。

c 其他成本的计算方法

除串珠锯的切割成本外，人工凿岩串珠锯开采法其他开采成本的计算内容包括：在分离体剩余分离面上凿岩钻孔的成本、解体分离体和整形荒料钻孔的成本、手持凿岩机钻凿排孔时空压机的电力消耗成本、导爆索消耗成本、钻孔和导爆索铺设的工时成本、钎头和钎杆的消耗成本等，这些成本的计算方法和计算公式与人工开采法相同。

因为采用了串珠锯切割分离方法将分离体垂直端面分离，所以在计算分离体的凿岩钻孔数量、分离体分离时导爆索的使用长度、对应的工时的时候，必须减去人工开采方法在分离体垂直端面上作业的相关计算项目。

d 设备折旧成本计算

采用人工凿岩串珠锯开采法时，只计算开采设备的折旧成本，如串珠锯、大孔径凿岩机、空压机等矿山开采设备的投资折旧，按照5年期折旧提成回收，残值10%计算。按照矿山设计年产量和5年期间的总产量，计算出开采单位体积荒料的设备折旧成本，具体计算可参照公式6-29。

C 人工凿岩串珠锯开采法的直接开采总成本计算

人工凿岩串珠锯开采法开采一块分离体的直接开采总成本包括：串珠锯切割分离体垂直端面成本，手持凿岩机钻凿排孔作业时的空压机电能消耗成本，导爆索消耗成本，钎杆和钎头消耗成本，凿岩机、导爆索的工时及辅助工时成本，开采设备折旧成本。具体计算公式为：

$$C_{DW} = C_{qDW} + C_z + C_D + C_G + C_T + C_M \qquad (6\text{-}54)$$

式中 C_{DW}——人工凿岩串珠锯开采法开采单位体积荒料时的直接开采成本，元/m^3；

C_{qDW}——开采单位体积荒料时，串珠锯切割分离体垂直端面的单位切割成本，元/m^3，见公式6-39；

C_z——手持凿岩机钻凿排孔的单位电能消耗成本，元/m^3，见公式6-31；

C_D——导爆索单位消耗成本，元/m^3，见公式6-32；

C_G——钎杆和钎头单位消耗成本，元/m^3，见公式6-33；

C_T——手持凿岩机、导爆索作业工时及辅助工时的单位成本，元/m^3，见公式6-34；

C_M——人工凿岩串珠锯开采法开采设备折旧单位成本，元/m^3，见公式6-29。

C_z、C_D、C_G、C_T、C_M 的计算参见前面的有关公式。

D 产量计算方法和依据

人工凿岩串珠锯开采法的年产量计算方法，与人工开采时使用的计算方法相同，参见公式6-36a ~ c。

串珠锯切割垂直端面的分离，只是作为分离体切割分离的一个辅助手段。与人工开采方法相比，串珠锯切割只抵消了在该面钻排孔的数量。按照长度10.4 m、宽度4 m、高度6 m、毛方体积252 m^3 的分离体计算，当荒料率为15%时，垂直端面上钻孔的长度，占在该分离体上分离钻孔长度的18%，占该分离体钻孔总长度的8%。因此，在同等开采年产量时，最多只会节省少量凿岩机的数量，对折旧成本的计算影响不大。

E 人工凿岩串珠锯开采法的直接开采成本计算

人工凿岩串珠锯开采法开采翡翠绿花岗石的直接开采成本与开采荒料率的关系见图6-61。

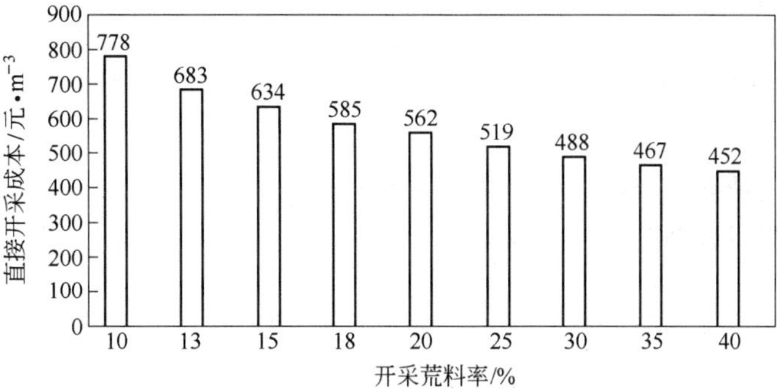

图6-61 人工凿岩串珠锯开采法开采翡翠绿花岗石的直接开采成本与开采荒料率之间的关系

6.3.2.4 金刚石串珠锯全锯切开采

这里讨论的金刚石串珠锯全锯切开采法，是指分离体与矿体分离、分离体解体、荒料整形全部由串珠锯切割完成，类似大理石矿山的开采方式。因为翡翠绿花岗石劈裂性极差、非常脆、裂隙比较发育的特性，决定了只能采用金刚石串珠锯全锯切开采方法才能开采出合格的荒料。

A 开采工艺方法和工艺要求

只要开采成本可以接受，金刚石串珠锯全锯切开采可以称为是目前机械化开采花岗石的最好方法。图6-62是采用金刚石串珠锯全锯切开采法开采翡翠绿花岗石的矿山照片，其开采工艺流程如下：

(1) 分离体的分离切割。采用金刚石串珠锯分离切割分离体与矿体连接的全部三个连接面。

(2) 分离体的翻倒。使用能够插入串珠绳锯缝中的专用气压顶推袋，将分离体顶离矿体，然后在挖掘机、装载机或慢动卷扬机的协助下，将分离体翻倒。

图6-62 金刚石串珠锯全锯切开采翡翠绿花岗石的矿山

(3) 分离体的解体和整形。本文介绍的开采翡翠绿花岗石的方法，是采用串珠锯对分离体进行解体锯切，并对荒料的6个面进行整形切割。为降低开采成本，在合适的条件下，也可以采用人工操作手持式凿岩机排孔凿岩、膨胀剂(膨胀水泥)或大直径圆盘锯机对荒料进行整形处理。

(4) 荒料的吊运。在挖掘机、装载机、抱杆吊或慢动卷扬机的帮助下，将成品荒料位移到采面的荒料堆场，装车运出。串珠锯在采场内不同切割位置的移动，也靠挖掘机或装载机完成。

B 串珠锯全锯切开采法的直接开采成本计算方法和计算依据

采用串珠锯全锯切开采方法开采翡翠绿花岗石的直接成本包括：串珠锯对分离体与矿体三个连接面的切割分离成本，串珠锯解体分离体、整形荒料的切割成本，大孔径凿岩机钻凿交汇孔的电能消耗成本、钻头钎杆消耗成本，操作这些设备的人工和辅助工时成本，设备折旧成本等。

可以采用直接计算（公式 6-55）和经验计算（公式 6-56）两种方法。

a 直接计算法

直接计算法与前面介绍串珠锯锯切开采时相同，按照下式可直接计算出串珠锯全锯切开采单位体积荒料时的单位开采成本：

$$C_{QDW} = \frac{C_{qzd} + C_{ZDW1} + C_{ZDW2}}{V\eta} + C_{qdM} \tag{6-55}$$

式中 C_{QDW}——串珠锯全锯切开采单位体积荒料时的直接开采成本，元/m^3；

C_{qzd}——将分离体分离、解体、并全部整形成荒料后，所需大孔凿岩机钻孔的总成本，元，参照公式 6-46；

C_{ZDW1}——串珠锯切割分离体与矿体三个连接面时的切割总成本，元，可参考公式6-49计算，但必须增加串珠锯切割分离体另外一个垂直面和水平面时的切割成本；

C_{ZDW2}——串珠锯解体分离体、整形荒料时的总切割总成本，元；

C_{qdM}——串珠锯全锯切开采方法的设备折旧成本，元/m^3，见公式 6-29；

V——分离体毛方体积，m^3；

η——开采荒料率，%。

(1) 直接计算法计算交汇钻孔的钻凿总成本。采用串珠锯全锯切开采方法对分离体切割分离时，需要进行两个水平、一个垂直共三个正交孔的交汇钻凿。可参照人工凿岩串珠锯开采法时介绍的交汇孔长度的计算方法，但在计算总的交汇孔钻凿成本 C_{qzd}时，必须再增加另一个与水平孔和垂直交汇贯通的水平钻孔的长度。

因为是采用全锯切开采方法，所以除了对分离体进行水平、垂直交汇孔钻凿外，有时还需要将大分离体锯切分解成小块分离体后再进行解体切割，这时还需要在大分离体上钻凿一些水平、垂直方向的交汇孔。在这种情况下，计算分离体上总的交汇孔钻凿成本 C_{qzd}时，也应考虑钻凿这些钻孔的成本。这些在后续分割分离体时需要钻凿交汇孔的数量（分割小分离体的数量），一般是根据合适的小分离体体积、分解后能够开采出符合市场销售尺寸的荒料，并能够容易被移动、乃至被翻倒，以及回避裂隙、缺陷的原则确定的。

只要统计出在分离体上钻凿交汇孔的总长度，即可以按照前面介绍的方法（公式 6-46），计算钻凿交汇孔的开采成本。

(2) 直接计算法计算串珠锯切割总成本。在直接计算串珠锯全锯切开采的切割成本时，串珠锯的切割成本分成将分离体与矿体切割分离的成本、解体分离体和整形荒料的切割成本两部分。

可按照前面人工串珠锯开采法中介绍的成本计算方法，计算串珠锯分离锯切分离体的开采成本，如公式6-49 的计算方法。但在计算切割面积时，必须增加串珠锯切割分离体垂直背面和水平面的面积。

计算串珠锯解体和整形荒料的开采成本时，首先要按照预先估计的荒料率，计算出该分离体能够产出的荒料数量，按照预期的荒料尺寸，计算出该分离体能够产出该规格荒料的平均块数。然后计算每个荒料的6个面的表面积之和，再乘以荒料块数和共面系数的修正值$(1-f)$，即可得到需要在荒料上锯切的总面积，从而计算出这部分的开采成本。

b 经验计算法计算串珠锯切割总成本

经验计算是按照矿山采用串珠锯全锯切开采时积累的经验数据（见后面的介绍和表6-5），按照下列公式计算出串珠锯全锯切开采单位体积荒料时的开采成本：

$$C_{QDW}=\frac{\eta_t}{\eta_x}\times C_{QDW1} \tag{6-56}$$

$$C_{QDW1}=C_{qdw1}+C_{qdw2}+C_{qzw3}+C_{qzd1}+C_{qzd2}+C_{qzd3}+C_{qdM} \tag{6-57}$$

式中 η_t——根据统计数据归纳出的开采荒料率，%，例如在开采翡翠绿花岗石时为31%；

η_x——实际开采荒料率，%；

C_{QDW}——当荒料率为η_x时单位体积荒料的开采成本，元/m^3；

C_{QDW1}——荒料率为31%时单位体积荒料的直接开采成本，元/m^3；

C_{qdw1}——开采单位体积荒料的串珠绳消耗成本，元/m^3；

C_{qdw2}——开采单位体积荒料的串珠锯单位耗电成本，元/m^3；

C_{qzw3}——开采单位体积荒料的串珠锯单位工时成本，元/m^3；

C_{qzd1}——开采单位体积荒料的大孔凿岩机的单位耗电成本，元/m^3；

C_{qzd2}——开采单位体积荒料的大孔凿岩机的单位工时成本，元/m^3；

C_{qzd3}——开采单位体积荒料的大孔凿岩机用钻头钻杆的单位消耗成本，元/m^3；

C_{qdM}——串珠锯全锯切开采方法的设备折旧成本，元/m^3。

上述各参数全部是按照串珠锯全锯切开采相同体积分离体时的计算结果，其中参数C_{qdw1}、C_{qdw2}、C_{qzw3}、C_{qzd1}、C_{qzd2}、C_{qzd3}、C_{qdM}的具体数据参见表6-5。

在将分离体全部分解、整形成荒料的过程中，到底需要钻凿多少对垂直水平交汇孔，与矿体形态特性、裂隙发育和缺陷存在的程度、分离体的尺寸、开采荒料率等因素有关，很难用假设计算的方法去计算。所以可通过统计学原理，在一定的开采时间内，统计开采毛方体积、成品荒料体积，以及总的交汇钻孔长度，计算出开采单位分离体体积（毛方体积）时，需要钻凿交汇孔的长度；并根据钻凿单位长度交汇孔时的钎头、钎杆的消耗，计算出开采单位毛方体积时钎头和钻杆的消耗。

表6-5是根据一年时间内，采用串珠锯全锯切开采方法，开采翡翠绿花岗石汇总的一组技术参数统计数据。统计结果来源于一年中分三次对开采的矿体毛方体积、采出的成品荒料体积，钻凿的水平垂直交汇孔的钻凿长度、钻孔速度，钎杆、钎头消耗量，串珠绳锯切的总面积、锯切速度、串珠绳的消耗数量等数据进行的统计，每次结果基本相同。所以在使用经验方法计算串珠锯全锯切开采的直接开采成本时，采用这些数据进行的计算与实际情况和

结果最为接近或基本相同。

表6-5中的统计数据只是一组根据翡翠绿花岗石开采时得出的经验数据,仅供参考。不同的花岗石品种、不同的矿体条件,这些数据都有可能不同。即便是在翡翠绿花岗石矿山,不同开采矿段和不同的开采层面,上述数据也有可能发生变化。对不同花岗石品种、不同矿体条件、不同设备配置和不同开采工艺参数,这些数据更是有所差异。所以为了获得比较准确的计算数据,应注意在开采过程中经常地、准确地对上述开采数据进行统计汇总和归纳,以便得到比较准确的参数。

表6-5 31%荒料率时串珠锯全锯切开采翡翠绿花岗石的荒料直接开采成本经验数据

参数代号	项目名称	单位	数据
C_{qdw1}	开采单位体积荒料串珠绳成本	元/m^3	537
C_{qdw2}	开采单位体积荒料串珠锯耗电成本	元/m^3	42
C_{qzw3}	开采单位体积荒料串珠锯工时成本	元/m^3	61
C_{qzd1}	开采单位体积荒料大孔凿岩机耗电成本	元/m^3	33
C_{qzd2}	开采单位体积荒料大孔凿岩机工时成本	元/m^3	31
C_{qzd3}	开采单位体积荒料大孔凿岩机钻头钎杆消耗成本	元/m^3	5
C_{qdM}	开采单位体积荒料设备折旧成本	元/m^3	21
C_{QDW1}	单位体积荒料直接开采成本	元/m^3	730
η_t	统计计算上述数据时的开采荒料率	%	31
T_{dw}	开采每立方米毛方石料串珠锯耗时	h/m^3	1.05

c 设备折旧成本计算

串珠锯全锯切开采方法涉及到的设备折旧成本只包括串珠锯、大孔径凿岩机及空压机等矿山开采设备的投资,按照8年期折旧提成回收,残值10%计算。按照矿山设计年产量和8年期间的总产量,计算出开采单位体积荒料的设备折旧成本。具体计算公式与前面介绍的几种开采方法时相同。

C *产量计算方法和依据*

串珠锯全锯切开采方法的生产能力,完全取决于金刚石串珠锯数量的多少。按照翡翠绿矿山金刚石串珠锯全锯切开采的统计数据,汇总得出开采每立方米毛方体积石料串珠锯耗时1.05 h(见表6-5)。再根据实际开采时的荒料率,计算出若干台串珠锯的年荒料产量。计算方法见公式6-58。也可以按照一定的年产量,计算需要串珠锯的数量。

(1) 已知串珠锯数量估算年开采量。年理论开采能力按下式计算:

$$Y_{dw}=\frac{nT_dT_y}{T_{dw}}\times\frac{\eta_x}{\eta_t} \tag{6-58}$$

式中 Y_{dw}——年开采能力,m^3/年;

n——串珠锯数量,台;

T_d——每台串珠锯日作业时间,h/(天·台);

T_y——串珠锯年切割作业时间,天/年;

T_{dw}——开采每立方米毛方石料串珠锯切割作业时间,h/m^3,见表6-5;

η_t——统计计算T_{dw}时的开采荒料率,%,例如开采翡翠绿花岗石时为31%;

η_x——实际估计的开采荒料率,%。

(2) 已知年产量计算需要配备串珠锯的数量。可以根据年设计开采能力,以及上述经验数据,参照下式计算出需要配备的串珠锯最少数量:

$$n = \frac{Y_{dw}T_{dw}}{T_d T_y} \times \frac{\eta_t}{\eta_x} \tag{6-59}$$

D 直接开采成本的计算

采用串珠锯全锯切开采方法,开采翡翠绿花岗石的直接开采成本与荒料率的关系见图6-63。

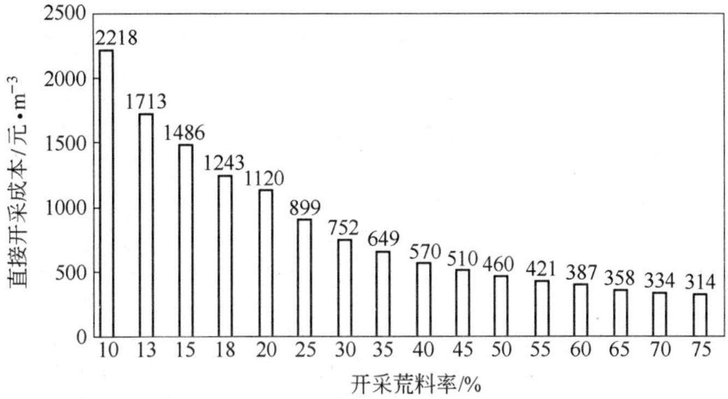

图6-63 串珠锯全锯切开采法开采翡翠绿花岗石的直接开采成本与开采荒料率之间的关系

6.3.2.5 圆盘锯串珠锯组合法开采

目前在国内一些花岗石矿山中,已经成功使用了圆盘锯式荒料切石机结合人工凿岩打楔劈裂分离石料水平面的开采方法。为了便于与前面几种开采方法进行比较,所以将金刚石串珠锯切割石料水平底面代替人工凿岩打楔劈裂分离石料的水平面,形成另外一种全锯切开采方法。

A 开采工艺方法

这种开采方法最早在我国福建省的花岗石矿山上使用,是直接采用圆盘锯式荒料切石机在矿体进行垂直面切割,水平面采用人工打楔劈裂分离的半机械式开采方法,见图6-64。下面介绍的是使用串珠锯切割石料水平底面,替代人工打楔劈裂分离的开采花岗石的全锯切方法,图6-65为圆盘锯串珠锯组合开采法的开采切割示意图。圆盘锯串珠锯组合开采花岗石的开采工艺流程如下:

(1) 分离体的分离。采用金刚石串珠锯分离切割分离体的水平底面,圆盘锯式荒料切石机在分离体石料上按照荒料的规格,在回避裂隙的条件下,将分离体锯切成荒料。

通常采用最大直径为2.8 m的锯片,最大锯切深度为1.2 m。分离体最大厚度,也就是即将开采荒料的最大厚度也是1.2 m。串珠锯切割的水平面将是荒料厚度方向上的两个侧面,也就是从荒料上切割板材的主切面。圆盘锯式荒料切石机锯切的垂直面,是荒料的厚度方向的4个周侧面,即荒料的两个顶

图6-64 圆盘锯式荒料切石机结合人工水平面劈裂开采桃花红花岗石矿山

面和两个端面。所以这种开采方法所开采出的荒料，其最大厚度不大于 1.2 m；长度和高度完全可以按照砂锯料的最大尺寸切割，达到 2 ~ 3.5 m 或更大。因为这两个方向上的尺寸可完全按照圆盘锯式荒料切石机的锯切位置确定，只要分离体的尺寸符合荒料对应尺寸的整倍数要求即可。从理论上讲，在厚度确定的情况下，锯切多高和多长的荒料都能实现。

目前国内开发生产的圆盘锯式荒料切石机，可安装锯片的最大直径已经达到 4.2 m，最大切割深度达到 1.85 m，锯片刀头的厚度为 15 mm。

(2) 其他开采工序。圆盘锯串珠锯组合全锯切开采花岗石的后续工序，如设备位移吊装，荒料的位移、吊装和运输等与前面介绍的几种开采方法的对应工序相同。

B　*成本计算方法和计算依据*

可以按照下面介绍的成本计算方法和计算依据，计算圆盘锯串珠锯组合全锯切开采花岗石的成本。

a　交汇钻孔的钻凿成本计算

假设使用圆盘锯串珠锯组合开采法开采花岗石的分离体，其三个相互正交的面与矿体连接，其余三个面为自由面。

大孔径凿岩机钻凿水平分离面上交汇孔的钻凿总成本 C_{y2} 的计算方法，与前述人工凿岩串珠锯开采法切割垂直端面时的内容相同，只需要将公式 6-46 中对垂直端面的切割时，钻凿垂直水平交汇钻孔的计算长度，改成对水平底面切割时的两个水平、一个垂直交汇钻孔的计算长度。为了达到交汇孔贯通的目的，方便串珠绳的穿引，在使用串珠锯切割水平面时，多数情况下必须保留垂直钻孔，以便与水平钻孔的交汇贯通。

b　串珠锯切割面的成本计算

串珠锯切割面积等于分离体的底面面积，切割总成本 C_{y1} 中包括串珠绳消耗成本、串珠锯电能消耗成本和人工费用成本，它们的计算方法与前面介绍的开采方法中的对应成本计算相同，参见公式 6-49。计算时，将公式 6-49 中的分离体垂直端面面积改为水平底面面积即可。

c　圆盘锯式荒料切石机锯切面成本计算

这里的成本计算是参照圆盘锯式荒料切石机切割的锯缝长度，核算人工、锯片的刀头和电耗成本。按照荒料规格尺寸将分离体分割成若干条锯缝，计算出分解该分离体需要锯切总的锯缝长度。以安装直径 2.8 m 的圆盘锯式荒料切石机的切割参数为例，锯切深度为 1.2 m 时的锯切速度为 50 m/h。人工、电费、锯片刀头的单位消耗成本等数据见表 6-6。

表 6-6　圆盘锯式荒料切石机锯片基体折旧成本、单位锯切成本、锯切速度

锯切速度 /$m\cdot h^{-1}$	单位锯切成本/元 · m^{-1}			C_{y6}	C_{y5}	C_{y4}	锯片基体成本		
	人工 C_{y7}	电费 C_{y8}	刀头 C_{y9}	辅助工成本 /元 · m^{-3}	基体折旧 /元 · m^{-3}	开采设备折旧 /元 · m^{-3}	直径 2.8 m /万元 · 片$^{-1}$	直径 2.2 m /万元 · 片$^{-1}$	直径 1.6 m /万元 · 片$^{-1}$
2.1	11	16.5	11.3	16	16	10.4	3.9	1.5	0.2

d　设备折旧成本计算

设备折旧所涉及到的开采设备有串珠锯、大孔径凿岩机、空压机及圆盘锯式荒料切石机等矿山开采设备的投资，按照 8 年期折旧提成回收，残值 10% 计算。按照矿山设计年产量和 8 年期间的总产量，计算出开采单位体积荒料的设备折旧成本，按照 2 年 3500 m^3 产量计算的锯片基体折旧。设备折旧等数据见表6-6。计算方法与前面各种开采方法时折旧成本的计算方法相同。

C 圆盘锯串珠锯组合开采法的直接开采总成本计算

开采每块分离体的直接开采总成本包括:串珠绳消耗成本,串珠锯电耗成本、交汇孔钻凿成本,圆盘锯式荒料切石机锯切的人工、刀具、电费和基体折旧成本,以及其他工时费用和设备折旧成本。计算公式如下:

$$C_y = C_{y4} + C_{y5} + C_{y6} + \frac{C_{y1} + C_{y2} + C_{y3}}{V\eta_x} \tag{6-60}$$

式中 C_y——圆盘锯串珠锯组合开采法的直接开采成本,元/m^3;

C_{y1}——串珠锯切割分离体水平面切割总成本,元;

C_{y2}——大孔径凿岩机钻凿水平面的交汇孔的钻凿总成本,元;

C_{y3}——圆盘锯式荒料切石机切割垂直面切割总成本,元,见公式6-61;

C_{y4}——开采设备折旧成本,元/m^3,见表6-6;

C_{y5}——锯片基体折旧成本,元/m^3,见表6-6;

C_{y6}——圆盘锯式荒料切石机切割垂直面的辅助成本,元/m^3,见表6-6;

V——分离体体积,m^3;

η_x——开采荒料率,%。

C_{y1}、C_{y2}的计算方法本节已经介绍,圆盘锯式荒料切石机切割垂直面切割总成本C_{y3}的计算见公式6-61。分离体的体积V应参照成品荒料的尺寸选择,同时还要考虑串珠锯对水平面可行的切割能力和交汇孔的贯通钻凿能力。

$$C_{y3} = L_{yL}(C_{y7} + C_{y8} + C_{y9}) \tag{6-61}$$

式中 C_{y7}——圆盘锯式荒料切石机对分离体垂直面切割时的单位人工成本,元/m,见表6-6;

C_{y8}——圆盘锯式荒料切石机对分离体垂直面切割时的单位电耗成本,元/m,见表6-6;

C_{y9}——圆盘锯式荒料切石机对分离体垂直面切割时的单位金刚石刀头消耗成本,元/m,见表6-6;

L_{yL}——圆盘锯式荒料切石机对分离体垂直面切割的总长度,m,按下列公式计算:

$$L_{yL} = N_y L_1 + N_x W_1 \tag{6-62a}$$

$$N_y = \frac{W_1}{H_i} \tag{6-62b}$$

$$N_x = \frac{L_1}{L_i} \tag{6-62c}$$

式中 N_y——分离体长度方向的切割缝数量,条,见图6-65;

N_x——分离体宽度方向的切割缝数量,条,见图6-65;

L_1——分离体长度,m,见图6-65;

W_1——分离体宽度,m,见图6-65;

H_i——荒料的高度,m,见图6-65;

L_i——荒料的长度,m,见图6-65。

在选择分离体的长度 L_1、宽度 W_1 尺寸时，首先确定拟开采荒料的尺寸，然后再通过计算得到合适的分离体长度 L_1 和宽度 W_1 尺寸，并保证分离体长度方向的切割缝数量 N_y 和分离体宽度方向的切割缝数量 N_x 为整数。按照表6-6中列出的基本参数，使得图6-65中分离体的高度尺寸（又是荒料的厚度尺寸）W_i 的最大取值为1.2 m。

图6-65中显示的荒料长度与分离体长度同方向，也可根据需要，将荒料的高度方向与分离体的长度同向。

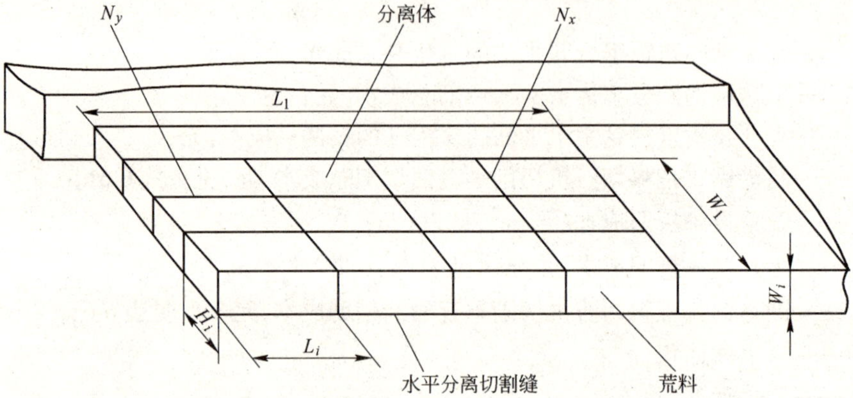

图6-65 圆盘锯串珠锯组合开采法切割示意图

D 产量计算方法和依据

采用圆盘锯式荒料切石机与串珠锯组合，将一块毛方体积等于50.4 m³ 的分离体全部锯切、解体成荒料时，需要串珠锯切割作业14 h，圆盘锯式荒料切石机切割15.7 h，二者差别较小，可取最长的时间作为一组设备将该分离体全部处理完成的时间。分离体的体积不同，圆盘锯式荒料切石机和串珠锯切割作业的时间也不同，应根据分离体的实际体积确定这些参数。设备组合方式为串珠锯及圆盘锯各一台组成一组开采设备。年理论产量的计算见下式：

$$Y_{dw} = \frac{nV\eta_x T_y}{T_{dw}} \tag{6-63}$$

式中 Y_{dw}——年产量，m^3/年；

n——串珠锯与圆盘锯式荒料切石机组合数，组；

V——分离体的体积，m^3；

η_x——开采荒料率，%；

T_y——每组设备年开采作业时间，h；

T_{dw}——每组开采设备单独锯切分解体积为 V 的分离体需要的切割作业时间，h/组。

可以按照前面介绍的计算方法，根据不同矿山的实际情况，选择合适的上述参数值，计算圆盘锯式荒料切石机与串珠锯组合后的年生产能力。

E 直接开采成本

使用圆盘锯式荒料切石机与串珠锯组合，全锯切开采翡翠绿花岗石的直接开采成本与荒料率的关系见图6-66。

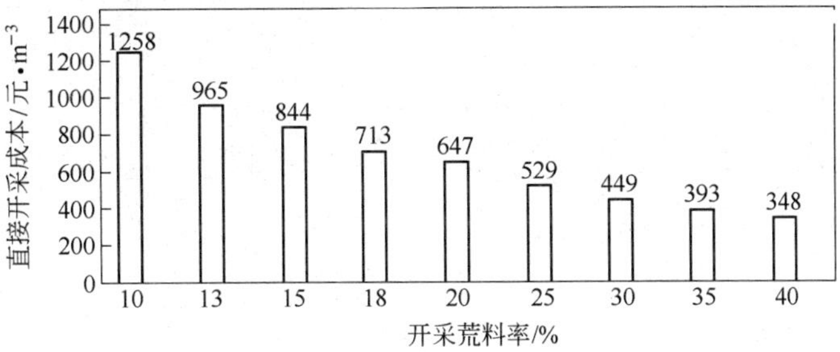

图 6-66 圆盘锯式荒料切石机与串珠锯组合开采翡翠绿花岗石的直接开采成本与荒料率之间的关系

6.3.2.6 台架凿岩机串珠锯开采法

台架凿岩机串珠锯开采法是替代人工操作手持式凿岩机，以及火焰切割机开采花岗石的先进开采方法(图 6-67)，这种组合开采方法开始于 20 世纪 90 年代初，随着用于开采切割花岗石的金刚石串珠绳技术性能的改进，生产成本的降低，目前它已成为使用最广泛、国际公认的机械化开采花岗石的最佳方法。在意大利、挪威、西班牙、南非、巴西和印度等花岗石荒料生产大国，这种开采方法非常普及，已经成为机械化开采花岗石的基本方法。

国内早在 20 世纪 80 年代就曾进口了多套以台架式凿岩机为主机的花岗石开采设备，到 80 年代末国内企业已经可以生产单、双头台架式凿岩机。由于柴油价格的不断上涨，使用金刚石串珠锯切割分离体自由面和开拓堑沟的成本已经低于火焰切割方法。所以目前在国内许多使用火焰切割机辅助开采花岗石的矿山，都改用金刚石串珠锯进行开拓堑沟的开掘，这种方法不仅在使用台架式凿岩机的大型机械化开采花岗石矿山得到推广，甚至在许多使用手持式凿岩机开采的小型和中型花岗石矿山也开始使用串珠锯辅助开采。图 6-67 是挪威的蓝珍珠花岗石矿山使用串珠锯与车载台架式凿岩机的开采作业图片；图 6-68 是山东省荣成市石岛红花岗石矿山，该矿山使用国产双头台架式凿岩机开采；图 6-69 是意大利采用排孔凿岩结合导爆索控制爆破开采花岗石矿山；图 6-70 是意大利采用串珠锯结合排孔凿岩配合导爆索控制爆破开采片麻岩矿山。

图 6-67 挪威蓝珍珠花岗石矿山使用串珠锯与台架式凿岩机开采图片

图 6-68 山东省荣成市石岛红花岗石矿山使用国产双头台架式凿岩机开采

图 6-69　意大利排孔凿岩结合导爆索控制爆破开采花岗石矿山

图 6-70　意大利串珠锯结合排孔凿岩配合导爆索控制爆破开采片麻岩矿山

A　开采工艺方法介绍

使用台架凿岩机串珠锯开采法开采花岗石的工艺与人工凿岩串珠锯开采法相同，只是使用台架式凿岩机代替人工操作的手持凿岩机钻凿排孔，其余的工艺过程全部相同，具体内容如下：

（1）分离体的分离锯切。在台阶式开采花岗石的矿山，最常用的辅助切割是使用串珠锯对长方形、具有 3 个自由面的分离体垂直端面进行分离切割，然后使用台架式凿岩机在分离体的另外一个垂直立面（背面）和水平底面上钻凿排孔，使用导爆索双面控制爆破，将分离体从矿体上分离。

也可以使用串珠锯切割分离体的水平底面，然后再切割分离体的垂直端面，采用台架式凿岩机在分离体剩余的垂直背面上钻凿排孔，使用导爆索单面垂直控制爆破将分离体的垂直背面从矿体分离。如果成本和其他条件允许，甚至还可以使用串珠锯将分离体与矿体连接的 3 个面全部切割分离，然后使用轻型或重型台架式凿岩机，采用钻凿排孔结合控制爆破的方法将分离体解体的开采方法。串珠锯切割分离面越多，开采成本就越高。

（2）分离体的位移或翻倒。应根据分离体的体积大小，选择合适的分离体高度及厚度的比例，使用直接插入串珠绳切缝中的气压顶推袋或水压顶推袋，配合液压顶石机位移或根据需要翻倒分离体，或在挖掘机、装载机或慢动卷扬机的协助下，将分离体位移或翻倒。

（3）分离体的解体和整形。仍然可采用轻型台架式凿岩机在分离体上钻凿排孔，结合导爆索控制爆破的方法，对翻倒或分离位移后的分离体进行解体和荒料的整形作业。

（4）荒料的吊运。可在桅杆吊、抱杆吊、挖掘机、装载机或慢动卷扬机的帮助下，将成品荒料位移到采面的荒料堆场，装车运出。

（5）开采设备的位移和安装。台架式凿岩机的重量都比较大，最常用的双头重型凿岩机最大部件的重量有的可达几百公斤，即便是轻型单头台架或导杆式凿岩机，也有 100 ~ 200 kg 的重量。与串珠锯一样，在变换凿岩位置时，必须使用吊装设备辅助凿岩机的移动和安装，最理想的吊装设备是覆盖面大的桅杆吊，或至少也需要有装载机或挖掘机的帮助。

B　成本计算方法和计算依据

台架凿岩机串珠锯开采方法开采花岗石的直接开采成本包括：串珠锯切割分离体的成本、台架式凿岩机钻凿排孔的成本、控制爆破时导爆索的消耗成本、上述工艺过程中的全部工时成本，以及其他辅助材料的消耗成本。

a 串珠锯切割分离体的成本计算

按照金刚石串珠锯切割分离体与矿体连接面的多少，可将这种开采方式分成三种方案进行成本计算，即串珠锯只切割分离体垂直端面的方案一，串珠锯切割分离体水平底面和垂直端面的方案二，以及串珠锯将分离体与矿体的三个连接面全部切割分离的方案三。凡是串珠锯未切割到的分离体与矿体的连接面，以及后续分离体的解体和荒料整形，均采用台架式凿岩机钻凿排孔，并结合导爆索控制爆破的方法实施作业。

根据需要，采用不同的分离切割方案时，串珠锯的切割面积与需要切割分离体与矿体连接面的数量有关，对于具有三个自由面的分离体来说，最多等于分离体与矿体的三个连接面的面积之和。

该项成本中除了串珠锯切割分离面的成本外，还包括使用直径 65 mm 大孔凿岩机钻凿交汇孔的成本。

（1）直径 65 mm 大孔径凿岩机的钻孔成本。交汇孔的钻凿成本包括驱动凿岩机的空压机耗电成本，操作凿岩机和辅助人工费用成本，直径 65 mm 钻孔用钻头和钻杆的消耗成本等。

使用专用大孔径定位型气动凿岩机钻凿直径 65 mm 钻孔时，通常由两人操作，只需保证充足的气压和供气量，即可满足对翡翠绿花岗石的钻孔速度要求。

（2）串珠锯切割成本。串珠锯锯切分离体与矿体连接面的成本包括串珠绳消耗、串珠锯电能消耗和操作者人工费用等成本。串珠锯切割分离体的成本计算可参照前面介绍过的，采用相同切割方式的计算公式，如公式 6-39 ~ 公式 6-53。

b 台架式凿岩机钻凿排孔的成本计算

台架式凿岩机钻凿排孔成本主要包括将分离体从矿体分离时钻凿排孔的成本，以及将分离体解体和对荒料整形的成本。

（1）排孔总长度计算。可将开采分离体需要钻凿排孔的长度分成两部分，第一部分是用于分离体与矿体之间分离时，需要在分离体与矿体连接面上钻凿的排孔，需要在分离体的哪些面上钻凿排孔，取决于串珠锯对分离体分离切割的方案。第二部分是用于解体分离体和整形所有荒料时需要钻凿的排孔总和。

需要在分离体与矿体连接面上钻凿排孔的长度计算，可参考前面介绍的手持凿岩机钻凿分离体排孔的有关计算，参见公式 6-4。在计算时注意减去串珠锯分离体切割分离面上的钻孔。

解体分离体和整形所有荒料时钻凿排孔的总长度计算，可参考前面介绍的手持凿岩机在解体和整形荒料时的有关计算，参见公式 6-9。计算时也需要考虑和引入“共面系数”的概念，修正荒料与分离体已经存在的分离面、荒料与荒料之间相邻面的共用问题。

（2）钻凿排孔的时间计算。以意大利 BENETTI 公司的 TB604/2 重型双头凿岩机为例，按照双头凿岩机钻凿翡翠绿花岗石时的凿岩速度等于 15 m/h 计算；如果选择山西机床厂生产的双头台架式凿岩机，钻凿翡翠绿花岗石的双头钻孔速度等于 7 m/h；还可参考前面介绍的使用手持凿岩机钻凿排孔时间的有关计算，参见公式 6-13。

（3）钻孔电力消耗计算。按照电动式空压机计算凿岩动力消耗，每台空压机实际电机的负荷等于总功率的 80% 考虑；包括台架式凿岩机钻凿排孔在内、涉及到钻凿排孔的电力消耗成本，可参考前面介绍的手持凿岩机钻凿排孔成本的有关计算，参见公式 6-14 ~ 公式

6-16。计算时需要将手持凿岩机的钻孔效率、耗气量、驱动凿岩机的空压机的供气量、耗电量换成台架式凿岩机的有关参数即可。

(4) 钻孔的工时计算。采用台架凿岩机串珠锯开采法开采花岗石时，需要计算的钻凿排孔的工时分成，在分离体上钻孔和解体分离体、整形荒料钻凿排孔时消耗的工时和辅助工时，可参照前面人工开采方法中介绍的钻凿排孔的工时及辅助作业工时的计算方法，参见公式 6-22 ~ 公式 6-27。

c 导爆索的消耗成本计算

按照每个钻孔满装导爆索并加上引线导爆索的布置原则，利用已经确定安装导爆索需要钻孔的总长度，加上需要在每个钻孔和每个爆破面上增加引线导爆索的长度，计算每个控制爆破分离面需要导爆索的长度。导爆索填放孔的长度计算也分成在分离体分离面上的排孔填放，以及在分离体解体和荒料整形面排孔上的填放两个部分。导爆索铺设和填放的效率、使用的工时和辅助工时以及导爆索使用长度等的有关计算，可参考前面介绍相同内容，参见公式 6-17 ~ 公式 6-21，以及公式 6-23 ~ 公式 6-27，计算时也要考虑“共面系数”涉及到相邻面之间的共面问题。

d 其他消耗材料

台架式凿岩机钎杆和钎头的消耗，是按照钻凿翡翠绿花岗石时的综合统计数据，根据分离体的荒料率计算出开采单位体积荒料消耗的钎杆、钎头成本，参见公式 6-33。

e 设备折旧成本计算

根据串珠锯、大孔径凿岩机、台架式凿岩机、空压机等矿山开采设备，以及与其有关的辅助电力等设备的投资折旧费，按照平均 5 年期折旧提成回收，残值 10% 计算，参见公式 6-29。

C 台架凿岩机总的开采成本计算

台架凿岩机串珠锯开采法在开采每块分离体时，导爆索消耗成本、其直接开采总成本由串珠锯切割面成本、台架式凿岩机排孔凿岩成本和导爆索控制爆破成本等组成，具体计算公式为：

$$C_T = C_{ZT} + C_{DT} + C_{GT} + C_{TT} + C_{MT} \tag{6-64}$$

式中 C_T——台架凿岩机串珠锯开采法开采单位体积荒料时的直接开采成本，元/m^3；

C_{ZT}——台架凿岩机钻孔的单位电能消耗成本，元/m^3，参见公式 6-31；

C_{DT}——导爆索单位消耗成本，元/m^3，参见公式 6-32；

C_{GT}——钻凿排孔时钎杆和钎头单位消耗成本，元/m^3，参见公式 6-33；

C_{TT}——凿岩机、导爆索作业工时及辅助工时的单位成本，元/m^3，参见公式 6-34；

C_{MT}——开采设备折旧单位成本，元/m^3，参见公式 6-29。

D 直接开采成本的计算

图 6-71 ~ 图 6-73 是台架凿岩机串珠锯开采法开采翡翠绿花岗石时，采用方案一 ~ 方案三(见 6.3.2.6 节的 B 中 a 的有关规定)的直接开采成本与荒料率关系图表，该表的数据是根据长度 20 m、宽度 6.5 m、高度 6 m 的分离体(体积 780 m^3)和长度 10.5 m、宽度 4 m、高度 6 m 的分离体(体积 252 m^3)分别计算的。

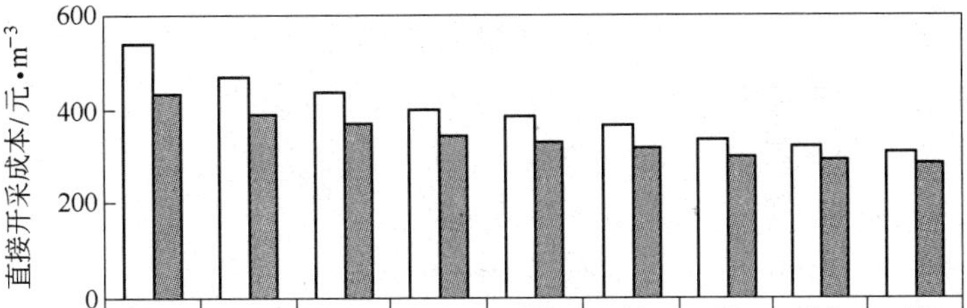

荒料率/%	10	13	15	18	20	23	30	35	40
□ 252 m³分离体积直接开采成本（方案一）	536	466	435	401	384	365	334	319	308
■ 780 m³分离体积直接开采成本（方案一）	429	384	364	342	331	318	298	288	282

图 6-71 台架凿岩机串珠锯开采方案一的直接开采成本与荒料率关系图表

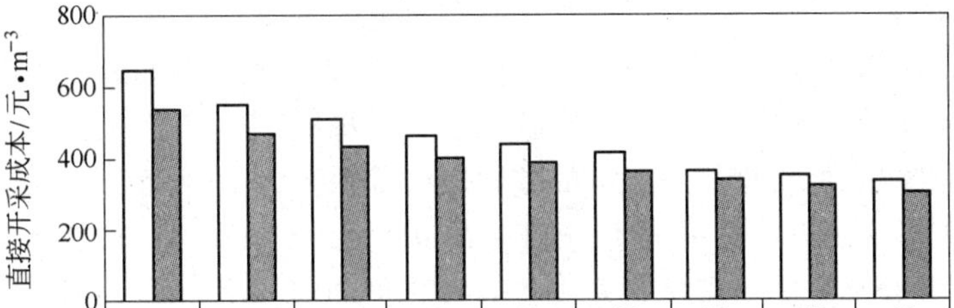

荒料率/%	10	13	15	18	20	23	30	35	40
□ 252 m³分离体积直接开采成本（方案二）	649	553	511	464	441	414	372	352	337
■ 780 m³分离体积直接开采成本（方案二）	533	464	433	400	383	363	333	319	308

图 6-72 台架凿岩机串珠锯开采方案二的直接开采成本与荒料率关系图表

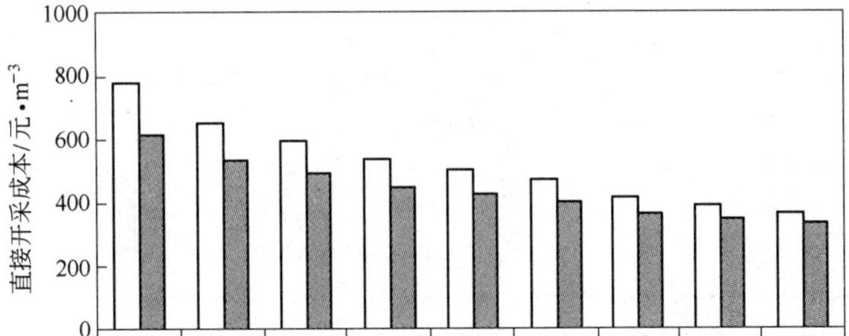

荒料率/%	10	13	15	18	20	23	30	35	40
□ 252 m³分离体积直接开采成本（方案三）	777	651	595	535	505	469	414	388	369
■ 780 m³分离体积直接开采成本（方案三）	612	525	486	444	423	398	359	341	328

图 6-73 台架凿岩机串珠锯开采方案三的直接开采成本与荒料率关系图表

E　台架凿岩机串珠锯开采法的三种开采方案的对比

参照图 6-71 ~ 图 6-73 采用台架凿岩机串珠锯开采法开采翡翠绿花岗石时，三种开采方案直接开采成本与开采荒料率的关系图表，下面分析对比三种开采方案的适用条件，以及直接开采成本与荒料率的相互关系。

a　相同荒料率时的直接开采成本对比

从图 6-71 ~ 图 6-73 中可以看出，在相同荒料率的条件下，方案一的直接开采成本最低，方案三的直接开采成本最高。随着荒料率的降低，三种开采方案的直接开采成本差距拉大，达到一定荒料率时，直接开采成本之间的差距将缩小。

当荒料率为 10% 时，每个方案之间直接开采成本的差距为 79 ~ 104 元/m^3，分别占该荒料率时各方案直接开采成本的 13% ~ 24%；方案一和方案三之间的直接开采成本差距达到 183 元/m^3，占方案三直接开采成本的 30%。当荒料率提高到 40% 时，它们之间的直接开采成本差距缩小到 20 ~ 26 元/m^3，分别占该荒料率时各方案直接开采成本的 6% ~ 9%；方案一和方案三之间的直接开采成本差距缩小到 46 元/m^3，只占方案三直接开采成本的 14%。

b　分离体的体积对直接开采成本的影响

分离体的体积也直接影响到这种开采方法的直接开采成本，分离体的体积越大，直接开采成本也越低。图 6-71 ~ 图 6-73 显示了采用每种开采方案，对应开采 780 m^3 和 252 m^3 两种分离体体积时，直接开采成本的差异。当荒料率为 10% 时，采用方案一到方案三，大小分离体体积对应的直接开采成本分别相差 107 元/m^3、116 元/m^3 和 165 元/m^3。采用大分离体时，三种开采方案的直接开采成本分别降低 20% ~ 21%。当荒料率为 40% 时，采用方案一到方案三的大小分离体体积，对应的每立方米直接开采成本的差距分别缩小到 26 元/m^3、29 元/m^3 和 41 元/m^3。采用大分离体时，三种开采方案的直接开采成本分别降低 8% ~ 11%。

图 6-74 显示了当荒料率为 15% 时，三种开采方案在选择不同分离体体积时对应的直接开采成本。因为在通常情况下，串珠锯切割开采成本高于台架式凿岩机与导爆索控制爆破的开采成本，随着串珠锯切割面积的增加，必然导致三种开采方案的直接开采成本的差异，即方案三的直接开采成本高于方案一和方案二，方案二的直接开采成本高于方案一。

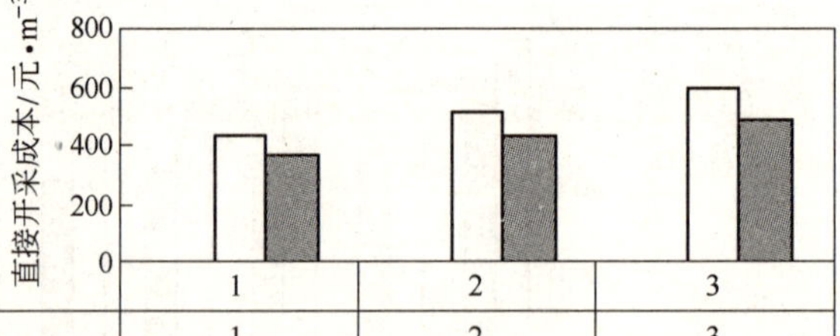

方案序号	1	2	3
□ 252 m^3 分离体积直接开采成本	435	511	595
■ 780 m^3 分离体积直接开采成本	364	433	486

图 6-74　当荒料率为 15% 时三种开采方案对应的直接开采成本

c　三种开采方案的使用条件

在保证导爆索控制爆破能够安全分离的条件下，分离体的体积越大，三种方案对应的开采成本越低。尤其是方案一，因为它只锯切长方形分离体的垂直端面，因分离体长度尺寸的增大而增大其体积,是不会影响到其垂直端面的面积。所以随着分离体体积的增大,串珠锯开采成本对总的开采成本的影响越小,所占比例也越低。但方案一不会改善双面爆破的质量和成功率,随着分离体体积的增大,分离体双面爆破的难度也会增加。

虽然方案二也增加了直接开采成本,但增加的幅度只有方案三的一半。将分离体水平底面切割分离后,分离体控制爆破变成了垂直背面的单面爆破,大大降低了控制爆破的难度,也减小了对矿体的爆破伤害。即便增大分离体的体积,单面垂直控制爆破也非常容易控制,同时串珠锯开采成本所占的比例,也随分离体增大而减小,只需考虑分离体水平底面面积的切割和交汇孔的贯通难度即可。当孔深超过 12 m 时,应选用直径 90 ~ 110 mm 的钻头,以提高钻凿深孔交汇贯通的成功率;锯切过大的水平面,应考虑选用合适的串珠锯和合理的锯切参数。

在矿体完整性很好的花岗石矿山,可以采用将分离体与矿体之间连接面全部用串珠锯切割分离的方案三,在直接开采成本小幅度增加的情况下,避免了大体积分离体控制爆破分离时,火工材料对分离体石材材质的爆破伤害,获得更好的开采质量,同时还可使开采荒料率进一步提高。但方案三的采用也是有条件的,当开采比较破碎或裂隙发育的矿体时,开采荒料率本身就很低,即便是采用了方案三,也不能提高荒料率,这时就应考虑采用方案一或方案二。

总之应根据矿山的条件、矿体的具体情况,灵活选择三种串珠锯对分离体的锯切方案。在同一座矿山,甚至在同一个采面上,三种开采方案都有可能被交替选用。

6.3.3 不同开采方法的分析对比

前面介绍了目前开采花岗石的 6 种基本方法,即人工开采法、火烧凿岩法、人工凿岩串珠锯法、串珠锯全锯切法、圆盘锯串珠锯组合法、台架凿岩机串珠锯法。下面将分析这 6 种开采方法的特点和适用性。

我们是以开采翡翠绿花岗石为例,对比和讨论不同开采方法的适用性,对于开采不同花岗石矿山时提出的推荐开采方法的意见,仅供读者参考。

6.3.3.1 不同开采方法的直接开采成本与荒料率关系对比

图 6-75 列举了上述 6 种开采方法和台架凿岩机串珠锯法的 3 种开采方案,在分离体体积基本相同(见表 6-7)的情况下,对应 15%、20% 和 40% 荒料率时的直接开采成本。因为开采工艺的限制,串珠锯全锯切开采方法和圆盘锯串珠锯组合法开采翡翠绿花岗石时,不能选择过大的分离体体积。

表 6-7 不同开采方法和开采方案分离体的计算体积(m^3)

人工开采法	火烧凿岩法	人工凿岩串珠锯法	串珠锯全锯切法	圆盘锯串珠锯组合法	台架凿岩机串珠锯法方案一	台架凿岩机串珠锯法方案二	台架凿岩机串珠锯法方案三
252	252	252	144	50.4	252	252	252

图 6-75 显示开采翡翠绿花岗石时,全锯切法的开采成本最高,其中串珠锯全锯切开采方法的直接开采成本分别达到 2218 元/m^3、1120 元/m^3 和 570 元/m^3;圆盘锯串珠锯组合法次之,分别是 1258 元/m^3、647 元/m^3、348 元/m^3;在荒料率低于 20% 时,前者比后者直接开采成本提高将近一倍。台架凿岩机串珠锯开采法方案一的直接开采成本最低,在 3 种荒料

率条件下，分别是 536 元/m³、384 元/m³、308 元/m³，比串珠锯全锯切开采方法的直接开采成本分别低大约 3 倍、2 倍和 1 倍，只有串珠锯全锯切开采方法的 24% ~54%。

随着荒料率的提高，所有开采方法和开采方案之间的直接开采成本差距将缩小，40% 荒料率时，最高成本和最低成本之间的差距只有 262 元/m³，只相差 0.6 倍。

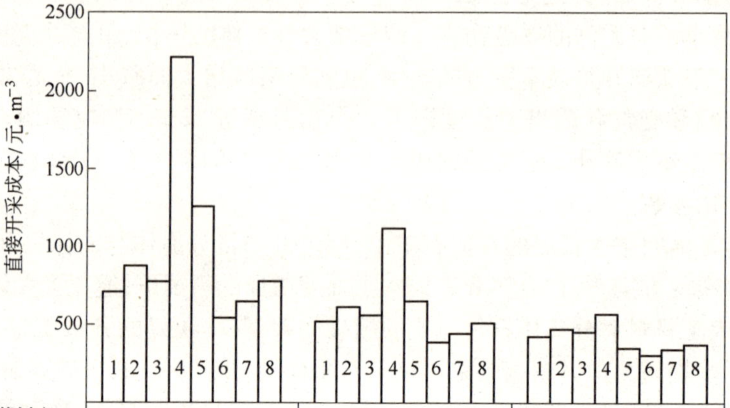

荒料率/%	10	20	40
1 人工开采法	710	520	423
2 火烧凿岩法	874	604	467
3 人工凿岩串珠锯法	778	562	452
4 串珠锯全锯切法	2218	1120	570
5 圆盘锯串珠锯组合法	1258	647	348
6 台架凿岩机串珠锯法方案一	536	384	308
7 台架凿岩机串珠锯法方案二	649	441	337
8 台架凿岩机串珠锯法方案三	777	505	369

图 6-75 6 种开采方法和 3 种开采方案不同荒料率时的直接开采成本的对比表

当荒料率为 10% 时，直接开采成本低于 700 元/m³ 的开采方法有台架凿岩机串珠锯开采法的方案一和方案二；直接开采成本在 700 ~ 800 元/m³ 的开采方法有人工开采法、台架凿岩机串珠锯开采法的方案三、人工凿岩串珠锯法；直接开采成本在 800 ~ 900 元/m³ 的开采方法有火烧凿岩法。串珠锯全锯切法和圆盘锯串珠锯组合法的直接开采成本最高，分别达到 2218 元/m³ 和 1258 元/m³。

当荒料率达到 20% 时，除串珠锯全锯切法外，其余 7 种开采方法和方案的直接开采成本也都小于 650 元/m³，其中台架凿岩机串珠锯开采法方案二和方案三的直接开采成本，都低于 450 元/m³。

当荒料率达到 40% 时，串珠锯全锯切法的直接开采成本降到 570 元/m³，其余开采方法和方案的直接开采成本都小于 470 元/m³。

6.3.3.2 不同矿体条件下各种开采方法的适用性

花岗石矿山开采时，应根据不同矿体条件、矿体外部条件、花岗石的可劈裂性、花岗石的花色品种及其市场价值、投资矿山企业的经济实力等因素，合理地选择开采方法。这里主要讨论按照花岗石的花色和矿体裂隙发育程度，推荐合适的开采方法。

A 均匀花色的花岗石矿体

花岗石的花色一般都比较均匀，从不同方向切割后获得的花色效果基本相同，这时应根据矿体裂隙发育程度选择开采方法。

如果矿体的裂隙比较发育,矿体完整性差,预计开采荒料率在10% ~20%时,从直接开采成本考虑,合适开采方法的最佳选择顺序是台架凿岩机串珠锯开采法的方案一、方案二,人工开采法或台架凿岩机串珠锯开采法的方案三,人工凿岩串珠锯法,火烧凿岩法,这时花岗石的劈裂性将成为影响直接开采成本的主要因素。如果石材的劈裂性差,只能通过适当加密排孔间距,最大限度地提高荒料率来降低直接开采成本。

如果矿体完整性好,裂隙不太发育,预计的开采荒料率在20%以上时,对于劈裂性好的花岗石,上面介绍的全部开采方法和方案都可适用。如果石材价格合适或矿山交货价格达到800元/m^3,除串珠锯全锯切法外,其他开采方法都可适用。当荒料率达到40%,石材荒料价格达到或超过800元/m^3时,无论石材的劈裂性如何,串珠锯全锯切法都适用,而且它更适合用于开采劈裂性比较差的花岗石矿体。

如果石材矿山交货价格在350~400元/m^3之间,但石材劈裂性好而且开采荒料率能够达到40%以上,这样的花岗石矿体可以采用圆盘锯人工凿岩方法开采,仍然能够获得比较好的经济效益。也可选择台架凿岩机串珠锯开采方法的方案一和方案二。

当荒料达到40%以上、石材劈裂性好,而且石材荒料的矿山交货价格达到500~550元/m^3时,可以选择人工开采法、火烧凿岩法、人工凿岩串珠锯法、台架凿岩机串珠锯开采方法的三种方案。

B 花色杂乱的花岗石矿体

有些花岗石的花色是有方向性的,从不同方向切割后得到不同的花色效果,开采这种类型的花岗石必须选择合适的开采方法。

如果矿体裂隙比较发育,预计的开采荒料率在10% ~20%时,应选择能够适合开采劈裂性差矿体的开采方法,可参考前面的有关介绍。

对于完整性好,裂隙不太发育,预计的开采荒料率在20%以上的矿体,如果石材的劈裂性好,除圆盘锯串珠锯组合法或圆盘锯人工凿岩法外,上面介绍的全部开采方法和方案都可适用。可根据不同档次石材荒料价格,不同石材劈裂性,选择适用的开采方法,具体要求与前面介绍的选择方法相同。

6.3.3.3 各种花岗石开采方法和开采方案的综合适用条件

除了按照上述介绍的花岗石花色和裂隙发育程度选择开采方法外,在最终确定开采方案时,还应综合考虑更多的矿山因素和条件。

A 全锯切开采方法开采花岗石的适用性

全锯切开采法包括串珠锯全锯切开采法和圆盘锯串珠锯组合开采法。

a 串珠锯全锯切开采方法

从图6-63中可以看出,开采成本、荒料率和荒料的销售价格,直接影响到是否能够采用串珠锯全锯切开采方法。如果再考虑除直接开采成本外的其他辅助开采成本、矿山开采利润等因素,荒料的矿山交货价格至少应比直接开采成本提高大约200~400元/m^3。例如荒料率为25%,荒料矿山交货价格至少达到1100~1300元/m^3,才有可能考虑采用串珠锯全锯切开采方法;如果属于稀有高档的花岗石品种,其荒料的矿山交货价格超过3000元/m^3,即使只有10%的开采荒料率,仍然可以考虑采用串珠锯全锯切开采方法。

从图6-63中还可以看出,如果荒料率达到75%,串珠锯全锯切方法的直接开采成本可降低到 314 元/m^3。荒料率在 60% ~75% 之间变化时，串珠锯全锯切开采的直接开采成本在 387 ~314 元/m^3 之间变化，基本达到串珠锯全锯切开采方法的最低极限成本。即使荒料率能够达到 60% 以上，只要石材荒料的矿山交货价格低于 450 元/m^3，这样的花岗石矿山仍然是不适合采用串珠锯进行全锯切开采的。

所以，应从荒料率、荒料的销售价格和直接开采成本三个方面综合评价采用串珠锯全锯切开采方法的适用性。

b　串珠锯配合圆盘锯式荒料切石机全锯切开采方法

圆盘锯（普通直径规格）串珠锯组合法只能适用于花色均匀、无方向性的花岗石矿山开采。

从图 6-66 中可以看出，如果矿体的荒料率在 35% 以上，而且石材的矿山交货价格在 600 元/m^3 以上时，采用圆盘锯串珠锯组合法全锯切开采，仍可获得一定的利润，也就是说这时矿山具备采用这类全锯切开采方法的经济性条件。

如果矿体完整性好，可达到较高的开采荒料率，即便是销售价格较低的花岗石品种，也可以接受使用人工劈裂水平面代替串珠锯的切割，圆盘锯荒料切石机切割分离体垂直面的开采方式。在福建省古田县鹤塘镇的一些开采桃花红花岗石的矿山，虽然该品种花岗石荒料的矿山交货价格只有 400 元/m^3 左右，但由于矿体的荒料率通常在 40% 以上，所以他们采用圆盘锯式荒料切石机，结合人工打楔劈裂分离分离体底面的锯切开采方式，仍然获得了可观的矿山利润。直径 4.2 m 锯片的圆盘锯与串珠锯组合后，可以开采花色有方向性要求的花岗石矿山。

B　火烧凿岩法或人工凿岩串珠锯开采法的适用性

这两种开采方法都是目前国内外使用比较广泛的机械化开采花岗石的方法，但与前几年的情况有所不同，因为目前柴油价格在不断升高，而在保证锯切寿命和切割效率的前提下，国产串珠绳价格却在不断地下降。以开采锯切花岗石的注塑烧结型串珠绳（每米 40 个金刚石串珠，直径 11 ~11.4 mm）为例，2003 年进口这种串珠绳的价格大约是 120 美元/m，2005 年同类进口串珠绳的价格却只有大约 90 美元/m，价格降低了大约 30%；同期国产同类串珠绳的价格只有大约 70 美元/m，比早期进口串珠绳的价格降低 43%，比同期进口串珠绳的价格降低 11%。

在翡翠绿花岗石开采时，共使用了 6 个品牌的注塑和橡胶注封的烧结串珠绳，其中一个意大利品牌，5 个国内品牌。使用结果表明，进口和国产的这种串珠绳的切割寿命、切割效率差别不大，以切割翡翠绿花岗石为例，国产串珠绳的切割寿命只比进口串珠绳低大约 5%，切割速度基本相同。串珠绳价格降低和性能的提高，使得目前串珠锯取代火焰切割机开采花岗石成为必然的趋势。

由于柴油价格的持续上涨趋势，火烧凿岩法的直接开采成本将会一直高于人工串珠锯切割法。随着荒料率从 40% 减小到 10%，火烧凿岩开采方法与人工凿岩串珠锯开采方法的直接开采成本，也从相差 15 元/m^3 增加到相差 96 元/m^3。从图 6-59 和图 6-61 中可以找出不同荒料率对应的开采成本，只要确定荒料的矿山交货价格，基本可以确定选择哪种开采方法更合适。例如矿山开采的荒料率达到 30%，采用人工凿岩串珠锯开采法开采时，花岗石荒料的矿山交货价格至少要达到 650 元/m^3 以上；同样条件时，采用火烧凿岩开采法开采，花岗石荒料的矿山交货价格至少要达到 675 元/m^3 以上，才能保证矿山的开采经济效益。

虽然这两种开采方法开采成本相差不大,但开采出的荒料质量和对矿体造成的浪费却大不相同。火焰切割面虽然平整,但经过高温烧蚀后,石材表面层向下至少有 10 ~ 15 cm 深度的石材结构已经发生了变化,在荒料验收时需要扣除,从而造成浪费。而采用人工凿岩串珠锯开采方法,串珠绳切缝两侧的石材表面无化学损伤,直接可以使用。从浪费石材的角度分析,大约 22 ~ 25 cm 宽度的火焰切割切缝,是只有 1.2 cm 宽度的串珠绳切缝的 21 倍,加上切缝两侧的烧蚀损失,火烧凿岩开采法造成的石料损失是十分惊人的。仅以一个 $10 \times 4 = 40\ m^2$ 的切面为例,火焰切割造成的石料损失大约是 $9 \sim 10\ m^3$,串珠锯切缝造成的损失只有大约 $0.5\ m^3$,串珠锯切缝损失只有火焰切割缝的 1/18 ~ 1/20,可以理解为串珠锯切割法基本不会造成石材的浪费。

火焰切割机作业时产生的噪声达到 110 dB 以上,而且伴有大量的粉尘污染,作业区周围 1 km 半径范围内不能有民居。串珠锯在切割工作时产生的切割噪声只有大约 70 ~ 90 dB,所以从防止噪声和杜绝污染的环保角度考虑,火烧凿岩开采法最终是要被人工凿岩串珠锯开采方法所取代,何况火焰切割法的开采成本还高。

C 人工开采方法的适用性

在花岗石的实际开采作业时,除非矿体完整性非常好,否则人工开采这种最传统的开采方法很难达到 25% 以上的开采荒料率。所以人工开采方法只能适用于中小型的花岗石矿山使用。

从图 6-75 中看出,荒料率大于 18% 时,除了台架凿岩机串珠锯开采法的三种开采方案外,人工开采方法的直接开采成本最低;当荒料率在 40% ~20% 之间波动时,人工开采法的直接开采成本在 423 ~ 520 元/m^3 之间变化。

D 台架凿岩机串珠锯开采法的特点和适用性

台架凿岩机串珠锯开采法,是从台架式凿岩机结合导爆索控制爆破开采方法过渡形成的机械化开采花岗石方法。台架式凿岩机的特点是开采效率高,气动马达带动链条传动的强制凿岩进给装置,单头钻凿中硬度花岗石的凿岩速度可达 0.4 m/min(大约 24 m/h)。同等凿岩机数量情况下,生产能力能够达到传统人工开采方法的 3 ~4 倍。

串珠锯切割分离体与矿体连接面的数量越多(1 ~3 个面),对改善和提高分离体从矿体分离的可靠性、成功率、提高开采荒料的质量的效果也越好。因为凿岩机台架牢固地锚定在矿体上,钻凿排孔的平面度和孔的垂直度都得到保证,解体和整形荒料的质量也得到保证。这也是开采翡翠绿花岗石的直接开采成本低于上面介绍的其余 5 种开采方法的原因,见图 6-75。

6.3.3.4 其他方面的对比

除了适用条件和使用特点外,上述 6 种开采方法和 3 种开采方案在开采技术难度、开采荒料的质量、对石材矿体的损伤和资源保护、设备的投资等方面也各有特点。

A 开采技术难度

从使用方便性角度考虑,在同等矿体条件下,在上述开采方法和方案中,串珠锯全锯切开采方法的技术性最强,但开采质量受人为因素的影响最小,荒料的 6 个面全被串珠绳锯切,表面质量由机械设备保障。虽然开采成本相对其他方法偏高,但只要产品销售价格允许,全锯切开采方法是最有前途的机械化开采花岗石的方法。

台架凿岩机串珠锯开采法的操作技术难度次之,因为在开采中必须掌握台架式凿岩机的凿岩开采工艺技术、设备操作技能，还必须懂得如何正确使用导爆索等火工材料的控制爆破技能，同时还必须会使用金刚石串珠锯的开采切割工艺，一旦这些技术能够被矿山掌握，开采质量基本不受人为因素的影响，只与矿体条件有关。

火烧凿岩开采方法、人工凿岩串珠锯开采方法的技术含量和直接开采成本都介于前面两类开采方法之间。火焰切割机和金刚石串珠锯只能决定分离体的部分质量，但荒料的最终质量还是取决于人工完成的排孔凿岩、导爆索控制爆破的质量。由于技术难度适中，开采成本不会增加许多，这也是目前这两种方法广泛用于花岗石矿山的原因。

圆盘锯串珠锯组合开采方法的操作技术难度也是比较高的，要求矿山开采人员熟练掌握圆盘锯式荒料切石机在矿山的安装、开采花岗石的工艺技术，如何形成适合圆盘锯式荒料切石机作业的工作面，还要掌握串珠锯的花岗石切割开采工艺。即便是采用圆盘锯式荒料切石机与人工开采组合方式，开采工人也必须灵活运用圆盘锯式荒料切石机的开采操作工艺。

人工开采方法的技术性要求最低，但开采质量受人为因素的影响也最大。开采的荒料质量全部取决于石材的劈裂性、人工钻凿排孔的钻孔垂直度质量和排孔平面度质量。钻孔的间距及导爆索的布置等工艺参数对开采的荒料质量有很大的影响。

B　开采荒料质量的对比

不容质疑，全锯切开采方法开采出的荒料质量最好，荒料的规格可以控制，6 面都能得到机械设备的锯切，表面平整，荒料的成方性好，毛方密度非常接近于石材的实际密度，运输成本降低，砂锯切割的成本也大幅度降低；对矿体的损伤小，开采荒料率大幅度提高，矿山的经济效益突出。以开采翡翠绿花岗石为例，采用传统人工开采方法（人工手持凿岩机排孔凿岩结合导爆索控制爆破，或结合膨胀剂劈裂的方法）开采时，荒料率为 5% ~7%，使用串珠锯全锯切开采方法后，荒料率达到 33% ~35%，其中达到砂锯加工规格的荒料占70% ~75%。

因为台架式凿岩机在钻凿排孔精度方面的优势，与人工开采方法、火烧凿岩开采、人工凿岩串珠锯开采等采用排孔凿岩结合控制爆破的开采的方法相比，台架凿岩串珠锯开采方法是开采荒料质量最好的方法。

只要采用了人工排孔凿岩结合导爆索控制爆破的开采方式，荒料表面的平整度就很难控制和保证，除非石材的劈裂性极好。虽然使用火焰切割或串珠锯锯切方法能够使分离体与矿体的一个连接面（火焰切割机）或多个连接面（串珠锯）切割分离，形成有利于提高开采荒料率的分离体双面、单面爆破分离、甚至不再需要控制爆破分离的开采方式，但解体分离体及整形荒料时，仍然需要采用排孔凿岩结合导爆索控制爆破的方法，最终对荒料的表面质量也不易控制，质量相对较差。

C　操作安全性的对比

全锯切开采方法是一种无爆破开采花岗石的方法，因为不再需要导爆索等火工材料，所以是目前最安全的开采方法。矿山企业免除了火工材料采购、运输、保管和使用过程中的复杂程序、管理制度和方法，以及特殊的要求，也避免了因火工产品使用不当，对开采人员造成的人身伤害。只要严格执行串珠锯的开采操作工艺以及安全使用规程，串珠锯的使用是相对安全的。

台架凿岩机串珠锯开采法的主要开采设备是台架式凿岩机，其操作安全性远高于手持式凿岩机；只要遵照操作规程，金刚石串珠锯的使用也是安全的；虽然台架凿岩机串珠锯开采法仍然需要使用导爆索，但在严格遵守火工材料的操作使用规范的前提条件下，导爆索的安全性还是很高的。

D 对矿体的损伤和资源的保护

使用火工产品开采花岗石，必定会造成石材矿体的损伤，使用最多的导爆索属于起爆器材，其爆破强度虽然比2号岩石铵梯炸药小，但仍有6 km/s的爆速，使用时也会损伤矿体。特别是对一些脆性石材品种，即便是使用低装药量的导爆索（每米装药量6～9 g）并严格控制导爆索的爆破强度，或者采用不同的专用爆破器材（爆裂管、高能金属燃烧剂等）控制爆破开采，对矿体仍然会产生一定的爆破伤害，矿体和荒料仍然会出现因爆破而产生的一定的爆伤裂隙，或者使原有天然微裂隙因爆破而扩大延伸，影响到荒料的品质，对矿体也会造成伤害。资料和一些试验表明，岩石炸药对石材矿体的破坏或影响半径大约是3 m，导爆索如果使用不当或石材比较脆时，其影响半径也有0.5～1 m。

火焰切割虽然不会产生爆破裂隙或扩大原有的微观裂隙，但正如前面所介绍的，火烧面周围至少有22～25 cm厚度的石材结构已经因高温作用而发生了变化，实际上已经造成了石材矿体的浪费。

采用台架凿岩机串珠锯开采法时，串珠锯将分离体与矿体连接面至少有一面切割分离，最多时三面全部切割分离；避免火烧凿岩法中火焰切割机开掘堑沟作业时，对堑沟表面矿体的烧蚀损害。即便是一面切割分离，分离体与矿体之间的双面控制爆破也是非常成熟的技术，分离难度不大；如果采用串珠锯对分离体双面切割分离，单面垂直控制爆破工艺方案时，操作难度更低。三面切割分离，与串珠锯全锯切开采方法一样，避免了分离体分离时对矿体的损伤。所以台架凿岩机串珠锯开采法基本可称为保护矿产资源的环保型开采方法。

只有全锯切开采方法既不会在矿体或荒料中产生新的裂隙或扩大原有裂隙，也不会使切缝周围的石材结构发生变化。所以全锯切开采方法是保护矿产资源、环保性开采的最好方法。

E 设备总投资的对比

图6-76是荒料率为20%时，年产量、开采设备投资与开采单位体积荒料时不同开采方案设备投资之间的关系图表。从图中可以看出，为形成大约年产1500～2250 m^3荒料的生产能力，开采单位体积荒料的设备投资额最高的是串珠锯全锯切开采方法，大约每立方米296元，最低的是人工开采法，大约是每立方米116元。台架凿岩机串珠锯开采法的数据是根据进口凿岩机配置国产辅助设备方案计算的，如果选用两台国产双头台架式凿岩机，表6-11中的开采设备总投资可以降低到大约38万元，开采每立方米荒料的设备投资额甚至低于人工凿岩串珠锯开采法，只有170元。

开采单位体积荒料的设备投资额只反映为形成一定开采能力，需要投入购买直接开采设备的投资，只是一个衡量项目投资额的指标，只会影响到直接开采成本中处于非主要成本的设备折旧成本，其高低并不决定直接开采成本的高低。表6-8～表6-13列举了在20%荒料率条件下，上述6种花岗石开采方法的开采设备和部分辅助设备的参考投资明细表。

选用什么开采方法最合适，主要看矿体的完整性、能够达到的开采荒料率、石材品种等级、荒料的矿山交货价格，采场的水电、道路和配套的工程机械等条件，投资者的资金能力等因素。建议投资花岗石矿山建设的企业，应综合考虑这些因素后，再选择适合自己矿山特点的开采方法。

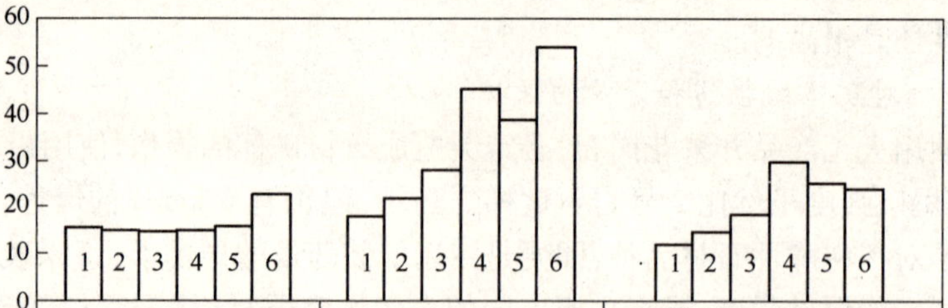

	年产量/100m³	开采设备投资/万元	开采单位体积荒料设备投资/10元·m^{-3}
1 人工开采方法	15.65	18.22	11.6
2 火烧凿岩开采方法	15.14	22.01	14.5
3 人工凿岩串珠锯开采方法	14.93	27.69	18.5
4 串珠锯全锯切开采方法	15.12	44.78	29.6
5 串珠锯圆盘锯组合开采方法	15.44	38.68	25.1
6 台架凿岩机串珠锯开采方法	22.45	53.71	23.9

图 6-76 荒料率为 20% 时年产量、开采设备投资和开采单位体积荒料的设备投资关系图表

表 6-8 人工开采方法的开采设备投资明细表

序 号	设备名称	型号或规格	数 量	单价/万元	合计/万元
1	手持式凿岩机	Y24	10 台	0.21	2.1
2	电动空压机	6 m^3/min	3 台	2.55	7.65
3	风 管	20 m/组	40 组	0.014	0.56
4	电 线	90 mm^2	600 m	0.00073	0.44
5	电线杆		6 根	0.045	0.27
6	电力变压器	200 kW	1 台	1.8	1.8
7	抱杆吊车	30 t/8 m	1 台	2.4	2.4
8	其 他			3	3
	合 计				18.22

表 6-9 火烧凿岩法开采设备投资明细表

序 号	设备名称	型号或规格	数 量	单价/万元	合计/万元
1	手持式凿岩机	Y24	9 台	0.21	1.89
2	电动空压机	6 m^3/min	3 台	2.55	7.65
3	风 管	20 m/组	40 组	0.014	0.56
4	电 线	90 mm^2	600 m	0.00073	0.44
5	电线杆		6 根	0.045	0.27
6	电力变压器	200 kW	1 台	1.8	1.8
7	抱杆吊车	30 t/8 m	1 台	2.4	2.4
8	火焰切割机		1 台	4	4
9	其 他			3	3
	合 计				22.01

表 6-10 人工凿岩串珠锯开采法开采设备投资明细表

序 号	设 备 名 称	型号或规格	数 量	单价/万元	合计/万元
1	手持式凿岩机	Y24	9 台	0.21	1.89
2	电动空压机	6 m^3/min	2 台	2.55	5.1
3	风 管	20 m/组	40 组	0.014	0.56
4	电 线	90 mm^2	600 m	0.00073	0.44
5	电线杆		6 根	0.045	0.27
6	电力变压器	200 kW	1 台	1.8	1.8
7	抱杆吊车	30 t/8 m	1 台	2.4	2.4
8	变频调速型金刚石串珠锯	JJS-30 BT	1 台	9.63	9.63
9	大孔径垂直水平两用凿岩机	QZ-65-90	1 台	2.6	2.6
10	其 他			3	3
	合 计				27.69

表 6-11 金刚石串珠锯全锯切开采法开采设备投资明细表

序 号	设 备 名 称	型号或规格	数 量	单价/万元	合计/万元
1	电动空压机	6 m^3/min	2 台	2.55	5.1
2	风 管	20 m/组	20 组	0.014	0.28
3	电 线	90 mm^2	600 m	0.00073	0.44
4	电线杆		6 根	0.045	0.27
5	电力变压器	200 kW	1 台	1.8	1.8
6	抱杆吊车	30 t/8 m	1 台	2.4	2.4
7	变频调速型金刚石串珠锯	JJS-30 BT	3 台	9.63	28.89
8	大孔径垂直水平两用凿岩机	QZ-65-90	1 台	2.6	2.6
9	其 他			3	3
	合 计				44.78

表 6-12 串珠锯圆盘锯组合全锯切开采法开采设备投资明细表

序 号	设 备 名 称	型号或规格	数 量	单价/万元	合计/万元
1	电动空压机	6 m^3/min	2 台	2.55	5.1
2	风 管	20 m/组	10 组	0.014	0.14
3	电 线	90 mm^2	600 m	0.00073	0.44
4	电线杆		6 根	0.045	0.27
5	电力变压器	200 kW	1 台	1.8	1.8
6	抱杆吊车	30 t/8 m	1 台	2.4	2.4
7	变频调速型金刚石串珠锯	JJS-30 BT	1 台	9.63	9.63
8	大孔径水平凿岩机	QZ-65-90	1 台	2.6	2.6
9	矿山荒料单刀切石机	HKSQD-2200/3000	1 台	7.2	7.2

续表 6-12

序　号	设 备 名 称	型号或规格	数　量	单价/万元	合计/万元
10	导　轨		40 m	0.0125	0.5
11	锯片基体	直径 2.8 m	1个	3.9	3.9
12	锯片基体	直径 2.2 m	1个	1.5	1.5
13	锯片基体	直径 1.6 m	1个	0.2	0.2
14	其　他			3	3
	合　计				38.68

表 6-13　台架凿岩机串珠锯开采法开采设备投资明细表

序　号	设 备 名 称	型号或规格	数　量	单价/万元	合计/万元
1	台架式凿岩机	TB602/2	1台	22.5	22.5
2	变频调速型金刚石串珠锯	JJS-30 BT	1台	9.63	9.63
3	大孔径垂直水平两用凿岩机	QZ-65-90	1台	2.6	2.6
4	电动空压机	6 m^3/min	3台	2.55	7.65
5	风　管	20 m/组	30组	0.014	0.42
6	电　线	90 mm^2	600 m	0.00073	0.44
7	电线杆		6根	0.045	0.27
8	电力变压器	200 kW	1台	1.8	1.8
9	抱杆吊车	30 t/8 m	1台	2.4	2.4
10	其　他			6	6
	合　计				53.71

6.3.4　降低花岗石矿山开采成本的途径

前面分析介绍了目前开采花岗石的6种机械化和半机械化方法，以及在开采花岗石时的直接成本。如何降低花岗石矿山的开采成本，是所有从事花岗石开采企业最关心的问题。本节将以厦门新安德集团有限责任公司开发的三立达翡翠绿花岗石矿山为例，借助其2005年和2006年两年的生产数据，分析介绍降低花岗石矿山开采成本的途径。

6.3.4.1　三立达翡翠绿花岗石矿山简介

厦门新安德集团有限责任公司开发的三立达翡翠绿花岗石矿山，位于福建省南平市东南110°方位，距南平市区58 km，离最近的赤门乡尤山村1.5 km。

矿体赋存于中元古界马面山群东岩组下段第二、第四岩性段之斜长透辉石变粒岩中，其产状受地层的层位及其变质程度控制，矿体呈层状、似层状；走向近东西，向北倾，倾角25°～30°。矿体沿倾向延伸大于100 m，沿东西走向延长400 m，厚度10～85 m，矿区面积0.6481 km^2；已探明的地质储量29万多立方米，远景储量超过50万 m^3。按矿体分布位置，自东向西分为Ⅰ～Ⅲ号三个矿体，其间为规模较大的断裂破碎带断隔。单个矿体长度62～180 m，厚度10～85 m，赋存标高540～640 m。矿体与南缘的钾长花岗岩的侵入和热液蚀变密切相关。

6.3.4.2 开采工艺方法的选择

因为三立达翡翠绿花岗石的劈裂性极差，曾经历了黑火药爆破结合人工打楔劈裂的原始开采方法，开采出的荒料不能成形，爆伤裂隙严重，荒料率仅为3%，不仅开采荒料的质量低下，还造成了矿体的严重破坏。

采用半机械化开采后，曾使用过人工排孔凿岩，结合导爆索控制爆破，或者水泥膨胀剂等普通花岗石开采工艺，均未取得很好的开采效果。

从2005年开始，结合该品种花岗石矿体和石材的特性，使用了金刚石串珠锯全锯切开采工艺方法，取得了成功。开采荒料率由原来的5%～7%，提高到30%～33%。2005年度开采砂锯料的长度和高度分别超过2.4 m和1.4 m，平均体积5 m^3，最大砂锯料体积9 m^3。砂锯料所占比例65%，圆盘锯荒料所占比例30%。

2006年度仍然采用金刚石串珠锯全锯切无爆破的开采工艺，但增加了龙门切机锯切和人工钻凿排孔、水泥型膨胀剂劈裂分解的方法，进行部分分离体石料的解体分割和荒料的整形处理，以减少金刚石串珠绳的消耗，降低开采成本。因为2006年矿山处于矿体覆盖层剥离、形成规则开采台阶的规划整理阶段，开采荒料率虽然达不到2005年的水平，但也达到11.2%。图6-77是三立达翡翠绿花岗石矿山图片。

正常开采时，分台阶高度6～8 m，剥离阶段台阶高度2～4 m；分离体最大切割规格6×6×8 = 288 m^3。一般砂锯荒料规格为，长2.6 m、高1.7 m、厚1.5 m，体积大约6.6 m^3；最大荒料规格为，长3.2 m、高2 m、厚2 m，体积大约12.8 m^3；如果用户有特殊规格尺寸的荒料需求，矿山还可生产更大规格的荒料。

图6-77 三立达翡翠绿花岗石矿山

6.3.4.3 开采成本的构成

根据矿山的具体情况，将荒料的开采成本分成直接成本和间接成本两大类。

直接成本是指与荒料开采直接有关的成本，内容包括：直接参与开采作业的人员工资成本，例如串珠锯、凿岩机的操作者和不脱产的现场管理人员的工资成本；串珠锯和凿岩机（电动式空压机驱动）的电耗成本；金刚石串珠绳的消耗、凿岩机钎杆和钎头的消耗成本；串珠锯、凿岩机、空压机的维修成本；火工材料以及与开采有关的低值易耗品成本。

间接成本包括：挖掘机、装载机、矿山用车辆的燃油费成本；操作这些设备的人员工资费用和维修费成本；需要交纳地方的山本费、资源补偿费、征地赔偿费等成本；剥离和开采需要清运的渣土和碎石的费用成本；矿山运转需要的管理费成本；矿山建设的前期投入折旧费成本；以及将荒料从矿山运抵厦门（大约500 km）的运费成本。

6.3.4.4 开采成本的分析

下面对开采成本的分析，是以2005年度和2006年度，使用金刚石串珠锯全锯切方法，开采翡翠绿花岗石的开采成本统计数据为基础进行的。

A 荒料的产量和荒料率

图6-78纪录了2005年和2006年翡翠绿花岗石矿山荒料开采的年产量和荒料率，2006

年荒料的产量比 2005 年提高了大约 30%。产量的增加是因为 2006 年度的纯开采作业时间（除去雨季、假期、设备维修等天数，实际大约 280 天）比 2005 年度增加了大约 10%，2006 年度投入开采作业的串珠锯也增加到了 4 台；2006 年度工人基本掌握了串珠锯的开采工艺，熟练程度提高。

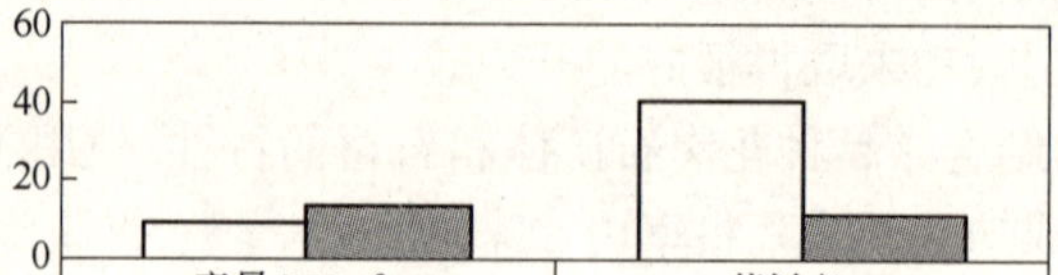

	产量/100m³	荒料率/%
□ 2005年	9.42	40.4
■ 2006年	13.54	11.2

图 6-78 2005 年与 2006 年荒料开采年产量和荒料率的对比

以采用串珠锯全锯切法开采翡翠绿花岗石为例，在开采台阶已经形成，每个开采工作面上保证至少有一台串珠锯作业的条件下，如果按照每年 300 天工作，每天平均 1.5 个班制生产计算，每台串珠锯的年产量估计可以达到 700 ~ 800 m^3。因为翡翠绿是一种非常硬且韧、难于锯切的石材，所以串珠锯的单产不是很高，如果开采石灰石类的米黄系列品种石材，估计单台串珠锯的年产量至少可以达到开采翡翠绿花岗石年产量的 3 ~ 4 倍。

2006 年度开采荒料率只有 2005 年的三分之一，这是因为 2006 年度大量矿山工作，是处于为形成台阶式开采布局的开采剥离阶段，虽然根据风化层和破碎层的具体情况，采取了最大限度回收荒料的措施，但对荒料率的影响是很大的。

B 直接开采成本分析

图 6-79 是 2005 年度和 2006 年度直接开采单项成本占直接开采成本比例的对照表，最终核算后，这两年直接开采成本的绝对值是基本相等的。从该图表中可以看出，在串珠锯全锯切开采翡翠绿花岗石时，串珠绳的消耗几乎占了直接开采成本的一半，操作人员的工资占了大约四分之一，电费和维修材料费占直接开采成本的比例大约在 10% ~ 15% 之间，钻头和钎杆的消耗只占直接开采成本的 1.6% ~ 2.6%。

2006 年度矿山虽然调整提高了开采员工的工资水平，但单位开采成本中工资部分所占的比例不仅没有提高，还有大约 1.9% 的降幅，这是因为提高开采效率的结果。

矿山在 2005 年串珠绳消耗指标的基础上，根据不同串珠绳企业能够达到的串珠绳寿命的实际情况，制定了一套按照不同的锯切效率，以锯切平方米数核定付款的支付标准，使串珠绳的实际消耗成本得以控制。这一方法得到串珠绳生产企业的积极配合，也激励了他们提高串珠绳质量的积极性，使得串珠绳的锯切寿命和效率指标都有所提高。

2006 年电费比 2005 年增加了大约 33%，主要原因是 2006 年度在矿山安装了一台龙门切机用于孤石和边角料的修整，所修整的孤石荒料未列入串珠锯开采的荒料统计数中，但电费却计入串珠锯的消耗所致。正常情况下，电费成本应该占直接开采成本的 10% 左右。钻头钻杆消耗的成本比例只占直接开采成本的 1.6% ~ 2.6%，对直接开采成本的影响有限。

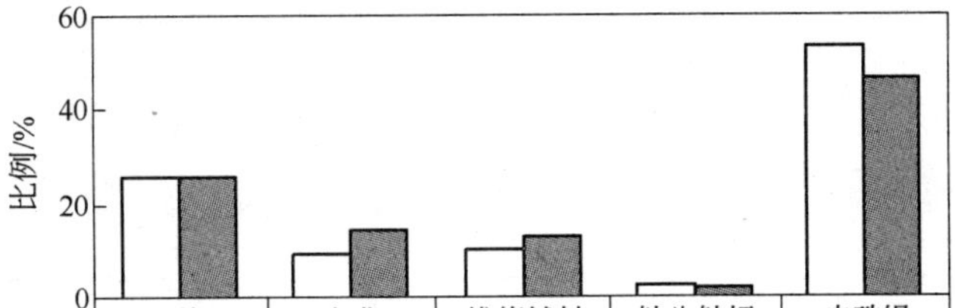

	工资	电费	维修辅材	钻头钻杆	串珠绳
□ 2005年	25.5	9.2	9.8	2.6	52.9
■ 2006年	25.4	14.0	12.9	1.6	46.2

图 6-79 直接开采单项成本占直接开采成本比例对照表

所以采用串珠锯全锯切开采翡翠绿花岗石的直接成本中,串珠绳的消耗占主导地位;其次是员工的工资和电费消耗,这三项成本占据了总开采成本的86%左右(2006年是85.6%,2005年是87.6%)。在考虑是否采用全锯切方法开采花岗石时,首先要核算出串珠绳锯切该石材的寿命和效率,它们直接影响到串珠绳的消耗成本和串珠锯的电费消耗成本。

C 间接开采成本分析

图6-80是间接开采单项成本在间接开采成本中所占比例的对照表,从图表中可以看出,运输费和折旧费成本是间接开采成本的最大支出,各占间接开采成本的32%~35%左右。包括工程机械在内的其余设备使用成本占间接开采成本的12%左右,矿山管理费占间接成本的15%,2005年和2006年这两项成本变化不大。

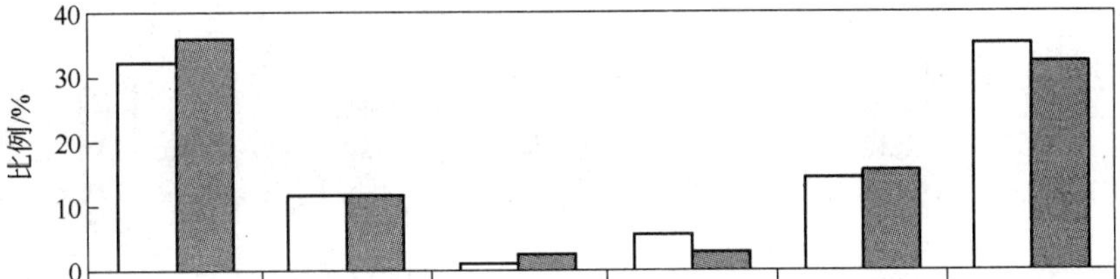

	折旧	其他设备使用	排土	山本资源其他补偿	管理费用	运输费
□ 2005年	32.2	11.8	1.1	5.4	14.4	35.2
■ 2006年	35.7	11.6	2.5	2.9	15.3	32.0

图 6-80 间接开采单项成本占间接开采成本比例对照表

除因2006年度规划开采台阶使矿山剥离量加大,引起排土成本增加外,2006年度其余单项间接成本都比2005年度有所降低,降低的幅度见表6-14。2006年度折旧成本和管理成本的降低,得益于荒料产量的提高;其他设备使用成本的降低,是因为2006年度工程机械保养维修工作到位,维修成本大幅度降低;运输成本的降低,是由于2006年度的荒料全部为串珠锯开采,荒料的不规则系数(毛方体积与验收体积的比值)较2005年相比降低许多;因为新渣土场征用的土地补偿费是2005年支付的,2006年度只支付开采荒料的部分,所以2006年度山本费有较大幅度的降低。

表 6-14 2006 年度单项间接开采成本比 2005 年度降低的幅度

成本项目	折旧成本	其他设备使用成本	排土成本	山本、资源及其他补偿成本	管理费成本	运输费成本
2006 年比 2005 年降低幅度/%	-37.7	-55.4	+35.8	-186.7	-43.3	-68.5

D 直接开采成本与间接开采成本的关系

2005 年度和 2006 年度直接开采成本的绝对值基本相等,但 2006 年度总的开采成本比 2005 年度降低了大约 25%,所以引起 2006 年度直接开采成本占开采总成本的比例有所提高。

从图 6-81 中看出,串珠锯全锯切开采翡翠绿花岗石的主要成本是折旧费、运输费、串珠绳消耗和矿山管理费成本。其中折旧费、运输费和矿山管理费这三项成本,占据了开采总成本的 55% ~60%(2005 年占 61.5%,2006 年占 55.3%),因为这三项成本与矿山开采的前期投入、矿山外部条件、地理位置条件和矿山管理方式有关,不同矿山这三项成本都是不同的。

矿山的管理费占总成本的 10% 左右,而且两年中基本没有变化。排土成本主要与开采作业中的剥离工程量有关,不同矿体条件该成本所占的比例也不同。山本费与国家有关政策和矿山所在地区的政府政策有关。所以在进行开采成本分析时,这几项成本可不予考虑,只需分析研究直接开采成本的影响因素即可。

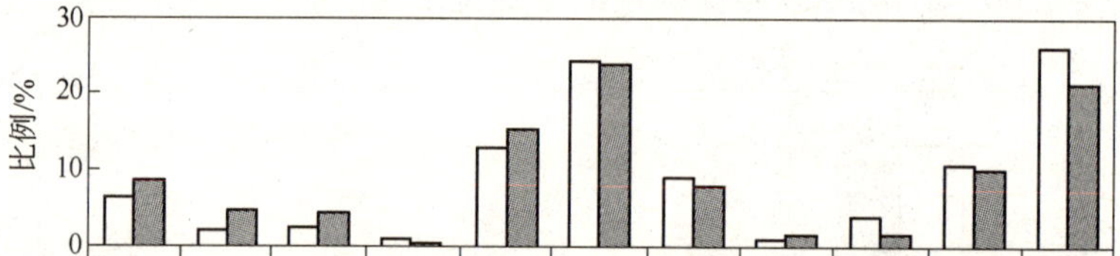

	工资	电费	维修辅材	钻头钻杆	串珠绳	折旧	其他设备	排土	山本资源	管理费用	运输费
□ 2005年	6.3	2.3	2.4	0.6	13.2	24.2	8.8	0.8	4.1	10.8	26.5
■ 2006年	8.4	4.7	4.3	0.5	15.4	23.8	7.7	1.7	1.9	10.2	21.3

图 6-81 2005 年与 2006 年开采单项成本与开采总成本的比例对照

6.3.4.5 降低开采成本的途径

从上述分析可知,开采成本中的主要部分是荒料运输成本、折旧成本、管理费用成本和串珠绳消耗成本。根据目前矿山的实际情况,以及 2005 年度和 2006 年度串珠锯全锯切开采成本的统计,针对影响全锯切方法开采翡翠绿花岗石的成本因素,提出如下降低开采成本的建议:

(1) 提高荒料的产量。荒料的产量与开采的折旧和管理费成本有关,提高产量可降低开采成本中一些固定支出的成本,例如管理费用成本、折旧费用成本。由于工艺技术的日益成熟,以及矿体台阶的形成,可以通过进一步提高每台串珠锯的生产效率,或者适当补充一些串珠锯,来提高荒料的产量。

(2) 开采规则荒料降低运费成本。荒料的运输费用与荒料运抵目的地与矿山之间的距离有关,除去燃料费、过路费调整等因素的影响外,影响运费成本的主要因素是荒料的不规则系数。串珠锯全锯切开采出的荒料,不规则系数可保持在1.15左右;排孔凿岩结合导爆索控制爆破开采时,荒料的不规则系数一般是1.3~1.4,有时甚至达到1.6;后者将比前者在运费上增加大约30%。所以建议在矿山对荒料进行整形处理,可以降低荒料的运输成本。

(3) 提高开采荒料率。矿山开采荒料率的高低,除了对串珠绳的消耗等直接开采成本有影响外,还可影响到排土和其他设备使用成本。提高荒料率,可以降低工程机械使用的成本费用,以及渣土排放所支出的成本,因为在剥离量相同的条件下,开采荒料率越高,产出的荒料数量就越多,这两项成本也就越低。

(4) 降低串珠绳消耗成本。串珠绳消耗是直接开采成本的主要部分,几乎占据直接开采成本的50%。客观上应寻找合适的串珠绳供应商,选择性能、质量好的串珠绳产品。当串珠绳的指标与理想性能指标有差距时,可按照不同锯切效率分档,制定一套暂行的、按照串珠绳实际使用寿命计算的支付标准。待寿命指标达到预期标准后,再逐步提高锯切效率的指标,最终形成一套科学、合理、供需双方都能接受的串珠绳付款结算办法。主观上应要求串珠锯操作工严格遵守操作规程,遵守导向轮、串珠绳的使用规定,保证串珠绳的使用寿命和切割效率的最大发挥。

(5) 增加开采班次,降低开采人员的工资成本。开采人员的工资成本与矿山使用的设备数量有关,与开采班制和工种定员规则有关。在条件允许的情况下,可采用每天两班制生产,尽量保持每台串珠锯1.3个操作工的合理定员编制;提高串珠锯操作工的操作工艺水平,缩短锯机安装、调整、穿引和连接串珠绳的辅助时间,也是降低人员工资成本的途径。

(6) 合理调配工程机械的使用,降低其使用费成本。提高挖掘机、装载机等工程机械的设备完好率,科学合理地安排剥离与开采作业的协调工作等,都能够降低工程机械的使用成本。

2007年翡翠绿花岗石矿山仍然在进行开采剥离,为形成规模开采台阶做准备。到2007年底,已经形成4个主开采台阶,最高的开采台阶长度达到140 m。2008年计划将4个主开采台阶分解成6个高度6~8 m的分开采台阶,每个开采台阶工作面的长度100~140 m。当全部开采台阶的作业面形成后,可考虑在合适的位置安装一台臂长40 m、最大起吊重量30 t的桅杆吊,用于串珠锯、大孔凿岩机以及荒料的吊装和位移;将挖掘机专门用于开采剥离、辅助分离体翻倒和大分离体原地转动等作业,减少目前为完成上述操作,挖掘机等工程机械穿行于各台阶之间的工作量,从而降低工程机械燃油消耗和其他使用成本。

(7) 合理的电费成本支出。编制合理的串珠锯操作规程,提高锯机操作人员的素质和自觉性,杜绝串珠锯空转锯切现象。采用电动空压机时,缩短空压站与钻孔作业面之间的距离,检修送风管路及每个连接环节,消除漏气现象。上述措施都可减少空压机的电能消耗。

(8) 开采设备的维修和辅助材料消耗成本的减少。选择质量可靠、性能稳定的串珠锯和大孔凿岩机,可减少开采机械停机和维修的成本。

(9) 提高钻孔的准确度。提高交汇钻孔的贯通率,在2007年89%贯通率的基础上,争取超过90%;保证交汇点的贯通质量,使交汇孔的贯通量不得小于最小钻孔直径的60%;可降低钻凿补充孔的耗气成本(电费),人员的工资成本,因穿引串珠绳耗费过长的时间,而增加的额外人工成本。

(10) 钎杆钻头消耗成本。选择质量好的钻头，提高钻工磨制钎头的技术水平，以及钻孔技能。例如磨制钻头刃口角度、中心线对称度的准确性，钻孔通过不同矿体条件（裂隙、夹层、包裹体等）的层位时，建议采用十字钻头，防止卡钻和钻孔的偏移，并提高正确操作凿岩机的水平等，不仅可降低钻头钎杆消耗，还可提高钻孔准确度。

(11) 合理布局矿山运输系统，降低排渣成本。为排除矿山剥离出的渣土、碎石而产生的运输成本，与渣土场与矿山的距离、矿山开拓运输系统的建立和布局有关。可以通过合理布局矿山开拓运输系统，选择合适的渣土场，修筑坡度合适的渣土运输道路，控制渣土排除的成本支出。

(12) 降低山本费支出。该项成本与国家的有关政策、矿山所在地政府的政策有关，每个矿山都有一个用于该项成本的固定支出，总成本随着荒料产量的提高而增加。

从表面上看，采用机械化方法开采花岗石，尤其是采用金刚石串珠锯部分锯切或全锯切开采花岗石，似乎成本很高。但经过几年的开采实践，我们的体会是，石材开采必须按照中华人民共和国建材行业标准《装饰石材露天矿山技术规范》所要求的步骤进行，只要做到科学探查，规划开采，严格矿山管理，完善机械化开采工艺规程，提高员工的操作技能，开采成本是可以控制和降低的。

6.4　金刚石串珠锯露天开采凹陷类型花岗石矿山

凹陷露天型花岗石矿山一般是指矿体呈现水平状态、大面积裸露分布，矿体倾斜的夹角一般小于 5°，矿体周边界限不明显或不能从其某个边缘开始形成比较明显的推进自由面；或者矿体与周边的围岩界限清晰，不能经济简单地从矿体边缘开拓自由面。在许多花岗石矿山，矿体相对比较狭窄，从周边围岩开拓工作面成本高，有时还不现实。还有一些已经有一定开采年限的花岗石矿山，已经形成了凹陷或井式开采的布局；这时的开采工作面必须在几乎水平的矿体中间的某个表面开始修建。

在第 5 章中已经介绍过，使用金刚石串珠锯切割开采凹陷露天型大理石矿山时，利用臂式矿山开采切割设备配合金刚石串珠锯即可很方便地完成凹陷露天类型大理石矿山的开采。但由于花岗石的主要成分是石英和长石，这些矿物成分坚硬，即便是切割能力很强的臂式金刚石开采带锯切割机，也不能对其进行切割。

火焰切割机是目前唯一能够起到类似凹陷露天型大理石矿山开采时，臂式开采锯机的开拓作用的设备。从理论上讲，使用金刚石串珠锯也可以对花岗石矿体，进行封闭垂直面的“压绳法”切割，进行凹陷露天型花岗石山开采中的堑沟开拓切割作业，但实际的可操作性还有待探讨。

开采凹陷露天类型的花岗石矿山时，可以采用最基本的台阶式开采方式。首先需要在矿山上形成比较规则、至少具有 2～3 个自由面的开采台阶，才能进行金刚石串珠锯的切割安装，具备使用串珠锯开采花岗石的基本作业空间和切割条件。

对凹陷型花岗石矿山进行露天开采的原则，也同样遵循自上而下分层开采的顺序。当矿体表面剥离工作结束后，必须开掘准备堑沟，形成向矿体内部和边部推进的自由面，然后按照前面介绍的串珠锯开采花岗石的切割开采方法，进行凹陷露天型花岗石矿山的开采。

开采作业的顺序和步骤是开掘准备堑沟、对已经形成的台阶进行开采、荒料的吊运和碎石废渣的清排。凹陷露天开采花岗石时，随着采面的扩大，准备堑沟的开掘工作需要一直进行。对于层厚很大的矿体，当采面扩大到一定程度后，还需要向下推进一个或多个层面（台阶高度），形成垂直向下的多台阶开采布局。图 6-82 是凹陷露天型花岗石矿山自上而下的开采顺序的断面示意图。

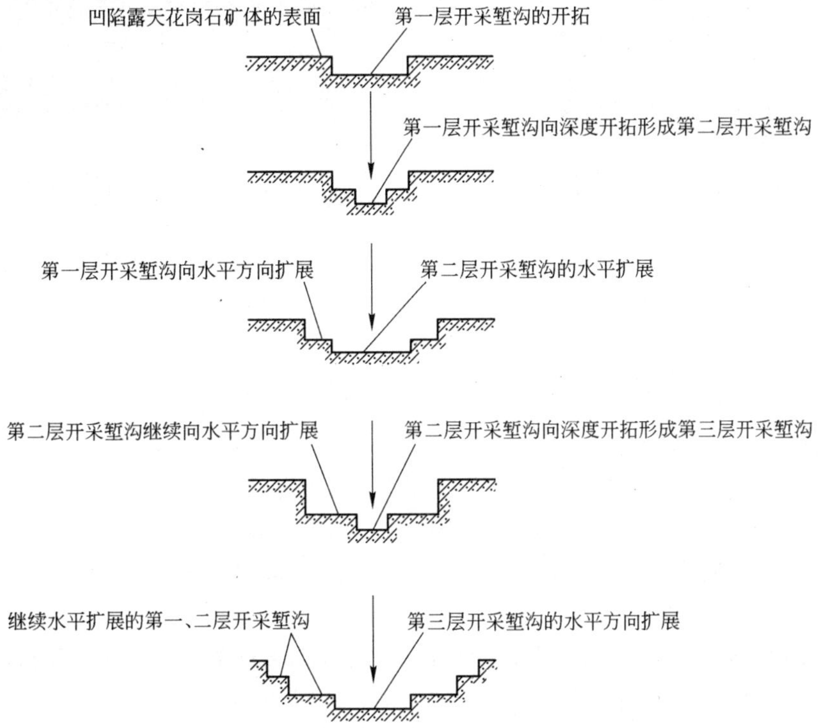

图 6-82 凹陷露天型花岗石矿山的开采顺序示意图

凹陷露天开采花岗石时，需要吊装设备进行开采设备的位移、荒料的吊运、废渣的排放吊运等作业。不论是选用桅杆吊、抱杆吊等固定式吊装设备，还是选用汽车吊或装载机等移动式吊装设备，开拓堑沟的位置应该选择在这些吊装设备能够达到的作业位置。

福建省有许多著名的花岗石矿山，如晋江的 G3503 花岗石矿山，经过多年的开采，有多个采面已经属于凹陷露天开采的花岗石矿山，有些已经深入到地表面以下大约 80 ~ 100 m 的深度。福建省厦门市同安区的 G3514 花岗石矿山也属于凹陷露天开采的花岗石矿山，图 6-83 是该矿山比较深的凹陷露天采面；图 6-84 是中等深度，但底面面积相对比较大的一个采面；图 6-85 则是相对比较浅的一个凹陷露天采面。

图 6-83 福建省厦门市同安区凹陷露天型 G3514 花岗石矿山图片一

图 6-84　福建省厦门市同安区凹陷露天型 G3514 花岗石矿山图片二

图 6-85　福建省厦门市同安区凹陷露天型 G3514 花岗石矿山图片三

6.4.1　开采准备堑沟的切割

与前面介绍的山坡露天开采花岗石不同的是，凹陷露天花岗石的开采一般不需要修建初始工作平台。但也同样需要进行开采准备，即开拓堑沟的开掘。为了形成最初切割时开采设备的工作空间，至少需要从矿体水平表面向下取出一块或几块石料（以下称为键石），形成一个能够放入大孔径凿岩机以及金刚石串珠锯的空间位置，至少可以放入手持凿岩机，类似山坡露天开采花岗石矿山的工作堑沟。

因为剥离后，矿体最多只有一个顶面是自由的，从矿体表面向下切取键石成为最困难的一道工序。因为最初第一块键石的 5 个面都与矿体连接，目前只能采用火焰切割机对键石 4 个垂直周边切割分离。键石的位置一般选择在矿体裂隙最多的部位，经过火焰切割后，采取劈裂甚至控制爆破的方法将其从矿体中分离、取出。如果矿体非常完整，没有裂隙部位可以选择，只要考虑键石位置是处于吊装设备能够覆盖的作业范围内即可。如果键石的位置选择在矿体相对完整的部位，在开掘堑沟的同时，还可从键石中回收荒料。

下面以堑沟位置选择在矿体比较完整的部位为例，介绍使用火焰切割在凹陷露天开采花岗石矿山的作业中，开拓准备堑沟时的键石切取方法。

6.4.1.1　火焰切割机结合劈裂方式取出键石的方法

火焰切割机结合劈裂方式分离键石的方法是目前比较实用的，用于凹陷露天花岗石矿山开采开拓堑沟的方法。

A　火焰切割机切割分离键石与矿体的连接面

图 6-86 显示了采用火焰切割机进行凹陷露天花岗石矿山开采时，对第一块键石切割的示意图。首先选定键石的位置和尺寸，如果键石处于完整矿体，其尺寸最好与荒料尺寸相同，但体积不能过大，以吊装设备能够吊起为合适。图中键石的尺寸通常为 $L_a = 1 \sim 1.5$ m，$L_b = 1.8 \sim 2$ m，$H = 3 \sim 3.2$ m。将键石垂直深度尺寸选择等于荒料长度尺寸的目的是，在劈裂分离键石水平底面时，增大了劈裂推力的杠杆作用长度，便于键石的劈裂分离。

为了能够方便地进行台阶式开采，一般最少要形成一个面积 6 m × 6 m 的开采堑沟，按照前面确定的键石尺寸，至少要取出 18 块键石，但其中有 4 块键石必须采用火焰切割机切割分离的方法取出，剩余的键石可采用串珠锯切割结合双面控制爆破的方法与矿体分离。

在图6-86中只描绘了取出4块键石的火焰切割分离方法，建议成对切割纵向和横向切割缝，即先切割横向切割缝1和纵向切割缝1，然后再切割序号2的切割缝，依此类推。也可根据矿体情况和实际需要安排切割顺序。

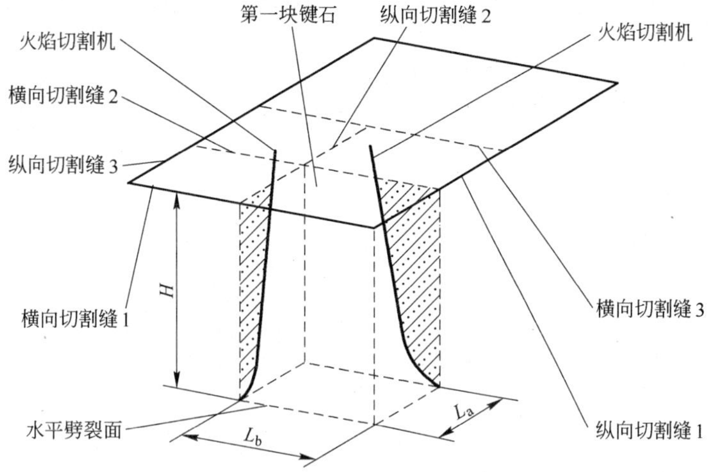

图6-86 凹陷露天花岗石矿山开采第一块键石切割示意图

图中两台火焰切割机作业只是起示意作用，实际操作时，为了安全起见，一次只能有一台设备作业。

因为是盲槽切割，所以操作火焰切割机时，必须考虑如何排除火焰切割时积存在切割缝中的粉尘和石屑，并注意预防切割时飞出的石屑等排除物对操作者的伤害。

B 键石与矿体连接水平底面的劈裂分离方法

当键石的4个垂直面全部被火焰切割机切割分离后，即可进行键石的劈裂分离作业。因为火焰切割缝的宽度比较大，不适合使用水压顶推袋、复合楔人工劈裂或液压劈裂器等劈裂分离装置进行劈裂作业。可以使用顶推力比较大的液压顶石机实施键石的劈裂分离作业，如图6-87所示。可按照选择液压顶头的型号，确定在矿体上开凿放置液压顶头石槽的尺寸。

C 键石的吊出

当第一块键石从矿体上被分离后，必须及时将其吊出堑沟。将第一、第二块键石从堑沟内吊出是比较麻烦的，可以按照图6-88中A向示图所示的方法将键石吊出。具体操作步骤是，根据石材特性和键石的体积，选定起吊钢丝绳的直径、钢丝绳吊环插入键石的角度，选择吊环位于键石的端面还是侧面。吊环外露部分用钢丝绳连接扣连接成吊环形状，以便于起吊钢丝绳的穿引和绑扎。图6-88所示是钢丝绳吊环位于键石端面，吊起键石的示意图。

正常情况下，如果键石的完整性很好，可以作为荒料回收时，吊环应该位于键石的端面，这样不会过多地破坏作为荒料回收键石的整体性。将键石加工成板材时，吊环孔最多只影响1~2片板材。但如果将吊环孔开在键石的侧面（图6-89），吊环孔对键石出材率的影响比其开在端面时大得多，不再只是1~2片板材，而是吊环孔在键石切割面垂直方向上投影的长度，影响到整块键石的出材率。

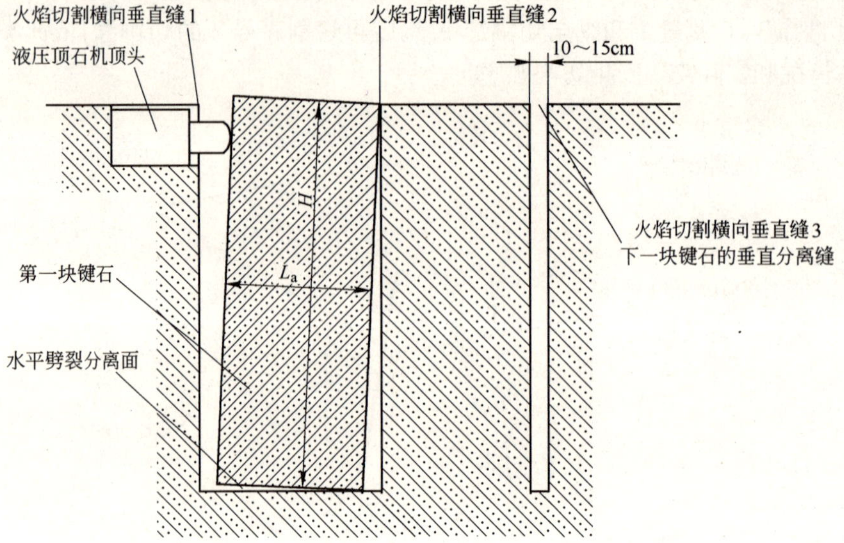

图6-87 凹陷露天花岗石矿山开采堑沟中液压顶石机劈裂键石示意图

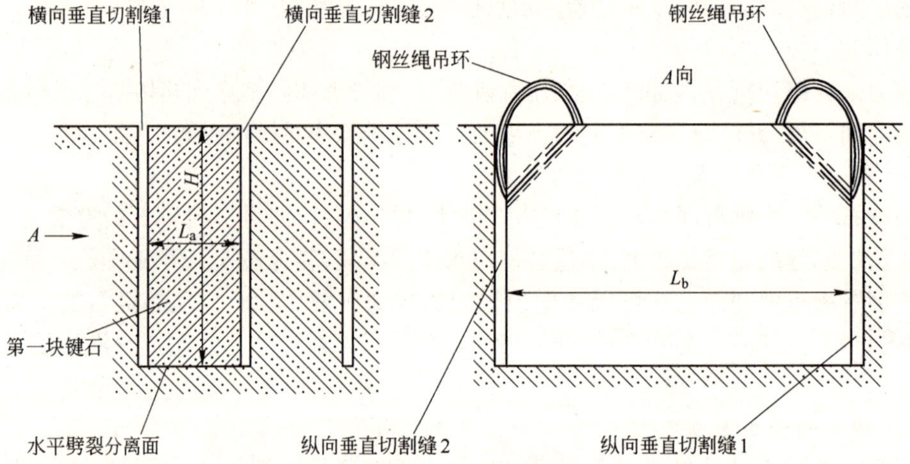

图6-88 凹陷露天花岗石矿山开采堑沟中键石吊出示意图

D 后续键石的切割和劈裂

可以继续使用前面介绍的火焰切割、液压顶石机劈裂和吊取键石的方法，将剩余的3块键石进行切割、劈裂分离和吊出堑沟，直至采面形成一个4 m×(2～3)m、深度3～3.2 m的初始堑沟。

6.4.1.2 初始堑沟的水平方向扩大

虽然取出4块键石后形成的堑沟空间，还不足以安放串珠锯，但却具备在堑沟底部安装手持凿岩机钻凿一定深度钻孔的空间尺寸。可以采用串珠锯切割结合排孔凿岩双面控制爆破的方法，以3～3.2 m台阶高度，即堑沟的深度，直接开采荒料，并沿水平方向扩大堑沟的尺寸，最终形成凹陷露天花岗石矿山的第一层开采工作面。当然采用火焰切割结合排孔凿岩双面控制爆破的方法，也同样能够达到水平扩展堑沟、形成足够宽敞开采面的目的，只是必须考虑开采成本的影响因素。可以参照上一节介绍各种花岗石开采方法直接开采成本的计算和对比方法，进行比较。图 6-90 是堑沟水平方向扩展的示意图，扩展作业的工艺步骤如下：

（1）钻凿垂直、水平交汇孔。在堑沟底部尽量靠近边角部位，用直径 50 mm 钻头的手持凿岩机钻深度 2 m 的水平孔；然后在矿体表面横向切割面的延长线上距离纵向切割面大约 2 m 处，钻凿垂直孔与水平交汇贯通，用于穿引串珠绳，参见图 6-90。

（2）安装串珠锯。按照串珠锯的"下切法"（类似图 6-20）要求安装串珠锯，穿引串珠绳。

（3）垂直切割面 1 的锯切。按照图 6-90 所示方法和前面介绍"下切法"切割花岗石的要求，完成对垂直切割面 1 的锯切。采用同样方法可完成对垂直切割面 2 的锯切。钻凿交汇孔、穿引串珠绳、导向轮的安装等要求与前面介绍切割花岗石的方法相同。

（4）垂直、水平排孔的钻凿。完成垂直切割面 1、2 的切割后，可使用台架式凿岩机（垂直孔）、水平标杆式凿岩机（水平孔）或手持凿岩机（水平或垂直孔）钻凿水平和垂直排孔，如图 6-90 所示。

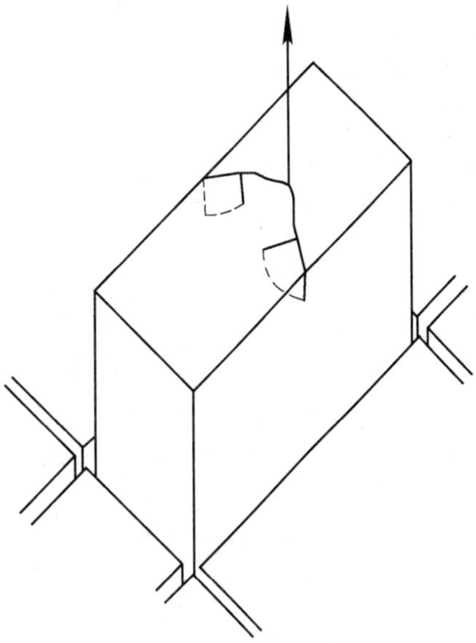

图 6-89 键石侧面钻孔吊出示意图

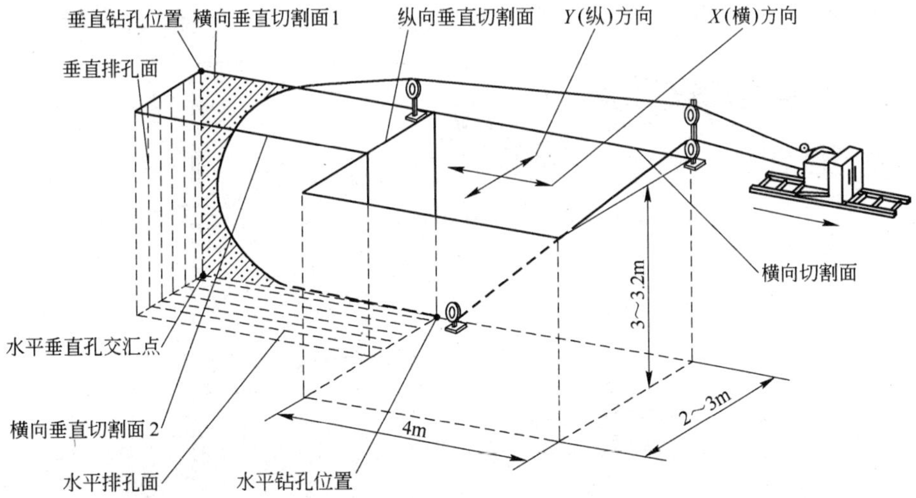

图 6-90 堑沟水平扩展示意图

（5）控制爆破分离键石。采用导爆索等火工材料实施键石的双面爆破作业，将其从矿体分离下来。

(6) 键石的吊离。按照图 6-88 所示方法将与矿体分离的键石吊出。按照此方法可继续沿图 6-90 所示的 *X* 或 *Y* 方向继续其他键石的分离和吊出，最后形成可以正常开采的工作面。

6.4.1.3　凹陷露天开采花岗石堑沟的纵深扩展

为了能够在切取键石时可以最大限度地回收荒料，每层堑沟的深度，即凹陷露天石材矿山的开采台阶高度，一般都是按照荒料的长度尺寸确定的，尺寸大约为 3 ~ 3.2 m。这一开采台阶高度，在尺寸比较小的开采平面内是合适的。但随着开采面的不断扩大，最好还是按照正常开采花岗石时，标准的开采台阶高度，也就是 6 ~ 7 m 的台阶高度作业，以便获得比较经济合适的开采成本和理想的荒料率。

当堑沟内的面积达到足以安放串珠锯，或者安装各种凿岩机作业后，在向水平方向扩展每层堑沟、增大采面面积的同时，建议继续向矿体深度方向开拓第二、第三或更深层的开采堑沟（见图 6-82 和图 6-85），最终可形成台阶式开采模式，如图 6-84 所示，开拓方式仍可采用前面介绍的火焰切割方法。只要矿体表层的面积允许，第一层开采堑沟的面积应该尽量的大，这样才能确保矿体具有更大的可开采荒料储量。

6.4.1.4　非整体性矿体开采堑沟的开拓

前面讨论的凹陷露天开采堑沟的开拓方法，是以面积比较大、整体性比较好的花岗石矿体开采为例介绍的。但矿体实际的赋存状态并不是理想和均匀的，往往会有许多裂隙、破碎带、夹层或缺陷部位可以利用，有些矿体是倾斜或垂直存在的，而且表面宽度比较窄小。建议在这种矿体上进行凹陷露天式开采时，可将裂隙等缺陷部位作为突破口，向矿体深度方向开拓堑沟（图 6-83）；在围岩条件允许的情况下，可以矿体围岩作为突破口，将无用的围岩爆破清除，形成一个开拓运输通道，从矿体的侧面向矿体内部推进开采。

6.4.1.5　切割立柱配合串珠锯切割开拓开采堑沟

图 6-91 所示为采用带压绳轮的专用导向轮切割立柱与串珠锯配合，采用“压绳法”进

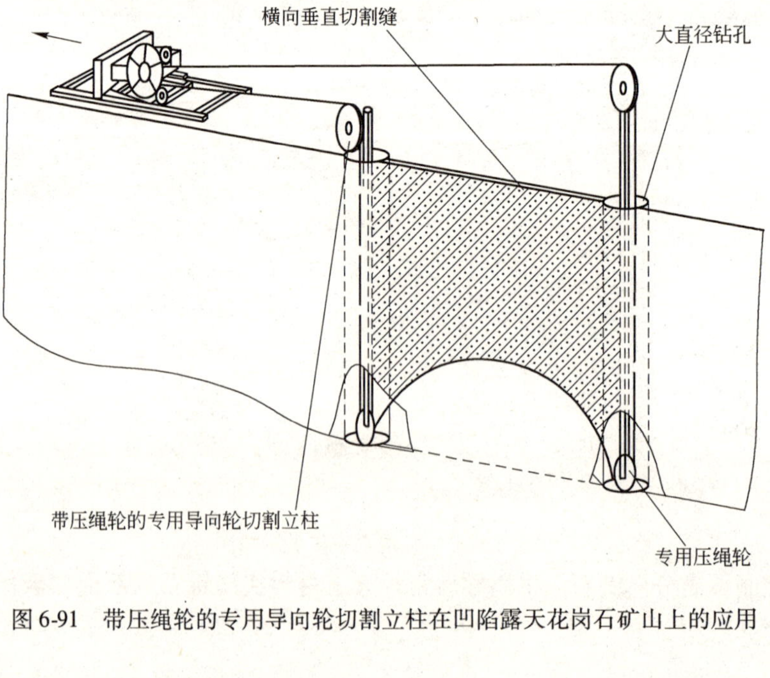

图 6-91　带压绳轮的专用导向轮切割立柱在凹陷露天花岗石矿山上的应用

行凹陷露天花岗石矿山开拓堑沟的开掘切割。从理论上讲这种方法可作为凹陷露天花岗石矿山开拓堑沟的切割方法。但就目前切割花岗石用串珠绳所能够达到的切割效率和寿命等性能指标来看,还不能够满足这种切割方法的要求,也就是说目前这种开采方法还不具备实用性和可操作性。

除了串珠绳的影响因素外,由于切割缝只有 12 mm,加上切割时的偏差,使得第一块键石水平底面的劈裂分离、乃至将第一块键石从堑沟内吊出变得很困难。

另外钻凿用于安放导绳轮的直径 200 mm 甚至更大的钻孔也是很困难,目前在绝大多数花岗石矿山,这种大孔径孔的钻凿甚至是不可能的。所以使用串珠锯配合带压绳轮的专用导向轮切割立柱,切割开拓凹陷露天花岗石矿山开采堑沟的方法,只能作为一种方法介绍,随着切割花岗石串珠绳性能的不断改进,大孔径花岗石凿岩技术的完善,这种方法也未尝不能实现。

6.4.2 凹陷露天花岗石矿山中荒料的开采

当开采堑沟形成图 6-92 所示的开采尺寸和形状后,可以按照前面介绍的台阶式开采花岗石的方法,进行正常的花岗石开采作业。通常串珠锯开采的堑沟的最小工作面积要达到 35 ~40 m^2 以上,长宽最小尺寸应在 6 m 以上。

在进行正常凹陷露天花岗石矿山开采作业的同时,必须不断地沿水平方向扩展开采堑沟的面积,同时还要向深度方向开拓更深的开采层面,如图 6-82 所示,这样才能保持足够的可开采的矿体储量,使凹陷露天花岗石矿山的开采能够延续下去。

在开采面水平方向扩展时,通常按照一个开采层面 3 ~3.2 m 的高度开采;随着开采工作面的扩大、开采层面的增加,可以将两个开采层面合并成一个深度 6 ~7 m 正常高度的开采台阶,以便提高花岗石矿体的开采荒料率。

6.4.3 井式花岗石矿山开采介绍

随着石材矿山开采作业的不断深入,有许多花岗石矿山由山坡露天类型,逐渐演变成凹陷露天型类型,最终变成井式开采的类型,图 6-92 是已经形成井式开采类型的 G3514 花岗石矿山的一个采面。由于有些花岗石矿体特殊的赋存条件,决定了如果对其继续开采,最合适的开采类型也是井式开采方式。

图 6-92 井式开采类型的花岗石矿山

与大理石开采不同,目前的技术手段、开采工艺和开采设备,进行井式花岗石矿山的开采还是比较困难的。所以要求花岗石矿山开采者,在开采过程中要及时扩大开采工作面积,在“井壁”上打开开采缺口,并修建通向开采面的辅助运输道路系统,以便按照山坡露天花岗石矿山开采的方式开采。至少应保证具有足够大的平面开采工作面积,这样才能顺利地进行花岗石的凹陷露天开采。图 6-93 显示了在开采井的侧面上正在形成的一个开掘缺口。

在具体操作和实施井式开采花岗石时,仍可选择前面介绍的开采花岗石的设备,但考虑到开采场地比较狭窄,所以尽量采用串珠锯进行辅助切割的开采工艺,进行导爆索或其他火工材料控制爆破时，必须注意人员的疏散，以确保开采作业的安全。

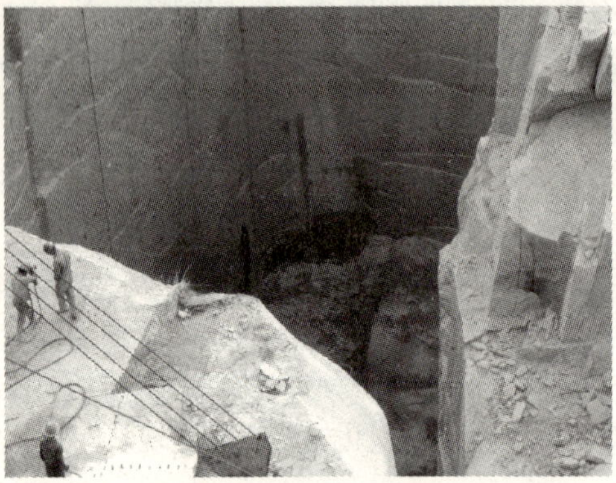

图6-93　形成开采缺口的井式花岗石矿山

井式开采花岗石需要的辅助设备和工程机械，以及这些设备的选择和要求与井式开采大理石时相同。桅杆吊是井式开采最合适的吊装设备，其吊装能力至少要达到30～35 t以上。桅杆吊除了从井底采面将荒料吊出井口装车外，还要负责装载机、开采设备和其他辅助设备的吊运，废石碎渣也要通过桅杆吊吊运出来。国外许多井式花岗石矿山的深度都超过50 m，有些甚至达到80 m或更深，一般标准40 m吊臂的桅杆吊，其最大吊装深度可达80 m。可以通过增大卷扬机辊筒容纳吊装钢丝绳容量的方法，增加桅杆吊的作业深度。

国内一些采用人工凿孔，或者结合串珠锯进行井式开采的花岗石矿山，也有采用简单抱杆吊，或者由抱杆吊、卷扬机组成的缆索吊装运输系统，如图6-94所示。一般情况下，这种缆索吊运系统，装运小规格荒料和吊运碎石还是可行的，但不能吊装15 t甚至更大规格的荒料，或者吊运装载机等大型工程机械。

人员的安全升降问题需要特别关注，在没有配备有带防护栏的专用升降电梯的井式花岗石矿山，一般在岩壁上安装配备防护栏的Z字形人工盘梯，如图6-95、图6-96所示。开采井式花岗石矿山时，必须将井口周围的碎石、杂物清除干净，防止大风气候条件下，将这些杂物吹入井内，危及下面操作人员的安全。在距离井口一定距离外的周边，必须设置隔离装置，防止闲杂人员接近，出现人员坠落事故。

图6-94　井式花岗石矿山使用的缆索吊运系统

图6-95　井式花岗石矿山使用的抱杆吊和Z字形盘梯

图6-96　井式花岗石矿山使用的盘梯

第7章　金刚石串珠锯在山洞型石材矿山中的应用

对石材进行山洞式开采方式，在意大利等石材发达国家，已经有几十年的历史。最近几年，尤其是在欧洲，从地下或山洞内开采规则荒料的洞采石材矿山显著增加。洞采类型矿山的开采方案适用于建设或改造不同矿山的开采生产需求，例如：开始建设一个新的矿山，恢复废弃矿山的生产，为延续井式矿山的继续开采需要向洞采矿山的转化，上述各种类型矿山的结合等。

是否要进行洞采石材矿山的尝试与各种因素有关，要取决于经营者对洞采方式和工艺方法的认同，以及相关的政策法规，以及不同国家和地区对自然风景点和环保政策的不同规定。

随着石材矿体产状的延伸、品种的变化，一些凹陷露天型大理石矿山在开采推进过程中，最终都会因为采场面积的逐渐变小，最后不能继续深入开采；或者虽然采场面积足够，但矿体发生变化，也不能继续深入开采。还有一些山形异常陡峭、剥离量巨大、开采作业极度危险的山坡露天型矿山，像四川省宝兴县的一些大理石矿山就属于这种类型；另外一些倾斜矿体的凹陷露天型矿山，其矿体深深地斜插入地下，继续开采，需要剥离很大厚度的覆盖层，像北京房山的汉白玉大理石矿山。随着开采深度的增加，还有一些井式大理石矿山的开采也将无法继续进行。因此，在这样的一些矿山上，采用山洞式开采（以下简称洞采）方式，将使开采作业变得更加实际，开采工艺也变得实用，矿山的开采能够持续下去。当然对于一些新发现的大理石矿山，如果剥离工作量巨大，开采条件适合洞采，也可以考虑洞采方式。

洞采这种特殊开采模式，基本适合于大理石、石灰石、少数的砂岩和板岩矿山。对需要进行洞采的石材矿山而言，实践证明洞采工艺是已经成功使用的最合适的开采方法和工艺手段。

本章主要介绍实施洞采的工艺方法，以及洞采的成本分析。

7.1　洞采大理石矿山的配套装备

与露天开采石材矿山一样，洞采石材矿山也必须遵守确定的开采工艺顺序原则。洞采石材矿山开采的工艺顺序原则如图7-1所示，按照图中数字顺序，首先进行矩形开拓通道的开掘(1)，然后是矩形开拓通道的纵深扩展(2)，接下来是在矩形通道口部垂直向下开拓形成开采台阶(3)，最后在山洞内修建开采洞室，最终形成台阶式开采格局。

与露天开采大理石不同，洞采大理石需要特殊的开采工艺流程，选用的开采设备是为洞采工艺方案配套的，必须使用专门的开采设备才能进行大理石矿山的洞采。洞采专用臂式切割设备是洞采大理石矿山必须配备的开采机械，与金刚石串珠锯组合后，成为在山洞内高效率开采大理石的机械化开采设备组合。辅助设备包括用于钻凿穿引金刚石串珠绳贯通孔的大孔径凿岩机、水压或气压顶推袋以及液压顶石机等顶推装备，用于分离体的位移或翻倒。

洞采大理石矿山的主要开采工艺与露天大理石矿山开采、特别是凹陷露天大理石矿山开采的工艺有相似之处。不同的是在进入正式开采作业之前，增加了一个矩形通道开拓工序，它与露天大理石矿山的堑沟开拓类似。开掘矩形开拓通道的目的是，在只有一个自由面的矿体采面上再开拓出一个新的自由面，使其变成具有两个自由面的矿体，以便按照露天开采大理石的方法，继续洞采。

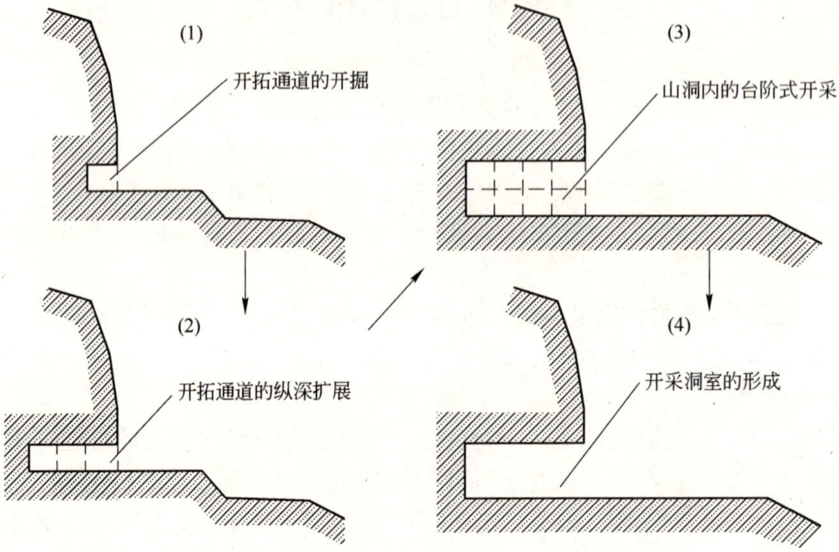

图 7-1　洞采石材矿山的开采工艺顺序

7.1.1　矩形通道开掘设备

目前用于洞采大理石矿山矩形通道开掘的设备主要是洞采臂式开采锯机。根据切割刀具的不同，洞采臂式开采锯机分成安装硬质合金刀齿切割刃的洞采链臂式开采锯机（以下简称洞采链臂锯），以及采用金刚石切割带作为切割刃的洞采臂式开采锯机（以下简称洞采带锯）。根据机动方式不同，洞采臂式开采锯机又分成导柱式、车载式和半机动式三种。有关洞采臂式开采锯机的详细介绍，参见第 8 章的有关内容。

7.1.1.1　洞采带锯

用途最广泛的洞采臂式开采锯机是洞采带锯，如意大利 BENETTI 公司生产的 Tunnel Jet Belt 940 型金刚石开采带锯（以下简称 940 型洞采带锯），该机是专门用于洞采大理石矿山的导柱式洞采带锯。与开采链臂锯相比，洞采带锯具有锯切效率高、适用范围广、不会造成石材重大损耗和破坏等特点。除锯切一般大理石外，它还可锯切包含坚硬包裹体、石英、燧石结块和线脉的沉积型大理石或硬度极高的大理石，以及耐磨蚀性极强、致密的砂岩和板岩类石材。洞采带锯的这一特性在洞采大理石矿山中，显得更为重要。

当 940 型洞采带锯用于山洞型大理石矿山的矩形通道开拓切割时，不仅能够切割出四壁光滑平整的矩形开拓通道，还能最大限度地回收通道内的石料，开采各种规格尺寸的大理石荒料，基本不会产生废料。

940 型洞采带锯与露天大理石矿山开采使用的 950 型洞采带锯的不同之处，主要是锯切单元的运动结构不同。940 型洞采带锯实际是由安装在刚性框架上的 950 型切割单元、导引支承切割单元升降的圆形导柱、金刚石切割带、框架行走机构和分离式控制台等部分组成，其设计思路是保证操作者在安全操作距离内使用设备。940 型洞采带锯上所有的运动部分都由电机驱动，并由与主控台连接的遥控按钮式键盘控制，以保证洞采带锯工作时操作者的安全。安装锯切单元的框架底部装有电动行走轮，机动性好。表 7-1 是 940 型洞采带锯机动、行走等运动部位的介绍。表 7-2 是 940 型洞采带锯的技术参数。

表 7-1 Tunnel Jet Belt 940 型洞采带锯运动部位介绍

序 号	运动功能	驱动方式	运动状态
1	金刚石切割带运动	电 动	切割时
2	切割臂旋转	电 动	切割时
3	切割臂动力单元移动	电 动	切割时
4	主机横梁旋转	电 动	位移时
5	横梁升降运动	电 动	位移时
6	框架升降和锚定	液 压	位移时
7	锯机自行移动	液 压	位移时

表 7-2 Tunnel Jet Belt 940 型洞采带锯技术参数

项 目	参 数	项 目	参 数
设备长度	6 m	主电机功率	50 kW
设备高度	2.9～3.4 m	直流电机数量	2 台
锯切深度	2 m	交流电机数量	6 台
锯缝宽度	38 mm	开采带锯重量	6000 kg
循环水消耗量	80 L/min		

940 型洞采带锯切割臂的有效切割长度通常是 2 m，而且切割臂可完成垂直、水平两个方向面的切割。所以能够在垂直矿体或岩壁上完成矩形开拓通道（以下简称矩形通道）的切割，940 型洞采带锯的切割开拓空间高度可达 4 m，由于设备设计结构本身的限制，其最小切割矩形开拓通道的尺寸是：长 × 高 × 相对深度为 6 m × 3.4 m × 2 m，或者是 6 m × 4 m × 2 m，后者尺寸取决于设备支承框架的结构和安装形式。

940 型洞采带锯必须安装工作在近于水平的平整地面上，如果是洞采倾斜的条脉状大理石矿体，必须在地下形成多层几何台阶，台阶之间的连接需要借助洞采矿山运输系统的道路实现。

为了保证工作时洞采带锯的冷却和润滑，供水量必须达到 80 L/min 和 0.3 MPa 的压力，940 型洞采带锯的总装机功率将近 60 kW。图 7-2 是 940 型洞采带锯在矿体岩壁上进行矩形通道开拓的作业图。

最近几年，尤其是在欧洲，从地下或山洞内开采规则荒料的石材矿山显著增加。矿体类型也变得多种多样，不再限制于水平或近似水平的矿体，尤其是利用废弃矿山恢复荒料生产，从井式矿山向洞采矿山的转化，都会遇到倾斜类型的矿体，这就需要新型可用于倾斜矿体的洞采开拓设备。

图 7-2　意大利 BENETTI 公司 Tunnel Jet Belt 940 型洞采带锯进行矩形通道开拓作业图

意大利 BENETTI 公司就是基于这种需求,开发研制了用于倾斜矿体的 Tunnel Jet Betl S941 型洞采带锯(以下简称 S941 型洞采带锯)。该机可用于大理石、石灰石、少数的砂岩和板岩矿山。传统的洞采开拓设备的缺点是整机重量大,灵活性差,锯机位置移动和安装困难,必须通过非常熟练的操作和繁重的劳动,才能将洞采臂式锯分解、组装或整体移动。另外,这种类型的洞采带锯或洞采链臂锯的使用受到限制,只能用于开采开拓通道平面或该平面位置以下矿体中的荒料。

S941 型洞采带锯结合并扩展了传统臂式开采锯机和重型车载式开采臂式锯机二者的优点。在原有 940 型洞采带锯基础上,装备了可独立自行移动的专用行走装置,具有移动简单容易、能够在倾斜矿体表面定位的功能。该机的设计理念和目的主要是为了合理解决洞采臂式锯机移动和定位问题。采用这种机型后,洞采臂式锯机可以轻松地在开采洞室内移动并快速定位,可以在倾斜的表面进行切割作业,使用同一台锯机可在洞采矿山的不同采面之间方便移动,以开拓切割更多工作面。

S941 型洞采带锯的全部运动都由电机通过机械传动系统驱动,并由安装在自行运动单元上的控制板操控,切割作业时,能够在与锯机保持安全距离时进行位置调整。该机最大有效切割深度可达 3 m,切割缝的宽度为 38 mm。自行单元包括一台液压履带式挖掘机车体,并配备一套专用液压升降臂和中心底盘,用于支承和运输洞采带锯的机架或整机。

S941 型开采带锯最重要的一个应用实例,是在意大利佛罗伦萨 FIRENZUOLA 的 COOPERATIVE SCALPELLINI S. R. L. 公司的 Pietra Serena 砂岩矿山,这是一种耐磨蚀性极强的砂岩。该矿体层面的倾斜度大约是 20°,存在垂直的裂隙带,有相对于砂岩矿体倾斜的横向裂隙带,所以矿体多数的工作面都是连续的倾斜面。只有这样开采才能得到最大的荒料回收率。

图 7-3　意大利 BENETTI 公司 Tunnel Jet Belt S941 型开采带锯

在这种类型洞采矿山开采时,必须采用具有几何截面和立体形状的开采洞室及支承矿柱,并与开采作业层面的位置和主垂直裂隙系统连贯一致。S941 型开采带锯对 Pietra Serena 砂岩的切割速度大约是 7 ~ 9 m^2/h。

该机体现了洞采矿山领域内的设备创新,归纳起来有两点成功,即该开采工艺与环境保护的冲突最低,在高磨蚀性石材开采时的开采成本可行性最佳。图 7-3 是意大利 BENETTI 公司 S941 型开采带锯在 Pietra Serena 砂岩矿山作业图片。

7.1.1.2 洞采链臂锯

除了切割刀具(硬质合金刀齿)和切割刀具的传动系统(套筒辊子链)不同外,洞采链臂锯的结构和工作原理与洞采带锯基本相同。不同的是洞采链臂锯除了可以进行湿式切割作业外, 还可以进行无冷却水的干切作业,特别适合于在水源供应不足的洞采大理石矿山中使用。

与露天开采链臂锯存在同样的问题,洞采链臂锯的传动链也需要润滑脂进行传动润滑,所以容易污染石材,特别是浅色大理石,在使用时必须特别注意。

不论是洞采链臂锯还是洞采带锯,都有车载式机型,这是一种机动性非常好的洞采臂式锯机型。因为切割臂系统是安装在类似挖掘机工作臂、由液压机构带动的活动臂末端,锯机的移动全部由可移动的履带式挖掘机或拖拉机的车体带动,所以切割系统在采面上可快速移动就位。从理论上讲,切割臂在工作臂的带动下,可切割矩形通道内的任何部位。该机的作业范围和切割速度也比导柱式洞采臂式锯更宽、更高。加上其具有更好的机动性能,使得该机成为洞采大理石矿山的最理想的矩形通道开掘设备。

7.1.1.3 其他开掘矩形通道的装备

除了洞采臂式锯机外,前面介绍的用于大理石矿山切割分离体封闭背面、由液压钻机驱动的组合钻具与串珠锯组合后,也可以用在洞采大理石矿山进行矩形通道的开掘切割。这种矩形通道开掘装备,曾于 20 世纪 80 年代中期在意大利的洞采大理石矿山试用过,虽然也能够完成矩形通道的切割,但由于其切割缝宽大、切割效率只能达到洞采臂式锯机的 20%,安装就位和固定支承都比较复杂,所以很快就被洞采臂式锯机所取代。

使用金刚石串珠锯配合进给切割轮的楔形取石法(第 8 章中有介绍),也可以用于洞采大理石矿山矩形通道的开掘锯切。但由于其操作复杂、切割效率更低,目前也很少被使用。

7.1.2 洞采大理石矿山的主要锯切设备

在矩形通道向水平方向扩展切割时,因为洞采臂式锯机的切割臂长度通常只有 2 m,为了提高扩展切割的速度和切割效率,可以使用金刚石串珠锯,在洞采臂式锯的配合下,从侧面对水平方向上矩形通道的背面,进行大深度切割。

洞采矿山中,矩形通道只相当于露天开采的开拓堑沟,对矩形通道下方的矿体进行台阶式开采,才是生产荒料的主要途径。后续的荒料开采工艺过程与露天开采大理石基本相同,可以使用露天开采机型的臂式锯机辅助串珠锯开采工艺。臂式锯机用于形成分离体第三个自由面的锯切,串珠锯用于分离体垂直端面、垂直背面或水平面的切割。

洞采矿山中选用的金刚石串珠锯与露天开采时使用的串珠锯机型、使用方法和要求基本相同。根据切割面的大小,可以选择不同功率的串珠锯。通常在洞采矿山中,为了便于设备移动,选用主电机功率小于 37 kW 的中小型串珠锯是合适的。而且最好选择自动化程度相对高的机型,例如:主飞轮切割平面的回转、轴向移动,甚至机载导向轮张角的调节都采用电动方式,至少也应选择能够人工调节这些机构的半自动机型。如果开采的是蛇纹岩、硅化大理石岩等属于硬质石材的大理石品种,建议选择可以调节金刚石串珠绳线速度的变速型金刚石串珠锯,最好选择变频调速方式的机型,以便获得最佳的切割效率和最合理的串珠绳使用寿命。为了获得比较平稳可靠的串珠绳张紧力控制,以及平稳的锯机进给调节,也应选择变频调速方式的锯机进给机构。

7.1.3 洞采大理石矿山的其他配套设备和辅助装置

洞采大理石矿山时,需要配备分离体的顶推设备、工程机械和吊装设备、专用的变向导向轮、大孔径凿岩机,以及通风装置等设备和装备,辅助串珠锯和臂式锯机的开采。

7.1.3.1 分离体的顶推和翻倒设备

洞采大理石矿山中使用的顶推设备有水压或气压顶推袋,以及液压顶石机。

水压顶推袋由两块尺寸为1 m×1 m、厚度为0.8 mm、伸长率非常好的钢板沿周边滚焊制成,是一次性使用的膨胀顶推产品。其特点是使用、操作非常方便,2 mm厚度的水压顶推袋可容易地插入金刚石串珠锯的切缝中。国内已有厂家生产,国外产品不含税的进口价格大约是每个30多欧元(折合300元人民币),水压顶推袋的使用成本较高。

气压顶推袋则是可反复多次使用的顶推产品,有多种规格尺寸可以选择,国内可以生产。有两种厚度规格可供选择,3 cm左右厚度的气袋只能插入臂式开采设备的切缝中,这种厚度的气袋使用范围受到限制;6~8 mm厚度的气袋可以插入金刚石串珠锯的锯缝中,但推力有限。

液压顶石机与露天开采选用的机型相同。

7.1.3.2 钻凿穿引串珠绳贯通孔的凿岩设备

洞采大理石矿山使用的大孔径凿岩机,其用途与在露天开采时相同,主要用于串珠锯切割开采开拓通道下方岩体上的分离块时,钻凿穿引金刚石串珠绳的垂直与水平交汇孔的钻孔。如果操作工人的钻孔技术熟练,也可以使用手持式凿岩机,采用50 mm直径钻头钻凿水平、垂直交汇孔。另外水平标杆式凿岩机也是实用的洞采矿山钻孔设备。

7.1.3.3 工程机械和吊装设备

与露天石材矿山开采不同,洞采矿山的空间远不如露天采场那样宽敞和空旷,尤其是开采初期,作业空间非常狭窄。与露天开采矿山相比,洞采矿山一般都没有矿体表面覆盖层的剥离工程,而且洞内作业空间高度有限,所以洞采矿山都不需要配备挖掘机。但仍然需要进行开采设备的移动、渣土搬运、不同作业面之间道路的修筑等作业。

通常使用装载机来完成这些开采作业。建议尽量选择高度比较低矮的专用型装载机,履带或轮式装载机一般都能满足使用要求。只要作业空间的高度允许,尽可能选择大型装载机。如果采用350 kW动力的大型装载机,分离体的辅助翻倒、荒料位移和装车等工作都能由装载机完成,但需要比较高的洞室空间。泉州威盛机械发展有限公司最新开发的WSM951T-Ⅱ型轮式装载机,采用标准的50型装载机配置(额定功率162 kW),经过改进设计后,额定起重量达到16 t,比原来50型装载机8 t的起重量提高了一倍,整车结构尺寸没有变化。按照串珠锯开采工艺能够达到1.15的荒料不规则系数,16 t荒料重量大约折合5 m^3体积的荒料。如果使用两台这样的装载机同时作业,可以装运10 m^3的荒料。与988系列大型装载机相比,该机小巧的整车作业结构,非常适合洞采大理石矿山的开采作业要求。

如果需要配备吊车,有一种短吊臂、最大起重吨位达60 t的低矮型专用吊车,适用于洞采大理石矿山。与其他吊车的结构不同,这种吊车的吊臂粗大,在吊臂与地面夹角很小时,仍具有很大的起吊能力。

早期采用滑轮组吊装荒料也是可行的,但必须注意将滑轮组固定在洞顶或洞壁的锚定结构必须牢固可靠,见图7-4。如果采用滑轮组吊装系统,一般还需要有拖拽力达到500~700 kN的慢动卷扬机配合,用于将荒料拖拽移动到滑轮组的起吊作业范围之内。即使安装了这种吊装系统，还应考虑配备小型装载机或短吊臂的汽车吊（最大起吊重量6～8 t都行），用于臂式开采锯机、金刚石串珠锯、大孔径凿岩机等设备的吊装和位移。

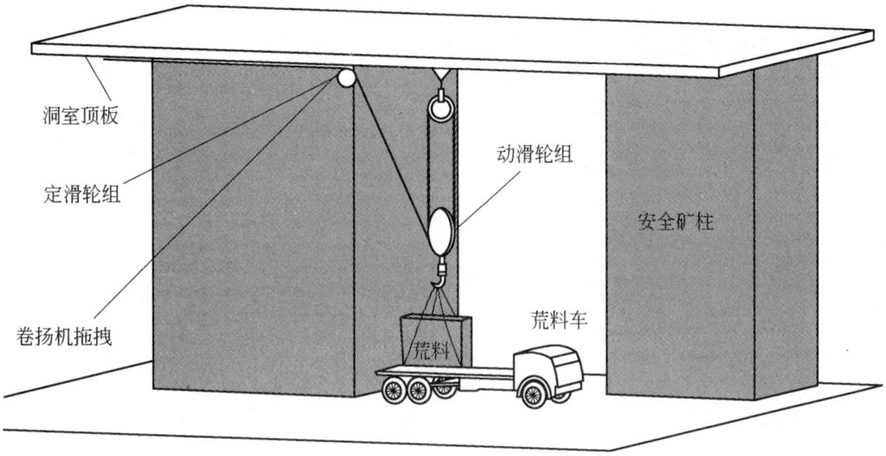

图7-4 洞采大理石矿山使用滑轮系统吊装荒料

受到洞采矿山作业空间的限制，通常采用车身低矮的履带或轮式装载机，用于荒料的位移、装车，以及废渣的装卸。图7-5是工作在洞采矿山内的履带式装载机，作业时该机的驾驶室顶棚已经被去掉，使得装载机的作业高度降低，在洞采矿山的初期，这样做是很有必要的。图7-6是工作在洞采矿山内的轮式装载机。

图7-4是采用慢动卷扬机配合相应的滑轮，进行荒料的位移或吊装的作业照片。荒料的外运和废渣的装运一般都采用载重汽车和自卸车。装载机铲斗的举升重量至少要达到装运5 m^3（13～15 t）荒料的能力；否则许多体积大一些的边角料，需要预先被破碎分解成小碎料后，才能装运；慢动卷扬机的拖拽力也应超过500 kN。

图7-5 洞采大理石矿山中使用的低工作高度履带式装载机

图7-6 洞采大理石矿山中使用的轮式装载机

7.1.3.4 其他辅助设备

因为是在山洞内作业，尤其在像意大利CARRARA地区的多数洞采矿山，它们的位置都在一条废弃的早期铁路隧道内，有些开采洞室的位置距隧道洞口的距离超过1 km。在这类洞采矿山中，由于有装载机、汽车吊和运输车辆等排放大量尾气的机械作业，操作人员也需要洞室的采面内具有良好的空气质量，所以必须考虑作业面的通风换气问题。通常使用管道式通风系统，采用大型通风管道，中间加装若干级轴流式排风机，实现开采洞室与外界的空气交换。计算空气置换能力时，必须充分考虑开采洞室内柴油和汽油发动机的废气排放量，维持操作人员正常工作的氧气需要量，以及其他不可遇见的因素。由山坡露天、凹陷露天或井式大理石矿山演变成为洞采矿山时，如果是处于洞采的开拓初期，其开采洞室一般都靠近矿体外部，属于开启型洞室。在初期开采阶段，暂时不需考虑通风换气问题，见图 7-7。

图 7-7　靠近矿体外部的洞采大理石矿山

为了减少废气对开采洞室的污染，尽量减少使用以柴油、汽油为动力的机械设备。应选择电动式空压机作为大孔径凿岩机的供风动力，或者使用电液混合、电气混合动力，甚至全液压动力的凿岩机。

一般在开采洞室内修建蓄水池作为串珠锯、臂式锯机的冷却水循环供应水源。可通过从洞室外安装供水管路进行冷却水的补充。

7.2　洞采大理石矿山的开采工艺

洞采大理石矿山的开采工艺流程与露天开采基本相同，只是个别工序的内容和含义略有差异。洞采矿山开采的前期准备包括，选择确定矩形通道的开掘位置，剥离清理用于开掘矩形通道所需要的工作场地，以便安装洞采臂式锯机。另外水电气的接通、基本吊装能力的具备，也是洞采矿山前期准备工作的内容。

前期准备工作结束后，即可进入洞采大理石荒料的作业，其工艺流程包括：矩形通道开拓及扩展，开采台阶和开采洞室的形成、分离体锯切、位移或翻倒，分离体解体和荒料整形，荒料位移、吊装和运输，废渣石的清运等。

图 7-8 是洞采大理石矿山的基本工序示意图，图中洞室顶部安装的洞采臂式锯机正在

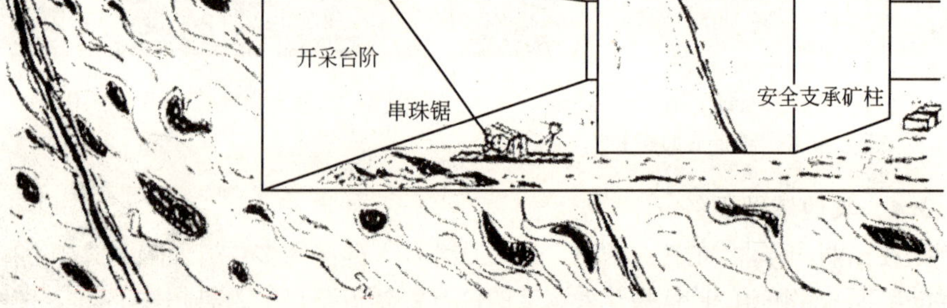

图 7-8　洞采大理石矿山的基本开采工序示意图

进行矩形通道的开拓作业;矩形通道下方的开采台阶已经形成,串珠锯正在对台阶上分离体的垂直面进行切割分离。该图显示的开采洞室内,采用的是将支承矿柱的位置选择在天然裂隙部位,以减少矿体资源的浪费,提高荒料率。

7.2.1 矩形开拓通道的切割

形成洞采格局前,裸露的矿体只有一个自由面,即矿体的垂直岩壁面。开掘矩形通道的目的就是创造一个可以安装、移动开采设备,并在矿体上形成两个自由面矿体台阶的采场作业面,为最终形成能够进行分离体锯切的开采台阶,以及大规模荒料开采创造条件。

7.2.1.1 矩形开拓通道的锯切设备

可以使用洞采带锯、组合钻具或金刚石串珠锯等设备开掘矩形通道。但效率最高、操作最简便、工序最简单,而且经济性最合理的矩形通道开采设备是洞采带锯、洞采臂式锯类臂式开采锯切设备。

使用洞采臂式锯机开拓矩形通道时,只要矿体无裂隙,还可从开出的石料中直接回收荒料,不会浪费矿体资源,经济性最佳。组合钻具虽然可以进行矩形通道的锯切,也可回收矩形通道内的荒料,但设备安装复杂,切割效率很低,自从洞采臂式锯机逐渐在洞采矿山中普及后,采用组合钻具开掘矩形通道的方法已很少使用。

采用金刚石串珠锯配合进给切割轮的楔形取石法(本章7.4节中将会介绍),以及配合复合楔的键石取石法,它们的锯切效率不仅很低,最关键的是在推进或开掘矩形通道时所开出的石料,一般都是不规则的三角形石块,多数不能进行荒料的回收,通常作为废料处理,从而造成很大的资源浪费。另外实施楔形取石法的锯切工艺复杂,设备安装困难,锯切效率很低。所以楔形取石法在对一些市场售价极高的名贵花岗石进行洞采时,偶尔会看到。楔形取石法在凹陷型大理石矿山开采中有时也会使用。

在洞采大理石矿山,矩形通道开拓锯切工序将一直伴随着整个开采过程。矩形通道内的石料占整个洞采矿山石材开采量的25%,对于一个年产3000 m^3 大理石荒料的洞采矿山来说,每年矩形通道内锯切出的石料将达到750 m^3。如果这部分石料不能得到回收和利用,不仅开采成本增加许多,石材资源的浪费也是很惊人的,所以采用洞采臂式锯机开拓矩形通道是最佳选择方案。图7-9是意大利BENETTI公司生产的940型洞采带锯,在陡峭的垂直岩壁上进行矩形通道垂直锯切的现场照片,图7-8中顶部显示的也是洞采臂式锯机正在进行矩形开拓通道的锯切。

图7-9 意大利BENETTI公司940型洞采带锯在垂直岩壁上进行矩形通道垂直锯切照片

7.2.1.2　开掘矩形通道的锯切方法

使用导柱式洞采臂式锯机，开拓矩形通道的工序包括垂直锯切和水平锯切两道工序。锯切的先后顺序是先完成水平面的锯切，即首先进行三个水平锯缝的切割，而且是按照自下而上的切割顺序锯切；然后再进行三个垂直锯缝的切割。如果先锯切上部的水平锯缝，再锯切下面锯缝时，上部石料与矿体连接面减少，如果上部石料存在裂隙，有时会因锯切或其他开采作业时的振动出现局部塌落，如果压住切割臂将会酿成事故。与串珠锯切割水平面的辅助支承方法相同，为了安全起见，在洞采臂式锯机切割好的水平锯缝中要及时插入支承钢楔。

锯切时，必须保证三条水平锯缝之间的相互平行且水平的要求，还要保证它们与垂直面相互垂直，同样也要保持三条垂直锯缝之间相互平行，其目的是为了保证这些石料能够被顺利地从锯缝中拖拽出。

图7-10 和图7-12 分别是洞采臂式锯机，进行矩形通道水平顶面锯切的示意图和现场实际锯切照片，图7-13 是940 型洞采带锯进行矩形通道中间水平面锯切的现场图，图7-11是洞采臂式锯机进行矩形通道垂直面锯切示意图。

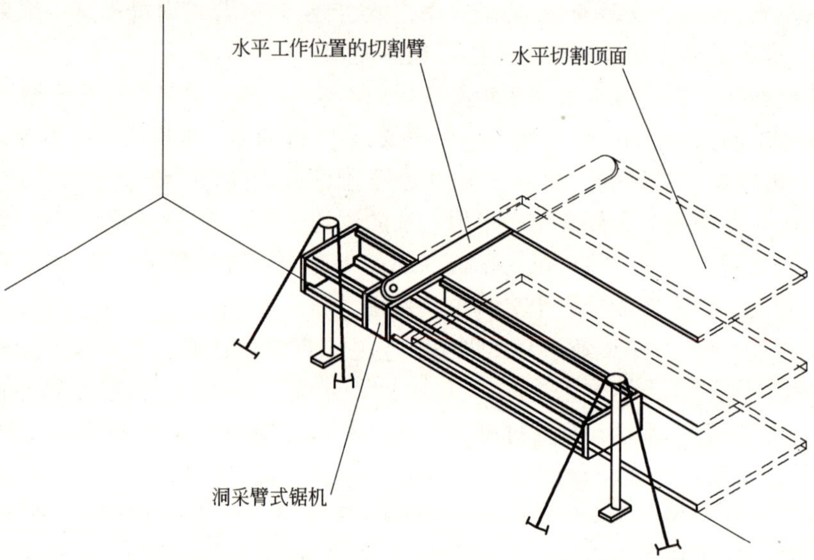

图7-10　洞采臂式锯机锯切矩形通道水平面示意图

分离矩形通道内石料与矿体连接背面的方法不同，矩形开拓通道的切割方式也不同。采用劈裂法分离石料背面与矿体的连接面时，一般将通道内的石料等分成4 块。图7-14 是洞采臂式锯机为实施劈裂法，在岩壁正面切割留下呈正十字分布的等分锯缝分布示意图。采用锯切法分离时，虽然也将通道内的石料分成4 块，但锯缝的分布是不对称的。图7-15是洞采臂式锯机为配合串珠锯锯切方法，在岩壁正面切割留下的非对称分布锯缝示意图，图7-16 是非对称锯缝的现场图片。

矩形开拓通道的尺寸受到洞采臂式锯机切割臂长度和锯机结构尺寸的限制，使用940型洞采带锯可进行矩形通道切割的最小尺寸是6 m×3.4 m×2 m（长 L_a ×高 H ×相对深度 L_c），或者是6 m×4 m×2 m（长 L_a ×高 H ×相对深度 L_c），见图7-11。

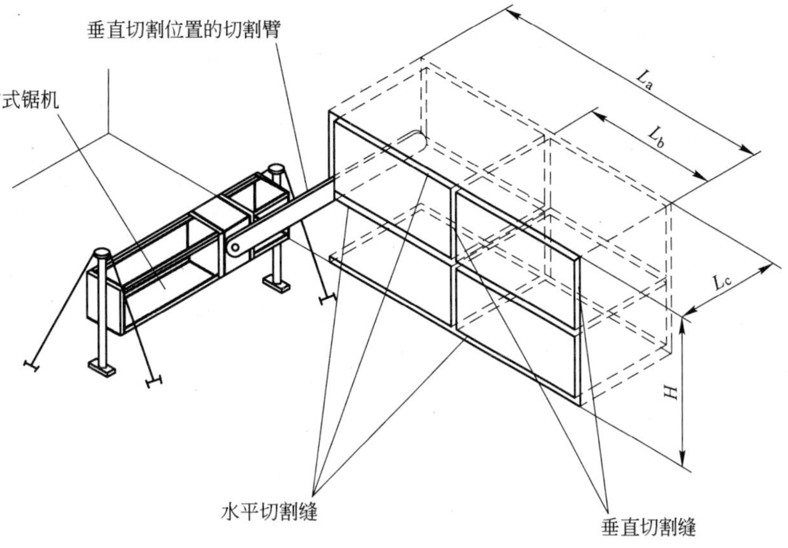

图 7-11 洞采臂式锯机锯切矩形通道垂直面示意图

图 7-12 洞采带锯切割矩形通道水平顶面现场图

图 7-13 洞采带锯切割矩形通道中间水平面现场图

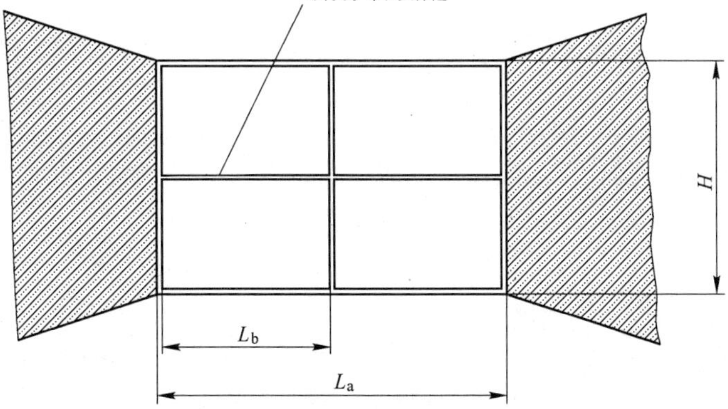

图 7-14 矩形通道正面等分锯缝示意图

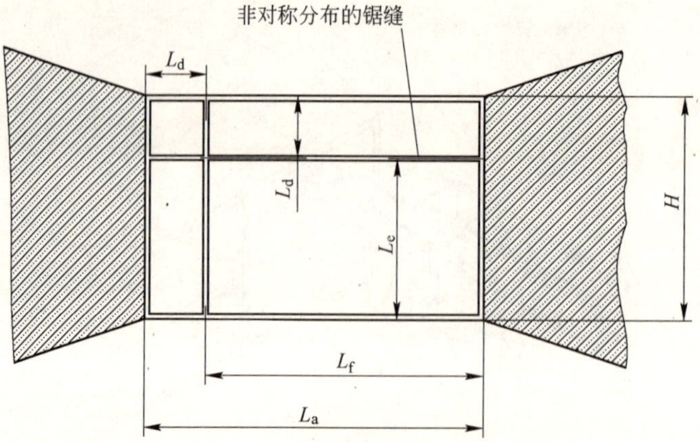

图 7-15 矩形通道正面非对称锯缝示意图

图 7-14 所示对称分布锯缝形式，L_b 尺寸是中间垂直锯缝相对于两边垂直锯缝的距离，$L_a=2L_b$。如果矿体完整，可从上述尺寸的矩形开拓通道内获得 4 块最大尺寸为 3 m×1.7 m×2 m 或 3 m×2 m×2 m 的荒料。

图 7-15 所示非对称锯缝形式，如果通道尺寸是 6 m×4 m×2 m，图中锯缝的尺寸分布是，$L_d=1$ m，$L_e=3$ m，$L_f=5$ m。尺寸的确定依据，将会在后面的内容中介绍。

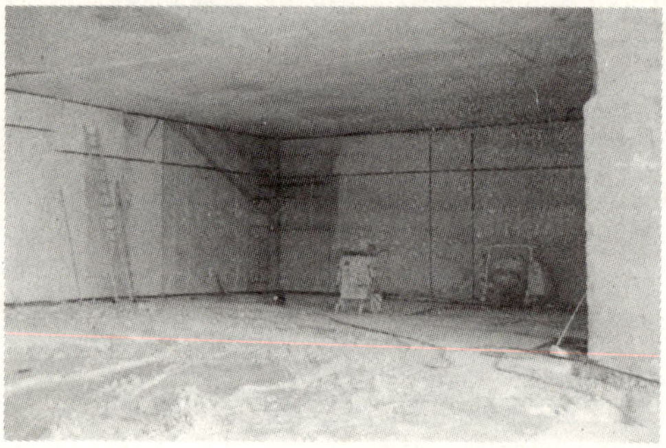

图 7-16 矩形通道正面非对称锯缝现场图

7.2.1.3 矩形开拓通道内石料封闭背面的分离方法

目前最常用的处理矩形开拓通道内石料与矿体连接背面的方法是直接劈裂分离或切割分离。

A 劈裂法分离矩形通道内石料的背面

当垂直、水平切缝完成后，矩形通道内的 4 块石料与矿体仅剩下背面连接了，可以使用气压、水压顶推袋或者劈裂器分别将它们与矿体分离。

分离顺序必须遵循自上而下的原则和“叠罗汉”的方式，这样可充分利用石料本身的自重，增加劈裂力。不能将顶推袋或劈裂器放在石料底部锯缝或中间锯缝中实施劈裂操作，因为这样不仅不能控制劈裂面上下石料的劈裂顺序，还会在上面石料先于下面石料劈裂时，造成劈裂面内的顶推装置被上面分离的石料压住，损坏顶推装置。所以应严格执行先分离矩形开拓通道上部的石料，待其劈裂分离后，才能分离下面一块石料的顺序，因此顶推袋必须是插入上面石料与顶面矿体之间的锯缝内。有时为了减少将石料从矩形通道内拖拽出的摩擦阻力，劈裂前在下面一块石料与底面矿体之间的锯缝中插入若干根金属辊，使后续移动石料、特别是拖拽石料的操作更容易。

劈裂法分离矩形通道内石料的操作顺序见图7-17,首先将顶推装置按照图 *a* 所示放入最上部的水平锯缝中,对顶推装置加压至上部石料从其根部与矿体的连接部位断裂为止,上面石料将坠落叠加到下面石料上,见图 *b*。继续向顶推装置加压,图 *c* 显示下面的石料也从其根部与矿体连接部位断裂。最后使用慢动卷扬机或重型移动设备(如装载机等),从矩形通道内将分离后的石料移出,直至矩形通道内的石料被清除干净。

是否插入金属辊子,完全根据实际操作时的需要,如果没有辊子时石料的拖拽不困难,可不用在锯缝中插入金属辊子。如果需要向锯缝中插入金属辊,其直径一般不超过锯缝宽度尺寸的二分之一,通常在10~15 mm左右。金属辊的数量与其材质有关,如果辊子是由强度高、又经过热处理的高碳钢制成,其数量可少些。

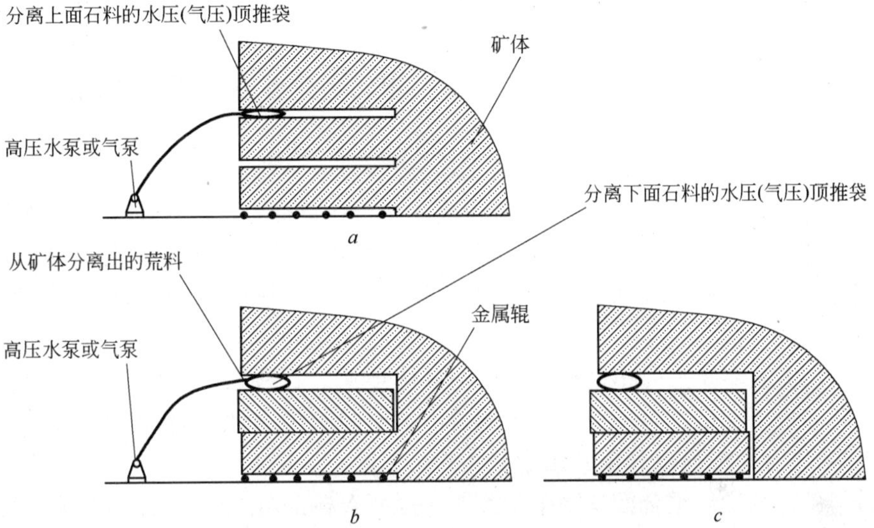

图7-17 劈裂法分离矩形通道内石料示意图

劈裂法处理矩形开拓通道内石料的分离作业,简便易行,分离速度快、效率高,非常适合于矿体完整、被分离石料无垂直或倾斜裂隙,以及劈裂性比较好的洞采大理石矿山。但在实际操作时,多数大理石矿体往往不能达到这样理想的条件。由于矿体生成的形态和地质运动的影响,矿体中的裂隙是不可避免的,只是其形态和密度大小不同而已。所以即便是在完整性很好的矿体内,也会存在裂隙。如果裂隙是存在于被劈裂的这部分石料中,采用劈裂法分离时非常容易造成石料"跑线",也就是说石料不是按照预想的劈裂面断裂,而是沿裂隙面断裂,会在石料的预想劈裂面上残留有部分岩石,见图7-18。清除这些残留岩石不仅非常复杂和困难,而且还费时费力。即使没有遇到裂隙,但遇到大理石的劈裂性不好时,也会造成劈裂面的"跑线",不能从其根部断裂,形成残留岩石。所以在实际操作时,达到预期劈裂效果的成功率会更低,取而代之的是下面介绍的锯切分离法。

B 劈裂分离法形成石料的取出

采用劈裂分离法时,通道正面的锯缝呈现对称布置,通道内每块石料的体积大约12 m^3,重量大约33 t。上下石料的体积相等。首先将上面一块石料取出,然后再将下面的石料取出。因为石料背部为劈裂面,不能直接插入钢丝绳拖拽。开始阶段只能采取在石料正面钻凿锚定孔,加锚钩套钢丝绳的办法拖拽。因为上下石料间为切割臂锯切的平整切割面接触,

图7-18 因“跑线”残留在劈裂分离面上的岩石

拖拽石料时会遇到一定的摩擦阻力，建议一旦将其拖出3~4 cm距离后，可更换比较粗的钢丝绳，采用套索方法拖拽。如果下部石料的底部锯缝中已经插入钢辊，拖拽时会比较轻松。拖拽力的作用点和作用方向要求，在后面有关锯切法分离小石料A、B的工艺时有详细介绍。

C 锯切法分离矩形通道内石料的背面

为了解决岩石劈裂性差、石料劈裂分离成功率低的问题，在意大利、葡萄牙等国的一些洞采和井式开采大理石矿山中，使用锯切方法切割分离矩形通道内石料与矿体的最后结合面，取代了传统的在洞采矿山中使用的劈裂方法，实现了在洞采矿山中实施全锯切开采大理石荒料的工艺。

采用锯切方式将矩形开拓通道中背面与矿体连接的石料锯切分离，是目前比较先进的洞采工艺开采方法。可以确保矩形开拓通道内的石料被可靠地分离，提高通道开掘阶段荒料的回收率，以及矩形通道开拓的成功率和开拓速度。

石料与矿体的最后结合面是隐藏于不能从分离石料正面直接看到、无法触及到的背部，串珠锯的常规锯切方式是无法使串珠绳直接切割到该面的。必须通过洞采臂式锯机的锯缝，借助专用导向轮多次改变串珠绳的运动方向，最终将串珠绳导引到这个隐蔽的连接面实施分离切割。为此需要安装多个改变串珠绳运动方向的洞采专用导向轮装置，其中有些导向轮还必须深入到洞采臂式锯机的锯缝中，实现串珠绳的变向运动。同时还必须科学选择串珠锯切割的工艺参数，合理选择工艺步骤，才能顺利完成这一结合面的锯切分离。完成此项作业需要配备的设备见表7-3。

表7-3 矩形开拓通道中石料封闭背面锯切分离所需设备和专用工具

名　称	型　号	数　量	装机功率	备　注
洞采臂式锯机	如Tunnel Jet Belt 940或S941	1台	60 kW	
金刚石串珠锯	ALPHA840或其他型号	1台	40 kW	
洞采专用串珠绳水平导向轮		2套		封闭背面锯切的专用导向轮装置
专用串珠绳垂直导向轮		1个		
串珠绳变向滑轮组		1组		
慢动卷扬机		1台	15 kW	可由装载机或其他拖拽机械代替
慢动卷扬机配套导向滑轮		2~3套		

7.2.1.4 锯切法分离矩形通道内石料封闭背面的工艺流程

在矿体的外露垂直面或岩壁上完成矩形开拓通道正面的垂直和水平面的分离切割后，可进行封闭背面的锯切，其操作工艺步骤包括：小石料A、B与矿体连接封闭背面的分离切割，分离后小石料的取出，矩形通道内主体石料A、B背面的分离切割，主体石料的取出，分解主体石料，整形荒料，清渣和荒料运出采面。

A 小石料A、B与矿体连接封闭背面的分离切割

使用串珠锯首先将小石料与矿体连接的封闭背面切割分离，图7-19是分离切割的现场图，矩形通道内每块石料的名称也在图中标示。这道工序的目的只是将小石料A和B从其与矿体的连接面处锯切分离。因为该图中矩形通道的长度大约是3～4 m，高度大约是2～2.5 m，所以洞采臂式锯是从石料的中间等分部位将其切割分离。

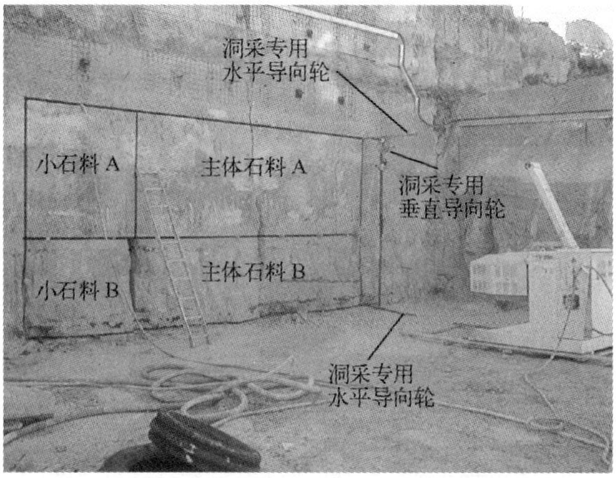

图7-19 通道内小石料封闭背面锯切现场图

如果采用前面介绍的标准尺寸6 m×4 m×2 m的矩形通道，小石料A的尺寸和体积大约是宽×高×深=1 m×1 m×2 m=2 m^3，小石料B的尺寸和体积大约是宽×高×深=1 m×3 m×2 m=6 m^3。作为荒料，小石料A的尺寸显得过小，基本无回收价值，可以考虑将小石料A的位置选择在矿体的裂隙或缺陷的部位。

图7-19中的文字和指示线，指示了分别安装在洞采臂式锯机顶部锯缝和底部锯缝中的洞采专用水平导向轮，以及洞采专用垂直导向轮的位置。

小石料封闭背面分离切割工艺的具体实施步骤和设备安装要求如下：

(1) 串珠绳的穿引。按照图7-20的文字指示，首先将金刚石串珠绳沿垂直锯缝A、顶面锯缝C和底面锯缝D送入每条锯缝的底部，并使串珠绳到达这三条锯缝与封闭背面的交线位置，形成对石料待锯切面的环绕。

(2) 洞采专用水平导向轮的安装。将位于顶面锯缝C右端的串珠绳，套在位于该端的洞采专用水平导向轮前端滑轮上，并将该导向轮从顶面右端的锯缝C插入，使前端滑轮到底并与垂直背面距离1 cm为合适，固定该导向轮装置。同样方法安放和固定位于底面锯缝D右端的另一个洞采专用水平导向轮。图7-21是洞采专用水平导向轮的实物照片。

(3) 洞采专用垂直导向轮的安装。按图7-20所示位置安装洞采专用串珠绳垂直导向轮，并将从顶面锯缝C内水平导向轮引出的串珠绳环绕于该垂直导向轮的顶滑轮上；从底面锯缝D内的水平导向轮引出的串珠绳环绕于垂直导向轮的下滑轮上。

(4) 串珠锯的安装和串珠绳的调整。按图 7-20 所示位置安装串珠锯,将环绕在洞采专用垂直导向轮上下滑轮的串珠绳端头,环绕在串珠锯的主飞轮上,按照串珠锯的合适位置调整串珠绳的长度,然后连接串珠绳。

(5) 对垂直背面的锯切要求。按照串珠锯安装要求,调整其主飞轮旋转平面、机载导向轮旋转平面、洞采专用垂直导向轮旋转平面,以及串珠绳进入上下水平专用导向轮构成的平面同处于一个平面内,以保证锯切时,串珠绳不会从各个导向轮中跳出。然后启动串珠锯,进行对小石料垂直背面的切割。

图 7-20 中指出了串珠绳开始锯切时和锯切结束时所处的位置,锯切结束的标志是串珠绳最外侧的切割轨迹正好超过洞采臂式锯机对小石料垂直内侧切割锯缝 B 的底部,这时串珠绳已经将小石料垂直背面完全与矿体锯切分离。

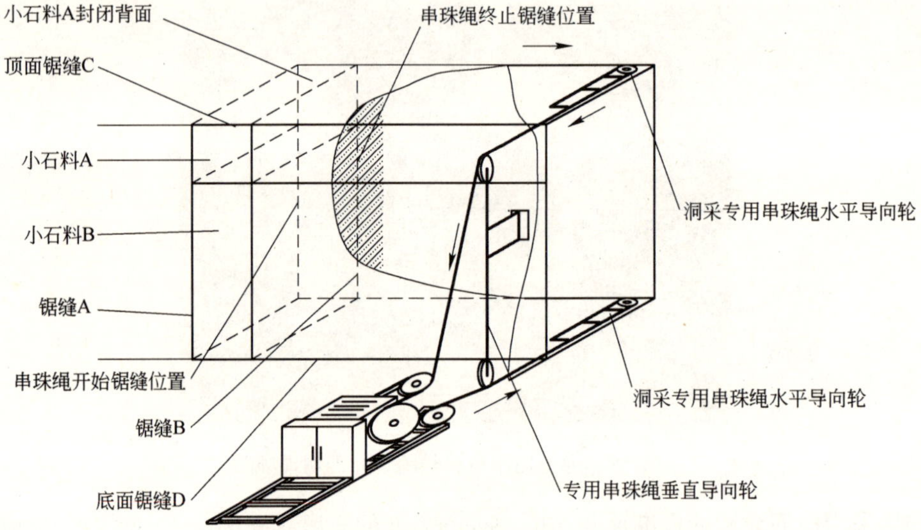

图 7-20　矩形通道内小石料封闭背面锯切示意图

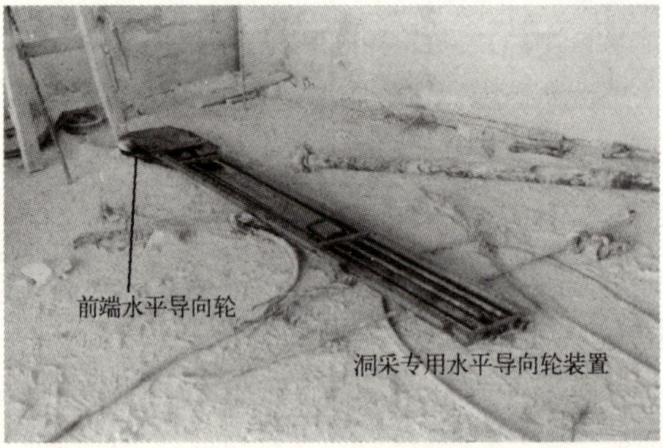

图 7-21　洞采专用水平导向轮

因为串珠绳属柔性锯切刀具,在锯切过程中的锯缝轨迹为弓形,所以当其最终锯切轨迹刚刚超过小石料的垂直内侧切割的锯缝 B 时,轨迹的上下部分已经切入大石料与矿体的连接面中,这是允许的。

为了完成这一背面锯切作业，需要串珠绳经过多次切割方向的变换，所以一定要注意选择合适的锯切工艺参数，串珠绳张紧力过大（转向处的侧向分力过大）或过小（串珠绳抖动幅度加大）都会导致串珠绳跳离导向轮槽。

锯切前，根据需要可以在小石料 A、B 之间的水平锯缝，以及小石料 B 底部锯缝中，放置一些合适直径的钢制辊子，减小石料之间的水平摩擦力，以便能够更顺利方便地将小石料 A 和 B 拖拽出来。图 7-22 是已经完成小石料背面锯切的矿体正面现场图。

B 矩形开拓通道内小石料 A、B 的取出

无论是劈裂法还是锯切法分离通道内的石料，完成分离作业后必须将它们取出，此后才能继续处理矩形开拓通道内的其他石料，以便形成可以使用的矩形开拓通道。通常采用拖拽的方法，将已分离的石料从其锯缝中拽出，拽取顺序都是先上后下。

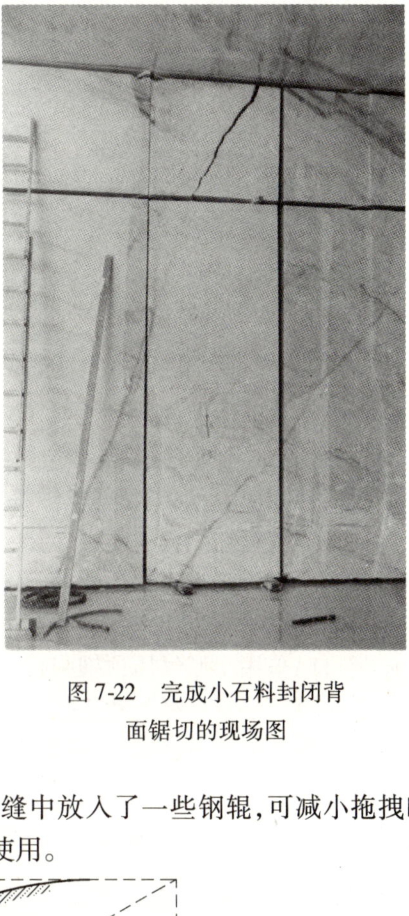

图 7-22 完成小石料封闭背面锯切的现场图

取出石料的拖拽装备有挖掘机、装载机、推土机或慢动卷扬机、钢丝绳、根据需要配备的一些定滑轮和滑轮组等。

a 小石料 A 的取出

图 7-23 是拖拽法取出上部小石料 A 的示意图。首先在小石料 A 正面中心位置钻凿锚定孔，安装锚定拉钩，然后用拖拽机械通过钢丝绳将小石料 A 慢慢从锯缝中拉出。使用挖掘机拖拽时，因其施加力的挖斗可以达到小石料的高度位置，可以将拖拽力控制在水平方向，所以可直接拖拽。但使用装载机、推土机或慢动卷扬机等拖拽设备时，它们施加拉力的作用点一般都低于小石料所处的位置，所以应该安装相应的导向滑轮装置，保持拖拽力 F 的水平作用方向，减少拖拽阻力。如果预先在小石料 A 底部锯缝中放入了一些钢辊，可减小拖拽时的摩擦阻力。操作后应注意回收这些钢辊，以后重复使用。

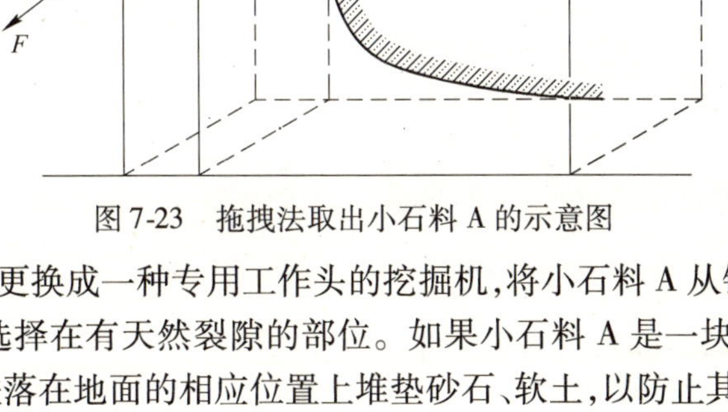

图 7-23 拖拽法取出小石料 A 的示意图

图 7-24 是将挖斗更换成一种专用工作头的挖掘机，将小石料 A 从锯缝中拽出的现场照片，图示小石料 A 是选择在有天然裂隙的部位。如果小石料 A 是一块完整无缺陷的石料，拖拽时，一定要在其跌落在地面的相应位置上堆垫砂石、软土，以防止其跌落后摔碎，这样的

石料可以回收利用成为小规格商品荒料。所以进行本工艺步骤时，必须注意保护石料，防止其损坏。

b　小石料 B 的取出

拽取位于小石料 A 下方的小石料 B 的方法如图 7-25 所示。小石料 A 被取出后形成了一个可容纳人员操作的空间位置，在确保安全作业的条件下，可采用钢丝绳环套法拖拽小石料 B。

图 7-24　拖拽法取出小石料 A 的现场图

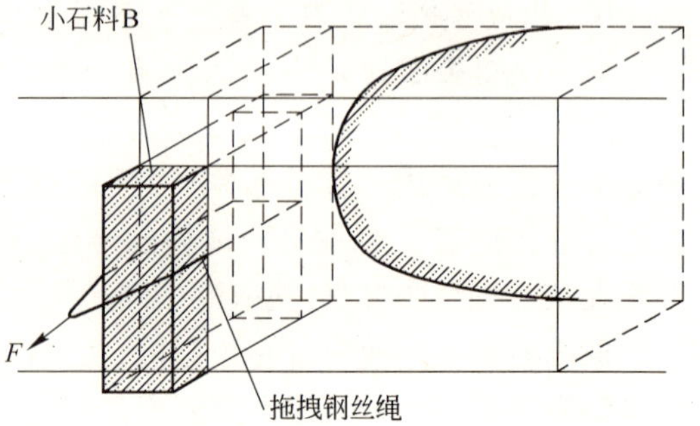

图 7-25　拖拽法取出小石料 B 的示意图

开始拖拽时使用的钢丝绳直径，以能够进入其背部的串珠绳锯缝中为合适，然后用拖拽机械将其从岩体中缓慢拉出一小段距离。如果小石料 B 底部锯缝也插入一些钢辊，可以减小拖拽时的摩擦力，较细的钢丝绳基本能够拉动。一旦小石料 B 向外移动了 3 ~ 4 cm 后，可立即更换比较粗的钢丝绳继续拖拽，直至将其全部移出锯缝。为了减小拖拽时的弯矩阻力，钢丝绳应尽量位于小石料 B 高度方向的中间位置，即拉力点的平衡作用位置，拖拽力 F 的拉动方向应水平，必要时可以安装一些导向滑轮组调整。

还可以采用小型气压顶推袋插入小石料 B 的背部锯缝中，将其顶开几厘米后，再按照上述方法穿套粗钢丝绳继续拖拽。注意不能使用水压顶推袋，因为它在使用后不能恢复原状并从锯缝中取出，致使后面穿套钢丝绳的步骤不能实现。

图 7-26 所示为使用更换挖斗的挖掘机，将小石料 B 从锯缝中拽出的现场图，图 7-27 是将小石料 A、B 全部从锯缝中取出后的部分矩形开拓通道现场图。

图 7-26　拖拽法取出小石料 B 的现场图

图 7-27　取出小石料 A、B 后矩形开拓通道现场图

C　矩形通道中主体石料封闭结合背面的分离切割

采用锯切分离法开拓矩形通道时，一旦通道内的小石料 A 和 B 被取出，形成图 7-27 所

示凹槽空间位置，足以安装另一个变向导向轮组件，进行对通道内主体石料与矿体连接垂直背面的锯切分离。图 7-28 是串珠锯垂直锯切位置实施主体石料背面分离锯切的工艺步骤示意图，工艺实施的步骤如下：

(1) 串珠绳的放入。按图 7-28 所示方式，将串珠绳从石料右侧洞采臂式锯机切割矩形通道时形成的垂直锯缝、水平顶面和底面锯缝放入到锯缝底部，调整串珠绳使其到达相应锯缝面与垂直背面的交线位置。

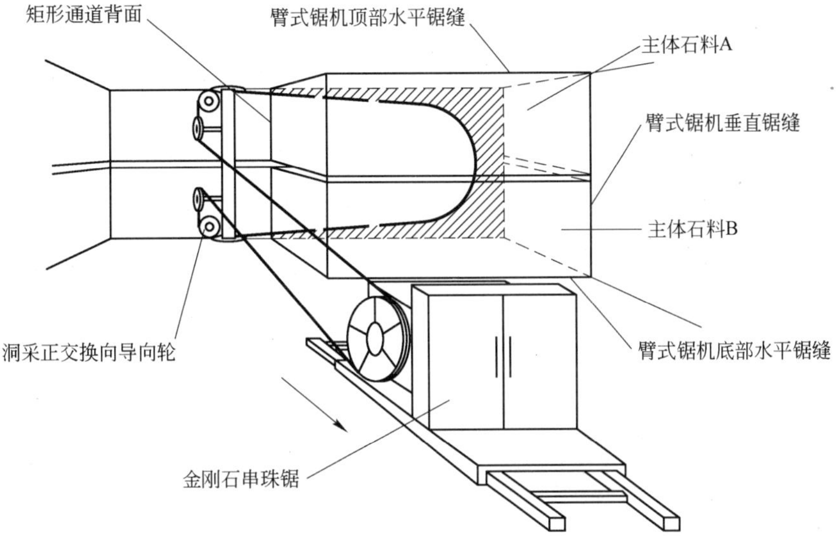

图 7-28 主体石料背面锯切示意图一

(2) 换向导向轮的安装。将换向导向轮（又称变向导向轮）锚定在矩形通道凹槽的最内侧，其上的垂直滑轮尽量靠近凹槽的垂直背面。将来自环绕封闭背面的串珠绳上端绳头环绕导向轮组件的上部正交导向滑轮，串珠绳的下端绳头环绕其下部的另一个正交导向滑轮。

(3) 串珠锯的安装和锯切。按照串珠锯的安装要求将其安装在凹槽的外部，然后将来自正交换向导向轮的串珠绳端头，套到串珠锯飞轮上。调整串珠锯飞轮与同方向旋转的导向轮处于同一个平面内，对串珠绳施加合适的张紧力，按串珠锯的启动和工作要求，开机锯切主体石料 A、B 的垂直背面，直至它们与矿体全部分离。

在进行这一锯切工序时，串珠绳也需要经过垂直变向运动，所以必须注意锯切工艺参数的正确选取。

可以采用不同结构的正交导向轮组件，进行石料背面的锯切。图 7-30 所示为串珠锯水平切割位置，采用另一种正交导向轮组件的锯切示意图，图 7-29 和图 7-31 分别是采用这种方式进行主体石料垂直背面分离切割时，串珠锯、串珠绳的安装、调整和切割作业的现场图片。

与小石料分离时相同，可以根据需要，在串珠锯开始切割主体石料的背面之前，将一些直径合适的钢辊插入主体石料 A、B 之间的锯缝，以及主体石料 B 与底面之间锯缝，以减小后续移动这些石料的摩擦阻力。

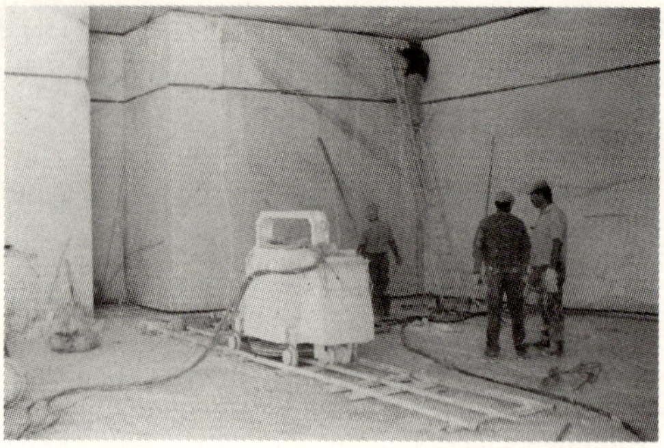

图 7-29　主体石料垂直背面分离切割时串珠锯的安装、调整现场图

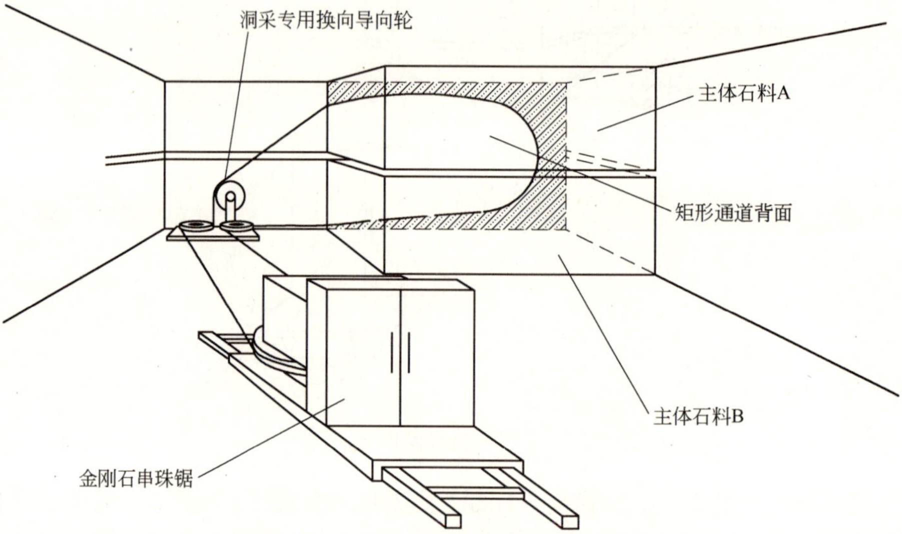

图 7-30　主体石料背面锯切示意图二

图 7-31　主体石料背面锯切的现场示意图

D　主体石料的取出

一旦主体石料与矿体连接的背面被切割分离，即可进入将其从矩形通道内移出的工序。对于锯切分离法形成的非对称锯缝布置，先取上面的主体石料 A，然后再取下面的主体石料 B。

a 主体石料 A 的取出

锯切分离法开拓通道时，主体石料 A 的体积可达 10 m^3，重量达到 27 t 左右。可以采用面积合适的气压或水压顶推袋推动的方法，将主体石料移出大约 30 ~ 50 cm，然后再用钢丝绳套索方式将其继续拖拽出通道。如果锯切分离前，在主体石料 A、B 之间的锯缝中放置了用于滑动的钢辊，也可按照前面介绍过的环套拖拽方法，先用小直径钢丝环套主体石料 A，将其外移几厘米后，再换用大直径钢丝绳套索拖拽方式，将其从通道内拖出也是可行的。拖拽时也必须选择合理的拖拽力方向和合适的拖拽角度。图 7-32 是外移主体石料 A 的示意图。

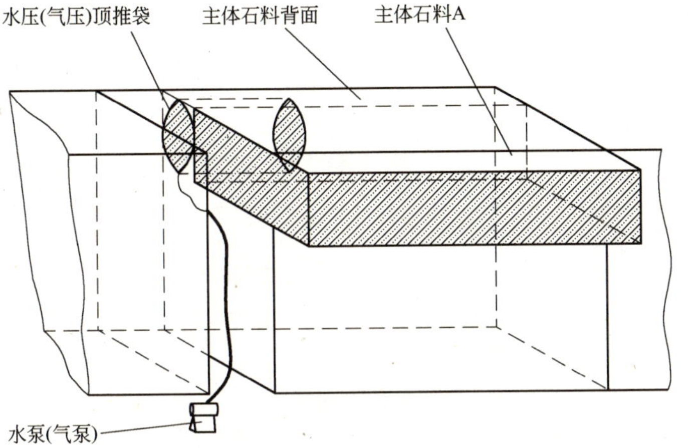

图 7-32 主体石料 A 位移出通道示意图

因为可以从主体石料 A 中回收荒料，所以在其从通道内外移跌落到工作面的位置上，必须准确地堆放充足的碎石和砂土，以确保其跌落后不会产生意外的断裂。主体石料 A 取出后，应立即对其进行解体、整形，将整形后的荒料运走，并对场地进行清理。

b 主体石料 B 的取出

在采用锯切分离法开拓通道时，主体石料 B 的体积更大，有时将达到 30 m^3，重量达到 80 t 左右。移出主体石料 B 仍需采用气压或水压顶推袋推动的方法。因为处于通道下部主体石料 B 的体积比较大，所以不能采用钢丝绳环套拖拽的方法对其进行位移。只能使用顶推袋将其移出大约 30 ~ 50 cm，然后穿引串珠绳将其环绕，直接使用串珠锯对其进行解体锯切即可。没有必要再用钢丝绳套索的方式，将其继续拖拽出通道。图 7-33 所示为主体石料 B 移动示意图。

位移操作时，应先在主体石料的封闭背部、金刚石串珠锯形成的锯缝中插入顶推袋，按照图 7-33 中 Dv 方向将主体石料 B 向外移出。然后再将顶推袋插入主体石料 B 右侧（正面看）洞采臂式锯机的锯缝中，将石料 B 沿 Dr 方向左移一段距离。因为石料 B 的体积较大，所以建议在锯切分离前，在主体石料 B 的底面锯缝中放置用于滑动的钢辊，以便减小顶推移动主体石料 B 时的摩擦阻力。应选择合理的钢辊放置方向，以防止后面对分离体 B 解体时，钢辊与串珠绳发生干涉。如果不能同时兼顾二者，可移动分离体至钢辊取出后再进行解体分离体作业。

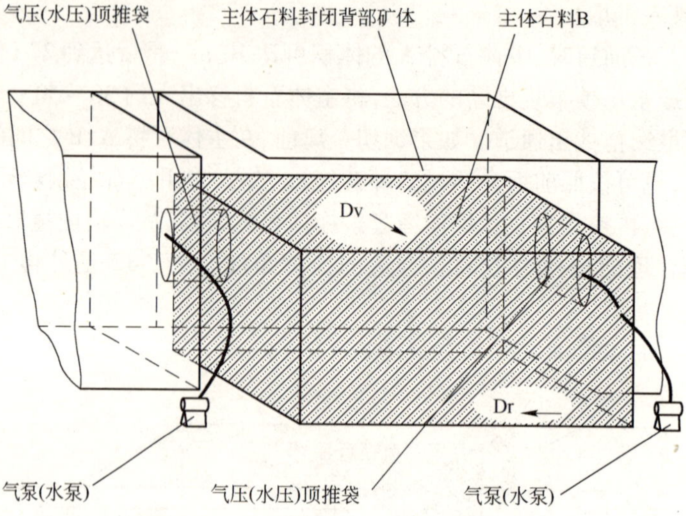

图7-33 主体石料B位移出通道示意图

主体石料B从矩形通道内移出一段距离后，可立即对其进行解体、整形，将整形后的荒料运走，并对场地进行清理。如果石料的高度与厚度的比例合适，必要时，也可翻倒主体石料B，然后再对其进行解体锯切。

图7-34是移出主体石料B后开拓通道的现场图。

图7-34 主体石料B移出矩形通道的现场图

7.2.1.5 使用车载型臂式锯机开掘矩形通道

除了前面介绍的几种矩形通道的开掘方式外，还可以采用车载型臂式锯机进行洞采矩形通道的开掘。因为车载型臂式锯机的机动性很好，可省去普通洞采臂式锯机安装就位的时间，在一个工位(固定位置)，除了可进行矩形通道的水平锯缝的切割(图7-35)、垂直锯缝的切割(图7-36)外，还可以深入到矩形通道中，完成矩形通道内只有两个自由面石料背面的分离切割(图7-37)。通道的背面切割在水平扩展矩形通道的切割作业中占有非常重要的地位，车载型臂式锯机的介入，可省去串珠锯、洞采专用换向导向轮和穿引串珠绳等复杂的安装、调整程序，矩形通道的扩展速度和锯切效率大大提高。采用这种开拓方案，除了使用车载型臂式锯机进行锯切外，石料的劈裂分离、移出通道的作业方法与前面介绍对应内容相同。

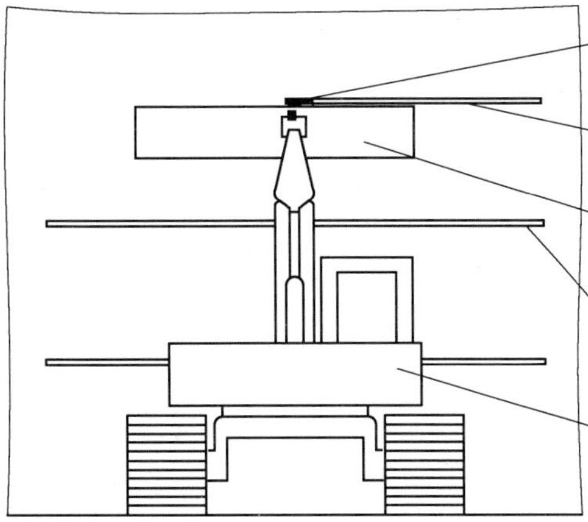

图 7-35　车载型臂式锯机进行洞内水平锯缝切割

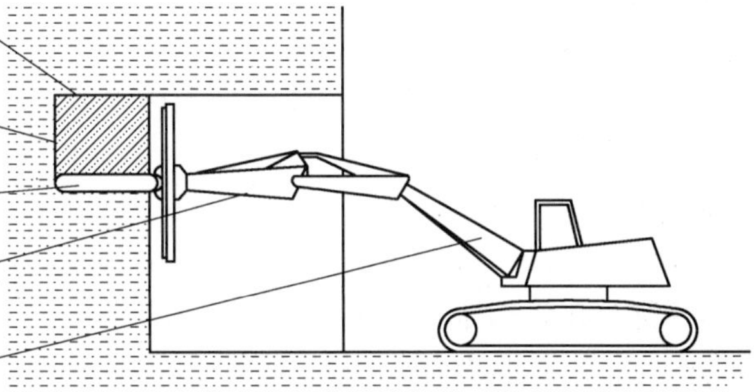

图 7-36　车载型臂式锯机进行洞内垂直锯缝切割

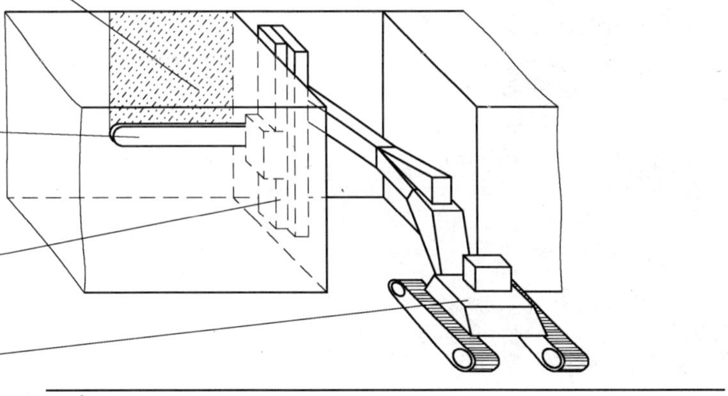

图 7-37　矩形通道中只有两个自由面石料背面的切割

除了锯切开采外，该机还可利用其履带式车辆的行走动力，借助滑轮组进行荒料拖拽和其他相关的作业，在洞采大理石矿山中是一台多功能的开采设备。

在洞采矿山使用车载型臂式锯机的先决条件是，锯机必须能够行走到开拓矩形通道的工作位置，而且工作场地可以满足其行走和回转的需要。如果在一个洞采矿山的洞室中有多个采面，只要每个采面之间都有道路连通，正常情况下，只需配备一台车载型臂式锯机即可满足矩形通道开掘的需要。

为了提高矩形通道扩展的速度，车载型臂式锯机与串珠锯配合使用才是最合理和理想的设备配置方案。

7.2.1.6　矩形开拓通道的扩展

一旦将第一个矩形通道内的石料全部移出并解体成荒料后，必须进一步扩大通道的尺寸，以便尽快形成合适的开拓洞室和开采台阶。

通道扩展分成纵深和水平两个方向，其目的和作用各有不同。沿通道纵深方向扩展的作用，实际上是修筑通向矿体内部的道路；沿水平方向的扩展则是为了形成、扩大开拓洞室，以及形成开采台阶。矩形开拓通道的扩展应遵循先纵深方向，再向水平方向的顺序。从安全角度考虑，向水平方向扩展通道的尺寸是受到限制的，必须进行科学的论证和规划，以保证洞采作业的安全。

A　矩形开拓通道的扩展要求

通常情况下，通道纵深方向的扩展深度不受限制，沿这个方向扩展的通道，是进入矿体内部的渠道。为了尽快进入矿体内部，应按照洞采矿山洞室布局的总体规划要求向通道纵深扩展，必要时也要考虑留出安全矿柱支承顶板。

通道水平方向的扩展时机和扩展长度是受到限制的，在进入山洞的入口部位，通道的水平长度尺寸一般只能保持一个标准长度（每个标准长度等于通道的长度，如6 m）尺寸，目的是保证洞采作业区和入口处山体地质结构的稳定和安全。

为此，通道的位置应尽量选择在矿体完整的部位，应避开裂隙部位，而将裂隙部位的矿体留做安全支承矿柱。为了安全起见，即便是完整矿体，在进入山洞的入口处，也必须留下间隔密集的安全矿柱，用于支承和确保洞采矿山出口处山体的稳定和安全。

图7-38显示了洞采矿山入口处，安全支承矿柱的间隔分布情况。从照片上判断，每个通道的宽度与预留的矿柱宽度基本相等。

图7-38　洞采矿山入口处照片

B　矩形通道的纵深扩展

可以按照前面介绍的矩形开拓通道的方法，以已经形成的通道为基准，继续向纵深方向推进，形成若干个水平方向上宽度相等、深度为2～2.5 m的串联通道，进入矿体内部的作业空间。

同时在矿体入口处，沿水平方向距离第一个通道一个标准长度部位，开掘另外一个矩形开拓通道，同样方法向其纵深方向扩展。图7-39所示是向通道纵深方向扩展的示意图，图中 L_p 尺寸为纵深扩展通道的深度，$L_p=12\sim15$ m；L_a 为通道的水平长度，$L_a\approx6$ m；L_b 为不同通道之间的水平间隔，$L_b\approx6\sim8$ m；通道高度 $H=3.4\sim4$ m。图7-40是臂式锯机沿通道纵深方向扩展通道的现场切割示意图。

C　矩形通道的水平扩展

当矩形开拓通道沿纵深方向推进了10～15 m、甚至更深后，可以向通道的水平方向扩展，形成开拓洞室。在已经形成的矩形通道内部沿水平方向扩展时，仍然需要采用沿通道纵深方向扩展的锯切方式,只是推进的方向变成垂直于纵深扩展的方向,如图 7-41 所示。这是因为需要分离的石料仍有 5 个面与矿体连接,只有靠近开拓通道一侧的面是自由面。图 7-41 中 L_c 尺寸是通道水平扩展时,其靠近矿体外侧的通道壁距离矿体外壁的距离,根据矿体完整性状况,L_c 一般等于 6 ~ 8 m 或根据设计方案确定。

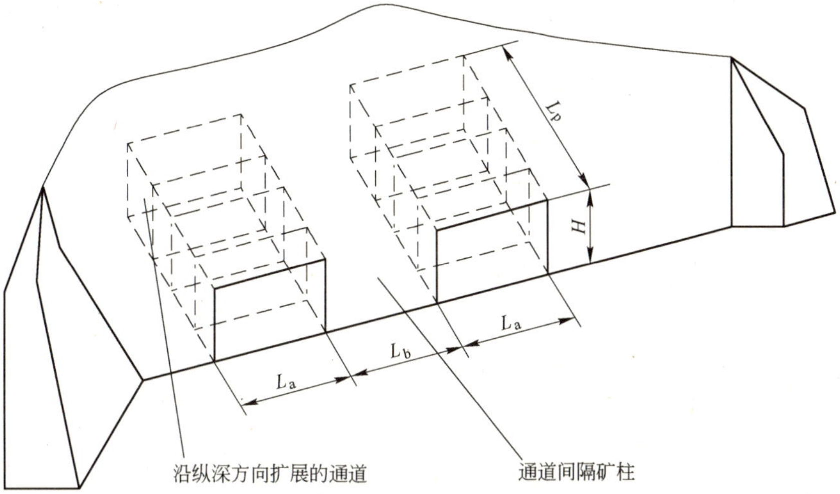

图 7-39 沿通道纵深方向扩展示意图

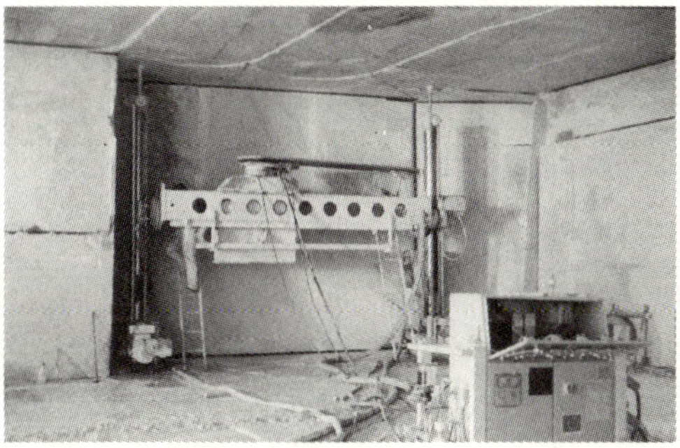

图 7-40 臂式锯机沿通道纵深方向扩展锯切现场图

在向水平方向扩展通道时,两个相邻纵深扩展通道会连通,形成初期的开拓洞室。可以按照左右两个方向,继续向水平方向扩展通道。

D 开拓洞室的形成和扩展

当通道的水平扩展进行到一定程度后,内部初期的开拓洞室已经形成。这时仍然需要继续向通道纵深方向推进(见图 7-41、图 7-42),以便进一步扩大开拓洞室,为形成正式的开采洞室和开采台阶做准备。

扩大开拓洞室时,锯切设备可安装在水平扩展后形成的开拓洞室内,向矿体内部纵深方向推进,这时需要分离取出的石料已经具有两个自由面。为了设备的灵活操作,洞采臂式锯机的切割臂长度一般都在 2 m 左右。虽然扩大的通道内可以安装洞采臂式锯机,并使用该机进行石料背面的锯切。但切割臂长限制了切割石料背面的深度,最多不会超过 2 m。即使能够选择长切割臂的洞采臂式锯机,但会增加设备的投资,在狭窄洞室内移动、安放和操作也不方便,至少在洞采矿山的开采初级阶段是这样。建议不使用洞采臂式锯机锯切石料的背面，而采用金刚石串珠锯，按照前面介绍的方法切割石料的背面。洞采臂式锯机仍然安装在纵深扩展的通道内，专门用于锯切石料的水平顶面、侧面、底面和中间锯切面。金刚石串珠绳是通过洞采臂式锯机的锯缝，形成对石料背面的切割环绕。

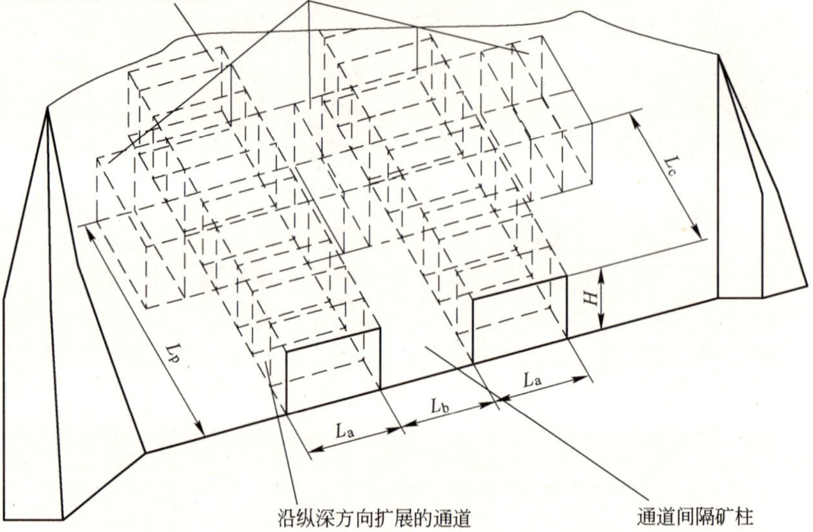

图7-41　沿通道水平方向扩展形成开采洞室示意图

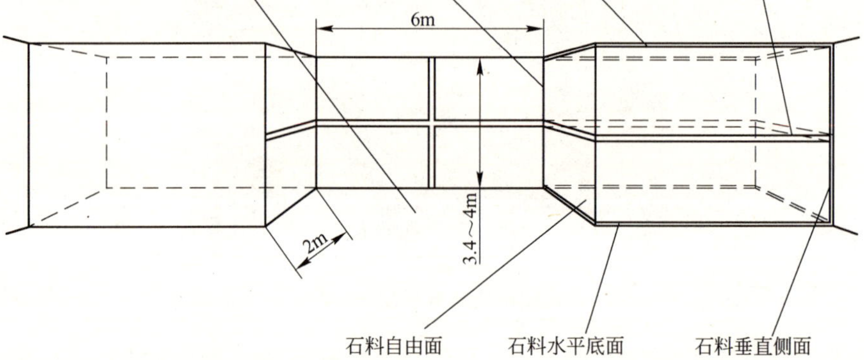

图7-42　已形成的矩形开拓通道示意图

串珠锯加入切割石料背面后，仍然可以使用前面介绍过的方法，实施开拓洞室扩展的锯切。切割顺序及工艺要求是，臂式锯机首先锯切石料的水平底面，其次锯切石料的中间锯切面（图7-13），再锯切石料的水平顶面（图7-12），然后锯切分离石料的垂直侧面（图7-11），最后利用臂式锯机的垂直和顶部、底部三条锯缝穿引串珠绳环绕石料“背面”，使用金刚石串珠锯切割分离石料与矿体的最后连接面“背面”（图7-28～图7-30）。后续工序是上部石料外移，下部石料外移，石料的解体、整形。臂式锯机和金刚石串珠锯的安装位置、锯切顺序和要求，上下石料的外移方法和要求，以及石料的解体整形要求与前面已经介绍过内容相同。使用臂式锯机分离切割时，应注意及时向水平锯缝中插入支承钢楔，根据需要加入钢辊。

开拓洞室的长度达到6 m（图7-39），或向矿体纵深方向推进了一个标准长度达到12 m后，不再需要采用改变串珠绳运动方向的方式来锯切石料背面。可在开拓洞室内安装串珠锯,直接锯切石料的背面,如图 7-43 所示。这时串珠绳的受力状态会大大改善,可以采用正常的切割工艺参数,恢复串珠锯高速锯切的优势。

因为在通道扩展作业的初期,不论是纵深还是水平方向的扩展锯切,都会涉及到使用改变金刚石串珠绳切割方向的变向锯切方法。需要注意的是,这种串珠绳变向锯切的方法,虽然适合在洞采矿山内使用,但必须采取相应的安全防护措施,以保证操作者的操作安全性。当串珠绳处于 90°“变向”工作状态时,建议使用较低的进给速度,防止串珠绳从导向轮中跳出。锯切前,还应根据需要,在每块石料与下面一块石料或地面之间垫一些合适直径的钢辊,以保证分离后石料轻松方便地外移。

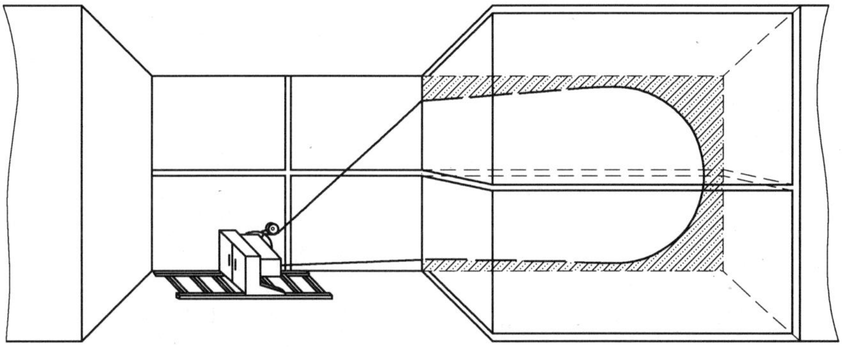

图 7-43 串珠锯在通道内锯切石料背面示意图

7.2.2 形成开采台阶和开采洞室

随着矩形开拓通道沿着纵深和水平方向的不断扩展,开拓洞室的尺寸也在不断地扩大,这时可考虑从通道的入口处向下开拓,形成洞采台阶。当开采台阶深入到洞内的开拓洞室后,便可形成开采洞室,可以进行正式的大规模机械化开采作业。

7.2.2.1 洞采开采台阶的形成

洞采开采台阶是从洞采入口处开拓通道的下底面开始修建的,可向下切割分离出宽度基本等于通道宽度、高度大约为 4 ~6 m、厚度为 1.5 ~2 m 的分离体,从而形成开采台阶,需要分离切割的分离体只有两个自由面,其余 4 个面与矿体连接。图 7-44 所示是在洞口处形成开采台阶的操作示意图。

在矩形通道上开拓低于其底平面的其他台阶,与进行凹陷露天大理石矿山开采时的开拓方法相同。例如,在工作台阶的底面,安装露天开采臂式锯机,锯切分离体的底面,然后使用串珠锯通过换向导向轮完成分离体垂直封闭背面的切割分离;再使用串珠锯完成分离体两个垂直侧立面的分离切割。也可以在矩形通道内安装臂式开采锯机,采用向下锯切方式,将分离体与矿体连接的封闭垂直背面切割分离,然后使用金刚石串珠锯开采工艺,将分离体与岩体的两个垂直侧面和一个底面锯切分离。两种方法各有利弊,前者分离体的高度不受限制,可以选择高度和厚度比例合适的分离体尺寸,便于分离体的翻倒;但使用串珠锯切割分离分离体垂直背面时,需要安装相对复杂的换向导向轮,锯切速度受到限制。后者的串珠锯虽然不再需要换向导向轮切割分离体的封闭背面,但分离体的高度受到开采臂式锯机切割臂长的限制,只能小于 4 m,即使达到 4 m 的切割深度,在矩形通道内安装这样的臂式锯机也比较困难。实际使用时,可根据实际情况灵活选择。

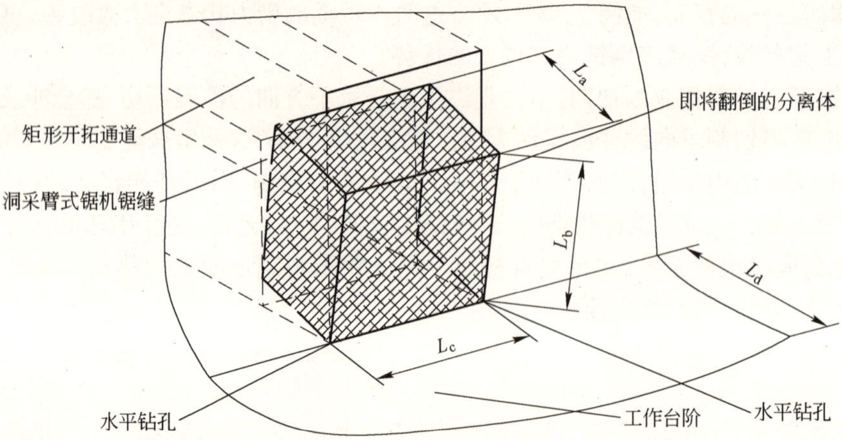

图7-44 洞采洞口处翻倒分离体

标准机型的洞采臂式锯机，通常只能切割与其升降横梁平行的水平锯切面，垂直切割面的高度也不会超过横梁升降的范围。所以洞采臂式锯最多可安装在台阶底面，用于分离体水平底面的切割分离，通常切割深度是2 m。专门改装的洞采臂式锯，可对分离体封闭背面进行垂直向下的浅深度切割。

图7-45 分两层形成的洞采开采台阶

如果选择2～3.5 m臂长的臂式锯机切割分离体的封闭垂直背面，可将分离体分两层锯切开采分离，以便达到4～7 m的台阶高度。切割每层分离体时，工作台阶应随每层分离体的高度修建，如图7-45所示。

实施台阶开拓的步骤包括：工作平台的修建，分离体封闭垂直背面的锯切，水平贯通孔的钻凿，分离体水平底面的锯切，垂直侧立面的锯切，分离体的位移、翻倒和解体，荒料的整形等。台阶开拓的工艺步骤分别介绍如下：

(1) 工作台阶的修建。首先在通道入口处下方，距离通道底面3.5～6 m(该尺寸与选择臂式锯机切割分离体的哪个面有关)处修建一个宽度为 L_d = 10～15 m的工作平台，用于接住翻倒后的分离体，并将其在工作平台上解体。

(2) 分离体封闭背面或水平底面的锯切。使用配备3.5 m长度切割臂的露天开采臂式锯机，切割分离体与矿体连接的封闭背面。建议采用前面介绍过的，使用露天开采臂式锯机或洞采臂式锯切割分离体的水平底面，用串珠锯通过换向导向轮的切割方法，完成对分离体垂直封闭背面的切割分离。其优点是一机多用，扩展了洞采臂式锯机的作业范围，但会影响到矩形通道的开拓作业进度。

如果矿山经济条件允许，可增添露天开采臂式锯机，与串珠锯配合，按照前面介绍的方法开采分离体。也可以使用前面介绍的串珠锯与进给立柱组合、锯切分离体封闭垂直背面的工艺方法，将分离体从矿体分离。

(3) 水平或垂直贯通孔的钻凿。与前面介绍的方法相同,采用在分离体上钻凿水平孔与臂式开采锯机垂直切割缝相交,还是钻凿垂直孔与臂式开采锯机的水平切割缝相交,取决于臂式开采锯机切割分离体的封闭垂直背面,还是水平底面。可以参照前面章节介绍的、使用臂式锯机与串珠锯组合开采大理石矿山的方法,完成穿引串珠绳的垂直或水平钻孔的钻凿。

(4) 分离体垂直侧立面的切割。按照前面确定的臂式锯机切割方案,钻凿相应的钻孔与其臂式锯机的切割缝交汇后,穿引串珠绳环绕分离体的垂直侧立面,在工作台阶上安装串珠锯,按照前面章节介绍的方法分别将分离体的两个垂直侧立面切割分离。

(5) 分离体的翻倒和解体、整形。采用气压或水压顶推袋,插入已经锯切分离的分离体封闭背面,将其位移出或翻倒在工作平台上。然后在工作平台上将其解体,整形成荒料。

图 7-46 和图 7-47 分别是洞采大理石矿山入口处形成开采台阶的现场照片,图中显示的台阶高度大约是 4 ~8 m。

图 7-46 洞采大理石矿山洞口处形成的开采台阶图示一

图 7-47 洞采大理石矿山洞口处形成的开采台阶图示二

7.2.2.2 开采洞室的形成

当第一个开采台阶形成后,可继续向纵深方向推进,扩大开采台阶,直到进入开拓洞室。在开拓洞室内,按照其形状和前面介绍的工艺方法,继续进行分离体的锯切分离,可形成宽阔的开采洞室,如图 7-48 和图 7-49 所示。

图 7-48 扩展后的矩形通道和开采台阶的形成图示一

图 7-49 扩展后的矩形通道和开采台阶的形成图示二

7.2.3 大理石荒料的洞采

在山洞内形成高度4~6 m的开采台阶、并具有一定空间尺寸的开采洞室后,即可以使用串珠锯,按照露天开采大理石的工艺方法,进行大规模的机械化开采。

洞采大理石矿山与凹陷露天大理石的开采方式很相似,在进行台阶式开采的同时,都要进行开拓堑沟和开掘矩形通道的工作。凹陷露天大理石矿山必须不断向矿体的深部和堑沟的水平方向扩展,以便形成开阔的采场。洞采大理石矿山则是在开采台阶的顶部,向纵深和水平方向继续开拓和扩大矩形通道,在预留一定的安全支撑矿柱后,形成新的开拓通道、开拓洞室、开采台阶和开采洞室,使洞采作业能够延续下去。

开采台阶的高度并不只局限于4~6 m尺寸,可根据矿体的实际情况确定,最大高度可以达15 m,如果加上4 m矩形通道的高度,开采洞室开采空间的高度,最大可控制在20 m之内。图7-50是一个洞室高度大约为8~10 m的洞采大理石矿山的照片,图7-51是意大利CARRARA的ELENA大理石洞采矿山照片,该洞采矿山的开采洞室高度大约是12 m。

图7-50 洞采大理石矿山的内部状况

图7-51 意大利CARRARA的ELENA大理石洞采矿山照片

7.2.4 洞采矿山的安全和其他注意事项

对于洞采矿山经营者来说,能够保证和保持洞采矿体稳定的条件以及作业的安全性是至关重要的。解决上述问题最实用和可靠的方法是采取开采洞室与支承矿柱交替布置的采面布局,以及在山洞内机械化开采石材荒料的开采工艺方法。洞室和支承矿柱的几何尺寸是根据岩石的物理、力学特性,以及矿体的地质构造特性等参数确定的。除预留安全矿柱外,进行洞采大理石荒料时,还必须采取必要的安全措施,如通风、排水、操作串珠锯的防护装置等。另外,还必须提供足够容量的电力供应,以及备用的照明电力系统。

洞采过程中,预留安全矿柱的间距、截面尺寸,以及矿柱的布局形式等参数与矿体产状、结构、裂隙分布和发育程度等诸多因素有关,可根据现场的实际情况去确定。当预留正方形截面的矿柱时,其截面的边长尺寸通常为6~10 m。一般情况下,矿柱位置可选在矿体中垂直裂隙的部位,这样可保持被开采岩体结构的整体性和稳定性,既能保证开采作业的安全,也可提高荒料率,图7-2中安全矿柱就是留在一条几乎垂直的天然裂隙上。

随着洞采作业面不断向纵深方向推进,开采区域的空气质量和氧气浓度都会降低。像意大利 CARRARA 地区的一些洞采大理石矿山,因为是借助一条长度几千米的废弃火车隧道发展起来的,所以通风装置是必不可少的。通常安装强力送风管道和排风装置,以保持作业区域氧气含量,以及空气的新鲜程度。

选择确定洞采大理石矿山位置时,尽量使其位于地下水位之上,以免除地下水大量渗出的问题。如果无法避免地下水的渗透,可安装抽水泵站和排水管道,及时排除地下水。水泵功率和流量视地下水渗透量确定。如果作业面内无地下水渗透,还必须考虑在作业面修建蓄水池,向洞采带锯和金刚石串珠锯等设备提供冷却水。蓄水池的容量和设备耗水量与使用设备多少有关,一般每台金刚石开采带锯的耗水量是 80 L/min,一台串珠锯的耗水量是 20 L/min。如果无裂隙渗漏时,冷却水还可以循环使用。蓄水池可直接修建在岩体上。为了减少洞采采区的粉尘污染,尽量采用湿式切割方法作业。

三相动力电源的容量与开采设备的数量有关,按照前面介绍的洞采矩形通道开拓用开采设备配置,至少需要 120 kW 的电容量。

7.3 洞采大理石荒料的成本分析

洞采大理石荒料的成本可分成矩形开拓通道开采成本、通道的扩展成本、形成开采台阶的成本和台阶式开采成本 4 个部分。每种成本都包括:金刚石刀具的消耗成本,具体说也就是金刚石切割带(或硬质合金切割刃)和金刚石串珠绳的消耗成本;辅助工具消耗成本,即水压或气压顶推袋消耗;包括电力消耗、冷却水消耗和油料消耗等能源消耗成本;工时成本和包括设备折旧、维修和工具消耗在内的其他辅助成本。

根据分离石料封闭背面采用的方法不同,通道的开拓还分成劈裂和锯切两种开拓分离方法。因为洞采的成本因矿山地域、矿体条件的不同会有很大的差异,所以下面的成本计算仅供参考。

7.3.1 劈裂法开拓矩形通道的成本估算

按照使用洞采带锯、金刚石串珠锯和水压顶推袋组合方式为依据,进行矩形通道(以下简称通道)开拓作业的成本计算。其中通道的水平、垂直分割锯切,全部由洞采带锯完成,石料与矿体连接的封闭背面由水压顶推袋劈裂分离,金刚石串珠锯用于将移出通道的石料进行解体和荒料整形的作业。

7.3.1.1 劈裂法开拓通道的尺寸和荒料规格

表 7-4 列出了开拓一个宽×高×深 =6 m×4 m×2 m 尺寸的通道时,通道内石料总量和荒料规格。为了计算方便,忽略了洞采带锯和串珠锯切割缝宽度的影响。

表 7-4 洞采大理石矿山开拓通道的尺寸和荒料规格

通道尺寸	单位	数值	荒料规格参数	单位	数值
宽	m	6	长	m	3
高	m	4	高	m	2
深	m	2	厚	m	1
通道内石料总体积	m^3	48	每块荒料体积	m^3	6

7.3.1.2 洞采带锯的切割条件和要求

通道内石料的水平、垂直分割锯切，全部采用意大利 BENETTI 公司的 940 型洞采带锯切割完成，金刚石切割带的切割效率和寿命按照切割中等硬度大理石计算。需要操作工人 2 名，其中 1 名为辅助工人，他还应辅助完成荒料的吊运和其他工作。

7.3.1.3 串珠锯切割的工艺参数要求和技术条件

采用国产金刚石串珠锯，用于从通道内移出石料的解体和荒料的整形锯切。串珠绳的寿命和价格均参照目前国产串珠绳的平均水平。需要操作工人 2 名，其中 1 名为辅助工人，辅助工人也应辅助完成荒料的吊运和其他工作。

7.3.1.4 通道内石料与矿体连接封闭背面的分离

采用一次性水压顶推袋用于石料封闭背面的分离劈裂，按照分离一个通道内的石料，消耗 4 个水压顶推袋计算其消耗。

7.3.1.5 辅助设备的作业条件和技术要求

锯切作业时，金刚石串珠锯、洞采带锯位移由泉州威盛机械发展有限公司的 WSM951 T-Ⅱ型轮式装载机辅助完成，油料消耗大约是 8 L/h。装载机还负责荒料的吊装、渣土的清运等辅助作业，其起重荒料重量最大为 16 t。

7.3.1.6 劈裂法开采成本计算的基础数据

表 7-5 列举了进行矩形开拓通道开掘时，洞采带锯、金刚石串珠锯和金刚石串珠绳等设备和刀具的切割面积、切割效率、串珠绳的寿命、设备工作时间、辅助安装时间、水电消耗和设备参考价格等开采成本计算的基础数据和参数。

表 7-5 劈裂法开采初始矩形通道内荒料的锯切参数和成本

金刚石串珠锯的基础计算数据			金刚石开采带锯的基础计算数据		
数据种类	单位	数值	数据种类	单位	数值
金刚石串珠锯切割高度	m	2	洞采带锯水平锯缝数量	条	3
金刚石串珠锯切割长度	m	6	洞采带锯垂直锯缝数量	条	3
金刚石串珠锯切割面积	m^2	24	洞采带锯切割深度	m	2
金刚石串珠绳锯切寿命	m^2/m	20	洞采带锯切割面积	m^2	60
金刚石串珠绳平均锯切效率	m^2/h	4	金刚石切割带寿命	m^2/条	1000
串珠绳单位消耗成本	元/m^2	25	金刚石开采带锯切割效率	m^2/h	5
金刚石串珠绳价格	元/m	500	金刚石开采带价格	欧元/条	8000
金刚石串珠绳消耗成本	元	600	金刚石开采切割带消耗成本	元	4560
串珠锯总辅助安装时间	h	4	金刚石开采带锯总辅助安装时间	h	12
串珠锯总锯切时间	h	6	金刚石开采带锯总锯切时间	h	12
串珠锯总作业时间	h	10	金刚石开采带锯总作业时间	h	24
串珠锯电力消耗	kW · h	120	金刚石开采带锯电力消耗	kW · h	420
串珠锯耗水量	t	12	金刚石开采带锯耗水量	t	54
串珠锯设备价格	万元/套	10	金刚石开采带锯设备价格	万元/套	190

7.3.1.7 其他计算依据

其他计算参数包括设备辅助安装时间、串珠绳结构参数、设备的耗水量、人员工资、计划荒料年产量、设备折旧年限、水电费用和设备实际功率消耗系数等，具体数据参见表7-6。

表7-6 通道开拓的其他计算依据

数 据 项 目	单 位	数 值
洞采带锯平均辅助安装时间	h/次	2
金刚石串珠锯辅助安装时间	h/次	1
串珠锯主电机功率	kW	30
洞采带锯主电机功率	kW	55
烧结注塑型金刚石串珠数量	个/m	30
金刚石串珠锯耗水量	t/h	2
金刚石开采带锯耗水量	t/h	4.5
设备折旧年限	年	5
荒料年开采量	m^3/年	1500
操作者月工资	元/月	1680
辅助工月工资	元/月	1200
工程机械驾驶员月工资	元/月	2100
电 费	元/(kW·h)	1
水 费	元/t	0.5
柴油单价	元/L	5
1欧元等于人民币	元	9.5
设备实际消耗功率系数	%	63～73

7.3.1.8 劈裂法开掘通道的成本分析计算

开采成本的项目和计算数据见表7-7，成本计算时的荒料率是按照60%考虑的。其中辅助工时是指辅助安装洞采带锯和金刚石串珠锯的辅助工人工时，其他辅助工时是指辅助装载机、辅助设备位移和荒料吊装的辅助工人工时，工程机械作业成本只包括了油料消耗和驾驶员工资。

表7-7 劈裂法开采初始矩形通道的开采成本项目和计算

成 本 项 目	单 位	数 值
操作工总工时成本	元	126
总电耗成本	元	540
总冷却水消耗成本	元	33
工程机械作业成本	元	210
辅助工总工时成本	元	80
其他辅助工作成本	元	80
直接成本合计	元	7829
直接单位开采成本	元/m^3	272
设备折旧单位成本	元/m^3	267
含折旧后单位开采成本	元/m^3	539

因每个矿体的自然条件不同,对矿体的开采剥离、道路修建和矿山基本建设设施的修建标准都不同,所以在计算矩形开拓通道开拓成本时,没有考虑上述前期投资的折旧和摊销。

如果采用可重复使用的国产气压顶推袋,代替进口水压顶推袋,进行分离体石料的劈裂分离,可以降低开拓的成本。表7-8是气压顶推袋时的使用技术参数,表7-9是使用气压顶推袋时的开采成本项目和计算。从表中可以看出,使用水压、气压顶推袋时只会影响到直接开采成本。使用气压顶推袋后,最终的开拓成本大约降低9%。

表7-8 气压顶推袋的使用技术参数

成本项目	单位	数值
气压顶推袋单价	元/个	3000
每个通道需要使用次数	次/个	4
开拓矩形通道时气压顶推袋使用寿命	次	50

表7-9 使用气压顶推袋时的开采成本项目和计算

成本项目	单位	数值
操作工总工时成本	元	126
总电耗成本	元	540
总冷却水消耗成本	元	33
工程机械作业成本	元	210
辅助工总工时成本	元	80
其他辅助工作成本	元	80
直接成本合计	元	6469
直接单位开采成本	元/m^3	225
设备折旧单位成本	元/m^3	267
含折旧后单位开采成本	元/m^3	492

7.3.2 锯切法开掘矩形通道的成本估算

使用金刚石串珠锯代替顶推袋劈裂,对分离石料与矿体连接的封闭背面进行锯切分离,进行图7-15所示非对称锯缝的通道开拓。只有分离石料的封闭背面分离方式不同,其他开拓锯切和分离的方法与前面介绍的相同。具体的工艺步骤包括:使用洞采带锯进行通道的水平、垂直分割锯切,使用金刚石串珠锯对石料与矿体连接的封闭背面进行分离锯切,以及用于将移出通道的石料进行解体和荒料整形锯切作业。

7.3.2.1 开拓通道的尺寸和荒料规格

表7-10列出了开掘一个图7-15所示非对称锯缝的通道,其宽×高×深=6 m×4 m×2 m尺寸的通道时,通道内石料总量和荒料规格。

表 7-10 洞采大理石矿山开拓通道的尺寸和荒料规格

通道尺寸	单位	数值	荒料规格参数	单位	数值
宽	m	6	长	m	2.5(3)
高	m	4	高	m	2
深	m	2	厚	m	1
通道内石料总体积	m^3	48	每块荒料体积	m^3	5(6)

7.3.2.2 洞采带锯的切割条件和要求

通道内石料的水平、垂直分割锯切所选择的洞采带锯，金刚石切割带的切割效率和寿命，操作人员的配备与前述劈裂法分离石料封闭背面时相同。

7.3.2.3 锯切法开拓时串珠锯切割范围、工艺参数要求和技术条件

采用国产金刚石串珠锯，对石料与矿体连接的封闭背面，进行图 7-19、图 7-20 和图 7-22 所示的锯切分离作业，需要进行 2 次锯切位置的安装。串珠锯还要用于对从通道内移出石料进行解体和荒料的整形锯切，以及对图 7-30 所示的主体石料 B 进行解体锯切，需要进行 5 次锯切位置的安装。串珠绳的寿命和价格，操作人员的配备与前述劈裂法分离石料封闭背面时相同。

7.3.2.4 辅助设备的作业条件和技术要求

与劈裂法开拓时相同，仍然采用装载机用于锯切作业时金刚石串珠锯、洞采带锯位移的设备，这些设备的油料消耗指标和作业要求，与前述劈裂法分离石料封闭背面时相同。

7.3.2.5 锯切法开采成本计算的基础数据

表 7-11 列举了采用串珠锯锯切分离石料封闭背面的方法，进行矩形开拓通道的开掘时，洞采带锯、金刚石串珠锯和金刚石串珠绳等设备和刀具的切割面积、切割效率、串珠绳的寿命、设备工作时间、辅助安装时间、水电消耗和设备参考价格等开采成本计算的基础数据和参数。

表 7-11 锯切法开采初始矩形通道内荒料的锯切参数和成本

金刚石串珠锯的基础计算数据				金刚石开采带锯的基础计算数据		
数据种类		单位	数值	数据种类	单位	数值
串珠锯封闭背面切割长度	锯缝数量2条	m	6	开采带锯横向垂直锯缝数量	条	3
串珠锯封闭背面切割宽度		m	4	开采带锯横向垂直锯切深度	m	2
串珠锯解体切割高度	锯缝数量2条	m	2	开采带锯横向垂直锯切长度	m	4
串珠锯解体切割长度		m	5	开采带锯纵向垂直锯切深度	m	2
串珠锯整形切割高度	锯缝数量3条	m	1	开采带锯纵向垂直锯切长度	m	6
串珠锯整形切割长度		m	2	金刚石开采带锯切割面积	m^2	60
金刚石串珠锯切割面积		m^2	50	金刚石切割带寿命	m^2/条	1000
金刚石串珠绳锯切寿命		m^2/m	20	金刚石开采带锯切割效率	m^2/h	5
金刚石串珠绳平均锯切效率		m^2/h	4	金刚石开采切割带价格	欧元/条	8000
串珠绳单位消耗成本		元/m^2	25	金刚石开采切割带单位消耗	元/m^2	76
金刚石串珠绳价格		元/m	500	金刚石开采切割带消耗成本	元	4560

续表 7-11

金刚石串珠锯的基础计算数据			金刚石开采带锯的基础计算数据		
数据种类	单位	数值	数据种类	单位	数值
金刚石串珠绳消耗成本	元	1250	金刚石开采带锯总辅助安装时间	h	12
串珠锯总辅助安装时间	h	7	金刚石开采带锯总锯切时间	h	12
串珠锯总锯切时间	h	12.5	金刚石开采带锯总作业时间	h	24
串珠锯总作业时间	h	19.5	金刚石开采带锯电力消耗	kW·h	420
串珠锯电力消耗	kW·h	250	金刚石开采带锯耗水量	t	54
串珠锯耗水量	t	25	金刚石开采带锯设备价格	万元/套	190
串珠锯设备价格	万元/套	10			

7.3.2.6 其他计算依据

采用锯切法开拓通道时,诸如设备辅助安装时间、串珠绳结构参数、设备的耗水量、人员工资、计划荒料年产量、设备折旧年限、水电费用和设备实际功率消耗系数等其他计算参数,可参照表7-6的数据。

7.3.2.7 锯切法开掘通道的成本分析计算

锯切法开掘通道的开采成本的项目和计算数据见表7-12,成本计算时的荒料率是按照60%考虑的。其中辅助工时是指辅助安装金刚石开采带锯和金刚石串珠锯的辅助工人工时,其他辅助工时是指辅助装载机、辅助设备位移和荒料吊装的辅助工人工时,工程机械作业成本只包括了油料消耗和驾驶员工资。

表7-12 锯切法开采矩形通道的开采成本项目和计算表

成本项目	单位	数值
操作工总工时成本	元	172
总电耗成本	元	670
总冷却水消耗成本	元	33
工程机械作业成本	元	210
辅助工总工时成本	元	95
其他辅助工作成本	元	80
直接成本合计	元	7317
直接单位开采成本	元/m^3	254
设备折旧单位成本	元/m^3	267
含折旧后单位开采成本	元/m^3	521

7.3.3 不同方法开拓矩形通道的成本分析

图7-52是根据水压顶推袋、气压顶推袋进行的劈裂法分离和串珠锯锯切法分离通道内石料与矿体连接封闭背面3种方法,所对应的开采成本图。从该图中可以看出,3种分离方式单位直接开采成本最大相差约1.7%,对总成本的影响不大,可根据矿山的实际情况灵活选用。

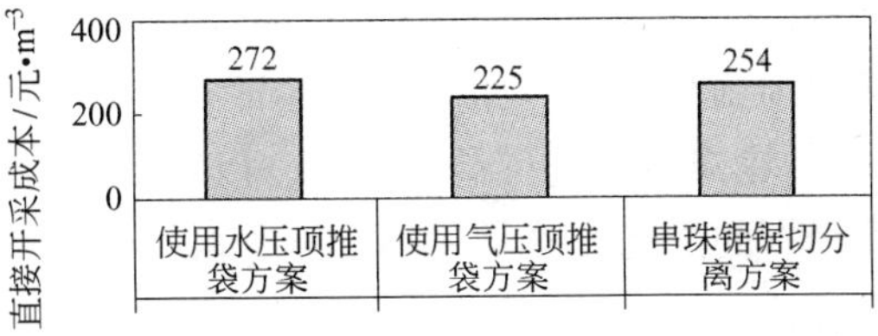

图 7-52 不同通道开拓方法对应的直接开采成本

7.3.4 矩形通道扩展锯切成本

初始矩形通道建成后，需要进入初始矩形通道的扩展阶段，这时需要使用的设备有 940 型洞采带锯和金刚石串珠锯。扩展矩形通道时，仍可按照 6 m(宽) ×4 m(高) ×2 m(深)的尺寸计算，开采出的荒料总体积仍然按照 48 m^3 计算。扩展每个上述尺寸矩形通道的成本与表 7-12 相同。

7.3.5 洞内台阶式开采成本

洞采进入台阶式开采后，开采工艺与露天台阶式开采基本相同，使用金刚石串珠锯、大孔径凿岩机、水压或气压顶推袋和液压顶石机即可完成开采，这里省略了其开采成本的计算。

按照洞采荒料体积为 6 m^3 考虑，如果这样体积的荒料，其矿山交货价格为 3000 元人民币/m^3。根据上述计算结果，金刚石刀具的消耗仅仅占荒料价格的 3.9% ~4.5%。所以可以认为，如果其他成本控制得合理，使用洞采带锯、金刚石串珠锯和水压顶推袋等设备进行洞采大理石荒料是可行的，其开采总成本不会超过露天开采大理石的成本。

洞采大理石荒料可以直接从矿体最好的部分开采，采出的荒料质量好，而且荒料的 6 个面均相当于经过整形处理，市场价值高。另外洞采不会毁坏山体植被，不污染和破坏环境，在适合洞采的大理石矿山是值得推广的。

总之，"全锯切开采法"适用于所有山洞型大理石矿山，对使用串珠锯的常规锯切方法无法实现锯切的面进行切割。其优点是避免了使用劈裂分离方式时，因为大理石劈裂性差，或者遇到裂隙，引起预期分离面残留碎石的工艺缺陷。使得分离石料的成功率达到 100%，同时可从分离出的石料中最大限度地回收荒料，减少了资源的浪费，提高了洞采大理石的荒料率，产生的经济效益是很可观的。尤其是对于一些稀有、高档品种的大理石开采，其优点更加突出。因此，这是一种值得推广的、实用的洞采大理石荒料的开采方法。

7.4 洞采花岗石荒料的设想

与开采大理石一样，在开采花岗石过程中，也会遇到是否能进行洞采的矿体或矿山的问题。如果可以进行类似洞采大理石那样的开采作业，会省去大量的表面剥离工作，节约开采成本。在一些特殊、高档花岗石品种的矿山，如果是薄层矿体，或者矿体被水平状甚至倾斜地夹在两个不同的围岩中间，上部围岩又特别厚，自然会联想起如果能够采用大理石的洞采工艺，将大大降低普通方法开采这类花岗石的成本。

单从开采工艺考虑，洞采大理石和洞采花岗石的方法应该是基本相同的。借鉴目前成熟的洞采大理石的工艺方法，可以采用矩形通道开拓的方法进入矿体，然后采用花岗石开采的基本方法进行后续花岗石的洞采作业。但由于开采花岗石设备的限制，使用现有的花岗石开采设备，目前还不能进行经济性合适的洞采花岗石开采作业。目前能够进行大理石洞采矩形通道切割能力最强的洞采带锯，只能达到切割砂岩、蛇纹岩这类石材的硬度。如果想切割花岗石，哪怕是最软的花岗石目前还是不行的。但后续使用串珠锯全锯切开采，或者串珠锯结合劈裂法开采花岗石的工艺方法是成熟的。所以目前洞采花岗石的最大障碍和困难是矩形开拓通道的切割开拓。

虽然国外已经在尝试使用某些新型开采设备，但目前还不具备实际使用推广的条件。各种洞采花岗石的工艺装备还在试验之中，但与使用串珠锯开采花岗石一样，总有一天，洞采花岗石也能够成为现实。

根据目前现有的花岗石开采设备和工艺方法，以及正在试验的开采设备，现提出两种洞采花岗石的设想方法，作为开阔思路和探讨。一种是利用带压绳轮和专用导向轮的切割立柱与串珠锯配合，采用切割楔形分离体的方法，开拓花岗石的洞采矩形切割通道，这种洞采花岗石的方法，又称楔形切割取石法。另一种是采用高压射流水切割装置，进行花岗石洞采矩形开拓通道的切割方法。

7.4.1 楔形切割取石法在花岗石洞采矿山中的应用

串珠锯与压绳轮切割立柱组合进行楔形切割开拓矩形通道的方法（简称楔形切割取石法），在切割花岗石洞采矿山的矩形通道时，必须完成水平面、垂直侧面和垂直背面三个方向的切割，切割工艺方法介绍如下。

7.4.1.1 楔形切割取石法开掘矩形通道实施工艺要求

这种方法与用在大理石矿山开采时，实施堑沟作业的对封闭背面的切割方法相似。不同之处是用于大理石开采时，切割面是垂直向下的；而切割花岗石时，切割面是水平、倾斜和垂直相结合的。开采工艺步骤和实施要求如下：

(1) 脚手架的搭建。因为是在垂直的矿体岩壁上钻凿水平和倾斜推进方向的钻孔，所以在钻凿图 7-53 所示 F_1、F_2、f_1 和 f_2 孔时，必须在垂直岩壁上搭建用于安装大孔径凿岩机的脚手架。这些脚手架除了安装大孔径凿岩机外，在后续切割时，还用于安装固定压绳轮和导向轮。

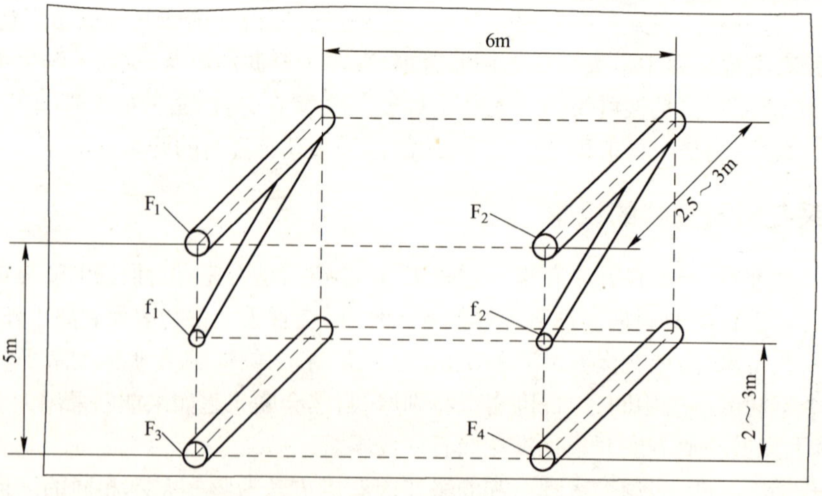

图 7-53 压绳轮孔和导引孔钻凿位置示意图

(2) 压绳轮孔和导引孔的钻凿。根据矿体条件和开采要求，在已经剥离形成基本规整的岩壁上，按照图 7-53 中的尺寸要求，钻凿 4 个直径 150 ~ 200 mm 的压绳轮孔 F_1 ~ F_4，2 个直径 90 ~ 110 mm 的导引轮孔 f_1 和 f_2，并使 f_1 孔和 f_2 孔分别与孔 F_1 和 F_2 在它们各自的孔底处交汇。将通道内石料分成由 F_1、F_2、f_1、f_2 4 个孔组成的三角分离体，以及 f_1、f_2、F_3、F_4 4 个孔组成的梯形分离体。

钻孔时，应使 F_1、F_2 孔分别向内和向下微微倾斜；F_3、F_4 孔分别向内和向上微倾，目的是使分离体内小外大，更易于从通道内移出。避免出现内大外小的分离体，移出时被卡滞。

(3) 矩形开拓通道上水平面的切割。准备两套进给切割立柱，利用脚手架，按照图 7-54 所示安装方法和要求，将串珠绳环绕到安装在进给切割立柱末端的压绳轮上，并将它们分别放入水平孔 F_1 和 F_2 内，要求安装在进给切割立柱末端的压绳轮的底边缘距离孔底岩石大约 1 ~ 1.5 cm。然后安装导向轮、变向导向轮组件和串珠锯，穿套串珠绳进行三角分离体上水平面的切割。串珠锯通常安装在岩壁台阶的底面上。在 F_1 孔和 F_2 孔的口部安放合适的冷却水的喷嘴，必要时在岩壁边缘、串珠绳水平切割锯路的中间部位再增加一个辅助冷却水加入点，增加串珠绳的冷却和切屑排除效果。同时注意水量大小合适，过大、过小的水量供应都不利于切割。

因为切割对象是花岗石，串珠绳在压绳轮位置处于回转半径 7 ~ 8 cm 的 180° ~ 90° 转向，冷却水的供应不很充足，切屑的排除也不畅；而且串珠绳外悬部分经过三次切割方向的变换，其中两次是沿空间 90° 角的切割方向变换，所以必须以小进给速度和合适的切割线速度进行切割。应该使用经过开刃处理的新串珠绳进行切割作业，并防止或杜绝断绳事故，也要避免串珠绳跳出导向轮。因为断绳或串珠绳从压绳轮中脱离后，必须取出进给切割立柱，重新安装切割系统，增加辅助工作时间，非常麻烦。

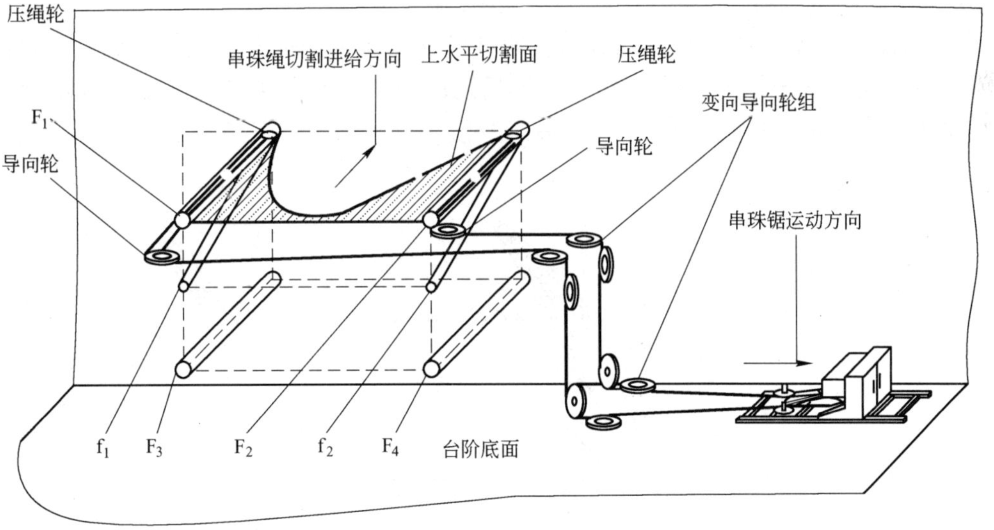

图 7-54 三角分离体上水平面切割示意图

(4) 三角分离体倾斜面的切割。当上水平面切割完成后，不要将处于水平底部的串珠绳取出，将串珠绳从外面剪断，将串珠绳的两个端头从倾斜孔 f_1 和 f_2 穿出，形成对三角分离体倾斜面的切割环绕，穿绳方法与前面章节介绍的内容相同。按照图 7-55 所示方法和要求，安装变向导向轮组、串珠绳，布置好冷却水加入点后，可以进行倾斜面的切割。与切割水平面的要求相同，在对该面切割时，必须注意适时向已经完成的切割缝内插入钢楔，防止因矿体裂隙出现的碎石塌落事故。

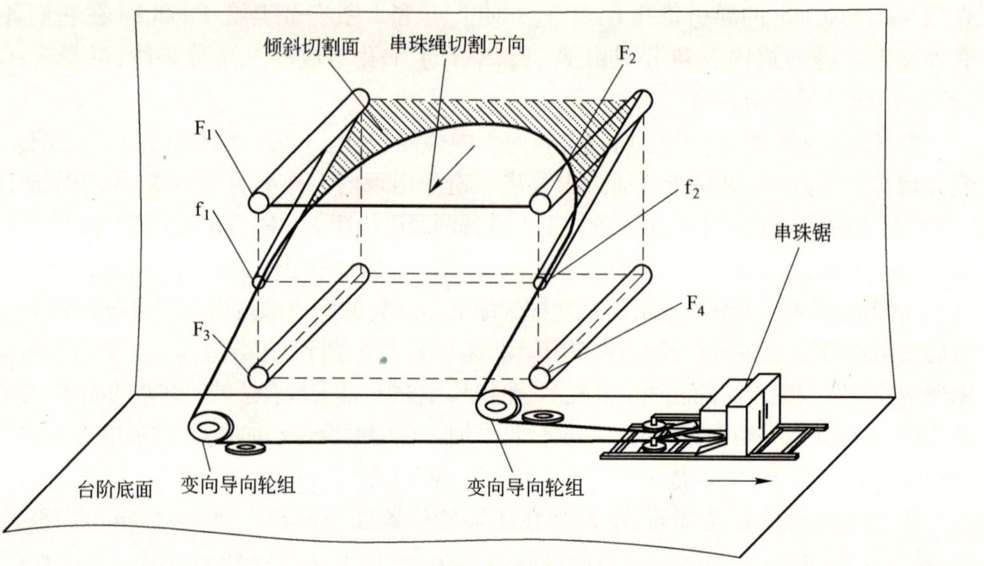

图 7-55 三角分离体倾斜面切割示意图

完成倾斜面切割后，根据需要可在倾斜面的切割缝内放入若干根直径 8 mm 的圆形截面的钢筋，以便于三角分离体更容易滑落。

（5）三角垂直端面的切割。三角分离体的上水平面和倾斜面切割完成后，需要按照图 7-56 所示方法切割三角分离体与矿体连接的两个垂直端面。

切割时只需要将串珠绳穿过 F_1、f_1 孔，即可形成对该端面的切割环绕。按照图 7-56 所示方法，安装立柱式导向轮和串珠锯，布置合适的冷却水加入点，可对三角分离体端面进行切割作业。同样方法切割另外一个垂直端面。

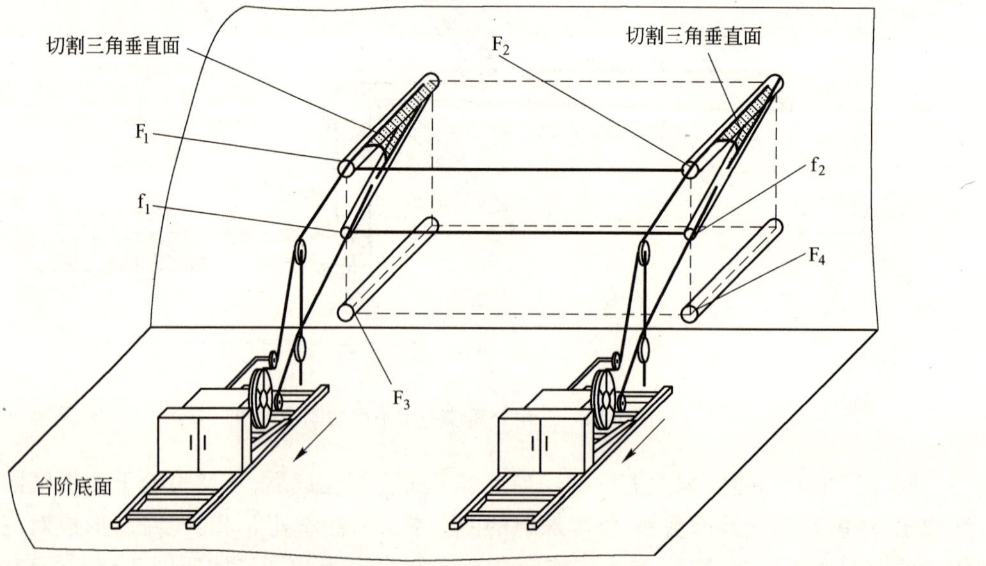

图 7-56 三角分离体垂直端面切割示意图

在切割垂直端面过程中应在倾斜面的切割缝隙中插入适量的钢楔，支撑分离体，防止最后一个垂直端面时，尤其是该面即将切割完成时，三角分离体整体滑落，或因存在的裂隙，出现部分石料的滑落。考虑到重力和摩擦力的作用，每个三角形端面不能等被切透后才停机。应在切割的最后阶段，选择合适的时机停机取出串珠绳，待另外一个三角形垂直端面的切割结束后，采用在每个垂直端面与矿体连接部位钻凿辅助孔、加入导爆索或其他安全的辅助方法，将最后连接面分离。

(6) 三角分离体的取出。完成三角分离体水平面、倾斜面和两个垂直端面的切割，三角分离体与矿体完全分离后，正常情况下，三角分离体在重力作用下，可自行脱落。如果因摩擦力的作用不能自然落下，可以在三角分离体的中间部位钻凿一个锚定孔，锚定一个拖拽钩，用装载机、推土机或挖掘机等工程机械将三角分离体从通道中拖拽出来。拖拽前，应将钢楔取出。取钢楔或拖拽作业时，必须注意安全，防止三角分离体的意外滑落。另外，拖拽机械的工作位置应合适，不能置于三角分离体落下后能够碰到的位置，必要时安装辅助滑轮。图 7-57 是三角分离体拖拽示意图。

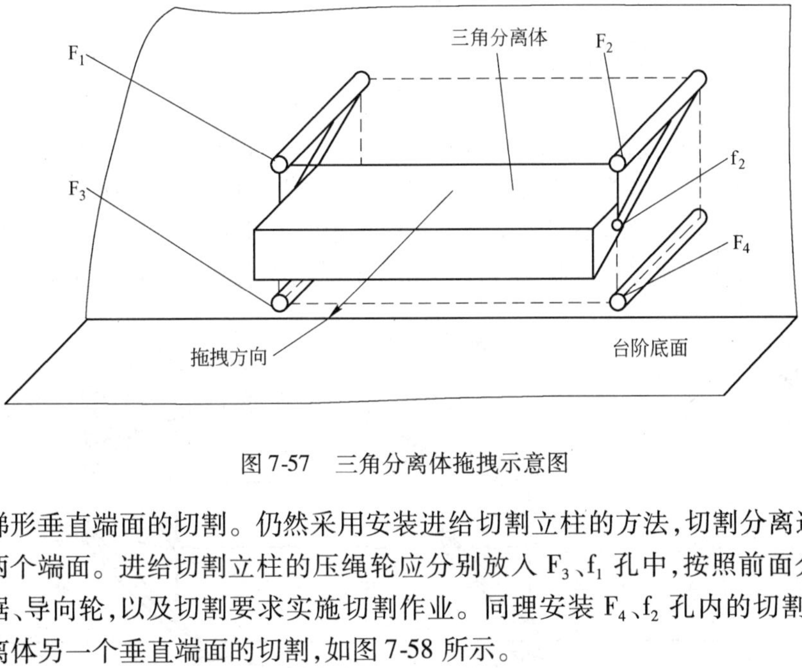

图 7-57 三角分离体拖拽示意图

(7) 梯形垂直端面的切割。仍然采用安装进给切割立柱的方法，切割分离通道内梯形分离体的两个端面。进给切割立柱的压绳轮应分别放入 F_3、f_1 孔中，按照前面介绍的方法安装串珠锯、导向轮，以及切割要求实施切割作业。同理安装 F_4、f_2 孔内的切割立柱，完成对梯形分离体另一个垂直端面的切割，如图 7-58 所示。

也可以在 F_1、F_3 孔或 F_2、F_4 孔内分别安装进给切割立柱和压绳轮，其优点是压绳轮的直径统一，孔的直径比较大，便于安装，孔内串珠绳的受力状态得到改善；其缺点是 F_1 孔或 F_2 孔内的串珠绳与部分切割面之间处于悬空状态，如果切割参数选择不当，容易使串珠绳从压绳轮中脱落。

切割时，应采用相同直径和磨损程度基本相同的串珠绳分别切割两个垂直端面。切割完成后，应将完成每个垂直端面切割的串珠绳留在各自的切割面内，F_3 和 F_4 孔内的进给切割立柱、压绳轮也留在各自孔内，并保持串珠绳在压绳轮的槽内，以便后面的切割工艺需要。

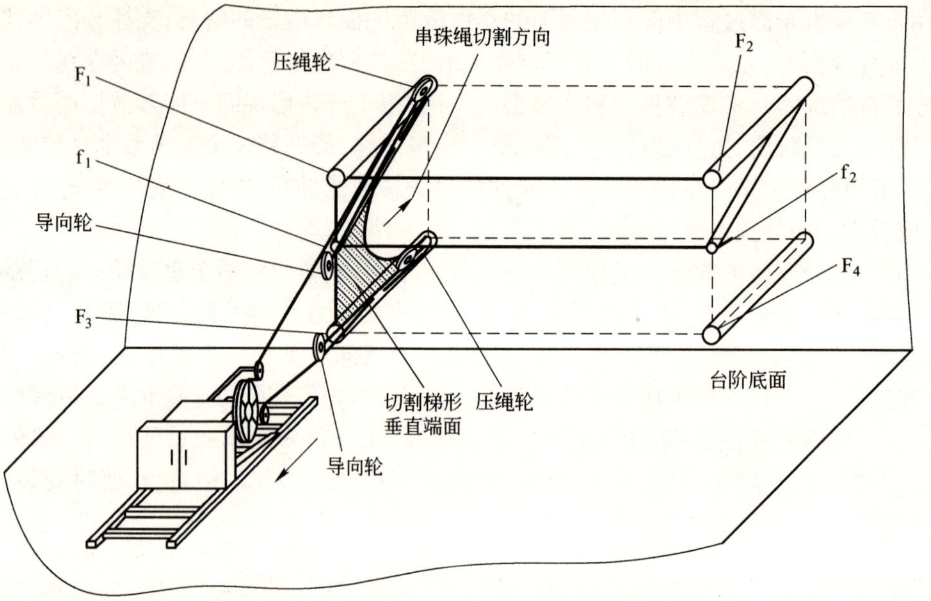

图 7-58 梯形分离体垂直端面切割示意图

(8) 梯形分离体垂直背面和水平底面的切割。分别将留在两个垂直端面切割缝内串珠绳的上部端头连接,下部端头连接,按照图 7-59 所示方法,使上部连接在一起的串珠绳形成对梯形分离体垂直背面的切割环绕;下部连接在一起的串珠绳通过变向导向轮和固定导向轮,与串珠锯一起形成水平切割状态,进而完成对梯形分离体垂直背面的切割。

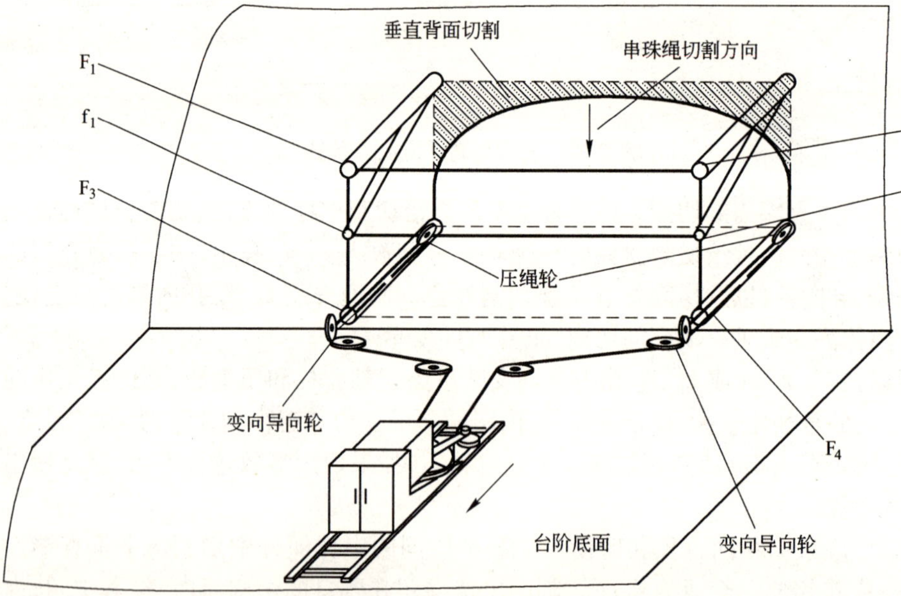

图 7-59 梯形分离体垂直背面切割示意图

确认完成垂直背面的切割后,可将 F_3、F_4 孔内的压绳轮取出,将串珠绳留在孔内,并形成对梯形分离体水平底面的切割环绕。按照图 7-60 所示方法,安装导向轮和串珠锯,并实施切割作业,直至完成对形成分离体水平底面的切割。

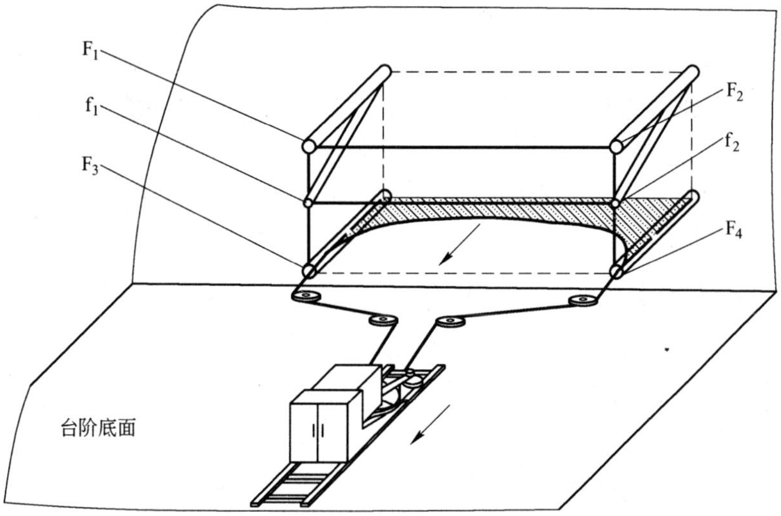

图 7-60 梯形分离体水平底面切割示意图

需要注意的是,当岩体的正面出现水平切割缝后,应及时向切割缝内插入钢楔,以便支撑梯形分离体,防止分离体中存在的裂隙引起分离体整体或局部的塌落。

为了减小梯形分离体与地面的摩擦力,在切割其水平面过程中,可在切割缝内放入若干根直径 8 mm 的圆形截面的钢筋,以便后面的拖拽作业。

(9) 梯形分离体从通道内移出。梯形分离体全部与矿体切割分离后,可采用锚定钩配合工程机械或卷扬机拖拽的方法,将梯形分离体从通道内移出,形成图 7-61 所示的矩形通道。

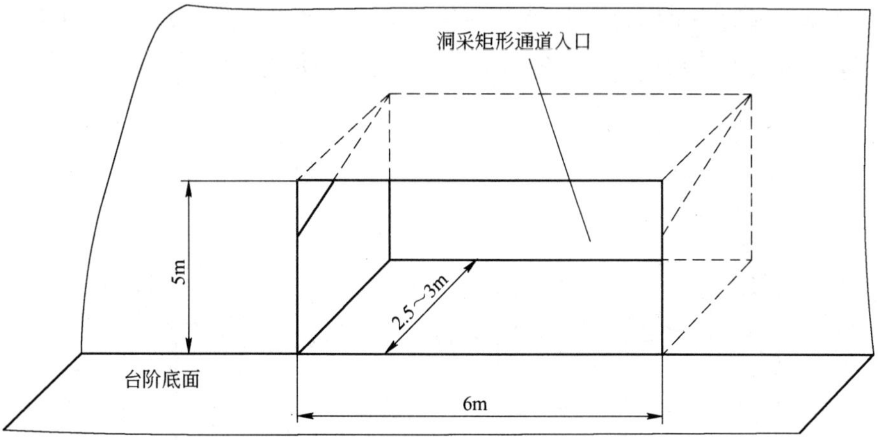

图 7-61 移出梯形分离体后形成的矩形通道示意图

(10) 矩形通道的扩展。完成首个矩形开拓通道的切割后,可按照前面介绍的洞采大理石矿山矩形开拓通道的扩展原理,沿水平方向扩展通道。仍使用楔形切割取石法继续向纵深方向扩展通道的尺寸,使开拓通道的空间尺寸足够大。

(11) 山洞型花岗石矿山的荒料开采。当开拓通道的空间尺寸足够大时,可向下开拓台阶，按照前面介绍的山坡露天开采方法进行山洞型花岗石荒料的开采。

7.4.1.2 楔形切割取石法开拓矩形通道的适用性

从上面的介绍可以看出，楔形切割取石法的操作非常复杂，切割效率非常的低，开采成本也比较高。只有在其他开采方法都不适用或不能够使用，或采用其他开采方法的成本更高，以致根本没有经济效益，而且是对档次非常高、非常稀有的花岗石品种的开采时，才有可能尝试使用楔形切割取石法进行花岗石的洞采作业。普通花岗石品种的矿山，不要轻易考虑进行洞采作业。

7.4.2 高压射流水开采技术在山洞式花岗石矿山开采中的应用前景

高压射流水切割装置在花岗石开采方面的最重要、而且最具未来发展潜力的应用，应该是在花岗石的凹陷露天和山洞式开采方面。目前在大理石凹陷露天开采和洞采矿山采用的成熟技术是，洞采带锯或洞采链臂锯与金刚石串珠锯组成的开采切割系统，洞采臂式锯是洞采大理石荒料的必备开拓设备。但由于花岗石的成分和硬度原因，即使是使用洞采带锯也无奈于花岗石的切割。而高压射流水切割装置正好适合对花岗石的切割，它可以像臂式锯那样，对四面封闭的花岗石岩体，进行垂直或水平面的纵深切割，切割臂的长度一般可以使喷嘴深入岩石2.5~3.6 m的深度实施切割；如果加长切割臂，甚至可以达到最大8 m的切割深度。因此，选取高压射流水切割装置与变速式金刚石串珠锯配合，采用与山洞式开采大理石荒料非常相似的全套开采工艺技术，即可实现对花岗石凹陷露天或山洞式开采的作业。

除了高压射流水开采装置的操作使用方法需要按照其说明书外，它在洞采花岗石矿山的作用、切割方法和开采切割的技术要求，与作为大理石洞采作业中的洞采臂式锯相同，只是将切割对象换成花岗石而已。因此如果使用高压射流水开采装置与金刚石串珠锯组合进行花岗石洞采，在洞采大理石时的全部开采工艺都能应用到花岗石洞采中。

图7-62是法国的一个砂岩矿山，采用高压射流水开采装置直接从矿体开采荒料的切割示意图，砂岩荒料与矿体连接的三个面全部能够用高压射流水开采装置切割分离。

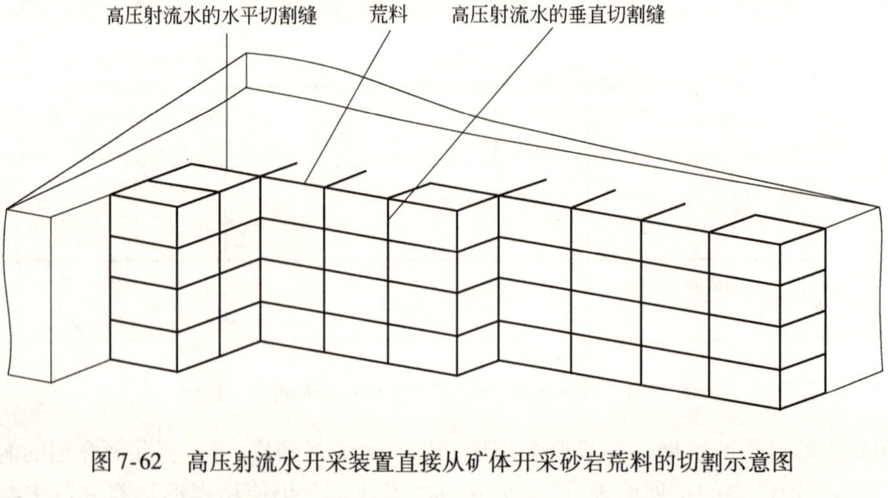

图7-62 高压射流水开采装置直接从矿体开采砂岩荒料的切割示意图

目前高压射流水切割技术还在试验和探索中，还不具备在花岗石矿山进行工业化推广的条件。但在一些国家的花岗石或其他硬质石材矿山上，使用高压射流水开采技术的尝试从未停止过。表7-13记录了一些型号的高压射流水切割装置在不同国家石材矿山上的使用参数,从表中可以看出高压射流水对花岗石的切割效率一般在 1 ~ 1.5 m^2/h 左右,最高可达 2.4 m^2/h,对砂岩的切割效率可达 6.5 m^2/h。由此可见,目前高压射流水切割装置的切割效率,介于火焰切割机和金刚石串珠锯之间。

高压射流水切割原理和一些设备的性能将在后面的章节中介绍。

表 7-13 一些型号的高压射流水切割装置的使用参数

切割材料	矿 山 地 点	压力 /MPa	耗水量 /$L \cdot min^{-1}$	动力 /kW	切割速度 /$m^2 \cdot h^{-1}$
花岗岩	Elberton(美国)爱尔波顿	280	11	52	1.17
花岗石	Milbank(美国)米尔班克	165	76	209	
花岗石	Colorado(美国)科罗拉多	310	5	26	0.6
花岗石	Quebec(加拿大)魁北克	140	76	175	1.15
花岗石	Lanhelin(法国)兰歇林	200	70	330	1.5
砂 岩	Rothbach(法国)罗赫巴赫	80	60	160	6.5
片麻岩	Valdossola(意大利)瓦雷多索拉	350	8	47	1.7
花岗石	Sardegna(意大利)萨丁	200	18	60	2.4

注:资料来源 Marmomacchine Directory 2002。

第 8 章　配合串珠锯开采的辅助开采设备和对应的开采方法

在使用串珠锯为主要切割设备的开采方法时，必须配套一系列的辅助开采设备、装置，才能形成完整的开采系统。开采石材种类、开采工艺类型和开采工艺方法不同，选择辅助设备的种类也不同。但基本可分成封闭面切割设备（臂式锯机类设备、高压射流水切割设备、切割进给立柱、贯通孔凿岩机、组合钻具），交汇孔钻凿设备（大孔径凿岩机），分离体位移和翻倒设备（液压顶石机、水压顶推袋、气压顶推袋），串珠绳的压接设备（液压卡钳、串珠绳压接台），荒料整形设备，吊装运输设备等。由此又延伸出不同的辅助开采方法，以便串珠锯开采方法的顺利实施。

本章主要介绍这些辅助开采设备的种类，以及对应的辅助开采方法。

8.1　封闭面切割设备

一个矩形物体通常有 6 个外表面，石材矿山开采时，分离体的自由面越多，开采越容易。最合适和最有利开采的分离体，至少应该具备 3 个自由面，它与矿体之间只有 3 个面连接，如图 8-1 所示。实际开采时，经常会遇到分离体与矿体之间有 4 个连接面的情形，也就是说分离体只有两个自由面。在凹陷露天开采堑沟的开拓，或者洞采矿山的矩形开拓通道的开掘时，最初的分离体只有一个自由面。除采用进给切割立柱背切法外，使用串珠锯的普通切割方法不能直接切割这类分离体的其他表面，我们称这样的表面为封闭面，如图 8-2 和图 8-3 所示。

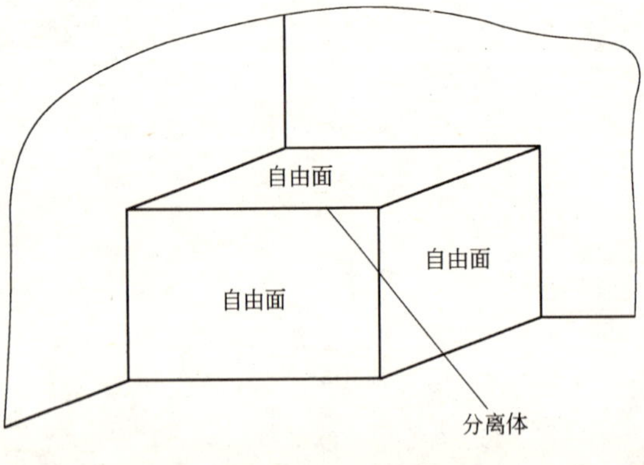

图 8-1　3 个自由面的分离体

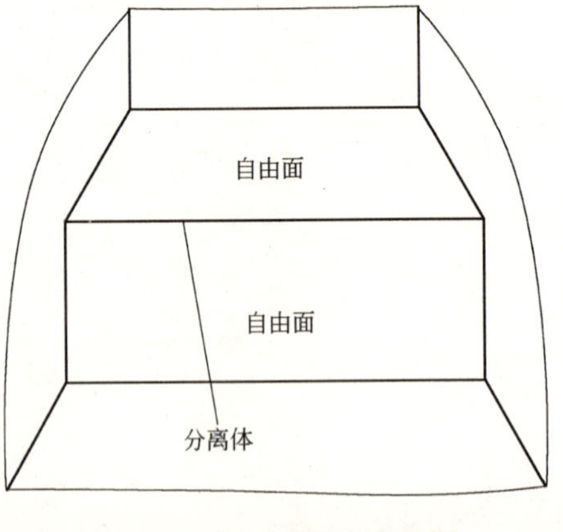

图 8-2　两个自由面的分离体

目前切割封闭面的设备组合有串珠锯配合进给切割立柱、液压钻孔机配合组合钻具、贯通孔凿岩机、臂式锯机、高压射流水切割装置等设备。除了进给切割立柱在第 2 章中已经有所介绍外，本节主要介绍其他封闭面切割设备。

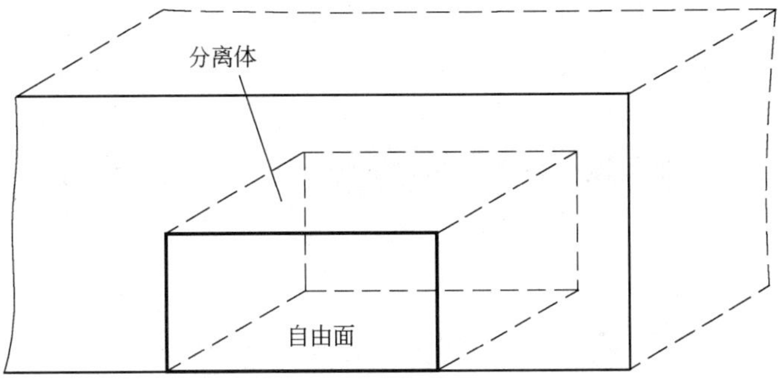

图 8-3 一个自由面的分离体

8.1.1 组合钻具

组合钻具最早出现于 20 世纪 80 年代中期，是一种用于大理石矿山切割封闭垂直或水平面的辅助切割设备。当时正值金刚石串珠锯取代钢丝绳锯机在大理石矿山普及的时期，作为串珠锯开采系统的主要辅助切割设备臂式锯机已经在一些大理石矿山使用。但淘汰钢丝绳锯开采系统后，与钢丝绳锯开采系统配套的液压钻机出现闲置，为了使这些液压钻机能够重新得到利用，出现了一些与液压钻机配套使用的开采辅助装置，例如进给切割立柱等，组合钻具也是在这一时期出现的与液压钻机配套的辅助开采装置。

8.1.1.1 组合钻具的结构

组合钻具的动力来源于液压钻机。它由主轴、夹具、导向杆、传动轴箱和钻头等部分组成。位于组合钻具中间部位的钻头主轴与液压钻机的主轴通过钻杆连接，组合钻具主轴通过传动轴齿轮箱带动钻头组旋转钻削岩石。与组合钻具主轴连接的钻头直径一般为20 cm；传动轴箱中的每一个中间齿轮轴都连接一个小钻头，每个钻头直径为 12 cm。虽然相邻小钻头的旋转方向相反，能够平衡相互之间的切削力，保持钻具的平衡，但位于中间的主钻头只有一个，必须由位于组合钻具两端的导向杆定位，防止切割时组合钻具整体旋转。

8.1.1.2 组合钻具的切割原理

组合钻具的工作原理是由液压钻机作为进给系统驱动钻头组，在切割面上实现进给钻削。工作时组合钻具沿被切割面进给向下或水平纵深进给运动，相当于一组直线排列的毁芯岩石钻头，钻头的切削刃深浅不同交叉排列，在岩石上形成一个钻孔相互连续贯通、宽度 120 ~ 200 mm 的深槽。每次钻削的槽长与安装钻头的数量有关，当一个钻孔槽的切割完成后，可将组合钻具提升到切割初始位置，沿切割线方向依次进行下一个钻孔槽的切割，以此类推，即可形成一条长度不受限制的连续深槽。

8.1.1.3 组合钻具的应用

组合钻具的优点是切割深度基本不受限制，一般可达 10 ~ 15 m，宽大的切缝可非常方便和顺利地穿引金刚石串珠绳环绕被锯切面。与臂式锯机相比，组合钻具开掘堑沟的总成本要低许多，钻具的价格也仅为同时期链臂式锯机的十几分之一。

组合钻具可以用于山坡露天、凹陷露天甚至洞采大理石矿山，切割分离体的封闭面。与其配套的液压钻机在一般的大理石矿山都有配套，所以，按照国内目前在大理石矿山使用金刚石串珠锯的水平，配备组合钻具这样的辅助设备，不会增加过多的投资，也是一种值得采用的开掘堑沟和矩形开拓通道的辅助设备。

图8-4是意大利BENETTI公司生产的TPU 090型组合钻具钻孔图，表8-1是意大利BENETTI公司生产的TPU系列组合钻具的技术性能参数。

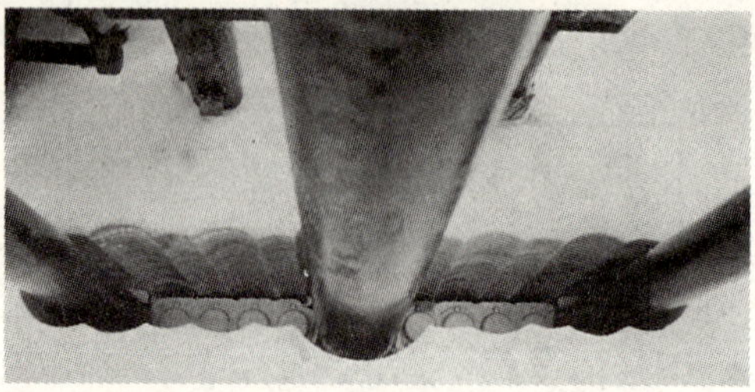

图8-4 TPU 090型组合钻具钻孔图

表8-1 意大利BENETTI公司生产的TPU系列组合钻具的技术参数

技术参数 / 设备型号	钻头数量/个			切缝长度/mm	驱动功率/kW	配套液压钻机型号
	直径200 mm	直径150 mm	直径120 mm			
TPU 060		1	6	600	7.5	HDM 025
TPU 090	1		8	900	15	HDM 050
TPU 125	1		12	1250	15	

8.1.2 臂式开采锯机

目前用于露天石材开采的臂式锯机是指开采链臂锯机和开采带锯，臂式锯机主要用于大理石、蛇纹岩、砂岩和其他软质石材的开采，也是目前最理想的封闭面切割设备。

8.1.2.1 臂式金刚石开采带锯

用于石材露天矿山的开采带锯，最早出现于20世纪80年代初期，在北美和欧洲各国得到比较广泛的应用。在北美的一些大理石矿山，开采带锯不仅早已淘汰了传统的、使用石英砂作为磨料的钢丝绳锯，而且也代替了台架式凿岩机，甚至还有取代开采链臂锯和金刚石串珠锯的趋势。

据资料介绍，目前世界上至少有两家企业生产开采带锯，这里主要以意大利BENETTI公司生产的超级SJB-950型臂式高速金刚石开采带锯(以下简称950型开采带锯)为例，分析、介绍它们的结构特点、技术性能和应用。图8-5、图8-6是意大利BENETTI公司生产的950型开采带锯的水平和垂直切割图，图8-7是云南大理洱源县进口的SJB-950型开采带锯。

图8-5 意大利BENETTI公司的SJB-950型开采带锯水平切割图

图8-6 意大利BENETTI公司的SJB-950型开采带锯垂直切割图

开采带锯有垂直切割机型和垂直、水平都可切割的通用机型。垂直机型的切割臂、切割带驱动机构和切割臂回转机构都安装在同一个支座上，并固定在锯机的机座上。图 8-8 是 BENETTI 公司生产的 JB-990 型垂直切割机型的开采带锯。通用机型的支座相对于机座可进行 90°角的转换，使切割臂在水平切割和垂直切割状态之间进行可逆的转换，转换由固定在机座和支座间的气缸实现。图 8-5、图 8-6 是意大利 BENETTI 公司生产的 SJB-950 型垂直、水平切割开采带锯。

图 8-7 国内进口的 SJB-950 型开采带锯

图 8-8 意大利 BENETTI 公司的 JB-990 型垂直切割机型的开采带锯

A 结构特点

开采带锯的结构和运动原理与开采链臂锯相似，分成主机和导轨两大部分。主机又可分为切割系统、锯机行走机构、供水系统和电控系统等部件。切割系统包括切割臂、切割臂回转机构、切割臂的换向、定位机构、金刚石切割带（以下简称切割带）及其驱动机构等部件。

a 切割臂系统

切割臂是支承、导引切割带运动的部件，是由不锈钢制成的结构件，平头端装有切割臂的张紧机构和切割带驱动轮，并与主机上的切割臂回转机构连接；另一端为半圆头，与切割臂连为一体；驱动轮与切割带驱动机构的输出轴连接。

切割带驱动轮外缘、切割臂的两个侧端面及半圆头的外端面都镶有耐磨材料制成的“U”形导向槽。切割臂上的导向槽均匀分布着与其内部的水路系统连通的出水孔，并与平头端的供水接头接通。水泵通过该水路系统将高压水流射向在“U”形槽内高速运动的切割带，起到润滑、冷却和排屑作用。

切割臂平头端装有一套气动或液压张紧机构，始终保持着切割臂上的切割带相对于驱动轮一端具有一定的张紧拉力，尽量减小割臂末端的挠度，将切割的偏差量控制在最小范围内。

为增大切割深度，在保证切割臂本身刚性和强度的基础上，尽量增加其长度。切割臂的长度与被切割的石材性质、切割深度和切割位置有关。该机切割臂的长度是可调的，在大理石矿山做垂直切割时，切割臂长度调节范围是 1.90 ~ 3.43 m；做水平切割时，切割臂长调节范围是 1.90 ~ 3.05 m；垂直切割软质石材时，臂长可达 4 m；水平切割软质石材时，臂长可达 3.43 m。切割带的厚度约 3.8 cm，切割臂的厚度略小于切割带的厚度，切缝宽度约 3.8 cm。

b 金刚石切割带

金刚石切割带的主体是6~7根并排放置并穿有矩形金刚石结块的航空用不锈钢丝绳，每米绳上穿有20粒金刚石结块，结块之间全部用聚氨酯压封，并被制成图8-9所示的截面形状和排列方式。其内侧凸起部分嵌入切割臂和驱动轮的导向槽，导向定位切割带在槽内运动，切割带实际上是一种形状特殊的金刚石串珠绳。

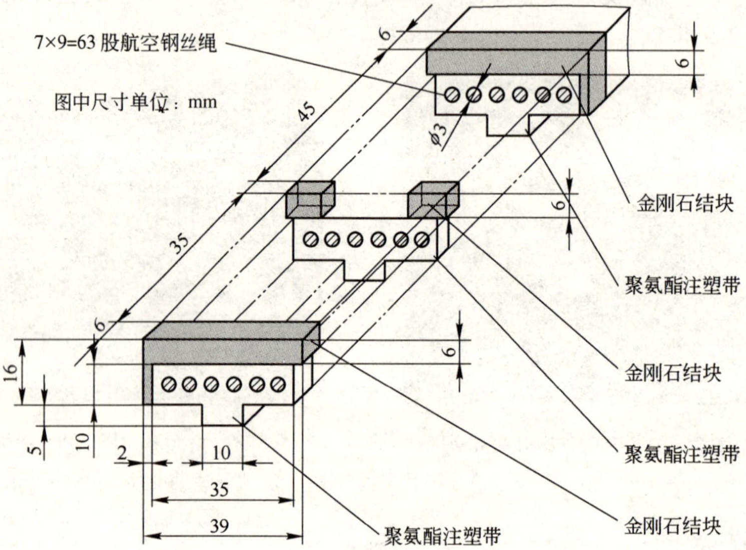

图8-9 开采带锯的切割带截面示意图

切割带驱动轮与驱动机构的输出端同轴连接。带动驱动轮旋转的动力来自一台与减速器同轴连接、功率为50 kW的电机，切割带的切割线速度为20 m/s。驱动机构固定在切割臂换向机构的支座上。

c 切割臂的回转机构

对于垂直、水平切割的通用型开采带锯，不论是做垂直切割还是做水平切割，切割臂都可以在平行和垂直于锯机行走方向之间转动，以适应切割臂逐渐深入切缝，最终达到最大切割深度的工艺要求。实现转动的切割臂回转机构一般安装在切割臂与换向机构的支座之间，靠一套由直流电机驱动的蜗轮蜗杆传动机构带动。

d 锯机行走机构

锯机行走机构由固定在锯机上的直流电机及齿轮和装在导轨上的齿条组成。锯机的行走速度取决于被切割石材的硬度、切割臂的长度和切割臂与运动方向的夹角，行走速度一般不会超过15 cm/min。切割不同石材时，锯机的行走速度参见表8-2。

e 冷却水过滤和供水系统

冷却水由水泵和增压气泵通过切割臂平头端的供水接头送入切割臂上的“U”形导向槽，最大供水流量达到180 L/min，水压0.3~0.5 MPa。在水泵入口处装有过滤装置，防止水中的杂质堵塞水路系统。

f 导轨

锯机的导轨用型钢制成，可分段连接成为一根长度任选的整体长导轨。锯机行走机构的齿条装在导轨上。使用时，先用石块铺垫或用千斤顶支承，将导轨安装固定好，要求导轨的上平面与水平面平行，然后将锯机放到导轨上即可使用。

g 电控系统

开采带锯的电控柜安装在机座上，随锯机一起移动。控制柜除控制各传动机构的电机、空压机、水泵的运行外，还可无级调节锯机的行走速度。

B 开采带锯的技术性能

表8-2列举了SJB-950型开采带锯切割不同石材时的一组切割效率、使用寿命和切割成本等数据。表8-3是意大利BENETTI公司生产的两种开采带锯的技术性能参数。

表8-2 SJB-950型开采带锯切割技术参数

切割参数项目 / 石材种类	切割深度/m	进给速度 /cm·min^{-1}	切割效率 /m^2·h^{-1}	总切割面积 /m^2	切割带成本 /美元·m^{-2}
大花绿大理石（蛇纹岩）	1.9	6.35	7.24	302	17.00
砂　岩	3.05	6.35	11.62	670	9.90
蓝灰砂岩	1.9	6.35	7.24	410	12.06
印第安纳石灰岩	3.05	8.9	16.29	2790	2.15
白云石灰岩	1.9	3.8	4.33	465	7.64

表8-3 金刚石开采带锯的技术性能参数

参数项目 / 设备型号		JB-990	SJB-950
切割带旋转驱动电机功率/kW		45或55	50
切割缝宽度/mm		40	38
通常切割深度/m		1.9～4.87	1.9～3.43
推荐垂直切割深度/m	硬大理石	3.05	
	中硬大理石	3.43	
	软大理石	4.87	4
水平切割深度/m			1.9～3.05
软大理石水平切割深度/m			3.43
耗水量/L·min^{-1}		100	70
冷却水供水压力/MPa		0.25	0.3～0.4
外阔尺寸（宽×长×高）/m×m×m		1.37×1.83×2.34	
不含切割臂重量/kg		5700	5500
每根3米长度导轨重量/kg		360	
平行面切割间距/m		1.29～1.71	
切割方式		垂直	垂直、水平
导轨长度/数量×m			3×3=9
生产企业		意大利BENETTI公司	

C 开采带锯的技术特点

开采带锯有许多其他开采设备不具备的优点，例如：切割带与切割臂和驱动轮之间用高压射流水作润滑剂，不会出现使用油脂润滑时，因为油脂的流失而污染石材及环境的情况，特别是开采浅色石材时更为重要；水平切割时，各切割面间基本不留台阶，整个开采工作面平整；切割速度均匀，切割面光滑平整；切割噪声小，操作者可以近距离安全操作锯机；切割带的更换快速容易，运输方便；锯机功能完善，不需要很多的辅助设备，操作简单、易学；如果使用可平行转换切割臂的专用机型，则不用调换锯机位置，即可对导轨两边的矿体进行平行面的切割。

开采带锯的最大切割深度可达 4.88 m，切割带的进给速度达到 2.54 ~ 10.16 cm/min，属于高速度切割石材的开采机械设备。

因为该机切割时需要大量的冷却水，所以在缺少水源的矿山，其使用会受到限制。虽然 4.0 cm 的锯缝略显宽大，但正是利用了在切割封闭面后形成这一宽度的锯缝，使穿引串珠绳实现串珠锯的无堑沟开采工艺成为可能。

D　开采带锯的应用

开采带锯可单独组成开采系统，独立开采大理石等软质石材，也可以用来开掘采准堑沟，解决山坡露天或凹陷露天大理石矿山开采时，两个自由面分离体封闭面的分离切割难题。可以利用分离切割后、宽度 40 mm 左右的锯缝，通过与其贯通的水平钻孔，穿引串珠绳环绕其他封闭面，实现使用串珠锯进行无堑沟锯切开采的工艺流程。辅助金刚石串珠锯开采后，可提高金刚石串珠锯开采系统的开采效率。开采带锯与开采链臂锯一样，是锯切法开采大理石的重要设备。

8.1.2.2　开采链臂锯

开采链臂锯是最早转化应用到石材开采中的臂式锯，开采带锯则是在开采链臂锯的基础上改进、研制的新机型，图 8-10 是最早用于石材开采的开采链臂锯，该机现保存在意大利 CARRARA 大理石矿山博物馆中。

图 8-10　链臂锯机的早期机型

A　开采链臂锯的结构特点

开采链臂锯一般由机架、行走、动力和切割臂等部分组成。开采带锯其实是在开采链臂锯的基础上发展起来的，二者除了切割刀具不同外，其余结构和工作原理基本相同。

a　开采链臂锯切割臂的动力系统

移动机架是支承动力和切割臂等部件的支座。切割臂的动力系统包括，切割臂切割平面位置的转换驱动（垂直和水平切割状态之间的变换）、切割链旋转运动驱动和切割臂的回转等部分。

切割臂切割平面位置的转换驱动通过液压油缸推动可回转底板绕铰轴旋转实现，可使切割臂于水平和垂直两种锯切工作位置之间转换。

多数开采链臂锯的切割链旋转都是由液压马达驱动的，其动力由液压泵站提供。也有采用电机通过减速器减速后驱动链轮转动，驱动切割链回转运动的电机驱动机型。其余部分由独立的电机传动系统驱动，也有采用液压马达传动系统驱动锯机切割行走运动。

液压马达通过切割臂减速机、主机箱内的蜗杆蜗轮机构驱动切割臂座带动切割臂的旋转,从而实现切割臂的旋转进给运动。利用比例阀进行切割臂正反方向旋转运动控制,使得切割臂在一定速度范围内做360°正反向自由旋转运动。

b 开采链臂锯的行走机构

锯机行走驱动部分由轨道及分别安装在机架和导轨上的一组齿轮、齿条传统副组成,调速电机或液压马达驱动锯机的切割行走运动。其动作顺序包括布置在移动机架上的行走液压马达,通过行走减速机输出齿轮与固定在导轨上的齿条啮合后,带动锯机完成行走进给运动。采用比例阀进行了正反方向的运动控制,使得移动机架可以按照一定的调速范围、沿导轨进行正反向的行走进给切割运动。

早期采用卷扬机拖动锯机实现锯切进给的切割行走机构,早已被新型齿轮齿条传动机构所取代。

c 开采链臂锯的切割臂

切割臂的两端均分别安装有驱动切割链运动的主、从动棘轮,切割臂与支座连接部位的棘轮带有张紧机构,用于切割链松紧程度的调整。切割臂的有效锯切长度分成2 m、2.25 m、2.5 m、3 m、3.25 m和4 m多种,目前最长的切割臂长度可达7.4 m,如意大利BENETTI公司生产的CSM 968型开采链臂锯,这么长的切割臂,只能进行垂直切割面的锯切。

d 开采链臂锯的切割链

开采链臂锯的切割臂上安装有一条专用的套筒滚子链,一般链条的宽度为33.5 mm,节距为25.4 mm。每节链条上采用机械方式(螺栓)固定若干组切割刃,每组切割刃包括6~7个不同几何形状的碳化钨(硬质合金)切割结块,按照一定的顺序排列固定。切割刃的某一切割面磨损后,可以将其位置更换成另外的切割面继续使用;几何形状对称的切割刃,最多可更换4次切割面。每组切割刃中,从前到后,切割刃逐渐加长变宽。图8-11~图8-13分别是某切割链硬质合金切割刃的安装排列示意图、切缝示意图和几组硬质合金切割刃的图片。

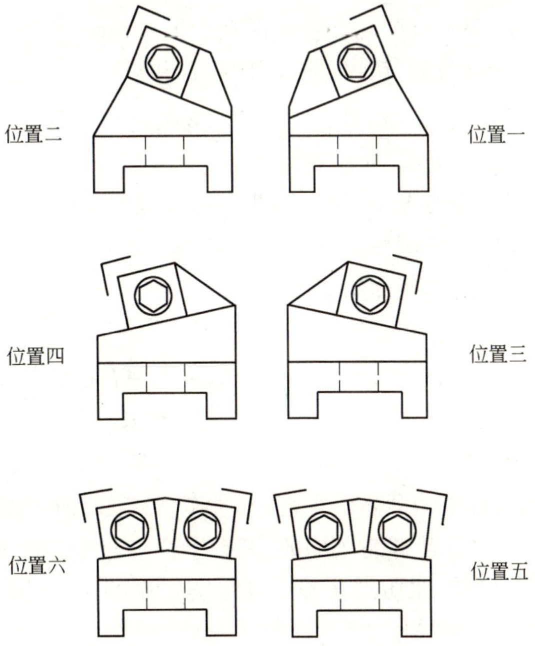

图8-11 硬质合金刀头安装位置示意图

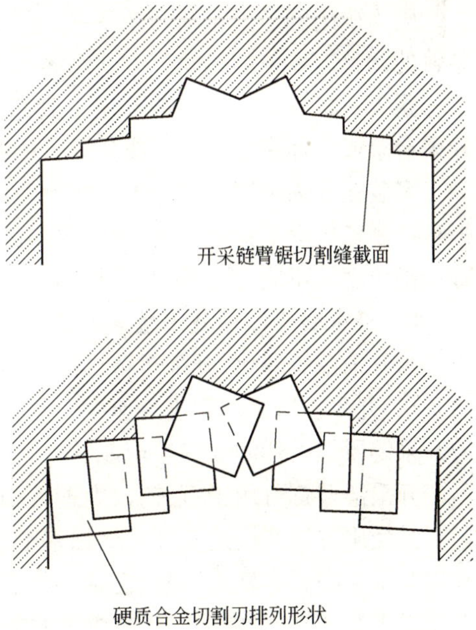

图8-12 硬质合金切割链切缝形状示意图

图 8-13　硬质合金切割刃图片

e　开采链臂锯导轨自移动机构

开采链臂锯的主机和导轨重量都很大，需要起重设备才能移动。为了更便于主机的移动，在一些型号的开采链臂锯上采用导轨自移动系统，无需起重设备进行特定距离内导轨的位置移动。正常锯切时，导轨固定在矿体上，主机在导轨上移动。

导轨自移动系统则是利用其反向工作原理，需要移动导轨时，将伸出锯机外部的顶升油缸伸向台阶表面，将锯机和导轨整体升高，形成主机固定、导轨悬空的相反状态。然后启动锯机行走进给运动系统，导轨在齿轮齿条系统带动下，快速向需要的方向移动，完成导轨的自移动。

除硬质合金制成的切割刃外，目前也有用金刚石烧结块制成的切割刃。从切割效率看，金刚石烧结块切割刃的切割效率超过硬质合金切割刃，至少能够达到 5 m^2/h。切割链采用润滑脂作为润滑介质，由润滑脂泵供油，为了减少污染，推荐使用可生物降解的润滑脂。切割刃磨损消耗后，可以更换。

f　开采链臂锯的其他机构

因为矿山的地面粗糙凹凸不平，所以开采链臂锯导轨的安装和调整变得非常困难，通常导轨的调整需要依靠导轨下方几组螺旋副（调节丝杆），用于导轨水平度的调整。

露天石材矿山的开采链臂锯一般都采用导轨固定式结构，安装切割臂的机架沿铺设在开采台阶或矿体表面的 6 m 或 9 m 长的专用导轨上运动，实施锯切作业。

安装在开采链臂锯机座上的控制系统与开采带锯基本相同，可随锯机一起移动。控制柜除控制各传动机构的电机、液压泵站的驱动电机、空压机的运行外，还可根据石材硬度、链臂切割角度的不同，无级调节锯机的行走速度，以获得最佳的切割效果。

B　开采链臂锯的技术特点和应用

与开采带锯相比，开采链臂锯的锯切效率稍微低一些，但仍然能够满足大理石矿山开采的要求，开采链臂锯切割进给速度一般在 3 ~5 cm/min 之间。资料介绍某些臂长达到 6.2 m 的开采链臂锯的切割效率甚至能够达到 15 m^2/h。

开采链臂锯可用于石灰岩、大理石和非花岗石矿山开采的垂直、水平湿切或无水干切作业。其使用方法和用途与开采带锯基本相同，可进行矿体封闭面的切割，配合串珠锯进行无堑沟开采大理石等软质石材，也是目前最理想的封闭面切割设备。开采链臂锯的最大特点是可以干切开采，非常适用于缺少水源的石材矿山开采作业。

图 8-14 是意大利 BENETTI 公司生产的 CSM960A 型链臂式锯机，图 8-15 是早期由抚顺

建材设备制造厂生产的 LJ-1 型 2 m 切割臂长的链臂锯机，图 8-16 是上海飞宙机械有限公司生产的 DRAGON 系列开采链臂锯机。表 8-4 是部分国内外开采链臂锯的技术参数。

图 8-14 意大利 BENETTI 公司生产的 CSM960A 型链臂式锯机

图 8-15 抚顺建材设备制造厂生产的 LJ-1 型 2 m 切割臂长的链臂锯机

图 8-16 飞宙公司生产的 DRAGON 系列石材矿山开采链臂锯

8.1.2.3 洞采专用臂式锯机

洞采大理石等软质石材时，一般都离不开专门为洞采石材设计的专用臂式锯机。与普通臂式锯机一样，洞采专用臂式锯机也分成使用硬质合金切割刃的洞采链臂锯和使用金刚石切割带的洞采带锯。除了切割刃有所区别外，其余结构基本相同。

A 洞采金刚石带锯

洞采带锯可用于大理岩、石灰石类软质石材和蛇纹石类硬质大理石的山洞开采，专门用于开拓通道封闭面的切割。意大利 BENETTI 公司生产的 JB-940 型洞采带锯切割臂的长度在 2～2.5 m 之间，基本满足洞采开拓通道的切割需要。

该机采用 H 型横梁结构，横梁两端的升降滑座沿两侧的圆柱导轨升降运动。水平切割时，切割臂相对于水平面不同切割位置进行转换；垂直锯切时，切割臂的垂直高度定位。安装切割臂的支座在 H 型横梁内侧两条导轨上水平移动，水平切割时，切割臂进行水平方向的锯切进给运动；垂直切割时，切割臂进行纵深方向上的进给运动，见图 8-17。

表 8 – 4 开采链臂锯的技术参数表

参数项目	设备型号								
	CSM960	CSM960A	MOD. 70. RA	MOD. 50. 81. RA	ST 50-VH	M. C. R. H. 340	CH60	LJ-1	NF-DDRAGON 系列
装机功率/kW	52.5	50.5	48.5	48.5	37	50	44	27.87	27—34
硬质合金切割链运动速度 /$m \cdot s^{-1}$	0 ~ 1	0 ~ 1	0 ~ 0.7	0 ~ 0.7	0.4 ~ 1.1/2.2	0 ~ 1.8	0 ~ 1.4	0.44	链轮转速 0 ~ 80 r/min
锯切时进给运动速度 /$cm \cdot min^{-1}$	0 ~ 10	0 ~ 15	0 ~ 13	0 ~ 13	1.4 ~ 45	0 ~ 20		1.8 ~ 23.2	0 ~ 50
锯缝宽度/mm	42	42	38	38	42	42		42	40
最大有效锯切深度 /m	3.25 ~ 4	3.25	3.4	3.4	3.4	3.4	3.6	2	2—2.5—3.2—3.5
切割臂平均长度/m	2、2.25、2.5 3、3.25、4	2、2.25、2.5 3、3.25					3.2、3.6		2—2.5—3.2—3.5
切割臂旋转角度/(°)	360	360	360	360	360	360			360
液压油箱的容积/L		350	300	300	580	220			
润滑脂油箱容量/kg		18	18	18	7				
带 3 m 导轨锯机重量/kg	7000	7000	6500	5000	8000	5500	6000	5823	6800 ~ 8000
3 m 导轨重量/kg	1098	1098		800					1200
1.5 m 导轨重量/kg		549							
1 m 导轨重量/kg		409							
380 V – 50 Hz 100 m 三线四芯电缆尺寸/mm^2	35	35							
湿切耗水量/$L \cdot min^{-1}$	30	30	20	20			15	8 ~ 10	
运输尺寸(长 × 宽 × 高) /m × m × m	2.128 × 3.09 × 1.738								
生产企业	意大利 BENETTI 公司		意大利 FANTINI 公司		德国 KORFMANN	意大利 GARRONE	意大利 PELLEGRINI	抚顺建材设备厂	上海飞宙机械设备有限公司

安装在洞采带锯支座上的切割臂动力头，通常不能像露天开采臂式锯那样，在锯机导轨位置不变的情况下，进行垂直切割和水平切割两种状态的转换。洞采带锯水平和垂直切割位置的转换，是靠 H 型横梁两端与升降滑座之间的可回转连接机构实现的。该回转机构使 H 型横梁沿其长度对称轴线方向进行 90°～180°角的位置旋转变换，完成切割臂的锯切平面在平行地面和垂直地面之间位置变换，见图 8-18。

图 8-17　意大利 BENETTI 公司生产的 JB-940 型洞采金刚石带锯图一

图 8-18　意大利 BENETTI 公司生产的 JB-940 型洞采带锯

锯切水平面时，锯机两侧导柱组成的平面与正面垂直岩壁平行，切割臂的切割面处于与地面或水平面平行、与岩壁垂直的位置，H 型横梁上两根导轨组成的平面与正面岩壁垂直，切割的进给是靠切割臂支座沿 H 型横梁上导轨的水平方向运动，以及切割臂相对支座的回转运动来实现的，见图 8-19。

图 8-19　意大利 BENETTI 公司生产的 JB-940 型洞采金刚石带锯水平切割图

锯切垂直面时，需要将锯机整体旋转 90°，两侧导柱组成的平面与正面岩壁垂直，同时将 H 型横梁相对侧立柱旋转 90°，使切割臂的切割面垂直于水平面。锯切时，将安装切割臂支座的一端移动到锯机靠近切割岩壁一侧的导柱附近，切割进给运动是依靠 H 型横梁沿导柱的升降，以及切割臂相对水平面的回转运动实现的。洞采带锯垂直切割见图 7－2。这样既可满足洞采时使用一台洞采带锯完成矩形开拓通道垂直切缝锯切，也可满足水平切缝锯切的要求。

导柱固定在两个由电机驱动、带移动轮的底座上(图8-20),便于锯机在洞内移动,方便灵活地完成锯机进行垂直和水平切割时位置的转换。

除了整机结构与普通开采带锯不同外,洞采带锯切割臂的运动方式、冷却方式等与普通开采带锯基本相同。洞采带锯的使用范围更广泛,除了可以切割一般硬度的大理石外,还可切割高硬度大理石、蛇纹岩、砂岩等硬度比较高的石材。只要冷却水供应充足,使用起来非常方便。意大利BENETTI公司生产的JB-940型洞采金刚石带锯的技术性能见表8-5。

图8-20 意大利BENETTI公司生产的JB-940型洞采金刚石带锯图二

表8-5 洞采专用臂式锯机的技术性能参数

设备型号 / 参数项目	JB-940	G70
矩形通道切割长度/m	6	6
矩形通道切割高度/m	2.9~3.4或4~4.5	3.2
切割深度/m	2.1	2.6
切割臂长度/m	2.65	
切割缝宽度/mm	38	38
耗水量/L·min^{-1}	80	20
主电机功率/kW		52.5
切割臂机座沿立柱升降电机	2台交流变频电机	
整机运动电机	2台直流电机	
切割臂进给运动电机	1台直流电机	
切割臂回转电机	1台直流电机	
切割链或带的速度/m·s^{-1}		0~0.71
切割方式	垂直、水平	垂直、水平
润滑脂油箱容量/kg		18
液压系统油箱容积/L		300
液压泵站重量/kg		2000
总重量/kg		6000
生产企业	意大利BENETTI公司	意大利FANTINI公司

B 洞采链臂锯

洞采链臂锯的结构、工作原理与洞采带锯基本相同,只是切割刀具改成硬质合金切割链,与普通开采链臂锯相同。洞采链臂锯主要用于硬度中等偏下的大理石、石灰石的开采,可实施湿切和干切两种作业方式。图8-21是意大利FANTINI公司G70型洞采链臂锯进行垂直面切割作业现场图。

图8-21 意大利FANTINI公司G70型洞采链臂锯切割作业示意图

该机是为适合洞采石材矿山的特殊工作条件专门设计开发的洞采链臂锯。该机切割臂安装在动力支座上,切割臂的一端可沿驱动棘轮的轴线360°回转,以完成垂直正面和水平正面的切割进给运动。该机的横梁采用4根导柱与端板组成,横梁两端的升降滑座沿锯机两端的垂直导柱升降运动,动力支座在4根导柱上往复移动。导柱端板与升降滑座之间采用一套旋转定位机构连接,实现横梁沿其水平轴线的回转,完成切割臂锯切面水平和垂直位置的转换和定位。与洞采带锯一样,洞采链臂式锯的两根垂直导柱组件分别固定安装在两个带轮子的底座上,液压千斤顶用于其提升调整。

洞采链臂式锯机的垂直和水平导柱都进行了镀铬处理,防止部件滑动时产生的腐蚀和磨损。洞采链臂式锯一般都采用液压系统提供动力,采用无级调速控制、调节阀压力控制等调控方式,维护保养简单。切割链的运动动力来自液压泵站和处于自动控制状态的液压马达,由变量泵调节其运动速度。中心润滑系统可以自动分配和控制润滑脂及时注入各个润滑点。切割臂的磨损部件由高强度材料制造,并设计成可快速更换、容易维修的结构。也可以使用金刚石结块或其他硬质合金刀头,用于切割非常坚硬或耐磨性极强的石材。意大利FANTINI公司生产的G70型洞采链臂锯的技术性能见表8-5。

8.1.2.4 车载型臂式锯机

在洞采矿山开采荒料的作业中,从目前看,使用最多和最为成功的开采机械是开采带锯和开采链臂锯,不论是采用H型机架的开采带锯还是采用4根导柱机架的开采链臂锯,其切割臂只能从相对于其机架方向固定的位置,进行垂直、水平切割作业。从锯机结构方面考虑,这是一种相对简单的机械,它可完成洞采所需分离面和封闭背面的切割,与串珠锯相结合后,可进行正常的荒料开采作业,并在洞采矿山中得到最大的荒料回收率。

但采用H型机架的开采臂式锯有着明显的操作缺陷,特别是在狭窄空间内的移动灵活性和定位准确性方面存在很大问题,必须通过非常熟练的操作和繁重的劳动,才能将开采臂式锯分解或整体移动。另外,开采臂式锯的使用受到限制,只能用于洞采矿山,而且只能用于开采开拓通道平面或该平面位置以下矿体中的荒料。为了扩展开采臂式锯的使用范围,必须考虑解决其自行移动和进入工作位置的问题,为其配套移动和定位单元成为首选方案,因此出现了车载型臂式锯机。

车载型臂式锯机是指经过一定的改装,将臂式锯机固定安装在一辆装有活动臂或支承导轨架的车辆上,组合而成的柔性臂式锯机开采系统,是矿山开采锯切机械的一次技术性革命。

承载臂式锯机的主体车辆一般采用工作臂经过改装的履带式挖掘机,或在推土机底盘上安装一个专用升降支架用于固定臂式锯机。其他结构的车底盘或车体、拖拉机或轮式车辆都能作为主体车辆,与臂式锯机构成完整的车载型臂式锯机切割系统。

采用这种结构组合后,臂式锯就可以灵活地移动和快速就位,并可在倾斜表面完成切割进给作业,只用一台开采臂式锯就可在同一洞采矿山开拓出更多的工作面。在洞采矿山中,车载型臂式锯机除了进行垂直、水平面切割外,还可进行高空切割和倾斜切割;对倾斜或薄、窄层厚的层状矿体进行切割开采,在大多数开采层面上还可直接切割开采荒料。

A 车载型链臂式锯机

车载型链臂锯机具有移动灵活、安装快捷简便、切割效率高等特点,可以用于各种类型大理石矿山中的垂直、倾斜、接近垂直和90°垂直切割位置的切割作业,其中倾斜切割和垂直90°切割是普通链臂式锯机不容易或很难做到的。在洞采大理石矿山中,因为开采空间狭窄,尤其是在开掘矩形开拓通道的切割作业时,移动、安装和就位重量达5 t左右的洞采链臂式锯机相对比较困难，但采用机动性很好的车载型链臂锯机的特点凸显，可以很方便地解决上述问题，这也是绝大多数车载型链臂锯机用于洞采大理石矿山的原因。车载型链臂锯机在洞采大理石矿山切割矩形开拓通道时，可以方便地解决只有一个自由面分离体上封闭面的切割问题，还可以完成两个自由面分离体封闭背面的切割问题。锯切方法参见前面介绍的车载型链臂锯机洞采切割封闭面的有关方法。

图 8-22 是意大利 BERNUCCI 公司生产的 GIANT 3.2 型履带式链臂锯机。该机切割臂的有效切割深度可达 3.2 m。与普通链臂式锯机一样，该机可使用硬质合金或金刚石结块切割刃，而且不会受到切割速度的影响，同样能取得最佳的切割效果，该机甚至可用于比较坚硬和耐磨蚀性很高的石材切割。

图 8-22 意大利 BERNUCCI 公司生产的 GIANT3.2 型履带式链臂锯机

该机配备 3.2 m 切割长度的钢制切割臂，切割臂能沿其轴线旋转定位，支承切割臂的切割单元（主机）由电机系统驱动；主机安装在有效行程达到 8 m 的滑动导轨组件上，整个切割系统可沿轴向旋转，实现任何倾斜切割位置的作业；链臂式锯机整体安装在经过改装的履带式挖掘机工作臂的末端，液压泵站、电控系统都安装在车辆内部；用于车外线控的按键控制板，平行连接于电控柜，便于进行不同位置锯切时，操作者的监视和操控。

B 车载型开采带锯

洞采矿山用 H 型横梁等结构的开采臂式锯属于轻型洞采专用设备，依靠立柱底座上的移动轮和定位装置完成位移和固定。采用履带式车体等车载式开采臂式锯属于重型洞采专用开采设备，虽然比轻型洞采设备具有更广泛的用途，但与它相比，其价格比较高。

最近，意大利 BENETTI 公司开发研制了一种型号为 Tunnel Jet Belt S941 的新型洞采带锯，它结合并继承了传统 H 型横梁的轻型洞采带锯和重型洞采链臂锯的共同优点。该机由采用 H 型横梁结构的洞采带锯，配备可独立自行移动的车体两部分组成，二者可以分离或组合，具有运动简单容易，并能在倾斜矿体表面定位切割的功能。该机的设计理念和目的，是为了开发一种既能够合理解决洞采臂式锯机移动和定位问题，又能减少设备投资问题的车载型洞采臂式锯开采系统。这是目前世界上第一台使用金刚石切割带的车载型开采带锯。

该机采用金刚石切割带作为切割刀具，它更适合于切割通常使用硬质合金（碳化钨）和复合金刚石结块切割刃的洞采链臂锯比较难于切割的石材，如含有硬质包裹体、燧石纹理或石英的大理石，以及致密的砂岩、板岩等石材。金刚石切割带的冷却与润滑方式与露天开采带锯相同，仍采用冷却水外喷射式结构，这种冷却方式的最大优点是，冷却水将金刚石结块切割石材瞬间产生的切屑即刻全部排出，这对保持洞采矿山采场开采环境的清洁是非常重要的。因为没有润滑油和润滑脂的使用，避免了对成品荒料的任何污染。

该机的全部运动都通过电机系统驱动,由安装在自行运动单元上的控制板操控,切割作业时,能够在与锯机保持安全距离的位置进行锯机的位置调整。该机最大有效切割深度可达3 m,切割缝的宽度为38 mm。自行单元包括一台液压履带式挖掘机车体,上面安装有一套液压升降臂和中心底盘,用于支承和运输H型横梁的开采带锯。

图8-23是JB-941型洞采带锯,在意大利佛罗伦萨COOPERATIVE SCALPELLINI S. R. L.公司所属Pietra Serena砂岩矿山,进行洞采开拓通道开掘作业的现场图。在该洞采矿山的开拓阶段,该机就能够直接从矿体内部的洞采矿山中切割开采出像Pietra Serena这样磨蚀性非常大的砂岩荒料,而且该洞采矿山的多数工作面上的矿体都是连续的倾斜面。其开拓通道是按照两倍倾斜度考虑的,矿体层面的倾斜度大约是20°,并存在垂直的裂隙带,还有相对于砂岩矿体倾斜的横向裂隙带。

图8-23 意大利BENETTI公司JB-941车载型洞采带锯洞采砂岩矿山作业图

该洞采矿山的设计特点是采用几何形状的开采洞室和支承矿柱布局,并与开采作业层面的位置和主垂直裂隙系统连贯一致。JB-941车载型开采带锯对Pietra Serena砂岩的切割速度是7~9 m^2/h。

该机在洞采矿山开采工艺领域内所体现出的设备创新,归纳起来在三个方面取得成功,第一是开采工艺与环境保护的冲突最低,第二是在开采高磨蚀性石材时的开采成本可行性最佳,第三是可以在倾斜矿体中进行山洞式开采方式。

8.1.3 贯通孔凿岩设备

开槽用大孔径凿岩机又称相邻贯通孔凿岩机,实际上是一台单动力头大孔径台架式凿岩机,可替代火焰切割机,在花岗石矿体上进行开拓堑沟的作业,特别适用于距离村庄较近、不能使用火焰切割机等高噪声开采设备的花岗石矿山。也可直接在大理石矿山进行堑沟的开凿作业。

这种凿岩机钻凿贯通孔的原理与组合钻具相似,只是钻孔工具由组合钻具的切削钻头,变成凿岩钻头。其凿岩动力头、进给推动等机构均与大孔径凿岩机相同,也是固定在可以水平移动的拖板支架上,拖板在可拼接式导轨上由手动齿轮驱动,通过齿轮齿条传动机构完成凿岩机的水平移动。由于所钻凿的新孔,其孔壁与前面一个旧孔是贯通的,所以提高刚度减少凿岩机的振动是相邻贯通孔凿岩机的设计关键。另外该机工作时的耗气量非常大,钻孔效率也不能与双头台架式凿岩机相比,但其工作效率还是高于火焰切割机。

作为辅助开拓堑沟的贯通孔凿岩机,因其低噪声和较高的凿岩效率(与火焰切割机相比),也是比较有开发前景的花岗石开采设备。但随着串珠锯开采花岗石工艺技术的日趋完善,串珠绳寿命和成本的不断合理化,贯通孔凿岩机的使用范围将会减少。但在钻凿那些串珠锯无法作业或作业难度很大的矿体封闭面时,贯通孔凿岩机的优势将会体现出来,是比较适合使用的开采辅助设备。

8.1.4　火焰切割设备

火焰切割机是传统的、专门用于花岗石开采的切割设备，主要用于其他锯切开采设备不能触及的矿体封闭面的开拓切割。目前火焰切割机主要用于将只有顶面和前面是两个自由面的分离体的两个侧面与矿体切割分离，使分离体变成只有背面和底面与矿体连接，创造适合两面控制爆破的合理分离体自由面形式。

8.1.4.1　火焰切割机的工作原理

火焰切割机使用柴油或煤油作为燃料，压缩空气为助燃剂，采用拉瓦尔喷管作为火焰喷射口。利用花岗石的主要成分石英、长石和云母等暗色矿物成分的线膨胀系数不同、受热先后膨胀的特点，在高温、高速的火焰射流加热瞬间，这些成分出现爆裂和破碎，并被高温高速气流吹离切面后形成切割缝。火焰切割机可产生宽度 10 ~ 15 cm 的切割缝，切割深度设置可超过 19 m。

其燃烧工作原理是，当燃油被油泵从油箱中泵出，经过柴油过滤器、旁通阀进入燃烧室后，与来自空压机的压缩空气，经气体调节阀、润滑器、空气过滤器和冷凝液自动滴流器进入喷枪与高温燃气汇合，最终形成高温、高速热气流从喷嘴喷出。该机结构简单，国产喷嘴部件的寿命能够达到 1000 h 以上。

图 8-24　意大利 BENETTI 公司的 GB650 型火焰切割机作业图

图 8-24 是意大利 BENETTI 公司的 GB650 型火焰切割机作业图。表 8-6 是部分国内外生产的火焰切割机的技术性能参数。

表 8-6　部分国内外火焰切割机的技术参数

参数项目 \ 设备型号	GB650	DFLS	HQ31-01	HQ-55
压缩机供气量/$m^3 \cdot min^{-1}$	5	9 ~ 10		9 ~ 10
最大压缩机供气压力/MPa	0.7	0.7		0.65
最低压缩机供气压力/MPa	0.55			
点燃燃气时的氧气压力/MPa	0.35			
平均切割速度/$m^2 \cdot h^{-1}$	1.25	2	1.5	1.8
切割缝宽度/cm	7	9 ~ 12	7 ~ 8	
理论柴油和煤油消耗量/$L \cdot m^{-2}$	24 ~ 28	30	16 ~ 18	30 ~ 33
切割深度/m	4.5	1 ~ 10	3 ~ 5	3 ~ 6
未接喷枪时切割深度/m	1.5			
燃油供应压力/MPa	≥0.1	0.4 ~ 0.6		0.8 ~ 1
操作杆长度/m		3/5		2

续表 8-6

参数项目 \ 设备型号	GB650	DFLS	HQ31-01	HQ-55
主燃烧器长度/mm				420
燃烧器外径/mm	64	70		90
喷管直径/mm		21		
喷枪握把直径/mm	30			
压缩空气管长度/m	20			
压缩空气管直径/mm	$\phi32$			
压缩空气管耐压/MPa	19			
燃油管直径/mm	$\phi8\times17$			
燃油管耐压/MPa	1.8			
氧气管直径/mm	$\phi8\times17$			
氧气管耐压/MPa	1.8			
燃油箱容积/L	150			
燃烧端重量/kg	16.5			
喷枪重量/kg	9.5			
含油箱等总重量/kg	165			
生产企业	意大利 BENETTI 公司	厦门东方科技开发公司	航天部一院	武汉工业大学

8.1.4.2 火焰切割机的使用特点和成本分析

火焰切割机的切割效率为 1 ~ 1.5 m^2/h,实际燃料消耗大约为 40 ~ 50 L/m^2。火焰切割机具有操作简单、使用灵活等特性。但与串珠锯切割花岗石相比,在切割速度、消耗成本方面,火焰切割机已经明显逊色,再加上它作业时高达 120 dB 的噪声和粉尘污染,已经大大限制了火焰切割机的应用。以 2007 年底柴油价格在加油站购买时是每升 5.2 元计算,火焰切割机锯切每平方米花岗石的柴油消耗成本已经达到 208 ~ 260 元。因为石材矿山都远离城市,如果考虑将柴油运到矿山的费用为每升 1 元,火焰切割机锯切每平方米花岗石的柴油消耗成本将达到 248 ~ 310 元。同时切割花岗石串珠绳技术性能也在不断改进,切割成本不断降低,而且串珠锯对 100 ~ 200 m^2、甚至更大面积花岗石锯切面的切割工艺也日趋成熟,切割中硬度花岗石消耗串珠绳的单位成本已经降到大约 50 ~ 60 元/m^2,切割硬花岗石的成本也只有 100 元左右,只有火焰切割成本的 20% ~ 30%。

所以采用串珠锯切割开采花岗石不仅有切割速度(3 ~ 5 m^2/h)方面的优势,而且也有消耗成本方面的优势。随着柴油价格的上涨,柴油供应非常紧张,而且今后价格上涨的趋势仍在继续,加上矿山大量购买柴油的困难等因素的影响,导致火焰切割机开拓堑沟的作业逐步被串珠锯切割所替代。

8.1.4.3 火焰切割机的操作和使用要求

火焰切割机是一种比较特殊的堑沟开掘设备,所以必须按照特定的操作规程使用。

A 作业前检查设备

首先用压缩空气喷吹气涡轮气源软管、燃油泵进出口软管,检查其通畅性。用氧气吹氧气管,并检查其通畅性。

接通气涡轮气源开启开关,观察气涡轮和油泵在无负荷时能够快速转动,否则检查原因排除故障。

检查喷嘴组件与喷枪中心孔之间的气密性,如有燃油渗漏,必须更换O形密封圈。关闭喷枪上的燃油手动开关,喷嘴处的伞状油膜应立即消失。

将压缩空气源与喷枪接通,开启主阀门,喷枪开口端应有大量气体喷出,关闭主阀门后,压缩空气应立即被切断,不得有气体渗漏。

接通喷枪和燃烧器,开启主阀门后,在燃烧器喷口处应有大量气体喷出,观察燃烧器与喷枪接口结合处应无气体渗漏。

B 点火

燃油、氧气和压缩空气进入燃烧器的顺序和比例非常重要,如果调配不当,不仅点火不成,还会引起燃油的积聚,产生“放炮”现象。

首先关闭主阀门和所有手动开关。

开启气涡轮气源,气泵的出口压力应指示在1 MPa以上。

开启氧气瓶截门,调整减压器使出口压力为0.8 MPa。

点燃一个端部缠绕棉纱并蘸有燃油的细长杆端部,使其靠近燃烧器出口。

开启操作杆上的氧气开关,并逐渐加大氧气供应量,同时逐渐增大操作杆上燃油开关的开启量。此时应能观察到,由于氧气先喷出,所以蘸有燃油的棉纱的火焰颜色发白。随着燃油和氧气混合气体在喷口外的燃烧,以及氧气、燃油供应量的逐渐增加,火焰被吸入燃烧器内。

逐渐开启主阀门,氧气和压缩空气同时工作大约5 s,即可关闭氧气截门。这时听到很响的燃烧喷气声,观察火焰的长度大约25 cm,有大约6~7个亮点头,这时点火成功。

如果此次点火失败,可关闭燃油供应开关和氧气供应开关,打开主阀门,将积聚在燃烧器内的燃油混合气体吹除干净。当看到吹出的气体已无白色油雾时,即可进行下一次点火。

C 最佳工作状态的调整

以煤油为例,当供气压力和煤油供应压力分别为0.7 MPa和0.9MPa时,主阀门和煤油供应开关开至最大供气位置为最佳工作状态,出现的火焰为亮白色并有6~7个菱形亮点。若供气压力和燃油泵压力达不到上述数值,或采用柴油和煤油混合燃油,必须重新调整最佳工作参数如下:

将主阀门开至最大,逐渐减少煤油供应量,如火焰由暗红多烟逐渐变成亮白色,说明调节有效。

如上述调节无效,需要将煤油供应开关调至最大,逐渐减少主阀门的供气量,直至出现的火焰变成亮白色,并有6~7个菱形亮点出现的最佳燃烧状态。

如果上述调节均无效,需要进行故障检查,找出原因。

D 安全注意事项

因为火焰切割机属于高温射流喷射设备,作业时能够产生超过100 dB的噪声和粉尘的污染,所以操作者除了注意使用和操纵设备的安全性外,还必须佩带消音耳机、耳罩或耳塞。为了防止明亮火焰的刺激,操作者必须佩戴深色墨镜。为了避免高温高压热气流吹起的灼热岩石碎屑的伤害,操作者必须穿戴防护服作业、戴手套和脚盖等防护服装。

火焰切割机在使用前后都需要用压缩空气吹净燃烧器中的积油。不工作时的喷口应朝下放置,防止燃油流入压缩空气和氧气管道。

氧气瓶、氧气输送软管应责成专人保管,不能与燃油管路部件混杂存放。

在矿体表面作业时,火焰射流喷射的前方不能站人或有人员的经过,防止灼热岩石碎屑伤人。

遇紧急情况,应按照立即关闭燃油供应开关、气涡轮气源开关顺序关闭火焰切割机,然后开启供气主截门吹除整个管路系统 2 ~ 3 min,再关闭主截门检查。

8.1.5 高压射流水切割设备

水力开采矿石已经有2000多年的历史了,自18世纪美国将水力开采技术用于沉积金矿、煤矿、铁矿和磷酸盐沉积矿的开采以来,在采矿方面经常会见到这一技术。从20世纪80年代中期开始酝酿和讨论的,如何将高压射流水技术用于石材矿山开采开始至今,已经经历了将近30年的时间。在此期间,世界上许多国家在这方面都进行了尝试,并积累了许多有用和宝贵的经验。但由于各种原因,目前该项技术尚未广泛用于石材的开采。但在石材矿山上,清除一些开采台阶“死角”的作业,一些其他开采设备不能作业的封闭面切割,清理、破除、修整钢筋混凝土结构,以及其他的一些工业用途方面,高压射流水技术还是得到了应用。

8.1.5.1 石材开采用高压射流水的“切割”机理

高压射流水对岩石的作用是一个复杂的过程,目前仍未形成一种解释这种作用的统一认识。当前比较普遍的一种解释是高压水流对花岗石和砂岩的渗透作用理论,这是建立在水对岩石微裂隙及孔隙渗透能力原理基础上的一种解释。因为水渗入岩石需要一定的时间,水流对岩石的作业就取决于射流水的直线运动速度和喷嘴的直径,而射速及射深又与岩石渗透性和岩石的结晶构造有关。必须使水在孔隙中的滞留压力超过岩石的机械阻力,岩石内部结晶体构才能出现破裂,“切割”便能进行。在对砂岩、花岗岩、斑岩和辉绿岩等岩石的试验中,基本证实了渗透作用影响突出的论点。因此,石材开采中采用的高压射流水切割技术,主要是借助于高压(最高可达350 MPa)作用下、高速流动射流水的动能和渗透作用,击碎岩石材料,对岩石产生“切割”作用,并在相应机械的配合作用下,实现连续切割的工艺方式。这与绳类刀具和切割链式刀具类的开采锯切设备不同,后者是依靠刀齿上的金刚石颗粒或硬质合金通过摩擦的方式,机械式地“切除”或“切削”岩石。而高压射流水则是击碎与其接触的岩石表面。

正是因为高压射流水的这种对岩石内部结构的破坏机理,大多数高压射流水切割装置都被直接用于花岗石的矿山开采切割。但高压射流水对大理石的切割效果非常有限,在大理石矿山开采上还没有使用高压射流水切割装置,而且未来在大理石矿山开采方面的应用也不像人们想象的那样乐观。除了岩石切割机理的差异外,最主要的原因是,目前广泛用于大理石开采的金刚石串珠锯、开采带锯和开采链臂锯开采技术已经非常成熟,成本也降低到了企业经营者可以接受的水平,这也阻碍了高压射流水切割技术在大理石开采领域内的应用和推广。

8.1.5.2 高压射流水的设备和装置

高压射流水开采切割系统通常包括:一套产生高水压的高压水泵、水泵动力装置组成的高压发生系统、由射流水喷嘴和机械运动装置组成的切割系统，以及连接二者的高压水路系统。

高压水泵和切割系统可以组合在一个独立的机械单元上，构成自行移动式高压射流水切割机。也可以分开安装，高压水泵装置一般采用可移动式结构，图 8-25 是意大利 PELLEGRINI 公司生产的 PEL JET 型高压射流水切割装置的可移动式高压水泵装置。有些设备的高压水泵装置是安装在一个固定位置上，而切割单元设计成可移动式结构，其中间部分由较长的高压水管连接。自行式设计的切割机机动性好，适合作业面开阔的石材矿山，但整机结构庞大，设备就位时需要较大能力的起吊和运输设备，适合在吊运设备齐全的矿山使用。采用分离式切割机结构设计时，切割部分轻巧灵活，由于受到高压水管长度限制，只适用于作业面比较小的矿山使用，图 8-26 是意大利 PELLEGRINI 公司生产的 PEL JET 型分离式高压射流水切割装置在花岗石矿山进行垂直切割作业。

图 8-25 意大利 PELLEGRINI 公司生产的 PEL JET 型高压射流水切割装置的可移动式高压水泵装置

图 8-26 意大利 PELLEGRINI 公司生产的 PEL JET 型分离式高压射流水切割装置

高压水泵是使普通水流获得足以击碎岩石所需高压力的关键设备，有单级、两级高压水泵和压力放大器等结构形式。根据矿山的实际能源供应条件，可以为高压水泵配备柴油发动机或电动机，作为其驱动动力。单级高压水泵产生的压力通常能够达到几十兆帕，多级高压水泵组合并经过放大后最大可产生大约 350 MPa 的压力；喷嘴处的初速度为 600 ~ 900 m/s；柴油发动机的功率为 120 ~ 240 kW，电动机的功率为 26 ~ 60 kW。柴油发电机或电动机的选择，完全按照矿山能源供应的实际情况决定。对高压水泵系统的要求是，它必须能够以足够的压力平稳地提供高压水流。

切割系统实际上是高压水泵的一个使用终端，是赋予高压射流水产生锯切效果的最终锯切装置。切割系统包括一个以极高速度喷射水流的喷嘴，安装喷嘴的喷头装置，使喷头能够上下往复移动的导向杆型切割臂，将切割臂进行垂直或水平切割位置变换的转向机构，安装和固定切割机、切割臂，并使其能够运动的主机、导轨和传动机构。切割臂的长度一般可以使喷嘴深入岩石进行 2. 5 ~ 3. 6 m 深度的切割，如果加长切割臂，水平切割深度甚至可达 8 ~ 9 m。导轨的最大单体长度可达 6 m，每个单体导轨之间采用互插式结构，根据锯切面的间隔可以进行倒换式移动，组合后可保持 24 m 的切割长度，只要基础面平整，倒换长度理论上不受限制。图 8-27 是意大利 PELLEGRINI 公司 PEL JET 型高压射流水切割装置进行水平切割作业图示，图 8-28 是该机的垂直切割作业图示。

图 8-27 意大利 PELLEGRINI 公司 PEL JET 型高压射流水切割装置水平切割作业

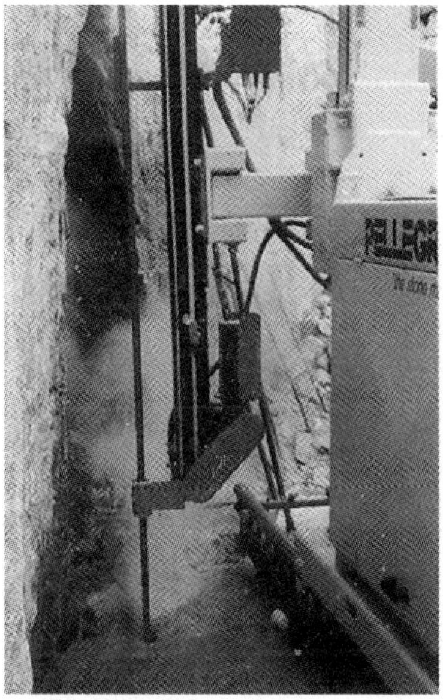

图 8-28 意大利 PELLEGRINI 公司 PEL JET 型高压射流水切割装置垂直切割作业

高压射流水的喷嘴有单喷嘴和多喷嘴结构,喷嘴通常由刚玉材料制成。喷头在一个不锈钢制成的支座上进行摆动和回转运动。目前各国正在研制和已经投入使用的切割系统具有各种不同的结构类型,它们的喷嘴的数量、运转方式(摆动、旋转)、切割臂的工作长度和其他切割参数都有区别。

用于高压水连接系统的管路必须能够承受足够高的压力,以保证作业时的安全性。高压水管的外皮表面应有耐磨层,以适应石材矿山的开采工作条件。水管的柔韧性要好,以防影响设备的运动灵活性。水管与设备的连接采用速装式连接插头,方便拆卸和连接。

高压射流水开采切割系统对水的要求很高,水流必须纯净,而且供水要连续可靠。水箱容积一般为 0.4 ~ 0.8 m^3。

喷出喷嘴后的高压射流水,其有效切割距离与喷嘴直径有关,而喷嘴直径的大小又会影响到射流水的出口速度,通常最有效的切割距离大约是喷嘴直径的 100 倍,大约是 10 cm,超过此距离,高压射流水的切割效率将会降低。切割缝的宽度大约为 44 ~ 64 mm。

用于高压射流水切割装置控制的系统,具有很高的自动化程度,当其切割岩石时,喷嘴上下(垂直切割)或左右(水平切割)方向运动,以及摆动动作,锯机沿导轨的往复运动都是全自动控制完成的。因此,锯机能够不间断工作,无需监管,如果遇到意外或出现警报,锯机将会自动停机。

8.1.5.3 高压射流水开采系统的应用

从切割成本考虑,在花岗石矿山上,与金刚石串珠锯或火焰切割机一样,高压射流水切割装置也可以用于对分离块的一个或两个端部封闭连接面进行切割,甚至还可以对一些串珠锯或火焰切割机无法作业的封闭面进行切割。例如,当分离块的两个端面已经与岩体分离后,分离块只剩下背面和底面与岩体连接,形成双面控制爆破形态。如果为了提高控制爆破的成功率，希望再切除分离块与岩体的一个连接面，形成单面控制爆破状态，就必须对封闭的背面或水平连接面进行分离切割。如果采用传统的金刚石串珠锯或火焰切割机，会因为没有设备安装的位置，不能进行切割作业。如果不考虑切割成本的因素，从技术角度看，高压射流水切割装置是不受作业位置影响的，可以对这两个面中的任意一个面进行切割，以达到形成单面控制爆破分离块的目的。抛开切割成本因素的影响，高压射流水切割装置完全可以替代金刚石串珠锯或火焰切割机，用于花岗石矿山上所有面的开采切割，而且不受切割面的位置限制。

其实高压射流水切割装置在花岗石开采方面最重要、而且最具未来发展潜力的应用，应该是在花岗石的凹陷露天和山洞式开采方面。目前在大理石凹陷露天开采和洞采矿山采用的成熟技术是，采用金刚石串珠锯分别与开采臂式锯和洞采臂式锯组成的开采切割系统，洞采臂式锯又是洞采大理石荒料的必备开拓设备。

但由于花岗石的成分和硬度原因，即使使用开采带锯，也无奈于花岗石的切割。而高压射流水切割装置正好适合对花岗石的切割，它可以像开采臂式锯那样，对四面封闭的花岗石岩体，进行垂直或水平面的纵深切割，切割深度可以非常容易地达到2.5 m甚至更深。因此，选择高压射流水切割装置与变速式金刚石串珠锯配合，采用与洞采大理石荒料非常相似的全套工艺技术，即可实现对花岗石的地下或山洞式开采作业。

无论是从技术还是从环境保护的角度看，目前大多数花岗石矿山正在使用的开采工艺方法，都面临着改革，如果现有开采工具和装备不能实现根本的突破，现有的花岗石开采设备已经发挥了其最大的能力极限，而高压射流水切割装置则可帮助传统花岗石开采工艺装备实现突破。

虽然目前高压射流水技术还没有广泛应用于石材的矿山开采，但仍有一些国家的花岗石或其他硬质石材矿山上使用了高压射流水开采技术。表7-13记录了一些型号的高压射流水切割装置在不同石材矿山上的使用参数。从表中可以看出高压射流水对花岗石的切割效率一般在1~1.5 m^2/h左右，最高可达2.4 m^2/h，对砂岩的切割效率可达6.5 m^2/h。高压射流水切割装置的切割效率介于火焰切割机和金刚石串珠锯之间。

8.1.5.4 高压射流水切割装置的优点及不足

高压射流水切割装置具有下述优点：对环境的破坏和影响最小，非常有利于开采区域的环境保护和生态恢复。改善以往花岗石矿山开采的恶劣工作条件，可使矿山的操作人员得到最佳的工作环境和条件，例如最少的粉尘排出、无振动、无烟尘和噪声等。无需预先对开采面做过多的准备工作，节约了矿山前期投资成本。作业面原则上不受限制，切割长度不限。除了可用于花岗石矿山的露天开采外，与变速式金刚石串珠锯组合后，还可以用于凹陷露天和洞采花岗石矿山开采。开采切割表面非常平整、精确，开采出的荒料规整、方正，不会损伤石料，弥补了传统开采花岗石荒料时，矿体石料损失、浪费大的缺点，在名贵品种花岗石开采时，经济效益更加明显。具有工作独立、自动化程度高、操作简便等特点。

该系统与金刚石串珠锯、火焰切机和连续贯通孔钻机相比，还存在着设备投资大、切割深度受切割臂长度的限制而不能太深，以及需要大量净水等弱点。因此，高压射流水切割装置还不具备与传统花岗石开采设备在实际使用方面的竞争力，还需要更进一步完善。因此，目前只在少数花岗石矿山进行一些试验性开采使用。

但从发展的角度考虑，作为一种具有新颖技术和工作原理的开采设备，高压射流水切割装置一定能够在石材矿山开采领域确立其地位，弥补现有花岗石开采设备的不足，特别是在凹陷露天和山洞型花岗石矿山开采方面，发挥其独一无二、无可替代的优势，使洞采花岗石成为可能。

8.2 交汇孔钻凿设备和钻孔方法

在使用金刚石串珠锯开采大理石或花岗石的矿山，交汇孔的钻凿是必不可少的中间工序。串珠绳只有通过交汇孔才能形成对分离体上被锯切面的切割环绕，完成切割。交汇孔钻凿设备有液压钻机、大孔径液压凿岩机、大孔径气动凿岩机、轻型水平标杆式凿岩机、手持式凿岩机等设备，单头台架或导杆式凿岩机也可用于交汇孔的钻凿。

8.2.1 液压钻孔机

液压钻孔机是用于大理石矿山的交汇孔钻孔设备。早期在大理石矿山上与串珠锯配套使用的大孔径钻机，一般是曾经为钢丝绳锯石机配套的液压钻机。这种液压钻机采用毁芯钻头，采用电机驱动钻杆旋转，液压油缸推进钻杆进给的工作方式，普通钻孔直径 90 ~ 140 mm，最大钻孔直径可达 550 mm。液压钻机可钻水平孔和垂直孔，钻孔深度可达 20 m、甚至更深。

液压钻孔机一般由钻机机体、钻杆旋转驱动和液压进给系统、导向立柱、液压泵站、高压油管、操作台和锚定装置等部件组成。图 8-29、图 8-30 分别是处于垂直钻孔位置和水平钻孔位置的 CSH-1 型液压钻机和 HDM025 型液压钻机的外形图。除了采用电力作为液压钻机的动力外，还有采用内燃机动力的液压钻机，图 8-31 是意大利 BENETTI 公司生产的 HDT026 型内燃机式液压钻机。

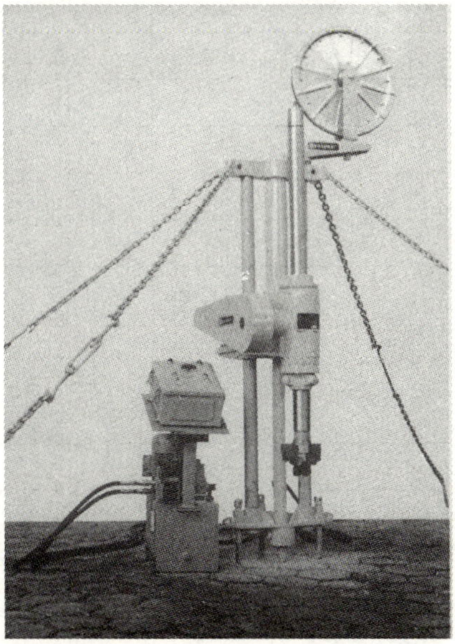

图 8-29 山西机床厂生产的 CSH-1 液压钻机

图 8-30 意大利 BENETTI 公司 HDM025 型液压钻机水平钻孔作业

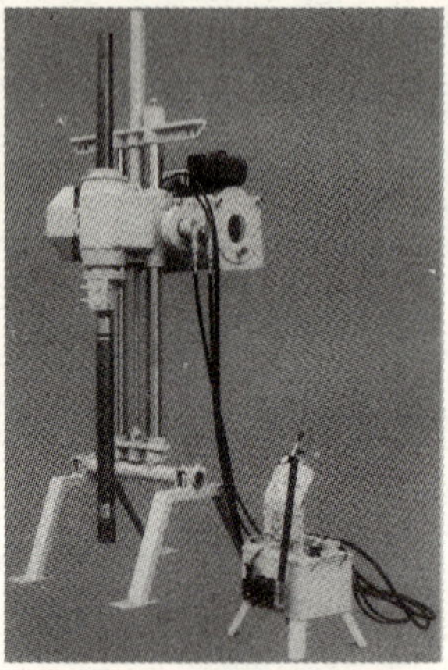

图 8-31 意大利 BENETTI 公司生产的 HDT026 型内燃机式液压钻机

液压钻孔机具有钻孔直线度好、精度高，钻孔时噪声低、无粉尘污染，可钻凿大直径钻孔等特点；但其重量比较大，与大孔径气动或液压式凿岩机相比，它的钻孔速度慢，在大理石矿体上钻取直径 90 mm 孔的钻进速度大约是 1 ~ 1.5 m/h，如果钻孔直径为 120 ~ 150 mm，钻孔速度低于 1 m/h，而且钻机位移安装耗时长。

液压钻孔机除了用于钻取大理石矿山交汇孔外，配套专用的岩石取芯器后，还可以用做岩心钻机，在大理石矿山完成开采阶段了解掌握矿体情况的地质钻探。还可以作为切割立柱的驱动进给系统，与串珠锯组合切割分离体封闭背面，进行大理石矿山开拓堑沟的切割作业。表 8-7 是部分国内外企业生产的液压钻机的技术性能参数。

表 8-7 部分国内外生产液压钻机的技术性能参数

技术参数 \ 设备型号		YZS220	HDT026A	HDT026B	HDM025		MPH220/320	SUPER IDRO-60	
钻孔直径/mm		90/220	52/66/72 或更大		90/205/340		90/140/220/320	60/210	
钻杆行程/m		1	1		1		1		
钻进速度	直径/mm				90	205		60	210
	速度/m·h^{-1}	1 ~ 1.5			6	1.4		7 ~ 8	1.5 ~ 1.8
主电机功率/kW		7.5			7.5		7.5	3	
液压泵站电机/kW		0.75			0.75		0.75	0.75	
液压系统压力/MPa								11 ~ 12	
内燃机功率/kW			4 冲程 8.8						
总装机功率/kW		8.25							
动力传动方式			齿形带		链 条				
转速/r·min^{-1}							80/130		
最大钻孔深度	直径/mm							60	210
	深度/m	30	40					20	15
耗水量/L·h^{-1}		1100			1200		1000		
钻孔角度		垂直	垂直 15°倾斜	垂直/水平倾斜	垂直水平		垂直水平	垂 直	
取岩心直径/mm			52/62/72						
整机重量/kg		635	320		430		320	120	
生产企业		山西机床厂	意大利 BENETTI 公司				意大利 PELLEGRINI 公司	意大利 MARIO BURNUCCI 公司	

8.2.2 大孔径气动凿岩机

显然液压钻机已经不能适应高效开采大理石的串珠锯开采系统的需要，所以目前在大理石矿山都使用钻孔直径75~100 mm、甚至更大直径的大孔径气动凿岩机，用于钻凿穿引串珠绳的贯通孔。

随着串珠锯在花岗石矿山开采中的应用，同样也需要钻凿大孔径贯通孔，而坚硬的花岗石是不能使用普通液压钻机钻孔的，所以必须配套用于在花岗石矿山使用的大孔径气动凿岩机。在花岗石矿山都使用钻孔直径90~104 mm的大孔径气动凿岩机。

大孔径气动凿岩机一般的钻孔深度可达10~20 m，并具有定位性好、钻孔效率高等特点。钻凿大理石的最高速度可达8~12 m/h，钻凿低硬度花岗石的最高速度为7~9 m/h。

因为钻孔直径增大，所以石材开采用大孔径气动凿岩机的凿岩动力头都采用潜孔气动冲击器，进给推进采用气动马达驱动的链条式进给机构，另外一台气动马达专门用于钻杆的旋转驱动，以保证足够强劲的进给推进力和钻头可靠的回转运动。因此，全气动大孔径凿岩机的耗气量都在7~12 m^3/min之间，矿山必须为其配套足够容量的空压机。凿岩机的控制单元都采用分离式结构，凿岩机都配备有粉尘收集装置。

目前用于大理石和花岗石矿山的大孔径气动凿岩机，都设计成可进行垂直、水平和任意角度钻孔作业的多功能机型，有框架式和轮式两种结构。

框架式大孔径凿岩机的凿岩机头和进给推机构固定在一个框架式底座上，垂直或倾斜钻孔时，用钢索锚定；水平钻孔时则使用专用的水平钻孔支架。图8-32是福州天石源公司生产的框式QZ-90型全气动大孔径凿岩机垂直钻孔状态图。图8-33是处于水平凿岩工作位置的意大利BENETTI公司生产的PP630型大理石用大孔径气动凿岩机。图8-34是意大利BENETTI公司生产的PP691型花岗石用，框架式大孔径气动凿岩机的倾斜凿岩工作状态图。

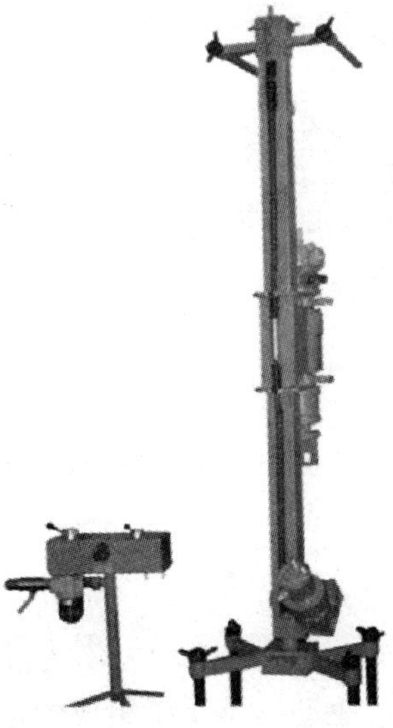

图8-32 福州天石源公司生产的框式QZ-90型全气动大孔径凿岩机

图8-33 意大利BENETTI公司生产的PP630型框式大理石开采用大孔径凿岩机

轮式大孔径凿岩机是将凿岩机头和进给推机构,安装固定在一个两轮小车上,其特点是机动性好,凿岩机可方便地在矿山上需要钻孔的位置之间移动,而且设备的锚定比框架式凿岩机更快捷方便。图8-35是意大利BENETTI公司生产的LDW-690型大理石开采用轮式大孔径气动凿岩机,进行倾斜凿岩钻孔工作状态图。图8-36是意大利BENETTI公司生产的LDW-691型花岗石开采用轮式大孔径气动凿岩机,进行垂直凿岩工作状态图。

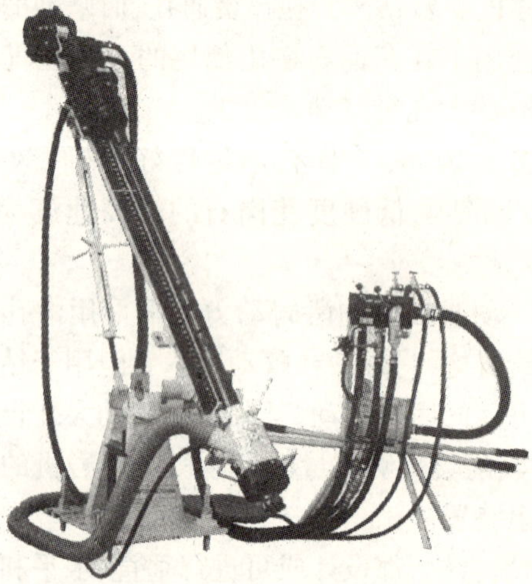

图8-34 意大利BENETTI公司生产的PP691型花岗石用框架式大孔径气动凿岩机

图8-35 意大利BENETTI公司生产的LDW-690型大理石开采用轮式大孔径凿岩机

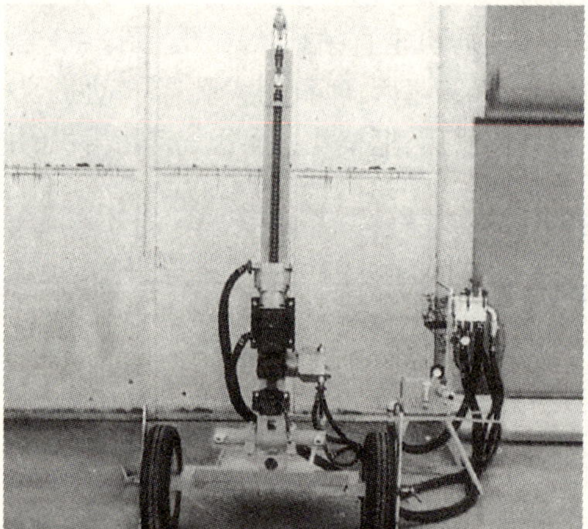

图8-36 意大利BENETTI公司的LDW-691型轮式花岗石开采大孔径气动凿岩机

8.2.3 大孔径全液压式凿岩机

除了全气动凿岩机外,还有一种全液压型大孔径凿岩机。该机全部动力均为液压动力形式,采用液压型凿岩机头、液压油缸推进的进给或液压马达驱动链条系统组成的进给推进系统、液压马达配减速机驱动钻杆回转的全液压凿岩机机型。大孔径液压凿岩机对大理石和花岗石钻孔的直径系列与大孔径气动凿岩机相同,但钻孔速度一般能够达到气动凿岩机的1~1.5倍,是钻孔效率更高的交汇孔钻凿设备。

虽然全液压型大孔径凿岩机具有更高的钻孔速度,但其价格在石材矿山开采用大孔径凿岩机中是最昂贵的。如果矿山电力供应充足,可省去为全气动凿岩机配套的大供气容量空压机。在石材矿山多粉尘环境下工作,维护和修理成本都很高,所以限制了它在石材矿山的推广使用。

8.2.4 混合动力大孔径凿岩机

除了上述全气动式大孔径凿岩机和全液压凿岩机外,还有采用液压、电动和气动混合动力的大孔径凿岩机。在有电力供应的石材矿山,混合动力大孔径凿岩机可减轻空压机供气量的负担。如果只保留凿岩机头部分为气动方式,其余采用其他动力方式,通常配备3~6 m^3/min容量的空压机即可满足要求。

8.2.4.1 液压气动混合动力大孔径凿岩机

为了提高钻孔效率,一些中高档大孔径凿岩机采用气动液压混合动力型大孔径凿岩机形式。为了保持钻岩钻孔的强劲动力,仍采用潜孔气动冲击器,采用液压油缸推进或液压马达驱动链条驱动的进给系统,钻杆旋转由液压马达配减速器机构驱动。该机型凿岩机的钻孔速度比全气动凿岩机提高大约1.2倍,价格介于全气动和全液压型凿岩机之间,耗气量也比全气动式机型有所降低,但矿山维护保养和维修困难仍是其不足之处。

图8-37是福州天石源公司生产的TSY-PH-90型液压(液压马达回转、液压马达进给)气动(气动潜孔冲击器)混合型大孔径凿岩机,该机的耗气量不大于6 m^3/min。该机的钻孔直径为90~100 mm,最大钻孔深度达到25 m,钻凿花岗石的最大钻孔速度达到8 m/h。

图8-37 福州天石源公司生产的TSY-PH-90型液压气动混合型大孔径凿岩机

8.2.4.2 电动气动混合动力大孔径凿岩机

电气混合动力大孔径凿岩机,采用潜孔气动冲击器,钻杆进给采用气动马达驱动方式,而钻杆旋转采用电机配减速器驱动。与全气动大孔径凿岩机相比,这种结构凿岩机的特点是压缩空气的耗气量减少,只需大约6~7 m^3/min的供气量即可满足钻孔要求,电机和减速器旋转驱动力强劲,钻孔凿岩效率有所提高。

图8-38是水平工作状态、福州天石源公司生产的TSY-QDZ-90型电动(电机减速器驱动

钻杆回转）气动（气动潜孔冲击器和气动马达进给驱动）混合型大孔径凿岩机，该机的钻孔直径为 100 ~ 110 mm，最大钻孔深度达到 25 m，钻凿花岗石的最大钻孔速度达到 8 m/h，耗气量不大于 6 ~ 8 m^3/min。

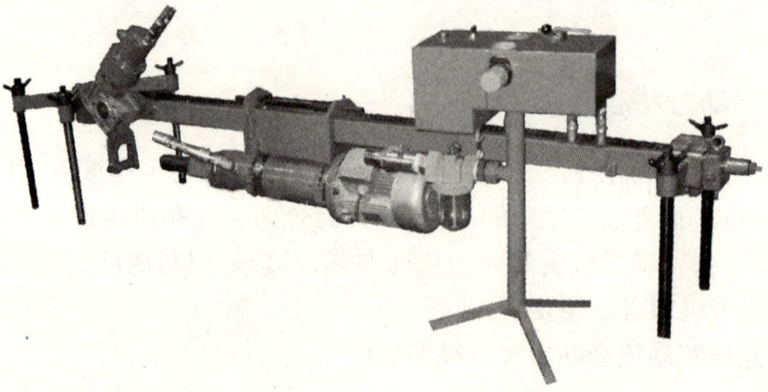

图 8-38　福州天石源公司生产的 TSY-QDZ-90 型电动气动混合型大孔径凿岩机

8.2.4.3　内燃机型气动液压混合动力大孔径凿岩机

图 8-39 是意大利 MARINI 公司生产的 BIG DRILLER 型，自带动力的大孔径液压凿岩机。该机采用重型潜孔气动冲击器作为凿岩机头，以柴油发动机或根据需要选配电机驱动的液压泵站，为钻杆旋转和机头进给系统的液压机构提供动力；采用液压油缸推进的进给或液压马达链条传动式进给机构。

图 8-39　意大利 MARINI 公司生产的 BIG DRILLER 型内燃机动力大孔径液压凿岩机

8.2.5　水平标杆式凿岩机

如果钻凿深度小于 4 m 的水平贯通孔，选用轻型单头水平标杆式凿岩机，又称水平标杆式凿岩机或卧式凿岩机，也可取得比较精确的贯通孔交汇效果。

图 8-40 所示为山西机床厂生产的轻型单头水平标杆式凿岩机，该机采用气缸式推进机构，有些水平标杆式凿岩机采用气动马达带动的链条式推进机构，可钻凿直径 42 mm 的钻孔，是一种专门用于钻凿水平单孔或排孔的轻型凿岩机。其特点是重量轻，机动性好，钻孔精度高，钻孔中心线距离地面的距离最小只有 6 cm，可将相邻台阶之间的阶梯差减小到最小程度。与金刚石串珠锯配套使用，可专门用于钻凿穿引金刚石串珠绳的水平贯通孔。

图 8-40 山西机床厂生产的轻型单头水平式凿岩机

8.2.6 手持式凿岩机

手持式凿岩机俗称风钻或钻枪，是上述介绍的所有凿岩机的主体凿岩机具，一般都采用气动驱动方式。从凿岩台架和进给推力系统取下的凿岩机动力头，也可单独作为手持式凿岩机使用。气动凿岩机的工作原理是，当开启凿岩机时，高压压缩空气（压气）经柄体导入气阀机构，采用一个活动的配气阀交替将压气导入缸体的前腔和后腔，压气推动活塞高速往复运动，带动安装钻头的钎杆冲击岩石，废气经排气口排出。活塞末端内装有螺旋机构，其中的止逆机构使活塞只有在回程时才回转，钎杆也随之回转。

如果凿岩机操作者的操作技能熟练，使用手持式凿岩机也可以钻凿一定深度的交汇孔。在福建的翡翠绿花岗石矿山，操作工人使用带气腿的手持式凿岩机，可以钻凿深度分别为6 m和 8 m 的水平交汇孔，而且能够达到 90% 以上的交汇贯通率。图 8-41 是该矿山的工人使用气腿式手持式凿岩机，进行水平交汇孔的钻凿作业。

图 8-41 带气腿的手持式凿岩机钻凿水平交汇孔

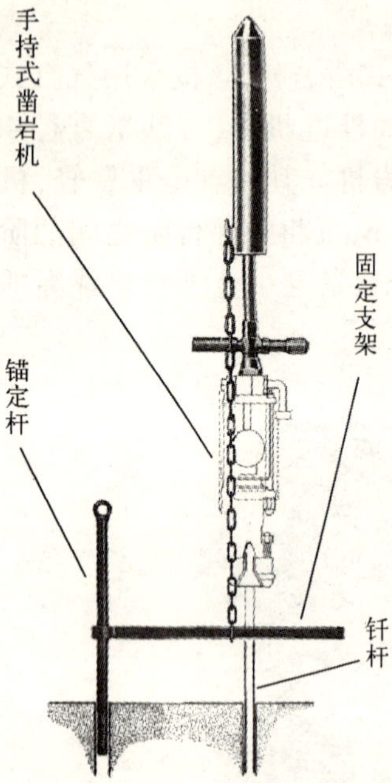

图 8-42　手持式凿岩机钻凿垂直交汇孔的固定支架

为了增加手持式凿岩机凿岩稳定性和钻凿垂直孔的垂直度，还可为手持式凿岩机配备一种专用的固定支架（见图 8-42），该固定支架简单实用，对改善使用手持凿岩机钻凿垂直交汇孔的位置精度，减轻操作者的劳动强度起到一定的作用。

交汇孔的直径与交汇孔的深度、开采石材的种类、选用的凿岩机类型和操作人员操作技术水平的高低等因素有关。

一般情况下，钻凿深度超过 6 m 的交汇孔，为了提高贯通孔的交汇率，更容易地穿引串珠绳，建议使用大孔径凿岩机钻凿作业，选择直径比较大的贯通孔。例如钻凿大理石时，建议采用直径为 75 mm 的交汇钻孔直径；钻凿花岗石时，建议采用直径为 90 ~ 104 mm 的交汇钻孔直径。

如果交汇孔的深度小于 6 m，可以使用水平标杆式凿岩机或手持式凿岩机，采用直径为 34 ~ 50 mm 的钻孔直径，以便减少凿岩机的安装时间，提高钻孔效率。

还可以使用单头台架式、轮式凿岩机或者凿岩台车，进行垂直交汇孔的钻凿作业。因为大孔径凿岩机的水平钻架、水平标杆式凿岩机都是专门设计用于水平交汇孔钻凿使用，它们钻孔中心线与水平地面的距离都很小，可最大限度地减少开采水平面出现的台阶高度差。但普通的通用型台架式凿岩机的水平凿岩台架，不能保证钻孔中心线与水平地面比较小的距离，即便是台架式凿岩机具有很好的位置稳定性和钻孔精度，也尽量不使用台架凿岩机钻凿水平交汇孔，除非它们能够达到专用水平交汇孔凿岩台架的低中心高要求。

8.2.7　交汇孔的钻凿方法

金刚石串珠绳锯切时的环绕面有水平、垂直面，特殊情况下还会出现倾斜面。串珠绳只有通过从交汇孔中穿引后，才能对锯切面进行切割。锯切垂直切割面时需要钻凿水平和垂直孔两孔交汇，锯切水平切割面时需要钻凿两个水平孔和一个垂直孔三孔交汇。

虽然经纬仪定位交汇孔的精度更高，但经纬仪属于精密仪器，其安装调整更加复杂，价格也昂贵，在石材矿山使用是不切合实际的。只要正确使用表 8-7 中的设备和工具装置，以及后面介绍的检测方法，同样能够获得很高的交汇孔贯通率。钻凿交汇孔需要准备的设备、工具装置见表 8-8。下面分别介绍这些交汇孔的钻凿方法和要求。

表 8-8　钻凿交汇孔需要准备的设备和工具

名　称	数　量	规　格	名　称	数　量	规　格
垂直钻机	1 台	大孔，垂直、水平两用	水平尺	2 个	长度 1 m
水平钻机	1 台	34 ~ 50 mm 直径、手持式、带气腿	铅　垂	5 套	带　线
标尺固定装置	4 套		软水管	20 ~ 40 m	直径 10 mm 透明塑料
矩形截面标尺	2 个	长度 4 ~ 6 m	照明灯	1 盏	带聚光照射功能
垂直标杆	1	高于垂直台阶 1 ~ 2 m	铁　丝		直径 2 ~ 3 mm 镀锌

交汇孔钻凿的顺序与交汇孔的数量、钻孔深度等有关。通常是先钻水平孔，后钻垂直孔，这是因为水平孔钻凿速度慢，定位难度大，垂直孔钻凿相对容易，如果钻孔没有交汇，补钻垂直孔成本和难度都低。或者按照先钻深孔、后钻浅孔的顺序，这也是因为如果需要补钻孔，补钻浅孔的成本和难度既低又少。如果钻凿三个孔交汇，不论最后剩下的是垂直孔还是水平孔，应选择最浅的孔作为最后一个钻孔，同样是从降低补孔成本和降低补孔难度考虑。

8.2.7.1 垂直切割面交汇孔的钻凿

锯切分离体的垂直面时，首先按照图8-43所示的方法安装垂直和水平钻孔设备、测量工具和固定装置。为了分离体翻倒的比例合适，通常情况下，垂直孔深度要大于水平孔，根据钻孔顺序原则，选择先在台阶顶面预先选定的位置上钻凿一个垂直孔，与在台阶侧面钻凿的水平孔交汇贯通。

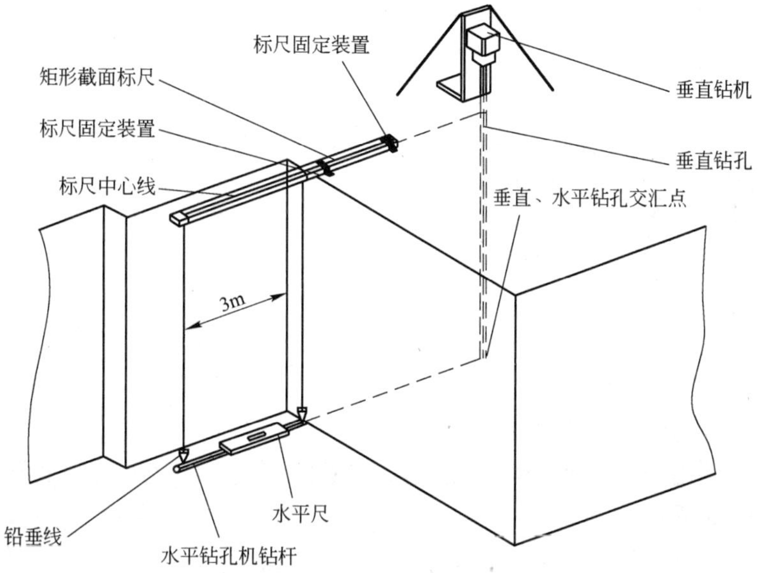

图8-43 垂直面交汇孔钻凿示意图

钻凿钻孔的测量和实施要求是垂直孔必须垂直于水平面，可用铅垂线调整和测定。水平孔的水平度依靠放置在水平钻杆上的水平尺检测和调节，水平孔与垂直孔的夹角应略大于90°，坡度大约在1/100左右，呈现外低内高、至少是水平状态，以便分离体的移动和翻倒。如果夹角呈现略小于90°的锐角时，将增加翻倒或移动分离体的难度，锐角过于明显，可能无法移动或翻倒分离体。通过检测位于垂直切割面内标尺上的两条铅垂线与水平凿岩钎杆中心线之间的误差，可控制水平孔的钻进方向是否在处于待切割的垂直面内。

操作熟练时，安装一套铅垂线，目测检验铅垂线、标尺中心线和水平钻杆中心线处于同一垂直面内，也可控制水平孔的正确钻进方向。

在常年多风或风力很大的矿山，铅垂线会因劲风吹动无法静止。如果增大铅锤重量仍不能奏效时，派一名工人站在台阶顶端，直接目测标尺与钻杆的重合度，也可控制钻进的左右方向，前提是标尺的位置必须准确，而且牢固地固定在台阶顶面。

图8-44是另外一种测量钻凿垂直锯切面交汇孔钻凿精度的方法。通常垂直钻孔已经

钻凿完成,可在钻孔内插入一根钻杆,调整其垂直度后作为垂直钻孔的测量基准。操作步骤是,安装一个顶端高于垂直切割面大约1~2 m的垂直标杆,采用直径2~3 mm镀锌铁丝连接垂直标杆顶端和位于垂直钻孔内的钻杆,在铁丝上悬吊两套铅垂线。目测调整垂直标杆、铁丝、铅垂线、水平钻杆中心线、垂直钻孔均在垂直切割面内。

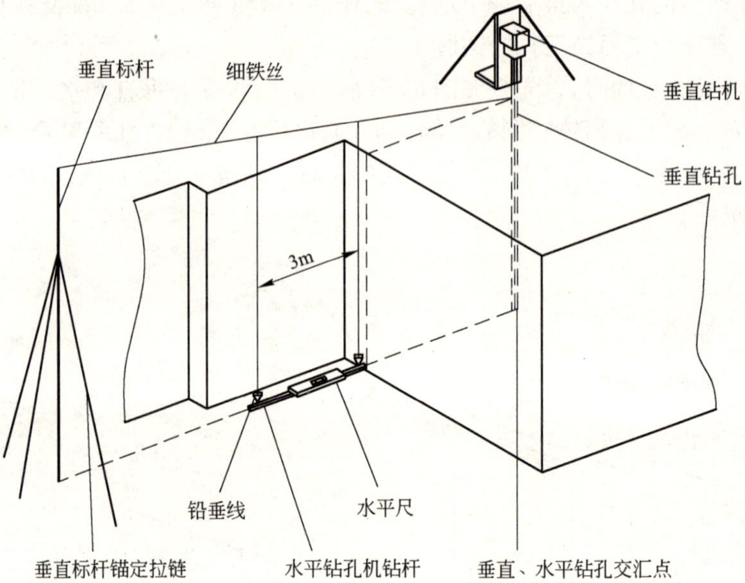

图8-44 垂直面交汇孔钻凿示意图

8.2.7.2 水平面交汇孔的钻凿

水平面交汇孔用于水平面的锯切,通常需要钻凿两个水平孔与一个垂直孔相交,形成三孔交汇,如图8-45所示。

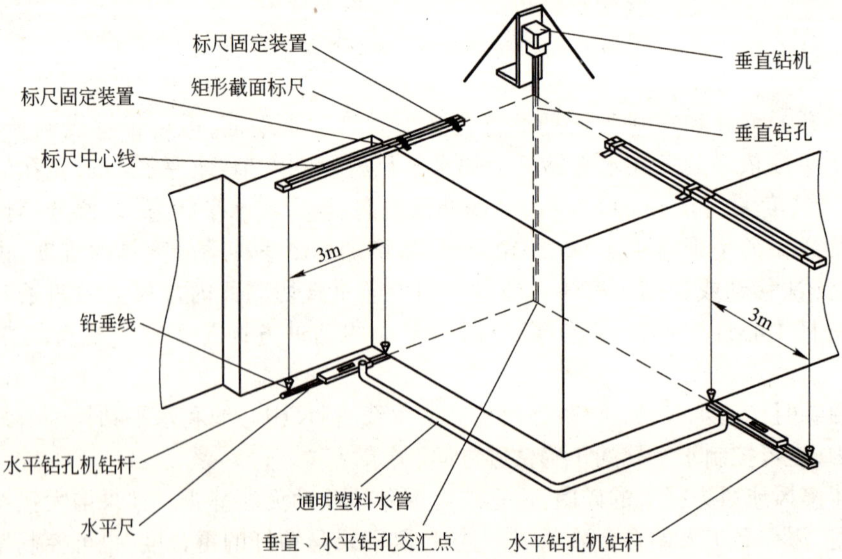

图8-45 水平切割面交汇孔钻凿示意图

在水平锯切面内钻孔的先后顺序通常是,先钻凿深的水平孔,然后再钻凿浅的水平孔与其交汇,以减少补孔成本和难度。如果采取先钻凿垂直孔、后钻水平孔的顺序,垂直孔将成为钻凿孔交汇的基准,其位置必须垂直正确。

有时为了减少多级水平面之间的台阶差,常选择面积比较大的水平锯切面,其中某一水平孔的深度达到15～20 m,另外一个水平孔采用4～6 m左右浅水平孔。为了锯切这样大面积的水平面,需要的锯切时间长,还可能出现许多未知的风险因素。所以可以将深水平孔分成3～4段,每段上再钻凿一个浅水平孔与其交汇,每次锯切的水平面积减少许多,既保持了整个大的水平面内无台阶,又减少了锯切的难度。具体操作参见图6-49和6.2.2.3节B中,对虚拟分离体水平长孔与垂直交汇孔钻凿方法的有关要求。

两个水平孔与垂直孔钻凿、交汇方法和要求与前述相同。要求两个水平孔的夹角在90°～90.5°之间,但不得小于90°。两个水平钻孔高低方向的同面位置度,用水平测量装置检测。具体方法是,将装有净水的塑料软管一端固定在已经钻凿完成的一个水平孔中心部位,水管的另一端通过位于另一个垂直切割面上的铅垂线,寻找该面内水平钻孔的中心。只要已完成的水平孔口部位塑料软管内的水平面与另一端垂直面上软管内水平面同时出现后,即可确定另外一个水平钻孔的中心。

在石材矿山的现场,由于凿岩机钻孔时振动很大,尤其是在使用手持凿岩机时,使用水平尺检验和校正钻机钻进方向的水平度是一件比较难的事情,可以采用在水平钻机附近放置一条与水平钻杆同处一个水平高度的基准线,用人工目测二者水平重合度的方法,控制钻杆钻进方向的水平度,同样也能够取得比较好的效果。具体方法参见图8-46和图8-47。

图8-46 安放水平基准线

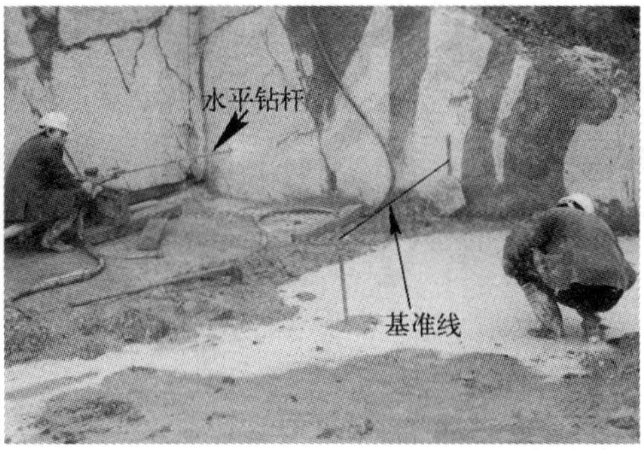

图8-47 人工目测效验钻杆钻进方向的水平度

8.2.7.3 钻凿水平面交汇孔时钻头下垂量的修正方法

虽然大孔径凿岩机的钻杆直径大、刚性好,但由于钻杆、钻头重力的作用,随着钻进深度的增加,必然会在钻头部位产生下垂。串珠锯切割分离具有三个自由面的分离体时,为了穿引串珠绳,通常需要钻凿两个水平孔与一个垂直孔三孔交汇。如果两个水平钻孔的深度相等,则这两个钻孔的钻头下垂量相等,不考虑人为等因素的影响,三孔交汇是可能的。如果两个水平孔深度不相等,深孔钻头下垂量将大于浅水平孔,如果不加以修正,两个水平孔将不能交汇,或者三孔不能在同一点交汇。使用标准钎杆的手持凿岩机钻凿水平钻孔时,同样要考虑钻头的下垂修正量。

可采用经验系数修正法修正水平钻孔钻头下垂的偏差,该方法不能修正人为操作因素和设备因素造成钻孔中钻头部位的偏差,修正的精度偏低,但操作简单。

钻头下垂修正量的大小与采用钻孔的直径、钻凿岩石的种类有关，一般采用经验系数计算法修正。可通过观测翻倒或位移每块分离体后，残留在矿体上另一半垂直面的交汇孔，用水平测量装置测量在不同水平钻孔深度时钻头的下垂量，经过多个面的测量后统计计算出，使用何种钻孔设备、钻头直径钻凿某种石材的水平孔时，钻头下垂的修正系数 k(mm/m)。测量前应做好钻孔进口位置的标定，防止分离体移动后不能找到其初始位置。

经验系数的经验数值是，使用直径 80 ~ 90 mm 钻头的普通大孔径凿岩机，钻凿中硬度花岗石时，钻头下垂的修正系数大约是 10 mm/m。

按照先钻深水平孔的原则，先完成深水平孔与垂直孔钻凿贯通后，通过系数 k、根据第二个水平浅孔的深度，计算出该孔钻孔位置需要向下位移的距离 x，取负值表示需要向下位移，图 8-48 显示了水平交汇钻孔的钻头下垂量修正示意图，具体计算可参照公式 8-1 和公式 8-2。只要将第二个孔向下降低 x 距离后，两个水平钻孔基本可交汇。图 8-49 是修正后水平钻孔准确交汇示意图。

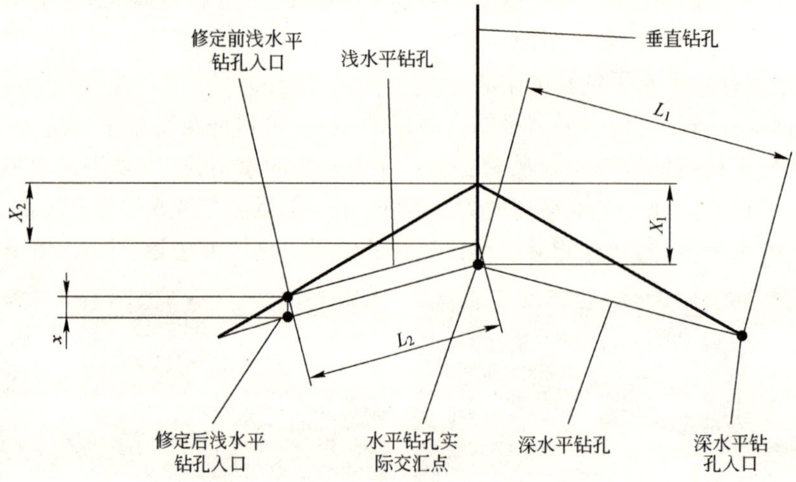

图 8-48 水平交汇钻孔钻头下垂量修正示意图

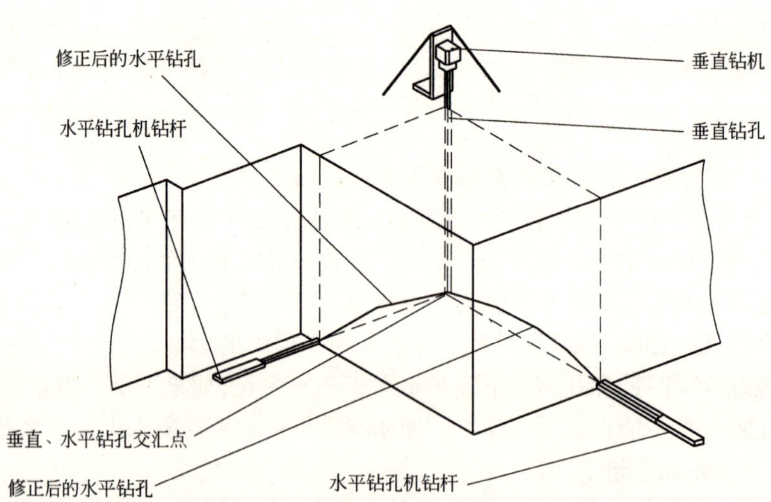

图 8-49 修正后水平钻孔交汇示意图

$$x = -k(L_1 - L_2) \tag{8-1}$$

$$k = \frac{X_1}{L_1} = \frac{X_2}{L_2} \tag{8-2}$$

式中 x——浅水平钻孔高度位置修正值,mm;

k——钻头下垂修正系数,mm/m;

L_1——深水平钻孔深度,m;

L_2——浅水平钻孔深度,m;

X_1——深度为 L_1 的深水平钻孔钻头实际下垂量,mm;

X_2——深度为 L_2 的浅水平钻孔钻头实际下垂量,mm。

8.2.8 交汇孔贯通情况的检查

交汇孔的钻凿完成后,可以按照下述方法检查钻孔是否交汇。

在使用钻孔直径大于90 mm 的大孔径凿岩机与使用38 ~ 50 mm 普通孔径凿岩机钻凿交汇孔时,通常垂直钻孔都采用大直径孔,可采用照明目测法测量。操作步骤是,先将一个灯泡放入大直径钻孔中,肉眼可以观察到从水平钻孔中插入的钻杆或钢筋是否正确地与垂直孔交汇,以及交汇的偏差或者没有交汇等各种情况,如图 8-50 所示。采用照明目测法检查交汇孔贯通时,灯泡外面必须安装一个金属罩,防止灯泡与孔壁碰撞破碎;另外导线与灯头、灯头与灯泡之间必须具备良好的绝缘性和防潮性,特殊需要时还应具有防水性能,有条件的矿山,应采用安全的低压照明灯泡,以确保操作者的人身安全。

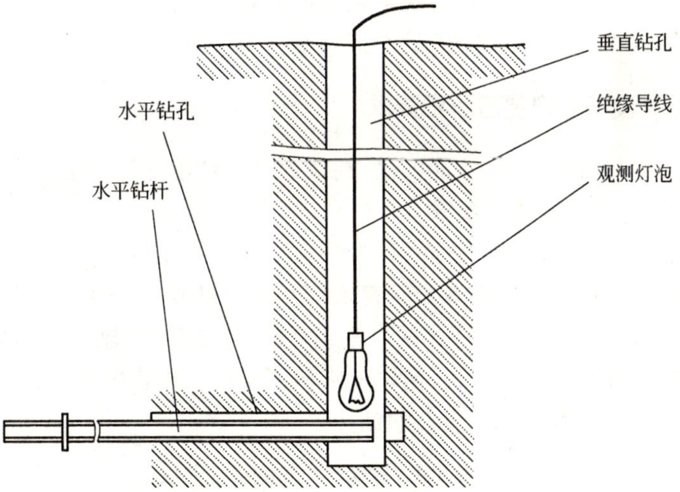

图 8-50 照明目测法检查交汇孔贯通示意图

当垂直钻孔直径正好是 75 mm,而且钻孔比较深时,照明目测法检测将比较困难,可以采用撞击方法检查贯通情况。也就是将一根钻杆或钢筋放入垂直钻孔,根据与水平钻孔中的金属杆撞击时的声音,以及手握水平金属杆的操作者的感知判断钻孔是否贯通。在垂直、水平钻孔均采用小直径钻孔时,也可采用撞击方法检查钻孔贯通情况,如图 8-51 所示。采用撞击方法检查交汇孔贯通情况时必须注意,进入钻孔的钎杆或金属杆的长度必须超过钻孔深度 1 m 以上,防止在检测时,过短的钻杆掉入深的钻孔后,无法取出而报废钻孔的事故,这在检查垂直钻孔时,尤为重要。

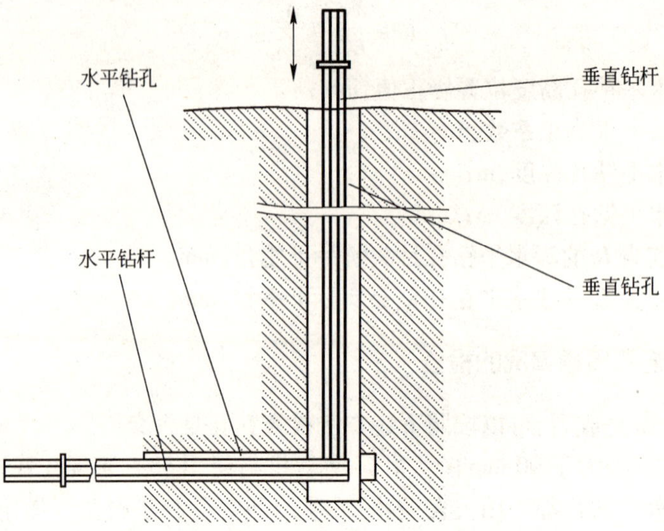

图 8-51 撞击法检查交汇孔贯通示意图

如果钻孔已经达到或超过预计的深度,仍未相互贯通,说明钻孔偏斜,必须重新钻凿一个新的钻孔与已有的钻孔交汇。除了遵照上面介绍的交汇孔钻凿顺序原则外,还可根据实际情况灵活掌握补孔顺序。如果垂直钻孔直径大,则补钻水平孔与其贯通;如果垂直、水平钻孔直径相同,则采用补钻垂直孔与水平孔交汇的方法,这是因为垂直钻孔的速度和难度都比水平钻孔低;补钻浅孔与深孔交汇的原则不变。

8.2.9 钻孔设备的安装方法和要求

必须正确地安装钻孔设备,才能准确、高效地完成交汇孔的钻凿和贯通。

8.2.9.1 钻孔直径的选择要求

在有条件的情况下,垂直钻孔应尽量选择在裂隙不太发育的矿体部位,以免在钻孔过程中出现卡钻事故。钻孔参数见表 8-9 和表 8-10。表中钻孔直径决定凿岩机类型的选择,钻孔直径小于 50 mm 时,可选用手持式凿岩机或水平标杆式凿岩机;大于 50 mm 直径的钻孔,可选择大孔径气动或液压式凿岩机;凿岩机钻凿石材的类型也影响到钻孔直径的选择,钻凿大理石的钻孔直径一般可小于花岗石的钻孔。

表 8-9 垂直交汇孔的钻孔参数

钻孔类型 / 台阶高度/m（与垂直钻孔深度相同）	垂直钻孔直径/mm	
	液压钻机	凿岩机
3	90	38 ~ 50
6	90 ~ 140	50
9	120 ~ 140	75 ~ 90
12	140 ~ 200	90 ~ 104
15	200 ~ 250	104 ~ 110

表 8-10 水平交汇孔的钻孔参数

水平钻孔深度/m			
≤6		>6	
水平钻孔直径/mm			
液压钻机	凿岩机	液压钻机	凿岩机
90	50	90	75 ~ 90

如果使用串珠锯切割很大的特殊用途切面时，切割面积有时达到几百甚至上千平方米，这时钻孔深度往往要超过 15 m，有时甚至达到 25 m 或更深，这时钻孔直径应根据钻凿石材类型、矿体特性、凿岩机或液压钻机的型号和测量方法等具体的客观条件，重新确定，上述表格中的参数只适用于普通台阶高度和分台阶的开采方式时参考。

8.2.9.2 钻孔机的垂直安装要求和钻孔实施

我们以液压钻孔机为例，介绍钻孔设备的安装方法和要求。

安装垂直钻孔设备前，首先选择钻孔的位置，然后在岩石表面钻凿一个钻机定位孔，用于安插钻机定位杆。定位孔与钻孔之间的距离 L_x 取决于所选用的钻孔设备，定位孔的直径一般为 50 mm，深度为 180 mm 左右。按照钻机底座上两个安装孔的位置，钻凿直径为 30 ~ 32 mm 的调整孔，该孔的作用是插入调整螺栓，用于调整钻机的垂直度，固定钻机，并限制其转动。

锚定孔位置的确定方法是，以定位孔为中心，施画一个(1.5 ~ 2) m × 2 m 的矩形，矩形的 4 个角的顶点即为固定锚定链的锚定孔位置，锚定孔的直径为 30 ~ 32 mm。

定位孔、安装孔和锚定孔钻凿完成后，可将钻机固定锥体插入定位孔，调整螺栓穿过钻机底座上的安装孔后插入调整孔；在每个锚定孔中楔入一个固定桩，在钻机顶板和固定桩之间安装锚定链。通过调节调整螺栓和锚定链上的双向调整螺栓，将钻机调整到符合钻孔方向要求的位置，检验无误后，锁紧调整螺栓将钻机固定。

有些液压钻机的钻杆旋转驱动电机为可拆卸式结构，安装调整钻机时，可将电机卸下，钻机安装完成后再装上，这样可减少钻机安装过程中的重量，便于移动、就位和调整钻机。接通液压油管、冷却水管和电源后，即可进行垂直钻孔的钻削。

液压钻机垂直钻孔时的安装要求是，钻杆中心线与钻孔中心线必须重合。钻孔与水平面应垂直，可用铅垂线测定钻杆的垂直度，而且钻机必须被牢固地固定在矿体表面上，不能晃动。

钻杆的尾端都有一个带旋转接头的法兰底座，用于连接冷却水管和压缩空气管。钻孔时，必须不断地加入冷却水，水压为 0.1 ~ 0.2 MPa，冷却水通过空心钻杆和钻头中心孔，进入钻头与岩石的切削部位，起到冷却钻头排除钻屑的作用。随着钻孔深度的增加，冷却水的压力也需要相应地提高。为了保证冷却水压要求，可在钻机冷却水路中安装小型水泵，供水量一般为 16 ~ 18 L/min。钻孔时，每增加一根钻杆要做好记录，以便计算钻孔的深度。压缩空气的作用是，当钻孔比较深时，可以帮助排出钻孔中的岩石碎屑。

当钻孔已经达到深度要求后，可将钻杆、钻头从钻孔中取出，将压缩空气风管插到孔底，送风将孔底积存的钻屑、积水吹出孔外。最后用铁板或木板将孔口封盖，用重物压紧，防止岩石碎屑掉入堵塞钻孔。

图8-52和图8-53分别是液压钻机垂直钻孔时，安装钻机的正视示意图和侧视示意图。

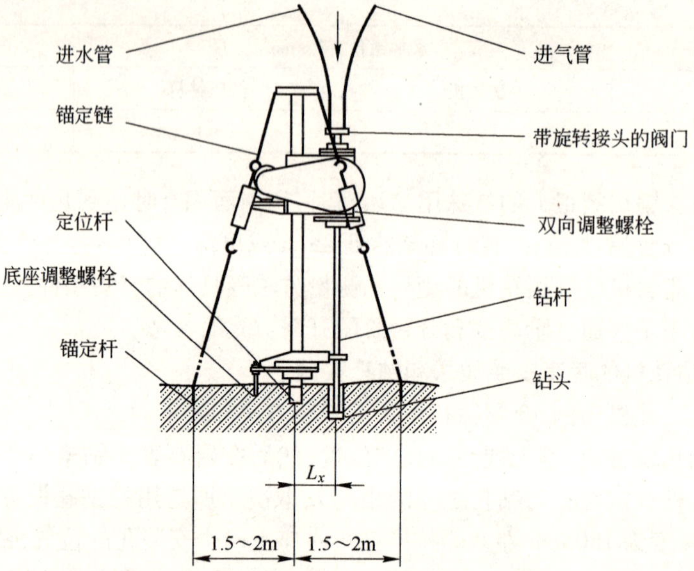

图8-52 液压钻机垂直钻孔位置安装示意图一

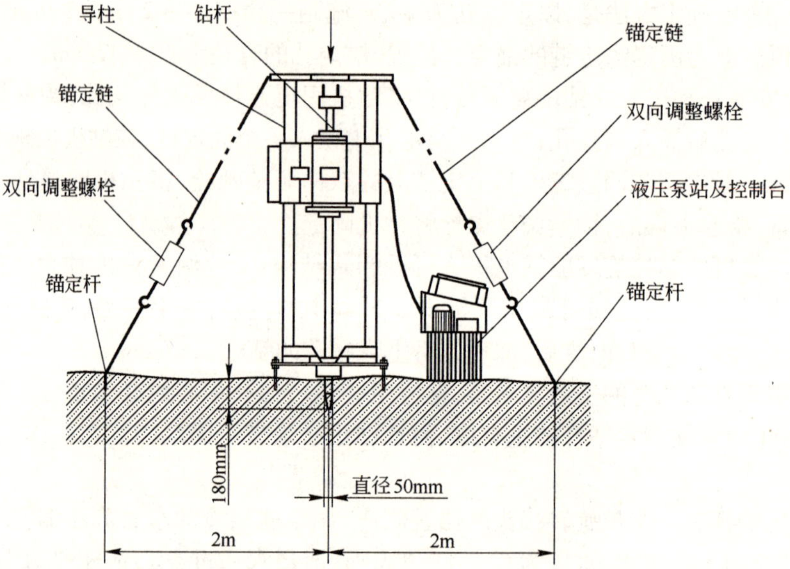

图8-53 液压钻机垂直钻孔位置安装示意图二

8.2.9.3 钻孔机的水平安装要求和钻孔实施

仍以使用液压钻机为例介绍，进行水平钻孔时，其安装、固定方法与垂直钻孔时相似，不同之处是钻机水平放置。定位孔、安装孔不是位于水平矿体上，而是钻凿在台阶的垂直面矿体上。为了保持钻机的水平支承，钻机尾部支架上另外还有两个安装钻机水平支承调整螺杆的安装孔，安装钻机前，必须在矿体的水平面上钻凿这两个直径为

30～32 mm 的孔。除此之外，还要在钻机尾部附近，钻凿 4 个直径为 30～32 mm、用于安装锚定杆的锚定孔，并安装 4 条带双向调整螺栓的锚定链，将钻机就位固定。然后调整钻机的钻进方向。

钻机水平安装的要求除了其稳固性外，还要求钻杆与水平钻孔重合。可按照前面介绍的交汇孔钻孔的测量方法，用水平尺等工具校正钻杆钻进的方向。通过调节水平支承调整螺杆，使钻杆与钻进方向线重合；钻机前端两个钻机固定杆上的螺栓，用于调整钻杆钻进的左右方向性，使钻头准确地与垂直孔交汇。全部调整达到要求后，可锁紧水平支承调整螺杆、钻机固定杆和锚定链上的双向调整螺栓，将钻机固定。接通水电后，即可进行水平孔的钻削。钻孔的冷却水压、供水量和钻进深度记录等要求与垂直钻孔相同。虽然水平钻孔时的钻屑排除比垂直钻孔容易，但必要时也可采用压缩空气辅助排除钻屑的方法清理水平钻孔。

图 8-54 和图 8-55 分别是液压钻机水平钻孔时，设备安装的侧视和俯视示意图。

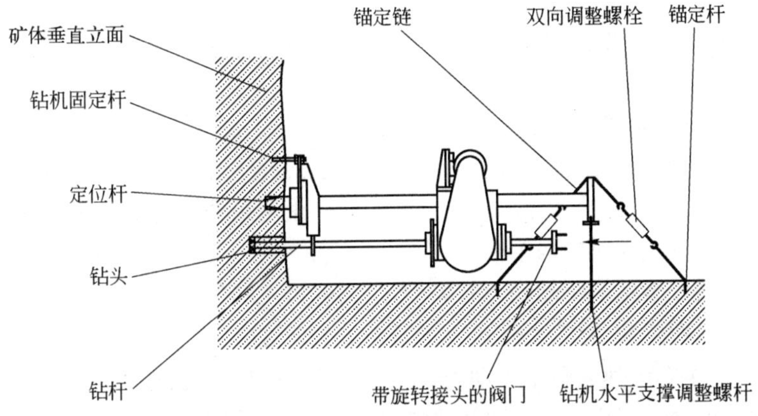

图 8-54 液压钻机水平钻孔安装侧视示意图

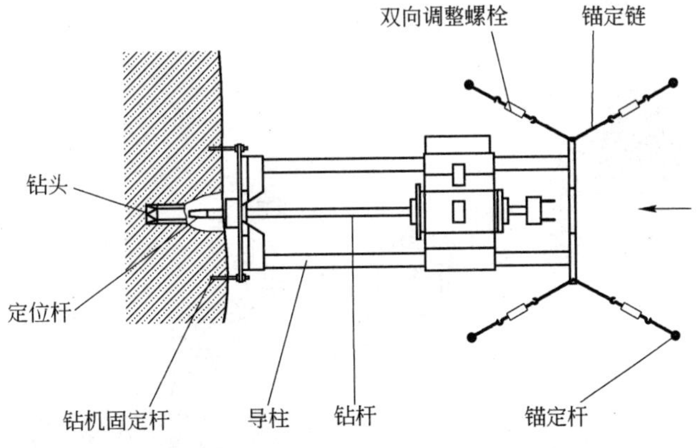

图 8-55 液压钻机水平钻孔安装俯视示意图

8.2.9.4 其他钻孔设备的安装要求

除了在大理石等软质石材矿山使用液压钻孔机外，还可以使用大孔径的气动或液压式凿岩机钻凿交汇孔，在花岗石矿山则必须使用大孔径的气动或液压式凿岩机钻凿交汇孔。上述液压钻孔机钻凿水平、垂直交汇孔的安装、测量和调整方法，也同样适用于前面介绍的框式大孔径气动或液压式凿岩机，具体安装孔、锚定孔的尺寸参见为各自设备配备的使用说明书。轮式大孔径凿岩机的钻孔测量要求与前面介绍的方法相同，安装固定方法可参见各自的说明书。

8.3 分离体的顶推和翻倒设备

在使用串珠锯开采石材时，当分离体从矿体上切割分离后，将其移离矿体或翻倒在工作面上是一个非常重要的开采工序。根据矿体形态不同、开采方法的区别等因素，分离体的体积从几十到几百立方米不等，有时能够达到上千立方米。多数情况下，都需要将分离体从矿体移出或翻倒，以方便对其进行解体作业。在使用串珠锯开采时，目前最常用的将分离体移出矿体的设备和装置有液压顶石机、水压顶推袋、气压顶推袋，液压顶石机是将分离体翻倒的理想设备。在特定条件下，使用装载机、挖掘机、推土机、甚至卷扬机也可完成或辅助完成分离体的位移或翻倒作业。

8.3.1 分离体的位移和翻倒设备

用于分离体的位移和翻倒的专门设备有液压顶石机、水压顶推袋（以下简称水袋）、气压顶推袋（以下简称气袋）。

8.3.1.1 液压顶石机

液压顶石机由液压泵站、液压顶头（活塞）和高压油管组成。高压油管的两端都配备有快速接合的接头，连接液压泵站和液压顶头。液压泵站由两级油泵提供高压油，三通道开关和两个四通道分配器分别或同时向两个液压顶头供油，控制液压顶头的顶进、后退或停止等动作。驱动液压顶石机液压泵站的驱动动力有电动式、内燃机式和气动马达式，可以按照矿山能源供应条件灵活选用。图8-56是意大利BENETTI公司生产的三种不同动力方式的液压顶石机的外形图，图中自左至右排列的泵站驱动力分别为3.7 kW汽油机、2.2 kW电动机和3 kW气动马达。液压系统的最高工作压力一般为70 MPa，每个液压顶头的液压回路中都安装有液压油滤芯、安全阀、一个用于指示液压系统工作压力的压力表以及控制其动作的控制阀等。整个液压泵站安装在装有橡胶轮子的手推车上，可以在矿山的各个工作面之间灵活移动。

图8-56 意大利BENETTI公司生产的不同动力、不同规格顶头的液压顶石机

液压顶石机通常配备两个液压顶头，既可进行分离体的顶推位移，又可以完成分离体的翻倒作业，具有推力大，单个顶头的最大推力可达 900 ~ 1500 kN，甚至更大；顶推行程长，达 50 ~ 300 mm；以及体积小、便于移动、使用和操作简便等特点，在石材矿山广泛采用。图8-57是意大利 BENETTI 公司生产 IS166 型液压顶石机所配备的不同长度顶头的顶推力、顶推行程和顶头重量的参数和图片。图 8-58 是福州天石源超硬材料工具有限公司生产的 TSY-DS 系列型液压顶石机图片。液压顶石机可独立使用，也可与水压或气压顶推袋配合使用，共同完成分离体的位移和翻倒作业。

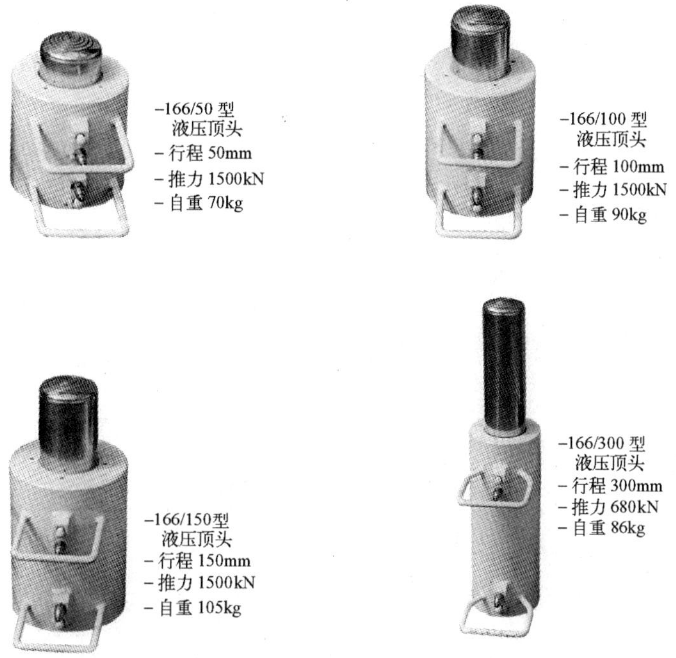

图 8-57　意大利 BENETTI 公司 IS166 型液压顶石机不同长度的液压顶头

图 8-58　福州天石源超硬材料工具有限公司 TSY-DS 系列液压顶石机图片

如果矿山只配有短行程的液压顶头或顶推行程不能满足使用要求时，也可以自制一些固定长度的顶头，放在液压顶头和分离体之间，以增加液压顶头的顶推行程。这些固定顶头采用材质优良的圆钢制成，直径与液压顶头深出部分的直径相同，一般在 130 ~ 170 mm 之间；固定顶头的长度分别为 50 mm、100 mm、150 mm、200 mm 和 300 mm，根据需要也可做得更长；根据固定顶头长度的不同，每个固定顶头的圆钢部位应焊接一个或一对钢质吊环，用于拴系绳索。

表 8-11 是几款中外液压顶石机的基本技术参数。表 8-12 是意大利 BENETTI 公司 IS166 型液压顶石机液压泵站的技术参数，表 8-13 是为该机配备液压顶头的技术参数。

表 8-11 几种中外液压顶石机的基本技术参数

技术参数	型号											
	SUPER TIGER	TITANO			IS166				YSD150	TSY-DS-320		
		E	SC									
工作压力/MPa	70	70			70				68.7	63		
动力类型	电动、内燃、气动马达	电动机	内燃机	气动马达	电动机	内燃机	气动马达		电动机	电动机		
动力功率/kW	2.2/2.6/2.9	2.2	3.7	2.6	2.2	3.7	3		3	3		
液压顶头		160/C	160/L		Ⅰ	Ⅱ	Ⅲ	Ⅳ	2 个	2 个		
最大推力/kN·个$^{-1}$	1000	1600			1500	1500	1500	680	1500	2000	3200	5000
工作行程/mm	50/100/150	100	140		50	100	150	300	140	200/300		
顶头重量/kg·个$^{-1}$					70	90	105	86				
油管长度/m		10								15		
油箱容积/L	25	25							25	40		
泵站重量/kg		100	100	130						380		
生产企业	意大利 MARIO BERNUCCI	意大利 PELLEGRINI 公司			意大利 BENETTI 公司				山西机床厂	福州天石源超硬材料工具有限公司		

表 8-12 意大利 BENETTI 公司 IS166 型液压顶石机泵站的技术参数

70 MPa 工作压力		6.35 mm(1/4 英寸)高压胶管速装接头	液压油密封压力范围 0 ~ 100 MPa
25 L 油箱容积		手轮调节的流量控制阀连续可调 0 ~ 70 MPa	中心分配阀可独立或同时控制两个分配阀
轴向柱塞泵	70 MPa 安全阀压力	安全阀返回安全设定压力 15 MPa	两边的分配阀直接控制每个顶头

表 8-13 意大利 BENETTI 公司 IS166 型液压顶石机液压顶头的技术参数

双路液压油缸	多层油封	回程压力 15 MPa
硬铬镀涂处理的合金钢顶头	6.35 mm(1/4 英寸)速装接头	
耐磨金属制成的末端环状螺母	承受压力 70 MPa	

8.3.1.2 水压顶推袋

图 8-59 矿体上用于放置液压顶石机的石槽

金刚石串珠锯开采设备最显著的特点是,使用柔性金刚石串珠绳作为切割刀具,锯切开采石材荒料,其锯缝宽度只有 12 mm。当石料全部从矿体上分离锯切后,如果使用大推力的液压顶石机,通过 12 mm 的锯缝,直接从矿体上将重量达几百上千吨的石料移动或翻倒是非常困难,有时甚至是不可能的。为了能够直接使用液压顶头推动分离体,一般采用在母体矿体上钻凿一个(25 ~ 30) cm × 25 cm × 35 cm 的规整石槽(见图 8-59),用于放置液压顶头将分离石料顶动位移的方法。钻凿石槽的作业费时费力,还会造成位于矿体上的后续分离体的损伤和缺陷,在花岗石矿山石槽的钻凿有时甚至是不现实或不可能的。

水袋是一种超薄型、一次性使用的金属顶推袋,专门用于插入串珠绳的切割缝中,通过高压水泵将高压水注入袋体,使袋体膨胀至金属塑性变形,直至袋体破裂。这一过程中袋体产生的推力,通过杠杆原理推动石料移动,最终将分离体顶开一个可放入液压顶头(大约 300 ~ 400 mm)或挖掘机斗齿(大约 100 ~ 200 mm)可插入的缝隙,分离体在后者配合下能够移出矿体或翻倒,以便将分离体进一步解体。水袋由延伸性很好的薄钢板周边辊焊、在边角部位铜焊接一个进水嘴接头制成,未使用前袋体厚度仅为2 mm,可容易地插入一般为 12 ~ 13 mm 的串珠绳锯缝中。水压袋的工作压力为 2 ~ 2.5 MPa,在工作压力下,1 m^2面积的水压袋可产生大约 1900 ~ 2400 kN 的推力;当压力超过 4.3 MPa 时,水压袋破裂。破裂后的水压袋,在分离体和矿体之间平均可产生大约 350 mm 宽度的缝隙。

水袋装置包括电动水泵单元、一次性使用的金属袋和连接软管;通常每个配备压力调节器的控制单元,可通过柔性软管与两个袋体连接。包括水箱、水泵及水袋在内的水袋顶推装置的安装简单方便,一般 20 min 即可完成全部安装。

表 8-14 是意大利 BENETTI 公司生产的不同规格水袋的尺寸表。图 8-60 是意大利 BENETTI 公司生产的 HB645 型水袋装置的图片,图 8-61 是意大利 LOCHTMANS 公司生产的水袋装置。

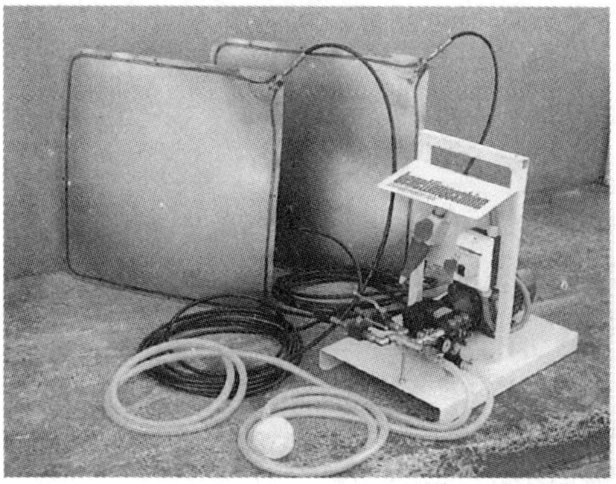

图 8-60 意大利 BENETTI 公司生产的 HB645 型水压顶推袋装置

表 8-14　意大利 BENETTI 公司生产的不同尺寸的水压顶推袋体尺寸

袋体尺寸/m × m	1 × 0.5	1 × 0.8	1 × 1
厚度/mm	2	2	2

图 8-61　意大利 LOCHTMANS 公司生产的水压顶推袋装置

8.3.1.3　气压顶推袋

一次性使用的水袋，相对气袋而言，其使用成本相对比较高，每个水袋不含进口关税的价格大约是 400 元人民币左右，一次使用后即报废，废弃的金属水袋还会污染环境。可多次重复使用的气袋，其功能和使用方法与一次性水袋基本相同，作业时也无需在矿体凿制石槽，不会破坏矿体完整性，正确操作可反复使用百次以上，使用成本低廉。气袋的工作原理是利用石材矿山很容易得到的压缩空气，对插入锯缝中的气袋体充气，袋体迅速膨胀后产生推力，推动分离体石料的位移或翻倒。

气袋具有携带方便、使用灵活、操作简单等特点，翻倒 20 m^3 左右的分离体，包括辅助时间在内大约需要 15 min，远高于使用顶石机翻倒分离体所消耗的时间。根据气袋制造工艺和袋体选材不同，将气袋分成厚、薄两种类型。

A　*薄型气袋*

薄型气袋用于插入使用串珠锯切割大理石、花岗石分离体形成的锯缝中，顶推位移或翻倒分离体。袋体厚度 7 ~ 9 mm，袋体由高强度高分子橡胶材料制成，可反复伸缩使用。薄型气袋的特点是移动轻便，动作可靠，操作简便，非常适合石材矿山的使用和推广。

薄型气袋插入串珠绳锯切形成的 12 mm 锯缝后，充气袋体迅速膨胀可产生几十吨的推力，利用杠杆原理推动石料使其翻倒，以便后续工序对石料进行解体、生产荒料。根据需要，也可将分离体位移，将锯缝顶开大约 300 ~ 500 mm 的距离。

气袋一般成对使用，每个气袋顶部有两个充气口，两个提拉环，以及一套压力控制和调节装置。根据气袋型号不同，除了气袋主体装置外，还为气袋配备有金属护角板、锚定锁链或吊绳、将袋体插入锯缝中的金属杆、袋体的修补粘接辅料和工具等辅件。金属护角板是放置在切割逢中，用于保护气袋的反装 L 形钢板，图 8-62 所示为意大利 BENETTI 公司生产的与 ISP640 型薄型气袋配套使用的金属护角板。

因为袋体材料的强度限制，薄型气袋的工作压力一般在 0.12 ~ 0.5 MPa 之间，为了提高其顶推力，都采用增大袋体面积的结构形式。图 8-63 是国产 QD 薄型气袋的照片，图 8-64 是福州天石源超硬材料工具有限公司生产的 TSY-QD 系列薄型气袋的照片，表 8-15 是该系列薄型气袋的尺寸和推力参数表；图 8-65 是存放状态的意大利 BENETTI 公司生产的 ISP640 型薄型气袋，表 8-16 是 ISP640 系列气袋的尺寸和推力参数表。

图 8-62 意大利 BENETTI 公司生产的与 ISP640 型薄型气袋配套的金属护角板

图 8-63 国产 QD 系列薄型气袋

图 8-64 福州天石源公司生产的 TSY-QD 系列薄型气袋

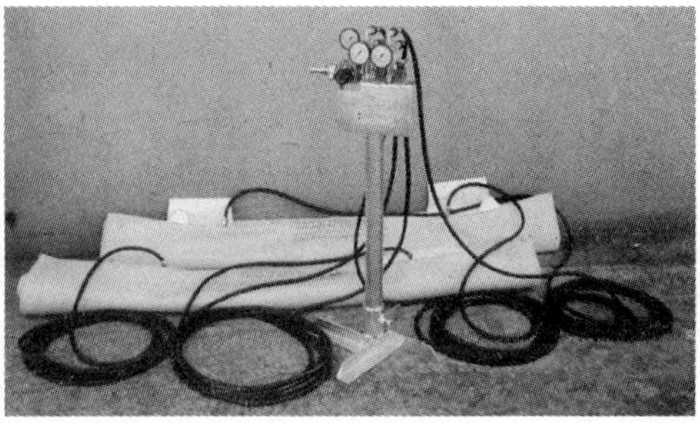

图 8-65 意大利 BENETTI 公司生产的 ISP640 型薄型气袋

表 8-15 福州天石源超硬材料工具有限公司生产的 TSY-QD 系列薄型气袋技术参数

型 号	尺寸/m × m	袋体最大厚度/mm	气袋有效工作面积/m^2	最大顶推力/kN
TSY-QD-55	2 × 1.5	9	2.76	550
TSY-QD-85	3 × 1.5	9	4.2	840

表 8-16 意大利 BENETTI 公司生产的 ISP640 型薄型气袋技术参数

型 号	EV10	EV36	EV54
工作尺寸/mm × mm	1400 × 800	2000 × 1600	2800 × 1600
厚度/mm	7	7	7
工作压力/MPa	最大 0.4	最大 0.44	最大 0.44
推力/kN	200	860	1260

B 厚型气袋

厚型气袋最早是作为铁路等行业出现事故的救生和救援的工具，其袋体厚度 25 ~ 30 mm，由高强度的钢丝网帘布与高分子橡胶材料复合制成。钢丝网帘布是气袋的骨架，承受着顶推作业时的全部应力，橡胶起着密封和填充袋体的作用。因为厚型气袋采用了钢丝网帘布骨架，使用压缩空气时其工作压力能够达到 0.8 MPa，远高于薄型气袋，可以产生更大的推力。使用为厚型气袋配备的气源系统时，厚型气袋系统的供气压力可达 20 MPa，还配备存储压力达到 20 MPa 的高压储气瓶（主要用于救援），用于矿山暂时失去动力，但需要继续作业时，临时压缩空气的提供；配备的减压器和调压器用于气袋的操控。

视顶推重量不同，有多种袋体面积供选择。厚型气袋在大理石矿山中主要用于放入臂式开采锯机和金刚石开采带锯切割的锯缝中（一般 38 ~ 42 mm），移动或翻倒分离体；在花岗石矿山中，可用于控制爆破分离石料时产生的大约 10 cm 左右的缝隙。

图 8-66 是意大利 BENETTI 公司生产的 ISP641 厚型气袋外观图，表 8-17 是 ISP641 厚型气袋的尺寸和推力参数表；图 8-67 是北京铁路局太原科学技术研究所生产的 CQ 系列多功能厚型气袋，表 8-18 和表 8-19 分别是 CQ 厚型气袋的袋体和气源的技术参数。

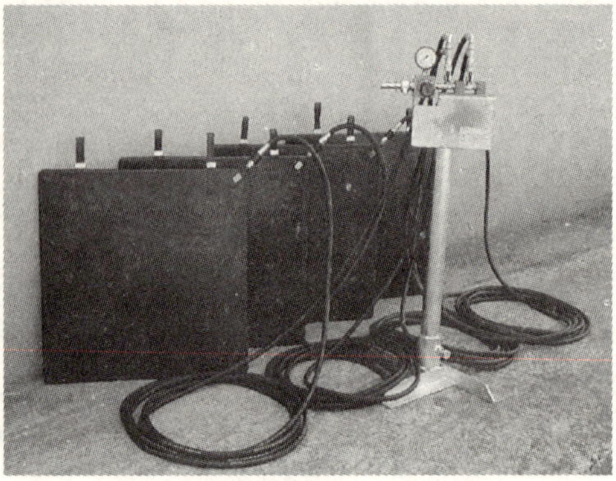

图 8-66 意大利 BENETTI 公司生产的 ISP641 厚型气袋

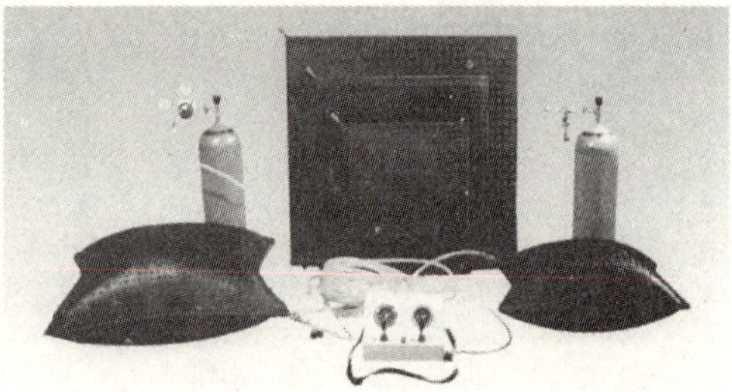

图 8-67 国产 CQ 系列厚型气袋

表 8-17 意大利 BENETTI 公司生产的 ISP641 厚型气袋技术参数

工作尺寸/mm × mm	厚度/mm	工作压力/MPa	推力/kN
650 × 650	25	最大 0.7	280

表 8-18 国产 CQ 厚型气袋技术参数

技术参数 \ 气袋型号	CQ-10	CQ-12	CQ-18	CQ-24	CQ-24L	CQ-30	CQ-40	CQ-54	CQ-68
最大推力/kN	98	122	182	245	245	316	408	551	694
最大顶推距离/mm	200	200	270	300	250	370	400	480	520
最大工作压力/MPa	0.8	0.8	0.8	0.8	0.8	0.8	0.8	0.8	0.8
外形尺寸（长 × 宽）/cm × cm	37 × 37	32 × 52	47 × 52	52 × 62	31 × 100	65 × 69	69 × 78	86 × 86	95 × 95

续表 8-18

技术参数 \ 气袋型号	CQ-10	CQ-12	CQ-18	CQ-24	CQ-24L	CQ-30	CQ-40	CQ-54	CQ-68
袋体原始厚度/cm	2.8	2.8	2.8	2.8	2.8	2.8	2.8	2.8	2.8
出厂试验压力/MPa	1.6	1.6	1.6	1.6	1.6	1.6	1.6	1.6	1.6
膨胀时间/s	8	10	18	32	30	32	34	55	62
自重/kg	7	8	11	14	14	20	24	30	43

表 8-19 国产 CQ 厚型气袋气源技术参数

技术参数 \ 部件	高压储气瓶总成	控制箱	减压器	输入气管总成	高压充气泵
工作压力/MPa	20	0.8	20/0～1	0.8	20
容量/m^3	2.4				
通径/mm			8	10	
充气流量/$m^3 \cdot h^{-1}$		2×54			
自重/kg	17	4.8	1.6	2.5	78

8.3.2 分离体顶推位移和翻倒的方法

使用水袋、气袋和液压顶石机能否成功地移动或翻倒分离体，与分离体的大小、高度与厚度的比例、选用顶推设备和装置顶推力能力的大小等因素有关，与顶推设备或装置的正确使用也有关。

8.3.2.1 翻倒分离体相关尺寸的计算

分离体能否被翻倒，与分离体的几何尺寸、顶推装置的推力大小和类型有关，图 8-68 显示了一块待翻倒分离体的几何尺寸、分离体的重力作用线、顶推力作用线和分离体翻倒支点之间的关系，表 8-20 是图 8-68 中每个字母的含义和参考数值。

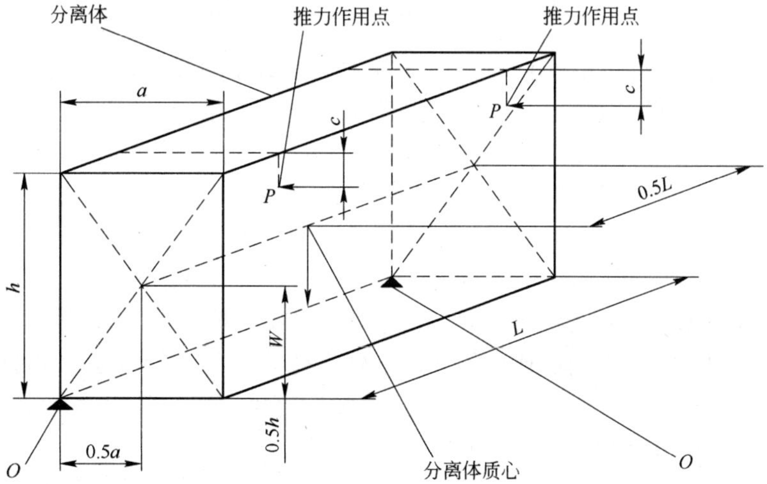

图 8-68 翻倒分离体相关尺寸和推力示意图

假设分离体为均质物体，其重力作用点位于分离体的质量中心；每块分离体由两个顶推装置推动，顶推力作用点分别对称地作用在分离体上部的两侧；分离体按照图示 $O—O$ 轴转动翻倒。

按照力矩平衡原理，分离体翻倒时必须符合以下公式所示的条件：

$$2P(h - c) > \frac{aW}{2} \tag{8-3}$$

$$W = Lah\rho \tag{8-4}$$

$$a < 2\sqrt{\frac{P(h - c)}{hL\rho}} \tag{8-5}$$

从上面公式可以看出，顶推力 P 作用点到分离体顶面的距离 c 与选择的顶推装置有关，c 值越小，顶推力矩越大，可推动分离体的体积也越大。选择液压顶石机时，除了其顶推力大外，其 c 值也最小，所以它产生的顶推效果也最好。

表 8-20　翻倒分离体图中相关字母的含义

字　母	含　　义		参考数值
P	顶推力/kN	液压顶石机	2 ×680 ~1500
		水　袋	2 ×1900 ~2400
		薄型气袋	2 ×200 ~1260
		厚型气袋	2 ×280
c	顶推力作用点到分离体顶面距离/m	液压顶石机	0. 1 ~0. 15
		薄型气袋	0. 33 ~0. 8
		水　袋	0. 25 ~0. 5
L	分离体长度/m		5 ~15

字　母	含　　义		参考数值
h	分离体高度/m	串珠锯全锯切开采大理石	5 ~12
		臂式锯开采大理石	3 ~4
		全锯切开采花岗石	3 ~10
		凿岩机开采花岗石	2 ~6
		串珠锯凿岩机开采花岗石	6 ~8
a	分离体厚度/m		
W	分离体重量/t		
ρ	石材体积密度/$t \cdot m^{-3}$		
O	分离体翻倒回转轴的两个端点		

台阶高度 h（分离体的高度）与开采石材的种类和选用的开采方法有关。在大理石开采时，通常采用全锯切开采方法，如果采用串珠锯全锯切开采，其台阶高度 h 可选择在 5 ~ 12 m；如果采用的是臂式开采锯机全锯切开采，台阶高度与切割臂的长度有关，一般是 3 ~ 4 m。同样是采用全锯切开采方法，开采花岗石时，建议选择的台阶高度在 3 ~ 10 m 之间。如果是采用排孔凿岩与串珠锯相结合开采花岗石的开采方法，建议分离体的台阶高度在 6 ~8 m。手持凿岩机开采花岗石，分离体的台阶高度为 2 ~6 m 比较合适。台阶高度并不是一成不变的，上述数值只作为参考，具体开采作业时，还应根据矿体的实际情况和采用开采设备的能力，灵活选择适合自己矿山的开采分离体高度。上面介绍的开采台阶一般都是指可直接翻倒或位移的分台阶，并不是指不需要翻倒或位移的主台阶，在有些采用串珠锯辅助开采的花岗石矿山，主台阶的高度甚至会超过 20 m。

开采台阶长度 L 与矿体完整性、荒料规格和顶推力的大小等因素有关，正常情况下，其长度都小于 10 m。

表 8-21 薄型气袋翻倒分离体的高度与厚度之间的关系

a/m	h/m	L/m	体积/m^3	c/m	P/kN	ρ/t·m^{-3}
2	3	6	36	一对尺寸为 1 m×0.8 m 的国产薄型气袋横放 c=0.4	2×200	2.8
1.7	6	9	91.8			
1.5	9	12	162			
3.1	3	6	55.8	一对尺寸为 2 m×1.5 m 的国产薄型气袋横放 c=0.75	2×550	2.8
2.7	6	9	145.8			
2.4	9	12	259.2			

当顶推设备、石材种类和开采台阶的长度选定后,可将台阶厚度表示为以台阶高度为变量的函数,即 $a=f(h,L)$,按照公式 8-6 进行计算。表 8-21 是采用串珠锯开采,选用薄型气袋作为顶推设备,翻倒不同高度和长度的分离体时,最小分离体厚度的计算数值。

8.3.2.2 翻倒分离体的方法

前面介绍在解体分离体前,可将分离体位移或翻倒。除了便于解体外,翻倒分离体还有一个目的是使分离体中的隐暗裂隙全部暴露出来,以保证生产出的荒料具有更高的质量。

A 使用气袋或水袋翻倒分离体的方法

使用气袋或水袋翻倒分离体的标准方法参见图 8-69。图 8-70 是国产 QD 型气袋顶推翻倒分离体的现场照片。在将气袋插入锯缝前,必须用净水将锯缝内的岩石碎屑冲刷干净,以防止它们将气袋硌伤损坏,有条件时,可在锯缝中放入金属护角板用于保护气袋。在使用气袋顶推排孔凿岩开采的分离体时,因为排孔凿岩分离面非常粗糙,必须使用金属护角板保护气袋;使用水袋顶推这种分离面时,为防止分离面上突出的石料部位过早地刺破水袋,也应使用金属护角板保护水袋。

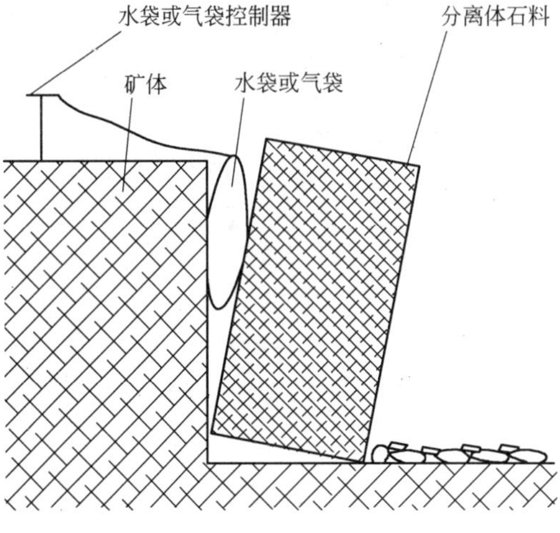

图 8-69 气袋或水袋翻倒分离体示意图

图 8-70 气袋翻倒分离体示意图

B 使用液压顶石机翻倒分离体的方法

使用液压顶石机翻倒分离体的方法参见图 8-71 和图 8-72,安装液压顶头的石槽应选择在无裂隙或没有其他杂物的部位,并尽量凿制得规整,以避免顶推过程中,石槽部位碎裂;尤其是处于矿体部分的作用面应垂直于顶推力的作用线,防止顶头受力后从石槽内滑出。液压顶头在石槽中作业时，如果顶头伸出的长度不够，可在液压顶头和分离体之间插入一个固定顶头。当锯缝扩大到可放入液压顶头后，按照图 8-72 所示方法将液压顶头放入扩大的锯缝，继续顶推，直至将分离体翻倒。

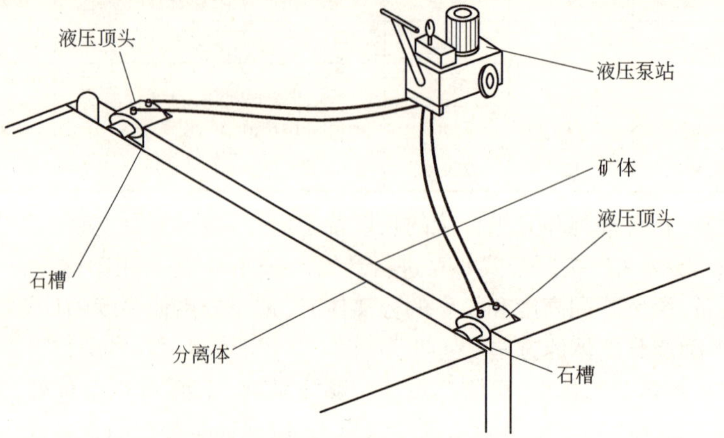

图 8-71　液压顶石机翻倒分离体示意图一

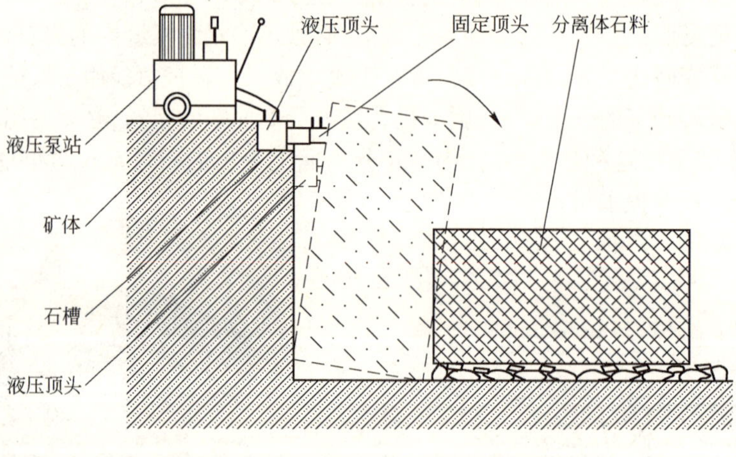

图 8-72　液压顶石机翻倒分离体示意图二

使用顶推装置时，应注意采取一些辅助措施，保证顶推作业的顺利完成。例如，不论是使用水袋、气袋或液压顶石机，在锯缝不断扩大的过程中，应不断向锯缝中填入不同块度的碎石，及时将已经张开的锯缝稳固，防止水袋破裂或发生其他异常情况时，分离体回到原来的位置，使顶推作业失败。

使用水袋或气袋时，当锯缝扩大到 300 mm 以上后，可将液压顶头直接放入固定好的锯缝中，继续作业将分离体顶翻。在将液压顶头或固定顶头放入扩大的锯缝时，必须使用绳索一头牢系住顶头，另一头系在矿体一侧的锚定杆上，防止翻倒过程中，液压顶头或固定顶头掉入锯缝中。

液压顶头通常成对使用，但随着顶推分离体体积的增大，也可以同时使用 3 ~ 4 个液压顶头同时作业，但要保证每个顶头伸出运动的同步性。

8.3.2.3 位移分离体的方法

在选定分离体尺寸时，为了避开裂隙或缺陷，当分离体的高度和长度确定后，其宽度并不一定能够正好选择地与表 8-21 中列举的计算数值相同。为了更好地利用矿体，获得最大荒料率，会出现合理的分离体厚度尺寸比分离体翻倒的最小厚度尺寸大的情况。这时就不再需要将分离体翻倒，只需将其从矿体移动一段距离，能够放入顶石机或挖掘机的斗齿，就能将分离体移出矿体。

采用臂式切割机和串珠锯切割分离体后，水平底面都比较平整，可以按照石料之间的静摩擦系数和分离体的重量计算移动一块分离体需要的顶推力。也可根据开采现场现有的顶推装置，核算能够移动的合适分离体的体积。可以按照公式 8-7 计算移动分离体的重量，如果只需要移动分离体，对其高度与厚度尺寸比例的限制也没有将其翻倒时严格，但必须考虑分离体与荒料的尺寸关系。

$$P > \frac{Lha\rho f}{\lambda} \tag{8-6}$$

式中 L、h、a、ρ——分别为分离体的长、高、厚和体积密度；

f——光滑石料之间以水为润滑介质的滑动摩擦系数，参照金属与石材之间有、无润滑时该值通常在 0.2 ~ 0.33 之间，选取 f 平均值大约为 0.25；

λ——工况系数，根据开采现场复杂工况对顶推力进行修订，以保证分离体位移成功，通常 $\lambda=0.8$。

如果采用两个面积为 2 m × 1.5 m 的薄型气袋，可以产生大约 1100 kN 的推力，最大能够推动大约 332 t（118 m^3）的分离体。图 8-73 是气袋或水袋移动分离体示意图，具体操作时，最好将它们放到分离体高度方向的中间位置，以减小或消除顶推力矩的作用对位移分离体的影响。其作业时的要求与它们翻倒分离体时相同。

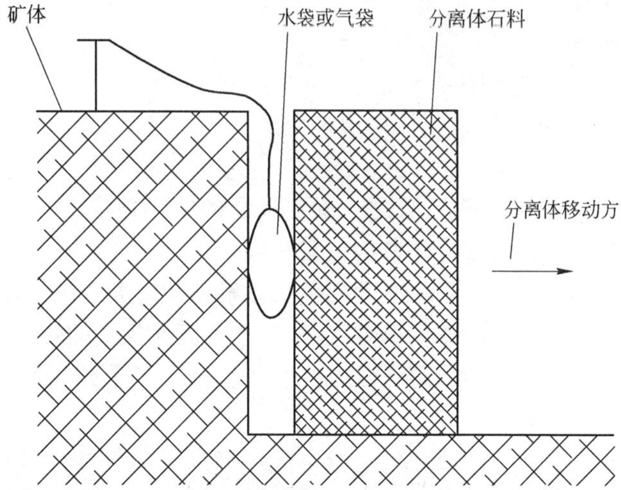

图 8-73 气袋或水袋移动分离体示意图

8.3.2.4 气袋的其他使用方法和使用要求

气袋一般都是沿分离体水平方向成对布置安放，但有时为了增加气袋顶推距离，可以采用叠加安装方法；为了增大推力，还可以采用多个气袋水平或垂直并排或并列安装。图 8-74 是气袋叠加式安装的顶推方法，如果分离体的几何尺寸、体积和重量合适，采用叠加式气袋顶推方法可以直接将分离体翻倒。图 8-75 是垂直并联式气袋安装方法，主要是为了增加推力，在体积比较大的分离体位移时才采用。

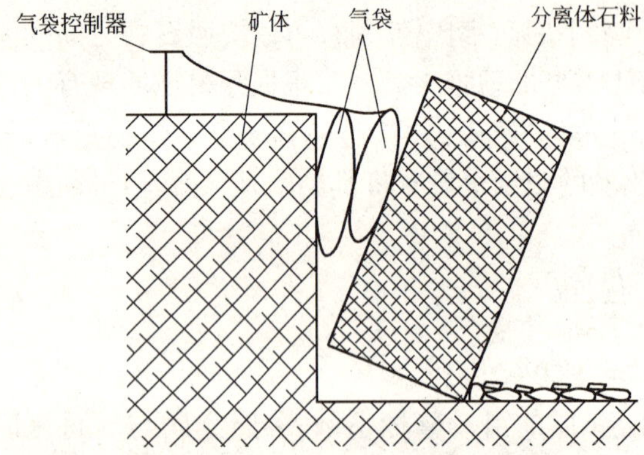

图 8-74　气袋叠加翻倒分离体示意图

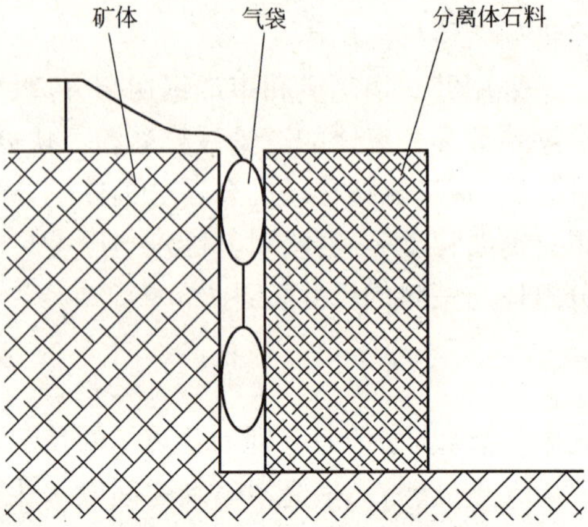

图 8-75　气袋垂直并列移动分离体示意图

除了在采用锯切式开采方法的大理石、石灰石和石灰华等石材矿山中可以使用气袋或水袋外，在采用排孔凿岩、控制爆破开采方法的花岗石矿山，如果需要翻倒分离体，也可以使用气袋或水袋。因为它们是在劈裂分离的粗糙面内使用，所以在使用气袋时，必须配合金属护角板（图 8-62）；使用水袋时，还可使用厚度 4 ~ 5 mm 的橡胶板，目的是防止气袋或水袋直接与粗糙的分离表面接触时被刺破。无论是什么样的分离表面，使用气袋或水袋前，必须将锯缝中的碎石清除干净。

A　气袋的使用要求

为了正确地用好气袋，必须按照下面的要求使用气袋。

根据顶推石料的重量和顶推目的估计顶推力的大小，正确选择需要气袋的数量和作用力的位置。

按照气袋顶推力的二分之一到三分之二确定气袋的实际顶推力，即气袋实际顶推力要大于分离体的实际重量，以确保顶推作业的可靠完成。

在使用金属护角板时，气袋与石料之间的负荷接触面积应大于三分之二的袋体面积；直接顶推时，气袋必须与分离体负荷作用全部接触，防止分离面尖利的棱边割伤气袋。

使用前须将锯缝内与气袋接触石壁表面冲洗干净，防止其上残留砂粒等杂物将气袋割破或硌伤。

根据需要顶推分离体的大小和重量，选择不同规格型号的气袋，推力不足时，可采用两个或多个气袋同步并排或叠加使用。

根据实际需要确定顶推分离体的目的是位移还是翻倒。如能利用挖掘机或其他工程机械，可使用气袋扩大锯缝、位移石料，扩大的锯缝以可插入挖掘机斗齿为合适，然后使用工程机械辅助翻倒或位移石料，以提高工作效率。

如需要在表面不光滑的缝隙中作业，可在需要顶推作业的缝隙中插入两片面积略大于气袋面积的金属护角板，或者使用厚度为 1 ~ 1.5 mm 的镀锌钢板，将气袋置于两片钢板之间，使气袋不直接接触石壁进行顶推作业，以保证气袋的安全。即便是在串珠绳形成的锯缝内作业，必要时也可采用上述加钢板或金属护角板的保护方法。

使用中，气袋不得接触酸、碱、盐、油类、有机溶剂等物质，如有接触应尽快清除，以免腐蚀气袋袋体。

气袋的气嘴是关键部件，应防止其磕碰，使用后立即套上气嘴保护帽。

在使用现场，应避免气袋与铁丝、钉子、砾石等尖锐物品直接接触，以免刺破气袋袋体。

使用后，应及时将气袋放气，可使用中性的肥皂水清洗袋体，然后平整放置于阴凉处，勿重压，避免阳光长时间暴晒。

使用中不慎将气袋划破时，小的破洞或切口可直接用相同的袋体材料粘补，大的破口一般都送到生产厂家修补。

气袋使用现场的环境温度为 -10 ~ +40℃。

B 气袋和水袋的使用成本

国产气袋的价格大约是 4500 元人民币，按照最少可使用 50 次数计算，每次平均顶翻或移动分离体的体积为 100 m^3，每次使用两个气袋，平均荒料率为 30% 计算，开采每立方米荒料时，气袋的成本大约是 6 元人民币。即使荒料价格最低是每立方米 300 元人民币，气袋使用费用也只占销售价格的 2%。

进口水袋的价格按照每个大约 400 元人民币(40 欧元)，每次使用两个，一次性使用，每次平均顶翻或移动分离体的体积仍按照 100 m^3，平均荒料率为 30% 计算，开采每立方米荒料时，气袋的成本大约是 27 元人民币。如果仍按照使用费用占荒料销售价格 1% 计算，荒料的销售价格应该是每立方米 2700 元人民币。

虽然使用成本差距比较大，但水袋大顶推力的特性是气袋无法比拟的。所以只要荒料的销售价格合适，水袋和气袋都是适合矿山使用的顶推工具。

8.3.3 其他位移和翻倒分离体的设备

除了上面介绍的专用分离体位移和翻倒设备外，工程机械、慢动卷扬机和配套滑轮组件等设备和装置，都可用于配合分离体的位移或翻倒的辅助作业。

8.3.3.1 工程机械辅助翻倒分离体

图 8-76 是挖掘机辅助气袋翻倒分离体的现场图。如果分离体与矿体之间的缝隙比较大，不需要专用顶推设备，使用挖掘机等工程机械可直接将分离体从矿体移开或翻倒，图 8-77、图 8-78 分别是使用挖掘机斗齿插入分离体锯缝，将分离体翻倒的现场作业图。

图 8-76 挖掘机辅助气袋翻倒分离体现场图

图 8-77　挖掘机斗齿直接插入锯缝位移分离体现场图

图 8-78　挖掘机翻倒分离体现场图

有条件时，还可以将装载机开到台阶上，将铲斗或专用叉插入锯缝，将分离体移开或翻倒，见图 8-79。当锯缝的宽度能够放入钢丝绳时，可用钢丝绳套住分离体，用慢动卷扬机、转载机、挖掘机或推土机将分离体拉出矿体。也可在分离体顶部合适位置栽锚定桩，通过专用滑轮组或直接通过上述工程机械，直接将分离体翻倒。图 8-80 是巴西某花岗石矿山，使用滑轮组件配合挖掘机进行分离体拖拽式翻倒作业的现场图片；图 8-81 是滑轮组的照片。

图 8-79　装载机在开采台阶上撬翻分离体照片

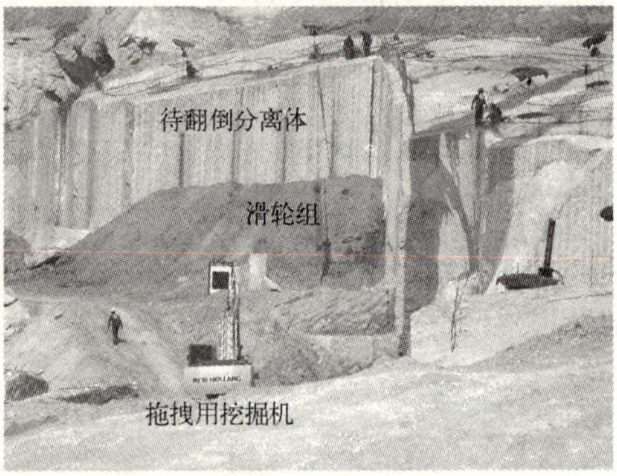

图 8-80　滑轮组配合挖掘机拖拽翻倒分离体现场图

图 8-81　滑轮组的照片

必须注意的是,上面介绍的位移和翻倒分离体的方法,只能建立在分离体与矿体的各个连接面全部被切割分离的前提下,严禁用上面介绍的方法试图劈裂分离体。

8.3.3.2 工程机械移动荒料作业

除了翻倒或移动分离体外,在设备所能提供能力的支持下,挖掘机或装载机还可用于分离体在原地位置上转动,或将荒料在采场内移动到指定位置。图 8-82 是挖掘机在采场移动荒料的作业图,图 8-83 是挖掘机在开采现场移动小规格分离体的作业图。

图 8-82 挖掘机在采场移动荒料

图 8-83 挖掘机在采场移动小规格分离体

8.4 矿山开采用荒料整形设备

在荒料运输、尤其是在长距离运输时,因其不规则外形产生多余部分的石料,会增加无效益运输费。在矿山完成荒料的整形,可以降低荒料中多余部分的无效运费。例如,石材通常的体积密度是 2.7 ~ 3.0 t/m^3,整形后的毛方体积密度大约是 3.1 ~ 3.5 t/m^3,非整形荒料毛方体积密度估计要达到 3.5 ~ 4.5 t/m^3,为此,非整形荒料的额外附加运费将增加 25% ~ 30%。因此矿山整形工序是很有必要的,而且整形后荒料的销售价格将更高。

荒料的第一道整形,一般都在石材矿山的开采现场完成,石材开采用金刚石串珠锯是荒料整形的主要设备,荒料整形工序是紧接在分离体解体后的一道关键工序。

除此之外,许多矿山还配备有专用的荒料整形设备,以及小型移动式串珠锯整形切割设备。在大理石、石灰华和石灰石矿山,一般可配备单锯条整形机、固定式链臂型整形机、固定式金刚石带锯整形机、小型移动式串珠锯整形机等荒料整形设备。花岗石矿山通常只配备小型移动式串珠锯整形机、固定式金刚石串珠锯式整形机。国外有些矿山还安装一种专门整形用串珠锯轨道台车,串珠锯可在台车上前后运动,轨道台车可左右移动变换整形工位,用于高效率的荒料整形切割。国内许多矿山也使用大直径圆盘锯作为矿山荒料整形的设备,台架式凿岩机的密集排孔凿岩也可用于整形荒料。

8.4.1 固定式金刚石串珠整形机

在大理石、花岗石矿山上最常用的固定式荒料整形设备是使用串珠绳的固定式荒料整形机,在第 3 章中已经做了详细介绍,有关固定式串珠整形机的详细内容,请参见该章的内容。

图8-84 意大利 PELLEGRINI 公司生产的 RT-CM40 型荒料翻转台

在许多石材矿山，为了更方便地将荒料的不同整形面快速就位于串珠整形机的工作台上，常使用一种与固定式金刚石串珠整形机配套的荒料翻转台，图8-84所示为意大利 PELLEGRINI 公司生产的 RT-CM40 型荒料翻转台，专门用于荒料底面和顶面之间切割位置的变换，以便整形机能够对荒料全部6个面实施整形切割。该机半圆形底座依靠4个驱动轮的摩擦传动方式回转，翻转台在轨距为1.9 m的钢轨上运动，可完成荒料相邻面之间90°角的翻转，翻转时间1 min。设备作业时最大占地尺寸为长3.3 m×宽2.2 m，驱动轮驱动电机功率3.7 kW，自重4 t，载重量40 t。

8.4.2 单锯条整形机

单锯条整形机是最早出现在大理石矿山上的固定式荒料整形设备，也是目前大理石矿山最常见的固定式荒料整形机。该机最大的特点是切割大理石的成本低廉，整形切割每平方米中硬度大理石，金刚石刀头的成本大约是2.5~3.5元。该机的切割速度也比较快，锯切 CARRARA 白色大理石的落锯速度可达600~800 mm/h，如果是整形长度3.5 m的荒料，切割效率能够达到2~3 m^2/h。图8-85是意大利 PELLEGRINI 公司生产的单锯条荒料整形机。表8-22是部分国外生产的单锯条整形机的技术参数介绍。

图8-85 意大利 PELLEGRINI 公司生产的单锯条固定式荒料整形机

表8-22 部分国外生产的单锯条整形机的技术性能参数

设备型号 / 性能参数	MO350	GS79	250D	SENIOR3521	BM SUPER			
					BM SUPER			STD
切割长度/m	3.5	3.5/4	3	3.5	3	4	4	3.5
切割高度/m	2.2	2.2/2.5	1.8	2.1	2	2	2	2
金刚石锯条长度/m	4.1	4.42		4.2			4.6	5.1

续表 8-22

设备型号 性能参数	MO350	GS79	250D	SENIOR3521	BM SUPER	
					BM SUPER	STD
锯条行程/mm	400	560	560			
锯条往复行程次数/次·min^{-1}	130	120	110	152		
落锯速度/m·h^{-1}	0~1.4				0~2	
实际落锯速度/m·h^{-1}	1	1~1.5	0.6~0.8			
张紧方式	气动			液压		
张紧系统压力/MPa				1.2~1.4		
主电机功率/kW	15	22	22	18		
进给电机功率/kW	1.5	0.37~4	0.37~2.6	2.2		
润滑系统电机功率/kW	0.37			1.25		
荒料车驱动电机/kW	1.1	1.5		2.2		
冷却水压力/MPa				0.2		
设备重量/t	7.5	7.2	7.5	4.5		
荒料车载重量/t		30		30		
荒料车尺寸(长×宽)/m×m	3×2.5	3×2	3.5×2.2	3×2.2		
生产企业(意大利)	MORDENTI	MECHLETTI		BIDESE	BM 公司	

单锯条整形机的典型结构是,锯机框架为两个型材焊接而成的坚实钢柱和一个横梁构成的结构件,可获得锯切时最大的稳定性。所有部件都经过环氧树脂漆特殊处理,以确保不受到氧化侵蚀。

锯条的往复运动是曲柄滑块式机械运动和液压运动的结合,将机械运动转换至单路液压双活塞上,以获得最佳的张紧力控制和精确连续的锯切运动。活塞由密闭式循环水系统冷却。

安装在主控柜内的变频器,控制锯条切割落锯速度最大可达 2 m/h,还可快速升降锯框。特制的感应装置随时检测框架锯下降的情况。

整形机配备一个固定工作台的料车,如果需要,可配备回转工作台,用于荒料 4 个面的整形切割。荒料车配有 2 个平轮和 2 个菱形轮,确保准确移动。

如果为荒料车配备一套包括 20 个程序的电子程序控制器,每种程序可得到 99 个不同的切割指令,使得单锯条整形机能够进行板材的切割。另外单锯条整形机能够进行全自动工作,在缺水或缺油的情况下自动停机,以避免锯条的损坏。

8.4.3 荒料整形链臂锯

荒料整形链臂锯(简称整形链臂锯)是在行走型开采臂式锯基础上研制改进的矿山荒料整形机,分成使用硬质合金或复合金刚石切割刃的整形链臂锯机型。其切割单元和主机的行走单元与臂式开采锯基本相同,但支撑锯机运动的轨道改成固定方式。根据整形位置摆放荒料的多少,以及可独立摆放荒料的通道数量,整形链臂锯可分成单通道、单工位荒料整形链臂锯,多通道、单工位荒料整形链臂锯,以及单通道、多工位主机移动式荒料整形链臂锯。前两种机型的导轨都固定在一个高出地面的结构件框架上;后一种机型属于既可安装在工厂也可安装在矿山,用于荒料整形的移动门架式链臂锯。

对于锯机固定、切割单元(切割臂)行走机型的整形链臂锯,通道数等于在锯机切割臂有效切割行走范围内,最多可切割荒料的数量;工位数是指每个通道内,垂直于切割臂锯切方向可摆放荒料的数量。

整形链臂锯主要用于在矿山现场对软质石材进行修整切割,在意大利罗马附近的TIVORI,一些石灰华矿山使用了荒料整形链臂锯。该机的切割原理与开采链臂锯相同,也是利用安装在切割臂传动链上的切割链整形切割荒料。

8.4.3.1 单通道、单工位荒料整形链臂锯

单通道、单工位荒料整形链臂锯的导轨固定方式与开采链臂锯机不同,支撑主机运动的两根支撑导轨,安装于一个由4根立柱组成的框架上;动力座移动的同时,切割臂向下摆动整形切割位于框架下部的荒料,该机每次只能切割一块荒料。4立柱的机架结构使整形机具有更稳固坚实的结构特点,同时可降低切割刀具的消耗。与其他类型的整形机不同,矿山用的荒料整形链臂锯不再需要荒料车,荒料直接被移动到整形机的切割工作区,简化了整形机结构,荒料安放更加简单方便。

图8-86是意大利FANTINI公司生产的SQB96型矿山用固定式链臂整形机的作业示意图。该机的特点是消耗的电能少,切割噪声低;与气动凿岩机相比,减少了粉尘的污染;可干切、湿切,适合任何气候和环境条件;切割速度快、效率高。表8-23是该机的基本技术参数。

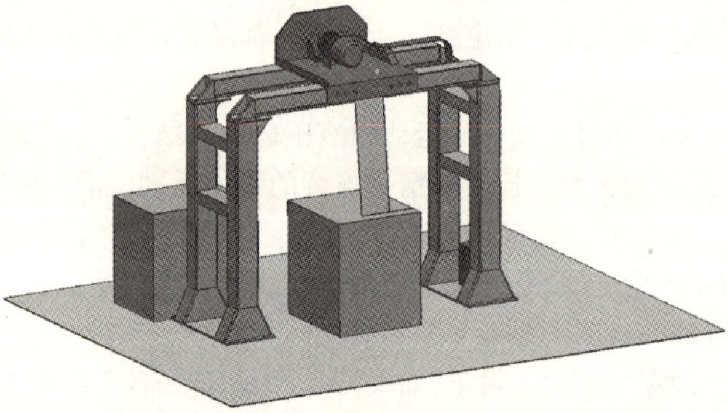

图8-86 意大利FANTINI公司生产的SQB96型矿山用固定式链臂整形机作业示意图

表8-23 意大利FANTINI公司的SQB96型固定式链臂整形机技术参数

项目	单位	数值	项目	单位	数值
装机总功率	kW	25	切缝宽度	mm	38
切割臂长度	m	2.25	最大切割效率	m^2/h	9
有效切割长度	m	1.85	液压泵站油箱容积	L	60
切割链速度	m/s	0.6	润滑脂油箱容量	kg	18
切割臂运动速度	cm/min	0~13	切割噪声	dB	<75
切割整形荒料最大尺寸(长×高)	m×m	3.2×1.85			

8.4.3.2 多工位固定式荒料整形链臂锯

为了提高整形效率，FANTINI 公司还生产了一种加长型多工位固定链臂式整形机，图 8-87 是该整形机的结构和作业示意图。该机的结构实际上是单通道、单工位荒料整形链臂锯的特殊机型，只是将导轨和 4 立柱支撑框架延长成为可同时摆放 4 个荒料，相当于将 4 个单通道、单工位的框架组合而成的机型。该机安装切割臂的主机，在一条可跨过 4 个通道的导轨上运动，每个通道内都可放置一块待整形的荒料。在切割臂从框架一端运动到另一端的行程中，可完成每块荒料上一个面的整形切割。当完成前一块荒料的切割后，在切割臂进行下一块荒料切割的同时，已经腾出场地和时间将前一块荒料第二个整形面调换到待切割位置。因此，节省了单通道、单工位荒料整形链臂锯作业时，为了调换荒料的切割面，必须停止切割臂的作业而浪费的等待时间。所以多通道、单工位荒料整形链臂锯具有整形效率更高的特点。

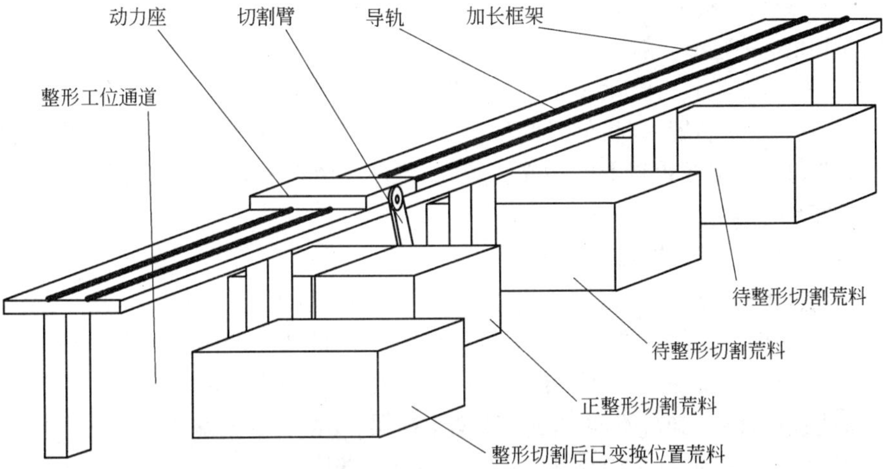

图 8-87 多工位固定式链臂整形切割机作业示意图

只要矿山整形工作场地允许，可将支承框架做得更长，通道数量更多，使其成为整形工位数量更多的多通道、单工位荒料整形链臂锯。

8.4.3.3 门架移动式多工位荒料整形链臂锯

前面介绍的固定式链臂整形机，切割臂的切割行走运动都是依靠在导轨上运动的动力座完成的。意大利 FANTINI 公司专门设计了一款除花岗石以外所有石材荒料整形加工用 SQB/P 型整形机，为单通道多工位的链臂整形锯机型，采用门架移动式链臂锯结构。该机可安装硬质合金或人造金刚石复合材料切割链，为全电和液压系统控制，可干切加工，适应任何气候和环境条件下作业。图 8-88 是该机的结构和切割作业示意图。

其切割原理见图 8-88，主要结构与门架固定链臂锯基本相同。不同之处是，该机安装切割臂的横梁和门架整体沿一对长导轨移动，锯机移动采用可调速的液压马达驱动；切割链的运动由固定速度的电机驱动控制；锯切时，切割臂在横梁带动下，相对于门架水平升降运动，完成荒料的整形切割。

为了增加门架的稳定性，支撑固定门架并使其在导轨上运动的移动座尺寸比较长，每个门架立柱附加了一根斜支撑柱，移动座、门架立柱与斜支撑柱焊接成为一个稳定的三角形结构件。

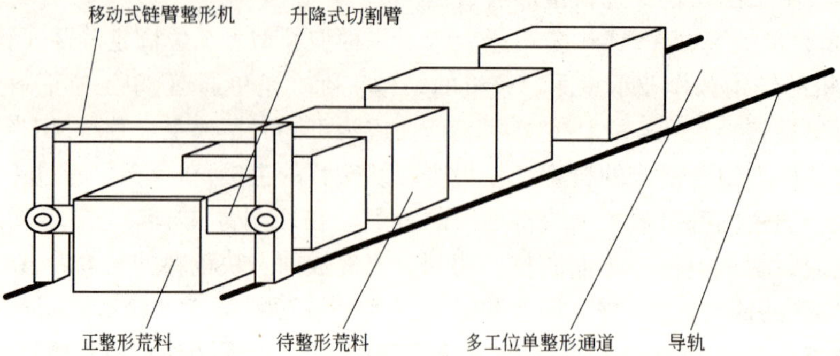

图 8-88　多工位移动式链臂整形切割机作业示意图

该机采用无荒料车结构，导轨之间放置多个待整形荒料，整形机可方便快速地在各个待整形荒料之间移动。整形切割作业、荒料位置的变换和安放作业可同时进行，互不影响，节省大量的辅助作业时间，是一种整形切割效率很高的门架移动、单通道、多工位荒料整形链臂锯。

该机最大的特点是具有自动整形切割功能，在通道内每块待切荒料上拟切割锯缝的位置处，都摆放一个激光装置，锯机储存和记忆每块荒料的锯切数据。只要随锯机一起移动的激光系统寻找到被固定在荒料上的激光装置，锯机便停留在该荒料上方合适位置，进行无人值守工作状态下的切割。

8.4.3.4　摆臂门架式链臂锯

前面介绍的几种整形链臂锯和后面将介绍的金刚石带锯整形机，都是用于整形切割软质石材的，最多能用到蛇纹石硬质石材荒料的整形和板材加工切割。还有一种可整形或切割花岗石和其他硬质石材的固定门架臂式锯（简称摆臂门架链臂锯），其结构与前述门架固定或门架移动式链臂锯相似，不同之处是取消了横梁，切割臂的两端在升降时不再是同步运动，而是交替升降运动，而且可以使用金刚石结块的切割链。

这种运动方式提高了金刚石结块在切割花岗石时的线速度，它等于切割链运动速度与切割臂交替摆动升降速度的叠加。因为金刚石结块必须达到一定的切割线速度，才能完成对花岗石进行切割，而套筒滚子链的极限运动速度是不能达到这一速度要求的。所以上述切割链的运动方式，是通过增加切割臂的摆动，使金刚石结块的运动速度达到切割花岗石的速度要求，同时保证了切割链的运动速度仍然在其允许速度极限范围内。

其工作原理是，支撑切割臂两端的升降滑座、切割臂、与升降滑座连接的丝杆以及位于固定门架顶部的凸轮臂组成了一套铰接型平行四边形结构。锯切时，凸轮臂两端交替摆动升降，顶端与凸轮臂铰接的丝杆，带动滑座交替短距离往复升降；滑座在丝杆的旋转带动下，带动切割臂完成切割的下降进给运动；两种运动叠加合成锯切的主运动。切割臂相对于荒料的摆动运动，其摆动半径达到 25 m，这相当于一个直径 50 m 的金刚石锯片切割石材的状态。因此允许装有金刚石结块的切割链以较低的速度运动，满足加工花岗石的要求。

该机整形切割花岗石时，可以达到 250 mm/h 的落锯速度，与大直径圆盘锯机一样，摆臂门架链臂锯除了整形花岗石荒料外，还适用于锯切不同厚度的花岗石板材。图 8-89、图8-90和图 8-91 分别是该机切割运动的示意图。为了图示清晰，将切割链与石料的接触部分描绘成图中的黑色点，实际上切割臂处于不同角度时，它与石料之间是一个具有一定长度的接触面。

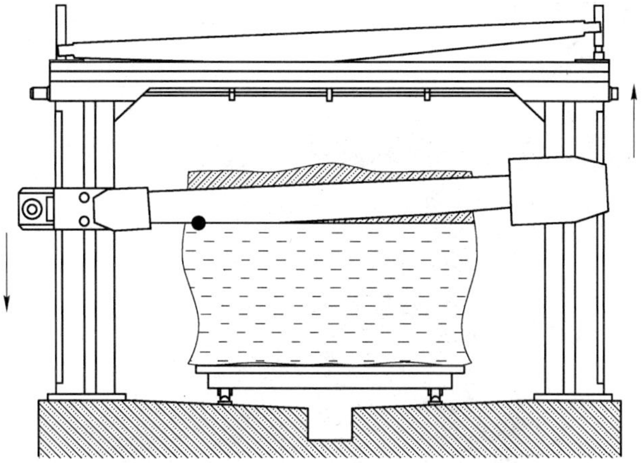

图 8-89 链臂摆动式花岗石荒料整形机切割示意图一

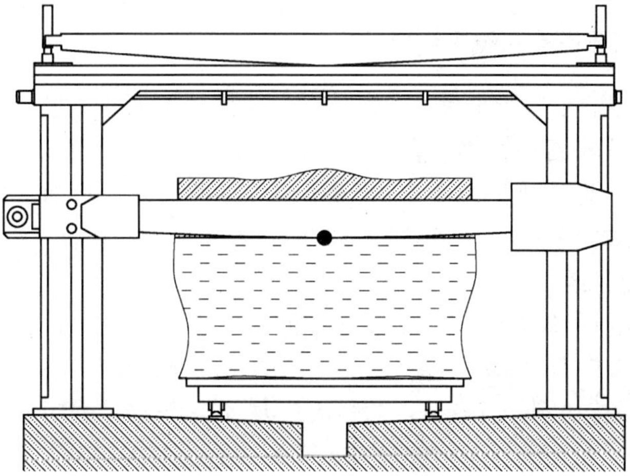

图 8-90 链臂摆动式花岗石荒料整形机切割示意图二

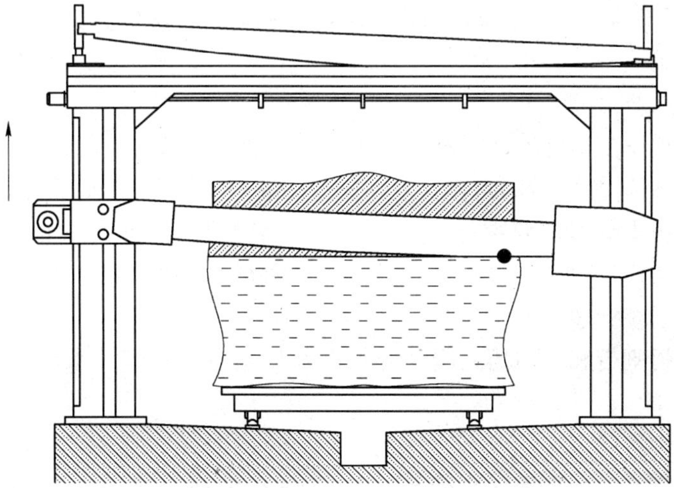

图 8-91 链臂摆动式花岗石荒料整形机切割示意图三

图 8-92 是意大利 BRETON 公司生产的 SWINGBRETON HC 型摆臂门架式链臂锯花岗石荒料整形机切割现场图。

图 8-92　意大利 BRETON 公司生产的 SWINGBRETON HC 型摆臂门架式链臂锯整形切割花岗石荒料

8.4.4　固定式金刚石带锯整形机

门架固定、切割臂同步升降、使用切割带的固定式金刚石带锯整形机(简称整形加工带锯),是一种固定式大理石荒料整形和厚板切割设备,是以传统锯切技术、金刚石刀具生产技术和石材加工方法为基础发展起来的新型锯切加工设备。整形加工带锯的结构和运动原理类似于金刚石串珠整形机,由切割系统、机座、荒料车和电控系统 4 部分组成。

8.4.4.1　切割系统

切割系统由带轮驱动机构、门形支架、金刚石切割带、切割带支板、张紧机构、供水机构组成。门形支架是安装其他部件的主体。主、从动飞轮分别安装在支架的两侧,从动飞轮一侧装有张紧机构,保持切割带具有恒定的张紧拉力,张紧机构可采用气动或液压系统。主动飞轮由一台 55 kW 电机驱动,带动切割带以 20 m/s 的线速度运动。主、从动飞轮均用合金铝制造,并经动平衡处理,轮缘镶嵌有与切割带配合的"V"形摩擦条。

门形支架为型钢和钢板制成的结构件,飞轮箱体外侧各有一个可开启的门,供安装、更换切割带及维修、保养使用。支架的背面与升降机构连接,可带动切割系统整体在机座的支承框架上升降运动。

A　切割带支板

切割带支板位于门形支架两个侧面之间,与支架两端固定,用来支承切割带。它相当于一个刚性锯条的基体,切割带则是在其上高速运动的切割刀具,它赋予切割带刚性切割石材的能力。在该支板支承切割带的一边,镶嵌钻有出水孔的"V"形导向槽。切割带支板是由不锈钢板制成的结构件,中间有一条与"V"形槽底部出水孔相通的水路系统,在板的两端有进水接头与水路系统接通。安装在支架上的水泵和增压气泵,将高压水流沿供水管和板上的水路系统送入切割带和导向槽之间,润滑、冷却切割带并排屑。水压为 0.5 MPa,流量为 180 L/min。

B　切割带

金刚石切割带是一条环形闭合带,它相当于一根截面形状为三角形的金刚石串珠绳。它由单根航空不锈钢丝绳穿过多个形状为三角形的金刚石结块构成,结块间全部用聚氨酯注塑压封。外形为三角形的切割带可定位保持在“V”形槽内运动。一般每米长度切割带上穿有 20 粒金刚石结块，标准长度为 20 m，切缝宽度 13.5 mm。切割带和切割带支板的长度及两个飞轮之间的距离与加工长度有关，支板的长度一般是可调节的，可加工的荒料长度有 3.5 m 和 4.25 m 两种。

C 机座

机座包括升降机构和支承框架。支承框架也采用型钢制成的门形结构件，其支脚与基础固定成整体立柱结构。升降机构保持切割系统沿支承框架升降运动，实施切割进给运动。升降机构的传动方式有丝杆升降、齿轮齿条升降或液压传动升降等多种方式。

D 荒料车

整形加工带锯的荒料车，其运动原理和结构基本与串珠锯或单锯条整形机等同类锯机的荒料车相同。一般都自带动力，并在电控系统的控制下，实现自动分片运动，整形荒料时可单独运动。

E 电控系统

电控系统采用 PLC 可编程序控制系统，在加工板材时，可控制切割进给的速度和深度，自动升降，并控制荒料车自动分片运动，实现加工过程的自动化控制。

8.4.4.2 整形带锯的技术性能

表 8-24 列举了意大利 BENETTI 公司生产的 730 型高速窄金刚石切割带整形加工带锯，切割不同石材时的一组切割效率、使用寿命和切割成本的参考数据。

表 8-24 意大利 BENETTI 公司 730 型高速窄金刚石切割带式整形机切割性能参数

石材种类	荒料长度 /m	进给速度 /$cm \cdot min^{-1}$	切割效率 /$m^2 \cdot h^{-1}$	总切割面积 /m^2	金刚石刀具成本 /美元·m^{-2}
印第安纳石灰岩	4.27	30.5	78.1	10220	0.75
得克萨斯石灰岩	4.27	40.6	103.9	13935	0.54
蓝灰砂岩	3.05	15.2	27.8	929	5.60
白云质石灰岩 1	3.05	20.3	37.1	3251	1.94
白云质石灰岩 2	4.27	15.2	38.9	2787	2.80
砂　岩	4.27	7.6	19.5	929	8.18
卡拉拉白大理石	3.50	6~10	12.6~21	3000~4000	2.5~3.3
石灰华	3.50	10~12	21~25.2		
爱尔兰黑大理石	3.50	5~7	10.5~14.7	3000~4000	2.5~3.3
大花绿大理石	3.50	4~6	8.4~12.6	3000~4000	2.5~3.3
葡萄牙粉红大理石		5~8			
旧米黄		5~8			
伊朗石灰岩		20~25			
石灰华		10~12			
Kogler 辉绿岩		3~4			
砂　岩		10~15			

从表8-24中可以看出，整形加工带锯加工大理石时，切割速度几乎等于使用金刚石串珠整形机进行同类切割时速度的5倍，刀具消耗成本也只有切割大理石时的一半左右。虽然整形加工带锯的价格几乎是金刚石串珠整形机价格的2倍，但综合成本会降低许多，还是很有实用价值的。表8-25是意大利BENETTI公司两款金刚石带锯整形机的技术性能参数介绍。

表8-25　意大利BENETTI公司生产的高速窄金刚石切割带式整形切割机技术参数

参数项目	单　位	型　号	
		FAST 730	FAST 736
金刚石切割带驱动轮直径	mm		1700
金刚石切割带驱动电机功率	kW		45 变频
液压进给单元电机功率	kW		4
荒料车运动电机功率	kW		1
荒料车回转电机功率	kW		0.75
液压进给油缸行程	mm		2200
液压张紧油缸行程	mm		250
有效切割长度	m	3.5	3.5
有效切割高度	m	2.2	2
切缝宽度	mm	13.5	13.5
装机功率	kW	65	58
耗水量	L/min	180	180
冷却水压力	MPa	0.5	0.5

新型FAST 736型金刚石带锯采用大直径驱动轮带动金刚石切割带旋转，主电机的变频调速功能使之可切割多种不同材质的石材，应用范围广；采用可控制行程和进给速度的液压系统驱动锯切进给，最大行程可达2.2 m；液压张紧系统也具有长度250 mm的作用行程；该机主从飞轮的护罩为不锈钢材质制成；具有漂亮现代和实用的外观设计，见图8-95。

8.4.4.3　整形带锯的特点

整形加工带锯具有切割速度快，新型FAST 736型金刚石带锯切割CARRARA白色大理石的效率是单锯条整形机的3倍，是单绳串珠整形机的1.7倍，整形效率会更高；加工板材精度好，板面平整度在1.6 mm之内；以及切割带安装容易、运输方便、保养简单、使用安全等优点。其不足之处是锯缝较宽，尤其是加工标准厚度的板材时，13.5 mm的锯缝比串珠绳和单锯条整形机都宽，因此会造成石材的浪费。但在荒料整形或加工墓碑石料等厚板时，锯缝宽度已经不再重要，重要的是切割速度和加工质量。图8-93是意大利BENETTI公司生产的730型高速窄金刚石切割带整形加工带锯外观图，图8-94是该机切割带锯切割局部图，图8-95是意大利BENETTI公司生产的新型736型金刚石带锯整形切割机图片。

图 8-93 意大利 BENETTI 公司生产的 730 型高速窄金刚石切割带式整形机

图 8-94 730 型高速窄金刚石切割带式整形机切割局部图

图 8-95 意大利 BENETTI 公司 FSAT 736 型最新高速窄金刚石切割带式整形机

8.4.5 小型移动式串珠锯整形机

石材矿山常使用小型金刚石串珠锯用于石材荒料的整形切割，按照整形不同石材荒料的实际需要，这些串珠锯的功率一般小于 22 kW，整形大理石时需要的功率甚至小于 15 kW，有些只有 7.5 kW。图 8-96 是意大利 BENETTI 公司 TL920 型 22 kW 小型移动式金刚石串珠整形机在矿山整形荒料的作业图，图 8-97 是意大利 BENETTI 公司的串珠锯在丹东绿蛇纹岩矿山整形荒料。图 8-98 是福州天石源超硬材料工具有限公司生产的 TSY-KS11G 小型整形用串珠锯，该机采用变频器控制的 11 kW 主电机，带变频器控制进给运动速度的 PLC 可编程序控制系统，几乎达到 98% 以上主电机功率传递的双主飞轮槽结构。小型整形用串珠锯的技术性能参见第 2 章中的表 2-5 和表 2-6。

图 8-96 意大利 BENETTI 公司 TL920 小型移动式金刚石串珠整形机整形荒料的作业图

图 8-97 意大利 BENETTI 公司串珠锯在丹东绿蛇纹岩矿山整形荒料

图 8-98 福州天石源超硬材料工具有限公司 TSY-KS11G 小型移动式串珠锯

8.4.6 荒料整形用串珠锯轨道台车

在国外的一些石材矿山，为了充分利用矿山已经配置的开采用串珠锯，提高荒料整形的效率，使用一种专用的串珠锯轨道台车，其上固定安装有串珠锯的行走轨道，串珠锯可以在台车上前后运动完成荒料整形切割。台车又能够在另外两条钢轨上左右运动，实现对不同工位上荒料的整形切割。沿台车轨道运动方向可顺序摆放多个待整形荒料，当一个荒料的整形面被切割完成后，轨道台车载着串珠锯移动到另一块荒料位置，对另一个工位上的荒料进行整形切割。同时，工程机械将前一个工位上的荒料位移或翻转，使荒料上的待切割面与串珠锯切割轨迹相吻合并处于等待切割状态。这使得串珠锯的整形切割与荒料的位移同时进行，互不影响，串珠锯的导轨又是固定的，串珠锯放上后可直接进入切割作业。从而减少了荒料位移、导轨摆放所需的辅助时间，提高了整形荒料的效率。

图 8-99 是拥有两个轨道台车的串珠锯整形轨道系统的俯视示意图，图中冷却水从环绕待整形荒料工作场地的冷却水排水沟，进入冷却水池；串珠锯整形荒料的操作由串珠锯控制台统一控制；台车轨道长度 $L = 15 \sim 25$ m，宽度 $W = 5.2 \sim 5.8$ m。

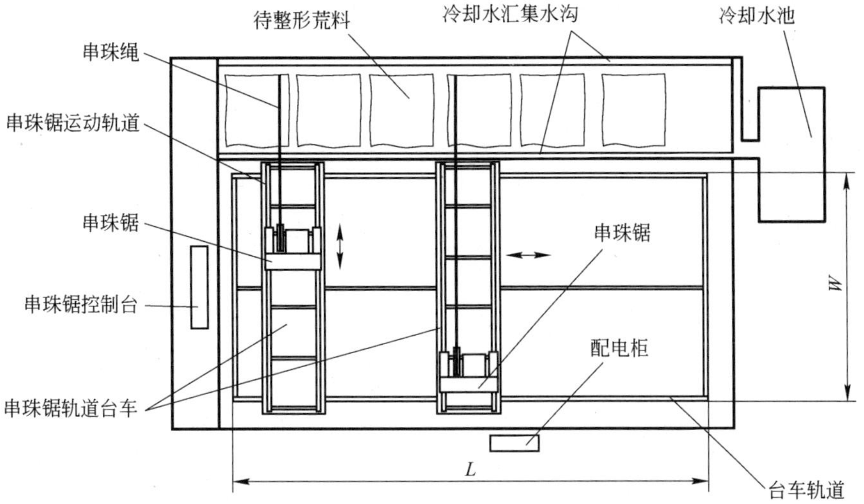

图 8-99 双串珠锯轨道台车整形系统俯视示意图

图 8-100 是荒料整形用串珠锯轨道台车系统，图 8-101 是意大利 LOCHTMANS 公司生产的 LGR C 型荒料整形用串珠锯轨道台车系统。表 8-26 是 LGR C 型整形系统基本技术参数。

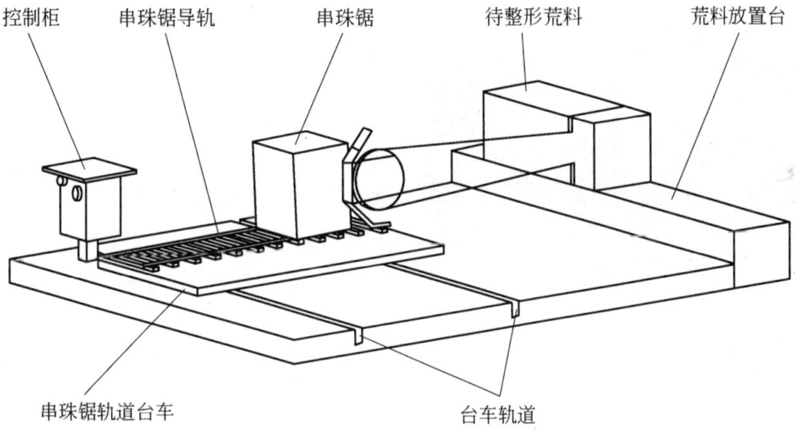

图 8-100 荒料整形用串珠锯轨道台车

图 8-101 意大利 LGR C 系列荒料整形用串珠锯轨道台车

表 8-26　意大利 LOCHTMANS 公司的 LGR C 型串珠锯整形轨道系统技术参数

项　目	单 位	数 据	项　目	单 位	数 据
台车轨道长度	m	18	台车轨道间距	m	2.5
台车轨道宽度	m	5.24	轨道台车减速电机功率	kW	0.12
轨道台车尺寸	m×m	1.86×5.3	台车运动速度	m/min	1.2~1.5
串珠锯导轨间距	m	1.3	台车轨道材料	钢　管	

8.4.7　大直径圆盘锯式荒料整形机

安装直径 2.5~5 m 金刚石锯片的圆盘锯机，既可切割花岗石大板，也可用于荒料的整形。如果安装直径 5 m 的锯片，可以锯切高度 2.2 m 的花岗石大板。锯片直径 3 m 以下的圆盘锯机通常采用锯片升降或横梁升降、荒料车固定式结构。锯片直径超过 3 m 的圆盘锯机则采用锯片升降、荒料随荒料车运动的单柱式结构。从理论上讲，在荒料车导轨长度足够的条件下，多长的荒料都可以锯切。这种锯机一般都采用龙门式框架，有横梁固定、锯片升降，或锯片固定、横梁升降等结构。国外还有一种锯片沿垂直滑板做垂直升降运动并在横梁上做水平移动、横梁在两侧的导轨上前后移动的龙门式、大直径金刚石圆锯片切割机的结构方式，这种结构的锯机，荒料纵向排列在横梁导轨之间。除了手动调节大直径金刚石圆锯片切割机的锯片转速外，还有自动调节锯片转速，即根据石材材质的不同，自动调节锯片切割速度的结构。

图 8-102　花岗石矿山上使用的大直径圆盘锯机荒料整形机

大直径圆盘锯机通常都安装在加工厂，用于修整荒料、破解大的荒料或切割厚板，安装在石材矿山时，主要用于整形荒料，在所有整形方法中，金刚石圆锯片整形的成本是最低的，整形花岗石时的金刚石刀头消耗成本每平方米切割面只有 8~10 元，与每平方米 60~100 元的串珠绳整形消耗成本相比，锯片整形消耗成本要低得多。图 8-102 是安装在花岗石矿山上，用于荒料整形的大直径圆盘锯机。表 8-27 是部分大直径圆盘锯机的技术参数。

表 8-27　部分大直径圆盘锯机的技术参数

项　目 ＼ 型　号	HXG 3500	2000	HMJ350
锯片直径/m	3~3.5	3.5	3.5/2.5/1.8
法兰盘直径/mm		400	
锯片主轴直径/mm		150	
锯切深度/m		1.28	最大 1.55
锯片左右切割行程/m		3.5~3.9	4.5

续表 8-27

项目 \ 型号	HXG 3500	2000	HMJ350
横梁(荒料车)行程/m		3	2.1
锯片垂直行程/m			2.1
锯片线速度/m·s^{-1}	25~33		
锯片转速/r·min^{-1}	136~210 手(自)动	186	
锯片切割运动速度/m·min^{-1}	0~8	0~6.5	
横梁运动速度/m·min^{-1}	0~6	0.4/1.3/2.8	
锯片垂直升降速度/mm·min^{-1}		8/32/650	
锯片电机功率/kW	55	65	45
锯片切割运动电机功率/kW	2.2		2.2
锯片垂直升降电机功率/kW	3		4
横梁(荒料车)移动电机功率/kW	2.2		1.5
耗水量/L·min^{-1}	140	150~180	430
冷却水压力/MPa		0.35~4	
锯机重量/t	22.8	25~26	14
锯机宽度/m	11.3	8.35	7.25
锯机长度/m	6~24	≥5	9
锯机高度/m	7.1	5.5	7
生产企业	意大利 BRETON 公司	SPIELVOGEL	山东华兴机械股份有限公司

8.4.8 台架式凿岩机用于荒料的整形和分离体解体

台架式凿岩机除了用于解体石材分离体外，还可用于荒料的整形，通常采用轻型或中型导杆式或台架式凿岩机整形，多数台架式凿岩机用于花岗石荒料的整形，在大理石矿山使用的比较少。图 8-103 是意大利 BENETTI 公司生产的导杆式凿岩机正在整形荒料。

因为大理石的劈裂性比较差，所以在使用台架式凿岩机整形大理石荒料时，应采用密集排孔凿岩的方法，以提高大理石荒料的整形质量，如图 8-104 所示。

图 8-103 意大利 BENETTI 公司的导杆式凿岩机整形荒料

图 8-104 密集排孔分解大理石

除了单头凿岩机可以用于荒料整形外，许多双头、三头，甚至更多凿岩动力头的台架式凿岩机也可以用于荒料整形。多头凿岩机安装凿岩动力头的数量越多，整形凿岩的效率越高。从理论上讲，多头凿岩机凿岩间距与凿岩机之间的固定安装间距是无关的，可以任意确定。

8.4.9　小型移动式切割机修整荒料

在国内的一些大理石和石灰石矿山，为了充分利用采场的边角碎料，常使用一种轮式、轻便小型、安装最大直径 1.6 m 金刚石锯片的移动式石料修整机械，可修整高度 60 cm 的圆盘锯荒料，还可在矿山直接切割小规格石材制品用坯料。该机的最大特点是移动灵活，可在各采面中需要修整石料的堆场之间移动，一名工人可完成操作，安装最大直径锯片时，最大切割深度为 65 cm。图 8-105 是这种切割机切割 30 cm 规格米黄类石材坯料的现场图。

图 8-105　小型移动式切割机在矿山现场直接切割坯料

8.5　石材矿山开采使用的起重和吊装设备

在石材矿山进行开采作业时，起重和吊装设备是必不可少的配套机械。主要用于荒料的移动、吊运、装车，废石的吊运，金刚石串珠锯、台架式凿岩机、大孔径凿岩机等开采设备的位移、吊装，只要起吊重量允许，有时甚至可以用于装载机或挖掘机等工程机械协助吊装移动作业。最常用的石材矿山用起重设备有桅杆式起重机（简称桅杆吊），包括汽车式起重机（简称汽车吊）和履带式起重机（简称履带吊）在内的自行式起重设备，简易桅杆式起重机（简称抱杆吊），人字架式简易起吊装置等。

8.5.1　桅杆吊

桅杆吊是石材矿山最常用的固定式起重设备，桅杆吊开拓方案广泛用于使用金刚石串珠锯或其他开采设备的山坡露天、凹陷露天石材矿山开采作业。其特点是结构简单，起吊重量大，服务范围比较大，吊装作业不受采面道路条件的限制，操作简便易行，工作可靠。图 8-106是安装在石材矿山上的桅杆吊。

图 8-106　安装在国内石材矿山上的桅杆吊

8.5.1.1　桅杆吊的选择和作业方式

选用桅杆吊时，应考虑石材矿山的开拓方式、开采工作面的布置、最大荒料块度和起吊开采设备的类型等因素，以确定桅杆吊的起吊能力。桅杆吊通常安装在开采工作面的非工作边一侧，可采用上吊、下吊等作业方式。吊装运输作业区域与回采作业面之间应该留有一定的距离，以保证吊装作业的安全。当荒料处于桅杆吊的最大作业范围以外时，可使用慢动卷扬机、挖掘机、装载机等工程机械设备将荒料移至桅杆吊臂的作业范围之内，再行吊装。

8.5.1.2 桅杆吊安装

40 m 臂长、30 t 起吊重量的桅杆吊，共有两个支撑臂和一个主桅杆三个混凝土基础，其中每个支撑臂的基础尺寸是（长）4 m×（宽）4 m×（深）2 m = 32 m^3，主桅杆的基础尺寸是（长）5 m×（宽）5 m×（深）1.5 m = 37.5 m^3。由于安装桅杆吊时需要浇注大约 102 m^3 的混凝土基础，而且桅杆吊的安装、位移比较麻烦，工作量很大，所以必须认真考虑并规划其安装位置的合理性，使吊臂能够尽可能大地覆盖开采作业面，而且在一次安装桅杆吊后，能保证其至少具有 5 年以上的服务年限。

8.5.1.3 桅杆吊的结构和技术参数

桅杆吊由主桅杆、支撑臂、吊臂、吊车卷扬机和变速箱、滑轮组和吊钩、回转支座和控制台等部分组成。最常见的桅杆吊都采用刚性支撑臂结构，即支撑臂与主桅杆为刚性斜撑固定方式，因此可获得比较长的吊臂尺寸和比较大的起吊重量。

主桅杆、支撑臂和吊臂均为 16Mn 合金钢型材焊接而成的结构件。主桅杆下端安装在专用回转盘上，主桅杆顶端与支撑臂和支撑吊臂的多组钢丝绳铰接，钢丝绳、吊钩、起吊滑轮组与回转盘上的卷扬机组成起吊滑轮系统。回转盘的转动由浸于油槽中、经过回火和表面淬火处理的大直径齿圈转动副组成，驱动动力为电机或内燃机。电机驱动的吊臂采用电液制动器，内燃机驱动的吊臂采用电磁制动器控制。直接由安装在桅杆吊上的柴油机或电机驱动的吊臂和吊钩，可以实现同步升降操作。根据需要，桅杆吊的卷扬机可以使吊钩吊装的深度从地面算起向下达到 70 m 的深度。桅杆吊可以安装在各种类型的矿山上，根据地形和安装位置的不同，即使是相同吊臂长度的桅杆吊，其支撑臂的长度也有可能不同，有时还有等长和不等长等多种支撑臂的结构形式。

吊臂的回转角度大约是 220°～240°。国外桅杆吊的规格齐全，吊臂长度从 12 m 开始以 4～5 m 的间隔形成系列，吊臂最长可达 70 m；起吊重量从 20 t 开始以 5 t 的间隔形成系列，最大可达 50 t。

随着国外石材矿山开采范围、开采深度的不断扩大和加深，大型桅杆吊的应用更加广泛，与臂长 40 m 普通桅杆吊的 2800 m^2 作业范围相比，臂长 70 m 的大型桅杆吊，其作业范围扩大到 8600 m^2，作业面积达到原来的 3 倍。表 8-28 是吊臂倾角为 60°时，不同臂长桅杆吊的作业面积。50 t 的最大起吊重量意味着可以吊起 18 m^3 毛方体积的荒料。国内目前可以生产臂长 40 m、起吊重量 20～30 t 的中型桅杆吊。国产桅杆吊的技术性能、选材和制造水平与国外产品差别不大，只是缺少更多的规格供不同规模石材矿山的选用。图 8-107 和图 8-108分别是桅杆吊的侧视和俯视图，以及相应的几何尺寸。

表 8-28 吊臂倾角为 60°时桅杆吊的作业面积

臂长/m	16	20	25	30	40
作业面积/m^2	387	603	935	1345	2390

桅杆吊的实际起吊重量与吊臂和主桅杆的夹角 α 有关，该夹角越小，起吊能力越大。表 8-29 是吊臂与主桅杆处于不同夹角时，起吊能力 P 与夹角 α 之间的关系，表中的尺寸代号参见图 8-107 和图 8-108。

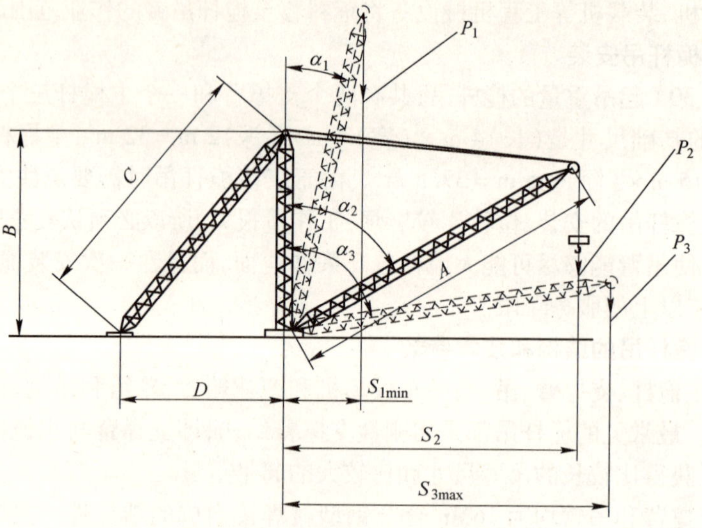

图 8-107 桅杆吊侧视图

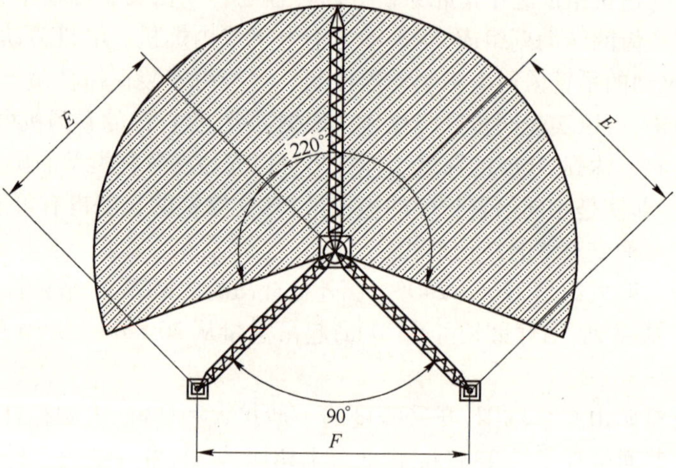

图 8-108 桅杆吊俯视图

表 8-29 斜撑固定式桅杆吊工作参数

吊臂长度/m	桅杆吊的几何尺寸/m						吊臂水平投影长度/m			起吊重量/t		
							$\alpha_1=15°$	$\alpha_2=65°$	$\alpha_3=82°$			
	A	B	C	D	E	F	S_1	S_2	S_3	P_1	P_2	P_3
20	20	13	18	9	12.8	18	6	18.5	20	25 ~ 30	25 ~ 30	20 ~ 25
25	25	16	22	11	15.7	22	7.4	23	25	25 ~ 30	25 ~ 30	20 ~ 25
30	30	19	26	13.3	18.8	26.6	8.5	27.5	30	25 ~ 30	25 ~ 30	20 ~ 25
35	35	19	26	13.3	18.8	26.6	10.3	32.5	35	25 ~ 30	25 ~ 30	20 ~ 25
40	40	19	26	13.3	18.8	26.6	12	36.5	40	25 ~ 30	25 ~ 30	20 ~ 25
45	45	25	35	17.5	24.8	35	13	41	45	25 ~ 30	25 ~ 30	20 ~ 25
50	50	25	35	17.5	24.8	35	14	45.5	50	25 ~ 30	25 ~ 30	20 ~ 25

国内目前使用最多的桅杆吊有意大利 PELLEGRINI 公司生产的 DK 型，BENETTI 公司生产的 DERRICK 型，以及山西机床厂生产的 WQS20、30 型，表 8-30 是几种国内外桅杆吊的技术参数。

表 8-30 几种国内外桅杆吊的技术参数

技术参数 \ 型号	WQS20/40	WQS30/40	DK 系列	DKS 系列	DERRICK	DRK
最大起吊重量/t	20	30	20 ~ 30	30 ~ 50	16 ~ 40	12 ~ 40
吊臂长度/m	40	40	20 ~ 50	30 ~ 70	20 ~ 30	15 ~ 30
下吊作业深度/m			70	70	70	70
吊臂回转角度/(°)	220	220	220	220	240	240
吊钩升降速度/$m \cdot min^{-1}$	1.65 ~ 10.26		3 ~ 12	3 ~ 12		
吊臂变幅速度/$m \cdot min^{-1}$	0.7 ~ 4.39					
吊臂回转速度/$(°) \cdot min^{-1}$	41					
吊钩系统电机功率/kW	15					
吊臂变幅电机功率/kW	15					
回转电机功率/kW	3					
装机功率/kW	33	49	30	44		
吊臂作业覆盖面积/m^2	2806		702 ~ 4385	1579 ~ 8594	366 ~ 2288	206 ~ 2288
制造厂家	中　国		意大利			
	山西机床厂		PELLEGRINI 公司		BENETTI 公司	MARIO BERNUCCI

8.5.2 自行式起重机

根据行走方式的不同，石材矿山用自行式起重机分成轮式起重机（又称为汽车吊）和履带式起重机（又称履带吊）；根据用途不同，石材矿山使用的自行式起重机又可分成普通型和专用型，普通型是指标准通用型自行式起重机，专用型一般是指为洞采石材矿山专门设计的自行式起重机。

8.5.2.1 轮式起重机

被称为汽车吊的轮式起重机是用途广泛的起重设备，多用于山坡露天和凹陷露天石材矿山开采的吊装作业。其特点是使用灵活，有多种起吊重量的车型供选择，维修方便。因为汽车吊在作业时，作业场地必须具有一定的面积，用于汽车吊支脚的安放牢固，所以在比较狭窄、陡峭、开采面不平整、矿山道路状况很差的石材矿山，将会影响到汽车吊的安装和移动。

矿山开采荒料的规格决定了汽车吊起重能力，对于一般人工开采石材的矿山，如果荒料规格在 4 m^3 以下，可以选择 16 t 的汽车吊；如果是机械化开采，尤其是锯切法开采石材荒料的矿山，开采荒料的最大体积可以达到 5 m^3 以上，就应该考虑选择起吊重量超过 20 t 的汽车吊；如果需要而且能够在矿山开采体积达到 10 m^3 的荒料，并只能依靠汽车吊吊装作业时，应考虑 40 t 以上的汽车吊才能满足要求。表 8-31 是部分国产汽车吊的技术性能参数。

表 8-31　部分国产汽车吊的技术性能参数

参数 \ 型号		QY-8	QY-12	QY-16
发动机型号		6135Q	6135Q	6135Q-1
发动机功率/kW		120	120	165
基本吊臂长度/m			9.15	
吊臂最大长度/m			16.15 + 7	
最大起重量/t	主　钩	8	12	16
	副　钩		2	
最大提升高度/m			23	
最大爬坡能力/(°)		15.1		13.6
转弯半径/m		9.2		
主臂最大提升高度/m		12.5	16.5	
主钩最大提升速度/m·min^{-1}		8	12.5	7
整机重量/t			14.8	23.7

目前国内许多花岗石矿山大量使用汽车吊作为吊装设备，图 8-109 所示为厦门市海仓镇 G3523 海仓白花岗石矿山的工作面使用多台汽车吊的作业场面，图 8-110 是工作在开采作业面上的汽车吊。

图 8-109　厦门 G3523 海仓白花岗石矿山多台汽车吊作业图

图 8-110　厦门 G3523 海仓白花岗石矿山开采作业面上的汽车吊

8.5.2.2　履带式起重机

称为履带吊的履带式起重机采用履带式车体，也是一种常用的起重设备。因为采用了类似挖掘机的行走履带，可直接进行吊装作业，不再需要安装固定支脚，所以对采场作业面的要求降低，使用更加灵活方便。它除了具有汽车吊的优点外，还可在泥泞和坡度比较大的道路上行走，适用于采面泥泞、路况差的石材矿山使用。

确定履带吊起吊重量的方法类似于汽车吊和桅杆吊，图 8-111 是使用履带吊作业的石材矿山，表 8-32 是几种国产履带吊的技术性能参数。

表 8-32 部分国产履带吊的技术性能参数

参数 \ 型号		QU-20 柴油动力	QUD-20 电力驱动
发动机		6135-1 型柴油机	Y280M-4 电机
功率/kW		88	90
转速/$r \cdot min^{-1}$		1500	
起重臂长/m		13 ~ 30	
起吊重量/t		2 ~ 20	
最大提升高度/m		11 ~ 27.6	
最大提升速度 /$m \cdot s^{-1}$	主 钩	0.39	
	副 钩	0.78	
行走速度/$km \cdot h^{-1}$		1.5	
最大爬坡角度/(°)		20	
外形尺寸/m	长	5.6	
	宽	5.5	
	高	4.2	
整机重量/t		44.5	
生产企业		抚顺挖掘机厂	

一些专用的大型履带吊，其最大起吊重量甚至达到 250 t，图 8-112 是这种大型履带吊的图片。

图 8-111 使用履带吊作业的石材矿山

图 8-112 最大起吊重量为 250 t 的大型履带吊

与桅杆吊一样,汽车吊和履带吊的起吊重量与吊臂和水平面的夹角有关,与吊臂伸出的长度和幅度(吊臂在水平地面的投影长度)有关。吊装作业时应根据不同吊臂伸出长度,以及吊臂与水平地面的不同作业夹角,选择合适安全的起吊重量。表8-33是一组QY-16型16 t汽车吊不同吊臂幅度和吊臂长度对应的安全起吊重量的关系表。

表8-33 QY-16型16 t汽车吊的起重特性表

吊臂幅度/m	吊臂长度/m							
	8.8		14.4		20		27	
	起重量/t	提升高度/m	起重量/t	提升高度/m	起重量/t	提升高度/m	起重量/t	提升高度/m
4	16	8.3						
4.5	12	8						
5	10	7.5	10	14.2				
5.5	8	7	8	14				
6	7	6.5	7	13.7				
6.5	6	6	6	13.3				
7	5.3	5	5.3	13.1	5.3	19.4		
8			4	12.5	4	19		
9			3.5	11.5	3.5	18.4	2	26.3
10			3	10.5	3	17.7	2	25.9
11			2.5	9.3	2.5	17.2	2	25.5
12			2.1	7.6	2.1	16.3	1.8	24.9
13					1.8	15.3	1.6	24.3
14					1.5	14.4	1.4	23.7

8.5.2.3 专用型起重机

在国外的一些山洞式开采的大理石矿山,因为作业空间的限制,采用了一种特殊设计的专用起重机。该起重机为轮式行走车辆底盘,采用短粗的吊臂,但起重能力很大,有些甚至能够达到60 t(大约15 m^3)。专用型汽车吊的车体小巧,适合在洞采石材矿山狭小的空间中吊装作业。在吊臂与水平面很小夹角的作业条件下,即吊臂最高点与地面的距离大约为10~12 m时,能够以最大的起吊能力吊装作业。专用型汽车吊避免了普通起重机大吨位吊装时,吊臂与水平夹角必须很大,吊臂最高点距地面的距离很大,在洞采石材矿山中不能施展作业的不足。

8.5.3 抱杆式起重机

抱杆式起重机(以下简称标准抱杆吊)是一种中柱式桅杆吊。抱杆吊的主桅杆通常由6~8根锚定绳(风绳)以柔性方式拉紧固定,卷扬机、变速器等部件统一固定在底座上,与主桅杆和吊臂一起进行360°旋转作业。国外企业生产的标准抱杆吊属于专用的起重设备,吊臂长度12~40 m。国内石材矿山大量使用的是一种简易的抱杆吊,本书只对这些简易抱杆吊的使用做一些介绍,并不推荐使用这些简易起重机械。如果这些简易抱杆吊符合并达到国家对起重设备设计、生产和销售的有关标准和要求,石材矿山可根据需要自行选用。

8.5.3.1 标准抱杆吊

标准抱杆吊由主桅杆、吊臂、锚定绳系统、动力装置、变速器、离合器、制动器、卷扬机、吊钩、滑轮组和控制台等部分组成。图 8-113 和图 8-114 分别是抱杆吊的侧视图和俯视图，表 8-34 是这两个示意图中不同长度吊臂对应抱杆吊的几何尺寸。

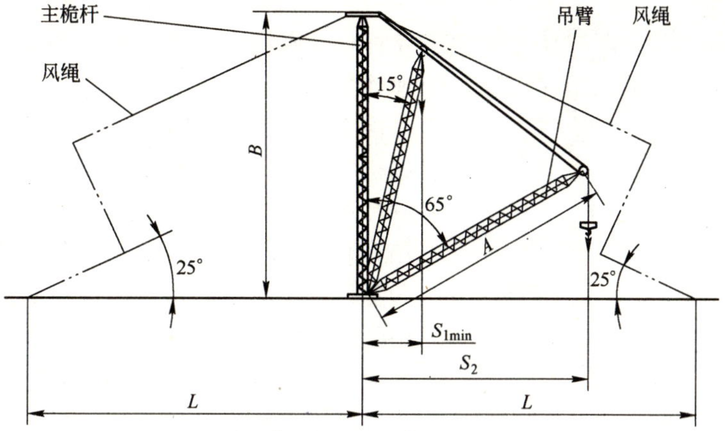

图 8-113 标准抱杆吊侧视图

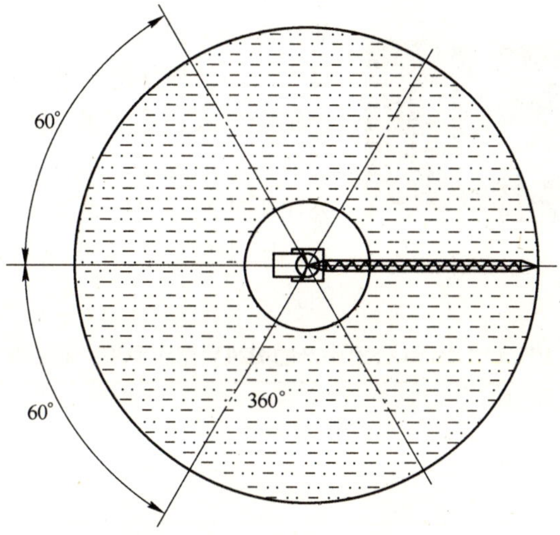

图 8-114 标准抱杆吊俯视图

表 8-34 D20V 和 D30V 型抱杆吊不同臂长对应的几何尺寸

尺寸代号 / 型号	吊臂长度 A/m	主桅杆高度 B/m	风绳地面投影长度 L/m	吊臂最小地面投影长度 S_1/m	吊臂最大地面投影长度 S_2/m
D20V D30V、	12	14.5	21	4	11
	16	19.5	42	5	14.5
	20	24	52	6	18.5
	25	31	67	7.5	23
	30	38	82	8.5	27.5
	40	50	107	11.5	36.5

图 8-115　石材矿山使用的标准抱杆吊

标准抱杆吊的吊臂和主桅杆为钢制型材焊接的桁架结构。主桅杆的顶部安装可旋转的支撑盘，用于与锚定钢缆的连接，保证主桅杆的旋转。主桅杆的底座安装了一台卷扬机，可以通过与底座连接的轴承和半球型部件随底座旋转。主桅杆与混凝土基础锚定连接或直接拴系在石块上。卷扬机配备制动器和减速箱，经过热处理的钢制螺杆和油浴式工作的特殊合金制成的齿轮组成变速箱，钢板焊接制成的卷扬机用钢丝绳卷筒。驱动装置分成柴油发动机或电动机驱动，动力输出端由联轴器与四速变速器和离合器分别连接，可正反向运动输出，驱动动力的调节和分配装置向两个绞盘提供动力，使得起重时的升降和吊杆的垂直摆幅能以 4 种速度运动变换。标准的液压制动器还附加一个安全的减慢速度的制动单元，每个部件都由防护罩封闭，并与操作控制台和操作者隔离。钢丝绳吊缆与使用铸铁箱体的单轮或多轮滑轮组构成起吊系统，双吊钩可保持支撑吊起的荒料平稳地运动。表 8-35 为意大利 PELLEGRINI 公司生产的 D20V 型和 D30V 型抱杆吊的技术参数。图 8-115 是标准抱杆吊在石材矿山的作业图片。

表 8-35　意大利 PELLEGRINI 公司生产的 D20V 型和 D30V 型标准抱杆吊技术参数

技术参数 \ 型号	D20V	D30V
最大起吊能力/t	20	30
底座回转角度/(°)	360	360
距基础下的最大作业深度/m	65	65
柴油发电机功率/kW	15	22
电动机功率/kW	15	15
满载提升速度/$m \cdot min^{-1}$	1	0.8
空载荷升降速度/$m \cdot min^{-1}$	8	6

8.5.3.2　简易抱杆吊

简易抱杆吊是国内石材矿山使用最多的一种简易起重设备，图 8-116 ~ 图 8-119 分别是国内石材矿山使用的几种简易抱杆吊在石材矿山的作业图片。

图 8-116 福建古田县鹤塘镇桃花红花岗石矿山使用的简易抱杆吊

图 8-117 江西玉山县古木纹石材矿山使用的简易抱杆吊

图 8-118 福建厦门海仓 G3523 海仓白花岗石矿山使用的刚性固定斜撑简易抱杆吊

图 8-119 北京门头沟万利达花岗石矿山使用的简易抱杆吊

简易抱杆吊的主桅杆固定方式有刚性支杆支撑和柔性钢缆拉撑两种方式，图 8-116、图 8-117和图 8-119 所示简易抱杆吊的主桅杆，采用的是柔性钢缆拉撑固定方式。其主桅杆由 8 根锚定绳（风绳）拉紧。因为柴油机或电动机驱动的变速箱（减速机）和卷扬机与主桅杆的回转底盘是分别固定在地面上的，起吊钢丝绳通过固定在地面不同位置的一组滑轮和吊钩变换方向，保证吊臂回转作业的可能性。所以简易抱杆吊的吊臂一般不能像标准抱杆吊那样进行 360°角圆周回转作业，其作业回转角度通常在 220°～240°之间。风绳通常绑系在废弃的荒料或大石块上，动力部分、卷扬机和变速器等部分固定在一个混凝土机座上。

图 8-120 福建厦门海仓 G3523 海仓白花岗石矿山使用的刚性固定支撑臂式简易抱杆吊

图 8-120 和图 8-118 是采用刚性支杆支撑主桅杆结构的简易抱杆吊，因为支撑的刚性好，所以这种简易抱杆吊的起吊重量略大于柔性支撑主桅杆的简易抱杆吊。

除了主桅杆、吊臂、风绳或刚性支撑臂外，简易抱杆吊的其他部件还包括柴油机或电动机驱动的变速箱(减速机)、卷扬机、回转底盘、吊钩和滑轮组等部分。吊臂和主桅杆一般采用厚壁无缝钢管焊接制成，也有采用型钢焊接制成的结构件。

简易抱杆吊的吊臂长度一般是 8 ~ 12 m，起吊重量 20 ~ 30 t，表 8-36 是部分国产抱杆吊的结构、配置和技术参数介绍。

表 8-36　部分国产抱杆吊技术参数

项目 \ 规格		起吊重量/t				备注
		20	30	20	20	吊臂回转 220°
主桅	长度/m	1 根 10	1 根 10	1 根 10	1 根 12	
	直径/mm	273	325	273	273	
	壁厚/mm	10	10	10	10	
吊臂	长度/m	1 根 8	1 根 8	1 根 8	1 根 10	
	直径/mm	219	273	220	220	
	壁厚/mm	8	10	10	10	
卷扬机种类		1 台上海 50	1 台上海 50	1 台铁牛 55	1 台铁牛 55	全国统一配件
柴油机种类		莱阳 15 马力	莱阳 15 马力	无锡 12 ~ 15	无锡 12 ~ 15	
减速机种类		1 台 8 挡	1 台 8 挡	1 台	1 台	
风绳	直径/mm	6 股 20	8 股 22 ~ 26			
	长度/m	350	350			
吊绳	直径/mm	5 股 15.5	7 股 17.5			
	长度/m	200	200			
吊钩/t		>20	>30	>20	>20	
双滑轮		8 t 4 套 钢板结构	4 套加大 钢板结构	4 套	4 套	
单滑轮		5 t 4 套 钢板结构	4 套加大 钢板结构	4 套	4 套	
生产企业		莱州市夏邱镇顺兴石材机械厂		山东省莱州市莱东建材设备厂		

由于简易抱杆吊的结构简单，安装容易(一般需要 1 ~ 2 天时间)，操作简便，价格低廉(每套设备、附件和安装费用大约 2.5 ~ 3.5 万元)，所以这种简易抱杆吊在国内的普通石材矿山大量使用。

8.5.3.3　抱杆吊、卷扬机组成的缆索吊装运输系统

在福建的一些坑口面积不大的凹陷露天或井式开采格局的花岗石矿山，采坑的深度有时达到几十甚至上百米深，这些矿山除了使用简易抱杆吊外，还使用一种由抱杆吊、卷扬机

组成的缆索吊装运输系统,见图 8-121。

这实际上是一种跨度几十米甚至一二百米,集吊装、运输功能为一体的简易吊装运输系统,用于坑内荒料、碎石、小型开采设备和工具的吊出吊入。安装吊钩的滑车除了起吊重物外,还可解决吊起荒料等物品的运输和装车问题。这种缆索吊装运输系统的起吊重量与支承滑车的两条钢缆的直径有关,直径 32 mm 的钢缆一般可吊运 10 ~ 15 t 的重量,直径 60 mm 的钢缆,最大甚至能够吊运将近 30 t 的重量。但这套系统的日常维护很重要,如果发现钢缆出现断股,应立即更换钢缆。但是钢缆很容易疲劳,根据使用的频繁程度,和不容易保养的特点,钢缆的使用寿命最多只有两年。从安全角度考虑,这种吊装运输系统是不适合在石材矿山开采中大量推广使用的。

图 8-121 抱杆吊、卷扬机组成的缆索吊装运输系统

8.5.4 简易起重装置

简易起重装置有三脚架、人字架和圆盘式起重机等,在国内小型石材矿山曾大量使用。

8.5.4.1 三脚架

三脚架式起重装置分成手动和电动两种结构,一般由 3 根厚壁无缝钢管、手拉起重葫芦或电动起重葫芦、吊装钢丝绳和吊钩等部分组成。3 根厚壁无缝钢管于顶点处铰接,每根钢管的底部固定在地面,组成一个空间三角形,铰接顶点悬吊起重葫芦。起吊前必须将荒料拖拽或移动到三脚架的正下方,采用起重葫芦将荒料吊起后,车辆倒入三脚架吊起荒料下方,即可装车。三脚架能够比较方便地移动,必要时可将其移动到荒料堆放场地,进行吊装,减少了荒料移动的不便。

图 8-122 云南大理市洱源县黄色大理石矿山使用的三脚架起重装置

因为大起重吨位电动葫芦的成本较高,还需要电力,所以三脚架一般都采用手拉葫芦吊装荒料,可以在无电力供应的矿山实施吊装荒料的作业。受到三脚架高度和起重能力的限制,三脚架式起重装置一般只能吊装 10 t 或3 m^3 体积以下的小块荒料,而且吊装时间比较长。图 8-122 是云南大理市洱源县黄色大理石矿山使用的三脚架起重装置。

8.5.4.2 人字架

人字架是一种自身无动力的简易吊装支架,由两根顶部铰接的厚壁无缝钢管、锚定绳(风绳)、吊钩、滑轮和吊装钢丝绳等部分组成。

两根顶部铰接钢管的另外一端固定在地面上,2 ~ 4 条风绳将人字架拉紧固定。钢管铰接处固定一个滑轮组,根据需要在地面相应位置安装固定若干个定滑轮，用于导引和导向拖拽起吊动力的方向。位于人字架下方的吊钩与起重钢丝绳连接，穿过滑轮钢丝绳的另外一端与卷扬机或人工绞盘连接，也可根据矿山现场的工程机械配备条件，连接挖掘机、装载机或推土机等工程机械。作业时首先将荒料移动到人字架下方，绑系起吊钢丝绳后，拖拽钢丝绳即可将荒料吊起，车辆倒入人字架下方可完成荒料的装车。因为人字架需要风绳拉紧固定，与三脚架相比，安装相对复杂一些，所以人字架的作业位置一般都是固定的，多采用将荒料移动到人字架下方的作业方式。

图8-123是辽宁丹东绿（蛇纹石）矿山使用的人字架式起重装置。

8.5.4.3 转盘吊式起重机

转盘吊式起重机多在小型石材加工厂的荒料堆场，用于荒料的装运。其特点是设备结构简单，价格低廉，起吊重量大，适用范围广，安装简单，操作方便。除了用于石材加工厂外，在石材矿山的荒料堆场，甚至在采面的荒料集中码放场地，都可以安装转盘吊式起重机。

该机的起重机底座可沿半径11～20 m圆形轨道旋转，其回转轴心与圆形轨道中心重合。这类起重机的圆盘形水泥基础半径5 m，吊臂长度一般为6～12 m，起重作业直径大约30 m，吊车自重3～8 t。该机可沿底座中心以360°角圆周旋转作业，起吊重量10～30 t，装机功率18～22 kW；在其吊臂作业范围之内，可存放大约200～500 m^3的荒料。图8-124是山东莱州市长城矿山设备厂生产的ZD15-30-2型转盘吊式起重机。

图8-123 辽宁丹东绿（蛇纹石）矿山使用的人字架式简易起重装置

图8-124 山东莱州市长城矿山设备厂生产的ZD15-30-2型转盘吊式起重机

8.5.5 拖拽机械

石材矿山使用的拖拽机械一般都是与吊装设备配套的设备，或者是荒料的移动设备，如早期无动力的人工绞盘、慢动卷扬机和车载式慢动卷扬机。

8.5.5.1 慢动卷扬机

慢动卷扬机又称慢动绞车，在石材矿山主要用做拖拽机械，协助翻倒或位移分离体石料，将荒料移动到桅杆吊或其他起重机械的作业区域之内。

卷扬机一般由电机、柴油或汽油机作为动力单元，由经过特殊热处理的大小齿轮组成1～2级齿轮减速系统，动力输出端与油浴润滑的伞齿轮减速器连接，中间安装有离合器和4个前进挡、一个倒车挡组成的变速器。拖拽钢丝绳缠绕在与减速机大齿轮连接的钢丝绳卷筒上，在钢丝绳入口处有专门的防护装置，上述部件全部固定在型钢焊接的结构件底座上。帮助卷扬机完成制动的机构包括，蜗杆式减速器的自锁式制动、脚踏杆控制的制动装置、脚踏杆控制的滚筒制动装置、手动杆控制的滚筒制动装置和叉杆控制的滚筒制动装置。

图8-125和图8-126分别是两种意大利企业生产的慢动卷扬机的图片。表8-37是几种国内外慢动卷扬机的技术性能参数。

图8-125 意大利BENETTI公司生产的50 t电机动力的慢动卷扬机

图8-126 意大利PELLEGRINI公司生产的AT600型柴油机动力的慢动卷扬机

表8-37 几种国内外慢动卷扬机的技术性能参数

参数 \ 设备型号	AT100	AT600	AT450	AT300	50	MJ-50-1B		LS-5
减速传动齿轮级数	2	2	2	1	2			
油浴润滑蜗轮蜗杆减速器	1	1	1	1	1			
钢丝绳卷筒直径/mm	800	600	500	400	650	720		
卷筒长度/mm	900	950	750	600	800	720		
ENPI/TECI 型钢丝绳直径/mm	32/40	24/30	20/26	16/20	26			16.5
缠绕在卷筒中钢丝绳容量/m	600/500	700/550	550/450	800/600				
相对于制动载荷的制动点或卷筒直接承受的拖拽力/kN	750/1050	400/600	300/450	150/200	400/500	660	500～600	50
电机功率/kW	15/22	7.5/11	5.6/9	5.6/9	7.5/11	7.5	30	11
平均电机功率输出时的最大和最小速度/m·min^{-1}	0.85/5.5	0.8/5	0.62/4	0.95/6	0.5/5	0.5～3.8		
自重/kg	4000	2200			2300	2140		800
生产企业	意大利					中国		
	PELLEGRINI 公司				BENETTI 公司	湖南601机械厂	长城矿山设备厂	

使用卷扬机拖拽石料时，实际拖拽力应比卷扬机公称拖拽力低10%，作为拖拽力余量保险，以保证作业的安全。

8.5.5.2　其他用途的卷扬机

除了上述介绍的慢动卷扬机外，石材矿山还使用一些专用的卷扬机，例如与桅杆吊配套的专用卷扬机，与简易抱杆吊配套用的专用卷扬机以及一种装卸荒料用的车载式卷扬机。

图8-127是桅杆吊用双电机驱动的卷扬机，图8-128是安装在桅杆吊回转底座上的专用卷扬机，图8-129和图8-130分别是国产简易抱杆吊用的LS-5型内燃机动力卷扬机和电机动力的卷扬机，图8-131是国产大吨位的双滚筒卷扬机。国产卷扬机的技术性能参数见表8-37。

图8-127　双电机驱动的桅杆吊用卷扬机

图8-128　安装在桅杆吊回转底座上的专用卷扬机

图8-129　简易抱杆吊用内燃机驱动卷扬机

图8-130　简易抱杆吊用电机驱动卷扬机

图8-131　国产大吨位慢动卷扬机

8.6 石材矿山使用的工程机械

石材矿山最常用的工程机械有装载机、挖掘机和自卸式汽车。

装载机主要用于矿体表面覆盖层浮土、采面碎石和工作场地的清理，渣土的装车清运；在使用机械开采石材的矿山，装载机还用于台架式凿岩机、串珠锯、开采臂式锯等大型开采设备的位移；完成荒料的移动和分离体石料的辅助翻倒等作业。如果矿山上使用了大型装载机，还可完成荒料的装车，从而省去装备桅杆吊成为荒料的吊装设备。在已经形成开采台阶或不太泥泞的开采作业面，装载机具有重量轻、行走速度快、作业范围大、机动灵活、操作灵便、爬坡能力大等特点，可适应不同的工作环境，取得一机多用的效果。但装载机不适合在非常泥泞的开采作业面工作，而且设备价格也不低，其中价格较高的轮胎磨损很快，维修比较复杂，使用成本相对桅杆吊等吊装起重设备要高。

在石材矿山使用的挖掘机，主要用于矿体的剥离、道路修建、开采设备和荒料的位移、分离体的辅助翻倒作业，大功率的挖掘机甚至可用于荒料的装车等作业。

自卸汽车在石材矿山上主要用于渣土、碎石的装运排除作业。

8.6.1 国产普通装载机

按行走装置的不同，装载机分为轮胎式装载机和履带式装载机两种；根据动力大小，装载机分成石材矿山用普通装载机和大型装载机。

8.6.1.1 装载机的结构

轮胎式装载机由动力装置、车架、行走装置、传动系统、转向系统、制动系统、液压系统和工作装置等组成，图 8-132 是典型的国产 ZL50 系列轮胎式装载机。轮胎式装载机采用柴油机为动力装置，液力变矩、动力换挡变速箱、双桥驱动等组成的液力机械式传动系统（小型轮胎式装载机有的采用液压传动或机械传动），液压操纵，铰接式车架转向，反转杆机构的工作装置。

图 8-132 ZL50C 型轮胎式装载机

履带式装载机以专用底盘或工业拖拉机为基础车，装上工作装置并配装相应的操纵系统而构成，图 7-5 所示履带式装载机在山洞内开采作业。通常履带式装载机的动力装置是柴油机，机械式传动系统则采用液压助力湿式离合器或湿式双向液压操纵转向离合器和正转连杆机构的工作装置。

8.6.1.2 国产装载机的种类和技术水平

ZL50 系列轮式装载机是国内石材矿山使用最多的装载机机种。由于 ZL50 型装载机市场占有率最高，几乎绝大部分装载机制造企业都生产 ZL50 系列装载机，但市场占有率最高的仍是以该机为主导产品的几家主要企业。这些型号产品中，厦工、柳工的 ZL50C-Ⅱ型及临工的 ZL50C 型基本上都是第一代至第二代之间的过渡产品，也可以说是对第一代产品有较大改进的产品。其余的基本上为第二代产品，柳工的 ZL50C 型为第二代产品的典型代表。这些产品与世界先进水平的同类机械总体性能参数差别不大。但与卡特彼勒、小松等品牌产品对比差别较大的是转向角、转弯半径及工作循环时间。国外同类装载机采用了大的转向角，转弯半径小，机动灵活性更好；其工作循环时间短，对提高作业效率有利。国产第二代装载机的掘起力普遍比第一代的提高较多，工作循环时间缩短的也比较明显。

目前，国内已经推出了第三代轮式装载机产品，以柳工和徐工的 ZL50G 型最具代表性，还有厦工的 XGL50 型、成工和临工的 ZL50G 型、山工的 ZL50F(G)型、常林的 ZLM50F 型等产品，除动力经济性、安全舒适性、节能降耗、作业效率、外观造型有很大的提高改进，以及各部结构选型采用了当代国内许多先进技术外，总体性能参数也有很大提高。

8.6.1.3　石材矿山专用装载机

就石材矿山的使用而言，因国产普通装载机装载石材荒料的最大起重能力只有 8 t(大约 2 ~ 2.5 m^3)，这显然不能达到使用装载机装车荒料的要求，所以它们在石材矿山只能完成前面介绍的作业项目。

图 8-133　WSM951T-Ⅱ型石材矿山专用轮胎式装载机

泉州市威盛机械发展有限公司根据石材矿山的特点和实际需求，在国产 ZL50 系列普通装载机的基础上，优化开发设计了可装载 16 t(大约 4 ~ 5 m^3)荒料的 WSM951T 系列石材矿山专用装载机。该机保留了 ZL50 系列普通装载机的所有功能和特点，价格没有多大变化，但使用范围得到拓宽。图 8-133 是该机的图片。

该机采用高品质、低油耗的涡轮增压发动机，动力性能好，扭矩储备大。双涡轮液力变矩器与动力换挡行星变速箱有较宽的高效区，变速操纵简便。采用整体式淬火刀刃板制造的铲斗，强度更高，更耐磨，可成倍提高在装运石料的寿命。该机动力合理匹配，联合工况牵引力大。仍采用四轮驱动方式，与两轮驱动的普通平衡重式叉车相比，具有更好的通过性能，完全能够满足石材矿山采面的作业需求。该机采用传统的机械助力式随向转向系统，行使平稳；改装设计后，具有更高的卸载高度和更大的卸载距离。改进设计后的 Z 型连杆机构，掘起力大、作业效率高。为了增加操作性，采用了隔音、隔热、减振驾驶室，并具有视野开阔、座椅舒适、操纵轻便灵活、可配备冷暖空调等特点。为了保证提高操作的安全可靠性，该机采用四轮双管路钳盘式制动、后置储气罐的结构。除此之外，该机还具有转弯半径小、作业灵活、适合各种作业场合、特别是石材矿山特殊作业条件的特点。为了保持装载机的使用功能，该机还配备了多种工作装置、铲斗和装载货叉供石材矿山不同作业内容的需求。表 8-38列出了该机的技术性能参数和外形尺寸。

为了更大起重能力的需要，该公司已经研发成功起重能力达 21 t 的专用装载机，正在研发更大起重能力的石材矿山专用轮式装载机。

8.6.1.4　国产装载机的技术性能参数

表 8-38 是泉州市威盛机械发展有限公司 WSM951T 系列石材矿山专用装载机的技术性能参数和外形尺寸表，表 8-39 ~ 表 8-41 分别介绍了国产 ZY65 型履带式装载机主要技术性能参数，ZL50E-Ⅱ型轮胎式装载机的主要技术和结构参数，ZL50A、ZL50C 轮胎式装载机的主要技术性能参数。

表 8-38 WSM951T-Ⅱ型石材矿山专用轮式装载机主要技术参数

可配发动机型号		康明斯 6CT8.3，上柴 D6114、C6121 杭发斯太尔 WD615、61AG26 潍柴斯太尔 WD615、67G3-28	全长/mm	7471
操作重量/kg		17500	全宽/mm	2870
额定功率/kW		162	全高/mm	3420
额定起重量/kg		16000(1500 mm)	液力变矩器	单级四元件
最大提升力/kN		200(200 mm)	挡位数	前2后1
铲斗容量/m^3		3		
行驶速度/$km \cdot h^{-1}$	前进一挡	11.5	变速箱	行星式
	前进二挡	36	燃油箱容积/L	220
	后退一挡	16	液压油箱容积/L	200
转向角度/(°)		35	提升时间/s	6.8
转弯半径/mm		6822	轮　胎	23.5-25-20PR

表 8-39 ZY65 履带式装载机主要技术参数

发动机型号	康明斯 NT855-C280	接地比压/kPa	90
额定功率/kW	183	机重/kg	28500
额定转速/$r \cdot min^{-1}$	1850		
额定载重量/kg	6500	主要尺寸(长×宽×高)/mm×mm×mm	6440×2936×3366
额定斗容量/m^3	3.2		
最大卸载高度/mm	3096	行驶速度/$km \cdot h^{-1}$	Ⅰ挡 0~3.5 前进 Ⅱ挡 0~6.4 Ⅲ挡 0~11.2 Ⅰ挡 0~4.2 后退 Ⅱ挡 0~7.7 Ⅲ挡 0~13.2
卸载距离/mm	1555		
掘起力/kN	183		
爬坡能力/(°)	30		
最大牵引力/kN	480		
履带接地长度/mm	3050		

表 8-40 ZL50E-Ⅱ装载机主要技术及结构参数

基本参数		传动系统	
额定斗容/m^3	3.0	变矩器形式	单级、四元件
额定载重/t	5	变速箱形式	液压换挡，行星齿轮传动
操作重量/t	17	挡　位	前2后1
铲斗自动放平	是	最高车速/$km \cdot h^{-1}$	37
最大掘起力/kN	>150	轮　胎	23.5-25
最大牵引力/kN	142	转向系统	
最大爬坡能力/(°)	28	形　式	全液压转向
铲斗提升时间/s	7.0	转向角/(°)	35±1
铲斗下降时间/s	4.8	最小转弯半径/mm	5650

续表 8-40

基 本 参 数		传 动 系 统	
铲斗前倾时间/s	2.0	工作液压系统压力/MPa	16
发动机		制动系统	
型　号	H615 61G26	行车制动	气顶油钳盘式四轮制动
额定功率/kW	162	停车制动	断气操纵蹄式
形　式	6 缸、直列、水冷、四冲程、直喷	紧急制动	断气操纵蹄式
额定转速/r·min^{-1}	2200	电压/V	24

表 8-41　ZL50C、ZL50A 型轮式装载机主要技术参数

规　格 ＼ 型　号	ZL50C	ZL50A
发动机型号	上柴 6135K-9a 或杭发 X6130G27	6135K-9a
额定功率/kW	155	155
额定转速/r·min^{-1}	2200	2200
额定载重/kg	5000	5000
额定斗容/m^3	3	3
最大卸载高度/mm	3060	2950
卸载距离/mm	1215	1290
掘起力/kN	170	>120
最小转弯半径/mm	7250/6280	6650/5670
最大爬坡能力/(°)	30	28 ~ 30
外形尺寸长×宽×高/mm×mm×mm	7902×2990×3440	7310×2990×3240

8.6.2　大型装载机

除了上面介绍的普通装载机外，在国外石材矿山，特别是在意大利这样石材开采工业发达的矿山，大量使用美国 988 系列的大型装载机，在石材矿山建立起以大型装载机为起吊运输工具的开拓运输系统。因为价格因素的影响，目前国内石材还未见到或很少见到这类大型装载机的使用。

目前国内也可生产一些大型挖掘机产品，例如厦门工程机械厂与美国卡特比勒公司合作开发的 ZL80 型轮胎式装载机，其额定装载重量为 8 t，最大可达 13 t。柳州工程机械厂正在开发研制 ZL100 型大型装载机，其铲斗容积达到 5.4 m^3，估计销售价格将达到 400 万元人民币。

在国外许多石材矿山，大量使用美国卡特彼勒 980、988 等型号的大型装载机，这类大型装载机的特点是功率大，可达 340 kW，几乎是普通 ZL50 系列装载机的两倍；最大载重量可达 40 t，可完成体积达到 10 ~ 13 m^{3}荒料的装车作业。目前世界上最大的装载机是美国卡特彼勒公司生产的 994 型装载机，表 8-42 是卡特彼勒公司 988、992C 和 994 等大型装载机的一些性能参数对比。

表 8-42 几种大型装载机的性能参数

性能参数 \ 型号	988	992C(世界第二)	994(世界最大)
发动机缸数/个	8	12	16
发动机输出功率/kW	338	580	882
铲斗容积/m^3	7	12	26
举升力/kN	300	400	
挖掘力/kN		600	
轮胎直径/m	2	2.2	3
数　量		国内 20	国内 2,亚洲 2

图 8-134 和图 8-135 是意大利大理石矿山使用卡特彼勒 988 大型装载机运输荒料和协助开采作业图,图 8-136 是美国卡特彼勒 988B 大型装载机在巴西花岗石矿山运输荒料作业,图 8-137 是卡特彼勒 988H 大型装载机在挪威蓝珍珠花岗石矿山作业图片,图8-138是 780-3A 型装载机在印度尼西亚米黄大理石矿山运输荒料的图片,图 8-139 和图8-140是国内卡特彼勒 992C 装载机的照片。

图 8-134 美国卡特彼勒 988 大型装载机在 CARRARA 大理石矿山运输大体积荒料作业图

图 8-135 美国卡特彼勒 988 大型装载机在意大利 CARRARA 大理石矿山作业图

图 8-136 美国卡特彼勒 988B 大型装载机在巴西花岗石矿山运输荒料作业图

图 8-137 美国卡特彼勒 988H 大型装载机在挪威蓝珍珠花岗石矿山作业图

图 8-138 780-3A 型装载机在印度尼西亚米黄大理石矿山作业图

图 8-139 卡特彼勒 992C 大型装载机图一

图 8-140 卡特彼勒 992C 大型装载机图二

8.6.3 挖掘机

在石材矿山用于覆盖层剥离、开拓道路修建、大型开采设备位移安装和荒料移动等作业的挖掘机有230、300或330等型号。除了上述开采作业外,如果需要荒料的吊装,则必须使用石材矿山常用的更大功率的400型或650型挖掘机,这类挖掘机可以吊起大约20~25 t重量的荒料,若采用锯切法开采,这个重量相当于体积为6~7 m^3的荒料。如果需要吊装更大体积的荒料,可以使用这种大型挖掘机与装载机配合,用于吊装25~30 t重的荒料。

图8-141是柳州工程机械厂生产的CLG230型挖掘机,图8-142是意大利CARRARA大

图 8-141 柳州工程机械厂生产的CLG230 型挖掘机

图 8-142 卡特比勒挖掘机对石材矿山道路进行维护作业

理石矿山使用卡特比勒挖掘机进行采面道路维护作业，图 8-143 是福建翡翠绿花岗石矿山使用小松 PC400 型挖掘机进行荒料装车作业，图 8-144 是印度尼西亚米黄大理石矿山使用挖掘机吊装开采臂式锯机作业图，图 8-145 是福建翡翠绿花岗石矿山使用卡特 320 型挖掘机进行串珠锯的吊装作业。

图 8-143 小松 PC400 型挖掘机进行荒料装车作业

图 8-144 印度尼西亚米黄大理石矿山使用挖掘机吊装开采臂式锯机作业图

图 8-145 福建翡翠绿花岗石矿山使用卡特 320 型挖掘机进行串珠锯的吊装作业

表 8-43 是几种挖掘机的技术性能参数和参考价格介绍。

表 8-43 挖掘机技术参数和参考价格介绍

型 号	铲斗容积/m^3	参考价格/万元	备 注
230	0.8	97	日立合资，相当于小松 325
279	1.3	116	日立合资
330	1.62	138	日立合资

在矿山有时会遇到起吊更大规格荒料的问题，如果使用矿山单台工程机械不能达到吊装要求，在确保安全的前提下，可采用挖掘机和装载机配合工作，完成起吊更大规格荒料的作业。吊装时，挖掘机和装载机均处于固定位置，等荒料被吊起后，载重汽车倒入吊起荒料的下方，工程机械缓慢将荒料放到车辆上。同样可以采用两台装载机共同完成荒料的吊装作业，例如两台国产 ZL50 系列装载机同时作业，可吊起大约 15 t 的荒料；两台威盛公司生产的 WSM951T-Ⅱ系列石材矿山专用装载机同时起吊，可吊起大约 30 t 的荒料；如果使用两台美国的卡特彼勒 988 系列装载机同时起吊，可吊起大约 60 t 重的荒料。图 8-146 是挖掘机和装载机配合起吊 30 t 重量荒料的现场照片。

图 8-146　ZL50 装载机配合小松 400 型
挖掘机联合起吊荒料现场图

第9章　金刚石串珠锯开采的前期准备及生产管理体系

与使用其他设备开采石材矿山一样，使用串珠锯前，首先要对矿山进行开采工艺方法的论证，或者说必须对矿山是否具备使用串珠锯的条件进行论证，然后才能进行矿山建设的前期准备工作。

9.1　串珠锯开采工艺方案的选择论证和前期工作

在确定使用串珠锯开采石材矿山前，必须对石材矿山进行综合的评价，根据地质报告等文件编制项目的可行性研究报告。应该根据石材的花色品种、预计的市场销售的价位、矿体本身的地质条件、矿山的外部条件等因素，综合评价该石材矿山是否适合选择串珠锯开采工艺方案。

9.1.1　石材矿山建设的前期工作

石材矿山建设的前期工作应根据《装饰石材露天矿山技术规范》的要求规定进行，具体内容包括：前期地质工作，矿产开发利用研究，矿山设计，环境影响评价、水土保持和恢复、地质灾害评价，矿山安全评价等。

9.1.1.1　前期地质工作

在建设一个石材矿山前，必须委托具有相应资质的专业地勘单位承担石材矿山的地质勘查工作，大中型矿山应提交详查以上工作程度的地质报告，小型矿山可提交普查报告。

在详查地质工作开始前，地勘单位应与矿山开采专业设计单位、生产单位共同确定首采区和试采区位置。通常石材矿山试采区域面积的大小应视石材品种及其赋存条件而定，其长度应不小于30 m，宽度应在剥离风化层后继续推进不小于10 m，或者按照每一试采点采出的荒料总体积不小于50 m^3 确定。在试采区内，应详细测绘节理裂隙产状、密度，还应对石材本身的色斑、色线等瑕疵进行统计，按照三维方向尺寸对石材荒料率进行统计与计算。对花岗石、大理石和厚层砂岩荒料率的统计时，荒料最小规格应为65 cm × 40 cm × 70 cm；对板石和薄层砂岩、千枚岩等相当于板石用途的石材荒料率统计时，可不采用上面尺寸作为最小荒料规格，具体指标由生产、地质和设计三方单位商定。

9.1.1.2　矿山设计和评价报告

石材露天矿山建设前应进行矿产开发利用研究，矿产开发利用方案应由具有相应资质的设计、咨询单位编写，开采设计应由具备相应资质的设计单位进行。

在矿山规划阶段，还要对土地资源现状、矿区周围的环境要素进行调研，在矿山开采前，应由具有相应资质的单位进行环境影响评价，提交环境影响评价报告书。还应由具备相应资质的设计、咨询单位编写水土保持和恢复方案，对地质灾害进行评估。按照GB16423金属非金属矿山安全规程中的矿山安全技术要求，由具有相应资质的安全评价单位承担矿山安全评价，提交安全预评价报告。

9.1.1.3 石材露天矿的其他要素和要求

除了前面的准备工作外，还应对矿山的开采境界、剥采比、最终安全边坡、矿山开采顺序和工作线的布置等石材矿山开采要素做出选择和规定。

开采境界的确定原则是单元矿床应由单一矿山企业开采。如果单元矿床有多家企业开采时，应各自形成独立的开采、运输系统，矿山的边界不得相互穿插、包含。

根据不同矿山的地质条件，确定合理经济的剥采比，一般矿山剥采比不超过0.5:1，稀有特殊石材品种的剥采比可视具体情况确定。可根据经济剥采比圈定和调整石材露天矿山的最终开采边界。

露天石材矿山最终开采水平一般不低于当地侵蚀基准面，确需延伸或进行凹陷开采的石材矿山，要求地质勘查单位为开采设计提供必要的矿床地质资料，并进行技术经济评价。

露天开采境界的最终开采边坡角，应根据边坡岩石稳定性能及相关技术条件通过设计确定，同一山坡不得在空间上划分为上下两个或多个矿山企业同时开采。最终开采水平的底盘宽度应不小于20 m，可按一般露天矿的设计规定，进行最终边坡构成要素和参数的确定。

露天矿山的开采顺序必须由上而下分台阶开采，每个台阶应由地表向纵深推进。采剥工作线布置和推进方向，应结合矿体产状、矿床类型、地形地貌、节理构造特征来确定。

最小工作平台宽度，应满足分离体解体、荒料整形、吊装运输、清渣等工艺设备和安全生产的要求。机械化开采时最小工作平台宽度由设计确定，但应不小于30 m；分台阶工作平台宽度，应大于分台阶高度；安全和清扫平台宽度由设计确定。台阶和分台阶坡面角应根据矿层产状和节理裂隙倾角确定，工作台阶坡面角应小于80°，台阶最终坡面角应小于70°，分台阶坡面角应不超过90°或与节理裂隙倾角一致。采场最终边坡角应满足安全生产要求，最好小于60°或由设计确定。

9.1.1.4 石材矿山开拓运输系统和有关要求

公路运输开拓适合于覆盖层厚度不大、缓倾斜矿床、荒料规格较大的矿山。公路的宽度不小于5.5 m，错车路段不小于11 m。公路的最大坡度不大于9%，对于特殊困难路段，重车上坡的坡度允许增加1%。当坡度在8%～9%时，纵坡长度不超过200 m，缓和坡段长度不小于50 m。运输车辆的最小转弯半径不小于15～20 m。

起重机开拓是在采场适当位置安装或配置起重设备，采用无堑沟开拓方式，从其站立水平之上或之下一定范围内，将工作台阶采出的荒料和废石吊运到装运水平装入运输车辆内。起重设备分为履带式、轮胎式、桅杆式起重机和轮胎式叉装机。

石材矿山常用的联合开拓方式有汽车运输与桅杆式起重机联合作业，适用于急倾斜矿体、覆盖层厚度不大、开采深度较大的矿山。

采用直进沟式公路运输系统开拓时，台阶高度不大于20 m；采用起重机或联合开拓时，根据起重设备类型及规格确定开采台阶高度，具体尺寸见表9-1。

表 9-1 开采台阶高度

起重机设备类型		台阶高度/m
履带式起重机	站立水平之上	≤10
	站立水平之下	>10
轮胎式起重机	站立水平之上	≤6
	站立水平之下	>6
桅杆式起重机	站立水平之上	<55
	站立水平之下	60
轮胎式叉装机	站立水平之上	<4

采用公路运输开拓系统时，分台阶高度不大于6 m；采用起重机或联合开拓时，根据荒料最大规格、开采设备类型和最优凿岩深度确定分台阶高度，具体尺寸见表9-2。

表 9-2 开采分台阶高度

采石及凿岩设备名称	分台阶高度/m
金刚石串珠锯	4~10
圆盘式锯石机	0.3~1.9
臂式锯石机	1~6
凿岩机	2~6

石材矿山开采工作面的长度主要取决于石材开采方法及选用的石材矿山开采设备，表9-3规定了不同开采方法选择开采工作面长度的参考数值。

表 9-3 工作面长度

采 石 方 法	工作面长度/m
金刚石串珠锯开采	一般为5~10
矿山开采圆盘锯或臂式锯开采	一般为100~200
排孔凿岩结合控制爆破爆裂开采	大于10~20

石材矿山建设的其他要求请参阅《装饰石材露天矿山技术规范》中的有关规定。

9.1.2 大理石矿山开采

从目前大理石矿山开采使用的普遍工艺方法看，锯切法开采已经成为大理石矿山开采的基本方法。不论从开采效率、开采成本，还是从操作使用的灵活性、方便性等方面考虑和评价，串珠锯都是开采大理石矿山的首选设备。这与大理石的纹路方向、矿体的产状基本无关，只要矿山具备充足的电力、供水能力、设备的位移和吊装能力，就可以使用串珠锯开采工艺方案开采大理石矿山。

大理石的硬度较低，很容易切割，所以锯切法是使用机械开采大理石的主要手段。机械化开采大理石荒料的设备有多种，按照不同设备的组合，可形成不同的开采系统，其开采组合方法如下。

9.1.2.1　金刚石串珠锯全锯切开采大理石的系统

以金刚石串珠锯为主要开采设备，配以大孔径液压或气动钻孔机、气动凿岩机、液压顶石机、水压顶推袋、气压顶推袋、桅杆吊、装载机等辅助设备组成的大理石机械化开采系统，是目前使用广泛的锯切法开采大理石的机械化开采系统，适用于山坡露天类型的大理石矿山。大理石用金刚石串珠锯机一般采用固定串珠绳线速度的切割方式。

9.1.2.2　金刚石串珠锯与臂式开采锯组合开采大理石的系统

在金刚石串珠锯开采系统的基础上，配备臂式开采锯，也可组成大理石机械化开采系统。这种开采系统除适用于山坡露天、平面凹陷露天类型的大理石矿山外，其专用机型还是井巷型、山洞类型大理石矿山必备的开采设备。臂式开采锯有两种：一是开采链臂锯，二是开采带锯。开采链臂锯使用硬质合金做切割工具，适用于中硬度以下大理石和石灰岩类浅色石材的开采。开采带锯的结构、运动原理与链臂式锯机相似，其切割刀具是金刚石刀头。金刚石开采带锯的特点是切割速度快，还可锯切硬质大理石（蛇纹岩）或硅化大理石。

该系统从理论上讲是适用范围最为广泛的大理石机械化开采系统。

另外，也有单独以臂式锯机组合的开采系统，适用于山坡露天、平面凹陷露天类型的大理石矿山。

9.1.2.3　金刚石串珠锯与移动式矿山切石机组合开采大理石的系统

该系统是在锯切式开采建筑石料锯机的基础上发展的一种开采大理石的方法。开采时，移动式矿山切石机在矿体上进行深度 650 ~ 1850 mm 的垂直锯缝的切割，采用串珠锯进行分离体水平面的分离切割，或者采用水平密集排孔结合劈裂的方法分离水平面，然后再锯切、劈裂解体分离体生产荒料。

9.1.3　花岗石矿山开采

花岗石作为建筑材料，其特点是硬度大。目前在花岗石矿山能够使用金刚石串珠锯的开采系统包括：串珠锯辅助锯切，结合排孔凿岩和控制爆破开采花岗石的方法；金刚石串珠锯全锯切开采花岗石的方法；金刚石串珠锯与荒料单（双）刀切石机全锯切开采花岗石的方法；以及串珠锯与高压水切割设备组合、进行洞采花岗石的设想开采系统 4 种方法。

9.1.3.1　金刚石串珠锯辅助开采花岗石的系统

随着开采花岗石的金刚石串珠锯锯切开采技术的日益成熟、开采成本的不断降低，串珠锯参与开采花岗石的系统已经成为国内外花岗石矿山开采的主流系统，也成为石材矿山开采机械化、现代化的标志。在花岗石开采中已形成了以金刚石串珠锯机为主，结合各种结构形式的单、多头台架式凿岩机、液压劈裂机、液压顶石机、气压和水压顶推袋等辅助机械设备，以及各种桅杆式起重机等吊装设备的机械化开采花岗石的方式。这些设备经过不同形式的搭配组合，构成了不同的开采方法。国外花岗石荒料生产大国巴西、西班牙、印度和许多北欧国家，金刚石串珠锯开采花岗石的配套率几乎达到了 100%。

金刚石串珠锯开采技术不仅使传统花岗石矿山开采的工作变得更现代化，而且使恶劣的矿山开采工作条件得到了改善，同时奠定和巩固了非破坏性石材开采工艺技术的基础，是一种有利于环境资源保护的环保开采方式。

9.1.3.2　金刚石串珠锯全锯切开采花岗石的系统

对劈裂性很差及名贵品种花岗石的开采，金刚石串珠锯全锯切开采方法非常值得推广。

这种方法可最大限度地保护荒料不被破坏，并且可以开采出大块度、外形规整的荒料。国内已经有花岗石矿山成功地使用了金刚石串珠锯全锯切开采方法，并取得了很好的效果。在翡翠绿及九龙壁花岗石矿山用该方法，已经成功地开采出可用于大板切割的完整砂锯荒料。在翡翠绿矿山，荒料成材率也从原来的不到5%提高到30%。

9.1.3.3 金刚石串珠锯辅助荒料单(双)刀切石机开采花岗石的系统

这是由中国人发明的、极具创新的一种全锯切开采花岗石的方法，已经获得成功。它使用花岗石矿山用荒料单(双)刀切石机，结合劈裂的方法开采花岗石。该方法效率高，锯切成本低，荒料率高，可达40%以上，而且所形成的开采台阶非常整齐，是一种适合国情、保护石材资源的新型花岗石开采方法。但要求岩层结构稳定，走向平缓，岩石劈裂性好，颜色单一。此外，该方法在开采大料方面受到锯片大小限制，水平面的人工钻孔劈裂受到花岗石劈裂性能好坏的影响。随着使用直径达到3.5 m甚至更大金刚石锯片的荒料单(双)刀切石机的出现，开采花岗石荒料的最小高度规格已经由原来的60 cm提高到现在的1.55 m，甚至更高。

金刚石串珠锯辅助切割分离体的水平面，可弥补花岗石的劈裂性差的缺点，串珠锯能够代替人工水平劈裂水平面，切割出的分离体水平面非常平整，提高了矿体开采的荒料率，与荒料单(双)刀切石机组合后，可开采出质量非常好的荒料。同时可保留荒料单(双)刀切石机低成本开采的特点，是非常适合国情的一种全锯切开采花岗石的方法。

9.1.3.4 高压水设备结合串珠锯进行花岗石的山洞式开采

当前使用串珠锯开采的方式，还无法在山洞或井巷式矿山中开采花岗石。采用专用的高压水切割设备结合串珠锯，进行花岗石的山洞或井巷式开采，从工艺上看是可行的。这种方法国外已在进行研究，但受到高压水切割设备高昂的价格和维护费用，以及较高的开采成本的制约，这种先进的开采设备和开采方法，目前还处于进一步的完善和改进阶段。如果这种技术的各种指标能够达到工业化生产的水平，将会带来石材矿山开采一个根本性的变革。

开采花岗石的不同开采方法和开采系统的适用性，请参见6.3.3节中介绍的内容。

9.2 采场的准备

石材矿山开采前的准备工程主要是指采场的开拓、剥离工程和开采准备堑沟的推进工程，这三项工程是按照顺序依次展开和进行的。只有在具备同时并进的条件时，才可以同时作业施工。

石材露天矿山的开拓工程是指，按照一定的方式开掘基准地面(主干线道路面)与各个水平工作面或开采台阶之间的运输道路，建立连接各个采面、临时荒料堆场、渣土场、生活设施的采场地面道路运输系统。使用金刚石串珠锯开采石材的矿山，根据矿体的自然条件，一般采用公路运输开拓、无堑沟开拓和联合开拓等方法。

剥离工程主要是指，清除矿体表面上的覆盖层、风化岩石、影响矿体开采的围岩，使矿体基岩裸露出来，以便正式开采。

开采准备堑沟的开拓是指，为了使金刚石串珠锯能够正常摆放作业而预先开掘的堑沟、形成矿体的自由面等开拓准备工程。

下面分别讨论使用金刚石串珠锯进行山坡露天开采、凹陷露天开采和井巷式开采，以及山洞式开采石材矿山的开拓和剥离工程。准备堑沟的开拓工程在前面介绍的大理石、花岗石开采方式时，已经做了介绍，这里不再赘述。

9.2.1　山坡露天开采的开拓工程

根据矿体地形条件的差异，山坡露天开采石材的矿山可采用公路运输开拓方式或起重机无堑沟开拓方式，以及联合开拓方式进行开拓准备工程。

9.2.1.1　公路运输开拓方式

对于地处丘陵、平原的矿山，矿体深度和地形高差不大的石材矿山开采时，推荐采用公路运输开拓方式中的入口堑沟开拓方式。根据开拓公路与矿体采面的关系，入口堑沟位于矿体采面的一侧或中间位置。矿体走向长度较长时，可采用将工作线分成左右两个采场的中央方式；如果矿体走向长度较短，可利用从矿体一端进入的侧翼方式，图 9-1 是从矿体一端进入的侧翼进入式公路开拓运输方式的示意图。

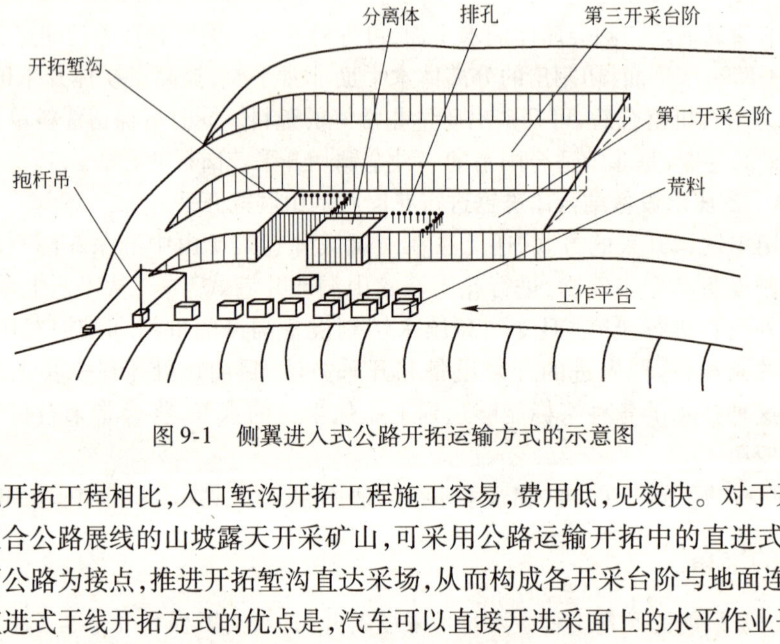

图 9-1　侧翼进入式公路开拓运输方式的示意图

与其他开拓工程相比，入口堑沟开拓工程施工容易，费用低，见效快。对于开采规模大、地形条件适合公路展线的山坡露天开采矿山，可采用公路运输开拓中的直进式干线开拓方式。以地面公路为接点，推进开拓堑沟直达采场，从而构成各开采台阶与地面连接的道路运输系统。直进式干线开拓方式的优点是，汽车可以直接开进采面上的水平作业平台，可直接装运荒料和渣土碎石，省去了荒料和渣土碎石的中间倒运环节，可连续运输；多个开采台阶上的工作面可同时作业，互不干扰；串珠锯和其他开采设备、辅助设备的运输、工作位置的变换非常容易和快捷；荒料、渣土和碎石的运输能力大；高吨位的运输车辆可直接开进工作面装运大规格荒料。其缺点是公路线路长，建设费用高。图 9-2 和图 9-3 分别是挪威蓝珍珠花岗石矿山直进沟式公路运输开拓系统和翡翠绿花岗石矿山的直进沟式公路运输开拓系统的全貌图。

公路运输开拓适合于覆盖层厚度不大、缓倾斜矿床、荒料规格较大矿山。开拓公路的宽度不小于 5.5 m，错车路段不小于 11 m；公路的坡度要求是最大坡度不大于 9%；在特殊困难路段，重车上坡允许增加 1%；公路纵坡长度的限制要求是，当坡度在 8% ~9% 时，纵坡限长不超过 200 m。缓和坡段长度不低于 50 m；公路的转弯半径要求是，最小转弯半径不小于15 ~20 m。

图9-2 挪威蓝珍珠花岗石矿山直进沟式道路运输系统

图9-3 翡翠绿花岗石矿山直进沟式公路运输开拓系统

与公路运输开拓系统配套的吊装设备一般都采用可移动式设备，例如履带式或轮胎式吊车、大功率轮式装载机（例如美国卡特公司的988系列装载机）、大吨位的挖掘机，固定式桅杆吊有时也可作为与公路运输开拓系统配套的吊装设备。

9.2.1.2 起重机无堑沟开拓方式

在地形非常陡峭的山坡露天类型石材矿山，可以采用无堑沟开拓中的桅杆式起重机开拓方式。起重机开拓是在采场适当位置配备起重设备，采用无沟开拓，将其固定位置水平之上或之下一定范围内的开采台阶上的荒料、渣土和碎石，吊到其安装水平位置装入运输车内。

地形高差不大时，起重机可安装在地面水平上，采用上吊作业方式；地形陡峭时，可将起重设备安装在矿体顶部，采用下吊作业方式。采用起重机无堑沟开拓方式时，串珠锯、大孔径凿岩机、台架式凿岩机等开采设备，液压顶石机、液压劈裂机，甚至移动式空压机等辅助设备，可通过起重机灵活吊运到不同水平的开采工作面上，并在各个开采面之间移动。如果采用吊装能力大的起重机，连装载机、甚至挖掘机等工程机械都可以吊装到不同的开采台阶上作业。吊装荒料、渣土和碎石就更不成问题了。

图9-4是意大利VERONA地区的一个采用桅杆式起重机下吊作业，进行无堑沟开拓的大理石矿山。当时该矿山的主采面上已经形成了11个平均高度达到8 m的开采台阶，在开采初期以后的不同开采时期内，从矿体地面水平，到矿体采面的中间部位，共安装了5台桅杆式起重机，其中一台桅杆吊的臂长达到70 m，起重能力达到50 t。所以从图片中可以看到，在中间的开采台阶上作业的挖掘机就是用这台大吨位桅杆吊装运上去的。图9-5是采用桅杆吊上吊作业，进行无堑沟开拓的石材矿山示意图。

图9-4 意大利VERONA大理石矿山桅杆吊下吊作业的无堑沟开拓系统

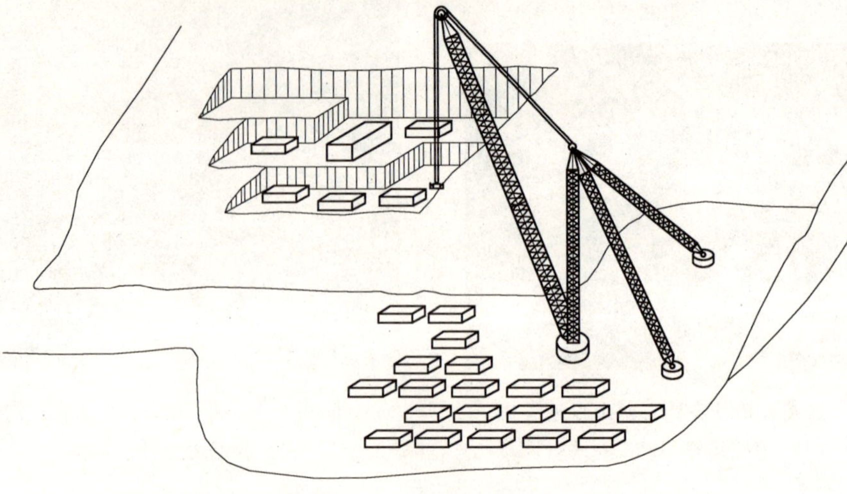

图 9-5　桅杆吊上吊作业的无堑沟开拓系统

无堑沟开拓时也可使用履带式、轮胎式起重机，但使用最多的是桅杆吊，国内一些人工开采花岗石的矿山，多采用国产简易抱杆吊作为起重设备。虽然履带式、轮胎式起重机具有机动灵活、可方便移动的特点，但其吊臂长度与具有 40 ~ 70 m 臂长的桅杆吊相比显得很短，作业覆盖范围比桅杆吊小得多，加上轮胎式吊车需要在比较平坦的地面上安装，而石材矿山泥泞和不很平坦的开采作业面是不适合安装固定的，即使履带式起重机适合在不平的工作面就位固定，但吊臂长度也不能与桅杆吊相比，所以在考虑无堑沟开拓方案的起重机时，一般都选择桅杆吊作为起重设备。

与复杂的公路运输开拓系统相比，起重机无堑沟开拓方法建设周期短，投资主要是用于起重机的购买和安装，建设期和开采生产后，固定式桅杆起重机可连续使用。其简单的机械结构、易于维修和操作简便的特点，可适应各种复杂的山坡露天石材矿山的开采要求。不足之处是经过一定的服务时间后，需要进行固定式桅杆吊的位移。在国外的许多矿山，一般不再通过位移桅杆吊来扩展无堑沟开拓系统，而是增加新的桅杆式起重机，在不中断开采作业的情况下，与旧的起重机一起形成新的无堑沟开拓系统，如图 9-4 所示。

9.2.1.3　联合开拓方式

石材矿山的自然条件、矿体条件多种多样，有时一种开拓方式不能满足开采作业的实际需要，可以采用公路运输开拓与桅杆式起重机无堑沟开拓联合作业方式。这种联合开拓方式适用于急倾斜矿体、覆盖层厚度不大、开采深度较大的矿山。

图 9-6 是联合开拓方式的示意图，矿体下部采用桅杆吊吊装荒料、运输车辆侧翼进入开采面的公路运输系统，上部的采面采用桅杆吊无堑沟开拓方式。上部采面作业时，桅杆吊完成设备的位移，荒料、渣土碎石的吊运也全部由上部桅杆吊运到下层开采工作面，再由下层桅杆吊、运输车辆通过公路开拓运输系统运出。这种通过桅杆吊进行多层台阶接力吊运的方式，可解决在陡峭矿体修建连接道路难于施工和投资大的难题。

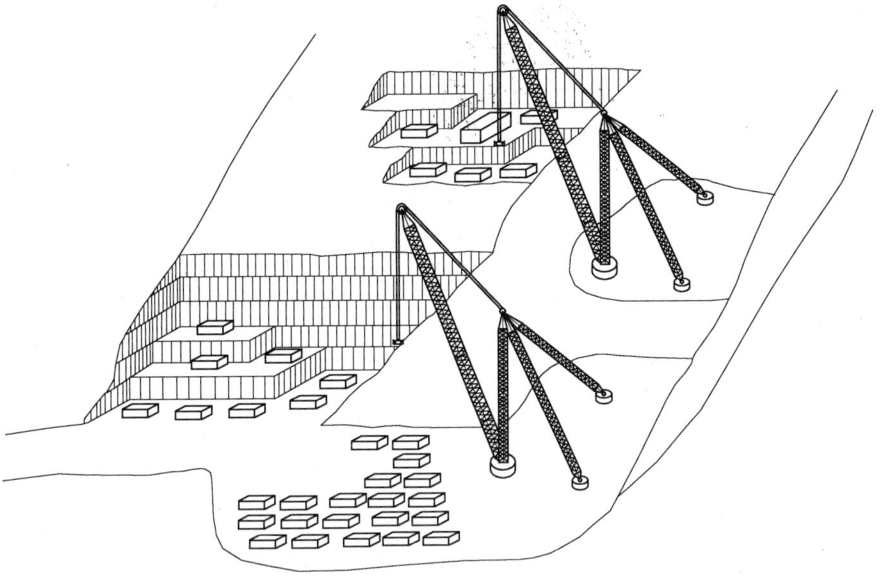

图9-6 联合开拓系统作业示意图

9.2.2 凹陷露天开采的开拓工程

凹陷露天开采的石材矿山一般都采用无堑沟开拓中的桅杆吊开拓方式。如果矿体极其倾斜,桅杆吊可安装在采面工作边一侧;如果矿体产状是水平的,或者是比较平缓的倾斜矿体,桅杆吊应安装在非工作边一侧。当开采作业面推移到桅杆吊动臂有效工作范围以外时,为了减少桅杆吊的位移次数,延长完成一次安装后的服务年限,可在采场内安装慢动卷扬机和滑轮组,或者使用大型装载机、挖掘机等工程机械,将荒料拖拽、翻移到桅杆吊的作业范围内,继续使用桅杆吊装运。在使用串珠锯开采的石材矿山,因为矿体水平面一般都由串珠锯切割完成,所以开采台阶的底面非常平整,大吨位叉车也能在上面行走,它也可作为荒料位移的设备。

图9-7 厦门同安 G3514 洪塘白花岗石矿山使用的缆索起重机式运输系统

缆索起重机式运输系统也可用做凹陷露天石材矿山的开拓系统,这套系统由支架、承载缆索、吊具、卷扬机和锚定风绳等部分组成。吊钩和滑车安装在凹陷露天矿体两侧的两个支架之间的一条支撑承载缆索上,吊运滑车在牵引索的牵引下在跨距内的支撑承载缆索上往复运动。安装吊钩的吊具沿滑车上的起吊索提升或下放。图9-7是厦门同安 G3514 洪塘白花岗石矿山使用的缆索起重机式运输系统的图片。

缆索起重机式运输系统的特点是结构

简单，投资少，作业范围大，运行成本低。起吊索的吊装提升能力与缆索的直径有关，两条直径为6 cm的钢缆，甚至能够起吊和运输30 t的载荷。像以串珠锯为主开采的石材矿山，或者串珠锯辅助开采的石材矿山，因为开采出的荒料块度一般都很大，需要承载能力很大的缆索式起重运输系统，从安全角度考虑，应选择质量可靠、由具有国家认定资质的起重设备制造厂家生产并纳入国家起重机械产品目录的合格缆索起重机式运输系统。

9.2.3 山洞式开采的开拓工程

目前的山洞型石材矿山，只能够在大理石、石灰岩等软质石材开采时采用，像花岗石等硬质石材目前还不能采用山洞式开采模式。

山洞式石材矿山一般都采用专用的洞采臂式锯结合金刚石串珠锯，从垂直岩壁锯切矩形开拓通道的开拓方法，矩形开拓通道一般位于洞采顶部位置。进入山洞后仍使用这两种设备的组合，不断扩大洞内开采空间。新建山洞式石材矿山，可根据不同的矿体自然条件，选择不同的开拓方式，主要是解决洞口至公路之间的运输问题，最终形成可以规模开采的山洞型石材矿山。

在由普通石材矿山转型后形成的洞采矿山，一般都要借用转型到山洞式开采前的原矿山的部分开拓运输方式，进入山洞后都采用类似直进沟式的公路开拓工程。像挖掘机、装载机或载重汽车等工程机械和车辆可以直接行驶到山洞矿山的采面，将荒料、碎石等直接运出，或将它们移动到山洞外的工作场地，利用起重机吊装。

当矿体表层岩石裂隙相当发育，覆盖层又非常厚时，作业面不便向下延伸形成凹陷露天开采，若按照自上而下的常规山坡露天开采模式，开采剥离工程量相当大，剥离成本很高，开采荒料率也很低，同时大量的覆盖层和风化岩层也难于处理，最终的结果是开采成本大大增高。这时，可以考虑采用山洞式开采模式。如果进入山洞的切入位置与公路运输开拓系统的道路处于同一水平，可直接采用直进沟公路开拓运输方式，将道路直接修到山洞内的采面。

在一些山坡露天开采石材矿山，由于前期开采留下的岩壁既高又陡峭，继续开采需要投入大量资金修建新的开拓系统。这时也可以考虑直接从陡峭的岩壁上直接切入、建立洞采体系，将山坡露天开采改成山洞式开采模式。进入山洞后可采用直进沟公路开拓运输方式，山洞外的部分仍沿用原矿山的运输开拓系统。

图9-8 从凹陷露天开采矿山底板进入山洞开采现场图

当凹陷露天石材矿山开采到比较深的位置，最终开采水平的底盘宽度接近或达到20 m的极限时，如果底盘底部仍有一定深度的矿体赋存，通常情况下，随着石材矿体深度的增加，石材的质量会越来越好，裂隙也越来越少，为了继续矿山的开采，可以考虑将凹陷露天开采转变成山洞式开采模式。这时只需在底盘的水平位置向垂直岩壁切入，即可进入山洞开采，如图9-8所示。即使凹陷露天石材矿山还没有深入到底盘极限，但发现矿体深部石材花色品种出现变化，或裂隙密度增加，已经确定继续深采意义不大时，也可转向山洞式开采模式。从山洞内的采面到原矿山工作面之间的开拓运输方式，首选是直进沟公路开拓运输方式。

凹陷露天开采矿山进入山洞式矿山后，还需要利用原先的起重机无堑沟开拓运输方式，如图9-9所示。随着山洞内采面的扩大、开采台阶的增加，可以选择臂长比较短（15～20 m）但起重能力很大（30 t）的桅杆吊，安装在山洞内，解决山洞内设备吊装位移、荒料和碎石装运的问题，图9-10是意大利CARO & COLOMBI公司在山洞式石材矿山内部安装的桅杆吊。

图9-9 利用桅杆吊起重机无堑沟开拓运输方式的山洞式石材矿山

图9-10 山洞式石材矿山内部安装的桅杆吊

在山洞内的工作场地扩大前，可利用慢动卷扬机、挖掘机等设备完成荒料的位移、碎石的外运；当洞内空间和工作场地扩展到一定程度后，可以将装载机和载重汽车直接开到采面，在挖掘机等工程机械的帮助下，完成荒料、碎石的装运和开采设备的位移、安装。

9.2.4 巷道式开采的开拓工程

严格意义上讲，石材矿山的巷道式开采是利用巷道开拓运输方式的山洞式石材开采的特例，例如意大利CARRARA地区的一些洞采矿山。在意大利CARRARA的一个几百米高山山体上，有一条长度大约为1000 m的铁路隧道，从著名的呈巨厚透镜状的CARRARA白色大理石矿体中穿过。进入20世纪60年代后，随着这一地区连接各个大理石矿山的公路运输系统的建立和完善，以前担负CRRARA地区大理石荒料主要运输业务的铁路停运，这条隧道也被废弃。人们发现隧道深处的岩壁就是质量非常好的CARRARA白色大理石矿体，接着就有一些意大利的石材矿主在隧道深处进行山洞式大理石矿山开采，出现了一些洞采矿山。其中最大、最著名的是FANTISCRITI矿山。该矿山最近的采面距离隧道出口大约

250 m，隧道顶部距离山顶 100 m 以上。隧道内的铁路钢轨全部拆除，由平整的公路代替，所有洞采矿山都是利用隧道内的公路作为开拓运输系统，并安装了大功率的换气排风管道系统，供水、供电和排水系统。图 9-11 是位于意大利 CARRARA 铁路隧道中 RAVACCIONE 大理石洞采矿山照片，照片显示的是从隧道进入矿山的入口部位，隧道的形状仍清晰可见。

图 9-11 意大利 CARRARA 地区废弃铁路隧道中巷道开采矿山的照片

洞采矿山的切入基本都是沿隧道的底板推进，然后再向下推进，形成凹陷坑采的模式，也有从隧道顶部开始切入的模式。目前这些矿山主要是沿水平方向扩展采场空间，除了开拓通道外，一般都是单台阶和双台阶开采。有些洞采矿山采场空间的最高处近 20 m，长度超过 100 m，最宽处也有 20 ~ 30 m，被开采安全矿柱分成 5 ~ 6 个开采洞室。图 9-12 是意大利 CARRARA 的 FRANCESCA 大理石洞采矿山的照片，图 9-13 是意大利 ALFREDO SOLDANI 大理石洞采矿山的照片。采场内的每个开采工作面与隧道底板的主干道路都有临时道路连接，载重车可直接从隧道外的主干公路开到山洞内的各个采面。采场内使用履带式或轮式装载机完成开采设备位移、安装，荒料、碎石装车。该矿山实际上相当于公路运输开拓中的直进沟式开拓方式。

图 9-12 意大利 CARRARA 的 FRANCESCA 大理石洞采矿山

图 9-13 意大利 ALFREDO SOLDANI 大理石洞采矿山

9.2.5 其他开拓方式

除了上面介绍的几种开拓方式外，还可以选择矿山的适当高度作为上部开采水平分层面，临时道路修到该面，并在该面安装桅杆吊，上部开采由桅杆吊采用上吊式开采作业方式。当开采分层面的上部矿体开采告一段落后，可将桅杆吊调转 180°方向安装，采用下吊开采作业方式,进行水平分层面下部分矿体的开采,同样利用通向分层面的临时道路将荒料、碎石和渣土运出。

另外还有一种称为斜坡提升台车运输开拓的方式,适用于急倾斜、陡峭矿体,工作面深度或比高较大,地形复杂不宜使用大型起重机和汽车运输开拓的矿山。它是通过一条倾斜的堑沟将地面与开采工作面,通过轨道和平台车连接起来的开拓方式,荒料、碎石及开采设备都通过平台车运输。这种开拓运输方式具有建设速度快、投资少、设备操作简单等特点,由于其承载运输的重量有限,只能适合于生产荒料的块度较小的石材矿山,不适用于使用串珠锯开采的石材矿山。由于斜坡提升台车运输开拓系统的中间环节多,运行成本比较高。

实际开采时,开拓工程的方式选择不是固定不变的,应根据矿体的实际情况予以考虑,可以多种开拓运输方案组合,最终选择既实用,经济合理,施工又方便快捷的开拓运输方案。

9.2.6 剥离工程

石材矿山开采的剥离工程包括,矿山建设阶段的基建剥离和开采作业当中的开采剥离。基建剥离包括首采矿段的剥离,扩大首采矿段,建立达到开采目标和形成开采规模所进行的必要剥离。开采剥离是指开采作业过程当中,为实现石材荒料开采、形成新开采台阶而进行的剥离。基建剥离一般在矿山建设初期进行,是剥离范围和剥离工程量都很大的剥离工程;开采剥离一般都是局部的、剥离量比较小的剥离工程。

不论是使用串珠锯开采,或是采用其他方法进行石材开采,开采剥离工程的具体内容是指,将矿体表面的覆盖层、风化的岩石层、不属于矿体石材品种的围岩清除的矿山开采前的重要准备工程。除此之外,还应将风化的矿段和裂隙非常发育的破碎矿段清除干净,露出新鲜的、整体性完好的矿体基岩。

剥离的方法有多种,最好采用无爆破损伤的机械式剥离方法,例如使用挖掘机、装载机、甚至推土机等工程机械进行剥离。但在许多种情况下,使用工程机械只能完成覆盖层或少数特殊风化层的剥离,对比较致密的风化层或围岩是不能够完成剥离任务的。在保证不损伤矿体的前提下,可以采用控制爆破进行矿体风化层、表面孤石层的剥离。特殊情况下也可以使用常规爆破方法进行矿体围岩、风化严重矿段的剥离清除工作,但要合理地选择爆破参数,尽量减少和降低爆破工程对石材矿体的损伤。

9.3 矿山生产和生活设施的准备

绝大多数石材矿山都地处山区,许多甚至是在人迹罕至的深山中。作为一个石材荒料的生产企业,不论石材矿山位于何处,必要的生产和生活保障设施必须建立,以满足矿山开采生产和生活的需要。

9.3.1 生产设施

生产设施主要是为石材开采生产所必须提供的保障设施,具体包括电力设施、压缩空气供应设施、供水设施和荒料堆放场地等。

9.3.1.1 电力设施

在使用串珠锯开采的石材矿山,绝大多数都选择电动式串珠锯,除非实在不能提供电力供应或电力传输的架设费用过于昂贵时，才考虑使用柴油机动力的串珠锯。所以使用电动串珠锯开采石材的矿山，电力供应是必不可少的。

电力设施包括变压器、配电室、输电分配开关柜、设备终端开关柜、高低压输电线路等。

A　变压器

因为石材矿山多处偏远山区，输入矿山的电力一般都来自远距离输送的高压输电线路，必须将来自高压输电线路的高压电能转换成矿山机械设备使用的低压电力。所以矿山一般都设立独立的、专门用于矿山生产和生活用电的变压器。图 9-14 和图 9-15 分别是不同石材矿山开采面附近的变压器照片。

图 9-14　位于采面附近的变压器图一

图 9-15　位于采面附近的变压器图二

变压器的容量与矿山配备的用电设备的多少和装机总功率有关，在设计确定矿山开采规模时，预先需要进行核算。变压器的容量应是矿山实际装机功率的 1.2 倍左右，或按照国家变压器容量系列，选择高于、且最接近实际装机功率的变压器系列。

B　配电室

来自高压输电线路的电力经变压器转换成 380 V 的工业用电压后，需要经过安装在配电室内的配电屏进行控制，并按照用电设备进行传输线路的分配。配电室可紧邻或者距变压器一定距离安装，其位置必须是远离爆破或其他危险区，而且具有完好的防雨、防潮和防沙尘性能。图 9-16 是位于矿山采面边缘、紧邻变压器的配电室照片。

C　输电分配开关柜

矿山开采时，每个采面通常有多个用电设备，所以在配电室与采面的用电设备之间，需要安装一个相对固定的输电分配开关柜，用于将来自配电室的低压电力分配到每个用电设备的终端开关柜。分配开关柜应具有可靠的防水、防尘性，稳固的安装位置，有连接可靠的接线端子、刀闸或空气开关。输电分配开关柜与配电室之间一般采用电缆线连接，电缆线的容量必须满足与其连接的全部用电设备的功率要求。这个开关柜可随采面的变化而移动位置，但必须处于不能妨碍开采设备、工程机械作业的位置。在选择其位置时，应尽量参考开采规划和实施开采作业的具体方案，一旦位置确定，尽量减少移动的次数。图 9-17 是某石材矿山为串珠锯配套的输电分配开关柜的现场照片。

如果配电室与采面距离比较近，可以省去输电分配开关柜，各终端开关柜直接与配电室内的低压配电屏连接。

图9-16 紧邻变压器安装的配电室照片

图9-17 为串珠锯配套的输电分配开关柜

D 设备终端开关柜

采面每台用电设备都应该配备一个独立的、可随开采设备移动的开关柜,用于每台用电设备的电力接通和切断控制。开关柜与输电分配开关柜之间采用绝缘性好、柔软性好的电缆连接。开关柜应具有可靠的防水、防尘性,且移动方便、放置稳定,有连接可靠的接线端子、刀闸开关或空气开关,以及与用电设备接线插头相配合的插座等,可随设备移动。图9-18 是为串珠锯配套使用的终端开关柜的现场图片。

图9-18 为串珠锯配套的终端开关柜的照片

E 输电线路

矿山采区的低压用电设备与变压器之间的距离最多为 500 m,考虑到低压线路的传输损耗,该距离最好在 200 ~ 300 m 以内。在该距离之内,根据需要应安装配电室、输电分配开关柜和设备终端开关柜。所以在选择输电线路参数时,应充分考虑远距离低压输电造成的电力损耗。根据用电设备负荷大小、低压传输的距离,输电线路可采用多股外包绝缘层铜线或铝线。

通常变压器与配电室或输电分配开关柜之间的距离最好在 150 ~ 200 m 之间。因为变压器和配电屏之间传输功率很大,需要大截面、价格比较贵的电线或电缆线连接输送,过长的距离将增大二者之间的电缆线成本。

每个终端开关柜与输电分配开关柜或配电室之间采用电缆连接,因为矿山串珠锯或电动空压机的驱动电机功率通常在 30 ~ 55 kW 之间,所以它们之间可使用直径相对比较细的电缆线,即可满足使用要求。其长度可在 100 ~ 200 m 之间。

终端开关柜与开采设备之间的距离与用电设备配备的电源线长度有关,一般在 15 ~ 30 m 之间为合适。在该距离之内,设备操作人员可方便地切断设备的电源,尤其是在出现紧急情况时,不至于到很远的地方去切断电源。

9.3.1.2 压缩空气供应设施

压缩空气是目前石材开采、尤其是花岗石矿山开采的主要动力之一,在使用串珠锯辅助开采的花岗石矿山,大孔径气动凿岩机需要大约 7 ~ 12 m^3/min 的压缩空气供应量;使用台架式凿岩机或手持式凿岩机的用气量也是很大的。即使在使用串珠锯全锯切开采的大理石矿山，也需要压缩空气驱动大孔径凿岩机钻凿贯通孔作业。

除此之外，矿山还有许多风动辅助设备需要消耗压缩空气，例如风动锻钎机、风动磨钎机等。使用风动辅助设备的优点是，设备体积小、重量轻、功率大、故障少、过负荷时不容易损坏机械、操作与维修简单容易。不足之处是，使用压缩空气比直接使用电力的费用高，每台设备必须使用输气管路尤其是柔性管路。这些长期暴露在烈日严寒下的气管，很容易因老化而出现漏气；即使使用钢管输气，接头部位的密封性也随时间增长出现漏气，从而降低供气质量。像凿岩机这样的设备，始终要有一根软管与气源连接，使用时很不方便。

A　空压机

空压机又称空气压缩机，按照空气压缩机的工作原理分成活塞式（往复式）和螺杆式两类；按照其驱动力又分成电动和柴油发动机两种驱动方式；根据空压机的工作状态又分成固定式和移动式两种空压机。

a　螺杆式空压机

在国外螺杆式空压机普遍被采用，占据中等排量、中等压力空压机的绝对主导地位。在我国，自 20 世纪 80 年代起，螺杆式空压机也被广泛使用。目前，螺杆式空压机在其使用范围内，占有率达到 85%，很多活塞式空压机也被不断地更换成螺杆式空压机。

与活塞式空压机相比，螺杆式空压机的优点是，连续排气、无气动脉流、无需缓冲罐。以 20 m^3/min 机型为例，螺杆式空压机的频率在 10000 次/min，而活塞式空压机的排气频率仅为 670 次/min，而且需要缓冲罐来缓冲气流的脉动。螺杆式空压机使用时，振动小，无需基础，安装方便，成本低。活塞式空压机因活塞的往复运动，产生不平衡的惯性力，振动较大，必须采用基础安装固定。螺杆式空压机采用转子回转运动，无平衡的惯性力，使用中的噪声低，环保性能好。螺杆式空压机产生的噪声频率相对较高，高频的噪声容易通过吸声材料来降低，因而箱式结构带吸声材料的螺杆式空压机噪声较低，而且外形美观。螺杆式空压机的易损件少，运转效率高。活塞式空压机的气阀、活塞环等易损件需要定期更换，维护量大，维修成本高。螺杆式空压机运动部件少，转子与压缩机体不接触，无阀，磨损部分仅为轴承，维修管理简单，服务年限长。目前的螺杆式空压机自动化程度高，有较全的显示、提醒、保护功能，自动化程度高，可实现无人值守、24 h 连续运行。

虽然螺杆式空压机比活塞式空压机的价格略高，但省去基础安装的材料和人工费用，而且设备运转费用的大大降低，运转效率的提高，都使其具有综合竞争能力。螺杆式空压机有固定和移动式机型，一级和二级空气压缩。

目前比较先进的移动型、电动式螺杆式空压机的主要结构特点是，满足多种需要的气量控制系统，具有适用于间歇用气的开关控制，60% ~100% 持续供气量的自动控制。处于上述两种状态下，适用于气量变化大、有大储气能力的自动延时停机、启动控制。高效率的冷却系统，采用翘板式冷却器，将润滑油带出的绝大部分压缩机产生的热量，通过强制对流方式在翘板式冷却器中进行热交换，以获得高效率的散热效果。先进的润滑油和空气分离系统，通过油气分离器下部的初级油气离心分离、分离器芯子的二级凝聚式分离和分离芯底部持续自动抽吸排油，使出口空气含油量极其微小。清晰明了的控制面板：在空压机的控制面板上安装有排气温度、压力指示器、雨过滤器阻塞指示灯、空压机运行指示灯和电源指示灯。齐备的安全保护装置，有电源错项保护，因电压或电机超负荷、排气温度过高的自动停机保护，以及安全阀保护等装置。另外还配备星形 - 三角形（Y-△）启动。

表 9-4 是几种英格索兰电动型移动式螺杆式空压机的技术参数表。

表 9-4 英格索兰电动型移动式螺杆式空压机的技术参数表

机 型		VHP300E	HP365E	XP375E	P425E	VHP750E	XP950E	VHP650E	XP825E	P950E
压缩级数		单级螺杆								
排气量/$m^3 \cdot min^{-1}$		8.5	10.3	10.6	12	21.5	27	18.5	23.5	27
额定排气压力/MPa		1.4	1.03	0.86	0.7	1.2	0.86	1.2	0.86	0.7
冷却方式		风冷								
电机型号		IY250M2-4	IY250M2-4	IY250M2-4	IY250M2-4	IY315L-4	IY315L-4	IY315L-4	IY315L-4	IY315L-4
电机功率/kW		75	75	75	75	160	160	160	160	160
服务系数		1.15	1.15	1.15	1.15	1.15	1.15	1.0	1.0	1.0
电机转速/$r \cdot min^{-1}$		1480	1480	1480	1480	1480	1480	1480	1480	1480
电源/V/相/Hz		380/3/50	380/3/50	380/3/50	380/3/50	380/3/50	380/3/50	380/3/50	380/3/50	380/3/50
气体含油量		<10								
噪声/dB		76	76	76	76	85	85	85	85	85
接口数量 - 接口尺寸/in		1 - INT1 1/4 3 - NPT 3/4	1 - INT1 1/4 3 - NPT 3/4	1 - INT1 1/4 3 - NPT 3/4	1 - INT1 1/4 3 - NPT 3/4	1 - G2 1/2 3 - G1 1/4	1 - G2 1/2 3 - G1 1/4	1 - G2 1/2 3 - G1 1/4	1 - G2 1/2 3 - G1 1/4	1 - G2 1/2 3 - G1 1/4
轮胎数量×轮胎规格		2×ST225/75R15D				4×750 - 16 12PR				
外形尺寸/mm	长	3800	3800	3800	3800	4100	4100	4100	4100	4100
	宽	1986	1986	1986	1986	1900	1900	1900	1900	1900
	高	1750	1750	1750	1750	1950	1950	1950	1950	1950
运输重量/kg		1940	1940	1940	1940	4300	4300	4300	4300	4300

注：1 in = 25.4 mm。

b 活塞式空压机

目前有多种结构形式的活塞式空压机,其气缸布置有立式(L形)、卧式(W形)和角度式(V形);空气的压缩次数有一级压缩、二级压缩和多级压缩方式;有水冷和风冷的冷却方式。

国产矿山使用的固定型活塞式空压机多为二级立式水冷型,移动型活塞式空压机多为二级卧式或角度式风冷型。排气量从3.6~100 m^3/min之间有多种规格,排气压力为0.7~0.8 MPa。其工作原理是,冷却后的空气,经吸气阀进入高压气缸中被再次压缩,直至压缩到最终需要的空气压力,最后经排气阀进入排气管,进入储气罐供使用。

矿山使用的空压机有固定式空压机和移动式空压机两种。采面相对集中、凿岩工作量大的花岗石矿山,可采用在距离采面比较近的位置建立固定式空压机供应站的方式;采面相对分散的石材矿山,可使用移动式空压机。

B 固定式空压机站

固定式空压机站的建设要求包括,机房建设要求,应尽量选择在靠近气动设备使用地点的位置设立机房,以便缩短主风管的长度,减小气路中的气压损失。空压机房周围的空气应洁净、通风良好、日照比较弱,距离工业烟囱或有腐蚀性气体出风口的距离至少要超过150 m,并位于风动设备使用地点的上方,便于安装、维修和运输。因为空压机运转时会产生较大的振动,所以其基础必须能够抵抗这种振动,基础和穿过墙壁的进出风管口不应与建筑物直接连接成一体。对于安装4台以上的空压机、供气量不小于40 m^3/min的空压机站,室内需要安装简易吊车,便于空压机的安装和维修。图9-19是固定式空压机站示意图,图9-20是将移动式空压机集中放置后组成的固定式空压机站,图9-21是位于固定式空压机站外面的储气罐照片。

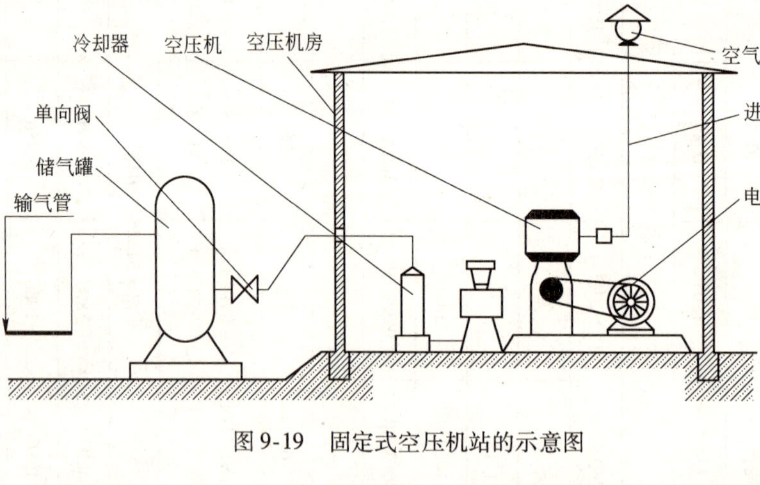

图9-19 固定式空压机站的示意图

空压机站进气管路的要求包括,进气管路长度一般不超过10 m。因为在使用气动凿岩设备的石材矿山,空气中的粉尘浓度比较高,这些粉尘一旦被空压机吸入,必将导致气阀、缸体和活塞的过早磨损、泄漏,降低空压机的排气量。严重时,会损坏空压机。为了延长空压机的使用寿命,减少噪声,必须在空压机的进气管口处安装空气过滤器,阻止空气中的粉尘被空压机吸入。空气过滤器分成织物和金属丝网两种结构,供风量大的空压机多使用过滤效

图 9-20 固定式空压机站

图 9-21 固定式空压机站外的储气罐

果好的金属丝网型过滤器,如金属蜂窝型或油浸型过滤器;供风量小的空压机使用铁纱网过滤器或填充有不锈钢丝绒的过滤器即可。

储气罐多用于活塞式空压机站,安装在输气管路和空压机之间,并配备油水分离器,其作用是缓冲活塞式空压机活塞往复运动不连续排气产生的压力波动,消除压缩空气中的水分和润滑油。输风管路中的油和水将减小管路的有效截面,产生阻力,水分还会锈蚀风动设备,产生水利冲击。储气罐还可以保持储存一定量的压缩空气,目前许多空压机都自带一定容量的储气罐。在将两种不同供气量的空压机并联使用时,为了保证两台空压机都能正常工作,必须配备一定容积的储气罐,防止小容量空压机有时因压力偏低而不能供风的现象。

储气罐一般安装在固定式空压机站外面阴凉一侧,在空压机和储气罐之间的排气管路上应安装单向阀,防止"回风"。自制储气罐时,可按照下式计算储气罐的容积:

$$V_{储} = 1.6\sqrt{V_{排}} \tag{9-1}$$

式中 $V_{储}$——储气罐容积,m^3;

$V_{排}$——空压机排气量,m^3/min。

因为气体的压力与空气的压力成正比,当空压机对气体压缩时,空气的温度及空压机的缸体温度都要增高。所以,对于采用水冷的空压机,在空压机的进出口之间,必要时在空压机与储气罐之间需要安装冷却器,以降低空气的温度,促使水蒸气和油雾更好地凝结和分离。冷却水来源于单独的水泵、水箱或其他水源供应,冷却水为硬度小于 10、清洁的非酸性水。冷却水中断时,冷却系统应设置报警装置,避免因空气温度的骤增而发生事故。冷却水的供应方式有直流式和循环式两种。采用循环式冷却水供应方式时,必须保证 5% ~10% 的新水补充量。循环水的冷却方式可采用冷却塔或喷水池,后者建造结构简单,维修方便,但占地面积大,冷却水池的有效容积不应小于每小时的冷却水量。空压机的进水温度不应超过 30℃,进出水温度差不应超过 20℃。冷却水水头的高度一般为 4 ~12 m,最大不应超过 15 m。

C 移动式空压机

移动式空压机在国内石材矿山使用的最多,而且移动式空压机多为活塞式空压机。根据动力来源不同,移动式空压机分成电动和柴油机动力空压机;按照车型结构不同,分成轮胎式和小直径铸铁轮式，轮胎型移动式还可分成四轮和两轮机型。其特点是结构简单，维修方便，机动性好，特别适合采面分散的石材矿山驱动凿岩机作业。

国内石材矿山使用的移动型凿岩机，多为 3.5 m^3/min 供气量以下的小型空压机，在矿山开采初期，或小规模开采的石材矿山，每台空压机只需驱动 1 ~2 台手持式凿岩机，即可实施独立的开采作业，机动灵活，设备投资少。

图 9-22 是国产 7 m^3/min 供气量、电动式、移动型、双 V 形风冷两级活塞式空压机的照片。图 9-23 和图 9-24 分别是国产 3 m^3/min 供气量的电动式、移动型活塞式空压机和同样供气量的内燃机动力的活塞式空压机的照片。图 9-25 是国外石材矿山使用的大供气量的移动型空压机。

图 9-22　国产电动式、移动型、双 V 形风冷两级活塞式空压机

图 9-23　国产电动式、移动型活塞式空压机

图 9-24　国产内燃机式、移动型活塞式空压机

图 9-25　大供气量的移动型空压机

D　压缩空气输送管路

使用固定式空压机站的矿山，常使用钢管作为输气管线，要求钢管的耐压大于 2.5 倍的输气工作压力。直径小于 50 mm 的输气钢管，可使用套管连接；大直径的输气钢管，可采用焊接或法兰盘连接结构，以保证输气钢管可靠的连接，防止气体的漏损。

焊接管或法兰盘连接管的单段长度应按照方便架设的原则确定，不同地形条件，钢管的单体长度是不同的。临时性经常要移动位置的输气钢管，接头应采用密封性好、拆装方便的快速接头。

考虑到空压机输出的压缩空气温度比较高，从距空压机站 200 m 之内，采用法兰盘连接结构的输气钢管，法兰盘之间应使用石棉橡胶密封垫。为便于管内积存的水和油的排除，输气管路应向气体流动方向倾斜，管道倾斜坡度不小于 1∶300，并在管道最低处安装油水分离器和排泄阀。

露天石材开采矿山，输气管道一般沿地面铺设，或者固定在矿体斜坡或陡壁上，需要穿过爆破影响区或运输道路的管路，应用土覆盖或埋在地下，防止输气管遭到破坏。

也可以使用耐压符合要求的工程塑料输气管，具有价格便宜、管线有一定的柔软性、便于铺设、管线中间无接头、减少气体漏损的环节等特点。其缺点是抗冲击性差，容易老化。所以塑料输气管常用于临时性的压缩空气输送管线。

使用移动式空压机的石材矿山，为满足空压机经常移动的需要，多采用工程塑料耐压管或输气胶管作为输气管线。

在主输气管线的末端应安装一个气路分配器，用于将来自主输气管路的压缩空气分配到各个用气设备。气路分配器可使用大直径无缝钢管焊接而成，如果是与法兰盘钢管连接，气路分配器的入口处可制成连接法兰盘结构，出口可与输气胶管连接，图 9-26 和图 9-27 分别是一进三出型四通道和一进五出型六通道气路分配器，后面图示的气路分配器在其各个出口处都安装有一个气路截门，便于用气设备的连接，减少漏气损失。可在气路分配器的一个出口处安装一个压力保护阀，防止全部气路关闭引起压力过高损坏气路系统。

图 9-26 一进三出型四通道气路分配器

图 9-27 一进五出型六通道气路分配器

9.3.1.3 矿山的供水设施

矿山的供水用途包括，生活用水、空压机冷却用水、串珠绳切割用冷却水、臂式开采锯切割用冷却水和荒料冲洗用水等。

根据矿山地理、气候条件的不同，水源来源也各有不同。靠近河流、小溪或湖泊的矿山，可直接修建蓄水池或储水罐，从水源地抽水储存；干旱地区，可修建雨水收集装置，收集雨季的雨水，旱季采用运输办法供水；无水地区，只能靠运输的方法解决供水问题。图 9-28 是石材矿山用高位储水罐照片，图 9-29 是位于石材矿山采面的储水罐照片。

图 9-28　石材矿山高位储水罐照片

图 9-29　位于石材矿山采面的储水罐照片

串珠锯和臂式开采锯使用的冷却水，在石材开采矿山总耗水量中占有很大的比例，回收这些设备的冷却水是非常重要的。因此，无论是什么地理气象条件的矿山，在开采面最好修建若干个临时蓄水池或水坑，用于收集串珠锯或臂式开采锯切割时的冷却水。

考虑到不同面积水平和垂直面切割时，冷却水加入点的数量要求，每台串珠锯可配套4个冷却水管。为了保证每个出水管的水流量都能够充足和稳定，建议在采面安装一个可移动、容积为100～200 L、具有1个进水口和4个出水口、兼备水流分配器的储水罐。为了移动方便，储水罐的进水口与来自矿山蓄水池的镀锌水管之间采用软管连接。镀锌进水管的末端应加装一个截门，便于水流的控制、截断、安装和维修。在距离每条冷却水出水管末端1～2 m位置，应安装一个水截门，用于切断和控制冷却水的流量。图9-30是一进四出型五通道冷却水路分配器。

图 9-30　一进四出型五通道冷却水路分配器

9.3.1.4　荒料的堆放场地

根据矿体的产状、所选择的开采方案，以及矿山运输吊装系统的实际情况，矿山的荒料堆放通常有固定堆场和临时堆场之分。

在采用桅杆吊无堑沟开拓方式的石材矿山，一般在桅杆吊的服务范围之内，不影响矿山开采作业，且荒料运输车辆能够到达的位置，建设一个固定的荒料堆场，用于集中堆放开采的全部荒料。同时在各个采面，根据需要还要设立一些临时荒料堆放场地，用于开采工作面上荒料周转的临时堆放之用。临时堆放荒料的场地，一般随采面位置的改变而随时更换位置。最终所有荒料都必须被挖掘机、装载机或其他拖拽机械位移到荒料堆场，装车运出。

在采用公路式运输开拓系统的石材矿山，可采取上述固定和临时荒料堆场结合的方式，但在许多石材矿山，场地并不宽敞，或者合适固定荒料堆场的位置距离一些开采工作面的距离比较远，将荒料移动到固定荒料堆场耗时、费力。这种情况在平面露天石材矿山更容易出现。但是由于这类矿山具备发达、方便的道路运输系统，工程机械可自由行走到各个工作面,用于完成吊装开采设备的作业,几乎每个开采工作面都有运输道路直达,这时可选择一些距离主要道路(可行走荒料运输车辆的道路)较近的位置,设立一些临时荒料堆场,用于堆放开采出的成品荒料。这类矿山一般不再需建设固定的荒料堆场,临时荒料堆场必须具备起吊设备(挖掘机、装载机或汽车吊等)的作业位置空间,根据运输计划,在临时荒料堆场吊装荒料装车。图 9-31 和图 9-32 分别是矿山的荒料临时堆场,图 9-33 是荒料临时装车点照片。

图 9-31 荒料的临时堆场图一

图 9-32 荒料的临时堆场图二

图 9-33 荒料的临时装车点

9.3.1.5 废渣土的堆放场地

石材矿山建设前,必须考虑选择一个容量足够的渣土场,用于存放、消纳矿山建设阶段剥离矿体覆盖层、风化层产生的废渣土,修建矿山开拓运输系统多余的渣土,以及开采阶段产生的碎石废料等。如果没有合适的渣土场,或渣土场的容量不够,而将废渣土任意堆放在采面附近,不仅会造成压矿,影响后续开采,二次清渣增加开采成本;而且还会造成环境污染,甚至埋下地质灾害隐患或直接产生地质灾害。开采阶段的废渣清理分为分段清理和集中清理两种方法,露天开采的多台阶石材矿山采用分段清理。废渣清理过程中,对体积过大的废石可使用硝铵炸药进行爆破处理。

石材矿山开采初期的渣土场,一般选择在石材矿山附近的矿体围岩、无开采价值的矿体部位,最好处于山沟、山坳中,不应在水源的上游或靠近河流。根据实际情况,渣土场距离采面的距离最好小于 1 km，以减少排废成本。随着开采年限的增长，如果某采面形成凹陷露天开采矿山，而且已经到达最终开采水平并确认继续向下开采无经济价值时，如果周围仍有矿体资源可开采利用，或者周围仍有采面继续开采，可将废弃的采坑作为新的渣土场，将开采废渣回填到该采坑内，这样更有利于环境的恢复。

在使用渣土场的同时，根据当地实际情况，及时对渣土场进行植被恢复，栽种芦苇或其他速生植物，防止水土流失或出现泥石流，造成二次污染或地质灾害。

9.3.1.6　石材矿山废渣的综合利用

石材矿山开采中除用于石材加工的荒料以外，所有碎石均应根据切实可行的综合利用方案进行综合利用处理。一旦石材矿山转入正常生产，废弃石料的综合利用方案应同时实施。受条件制约不能同时实施的，应选定较为适宜的地点堆放，堆放场地的选择应按照排土场规范要求实施，并创造条件对其进行综合开发利用。按照《装饰石材露天矿山技术规范》中的要求，装饰石材矿山矿石综合回收率不得低于 50%。

9.3.1.7　矿山的其他辅助设施

矿山的其他辅助设施有火工材料库（火炸药和雷管仓库）、油库、汽车库、机修厂房、简单必要的修理设备、消耗材料库房等，这些设施的设置和相关设备的要求，请参见 9.6 节介绍的相关内容。

9.3.2　生活设施

矿山的生活设施包括：矿山办公室、职工宿舍、食堂、卫生（厕所、盥洗室和浴室）设施、排水系统、包括电视室在内的娱乐设施、照明线路和通讯（电话、传真、宽带网）设施。

生活设施的建设请参阅相关专业的有关资料，按照相关要求建设。

锯切法开采石材时，工业废水是锯切设备使用的冷却水。这些冷却水应通过沉淀或与泥土混合沉淀后，随采场的废石渣一起排放到渣土场。禁止直接排入河流、小溪或农田、林地中。无有害成分的生活废水可直接排放，但生活污水必须经化粪池处理后，由直径 250 mm 左右的混凝土排水管排出至水源地下游的洼地。

9.4　辅助工程机械和其他设备的准备

正常情况下，矿山开采作业必须有工程机械的配合。

在石材矿山，挖掘机常用于开采前的工程剥离，将矿体表面的覆盖层、甚至风化层剥离清除；另外，还承担简易或正式矿山道路的修建。在使用锯切法和排孔凿岩方法开采石材的矿山，在没有大型桅杆吊或其他吊装设备辅助的情况下，挖掘机还要承担串珠锯、臂式锯机和台架式凿岩机的位移、安装的吊装作业，以及其他大型辅助设备的吊运、安装作业。如果矿山有大功率的挖掘机，还可以协助翻倒分离体、位移荒料、辅助分离体的解体移动，甚至荒料装车等作业。

石材矿山配备的装载机主要用于渣土装运，开采设备的位移、安装作业。大型装载机还可以完成荒料的吊装作业。

石材矿山工程机械的用途参见 8.6 节中的相关内容。

除此之外，在巷道、山洞和井式开采的石材矿山，因为开采的特殊性，需要配套一些特殊的辅助设备。例如，在巷道型或很深的山洞型石材矿山中，需要配备大功率的通风系统；适合在高度有限的山洞内作业的专用短臂吊车，与大功率卷扬机配套的专用起重滑轮组等，可参阅前面相关内容。

9.5 金刚石串珠锯开采系统的配套方案

按照《石材露天矿山技术规范》的要求，石材矿山的设计生产能力及服务年限见表9-5。机械化全锯切法开采大理石时，分成以串珠锯为主，辅助交汇孔钻凿设备和顶翻等设备为辅的串珠锯开采系统；以及以串珠锯和臂式开采锯为主要的开采设备，配以辅助设备组成的串珠锯、臂式开采锯开采系统。机械化开采花岗石时，分成串珠锯辅助台架凿岩机钻凿排孔、结合导爆索控制爆破的机械化开采系统，串珠锯全锯切开采系统，以及串珠锯结合单（双）锯片切石机组成的全锯切花岗石开采系统。

表 9-5 石材矿山的设计生产能力及服务年限的规定

石材矿山规模	荒料年产量/m^3	矿山服务年限/年	备 注
大 型	>10000	>30	（1）矿石工业储量按照荒料率 18% 计算求得； （2）表中要求适用一般石材品种矿山，对稀有品种矿山规模可视具体情况降低要求
中 型	≤10000，≥5000	≥20	
小 型	<5000，≥3000	≥10	

辅助串珠锯开采石材的辅助开采设备有：大孔径气动（液压）凿岩机，用于顶推、翻倒分离体的气压或水压顶推袋，以及液压顶石机，单头、双头或更多凿岩动力头的台架式凿岩机；用于串珠绳连接的接绳设备，钎头开刃磨削的磨钎机等辅助工具；还有矿山开采和建设使用的挖掘机、装载机和桅杆吊等工程机械，用于荒料位移的慢动卷扬机也是适合矿山使用的机械设备。

开采及辅助设备的数量选择与设备型号、配套情况，是根据矿体地质和自然条件、开采荒料率、不同石材品种、不同的开采工艺方法、矿山生产规模，以及运输开拓系统和剥离方式来确定的，不同矿体条件的石材矿山，开采设备的配套方式都有所不同。

对于金刚石串珠锯全锯切开采大理石或花岗石的矿山，可以通过开采每立方米荒料需要锯切的面积 S_{JQ}，估算出达到某一年产量荒料的生产规模、需要串珠锯的数量。因为解体分离体时，荒料之间"共面系数"的影响，直接理论计算 S_{JQ} 是比较困难的，可以通过统计学原理，根据石材矿山实际开采时的统计数据值进行计算。

如果是串珠锯辅助凿岩机开采花岗石的矿山，在确定了串珠锯切割分离体分离面的数量后，可统计汇总出使用该工艺方法，开采单位体积荒料时需要串珠锯切割的面积 S_{DJQ}，然后估算出需要串珠锯的数量。同样可以根据开采单位体积花岗石荒料需要钻孔的长度 Z_{PZK}，估算出达到某一年产量荒料的生产规模，需要凿岩机的数量。

在采用金刚石串珠锯全锯切开采大理石或花岗石时，可参照串珠锯全锯切开采翡翠绿花岗石荒料时，开采单位体积石材大约需要锯切 4.86 m^2 的面积实际数据，进行石材开采能力与所需串珠锯数量之间的估算。

采用凿岩机排孔凿岩结合导爆索控制爆破开采花岗石的工艺，可根据开采石材硬度、可劈裂性等石材特点，确定钻孔深度、钻孔间距，计算出开采单位体积花岗石荒料需要钻孔的长度。然后根据年开采规模，计算出所需钻孔总长度，按照凿岩机钻孔速度，最终估算出所需凿岩机设备的数量。

9.5.1　大理石开采

对于大理石矿山来说，以意大利 CARRARA 地区的大中型大理石矿山为例，这些矿山的开采台阶已经形成，工作场地开阔，工作线长，运输开拓体系完整，矿体完整，产状合适，开采荒料率按照 30% 考虑，一般每台串珠锯的年开采能力大约是 1500 ~ 2000 m^3。国内的大理石矿山一般都处在矿山建设的初期，很少能够达到意大利那样的开采条件，串珠锯的生产能力可按每年 800 m^3 计算。

除了上述估算产量外，还可按照串珠锯全锯切法开采单位体积荒料需要锯切 4.86 m^2 的经验数据，结合串珠锯切割、整形大理石的平均效率是 8 m^2/h 数据，计算每台串珠锯的年开采能力。如果按串珠锯每天工作 8 h，年工作 10 个月，开采剥离、设备安装、位移等辅助时间占纯锯切时间的 40% 计算，每台串珠锯每年开采大理石荒料的数量大约是 1600 m^3。

以串珠锯为主，全锯切开采大理石时，如果串珠锯是在相同矿山的不同采面和开采台阶之间调用，开拓运输系统能够连接这些开采台阶，一般每 3 台串珠锯配套 1 台气动大孔径凿岩机；或者每 5 ~ 6 台串珠锯配备 1 台液压式大孔径凿岩机。每 2 ~ 3 个采面或开采台阶，需要配套 1 个气压或水压顶推袋系统，每 4 ~ 6 个采面或开采台阶需要配套 1 套液压顶石机系统。每台串珠锯需要配套 1 把连接串珠绳的液压卡钳，以及 1 把月牙口的钢丝绳剪线钳。

9.5.1.1　大理石开采设备的用途和技术要求

表 9-6 ~ 表 9-18 分别是涉及到大理石矿山开采时，不同开采设备和辅助装置的用途、结构特点和技术要求、基本配套附件的说明表。

表 9-6　开采带锯

用途	山坡露天开采	与串珠锯配套，进行分离体封闭垂直背面、封闭水平底面切割，实现无堑沟开拓工艺
	凹陷露天开采	与串珠锯配套，进行无堑沟开采的分离体封闭面垂直背面、封闭水平底面切割
设备主要结构和技术性能		按照石材硬度，电控选择切割臂的进给速度（切割速度）
		驱动切割带旋转切割的主电机功率为 50 kW
		驱动主机进给行走的直流电机功率为 0.75 kW
		每根导轨长 3 m，总共 3 根共 9 m
		最大切割深度 3.05 m
		切割缝宽度 38 mm
		切割 CARRARA 大理石的效率是 4 ~ 5 m^2/h
		耗水量 70 L/min
		带一节导轨的锯机总重量为 5500 kg
		切割臂的有效切割长度为 3.05 m
		与 3.05 m 切割臂配套的金刚石切割带
		开采带锯配套的零配件
		通常每台开采带锯与 2 ~ 3 台串珠锯配合，可达到月开采 400 ~ 500 m^3 大理石荒料的能力

表 9-7　洞采带锯

用途	山洞式开采	专门设计用于山洞或隧道中开采大理石或所有非花岗石类石材矿山，用于矩形开拓通道、洞内分离体的封闭垂直背面、封闭水平底面的开采切割
设备主要结构和技术性能		2 个长度为 4.6 m、带菱型导轨和定位传动轮的支承横梁，由 2 根侧面垂直立柱支承
		立柱底座行走轮驱动电机：2 台直流电机
		切割臂单元沿横梁进给行走驱动电机：1 台直流电机
		横梁沿两边支承导柱同步升降的驱动电机：2 台带编码器和变频器的同步交流电机
		切割臂回转驱动电机：1 台直流电机
		金刚石切割带旋转驱动电机功率：50 kW
		分离式控制台与切割单元之间的连接电缆长度：至少有 13 m
		集中式自动润滑系统：负责横梁升降垂直导柱、切割臂回转轴承、立柱底座行走轮、切割运动单元沿横梁运动等部位润滑
		切割臂有效切割长度：2.1 m 或 2.65 m
		2.65 m 长度切割臂配套的金刚石切割带长度：8.418 m(27.6 in)
		切割矩形开拓通道尺寸：长度 6 m，深度 2.1 m，高度 2.9 m 或选配 3.4 m，根据需要还可提供 4 m 或4.5 m 切割高度的机型
		臂式金刚石切割带锯机配套的零配件和维修工具

表 9-8　大理石开采用大型金刚石串珠锯

用途	山坡露天开采	各种体积分离体的各种面积，尤其是超大面积的垂直、水平或倾斜面的分离切割，分离体解体切割
	凹陷露天开采	与臂式开采锯配合，进行凹陷露天矿山分离体垂直、水平分离面切割
	山洞式开采	配合洞采臂式锯进行矩形开拓通道切割，洞内的分离体垂直、水平分离面切割，分离体解体切割
设备主要结构和技术性能		具有不移动导轨进行间距 1.7 ~ 2 m 以上尺寸的垂直平行面锯切功能，且电动微调平行面间距
		主飞轮切割面 180° ~ 360° 回转的电机驱动系统
		主飞轮电机功率：45 kW、55 kW、75 kW 或更大
		串珠绳防护罩
		2 个直径 350 mm 机载导向轮张角电动或手动调节系统
		主飞轮直径 1000 mm 左右
		串珠绳的无级启动系统，以及张紧力的自动控制系统
		总长度 6 m(3 根 2 m)的锯机导轨
		至少 13 m 长度的锯机至分离式控制台之间的防水连接电缆
		绳轮胶衬和保险管等锯机常用备件和基本消耗品
		一套维修工具

表 9-9　大理石开采用中型金刚石串珠锯

用途	山坡露天开采	各种体积分离体的各种面积的垂直、水平或倾斜面的分离切割，分离体解体切割
	凹陷露天开采	与臂式开采锯配合，进行凹陷露天矿山分离体垂直、水平分离面切割，分离体解体和荒料整形切割
	山洞式开采	配合臂式开采锯进行矩形开拓通道切割，洞内分离体垂直、水平分离面，分离体解体和荒料整形切割
设备主要结构和技术性能		主电机功率：30 ~ 37 kW
		金刚石串珠绳张紧力的自动控制系统
		主飞轮锯切面回转的电动调节系统，以及该面平行移动电动调节系统
		串珠绳防护罩
		总长度 6 m(3 根 2 m)的导轨
		至少 13 m 长度的锯机至分离式控制台之间的防水连接电缆
		可机械调节张角的 2 个直径 350 mm 的机载导向轮
		星形、三角形启动方式转换装置
		主飞轮直径 800 ~ 1000 mm
		绳轮胶衬和保险管等锯机常用备件和基本消耗品
		一套维修工具

表9-10 大理石开采用小型金刚石串珠锯

用途	山坡露天开采	分离体小面积连接面切割分离，小体积分离体的解体切割，主要用于荒料的整形切割
	凹陷露天开采	
	山洞式开采	
设备主要结构和技术性能		主电机功率：7.5～22 kW
		金刚石串珠绳张紧力的自动控制系统，变频调速 PLC 自动控制
		主飞轮锯切面回转的机械调节系统，以及该面平行移动机械调节系统
		串珠绳防护罩
		总长度 6 m(3 根 2 m)的导轨
		至少 13 m 长度的锯机至分离式控制台之间的防水连接电缆
		星形、三角形启动方式转换装置
		主飞轮直径 300～500 mm 左右
		绳轮胶衬和保险管等锯机常用备件和基本消耗品
		一套维修工具

表9-11 大理石开采用大孔径气动凿岩机

用途	山坡露天开采	穿引切割分离体所需交汇孔的主要钻凿设备，可进行垂直、水平和倾斜孔的钻凿（根据需要可选配液压型大孔径凿岩机）
	凹陷露天开采	
	山洞式开采	
设备主要结构和技术性能		耗气量：4.5～13 m^3/min(0.6 MPa 压力)
		钻孔速度：8～12 m/h
		钻孔直径 76 mm，最大钻孔深度 20 m
		分离式操作控制台
		气动式凿岩机头（潜孔锤），分别用于钻杆进给驱动和旋转的气动马达
		润滑油脂加入装置
		最好配备具有 10 m 长度输气管的粉尘收集装置（洞采矿山该装置必备，且集尘效果非常好）
		直径 76 mm 的毁心硬质合金地质钻头
		单体长度 1～1.5 m 的钻杆，总长度达到 20 m
		水平和垂直钻孔台架
		40 m 长度的输风管及快速接头，相应的维修备件
		一套维修工具

表9-12 液压顶石机

用途	山坡露天开采	分离体的顶推翻倒作业
	凹陷露天开采	
	山洞式开采	
设备主要结构和技术性能		最大工作压力：60 MPa
		100 mm 标准顶推行程的液压顶头 2 个，每个顶头最大推力 1500 kN，每个顶头重量 90 kg
		配套一组 8 个不同长度尺寸的顶头加长用钢垫块
		可选配单个顶推力 1500 kN、行程 50 mm（自重 70 kg）或 150 mm（自重 105 kg）和单个顶推力 680 kN、顶推行程 300 mm（自重 86 kg）的不同规格液压顶头
		车载式液压泵站，由 1 台 2.2 kW 电机驱动，可驱动 2 个顶头独立或同时工作，可选配汽油机或气动马达作为液压泵站的驱动力
		液压顶头与液压泵站之间采用长度至少 10 m 的高压油管（4 根），通过快速接头连接
		液压顶石机的备件
		一套维修工具

表 9-13 水压顶推袋

用途	山坡露天开采	插入 11 mm 宽度串珠锯或 38 mm 宽度臂式开采锯锯缝	分离体的位移或翻倒顶推
	凹陷露天开采		凹陷露天矿山开拓时,第 1 ~2 块键石的劈裂,坑内分离体石料的翻倒顶推
	山洞式开采		矩形开拓通道石料的劈裂顶推,洞内分离体的翻倒顶推
设备主要结构和技术性能		高压水泵和带有水压指示仪表和操纵面板的控制系统	
		2 根规格为 8 mm×17 mm、长 40 m 的高压橡胶管、零件和快速接头	
		尺寸为 100 cm×100 cm×0.2 cm 的一次性使用的水压顶推袋	
		水压顶推袋的备件	
		一套维修工具	

表 9-14 气压顶推袋

用途	山坡露天开采	插入 11 mm 宽度串珠锯或 38 mm 宽度臂式锯机锯缝	分离体切割分离缝隙的扩大,甚至翻倒顶推
	凹陷露天开采		凹陷露天矿山分离体切割分离缝隙的扩大,甚至翻倒顶推
	山洞式开采		洞内分离体切割缝隙扩大,甚至翻倒顶推,或者矩形开拓通道石料劈裂顶推
设备主要结构和技术性能		带有气压指示仪表、减压、调压和自动卸压装置的操纵、控制系统	
		4 根直径 6 ~8 mm、每根长度大约 15 m 的耐压气管和快速连接接头	
		尺寸为 150 cm×100 cm×0.9 cm、反复使用的气压顶推袋 2 个	
		根据需要选配尺寸为 200 cm×100 cm×0.9 cm 或其他尺寸的气压顶推袋	
		气压顶推袋的修补材料和粘接剂	

表 9-15 大理石开采用金刚石串珠绳及接绳工具

名 称	用 途	技 术 要 求	
金刚石串珠绳	金刚石串珠锯的切割刀具	山坡露天开采	根据大理石种类和矿山季节不同,推荐使用每米 30 ~37 颗串珠的烧结注塑或橡胶注封串珠绳;在保证安全时,可使用电镀串珠弹簧型串珠绳
		凹陷露天开采	根据大理石种类和矿山季节不同,推荐使用每米 30 ~37 颗串珠的烧结注塑或橡胶注封串珠绳;场地宽阔,保证安全时,可使用电镀串珠弹簧型串珠绳
		山洞式开采	推荐使用每米 30 ~37 颗串珠的烧结注塑串珠绳
弹簧串珠绳的修复零件	用于电镀串珠弹簧型串珠绳的修复	主要是钢丝绳、垫圈、弹簧和压紧环等	
串珠绳接头	连接串珠绳用	根据需要每米应配套 3 个接头,内径与钢丝绳相同,外径 8 mm 或 9 mm	
手动液压卡钳	连接串珠绳接头	连接大理石用串珠绳的卡钳工作压力应达到 100 kN,压接接头的最小直径 8 ~9 mm	
钢丝绳剪断钳	剪断钢丝绳用	手柄长度 400 ~600 mm,月牙型钳口	

表 9-16 大理石开采用金刚石串珠绳配套的导向轮

名 称	用 途	技 术 要 求	
普通立柱式导向轮	串珠锯垂直切割时串珠绳转向部分的支承	山坡露天开采 凹陷露天开采 山洞式开采	立柱高1.5 m,配2个直径350 mm导向轮,及双向调节固定卡扣,导向轮伸出位置可调;立柱由3条配双向调节螺栓的固定锚链固定和调节
普通框架式导向轮	串珠锯垂直或水平切割时外悬或转向串珠绳的支承		每个框架配1~2个直径350 mm导向轮,可水平或垂直位置安装,导向轮伸出位置可调,框架由专用锚定楔固定
洞采专用换向导向轮	狭窄工作场地串珠绳换向支承		支承底板配至少3个直径350 mm导向轮,专用锚定楔固定,导向轮可正交安装
内镶长杆型洞采专用导向轮	串珠绳开掘洞采矩形开拓通道石料封闭背面换向支承	洞采大理石矿山专用,长度2 m的矩形导杆和导向轮组件可插入宽度38 mm的臂式锯机切割缝;配套一个安装高度可调,带2个直径350 mm、高度3~4.5 m的立柱型导向轮	

表 9-17 手持式凿岩机及配套钻杆钻头

型 号	用 途	技 术 要 求	
YA19 或 YT24 手持凿岩机	深和浅交汇孔钻凿(50 mm钎头),荒料修整,设备和辅助支架的锚定孔钻凿,爆破孔钻凿(32~34 mm钎头)	山坡露天开采	配风管,气腿,自动磨钎机;直径32~34 mm和50 mm钎头,最大长度可达10 m的系列钎杆
		凹陷露天开采	配风管,气腿,直径32~34 mm和50 mm钎头,自动磨钎机;最大长度可达6 m的系列钎杆
	中深和浅交汇孔钻凿(50 mm钎头),荒料修整,设备和辅助支架的锚定孔钻凿(32~34 mm钎头)	山洞式开采	配风管,气腿,直径32~34 mm和50 mm钎头,自动磨钎机;最大长度可达4.8 m的系列钎杆

表 9-18 复合劈裂楔

名 称	用 途	技 术 要 求	
		直径/mm	长度/mm
复合楔	荒料整形、部分分离体解体劈裂	34	700
		34	350
		29	400

9.5.1.2 不同生产规模的大理石矿山开采设备配套参考

表9-19列举了不同类型、不同开采规模的大理石矿山选用开采设备的配套明细表。

表 9-19 不同类型和开采规模的大理石矿山开采设备配套明细表

开 采 设 备	大理石矿山类型				
	山坡露天开采			凹陷露天开采	山洞式开采
	年开采荒料规模/m^3				
	800~1500	5000	10000	3000~3500	2000~2500
开采带锯/台			1	1	
金刚石切割带/条			2	2	

续表 9-19

开采设备	大理石矿山类型				
	山坡露天开采			凹陷露天开采	山洞式开采
	年开采荒料规模/m^3				
	800～1500	5000	10000	3000～3500	2000～2500
洞采带锯/台					1
金刚石切割带/条					2
大型金刚石串珠锯/套		1	2		
中型金刚石串珠锯/套	1	1	2	2	2
小型金刚石串珠锯/套		1	3		
普通立柱式导向轮/个	1	2	4	2	1
普通框架式导向轮/个	1	4	6	4	2
洞采专用换向导向轮/套					2
内镶长杆型洞采专用导向轮/套					2
金刚石串珠绳(首次购买)/m	200	600	1000	400	400
串珠绳接头/个	600	1800	3000	1200	1200
液压卡钳/把	1	3	7	2	2
月牙口剪线钳/把	1	3	7	2	2
大孔径凿岩机/套	1	2	3	1	1
钻杆/m	20	40	60	20	20
直径 76 mm 钻头/个	2	4	6	2	2
粉尘收集器/套	1①	2①	3①	1	1
液压顶石机/套	1	1	2	1	1
水压顶推袋控制装置/个	1②	1②	4②	1	1
水压顶推袋/个	30②	30②	120	30	30
气压顶推袋控制装置/个	1	1	3	1	1
气压顶推袋/个	2	1	6	2	2
手持凿岩机/套	2	3	6	2	2
钎杆钎头/套	2	3	6	2	2
复合楔/套	1	1	3	2	1
	金刚石串珠锯全锯切		臂式锯机辅助串珠锯全锯切		

① 可选配件；② 不选择气压顶推袋时选择。

手持式凿岩机、成套的钎杆、钎头和复合劈裂楔属于石材矿山的基本工具，具体需要配备多少套，与矿山的实际开采需求有关，上述表中提供的数量仅供参考。表中各个设备配套方案的生产能力，是按照每年 8～10 个月生产周期、每天 8 h 工作时间计算的。

表 9-19 中年产 800～1500 m^3 大理石荒料的开采设备配套方案，是山坡露天开采大理石的最基本方案，只配备了中型串珠锯、大孔径凿岩机和水压或液压顶推袋装置各一台。如果开采台阶形成的合理、完整，这套开采系统基本能够达到设计要求，在国内一些大理石矿

山已经得到证明。

表 9-19 中年产 5000 m^3 大理石荒料、山坡露天开采的开采设备配套方案，只采用串珠锯全锯切开采切割的工艺方案。因为没有配套臂式锯机，锯切分离体必须实现钻凿交汇孔，所以大孔径凿岩机的使用量很大，即使大孔径凿岩机对大理石矿体的钻凿速度可以达到 8 ~ 10 m/h，但为了方便使用，以及凿岩设备的备用，还是应该选配两套大孔径凿岩机。

表 9-19 中年产 10000 m^3 大理石荒料，用于山坡露天型大理石矿山开采，采用开采带锯与串珠锯组合的开采设备配套方案。该方案中虽然配备了开采带锯，但它主要用于开拓堑沟的切割，用于分离体封闭垂直背面或水平底面的切割。开采带锯可以协助串珠锯对每个分离体石料实施一个连接面的分离切割，使分离体形成 4 个自由面，避免了对分离体进行交汇孔钻凿时，具有一定难度的作业。但从切割成本和切割速度方面考虑，开采带锯对每个分离体进行这样的切割不仅切割效率低，而且切割成本也会增加，目前还不能达到串珠锯的开采切割水平。再者开采带锯属于价格比较昂贵的开采设备，一个矿山不可能配备多台，只能完成串珠锯不能完成或者不能进行交汇孔钻凿的堑沟内分离体的切割，这样使用才是合理的。所以不论矿山是否配备开采带锯或开采链臂锯，都必须配备大孔径凿岩机，用于钻凿穿引串珠绳的交汇孔。

表 9-19 中年产 3000 ~ 3500 m^3 大理石荒料，用于初期凹陷露天型大理石矿山开采的开采设备配套方案。就目前国内外能够提供的开采设备种类考虑，凹陷露天大理石矿山开采最好配备臂式开采锯，开采带锯和开采链臂锯都可以，切割臂长至少达到 3 m，正如方案中考虑的。配备臂式开采锯后，凹陷露天开拓开采堑沟的作业得以简化，开采堑沟开拓过程中，可最大限度地回收荒料，不会造成石料的浪费。另外可最大限度地发挥串珠锯高效、灵活、低成本切割开采的优势和能力。该方案中配套的大孔径凿岩机，应该配备粉尘收集器，因为凹陷露天矿山开采空间与露天山坡开采相比，粉尘的散发条件要差，尤其是在开采初期。使用干式凿岩钻凿交汇孔时，大量的粉尘不宜排除而积留在采区内造成污染，所以强制的粉尘收集器对改善采区的空气质量是有好处的。如果凹陷露天开采大理石矿山的水平表面积（顶面开口）不大，矿山的开拓是不断向地下深入的，随着矿山开采深度的不断增加，采面将逐渐缩小，届时建议尽量减少使用气动凿岩设备，采用臂式开采锯切割作业，提高采区作业面的空气质量。

表 9-19 中的年产 2000 ~ 2500 m^3 大理石荒料，用于山洞型大理石矿山开采的开采设备配套方案，使用了大孔径凿岩机和手持凿岩机等设备，适合空气流动条件好、处于开采初期洞采矿山使用。一旦洞采矿山深入矿体内部，或者像意大利 CARRARA 地区的巷道内的洞采矿山，建议使用全液压式大孔径凿岩机代替气动凿岩设备，改善采面空气质量。

9.5.2　花岗石开采

使用串珠锯作为花岗石开采的主要或辅助开采设备时，目前可形成大约 4 种机械化开采花岗石的方案。它们分别是：串珠锯与手持凿岩机钻凿排孔配合，结合控制爆破的花岗石开采方案；串珠锯与台架式凿岩机钻凿排孔配合，结合控制爆破的花岗石开采方案；串珠锯全锯切开采花岗石的方案；串珠锯与（单）双锯片荒料切石机配合的全锯切开采花岗石的方案。因为高压水开采切割机目前仍处于生产性研制阶段，所以它与串珠锯组合洞采花岗石的开采方案，只能作为一种设想，这里不做讨论。

如果采用串珠锯全锯切开采花岗石，也可参照串珠锯全锯切法开采单位体积荒料需要锯切4.86 m^2 的经验数据，结合串珠锯锯切、整形中硬花岗石的平均效率是4 m^2/h 的数据，计算每台串珠锯的年开采能力。如果按串珠锯每天工作8 h，年工作10个月，开采剥离、设备安装、位移等辅助时间占纯锯切时间的40%计算，每台串珠锯每年开采花岗石荒料的数量大约是800 m^3。

9.5.2.1 花岗石开采设备的用途和技术要求

表9-20～表9-36分别是涉及到花岗石矿山开采时，不同开采设备和辅助装置的用途、结构特点和技术要求、基本配套附件的说明表。表中串珠锯辅助锯切开采花岗石是指串珠锯与凿岩配合的开采方式；串珠锯全锯切开采花岗石，是指类似串珠锯全锯切开采大理石的开采方式；串珠锯水平辅助锯切开采花岗石，是指与(单)双锯片荒料切石机配合的全锯切开采花岗石的方式。其中液压顶石机的用途与在开采大理石时相同，所以其设备技术要求和用途参见表9-12。

表9-20 花岗石开采用大型金刚石串珠锯

矿山类型	用途
串珠锯辅助锯切	锯切分离各种体积，尤其是大体积分离体的水平、垂直面，以及超大分离面积的分离切割
串珠锯全锯切	锯切分离各种体积分离体水平、垂直面，分离体解体切割，必要时的荒料整形切割
串珠锯水平辅助锯切	各种面积、尤其是大面积水平面的分离切割
设备主要结构和技术性能	串珠绳线速度无级调节：变频连续可调，速度调节范围0～35 m/s
	主飞轮电机功率：45 kW、55 kW、75 kW或更大
	具有不移动导轨进行间距1.7～2 m以上尺寸的垂直平行面锯切功能，且电动微调平行面间距
	主飞轮切割面180°～360°回转的电机驱动系统
	串珠绳防护罩
	2个直径350 mm机载导向轮张角电动或手动调节系统
	主飞轮直径1000 mm左右
	串珠绳的张紧力的自动控制系统：变频调速、PLC系统自动调节串珠锯进给行走速度
	总长度6 m(3根2 m)的锯机导轨
	至少13 m长度的锯机至分离式控制台之间的防水连接电缆
	绳轮胶衬和保险管等锯机常用备件和基本消耗品
	一套维修工具

表9-21 花岗石开采用中型金刚石串珠锯

用途	串珠锯辅助锯切	锯切分离各种体积分离体的水平、垂直面，甚至超大分离面积的分离切割
	串珠锯全锯切	锯切分离各种体积分离体水平、垂直面，分离体解体以及荒料的整形切割
	串珠锯水平辅助锯切	各种面积的水平面分离切割
设备主要结构和技术性能		串珠绳线速度无级调节：变频连续可调，速度调节范围0～35 m/s
		主电机功率：30～37 kW
		金刚石串珠绳张紧力的自动控制系统：变频调速、PLC系统自动调节串珠锯进给行走速度
		主飞轮锯切面回转的电动调节系统，以及该面平行移动电动调节系统
		串珠绳防护罩
		总长度6 m(3根2 m)的导轨
		至少13 m长度的锯机至分离式控制台之间的防水连接电缆
		可机械调节张角的2个直径350 mm的机载导向轮
		主飞轮直径800～1000 mm
		绳轮胶衬和保险管等锯机常用备件和基本消耗品
		一套维修工具

表 9-22　花岗石开采用小型金刚石串珠锯

用途	串珠锯全锯切	小体积分离体的解体，荒料的整形切割
	串珠锯水平辅助锯切	小面积水平面的分离切割
设备主要结构和技术性能		串珠绳线速度无级调节：变频连续可调，速度调节范围 0～35 m/s
		主电机功率：7.5～22 kW
		金刚石串珠绳张紧力的自动控制系统
		主飞轮锯切面回转的机械调节系统，以及该面平行移动机械调节系统
		串珠绳防护罩
		总长度 6 m（3 根 2 m）的导轨
		至少 13 m 长度的锯机至分离式控制台之间的防水连接电缆
		主飞轮直径 350～500 mm 左右
		绳轮胶衬和保险管等锯机常用备件和基本消耗品
		一套维修工具

表 9-23　花岗石开采用大孔径气动凿岩机

用途	串珠锯辅助锯切	穿引切割分离体所需交汇孔的主要钻凿设备，可进行垂直、水平和倾斜孔的钻凿（根据需要可选配液压型大孔径凿岩机）
	串珠锯全锯切	
	串珠锯水平辅助锯切	
设备主要结构和技术性能		耗气量：7～12 m^3/min/（0.7 MPa 压力）
		钻孔速度：7～9 m/h
		钻孔直径 90 mm 或 104 mm，最大钻孔深度 20 m
		分离式操作控制台
		气动式凿岩机头（潜孔锤），分别用于钻杆进给驱动和旋转的气动马达
		润滑油脂加入装置
		最好配备具有 10 m 长度输气管的粉尘收集装置
		直径 76 mm 的毁心硬质合金地质钻头
		直径 76 mm、单体长度 1～1.5 m 的钻杆，总长度达到 20 m
		长度 2 m，用于钻头和钻杆进给的进给滑轨
		水平和垂直钻孔台架
		40 m 长度的输风管及快速接头，相应的维修备件
		一套维修工具

表 9-24　台架式重型气动凿岩机

用途	串珠锯辅助锯切	用于分离体垂直、水平分离面上平行排孔的钻凿，甚至可以进行倾斜面上的排孔钻凿（根据需要可选配液压型台架式凿岩机）
设备主要结构和技术性能		耗气量：7 m^3/min（0.7 MPa 压力）
		通常安装 2 个气动凿岩机头，可选择安装单头或多头的机型
		1 个气动马达，通过导向链控制 2 个重型凿岩机头的进给驱动，钻杆行程 2.4 m 或 3.2 m
		凿岩机头组件沿 4.6 m 长的台架进行水平位移运动；台架带 6 个调平螺栓和 3 个锚定膨胀螺栓；凿岩机头组件在台架上的移动机构靠手轮进行毫米级精度的运动调节
		钻孔速度：中硬花岗石时，单头为 0.6 m/min
		钻孔直径 32 mm 或 34 mm，排孔钻凿深度通常为 6 m
		有效钻孔深度为 2.05 m 的整倍数
		分离式操作控制台
		润滑油脂润滑器
		最好配备具有 10 m 长度输气管的粉尘收集装置
		水平和垂直钻孔台架
		40 m 长度的输风管及快速接头，相应的维修备件
		一套维修工具

表 9-25 台架式或导杆式单头轻型气动凿岩机

用途	串珠锯辅助锯切	用于分离体垂直、水平分离面上平行排孔的钻凿，分离体解体排孔和荒料整形排孔钻凿，也可进行倾斜面上的排孔钻凿（根据需要可选配液压型台架式凿岩机）
设备主要结构和技术性能		耗气量：2 ~ 4 m^3/min（0.7 MPa 压力）
		通常安装 1 个气动凿岩机头
		1 个气动马达，通过导向链控制单头凿岩机头的进给驱动，钻杆行程 2 m
		凿岩机头组件沿 3 m 长的台架或导杆进行水平位移运动；台架带 4 个调平螺栓和 2 个锚定膨胀螺栓；凿岩机头组件在台架上的移动机构靠手轮进行毫米级精度的运动调节
		钻孔速度：中硬花岗石时，单头为 0.6 m/min
		钻孔直径 32 mm 或 34 mm，排孔钻凿深度通常为 6 m
		有效钻孔深度为 1.6 m 的整倍数
		分离式操作控制台
		润滑油脂润滑器
		最好配备具有 10 m 长度输气管的粉尘收集装置
		水平和垂直钻孔台架
		40 m 长度的输风管及快速接头，相应的维修备件
		一套维修工具

表 9-26 标杆式水平轻型凿岩机

用途	串珠锯辅助锯切	使用直径 50 mm 钎头，用于深度 4 m 之内、穿引切割分离体所需水平交汇孔的钻凿；也可使用直径 32 ~ 34 mm，进行深度小于 4 m 的分离体水平排孔的钻凿
	串珠锯全锯切	
	串珠锯水平辅助锯切	
设备主要结构和技术性能		耗气量：2.8 m^3/min（0.7 MPa 压力）
		钻孔速度：0.15 ~ 0.2 m/min
		钻孔直径 34 mm 或 50 mm，最大钻孔深度不小于 4 m
		分离式操作控制台
		钎杆气缸进给方式
		凿岩机水平引动方式：滑套
		钻进方式：水平
		带垂直标杆指示器
		40 m 长度的输风管及快速接头，相应的维修备件
		一套维修工具

表 9-27 手持式凿岩机

型　号	矿山类型	技术要求	用　　途
YA19、Y24 或 Y26 型手持凿岩机	串珠锯辅助锯切	配风管，气腿，备件及粉尘收集装置 配钎尾尺寸：六方对边×长度为 22 mm×108 mm	小于 6 m 浅交汇孔钻凿（50 mm 钎头），荒料修整，设备和辅助支架的锚定孔钻凿，爆破孔钻凿（32 ~ 34 mm 钎头）
	串珠锯全锯切		
	串珠锯水平辅助锯切		采用 32 ~ 34 mm 钎头进行荒料修整，设备和辅助支架的锚定孔、爆破孔钻凿；用短钎杆人工清除荒料切石机无法切到的、位于直角岩壁交汇处残留的岩石

表 9-28 液压劈裂机

用途	串珠锯辅助锯切	用于分离体解体、荒料整形时,排孔或平行孔面的液压劈裂分离
设备主要结构和技术性能		可配套选择的劈裂油缸数量分别是1、3、5甚至更多的液压劈裂头
		液压泵站由一台2.2 kW电机(或气动、柴油泵,按需要选择)驱动的液压泵驱动
		单缸最大劈裂力为2200 kN
		最多可配备6个液压缸的输出端
		每个劈裂头应至少配备一套工作孔径34 mm的复合劈裂楔,包括1个滑动楔和1对楔套
		每个液压劈裂缸应带至少10 m长、带快速连接接头的高压油管
		一套液压劈裂器的备件
		一套维修工具

表 9-29 气压顶推袋

用途	串珠锯辅助锯切	插入11 mm宽度串珠锯切缝	如果是分离体三面切割分离工艺,用于分离体锯缝扩大、位移或翻倒;如果采用分离体单面或双面切割分离,用于垂直排孔劈裂缝的扩大
	串珠锯全锯切		分离体三面切割分离后分离体锯缝扩大、位移或翻倒
设备主要结构和技术性能		带有气压指示仪表、减压、调压和自动卸压装置的操纵、控制系统	
		4根直径6~8 mm、每根长度大约15 m的耐压气管和快速连接接头	
		尺寸为150 cm×100 cm×0.9 cm、反复使用的气压顶推袋2个	
		根据需要选配尺寸为200 cm×100 cm×0.9 cm或其他尺寸的气压顶推袋	
		用于排孔凿岩形成的粗糙面锯缝扩大时,必须配备一对金属护角板	
		气压顶推袋的修补材料和粘接剂	

表 9-30 花岗石开采用金刚石串珠绳及接绳工具

名　称	用　途	技术要求	
金刚石串珠绳	金刚石串珠锯的切割刀具	串珠锯辅助锯切	推荐使用每米40颗串珠的烧结注塑型花岗石用串珠绳,冬季使用橡胶注封型花岗石用串珠绳
		串珠锯全锯切	
		串珠锯水平辅助锯切	
串珠绳接头	连接串珠绳用	根据需要每米应配套3个接头,内径与钢丝绳相同,外径8 mm或9 mm	
手动液压卡钳	连接串珠绳接头	连接花岗石用串珠绳的卡钳工作压力应达到200 kN,压接接头的最小直径8~9 mm	
钢丝绳剪断钳	剪断钢丝绳用	手柄长度400~600 mm,月牙型钳口	

表 9-31 花岗石开采用金刚石串珠绳配套的导向轮

名　称	用　途	技术要求	
普通立柱式导向轮	串珠锯机垂直切割时串珠绳转向部分的支承	串珠锯辅助锯切	立柱高1.5~2.5 m,配2个直径350 mm导向轮,及双向调节固定卡扣,导向轮伸出位置可调;立柱由3条配双向调节螺栓的固定锚链固定和调节
	串珠锯垂直切割时,串珠绳转向部分的支承,荒料整形	串珠锯全锯切	

续表 9-31

<table>
<tr><th>名　称</th><th>用　途</th><th colspan="2">技 术 要 求</th></tr>
<tr><td rowspan="3">普通框架式导向轮</td><td rowspan="2">串珠锯垂直或水平切割时,串珠绳外悬、转角或转向时支承</td><td>串珠锯辅助锯切</td><td rowspan="3">每个框架配 1 ~ 2 个直径 350 mm 导向轮,可水平或垂直位置安装,导向轮伸出位置可调,框架由专用锚定楔固定</td></tr>
<tr><td>串珠锯全锯切</td></tr>
<tr><td>串珠锯机水平切割时,串珠绳转角或转向时的支承</td><td>串珠锯水平辅助锯切</td></tr>
</table>

表 9-32　凿岩机使用的进口钎杆钎头一体结构凿岩钎杆

<table>
<tr><th>钎头直径/mm</th><th>单体长度/m</th><th>长度占比例/%</th><th>技 术 要 求</th><th>矿 山 类 型</th><th>用　　途</th></tr>
<tr><td>34</td><td>0.4</td><td>2</td><td rowspan="11">结构:钎杆和钎头一体
钎尾尺寸:六方对边 × 长度为 22 mm × 108 mm</td><td rowspan="5">串珠锯辅助开采</td><td rowspan="5">用于手持凿岩机开采剥离工程、堑沟开拓时钻凿排孔;用于台架式凿岩机对分离体分割、解体和荒料整形钻凿排孔</td></tr>
<tr><td>34</td><td>0.8</td><td>4</td></tr>
<tr><td>34</td><td>1.2</td><td>6</td></tr>
<tr><td>33</td><td>1.6</td><td>6</td></tr>
<tr><td>33</td><td>2</td><td>8</td></tr>
<tr><td>32</td><td>2.4</td><td>9</td><td rowspan="4">串珠锯
全锯切开采</td><td rowspan="4">用于手持凿岩机开采剥离工程、堑沟开拓时钻凿排孔用</td></tr>
<tr><td>31</td><td>3.2</td><td>10</td></tr>
<tr><td>30</td><td>4</td><td>12</td></tr>
<tr><td>29</td><td>4.8</td><td>15</td></tr>
<tr><td>28</td><td>5.6</td><td>13</td><td rowspan="2">串珠锯水平辅助锯切</td><td rowspan="2">用于手持凿岩机进行开采剥离时钻凿排孔用</td></tr>
<tr><td>27</td><td>6.4</td><td>15</td></tr>
</table>

表 9-33　凿岩机使用的国产钎杆钎头分离式结构的凿岩钎杆

<table>
<tr><th>钎头直径/mm</th><th>单体长度/m</th><th>长度占比例/%</th><th>技术要求</th><th>矿山类型</th><th>用　　途</th></tr>
<tr><td>34(50)</td><td>0.8</td><td>2</td><td rowspan="13">结构:钎杆和钎头一体

钎尾尺寸:六方对边 × 长度为 22 mm × 108 mm</td><td rowspan="5">串珠锯辅助开采</td><td rowspan="5">直径 34 mm 钎头,用于手持凿岩机开采剥离工程、堑沟开拓时钻钻凿排孔,以及用于台架式凿岩机对分离体分割、解体和荒料整形钻凿排孔;直径 50 mm 钎头用于穿引串珠绳的交汇孔钻凿</td></tr>
<tr><td>34(50)</td><td>1.2</td><td>6</td></tr>
<tr><td>34(50)</td><td>1.5</td><td>6</td></tr>
<tr><td>34(50)</td><td>2</td><td>8</td></tr>
<tr><td>34(50)</td><td>2.5</td><td>10</td></tr>
<tr><td>34(50)</td><td>3</td><td>9</td><td rowspan="3">串珠锯全锯切开采</td><td rowspan="3">直径 34 mm 钎头,用于手持凿岩机开采剥离工程、堑沟开拓时钻凿排孔;直径 50 mm 钎头用于穿引串珠绳的交汇孔钻凿</td></tr>
<tr><td>34(50)</td><td>4</td><td>13</td></tr>
<tr><td>34(50)</td><td>5</td><td>16</td></tr>
<tr><td>34(50)</td><td>6</td><td>14</td><td rowspan="3">串珠锯水平辅助锯切</td><td rowspan="3">直径 34 mm 钎头,用于手持凿岩机进行开采剥离时钻凿排孔;直径 50 mm 钎头用于穿引串珠绳的交汇孔钻凿</td></tr>
<tr><td>34(50)</td><td>7</td><td>16</td></tr>
<tr><td>34(50)</td><td>8</td><td rowspan="3">根据需要购买</td></tr>
<tr><td>34(50)</td><td>9</td><td rowspan="2">上述三种矿山类型</td><td rowspan="2">直径 50 mm 钎头,用于穿引串珠绳的交汇孔钻凿</td></tr>
<tr><td>34(50)</td><td>10</td></tr>
</table>

表9-34 自动磨钎机

矿山类型	技术要求	用途
串珠锯辅助锯切	气动结构,2.2 kW 气动马达驱动,砂轮支架、钎杆支架和固定装置、润滑器、砂轮	用于凿岩钎头刃口角度的精确研磨
串珠锯全锯切		
串珠锯水平辅助锯切		

表9-35 复合劈裂楔

名称	用途	技术要求	
		直径/mm	长度/mm
复合楔	荒料整形、部分分离体解体劈裂	34	700
		34	350
		29	400

表9-36 矿山开采荒料切石机

用途	全锯切开采	平面矿体最大切割深度1.3~1.85 m的纵横分割切缝的锯切,串珠锯或排孔凿岩水平分离
设备主要结构和技术性能		锯片直径:1.6~4.2 m 1~2片
		锯片更换方式:卸下的锯片挂在主机上,自带吊臂更换锯片
		最大切割深度:0.8m(2.2m锯片),1.2m(2.8m锯片),1.3m(3m锯片),1.55m(3.5 m锯片),1.85 m(4.2 m锯片)
		主电机功率:30~37 kW×2或4150柴油机56 kW
		行走电机功率:2.2~3 kW
		升降电机功率:1.5~2.2 kW
		锯切行走速度:变频调速,0~1.5 m/min
		双锯片平行距离:2.1~2.3 m或更大
		主轴直径:100 mm
		锯片压盖直径:280~400 mm
		主机带密闭式操作室
		最大锯缝宽度:15~20 mm
		耗水量:切割每平方米石材大约1.2 t
		外形尺寸:长1.9~2.7 m×宽1.8~2.75 m×高2.6~3.2 m
		锯机重量:6000~8000 t
		水平各个分离面之间台阶高度差:人工劈裂8~30 cm,串珠锯切割与选择机型有关,通常小于10 cm
		手持式冲击钻用于直角交汇处残留石料的清根处理

9.5.2.2 不同生产规模的花岗石矿山开采设备配套参考

表9-37列举了山坡露天类型、不同开采规模的花岗石矿山,选用与串珠锯有关的开采设备的配套明细表。因为花岗石矿山的产量与石材钻凿的难易程度,矿体的产状、气候条件,开采设备的配套方案等因素有关。即使是同一个开采生产规模,开采设备的配套方案和设备数量也有所不同,下面的设备配套表中涉及的设备配套方案和开采设备的数量,只是针对一般的山坡露天花岗石矿山制定的,仅供参考。

表 9-37　山坡露天型花岗石矿山不同开采规模的开采设备配套明细表

开采设备名称		山坡露天开采花岗石矿山年开采荒料规模/m³							
		2500	2000	10000	5000	8000	10000	3000	10000
大型金刚石串珠锯/套									
中型金刚石串珠锯/套		4			1	2	2	1	2
小型金刚石串珠锯/套									
双锯片荒料切石机/套									1
普通立柱式导向轮/个		4			1	2	2	1	
普通框架式导向轮/个		4			1	2	2	1	2
金刚石串珠绳(首次购买)/m		800			300	600	600	100	600
串珠绳接头/个		2400			900	1800	1800	500	1200
液压卡钳/把		4			1	2	2	1	2
月牙口剪线钳/把		3			1	2	2	1	2
大孔径凿岩机/套		1			1	1	1	1	1
钻杆/m		20			10	10	10	20	25
直径 90 mm 钻头/个		6			3	5	5	2	2
粉尘收集器/套		1	2	10	1	1	1	1	1
双头台架式重型气动凿岩机/套			2	4	3	5	6	1	
台架式或导杆式单头气动凿岩机/套			2	6	6	6	6	2	
标杆式水平轻型凿岩机/台									2①
手持式凿岩机/台		3	2	6	3	5	8	1	3
液压劈裂机/套				1	1	1	1		
直径 34 mm、长度 220 mm					5	3	3		
凿岩机用钎杆钎头一体钎杆/套									
钎头直径/mm	单体长度/m								
34	0.4	5	15	30	30	60	60	10	5
34	0.8	7	20	40	30	80	80	20	7
34	1.2	7	20	40	30	80	80	20	7
33	1.6	6	18	35	25	70	70	15	6
33	2	6	18	35	25	70	70	15	6
32	2.4	5	15	30	25	60	60	10	5
31	3.2	5	15	30	20	60	60	10	5
30	4	5	15	25	20	50	50	8	5
29	4.8	5	15	25	20	50	50	8	5
28	5.6	3	10	15	15	40	40	6	3
27	6.4	3	10	15	15	40	40	6	3
自动磨钎机/台		1	1	2	1	2	2	1	2
磨钎机用砂轮/个		5	20	35	10	50	50	30	50
复合劈裂楔/套									

续表 9-37

开采设备名称		山坡露天开采花岗石矿山年开采荒料规模/m³							
		2500	2000	10000	5000	8000	10000	3000	10000
直径/mm	长度/mm								
34	700		25	60	50	50	100	100	100
34	350		50	100	100	100	200	100	200
29	440		50	100	100	100	200	50	200
手持式冲击钻(含钻头)/套									3
液压顶石机/套		1			1	1	1		2
水压顶推袋控制装置/个						1		1	
水压顶推袋/个						200		50	
气压顶推袋控制装置/个		1							
气压顶推袋/个		4							
开采工艺		串珠锯全锯切	凿岩机	凿岩机	串珠锯结合凿岩机				圆盘锯串珠锯全锯切
花岗石硬度/级		5	3	3 ~ 4	3 ~ 4	4	5	砂岩	3 ~ 4
矿山地理位置		华南	华中	北京	北京	内蒙古	东北	西南	华南

① 可选配件。

表 9-37 中手持式凿岩机、成套的消耗材料如钎杆、钎头和复合劈裂楔属于石材矿山的基本工具，具体需要配备多少套，与矿山的实际开采需要有关，表中提供的数量仅供参考。表中各个设备配套方案的生产能力，是按照每年 8 ~ 10 个月生产周期、每天 8 h 工作时间计算的。

表 9-37 中采用台架式凿岩机年产 2000 m³ 花岗石荒料的开采设备配套方案，是山坡露天开采花岗石的最基本方案，除了配备重型双头和中型单头台架式凿岩机各两台外，还配备了用于荒料修整、台架式凿岩机安装的手持式凿岩机，以及用于分离体位移、翻倒用的气压顶推袋。如果矿体的开采台阶已经形成，采面比较开阔，开采属于劈裂性好的 3 ~ 4 级中硬花岗石，实际年产量还可以提高。其中年产 10000 m³ 中硬花岗石的台架式凿岩机开采设备配套方案，要求矿山必须形成至少 10 个开采台阶，每个台阶可独立开采，作业时相互不影响，或相同数量互相独立的采面。

表 9-37 中年产 2500 m³ 花岗石，采用金刚石串珠锯全锯切开采工艺的开采设备配套方案，是根据三立达翡翠绿花岗石矿山开采的实际设备数量确定的。经过实际的开采实践证明，在形成合理和充足开采台阶的采场，月开采能力至少能够达到 300 m³。

表 9-37 中年产 5000 m³、8000 m³ 和 10000 m³ 花岗石荒料，采用串珠锯结合台架式凿岩机开采工艺的开采设备配套方案，是分别按照不同花岗石硬度和不同气候条件下开采能力配套的。达到计划产量的条件是形成可独立开采作业的开采台阶，根据每个开采台阶长度不同，要求在每个台阶上的台架式凿岩机可同时作业。开采能力的核算是按照串珠锯只锯切分离体与矿体连接的垂直端面，如果串珠锯完成分离体与矿体连

接的水平底面，甚至垂直背面的分离切割，开采能力还有可能提高，而且开采出的荒料质量更好。

表9-37中年产3000 m^3 砂岩荒料、采用山坡露天开采工艺的开采设备配套方案，是采用串珠锯与台架式凿岩机结合的开采工艺方案。采用串珠锯切割分离体垂直端面，凿岩机排孔凿岩结合控制爆破进行分离体另外两个与矿体的连接面分离。如果也采用串珠锯完成分离体与矿体连接的水平底面，甚至垂直背面的分离切割，开采能力也可以提高。

表9-37中年产10000 m^3 花岗石荒料，采用单锯片或双锯片荒料切石机锯切开采，配合串珠锯切割分离体石料的底面，可获得成方性非常好的荒料。如果所开采的花岗石劈裂性好，矿体裂隙不发育，可以采用手持式凿岩机代替金刚石串珠锯进行石料水平底面的分离，以降低开采成本，但采面水平面的平整度会受到影响，荒料成方性也比较差。如果所开采的花岗石劈裂性比较差，除了使用串珠锯分离石料底面外，可以采用标杆式轻型水平凿岩机代替金刚石串珠锯，进行比较深的排孔钻凿，结合导爆索控制爆破分离石料底面，除了降低开采成本外，还可获得比较平整的开采水平面和成方性比较好的荒料。采用单锯片或双锯片荒料切石机锯切开采工艺时，因为圆锯片在锯切垂直面和水平切割面交汇处时存在切割盲角，石料劈裂分离后，可能会存在三角体的石料残留。可采用冲击钻或手持式凿岩机人工将残留石料清除干净。

采用串珠锯辅助凿岩机开采时，如果分离体采用高、厚都是6 m的标准尺寸，采用手持凿岩机配合气腿，使用直径50 mm的钎头，也可以完成穿引串珠绳的交汇孔钻凿。根据矿体实际情况，也可以采用大体积分离体的分离锯切，最大锯切面积可达到几百平方米。这时必须采用大孔径凿岩机进行直径90 mm的深孔钻凿，为了提高钻孔交汇率，应按照第8章介绍的有关方法进行钻孔作业。

9.6 使用串珠锯开采系统时矿山的劳动定员和管理机构

使用串珠锯开采石材的矿山，生产岗位的设置，生产及管理人员的数量、分工是按照串珠锯开采石材的工艺特点、工艺流程确定的。本章主要讨论非承包开采方式，使用串珠锯开采石材的矿山管理体系、岗位设置特点和劳动定员等问题。

9.6.1 石材矿山的组织机构

多数的石材矿山都处于偏远山区，通常相当于一个独立完整的工业企业。矿长及其副手组成矿山管理的第一层次，即矿山最高领导层；矿山管理的第二层是若干具体的管理机构，一般由生产部门、后勤保障部门、销售、财务、库管等部门组成，每个部门需要设置一名负责人；矿山的第三层是具体实施劳动的工作岗位，由各个工种的劳动人员组成。

图9-34～图9-37分别是涉及到串珠锯开采、与其他开采设备和不同开采方法组合，进行石材矿山开采的组织机构系统图。其中图9-34适合串珠锯全锯切开采的大理石、花岗石矿山，图9-35适合采用串珠锯辅助切割、配合凿岩机排孔凿岩结合控制爆破开采花岗石的矿山，图9-36适合臂式开采锯辅助切割、配合串珠锯全锯切开采大理石的矿山，图9-37适合洞采大理石矿山的开采。

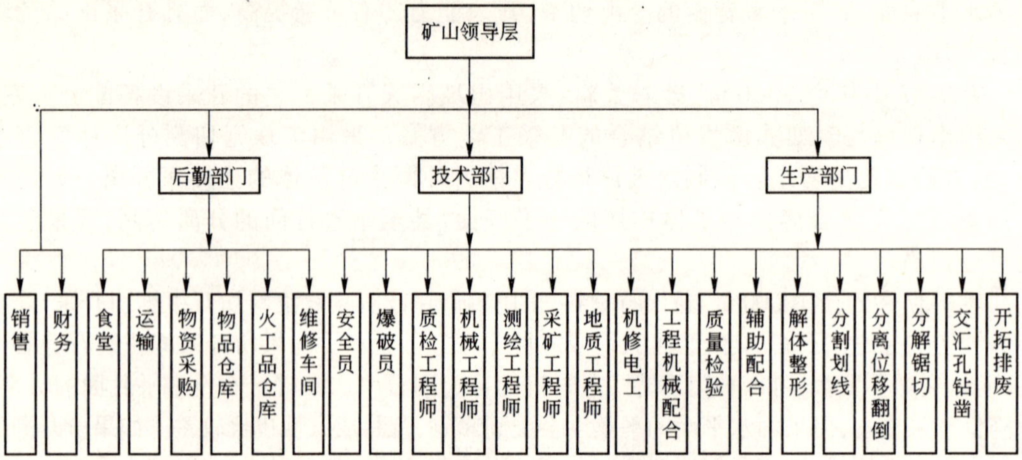

图9-34　串珠锯全锯切石材矿山组织机构系统图

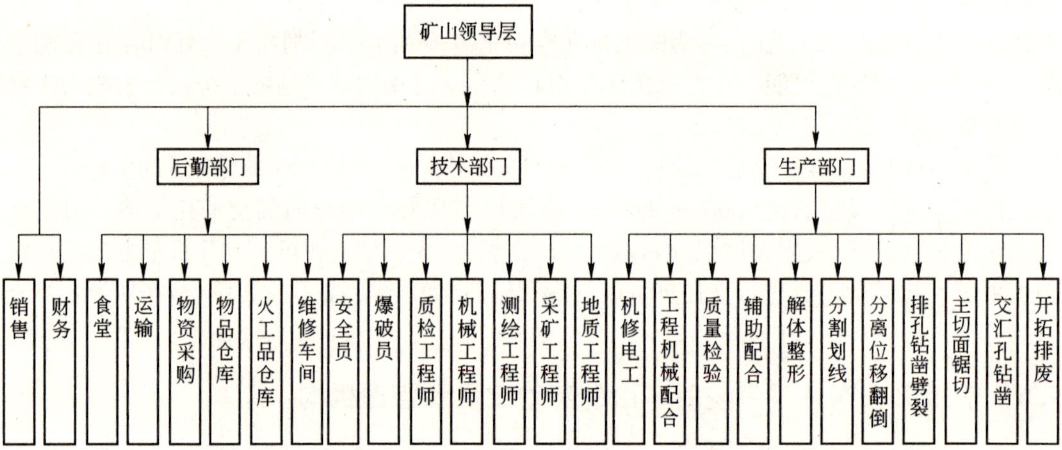

图9-35　串珠锯辅助排孔凿岩石材矿山组织机构系统图

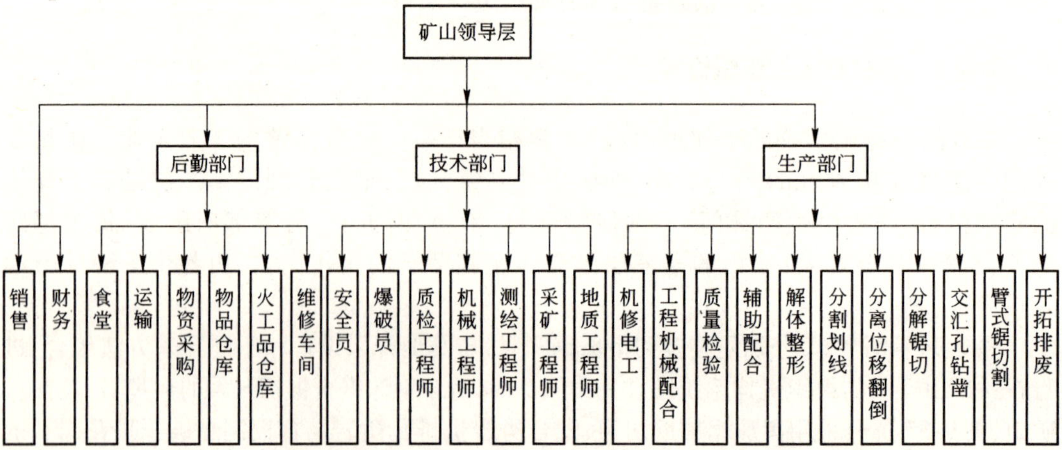

图9-36　臂式锯机辅助串珠锯全锯切开采石材矿山组织机构系统图

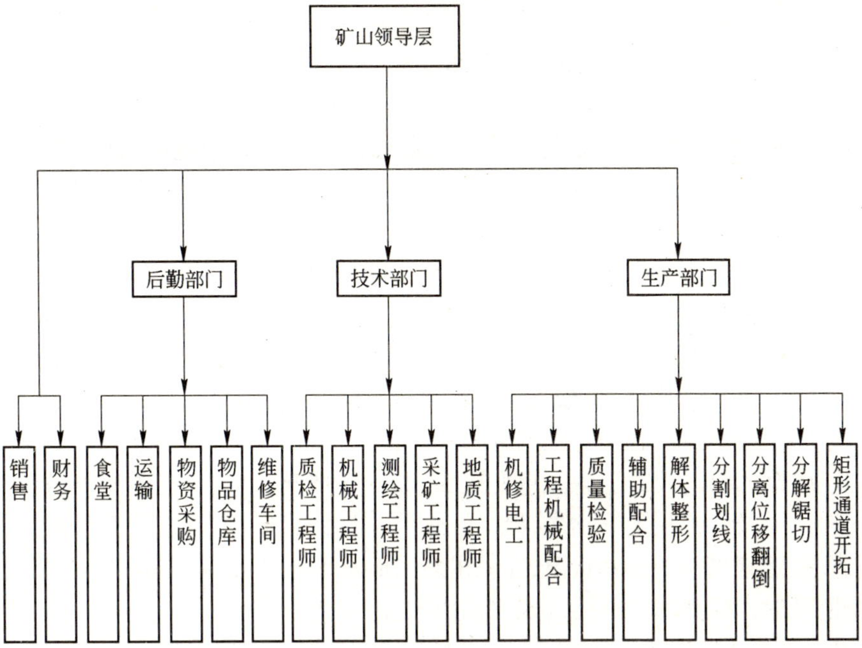

图 9-37 洞采大理石矿山组织机构系统图

这些组织机构是根据使用不同石材开采设备、不同开采工艺方法，以及不同矿体条件和特点，按照岗位、工种进行划分的，仅供参考。作为一个正规的石材矿山，上述每个工种和岗位应该是不可缺少的，但在实际操作时，可根据矿山实际情况，在不影响安全和开采流程的情况下，对多个工种或岗位进行合并，或者一个操作者兼职多个岗位。如果调配合理，同样可取得开采工艺流畅的效果。

9.6.2 石材矿山各个岗位的职能

在上述组织机构中，必须明确每个岗位的职责，下面提出每个岗位的职责，供参考。

9.6.2.1 管理层

矿山管理层是最高领导机构，根据矿山规模大小，一般由一名矿长或经理担任管理层的最高领导，其副职可兼任生产、技术或后勤部门的负责人。矿长的职责范围如下：

(1) 严格执行国家的各项法律法规和政策；
(2) 主持石材矿山的日常管理工作；
(3) 协调企业内部各个部门之间的工作关系；
(4) 负责考核部门领导的工作，以及下层管理人员的任免；
(5) 提出年度开采规划计划要求；
(6) 负责矿山产品的销售；
(7) 矿山生产和流动资金的筹集和使用安排；
(8) 矿山重大项目的决策和审批；
(9) 重要和重大采购项目的批准；
(10) 全面负责矿山的安全生产工作；
(11) 协调与当地政府和各个职能部门的关系。

9.6.2.2 技术部

石材矿山的技术部门负责石材开采全部技术工作。技术部人员包括地质、采矿、测绘和机械电气专业技术人员、质检人员以及火工品使用的爆破员和安全员，其职能范围如下：

(1) 技术部负责人职责：全面负责矿山开采技术工作，开采过程中出现全部技术问题的处理；制定开采前的工程剥离和采场建设规划，向生产部门提供最佳开采工艺参数；根据矿长或经理要求，编制年度开采规划，与生产部合作编制矿山季度、月度生产计划；制定矿山开采工艺的实施方案，并监督实施；根据开采现场实际情况，补充、完善或修订开采工艺方案；重大技改方案的提出，并编制相应的技改报告；负责新设备、新工艺的使用和推广；组织编写矿山管理的各项规章制度，设备操作、维修、保养和安全使用的规章制度；编制石材开采企业标准，根据矿山开采实际情况，不断修订和完善企业标准。

(2) 地质人员职责：参考和对比钻取岩芯柱状图，检验所开采矿体的实际地质现状与地质报告描述状况的差异；及时了解花色变化、裂隙发育情况，以及出现不利于石材开采的地质变化等信息，并及时汇报主管领导，提出改进的建设性意见；负责进行开采阶段的地质勘探工作，初步描述新采面的地质状况，并提出新采面选址意见；监督开采边坡的安全性，边坡岩石稳定性，及时发现和回避可能出现的地质灾害。

(3) 开采技术人员职责：负责开采工艺方案、开采设备的选择；深入开采现场，对开采作业中出现的疑难技术问题进行现场处理，并负责监督开采工艺方案的正确实施；根据开采作业实际情况提出改进开采工艺方法的合理化建议；对开采工人就实施开采工艺和开采方案进行必要的讲解和培训；提出新开采工艺方法、新开采设备的使用可行性建议。

(4) 机电技术人员和机修电工的职责：根据开采工艺方案的要求，进行开采设备、辅助配套设备、工程机械配套设备的选型；提出矿山电气供应的配套实施方案，并监督建设落实；负责矿山全部机电设备的使用培训，日常维护保养和力所能及的维修；联系落实这些设备维修保养备件、损坏更换零部件的供应；辅助配套工具、机具、工艺装备的改造、补充和监制；保障矿山生产、生活用水、电、气和通讯设施安全持续的供应和畅通，以及矿山机械设备和辅助设施的维护保养工作。

(5) 测绘技术人员的职责：石材开采现场平面图的测绘，开拓运输道路系统平面图的测绘，开采台阶和采场布局的测绘，工作面推进方向的监控，修订推进方向后所进行的必要测绘工作；及时准确地测绘图纸，为编制年度开采规划、计算产量、预算开采剥离投资等规划和计算提供准确和重要的依据。

(6) 质检人员的职责：监督落实企业标准的实施，根据市场反馈对荒料质量的要求，以及矿山开采实际情况，提出企业标准的修改意见；负责成品荒料的测量、验收、标记和发运统计工作；监督、协助、配合生产部解体划线员，对分离体进行解体划线，并做好花色分类、回避缺陷等工作；定期编写生产质量情况简报，及时发现生产中出现的质量问题，提出改进意见。

石材矿山技术部人员的配置是根据《石材露天矿山技术规范》的要求确定的，考虑到操作时的难度、矿山开采的成本以及技术工作量的大小等实际因素，包括技术部负责人在内，矿山一般只配备一名专业技术人员，其余的专业工程师、有时甚至是全部技术人员都采用兼职聘任方式。

(7) 安全员和爆破员职责：除了山洞式大理石矿山不允许使用火工材料爆破外，几乎所有石材矿山都需要使用火工材料。只是根据矿体石材类型不同，开采工艺方法的差异，火工品的用途和用量不同而已。在使用串珠锯全锯切,或者使用臂式开采锯辅助切割的大理石矿山,开采过程中是严禁使用火工品爆破的。但在开采前期的剥离,尤其是风化层剥离,或者大型包裹体剥离时,为了提高剥离速度,降低剥离成本,还是需要使用火工材料爆破的。在使用串珠锯配合排孔凿岩结合控制爆破工艺方法开采花岗石的矿山,将分离体从矿体劈裂分离,解体分离体甚至整形荒料时,都需要使用导爆索或其他火工材料控制爆破方式。根据民爆物品使用管理规定,矿山使用火工爆炸物品时,必须由经过职能部门培训、具有认证资格的爆破员、监炮员,在安全员的监督下实施爆破作业。

9.6.2.3 生产部

石材矿山的生产部是实施石材开采生产作业的组织、协调部门,各个岗位工种的职责范围如下:

(1) 生产部负责人职责:负责开采现场生产作业的总调度工作,根据矿长或经理的要求,协助技术部编制年度开采计划,并负责该计划的实施和落实;与技术部合作编制季度、月度生产计划,并组织落实实施;制定矿山开采工程中开采工艺的具体实施方案;制定开采前的工程剥离和采场建设规划方案,上报批准后实施;提出永久和临时荒料堆场建设规划,以及废渣堆场的选址及管理方案,制定采场开拓道路和运输系统的修建计划;提出采场土地征用计划和方案;提出荒料运输计划;定期检查解体划线员的工作质量,抽查设备运转记录表的填写准确性;提出开采工艺方法、开采设备、开采辅助工艺装置的改进意见;以及矿山安全生产的全部工作。

(2) 开拓、排废工作的主要内容:矿山开拓运输系统已经初步建立,矿体表面覆盖层、风化层,或者不能回收利用的孤石层被剥离清除后,开拓工作便成为形成开采面和开采台阶的开拓先行准备工作。其主要工作内容包括,开采作业中安放串珠锯或凿岩机所必须的开拓堑沟的开掘,将分离体石料形成3个自由面的剥离、切割和分离,作业场地的清除建立,临时运输道路的修筑等前期工作。该项工作有时需要凿岩机、串珠锯、工程机械等设备的配合。根据矿山的实际情况,一般设置一个专门的小组,根据需要调配串珠锯、凿岩机或者臂式开采锯,进行开采作业的前期开拓工作。

矿山生产部的开拓工序还包括开拓、开采剥离时产生废石、渣土的清运和排除。所以在设置该工序时,应考虑相应工程机械和运输车辆的配套和协助。

(3) 臂式开采锯切割:在大理石、石灰石等软质石材矿山,除了使用臂式开采锯进行开拓堑沟的开掘作业之外,还可以用其进行将分离体从矿体分离的切割作业。根据需要可将分离体与矿体连接的1~3个面,全部或部分切割分离。

该工序使用的机械设备有采用金刚石切割带的开采带锯,或者使用硬质合金刀头的链臂式开采锯等臂式锯机。这些设备的移动、安装就位必须在起重设备或工程机械的配合下完成,每台设备的安装至少需要2人,其中1人专门完成设备的操作。

(4) 交汇孔的钻凿:当分离体与矿体只剩下3个面连接,其余3个面为自由面后,在使用串珠锯全锯切开采,串珠锯辅助凿岩机排孔凿岩结合控制爆破开采的石材矿山,需要进行交汇孔的钻凿作业。交汇孔主要用于串珠绳环绕切割面时串珠绳的穿引。

在串珠锯全锯切的大理石或花岗石矿山,该工序的任务是在分离体与矿体连接的3个面(需要分离切割的3个面)上,钻凿一个垂直、两个水平共3个相互正交的贯通孔。

在串珠锯辅助凿岩机排孔凿岩结合控制爆破开采的花岗石矿山,如果需要将分离体与矿体连接的3个面全部使用串珠锯切割分离，需要钻凿与上面介绍串珠锯全锯切开采相同的3个正交贯通孔；如果只需要串珠锯切割分离一个垂直面，另外的一个垂直和水平面采用双面控制爆破分离开采工艺，只需要在该面上钻凿垂直、水平两个贯通孔即可；如果采用串珠锯将分离体的一个垂直和水平面切割分离，采用单面控制爆破分离开采工艺，仍然需要实施上面介绍的3孔交汇钻凿工艺。

在使用臂式开采锯开采大理石的矿山，完成分离体堑沟锯切，或者分离体与矿体1~2个连接面的分离锯切后，还需要在分离体与矿体其余连接面上，钻凿与臂式开采锯切割面相互贯通的水平或垂直孔，以便完成串珠绳环绕被切割面的穿引。

交汇孔钻凿设备有大孔径气动或液压凿岩机，各种轻型台架式凿岩机，或者手持式凿岩机。根据使用凿岩机的不同，该工序一般需要2~3个工人完成作业，大孔径凿岩机的移动和安装还需要起重设备或工程机械的配合。

早期大理石等软质石材矿山，都配套有液压钻机进行交汇孔的钻取。为了探明即将开采矿体的地质情况，在技术部地质技术人员的指导下，在为该机配备岩石取芯钻头和取芯器后，还可用其进行开采过程中地质钻探、钻取岩芯的作业。

(5) 分解锯切：交汇孔钻凿贯通后，可进入将分离体从矿体切割分离的锯切工艺阶段，不同开采工艺方法，切割分离面的位置和数量都不同，可参见前面介绍的方法，完成串珠锯将分离体从矿体上切割分离的作业。

该工序需要配备串珠锯，手持凿岩机辅助安装导向轮，起重设备或工程机械配合移动和安装串珠锯。各个采面之间距离在200 m之内，串珠锯台数不超过5台时，可按照串珠锯台数加一的数量配备操作工人。

(6) 排孔凿岩：使用串珠锯配合排孔凿岩结合控制爆破工艺方法开采花岗石的矿山，当串珠锯对分离体与矿体的一个或两个连接面实施切割分离后，可在分离体与矿体剩余的连接面上钻凿排孔，使用控制爆破或膨胀剂劈裂的方式，将分离体从矿体分离。

排孔凿岩设备有，各种重型、中型台架式凿岩机；排孔深度比较浅时，可使用轻型台架式凿岩机，使用手持式凿岩机也可进行排孔凿岩作业。可根据凿岩机的台数，配备操作人员的数量。

(7) 分离体的位移或翻倒：当分离体全部与矿体分离后，根据需要可将分离体翻倒，然后进行下一步的划线、解体作业。对于一些花岗石矿山，由于分离体的体积太大，不能直接将分离体翻倒，只能在其上面进行解体作业；或者将大分离体二次、三次分割后，根据其体积和需要，再考虑是否将其翻倒或位移到合适的解体位置。

将分离体位移的工具有一次性使用的水压顶推袋、可多次重复使用的气压顶推袋；扩大分割缝或者顶翻分离体的设备有液压顶石机等。操作这些设备或工具，一般需要两个工人。

(8) 分割划线：在解体分离体之前，必须对其仔细观察。根据石材花色、裂隙分布，以及成品荒料的规格尺寸，按照砂锯料（大料）、台面板料（长料）、圆盘锯料（规格板料）和雕刻制品料的顺序，对分离体进行划线、套裁分割，反复检验无偏差后，才能进入解体实施工序。

开采规模大的矿山，一般设置专门的划线员，并在质检员的复核下工作。重要分离体的解体划线、套裁方案，有时还需要技术、生产部负责人会同有经验的技术工人，甚至矿长共同研究、商议确定。小规模矿山，该项工作可直接由质检员、生产负责人或矿长完成。

(9) 解体和整形：开采石材种类不同，对分离体解体作业的工艺也有所区别。在使用全锯切方法开采大理石或花岗石的矿山，通常使用各种型号的串珠锯解体切割。在使用串珠锯配合排孔凿岩结合控制爆破工艺方法开采花岗石的矿山，通常采用钻凿排孔、控制爆破解体分割分离体，可使用重量轻、便于移动安装的中型或轻型台架或导杆型凿岩机；小型花岗石矿山，还可使用手持凿岩机钻凿排孔，采用导爆索或其他控制爆破方法对分离体进行解体分割，膨胀剂也是比较实用的分离体分割劈裂材料。

目前有许多种荒料整形方式，一般根据矿山实际需要确定和选配整形设备。在大理石矿山，可使用固定式单锯条整形机、固定式金刚石串珠整形机、安装硬质合金刀头的固定式臂式整形机、固定式金刚石切割带整形机；中型、小型串珠锯也是理想的荒料整形设备，根据需要，大型串珠锯同样可以用于荒料整形；劈裂性好的大理石品种，还可采用排孔凿岩结合膨胀剂劈裂的整形方法。在花岗石矿山，可使用各种规格的串珠锯整形荒料；也可使用固定式金刚石串珠整形机，或者固定型切割臂摆动式臂式锯机都能够整形花岗石荒料；排孔凿岩结合控制爆破或膨胀剂劈裂，是整形花岗石荒料的传统方法。安装大直径锯片的龙门切机，可以修整大理石和花岗石荒料。

矿山可根据所配套的、用于分离体解体及荒料整形的设备种类，配备相应的操作人员。

(10) 辅助工岗位：根据开采规模的大小，石材矿山一般需要配备一定数量的专职辅助工人，主要从事开采设备位移安装、荒料吊装、协助各个岗位之间的相互协作关系、一些技术性问题的处理、协助复核交汇孔钻凿位置、帮助划线员工作、水气供应管路检查、固定或移动式空压机的操作和维护，以及其他岗位的辅助工作。如果矿山规模较小，辅助工作的工作量不大，这些工作可由其他岗位人员兼职解决。

(11) 工程机械操作：工程机械包括挖掘机、装载机、起重设备、渣土运输车辆等。这些设备除了在矿山前期基建阶段发挥作用外，在正式开采阶段，也是必不可少的设备。主要承担开采剥离、临时道路修筑、渣土清运、开采设备的吊运、分离体的位移和辅助翻倒、荒料的移动和吊装等工作。

根据实际需要，可为这些设备配备专职操作人员，也可根据每台设备使用的频繁程度，安排兼职操作人员。

(12) 机修电工：矿山的机修电工可由技术部管理，也可由生产部直接管理，其职责在生产部人员职责中已经介绍。

(13) 质量检验：石材矿山的质检员最好由技术部管理，独立于生产部，以便于其独立工作，其职责见技术部中的相关介绍。但小型石材矿山，为了精简机构，质检员也可由生产部管理。

(14) 矩形通道的开拓：在山洞式开采大理石的矿山上，开拓工序的内容是进行矩形开拓通道的开掘，后续石材开采工艺方法的实施，全部是建立在形成开拓通道的基础上。所以进行山洞式开采时，必须安排专门的班组，不停地开掘和扩大矩形通道，以便为后续的石材开采开拓出足够大的作业空间。

开拓矩形通道必须使用专用的洞采臂式锯机，还需金刚石串珠锯、水压顶推袋或气压顶推袋、各种洞采专用导向轮、拖拽等设备的配合。可根据实际使用设备的种类和数量，安排定员操作人员。

开拓通道形成后，后续石材开采岗位和工艺方法与露天开采基本相同。需要注意的是，洞采矿山内必须配备专职巡视员，负责水电的安全供应，通风设备的维护，采取有效措施减少洞内有害气体的浓度等。

石材矿山开采中的许多岗位和工序,虽然可进行明确的分工,但其中有许多岗位的工作又相互交叉。例如分离体的解体和荒料整形,有时需要调用分解锯切岗位的串珠锯或凿岩机设备协助;开拓岗位通常需要使用锯切岗位的串珠锯,或排孔凿岩岗位的凿岩机完成作业;工程机械岗位更需要穿插于各个岗位之间,相互协作配合。因此,在进行人员配备时,尽量聘用一专多能的工人,根据每种设备使用的频繁程度,尽量采用一个人员兼职多个岗位,或者将几个岗位合并操作的方式,减少矿山人员的数量,降低开采成本。

9.6.2.4 后勤保障部门

后勤部门主要担负矿山生产和生活保障工作,通常包括下述岗位和工作内容:

(1) 维修车间:因为石材矿山多数处于偏远山区,根据矿山企业的规模条件,至少需要修建一个具备最基本、简单机械设备修理条件的维修车间,用于开采机械,工程机械,输水、供电、压缩空气设备的日常保养、简单维修;焊接加固或修复挖掘机挖斗、装载机铲斗等工作;在使用弹簧型串珠绳的大理石、石灰石或石灰华矿山,还要负责串珠绳的修复和组装。

简单规模的维修车间配备的基础修理设备包括:具备功率足以用于焊接加固或修复挖掘机挖斗、装载机铲斗的电焊机、台式钻机、乙炔切割设备、安装树脂切割盘的金属材料切割机、砂轮机、角磨机、轴承拆卸专用工具、规格齐全的扳手工具,以及基本的测量、检验工具等。规模比较大、地处偏远山区的石材矿山,还可以配置车床、铣床等加工范围更宽的机械加工设备。如果矿山距离机械加工能力强、工业比较发达的城镇附近,根据实际情况,可减小维修车间的规模,许多修理可委托专业企业完成。考虑到运输和修理周期的问题,建议石材矿山必须具备焊接加固或修复挖掘机挖斗、装载机铲斗能力,这项工作应在矿山完成。

(2) 物品仓库:矿山上建立的物品仓库实际上是备品备件仓库,主要用于开采生产和日常生活中需要使用的所有消耗材料、备品,机械设备的备件,劳保用品等物品的保存、管理和发放。根据矿山地理位置、采购上述物品的难易程度、每种物品的使用周期,确定仓库存储上述物品的种类和数量。仓库必须安排专职管理员,根据开采作业的班次值守仓库,保证生产时间内操作者可随时领到需要的材料和物品。

(3) 火工品仓库:除了山洞式石材矿山开采外,几乎所有石材矿山都需要使用火工爆炸物品,区别只是用量多少和使用种类的不同。国家对火工爆炸物品的管理有专门的规定和申请使用程序,最基本的要求就是要将火、炸药等爆炸物品与雷汞等引爆物品分开存放,因此所建筑的火药库和雷汞仓库必须相距一定的距离,并配备水池和必须的消防、防盗设施和装备。火工品的发放和仓库管理必须由经过培训,并具有国家职能部门发放的火工品库管员资格证书的专人管理。火工品的领用、使用和退回等环节国家都有专门的法律规定。

(4) 物资采购:物资采购是指生产、生活资料的采购。位置偏远的石材矿山,生产和生活资料一般都从距离矿山较远的城镇采购。因此,矿山必须配备专门的车辆和采购人员,用于这些物品的定期购买和应急采购。即便矿山距离城镇较近,这些物品的购买非常便捷,但从安全和突发事件的应急处理角度考虑,石材矿山也必须配备一部专用车辆,以备应急之需。

(5) 荒料和渣土排放运输:目前有几种将矿山开采出的石材荒料运出的运输模式,一种是矿山自备载重汽车,直接将荒料运到指定堆场或用户所在地;另一种是客户委派或提供车辆,来矿山直接提运荒料;还有一种是与当地运输公司合作,委托他们承担所有荒料的运输。后者是目前使用比较多的荒料运输方式,因为荒料运输车辆都是价格比较高的大吨位载重车辆或专用车辆,其优点是矿山不必投资和管理运输车辆。如果矿山自己购买,必将增加矿山的投资;另外这些车辆的管理、日常维修保养和燃油消耗也是一笔不小的支出。经常会出现管理自己拥有运输车队,最终运输成本可能比委托专业运输公司的成本还高的结果。

为了增加运输的灵活性,在矿山实力允许的条件下,可采用自备车辆与委托车辆结合的荒料运输模式。自备少量荒料运输车,自己承担少量荒料的运输,其余荒料运输仍委托专业运输公司完成,既降低了荒料运输成本,又增加了荒料运输的灵活性。

可根据矿山实际情况确定是否自备渣土排放和运输车辆,有些石材矿山,其周边村镇就有自卸汽车或拖拉机,可以通过租用或计件方式委托他们协助完成开采废弃渣土的运输排放。如果不能方便地租到这些车辆,或者租用成本很高时,根据采场实际渣土排放量,矿山可配备一辆或多辆自卸式渣土运排车辆。

(6) 食堂:不论矿山的地理位置如何,石材矿山通常都需要设置一个职工食堂。如果有工人宿舍的石材矿山,职工食堂要负责矿山全体员工一日三餐,以及晚班、夜班工人的加餐和夜宵供应。即便是地处城镇边缘的石材矿山,仍然有在矿山居住的职工,所以建设矿山食堂也是必要的。

9.6.2.5 销售和财务

矿山财务工作的任务量通常不大,所以一般只设置会计和出纳各一人,不再设置财务部。财务人员负责整个矿山的经济、财务工作,资金、账目的管理,通常直接由矿长或领导层其他成员直接领导和管理。财务人员除了负责向地方交纳各种税费外,一般还要兼职承担矿山企业的管理和协调工作,协助矿长协调与地方政府的关系,承担企业年检,接待安排政府职能机构的各种检查、验收,各种专职、专业技术培训的联络和安排等工作。

根据石材矿山的位置特点,一般矿山都不设置销售部,荒料的销售工作直接由矿长或矿山领导层人员负责。如果有专门的销售机构,也是设置在石材加工和流通业比较发达的地区。大部分矿山的荒料销售,都是委托一些大的石材加工厂或销售公司完成;或者与一些石材企业建立相对固定的供销关系,形成比较稳定的销售渠道;也有一些石材矿山,隶属于大的石材公司或石材加工厂,其开采的荒料直接由其上级石材企业消纳或销售,矿山本身无需自行进行荒料的销售。

9.6.3 石材矿山的劳动定员

石材矿山劳动定员与石材矿体类型、矿体条件、生产规模、采用的开采工艺方法、选用的石材开采设备种类及数量、开拓运输方式等因素有关,甚至还与矿山所处地理位置、当地社会服务体系的完备程度等社会条件有关,因为后者将影响到配备矿山后勤服务人员的数量。这里只介绍每种、每台开采设备需要操作和辅助人员的定岗数量,具体见表 9-38。表 9-39 是一个采用金刚石串珠锯全锯切开采工艺方法,年产 3000 m^3 荒料的花岗石矿山,劳动定员情况汇总表。从表 9-39 中可以看出,该矿山许多岗位都是可以相互重叠、交叉和兼职的。只有这样,才能使矿山员工的能力得到最大程度的发挥,降低开采成本,取得比较好的经济效益。上述表格提供的数据仅供参考。

表 9-38 石材开采设备操作和辅助人员配备表

设备名称	操作和辅助人员数量
金刚石串珠锯	5台之内安装和操作时操作和辅助人员数量 = 设备台数 +1
臂式开采锯	每台安装需要3人,操作需要1人
液压钻孔机	每台安装时需要3人,正常操作需要1人
双头重型台架式凿岩机	每台安装时需要3人,正常操作需要1人
单头中型台架式凿岩机	每台安装时需要2人,正常操作需要1人
单头轻型台架式凿岩机	每台安装时需要2人,正常操作需要1人
手持凿岩机	每台正常操作需要1人
液压顶石机	每套安装和操作时需要2人
水压顶推袋	每套安装和操作时需要2人
气压顶推袋	每套安装和操作时需要2人
桅杆吊	每台需要1人操作,需要1人辅助绑扎钢丝绳
挖掘机	每台需要1人操作,吊装时需要1人辅助绑扎钢丝绳
装载机	每台需要1人操作,吊装时需要1人辅助绑扎钢丝绳
自卸汽车	每辆1人
移动或固定式空压机	分离安装、相互距离400 m之内,一般每4台需要1人维护

表 9-39 串珠锯全锯切开采、年产3000 m^3 花岗石荒料的矿山劳动定员配备表

部门	序号	岗位	设备台数	班次	在岗人数	辅助人数
矿山领导层	1	矿长			1	
技术部	1	地质工程师			1(兼职)	
	2	开采、机械工程师			1	
	3	机修电工			1	
	4	质检员			1(兼职划线员)	
	5	爆破员			1(兼职)	
	6	安全员			1(兼职)	
生产部	1	现场管理			2(其中1人兼职挖掘机)	
	2	串珠锯	5	2	12(开拓、分离、解体、整形、翻倒)	1
	3	水压顶推袋	1套		2(兼职)	
	4	挖掘机	2	2	2	
	5	装载机	1	1	1	
	6	手持凿岩机	3	1	3	
	7	大孔凿岩机	1		2(兼职)	
后勤部	1	备品备件仓库管理员	1个	2	1	
	2	火工品仓库管理员	2个	1	1(兼职)	
	3	食堂炊事员	2个	2	2	
	4	生产生活资料采购车辆	1		1(兼职)	
财务	1	会计			1	
	2	出纳			1	
合计					28	1
总计					29	

9.7 金刚石串珠锯开采系统在石材矿山上的整体布局

石材矿山的总体布局是一个很复杂的问题,它与矿山类型、矿体的地质自然条件、选定的开采方法、开采设备种类、开拓运输方式等诸多因素有关。为了解石材矿山开采的布局,下面介绍一些典型石材矿山的开采布局模式,供参考。

9.7.1 金刚石串珠锯开采系统在大理石矿山上的整体布局

图9-38~图9-44是采用串珠锯全锯切开采或使用臂式开采锯辅助串珠锯开采大理石、石灰石矿山的开采布局示意图。

9.7.1.1 山坡露天型大理石矿山开采

图9-38是山坡露天型大理石矿山的开采初期,使用串珠锯开拓锯切的示意图。图中矿山使用三台串珠锯、一台大孔径凿岩机和一套水压顶推袋组成的串珠锯全锯切开采系统。该图所示将首采位置选定在山顶部位,即矿体的最高处。利用矿体隆起状特点,直接钻凿两个相互正交的水平孔,与一个垂直孔三孔交汇贯通,穿引串珠绳后分别将首个三角块状分离体与矿体连接的水平、垂直面切割分离。继续深入锯切,很快便能够进入正常和正式的开采阶段。

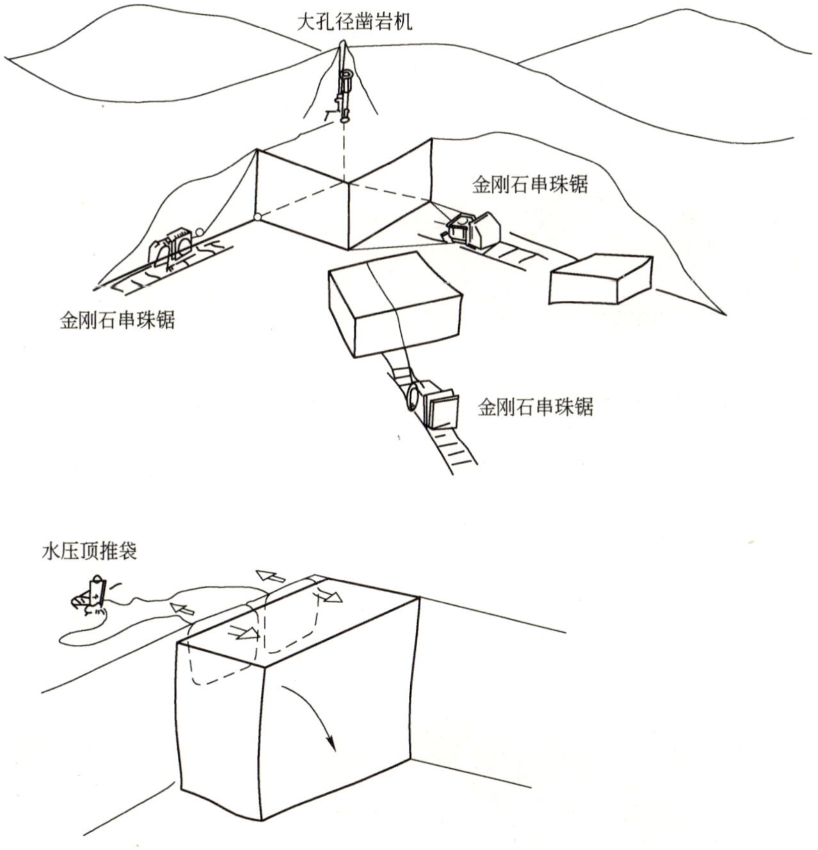

图9-38 矿山开采初期串珠锯锯切开拓阶段示意图

图9-39是串珠锯在开采带锯的协助下，开采山坡露天大理石矿山的工艺布局图。图中矿山使用两台开采带锯、四台串珠锯和一台大孔径凿岩机组成串珠锯与开采带锯组合开采大理石的系统。图中山顶部位的串珠锯正在进行开拓工作面的切割；在其下方已经形成的开采台阶上，开采带锯正对分离体的底部水平面进行分离切割；台阶顶部的大孔径凿岩机，正在钻凿与臂式开采锯完成的水平切割缝之间的贯通孔；台阶下方工作面上的串珠锯，正在对大体积分离体原地不动地进行解体分割锯切；该工作面上另外一台串珠锯，正在对翻倒的小分离体进行解体切割。在矿体下方另外一个工作平台上的开采带锯，正在进行另外一块分离体水平底面的分离切割，同时串珠锯也在进行该工作平台上分离体垂直面的分离切割。

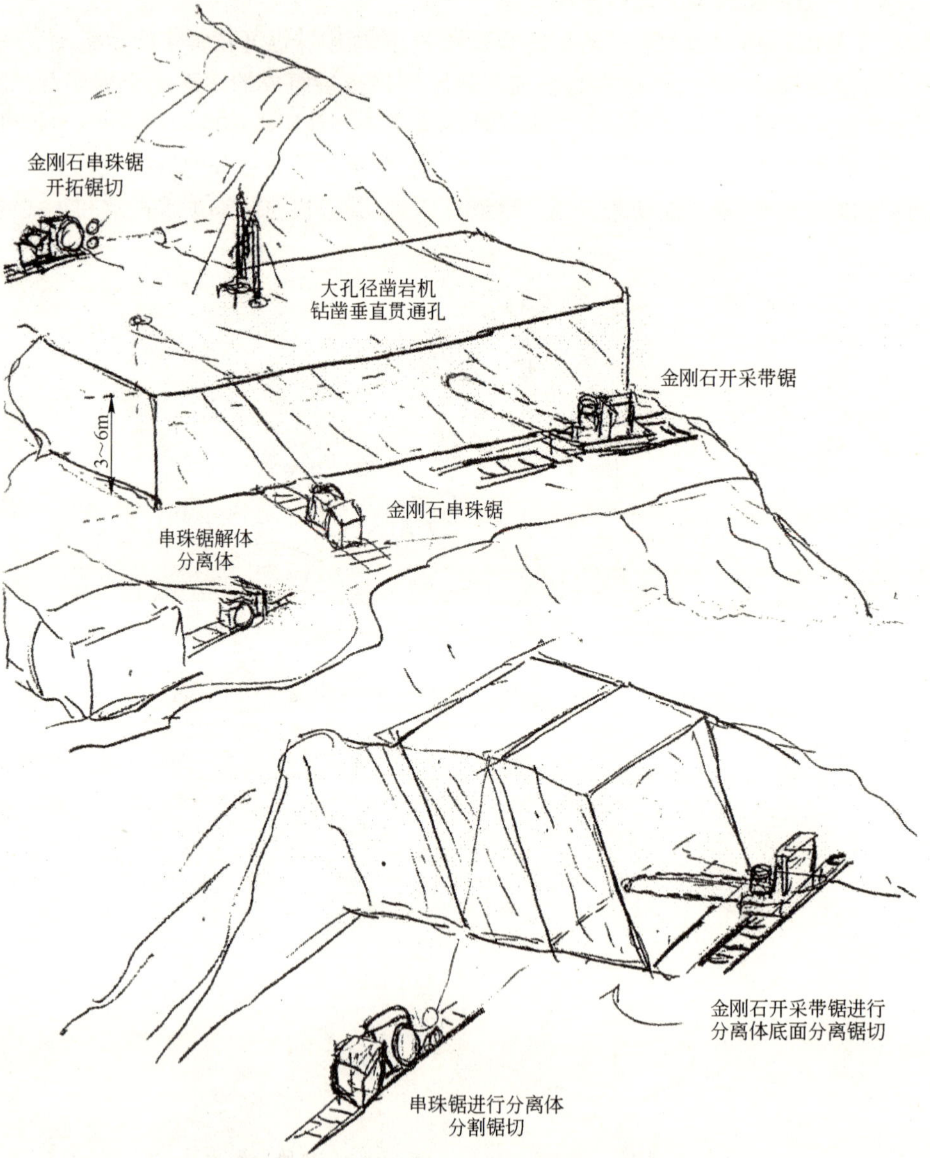

图9-39 串珠锯与臂式金刚石开采带锯组合开采山坡露天型大理石矿山示意图

图9-40显示串珠锯全锯切开采矿体略微倾斜的山坡露天大理石矿山，该矿山只有大小各一台串珠锯和一台大孔径凿岩机。图中显示，在工作面比较狭窄时，可将分离体分解切割成比较小的体积，并将翻倒后的小块分离体移到比较开阔的场地上，进行解体和整形。

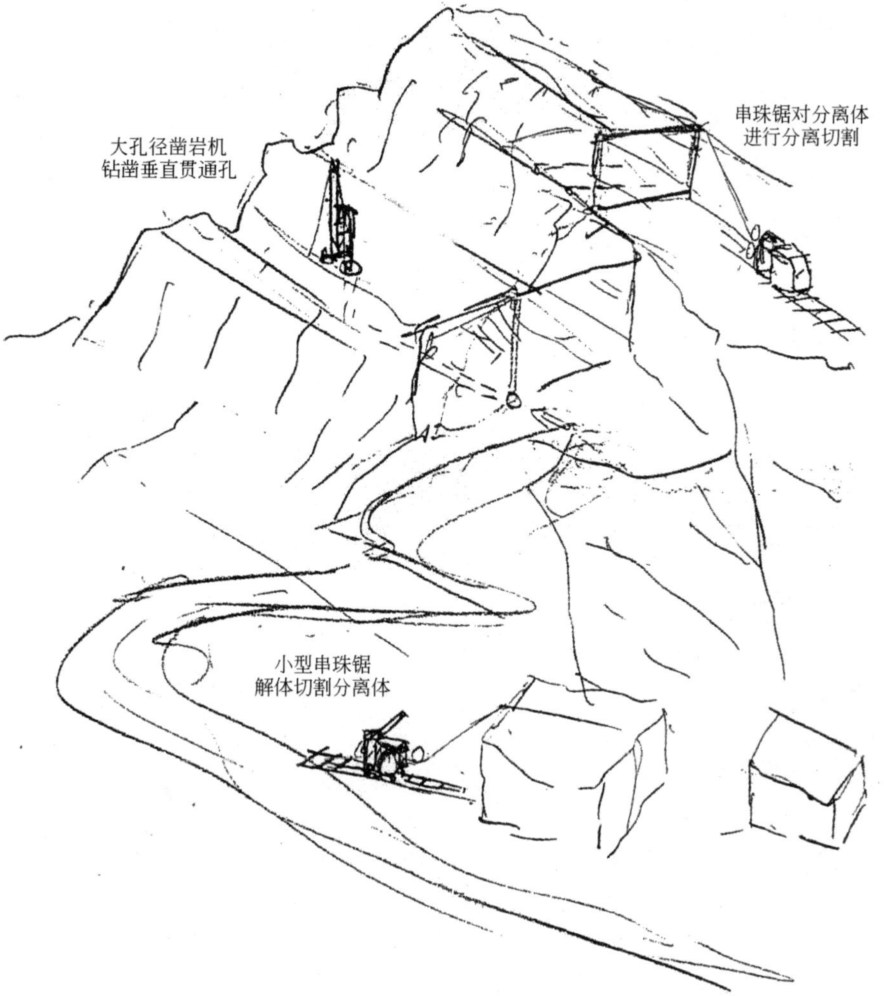

图9-40 串珠锯全锯切开采山坡露天型倾斜矿体大理石矿山示意图

图9-41是一个大型山坡露天大理石矿山开采的示意图，图中矿山为桅杆吊开拓方式，运输车辆直接开到矿山上部装车运送荒料，采用臂式开采锯结合串珠锯全锯切开采大理石工艺方法。使用了两台臂式开采锯、四台串珠锯、一台液压钻机、一台轮式大孔径凿岩机、两台液压顶石机和一台固定式金刚石带锯整形机；同时还安装了一台桅杆吊，并配有一台装载机和一台修路用挖掘机；为了充分利用已经形成的采面空间，并进一步将采面扩大，还配备了一台专用洞采臂式锯，在普通方法很难开采的垂直矿体岩壁上，进行洞采前必须进行的矩形开拓通道的切割。

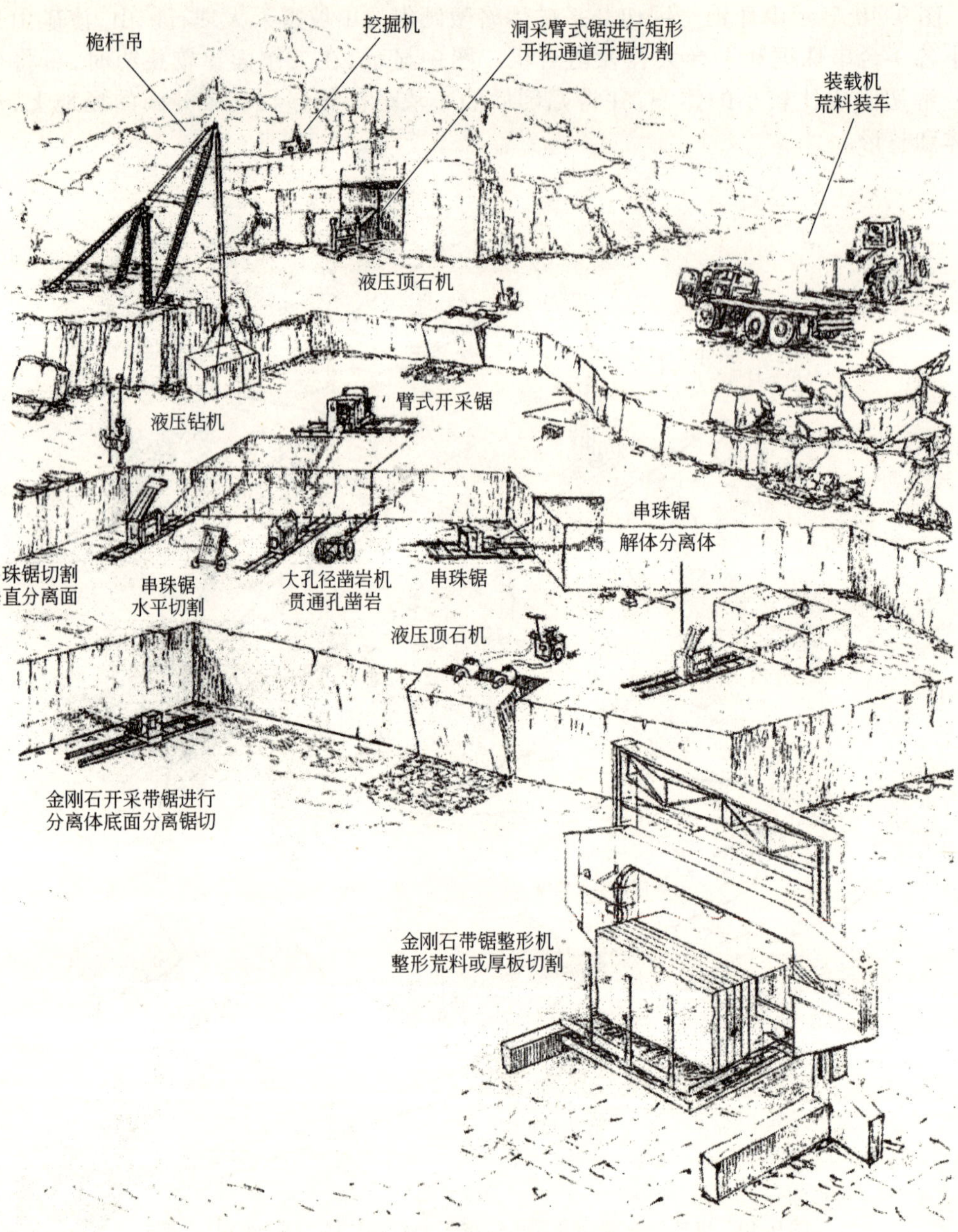

图9-41 大型山坡露天型大理石矿山开采示意图

9.7.1.2 凹陷露天大理石矿山开采

图9-42是一个凹陷露天型大理石矿山开采示意图，该矿山采用桅杆吊无堑沟开拓方式，采用臂式锯机与串珠锯组合开采方法。开采设备包括一台臂式锯机、两台串珠锯、一台大孔径凿岩机。图中臂式锯机专门用于切割分离体水平面，大孔径凿岩机钻凿垂直孔与臂式锯机水平面切割缝贯通，串珠锯锯切分离体与矿体连接的垂直面。

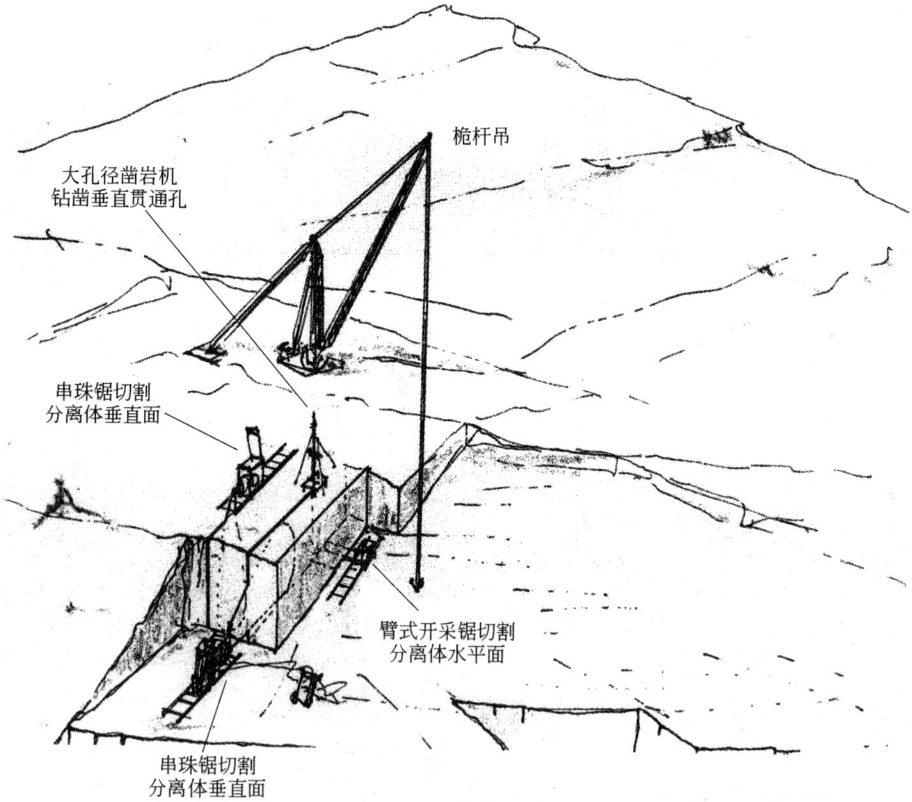

图 9-42 臂式开采锯与串珠锯组合开采凹陷露天型大理石矿山

图 9-43 是一个相对平坦的大型凹陷露天型大理石矿山示意图,图中的矿山采用桅杆吊开拓方式,臂式开采锯、串珠锯、台架式凿岩机组合开采方法。开采设备包括两台臂式开采锯,用于锯切分离体与矿体连接的垂直和水平面;三台串珠锯,分别用于分离体与矿体水平底面和垂直面的分离切割,以及分离体解体和荒料整形切割;一台中型台架式凿岩机,用于对分离体钻凿排孔解体;液压钻机和轮式大孔径凿岩机各一台,用于分离体交汇孔的钻凿;同时还配备有一台水平标杆式轻型凿岩机,用于水平交汇孔的钻凿;水压顶推袋和液压顶石机,用于分离体的位移和翻倒;固定式金刚石带锯整形机,用于荒料整形或特殊规格厚板的切割;一台桅杆吊和两台装载机,用于开采设备的位移、安装,荒料的吊装,以及渣土的装运等作业。

图 9-44 是一个层状石灰石矿山开采示意图,图中矿山的特点是矿体水平节理发育,自然分层,间距 1.5 ~4 m 不等。该矿山采用了臂式开采锯、串珠锯和导杆式凿岩机组合开采方式。两台使用硬质合金切割链的开采链臂锯,用于分离体垂直背面分离切割;两台导杆式凿岩机,用于分离体垂直侧面的排孔凿岩分离;一台串珠锯和一套液压劈裂机,专门用于荒料的整形;三套水压顶推袋,用于分离体的位移;因为工作面比较开阔,所以为每台导杆式凿岩机各配一台移动式空压机。

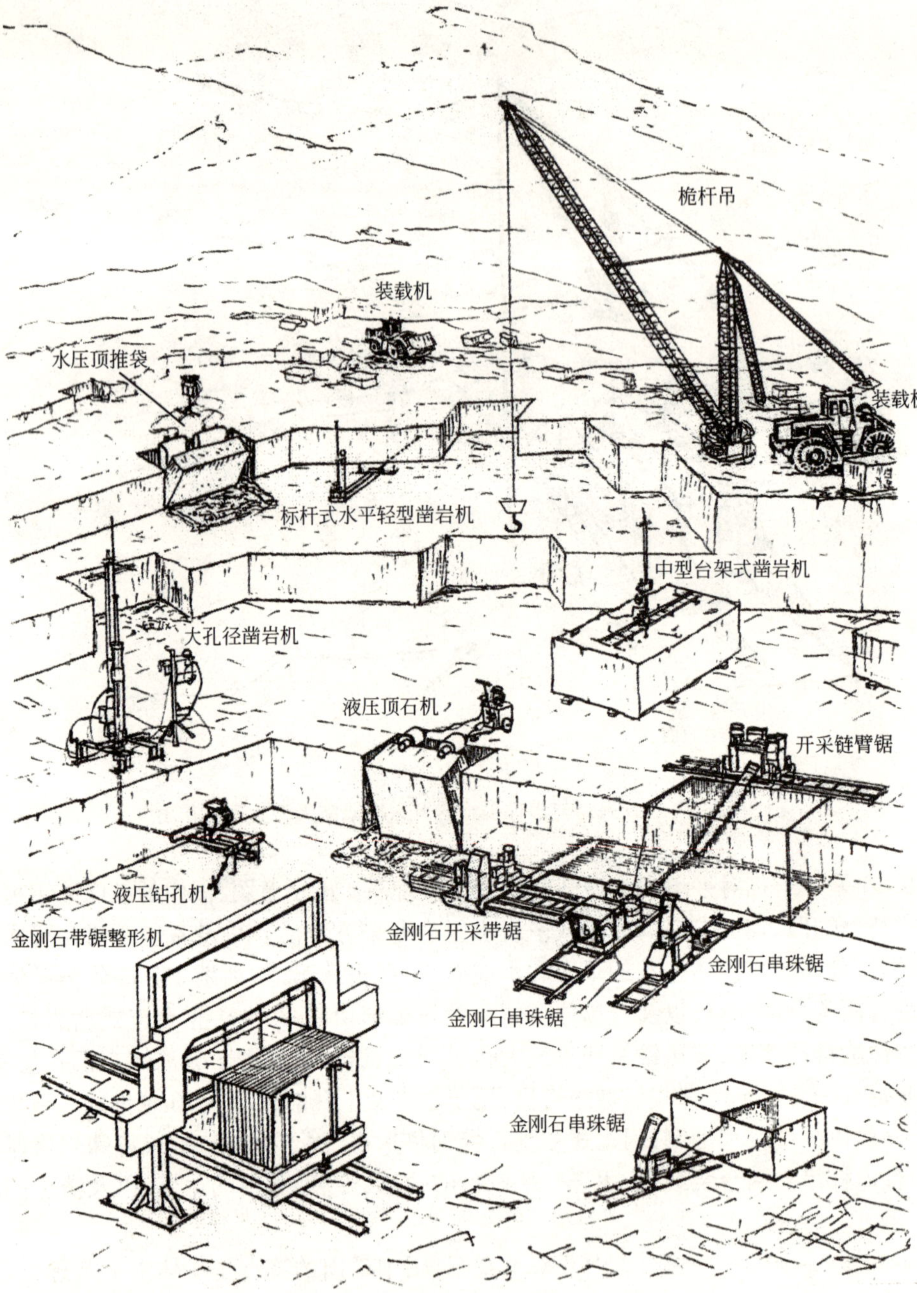

图9-43 山坡露天型大理石矿山示意图

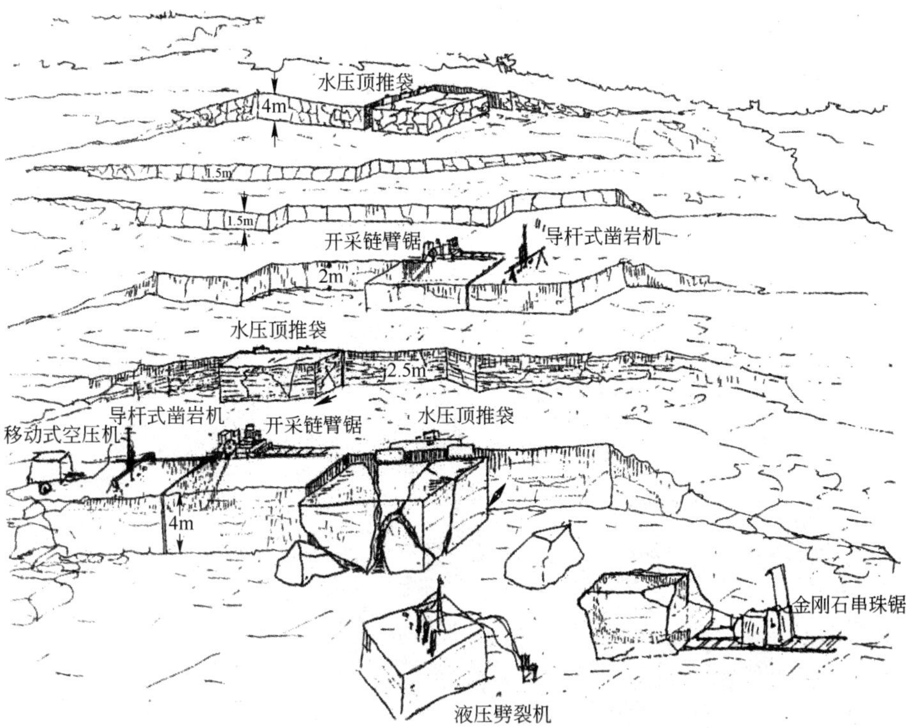

图 9-44　自然分层状石灰石矿山开采示意图

9.7.2　金刚石串珠锯开采系统在花岗石矿山上的整体布局

图 9-45 ~ 图 9-47 是串珠锯辅助台架式凿岩机开采花岗石矿山的采场整体布局示意图。

其中图 9-45 是采用桅杆吊开拓作业的山坡露天型花岗石矿山示意图，矿山采用串珠锯配合台架式凿岩机结合控制爆破开采方法。开采设备包括两台串珠锯，用于分离体与矿体垂直连接面的切割分离，还可以用于封闭式台阶堑沟的开拓锯切；一台轮式大孔径凿岩机和一台标杆式水平轻型凿岩机，用于分离体交汇孔的钻凿，以便穿引串珠绳；三台重型台架式凿岩机，其中一台配有水平钻孔台架，用于分离体与矿体连接的垂直面、水平面的分离排孔钻凿；一套液压顶石机，用于分离体的翻倒或位移；一套液压劈裂机，用于荒料整形或分离体解体；一台固定式串珠整形机，用于荒料的整形或特殊规格厚板的切割；一台桅杆吊和一台装载机，用于开采设备的移动、就位安装，以及荒料装运等作业。

图 9-46 是采用桅杆吊开拓作业方式，串珠锯与台架式凿岩机结合的山坡露天型花岗石矿山开采示意图。图中所示矿山使用两台串珠锯，用于分离体与矿体连接垂直面的分离切割；一台中型台架式凿岩机，用于翻倒后分离体的解体钻凿排孔；一台液压顶石机，用于分离体的翻倒；一台桅杆吊，用于开采设备移动和就位安装，以及荒料装运等作业；一台轮胎式挖掘机，用于开采设备位移、安装，清渣和简易道路的修筑。

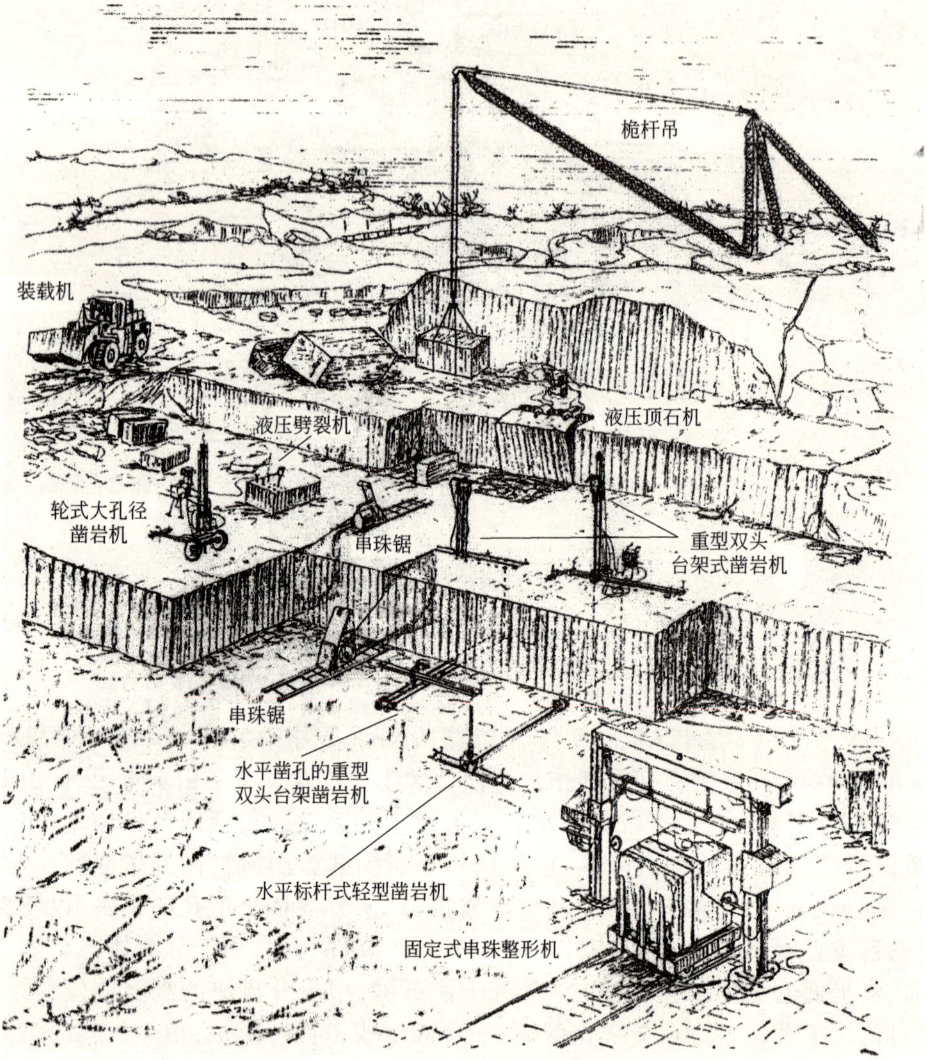

图 9-45　串珠锯辅助台架式凿岩机开采花岗石矿山示意图

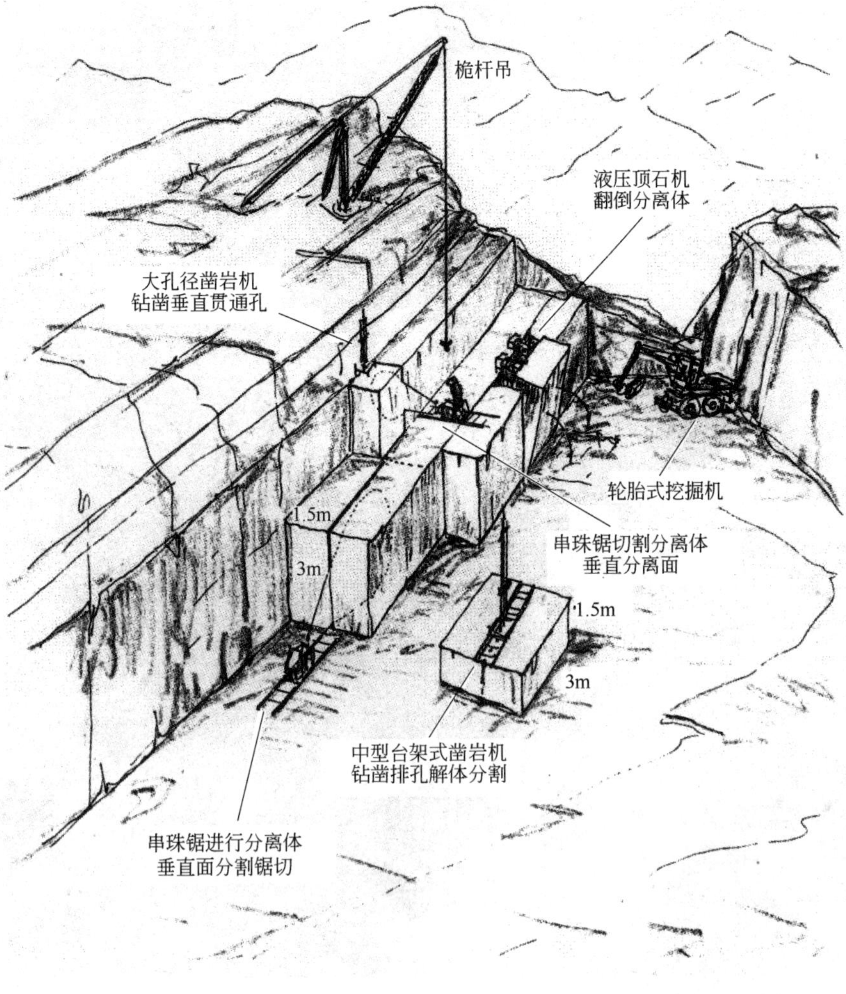

图 9-46 串珠锯与台架式凿岩机组合开采山坡露天型花岗石矿山示意图

图 9-47 所示的花岗石矿体具有比较大的倾角，而且可自然分层。图中矿山采用串珠锯配合台架式凿岩机结合控制爆破开采方式。开采设备包括一台可倾斜凿岩，用于贯通孔钻凿的大孔径凿岩机；一台调速型串珠锯，用于分离体与矿体连接侧面的分离锯切；两台中型台架式凿岩机和一台导杆式凿岩机，用于分离体与矿体连接背面的排孔钻凿分离，以及分离体的解体和荒料整形钻凿排孔；两台手持式凿岩机，用于荒料整形或分离体分割解体的排孔钻凿；一套液压劈裂机，用于分离体或荒料的劈裂分离；两台移动式空压机，用于向台架式凿岩机和手持式凿岩机提供压缩空气。

图 9-47　串珠锯辅助台架式凿岩机开采倾斜矿体的花岗石矿山开采示意图

9.8　意大利大理石矿山使用串珠锯的开采作业与管理

目前意大利仍是世界上石材工业最发达的国家，其现代化的石材工业代表了世界石材工业发展的最高水平，所以意大利堪称大理石王国。石材工业在意大利占有很重要的地位，石材开采、加工及石材机械设备的制造技术水平，仍居世界领先地位。地处意大利 CARRARA 地区的大理石矿山，已有 2000 多年的历史，积累了丰富的大理石开采经验。下面将对意大利 CARRARA 地区大理石矿山的开采生产和管理体系做一介绍。

9.8.1 意大利大理石矿山的生产管理

意大利的大理石矿山绝大多数是私营家族企业,只有极少数采用股份合作所有制形式。我们将以意大利某大理石矿山为例,介绍其开采作业的工艺流程及生产管理体系。

9.8.1.1 矿山的生产规模

意大利 CARRARA 地区的石材矿山产业,全部是生产大理石产品,其中一些规模很大的大理石矿山,年产 CARRARA 白大理石(细花白)荒料超过 30000 m^3。

9.8.1.2 生产的组织

意大利所有大理石矿山都采用了先进的串珠锯全锯切开采技术,而且大部分石材矿山还配备了臂式开采锯。石材开采作业的特点是开采工艺先进合理,机械化程度和生产效率高。矿山的组织机构体系,全部是围绕机械化开采方式设置的。图 9-48 是意大利某大理石矿山的生产组织系统图,该矿山的管理层次比较明确,总经理领导下的矿长负责制,矿长负责领导下属各个生产班组。

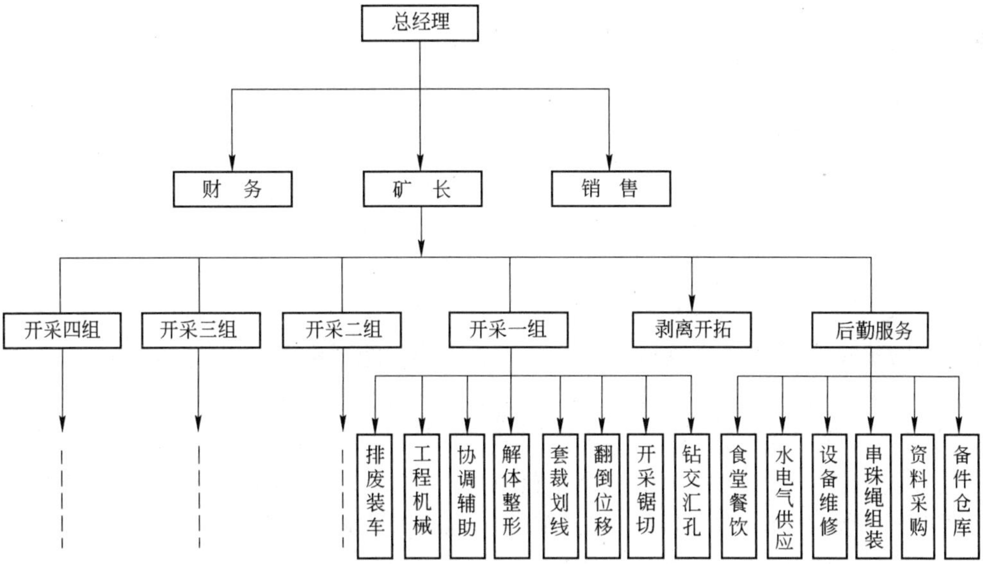

图 9-48 意大利某大理石矿山的生产组织系统图

9.8.1.3 股份制矿山各个工作岗位的职能

该矿山某一阶段曾经拥有 91 名员工,采用集体所有制形式。

A *总经理*

矿山的最高领导是负责矿山全面工作的总经理,直接领导矿长、财务和销售部门。其主要工作偏重于涉外事务,处理矿山与荒料包销公司之间的业务关系,以及与当地政府之间的事务关系;其余时间在矿山参与生产管理。

B *矿长*

矿长由总经理直接领导,是矿山生产、技术及质量检验的第一负责人和组织者,直接管理矿山下属各个开采班组、后勤保障部门,并直接负责开采剥离、开拓准备工程的规划和实施；同时还要负责制定开采的近期和远景规划，并监督落实和实施；负责矿山生产人员的组织和调配、产品质量的评定，以及各类技术问题的处理，属于非脱产人员编制。

C 剥离开拓组

剥离开拓组直接由矿长领导，由有经验、技术全面的工人组成。组内通常配备一台挖掘机（或临时租用），以及与矿山开拓剥离作业有关的辅助装备。例如，与串珠锯配合使用，用于分离体封闭背面切割的进给导向立柱、手持凿岩机等。如果矿山条件允许，剥离开拓组还配备臂式开采锯（或临时租用）。开拓作业需要的串珠锯，一般从各个开采组调配。开拓工作的主要内容是负责新采面的剥离、开拓堑沟的开掘等工作。开采中每个新开采面、甚至每个分离体都需要矿长组织剥离开拓组成员共同确定，以获得最大的矿体利用率，减少失误和损失。

选择新采面的开采地质钻探也由剥离开拓组负责，意大利许多大理石矿山都有大孔径的液压钻机，配备取岩芯装置后，可完成一般的钻取岩芯的工作。

D 生产组

该矿山的开采生产系统由4个开采作业组组成，每个开采组都由一名非脱产的组长负责管理、组织协调，各开采组下属的工种岗位基本相同。每个开采组的组长，严格按照本矿制定的年度开采计划，以及矿长制定的开采实施方案组织开采作业。遇到重大地质、开采或其他技术问题，首先停止作业，请示矿长，并在矿长组织有关人员研究、提出可行的处理方案后，才能继续作业。

每个开采组都包括交汇孔钻凿、分离体分割锯切、分离体翻倒或位移、分离体套裁划线、解体整形等工序，另外还包括辅助协调工人、工程机械操作，并负责废渣土装运和辅助荒料装车。开采组实际上是一个具备全套开采工种，可独立完成开采作业的基本开采单位。根据工作面的长短，每个开采组至少负责一个以上工作面的开采作业。

每个开采组的岗位齐全，但采用定员不定岗的管理模式。不是每个岗位都安排固定的员工，而是采用兼职办法。工人以分离体切割、交汇孔钻凿、解体整形切割等需要连续作业的主要岗位操作为主，但必须兼职分离体翻倒、套裁划线、工程机械操作、渣土和荒料装运等不需要连续作业的岗位。当需要这些工序作业时，连续作业岗位的操作工，必须到这些岗位操作机械设备，共同完成所需的作业项目。每个开采组都有一名经验丰富、能熟练掌握本组各个岗位操作技能的技术骨干工人，作为辅助协调工，负责帮助各个岗位临时需要的辅助作业。分离体套裁划线由组长、辅助协调工人和锯切岗位熟练工人共同完成；特殊规格或重要荒料订单，其分离体的套裁划线工作，还需要荒料购买方和矿长，甚至总经理共同确认。

每个开采组中各个岗位的工作性质和职责，与国内矿山对应的岗位基本相同，可参照前面的介绍。

E 后勤保障组

后勤保障组负责整个矿山生产、生活的后勤保障工作，其组长也不是脱产的，一般由该组中某一岗位的员工担任。工作内容包括矿山生产、生活用水、电、气的供应，像金刚石串珠绳、串珠和串珠绳零件（弹簧绳用）、钻头、钎杆、水压顶推袋体等消耗材料的供应，弹簧型串珠绳的修复和组装，全部开采机械设备、运输车辆的维护保养、简单修理，大孔径凿岩机特殊钻头的磨削等工作。后勤组管理的食堂，负责矿山职工的餐饮服务。

F 矿山最高管理者的产生

该矿山的总经理、矿长都由全体工人民主选举产生,每年工人都对他们进行评议。对不称职的领导,矿山工会有权罢免,然后由工人代表大会另选其他有经验、技术熟练、交际能力强、威信高、素质高的工人接替。

9.8.1.4 私有制石材矿山企业

如果是私有制石材矿山企业,矿山投资者或所有人直接担任总经理,由总经理聘任矿长或工长,后者一般都是由熟知石材开采工艺技术、能够熟练操作各种矿山机械设备、具有实际开采经验和组织能力的工人担任。其主要职责是向总经理提出每年的开采规划、具体落实和实施的方案,并负责组织开采生产作业。

石材荒料的销售由总经理(老板)亲自负责,小规模矿山企业,石材销售业务就在老板的办公室或其私人寓所中进行。

9.8.1.5 关于控制开采量的一些启示

在意大利的一些私人石材矿山,矿主为了保持某一石材荒料的价格水平,防止恶性竞争,同时保持石材资源的合理、可持续的使用,在实际生产时,往往控制石材荒料的生产数量。每年开采荒料的数量都是按照计划确定的,年增加的幅度很小。从市场角度分析,这种方式保证不会出现市场供应数量过多、过剩的局面,从而保持了石材的价格稳定;从开采质量看,保证了矿山开采的作业质量非常的细致,能够使开采出的石料得到最大限度的利用,荒料率比较高;从资源保护角度考虑,非常有利于矿体资源的合理利用、保护和可持续的开采。所以许多特殊品种的石材矿山,年开采规模往往控制在 3000 ~ 5000 m^3 的水平。

这点与国内石材矿山企业所考虑的截然不同,国内矿山的建设目标,往往是希望将企业短期内建成国内最大生产规模的矿山之一。有些甚至在设计阶段,就提出年产超过一万、甚至几万立方米的开采数量目标。从石材矿体特点和开采特性考虑,建设一座水平较高的并具有稳定开采规模的石材矿山,一般都需要一定年限的建设周期,绝大多数石材矿山很难在短期内达到上述产量规模目标。考虑到石材的需求特点,大量石材产品冲击市场,带来的结果就是价格降低。国内许多石材品种走过的就是这条路,例如 G3535 安溪红、晋江 G3503 巴厝白等品种的花岗石。这点在新老石材矿山的开采规划时,应该得到重视和关注。

9.8.2 意大利石材矿山的装备情况

目前意大利大理石矿山和多数花岗石矿山都配备有串珠锯,形成以串珠锯为主或为辅的机械化开采石材的系统。

9.8.2.1 意大利大理石矿山的装备

目前意大利几乎所有的露天和凹陷大理石矿山,普遍采用金刚石串珠锯全锯切,或者臂式开采锯配合串珠锯全锯切的开采工艺方法。使用的开采设备包括各种规格型号的串珠锯、使用金刚石切割带的开采带锯或使用硬质合金切割链的开采链臂锯、液压钻机、大孔径液压或气动凿岩机、液压顶石机、水压或气压顶推袋。

在洞采大理石矿山,除了使用串珠锯和部分辅助设备外,还配备了专用的洞采臂式锯;吊装设备有吊臂短小的小型桅杆吊、大功率轮式装载机或专用汽车吊等工程机械设备。基本上实现了全机械化开采作业的模式。

意大利某年产 35000 m^3 大理石荒料的矿山,共有员工 91 人,配备 17 台串珠锯,10 台液压钻机，6套(12个顶头)液压顶石机，3套水压顶推袋装置，美国卡特彼勒988系列装载机5台(每台可装卸最大重量达到39 t的荒料)。

意大利某年产大理石荒料3500 m^3的洞采大理石矿山，有员工7人，配备串珠锯3台，洞采臂式锯2台，普通臂式开采锯1台，履带式装载机1台，50 t拖拽力慢动卷扬机系统1套，液压顶石机1套，水压顶推袋装置1套，另外还有2套液压钻机和手持凿岩机等辅助设备。后期该矿山经过技术改造，将履带式装载机和卷扬机拖拽系统更新为大功率轮胎式装载机和短臂大吨位(60 t)汽车吊。

9.8.2.2　意大利花岗石矿山的装备

意大利的花岗石矿山比较少，主要集中在撒丁岛(花岗石矿山)以及北部的DOMODOSSOLA地区(片麻岩矿山)。串珠锯辅助台架式凿岩机结合控制爆破方式，已经成为意大利开采花岗石的主流方法。在一些花岗石矿山也使用车载式凿岩机开采系统。

当串珠锯切割花岗石工艺被石材矿山接受后，随着液压推进旋转、气动凿岩结构的台架式凿岩机，以及推进、旋转和凿岩为全液压式结构的凿岩机的推广使用，串珠锯辅助液压型台架式凿岩机结合控制爆破开采方式使花岗石的开采效率大大提高。

在挪威，串珠锯锯切挪威蓝珍珠花岗石的切割速度，已经达到10～15 m^2/h，串珠绳寿命也超过20 m^2/m，这一数据几乎与开采普通大理石的寿命和速度相同。液压凿岩机钻凿花岗石的速度，目前能够达到1～2 m/min。所以这种组合方式，成为高效率开采花岗石的代表。

9.8.3　意大利大理石矿山产品质量的评定

大理石荒料的质量与销售价格的评定，对矿山来说是至关重要的，荒料价格评定的高低，直接影响到矿山的经济效益。

9.8.3.1　大理石荒料的质量标准

在意大利的大理石矿山，因为已经全部采用了机械化全锯切开采，荒料的块度已经不成问题，所以评价荒料销售价格的标准与国内大理石矿山有所区别。石材质量等级、荒料缺陷等级和荒料的成方性成为确定荒料价格的三大因素。

石材质量等级是指石材的内在质量，如花色、颜色、物化性能，因为石材物化性能已经预先测定好，在评定时作为常量考虑。花色和颜色成为评定质量等级的主要标准，一般由矿山与荒料的购买方，按照样品预先协商确定。

石材荒料的缺陷等级是指其直观缺陷程度，如裂纹、包裹体、影响美观的色线、花纹走向缺陷等。缺陷等级也由矿山与荒料的购买方，按照样品和双方共同承认的指标预先协商确定。

荒料的成方性指荒料6个面相互垂直程度，以及每个面的平面程度。荒料的缺角、蹦边等缺陷对成方性的影响，也将包括在成方性指标中。

9.8.3.2　大理石荒料的价格核定

矿山与荒料购买方之间根据上述标准，每年核定一次荒料的价格表。矿山开采出荒料的价格评定一般由买方验料员、卖方负责人(矿山的总经理、矿长或私营矿山的老板)组成价格评定小组，按照上述标准和价格表，验收每块荒料，并确定其价格。

表9-40是1988年意大利某大理石矿山与其荒料买方之间，就CD和D级CARRARA

白色大理石荒料达成的价格确认表。因为年代久远,价格表中绝对价格已经没有实际意义,我们只是为了用其对比不同等级荒料的相对差别。表中荒料的质量分成5个等级,缺陷分成5个等级,成方性分成3个等级。荒料的3个质量标准等级确定后,在表中对应栏目内可找出对应该等级荒料的单位价格(每吨多少里拉),买方根据荒料实际重量和核定的单价,支付荒料的货款。

表 9-40 荒料价格计算

质量等级	完整荒料			缺陷≤10%			缺陷≤22%			缺陷≤30%			缺陷>30%
	成方性			成方性			成方性			成方性			无定型料
	1	2	3	1	2	3	1	2	3	1	2	3	
	荒料价格/k 里拉·t^{-1}												
Ⅰ	230	214	195	190	177	161	135	125	114	75	70	64	35
Ⅱ	200	186	170	172	160	146	120	112	102	66	61	56	32
Ⅲ	145	135	123	120	112	102	92	86	78	47	44	40	25
Ⅳ	110	102	93	90	84	76	65	60	55	37	34	31	20
Ⅴ	72	97	61	61	57	52	45	42	38				

从该表中可以看出,荒料的价格与其尺寸无关。但在实际开采套裁划线和解体整形时,首先考虑的是买方预先提供的用排锯加工荒料的规格。例如,尽量开采长×宽×高等于3.5 m×1.9 m×1.9 m或3 m×1.5 m×1.5 m规格的荒料。因为大理石矿体具有多天然裂隙的特点,真正达到质量要求的上述规格荒料不多,多数荒料的规格只能达到或接近标准尺寸的水平,但在加工时,通过荒料拼配装车,一般也能达到要求,并不影响加工后板材的出材率。

9.8.4 意大利大理石矿山的生产效率

使用串珠锯的意大利大理石矿山开采具有很高的生产效率,使用电镀串珠弹簧型串珠绳,对中硬度大理石进行比较大的面积切割时,平均切割效率为10~15 m^2/h;切割的面积比较小时,平均锯切效率也能达到6~12 m^2/h。表9-41记录了一组使用电镀串珠弹簧型串珠绳,锯切D级CARRARA白色大理石的切割效率。对于供水条件好、冷却水量合适、切割面积大的锯切面,锯切效率会更高。整形切割时,由于切割面积相对减小,串珠绳切割状态比较差,所以切割效率也比较低。

表 9-41 电镀串珠弹簧型串珠绳切割 D 级 CARRARA 白色大理石切割效率

切 割 参 数	切割面积/m^2						
	1.5	6.5	35	56	72	88	104
总时间/h	0.5	1	4.5	7	8	8	9
切割效率/$m^2 \cdot h^{-1}$	3	6.5	7.8	8	9	11	11.6
串珠绳长度/m	15	20	35	40	45	50	55
切割性质	整形	解体	分离	分离	分离	分离	分离

9.8.5 意大利大理石矿山使用串珠锯的开采成本

以意大利 CARRARA 地区为例，开采工时平均费用是 13 ~ 16 欧元/h，平均切割效率为 8 m^2/h；电镀串珠弹簧型金刚石串珠绳的单价是 40 ~ 48 欧元/m，锯切中硬度大理石的寿命是 40 m^2/m；设备折旧，水、电、气消耗，税金及管理费用之和大约是 7.7 欧元/m^2。考虑上述全部成本后，使用电镀串珠弹簧型金刚石串珠绳开采大理石的计算成本大约是 10.4 ~ 14 欧元/m^2。其中串珠绳消耗成本是 1 ~ 1.2 欧元/m^2，锯切工时成本大约是 1.6 ~ 2 欧元/m^2。

早期使用钢丝绳锯机开采大理石时，切割效率是 0.5 ~ 0.7 m^2/h；钢丝绳线速度大约是 8 m/s，钢丝绳的消耗大约是 31 m/m^2，石英砂的消耗量是 170 kg/h，耗水量大约是 200 L/h。按照 1988 年的价格计算，切割大理石，这三项消耗的成本大约是 4800 里拉/m^2，当年串珠锯开采大理石的对应成本大约是 3500 ~ 4000 里拉/m^2。除了切割效率低外，刀具消耗高也是串珠锯当年取代钢丝绳锯的一个主要原因。

在露天大理石矿山比较集中的 CARRARA 地区，有许多大理石矿山的规模都比较小，如果专门配备一台价格十几万欧元的臂式开采锯，对于小规模开采的大理石矿山，也是一种比较沉重的负担。再加上与串珠锯相比，臂式开采锯切割效率比较低、辅助安装时间长、相对切割成本高的原因，所以这一地区大多数矿山，都采用租用臂式开采锯开拓堑沟的方式。臂式开采锯专门用于分离体一个水平面或垂直面的切割作业，切割深度 3 ~ 4.5 m，长度 10 ~ 12 m，切割作业完成，租用结束，按工时付费，简单方便。使用硬质合金切割链的开采链臂锯辅助安装时间大约为 2 ~ 3 h，切割效率为 6 m^2/h 左右，按照 20 世纪 80 年代末的标准，每天大约付费 600 ~ 700 美元。因为在堑沟开掘时臂式开采锯是一种高效的设备，所以已经成为串珠锯开采大理石的矿山必备设备。

9.8.6 荒料产品的销售

意大利 CARRARA 地区生产的大理石荒料，除供应当地石材加工厂加工成板材外，有相当一部分是出口。一般矿山都与一个或几个石材加工厂，或专营荒料的公司建立长期稳定的供货关系。有些矿山本身就带加工厂，这种企业不但自己生产板材，还出售荒料。一些大的石材矿山，是工人集体向矿山所有者（一般是具有矿山开采权的大型石材加工企业）租用，生产的荒料由加工厂包销。为了稳定就业，这种租用关系还受到当地政府的支持和一定程度的保护。凡是包销关系的矿山，其荒料都被加工厂收购，每年买卖双方根据物价上涨的系数，核定一次价格，买方转手出售荒料的价格与荒料生产方再无关系，后者也不会过问，这已经成为一条商业规则。所以多数大理石矿山产品销售关系比较简单，矛盾比较少，合作也比较稳定长久。

9.8.7 开采设备的使用、管理与维修

矿山设备一般都由操作者自己保养，有一套完整的关于开采设备使用、维护保养、管理和安全操作的规章制度。班前班后设备的加油、清洗，钢钎、钻头、串珠绳等消耗品的回收，都有专门的规定，工人们都能够认真执行和遵守。一些大的矿山，每个开采小组，指派一名将近退休的工人，专门负责监督、检查各项制度的执行和落实。

矿山设备的维修方式，视企业本身规模不同、维修车间大小不一样，而采取不同的方式。

规模较小的矿山，一般只设一名了解机电原理的技师全面负责，维修的内容比较少，维修的程度比较简单。在大型石材矿山，都设有一个维修设备相对齐全的维修车间，配备包括车、钻、锯甚至锻造等工种，以及包括焊接、维修组装弹簧串珠绳在内的设备，可对矿山的串珠锯、凿岩机、液压钻机，甚至装载机、挖掘机和桅杆吊等大型工程机械进行机械、电气、液压等方面的维修。在意大利一些石材矿山相对集中、矿山数量又比较多的地区，备品、备件的供应和采买非常方便，商家还负责送货。所以大型石材矿山一般都具备自己维修设备的能力，这样可缩短停机维修时间。但在维修能力不完备的小型石材矿山，一般都邀请专业维修部门派人到现场进行设备维修。

在矿山，更换弹簧型串珠绳芯绳，或重新组装弹簧串珠绳是一项很重要的工作，因为一根钢丝芯绳、弹簧和垫圈的寿命仅为电镀串珠寿命的三分之一左右，如果使用烧结串珠，相对寿命更短。出于安全因素考虑，钢丝芯绳一旦使用到寿命极限，该串珠绳将被停止使用，仍能继续使用的串珠将被收集起来。在小型矿山，将这些串珠按直径和类型分类，集中到一定数量后，交给专门厂家重新组装；在大型矿山，在修理车间就能完成这项工作，不仅成本很低，而且能够及时利用；这项工作一般需要 1 ~ 2 名熟练的工人操作完成。

9.8.8 矿山工人的技术水平

意大利 CARRARA 地区的矿山工人，绝大部分采取就近招聘的方式，许多工人都是承袭祖辈的手艺。随着近年来其他新兴行业的不断出现和发展，目前石材矿山招聘工人的难度也在加大，许多年轻人都向往比较干净“体面”的高科技行业，毕竟石材开采是一种重体力劳动，而且工作环境比较差的行业。

但从事石材开采的青年工人一般都具备高中文化水平，中老年工人也都具有初中或小学文化水平，工人中很少有文盲，因为文盲无法掌握现代化的开采设备，也不能通过相应的考核。组长、机械师、矿长或总经理是矿山开采生产和组织管理的技术骨干和管理核心，都要经过专门的技术培训，课程包括地质学、开采技术和工艺学、机械、电气、液压原理和开采设备的使用、维修等，其水平大体相当于国内的中专课程。新工人上岗前，不论是股份制、集体制或私有制矿山，都必须经过 3 ~ 5 个月的安全生产和操作技能等技术培训，在老工人的帮助下，逐步独立工作。

在意大利 CARRARA 地区有专门的地质研究所、开采工艺技术研究所，一般都是私人开设，集中了一大批有理论基础和实践经验的工程技术人员。可应矿山企业的邀请，经常对矿山进行开采规划、计划的编制，进行开采工艺的技术指导，设备操作使用的培训，新建矿山的可行性方案论证，并不断推出一些新的开采工艺方法。其余时间，这些工程技术人员，则从事开采理论方面的研究；与开采设备生产企业一起，进行一些新型开采装备的研发，对促进该地区，乃至整个石材矿山开采事业的不断发展，起到了积极推动和指导作用。

9.8.9 矿山员工的薪酬和福利

意大利 CARRARA 地区矿山工人的月平均收入，在该地区属中等偏下水平，新工人进入矿山第一年的工资大约是熟练工人的一半。以后与其他工人一样，每年调整提高一次，每次加薪的比例大约是矿山平均工资水平的 2% ~7%。一些矿山工人，每年四月的复活节和十二月的圣诞节，还可享受双月薪的奖励，所以核算下来，工人每年可以有 14 个月的工资收人。集体所有制矿山的总经理和矿长的工资比员工最高工资高出大约10%，但每天需要工作9 h。

在私有制企业，矿山的利润归矿主所有，年终老板以红包形式返还一部分利润给工人。在集体所有制企业，利润全部留作企业发展再生产，增添、更新设备，提高工人工资和年终奖金之用。

一般矿山采取每周五天半工作制，除法定节假日外，每年的复活节和圣诞节都有将近一个星期的假期，夏季还有将近一个月的休假，这一期间的矿山全部停止生产。

矿山工人也采取退休制，一般企业工龄满30年即可申请退休。如果不到退休年龄，也可继续工作至60岁。如果企业工龄不满30年，年满60岁退休后，退休金略微减少。

9.8.10 荒料的运输、道路和水电供应

意大利CARRARA地区早期荒料运输，采用斜坡卷扬加滚木的方法，将荒料从山上运到山下的火车站。经过火车运输到海边的码头。20世纪50年代，修筑了三条通往三个石材矿山相对集中的山谷的砂石路，20世纪60年代当时各个石材矿山与当地政府共同出资修建了目前三条主干线柏油公路。以后新开工的矿山，必须先交纳一笔基金给当地政府，所有矿山每年都要交养路费，用于公路的维护保养和维修。从矿山到主干线公路之间的道路，由矿山自己出资修建，属矿山自有道路。

一般大中型石材矿山都配备有少量的载重量达到36 t或更大吨位的载重汽车，用于荒料的运输，小型矿山则不配自己的荒料运输车辆。实际上承担这一地区荒料运输任务的主体是，该地区数量庞大的私人运输队伍，可以根据矿山的需求，灵活调用。

当地政府在矿区修建了几个高压扬水泵站，以及高压输电干线，矿山必须购买这些设施的使用权，然后接通自己修建的蓄水池和变电站，按照使用量，每年交纳水电费。因为CARRARA地区山势陡峭，所以新矿山选址时，都要考虑水电的输送距离，尽量将矿山新址选定在距离电水输送干线附近，减少矿山的前期投资。

第 10 章　金刚石串珠锯的使用、操作和维护保养

高效率开采石材的金刚石串珠锯,目前已经被广泛地用于石材矿山开采中。实践证明,只有正确地使用并做好相应的准备工作,才能很好地发挥串珠锯的最大效率。本章主要介绍串珠锯的安装、调整、操作方法,使用安全注意事项,以及维护保养等方面的知识。

串珠锯使用前的采面准备、辅助设备的配备请参见前面章节介绍的相关内容。

10.1　串珠锯的安装

串珠锯在工作面上的就位、安装和调整包括导轨、锯机、导向轮的安装,串珠绳的穿引,串珠绳、串珠锯飞轮和导向轮同面度调整等内容。根据被切割面位置不同,串珠锯的安装分成锯切水平面、垂直面和倾斜面的就位和安装。

10.1.1　垂直锯切时串珠锯的安装和调整

垂直锯切是串珠锯的基本切割方法,也是石材矿山使用最多的锯切方法。串珠锯除切割分离分离体垂直面外,对分离体的解体、荒料的整形切割所采用的都是垂直切割方式。可按照下面介绍的步骤安装调整串珠锯。

10.1.1.1　垂直面锯切时串珠锯导轨的安装调整

图 10-1 和图 10-4 所示为目前常使用的两种串珠锯导轨安装方法。安装前需要的工具有:一根长度为 3 ~4 m、截面尺寸不小于 4 cm × 6 cm 的厚壁铝型材或矩形截面型钢,要求型材平直、刚性好、不易变形和锈蚀;一根铅垂线、钢尺、长度为 1 ~1. 2 m 的水平尺等测量工具;以及最小截面尺寸为 8 cm ×12 cm、长度为 1. 2 m 的枕木 4 根,调整导轨用的撬杠,用于楔紧固定导轨的木楔等工具和辅具。下面介绍导轨的安装步骤和调整方法。

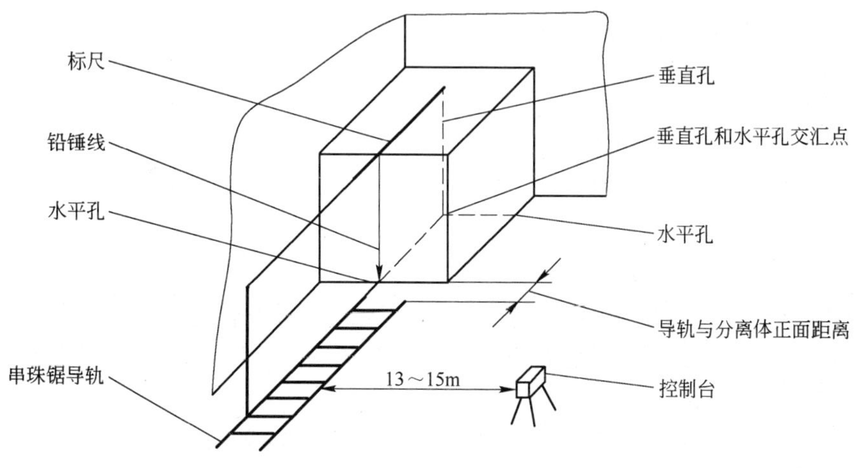

图 10-1　垂直锯切时串珠锯导轨安装方法一

A　标尺的安放和固定

按照图 10-1 所示位置摆放标尺和铅垂线，要求铅垂线应通过标尺截面的中心对称线，铅锤通过水平孔的中心，标尺和铅垂线应处于图示水平孔和垂直孔组成的垂直面（垂直切割面）内；确认它们的位置无误后，用石块将标尺压住固定。

在矿体表层不规则形状的台阶边缘安装标尺会比较困难，可采用在标尺下方支垫一些石块、枕木等，必要时可钻凿楔孔，采用钢楔固定的方式安装标尺。无论如何，标尺的位置必须准确，定位必须牢固可靠，以保证串珠锯安装位置的准确性。

B　导轨的安装

按照图 10-1 所示方法摆放导轨，导轨前端与分离体正面之间的距离与分离体的高度、切割石材的类型和工作面的宽度有关。分离体高度（切割台阶高度）为 6 ~ 7 m 时，导轨前端距分离体正面大约 3 m 即可；超过 7 m 的台阶高度，该距离应为 4 m；小于 6 m 高度的台阶，该距离可小于 3 m，但在锯切花岗石等硬质石材时，因为必须在串珠绳进入水平孔口前面安装导向轮，这时，该距离不能小于 2 m。

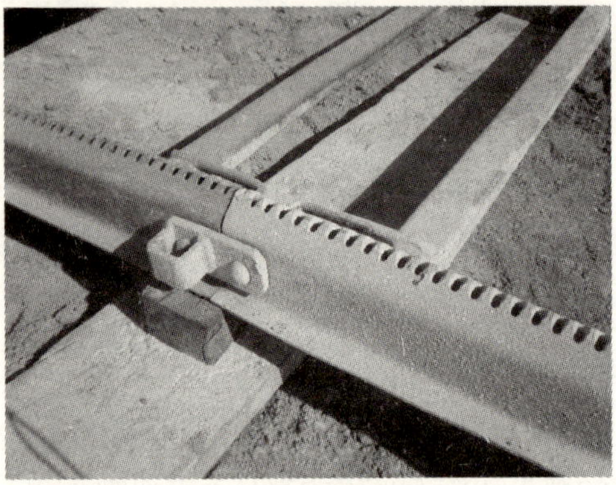

图 10-2　导轨连接部位底部垫枕木示意图

根据地面平整度情况，选择导轨的支垫方式，如果是渣土或不平整的风化层地面，在导轨和地面之间应垫枕木。每个单体导轨之间的连接部位和导轨的首尾端部下面必须垫枕木，并垫方木调整，见图 10-2，根据地面实际情况决定导轨其余部位下面是否铺垫枕木。

C　导轨的调整

导轨的调整分成与标尺平行度调整和本身的平面度调整两个部分。按照图 10-1 所示方法，目测伸出台阶边缘的标尺部分与导轨一侧的重合情况，反复调整导轨直至二者重合无误后，简单固定导轨；使用水平尺测量导轨横向、纵向的水平度，可通过导轨和枕木之间的木楔调整导轨的水平度；如果导轨下面的地面平整，二者之间没有垫枕木，可垫片石或石块调整导轨的水平度；导轨水平度的调整和与标尺重合度的调整可交叉进行，防止某项调整时，影响另一个调整的精度；全部调整完成，导轨与标尺重合度和本身水平度都达到要求后，可将导轨固定。

调整导轨时，除了保证各段导轨紧密可靠地连接外，还要保证齿条部分正确地结合，不允许出现齿条接合点处的节距大于其正常节距的情况，以避免出现锯机行走到齿条接合点时出现跳动或卡滞。

D　安装导轨所需工作面的长度

为了保证使用同一条串珠绳可一次将垂直面切割完成，合理的串珠锯行走长度（安装导轨工作场地的长度）应等于切割面长度的 1.1 倍，见图 10-3。可以允许将导轨接力式位置倒换，满足上述要求。

实际使用时，并不是每个工作面的长度都能满足上面要求，如果工作面长度不能满足多次倒换导轨的要求，允许采用剪断串珠绳的方法，延续切割。

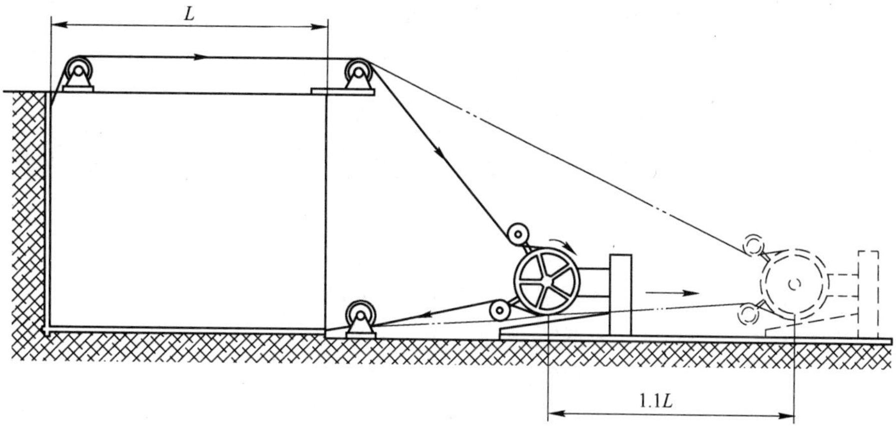

图 10-3 垂直锯切时合理导轨运动长度

有时工作面的长度甚至不能满足安放导轨的长度要求，可以采用安装换向导向轮的方法，将导轨垂直于切割面安装，使串珠绳切割轨迹转换 90°，通过改变串珠绳的运动轨迹，满足连续切割的要求。换向导向轮的使用方法请参见前面章节的相关介绍。

还可以按照图10-4所示方法安装导轨。与图10-1不同之处是，串珠锯导轨一侧距

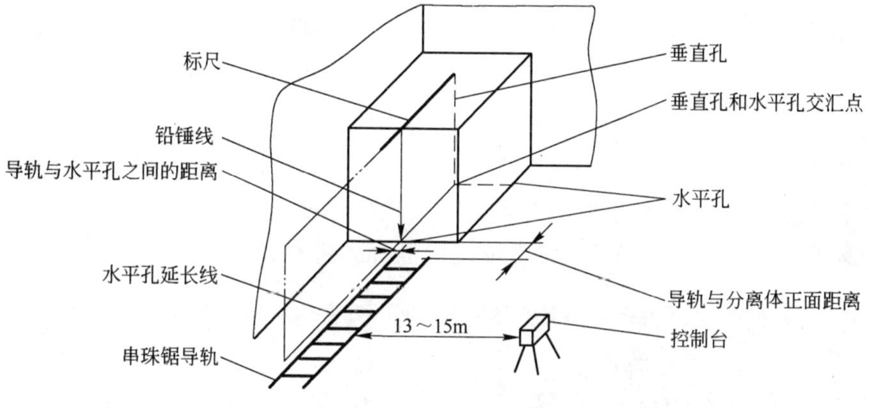

图 10-4 垂直锯切时串珠锯导轨安装方法二

被锯切面大约 15 cm 的距离。调整时，可在水平孔延长线放置一根钻杆（粗糙地面）或画一条标记线（平整地面），也可将一根长钎杆直接插入水平钻孔中（见图 10-5），作为安装调整导轨的基准线，水平孔延长线、标尺、铅垂线必须同时处于水平孔与垂直孔组成的平面内。只要保证导轨一侧与水平孔延长线的距离为 15 cm 即可。导轨的其余安装、调整和固定方式与前面介绍的方法相同。

图 10-5 插入水平钻孔中的钎杆作为安装导轨的基准线

10.1.1.2 垂直面锯切时串珠锯的安装调整

当导轨安装、调整并被固定好后，便可安装串珠锯。通常采用吊装设备，将串珠锯吊装到导轨上。矿山常使用的吊装设备有桅杆吊、装载机、挖掘机、汽车吊、履带吊等吊装设备，因为串珠锯主机重量最多不会超过2.5 t，所以一些小型简易可移动的吊装设备也能完成串珠锯的吊装。

A 吊放串珠锯

串珠锯主机顶部一般都安装有起吊环，设计合理的串珠锯起吊环一般位于锯机的质量中心附近，当串珠锯被吊起后，基本能保持正常的工作位置的状态，可以很方便地装到导轨上。因为串珠锯在使用时需要经常移动，为了减少每次移动需要重新绑扎钢丝绳的麻烦，所以每台在矿山使用的串珠锯，在起吊环上都固定绑有吊装钢丝绳，只要将其挂到吊钩上，即可立即对其进行吊装位移作业。

当串珠锯位于导轨上方后，首先将比较低的一对车轮放入导轨，确认它们已经卡入导轨后，再慢慢将串珠锯放下至另外两个车轮卡入导轨，并检查调整串珠锯行走驱动齿轮（或棘轮）与导轨上的齿条（或棘轮齿条）是否正确啮合。图10-6是使用挖掘机将串珠锯吊放到导轨上的现场照片。

串珠锯被吊起移动过程中，必须是处于离地面很近的位置，严禁将其高高吊起后移动。移动过程中，不得使串珠锯触碰到其他物体，以防损坏串珠锯。

B 调整串珠锯飞轮位置

串珠锯飞轮相对于被切割面之间的位置调整包括，飞轮左右位置调整和飞轮旋转位置的调整。串珠锯被吊放到导轨上后，锯机上的飞轮不一定正好与被切割面共面重合，可通过串珠锯飞轮水平轴线位置移动机构，目测调整飞轮的位置，使其与被切割面同面。同时还需要旋转飞轮配合调整（见图10-7），二者反复调整后达到要求，相关位置见图10-8。

图10-6 挖掘机吊放串珠锯的照片

图10-7 串珠锯飞轮旋转位置调整现场图

C 调整串珠锯上导向轮的位置

除了调整飞轮位置外，还需要调整串珠锯自带的一对导向轮，通过目测、调整使其也与被切割面同处一个平面内。这对导向轮与飞轮同时固定在串珠锯上，平时三者同处于一个平面内，因为锯切时的振动会引起其位置变化，所以每次安装串珠锯时，应重新检查这对导向轮与飞轮、锯切面的同面位置。

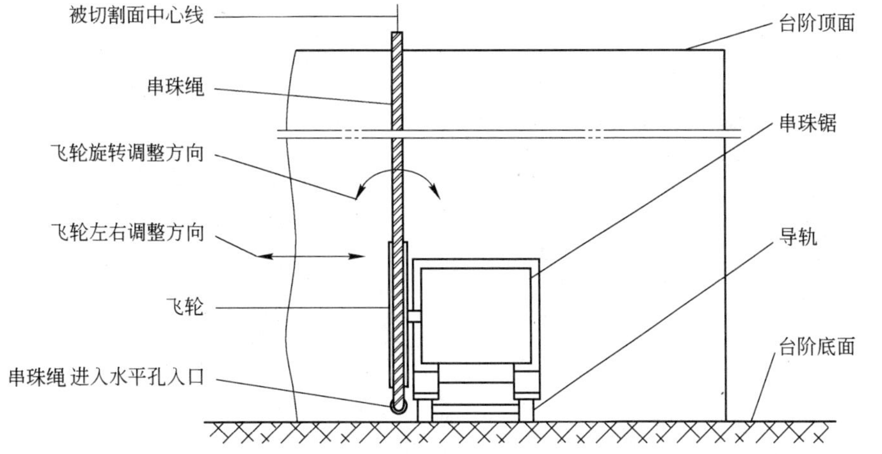

图 10-8 串珠锯飞轮旋转面与被切割面位置调整示意图

D 串珠锯控制台的位置

串珠锯的操纵控制台一般位于距离导轨13 ~ 15m、且垂直于串珠锯行走方向的位置，见图 10-1 和图 10-9。为了安全起见，可以在控制台前方加装一个防护挡板，但不得阻挡操作者观察串珠锯运动状态的视线。也可以利用天然物体，如采场堆放的荒料或其他开采台阶的拐角处等位置，但不能影响操作者观察串珠绳切割情况的视线。

图 10-9 串珠锯操纵控制台的安装位置

10.1.1.3 垂直面锯切时导向轮的安装调整

锯切开采花岗石等硬质石材时，导向轮的安装十分重要，前面各章节对此有比较详细的介绍，这里主要介绍导向轮的安装要求。

A 安装在台阶顶部边缘的导向轮

锯切开采花岗石等硬质石材时，台阶顶部边缘必须安装导向轮，与安装在台阶底部的导向轮一起，控制串珠绳包络被切割面的轨迹。保持串珠绳切割过程中，始终处于合适恒定的弧形弯曲曲率状态（见图 10-10），避免因该曲率过大（曲率半径过小），造成串珠绳切割时不能很好地自转，引起偏磨，钢丝绳内部应力过大，过早疲劳损坏。

安装在台阶顶部边缘导向轮的位置和尺寸要求见图 10-11，安装固定后，同样将其旋转平面调整到与被锯切面、串珠锯飞轮等处于同一平面内。

B 安装在台阶顶部串珠绳出口处的导向轮

安装在台阶顶部靠近串珠绳出口处的导向轮，主要作用是，在锯切初期使串珠绳更容易从垂直孔中穿出，保证串珠绳以合适的、比较大的曲率半径环绕锋利的边角，尽量减少串珠绳受到来自矿体垂直交角处的径向压力。该导向轮必须安装在台阶顶面靠近串珠绳出口处，距离垂直孔出口大约 1 m 距离，并随着锯切面的位移而移动，同时需要保持从垂直孔穿出的串珠绳始终与台阶顶面形成一个大约 30°的初始夹角，这样可增加切割的速度。随着切割缝向台阶边缘靠近，该导向轮可以取消。

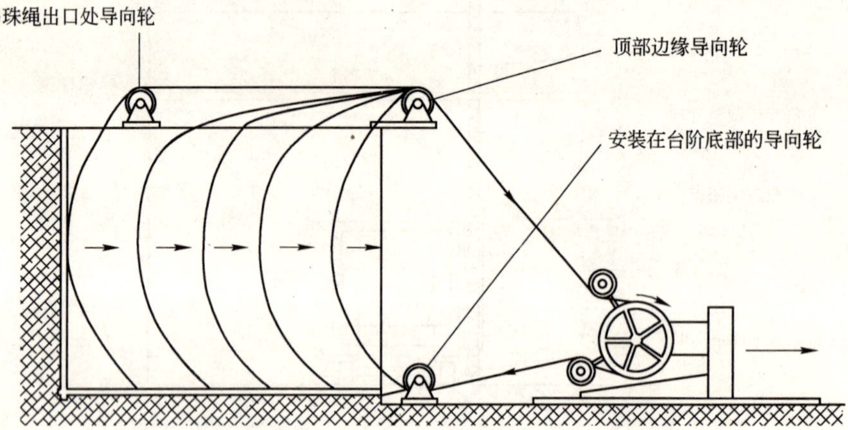

图 10-10　串珠绳保持合适恒定的曲率状态

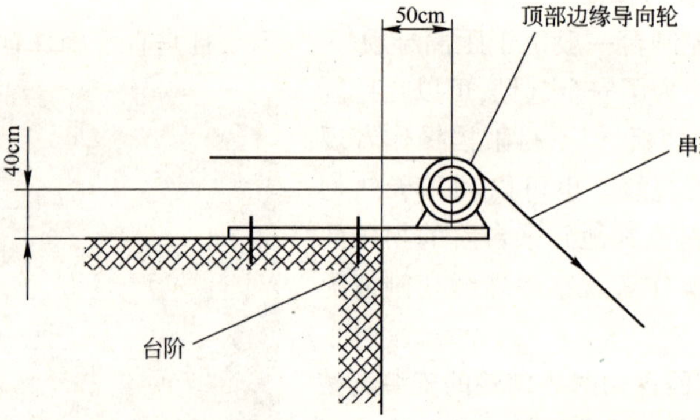

图 10-11　台阶顶部导向轮的安装位置和尺寸要求

同时，该导向轮也必须与前面介绍的串珠锯飞轮、各个导向轮和被锯切面精确的同面，其位置和尺寸要求见图 10-12。

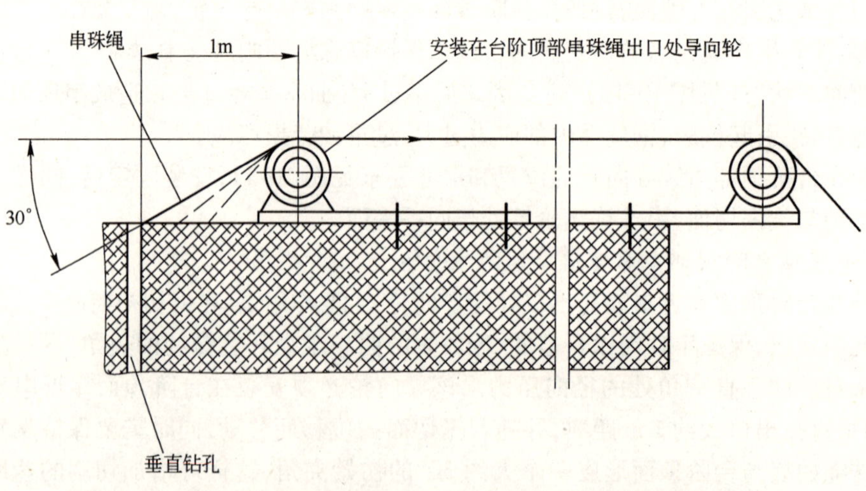

图 10-12　安装在台阶顶部串珠绳出口处导向轮的安装位置和尺寸要求

C 安装在串珠绳进口处的导向轮

锯切花岗石等硬质石材时，除了需要在台阶顶面安装两个导向轮外，在台阶底部、串珠绳进入水平孔处位置，同样需要安装一个导向轮（下导向轮），与台阶顶部边缘导向轮一起构成串珠绳锯切过程中保持恒定曲率的控制。在串珠绳切割过程中，下导向轮的位置固定不变，直至切割面全部锯切完成。它也必须与前面介绍的串珠锯飞轮、各个导向轮和被锯切面精确的同面，其安装位置和尺寸要求见图 10-13。

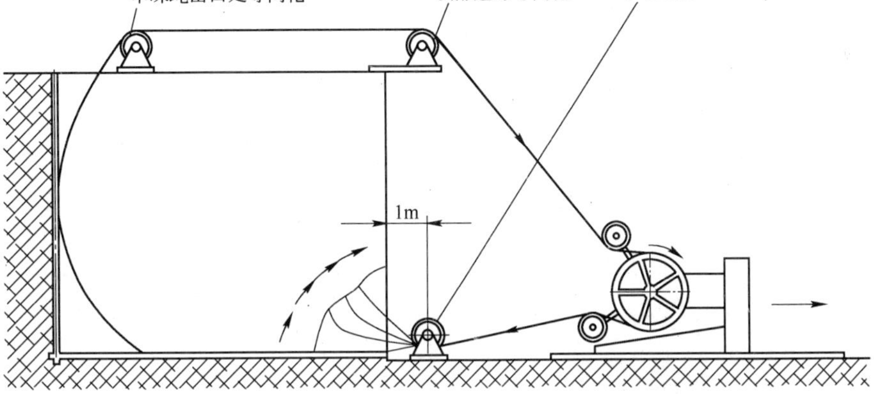

图 10-13 安装在台阶底部串珠绳进口处下导向轮的安装位置和尺寸要求

D 辅助导向轮的安装要求

在锯切垂直面时，随着串珠锯向后进给移动距离的增加，水平外悬串珠绳的长度也同时增加，这会引起串珠绳上下摆动幅度的加大，严重时串珠绳甚至会切割到导轨或脱离导向轮。这就需要在其运动轨迹上增加一个辅助支承导向轮。一般在串珠锯距离垂直岩壁大约 10 m 距离时，可在其中间台阶底面上安装一个固定导向轮，用于支承外悬过长的串珠绳，但必须保证该导向轮与被切割面、飞轮和其他导向轮同处一个平面内，如图 10-14 所示。

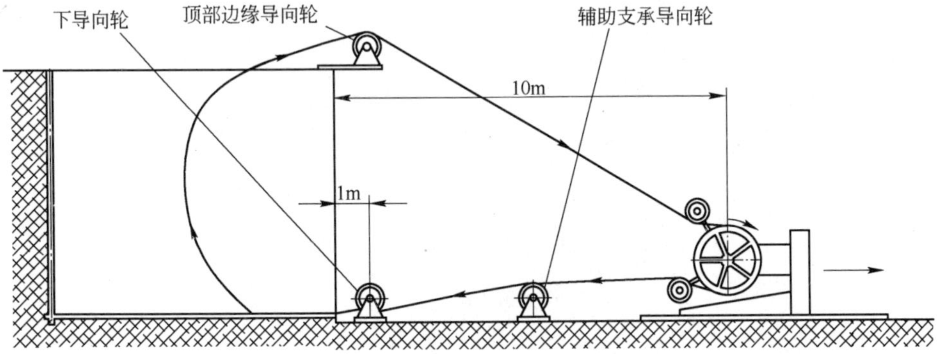

图 10-14 辅助支承导向轮

10.1.1.4 串珠绳包角的调整

串珠锯、导向轮安装就位，并调整符合安装要求后，可将串珠绳穿过这些导向轮、串珠锯飞轮，并连接成封闭切割环。切割前，首先用人工往复拉拽串珠绳的方法，将切割面中孔与面和孔与孔的直角交汇处的棱角进行倒钝处理。同时检查串珠绳在飞轮上的包角是否合适，正常情况下，机载导向轮控制着串珠绳在飞轮上的包角，而且是固定的。串珠绳在飞轮上的包角应不小于120°，最佳包角是150°~180°。

总之，串珠锯就位安装后，必须经过检查和调整，使串珠锯飞轮、被切割面、串珠锯机载导向轮和普通导向轮同处一个平面内，这样才能保证锯切出平整的切割面。否则将会在切割面上出现弧形突起，影响切割面的平整度；导向轮或飞轮衬垫偏磨，严重时可能将轮缘磨损，甚至出现串珠绳跳出轮槽的事故。调整时，一般采用眼睛目测观察的方法，还可以借助安装后的串珠绳，检查轮、面和串珠绳的同面性。图10-15是这些轮、面同面位置示意图，图10-16是这些轮、面同面安装、调整的现场照片。

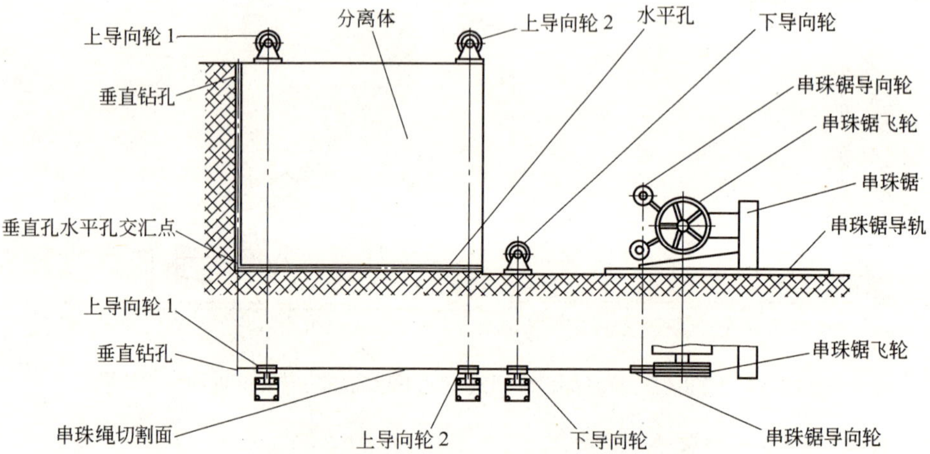

图10-15 串珠锯飞轮、被切割面、串珠锯机载导向轮和普通导向轮同面位置示意图

图10-16 串珠锯飞轮、被切割面、串珠锯机载导向轮和普通导向轮同面位置现场照片

10.1.2 水平锯切时串珠锯的安装和调整

石材矿山开采时，串珠锯通常只对分离体的底平面进行水平锯切，对分离体解体和对荒料整形时，基本不会使用水平切割工艺。可按照下面介绍的方法安装导轨和串珠锯。

10.1.2.1 水平面锯切时串珠锯导轨的安装调整

水平切割时,导轨一般位于水平切割面宽度(分离体宽度)方向的中心对称线上,见图10-17和图10-18。导轨的安装、调整、固定方法以及位置要求与垂直切割时相同。

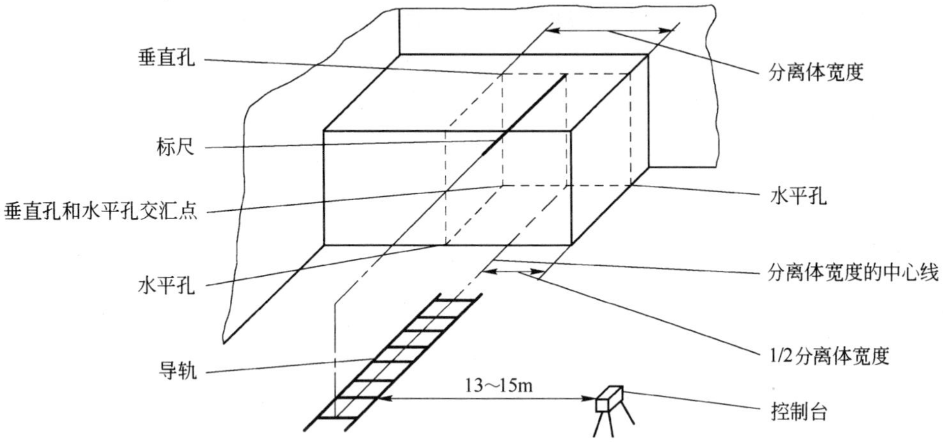

图10-17 水平锯切时串珠锯导轨安装方法一

图10-18 水平锯切时串珠锯导轨安装方法一的现场图

根据采面的实际情况,也可以将导轨布置在靠近水平切割面的一侧,见图10-19和图

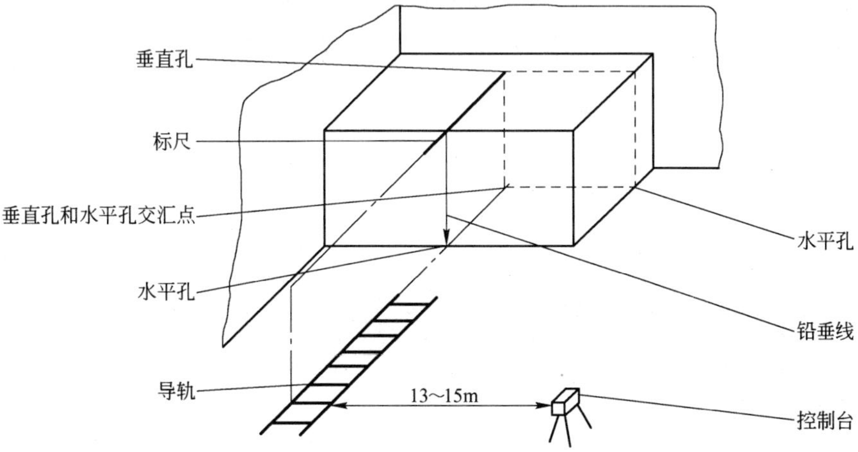

图10-19 水平锯切时串珠锯导轨安装方法二

10－20。采用这种导轨布置方案时，导轨的安装、调整和固定要求与锯切垂直面时的类似导轨布置方案相同，可参见图10-1的介绍。

图10-20 水平锯切时串珠锯导轨安装方法二的现场图

10.1.2.2 水平面锯切时串珠锯的安装调整

进行水平切割时，串珠锯的吊装就位与垂直切割时相同，不同之处是串珠锯的主飞轮应处于靠近地面的水平位置，见图10-21。

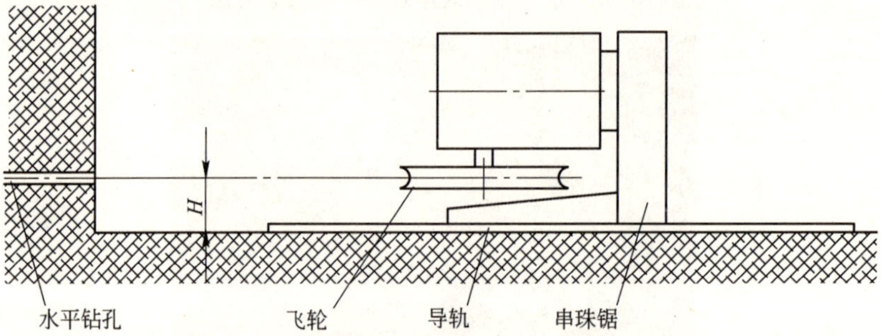

图10-21 串珠锯水平锯切位置示意图

调整主飞轮时，尽量使飞轮与水平被锯切面处于同一水平上。当串珠锯安装在一个平整的水平地面上切割下一个分离体的水平面时，由于钻凿水平钻孔设备的结构限制，有时即使串珠锯已经调整到最低位置，但距离地面的尺寸 H 仍大于水平锯切面与地面之间的距离，这时允许飞轮与被切割水平面之间有不大于5 cm的偏差。如果偏差过大，则需要在外置水平导向轮与串珠锯飞轮之间安装一对导向轮，用于补偿二者过大的偏差距离，见图10-22。

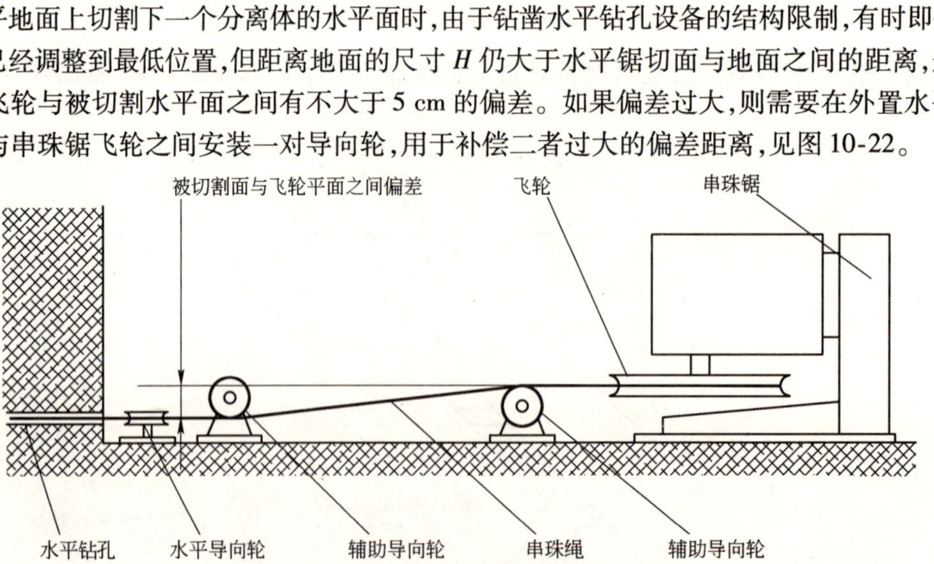

图10-22 水平面锯切时辅助导向轮的安装

因为安装辅助导向轮是比较麻烦的，所以在确定水平切割面位置高度和钻凿水平孔时，应充分考虑所使用的串珠锯飞轮与地面之间的最小距离，尽量使二者一致，以免去使用辅助导向轮的麻烦。

10.1.2.3 水平面锯切时导向轮的安装调整

锯切水平面时，当串珠锯位于水平锯切面的中心对称时，在串珠锯与分离体前部岩壁之间需要安装一对导向轮。当串珠锯位于水平锯切面一侧时，可安装一个水平固定导向轮用于导引和控制串珠绳的切割轨迹。

成对布置的水平导向轮，其控制的串珠绳间距大约是 1 ~ 1.2 m。根据采面实际情况，导向轮距离导轨前端大约 2 m 距离，距离分离体前部岩壁大约 1.5 ~ 2.5 m，见图 10-18 和图 10-23。单个水平导向轮一般安装在导轨相对于被切割面内侧边的前延长线上，与导轨和岩壁的距离与成对布置的水平导向轮基本相同，见图 10-24。如果需要，也可在串珠锯位于水平锯切面一侧时，安装一对导向轮支承、控制串珠绳，如图 10-25 所示。

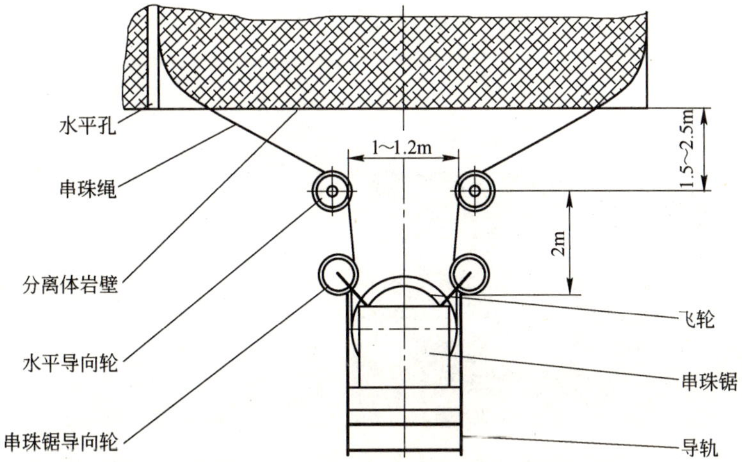

图 10-23 成对布置水平导向轮俯视安装位置示意图

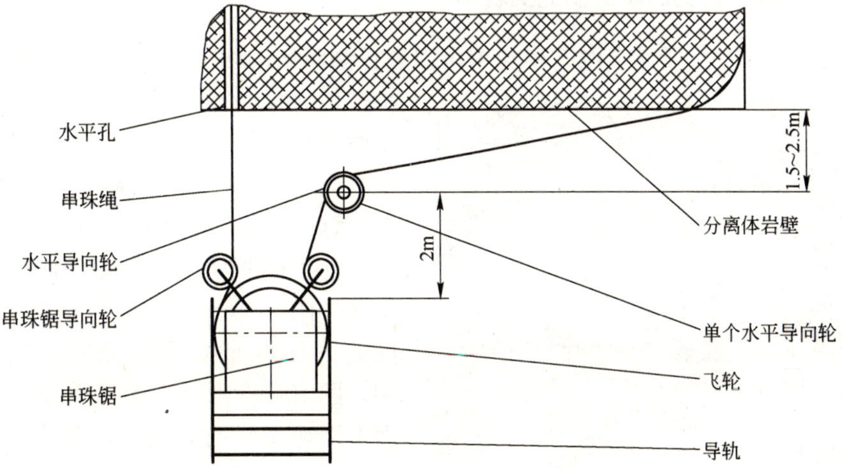

图 10-24 单个布置水平导向轮俯视安装位置示意图

图 10-25　串珠锯位于水平锯切面一侧时双水平导向安装现场图

随着串珠锯向后运动、导轨不断接力调换，串珠锯与岩壁之间的距离不断增大，串珠绳外悬部分变长。为了稳定串珠绳，防止其抖动与导轨碰撞，可以在外悬串珠绳与地面之间铺垫一些石块，见图 10-26，或铺垫废旧轮胎，见图 10-27，同样能起到支承串珠绳的作用。

图 10-26　石块辅助支承串珠绳

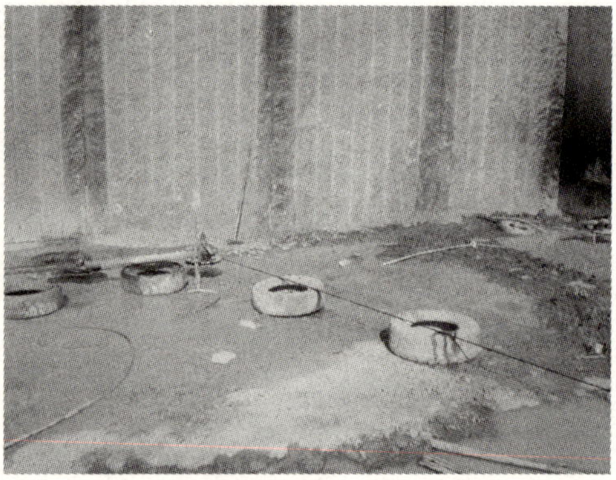

图 10-27　废旧轮胎辅助支承串珠绳

10.1.3　倾斜锯切时串珠锯的安装

前面已经介绍过，所谓金刚石串珠锯可以进行倾斜面的切割，实际上有两种含义：一是指被切割面与金刚石串珠锯安装作业的水平基面不是垂直正交，而是呈现倾斜状态的；二是指金刚石串珠锯的安装作业基面不是水平的，而且与被切割面也不是垂直正交的。

图 10-28　串珠锯切割倾斜面

前一种情况只需要调整串珠锯主飞轮、机载导向轮、辅助导向轮与倾斜的被切割面同处一个平面内，即可完成对倾斜面的锯切。图 10-28 所示为串珠锯安装在水平地面上锯切倾斜面时飞轮的状态。倾斜面切割时，应注意在切割的不同阶段，在切割缝中插入支撑钢楔，作用与水平面切割时加入钢楔相同,都是为了防止处于切割面上方的岩体的塌落,出现卡绳事故。

第二种情况下,允许金刚石串珠锯在非水平的地面上安装使用。虽然在一些采场,串珠锯都能够安装在具有一定倾斜角度的地面上进行切割作业,但从串珠锯的合理和安全使用角度考虑,导轨的工作平面左右和前后方向与安装地面的水平倾斜夹角最好不大于10°。不同生产企业生产不同型号的金刚石串珠锯,都对在倾斜安装面切割作业方面提出了具体的要求,使用时应注意。因为将串珠锯安装在非水平地面时,在开采现场准确测量导轨平面与地面的倾斜角度是非常困难的,所以尽量不采用倾斜安装导轨的方法,可以通过在导轨与地面之间塞垫枕木、石块的方法消除倾斜角,以简化导轨的安装,有利于串珠锯的安全使用。

图10-29和图10-30分别是意大利BENETTI公司VIP910型串珠锯,允许在倾斜地面安装使用的要求示意图。

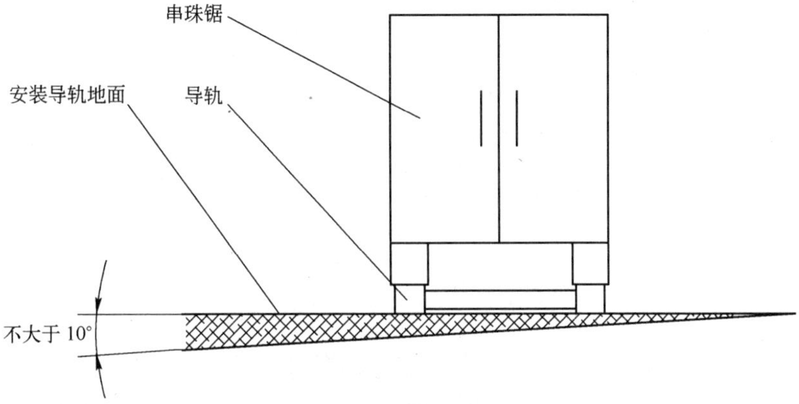

图10-29 串珠锯在倾斜地面安装要求示意图一

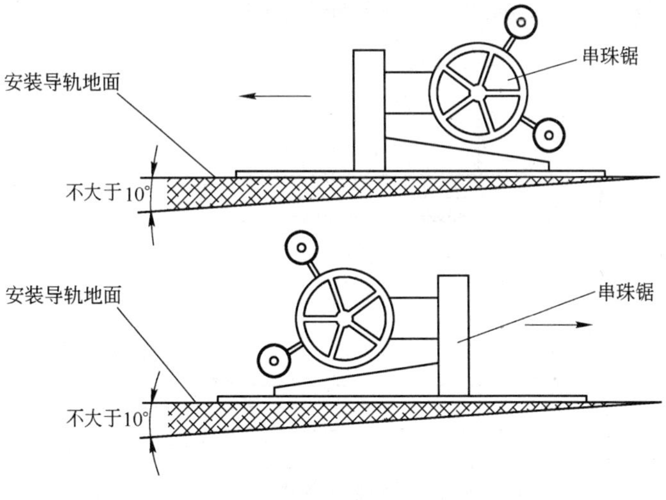

图10-30 串珠锯在倾斜地面安装要求示意图二

上面介绍的只是串珠锯切割标准的水平和垂直面时,导向轮的基本使用方法和要求,实际使用时还会遇到需要使用各种换向导向轮、立杆式导向轮,洞采时使用洞采封闭面专用导向轮的工况条件,这些导向轮的使用方法、安装要求请参见前面各章的相关介绍。

10.1.4 冷却水加入点的要求

锯切垂直面和水平面时，冷却水加入点的数量、位置等要求，在4.4节中有详细介绍；供水设施在第9章中也有介绍，本节主要介绍加水点位置的局部处理细节，以及加水喷嘴的具体要求。

10.1.4.1 冷却水嘴的结构

金刚石串珠绳在切割石材时，必须使用流动的水流冷却切割面，冷却水流应具有一定的压力和速度，才能达到排出岩石碎屑和冷却金刚石串珠的目的。为了提高冷却水的出口速度，喷嘴应制成圆锥收口形状，如图10-31所示。喷水嘴可用钢管制造，尾部50 mm长度可制成螺纹，以便于与水管连接和固定。

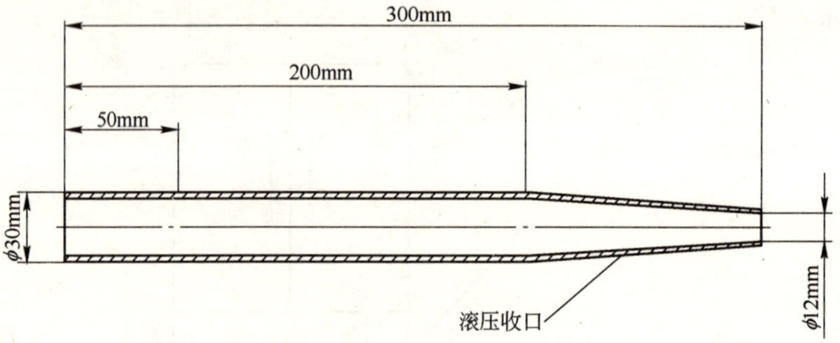

图10-31 冷却水喷嘴结构示意图

使用中为了使喷水嘴喷出的冷却水全部进入锯缝中，还可以采用图10-32所示的钢制扁型喷水嘴结构。这种结构喷水嘴的最大优点是，厚度10 mm的扁型喷嘴可以直接插入锯缝中，可保证冷却水全部进入锯缝，便于准确地控制冷却水的流量，也不会造成冷却水的浪费，因为节水在缺少水源的石材矿山上是十分重要的。

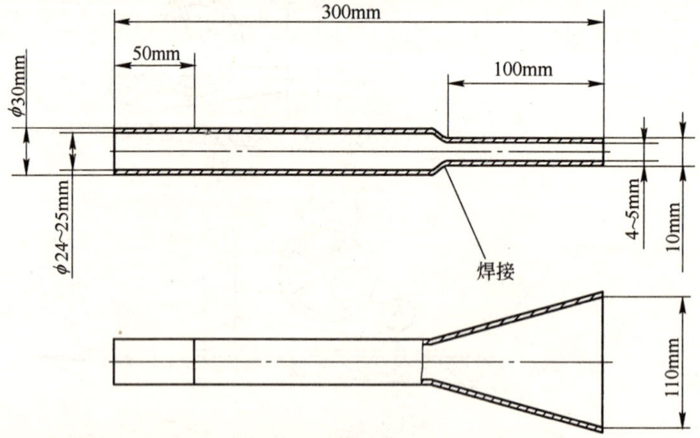

图10-32 扁型冷却水喷嘴的结构示意图

10.1.4.2 冷却水喷嘴的固定要求

冷却水加入点的数量、位置要求，请参见4.4节中的有关介绍。根据所采用喷水嘴结构的不同，可按照下面介绍的方法，安放和固定喷水嘴。

A 圆锥收口型喷水嘴的安放和固定

因为圆锥收口型喷水嘴的喷口直径一般都大于 12 mm 的锯缝宽度，可采用浅口嵌入式安放方式。首先在拟加水点附近的锯缝处，向锯缝顶部两侧方向，用手锤凿成一个深度 10 ~ 15 cm、对称锯缝顶部两侧各宽 5 cm 左右、长度 20 cm 左右的 V 形凿槽，用于嵌入喷水嘴。按照图 10-33 所示方法安放喷水嘴，并用石块垫铺和叠压固定。

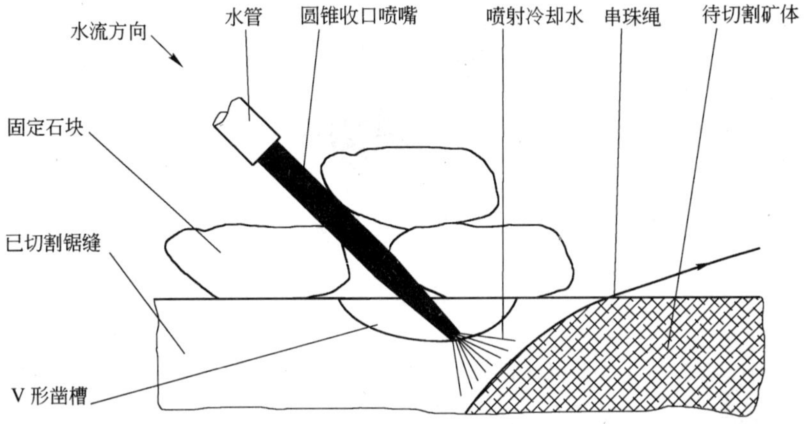

图 10-33 浅口嵌入式喷水嘴安放方式

浅口嵌入安放喷水嘴的方式，常用于已经形成切割缝的地方。在串珠绳开始切割还未形成锯缝时，可使用表面固定喷水嘴的方式。直接用石块垫铺和叠压固定喷水嘴，使水流直接射入切割面位置，见图 10-34。

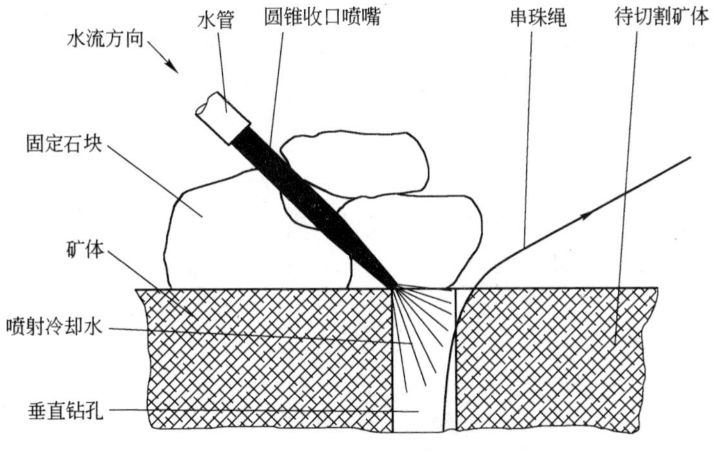

图 10-34 表面固定喷水嘴的安放方式

因为圆锥收口型喷水嘴的水流出口压力大，所以选用的石块应具有一定的体积和重量，防止喷水嘴跳离 V 形凿槽。上述两种安放喷水嘴的方式，都可满足垂直、水平锯缝加入冷却水的需要。

B 扁型喷水嘴的安放和固定

扁型喷水嘴的特点是使用时，无需在锯缝处凿 V 形槽，可直接将喷水嘴插入已经形成的锯缝中，其固定方式与圆锥收口型喷水嘴相同，见图 10-35。

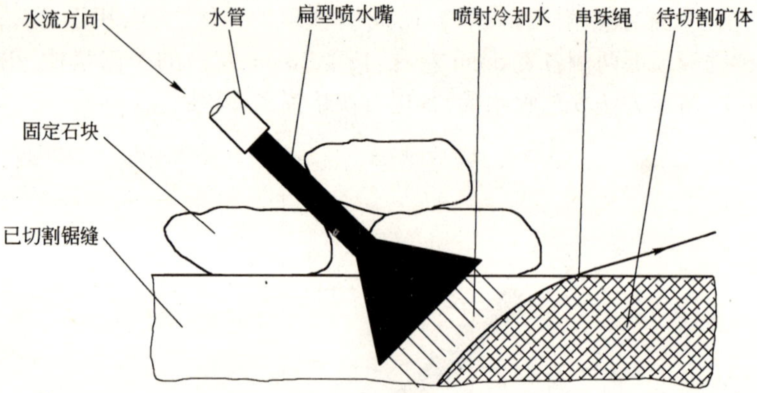

图 10-35　扁型喷水嘴安放示意图

使用过程中，喷水嘴与串珠绳切割缝之间的距离应选择适当。二者距离过近时，不等冷却水进入锯缝深部，就会被高速向上运动的串珠绳带出，冷却水很难进入锯缝深部。从底部水平孔入口串珠绳只能将少量冷却水带入锯缝内部，多数冷却水不能到达锯缝深部，所以使得锯缝中间部分缺少、甚至没有冷却水到达。在高台阶垂直面锯切时，这种情况更加严重，这将严重降低串珠绳的冷却效果，影响串珠绳的使用寿命，严重时甚至会损坏串珠绳。二者距离过大，冷却水直接从已经形成的锯缝中漏出，没有达到串珠绳与矿体接触的切割部位，同样不能达到很好的冷却、排屑效果。图 10-36 显示，如果二者距离合适，来自台阶顶面的冷却水可流入锯缝深部覆盖部分锯缝，来自台阶底部的冷却水也可被串珠绳带入锯缝覆盖底部的部分锯缝，两股水流基本能满足串珠绳切割冷却、排屑的需要。

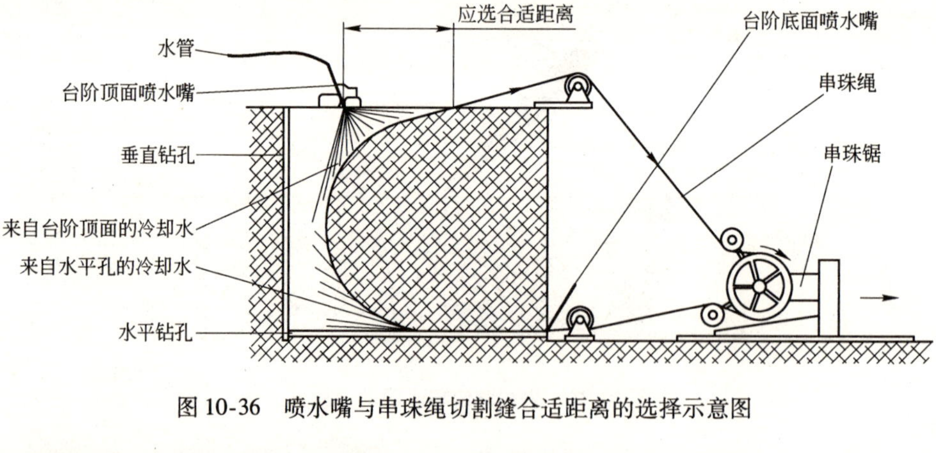

图 10-36　喷水嘴与串珠绳切割缝合适距离的选择示意图

前面介绍的只是多种冷却水喷嘴中的几种典型结构，实际使用时，还有许多结构的喷水嘴可以采用，这里就不再详细列举和介绍了。

10.2　串珠锯的操作

串珠锯在采场安装、调整完毕，串珠绳完成预加载、完成环绕整个锯切系统的环绕和连接,冷却水等待就绪,所有与串珠锯连接的动力电源(每台串珠锯配备一条单独、带控制箱的电源线)、控制电源线全部接通,所有安全防护装置已经安放布置到位后,可以进行串珠锯开机锯切前的检查和开机锯切操作。

串珠锯开机操作分成开机前的准备、开机锯切和停机三个步骤。

10.2.1 开机前的准备

串珠锯安装并按照要求调整完毕后,不能马上进入开机切割作业,必须再做一些相应的检查后,才能安全进入锯切作业。

10.2.1.1 被锯切面的棱角磨圆

开机前用手按照串珠绳切割方向拉动串珠绳,直到手感串珠绳能灵活运动,说明切面棱角已初步磨圆为止。进行此操作时,要注意防止串珠绳将操作者的手带入飞轮、导向轮与串珠绳之间,避免造成伤害事故。

10.2.1.2 检查串珠锯操作盘上的仪表

低速启动串珠锯的行走电机,观察转速表的指示数字应正常显示。

10.2.1.3 张紧力预先调整

启动锯机行走电机,低速调整到串珠绳张紧力合适后停机。根据串珠绳外悬长度不同,通常锯切面积超过 30 m^2 锯切时,合适的串珠绳张紧力是,串珠绳静止时手压或上抬串珠绳可使其移动 10 ~ 20 cm;切割整形面或面积小于 30 m^2 时,串珠绳的移动量大约是 5 ~ 10 cm。

采取预调串珠绳张紧力的措施,对于防止误操作使串珠绳剧烈抖动是十分重要的。在使用固定速度串珠锯时,如果出现先启动进给行走电机的误操作,而在串珠绳松弛状态下启动主电机,因为主电机转速很快就会达到额定转速,松弛的串珠绳会产生很大的抖动,容易出现跳绳事故。即使采用变频调速方式,直接启动主电机旋转,松弛的串珠绳同样也会出现过大的抖动,对安全不利。

10.2.1.4 开启冷却水

核查加水点位置、数量,确认其安装位置正确、固定牢固后,开启冷却水,调整水量至大小合适。

10.2.1.5 警示他人启动锯切

上述检查无误,确认危险区域内无其他闲杂人员后,可进入开机锯切操作。

10.2.2 开机操作

必须严格按照串珠锯的开机操作程序进行开机锯切操作,以避免出现事故。

10.2.2.1 串珠锯启动步骤

串珠锯的启动步骤是先开动主电机旋转飞轮带动串珠绳,然后再启动串珠锯进给行走进入切割。

首先开启主电机,从零转速调整主电机转速至需要的转速值,串珠绳线速度合适后,再启动锯机进给行走。锯机行走的速度由慢逐渐提高,直至串珠绳锯切正常,同时观察主电机电流指示值正常,然后可保持串珠锯的行走速度进行正常的切割作业。

10.2.2.2 锯切新切割面时串珠锯的启动步骤

如果是新锯切面,主电机的转速必须是从低转速开始(转速不能超过 15 r/min),逐渐提高,在2 min内转速应保持在100 r/min以内,待看见有明显的泥浆水流出来且串珠绳的松边有明显的抖动时,说明串珠绳与被锯切面已开始充分磨合,尖锐棱角全部磨圆,即可低速开启锯机进给电机(进给电机的转速不宜太高)。然后将主电机转速增加到200 r/min,以串珠绳的抖动消除为合适,在此转速下切割1~2 min。正常情况下主电机的电流应开始下降,保持进给电机的转速使串珠绳不出现剧烈抖动为合适。然后再逐渐提高主电机的转速,逐步使主电机的转速达到预定的额定锯切转速后,可逐步增加进给电机速度进入正式锯切作业。根据锯切石材的不同,从启动时的零转速提高到额定转速所需时间一般在10~15 min,而且必须是缓慢加速。

如果属于锯切中途停机启动,可省去上述"切面棱角磨合"步骤。

使用37 kW主电机的串珠锯和新的未完全开刃的串珠绳,切割翡翠绿等加工难度为5级的花岗石分离体垂直面时,达到额定转速后的切割电流应控制在36~38 A内;切割水平面该电流则应控制在39~41 A。在此工艺参数下,切割运行2~10 h(视石材的软硬程度而不同),待串珠绳的金刚石切割刃完全出露后,再将主电机的切割电流提高到45 A之内。

其实串珠锯主电机的工作电流只是判定串珠锯是否正常工作的一个参考值,目前使用主电机为37 kW的串珠锯,切割中等硬度(加工难度为3级)的花岗石时,主电机最大工作电流可达70 A。确定最合适的主电机电流值是以串珠绳平稳运行、不过度或剧烈抖动为合适。所以在矿山实际使用时,应根据被锯切花岗石的种类、切割难度、切割面的不同类型(垂直、水平、整形等)、面积大小、串珠绳的长短、串珠绳的新旧程度、串珠锯主电机的功率大小等因素,以串珠绳的工作状态为标准,确定其合适的工作电流值。

10.2.2.3 锯切中正确张紧力的观察

串珠绳张紧力大小的调整,一般是通过增减串珠锯进给速度实现的。除了选择合适的主飞轮转速、主机电流值和行走电机速度外,锯切中还要经常目测串珠绳是否出现非正常抖动的情况,以判断串珠绳张紧力是否合适。

下列原因可引起串珠绳的过度抖动:张紧力过大或过小,导向轮、主飞轮和被锯切面不在同一平面内,或串珠锯导轨与被锯切面不平行。发现串珠绳过度抖动,可微小降低或适当提高锯机行走速度,直至串珠绳抖动消失;如果串珠绳仍然抖动,必须停机,重新检查导向轮、主飞轮和被锯切面是否在同一平面内,锯机导轨是否与被锯切面平行,调整正常后,可继续锯切。如果串珠绳是通过换向导向轮进行切割作业,必须保持在同一平面内运动的各个导向轮、串珠绳、主电机飞轮或被切割面等单元处于同一平面。

另外,外悬串珠绳长度过长时,如果未对其进行合适的中间导向轮或其他物体的支承,有时也会引起串珠绳的过度抖动,此时可增加这部分串珠绳的支承。

10.2.3 停机操作

停止串珠锯切割作业的步骤与开机步骤相反,先停止锯机的进给运动,然后再停止主电机的旋转运动,操作时也必须严格遵守。停机通常分成临时停机、长时间停机、锯切作业完成停机和紧急停机几种情况。

10.2.3.1 锯切中临时停机步骤

锯切过程中,如果需要移动加水点位置、检查串珠绳或需要短时间临时停机时,可按照先停止锯机进给行走,再停止主电机旋转至串珠绳停止运动的步骤进行临时停机。

10.2.3.2 长时间停机步骤

在需要移动导轨、剪断串珠绳或因下班、吃饭等需要长时间停机时，除了上述步骤外，确认串珠绳已停止运动后，还要启动锯机反向行走，使串珠绳稍微松弛，然后再停机，并切断串珠锯的总电源，以保证安全。

10.2.3.3 锯切面完成后停机

完成切割面的锯切后，除执行上述步骤停机外，还应切断电源，剪断串珠绳、分离操作台，并将串珠锯、导轨和操作台等移动到安全位置，然后才能进行后续作业。

10.2.3.4 紧急停机

串珠锯控制盘上都安装有一个橘红色的紧急停机按钮，当出现断绳、卡绳或其他紧急情况时，可立即按下该按钮，锯机中所有电机全部立即停止转动，串珠锯瞬时停机。按动紧急停机按钮后，除确认串珠锯是否停机外，同时观察串珠绳，如果出现串珠绳断裂飞出，应立即躲避。

10.3 使用串珠锯的安全注意事项

像其他开采设备一样，只要按照设备操作规程和安全规程使用操作设备，使用串珠锯是安全的。下面综述串珠锯使用过程中的安全注意事项：

（1）串珠锯锯切工作的安全区域。因为串珠锯使用的是柔性串珠绳作为锯切刀具，为防止因意外原因，串珠绳断裂飞出，所以规定了串珠锯在使用时前后左右的安全区域。

图10-37和图10-38分别指示了串珠锯进行垂直和水平切割作业时，安全操作区域、危险区域和极端危险区域。图中显示的操作区是操作人员操作串珠锯的位置，危险区和极端危险区是禁止人员进入、通过和停留的区域。图中还标示了串珠锯控制箱（操作台）、向串珠锯提供电力的设备终端开关柜、串珠锯接地端子等安放位置要求，以及安全挡板、防雨棚的安放位置要求。

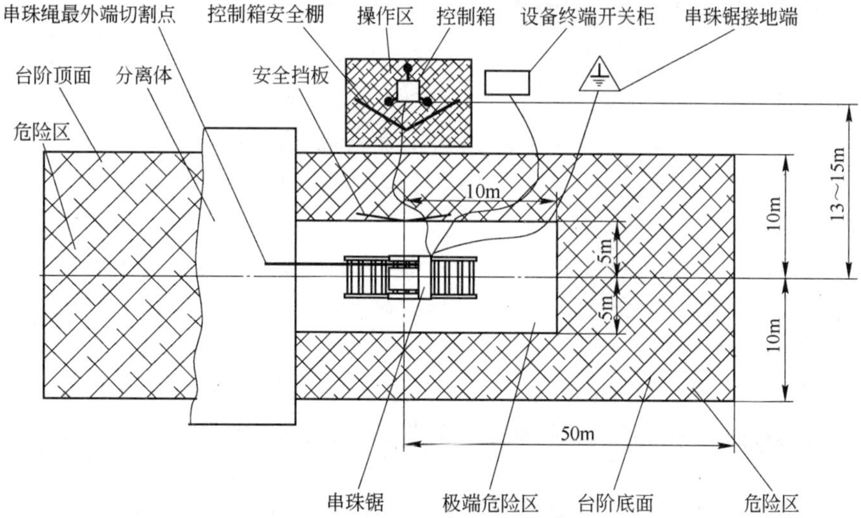

图10-37 串珠锯垂直锯切时的安全区域示意图

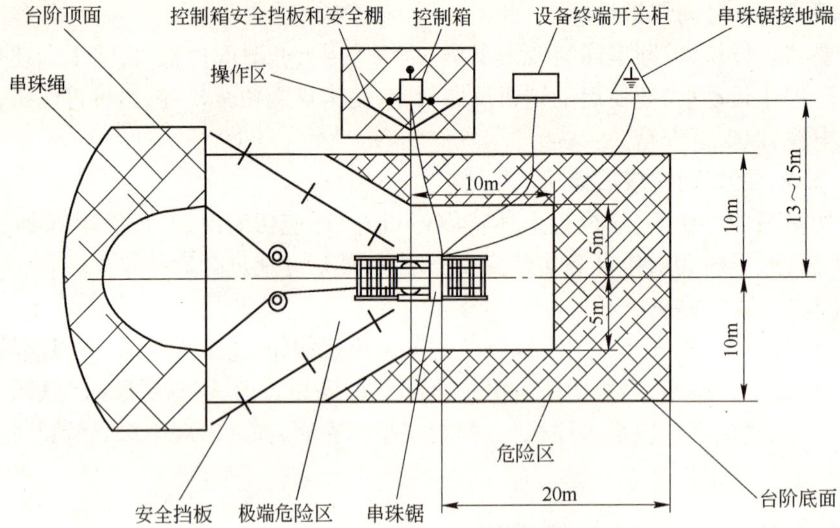

图 10-38　串珠锯水平锯切时的安全区域示意图

如果确因工作需要，人员必须进入或横穿危险区域时，操作人员必须停止串珠锯和串珠绳的运转，待问题处理完成或人员通过后，再启动锯机工作。

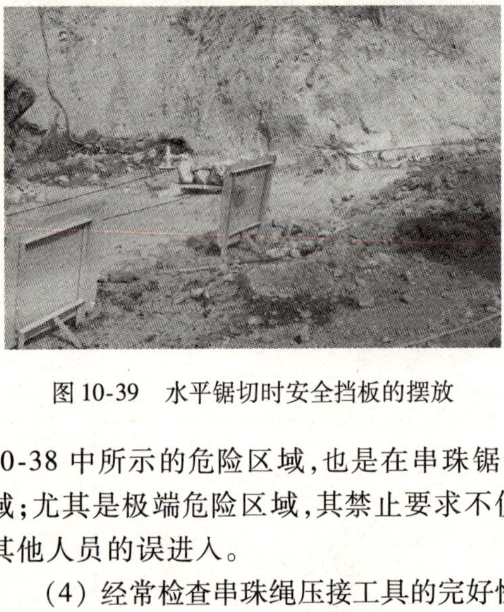

图 10-39　水平锯切时安全挡板的摆放

(2) 安全挡板的摆放。串珠锯水平切割作业时，操作者应将专用的安全挡板置于外露的串珠绳外侧，见图 10-38 和图 10-39，在万一出现断绳时，可阻挡飞出的串珠绳产生水平抽击作用对人员造成的伤害。安全挡板的高度应超过串珠绳运动高度 0. 5 m。

(3) 人员不能接近运动中的串珠绳。串珠锯垂直切割时，禁止操作者或其他人员站在与串珠绳切割线相同的方向上观望，不能俯视工作中的串珠绳。图 10-37 和图 10-38 中所示的危险区域，也是在串珠锯切割作业时，禁止人员进入、穿行和停留的区域；尤其是极端危险区域，其禁止要求不仅与危险区域相同，甚至要求杜绝操作人员或其他人员的误进入。

(4) 经常检查串珠绳压接工具的完好性。串珠绳接头处一定要连接可靠，不允许在手动液压钳油量不足、压模严重变形或存在其他故障的情况下，进行串珠绳接头的连接作业。图 10-40 是开采现场压接串珠绳的照片。

(5) 经常检查串珠绳连接情况。养成每次停机时，都要检查串珠绳接头连接质量的习惯，及时发现其截面减少或危及连接强度的隐患，并及时更换。图 10-41 是采场连接串珠绳的接头照片。

(6) 动力线和控制线应离地面架设。连接串珠锯的动力线和控制电缆线，最好放置在专用的支架上，使其经常处于离开地面的位置，防止地面尖利的碎石割伤损坏这些电线，造成漏电或控制失灵的事故和故障。

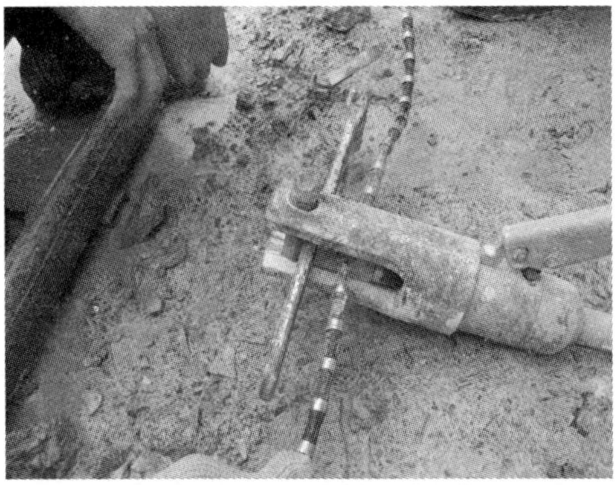

图 10-40 石材矿山开采现场压接串珠绳的照片

图 10-41 石材矿山开采现场连接串珠绳的接头

(7) 串珠锯的接地要求。不论石材开采现场是否泥泞或干燥,串珠锯在使用时,必须按照电器设备使用规范要求,进行确实可靠的主机接地处理(见图 10-37 和图 10-38),防止因电气系统漏电造成事故。

(8) 串珠锯控制箱的安全操作位置。串珠锯的控制箱应置于垂直于串珠锯运动的方向,至少距离串珠锯 13 m 以上的位置(见图 10-37 和图 10-39)。为安全起见,控制箱前可放置高度 1 m、宽度 1.5 m、不影响操作者观察锯机工作状态的安全挡板,操作者可站在安全挡板后面操作串珠锯。

(9) 安全防护装置和布置要求。除了在水平切割时,必须安放安全挡板外(图10-39),建议在垂直锯切时也可在距离串珠锯导轨尾部大约 2 ~ 3 m 或其他合适位置安放一块垂直挡板,防止串珠绳断裂后向后面飞出。垂直、水平挡板的外形见图 10-42,图中挡板的外形尺寸仅供参考,挡板厚度与选用的材料有关,最好用 1 ~ 1.5 mm 厚度的镀锌钢板制成加强筋的结构形式,以便增加挡板的刚性和强度。挡板必须经过喷涂防锈油漆的处理,其重量以两个人能够比较轻松地搬移为合适。

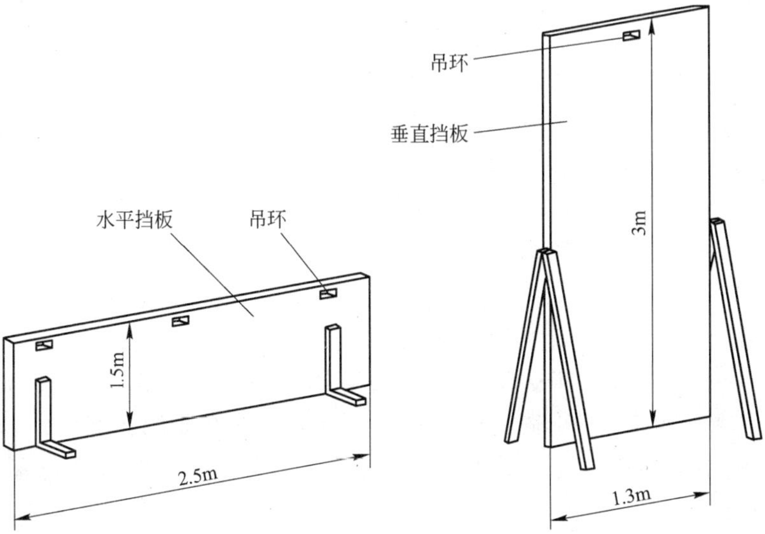

图 10-42 垂直、水平安全挡板示意图

可将操控串珠锯切割作业的控制箱放在一个通道型安全罩(图 10-43)或一个防雨棚(图 10-44)之内,操作人员可以在其中安全地操控串珠锯。此安全罩或防雨棚既可保证操作人员的安全、防止强烈阳光反射影响控制箱面板仪表的清晰显示,又能防止雨天淋湿操控人员和控制箱。

图 10-43　巴西某花岗石矿山使用的通道型安全罩

图 10-44　福建翡翠绿花岗石矿山使用的防雨棚

在串珠绳外露部分的周边放置一些安全挡板,只有确认重新安放好防护装置或采取防护措施后,才能启动锯机工作;锯机停止工作前,不能撤掉任何防护装置。

(10) 禁止锯机工作时对其进行维修和调整。在锯机工作期间,严禁对锯机的零部件进行调整、维修、加油、清洗,或者对放置在锯机内部的电气系统进行调整和修理。也不能在锯机工作时,进行移动冷却水加入点操作和任何接近串珠绳的观察或检查工作。

(11) 开机前的警示信号。锯机启动前,应向在锯机周围作业的人员发出提醒他们注意的音响信号,确认危险区域内无人后,才能开机。一旦发现其他人员欲进入或穿过串珠锯工作时的危险区域,操作者应立即提醒,并随时准备停机让这些人员穿过。

(12) 劳保用品的穿戴。工作时,串珠锯操作人员必须头戴安全帽,身穿棉布制成的工作服,不得穿戴能够产生静电的织物服装,防止产生的静电干扰串珠锯控制系统。另外操作人员必须脚穿防护绝缘靴,严禁穿拖鞋、凉鞋和其他不符合要求的工作鞋。

(13) 警示标志的张贴和摆放。串珠锯工作场地周围必须安放或张贴“危险区域、禁止进入”等标志,避免闲杂人员进入串珠锯的作业区域,防止串珠绳意外断裂伤人。图 10-45 是石材矿山的安全警示标志牌。

(14) 安全防护栏。在使用串珠锯开采的石材矿山,矿体的边坡和台阶都是由串珠锯切割形成的。开采分台阶的最小高度也有 4 m,在一些大理石矿山,分台阶的高度甚至能够达到 12 ~ 15 m,而且都是垂直陡峭的。即便在矿体废弃的边坡一侧,虽然每层分台阶之间都留有一定宽度的安全台阶,如果矿体很稳定,这些台阶往往很小,最小的只有 15 cm,最大的不过 50 cm。如果按照每个分台阶的高度是 6 m 计算,安全台阶的宽度是 20 cm,30 m 高的矿体边坡角大约是 88°,几乎是垂直的;即便是 50 cm 的安全平台,边坡角也有 85°。这种几乎垂直的边坡,在意大利的大理石矿山随处可见。

所以在这样的石材矿山,在矿体边坡边缘必须安装永久性固定防护栏,在台阶顶部的边缘也要安装临时性的固定防护栏,并竖立警示标志,防止非生产人员接近这些危险边缘,同时保护生产人员在这些边缘部位作业时的安全。图 10-46 是安装在开采台阶边缘的安全防护栏图示。

图 10-45 石材矿山使用的安全警示牌

图 10-46 安装在开采台阶边缘的安全护栏

(15) 其他注意事项。除了进行串珠锯开采工艺、使用安全注意事项的培训外,操作者必须经过使用和操作该种串珠锯的专业培训,考核合格后方能上岗操作。操作前还必须认真阅读所使用串珠锯的使用操作、维护保养说明书,确认无误后才能使用串珠锯。任何不熟悉所操作串珠锯的人员不得独立操作串珠锯。

10.4 串珠锯的维护和保养

因为石材矿山的工作环境比较差,所以在使用串珠锯的过程中,必须严格遵守和实施对锯机的维护和保养,以减少串珠锯的故障,延长其使用寿命。除了下面介绍的一般维护保养要求外,具体可参见每种型号串珠锯自带的《设备使用手册》,操作时必须严格遵守《串珠锯的使用及操作规程》和《串珠锯维护、保养手册》。

10.4.1 串珠锯的润滑保养

由于矿山条件恶劣,操作人员必须按照串珠锯《使用、维护和保养手册》中的规定,每天给串珠锯需要润滑的部位加注润滑油脂,尤其是带动锯机运动的传动链轮及链条部位。

10.4.2 电气装置的安全使用和保养

(1) 经常检查移动式控制箱的控制电缆线和电源电缆线,如有破损、漏电,立即包扎或更换。

(2) 每天开机前必须检查主电机的散热孔,如有堵塞,应及时疏通,以免主电机过热。

(3) 水平切割时,注意电机散热口的防水处理,但不能遮盖堵塞该散热口。

(4) 定期校正感应开关的灵敏性,以免发生误动作。

(5) 定期清除锯机电控箱内、外部的水分及灰尘。

(6) 主电机负载电流不应超过《串珠锯的使用及操作规程》中规定的数值。

(7) 不允许在电源缺相的情况下启动电机进行锯切作业。

(8) 锯切结束后,应及时切断移动式控制箱电源和配电箱电源。

(9) 禁止非专业人员修改、调整和设定变频器参数;应请专业人员根据变频器的《使用说明书》进行变频器的维修和调整。

(10) 保持移动式控制箱操作面板及显示屏的清洁,对于带触摸屏的串珠锯,严禁用力触压人机界面显示屏。

(11) 完成锯机电控箱的检修或故障处理后,应及时关好防护门,防止水汽和粉尘的进入。

10.4.3 锯机的存放

(1) 必须小心搬运移动式操作台,并置于防雨处使用,干燥处保存。

(2) 保持移动式控制箱内部的干燥,如果长期不用,应对其进行干燥处理。

(3) 保持移动式控制箱内外干净清洁,保障系统的运行稳定。

10.4.4 零部件的检查和保养

(1) 经常检查锯机各零部件,传动和配合部分的完好性。

(2) 导轨衔接处应经常进行除锈和污物清除,涂润滑脂,防止其锈蚀。

(3) 经常检查导轨平整度,发现不平整应及时矫正。

(4) 每次拼接时,都要检查各导轨上棘轮或齿轮与齿条之间的接触部位,发现节距不对,应及时修整,避免发生机损事故。

10.4.5 易损件的检查

经常检查飞轮和辅助导轮的胶垫,如有较大的磨损,必须及时更换,以免串珠绳的不正常消耗;如出现严重偏磨,应找出原因,调整锯机的安装工艺,并加强安装校验工作。

10.4.6 正确使用串珠锯的气候条件

(1) 根据各厂家的不同规定,锯机正常使用温度范围为 −15 ~ +40℃,建议在 0 ~ 35℃范围内使用。

(2) 严禁在大雨和雷电气候条件下使用串珠锯。

(3) 矿山下雪或出现结冰时,应停止串珠锯的使用。尤其是需要进行隔夜锯切面的切割时,如果出现串珠绳被冻结在锯缝中,必须采取化冻措施或等串珠绳解冻后才能启动锯机工作。严禁使用试图通过强制启动串珠绳运转将其从冻结在锯缝中拉出的方法。

10.4.7 移动和运输

锯机吊运时,起吊钢丝绳须牢系于锯机起吊钩,吊运过程中严禁碰撞锯机。

10.4.8 锯机的清洁和保养

(1) 每次锯切后,应及时清除锯机上的污物,根据不同矿山的使用条件和串珠锯的使用频率，最多每个月应彻底清洗一次锯机，并进行必要的涂油防止锈蚀的处理。

（2）每年对整机保养大修一次。

10.5 串珠锯使用前需要准备的器材

作为一个石材矿山，必须按照下面介绍的内容和要求，准备合适的矿体条件，以及各种工具和器材，以便很好地完成使用串珠锯全锯切或辅助锯切开采石材矿山的目标。

10.5.1 串珠锯工作场地准备

前面章节中已经详细介绍了串珠锯初始工作场地的要求，现汇总如下。

10.5.1.1 初始分离体的形成

根据石材花色、纹路、走向、裂隙方向和状态，剥离形成一个初始分离体，其最小尺寸可定为5 m×3 m×6 m（长×宽×高）；初始分离体应具有3个自由面，各面尽量平整，相邻面之间最好直角相交。

10.5.1.2 串珠锯的工作面

在初始分离体下方至少整理出一个最小面积是10 m×10 m的工作场地，保证挖掘机或装载机进行串珠锯吊装作业；最好在每个自由面切割缝位置的一侧，平整出长度为8～10 m、宽度为2 m，在吊装设备作业范围之内，用于安装串珠锯的工作平台。

10.5.2 串珠锯供电设施的准备

10.5.2.1 供电容量

每台串珠锯主电机功率为37 kW，应根据矿山使用串珠锯或其他用电设备装机功率的总和并具有一定余量的情况下，确定变压器供电的总容量。

10.5.2.2 供电距离

供电变压器距离用于连接串珠锯的设备终端开关柜的总距离不应大于350 m。

10.5.2.3 设备终端开关柜

在变压器和配电室与串珠锯之间设置一个带空气开关和熔断器等元件的低压开关柜（设备终端开关柜），设备终端开关柜与串珠锯之间的距离最好在50 m之内，采用容量足够的电缆线连接。

10.5.2.4 供电变压器的位置

选择离矿山采面至少100 m以上、爆破作业不能伤及的位置放置变压器。

10.5.3 与大孔径凿岩机配套的供气设备

10.5.3.1 空压机容量

驱动大孔径凿岩机至少需要8 m^3/min以上供气量的空压机或空压机站。

10.5.3.2 储气罐的配置

如果采用两个以上不同供气量的空压机并联组成压缩空气供应系统，在空压机系统与大孔径凿岩机之间需要配备一个容量至少在3 m^3 以上的储气罐（带油水分离器、进出气管接头），储气罐与空压机和凿岩机之间需要直径为38.1 mm（1.5 in）的气管连接，储气罐出气口处应设置截气开关。

10.5.3.3　空压机与大孔径凿岩机之间的距离

空压机与大孔径凿岩机之间的距离越近越好，管路缩短，供气压力和风量都能保证。如果使用移动式空压机，需要在采面附近修建一个停放空压机的场地，电源线也应接到此处。

10.5.4　供水设备

10.5.4.1　储水容器

在高于采面至少 3 ~ 6 m 处准备一个小时供水量 2 ~ 3 t 的水池或储水罐，供一台串珠锯使用，如果串珠锯数量多，储水罐的容积还要加大，以保证串珠绳切割时有足够的冷却水供应。

10.5.4.2　冷却水的补充

根据水源和储水容器之间的距离和高差，天然水源的流量必须满足串珠锯等用水设备的需要，或者采用不同功率和扬程的水泵，从低位水源对储水罐随时补充冷却水。

10.5.4.3　水路分配器

准备连接储水罐和开采面之间的塑料水管，在临近采面处安装一个保证每个出水管的水流量都能够充足和稳定的、可移动的、容积为 100 ~ 200 L、具有一个进水口和 4 个出水口、兼备水流分配器功能的储水罐。其中 4 个出水软管末端应能直达串珠绳的冷却位置，在距离出水管末端 1 ~ 2 m 位置安装可控制水流量的水截门。

10.5.5　防雨、防晒棚

制作一个高 1.6 m、宽 1.3 m、长 1.3 m 的防雨、防晒棚，见图 10-44。棚应采用钢管焊接骨架，前后开启通透，顶部和侧面用帆布罩蒙，侧面帆布可以掀起固定；其重量应能保证两人比较轻松抬动为好。用于为操作人员和操纵箱遮蔽小雨、遮挡风沙和防止阳光暴晒。

10.5.6　其他工具和物品的准备

除上述工作面、设施的准备外，还需要准备下述物品。其中有些是一般矿山必备的工具，但有些属于串珠锯使用中专用的工具和装置，需要自制或外购。

10.5.6.1　测量和指示工具

（1）立式标杆：用于交汇孔钻凿指示，高度为 4 m 的标杆，需要用钢管自制，底部支脚能够锚定在矿体上，并配备锚定拉链用于固定，或采用其他结构和方式与矿体固定。

（2）水平标尺：用于钻凿交汇孔的测量标尺，采用 6 m 长度的铝合金方管制作，要求平直、刚性好、强度高。还可因地制宜地利用采面现成的工具，如平直的槽钢与钎杆组成标尺。

（3）通明塑料管：直径 10 mm、长度 30 ~ 40 m 的透明软管，用于测量、校准钻凿水平交汇孔的水准仪。

（4）水平尺：1 m 和 1.5 m 长度的水平尺各一把，用于串珠锯导轨平面的测量。

（5）铅垂线：建筑施工用铅垂线和铅垂两套，用于钻凿交汇孔的垂直测量线。

10.5.6.2　串珠绳穿引工具

（1）线绳：直径 1.5 ~ 3 mm 的棉绳或尼龙线、长度 50 m，用做穿引串珠绳的导线。

（2）棘爪摇杆：直径 8 ~ 10 mm，长度 8 ~ 10 m 或更长，前端带棘爪、后端带手柄的摇杆，或者直径 20 mm 的铝塑管 20 m，用做穿引串珠绳的钩杆。

（3）铁丝：粗、细铁丝（直径0.6～0.8 mm）若干。

（4）磁铁：外廓尺寸小于40 mm、两个端面平行的强力永磁铁两块，用于孔面之间穿引串珠绳之用。

10.5.6.3 串珠锯安装和使用工具

（1）枕木：长150 cm、宽20～30 cm、厚10 cm的枕木6～8根，用于不平整地面串珠锯导轨的支承。

（2）木楔子：固定串珠锯导轨的木楔子15个。

（3）三角电缆支架：串珠绳电缆支架15个，用3根直径8 mm，长度40 cm钢筋焊接制成三角支架，可稳固矗立在地面上，用于支承和保持串珠绳的电缆线处于悬空的安全状态。

（4）安全挡板：长80 cm、宽60 cm，钢板厚度1.5～3 mm，后部为角钢或其他型钢焊接的支架，钢板倾斜角度为80°～85°的水平切割安全挡板4块。或者按照图10-42所示尺寸制造。

（5）撬杠：长度1～1.3 m的撬杠两根。

（6）木箱：保存放置串珠绳的小木箱。

（7）记录工具：计时用时钟，记录用笔和文件夹。

10.5.6.4 劳保和安全用品

（1）安全绳：较粗的爬山保险绳。

（2）安全帽、手套、高腰雨靴等劳保用品。

10.5.6.5 其他工具

（1）钢楔：直径3 cm、长度20 cm水平切割面支撑钢楔20条，结构为一头敲扁成楔形，端部厚度不大于0.6 cm。

（2）铁锤：大、小铁锤若干。

（3）劈裂楔：人工劈裂器和楔子。

（4）钳工工具：老虎钳、活动扳手、电工刀等。

（5）其他：工程用墨线、记号笔、蜡笔、墨斗、润滑脂、润滑油、木凳等。

10.6 几种不同类型串珠锯的使用说明书介绍

下面分别摘录几种国产变频调速串珠锯、定速串珠锯和全液压式串珠锯的使用说明书，供使用者参考。

10.6.1 国产TSY-KS 37G型电动式金刚石串珠锯使用说明书

本机为福州天石源超硬材料工具有限公司生产，采用主电机与主飞轮同轴直联式、电动型结构，变频器调节串珠绳线速度，变频器和PLC系统调节锯机进给速度和串珠绳张紧力，用于大理石、花岗石矿山开采的金刚石串珠锯。

该机控制电气系统采用进口工业电脑（可编程控制器）、人机界面、日本变频器、中国台湾低压电器、法国施耐德按钮等高品质组件，并融合最新的微电脑控制技术制造而成。机械结构稳固，自重合理，每一个部件都经过精细的加工及严格的检验。因此，该锯机不仅性能优越而且非常适合各种矿山现场使用。

本说明书提供给使用者用于串珠锯的安装、参数设定、异常诊断及排除和日常维护保养,以及与本串珠锯相关的注意事项。为了确保能够正确安装及操作串珠锯,请使用者在熟悉操作之前,详细阅读本说明书,并请妥善保存及交该机使用者。

10.6.1.1 警告

(1) 请使用之前,详细阅读本使用说明书。

(2) 在接插主电源线之前,务必关闭供电电源。

(3) 主电机运行停止之后,10 min 之内,请勿触摸内部电路。

(4) 本串珠锯上有配专用接地线,务必正确接地,否则无法保障设备正确运行。

(5) 控制箱的电源为交流 380 V 三线制配线,电网电压波动应小于额定范围,并且供电系统要有足够的功率余量。

(6) 动力电缆、控制电缆要用固定支架支撑,禁止任何电缆在任何情况下承受外力。

(7) 接插件均采用防水航空插头,每次插好后应锁紧连接螺纹盖,以免大电流时烧毁航空插头。

(8) 当安装调试好锯机,准备启动锯机运行之前,请认真检查锯机的各个关键部件,锁好定位螺栓,锁紧辅助导向轮,插好电缆航空插头并旋紧插头定位端盖。

10.6.1.2 注意事项

(1) 本说明书及锯机的专利权属福州天石源超硬材料工具有限公司,非经许可不得影印或转载本手册全部或部分内容。

(2) 本公司保留设计变更的权利,若有变更,恕不另行通知。

(3) 本说明书若有缺失,欢迎进行不吝赐教指正,及时与本公司取得联系,我们会将您的意见纳入下一版的修订之中。

(4) 天石源公司保证本产品出厂时完全符合其所公布的各项规格,适合矿山设备的技术要求。

(5) 本锯机的主要部件自出厂之日起享有半年的质保期,若在质保期内产品有质量问题天石源公司愿意承担维修责任。

(6) 未包含因客户使用不当、维修不当、规程的忽略、未经许可的变更、错误的使用或客户自行更改电脑程序和变频器程序而造成的故障。

(7) 天石源公司并不负责任何直接、间接、特殊意外或因果的损毁责任。

(8) 未经专业训练人员不得擅自拆卸本锯机及电控箱,否则可能造成损坏和危险!

10.6.1.3 主要技术参数

该机主要技术参数见表 10-1。

表 10-1 天石源 TSY-KS 37G 型电动式金刚石串珠锯主要技术参数

项 目	参 数	项 目	参 数
系统总功率	40 kW	输入电源规格	交流 380 V ± 10% ,50 Hz
主电机功率	37 kW	转盘旋转角度	360°
牵引电机功率	0.75 kW	主驱动轮轴向移动行程	320 ~ 400 mm
转盘电机功率	0.75 kW	主电机调速范围	0 ~ 1000 r/min
移动电机功率	0.75 kW	牵引电机调速范围	0 ~ 1500 r/min
		工作环境	-15 ~ +40℃,湿度 < 95%(无结露)

10.6.1.4 操纵箱操作面板的组成

该机的移动式操纵箱控制面板如图10-47所示。

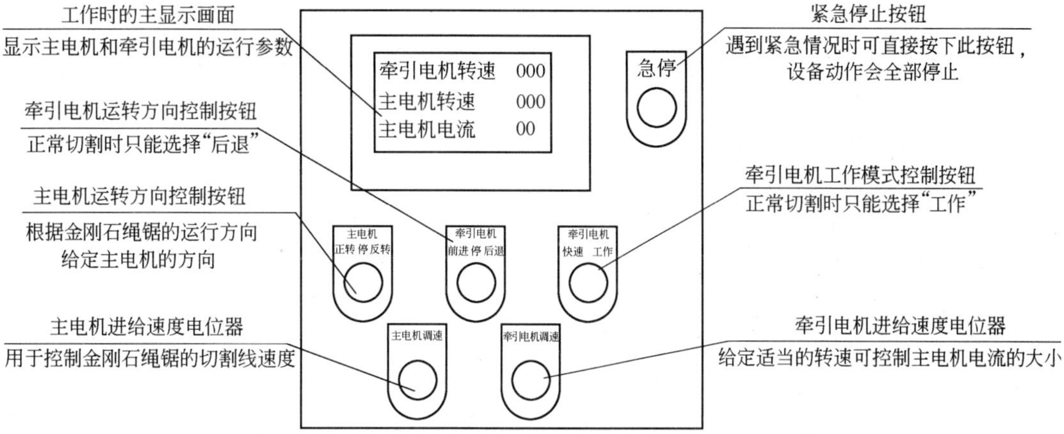

图10-47 福州天石源TSY-KS 37G型电动式金刚石串珠锯操作面板说明

10.6.1.5 运行及操作

A 开机前的检查

(1) 检查锯机及其周围是否有不必要的物品，以免影响机器的正常运转。

(2) 检查电缆航空插头并旋紧插头定位盖。

(3) 检查金刚石串珠绳的连接和运动方向及辅助导向轮的安装。

(4) 检查冷却水的供应工作。

(5) 关闭主电机旋转电源，微调行走电机，静态条件下，预先调定串珠绳合适的张紧力。

B 正常切割工作

(1) 接通锯机电源。

(2) 人机界面开启后，系统开始自检；随后进入主控界面(显示电流及转速界面图)。

(3) 运行之前先确定当前矿山石材的软硬程度并根据开采经验制定切割工艺。

(4) 在启动机器前请把两个电位器的位置置于“零”位。

(5) 把主电机控制旋钮置于“正转”或“反转”位置。

(6) 牵引电机控制的两个旋钮置于“工作”和“后退”位置。

(7) 然后旋转“牵引电机调速”电位器，待串珠绳的松紧程度合适时，再旋转“主电机调速”电位器，慢慢加大主电机转速到达预定的转速(串珠绳的合适线速度)。

(8) 运行过程中，可根据人机界面上显示的主电机转速调整“主电机调速”电位器，达到设定转速之后，再根据人机界面上显示的主电机电流及牵引电机转速的变化，适当调节牵引电机的给进量。绝对禁止非操作人员乱动各调节电位器，以免影响锯机的切割效率及串珠绳的使用寿命，甚至损坏串珠锯和拉断串珠绳。

(9) 当切割完一个工作面或需要临时停机时，一定要先把牵引电机调速电位器旋至零位，然后将主电机调速电位器旋至零位，最后把主电机控制旋钮置于“停止”挡，待变频器及主电机完全停止后方可关闭电源。如果需要停机时间比较长，而且保留串珠绳于锯切面内，停机后应将串珠锯向前微量运动，使串珠绳处于微松弛状态。

(10) 如碰到紧急情况可直接按下急停按钮以免发生意外！

C 快速移动机器

(1) 在工作前若需要移动锯机到导轨的合适位置时,可进行快速行走(不管是前进还是后退)。

(2) 先把主电机控制旋钮置于"停止"位置,将牵引电机控制旋钮置于"快速"位置,再选择牵引电机的前后方向置于"前进"或"后退"。

(3) 此时不必调节牵引电机"调速电位器"。

(4) 待机器到达预定位置时把牵引电机控制旋钮置于"停止"位置。

D 转盘的工作

(1) 如需要将锯机的主飞轮换个角度(比如切割水平面)进行切割时,可通过本锯机的手控按钮进行操作。

(2) 如在旋转时主飞轮要经过锯机的底部,必须先把机载辅助导向轮的张角缩小到最小角度。

(3) 必须把操作台面板上的旋钮开关全部置于"停止"位置。

(4) 选择需要旋转的方向,按下控制按钮,转盘电机会带动转盘旋转,待旋转到需要的角度时松开按钮即可。

(5) 在旋转盘转动时必须看清楚周围是否有障碍物、是否会碰到锯机上的其他部位。

(6) 本锯机的转盘可正、反方向旋转。

(7) 为了不至于把主电机电缆线绞断,在旋转转盘时不允许转盘在一个方向旋转360°,当需要旋转到反方向切割时,必须往上一次的反方向旋转。

(8) 本锯机的转盘只能在锯机的底部进行旋转角度的交换。

E 主电机横向及垂直移动

(1) 本机器的主电机轴向移动采用电机驱动。

(2) 当需要将主电机轴向移动时,首先必须把操作台面板上的各旋钮控制开关置于"停止"位置。

(3) 选择需要移动的方向,按下按钮,等主驱动轮到达需要的位置时松开按钮停止电机的运行。

(4) 本移动装置可运行于正、反两个方向。

(5) 在移动电机时,必须看清楚周围是否有障碍物、是否会碰到锯机上的其他部位。

F 人机界面(显示屏)的设定及操作

a 面板的组成

操作面板的人机界面部分如图10-48所示。

图10-48 天石源TSY-KS 37G型电动式金刚石串珠锯控制面板的人机界面

b 按键的种类

人机界面的薄膜式键盘共有 12 个按键、7 个命令键（表 10-2）及 5 个为使用者定义的功能键（表 10-3）。

命令键：Esc、Shift、Enter、Up/PgUp、PgDn/Down、Left、Right；

功能键：F0/F5、F1/F6、F2/F7、F3/F8、F4/F9 共 5 个。

表 10-2 命令键说明

命令键	图示	说明
ENTER	Enter	使用此键写入新资料或确认一个信息
ESC	Esc	使用此键作为使用者程序模式与系统选择模式的切换或跳离某项编辑
UP ARROW	UP / Pg Up	上方向键号可作为数值递增输入或换至上页等操作
DN ARROW	Pg Dn / Down	下方向键号可作为数值递减输入或换至下页等操作
LIFT ARROW	Left	左方向键号可作为位数位置选择操作，也可以在任何页面翻页到主控页面
RIGHT ARROW	Right	右方向键号可作为位数位置选择操作
SHIFT	Shift	搭配功能键 F0 ~ F9 及其他按键可作为特殊功能用的复合键

表 10-3 功能键说明

功能键	图示	说明
F0/F5	F0 / F5	在系统选择操作时可作为 0（F0）或 5（Shift + F0）的常数输入，在主电机参数设定页面可设定主电机转速的上限值，在“48 小时内运行时间”页面还可复位 48 h 内的切割时间
F1/F6	F1 / F6	在系统选择操作时可作为 1（F1）或 6（Shift + F6）的常数输入，在主电机参数设定页面可设定主电机转速的极限转速
F2/F7	F2 / F7	在系统选择操作时可作为 2（F2）或 7（Shift + F7）的常数输入，在主电机参数设定页面可设定主电机工作电流的上限值
F3/F8	F3 / F8	在系统选择操作时可作为 3（F3）或 8（Shift + F8）的常数输入，在主电机参数设定页面可设定主电机工作电流的极限值
F4/F9	F4 / F9	在系统选择操作时可作为 4（F4）或 9（Shift + F9）的常数输入，在牵引电机参数设定页面可设定牵引电机的延时行走时间

c　显示屏的画面说明

（1）运行时的长期显示画面：此幅画面是只读画面，不能进行任何设定。

牵引电机转速　000
主电机转速　000
主电机电流　00

（2）显示屏的第二幅画面：查看锯机此次工作的时间。

设备当前运行时间
00 小时　00 分钟

（3）显示屏的第三幅画面：显示锯机在 48 h 内的工作时间，当需要清除本次显示时间时请同时按下“Left”和“F0/F5”键进行时间复位。

48小时内运行时间
00 小时00 分钟
F5 复位

（4）显示屏的第四幅画面：显示牵引电机的电流和主电机启动后延时行走时间。

牵引电机电流 0.0
牵引电机延时 000

（5）显示屏的第五幅画面：用于设定主电机转速及电流的画面。

1）当需要设定主电机的转速上限时，请在此页面按下“F0/F5”键，进入数值设定画面后用方向键输入所需的数值。此功能用于控制主电机的旋转转速，保证绳锯在正常线速度范围内工作。

设定项目	上限	极限
主电机转速	###	###
主电机电流	##	##

2）当需要设定主电机的转速极限时，请在此页面按下“F1/F6”键，进入数值设定画面后用方向键输入所需的数值。此功能同A点一样，但当主电机的旋转转速达到极限值时，机器会停止工作，此时必须把主电机的转速降低到标准的切割转速。

3）当需要设定主电机的电流上限时，请在此页面按下“F2/F7”键，进入数值设定画面后用方向键输入所需的数值。此功能用于控制主电机的切割电流，一般花岗石和大理石的切割电流控制在38～45 A之间。

4）当需要设定主电机的转速极限时，请在此页面按下“F3/F8”键，进入数值设定画面后用方向键输入所需的数值。此功能用于限定主电机的极限电流，如果切割电流高于或达到设定值时，机器会停止工作。

（6）显示屏的第六幅画面：行走电机的延时设定，本机在出厂时就对行走电机的延时行走时间进行过设定，如果需要再次设定行走电机的延时行走时间，请在此画面按下“F4/F9”键，进入数值设定画面后用方向键输入所需的数值（一般设定在10～30 s以内）。

牵引电机延时设定

# # #

（7）显示屏的第七幅画面：主电机电流超高报警画面，当此画面显示时说明主电机切割电流超高，应立即降低切割电流，否则会对锯机和串珠绳造成损害。

主电机电流超高
请降低主电机电流

（8）显示屏的第八幅画面:主电机故障报警画面,当此画面显示时说明主电机变频器发生故障,需检查清楚后再进行复位。

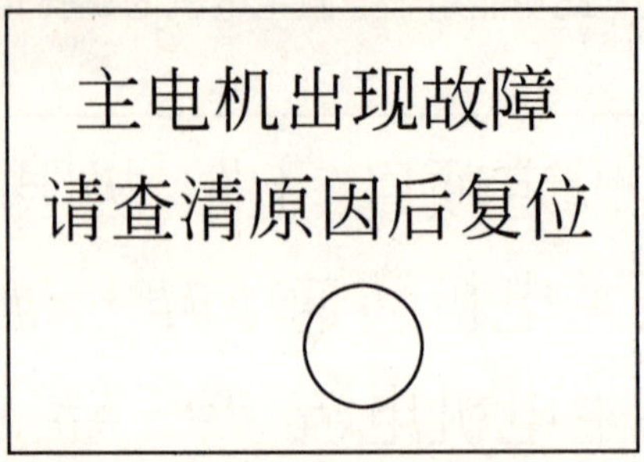

（9）显示屏的第九幅画面:牵引电机故障报警画面,当此画面显示时说明牵引电机变频器发生故障,需检查清楚后再进行变频器复位。

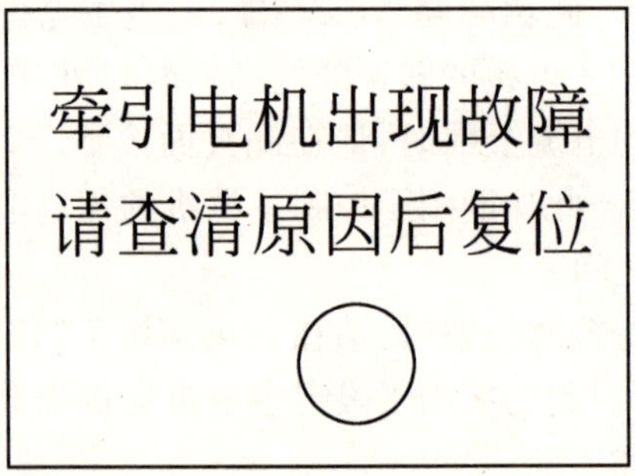

（10）显示屏的第十幅画面:移动电机故障报警,当此画面出现时说明移动电机或者移动电机的热继电器出现故障或过流,请检查并排除故障。

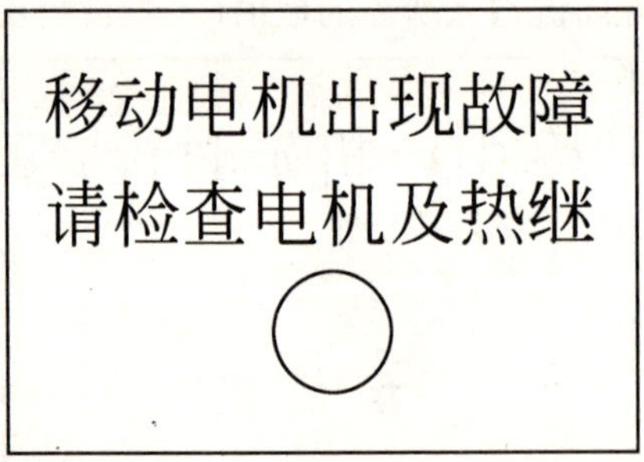

（11）显示屏的第十一幅画面:转盘电机故障报警,当此画面出现时说明转盘电机或者转盘电机的热继电器出现故障或过流,请检查并排除故障。

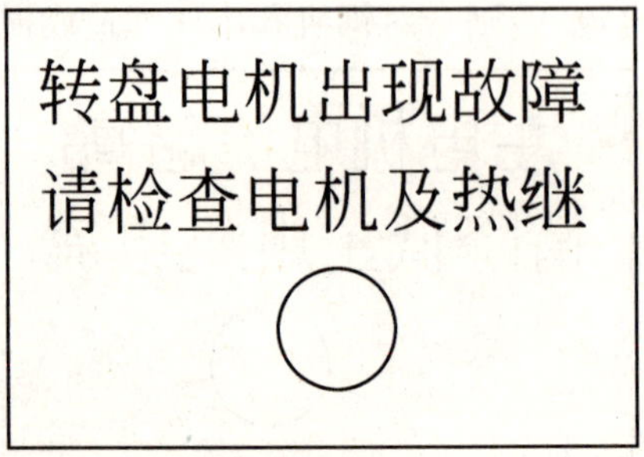

（12）显示屏的第十二幅画面：转盘按钮故障报警，当此画面出现时说明转盘电机的手控按钮出现故障，请检查并排除故障。

转盘按钮出现故障
请检查手控按钮

（13）显示屏的第十三幅画面：移动按钮故障报警，当此画面出现时说明移动电机的手控按钮出现故障，请检查并排除故障。

移动按钮出现故障
请检查手控按钮

（14）显示屏的第十四幅画面：锯机累计运行时间，此画面用于查证锯机的累计工作时间，也可作为计算工人劳动时间的工具。

设备累计运行时间
00000 小时 00 分钟

（15）显示屏的第十五幅画面：功能键的说明，此页主要是针对主电机运行参数设定时所使用到的功能键，进入相应的画面，按此画面的定义进行相关参数的设定。

F0 主电机转速上限设定
F1 主电机转速极限设定
F2 主电机电流上限设定
F3 主电机电流极限设定

(16) 显示屏的第十六幅画面:联系方式。

天石源企业
Tel :0591 - 83053625
Fax :0591 - 83053626

10. 6. 1. 6　设备使用注意事项

(1) 操作者和移动式控制箱要尽可能位于远离锯切面又便于观察的安全位置。图 10-37 和图 10-38 所示阴影部分,分别为锯机垂直、水平切割作业时严禁人员进入、通过和停留的区域。

如果确因需要必须进入或横穿该区域时,操作人员必须停止锯机和串珠绳的运转,待问题处理完成或人员通过后,再启动锯机工作。

(2) 机器水平切割作业时,操作者应将专用的安全挡板置于外露的串珠绳外侧(见图 10-39),以防万一出现断绳时,阻挡串珠绳飞出时产生水平抽击作用对人员的伤害。安全挡板的高度应超过串珠绳运动高度 0. 5 m。

(3) 锯机垂直作业时,禁止操作者站在与串珠绳切割线相同方向上观看,不能俯视串珠绳的切割轨迹。

(4) 控制箱应置于垂直于锯机切割运动方向、至少距离锯机 13 m 以上距离的位置(见图10-37 和图 10-39)。控制箱前必须放置高度 1 m、宽度 1. 5 m 的安全挡板,操作者应站在安全挡板后面操作锯机。

(5) 确认重新布置好防护装置或采取防护措施后,才能启动锯机。锯机停止工作前,不能撤掉任何防护装置。

(6) 锯机工作期间,严禁对锯机的零部件进行调整、维修、加油、清洗及其他类似的工作。

(7) 锯机启动前,应提醒周围人员注意,要求他们站到安全位置。

(8) 操作者必须戴安全帽,脚穿防护雨靴。

(9) 机器工作场地周围必须安放或张贴"危险区域、禁止进入"的标志,避免闲杂人员进入串珠锯的作业区域,防串珠绳意外断裂伤人。

(10) 串珠绳的接头处一定要连接可靠,不允许在手动液压钳油量不足、压力不够或其他故障的情况下进行串珠绳接头的连接作业。

(11) 每次停机时,都要检查串珠绳接头,一个接头不能连续使用 24 h 以上,如使用时间临近或发现其因截面减少而危及连接强度时必须更换。

10. 6. 1. 7　日常维护、维修及注意事项

(1) 严格遵守《运行及操作》和《设备使用注意事项》。

(2) 由于矿山条件恶劣,操作人员必须每天给设备加润滑油。本锯机配备有专用的手动加油泵给相应的部位加润滑油。还要经常给传动链轮及链条加润滑油。

(3) 经常检查移动式电缆线,如有破损、漏电,立即包扎或更换。

(4) 在搬运移动式操作台时,一定要小心,必须置于防雨处使用。

(5) 经常检查主驱动轮和辅助导向轮的胶垫,如有较大的磨损必须及时更换,以免串珠绳不正常消耗。

(6) 每天检查主电机的散热孔,如有堵塞应及时疏通以免主电机过热。

(7) 定期校正感应开关的灵敏性,以免发生误动作。

(8) 定期将机器电控箱内外部的水分及灰尘清理干净。

(9) 控制箱为单开门结构,检修完毕及时关好防护门。

(10) 工作结束后应及时断开控制箱的电源。

(11) 禁止非专业人员修改变频器设定参数。

(12) 保持操作台面板及显示屏的清洁,严禁用力触压人机界面显示屏。

(13) 设备正常使用温度范围为 -15 ~40℃,建议在 0 ~35℃范围内使用。

(14) 保持控制箱内部的干燥,如果长期不用,应进行电控箱干燥处理。

(15) 保持操作台内外干净清洁,以保障系统的运行稳定。

(16) 导轨衔接处应经常清理并涂润滑脂,防止其锈蚀。经常检查导轨连接后棘轮齿条的正常节距,避免发生机损事故。

(17) 严禁在大雨和雷电气候条件下使用串珠锯。

(18) 水平切割时,注意电机散热口的防水。

(19) 锯机吊运时,起吊钢丝绳须牢系于锯机起吊钩,吊运过程中严禁碰撞锯机。

(20) 每次锯切后应及时清除锯机上的污物。每个月应彻底清洗一次锯机。

(21) 每年对整机保修一次。

(22) 其他问题参照安全生产操作规程执行。

10.6.2 国产 JJS-30 型电动式金刚石串珠锯使用说明书

该机为原山西机床厂生产的电动型金刚石串珠锯,电机与主飞轮之间通过传动带、螺旋伞齿轮减速器连接结构,固定串珠绳线速度的电动型金刚石串珠锯,用于大理石矿山开采。

10.6.2.1 该机主要特点

(1) 在电子装置控制下,串珠绳可随时按给定的主电机输出功率自动调节张紧力,以保持其恒定,从而使锯切过程始终处于最佳状态,获得最高产量。

(2) 可根据需要灵活掌握锯切分离体块度的大小,最大锯切分离体块度可达 50 m^3。且锯切面平整光滑,不需要整形即可加工。

(3) 与液压钻机和卧式凿岩机配套使用,不需要使用爆破法挖掘堑沟,因此避免了堑沟两边各 2 ~4 m 范围内的炮伤影响,提高成荒率。

(4) 机头可 360°旋转,将主机置于导轨上,操作者便可在远离锯切面的安全地带操作,完成任意方位的锯切。

(5) 锯切时只需供冷却水,而无需使用石英砂、河砂作为磨料,从而简化了开采作业。

该机不仅可以完成石材矿体的分离、解体和荒料整形,同时也可大大减轻工人的劳动强度。

10.6.2.2 主要技术参数

JJS-30 型电动式金刚石串珠锯的主要技术参数见表 10-4。

表 10-4 JJS-30 型电动式金刚石串珠锯的主要技术参数

项 目	参 数	项 目	参 数
串珠绳线速度	43 m/s	锯切效率	6 ~ 10 m^2/h
主电机功率	30 kW	串珠绳可调张紧力	0 ~ 2500 N
主电机额定转速	1460 r/min	串珠绳长度	20 ~ 40 m
进给电机功率	0. 75 kW	飞轮直径	810 mm
进给电机调速范围	120 ~ 1200 r/min	锯机净重	1. 25 t

10. 6. 2. 3 主要结构和工作原理

该机主要结构包括机架、导轨、移动式操纵箱、轮架、驱动装置、进给装置等部分。

串珠锯是一种自动控制设备，它由主电机通过螺旋伞齿轮减速器驱动飞轮，使串珠绳以 43 m/s 的线速度运动，同时又由进给电机驱动主机在导轨上向前（或向后）移动，二者之间采用齿轮和齿条传动副，使串珠绳张紧（或放松），从而实现锯切。主机负载移动速度由给定的主电机输出功率决定，并且通过电子装置实现控制。整个锯切过程只需按动移动式操纵箱上的按钮便可自动完成。

10. 6. 2. 4 操作规程

A 移动式操纵箱面板

JJS-30 型电动式金刚石串珠锯的控制箱面板仪表、旋钮、按钮的含义见表 10-5，面板见图 10-49。

表 10-5 JJS-30 型电动式金刚石串珠锯控制箱面板仪表、旋钮、按钮的含义

序 号	名 称	序 号	名 称
1	电流表	9	停止按钮
2	转速表	10	调速电位器
3	电压表	11	总停按钮
4	分压器	12	主电机停止按钮
5	进给按钮	13	点动/机动选择器
6	过载指示灯	14	主电机反转按钮
7	后退按钮	15	电源指示灯
8	自动/手动选择器	16	主电机正转按钮

B 作业条件

（1）作业场地：串珠锯属于移动式设备，每次锯切均需要 2 m × 9 m 的平地安放设备。

（2）供水要求：锯切时要对锯口持续稳定地供冷却水，供水量不小于 3 t/h，水压不小于 0. 15 MPa。

（3）电源电压：电源电压为 380 V ± 10%，变压器容量不小于 100 kV · A。

（4）锯切对象：所锯切石料高度不大于 5 m。

C 准备工作

（1）将主机置于事先调平的导轨上（如果需要可加调整垫块调整）。

（2）将压绳轮和飞轮置于同一平面内并紧固。

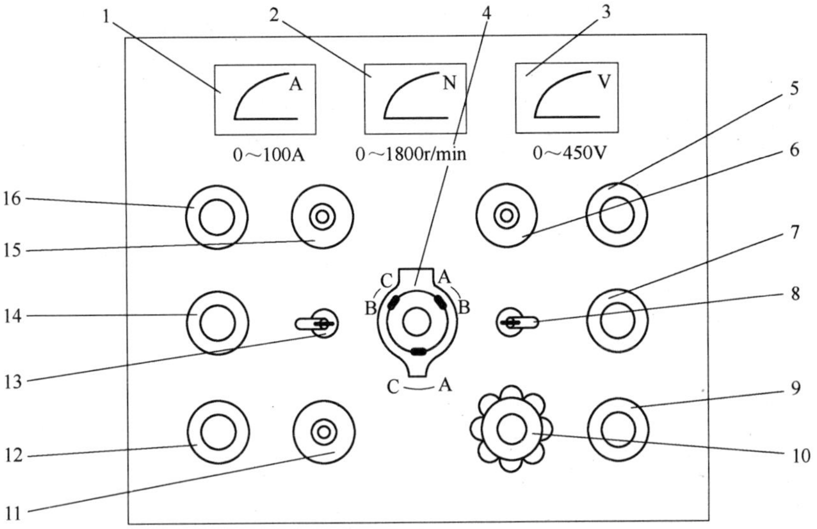

图 10-49 国产 JJS-30 型电动式金刚石串珠锯移动式操纵箱控制面板

（图中序号含义见表 10-5）

（3）将机器各润滑部分加足润滑油脂。

（4）接通电源插头和移动式操纵箱插头。

（5）接通主开关。

（6）转动分压器 4，检查电压表 3 所示电压值，其线路电压值不允许超出 380 V ± 10%，同时电源指示灯 15 导通。

（7）按动进给按钮 5，主机向前移动；按动后退按钮 7，主机向后移动（如果主机移动方向相反，则交换电源插头的任意两相，而不要改变机器本身的接线）。

（8）将调速电位器 10 调至最大位置，再按动进给按钮 5，主机快速向前移动；按动后退按钮 7，主机快速向后移动。

（9）将调速电位器 10 调至零位。

（10）在石料锯切面上分别钻出相交的垂直孔和水平孔（其中垂直孔的孔径为 90 ~ 220 mm，水平孔的孔径为 42 ~ 90 mm），然后将石料锯切面的棱角修成圆弧（要求先锯水平面，用钢楔支承后再锯切垂直面）。

D 负载操作

（1）将串珠绳一端穿入石料锯切面的垂直孔内，然后用金属钩子从水平孔内钩出。

（2）用液压紧卡钳连接串珠绳接头（或旋紧螺纹接头），然后将串珠绳套在飞轮上。

（3）调整压绳轮高度，并使压绳轮、飞轮和锯切面处于同一平面内。

（4）按动进给按钮 5，并调节调速电位器 10，使串珠绳适当张紧。

（5）按供水要求加入冷却水。

（6）按动主电机正转按钮 16，使飞轮转动（或按动主电机反转按钮 14，使主电机反转）。如果串珠绳在飞轮上打滑，则再次按动进给按钮 5，使串珠绳再张紧；如果串珠绳在飞轮上不转动，则必须放松串珠绳，排除故障。通常将石料锯切面上的棱角修成圆弧就可以解决问题。此外，一旦串珠绳出现异常波动现象，则立即按动总停按钮 11，然后重新启动。

（7）将自动/手动选择器 8 扳到“自动”位置。

（8）在确信飞轮和串珠绳正常运转后，按动进给按钮5，使锯机进入锯切状态。

（9）调节调速电位器10，进一步调整锯切速度。一般推荐负载电流值为35～45 A；密切监视电流表1、转速表2和电压表3所示值，同时观察锯切现场有无异常现象。

（10）锯切至离石料锯口端部200～300 mm时，必须停机，并按下列要求操作：

1）将调速电位器10调至零位；

2）按动停止按钮9，主机缓慢停止移动；

3）等待串珠绳放松；

4）按动总停按钮11，整机停止工作；

5）拆卸串珠绳；

6）清洗锯机表面污垢，并用防雨布遮盖机身。

10.6.2.5　维护与保养

（1）严格遵守操作规程。

（2）定期检查串珠绳接头和其他零部件的完好性。

（3）定期按油标、油尺所示油位，分别给减速箱和变速箱加足30号机械油，不允许在缺油的情况下使用。

（4）导轨衔接处要保证齿条的正常节距，以免发生机械事故。

（5）为了避免串珠绳因受过小的弯曲半径而缩短使用寿命，在锯切至距锯切面端部200～300 mm时，必须停机。

（6）主电机负载电流值不应大于45 A。

（7）进给电机负载转速不小于120 r/min。

（8）不允许在电源缺相的情况下进行锯切。

（9）在搬运移动式操纵箱时，一定要小心，并置于防雨处使用。

（10）每年对整机检修保养一次。

10.6.2.6　安全注意事项

串珠锯的使用要求符合所有现行的安全规程。无论采取什么措施，出现非正常情况时，串珠绳的断绳是不可避免的。弹簧型串珠绳断裂后，其上的零件会飞离串珠绳。然而，这种现象的发生与串珠锯本身的安全无关。但是，为防止意外，则必须采取有效的防御措施。尤其是要严格按照下列要求使用串珠锯：

（1）操作者和移动式操纵箱要置于尽量远离锯切面、又便于观察的安全地带(锯口两侧处)。

（2）操作者必须戴安全帽，身穿毛织外套也可起到一定的防护作用。

（3）锯切场地必须张贴“危险”标志，以防串珠绳断绳伤人。

（4）串珠绳接头处一定要连接可靠，不允许在液压紧卡钳油量不足的情况下用于连接串珠绳接头。

（5）严格遵守操作规程中有关仔细观察仪表数值和密切注视现场异常情况的规定。

（6）通常弹簧型串珠绳上的钢丝绳、弹簧和隔套仅为串珠寿命的1/2～1/3，所以一旦以上零件受损严重，则必须更换。

10.6.2.7　电气系统工作原理

参照JJS-30金刚石串珠锯的电气原理图(图10-50)介绍该机电气系统的工作原理。

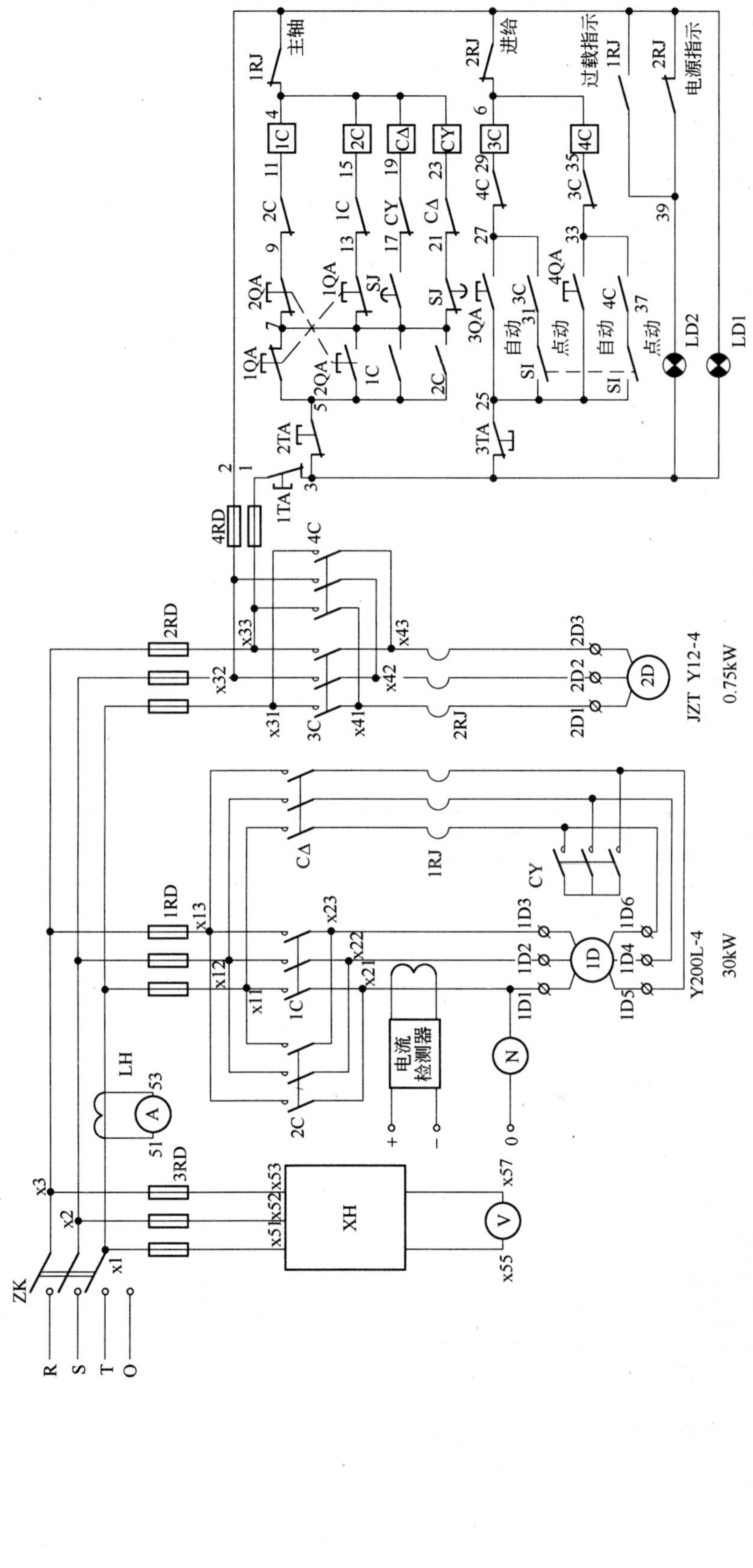

图 10-50 JJS-30 型金刚石串珠锯电气原理图

（1）合上电源开关ZK，电源指示灯LD1亮，这时转动分压器XH，检查三相交流电源的电压值（可从移动式操纵箱面板上的电压表直接读出）。

（2）按动1QA按钮，接触器1C动作，主电机1D带动飞轮正转；按动2QA按钮，接触器2C动作，主电机1D带动飞轮反转；按动2TA按钮，主电机1D和飞轮停止转动。

（3）按动3QA按钮，接触器3C动作，进给电机2D带动锯机在导轨上向前移动（进给）；按动4QA按钮，接触器4C动作，进给电机2D带动锯机在导轨上向后移动（退刀）。钮子开关SI在点动位置时进给电机2D是点动，只要放开3QA（或4QA）按钮，进给电机2D立刻停止转动。

（4）按动1TA按钮，主电机1D和进给电机2D同时停止转动。

（5）当主电机1D和进给电机2D出现过载时，热继电器1RJ、2RJ分别动作，同时过载指示灯LD2亮。

（6）电流表A指示出锯机负载的大小。

（7）转速表N指示主电机1D的实际转速。

（8）电压表V指示三相交流电源的线路电压。

10.6.2.8 液压紧卡钳

A 作用与特点

为JJS-30型串珠锯配备的液压紧卡钳是一台手动液压夹紧装置，它由紧卡器和手动油泵组成，紧卡钳上装有完全淬火的钢制冲头，通过手动油泵，可实现串珠绳接头和固定隔套的夹紧连接。该装置结构简单、拆装方便、操作容易，可在野外无电源场所作业。

B 主要技术参数

（1）手动液压紧卡钳主要技术参数见表10-6。

表10-6 手动液压紧卡钳主要技术参数

型 号	压力/MPa		排量/mL·次$^{-1}$		最大手摇力/N	油箱容量/L	重量/kg
	高压	低压	高压	低压			
SYB-1	63	1	2.3	12.5	300	0.7	9

（2）液压紧卡钳使用技术参数：

最大工作压力：3200～3500 N/mm^2；

最大工作负载：9～10 t。

C 操作规程

（1）关闭卸荷阀。

（2）将串珠绳接头（或固定隔套）置于紧卡器下冲头相应槽内。

（3）缓慢摇动手动油泵压杆，完成夹紧工作。

（4）打开卸荷阀，系统复位。

D 维护与保养

（1）严格遵守操作规程。

（2）出厂前，手动油泵高压阀已调定为3200～3500 N/mm^2，用户不得随意调整。

（3）使用时要缓慢摇动手动油泵压杆，以免压裂工件或损坏冲头。

（4）卸荷时要缓慢扭动卸荷阀，以免减压过速。

(5) 不允许在有压力的情况下加油，以免回油时储油管内有压力存在。

(6) 不允许在油量不足的情况下使用。

(7) 工作时联结处要拧紧，以防漏油。

(8) 高压胶管要定期更换，以免发生意外；每隔 2 ~ 3 年对高压胶管做一次压力试验，若胶管在低于 50 MPa 的压力下即发生突起漏油现象，则高压胶管报废。

(9) 液压紧卡钳各处要保持清洁，各阀门及柱塞周围不允许有灰尘污积。

(10) 工作液为 20 号机械油或 20 号液压油，严禁使用酒精、水、甘油、麻油、刹车油或普通发动机机油代用；不用后请涂防锈油，并置于干燥、适宜的房间存放。

E 故障及其排除

参见该设备的使用说明书。

10.6.3 国产 CGJ120 型液压金刚石串珠锯使用说明书

该机由原湖南建材设备厂于 20 世纪 80 年代中期生产，为第一代全液压式结构大理石用金刚石串珠锯。

10.6.3.1 技术参数

CGJ120 型液压金刚石串珠锯的主要技术参数见表 10-7。

表 10-7 CGJ120 型液压金刚石串珠锯的主要技术参数

项 目	单 位	技 术 参 数
切割飞轮直径	mm	1200
飞轮转速	r/min	0 ~ 400
串珠绳线速度	m/s	0 ~ 24
串珠绳运动方向		可双向运动
活塞行程	m	1
活塞推力	N	0 ~ 2000
串珠绳类型		电镀弹簧
串珠绳直径	mm	10
可带串珠绳长度	m	20 ~ 60
耗水量	kg/h	1000
主动泵电机功率	kW	22
辅助泵电机功率	kW	1.5
锯切效率	m^2/h	3 ~ 5(大理石)
串珠绳寿命	m^3/m	50 ~ 100(150 ~ 300 m^3/30 m)
设备总重量	t	1.2

10.6.3.2 工作原理及结构特征

A 工作原理

液压控制系统带动液压马达，与液压马达同轴连接的飞轮带动金刚石串珠绳转动。飞轮转动的同时，整个切割系统由于油缸的推动作用沿导杆向后滑动。两个运动的合成才完成高速金刚石串珠锯的切割作用。

B 结构

高速金刚石串珠锯由控制系统和工作系统两大部分组成。

C 液压控制系统

高速金刚石串珠锯的液压控制系统即液压泵站，长 1380 mm、宽 940 mm、高 1320 mm，外形看似一辆小车。其主要作用是完成对工作系统的动力输送和控制作用。5 根两种不同类型的高压橡胶管，完成工作系统的液压马达和油缸与液压系统的连接。其主要特点是油箱在电机和油泵的上方。

D 工作系统

该工作系统可分为导向轮、导杆架、切割轮部分、底架和油缸等几个主要部分。其中切割轮部分处于心脏部位，其作用也如同心脏一般。

(1) 切割轮部分：由飞轮、液压马达、焊接板以及其他一些零件组成。飞轮由液压马达带动，两者由一主轴通过焊接板连在一起。飞轮转动的同时整个部分向后退，完成切割作用。

(2) 导杆架：导杆架主要由两根导杆和头尾的两个 T 形架构成。其作用是支撑切割轮部分的重量，并能让它在两个导杆架上来回滑动。

(3) 导向轮：导向轮的作用是使金刚石串珠绳撑开，并保持在同一平面上，还使金刚石串珠绳始终沿着正确的方向切入。本设计采用两个轴承支撑导向轮。

(4) 油缸：油缸的作用是推动切割轮部分的进退，油缸的结构基本采用钻机的油缸设计。

(5) 底架和挡板：为防止工作系统向一边倾倒，底架设计得比较宽大。罩在飞轮外面的挡板是本系统必不可少的部件，起到安全作用。

E 特点

(1) 操作简单，安装方便。

(2) 切割速度快，时间消耗少，生产效率高。

(3) 可用于大理石矿山垂直、倾斜和水平各面的切割。

10.6.3.3 调试与操作

A 调试

(1) 根据液压原理图对各溢流阀的压力进行调定，并调节溢流阀的开启压力。

(2) 根据试运转工作情况，适当调节复合叶片泵（YB2-AA26/9B-FL）大流量泵出口溢流阀的调定压力为 0.7 ~ 0.9 MPa；适当调节低压溢流阀（P-B63）的调定压力为 0.3 ~ 0.5 MPa。

B 操作

a 准备

(1) 将高速金刚石串珠锯推至工作地点，工作系统和控制系统（液压泵站）的长度方向应有一个角度，然后固定。

(2) 将串珠绳套在飞轮和待切割大理石上。

(3) 选择正确的串珠绳运动方向。

(4) 将串珠绳套在导向轮上，将串珠绳撑开，保持在同一平面上，调节其正确的方向。

(5) 扳动手动滑阀(34S-25D)手柄,使P、A导通(向左扳至左位)。

(6) 扳动手动换向阀(34SO-L20H-T)手柄至左位或右位。

b 启动

(1) 启动小电机复合叶片泵(YB2-AA26/9B-FL)开始供油。

(2) 待油泵充油后启动大电机。

(3) 由手动换向阀(34SO-L20H-T)的位置控制油泵(ZBSV75)的油流方向,调节油量由小逐渐变大,整个系统开始工作。

c 正常运行

(1) 调节单向节流阀(LI-25),控制油缸的后退速度。

(2) 视压力表读数,随时调节油泵(ZBSV75)流量。如不需要调节,用手将螺母拧紧。

(3) 观察油标指示计,液面应在液面高度的极大与极小之间。

(4) 操作者不得站在串珠绳的正前方或正后方,以免串珠绳突然断裂发生危及生命事故。

d 停机

待大理石某一表面切割完毕,串珠绳脱离大理石,高速串珠锯应停机。

(1) 将油泵(ZBSV75)流量调到零。

(2) 关掉大电机。

(3) 扳动手动滑阀(34S-25D)手柄至右位,油缸快速复位。

(4) 关掉小电机。

10.6.3.4 维护与保养

(1) 严格遵守操作规程,按照操作程序进行工作。

(2) 及时清洗滤油器。

(3) 每四个月换油一次。

(4) 每一年冲洗油箱一次。

(5) 发现故障,及时排除。

(6) 定期进行检修,半年小修一次,两年大修一次。

(7) 冷却水管供应冷却水,油箱内温度不高于50℃。

参 考 文 献

[1] 于永年,杨秀龄.大理石矿床露天开采.中国石材工业协会技术咨询服务中心,1986.

[2] 廖原时.意大利卡拉拉地区石材生产情况及目前流行的花色品种.石材,1989,(6).

[3] 廖原时.意大利大理石矿山的生产管理.石材,1990,(3).

[4] 廖原时.用于矿山开采的高压水射流切割系统.石材,1990,(2).

[5] 廖原时.用于开采饰面石材的新技术高压水切割.石材,1990,(6).

[6] 廖原时.介绍一种从大理石矿体上开拓堑沟的开采方法.石材,1991,(1).

[7] 廖原时.饰面石材的机械化开采——金刚石串珠锯的应用与发展.北京:中国经济出版社,1993.

[8] 廖原时.金刚石串珠锯的应用与发展.石材,1992,(2).

[9] 廖原时.金刚石带锯切割机的应用.石材,1997,(4).

[10] 廖原时.多绳式金刚石串珠锯.石材,1997,(6).

[11] 廖原时.加工异型石材如何选用金刚石串珠绳.石材,1998,(7).

[12] 廖原时,谭金华,高峰,等.异型石材.北京:中国建材工业出版社,1999.

[13] 廖原时,陶春广.金刚石串珠锯发展概述.石材,2001,(6).

[14] 侯建华.金刚石串珠绳锯在三峡夔门摩崖石刻搬迁锯切中的应用.石材,2002,(3).

[15] 廖原时,GIULIO MILAZZO.山洞型大理石矿山的开采方法与成本分析.石材,2002,(7).

[16] 廖原时.花岗石砂锯与多绳金刚石串珠锯主要技术性能比较.石材,2002,(12).

[17] 廖原时,GIULIO MILAZZO.全锯切开采方法在山洞型大理石矿山中的应用.石材,2003,(3).

[18] 廖原时.建筑用石料的机械化生产技术和装备.石材商情,2003,(8).

[19] Dr-lng. Berend Denkena, Dr-lng. Thomas Glatzel, Dipl. -lng. Jens Bockhorst, Dipl. -lng. Martin Lünemann. Maching of construction material with wire saws. INDUSTRIAL DIAMOND REVIEW,2005,(2).

[20] 廖原时.用于石材开采的各种凿岩设备.石材,2005,(3),(4).

[21] 廖原时.国内开采花岗石可采用的几种方法及成本分析.石材,2006,(2),(3).

[22] 廖原时.台式凿岩机与串珠锯组合开采花岗石的工艺方法及开采成本分析.石材,2006,(9).

[23] 陈礼干,廖原时.石材开采用串珠锯及配套设备.石材,2006,(12).

[24] 力福汀(上海)国际贸易有限公司.石材切割专用钢丝绳产品介绍.2006.

[25] 廖原时,黄童泰.翡翠绿花岗石矿山资源特色及开采工艺.石材,2006,(12).

[26] 苏州南航腾龙科技有限公司.钎焊金刚石绳锯产品介绍.2006.

[27] 廖原时.花岗石矿山开采成本分析.石材,2007,(6).

[28] 廖原时.石材开采与加工中使用的臂式切割设备.石材,2007,(10/11).

[29] PAOLO MARONI.多绳金刚石串珠锯的技术特点和加工成本分析.廖原时编译.石材,2008,(5).

[30] JC/T1081—2008.装饰石材露天矿山技术规范.

[31] 福州天石源超硬材料有限公司.金刚石串珠绳产品介绍.2008.

[32] 福州天石源超硬材料有限公司.TSY-KS 37G 型电动式金刚石串珠锯使用说明书.2007.

[33] 山西机床厂.JJS-30 型电动式金刚石串珠锯使用说明书.1999.

[34] 湖南建材设备厂.CGJ120 型液压金刚石串珠锯使用说明书.1986.